Der große ADAC-Ratgeber Auto

Der große ADAC-Ratgeber Auto

Technik • Funktion • Wartung • Reparatur

EIN
ADAC
BUCH

„Der große ADAC Ratgeber Auto" entstand in Zusammenarbeit zwischen dem ADAC Verlag GmbH, München, und dem Verlag Das Beste GmbH, Stuttgart

Das Mitarbeiterverzeichnis befindet sich auf Seite 336

Printed in Germany

ISBN 3-87003-514-5

Inhalt

Die Systeme des Autos

Der Ottomotor

Personenkraftwagen sind meist mit einem Ottomotor ausgerüstet. Im Brennraum wird ein Gemisch aus Luft, Benzin, Alkohol, Wasserstoff oder Flüssiggas komprimiert und gezündet. Beim Verbrennen dehnt sich das Gemisch schlagartig aus und liefert die Antriebskraft. Deshalb spricht man auch vom Verbrennungsmotor. Er besteht aus zwei Hauptbauteilen: dem Motorblock und dem Zylinderkopf.

Der Motorblock bildet mit dem Kurbelgehäuse meist eine Einheit. Er trägt die Kurbelwelle, den Kurbeltrieb mit den Kolben. Seltener sitzt heute im Motorblock auch die Nokkenwelle.

Bei moderneren Motoren ist die Nockenwelle immer im Zylinderkopf angeordnet. Die Zylinder, in denen sich die Kolben auf- und abbewegen, sind Teile des Motorblocks, ebenso die Flansche für Ölfilter, Wasser- und Kraftstoffpumpe sowie alle Nebenaggregate. Die unterhalb des Kurbelgehäuses angeschraubte Ölwanne enthält das Motoröl. Im Zylinderkopf befinden sich die Aus- und Einlaßventile mit den dazugehörigen Gaskanälen, durch die das Gemisch angesaugt und ausgestoßen wird.

Zylinderköpfe bestehen meist aus Aluminium, bei manchen Motoren auch aus Grauguß. Moderne Ottomotoren besitzen aufwendige Zylinderköpfe und besonders angepaßte Ansaugkrümmerkonstruktionen.

Motorbauformen

Am häufigsten findet man heute Motoren mit vier senkrecht hintereinander angeordneten Zylindern. Man spricht dann von einem Vierzylinder-Reihenmotor.

Liegt der Hubraum über 2 l, hat der Motor in der Regel mindestens sechs Zylinder. Mit wachsender Zylinderzahl arbeitet ein Motor gleichmäßiger, insbesondere bei niedrigen Drehzahlen.

Aus Platzgründen ordnet man die Zylinder oft auch V-förmig an; man spricht dann vom V-Motor. Die Zylinder bilden meist einen Winkel bis zu 90°. Bei sehr kleinen Winkeln bezeichnet man die Aggregate als VR-Aggregate. Beim Boxermotor liegen die Zylinder einander gegenüber. Vorteile sind Platzersparnis und guter Massenausgleich.

In den letzten Jahren hat man aus Gründen der Energieeinsparung und der Abgasqualität die Hubkolbenmotoren weitgehend optimiert. So wurden beispielsweise Mehrventilaggregate eingeführt, die über mehr als ein Aus- und Einlaßventil verfügen. Die Forderung nach noch sparsameren Aggregaten wird trotz des erreichten Fortschritts immer dringender.

Vierzylinder-Reihenmotor

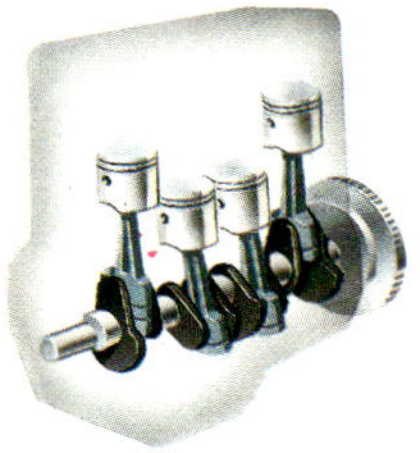

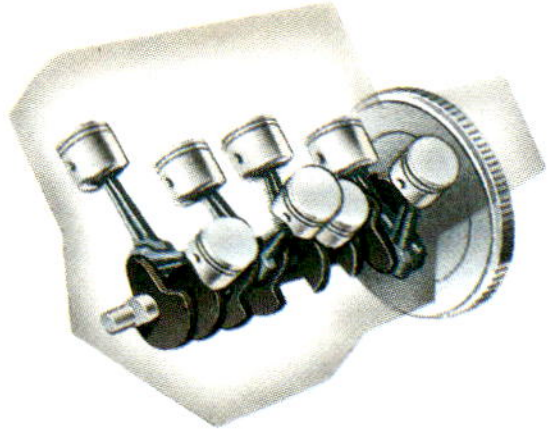

V8-Motor

Vierzylinder-Boxermotor

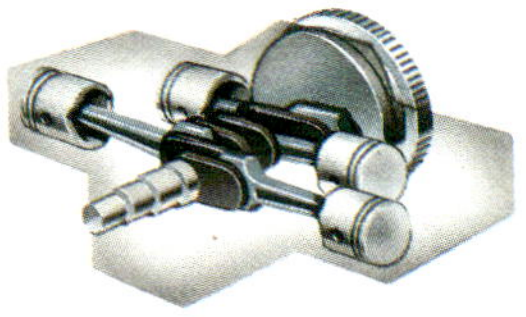

Bauteile eines Motors mit obenliegender Nockenwelle

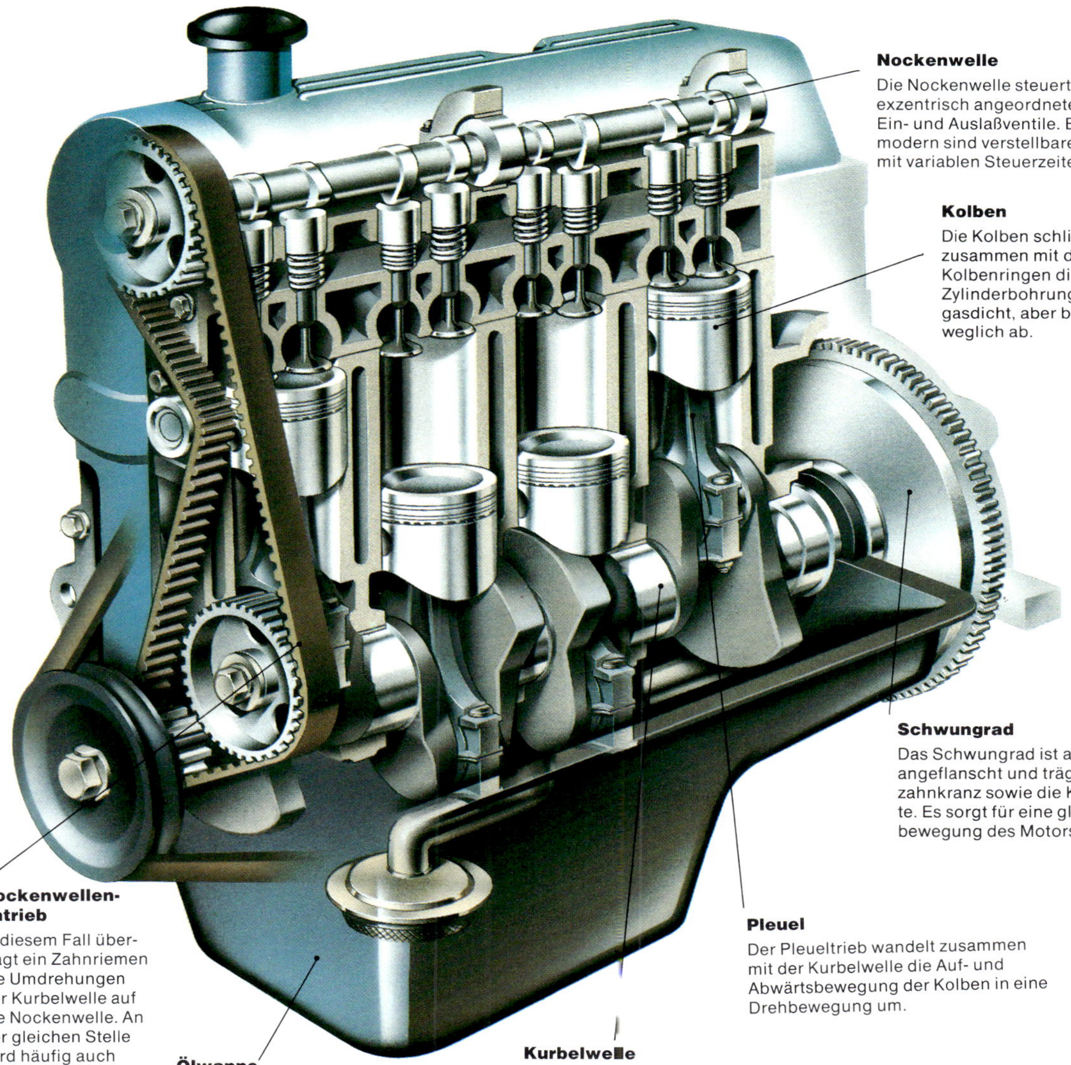

Nockenwelle
Die Nockenwelle steuert mit Hilfe exzentrisch angeordneter Nocken die Ein- und Auslaßventile. Besonders modern sind verstellbare Nockenwellen mit variablen Steuerzeiten.

Kolben
Die Kolben schließen zusammen mit den Kolbenringen die Zylinderbohrung gasdicht, aber beweglich ab.

Schwungrad
Das Schwungrad ist an der Kurbelwelle angeflanscht und trägt den Anlasserzahnkranz sowie die Kupplungselemente. Es sorgt für eine gleichmäßige Drehbewegung des Motors.

Nockenwellenantrieb
In diesem Fall überträgt ein Zahnriemen die Umdrehungen der Kurbelwelle auf die Nockenwelle. An der gleichen Stelle wird häufig auch eine Antriebskette eingesetzt.

Ölwanne
In der Ölwanne befinden sich das Motoröl sowie die mit einem Sieb versehene Ansaugstelle für das Öl, häufig in Kombination mit der Ölpumpe.

Kurbelwelle
Die Kurbelwelle überträgt die Kraft auf die Schwungscheibe und von dort über das Getriebe auf die Antriebsachse.

Pleuel
Der Pleueltrieb wandelt zusammen mit der Kurbelwelle die Auf- und Abwärtsbewegung der Kolben in eine Drehbewegung um.

Wie ein Ottomotor arbeitet

Der Arbeitsprozeß beginnt in der Gemischaufbereitung, wo Kraftstoff mit Luft zu einem leicht entzündbaren Gemisch aufbereitet wird. Dieses Gemisch wird durch die Einlaßventile in die Brennräume gesaugt, von den Kolben verdichtet und im Moment der höchsten Verdichtung durch die Zündkerzen entflammt. Das während der Verbrennung sich schnell ausdehnende Gemisch treibt die Kolben im Zylinder nach unten, wobei die Pleuelstangen zusammen mit der Kurbelwelle die Auf- und Abwärtsbewegung in eine Drehbewegung umsetzen. Die Einzelbewegung des Kolbens bezeichnet man als Takt.

Bei dem gezeigten Motor sind vier Takte für einen vollständigen Umlauf notwendig, deshalb spricht man auch vom Viertaktprinzip.

Beim Ansaugtakt gleitet der Kolben bei geschlossenem Auslaßventil nach unten und saugt zündfähiges Gemisch durch das geöffnete Einlaßventil an.

Beim nächsten Takt verdichtet der nach oben laufende Kolben das Gemisch, da nun Ein- und Auslaßventil geschlossen sind. Am Ende dieses Taktes befindet sich das Gemisch im Verbrennungsraum, der von Zylinderkopf und Kolbenboden gebildet wird.

Kurz bevor der Kolben seinen oberen Totpunkt (OT) erreicht hat, entflammt die Zündkerze das Gemisch; das Gas dehnt sich aus, und der Arbeitstakt beginnt.

Bei der nächsten Aufwärtsbewegung des Kolbens öffnet sich das Auslaßventil: Die verbrannten Abgase werden über den Auspuff ins Freie ausgestoßen. Nun kann das Arbeitsspiel von neuem beginnen.

Besonderes Augenmerk richten Motorkonstrukteure auf gute Laufkultur, die sich durch niedriges Geräuschniveau und wenig Vibration auszeichnet. Deshalb wird die Kurbelwelle mit besonderen Zapfen versehen, was den Massenausgleich der rotierenden Kurbelwelle und der sich auf- und abbewegenden Pleuelstangen mit den Kolben bewirkt. Manchmal werden auch Ausgleichswellen angeordnet, oder ein besonderer Schwingungsdämpfer sitzt auf dem Ende der Kurbelwelle. Zum ruhigen Motorlauf trägt auch das schwere Schwungrad bei. Bei laufunruhigen Aggregaten verfügt es über zwei voneinander getrennte Systeme. Man spricht dann vom Zweimassenschwungrad.

Die Arbeitsspiele des Viertaktmotors

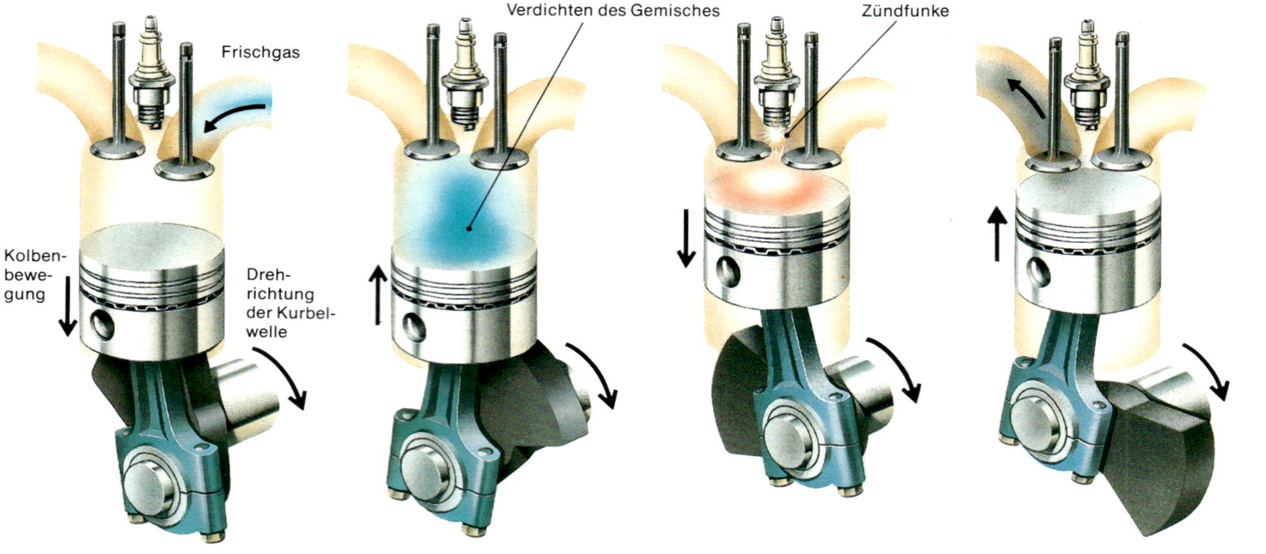

Beim Ansaugtakt gleitet der Kolben nach unten. Das Einlaßventil ist geöffnet, das Auslaßventil geschlossen.

Mit der Aufwärtsbewegung des Kolbens erfolgt die Verdichtung. Ein- und Auslaßventil sind geschlossen.

Das entzündete und sich schnell ausdehnende Gasgemisch treibt den Kolben nach unten. Ein- und Auslaßventil sind geschlossen.

Die Verbrennungsgase werden durch den nach oben laufenden Kolben und durch das geöffnete Auslaßventil hinausgedrückt.

Verdichtungsverhältnis

Das Verhältnis zwischen dem angesaugten und dem komprimierten Kraftstoff-Luft-Gemisch nennt man Verdichtungsverhältnis. Wird das Gemisch auf ein Neuntel des ursprünglichen Volumens verdichtet, beträgt das Verdichtungsverhältnis 9 : 1. Bei modernen Motoren kann es auch höher liegen.

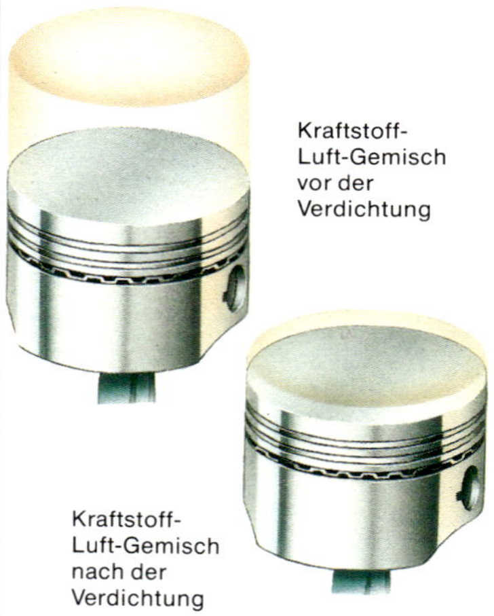

Die Zündfolge

Die Reihenfolge, in der die Zündkerzen das Gemisch in den einzelnen Zylindern entzünden, nennt man Zündfolge. Diese wird vom Verteiler gesteuert, der den Zündstrom im richtigen Zeitpunkt der jeweiligen Zündkerze zuordnet. Die Nockenwelle sorgt dafür, daß auch die Ventile in der richtigen Reihenfolge geöffnet bzw. geschlossen werden.

Die Zylinder des Reihenmotors werden – meist vorn mit Nummer 1 beginnend – durchnumeriert. Würde man das Gemisch entsprechend dieser Reihenfolge entzünden, käme es zwangsläufig zu einem sehr unruhigen Motorlauf. Deshalb zündet der Motor entsprechend der Zündfolge, z. B. beim Vierzylinder 1, 3, 4, 2 oder 1, 2, 4, 3.

Zieht man die Zündkabel von den Zündkerzen ab, müssen sie stets in gleicher Anordnung wieder aufgesteckt werden, um die Zündfolge nicht zu verändern.

Ventilposition bei der Zündfolge 1, 2, 4, 3

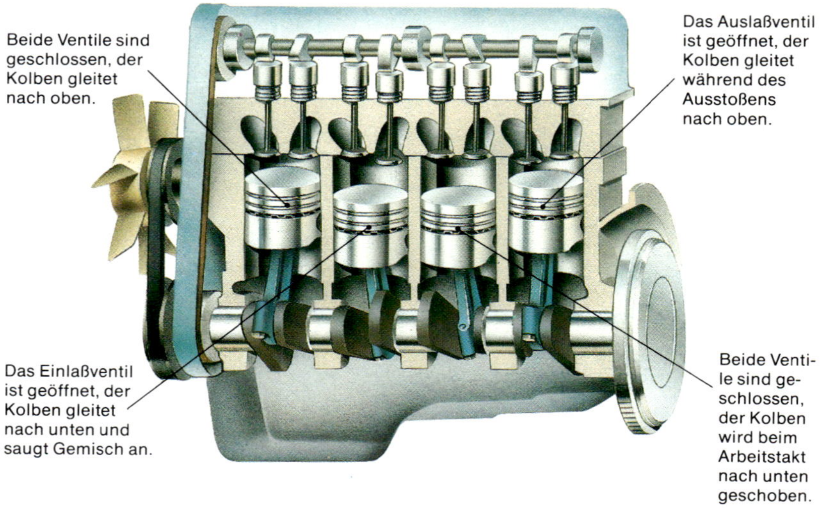

Beide Ventile sind geschlossen, der Kolben gleitet nach oben.
Das Auslaßventil ist geöffnet, der Kolben gleitet während des Ausstoßens nach oben.
Das Einlaßventil ist geöffnet, der Kolben gleitet nach unten und saugt Gemisch an.
Beide Ventile sind geschlossen, der Kolben wird beim Arbeitstakt nach unten geschoben.

Die Ventilsteuerung

Das Einlaßventil des Ottomotors läßt das Kraftstoff-Luft-Gemisch in den Zylinder strömen. Nach dem Verbrennungstakt treten die verbrannten Gase durch das Auslaßventil aus. Beide Ventile müssen sich sehr exakt öffnen und schließen. Sie werden über Nocken betätigt. Die Nockenwelle wird über Kette, Zahnriemen oder einen Zahnrädersatz von der Kurbelwelle angetrieben.

Eine seitlich im Block angeordnete Nockenwelle läuft unmittelbar neben der Kurbelwelle. Darüber werden in Bohrungen die Stößel geführt, die ihrerseits Stößelstangen bedienen, an deren oberem Ende Kipphebel die Ventile betätigen. Wird die Stößelstange durch den Nocken angehoben, drückt der Kipphebel gegen die Federkraft auf das Ventil, und der Gasstrom kann passieren. Jedes Ventil wird nach dem Öffnen von der Ventilfeder sofort wieder geschlossen.

Viele moderne Motoren haben keine Stößelstangen. Die Ventile werden direkt durch Nocken oder indirekt über kurze Schwinghebel gesteuert. Die Nockenwelle befindet sich dann im Zylinderkopf. Eine solche Anordnung besitzt nicht so viele bewegliche Teile, gilt als drehzahlfest und ermöglicht eine bessere Leistungsausbeute.

Setzt man pro Zylinder mehr als ein Einlaß- oder Auslaßventil ein, spricht man von der Mehrventiltechnik. Diese ermöglicht bei höheren Drehzahlen einen schnelleren Gaswechsel und damit eine noch größere Leistungsausbeute bei gleichem Treibstoffverbrauch.

Mehrventilmotoren benötigen in aller Regel eine zweite Nockenwelle. Beide Nockenwellen sind dann über einen Zahnriemen oder Kettenantrieb verbunden. Aus- und Einlaßventile sind mechanisch wie thermisch hochbelastet. Die Ventile bestehen aus einer Speziallegierung und sind aus Gründen des Verschleißschutzes mit Sondermetallen gepanzert.

Die Ventileinstellung geschieht heute meist automatisch durch sogenannte Hydrostößel.

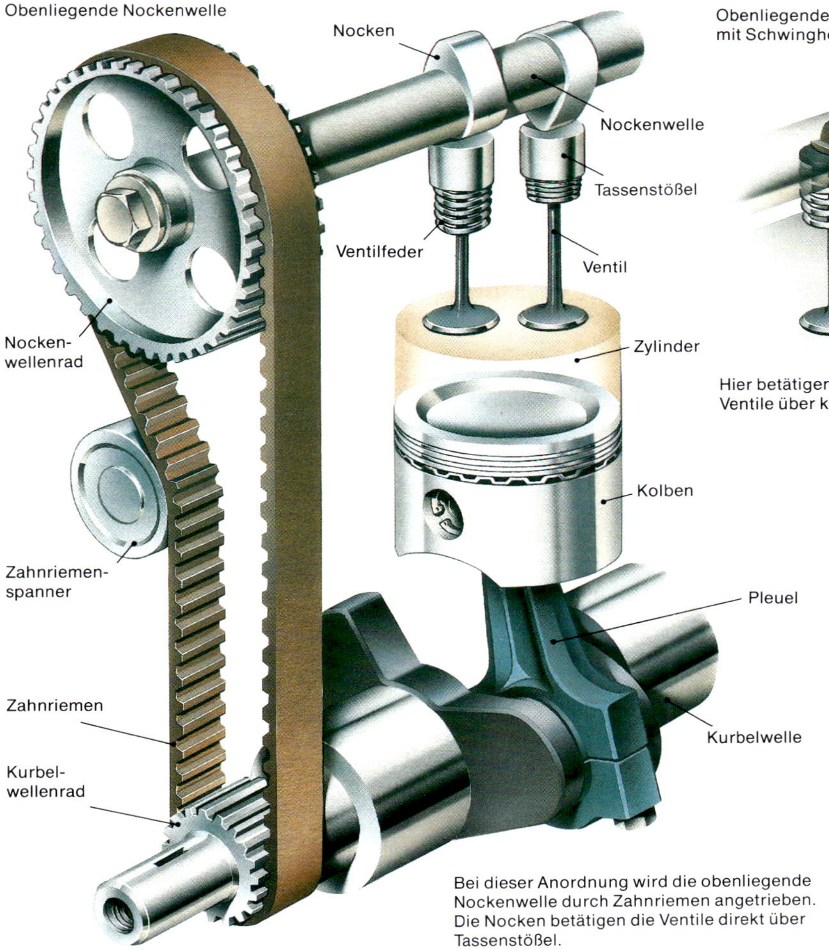

Bei dieser Anordnung wird die obenliegende Nockenwelle durch Zahnriemen angetrieben. Die Nocken betätigen die Ventile direkt über Tassenstößel.

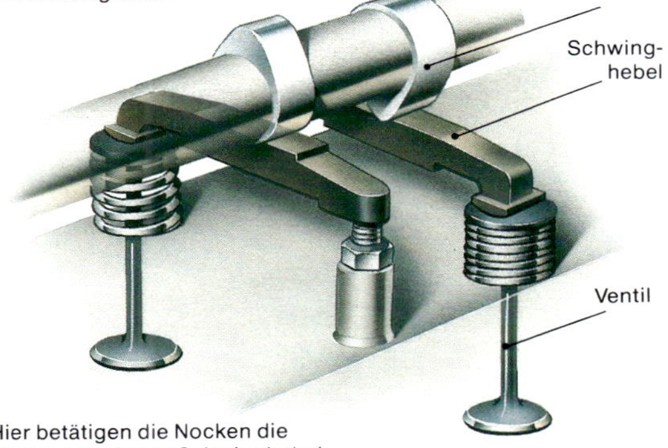

Hier betätigen die Nocken die Ventile über kurze Schwinghebel.

Motor mit obenliegender Nockenwelle

Das Kennzeichen moderner Motoren ist die obenliegende Nockenwelle, die die Ventile über wenige bewegliche Teile direkt betreibt. Die Nocken sitzen unmittelbar auf Tassenstößeln oder kurzen Schwinghebeln, die die Ventile betätigen.

Die Nockenwelle kann über eine lange Steuerkette von einem Zahnrad der Kurbelwelle angetrieben werden. Um Schwingungen der Kette zu vermeiden, baut man Schwingungsdämpfer ein oder verwendet zwei kürzere Ketten mit Zwischenrädern.

Bei einer anderen Konstruktion verbindet ein Zahnriemen die Kurbelwelle mit der Nockenwelle über Zahnräder.

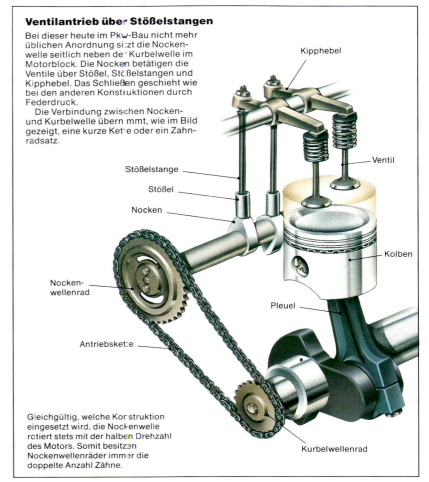

Ventilantrieb über Stößelstangen

Bei dieser heute im Pkw-Bau nicht mehr üblichen Anordnung sitzt die Nockenwelle seitlich neben der Kurbelwelle im Motorblock. Die Nocken betätigen die Ventile über Stößel, Stößelstangen und Kipphebel. Das Schließen geschieht wie bei den anderen Konstruktionen durch Federdruck.

Die Verbindung zwischen Nocken- und Kurbelwelle übernimmt, wie im Bild gezeigt, eine kurze Kette oder ein Zahnradsatz.

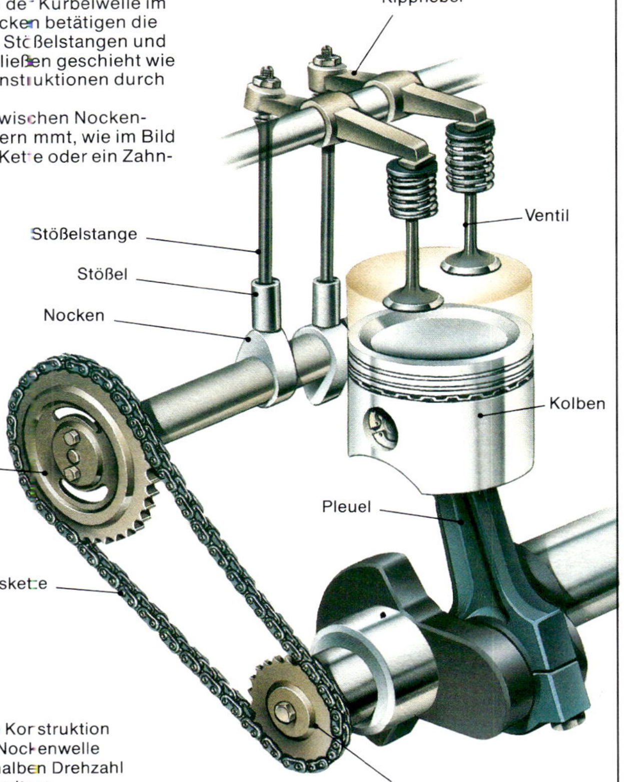

Gleichgültig, welche Konstruktion eingesetzt wird, die Nockenwelle rotiert stets mit der halben Drehzahl des Motors. Somit besitzen Nockenwellenräder immer die doppelte Anzahl Zähne.

Die Nebenaggregate des Motors

Mit den bisher beschriebenen Bauteilen ist ein Motor noch keineswegs funktionsfähig. Zahlreiche Hilfsaggregate sind notwendig, die vom Motor selbst angetrieben werden müssen. Der Benzinmotor benötigt ein Zündsystem. Die Überschußwärme wird über das Kühlsystem abgeführt, und das Trockenlaufen wird vom Schmiersystem verhindert. Diese Funktionen werden in der Regel von mechanisch angetriebenen Aggregaten übernommen. Die Antriebskraft liefert die Kurbelwelle. Der Antrieb erfolgt über Zahnräder, Ketten, Nutverbindungen, Nocken bzw. Zahn- oder Keilriemen.

Die Nebenantriebe

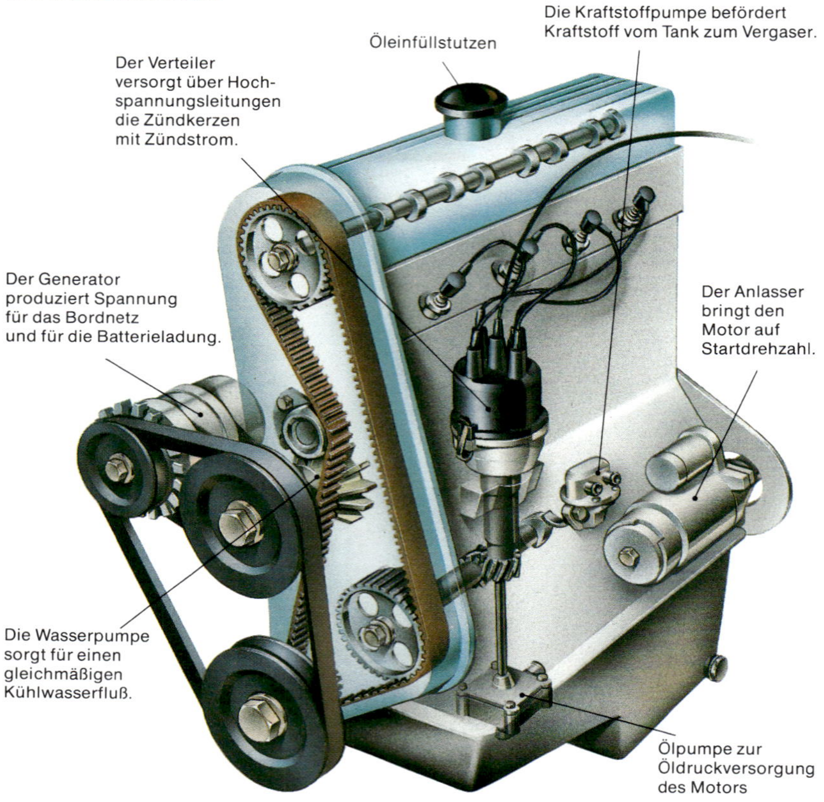
Öleinfüllstutzen
Die Kraftstoffpumpe befördert Kraftstoff vom Tank zum Vergaser.
Der Verteiler versorgt über Hochspannungsleitungen die Zündkerzen mit Zündstrom.
Der Generator produziert Spannung für das Bordnetz und für die Batterieladung.
Der Anlasser bringt den Motor auf Startdrehzahl.
Die Wasserpumpe sorgt für einen gleichmäßigen Kühlwasserfluß.
Ölpumpe zur Öldruckversorgung des Motors

Der Anlasser ist ein kräftiger Elektromotor, der seitlich am Motorblock angeflanscht ist. Er greift in den Zahnkranz der Schwungscheibe ein und bringt den Motor auf eine zum Anspringen ausreichende Drehzahl.

Die Lichtmaschine – auch Generator genannt – liefert den Strom für das Bordnetz und das Nachladen der Batterie. Bei älteren Modellen ist es meist eine Gleichstrom-, bei neueren eine Drehstromlichtmaschine.

Die Lichtmaschine wird über einen Flach- oder Keilriemen und Riemenscheiben von der Kurbelwelle angetrieben. Die Leistungsabgabe kontrolliert ein Regler.

Die Zündanlage Um einen Zündfunken zu erzeugen, der das Kraftstoff-Luft-Gemisch beim Ottomotor sicher entflammt, muß die Spannung der Batterie durch die Zündspule in Hochspannung bis 30000 V transformiert werden.

Die Niederspannung fließt durch die Primärwicklung der Zündspule und dann zu den Unterbrecherkontakten im Verteiler. Beim Öffnen der Kontakte im Verteiler bricht der Niederspannungsstromkreis zusammen, und es entsteht ein Impuls, der in der Sekundärwicklung der Zündspule die Hochspannung induziert.

Am Ende jeder Zündleitung befindet sich eine Zündkerze mit den zwei Elektroden, die vom Verteiler zum richtigen Zeitpunkt mit der notwendigen Spannung versorgt wird. Bei modernen Motoren sitzt die Zündtechnik häufig unmittelbar auf der Zündkerze. Man spricht dann von Direktzündung. Diese ist weniger störanfällig. Ebenso dienen Zündkerzen mit mehreren Masseelektroden der höheren Betriebssicherheit.

Die Benzinpumpe Der Kraftstoff wird hier mit einer mechanischen Pumpe zum Vergaser gefördert. Fahrzeuge mit Einspritzanlage besitzen in der Regel eine elektrische Kraftstoffpumpe.

Die Kühlung Motoren mit Wasserkühlung besitzen eine durch einen Keilriemen angetriebene Wasserpumpe, die das Kühlmittel durch Motor und Kühler befördert.

Weitere Nebenaggregate Bei einer Klimaanlage oder einer Servolenkung sind zusätzlich ein Kältekompressor bzw. eine Hydraulikpumpe am Motor angeflanscht.

Die Motorschmierung Das Motoröl wird aus der Ölwanne unter dem Motorblock von einer Pumpe angesaugt und unter Druck durch Leitungen und Kanäle zu den Schmierstellen befördert. Es läuft selbsttätig durch Rücklaufbohrungen zurück.

Der Öldruck der Pumpe wird von einem Überdruckventil geregelt. Bei zu hohem Druck fließt ein Teil des Öls in die Ölwanne zurück.

Das von Pleuellagern und Kurbelantrieb abgeschleuderte Öl spritzt gegen die Zylinderlaufbahnen und verhindert so den Trockenlauf (Tauch- und Spritzschmierung).

Bevor das Öl in den Motor gelangt, passiert es ein Filter. Filtereinsätze lassen sich nicht reinigen, sondern werden bei der Inspektion durch ein Neuteil ersetzt. Bei verstopften Filtern erhält der Motor sein Schmieröl über eine Nebenbohrung.

Es gibt verschiedene Ausführungen von Ölpumpen, z. B. die Rotor- und die Zahnradpumpe. Die Kennzeichen der Rotorpumpe sind ein verzahnter Innen- und Außenrotor, die der Zahnradpumpe zwei nebeneinanderliegende Zahnräder. Ölpumpen können innerhalb der Ölwanne oder außerhalb auf einem Geräteträger installiert werden.

Zur Überwachung des Öldrucks und der Öltemperatur dienen bei den meisten Hochleistungsfahrzeugen besondere Kontrollinstrumente, während das normale Fahrzeug nur eine Öldruckwarnleuchte besitzt. Meldet diese Schmierungsmangel, ist es häufig schon zu spät; hingegen kann ein Öldruckmesser mit Zeigerinformation bei Druckabfall rechtzeitig zum Abstellen des Motors veranlassen. Ölthermometer informieren den Fahrer, ob das Öl die richtige Betriebstemperatur hat.

Das Schmiersystem

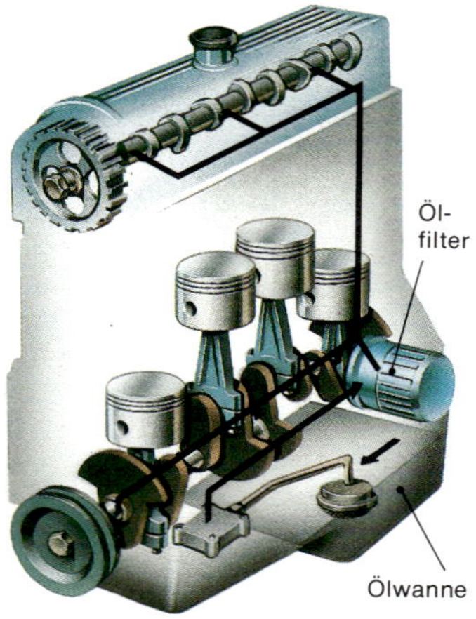
Öl-
filter
Ölwanne

Das Öl wird von der Pumpe zu den Schmierstellen der drehenden Teile befördert.

Die Zahnradpumpe

Bei dieser Zahnradpumpe erzeugen zwei Zahnräder den notwendigen Öldruck.

Die Rotorpumpe

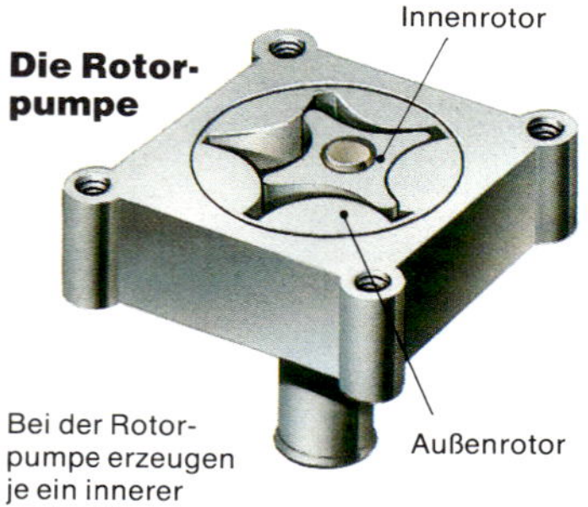
Innenrotor
Außenrotor

Bei der Rotorpumpe erzeugen je ein innerer und äußerer Rotor den Öldruck.

Wie ein Dieselmotor arbeitet 1

Moderne umweltfreundliche Dieselmotoren sind häufig mit einem Oxidationskatalysator ausgerüstet. Dadurch verliert der Diesel seinen typischen Abgasgeruch, die Kohlenwasserstoffemission wird deutlich besser, und auch das Rußverhalten ist günstiger.

Vollkommen neu sind Pkw-Diesel mit direkter Einspritzung. Hierbei wird auf die Wirbel- oder Vorkammer verzichtet. Dies ermöglicht einen sehr günstigen Treibstoffverbrauch. Die Nachteile des rauhen Motorlaufs lassen sich durch moderne Isoliertechniken ausgleichen.

Nach wie vor ist der Diesel ein robuster und sparsamer Antriebsmotor. Bei vernünftiger Fahrweise ist der Treibstoffverbrauch geringer als bei jedem Ottomotor. Somit leistet der Dieselmotor indirekt einen Beitrag zur Kohlendioxidreduzierung.

Dieselmotoren werden häufig mit Aufladesystemen, z. B. dem Turbolader, kombiniert.

Der Verbrennungsablauf

Der Dieselmotor saugt nur Luft an. Er besitzt also keinen Vergaser, sondern lediglich eine einfache Luftdrosselklappe. Im zweiten Takt wird die Luft verdichtet. Dadurch erhöhen sich die Druckwerte bis zu 55 bar bei etwa 700–900 °C Lufttemperatur.

Wird nun im dritten Takt Kraftstoff mit hohem Druck in diese heiße Luft eingespritzt, bildet sich sofort ein brennfähiges Gemisch, das sich selbst entzündet. Der Kolben gleitet nach unten und leistet Arbeit. Beim vierten und letzten Takt wird das verbrannte Gemisch ausgestoßen.

Das Verdichtungsverhältnis

Beim Dieselmotor liegt das Verdichtungsverhältnis mit Werten bis 22:1 wesentlich höher als beim Ottomotor. Zylinderblock, Zylinderkopf und Kolben müssen entsprechend stärker ausgeführt sein.

Die hohen Verdichtungsdrücke liegen bereits im Leerlauf und auch bei Teillast an, so daß der Dieselmotor im Kurzstreckenbetrieb besonders wirtschaftlich arbeitet.

Die Einspritzanlage

Zur Kraftstoffdruck-Erzeugung besitzen Dieselmotoren Reihen- oder Verteilereinspritzpumpen, die über Zahnräder, Ketten oder Zahnriemen angetrieben werden. Gleichzeitig haben die Einspritzpumpen die Aufgabe, den Kraftstoff entsprechend der Motorbelastung genau zu dosieren.

Zur Anpassung an die verschiedenen Lastzustände im Motor besitzen die Pumpen besondere Regelorgane. Vorgesehen ist auch eine vorgeschaltete Kraftstoffpumpe bzw. eine Kraftstoffhandpumpe; letztere tritt nur dann in Funktion, wenn der Tank leergefahren wurde. Nach Einfüllen des Kraftstoffes muß dann häufig das gesamte System entlüftet werden

Die Bauteile des Dieselmotors

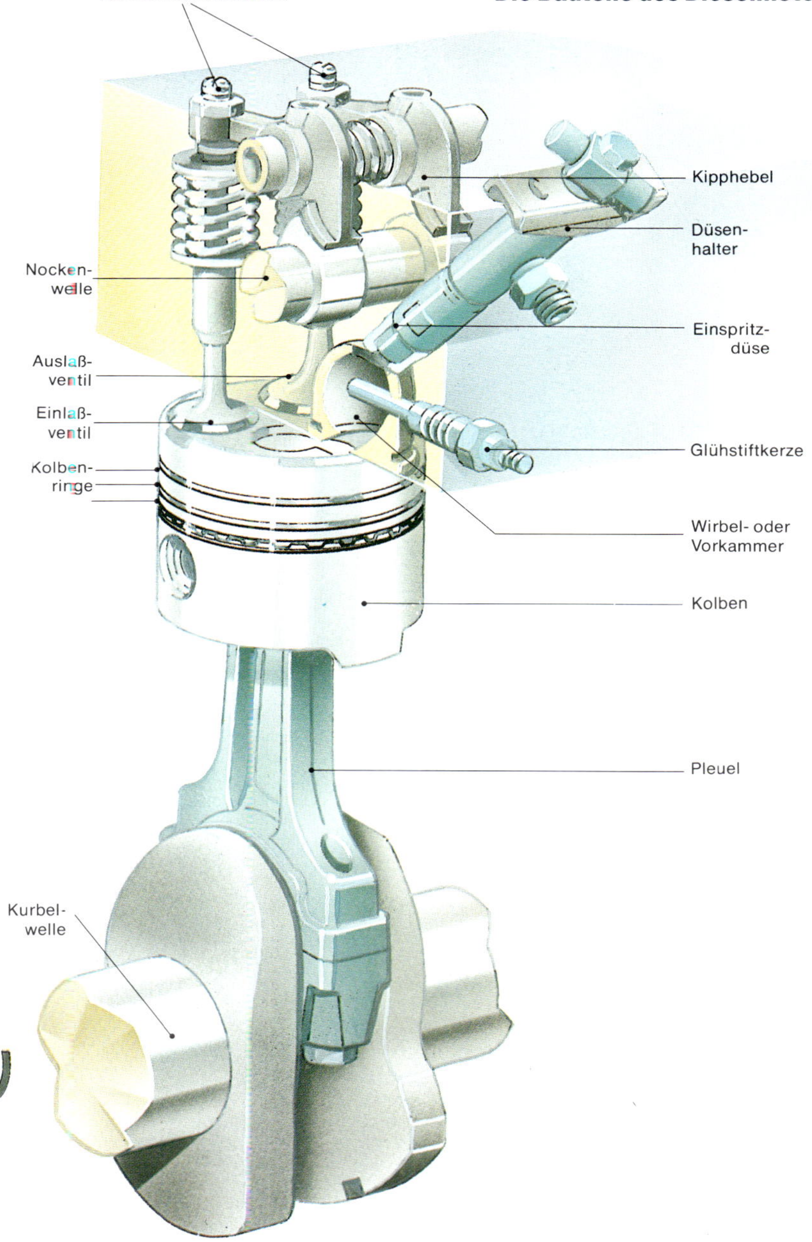

Der Arbeitsablauf beim Viertakt-Dieselmotor

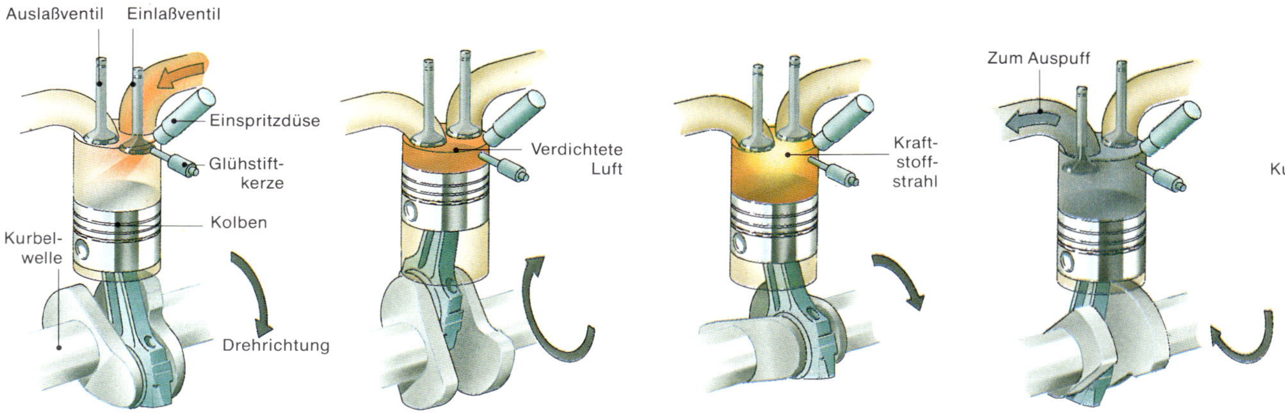

1. Takt: Ansaugen

2. Takt: Verdichten

3. Takt: Einspritzen (Arbeitstakt)

4. Takt: Ausstoßen

Wie ein Dieselmotor arbeitet 2

Fördermengenregelung der Reiheneinspritzpumpe

Das Gaspedal greift über ein Gestänge direkt auf die Regelstange ein, die die Pumpenkolben dreht, wodurch sich der nutzbare Hub des Pumpenkolbens ändert.

Fördermengenregelung der Verteilereinspritzpumpe

Kleine Pkw-Dieselmotoren haben meist Verteilereinspritzpumpen. Ein verhältnismäßig kleines Gehäuse enthält eine Flügelzellenpumpe zur Kraftstofförderung, eine Hochdruckpumpe, eine Abstelleinrichtung und ein Spritzverstellsystem.

Zur Erzeugung des notwendigen Druckes dient eine mit Nocken versehene Hubscheibe, die von in einem Rollenring umlaufenden Rollen betätigt wird. Ein Verteilerkopf übernimmt in Verbindung mit Druckventilen die Kraftstoffzumessung.

Fehler in der Kraftstoffzumessung äußern sich in Leistungsverlust und Kraftstoff-Mehrverbrauch.

Die Einspritzdüse

Einspritzdüsen haben die Aufgabe, den unter hohem Druck stehenden Kraftstoff so in den Brennraum zu spritzen, daß eine sehr gute Verteilung erfolgt. Sie sind dem jeweiligen Dieselbrennverfahren angepaßt.

Verteilereinspritzpumpe

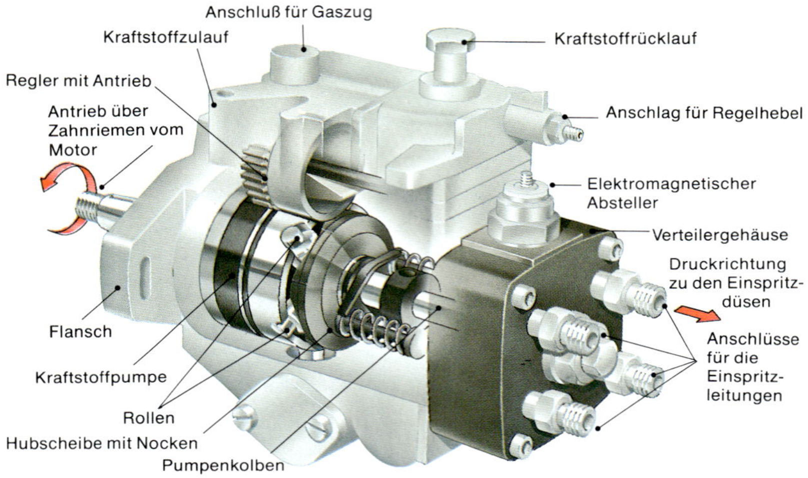

Das Kraftstoffilter

Dieselmotoren sind, da die Einspritzpumpen und Einspritzdüsen sehr anfällig gegen Verschmutzung sind, mit großen Kraftstoffiltern ausgerüstet, die gleichzeitig die Wasserabscheidung übernehmen.

Die Vorglühanlage

Dieselmotoren mit Vor- und Wirbelkammer besitzen als Starthilfeeinrichtung pro Zylinder je eine Glühkerze. Diese Kerzen heizen die im Zylinderraum vorhandene Luft vor, so daß der Motor auch an kalten Tagen problemlos anspringt. Die Dauer des Vorglühvorgangs wurde in den letzten Jahren durch Schnellstartsysteme deutlich verkürzt.

Dieselmotoren mit direkter Einspritzung, wie sie meist bei Lastkraftwagen Verwendung finden, besitzen keine Vorglüheinrichtung.

Der Dieselmotor mit direkter Einspritzung hat einen noch günstigeren Kraftstoffverbrauch als ein Motor mit Vor- oder Wirbelkammer.

Dieselkraftstoff-Filter

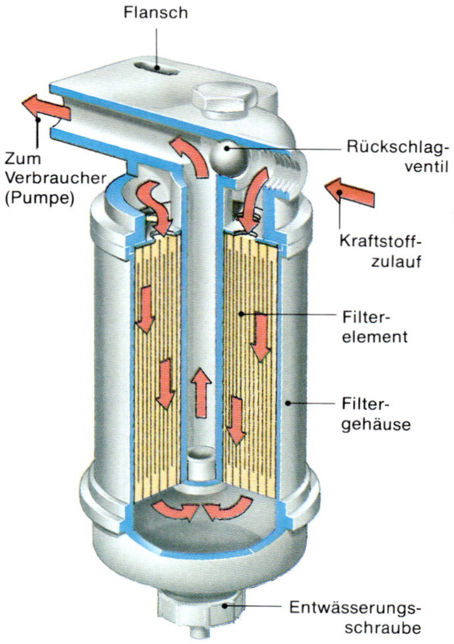

Einspritzdüse

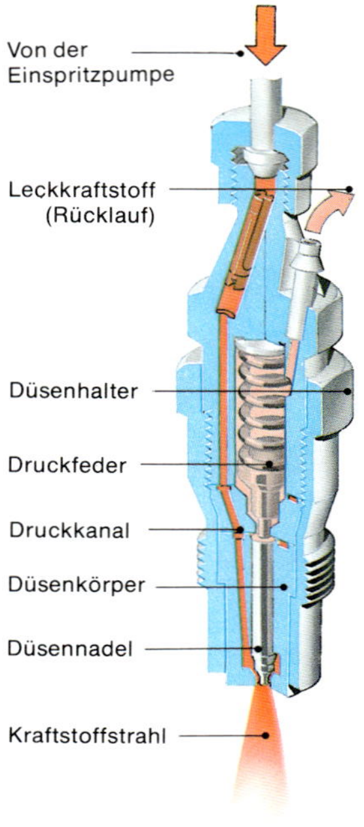

Glühstiftkerze

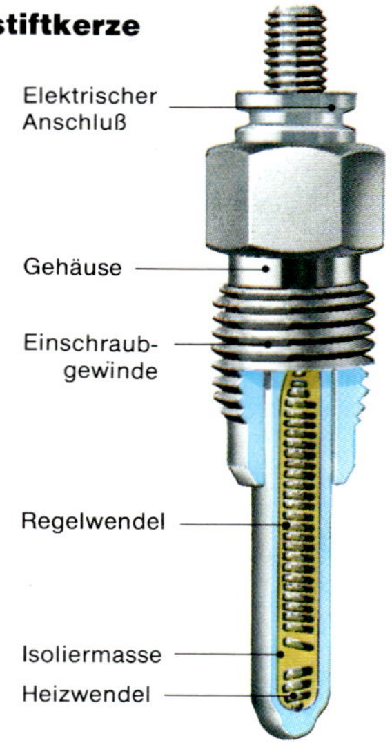

Die Fördermengenregelung der Reiheneinspritzpumpe

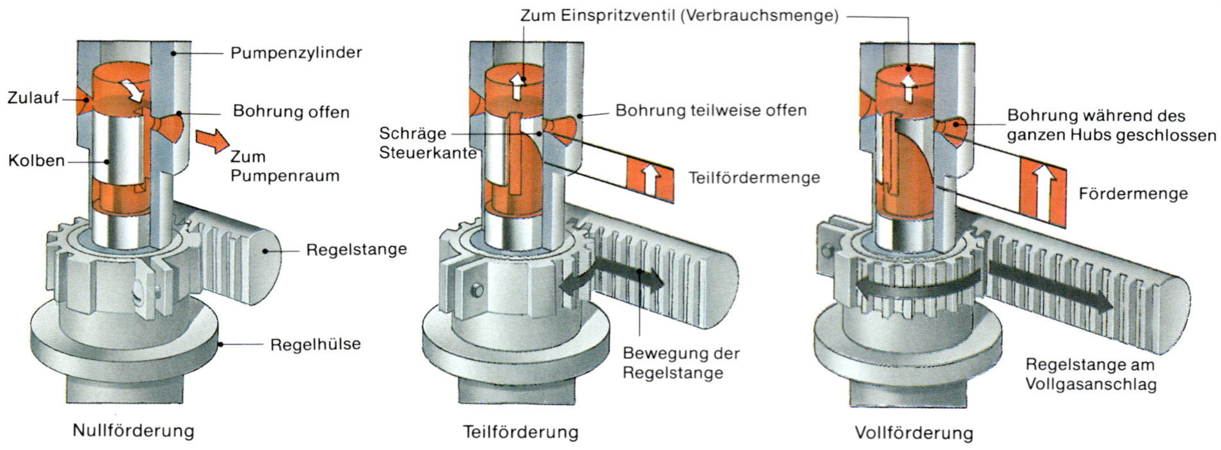

Die Kraftstoffversorgung

Aus Sicherheitsgründen ist der Tank oft weit vom Motor entfernt. Ein Schwimmer im Tank steuert ein Anzeigeinstrument am Armaturenbrett. Ein Belüftungssystem – bei älteren Fahrzeugen ein Loch im Tankstutzen – verhindert Unterdruck beim Entnehmen von Kraftstoff.

Kraftstoffzirkulation
Das System hat eine Vorlauf- und eine Rücklaufleitung, in denen Kraftstoff kontinuierlich fließt. Der Vergaser erhält dadurch immer so viel Kraftstoff, wie er benötigt.

Die Kraftstoffpumpe

Kraftstoffpumpen saugen Kraftstoff vom Tank ab und fördern ihn zum Vergaser. Sie sind mechanisch oder elektrisch angetrieben. Elektrische Pumpen sitzen meist in der Nähe des Tanks oder im Tank. Moderne Benzineinspritzanlagen benötigen spezielle Förderpumpen.

Die mechanische Kraftstoffpumpe

Mechanische Kraftstoffpumpen werden von der Nockenwelle oder über einen Nebenantrieb der Kurbelwelle betätigt. Dreht sich die Welle, läuft ein Schwinghebel auf einem Nocken auf und ab. Das andere Ende des Schwinghebels hat eine lose Verbindung mit einer Membrane, die den Saug- und Druckraum der Pumpe abschließt.

Wird die Membrane gegen die Membranfeder abwärts bewegt, saugt sie Kraftstoff an. Beim Weiterlauf des Nockens ist der Schwinghebel spannungslos. Daher läuft die Membrane, von der Membranfeder gedrückt, selbständig nach oben, wobei angesaugter Kraftstoff durch das Auslaßventil in die Versorgungsleitung gedrückt wird.

Ein Rücklauf des Kraftstoffs ist nicht möglich, da das Ansaugventil durch den Druck einer Feder, vom Kraftstoffdruck unterstützt, geschlossen wird.

Der Vergaser nimmt Kraftstoff auf, bis die Schwimmerkammer gefüllt ist. Der Kraftstoff hebt den Schwimmer und ein Nadelventil an und sperrt den weiteren Zufluß. Die Kraftstoffpumpe läuft leer weiter.

Wenn der Vergaser wieder mehr Kraftstoff braucht, entlastet sich die Membranfeder, der Schwinghebel erfaßt die Membrane, und es wird wieder Benzin gefördert.

Die elektrische Kraftstoffpumpe

Elektropumpen haben einen ähnlichen Aufbau wie mechanische Pumpen, aber anstatt des Schwinghebels und des Nockenantriebs einen elektromagnetischen Antrieb.

Eine Elektrospule zieht eine Kolbenstange an, die mit der Membrane in Verbindung steht. Die Membrane saugt Kraftstoff in die Kammer. Am Ende des Weges der Kolbenstange unterbrechen Elektrokontakte den Stromfluß zur Spule. Die Membrane entspannt sich, unterstützt von einer Rückholfeder, und es wird Kraftstoff gefördert.

Beim Rücklauf der Kolbenstange mit der Membrane werden auch die Elektrokontakte freigegeben; sie schließen, und die Kolbenstange mit Membrane wird erneut angezogen.

Bei Einspritzanlagen werden oft Rollenzellenpumpen eingesetzt.

Die Kraftstoffzirkulation

Viele Kraftstoffpumpen fördern nur dann Kraftstoff, wenn er benötigt wird. Moderne Systeme haben aber kontinuierlich fördernde Pumpen. Nicht benötigter Kraftstoff läuft über eine Rücklaufleitung zurück.

Kraftstoff- und Luftfilter

Kraftstoff und Luft werden gefiltert, bevor sie in den Vergaser oder in die Einspritzanlage gelangen.

Kraftstoffilter aus Spezialpapier haben ein Kunststoffgehäuse und liegen in der Ansaugleitung. Auch die Kraftstoffpumpe selbst besitzt, sofern der Deckel verschraubt ist, ein feines Filter aus Metallgewebe.

Das Luftfilter ist ein Teil des Ansauggehäuses über dem Vergaser. Moderne Fahrzeuge haben meist Papierfiltereinsätze, die man schnell wechseln kann, ältere haben Öl-Metallgewebe-Luftfilter, die schwierig zu reinigen sind.

Mechanische Pumpe

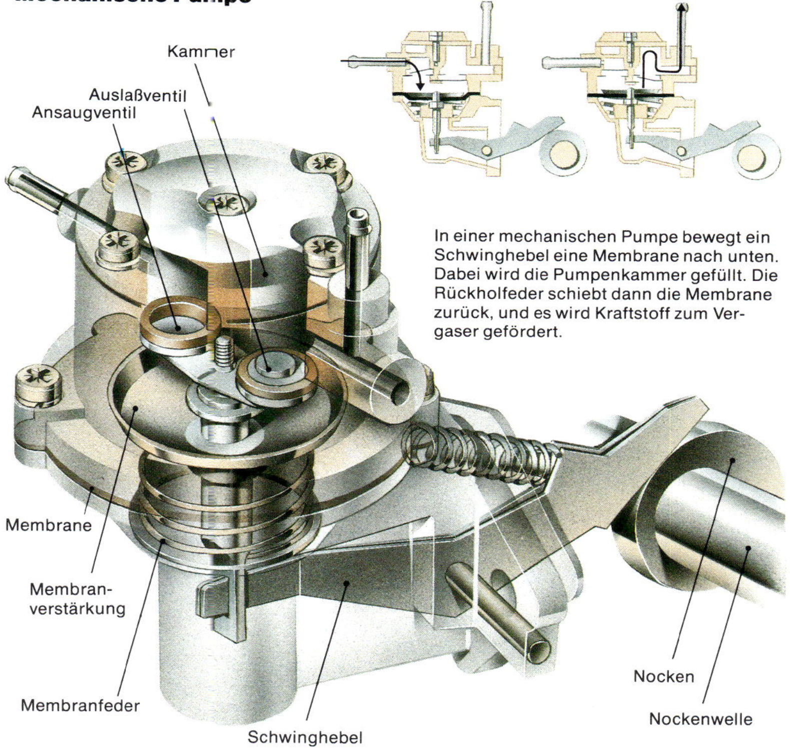

In einer mechanischen Pumpe bewegt ein Schwinghebel eine Membrane nach unten. Dabei wird die Pumpenkammer gefüllt. Die Rückholfeder schiebt dann die Membrane zurück, und es wird Kraftstoff zum Vergaser gefördert.

Elektrische Pumpe

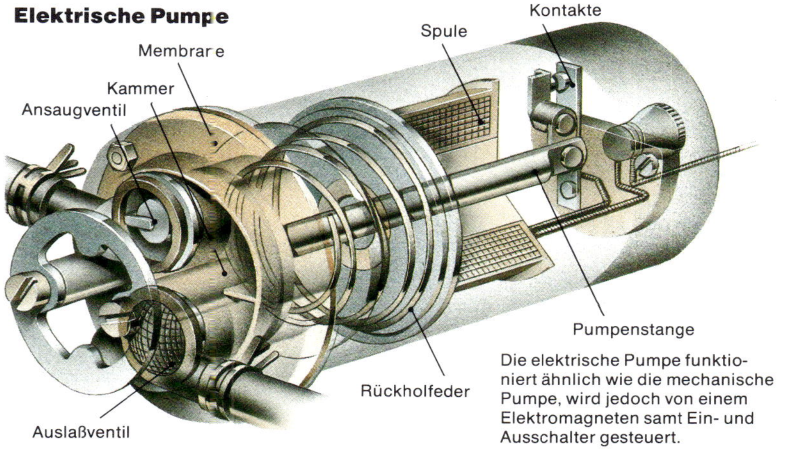

Die elektrische Pumpe funktioniert ähnlich wie die mechanische Pumpe, wird jedoch von einem Elektromagneten samt Ein- und Ausschalter gesteuert.

Der Fallstromvergaser

Die Vergasersysteme sind in den letzten Jahren durch vielfache Anbauten immer komplizierter geworden; trotzdem beruhen sie noch alle auf dem Prinzip des Venturi-Rohres: Wenn man einen Luftstrom durch eine genau berechnete Verengung leitet, wird die Luft dabei beschleunigt. Der gleichzeitig entstehende Unterdruck erleichtert das Ansaugen und Zerstäuben des Kraftstoffs. Gesteuert wird die Luftmenge über eine Drosselklappe.

Im oberen Teil des Vergasergehäuses befindet sich über der Drosselklappe die Starterklappe, die bei kaltem Motor geschlossen wird. So kann sich das Gemisch anreichern, was einen leichteren Motorstart ermöglicht.

Vergaserbauteile

Vergaser besitzen zur exakten Gemischaufbereitung bei jeder Betriebssituation mehrere Düsensysteme.

Im Motorleerlauf braucht man sehr wenig Kraftstoff, da im Venturi-Rohr nur ein geringer Luftstrom vorhanden ist; denn die Drosselklappe ist beinahe geschlossen. Der Unterdruck ist also zu gering, um Kraftstoff über das Hauptdüsensystem ansaugen zu können. Aber unter der Drosselklappe herrscht ein großes Vakuum; deshalb ist dort eine Bohrung angeordnet, die in Verbindung mit dem Leerlaufsystem steht.

Wird die Drosselklappe geöffnet, nimmt der Luftdurchsatz im Vergaser schnell zu. Der Vergaser erhält zusätzlich einen kräftigen, kurzen Kraftstoffstoß, der das Gemisch stark anreichert.

Der Druck für diesen Vorgang kommt von einer Gummimembrane oder einem Kolben, der zur Beschleunigungseinrichtung gehört.

Anschließend, wenn der Luftstrom für ein noch größeres Vakuum im Venturi-Rohr sorgt, wird Kraftstoff über das Hauptdüsensystem angesaugt. Je stärker der Luftstrom ist, um so höher ist auch der Kraftstoffverbrauch.

Vergaserfeinabstimmung

Die Leerlauf-Luftbohrung kann man mit einer kegeligen Leerlauf-Luftschraube regulieren. Zusätzlich gibt es eine Leerlaufgemisch-Regulierungsschraube, die ebenfalls eine kegelige Spitze hat. Damit stimmt man die maximale Durchflußmenge für das Leerlaufgemisch ab.

Beim Luftkorrektursystem fließt der Kraftstoff durch die Hauptdüse, aber nicht direkt zum Venturi-Rohr, sondern wird über eine Korrekturdüse geleitet. Bei steigender Drehzahl wird über diese Luftkorrekturdüse zunehmend Ausgleichsluft angesaugt, die aus dem Mischrohr austritt und den nachfließenden Kraftstoff mit Luft versetzt.

Da Fahrzeuge in der Regel nicht ständig mit Vollast betrieben werden, versorgt man Motoren häufig über Registervergaser.

Die erste Vergaserstufe ist für den unteren Drehzahlbereich zuständig. Dabei ist die Leistungsabgabe mäßig, und man verbraucht deshalb nur wenig Kraftstoff.

Tritt man weiter auf das Gaspedal, schaltet sich die zweite Vergaserstufe zu. Die Leistung, aber auch der Kraftstoffverbrauch steigen an.

Dieser Entwicklungslinie folgend, baut man heute auch elektronisch beeinflußte Vergaser, die sich noch besser auf die verschiedenen Betriebsbedingungen abstimmen lassen und auch eine Schubabschaltung besitzen.

Diese Technik funktioniert folgendermaßen: Nimmt man den Fuß vom Gaspedal, wird automatisch die Kraftstoffzufuhr zum Vergaser unterbrochen und erst dann wieder freigegeben, wenn die Leerlaufdrehzahl erreicht ist.

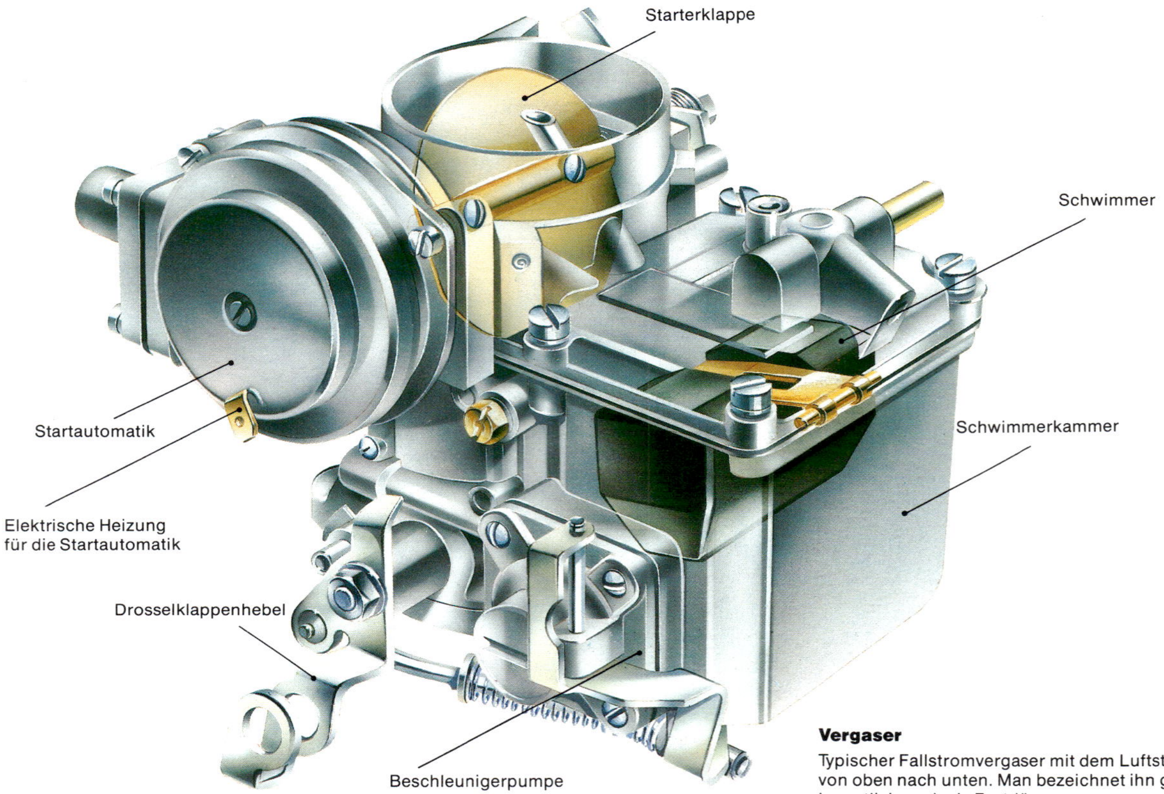

Vergaser
Typischer Fallstromvergaser mit dem Luftstrom von oben nach unten. Man bezeichnet ihn gelegentlich auch als Festdüsenvergaser.

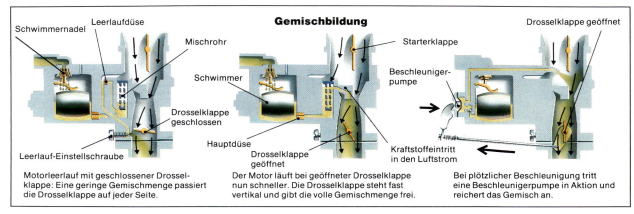

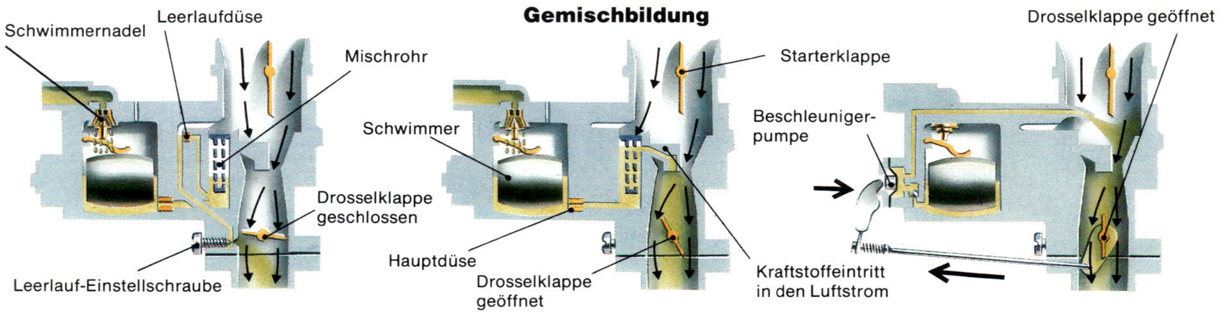

Motorleerlauf mit geschlossener Drosselklappe: Eine geringe Gemischmenge passiert die Drosselklappe auf jeder Seite.

Der Motor läuft bei geöffneter Drosselklappe nun schneller. Die Drosselklappe steht fast vertikal und gibt die volle Gemischmenge frei.

Bei plötzlicher Beschleunigung tritt eine Beschleunigerpumpe in Aktion und reichert das Gemisch an.

Der Flachstromvergaser

Vergaser bereiten Luft und Kraftstoff im richtigen Verhältnis und in ausreichender Menge entsprechend den Betriebsbedingungen des Motors auf. Dies geschieht durch Eindüsen von Kraftstoff in einen Luftstrom, so daß er zerstäubt und ein explosives Gemisch gebildet wird.

Je schneller der Motor läuft, um so mehr Luft wird angesaugt. Der Luftstrom passiert dabei eine Verengung im Vergaserdurchlaß. Dadurch wird die Luft beschleunigt, und gleichzeitig fällt der Druck ab. Durch eine Düse saugt dieser Unterdruck Kraftstoff in den Luftstrom.

Die Drehzahl des Motors wird durch eine Drosselklappe gesteuert, die einen Teil des Vergaserquerschnittes abriegelt und die Ansaugmischmenge der Motordrehzahl anpaßt.

Der Vergaser mit variablem Lufttrichter und Düsenquerschnitt

Der einfachste Weg zur Gemischaufbereitung ist ein Vergaser mit variablem Lufttrichter und variablem Düsenquerschnitt.

Die Kraftstoffdüse wird teilweise von einer konischen Nadel verschlossen, die angehoben werden kann und dabei den Kraftstoff freigibt. Diese Nadel wird von einem Kolben gehalten, der in einer Kammer auf und ab gleiten kann, deren oberer Teil mit dem Ansaugkrümmer über eine Bohrung oder Leitung verbunden ist.

Im Motorleerlauf herrscht im Ansaugrohr geringer Unterdruck, und eine Feder hält den Vergaser und den Kolben mit der Nadel am Boden der Kammer fest; die Hauptdüse ist nahezu verdeckt. Daher wird nur wenig Kraftstoff angesaugt. Öffnet sich die Drosselklappe, steigt die Motordrehzahl an, und der stärker werdende Luftstrom saugt mehr Kraftstoff aus der Düse aufgrund der ansteigenden Druckdifferenz zwischen Kolbenkammer und Saugrohr. Dieses Vakuum zieht den Kolben mit der daran hängenden Nadel an.

Um zu verhindern, daß der Kolben beim Beschleunigen zu schnell nach oben gleitet, dämpft in seinem oberen Teil eine ölgefüllte Kammer die Kolbenbewegung.

Bei plötzlichem Gasgeben zieht das kurzzeitig größere Vakuum zusätzlichen Kraftstoff an.

Die Kaltstarteinrichtung

Ottomotoren brauchen beim Kaltstart eine Anreicherung des Kraftstoffgemisches, also mehr Kraftstoff und weniger Luft.

Bei manchen Vergasern kann deshalb die Kraftstoff-Hauptdüse abgesenkt werden, so daß die Nadel mehr Kraftstoff freigibt. Bei den meisten Ausführungen hingegen befindet sich im Luftstrom eine zusätzliche Drosselklappe.

Bei einigen Fahrzeugen muß die Starterklappe geschlossen werden, bevor man das Fahrzeug startet. Dazu dient am Armaturenbrett ein besonderer Knopf.

Moderne Fahrzeuge besitzen allerdings häufig eine Startautomatik. Diese wird von einer Bimetallfeder gesteuert, die aus zwei verbundenen Streifen aus unterschiedlichen Metallen besteht.

Bei kaltem Motor ist die Starterklappe geschlossen. Der sich erwärmende Motor gibt auch warmes Wasser an die Bimetallfeder ab, so daß sie sich wölbt und die Starterklappe allmählich öffnet.

Bei neueren Fahrzeugen wird die Startautomatik unmittelbar nach dem Start auch noch elektrisch beheizt. Dadurch erwärmt sich die Bimetall-Spiralfeder schneller, so daß eine Gemischüberfettung und damit ein Kraftstoff-Mehrverbrauch verhindert werden.

Flachstrom-Gleichdruckvergaser

Ausführungsbeispiel eines Vergasers mit variablem Nadeldüsenquerschnitt. Bei einer anderen Ausführungsart befindet sich am Kolben zusätzlich eine Gummimembrane.

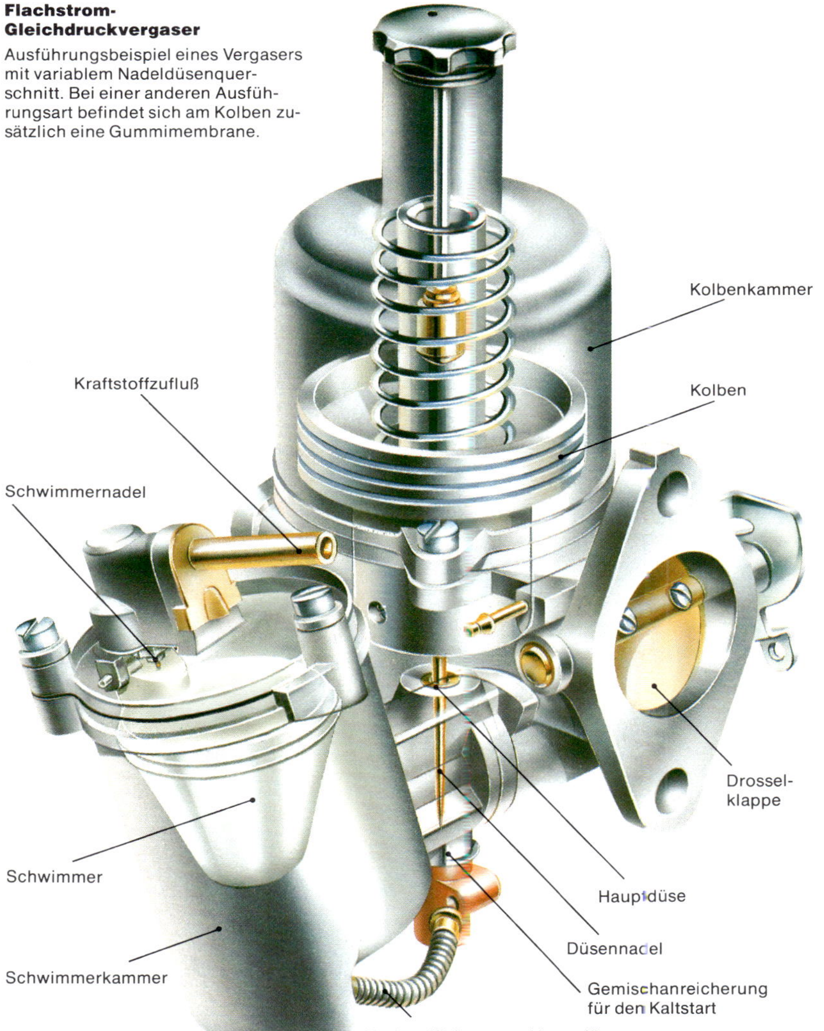

Die Schwimmerkammer

Im Vergaser muß der Kraftstoff stets auf dem gleichen Niveau gehalten werden. Deshalb wirkt in einer Schwimmerkammer am Vergasergehäuse ein Schwimmer auf ein Nadelventil, über das der Kraftstoff einströmt: Zunächst kann der Kraftstoff durch das Nadelventil fließen. Bei steigendem Niveau steigt auch der Schwimmer, und das Nadelventil unterbricht den Zufluß.

Gemischbildung

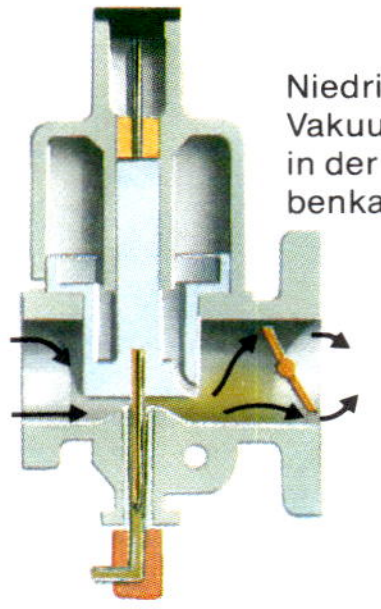

Bei Motorleerlauf und geschlossener Drosselklappe sitzt die Nadel tief in der Düse.

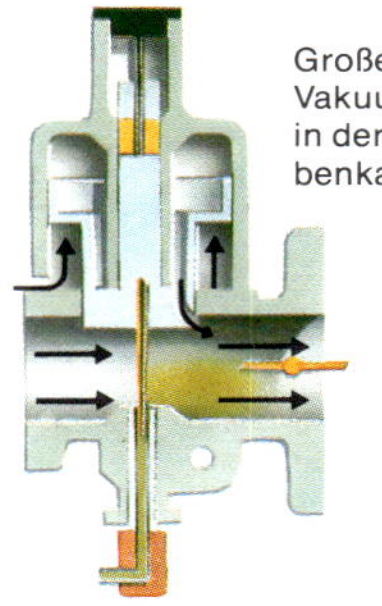

Drosselklappe voll geöffnet, die Düsennadel gibt den Düsenquerschnitt frei.

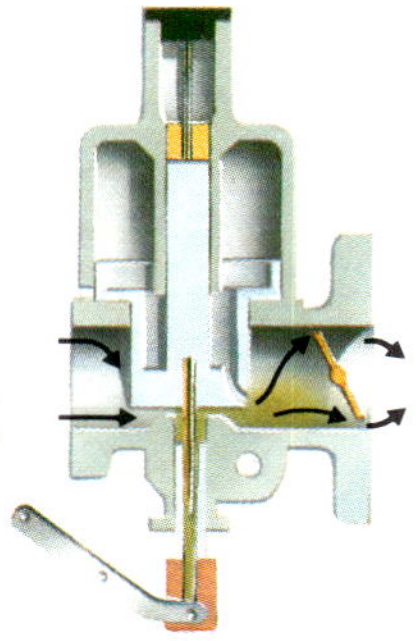

Die Hauptdüse ist hier zur Gemischanreicherung abgesenkt.

Die Benzineinspritzanlage 1

Vergasersysteme galten bisher als eine preiswerte und betriebssichere technische Lösung zur Gemischaufbereitung für Verbrennungsmotoren. Sie besitzen aber einige prinzipbedingte Nachteile. Während der Warmlaufphase und beim Beschleunigen ist die Funktion nicht immer befriedigend. Sind unterschiedlich lange Ansaugwege zu den einzelnen Zylindern vorhanden, muß das Gemisch so fett abgestimmt werden, daß auch der am ungünstigsten gelegene Zylinder in jedem Betriebszustand mit einem brennbaren Gemisch versorgt wird, obwohl eigentlich eine magere Grundabstimmung für den Rest der Zylinder ausreichend wäre.

Diese Erkenntnisse führten in der Vergangenheit zur Entwicklung von Benzineinspritzsystemen, bei denen der Kraftstoff direkt in den Ansaugtrakt vor das Einlaßventil gespritzt wird. Der Kraftstoff wird dadurch je nach Betriebsweise äußerst korrekt zugemessen.

Einspritzsysteme lassen sich gut mit der Lambdaregelung eines Dreiwegkatalysators kombinieren.

Kennzeichen der modernen Einspritzanlage ist eine hohe Literleistung bei günstigem Kraftstoffverbrauch. Soweit Länder Abgasgrenzwerte erlassen haben, die nicht den Einsatz der Katalysatortechnik notwendig machen, können Einspritzmotoren diese etwas strengeren Grenzwerte nach entsprechender Abstimmung sehr gut erfüllen.

Die mechanische Benzineinspritzung

Die zentrale Einrichtung dieser Einspritztechnik ist der Kraftstoffmengenteiler, der über einen Hebel mit einer Stauscheibe in Verbindung steht. Bei anlaufendem Motor wird diese Stauscheibe von dem Luftstrom angehoben, und ein Steuerkolben öffnet Dosierschlitze im Mengenteiler. Je Zylinder ist ein Dosierschlitz vorgesehen. Von hier aus gelangt der Kraftstoff zu den Einspritzventilen, die sich selbsttätig öffnen. Die Ventile arbeiten mit einer hohen Einspritzfrequenz, was die gute Gemischaufbereitung ermöglicht.

Während des Kaltstarts sorgen ein Kaltstartventil und ein Zusatzluftschieber für die notwendige Drehzahlanhebung.

Beide Systeme werden von einem Temperaturfühler im Wasserkreislauf bzw. von einer elektrisch beheizten Bimetallfeder gesteuert.

Deshalb entfällt wie bei jeder anderen Benzineinspritzung auch die von Hand zu bedienende Starterklappe. Die Startanreicherung läuft automatisch ab, wenn der Zündschlüssel bei kaltem Motor betätigt wird.

Die Druckregelung

Der Steuerdruck bewegt sich zwischen 0,5 und 3,7 bar.

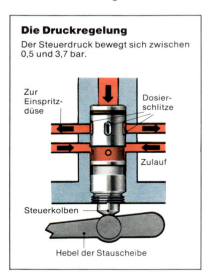

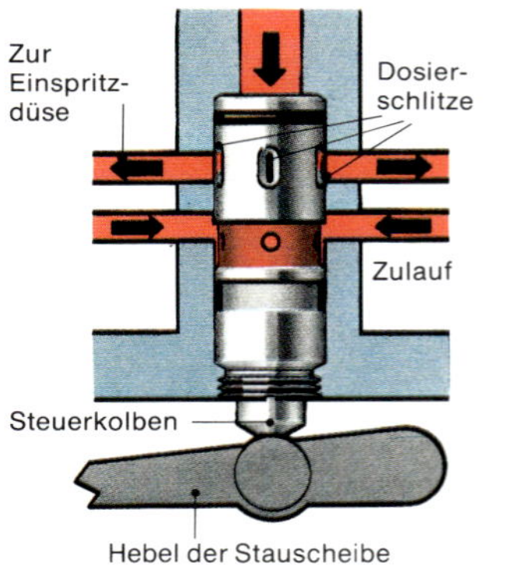

Der Kraftstoffmengenteiler

Das wichtigste Teil der mechanischen Einspritzung ist der Kraftstoffmengenteiler. Die angesaugte Luft hebt eine Stauscheibe an, die den Steuerkolben nach oben drückt. Der über den Zulauf zugeführte Kraftstoff kann zu den Einspritzdüsen fließen. Der Steuerdruck sorgt für den Rücklauf, wenn man den Fuß vom Gaspedal nimmt.

System einer mechanischen Benzineinspritzanlage

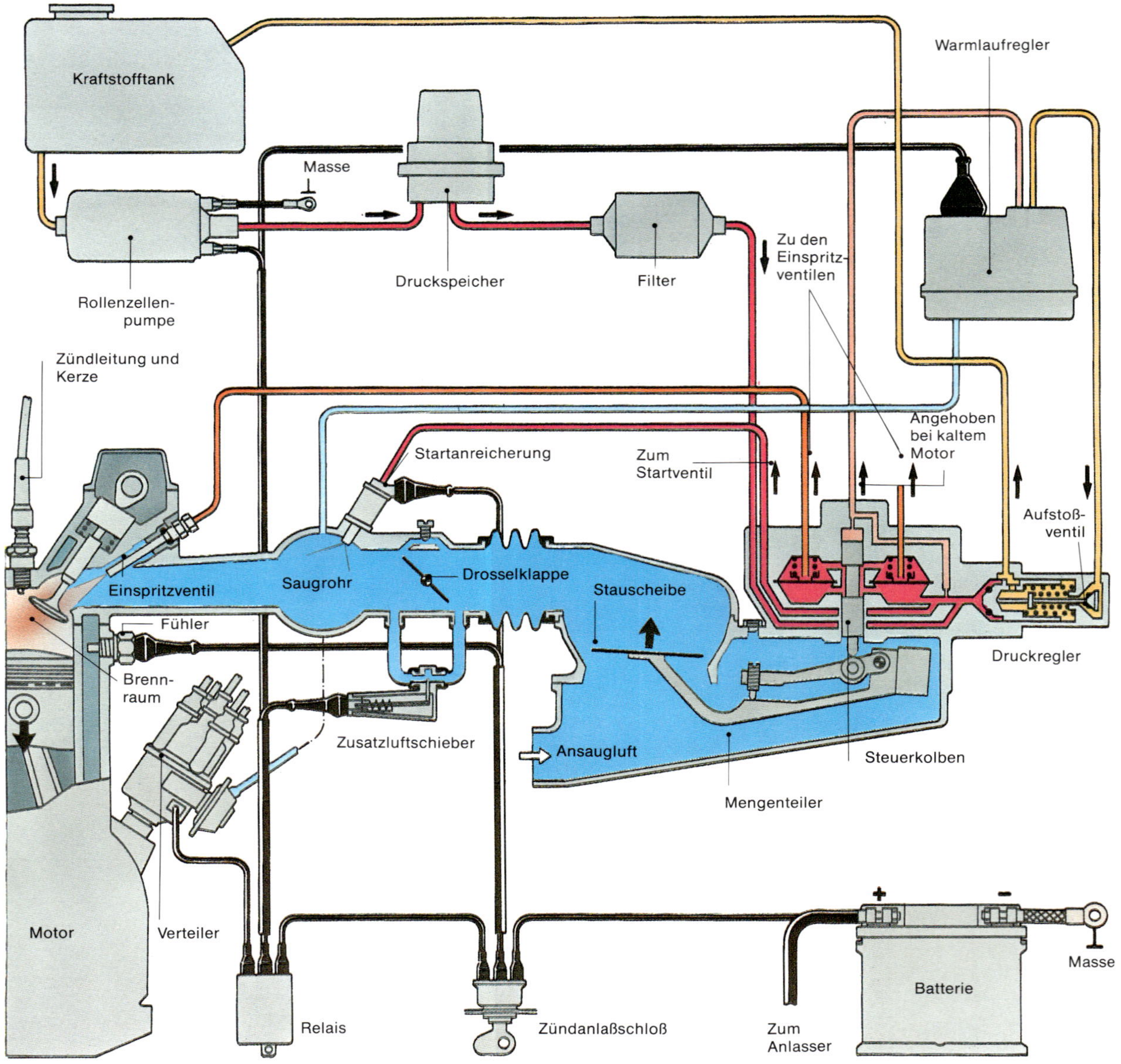

Aus dem Kraftstoffbehälter wird von der Rollenzellenpumpe Kraftstoff über ein Filter an die Kraftstoff-Dosiereinrichtung weitergeleitet. Ein kleiner Kraftstoff-Druckspeicher sorgt für gleichmäßigen Druck im System.

Die Benzineinspritzanlage 2

Während der Warmlaufphase verändert ein Warmlaufregler den Druck im System, so daß die Stauscheibe am Luftmengenmesser leicht angehoben wird. Es sind somit stabile Verhältnisse – auch unmittelbar nach dem Start – im System vorhanden.

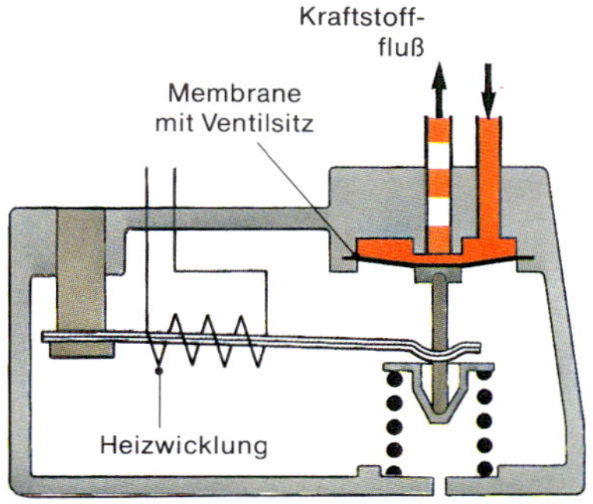

Der Warmlaufregler
Bei kaltem Motor wird durch Freigabe des Rücklaufs der Steuerdruck abgesenkt.

Bei Vollgas sorgt die Lufttrichterform oder ein besonderer Warmlaufregler für die notwendige Gemischanreicherung. Die verschiedenen Betriebszustände können von dieser einfachen mechanischen Einspritzung nicht immer ausreichend genau erfaßt und erkannt werden.

Deshalb gibt es auch mechanische Einspritzsysteme mit elektronischen

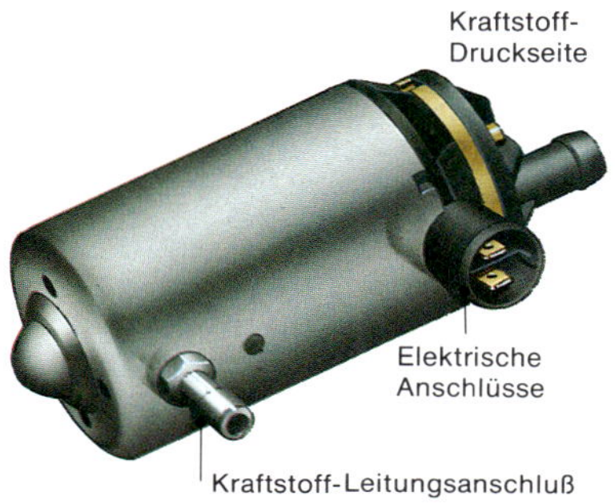

Rollenzellenpumpe
zur Versorgung einer Einspritzanlage

Zusatzfunktionen. Es sind dann zusätzliche Geber sowie ein Steuergerät notwendig.

Zylinderkopf eines Einspritzmotors

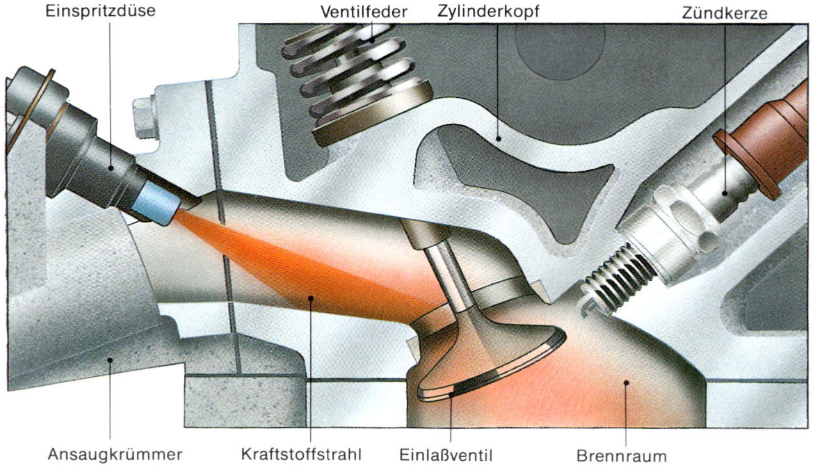

Bei modernen Einspritzanlagen wird der Kraftstoff in das Ansaugrohr vor das Einlaßventil gespritzt.

Die Grundfunktion mit dem mechanisch arbeitenden Luftmengenmesser und dem Kraftstoffmengenteiler bleibt aber erhalten.

Elektronische Benzineinspritzsysteme

Zusätzlich zu den mechanischen Benzineinspritzsystemen gibt es am Markt auch elektronische Systeme, die zunächst im Bereich der Kraftstoff-Druckversorgung ähnlich wie die mechanische Anlage funktionieren. Das System ist aber auf ein zentrales Steuergerät angewiesen, das die verschiedenen Betriebsdaten eines Motors mit Hilfe von Sensoren und einem Drosselklappenschalter sowie den Luftstrom erfaßt. Entsprechend wird der Kraftstoff dosiert und die Kaltstartanreicherung gesteuert.

Die Einspritzventile arbeiten, von elektrischen Impulsen des Steuergerätes geöffnet, meist einmal pro Kurbelwellenumdrehung. Die Kraftstoffmenge wird auf den Luftdurchsatz abgestimmt.

Solche Kraftstoff-Gemischaufbereitungen mit einem zentralen Schaltgerät können auch mit der Lambdasondensteuerung eines Abgas-Nachbehandlungssystems kombiniert werden. Zur Kraftstoffeinsparung sind häufig noch Schubabschaltungen vorgesehen. Auch Drehzahlbegrenzungs-Schaltungen sind denkbar.

Benzineinspritzanlagen mit Luftmassen- oder -mengenmessung

Entscheidend bei Benzineinspritzanlagen ist die Erfassung der angesaugten Luftmasse oder -menge, zu der dann eine bestimmte Menge Kraftstoff eingespritzt wird.

Bei manchen Anlagen setzt man im Ansaugtrakt einen dünnen beheizten Platindraht dem Luftstrom aus. Bei steigendem Durchsatz kühlt sich der Draht ab, und der elektrische Widerstand nimmt zu. Die Veränderung der Luftmasse verarbeitet man wiederum in einem zentralen Schaltgerät unter Berücksichtigung des jeweiligen Betriebszustandes

Bei luftmengengesteuerten Systemen dient eine Stauklappe mit integriertem Drosselklappenschalter als Meßeinrichtung. Die ermittelten Werte gibt man in ein Schaltgerät ein, das die Kraftstoffmenge je nach Erfordernissen steuert.

Mono-Einspritzanlage

Obwohl die Marktanteile der Benzineinspritzsysteme in den letzten Jahren stark zugenommen haben, hat auch der Vergaser noch seine Berechtigung. Besonders nahe dem Leerlauf können Vergaser noch sehr kleine Kraftstoffmengen ausreichend genau dosieren, während dies den Benzineinspritzsystemen Schwierigkeiten bereitet. Der Vergaser bietet zusätzlich Preisvorteile, so daß sich die Konstrukteure von Benzineinspritzanlagen genötigt sahen, einfachere Geräte zu entwickeln.

Der Aufbau einer solchen einfachen Einspritzanlage ist einem Vergaser nicht unähnlich. Im Saugrohr sitzt eine Drosselklappe, vor ihr eine zentrale Einspritzdüse, die den Motor abhängig von den Signalen eines zentralen Steuergerätes mit unterschiedlichen Kraftstoffmengen versorgt. Das Steuergerät dient wiederum zur Erfassung der verschiedenen Betriebszustände des Motors, so auch der Drosselklappeneinstellung.

Die Mono- oder Zentraleinspritzanlage ist eine preiswerte Alternative zu den verschiedenen Vergasersystemen, aber auch zu Einspritzanlagen mit mehreren Einspritzdüsen.

Zentraleinspritzanlage

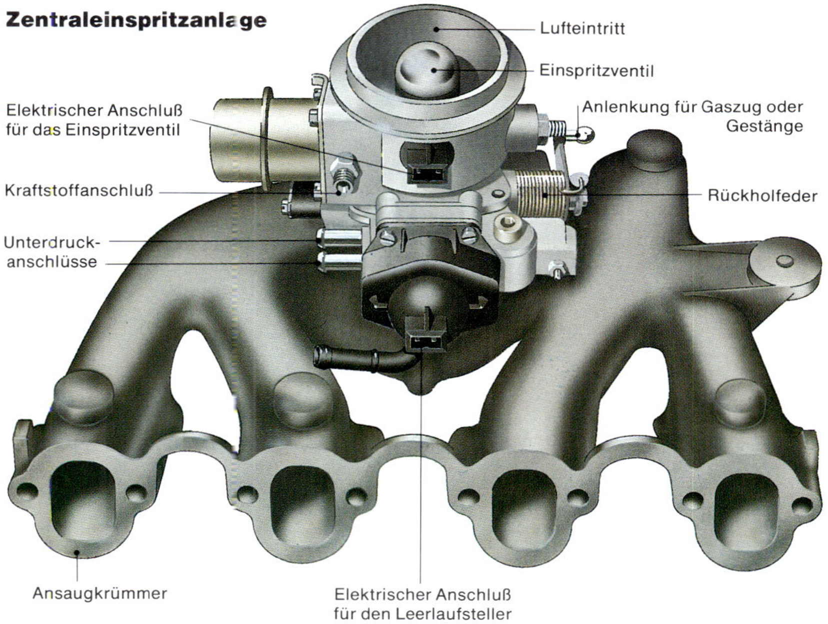

Der schadstoffarme Motor 1

Ende der siebziger Jahre wurde in Deutschland verstärkt über das Waldsterben berichtet. Man kam zu der Auffassung, daß Mitteleuropa ein Belastungsgebiet darstellt, in dem Industrieprozesse, die Stromerzeugung, Haushalte, aber auch das Auto für bedenkliche Schadstoffkonzentrationen sorgen.

Für das Auto wurden 1985 strenge Abgasgrenzwerte beschlossen, die indirekt die Einführung der Katalysatorentechnik und des bleifreien Kraftstoffs notwendig machten.

Für Diesel-Pkw-Motoren gab es strengere Partikelgrenzwerte, die heute dank neuer Einspritztechniken und des neuartigen Oxidationskatalysators technisch keine Probleme mehr bereiten.

Möglichkeiten zur Abgasreduzierung

Die konventionellen Techniken zur Abgasreduzierung sind heute weitgehend ausgeschöpft. Dazu gehören bessere Gemischaufbereitungssysteme, eine hochentwickelte Zündung und strengere Fertigungstoleranzen.

Die in modernen Industriestaaten gesetzlich geforderten Abgasgrenzwerte erreicht man heute beim Ottomotor praktisch nur mit dem geregelten Dreiwegekatalysator. Die Abgasgrenzwerte müssen aber weiter drastisch gesenkt werden. Deshalb sind neue Katalysatortechniken in Vorbereitung. Diese gibt es in Kombination mit Frischlufteinblasung und einer angepaßten Abgasrückführung. In der Kaltstartphase sorgen neuartige Vorheiztechniken dafür, daß der Wabenkörper schneller heiß wird als heute üblich.

Auch neuartige Kraftstoffe leisten ihren Teil zur Abgasreduzierung. So wird beispielsweise der Schwefelgehalt in Dieselkraftstoffen gesenkt, damit Oxidationskatalysatoren noch wirksamer werden.

All dies soll dafür sorgen, daß die drei kritischen Abgaskomponenten – Kohlenmonoxid, Kohlenwasserstoffe und Stickoxide – auf ein technisch machbares Maß reduziert werden.

Der Dreiwegekatalysator

Der Katalysator besteht aus einem Keramik- oder Feinblechkörper, der z. B. bei einem Mittelklassewagen die Größe eines Vorschalldämpfers hat. Er besitzt eine sehr große Oberfläche und ist mit Edelmetallpigmenten, z. B. Platin, bestückt. Pro Mittelklassekatalysator werden etwa 2 g Edelmetall benötigt, das die eigentliche Katalysatorfunktion übernimmt. Der Katalysatorkörper wird mit Stahlwolle oder einer Glimmermatte vibrationssicher in einem Edelstahlgehäuse in die Auspuffanlage eingesetzt.

Streichen Abgase über die heiße Katalysatoroberfläche, so zerlegen sich die kritischen Komponenten (Kohlenmonoxid, Kohlenwasserstoffe und Stickoxide) in die harmlose Verbindung Wasser, Stickstoff und Kohlendioxid. Dabei werden bis zu 90 % der Schadstoffe umgesetzt.

Der Katalysator

Der Katalysator besteht aus einem Keramik- oder Feinblechkörper, der mit Edelmetallpigmenten z. B. Platin und Rodium, beschichtet ist. Der Körper wird durch Stahlwolle oder Glimmermatten in seinem Edelstahlgehäuse festgehalten.

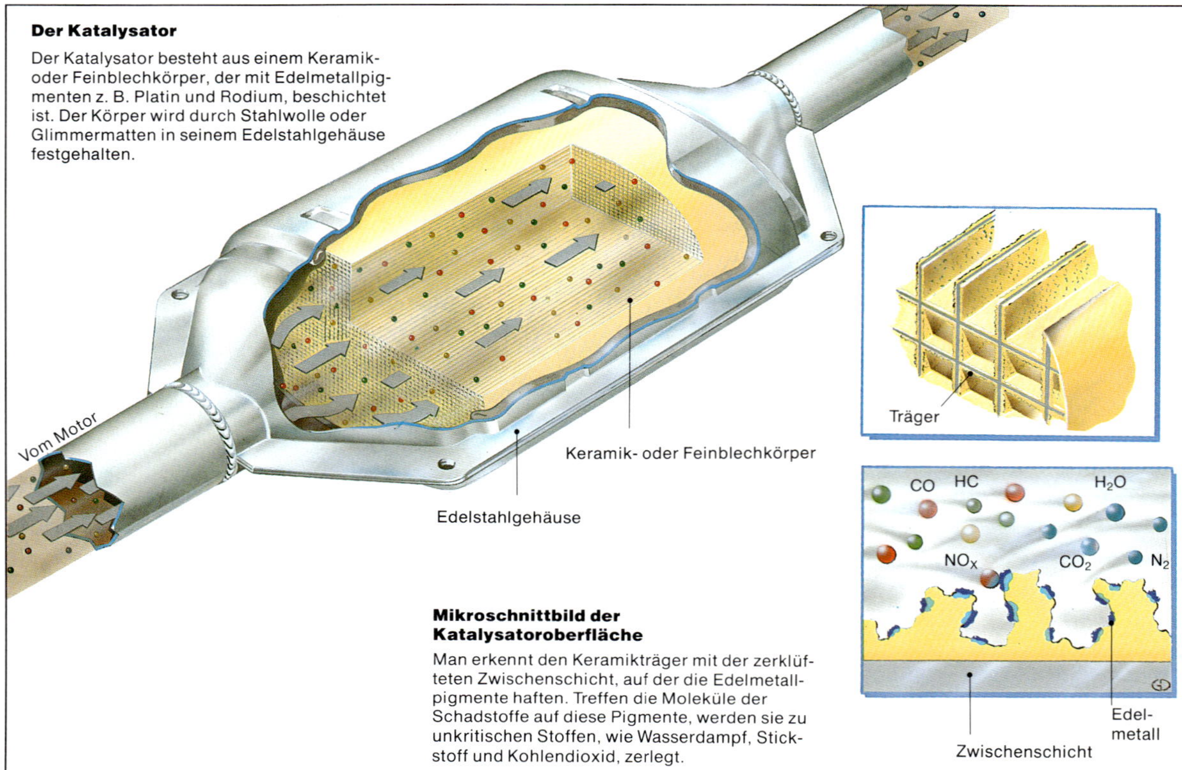

Mikroschnittbild der Katalysatoroberfläche

Man erkennt den Keramikträger mit der zerklüfteten Zwischenschicht, auf der die Edelmetallpigmente haften. Treffen die Moleküle der Schadstoffe auf diese Pigmente, werden sie zu unkritischen Stoffen, wie Wasserdampf, Stickstoff und Kohlendioxid, zerlegt.

Die Lambdaregelung

Damit alle drei Abgase miteinander reagieren, benötigt der Motor stets ein ausgewogenes stöchiometrisches Gemisch – 1 kg Kraftstoff auf ca. 15 kg Luft –, das weder fett noch mager sein darf. Dazu mißt eine Lambda- oder Sauerstoffsonde den Sauerstoffgehalt im Abgas und meldet ihn an eine Zentralelektronik. Diese beeinflußt einen Vergaser oder eine Einspritzanlage, so daß das momentan benötigte Gemisch fett oder mager abgestimmt wird.

Erst diese Technik ermöglichte die Einführung des geregelten Katalysators.

Der bleifreie Kraftstoff

Autos mit Katalysator benötigen unverbleiten Kraftstoff. Bei Betrieb mit verbleitem Benzin würden die Edelmetallpigmente und die Lambdasonde mit Bleiverbindungen belegt, und beide Teile wären dann nicht mehr voll funktionsfähig.

Katalysatorfahrzeuge besitzen einen besonders engen Tankstutzen für die schlanke Zapfpistole des bleifreien Benzins, damit man nicht aus Versehen den falschen Kraftstoff tankt. Ein Kraftstoffmehrverbrauch ist durchaus möglich, denn die Lambdaregelung verhindert den Betrieb mit mageren Gemischen. Da aber viele Katalysatorfahrzeuge durch bessere Gemischaufbereitungen und Zündungen leistungsstärker sind als herkömmliche Varianten, kann man ein Getriebe mit Schongangcharakteristik einbauen, so daß der Mehrverbrauch kompensiert wird.

Die Lambdasonde

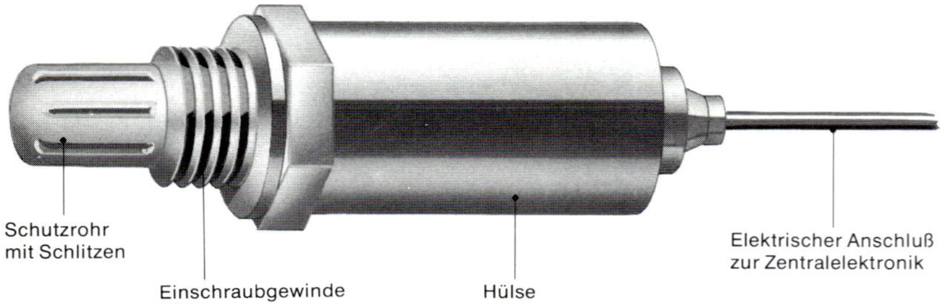

Der schadstoffarme Motor 2

Ein geregelter Katalysator kann das Abgasverhalten eines Motors um bis zu 90% verbessern. Voraussetzung ist aber, daß die Rohemission des Motors – also vor dem Katalysator – mit Hilfe herkömmlicher Technik reduziert wurde. Dies erreicht man durch besondere Gestaltung der Brennräume, durch Mehrventilmotoren, durch strengere Fertigungstoleranzen, aber auch durch noch bessere Kraftstoffaufbereitungssysteme.

Die elektronisch gesteuerte Einspritzung sorgt in jeder Betriebsphase dafür, daß der Motor nur soviel Kraftstoff erhält, wie er gerade benötigt. Überschüssigen, nicht verbrannten Kraftstoff kann auch das beste Katalysatorsystem nachträglich nicht mehr umsetzen.

Die Abgasrückführung

Bei der Abgasrückführung wird ein Teil des verbrannten Abgases in den Ansaugtrakt zurückgeführt. Damit lassen sich die Drücke und Temperaturen im Brennraum senken. Die Folge ist eine günstigere Stickstoffemission.

Abgasrückführungen baut man heute häufig kombiniert mit dem geregelten Katalysator ein, und auch mancher Dieselmotor benötigt diese Technologie zur Einhaltung der Stickoxidemissionsgrenzen.

Abgasrückführung

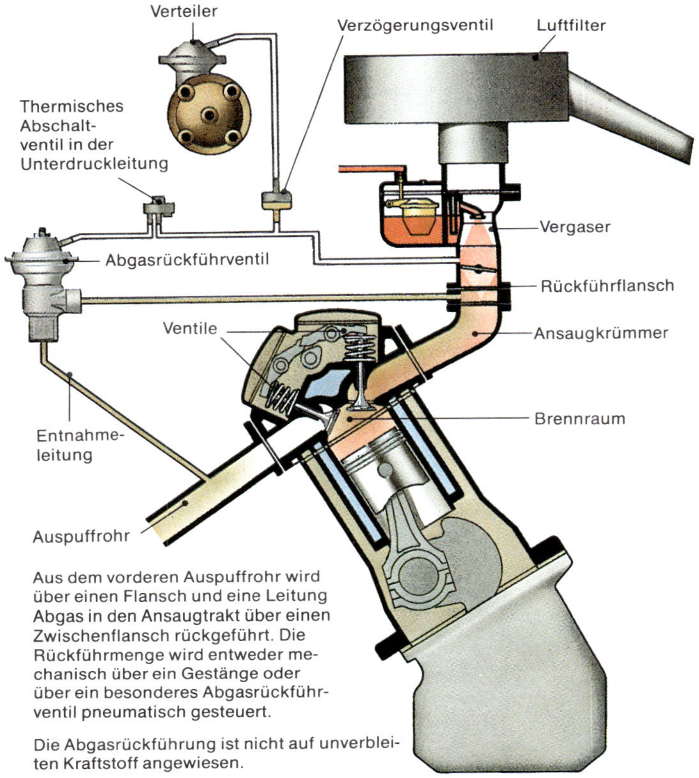

Aus dem vorderen Auspuffrohr wird über einen Flansch und eine Leitung Abgas in den Ansaugtrakt über einen Zwischenflansch rückgeführt. Die Rückführmenge wird entweder mechanisch über ein Gestänge oder über ein besonderes Abgasrückführventil pneumatisch gesteuert.

Die Abgasrückführung ist nicht auf unverbleiten Kraftstoff angewiesen.

Moderne Zündungstechniken

Zündzeitpunkt und Zündwinkel beeinflussen nicht nur die Motorleistung, sondern auch den Kraftstoffverbrauch und damit indirekt das Abgasverhalten.

Verstellt man die Zündung in Richtung früh, erhält man eine höhere Stickoxidemission, dafür aber eine bessere Leistungscharakteristik. Durch Spätzündung senkt man die Brennraumtemperatur im Motor, und der Stickoxidausstoß sinkt. Deshalb besitzen moderne Motoren eine kennfeldgesteuerte Zündung, die je nach Drehzahl den Zündzeitpunkt und den Zündwinkel anpaßt.

Die Kennfeldsteuerung verfügt oft über eine Klopfregelung, die das Klingeln des Motors und damit Motorschäden verhindert. So kann der Motor bei optimaler Leistungsausbeute mit Frühzündung betrieben werden.

Der vorgeheizte Katalysator

Ein Katalysator ist unmittelbar nach dem Kaltstart eines Motors zunächst noch unwirksam. Erst bei Temperaturen ab 300 °C auf der Katalysatoroberfläche erreicht man eine Schadstoffumsetzung von etwa 30%. Bis diese Temperatur erreicht ist, vergehen allerdings einige Minuten. Danach heizt sich aber der Katalysator schnell bis zu 700 °C auf, und seine Schadstoffumsetzung erreicht 90%.

Damit der Katalysator in Zukunft sofort wirksam wird, setzt man auf vorgeheizte Katalysatorsysteme. So ließe sich z.B. eine elektrische Heizschleife einbauen, die den Kat noch vor dem Motorstart auf Betriebstemperatur bringt.

Zusatzgerät zur elektronischen Zündung

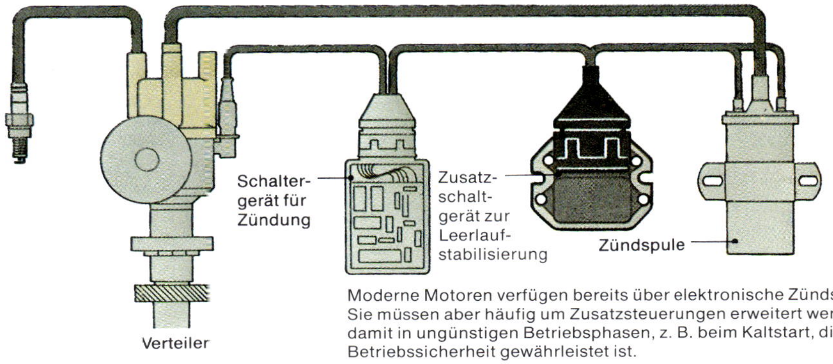

Moderne Motoren verfügen bereits über elektronische Zündsyste
Sie müssen aber häufig um Zusatzsteuerungen erweitert werden damit in ungünstigen Betriebsphasen, z. B. beim Kaltstart, die Betriebssicherheit gewährleistet ist.

Alternative Kraftstoffe

Auch neuartige Kraftstoffe können ihren Beitrag zur Schadstoffreduzierung leisten. So fordert man alkohol- oder sauerstoffhaltige Komponenten, und natürlich muß der Bleigehalt im Kraftstoff noch weiter abgesenkt werden.

Auch über nachwachsende Kraftstoffe wie Bioalkohole und Rapsöl wird heftig diskutiert.

Ventilsitzring aus gehärtetem Material

Die bei der Verbrennung von verbleitem Kraftstoff entstehenden Bleisalze schützen den Sitz am Auslaßventil; sie wirken als eine Art Puffer. Bei Motoren mit unverbleitem Kraftstoff muß man Sitzringe aus Sintermaterial einsetzen. Bei ungeeigneten Sitzringen verändert sich das Ventilspiel sehr schnell, so daß das Ventil durchbrennen kann.

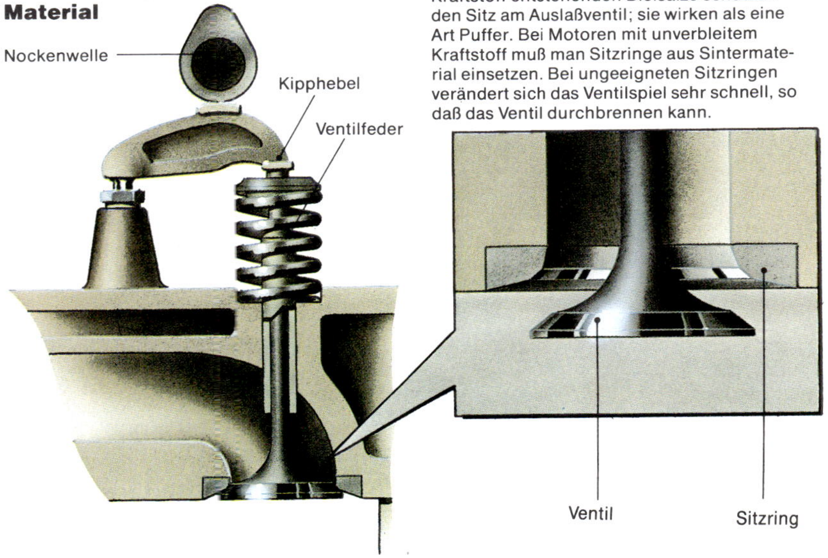

Die Zündanlage

Die Hauptaufgabe der Zündanlage ist es, Hochspannung aus der 12-V-Bordnetzspannung zu erzeugen und auf die Zündkerzen entsprechend der Zündfolge zu verteilen, damit das Kraftstoff-Luft-Gemisch im Brennraum sicher entzündet wird.

Die Zündspule erzeugt diese Hochspannung, die dann der Verteiler auf die Zündkerzen verteilt.

Verteiler, Unterbrecherkontakte und Zündspule

Der Verteiler besteht aus einem Metallgehäuse mit einer zentralen Welle, die meist direkt von der Nockenwelle, manchmal aber auch von der Kurbelwelle angetrieben wird. Das Gehäuse enthält die Unterbrecherkontakte, den Verteilerfinger und die Vorrichtung zur Veränderung des Zündzeitpunkts.

Das Gehäuse wird oben mit der Verteilerkappe abgeschlossen, die aus einem hochwertigen Isoliermaterial besteht, das Stromüberschläge verhindert.

Der mittlere Anschluß der Kappe verbindet den Verteiler über ein Hochspannungskabel mit der Zündspule. In der Kappe erkennt man mehrere Festelektroden, jeweils eine für jede Zündkerze.

Der Verteilerfinger steckt auf der Spitze der Verteilerwelle und übernimmt die eigentliche Verteilerfunktion. Auf den Verteilerfinger drückt die federbelastete Schleifkohle in der Mitte der Verteilerkappe.

Die Hochspannung erreicht die Kappe durch den Mittelanschluß und fließt von dort weiter über die Schleifkohle zu dem umlaufenden Verteilerfinger.

Wenn der Finger an einer Festelektrode der Verteilerkappe vorbeiläuft, hat sich gleichzeitig der Unterbrecherkontakt geöffnet, und die Hochspannung fließt über den Finger zu der jeweiligen Zündkerzenleitung.

Die Unterbrecherkontakte im Verteilergehäuse sind eine Art Schalter: Sie öffnen und schließen den Niederspannungs-12-V-Stromkreis im Zündsystem. Die Kontakte werden durch Nocken der Verteilerwelle geöffnet und durch einen Federdruck wieder geschlossen.

Bei geschlossenen Kontakten fließt die niedrige Spannung von der Batterie zur Primärwicklung der Spule und dann über die Kontakte zur Masse zurück. Öffnen sich die Kontakte, bricht das Magnetfeld der Primärwicklung zusammen; gleichzeitig wird in der Sekundärwicklung die Hochspannung erzeugt und über den Verteiler zu den Kerzen geleitet.

Ein Vierzylindermotor hat an der Verteilerwelle vier Nocken, die die Kontakte 4mal während einer Umdrehung öffnen. Entsprechend besitzt ein Sechszylindermotor sechs Nokken und auch sechs Festelektroden in der Verteilerkappe.

Die Kontakte und der Zündzeitpunkt müssen sorgfältig eingestellt werden.

Die Zündkerzen

Die Zündkerzen sind in den Brennraum des Zylinderkopfes geschraubt. Jede Kerze ist durch eine Hochspannungsleitung mit dem Verteiler verbunden.

Die Hochspannung verläuft bis zu einer Elektrode, die vollisoliert in der Mitte des Kerzengewindes sitzt. Daneben befindet sich seitlich am Ende des Zündkerzengewindes die Masseelektrode.

Der Abstand zwischen der Mittel- und der Masseelektrode variiert zwischen 0,6 und 0,9 mm.

Hat der Zündfunke diesen Luftspalt überwunden, läuft der Strom über die Masseelektrode, das Kerzengewinde und den Motor zur Spule zurück, womit der Stromkreis geschlossen ist.

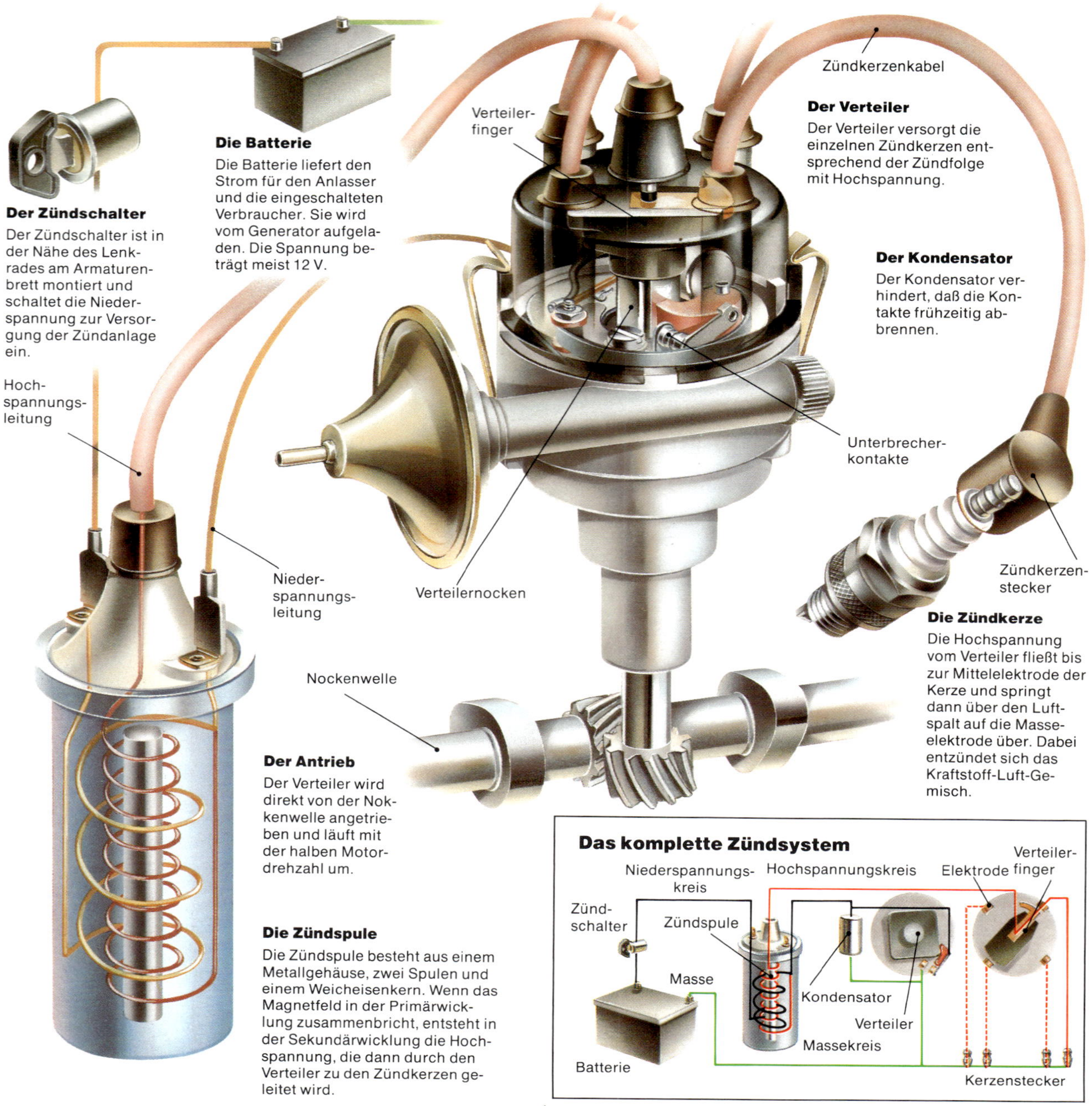

Der Zündschalter
Der Zündschalter ist in der Nähe des Lenkrades am Armaturenbrett montiert und schaltet die Niederspannung zur Versorgung der Zündanlage ein.

Die Batterie
Die Batterie liefert den Strom für den Anlasser und die eingeschalteten Verbraucher. Sie wird vom Generator aufgeladen. Die Spannung beträgt meist 12 V.

Der Verteiler
Der Verteiler versorgt die einzelnen Zündkerzen entsprechend der Zündfolge mit Hochspannung.

Der Kondensator
Der Kondensator verhindert, daß die Kontakte frühzeitig abbrennen.

Die Zündkerze
Die Hochspannung vom Verteiler fließt bis zur Mittelelektrode der Kerze und springt dann über den Luftspalt auf die Masseelektrode über. Dabei entzündet sich das Kraftstoff-Luft-Gemisch.

Der Antrieb
Der Verteiler wird direkt von der Nockenwelle angetrieben und läuft mit der halben Motordrehzahl um.

Die Zündspule
Die Zündspule besteht aus einem Metallgehäuse, zwei Spulen und einem Weicheisenkern. Wenn das Magnetfeld in der Primärwicklung zusammenbricht, entsteht in der Sekundärwicklung die Hochspannung, die dann durch den Verteiler zu den Zündkerzen geleitet wird.

Der Zündzeitpunkt

Ein einfacher Ottomotor ist funktionsfähig, wenn das Kraftstoff-Luft-Gemisch durch die Zündkerze in dem Moment entzündet wird, in dem der Kolben im Zylinder seinen höchsten Punkt erreicht hat. Techniker bezeichnen diese Kolbenstellung als „oberen Totpunkt“ oder kurz „OT“. Eine entsprechende Markierung findet man häufig auf der Schwungscheibe für den Fall, daß die Zündung grob eingestellt werden muß, z. B. wenn der Motor zerlegt war.

Das Entzünden des Gemisches in dem oberen Totpunktbereich ist vor allem dafür wichtig, daß der Kraftstoff möglichst effektiv verbrannt wird und die Verbrennung vollständig erfolgt.

Man hat schon früh herausgefunden, daß die Leistung eines Motors noch zu steigern ist, wenn die Zündung kurz vor dem oberen Totpunkt erfolgt. Besonders bei hohen Drehzahlen und den damit verbundenen schnellen Gaswechseln käme der Zündfunke für eine effektive Verbrennung bzw. eine ausreichende Leistung sonst viel zu spät.

Deshalb haben moderne Verteiler eine Einrichtung, die den Zündzeitpunkt variabel hält. Entsprechend der Last und der Drehzahl eines Motors, also abhängig davon, ob man stark Gas gibt oder umgekehrt den Wagen nur rollen läßt, wird der Zündzeitpunkt jeweils optimal den Betriebsbedingungen angepaßt.

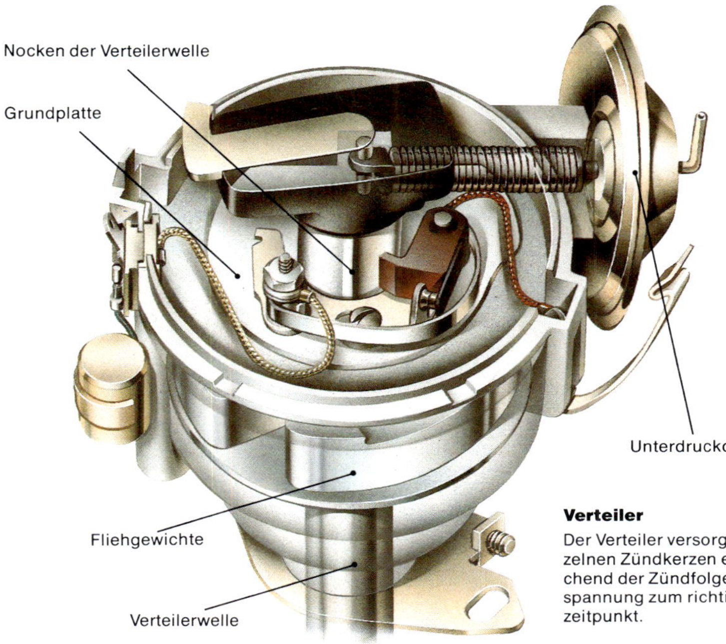

Verteiler
Der Verteiler versorgt die einzelnen Zündkerzen entsprechend der Zündfolge mit Hochspannung zum richtigen Zündzeitpunkt.

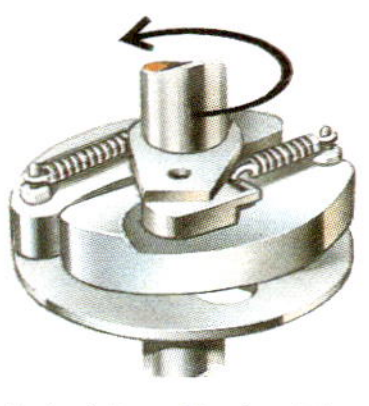

Bei niedriger Drehzahl bleiben die Fliehgewichte in ihrer Grundstellung.

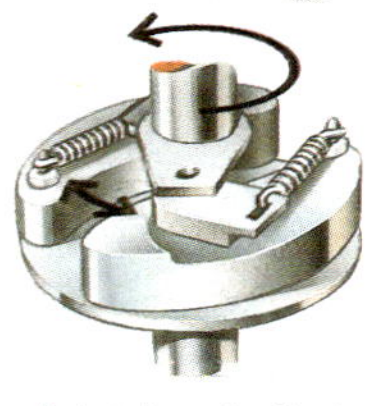

Bei steigender Drehzahl wandern die Fliehgewichte nach außen und bewirken eine frühere Zündung.

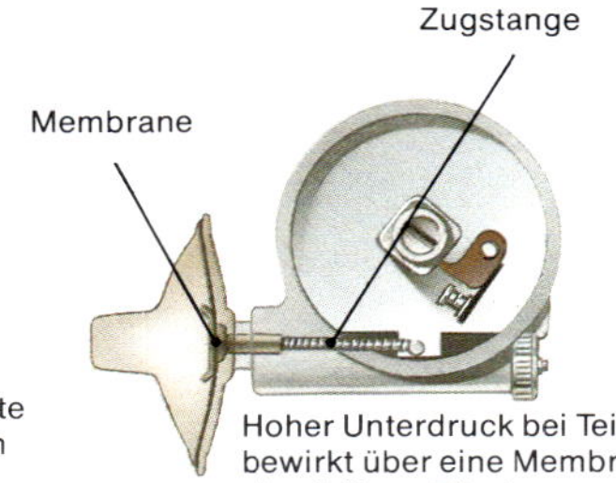

Hoher Unterdruck bei Teillast bewirkt über eine Membrane eine frühere Zündung.

Die Fliehkraftverstellung

Die Fliehkraftverstellung eines Verteilers ist abhängig von der Motordrehzahl. Zwei Fliehgewichte sitzen auf einer gemeinsamen Trägerplatte. Dreht sich die Verteilerwelle schneller, nehmen die Fliehkräfte zu, und die Gewichte wandern auf einer Kurvenbahn nach außen.

Gleichzeitig werden auch die auf der Trägerplatte montierten Unterbrecherkontakte in Richtung Frühzündung bewegt. Die Kontakte öffnen sich früher, die Zündung im Zylinder erfolgt kurz vor dem Moment, an dem der Kolben seinen oberen Totpunkt erreicht hat.

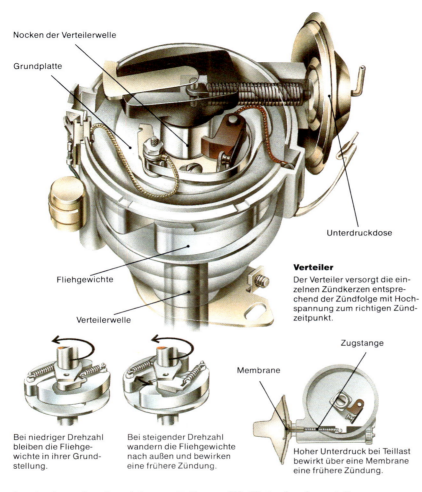

Nimmt die Motordrehzahl ab, sorgen kleine Federn für die entsprechenden Rückstellkräfte.

Die Fliehkraftverstellung der Zündung ist meist unterhalb der Verteilerkontakte angeordnet.

Die Unterdruckverstellung

Im Ansaugkrümmer eines Ottomotors herrscht in Abhängigkeit von Last und Drehzahl ein variabler Unterdruck, mit dem man die Unterdruckverstellung des Verteilers steuern kann.

Der Unterdruck wird unmittelbar unterhalb des Vergasers mit einem kleinen Röhrchen abgenommen und über eine dünne Kunststoffleitung mit der seitlich am Verteiler angebrachten Unterdruckkammer verbunden, in der eine Membrane über eine Zugstange die Verteilerverstellplatte bewegt. Bei steigendem Unterdruck verschieben sich die Membrane und die damit verbundene Verteilerplatte entgegen der Drehrichtung der Verteilernocken.

Man erhält somit eine zusätzliche Frühzündungsverstellung, die besonders im Teillastbereich des Motors wichtig ist.

Kombinierte Unterdruck-Früh-Spät-Verstellung

Im Zuge der Einführung strengerer Abgasgrenzwerte und bei Versuchen, wirtschaftliche Motoren zu konstruieren, stellte man fest, daß die Trennung der Fliehkraft- und der Unterdruckverstellung nicht mehr zeitgemäß ist.

Man führte deshalb kombinierte Unterdruck-Früh-Spät-Verstellungen ein. Die seitlich am Verteiler angebrachte Unterdruckkammer besitzt in diesem Fall zwei Membranen und zwei Unterdruckanschlüsse. Die dem Verteiler zugewandte Membrane bzw. der entsprechende Anschluß ist jeweils die Spätverstellungseinrichtung, die vom Verteiler abgewandte die Frühverstellungseinrichtung.

Der Unterdruck der Frühverstellung wird in diesem Fall von der Drosselklappe abgenommen. Bei Abnehmen der Motorlast steigt der Unterdruck und bewirkt ein Verstellen der Verteilerplatte entgegen der Drehrichtung der Verteilerwelle. Es erfolgt eine Verstellung in Richtung „früh“.

Für das Spätverstellungssystem wird der Unterdruck hinter der Drosselklappe des Vergasers abgenommen. Läuft der Motor im Leerlauf oder im Schubbetrieb (Bergabfahrt ohne Gasgeben bei eingelegtem Gang), erfolgt eine Verstellung der Zündung in Richtung „spät“, was das Abgasverhalten eines Motors meßbar beeinflußt.

Das Spätverstellungssystem kann unabhängig von der beschriebenen Frühverstellung arbeiten. Es ist in diesem Fall jedoch funktionell untergeordnet, d. h., wenn gleichzeitig in der Früh- und Spätdose Unterdruck ansteht, erfolgt die benötigte Teillaststellung in jedem Fall in Richtung Frühzündung.

Die beschriebenen Funktionen kann jeder Autofahrer leicht an seinem eigenen Fahrzeug beobachten. Man nimmt bei ausgeschalteter Zündung vorsichtig die Verteilerkappe ab, wozu die beiden Halteklipse mit einem Schraubenzieher abgedrückt werden.

Übt man nun vorsichtig Druck auf den Verteilerfinger aus, bemerkt man, daß sich die Verteilerwelle ein wenig verdrehen läßt. Drückt man hingegen mit einem Schraubenzieher gegen die Anlenkung der Membranstange der Frühverstellung, so verschiebt sich die Verteilergrundplatte, und man hört die Unterdruckmembrane arbeiten.

Wunderstecker für Zündsysteme

Zahlreiche Hersteller haben in der Vergangenheit versucht, Standardzündungen durch Zusatzstecker zu verbessern. Angeblich dienen solche neuartigen Zündsysteme der Kraftstoffeinsparung, der Verbesserung des Leistungs- und Startverhaltens sowie günstigen Abgaswerten.

Neutrale Institute konnten allerdings bisher in vielen Versuchen die Werbeaussagen nicht nachvollziehen. Es empfiehlt sich deshalb nicht, für solche Wunderstecker Geld auszugeben.

Wenn man die Zündung seines Fahrzeugs verbessern will, ist es auf jeden Fall wirksamer, wenn man eine berührungslose Zündung nachrüstet.

Die elektronische Zündung

Die beschriebene Standardzündung hat zahlreiche prinzipbedingte Mängel. Vor allem laufen über die Unterbrecherkontakte hohe Zündströme, weshalb die Kontakte allmählich verbrennen. Auch der Kunststoffnocken der Verteilerkontakte nutzt sich ab. Die Fliehkraftverstellung und die Unterdruckverstellung arbeiten besonders bei älteren Fahrzeugen nicht mehr exakt.

Die moderne Fahrzeugelektronik eröffnet hier eine ganze Reihe von neuen Möglichkeiten, die schon jetzt bei vielen Fahrzeugen realisiert sind.

Die kontaktgesteuerte Transistorzündung

Bei dieser Zündung benutzt man die Unterbrecherkontakte nur noch zur Steuerung eines Schaltgerätes. Die geringen Steuerströme führen nicht mehr zum Verbrennen der Kontakte.

Das Auslösen des Zündimpulses in der Spule übernimmt ein Transistor des Schaltgerätes, der verschleiß- und wartungsfrei ist. Die Folge ist eine über lange Zeit konstante Zündeinstellung. Trotzdem besitzt eine solche Zündung noch Mängel, da alle mechanischen Verstellsysteme, wie Unterdruck- und Fliehkraftverstellung, erhalten bleiben.

Die kontaktlos gesteuerte Transistorzündung

Bei manchen kontaktlos gesteuerten Zündungen benutzt man zur Auslösung des Zündimpulses den sogenannten Halleffekt. Die wichtigsten Bauteile sind der eigentliche Hallgeber, eine Art Magnetschranke mit integriertem Halbleiter, und ein am Verteilerfinger umlaufendes Teil, das als unterbrochener Blendenrotor ausgeführt ist. Dieser Rotor hat so viele Blenden, wie der Motor Zylinder besitzt.

Taucht eine Blende in den Spalt der Magnetschranke ein, wird das Magnetfeld abgeleitet, und der Signalstrom kann nicht fließen. Das Signal wird nicht geschaltet.

Läuft die Blende nun wieder aus dem Spalt heraus, wird eine sogenannte Hallspannung wirksam, der Halbleiter schaltet ein, und es erfolgt die Zündung.

Bei anderen kontaktlosen Transistorzündungen benutzt man Induktionsgeber. Die Verteilerwelle besitzt dann Rotorzacken, die beim Vorbeilaufen an Statoren auf einen variablen magnetischen Kraftverlauf einwirken. Das unterschiedliche Spannungssignal steuert den auslösenden Zündimpuls, der genau wie beim Halleffektschalter in einem zentralen Schaltgerät verarbeitet wird.

Hallgeber im Verteilergehäuse

Kennfeld einer elektronischen im Vergleich zu einer mechanischen Zündung

Jedem Betriebspunkt des Motors kann die elektronische Zündung individuell nach Last und Drehzahl angepaßt werden. Im Vergleich dazu sieht das Kennfeld einer mechanischen Zündung wesentlich gleichmäßiger aus (rechts).

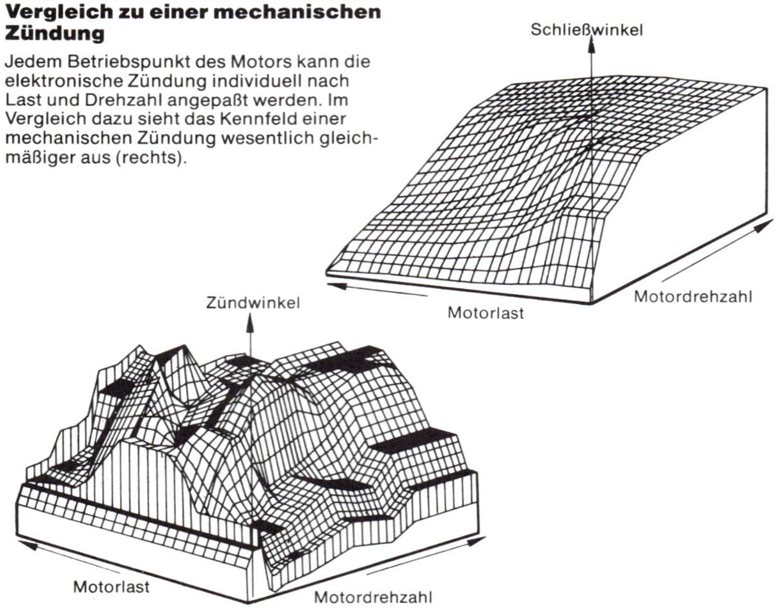

Elektronisches Schaltgerät

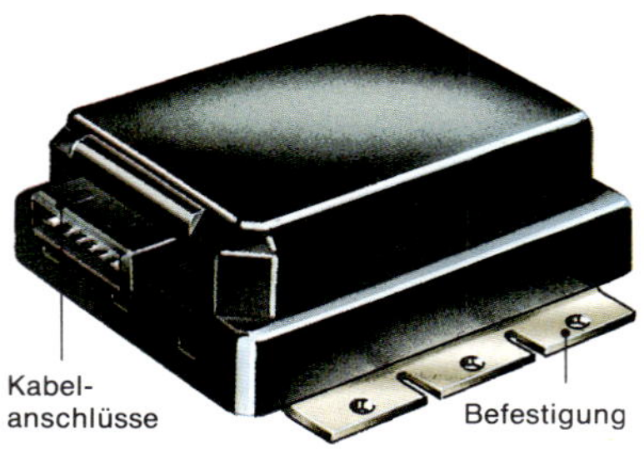

Das Schaltgerät

Gleichgültig, ob es sich um eine kontaktgesteuerte oder kontaktlose Transistorzündung handelt, alle Signale werden bei diesen Zündungen in einem zentralen Schaltgerät verarbeitet, in dem auf einer Leiterplatte zahlreiche elektronische Baukomponenten sitzen. Das Schaltgerät ist zwar weitgehend unempfindlich gegenüber Schwingungen oder Wärme, es ist jedoch meist an einer vor der Motorwärme geschützten Stelle montiert.

Mit der Einführung der kontaktlosen Zündung wurde häufig auch die Zündenergie gesteigert, z. B. in der Startphase. Bei solchen leistungsgesteigerten Zündanlagen werden immer eine spezielle Zündspule und ein dazugehöriger Vorwiderstand eingesetzt. Die Bauteile einfacher Zündsysteme können also in der Regel nicht mit den modernen kontaktlos gesteuerten Systemen kombiniert werden.

Die vollelektronische Kennfeldzündung

Die Anforderungen an moderne Motoren bezüglich ihres Leistungs-, Abgas- und Verbrauchsverhaltens steigen weiter. Hier sind auch kontaktlos gesteuerte Transistorzündungen häufig überfordert, weil sie noch die durch Fliehkraft oder Unterdruck gesteuerten Verstelleinheiten besitzen. Deshalb entwickelte man vollelektronische oder kennfeldgesteuerte Zündsysteme.

Als Gebersignal für die kennfeldgesteuerte Zündung benutzt man eine Drehzahlinformation, die direkt von der Kurbelwelle abgenommen wird. Das Motorlastsignal liefert ein Drucksensor. Nun benötigt man noch einen Mikrocomputer, der weitere Informationen mitverarbeitet, wie die Motortemperatur und Klopfregelungssignale. Man erhält so eine Zündung, deren Arbeitsweise jeder Anforderung des Motors angepaßt werden kann.

Eine solche vollelektronische Zündung kann bei entsprechender Erweiterung gleichzeitig auch ein Benzineinspritzsystem steuern.

Drehzahlgeber

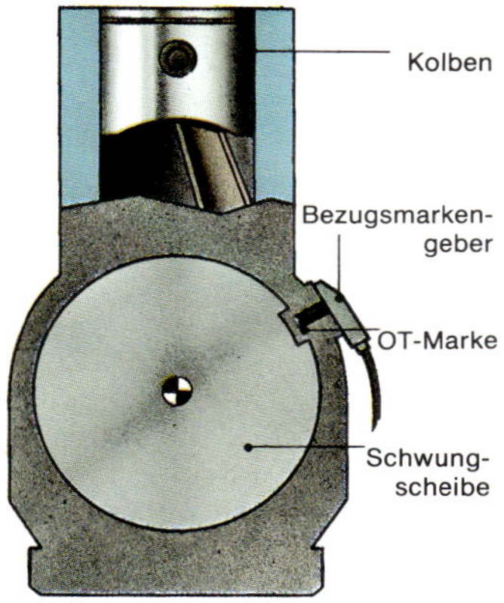

Das Kühlsystem

Verbrennungsmotoren geben eine Menge Verlustwärme an Brennraumwände und Zylinder ab, die deshalb gekühlt werden müssen. Dafür gibt es zwei Systeme: Bei der Wasserkühlung zirkuliert ein Gemisch aus Wasser und Frostschutzmittel; bei der Luftkühlung wird die Wärme über großflächige Kühlrippen an die Umgebungsluft abgegeben.

Die Wasserkühlung

In den Wänden des Zylinderkopfes und des Motorblockes einer wassergekühlten Maschine verlaufen zahlreiche Kühlkanäle, durch die eine Wasserpumpe, angetrieben über einen Keilriemen, Kühlflüssigkeit zum Kühler fördert. Die unerwünschte Wärme wird beim Durchströmen des Kühlers an die Luft abgegeben, und die Kühlflüssigkeit fließt im Kreislauf in die Kühlkanäle zurück. Die Wasserpumpe unterstützt dabei den natürlichen Fluß des heißen Kühlmittels nach oben und sorgt für eine hohe Strömungsgeschwindigkeit.

Der Kühler besteht aus dem oberen und dem unteren Wasserkasten. Dazwischen fließt das Kühlwasser durch feine Röhrchen. Die Wasserkästen sind mit dem Zylinderkopf und dem Motorblock über Wasserschläuche verbunden.

Um den Wärmeübergang auf die Umgebungsluft zu beschleunigen, haben die Röhren zahlreiche Kühllamellen. Die Kühler älterer Fahrzeuge werden von oben nach unten durchströmt. Bei moderneren Ausführungen, z. B. mit einer niedrigen Front, setzt man auch Kühler ein, die horizontal durchströmt werden. Man unterscheidet entsprechend Fallstrom- und Querstromkühler.

Der Einfüllverschluß am oberen Wasserkasten trägt zusätzlich ein Über- und Unterdruckventil. Durch Überdruck kann die Kühlmitteltemperatur bis über 100 °C ansteigen, ohne daß das Kühlmittel kocht. Wird der Druck zu groß, fließt es über das Ventil und ein Überlaufrohr ab.

Moderne Fahrzeuge haben allerdings ein geschlossenes Kühlsystem: Ein zusätzliches Ausdehnungsgefäß nimmt überschüssiges Kühlmittel auf und sorgt auch bei kaltem Motor für den entsprechenden Ausgleich. Maximal- und Minimalmarkierungen befinden sich am Ausgleichsgefäß.

Lüfter und Thermostat

Der Kühler benötigt einen kontinuierlichen Luftstrom, um für stabile Temperaturen im Kühlsystem zu sorgen. Deshalb verhindert ein Lüfter (Ventilator) das Kochen des Kühlmittels. Er kann über einen Keilriemen direkt von der Kurbelwelle angetrieben werden.

Moderne Motoren besitzen, um Kraftstoff zu sparen, teilweise Lüfter mit einer Viskosekupplung. Die Kupplungsflüssigkeit schaltet den Lüfter entsprechend der Kühlmitteltemperatur automatisch aus und ein.

Bei einem anderen System überwacht ein Temperaturschalter die Kühlmitteltemperatur und sorgt für das Ein- und Ausschalten des Lüfters.

Damit ein Verbrennungsmotor seine Betriebstemperatur schnell erreicht, wird der Kühlmittelkreislauf durch einen Thermostaten gesteuert, dessen Druckdose mit einem Dehnstoff gefüllt ist. Zunächst erwärmt der Motor das Wasser in Zylinderblock und -kopf. Erreicht das immer wärmer werdende Wasser den Thermostaten, dehnt sich der Dehnstoff aus, und ein Ventil wird geöffnet, durch das kalte Kühlflüssigkeit nachströmt.

Da sich Wasser beim Einfrieren ausdehnt, kann dies den Motorblock und den Kühler im Winter platzen lassen. Deshalb wird dem Wasser ein Frostschutzmittel beigegeben, das gleichzeitig als Korrosionsschutz im Sommer fungiert.

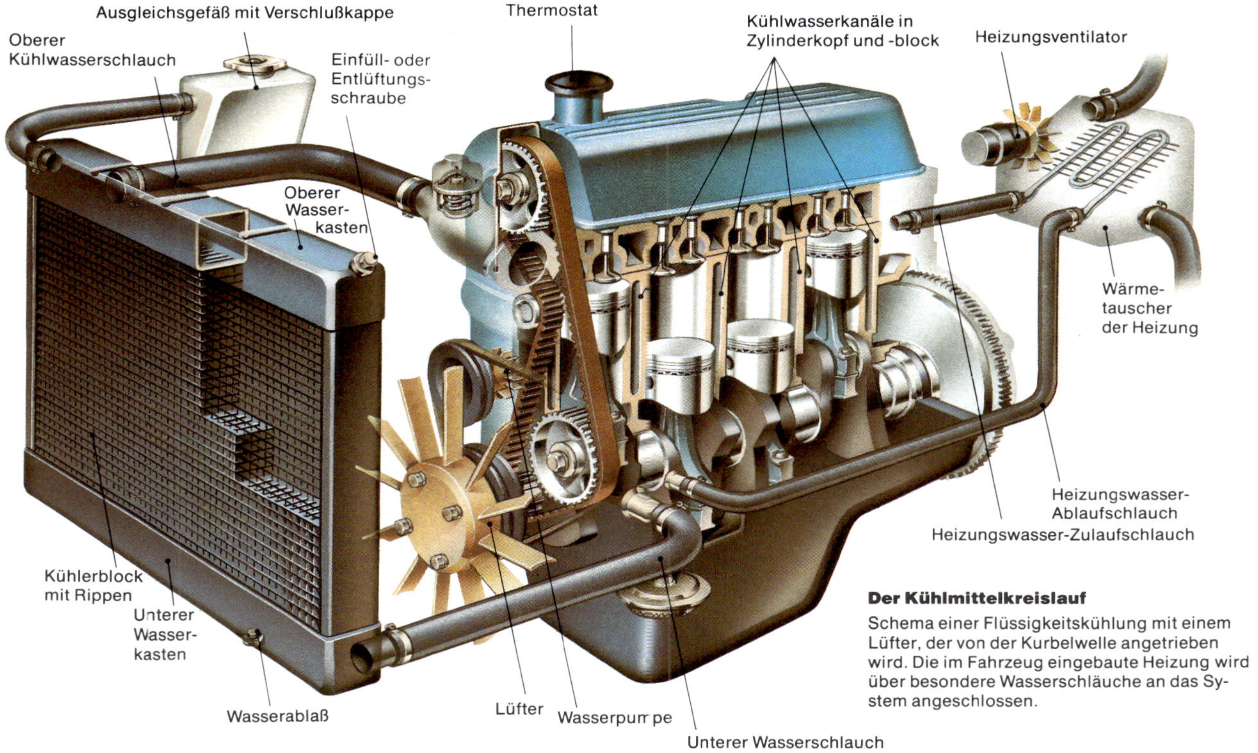

Der Kühlmittelkreislauf
Schema einer Flüssigkeitskühlung mit einem Lüfter, der von der Kurbelwelle angetrieben wird. Die im Fahrzeug eingebaute Heizung wird über besondere Wasserschläuche an das System angeschlossen.

Die Luftkühlung

Beim luftgekühlten Motor sind Zylinderblock und -kopf mit großflächigen Kühlrippen überzogen, und Luftleitbleche lassen den von einem Kühlgebläse erzeugten Luftstrom gleichmäßig an den Kühlrippen vorbeistreichen.

Der Einsatz des Gebläses wird von einem Thermostaten geregelt, so daß auch an kalten Tagen die Betriebstemperatur schnell erreicht wird.

Der Ölkühler

Wassergekühlte Hochleistungsmotoren und die meisten luftgekühlten Motoren besitzen einen Ölkühler, der vom Motoröl durchströmt wird und es bei Betriebstemperatur hält.

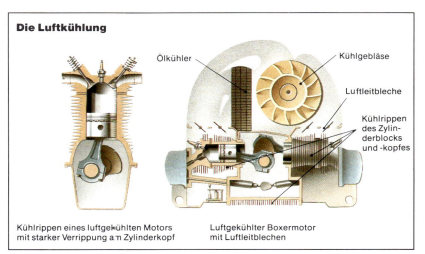

Die Luftkühlung

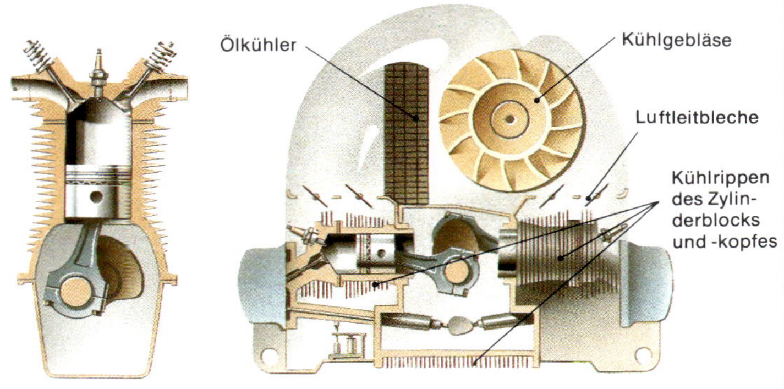

Kühlrippen eines luftgekühlten Motors mit starker Verrippung am Zylinderkopf

Luftgekühlter Boxermotor mit Luftleitblechen

Das Heizungs- und Lüftungssystem

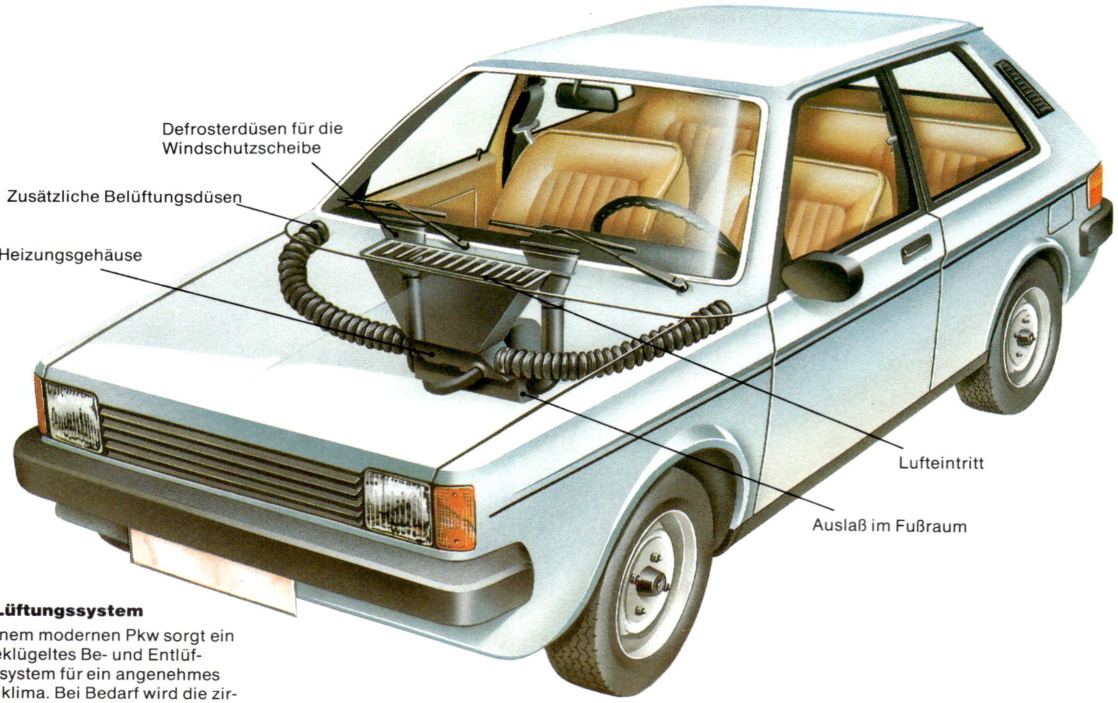

Das Lüftungssystem
Bei einem modernen Pkw sorgt ein ausgeklügeltes Be- und Entlüftungssystem für ein angenehmes Raumklima. Bei Bedarf wird die zirkulierende Frischluft aufgeheizt.

Um ein angenehmes Innenraumklima zu erzeugen, besitzen Autos ein Heiz- und Belüftungssystem. Frischluft wird von einem Wärmetauscher erwärmt und heizt den Passagierraum. Gleichzeitig wird das Beschlagen oder Vereisen der Scheiben verhindert.

Die Lüftung

Die Frischluft tritt meist unmittelbar vor der Windschutzscheibe in einen Luftkanal ein, wo während der Fahrt ein hoher Staudruck herrscht. Dann strömt die Luft durch einen Wärmetauscher, der nicht von Heißwasser durchflossen wird, wenn das Kalt-Warm-Regulierventil geschlossen bleibt, und gelangt durch Öffnungen im Fußraum und durch Düsen am unteren Rand der Windschutzscheibe in den Innenraum.

Bei größeren Fahrzeugen führen Luftkanäle auch zu den Fondsitzen. Die Luftzufuhr kann man über Hebel für den Fuß- und Kopfraum regulieren oder abstellen.

Reicht der Luftstrom nicht aus, beispielsweise bei Langsamfahrt oder Fahrzeugstillstand, wird ein elektrisches Gebläse zugeschaltet.

Andere Lüftungssysteme besitzen im Armaturenbrett zusätzliche Gitter, durch die Frischluft direkt in den Wagen gelangt. Solche Zusatzbelüftungen sind besonders bei Hitze angenehm.

Im Heck befinden sich Öffnungen für die Zwangsentlüftung, wobei der Fahrtwind für einen Unterdruck im Auto sorgt und die verbrauchte Luft abgesaugt wird.

Die Heizung

Bei niedrigen Außentemperaturen wird die Frischluft aufgeheizt. Fahrzeuge mit wassergekühlten Motoren besitzen dazu einen Heizungs-Wärmetauscher in Form eines kleinen Kühlers, der über Wasserschläuche direkt mit dem Kühlwassersystem verbunden ist und die durchströmende Luft aufheizt.

Der Luftstrom wird mit denselben Klappen des Lüftungssystems gesteuert und kann durch einen elektrischen Heizungsventilator unterstützt werden. Die Temperatur der Heizungsluft ist von der Wassermenge abhängig, die den Wärmetauscher durchströmt und mit einem Kalt-Warm-Ventil geregelt wird, das vom Armaturenbrett aus über Bowdenzug bedient wird. Diese Heizungsregelung reagiert träge, und man muß während der Fahrt häufig nachregulieren.

Deshalb besitzen andere Modelle ein durch Klappen gesteuertes Mischsystem, bei dem die Temperatur aus warmer und kalter Luft gemischt wird. Der konstant aufgeheizte Wärmetauscher besitzt also kein Kalt-Warm-Ventil mehr.

Die Steuerklappen der Heizung werden meist durch Schieber über Bowdenzüge bedient. Teure Fahrzeuge besitzen eine besonders leichtgängige Unterdrucksteuerung.

Die Wagenheizung bei Luftkühlung

Bei luftgekühlten Motoren erzeugt man die Heißluft mit Hilfe von Wärmetauschern, die im Auspuffsystem integriert sind. Dazu sind Teile des Auspuffs stark verrippt und mit einem Blechmantel verkleidet. Ein vom Kühlgebläse abgezweigter Frischluftstrom heizt sich dabei an den Kühlrippen auf und wird über Luftkanäle ins Wageninnere geleitet. Die Luftmenge wird über Stellklappen reguliert. Zusätzlich sind Frischluftöffnungen vorhanden.

Da dieses Heizsystem besonders bei tiefen Temperaturen unbefriedigend ist, erhalten luftgekühlte Motoren oft eine mit Benzin betriebene Zusatz- oder Standheizung.

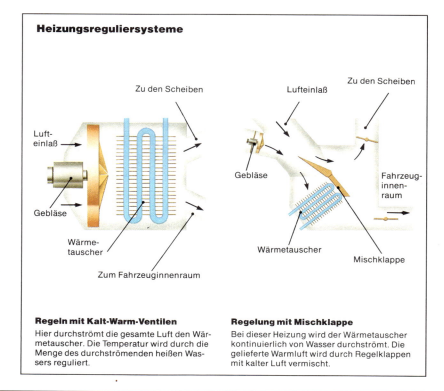

Heizungsreguliersysteme

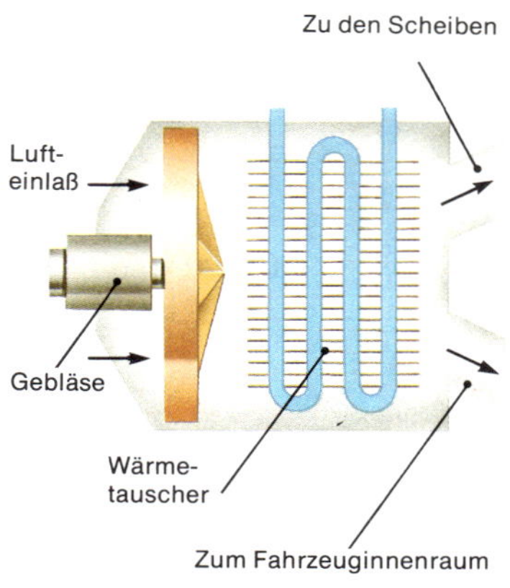

Regeln mit Kalt-Warm-Ventilen
Hier durchströmt die gesamte Luft den Wärmetauscher. Die Temperatur wird durch die Menge des durchströmenden heißen Wassers reguliert.

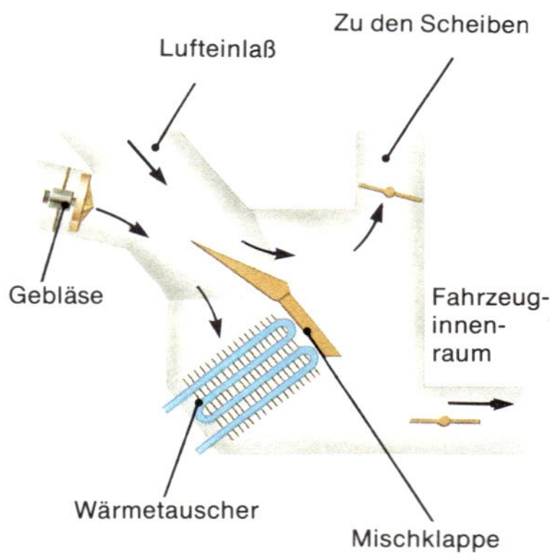

Regelung mit Mischklappe
Bei dieser Heizung wird der Wärmetauscher kontinuierlich von Wasser durchströmt. Die gelieferte Warmluft wird durch Regelklappen mit kalter Luft vermischt.

Das Bordstromnetz 1

Zur Versorgung der zahlreichen elektrischen Verbraucher im Auto dient ein umfangreiches Bordnetz.

Die Batterie liefert Strom, bevor der Motor angesprungen ist. Von ihr fließt der Strom über ein Kabel zu den Verbrauchern und wieder zurück über die Stahlblechkarosserie, die an den Minuspol der Batterie durch ein Massekabel angeschlossen ist. Deshalb sind alle Stromverbraucher mit der Karosserie verbunden.

Die Stromstärke wird in Ampere (A) gemessen, die Spannung in Volt (V). Moderne Fahrzeuge haben eine Bordnetzspannung von 12 V. Die Kapazität einer Batterie mißt man in Amperestunden (Ah). Beispielsweise kann eine Batterie mit 56 Ah theoretisch 56 Stunden lang 1 A oder entsprechend 28 Stunden lang 2 A liefern.

Läßt die Spannung der Batterie nach, fließt immer weniger Strom, bis die Verbraucher nicht mehr versorgt werden können.

Stromkreis

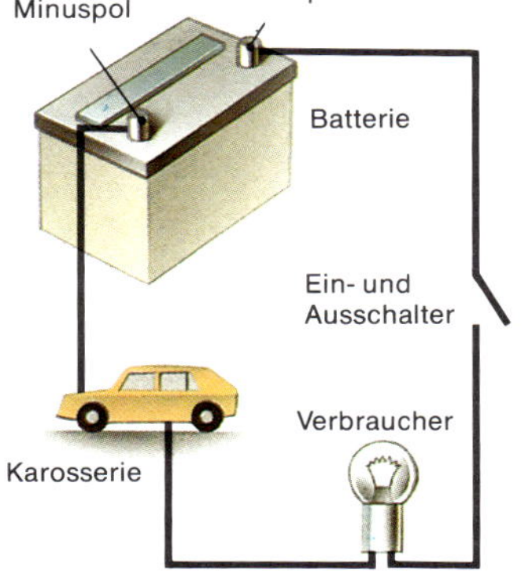

Einfacher Stromkreis mit einem Verbraucher: Der Strom fließt vom Pluspol der Batterie über den Schalter zum Pluspol der Glühlampe. Der Minuspol hingegen ist über die Karosserie mit dem Minuspol der Batterie verbunden.

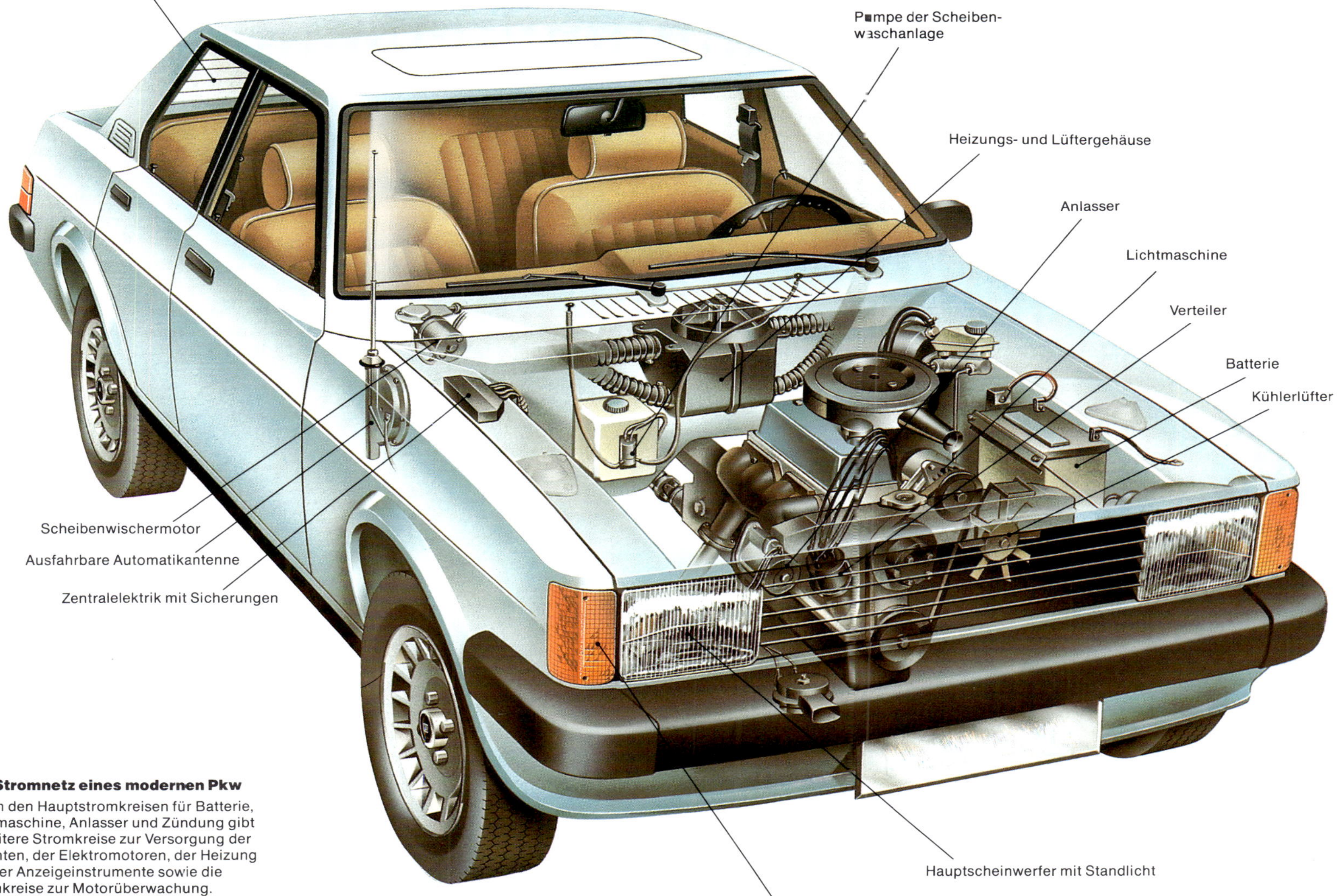

Das Stromnetz eines modernen Pkw

Neben den Hauptstromkreisen für Batterie, Lichtmaschine, Anlasser und Zündung gibt es weitere Stromkreise zur Versorgung der Leuchten, der Elektromotoren, der Heizung und der Anzeigeinstrumente sowie die Stromkreise zur Motorüberwachung.

Zum Ein- und Ausschalten der einzelnen Stromkreise dienen Schalter an der Armaturentafel.

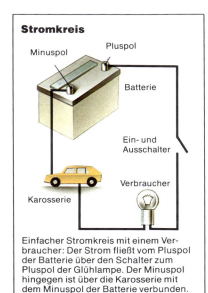

Das Bordstromnetz 2

Volt, Ampere, Ohm und Watt

Zwischen diesen Begriffen herrschen auch im Bordnetz enge Zusammenhänge. Beispielsweise bieten dünne Drähte dem Strom einen hohen Widerstand, die Drähte erwärmen sich, ein im Bordnetz nicht willkommener Effekt. So kann es z. B. bei Leitungsüberlastungen zu einem Kabelbrand kommen.

Andererseits nutzt man die Kabelerwärmung aus, z. B. bei Scheinwerfern. Ein hitzefester Draht wird in einem luftleeren Glaskolben bis zur Weißglut erhitzt und die Lichtwirkung mittels Reflektor verstärkt.

Den Stromverbrauch eines Gerätes in Watt erhält man, wenn man die Amperezahl mit der Voltzahl multipliziert. Man kann auch den Verbrauchswert durch die Voltzahl teilen und erhält dann den Amperewert, z. B. für die Mindestfestlegung einer Sicherungsgröße.

Negative und positive Polarität

Bei den meisten Autos ist heute der Pluspol der Batterie mit den elektrischen Verbrauchern und der Minuspol mit der Karosserie verbunden.

Diese Schaltung wird als „Minus an Masse" bezeichnet. Allerdings sind noch Fahrzeuge auf dem Markt, bei denen der Pluspol der Batterie an Masse liegt.

Bei komplizierten elektrischen Verbrauchern, z. B. einem Autoradio, muß man auf die richtige Polung achten, sonst kommt es sofort zu einem Kurzschluß.

Bei Glühlampen ist es allerdings gleichgültig, in welcher Richtung der Strom fließt.

Kurzschluß und Sicherungen

Löst sich ein Kabel aus einer Klemmverbindung oder rutscht ein Kabelstecker ab und berührt die Fahrzeugmasse, kommt es sofort zu einem Kurzschluß. Der Widerstand in einem Teil der Leitung kann dann so hoch sein, daß der Draht glüht und die Isolierung schmilzt. Um dieser Brandgefahr vorzubeugen, sind die Stromkreise abgesichert.

Meist verwendet man Sicherungen mit einem Schmelzdraht auf einem Porzellankörper oder in einem Kunststoffplättchen. Besonders empfindliche Geräte, z. B. Radios, besitzen feine Schmelzsicherungen in einem Glaskörper.

Die Stromaufnahme einer Sicherung (8, 16 oder auch mehr Ampere) ist auf der Sicherung vermerkt. Bei Überlastung durch Kurzschluß schmilzt der Draht, und der Stromkreis wird unterbrochen. Bei einer solchen Panne muß zunächst der Fehler behoben und dann eine neue Sicherung eingesetzt werden.

Im Auto sind die Sicherungen zentral in einem Sicherungskasten oder als Teil der Zentralelektrik montiert. Für Zubehör, das nachträglich eingebaut wird, gibt es fliegende Sicherungen jeweils in der Pluszuleitung.

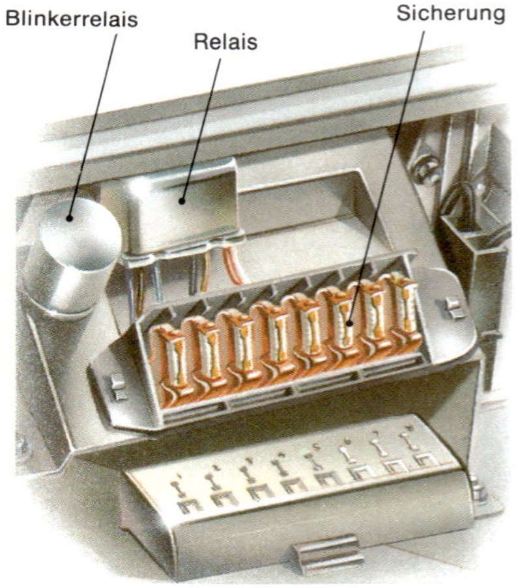

Zentralelektrik mit Sicherungen und Relais. Der Deckel ist bei dieser Abbildung abgenommen.

Elektrische Kabel und gedruckte Schaltungen

Die Kabelquerschnitte eines Fahrzeuges sind genau für die angeschlossenen Verbraucher berechnet. Durch den Wagen führt ein umfangreiches Kabelnetz. Um Verwechslungen zu vermeiden, ist jedes Kabel durch eine bestimmte Farbe markiert. Es gibt jedoch keine internationale Farbenkodierung; sie gilt jeweils nur für eine bestimmte Automarke.

Den meisten Betriebsanleitungen ist ein Schaltplan beigefügt, der einem – bei etwas Übung – das Auffinden von Fehlern erleichtert, wenn man die entsprechenden Farbmarkierungen verfolgt.

Parallel verlaufende Kabel sind in einem Isolierschlauch zusammengefaßt, was die Montage und Unterbringung erleichtert. An bestimmten Stellen zweigen einzelne Kabel ab, um Verbraucher zu versorgen. Man spricht deshalb von einem Kabelbaum.

Hinter der Armaturentafel moderner Kraftfahrzeuge ist häufig kein Platz mehr für umfangreiche Kabelbäume vorhanden, so daß manche Hersteller auf gedruckte Schaltungen übergegangen sind. Die Leiterbahnen sind auf einer Kunststoffplatte sichtbar aufgedruckt. Der Anschluß der einzelnen Komponenten erfolgt dann meist über Zentralstecker.

Andere Hersteller benutzen flexible gedruckte Schaltungen. Die Leiterfolie ist mit Plastikmaterial isoliert und kann flexibel verlegt werden.

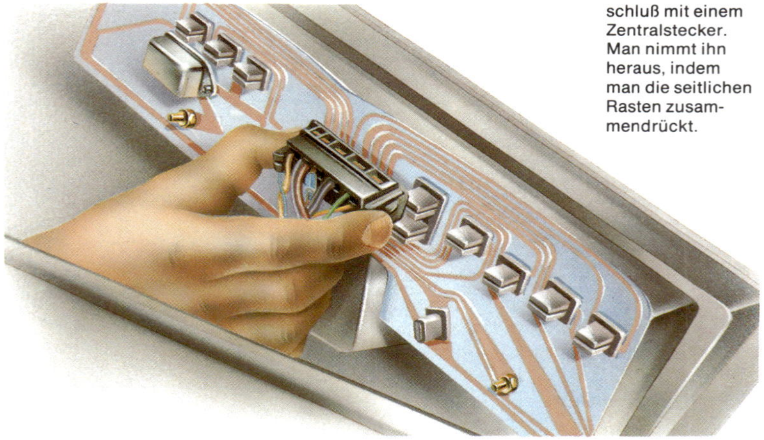

Instrumentenanschluß mit einem Zentralstecker. Man nimmt ihn heraus, indem man die seitlichen Rasten zusammendrückt.

Serien- und Parallelschaltung

Aus Kosten- und Platzgründen versorgt ein Stromkreis meist mehrere Verbraucher. Diese können entweder in Serie (hintereinander) oder parallel (nebeneinander) geschaltet sein.

Beispielsweise sind mindestens zwei Scheinwerferlampen in einem Stromkreis parallel angeschlossen. Wären sie in Serie geschaltet, müßte der Strom erst durch Lampe 1 und dann durch Lampe 2 fließen. Der Strom hätte den Widerstand von zwei Lampen zu überwinden, und es käme zu einer viel zu geringen Leuchtstärke beider Lampen.

Einige Geräte müssen allerdings in Serie geschaltet werden. So besitzt beispielsweise eine Kraftstoffanzeige einen Geber im Tank, der seinen Widerstand mit sinkendem Kraftstoffspiegel verändert. Diese Veränderung bewirkt, daß das Zeigerinstrument

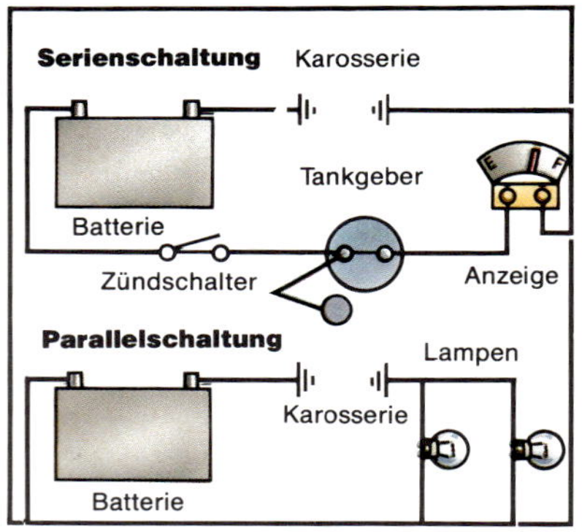

angibt, wieviel Kraftstoff im Tank ist, da beide Komponenten in Serie geschaltet sind. Zusätzlich sorgt ein Spannungskonstanthalter dafür, daß Schwankungen im Bordnetz das Meßergebnis nicht verfälschen.

Nebenstromkreise

Der Anlasser ist über ein starkes Kabel direkt mit der Batterie verbunden. Daneben gibt es den Zündstromkreis und den Ladestromkreis. Alle übrigen Kreise kann man als Nebenstromkreise bezeichnen.

Die meisten dieser Stromkreise führen über den Zündanlaßschalter und können nur bei eingeschalteter Zündung betrieben werden. Dadurch wird verhindert, daß ein Verbraucher bei abgezogenem Zündschlüssel versehentlich eingeschaltet bleibt.

Stand-, Rück- und Parkleuchten müssen allerdings immer funktionieren. Daher wird das Zündanlaßschloß umgangen.

Einige Zusatzgeräte funktionieren bei entsprechendem Anschluß auch in der Garagenstellung des Zündschlosses, z. B. ein Radio. Starke Verbraucher (Heckscheibenheizung) sollte man jedoch nicht so anschließen; denn vergißt man das Ausschalten, ist die Batterie innerhalb kurzer Zeit leer.

Die Stromversorgung

Die vielen elektrischen und elektronischen Systeme eines Fahrzeuges können auf Dauer nicht von der Fahrzeugbatterie versorgt werden. Deshalb übernimmt ein Generator, der gemeinhin als Lichtmaschine bezeichnet wird, nach dem Anspringen des Motors diese Aufgabe.

Je nach Ladezustand der Batterie geht aber nicht die volle Leistung des Generators zu den Verbrauchern, sondern eine Teilmenge wird zum Nachladen der Batterie abgezweigt. Dafür sorgt automatisch ein Regler (siehe auch Seite 227).

Der runde, gedrungene Generator – die Lichtmaschine – ist im Bereich des Keilriemenantriebes am Motor verstellbar angeflanscht. Alle modernen Fahrzeuge besitzen Drehstromlichtmaschinen, die bereits bei Leerlauf-Drehzahlen hohe Leistungen abgeben sowie klein und relativ leicht sind. Deshalb wurden die früher üblichen Gleichstromlichtmaschinen im Pkw-Bau nahezu verdrängt.

Drehstromlichtmaschinen werden als sogenannte Innenpolmaschinen gebaut. Das Magnetfeld dreht sich mit dem Läufer, einem Elektromagneten, dem über zwei Schleifkohlen und zwei Schleifringe eine geringe Strommenge zugeführt wird. Durch die Drehung wird in den Wicklungen des Ständers Spannung induziert.

Die Drehstromlichtmaschine erzeugt Wechselstrom, dessen Richtung sich mit jeder Umdrehung des Läufers ändert. Er muß deshalb in Gleichstrom umgewandelt werden, wozu Siliziumdioden dienen.

Das Funktionieren der Lichtmaschine wird von der meist roten Ladestrom-Kontrolleuchte angezeigt, die unmittelbar nach dem Start erlischt. Leuchtet sie im Fahrbetrieb auf, fließt kein Ladestrom mehr.

Besser informiert ein Amperemeter über die Leistung der Lichtmaschine bzw. über die Batterieladung oder -entladung.

Die Drehstromlichtmaschine

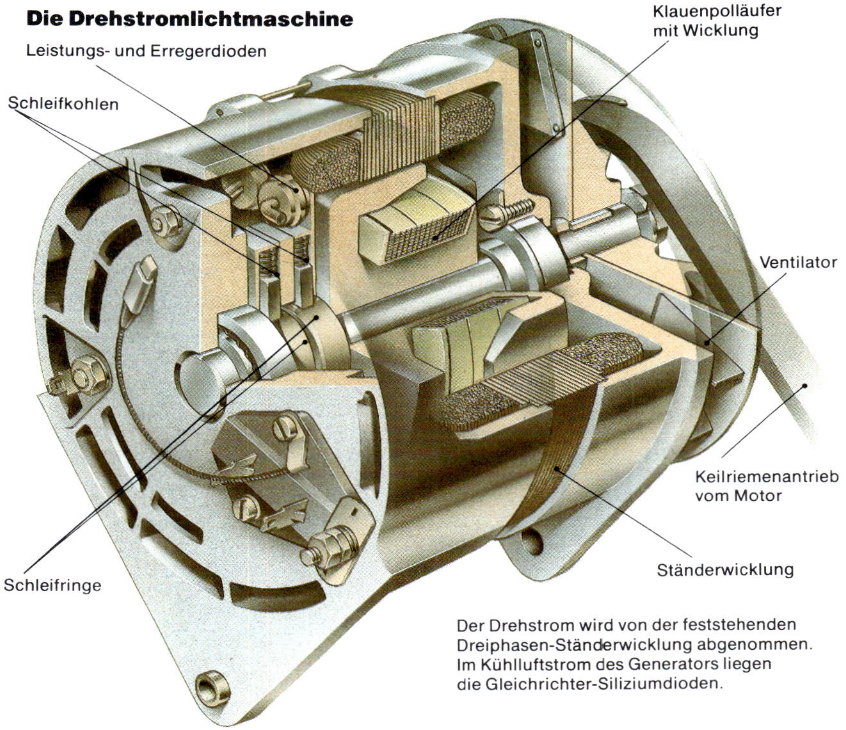

Der Drehstrom wird von der feststehenden Dreiphasen-Ständerwicklung abgenommen. Im Kühlluftstrom des Generators liegen die Gleichrichter-Siliziumdioden.

Der Stromfluß in einer Drehstromlichtmaschine

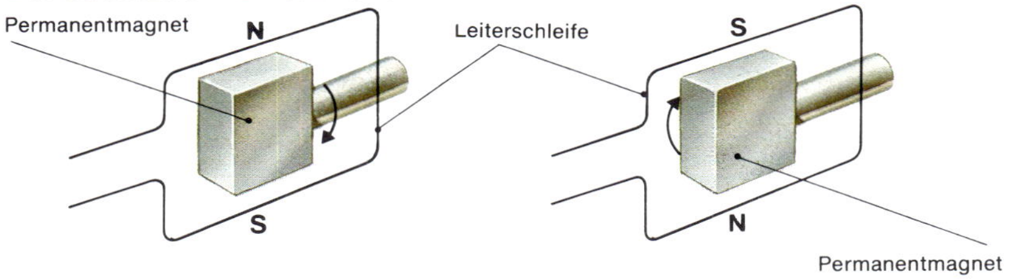

Wie eine Drehstromlichtmaschine arbeitet

Dreht man einen Dauermagneten innerhalb einer geschlossenen Leiterschleife, wird im Draht ein Strom induziert. Wenn sich der Nordpol des Magneten am oberen Bügel der Leiterschleife vorbeibewegt und der Südpol den unteren Teil passiert, fließt der Strom in einer Richtung. Wenn der Südpol den oberen Bügel der Schleife und der Nordpol den unteren Teil erreicht, setzt der Stromfluß in umgekehrter Richtung ein.

Die Drehstromlichtmaschine ist mit einem Elektromagneten ausgerüstet, der zusätzlich erregt wird, um die Leistungsausbeute zu steigern.

Wie eine Gleichstromlichtmaschine arbeitet

Bei Gleichstromlichtmaschinen sind die Elektromagneten fest mit dem Gehäuse verschraubt und bestehen aus Polschuh und Erregerwicklung. Der Strom wird im umlaufenden Anker erzeugt, der aus einer Vielzahl von Drahtwicklungen besteht.

Das Wirkungsprinzip ist das gleiche wie bei einer Drehstromlichtmaschine. Der Strom fließt jedoch über einen Stromwender, auch Kollektor genannt. Dieser besteht aus Hartkupferlamellen, die durch Kunststoff isoliert sind. Auf dem Kollektor laufen die federnd gelagerten Schleifkohlen. Diese nehmen den erzeugten Strom jeweils von zwei Segmenten des Kollektors ab. Bei der Drehung des Ankers ändert sich die Stromrichtung. Wenn aber die Kohlebürsten die beiden nächsten Segmente des Kollektors abtasten, fließt der Strom stets in die gleiche Richtung, da diese jeweils entgegengesetzt verdrahtet sind.

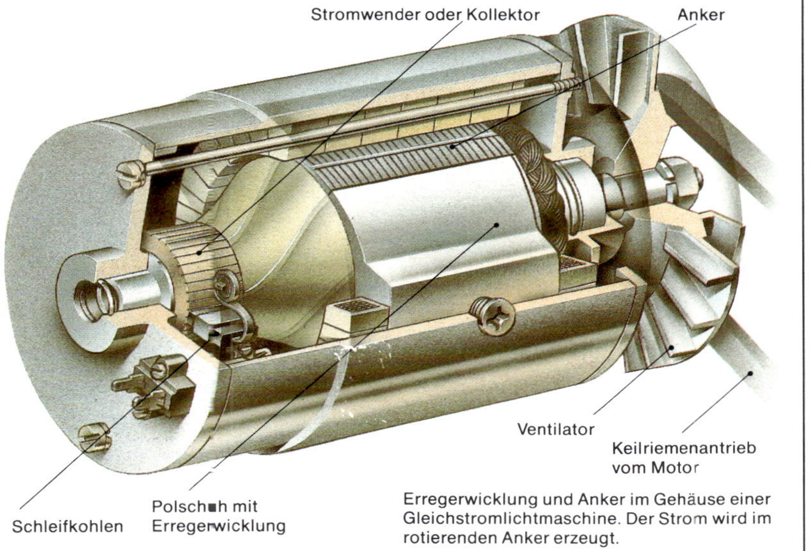

Erregerwicklung und Anker im Gehäuse einer Gleichstromlichtmaschine. Der Strom wird im rotierenden Anker erzeugt.

Die Regelung des Ladestromes

Den Wechselstrom einer Drehstromlichtmaschine wandeln Siliziumdioden, die den Strom nur in einer Richtung durchlassen, in Gleichstrom um.

Transistor-Spannungsregler sorgen für eine stabile Bordnetz- und Batterieladestrom-Spannung.

Leistungsdioden und Erregerdioden sind meist im Gehäuse der Drehstromlichtmaschine fest eingepreßt.

Gleichstromlichtmaschinen benötigen keinen Gleichrichter, sondern lediglich Reglerschalter mit drei Relais in einem Gehäuse. Ein Relais regelt die Stromspannung, indem es kurzzeitig den Strom in der Feldwicklung unterbricht.

Das zweite Relais verhindert, daß die Batterie durch die Lichtmaschine überladen und dadurch beschädigt wird.

Ein drittes Trennrelais hemmt die Entladung der Batterie, wenn sich die Gleichstromlichtmaschine z.B. im Leerlauf zu langsam dreht, um Ladestrom zu liefern.

Der Anlasser

Damit ein Verbrennungsmotor sicher anspringt, muß er zunächst von dem elektrischen Anlasser auf die notwendige Startdrehzahl gebracht werden. Dabei sind Reibungs- und Kompressionswiderstände zu überwinden, weshalb Anlasser entsprechend robust konzipiert sind und verhältnismäßig viel Strom verbrauchen.

Der Anlasser ist meist im Bereich der Trennstelle zwischen Motor- und Getriebegehäuse angeflanscht.

Die ersten elektrischen Anlasser wurden noch mittels Pedaldruck oder Seilzug ein- und ausgeschaltet. Heute bedient man sich eines Magnetschalters, in dem sich eine Spule und ein unter Federdruck stehender Anker befinden. Im Bild sieht man die Anschlüsse für Batterie (dickes Kabel), Anlasser (dickes Metallband) und Zündanlaßschalter (dünnes Kabel). Bei Fahrzeugen mit Zündungsvorschaltwiderstand ist zusätzlich eine Klemme zur Überbrückung dieses Widerstandes vorhanden.

Der mit dem Anlasserritzel gekuppelte Mitnehmer bewegt sich durch die Einrückgabel auf einem Steilgewinde der Ankerwelle. Ein Rollenfreilauf verhindert allzu schnelles Durchdrehen des Anlassers, wenn der Motor anspringt.

Innen befinden sich die Erregerwicklungen, der Anker sowie der Kollektor mit den Schleifkohlen.

Dreht man den Zündschlüssel über die Stellung „Zündung“ hinaus, wird der Anker im Magnetschalter angezogen. Der Einrückhebel schiebt Ritzel und Mitnehmer auf dem Steilgewinde nach vorn und versetzt das Ritzel in Drehung. Erfaßt das Ritzel mit einem Zahn eine Zahnlücke in der Außenverzahnung der Schwungscheibe, spurt es ein, und der Motor beginnt sich langsam zu drehen.

Stößt aber ein Zahn des Ritzels auf einen Zahn der Schwungscheibe, so wird die Feder auf der Ritzelseite zusammengedrückt, bis der Magnetschalter den Ankerstrom einschaltet, so daß der Anker kurzzeitig weiterdreht und sich das Ritzel erneut auf die Stirnfläche des Schwungscheiben-Zahnkranzes schiebt.

Der Magnetschalter hat eine Einzugswicklung und eine Haltewicklung. Zum Einziehen wirken beide Wicklungen zusammen. Nach dem Einschalten des Anlasserstromes wird die Einzugswicklung abgetrennt.

Ist der Motor angesprungen, läuft das Anlasserritzel frei. Der Mitnehmer wird sofort entlastet und von der Feder des Ankers zurückgezogen. Das Ritzel bleibt aber noch im Eingriff, solange der Einrückhebel durch den Magnetschalter festgehalten wird. So vermeidet man das erneute Einspuren, z.B. bei Zündaussetzern oder bei Fehlbedienung.

Ist der Motor angesprungen, dreht sich der Schlüssel beim Loslassen von selbst in die Stellung „Zündung“ zurück. Erneutes Starten des Motors ist erst möglich, wenn man die Zündung vorher ausgeschaltet hat. Eine Anlaßwiederholsperre verhindert das Einspuren des Anlasserritzels in den noch laufenden Zahnkranz der Schwungscheibe.

Zur Schonung werden Zündspulen häufig nicht mit der üblichen Bordnetzspannung von 12 V, sondern nur mit etwa 7–9 V versorgt. Dazu bedient man sich eines vorgeschalteten Widerstands oder eines Widerstandkabels. Beim Anlaßvorgang benötigt man aber die ganze Leistung der Zündspule. Deshalb versorgt man die Zündspule zusätzlich über einen Extrakontakt des Magnetschalters. So ermöglicht man das sichere Anspringen des Motors auch unter extremen Bedingungen, beispielsweise bei sehr niedrigen Temperaturen.

Bei einem Automatikgetriebe sorgt ein zusätzlicher Schalter am Schaltgestänge für eine Unterbrechung des Anlasserstromkreises, wenn eine Gangstufe eingelegt ist. Der Motor kann nur in der Parkstufe „P“ oder in der Stellung Neutral „N“ angelassen werden.

Der Schraubtriebanlasser
Eine andere Anlasserbauart ist der Schraubtrieb- oder Bendix-Anlasser. Eine Feder überträgt das gesamte Drehmoment und sorgt für weiches Einspuren.

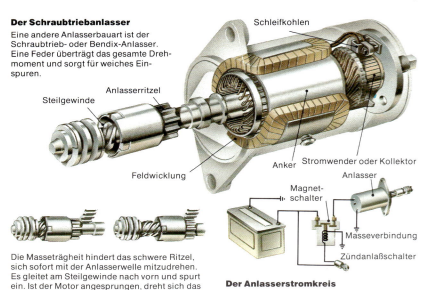

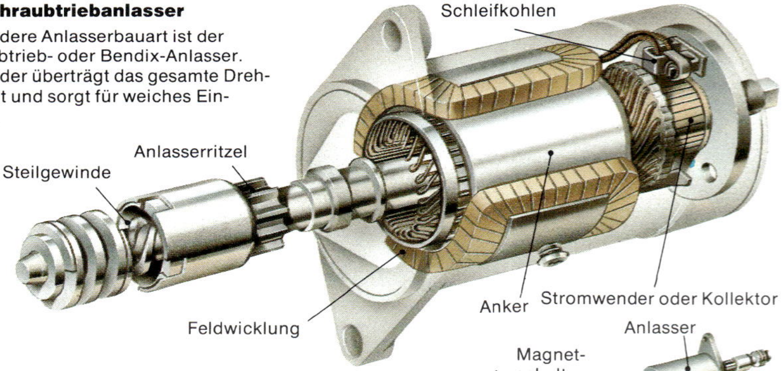

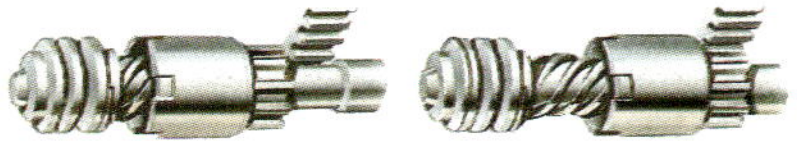

Die Masseträgheit hindert das schwere Ritzel, sich sofort mit der Anlasserwelle mitzudrehen. Es gleitet am Steilgewinde nach vorn und spurt ein. Ist der Motor angesprungen, dreht sich das Ritzel schneller als der Anlasseranker und spurt wieder aus.

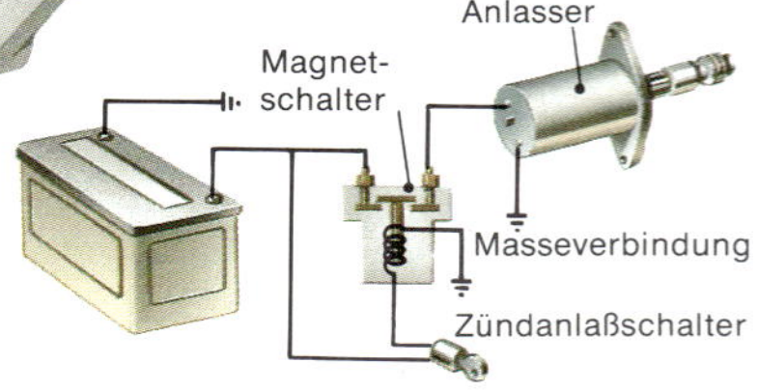

Der Anlasserstromkreis
Da alle Teile mit der Fahrzeugmasse verbunden sind, genügt zur Stromversorgung ein Kabel.

Schubschraubtrieb-Anlasser

Das Anlasserritzel wird vom Magnetschalter auf dem Steilgewinde nach vorn geschoben und beginnt sich langsam zu drehen. So erreicht man ein materialschonendes Einspuren auf der Außenverzahnung der Schwungscheibe.

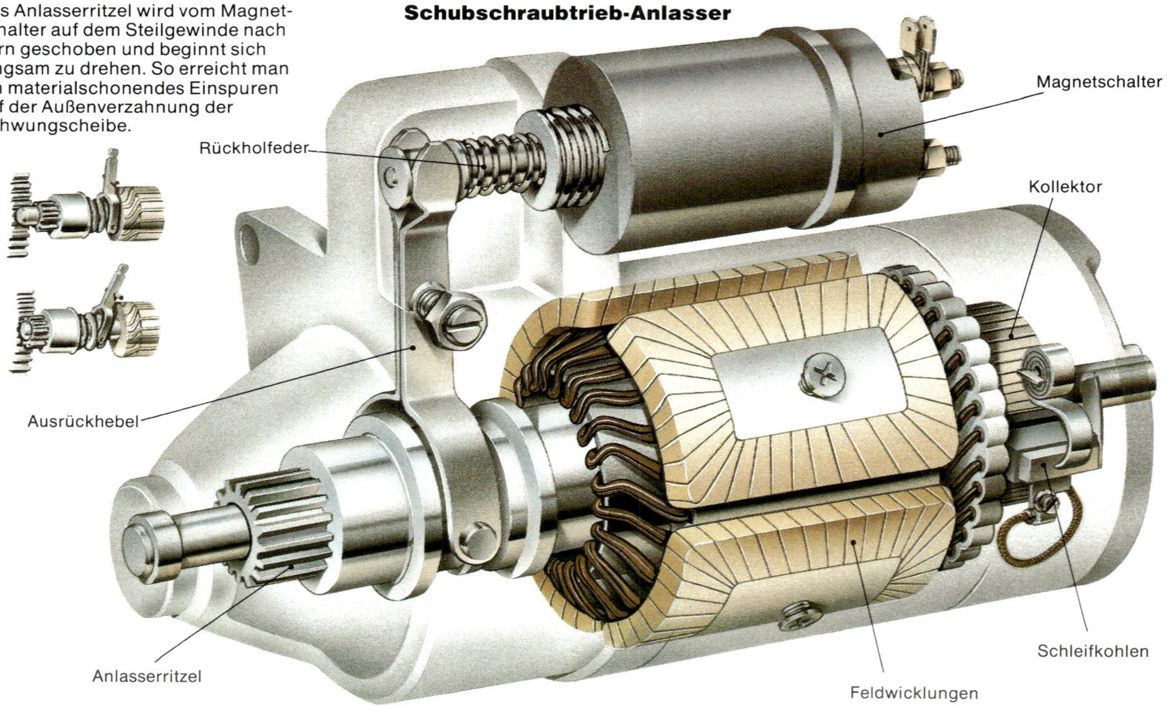

Die Kupplung

Das erste Bauteil der Kraftübertragung bei normalem Getriebe ist die Kupplung. Sie stellt eine trennbare Verbindung dar, die sowohl das Anfahren als auch den Gangwechsel ermöglicht.

Die meisten Fahrzeuge haben Reibungskupplungen, die über einen Seilzug, über ein Gestänge oder hydraulisch bedient werden.

Im Fahrbetrieb ist die Kupplung im Eingriff. Eine Druckplatte verbindet die Hauptantriebswelle über die Kupplungsscheibe mit dem Motor.

Die Kupplungsscheibe sitzt auf der längsverzahnten Hauptantriebswelle des Getriebes. Sie hat Reibbeläge auf beiden Seiten, die weiches Anfahren ermöglichen.

Wenn man das Kupplungspedal tritt, drückt ein Kupplungsausrückhebel das Kupplungslager auf die Druckplatte. Die äußeren Teile der Kupplungsdruckplatte, die normalerweise im Eingriff mit dem Belag der Kupplungsscheibe sind, werden abgehoben. Die Verbindung zwischen Motor und Getriebe ist unterbrochen.

Beim Loslassen des Kupplungspedals drücken die Federkräfte das Kupplungsausrücklager und den Ausrückhebel zurück. Die Kupplungsscheibe wird von der Druckplatte erfaßt und langsam mitgenommen.

Einige Fahrzeuge haben eine hydraulisch betätigte Kupplung. Die Kraft des Kupplungspedals wird über einen Geberzylinder und eine Hydraulikleitung auf einen Nehmerzylinder übertragen. Von hier aus erfolgt wieder die Kraftübertragung durch die Kupplungsausrückhebel und das Drucklager auf die Kupplungsdruckplatte.

Im Fahrbetrieb sollte man den Fuß niemals auf dem Kupplungspedal ruhen lassen, da sonst das Ausrücklager ständig mitläuft und vorzeitig ausfallen kann.

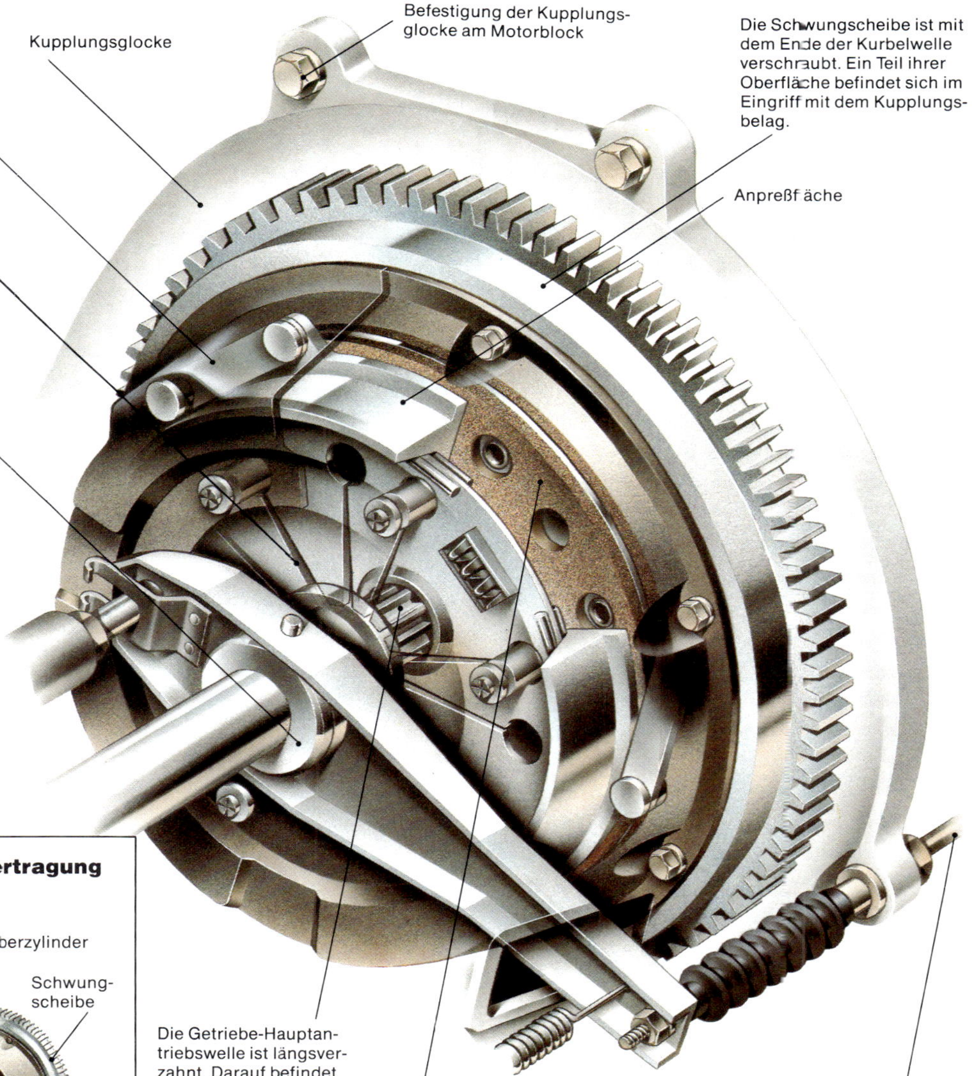
Die Kupplungsdruckplatte ist mit der Schwungscheibe verschraubt. Federkraft hält die Kupplungsscheibe fest.
Kupplungsglocke
Befestigung der Kupplungsglocke am Motorblock
Die Schwungscheibe ist mit dem Ende der Kurbelwelle verschraubt. Ein Teil ihrer Oberfläche befindet sich im Eingriff mit dem Kupplungsbelag.
Anpreßfläche
Die Zungen der Membranfedern springen nach innen, wenn man das Kupplungspedal tritt. Die Kraftübertragung erfolgt über ein Ausrücklager, das gegen den inneren Teil der Membranfeder gedrückt wird.
Kupplungsausrücklager
Die Getriebe-Hauptantriebswelle ist längsverzahnt. Darauf befindet sich die Kupplungsscheibe.
Die Kupplungsscheibe sitzt auf der längsverzahnten Getriebe-Hauptantriebswelle. Die Kraftübertragung erfolgt durch das Anpressen des Belages gegen die Schwungscheibe auf der einen und gegen die Druckplatte auf der anderen Seite.
Die Kupplungspedalkräfte werden über Seil, Gestänge oder Hydraulik wirksam.

Hydraulische Kraftübertragung

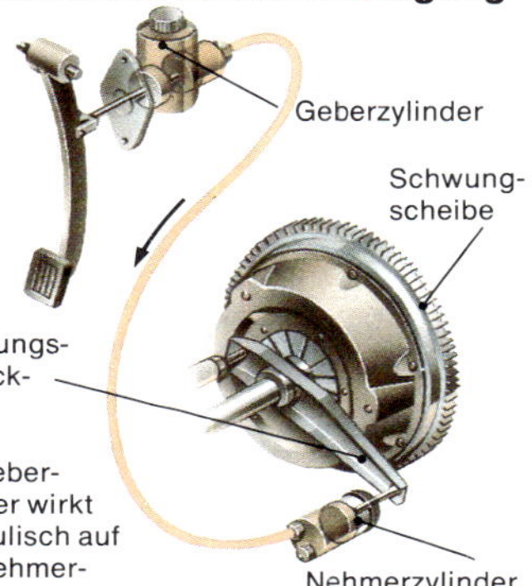
Geberzylinder
Schwungscheibe
Kupplungsausrückhebel
Der Geberzylinder wirkt hydraulisch auf den Nehmerzylinder.
Nehmerzylinder

Die Membranfeder

Im linken Bild ist die Kupplung im Eingriff, während das Kupplungsdrucklager und der Ausrückhebel entlastet sind.

Beim Niederdrücken des Kupplungspedals drückt das Ausrücklager, wie im rechten Bild gezeigt, auf die Mitte der Membranfeder. Die Kraftübertragung ist dadurch unterbrochen.

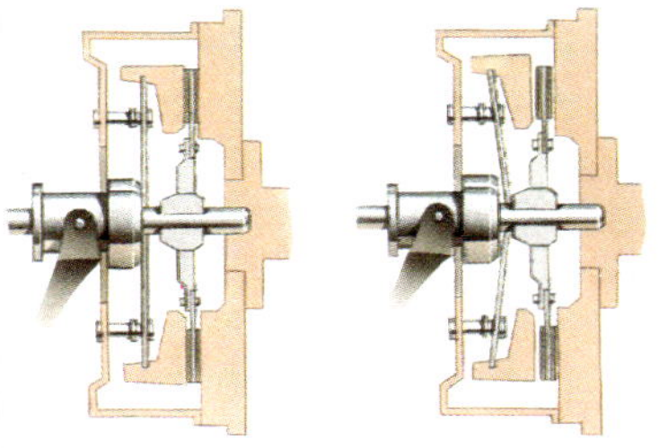

Kupplung im Eingriff: Die Membranfeder hält die Kupplungsscheibe fest.

Kupplung gelöst: Das Ausrücklager hat die Membranfeder belastet.

Die Bauteile der Kupplung

Moderne Kupplungen haben vier Hauptbauteile: Kupplungsdruckplatte mit den Federn, Kupplungsscheibe, Kupplungsdrucklager und Kupplungsausrückhebel.

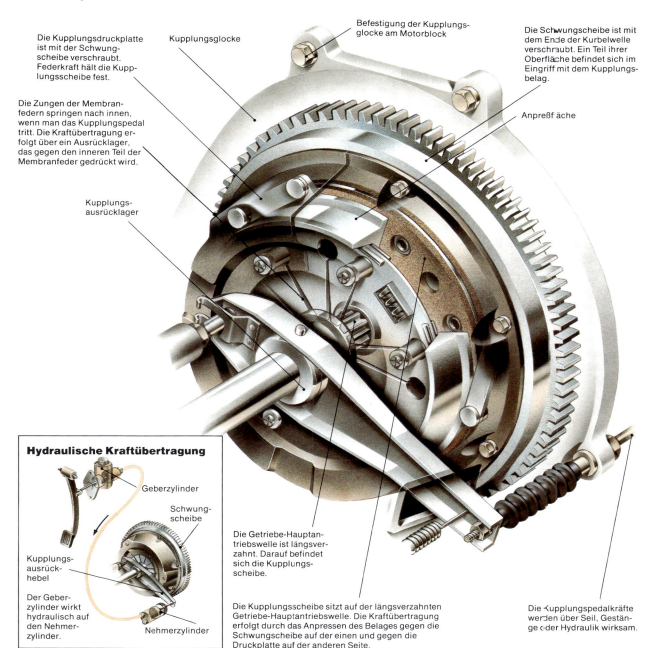

Die Druckplatte ist mit Schrauben an der Schwungscheibe befestigt. Durch den Federdruck der Druckplatte wird die Kupplungsscheibe zwischen Schwungrad und Druckplatte eingeklemmt. Die Kupplungsfedern können als Membran- oder als Schraubenfedern ausgeführt sein. Auf jeder Seite der Kupplungsscheibe ist ein Reibbelag aufgenietet oder aufgeklebt, der bei eingerückter Kupplung fest im Eingriff mit Druckplatte und Schwungscheibe ist.

Dieser Eingriff wird durch Treten des Kupplungspedales getrennt. Umgekehrt ermöglicht allmähliches Loslassen das weiche Anfahren.

Das mechanische Getriebe

Verbrennungsmotoren laufen häufig mit hoher Drehzahl. Deshalb ist für eine Anpassung an die Fahrgeschwindigkeit ein Getriebe erforderlich, das die Auswahl mehrerer Untersetzungen für verschiedene Fahrzustände ermöglicht, z.B. beim Start, beim Bergaufwärtsfahren oder bei schneller Autobahnfahrt.

Die Arbeitsweise des Getriebes

Das Getriebe ist nach der Kupplung der zweite Teil der Kraftübertragung. Moderne Fahrzeuge haben Vier- oder Fünfganggetriebe und einen Rückwärtsgang. Dazu kommt eine neutrale Stellung, bei der keine Kraftübertragung erfolgt.

Der Schalthebel wirkt auf eine Reihe von Schaltgabeln, die an Schaltstangen befestigt sind und von oben in das Getriebe hineinfassen.

Die meisten Getriebe sind schrägverzahnt, vollsynchronisiert und besitzen drei Wellen: die Hauptantriebswelle, eine Getriebehauptwelle und eine Nebenwelle; alle sind kugelgelagert im Gehäuse angeordnet. Zusätzlich ist für den Rückwärtsgang ein extra Antriebsritzel vorgesehen.

Der Motor treibt die Getriebehauptantriebswelle an, die sich mit der Nebenwelle im Eingriff befindet. Diese dreht die Zahnräder der Getriebehauptwelle, die frei umlaufen, bis sie über eine Synchroneinrichtung und Schaltmuffen zum Eingriff gebracht werden.

Die Synchroneinrichtung sorgt dafür, daß die Geschwindigkeiten von Schaltmuffe und zugeschaltetem Zahnrad sich automatisch angleichen, und ermöglicht so geräuschloses Schalten.

Bei einigen Fahrzeugen sitzt hinter dem Getriebe ein Overdrive-Getriebe, das höher übersetzt als der normale vierte Gang und verbrauchsgünstiges Fahren wie beim Fünfgang-Spargetriebe ermöglicht.

Das synchronisierte Getriebe

Die Schiebemuffen werden beim Bedienen des Schalthebels bewegt. Der Kraftfluß läuft über die Getriebehauptantriebswelle und die Nebenwelle zur Getriebehauptwelle. Im direkten Gang läuft die Nebenwelle leer neben der Getriebehauptantriebswelle, mit der sich die Getriebehauptwelle im Eingriff befindet.

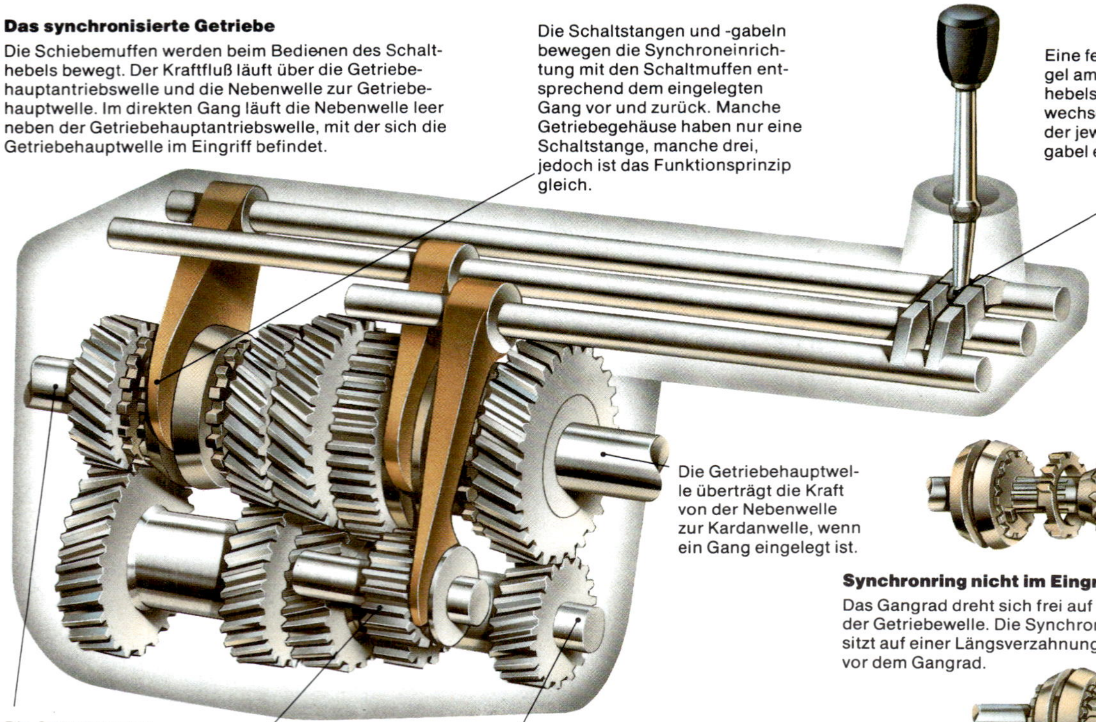

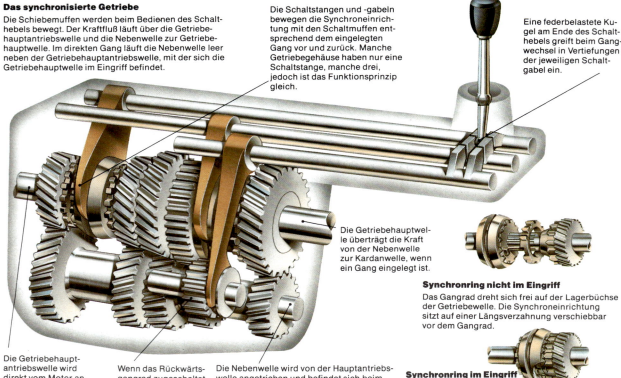

Die Schaltstangen und -gabeln bewegen die Synchroneinrichtung mit den Schaltmuffen entsprechend dem eingelegten Gang vor und zurück. Manche Getriebegehäuse haben nur eine Schaltstange, manche drei, jedoch ist das Funktionsprinzip gleich.

Eine federbelastete Kugel am Ende des Schalthebels greift beim Gangwechsel in Vertiefungen der jeweiligen Schaltgabel ein.

Die Getriebehauptwelle überträgt die Kraft von der Nebenwelle zur Kardanwelle, wenn ein Gang eingelegt ist.

Die Getriebehauptantriebswelle wird direkt vom Motor angetrieben, wenn sich die Kupplung im Eingriff befindet.

Wenn das Rückwärtsgangrad zugeschaltet wird, ändert sich die Drehrichtung der Getriebehauptwelle.

Die Nebenwelle wird von der Hauptantriebswelle angetrieben und befindet sich beim eingelegten Gang im Eingriff mit der Getriebehauptwelle. Dies ermöglichen verschiebbare Schaltmuffen mit Synchroneinrichtung.

Synchronring nicht im Eingriff

Das Gangrad dreht sich frei auf der Lagerbüchse der Getriebewelle. Die Synchroneinrichtung sitzt auf einer Längsverzahnung verschiebbar vor dem Gangrad.

Synchronring im Eingriff

Der Synchronring drückt gegen das Gangrad und sorgt für das Angleichen der Drehzahlen. Getriebegangrad und Synchroneinrichtung sind im Eingriff.

Die Synchroneinrichtung

Das Hauptbauteil moderner Synchroneinrichtungen ist ein mit einer konischen Reibfläche versehener und verzahnter Ring, der auf einer ebenfalls verzahnten Schiebemuffe angeordnet ist. Beide Teile bewegen sich auf einem längsverzahnten Synchronkörper.

Wenn der Fahrer schaltet, bewegt sich eine Schiebemuffe vom noch im Eingriff befindlichen Zahnrad gegen das Zahnrad, das zugeschaltet werden soll. Um die unterschiedlichen Geschwindigkeiten der beiden Zahnräder einander anzugleichen, drückt die Schiebemuffe über Gleitsteine auf den Konus des Synchronrings. Bei der weiteren Vorwärtsbewegung erfassen die Klauen der Schaltmuffe das Gangrad.

Dieses Angleichen der Geschwindigkeit zweier Wellen durch die Synchroneinrichtung erfolgt so schnell, daß der Fahrer kein Schaltgeräusch hört. Rückwärtsgänge sind allerdings meist nicht synchronisiert. Das gleiche gilt für den ersten Gang bei älteren Fahrzeugen, so daß beim Zurückschalten vom zweiten in den ersten Gang in der Neutralstellung des Getriebes Zwischengas gegeben werden muß.

Die Getriebeübersetzung

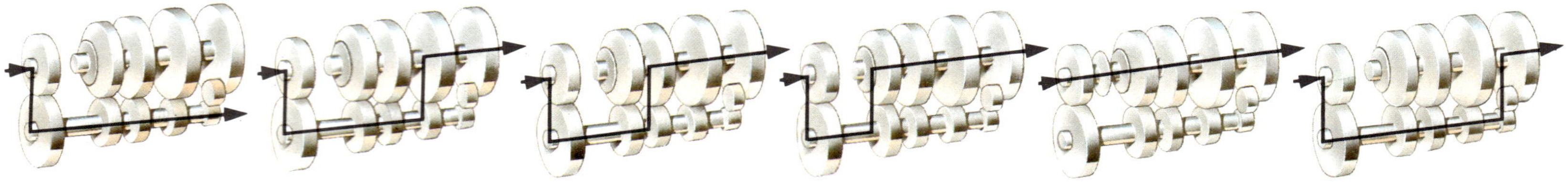

Neutralstellung

Alle Zahnräder, außer dem Rückwärtsgang-Zahnrad, befinden sich zwar im Eingriff, jedoch erfolgt keine Kraftübertragung, da sich die Zahnräder der Ausgangswelle frei drehen können.

Erster Gang

Das kleinste Zahnrad der Nebenwelle steht mit dem größten Zahnrad der Hauptwelle in Verbindung: größtes Drehmoment und niedrigste Geschwindigkeit, z.B. für das Anfahren.

Zweiter Gang

Der Unterschied zwischen den im Eingriff befindlichen Zahnrädern ist reduziert: höhere Geschwindigkeit bei niedrigem Drehmoment, ideal für größere Steigungen.

Dritter Gang

Da ein noch größeres Rad der Nebenwelle im Eingriff ist, reduziert sich das Drehmoment noch einmal; meist bei geringeren Steigungen und im Stadtverkehr eingesetzt.

Vierter Gang

Die Hauptantriebswelle ist mit der Getriebehauptwelle verriegelt, so daß sich die Kardanwelle mit der gleichen Drehzahl wie die Kurbelwelle dreht. Das Drehmoment erhöht sich nicht.

Rückwärtsgang

Ein Rückwärtsgangritzel ist zwischen die beiden Wellen geschaltet, so daß sich der Drehsinn der Hauptwelle ändert. Der Rückwärtsgang ist meist nicht synchronisiert.

Das automatische Getriebe

Die meisten automatischen Getriebe sind mit Zahnradsätzen ausgerüstet, die als Planetengetriebe bezeichnet werden.

Ein Planetengetriebe besteht aus einem zentral angeordneten Sonnenrad, um das die kleineren Planetenräder kreisen. Umschlossen wird der Zahnradsatz von einem innen verzahnten Hohlrad.

Der mechanische Teil des Getriebes ist mit dem Drehmomentwandler verbunden, der als hydraulisches Strömungsgetriebe die Kraftübertragung anstelle einer mechanischen Kupplung übernimmt.

Bedingt durch den Schlupf des Wandlers, verbrauchen Fahrzeuge mit automatischem Getriebe oft etwas mehr Kraftstoff als die mit normalem Getriebe. Um dieses Manko zu verringern, besitzen moderne Getriebeautomaten im Wandler eine Überbrückungskupplung. Im direkten Gang werden so Schlupf und Mehrverbrauch verhindert.

Vorteilhaft bei automatischen Getrieben ist, daß kein Kupplungsbelag verschleißen kann und daß Kupplungsreparaturen viel seltener anfallen als bei mechanischen Getrieben.

Das Planetengetriebe

Wenn das Sonnenrad eines Planetengetriebes angehalten wird, laufen die Planetenräder mit dem Hohlrad um. Die Kraftabnahme vom Hohlrad erfolgt unter gleichzeitiger Drehzahlanhebung.

Wird hingegen das Hohlrad angehalten und das Sonnenrad dreht sich zusammen mit dem Planetensatz, reduziert sich die Drehzahl.

Kommen die Antriebskräfte über das Sonnenrad bei verriegeltem Planetensatz, läuft das Hohlrad, und die Drehzahl ändert sich.

Will man Kräfte ohne jede Drehzahlveränderung oder Änderung des Drehsinnes durch das Planetengetriebe leiten, ist das Sonnenrad mit dem Hohlrad verriegelt, und die ganze Einheit dreht sich.

Denselben Effekt kann man auslösen, wenn man die Planetenräder mit dem Hohlrad verbindet.

Automatische Getriebe haben meist drei, in moderner Ausführung vier Vorwärtsgänge.

Die einzelnen Zahnräder eines Planetensatzes werden durch hydraulisch gesteuerte Bandbremsen oder Mehrfachkupplungen angehalten. Die Bandbremsen umfassen das Hohlrad und verhindern die Drehbewegung. Kupplungen hingegen werden so eingesetzt, daß sie Planetensätze miteinander verbinden oder voneinander trennen.

Den richtigen Hydraulikdruck und den Einsatzpunkt einer solchen Bandbremse steuert ein System hydraulischer Ventile, die wiederum von Sensoren beeinflußt werden, die die Motorlast, die Geschwindigkeit und die Drosselklappeneinstellung erfassen.

Ein besonderer Mechanismus am Gaspedal, der als Kickdown bezeichnet wird, sorgt dafür, daß ein Getriebe bei plötzlichem Vollgasgeben sofort in den nächstniedrigen Gang schaltet, um eine optimale Beschleunigung zu ermöglichen.

Die meisten automatischen Getriebe haben einen Schalthebel, mit dem man in die automatische Gangwahl eingreifen kann.

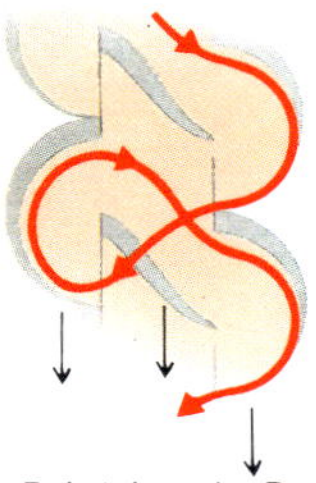

Bei steigender Drehzahl beginnt sich das Leitrad langsam zu drehen. Laufen alle drei Räder gleich schnell, wird das Öl nicht mehr abgelenkt.

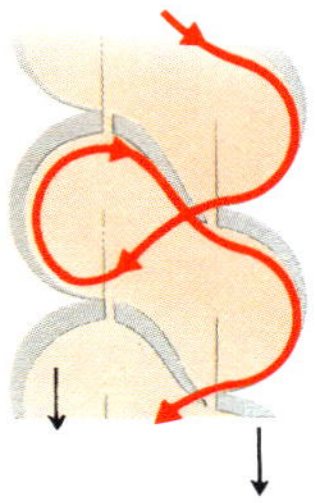

Bei niedriger Drehzahl erfolgt eine Drehmomenterhöhung durch volle Umlenkung des Ölstroms. Das Leitrad steht noch.

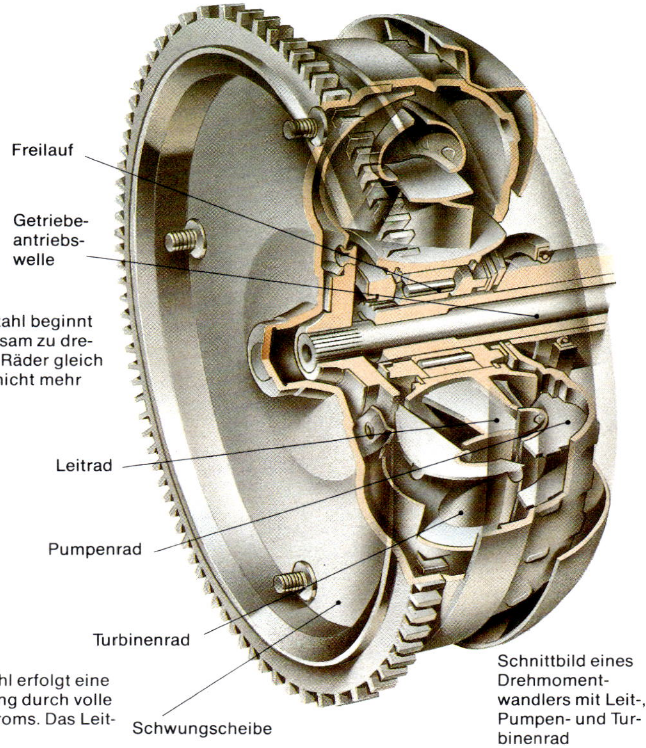

Schnittbild eines Drehmomentwandlers mit Leit-, Pumpen- und Turbinenrad

Der Planetenrädersatz

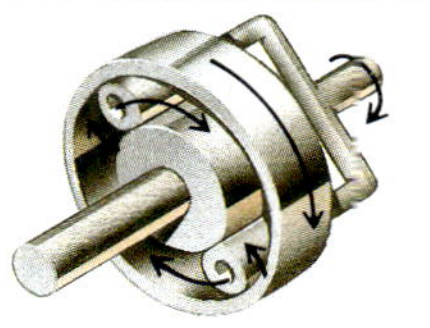

Bei verriegeltem Sonnenrad läuft der Planetensatz um. Träger und Hohlrad drehen sich gleichzeitig.

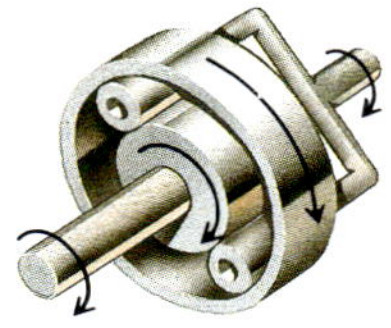

Sonnenrad und Hohlrad sind verriegelt, der Planetensatz sitzt fest. Der Träger dreht die ganze Einheit.

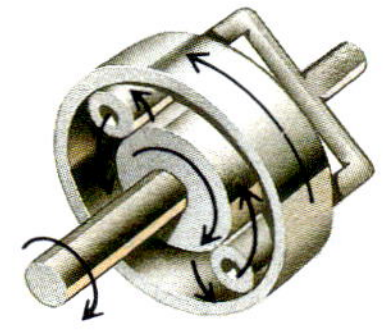

Verriegelter Planetenträger: Das Sonnenrad dreht die Planetenräder, der Drehsinn des Hohlrades ändert sich.

Erster Gang: Die erste Kupplung ist geschlossen, und der Motor dreht das erste Hohlrad. Damit drehen die Planetenräder die gemeinsamen Sonnenräder in entgegengesetzter Richtung. Der zweite Planetenträger wird von einer Bandbremse angehalten, so daß die Planeten das zweite Hohlrad und die Ausgangswelle erfassen. Es erfolgt eine zweifache Drehzahlreduzierung.

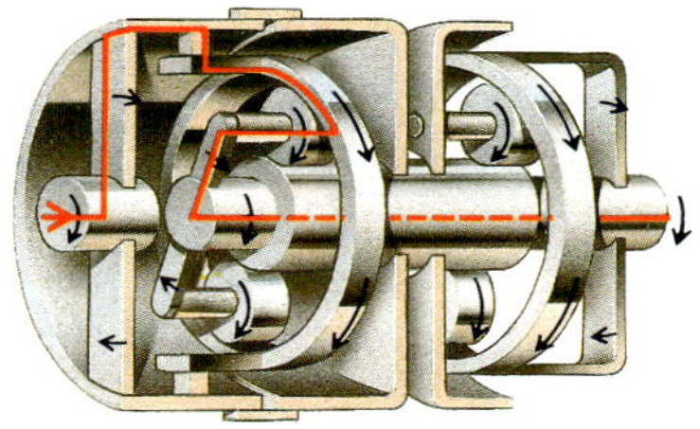

Der zweite Gang ermöglicht eine mittlere Übersetzung. Die erste Kupplung ist geschlossen, der Motor treibt das erste Hohlrad. Das Sonnenrad wird gebremst, die Planetenräder drehen sich. Der Planetenträger dreht sich in dieselbe Richtung. Die Planetenträgerwelle ist die Kraftabgabewelle, daher Reduzierung. Der zweite Planetensatz und sein Planetenträger laufen frei.

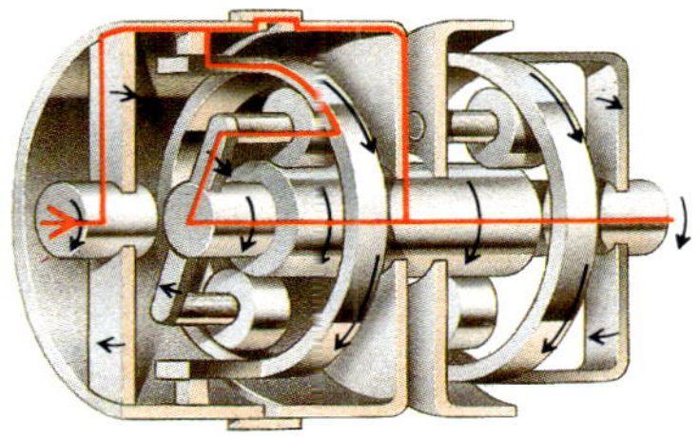

Dritter Gang: Die erste Kupplung ist geschlossen, der Motor treibt das erste Hohlrad an. Auch die zweite Kupplung ist im Eingriff und verriegelt das Hohlrad mit dem Sonnenrad; beide drehen sich mit der gleichen Drehzahl. Die Planeten können nicht umlaufen, der Planetenträger läuft mit der Motordrehzahl um. Die Kraftabgabe erfolgt von der Hauptabtriebswelle.

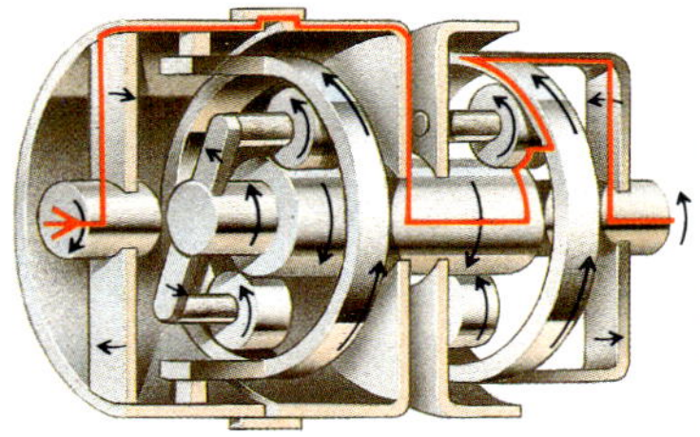

Der Rückwärtsgang ist mit der Bezeichnung „R“ am Getriebehebel markiert. Die erste Kupplung ist gelöst, und das erste Hohlrad liegt frei. Die zweite Kupplung befindet sich im Eingriff, und der Motor treibt das Sonnenrad an. Zur gleichen Zeit ist der zweite Planetenträger gebremst, und das Sonnenrad dreht das zweite Hohlrad über dem Planetensatz in umgekehrter Richtung.

Die Kraftübertragung

Antrieb durch eine Kardanwelle

Bei vorn liegendem Motor und Hinterradantrieb wird die Kraft des Motors über Kupplung, Getriebe und Kardanwelle auf die Hinterachse übertragen.

Dabei muß sich die Hinterachse auf- und abbewegen können, was die Gelenke der Kardanwelle ermöglichen. Da sich außerdem der Abstand zwischen Getriebe und Hinterachse ständig ändert, ist ein Längenausgleich notwendig.

Die Kardanwelle hat an jedem Ende zwei Kardangelenke. Manchmal gibt es auch zwei kurze Kardanwellen mit entsprechendem Zwischenlager und Schiebestück.

Der letzte Teil der Kraftübertragung ist die Hinterachse, in deren Mitte das Differential sitzt, das drei Funktionen hat: Erstens wird die Antriebsrichtung der Kardanwelle um 90° auf die Seitenwellen umgelenkt. Zweitens ermöglicht das Differential, daß sich das kurvenäußere Rad schneller dreht als das kurveninnere. Drittens sorgt die Differentialübersetzung für die mit Getriebe und Motor abgestimmte Fahrgeschwindigkeit.

Das Antriebskegelrad des Differentials, das von der Kardanwelle direkt angetrieben wird, hat eine Schrägverzahnung.

Das Tellerrad ist häufig im Verhältnis 4:1 untersetzt. Es dreht sich also viel langsamer als die Kardanwelle.

Am Differentialausgang ermöglicht auf jeder Seite der Halbwelle ein schrägverzahntes Hinterachswellenrad gemeinsam mit Ausgleichskegelrädern die Differentialfunktion.

Der Vorderradantrieb

Vorderradangetriebene Fahrzeuge haben das gleiche Antriebsprinzip wie heckangetriebene, jedoch sind einzelne Baukomponenten anders angeordnet.

Im quer eingebauten Motor kann das Getriebe zwar direkt hinter dem Motor sitzen, die Kraft wird jedoch wie üblich über die Kupplung zum Getriebe übertragen. Bei längs eingebautem Motor sind Kupplung und Getriebe in der üblichen Reihenfolge angebracht.

In beiden Fällen wird die Kraft vom Getriebe zum Differential weitergeleitet. Beim Quermotor befindet sich das Differential mit dem Getriebe in einem Gehäuse, beim längs eingebauten Motor hingegen zwischen Motor und Getriebe.

Die Kraftübertragung vom Differential zu den Rädern erfolgt durch kurze Gelenkwellen. Um gleichzeitig das Einfedern und die Lenkbewegungen der Räder zu ermöglichen, sind die Gelenkwellen mit hochentwickelten Gleichlaufgelenken versehen, in denen Stahlkugeln in besonderen Kurvenbahnen die Kraft ruckfrei übertragen.

Ältere Fahrzeuge besaßen einfache Kardangelenke, die sich aber nicht bewährt haben.

Heckmotor mit Heckantrieb

Einige Fahrzeuge, z.B. der VW Käfer und kleine Fiat-Modelle, haben den Motor und den Antrieb im Heck.

Die Kraft wird durch die Kupplung zum Getriebe und zu den Antriebsrädern über Gelenkwellen übertragen.

Die Ausführung ist ähnlich wie bei frontangetriebenen Fahrzeugen. Allerdings müssen die Gelenkwellen keine Lenkbewegung ausführen.

Manchmal sind die Achsrohre auch direkt an das Getriebe angeflanscht. Die Kraft wird von einer innenliegenden Welle mit einem Gelenk an der Getriebeseite übertragen.

Die Antriebswellen haben gelegentlich Gummi-Metall-Kupplungen, die eine elastische Kraftübertragung auf die Räder ermöglichen.

Frontmotor mit Heckantrieb

Motor, Kupplung und Getriebe sind zusammengeflanscht und bilden eine Einheit. Der Motor ist zwar elastisch in Gummis aufgehängt, trotzdem sind Kardanwellengelenke nötig. Nur diese können die Auf- und Abbewegungen der Hinterachse ausgleichen.

Hinterachsantrieb

Das Antriebskegelrad ragt in das Differentialgehäuse hinein und steht mit dem Tellerrad im Eingriff.

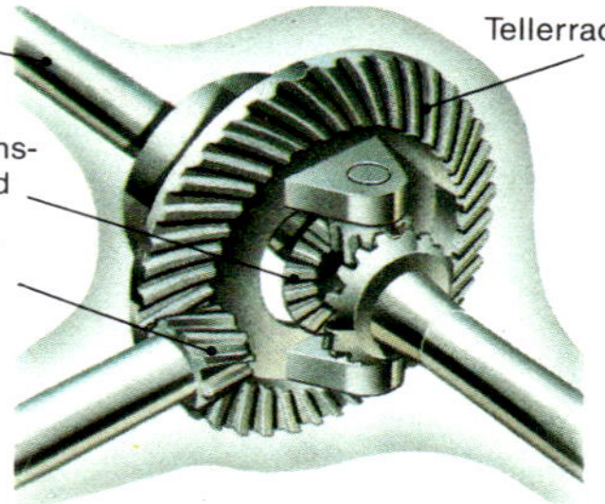

Das Differential

Das Antriebskegelrad dreht das Tellerrad; um dieses drehen sich wiederum über Ausgleichsgehäuse und Ausgleichsräder mit den Hinterachswellenrädern die Halbwellen.

Kardangelenk

Im Bild gezeigt ist der am meisten eingesetzte Typ eines Kardangelenks, bestehend aus zwei Gelenkgabeln, dem Kreuzstück und den nadelgelagerten Gelenkzapfen.

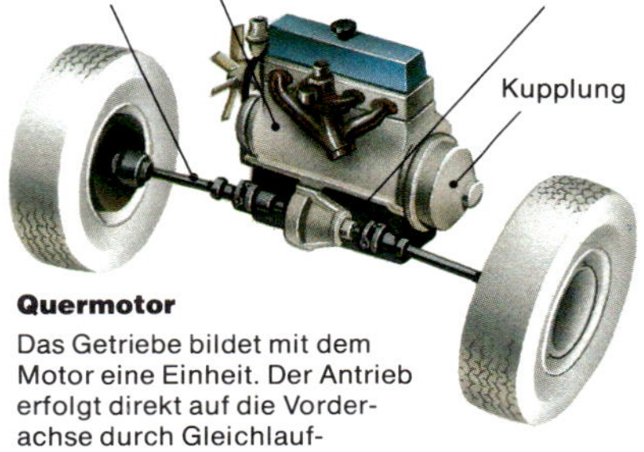

Quermotor

Das Getriebe bildet mit dem Motor eine Einheit. Der Antrieb erfolgt direkt auf die Vorderachse durch Gleichlaufgelenke.

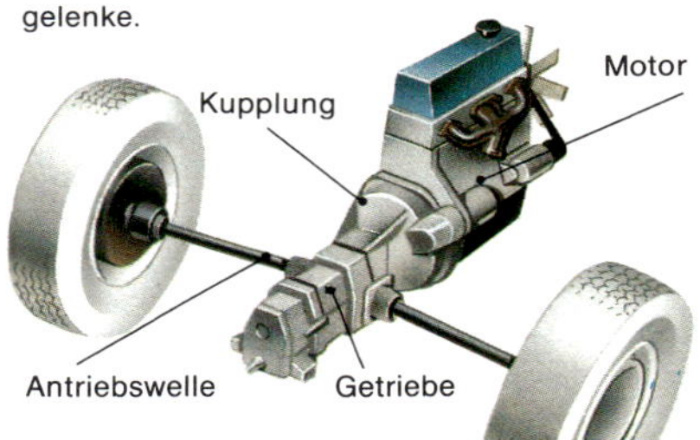

Motor in Fahrtrichtung

Bei diesem Frontantrieb sitzt das Getriebe konventionell hinter Motor und Kupplung.

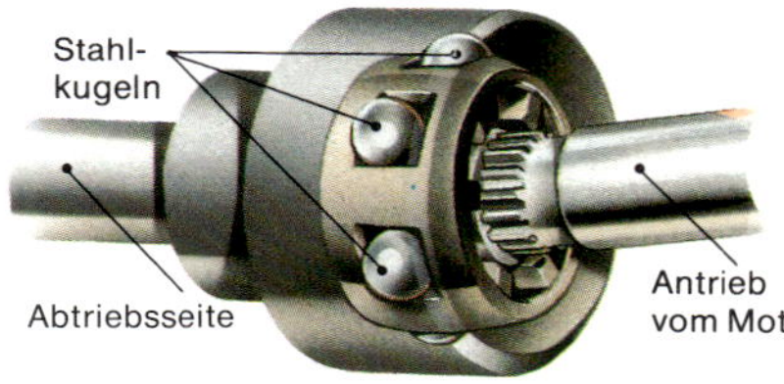

Gleichlaufgelenk

Bei dieser Gelenkbauweise können die Gelenkwellen gleichzeitig Antriebs- und Gelenkbewegungen ausführen.

Der Allradantrieb

Bei den bisher beschriebenen Antriebsarten werden immer nur zwei Räder angetrieben, entweder die der Vorder- oder die der Hinterachse. Dabei kommt es beispielsweise auf glatter Straße, im Sand oder auf einer nassen Wiese vor, daß die Antriebsräder, unterstützt von der Differentialwirkung, durchdrehen. Deshalb wurden Allradantriebe entwickelt.

Da man hierfür schwere Bauteile verwenden mußte, war diese Technik kaum auf den Pkw zu übertragen. Erst mit wesentlich leichteren Konzepten zog der Allradantrieb auch im Pkw-Bau ein.

Um Einflüsse des Allradantriebs auf eine Antiblockiereinrichtung oder Schlupfregelung auszuschließen, ist die mechanische oder elektronische Verknüpfung der Bauelemente notwendig. Bei hochentwickelten Allradkonzepten wird sogar der Winkel des Lenkeinschlages von einem Rechengerät erfaßt, um möglichst jeden Fahrfehler zu vermeiden. Solche Techniken verteuern Fahrzeuge erheblich, so daß es elektronisch gesteuerte Allradantriebe mit Antiblockiereinrichtung und Schlupfregelung nur in der Spitzenklasse gibt.

Der permanente Antrieb

Fahrzeuge mit permanentem Antrieb verfügen über den üblichen Antriebsmotor mit Kupplung und Getriebe. Das normale Schaltgetriebe wird durch ein Verteilergetriebe ergänzt. Von hier aus überträgt je eine Kardanwelle die Antriebskräfte zur Vorderachse und zur Hinterachse, wo wie beim Standardantrieb ein Differential die Kraft auf jeweils eine rechte und eine linke Gelenkwelle zu den Antriebsrädern leitet.

Damit es nicht zu Verspannungen im Antriebsstrang kommt, gibt es häufig im Verteilergetriebe ein Mittendifferential. Vorder- und Hinterachse können sich somit mit unterschiedlichen Drehzahlen drehen.

Für Sondereinsätze, etwa bei Wettbewerbsfahrten oder auf glatter Straße, lassen sich je nach Fahrzeugausrüstung das Mittendifferential sowie das Differential der Vorder- bzw. Hinterachse sperren. Im Wageninneren befinden sich entsprechende Schalter bzw. Schalthebel.

Ungeachtet der eingelegten Differentialsperre bleibt der Allradantrieb permanent eingeschaltet.

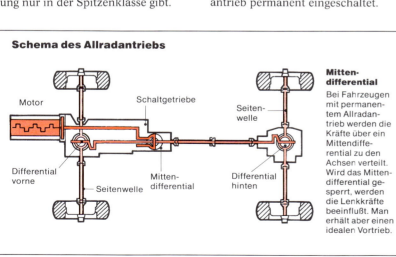

Schema des Allradantriebs

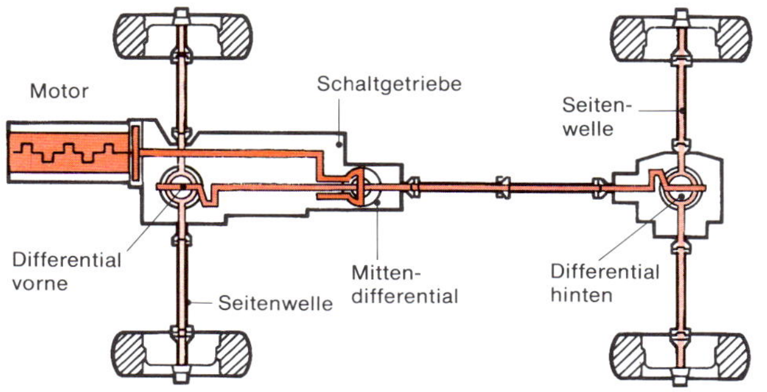

Mitten-differential

Bei Fahrzeugen mit permanentem Allradantrieb werden die Kräfte über ein Mittendifferential zu den Achsen verteilt. Wird das Mittendifferential gesperrt, werden die Lenkkräfte beeinflußt. Man erhält aber einen idealen Vortrieb.

Allradantrieb eines schweren Geländewagens

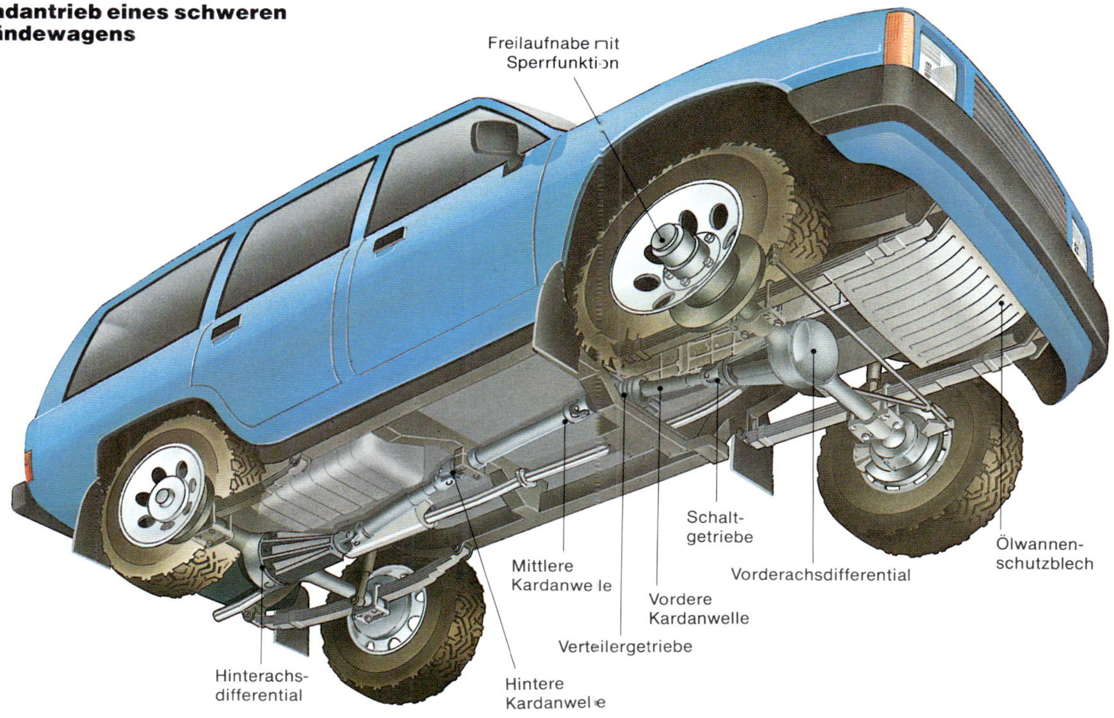

Der zuschaltbare Allradantrieb

Manche Fahrzeughersteller gehen davon aus, daß man den Allradantrieb auf normaler Straße nicht braucht. Deshalb besitzen bestimmte Fahrzeuge einen zuschaltbaren Allradantrieb.

Hinter Motor, Kupplung und Schaltgetriebe sitzt ein zusätzliches abschaltbares Verteilergetriebe. Falls also das Basisfahrzeug einen Vorderachsantrieb besitzt, wird es im Normalfall ausschließlich über die Vorderachse angetrieben.

Beim Viskoantrieb schaltet sich die Allradtechnik automatisch ein. Für die Kraftübertragung sorgt eine puddingartige Flüssigkeit, die sich bei Drehzahlunterschieden schlagartig versteift. Die Viskokupplung ist besonders für leichte und mittlere Pkw geeignet.

Da ein Allradantrieb durch die vielen sich zusätzlich drehenden Teile einen höheren Kraftstoffbedarf bewirkt, sollte man ihn nur bei unsicheren Straßenverhältnissen einsetzen.

Der Geländewagen

Ist ein normaler Pkw mit einem Allradantrieb ausgerüstet, kann man ihn noch lange nicht auch abseits befestigter Wege, z. B. in schwerem Gelände, einsetzen. Der Aufbau mit seiner empfindlichen Blechstruktur und die Dimensionierung des Antriebsstranges sind kaum für den schweren Geländebetrieb geeignet. Vielmehr ist damit nur eine Verbesserung des Fahrverhaltens auf normalen Straßen beabsichtigt.

Völlig anders verhält es sich mit einer speziellen Fahrzeugart, dem Geländewagen. Dieser ist schon aufgrund der großen Bodenfreiheit, der geringen hinteren und vorderen Karosserieüberhänge und der robusten Rahmenkonstruktion tatsächlich für das Gelände gebaut. Damit es beim Bodenkontakt nicht zu Schäden kommt, besitzen Motor, Ölwanne und Getriebe Schutzvorrichtungen aus Stahlblech. Das Verteilergetriebe sowie das normale Schaltgetriebe mit den Gelenkwellen und dem vorderen und hinteren Differential stammen häufig aus kleinen Lastkraftwagen. Zusätzlich sind die Motorcharakteristik und die Höchstgeschwindigkeit dem Geländeeinsatz angepaßt.

Die Bremsanlage 1

Moderne Fahrzeuge besitzen an allen vier Rädern hydraulische Bremsen. Entsprechend der Bauart unterscheidet man Scheiben- oder Trommelbremsen.

Beim Bremsvorgang verlagert sich das Fahrzeuggewicht nach vorn. Deshalb sind die meisten Autos vorn mit den besonders hoch belastbaren Scheibenbremsen und hinten mit Trommelbremsen ausgestattet.

Scheibenbremsen an allen vier Rädern findet man fast nur bei sehr schnellen Autos.

Hydraulische Bremsanlage

Ein hydraulischer Bremskreis besteht aus dem mit Bremsflüssigkeit gefüllten Hauptbremszylinder, der durch Leitungen mit den Radbremszylindern verbunden ist.

Beim Niedertreten des Bremspedals wird im Hauptbremszylinder ein Kolben verschoben. Der so erzeugte Druck pflanzt sich über die Bremsflüssigkeit bis zu den einzelnen Radbremszylindern fort und drückt einen bzw. zwei Kolben auseinander. Diese Kolbenbewegung sorgt dann dafür, daß sich die Bremsbeläge an die Bremsscheiben bzw. -trommeln anlegen.

Die wirksame Kolbenfläche aller vier Radbremszylinder ist wesentlich größer als die des Hauptbremszylinders. Dafür muß der Kolben des Hauptbremszylinders einen längeren Weg zurücklegen, während die Kolben in den einzelnen Radbremszylindern nur eine kurze Bewegung ausführen, um den Bremsvorgang auszulösen. Mit Hilfe dieser Technik sind große Bremskräfte darstellbar.

Die meisten modernen Autos sind mit einer hydraulischen Zweikreisbremse ausgerüstet. Im Hauptbremszylinder sind zwei druckerzeugende Kolben hintereinander angeordnet und versorgen jeweils einen Bremskreis. Im Fall einer Undichtigkeit bleibt demnach ein Bremskreis voll wirksam.

Je nach Konstruktionsprinzip betätigt ein Kreis die Vorderradbremsen und der andere die Hinterradbremsen. Es gibt aber auch diagonal geteilte Systeme, wobei ein Bremskreis alle vier Bremsen versorgt und der zweite nur auf die Vorderradbremsen wirkt.

Bei besonders kräftigen Bremsmanövern kann sich das Gewicht des Wagens so stark nach vorn verlagern, daß die Hinterräder blockieren und Schleudergefahr besteht. Aus diesem Grund wird die Bremskraft an den Hinterrädern schwächer gehalten als an den Vorderrädern. Häufig besitzen die Fahrzeuge zusätzlich einen lastabhängigen Bremskraftbegrenzer an der Hinterachse. Er schließt oder öffnet sich in Abhängigkeit von der Fahrzeugbelastung.

Eine Weiterentwicklung sind moderne Antiblockiersysteme, die mit dem Kürzel ABS bezeichnet werden. Dabei überwacht ein elektronischer Sensor eventuelle Blockierneigungen und gibt sofort den Druck frei, falls ein Rad blockiert. Mit dieser Technik kann das Ausbrechen des Fahrzeuges verhindert werden; der Wagen bleibt auch während des Bremsens voll lenkbar.

Bremskraftverstärker

Um den Kraftaufwand zum Betätigen einer Bremse zu verringern, sind viele Bremssysteme mit Bremskraftverstärkern ausgerüstet. Die zusätzliche Kraft liefert der Druckunterschied zwischen dem Unterdruck im Ansaugkrümmer und der Außenluft. Der unterdruckgesteuerte Bremskraftverstärker ist über eine Schlauchleitung mit dem Ansaugkrümmer verbunden.

Der Bremskraftverstärker hat die Form einer großen Dose und ist zwischen Bremspedal und Hauptbremszylinder angeordnet.

Bei Betätigung des Bremspedals wird eine Druckstange verschoben; dabei schließt sich das Vakuumventil, und das Außenluftventil öffnet sich. Außenluft kann nur auf die Rückseite des Vakuumkolbens gelangen. Am Kolben entsteht auf diese Weise sofort eine Druckdifferenz, und die vom Fuß aufgebrachte Kraft wird um die Druckdifferenz am Vakuumkolben verstärkt.

Sollte der Unterdruck ausfallen, bleibt die Bremse trotzdem funktionsfähig, da das Pedal über ein mechanisches Gestänge mit dem Hauptbremszylinder verbunden ist. Allerdings erfordert dann das Bremsen wesentlich größere Kräfte.

Aus Komfortgründen hat sich der pneumatische Bremskraftverstärker am Markt inzwischen durchgesetzt; mechanische Systeme findet man dagegen heute nur noch selten.

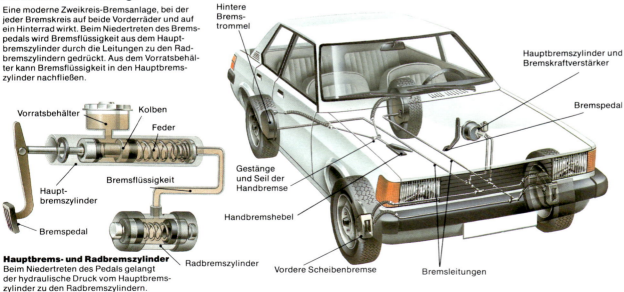

Zweikreis-Bremsanlage

Eine moderne Zweikreis-Bremsanlage, bei der jeder Bremskreis auf beide Vorderräder und auf ein Hinterrad wirkt. Beim Niedertreten des Bremspedals wird Bremsflüssigkeit aus dem Hauptbremszylinder durch die Leitungen zu den Radbremszylindern gedrückt. Aus dem Vorratsbehälter kann Bremsflüssigkeit in den Hauptbremszylinder nachfließen.

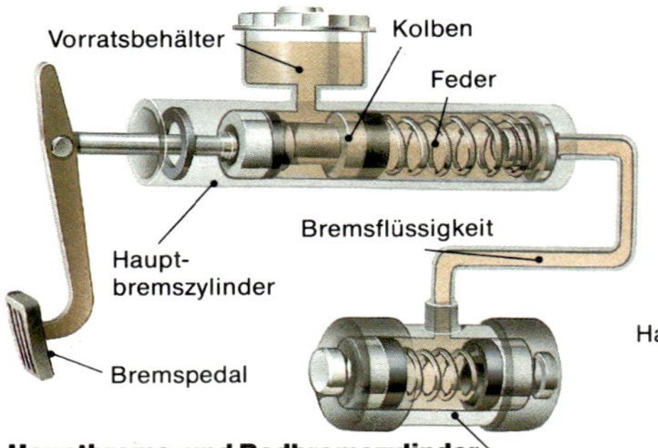

Hauptbrems- und Radbremszylinder
Beim Niedertreten des Pedals gelangt der hydraulische Druck vom Hauptbremszylinder zu den Radbremszylindern.

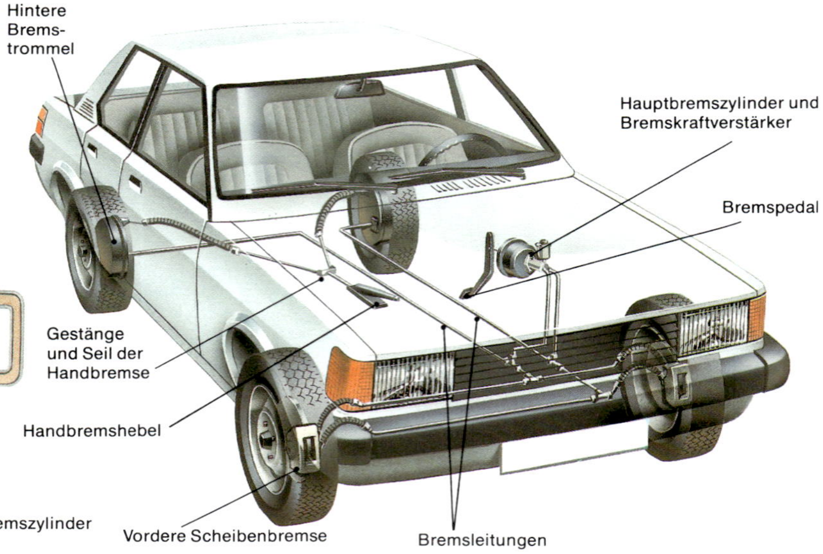

Bremskraftverstärker

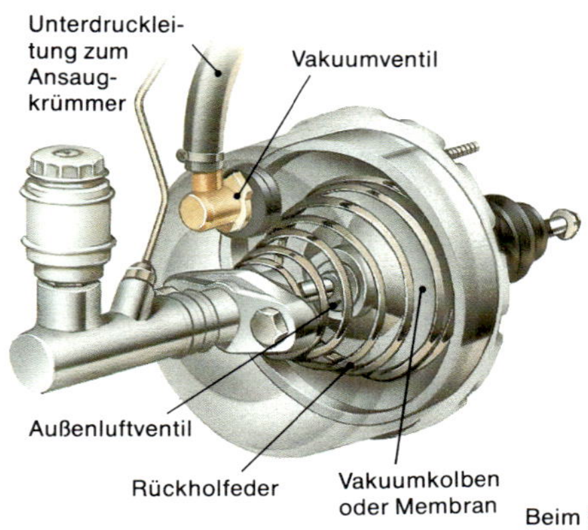

Dieser unterdruckgesteuerte Bremskraftverstärker liegt zwischen Bremspedal und Hauptbremszylinder. Bei einer Motorpanne z. B. wirken nur noch die mechanischen Pedalkräfte.

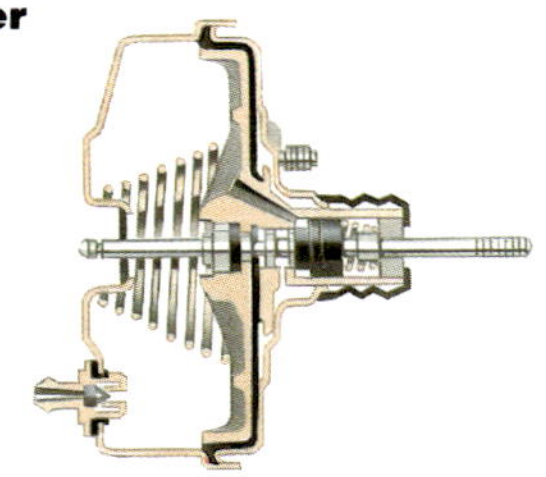

Lösezustand: An beiden Seiten der Membran herrscht der gleiche Druck.

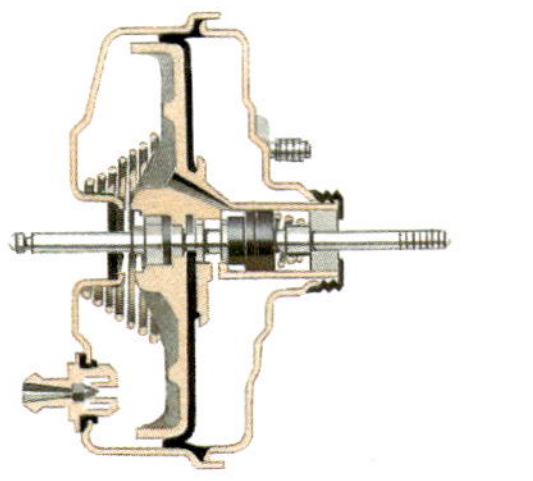

Beim Bremsen strömt Außenluft hinter den Vakuumkolben und drückt gegen den Zylinder.

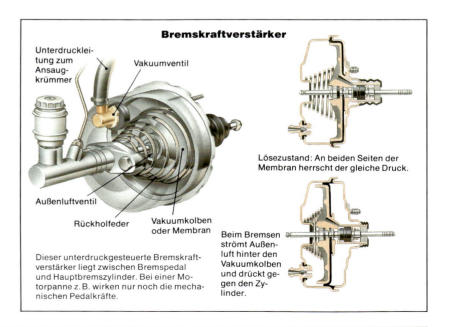

Die Bremsanlage 2

Scheibenbremse

Die Scheibenbremse besitzt eine Bremsscheibe, die von einem U-förmigen Sattel mit einem oder mehreren hydraulischen Kolben umfaßt wird. Mit dem im Hauptbremszylinder erzeugten Druck pressen die Kolben die Bremsklötze von beiden Seiten zangenartig gegen diese Scheibe.

Beim Bremsen bewegen sich die Kolben nur minimal, und die Bremsklötze geben die Scheibe gerade noch frei, wenn die Bremse wieder gelöst wird. Ein Dichtring aus Gummi umfaßt den Kolben und läßt ihn allmählich weiter nach vorn gleiten, wenn sich die Bremsbeläge abgenutzt haben. Diese Technik sorgt dafür, daß zwischen Scheibe und Belag nur ein winziger Spalt frei bleibt, so daß die Bremse nicht nachgestellt werden muß. Dieses sogenannte Lüftspiel sorgt auch dafür, daß mit Scheibenbremsen ausgerüstete Räder nach Beendigung des Bremsvorgangs wieder frei rollen.

Bremsklötze von Scheibenbremsen verschleißen schneller als Bremsbeläge von Trommelbremsen. Deshalb ist die Kontrolle der Belagdicke durch Sichtfenster in der Felge wichtig. Moderne Fahrzeuge besitzen am Armaturenbrett zusätzlich eine Belagkontrollampe.

Trommelbremse

Bei der Trommelbremse sind alle Bauteile in einer Trommel angeordnet, die fest mit dem Rad verbunden ist. Die offene Rückseite wird durch eine Bremsträgerplatte abgedeckt, auf der zwei halbkreisförmige Bremsbakken montiert sind, die den Belag tragen.

Durch den im Hauptbremszylinder erzeugten hydraulischen Druck werden im Radbremszylinder ein oder zwei Kolben auseinandergespreizt. Die Backen bewegen sich nach außen und pressen die Bremsbeläge gegen die Innenseite der Trommel, die so abgebremst wird.

Zwei Bauarten sind üblich: Die Simplexbremse ist eine einfache Bremse für die Hinterachse. Sie benötigt nur einen Radbremszylinder. Dabei wird eine Backe als auflaufend und eine Backe als ablaufend bezeichnet.

Die Duplexbremse ist wirksamer als die Simplexbremse und besitzt zwei auflaufende Bremsbacken.

Sind die Bremsbeläge einer Trommelbremse verschlissen, bemerkt man dies an einem zu großen Weg des Bremspedals. Die Bremse muß nachgestellt werden.

Werden Trommelbremsen, z. B. während einer Talfahrt, innerhalb kurzer Zeit sehr oft betätigt, läßt die Bremswirkung deutlich nach. Schuld daran ist eine starke Erhitzung; die volle Bremswirkung tritt erst nach dem Abkühlen wieder ein.

Handbremse

Neben dem hydraulischen Bremssystem besitzen alle Fahrzeuge eine mechanische Handbremse, die meist auf die Hinterräder wirkt und hauptsächlich als Feststellbremse beim Parken eingesetzt wird. Sie kann aber auch das Fahrzeug in Notfällen langsam abbremsen, wenn das hydraulische System vollkommen ausfällt.

Der Handbremshebel wirkt über Seilzüge bzw. Gestänge direkt auf die Bremsbacken. Ein Sperrmechanismus am Handbremshebel ermöglicht das Feststellen der Bremse.

Bei Trommelbremsen wirkt der Handbremshebel auf dieselben Bremsbacken, die auch vom hydraulischen System betätigt werden.

Bei Scheibenbremsen hingegen wird häufig eine besondere Handbremseinrichtung integriert, weil es äußerst schwierig ist, das Gestänge an einen Bremssattel anzuschließen.

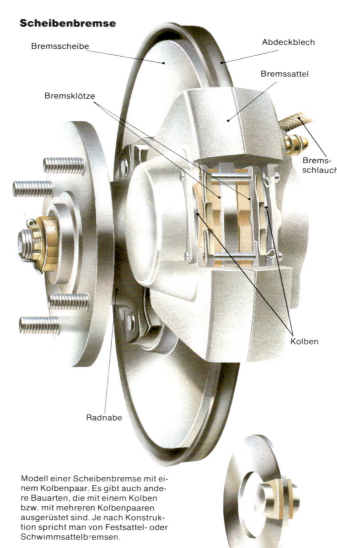

Scheibenbremse

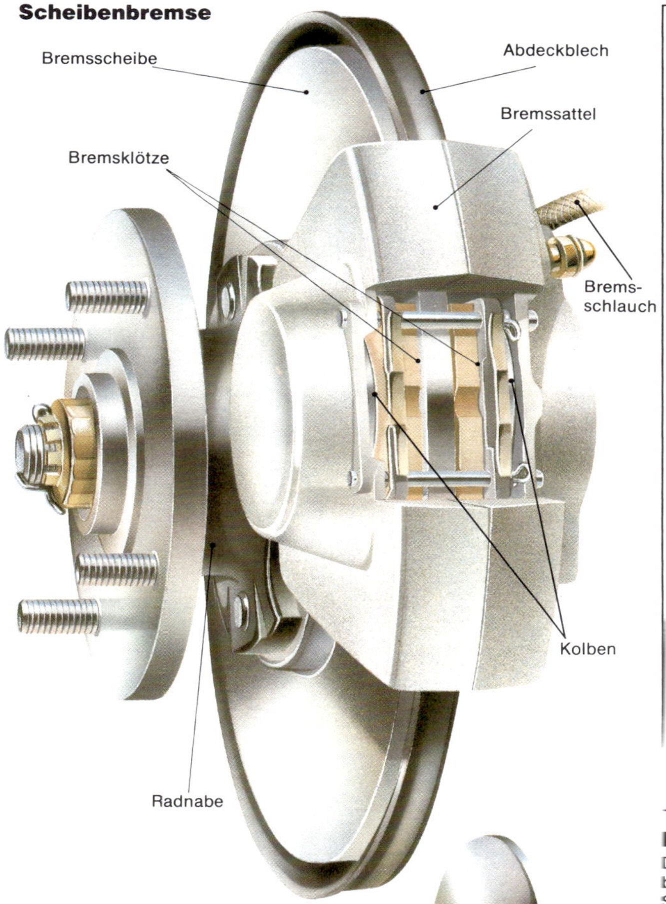

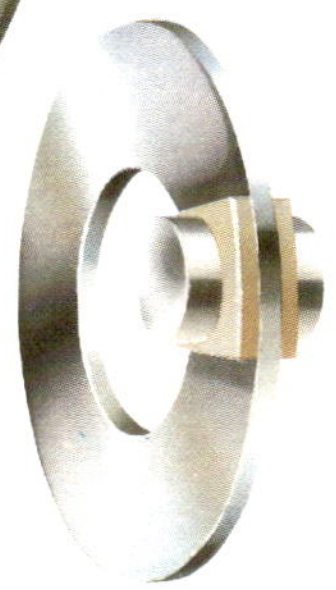

Modell einer Scheibenbremse mit einem Kolbenpaar. Es gibt auch andere Bauarten, die mit einem Kolben bzw. mit mehreren Kolbenpaaren ausgerüstet sind. Je nach Konstruktion spricht man von Festsattel- oder Schwimmsattelbremsen.

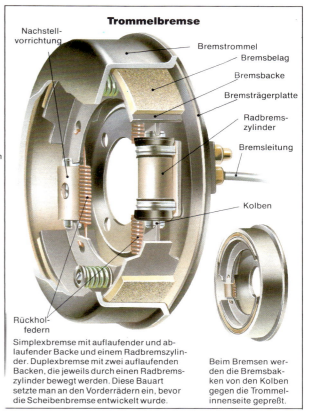

Trommelbremse

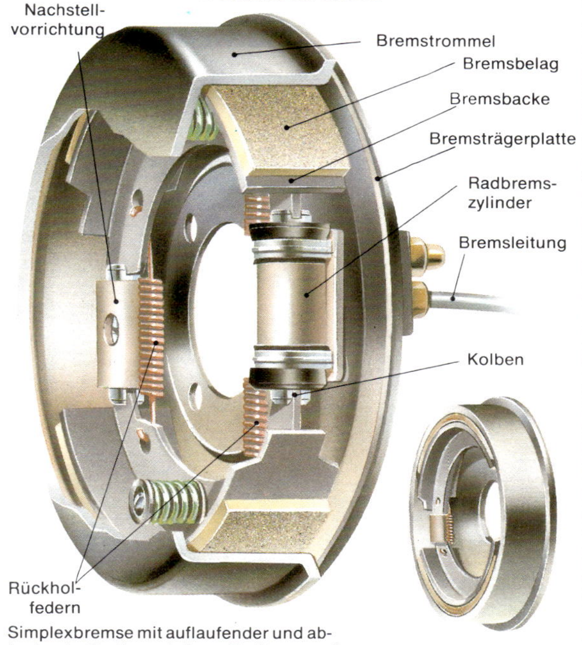

Simplexbremse mit auflaufender und ablaufender Backe und einem Radbremszylinder. Duplexbremse mit zwei auflaufenden Backen, die jeweils durch einen Radbremszylinder bewegt werden. Diese Bauart setzte man an den Vorderrädern ein, bevor die Scheibenbremse entwickelt wurde.

Beim Bremsen werden die Bremsbakken von den Kolben gegen die Trommelinnenseite gepreßt.

Handbremse

Die Handbremse spreizt die Bremsbacken durch ein mechanisches System, das von der hydraulischen Kraftübertragung unabhängig ist. Ein Bremshebel oder eine Nockenkonstruktion in der Bremstrommel ist über Seilzug bzw. Gestänge mit der Handbremse im Wageninneren verbunden ist.

Antiblockiereinrichtung und Antischlupfregelung

Damit beim Fahren Kräfte von den Rädern auf die Straße übertragen werden können, ist es wichtig, daß zwischen Reifen und Straßenbelag stets Reibkräfte wirksam werden. Dies gilt für das Beschleunigen beim Anfahren genauso wie für Bremsvorgänge.

Nun gibt es Situationen, in denen es kaum vermeidbar ist, daß zu heftig beschleunigt oder gebremst wird. Die Haftreibung an den Reifen reicht nicht mehr aus, und die Räder drehen durch bzw. blockieren. Das Durchdrehen der Räder kann man durch entsprechend sanftes Gasgeben sehr leicht kontrollieren.

Wenn jedoch, wie es in der Praxis immer wieder vorkommt, die Räder beim Bremsen blockieren, bedeutet dies z. B. bei blockierten Vorderrädern und sich normal drehenden Hinterrädern, daß das Fahrzeug nicht mehr lenkbar ist. Es schiebt völlig unbeeinflußt vom Lenkeinschlag geradeaus weiter.

Blockieren jedoch die Hinterräder vor den Vorderrädern, so kann das Fahrzeug ausbrechen; denn an den Hinterrädern gehen die Seitenführungskräfte verloren.

Die Stotterbremse

Geübte Autofahrer, denen die Bremsprobleme bekannt sind, können sich natürlich auch bei einer Gewaltbremsung helfen. Das Bremspedal wird bis zum Blockieren der Räder getreten, anschließend aber sofort wieder freigegeben. Die beiden Manöver werden rhythmisch wiederholt. Die Räder blockieren kurz, können aber bei sich abbauendem Bremsdruck wieder rollen, und das Fahrzeug bleibt lenkbar.

Gerät hingegen ein Hindernis plötzlich in die Fahrbahn, wird mit blockierten Rädern voll bis unmittelbar vor dem Hindernis gebremst. Dann wird das Bremspedal entlastet, damit die Räder wieder Seitenführungskräfte erhalten, so daß man das Hindernis umfahren kann.

So schnell diese Theorie begreifbar ist, so wenig funktioniert sie in der Praxis, denn bei Gefahr sind Autofahrer meist deutlich überfordert und reagieren in der Schrecksekunde vollkommen anders, als sie es vorher beispielsweise in einem ADAC-Sicherheitstraining geübt haben. Daher führte die Erkenntnis, daß die Stotterbremse hilfreich ist, zur Entwicklung automatisch wirksam werdender Antiblockiereinrichtungen.

Die Antiblockiereinrichtung und die Antischlupfregelung

Im normalen Fahrbetrieb funktioniert die hydraulische Bremse wie bei jedem anderen Fahrzeug. Bei blockierenden Rädern jedoch setzt automatisch die Antiblockiertechnik ein: Der Drehzahlsensor eines blockierenden Rades gibt die Information an das elektronische Steuergerät weiter.

Schema der ABS-Technik

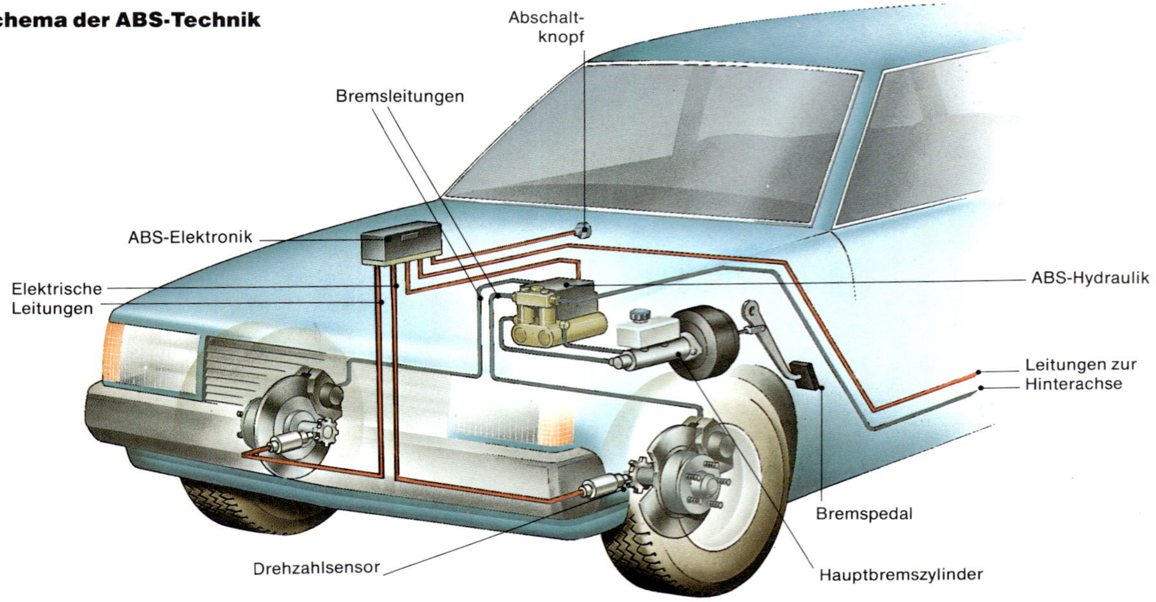

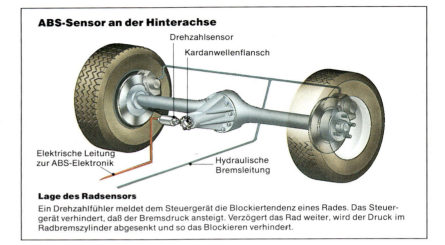

ABS-Sensor an der Hinterachse

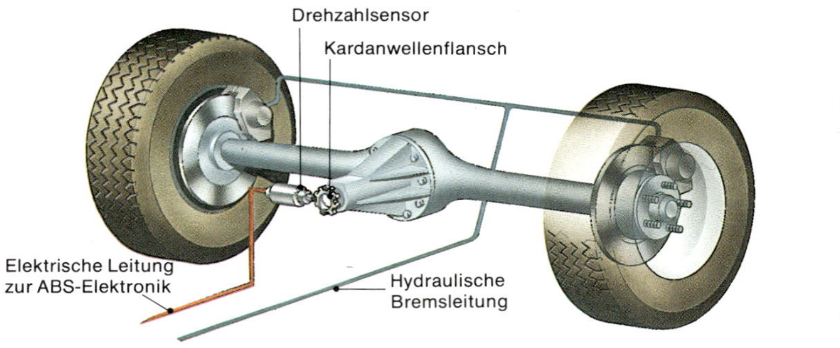

Lage des Radsensors

Ein Drehzahlfühler meldet dem Steuergerät die Blockiertendenz eines Rades. Das Steuergerät verhindert, daß der Bremsdruck ansteigt. Verzögert das Rad weiter, wird der Druck im Radbremszylinder abgesenkt und so das Blockieren verhindert.

Dieses sorgt wiederum in Verbindung mit der Hydraulikeinheit dafür, daß der Bremsdruck bei dem blockierenden Rad vermindert wird: Das Rad dreht sich sofort wieder.

Neigt das Rad immer noch zum Blockieren, wiederholt sich dieser Vorgang, ähnlich wie bei der Stotterbremse, so lange, bis es wieder einen griffigen Straßenbelag erreicht. Die Techniker haben hierfür den Begriff Druckmodulation geprägt.

Je nach Fahrzeughersteller herrschen unterschiedliche Philosophien vor. So gibt es Ausführungen, bei denen jedes Rad mit einem Sensor ausgerüstet ist und das Steuergerät somit den Bremsdruck jedes Rades moduliert. Man spricht dann vom Vierkanalsystem.

Andere Hersteller rüsten ihr Fahrzeug zwar mit zwei Drehzahlsensoren an der Vorderachse aus, ordnen aber an der Hinterachse einen Drehzahlsensor zentral an. Dies ergibt ein Dreikanalsystem.

Die elektronische und hydraulische Steuereinheit ist sehr kompliziert und aufwendig, denn bei Ausfall des Systems muß in jedem Fall die Wirkung der normalen Anlage erhalten bleiben. Mechanisch gesteuerte Antiblockiersysteme, die wesentlich kostengünstiger sind, wurden entwickelt und inzwischen auf dem Markt eingeführt. Allerdings kann der Bremsweg länger sein.

In manchen Situationen sollte man auf die Vorteile einer Antiblockiereinrichtung verzichten, z. B. auf dünnem Neuschnee oder auf Kies. Hier kann sich nämlich vor den vollblockierten Rädern ein Keil bilden, der für sehr kurze Bremswege sorgt. Deshalb haben manche Fahrzeuge einen Schalter, mit dem man die Antiblockiereinrichtung stillegt.

Neueste Entwicklungen in der Regelelektronik für Antriebssysteme drehen die Logik einer Antiblockiereinrichtung um und werden beim Anfahren mit durchdrehenden Rädern wirksam. Eine Zentralelektronik erfaßt sofort, wenn sich ein Antriebsrad beim Start durchdreht, und unterbricht den Kraftfluß über einen Motoreingriff, bis wieder die vollen Kräfte auf die Straße gebracht werden. Man bezeichnet diese Technik als Antischlupfregelung.

Die Lenkung

Das Lenksystem überträgt die Umdrehungen des Lenkrades über Gestänge so, daß die Räder um einen Drehpunkt der Achsaufhängung links oder rechts ausgeschwenkt werden. Das Lenkrad muß dabei einen relativ langen Weg zurücklegen, während sich die Räder selbst nur wenig bewegen. Das Lenksystem wird nämlich vom Konstrukteur so ausgelegt, daß der Fahrer ohne großen Kraftaufwand auch einen schweren Wagen sicher lenken kann.

Ein serienmäßiges Lenkrad legt bei einer Bewegung vom rechten bis zum linken Lenkanschlag an seinem äußeren Rand insgesamt etwa 5 m zurück, während die Laufräder bei dieser Bewegung selbst nur um etwa 50 cm ausschwenken.

Die Lenkung greift in die Vorder-, seltener zusätzlich auch in die Hinterachse über Kugelgelenke ein. Moderne Lenkungen sind stets so abgestimmt, daß Fahrbahneinflüsse am Lenkrad kaum spürbar sind.

Bei der Kurvenfahrt legt das innere Rad immer einen kürzeren Weg zurück als das äußere. Für die unterschiedlichen Einschläge der Räder sorgt das entsprechend abgestimmte Lenkgestänge. Für sicheres Fahren ist eine präzise Lenkung ohne jedes Spiel notwendig. Wer mit falsch eingestellter oder sogar mit ausgeschlagener Lenkung fährt, geht immer ein ziemlich großes Unfallrisiko ein.

Es gibt zwei Lenkungstypen: Zahnstangenlenkungen und Systeme mit Lenkgetriebe. Beide Typen können mit einer Servoanlage ausgerüstet werden.

Die Zahnstangenlenkung

Am Ende der Lenksäule greifen die Zähne eines kleinen Ritzels in einem Gehäuse in eine quer angebrachte Zahnstange ein.

Dreht man die Lenksäule mit dem Ritzel, verschiebt sich die Zahnstange seitlich nach rechts oder links. Die Enden der Zahnstange stellen über Spurstangen die Verbindung mit Lenkarmen und Rädern her. Dieses einfache Lenksystem kommt mit wenigen Teilen aus und arbeitet ohne großen Verschleiß sehr präzise.

Durch Gelenke in der Lenksäule läßt sich die Position des Lenkrades variieren.

Die Servolenkung

Bei schweren bzw. größeren Fahrzeugen läßt sich die Lenkung oft nur sehr schwer bewegen. Eine servounterstützte Lenkung erleichtert die Lenkarbeit wesentlich: Ein Motor treibt eine Pumpe an, und Öl strömt durch Ventile in einen Arbeitszylinder, der die Lenkkräfte in der gewünschten Richtung unterstützt. Nach dem Lenkmanöver schließen sich die Ventile, und der Kolben im Arbeitszylinder bleibt stehen. Bei Ausfall des Systems bleibt die übliche Lenkung erhalten; sie geht dann allerdings wesentlich schwerer.

Die Zahnstangenlenkung

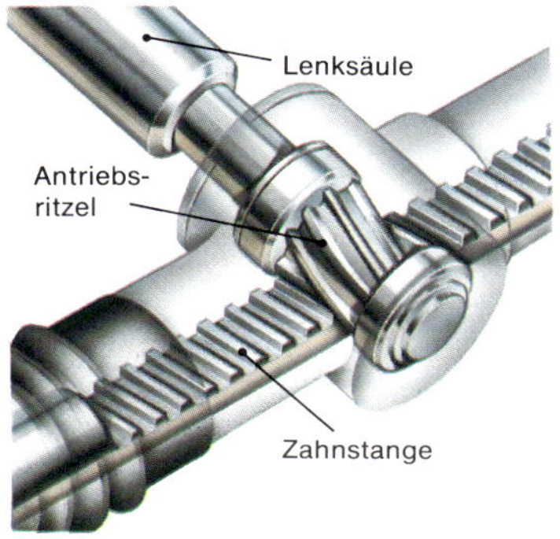

Das Antriebsritzel greift ohne Spiel in die Zahnstange ein. Dies ermöglicht sehr präzises Lenken.

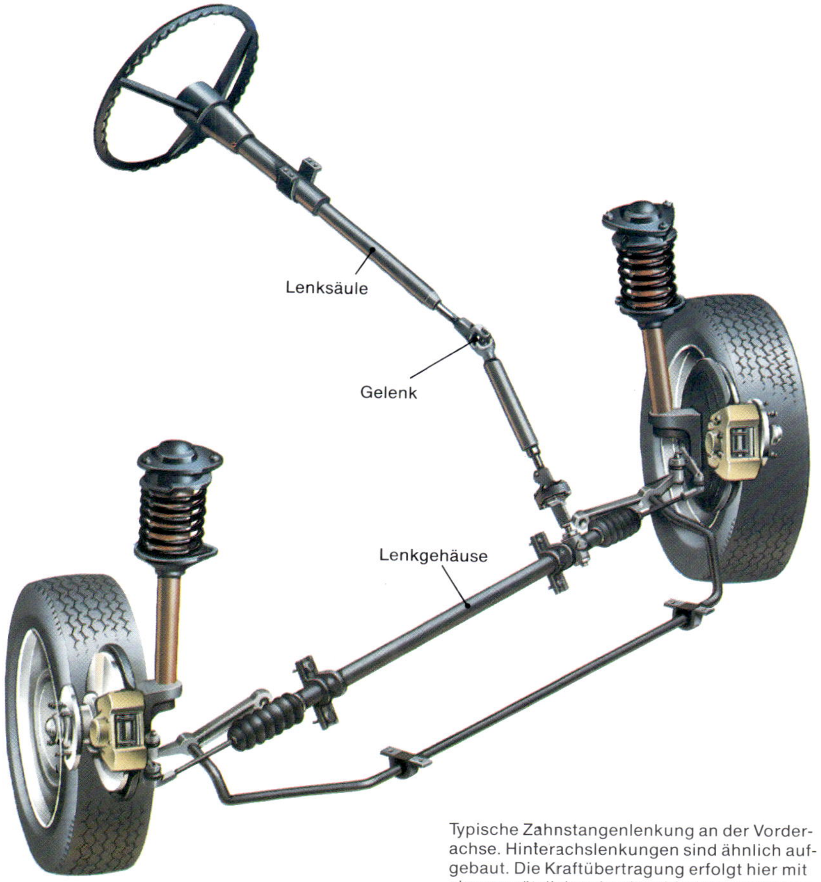

Typische Zahnstangenlenkung an der Vorderachse. Hinterachslenkungen sind ähnlich aufgebaut. Die Kraftübertragung erfolgt hier mit einer zusätzlichen Lenkverbindung zwischen Vorder- und Hinterachse.

Das Lenkgetriebe

Typisch für diese Lenkung ist eine Antriebsschnecke am unteren Ende der Lenksäule. In die Gewindegänge greift ein über Gleitsteine geführter Finger ein. Dreht man die Lenksäule, gleitet dieser Finger die Gewindegänge entlang und dreht die Lenkwelle.

Bei der Kugelumlauflenkung gleitet auf der Lenkschnecke eine kugelgelagerte Lenkmutter, die ihrerseits in ein Lenksegment der Lenkwelle eingreift. Die Drehbewegung der Lenkwelle wird über einen Lenkarm und eine kurze Spurstange auf das nahe Vorderrad übertragen. Das andere Rad wird über eine lange Spurstange, eventuell auch über ein Zwischenlager und einen Hilfslenkarm verbunden. Die Zwischenlagerung am Fahrzeugrahmen soll die Bodenfreiheit des Fahrzeugs gewährleisten.

Die Ausführungen dieses Lenkungstyps variieren ziemlich stark und haben viele Bauteile. Von Zeit zu Zeit muß das Lenkungsspiel geprüft und eingestellt werden.

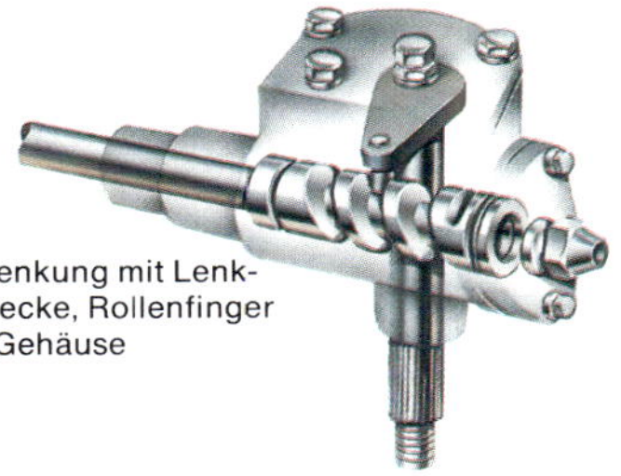

Roßlenkung mit Lenkschnecke, Rollenfinger und Gehäuse

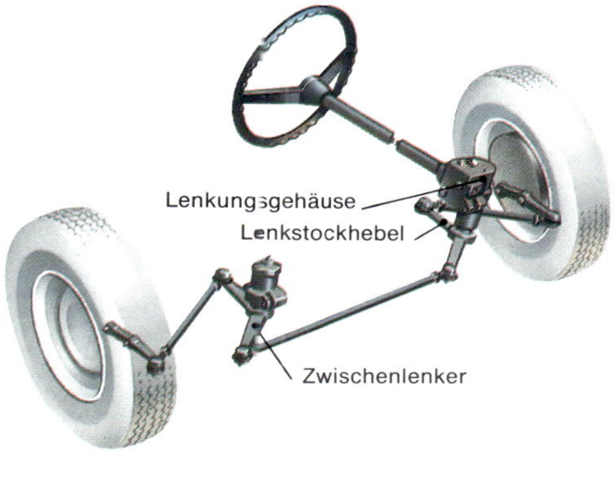

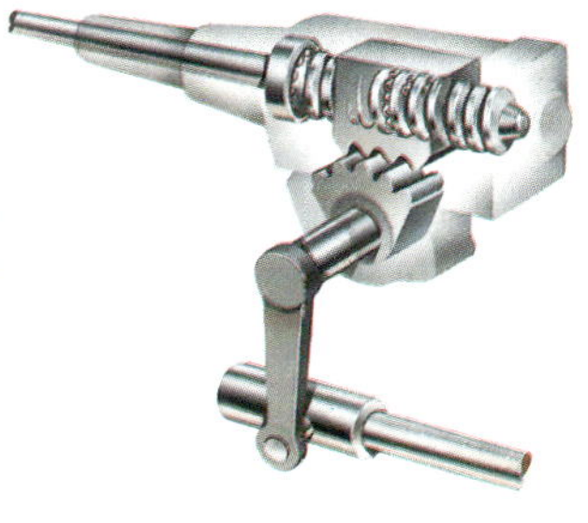

Kugelumlauflenkung: Die Lenkmutter überträgt die Drehbewegung über ein Zahnsegment auf die Lenkwelle.

Die Federung 1

Ein Auto soll durch eine sinnvolle Anordnung von Achsen, Federn und Stoßdämpfern so abgestimmt werden, daß von Straßenunebenheiten ausgehende Störungen, beispielsweise Stöße und Schwingungen, sowenig wie möglich bis zum Fahrgastraum durchdringen. Wichtig ist dabei auch, daß eine gute Straßenlage erhalten bleibt.

Die Vorderräder müssen zusätzlich durch seitliches Ausschwenken die Lenkbewegungen ausführen. Die Antriebsräder haben außer dem Ein- und Ausfedern die wesentliche Aufgabe, die Antriebskräfte zu übertragen.

Die Starrachse

Ältere Fahrzeuge mit Heckantrieb sind oft mit einer Starrachse ausgerüstet: Zwei kräftige Rohre rechts und links führen die Antriebswellen und das in der Mitte angeordnete Differential.

Die Starrachse kann auch als gelenkte Achse eingesetzt werden. Sie ist jedoch heute in dieser Bauform meist nur noch bei Lastkraftwagen zu sehen.

Bei Starrachsen werden häufig Zusatzlenker angeordnet, um unerwünschte Reaktionen zu verhindern.

Ein typisches Federungssystem eines Heckantriebswagens: Starrachse mit Blattfedern an der Hinterachse, unabhängige Radaufhängung mit MacPherson-Federbeinen mit integriertem Stoßdämpfer an der Vorderachse.

Unabhängige Federungssysteme

Bei der **DeDionachse** sind die Antriebsräder einzeln an Längslenkern aufgehängt, jedoch über ein Führungsrohr verbunden. Das Differential ist in einem Hilfsrahmen untergebracht.

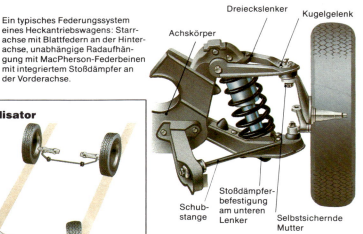

Doppelquerlenker werden häufig an der Vorderachse eingesetzt. Zwei Dreieckslenker, übereinander angeordnet, führen das Rad.

MacPherson-Federbeine sind bei Vorder- und Hinterachskonstruktionen üblich. Die Radnabe ist an einem Teleskoprohr befestigt. Bei Vorderrädern läßt sich das ganze Federbein um einen Drehpunkt schwenken. Auf diese Weise wird die Lenkung des Fahrzeugs ermöglicht.

Bei der **Schräg-** oder **Längslenker-Hinterachse** bewegt sich ein Lenker in gummigelagerten Drehpunkten. Durch eine bestimmte Anordnung der beiden Drehpunkte erhält man eine besonders gute Straßenlage. Diese Achsaufhängung ist auch für angetriebene Hinterachsen geeignet.

Die **Torsionskurbelachse** wird oft als Starrachse bei Fahrzeugen mit Frontantrieb eingesetzt. Beide Räder sind in diesem Fall mit einem geschlitzten Rohr verbunden, dessen Verwindung eine teilweise unabhängige Einfederung ermöglicht. Lenker und Schubstreben führen die Achse sorgsam in Fahrtrichtung.

Stabilisatoren

Um eine zu starke seitliche Neigung des Aufbaus zu verhindern, werden Stabilisatoren an der Vorder- und Hinterachse eingesetzt.

Es handelt sich dabei um einen Torsionsstab, der über Drehpunkte mit den Achsteilen und dem Rahmen verbunden ist. Federt eine Radseite ein, müssen die Kräfte zunächst einmal die Drehstabwirkung des Stabilisators überwinden.

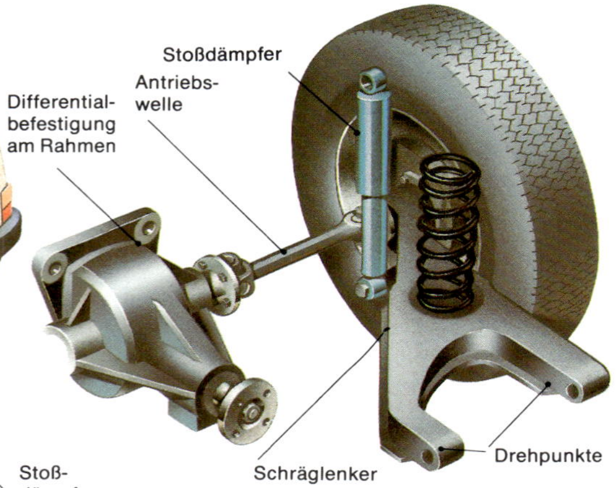

Schräglenkerachse

Bei einem heckangetriebenen Auto trägt der Schräglenker die Hinterradnabe und besitzt in V-förmiger Anordnung zwei Drehpunkte im Rahmen. Das Differential ist am Wagenboden montiert. Der Antrieb erfolgt über Gelenkwellen.

Stabilisator

Stabilisatoren verhindern bis zu einem gewissen Grad die Karosserieneigung.

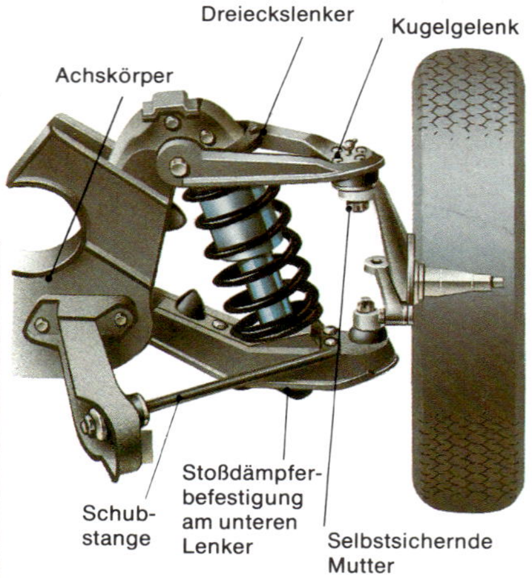

Doppelquerlenkerachse

Die beiden Querlenker tragen an ihrem äußeren Ende die Kugelbolzen für die schwenkbare Lagerung des Achsschenkels. Am anderen Ende sind die Querlenker drehbar im Achskörper geführt. Eine Zugstrebe verbindet den Rahmen mit dem unteren Lenker.

Die Federung 2

Die Fahrzeugfederung sorgt nicht nur für den Fahrkomfort, sondern auch für eine gute Straßenlage. Die Federn selbst haben die Aufgabe, Fahrbahnstöße zu absorbieren. Die dabei entstehenden Schwingungen werden durch Stoßdämpfer abgebaut.

Federungssysteme

Die meisten Autos haben Stahlfedern. Der älteste Typ ist die Blattfeder. Das oberste längste Federblatt, das Hauptfederblatt, besitzt an jedem Ende ein Auge für die Aufhängung am Rahmen. Die darunterliegenden Zusatzfedern sind kürzer und geringer gebogen.

Beim Einfedern übertragen sich die Federkräfte vom Hauptfederblatt auf die einzelnen Zusatzfederblätter. Das nennt man progressive Lastaufnahme.

Andere Fahrzeugtypen besitzen Schrauben- und Drehstabfedern. Die Drehstabfederung besteht aus einem Stab, der an beiden Enden verzahnt ist oder einen Vierkant aufweist. Er sitzt mit einem Ende fest in der Radschwinge, mit dem anderen im Rahmen. Das Fahrzeuggewicht verdreht den Stab und wird so abgefangen.

Gummiblockfedern können die gleiche Funktion übernehmen, sind aber nicht in der Lage, große Kräfte zu kompensieren, und werden deshalb nur bei leichteren Fahrzeugen eingesetzt.

Man kombiniert deshalb gelegentlich Gummiblockfedern mit raffinierten Hydrauliksystemen. Die Auf- und Abbewegung der Räder pumpt bei einem solchen System eine Hydraulikflüssigkeit von einer Kammer über ein Ventildämpfungssystem in eine andere. Jede Kammer besitzt eine flexible Membrane, die das Druckgas auf der anderen Seite der Membrane zusammendrückt. Strömt Hydraulikflüssigkeit in die Kammer, übernimmt das zusammengedrückte Gas die Federfunktion.

Wenn man die vorderen und hinteren Federelemente auf jeder Fahrzeugseite miteinander verbindet, gleichen sich die Federwege an.

Die Hydraulikfederung von Citroën-Fahrzeugen kann man mit einer Pumpe zur Erhöhung der Bodenfreiheit besonders abstimmen.

Stoßdämpfer

Fährt das Auto über ein Schlagloch, wird die Feder entlastet und anschließend belastet. Die so entstehende Schwingung klingt aufgrund der in der Feder ruhenden Energie nicht ohne weiteres ab. Dies bewirkt wiederum ein sehr unruhiges Fahrverhalten, schlechten Straßenkontakt und nach längerer Zeit Auswaschungen an den Reifen. Deshalb verfügen alle modernen Federungen über ein Dämpfungssystem.

Der Stoßdämpfer besitzt einen Kolben, der sich in einem abgeschlossenen, ölgefüllten Zylinder auf- und abbewegt und mit besonderen Ventilen ausgerüstet ist, durch die das Öl während der Auf- und Abbewegung strömen muß. Dies erfolgt natürlich gedämpft, also sehr langsam. Die Schwingung der Federn wird dabei abgebaut, und der Wagen fährt ruhig weiter.

Es gibt in den heutigen Fahrzeugen drei verschiedene Typen von Stoßdämpfern: **Teleskopstoßdämpfer** lassen sich teleskopartig ineinanderschieben. Ein Ende ist an der Achse, das andere am Rahmen montiert.

Federbeine sind ähnlich aufgebaut, der Stoßdämpfer ist in ihnen integriert.

Hebelstoßdämpfer sind heute selten. Dabei endet ein besonderer Dämpferhebel in einem Stoßdämpfergehäuse am Rahmen und bewegt darin Kolben in einer Ölfüllung.

Manche Fahrzeuge haben Spezial-Gasdruck-Stoßdämpfer, die besonders effektiv wirken.

Hydraulikfederung

Dieses Hydraulikfederungssystem ist eine Kombination zwischen einer Gummifeder und einem hydraulischen Dämpfungssystem.

Fährt das Vorderrad über ein Schlagloch, strömt Hydraulikflüssigkeit vom vorderen Federelement zum hinteren und senkt dies ab. Die Hinterradaufhängung folgt damit der Bewegungstendenz der Karosserie.

Ist das hintere Rad über das Schlagloch gefahren, wird die Flüssigkeit zur Vorderachse gepumpt: Das System ist wieder ausgeglichen.

Drei Federungssysteme

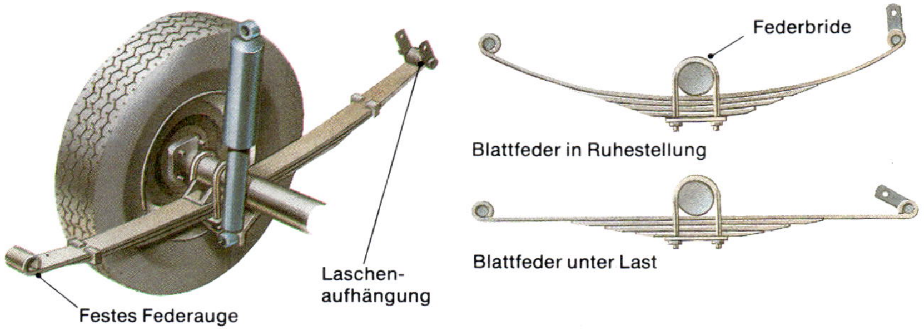

Blattfedern werden mit Federbriden an der Achse befestigt. Die Federblätter hält eine Herzschraube zusammen. Das Gegeneinanderverdrehen verhindern Federklammern. Die Reibung der Federblätter aufeinander beim Einfedern bewirkt eine Eigendämpfung.

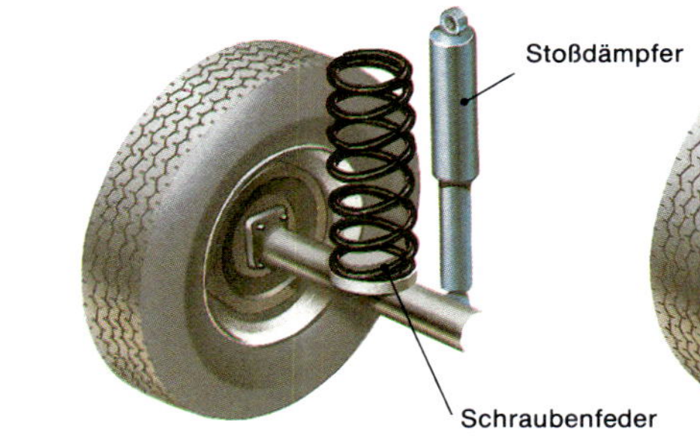

Schraubenfedern, aus hochwertigem Stahldraht gefertigt, werden bei der Auf- und Abwärtsbewegung des Rades zusammengedrückt, wodurch Fahrbahnstöße eliminiert werden.

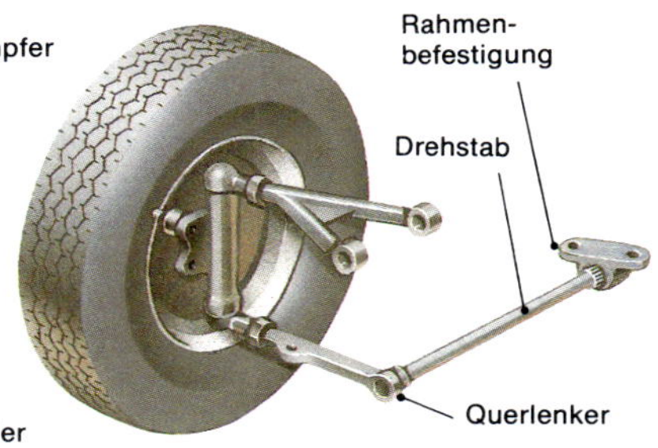

Bei der Drehstabfederung ist der Federstab aus hochwertigem Federstahl an einem Ende fest im Rahmen eingespannt. Das andere Ende wird durch einen Hebelarm verdreht.

Verschiedene Stoßdämpfertypen

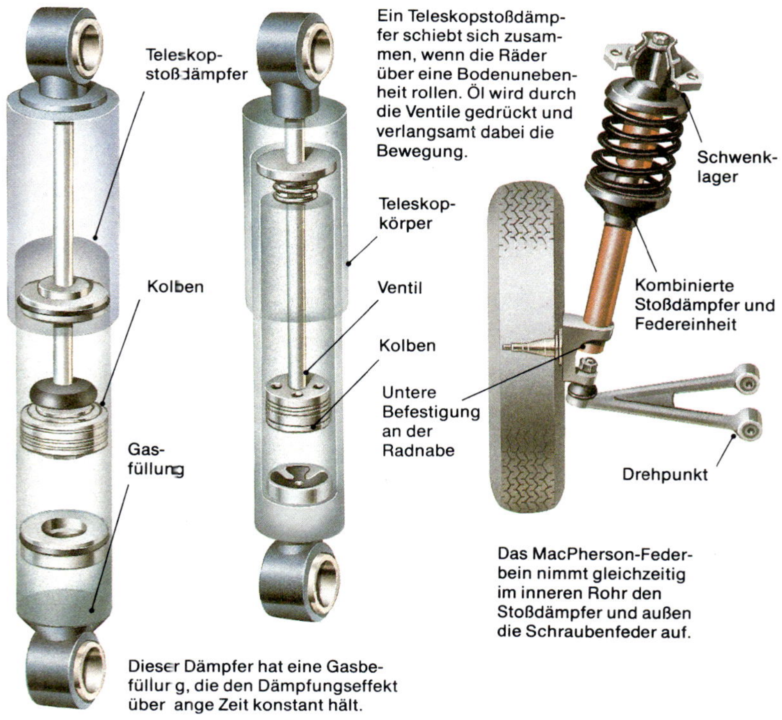

Ein Teleskopstoßdämpfer schiebt sich zusammen, wenn die Räder über eine Bodenunebenheit rollen. Öl wird durch die Ventile gedrückt und verlangsamt dabei die Bewegung.

Dieser Dämpfer hat eine Gasbefüllung, die den Dämpfungseffekt über lange Zeit konstant hält.

Das MacPherson-Federbein nimmt gleichzeitig im inneren Rohr den Stoßdämpfer und außen die Schraubenfeder auf.

Spezialstoßdämpfer und Niveauregulierung

Warum Spezialstoßdämpfer?

Die heute von Fahrzeugherstellern serienmäßig eingebauten Stoßdämpfer besitzen hohe Standzeiten und halten oft länger als das Auto. Ihre Leistungsfähigkeit sinkt dabei allmählich ab. Funktionslos sind Stoßdämpfer erst, wenn sie nur noch 30 % ihrer Dämpffähigkeit aufweisen. Da man exakte Vergleichszahlen nur auf einem Prüfstand erhält, lohnt sich der Besuch des ADAC-Stoßdämpfer-Prüfstandes. Schlägt der Zeiger des Testgerätes deutlich aus, ist der Stoßdämpfer nicht mehr funktionsfähig und muß ersetzt werden.

Als Ersatz lohnt sich unter Umständen der Kauf von Spezialstoßdämpfern, die bei speziellen Einsatzbedingungen mehr leisten als Standarddämpfer.

ADAC-Meßdiagramm

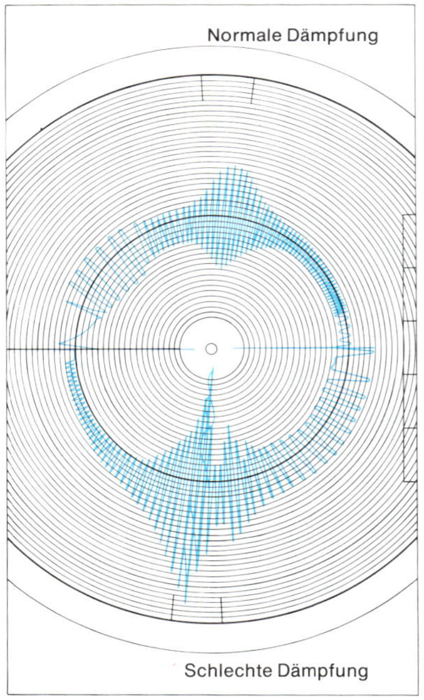

Hohe Ausschläge bedeuten schlechte Dämpfung durch schadhaften Stoßdämpfer.

Der Gasdruck-Stoßdämpfer

Äußerlich unterscheidet sich der Standarddämpfer nicht vom Gasdruck-Stoßdämpfer. Doch im Schnittbild werden die Unterschiede erkennbar.

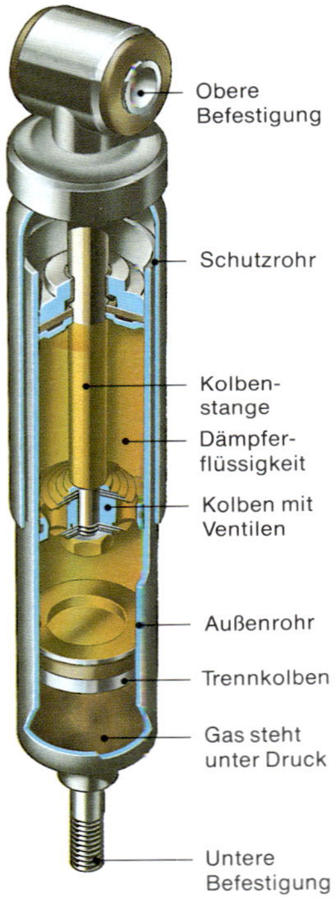

Gasdruck-Stoßdämpfer mit Trennkolben

Der Gasdruck-Stoßdämpfer besitzt die gleichen Baumaße wie der Seriendämpfer und kann somit problemlos an dessen Stelle montiert werden (siehe Seite 179–181).

In einem Teil des Stoßdämpfers befindet sich eine Stickstoff-Gasfüllung, die unter Druck bis 35 bar steht. Die Ölbefüllung ist durch einen Trennkolben oder eine Prallscheibe getrennt.

Dank dieser Technik spricht der Stoßdämpfer selbst auf kleinste Fahrunebenheiten sofort an, auch bei härtester Beanspruchung entstehen keine Bläschen. Die Abrolleigenschaften des Reifens werden verbessert, und das Fahrzeug läßt sich sicherer fahren. Insgesamt läßt sich der Dämpfer besser als das vom Konstrukteur vorgegebene Federelement auf die Achsführung abstimmen.

Bei manchen Autotypen gehören Gasdruck-Stoßdämpfer sogar zur Serie. Sie sind allerdings um etwa 30 % teurer als Standardstoßdämpfer.

Das Sportfahrwerk

Schraubenfedern haben heute die Blattfedern im Pkw-Bau beinahe verdrängt. Da sie keine Eigendämpfung besitzen, müssen die Stoßdämpfer auf dieses Fahrwerk besonders abgestimmt werden.

Will man sportlich oder gar Rallye fahren, empfiehlt sich analog zum Motortuning ein Überarbeiten des Fahrwerks. Dazu bieten die Pkw-Hersteller, aber auch Zubehörfirmen, Sport-Fahrwerksätze an. Gasdruck-Stoßdämpfer sind dabei eine Ausbaustufe.

Will man sein Fahrzeug weiter verbessern, werden meist die ganzen vorderen Federbeine mit den Federn erneuert. Die neuen Federn sind härter, die Stoßdämpfer verfügen über eine noch größere Dämpfung. Hinzu kommen verstärkte Stabilisatoren für Vorder- und Hinterachse. Es ist sogar denkbar, daß Rahmenteile verstärkt werden müssen. So verbindet man oft die beiden Federbeindome im Motorraum mit einer stabilen Strebe.

Der Erfolg eines solchen Fahrwerktunings bleibt nicht aus: Das Fahrzeug reagiert auf Lastwechsel weniger heftig. Der Aufbau neigt sich kaum, und Kurven lassen sich bei hoher Geschwindigkeit sehr exakt ausfahren, besonders wenn man entsprechend breite Reifen und Felgen benutzt.

Allerdings gehen solche Umbauten oft zu Lasten des Komforts: Fahrzeuge mit Sportfahrwerk reagieren auf jede Fahrbahnunebenheit recht hart.

Die Niveauregulierung

Fährt man sehr oft mit vollbeladenem Kofferraum oder mit einem Anhänger, empfiehlt sich der Kauf eines Fahrzeuges mit Niveauregulierung.

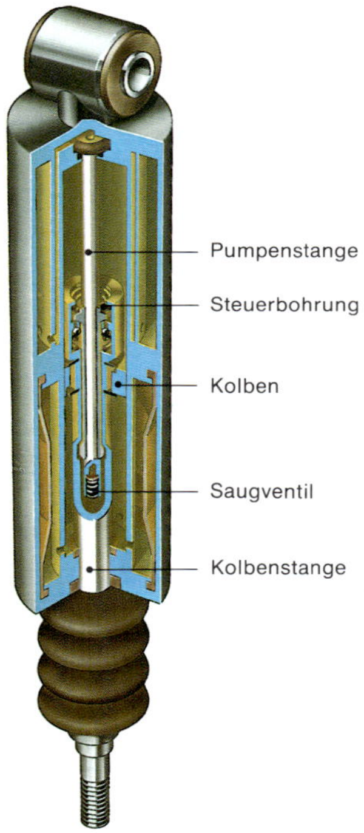

Stoßdämpfer mit Niveauausgleich

Der Stoßdämpfer wird anstelle des Seriendämpfers montiert und ermöglicht einen automatischen Niveauausgleich durch eine integrierte Ölpumpe, die von Fahrbahnschwingungen bedient wird.

Bei den ab Werk lieferbaren Konstruktionen übernimmt eine Pumpe oder ein Druckspeicher die Versorgung des Systems. Ein Höhenregler gibt den notwendigen Druck in ein hydropneumatisches Federelement, das den Serienstoßdämpfer ersetzt, um den Höhenausgleich zu regulieren, so daß auch bei beladenem Kofferraum oder bei Belastung durch einen Anhänger das Fahrzeugheck nicht absinkt.

Derartige Systeme sind oft nur mit hohem Aufwand oder gar nicht nachrüstbar. Als Alternative gibt es etwas einfachere Techniken.

Stoßdämpfer mit hydropneumatischem Federeffekt

Dieser Stoßdämpfer wird anstelle des Seriendämpfers eingesetzt. Im Dämpfer wird eine Ölpumpe durch die Bodenunebenheiten gesteuert.

Durch diesen Pumpeffekt wird Öl von einem Vorratsraum in den Arbeitsraum gedrückt. Kolben und Kolbenstange werden verdrängt, und der Aufbau hebt sich.

Zum Niveauausgleich genügt eine sehr kurze Fahrstrecke. Da die Pumparbeit bei geringer Zuladung klein und bei voller Beladung größer ist, kann man von einer automatischen Regelung sprechen.

Niveauausgleich durch Zusatzluftfedern

Der Stoßdämpfer mit Zusatzluftfeder wird auch anstelle des Seriendämpfers montiert.

Das obere Schutzrohr des Stoßdämpfers ist durch einen Rollbalg gegenüber dem Dämpfergehäuse abgedichtet. Über einen Luftdruckanschluß wird der Stoßdämpfer mit Preßluft versorgt, so daß man eine Zusatzluftfeder erhält.

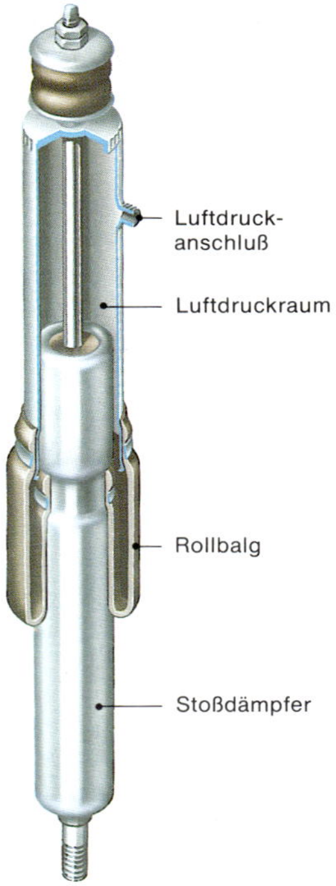

Stoßdämpfer mit integrierter Luftfeder

Das Stoßdämpferrohr ist gegenüber dem Dämpferzylinder mit einem Rollbalg abgedichtet. Je nach Zuladung wird mehr oder weniger Preßluft eingeblasen.

Um den Bedienkomfort zu verbessern, werden die Luftanschlußstutzen über Leitungen verbunden; daher kann die Druckversorgung vom Kofferraum oder vom Armaturenbrett aus erfolgen. Zur Kontrolle wird ein Manometer eingesetzt.

Je nach Zuladung wird die Zusatzluftfeder an der Tankstelle mit Preßluft aufgepumpt, oder es wird Druck abgelassen.

Gegen Aufpreis sind sogar bordeigene kleine Kompressoren vorgesehen, so daß man den Druck unabhängig von einer Tankstelle einstellen kann.

Werkzeug und Ausrüstung

Werkstatt, Do it yourself und Werkzeug

Wie man mit Werkstätten umgeht

Damit es im Umgang mit der Autowerkstatt keinen Ärger gibt, sollte man einige Empfehlungen berücksichtigen.

Weil die Kundendienstmeister in den frühen Morgenstunden meist überlastet sind, liefert man das Auto besser am späten Vormittag oder am frühen Nachmittag ab.

Man sollte die Mängel genau beschreiben können. Notfalls führt man eine Probefahrt mit dem Meister durch.

Es ist ratsam, keine Pauschalaufträge zu erteilen, z. B. „Bremsen instand setzen"; denn dann könnte die ganze Bremsanlage erneuert werden. Besser vereinbart man zunächst einmal das Freilegen der Bremse.

Im Reparaturzeitraum sollte man telefonisch erreichbar sein, damit man über eine Reparaturerweiterung informiert werden kann.

Günstig ist es, einen Maximalgeldbetrag zu vereinbaren.

Man sollte sich stets einen Durchschlag des Reparaturauftrags aushändigen lassen.

Man vereinbart, daß die ausgewechselten Teile nicht weggeworfen, sondern in den Kofferraum des Autos gelegt werden.

Man sollte den Reparaturbetrieb nicht oft wechseln; denn einen Stammkunden weiß jeder Werkstattinhaber zu schätzen.

Wie Streitfälle geschlichtet werden

Bei Meinungsverschiedenheiten mit einer Werkstatt bespricht man das Problem zunächst ruhig mit dem Werkstattmeister.

Hilft dies nichts, kann man sich von einem ADAC-Techniker mündlich oder schriftlich beraten lassen.

Falls notwendig, wird die schriftliche Beschwerde an die zuständige Schiedsstelle der Handwerkskammer weitergeleitet, deren Entscheidung für jede Werkstatt bindend ist, die der Handwerkskammer angehört. Derartige Firmen erkennt man an dem weiß-blauen Schild des Kfz-Gewerbes. Das Verfahren ist für den Autofahrer kostenlos.

Falls keine Regelung erzielt wird, kann man einen Rechtsanwalt und/oder einen Kraftfahrzeugsachverständigen einschalten.

Do it yourself

Geschickte Autofahrer können viele Reparaturen und Inspektionen selbst ausführen. Neben Geschick benötigen sie dazu eine Reparaturanleitung, Werkzeug und natürlich einen geeigneten Reparaturplatz.

Durch Eigenleistungen am Auto kann man zwar einiges sparen. Zunächst muß man aber viel Geld für Werkzeug ausgeben.

Einschränkungen gelten für Do-it-yourself-Reparaturen an Bremsen und anderen sicherheitsrelevanten Bauteilen wie Lenkung und Achsaufhängungen. Wer nicht absolut sicher ist, eine solche Reparatur fachgerecht durchführen zu können, sollte sie einer Werkstatt überlassen.

Schwarzarbeit

Ein Do-it-yourselfer kommt natürlich in Versuchung, auch dem Nachbarn gelegentlich zu helfen. Damit gerät er jedoch in das Problemfeld der Schwarzarbeit.

Man sollte sich auch der Haftung wegen auf sein eigenes Fahrzeug beschränken; denn mancher gutgemeinte, aber mißglückte Reparaturversuch kann hohe Folgekosten auslösen.

Werkzeuge und Ersatzteile

Man sollte nicht von Anfang an ein komplettes Werkzeugsortiment erwerben, sonst muß man aus Kostengründen Kompromisse bei der Qualität eingehen. Es ist jedoch empfehlenswert, Spitzenqualität zu kaufen, besonders bei Werkzeugen, die man häufig braucht, z. B. bei Gabel- und Ringschlüsseln. Einen kostengünstigen Werkzeugkoffer, der die Erfahrungen der clubeigenen Pannenhelfer berücksichtigt, erhält man in jeder ADAC-Geschäftsstelle.

Auch für Ersatzteile gibt es verschiedene Bezugsquellen. An erster Stelle stehen die Ersatzteillager der Fahrzeughersteller. Man erhält hier sämtliche Originalteile in gleichbleibend hoher Qualität, die aber meist relativ teuer sind.

Im Teilefachhandel findet man die Angebote großer Ersatzteilhersteller. Die Qualität ist ähnlich wie bei Originalteilen; jedoch sollte man immer die Preise vergleichen. Leider ist die Beratung oft nicht so gut wie beim werkseigenen Ersatzteildienst.

Vor allem bei Zubehör können Kaufhäuser sowie Verbrauchermärkte manchen Wunsch erfüllen. Aber auch hier gilt die Empfehlung, die Preise zu vergleichen.

Bauteile, die zu einem Sicherheitsproblem werden können, z. B. Bremsbeläge, sollte man immer im Fachhandel oder als Originalteile kaufen.

Grundausstattung

Schlüssel
- Gabelschlüssel 6–22 mm
- Ringschlüssel 6–22 mm
- Ringschlüssel gekröpft, mindestens 10, 13, 15, 17, 19, 22 mm
- Steckschlüsselsatz 10–32 mm mit Halbzollantrieb
- Zündkerzen-Spezialschlüssel

Schraubenzieher
- 3 × 75 mm
- 5,5 × 75 mm
- 7 × 125 mm
- Kreuzschlitzschraubenzieher Nr. 1 und 2

Zangen
- Kombizange
- Wasserpumpenzange

Prüfwerkzeuge
- Fühlerlehre
- 12-V-Prüflampe

Hammer
- Schlosserhammer ca. 300 g
- Schlosserhammer ca. 800 g

Werkzeug zum Reinigen
- Stahlbürste
- Schaber

Zusätzliche Werkzeuge für Fortgeschrittene

Schlüssel
- Gabel- und Ringschlüsselsätze, lückenlos von 6 bis 32 mm

Drehmomentschlüssel
- Steckschlüsseleinsätze mit Halbzollantrieb für Innensechskant- oder Vielzahnschrauben, soweit am Fahrzeug vorhanden
- Spezialölfilterschlüssel

Schraubenzieher
- Kurz- und Winkelschraubenzieher für schwer erreichbare Schlitz- oder Kreuzschlitzschrauben
- Kreuzschlitzschraubenzieher-Einsätze zum Einspannen in Bohrmaschinen

Zangen
- Flachzange
- Sicherungszange für Innen- und Außensicherungen (Seegerringzangen)
- Seitenschneider

Prüfwerkzeuge
- Profiltiefenmesser
- Reifendruckmesser, eventuell mit Luftpumpe
- Kombitestgerät mit Ampere-, Volt-, Schließwinkel-, Drehzahl- und Ohm-Anzeige
- Kompressionsdruckprüfer
- Zündzeitpunktpistole (Stroboskop)
- Batterie-Säuredichteprüfer
- Frostschutzmittelprüfer

Schneidewerkzeuge
- Halbrund- und Flachfeile, mittlerer Hieb, 200–250 mm lang
- Große und kleine Eisensäge

Zusatzwerkzeuge für größere Reparaturen
- Schwerer Kunststoffhammer, 800–1000 g
- Ein Satz Linksdralleinsätze
- Stehbolzenauszieher
- Mutternsprenger
- Abzieher für Kugelköpfe und Tragegelenke
- Durchschläge
- Körner
- Sonderwerkzeug je nach Reparatur, z. B. Kupplungszentrierdorn
- Montiereisen

Elektrowerkzeuge
- Lötkolben, mindestens 150 W
- Elektrische Bohrmaschine, etwa 500 W mit variabler Drehzahl sowie Rechts- und Linkslauf
- Ein Satz Bohrer, HSS-Qualität
- Rundstahlbürsten zum Einspannen in die Bohrmaschine
- Schleifscheiben mit Gummiteller für die Bohrmaschine

Weitere Werkstattausrüstung

Zum Anheben des Autos
- Fahrbarer hydraulischer Wagenheber, Hubhöhe mindestens 40 cm
- Zwei Stützböcke bzw. Auffahrrampen statt Wagenheber und Stützböcken
- Sicherungskeile

Für Inspektionsarbeiten
- Rollbrett für Arbeiten unter dem Auto
- Inspektionslampe, 220 oder 12 V
- Ölkanne
- Rostlösespray ohne FCKW
- Batterieladegerät, mindestens 4 A Ladeleistung
- Schraubstock, Backenbreite mindestens 125 mm
- Behälter für Ölwechsel und gebrauchtes Öl
- Verschiedene Benzinschläuche, je nach Fahrzeug
- Verschiedene Verschlußstöpsel für Schläuche
- Schleifpapier
- Klebeband

Reinigungsmaterial
- Kaltreiniger, biologisch abbaubar
- Waschbenzin
- Verschiedene Bürsten
- Fusselfreie Tücher
- Staubsauger
- Waschbürste und Schwamm
- Fensterleder
- Polierwatte und Politur
- Eimer
- Handwaschpaste

Werkzeug und Ausrüstung 1

Allzu billigen Werkzeugangeboten soll man nicht vertrauen, vor allen Dingen dann, wenn Schraubenschlüssel zu dick ausgeführt sind. Dies kann ein Hinweis auf schlechte Stahlqualität sein, so daß sich ein Gabelschlüssel beim Anziehen einer Schraube oder Mutter aufweiten kann und damit unbrauchbar wird. Zugleich besteht Verletzungsgefahr.

Schraubenschlüssel gibt es in sehr unterschiedlicher Bauform. Der Doppelgabelschlüssel hat an beiden Enden verschiedene Schlüsselweiten, z. B. 13 und 15 mm. Dies ist vorteilhaft; denn beide Schlüsselweiten werden bei Reparaturen häufig gebraucht. Unüblich sind am Fahrzeug Schlüsselweiten von 16, 18 und 21 mm. Wenn diese im Satz fehlen, ist es nicht von Bedeutung.

Gabelschlüssel

Der Gabelschlüssel umfaßt nicht die ganze Schraube oder Mutter. Deshalb besteht bei großen Drehmomenten die Gefahr, daß der Schlüssel abrutscht.

Bei großen Drehmomenten sollte man deshalb immer Ring- oder Steckschlüssel einsetzen.

Kombinierte Gabel-Ring-Schlüssel

Bei dieser Werkzeugart haben der Ring- und der Gabelschlüssel jeweils die gleiche Schlüsselweite. Man kann entsprechende Werkzeugsätze schon aus Kostengründen empfehlen.

Der Gabelschlüssel ermöglicht das schnelle Beidrehen einer Schraube oder Mutter, die man dann mit dem Ringschlüssel endgültig festziehen kann.

Gekröpfte Ringschlüssel

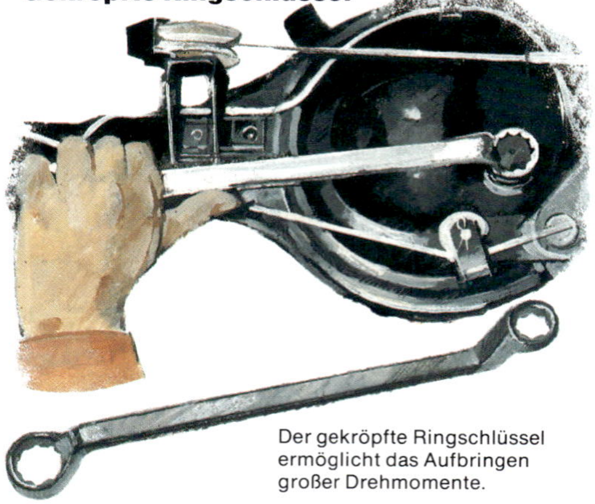

Der gekröpfte Ringschlüssel ermöglicht das Aufbringen großer Drehmomente.

Für größere Drehmomente ist ein Ringschlüsselsatz unerläßlich. Dank ihrer besonderen Konstruktion erfassen gekröpfte Ringschlüssel Muttern und Schrauben sehr sicher, so daß ein Abrutschen nicht möglich ist. Trotzdem ist Vorsicht geboten; denn aufgrund der Schlüssellänge sind große Drehmomente noch bei geringem Krafteinsatz möglich, und die Schrauben reißen leicht ab.

Ringschlüssel sind nicht für Leitungsverschraubungen geeignet.

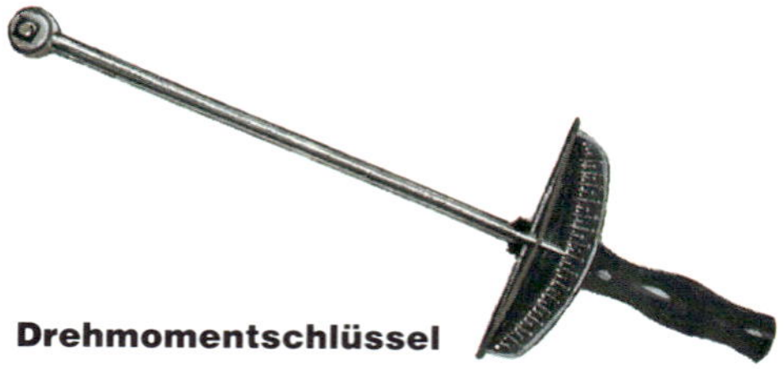

Drehmomentschlüssel

Viele Schrauben sind mit dem vom Konstrukteur vorgesehenen Drehmoment festzuziehen. Ein zu geringes Moment führt zum Lockern der Verbindung. Wird sie zu fest angezogen, kann sie abreißen oder bei Belastung brechen. Deshalb gibt es Drehmomentschlüssel, bei denen das Anzugsdrehmoment an einer Skala abzulesen ist. Unerläßlich sind solche Schlüssel für problematische Schraubverbindungen, z. B. an Zylinderköpfen.

Der im Bild gezeigte Drehmomentschlüssel ist preisgünstig, jedoch schwer abzulesen. Einstellbare Schlüssel knacken bei Erreichen des eingestellten Drehmoments hörbar.

Verstellbare Gabelschlüssel

Die Grundidee eines solchen verstellbaren Gabelschlüssels veranlaßt manchen Do-it-yourselfer, dieses Werkzeug zu kaufen. Im Einsatz ist man dann schon bald enttäuscht; denn das Werkzeug hat einen sehr großen Kopf, so daß man selbst einfache Schrauben oder Muttern nicht erfassen kann.

Das Einstellen der Schlüsselweite mit einer Rolle ist zwar sehr einfach, jedoch weitet sich die Gabel beim Anziehen aus, so daß eine Beschädigung der Schraube oder Mutter vorprogrammiert ist.

Der Kauf eines solchen Schlüssels ist also für den Einsatz am Auto nicht empfehlenswert. Für den Hausgebrauch mag er seine Berechtigung haben.

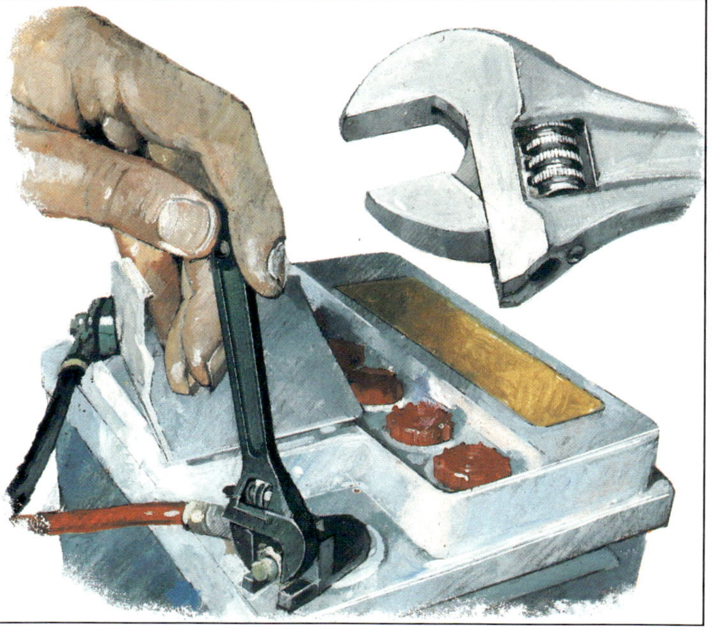

Innensechskantschlüssel gibt es auch als Satz, wie hier im Bild gezeigt.

Innensechskantschlüssel

An fast allen modernen Fahrzeugen findet man Innensechskant- oder Vielzahnschrauben. Handwerker benutzen Steckschlüsseleinsätze mit Halbzollantrieb, mit denen man auch größere Drehmomente aufbringen kann.

Spezialschlüssel zum Einstellen von Bremsen

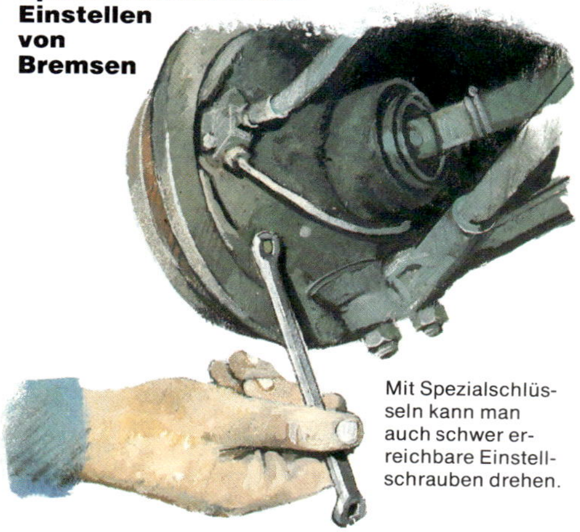

Mit Spezialschlüsseln kann man auch schwer erreichbare Einstellschrauben drehen.

Bei Fahrzeugen mit Trommelbremsen und manueller Nachstellung ist es manchmal schwierig, die Einstellschrauben zu erreichen. Deshalb gibt es Spezialschlüssel. Man kann solche Schlüssel manchmal auch selbst anfertigen.

Werkzeug und Ausrüstung 2

Zündkerzenschlüssel

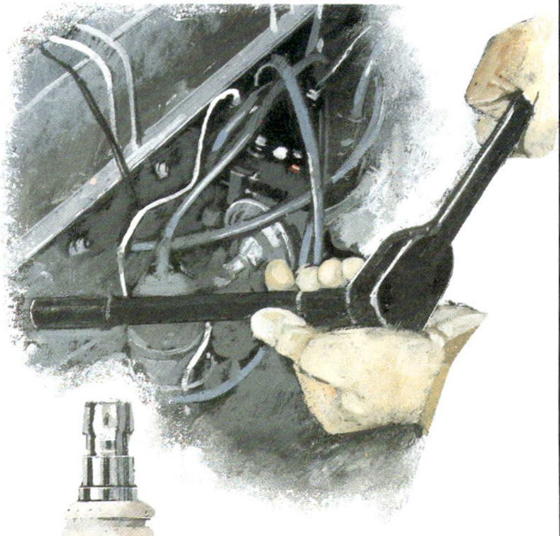

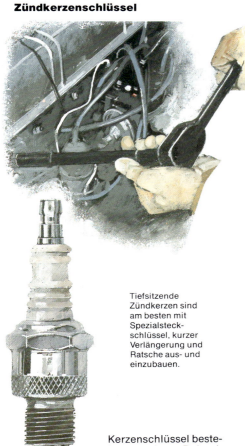

Tiefsitzende Zündkerzen sind am besten mit Spezialsteckschlüssel, kurzer Verlängerung und Ratsche aus- und einzubauen.

Kerzenschlüssel bestehen aus einem Rohr, das über die Kerze gestülpt wird und den Sechskant der Kerze erfaßt. Damit sie nicht herausfällt und aus der Vertiefung des Zylinderkopfes herausgenommen werden kann, klemmt eine Gummimuffe im Rohr die Zündkerze ein.

Zündkerzen sind oft schlecht erreichbar und lassen sich meist schwer drehen. Deshalb kauft man statt des einfachen Rohrschlüssels lieber einen Steckschlüsseleinsatz mit Viertel- oder Halbzollantrieb, so daß man eine Ratsche mit Verlängerung einsetzen kann. Die meisten Zündkerzen haben heute eine Schlüsselweite von 20,6 mm. Es gibt aber auch neue dichtungslose Kerzentypen mit einer Schlüsselweite von nur 16,9 mm.

Ölfilterschlüssel

Steht kein Spezialschlüssel zur Verfügung, kann man das Filter mit einer großen Wasserpumpenzange fassen und um einige Millimeter lösen. Leider lassen sich solche großen Zangen nicht immer gut ansetzen; denn Ölfilter sind oft recht versteckt eingebaut. Deshalb kann man versuchen, das Filter mit einem kräftigen Schraubenzieher zu durchstechen und so zu lösen.

Achtung: Hierbei muß in jedem Fall eine Ölauffangwanne unter dem Filter stehen.

In der Werkstatt benutzt man natürlich Spezialschlüssel für den jeweiligen Fahrzeugtyp, die im Fachhandel erhältlich sind.

Einfache Ausführungen bestehen aus einem Gewebeband bzw. einer Kette und einem Knebelgriff. Legt man das Band um das Filter und dreht am Knebel, wird das Filter eingeklemmt und läßt sich lösen.

Bevor man einen Schlüssel kauft, überzeuge man sich, daß dieser am Motor des Fahrzeugs auch wirklich einsetzbar ist. Am besten sind Schlüssel, die das Filter mittels dreier Greifklauen erfassen. Dreht man am Zentralsechskant des Schlüssels, wird das Filter eingeklemmt und läßt sich lösen.

Steckschlüssel

Üblich sind Steckschlüssel mit ¼"-, ⅜"- und ½"-Antrieb. In Sortimentkästen findet man meistens Steckschlüsseleinsätze von 5 bis 32 mm. Halbzollantriebe sind besonders verbreitet.

Wichtigster Bestandteil neben den Steckschlüsseleinsätzen ist die Ratsche für Rechts- und Linkslauf. Da Billigausführungen sehr schnell unbrauchbar werden, sollte man nicht allzusehr auf den Preis schauen.

Sitzt eine Schraube oder Mutter in einer Vertiefung, wird auf den Steckschlüssel eine kurze bzw. lange Verlängerung gesetzt. Beide Teile des Sortiments.

Müssen große Drehmomente aufgebracht werden, greift man zum T-Griff, der auch Knebel genannt wird. Manchmal hat der Knebel auf einer Seite einen Handgriff.

Sogenannte Kurbelgriffe werden in der Werkstatt seltener eingesetzt, eher bei der Fahrzeugfertigung. Man kann mit ihnen sehr schnell arbeiten, jedoch keine großen Drehmomente aufbringen.

Weitere Teile sind Gelenkstücke und manchmal Zündkerzenschlüssel.

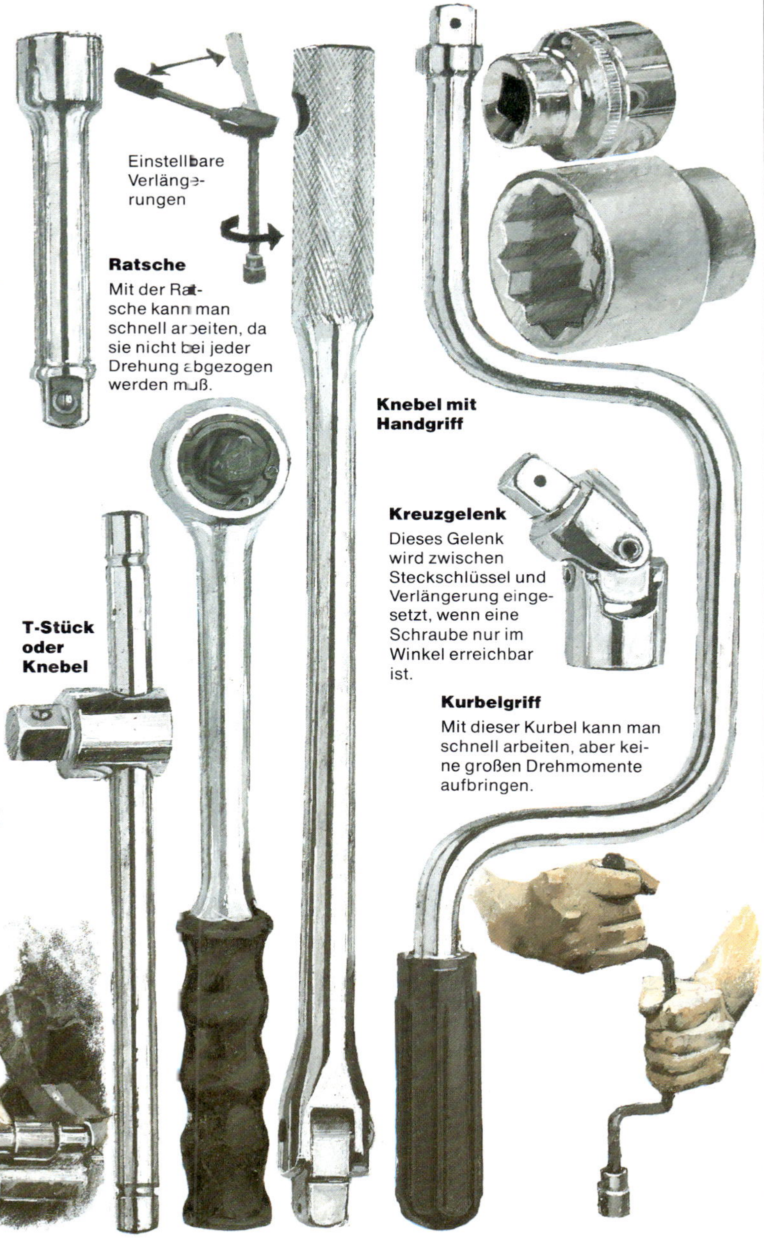

Einstellbare Verlängerungen

Ratsche
Mit der Ratsche kann man schnell arbeiten, da sie nicht bei jeder Drehung abgezogen werden muß.

T-Stück oder Knebel

Knebel mit Handgriff

Kreuzgelenk
Dieses Gelenk wird zwischen Steckschlüssel und Verlängerung eingesetzt, wenn eine Schraube nur im Winkel erreichbar ist.

Kurbelgriff
Mit dieser Kurbel kann man schnell arbeiten, aber keine großen Drehmomente aufbringen.

Werkzeug und Ausrüstung 3

Kreuzschlitzschraubenzieher

Bei der Fahrzeugherstellung werden viele Schrauben maschinell angesetzt und angezogen.

Bei Schlitzschrauben läßt sich diese Technik nur sehr schlecht anwenden, denn die Schraubenzieherklinge des Elektrowerkzeuges wird bei hoher Drehzahl seitlich herausgedrückt.

Deshalb verwendet man zunehmend Schrauben mit Kreuzschlitzen, die auch unter den Namen „Phillips" oder „Pozidriv" bekannt sind.

Je nach Schlitzausführung muß man auch den entsprechenden Kreuzschlitzschraubenzieher einsetzen.

Meist genügt es, wenn man die Größen Nr. 1 und 2 erwirbt. Es handelt sich dabei um eher kleine Schraubenzieher; denn in der Regel werden von den Fahrzeugherstellern nur kleine Bauteile mit Kreuzschlitzschrauben befestigt, so daß die aufzubringenden Drehmomente ebenfalls nur gering sind.

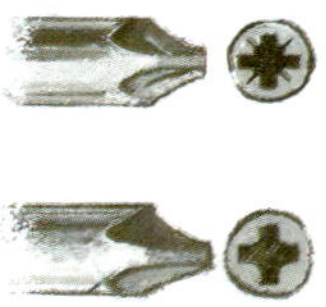

Schraubenzieher

Man erkennt gute Schraubenzieher stets an der Klinge, die aus hochwertigem Chrom-Vanadium-Stahl hergestellt sein muß.

Große Schraubenzieher sollten zusätzlich vor dem Heft mit einem Sechskant versehen sein, damit man einen Ring- oder Gabelschlüssel ansetzen kann.

Das Schraubenzieherheft besteht aus Holz oder Kunststoff. In jedem Fall sollte es groß genug und ergonomisch geformt sein, also gut in der geballten Hand liegen.

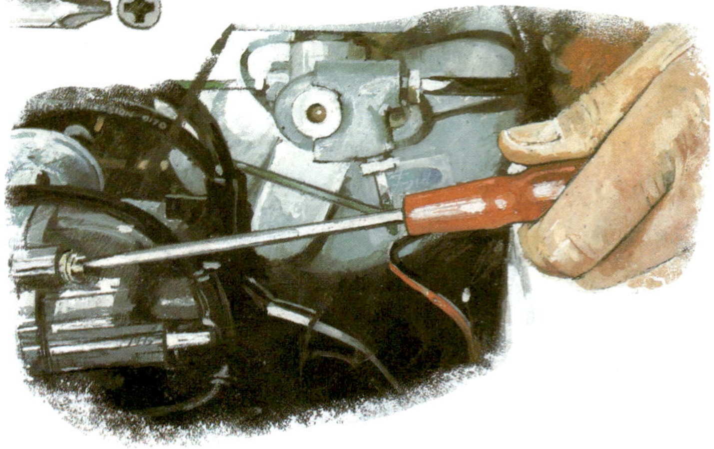

Knebelschraubenzieher

Diese kleinen Schraubenzieher sind verkürzte Ausführungen der eben beschriebenen Werkzeuge. Es gibt sie in Flach- und in Kreuzschlitzausführung. Sie sind etwa 4 cm lang und werden dort benutzt, wo kein Platz für normale Schraubenzieher vorhanden ist.

Elektrikerschraubenzieher

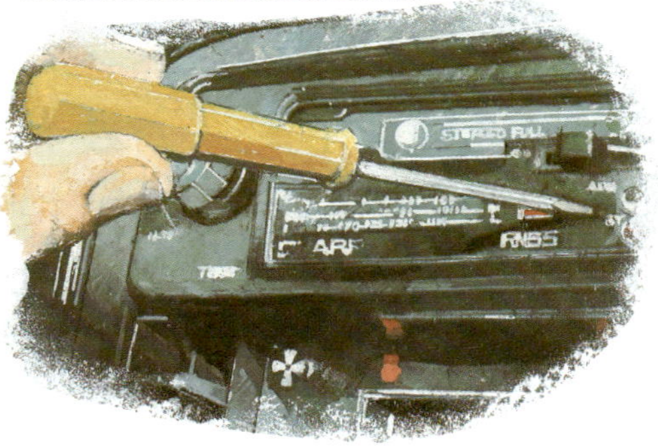

Für Arbeiten an der Elektroanlage benötigt man einen besonders kleinen Flachschraubenzieher mit ausreichend großem Heft und einer sehr schlanken Klinge für kleine Schrauben. Die Klinge ist meist kunststoffisoliert, um Kurzschlüsse zu vermeiden.

Festsitzende Schrauben

Wenn sich größere Schlitzschrauben nicht lösen lassen, kann man einen Schlagschlüssel ansetzen. Schlägt man mit dem Hammer auf das Heft, wird ein großes Drehmoment ausgelöst, und die Schraube wird frei.

Ein anderer Behelf: Hat der Schraubenzieher am Ende der Klinge einen Sechskant, legt man einen Ringschlüssel darum und dreht ihn mit voller Kraft.

Winkelschraubenzieher

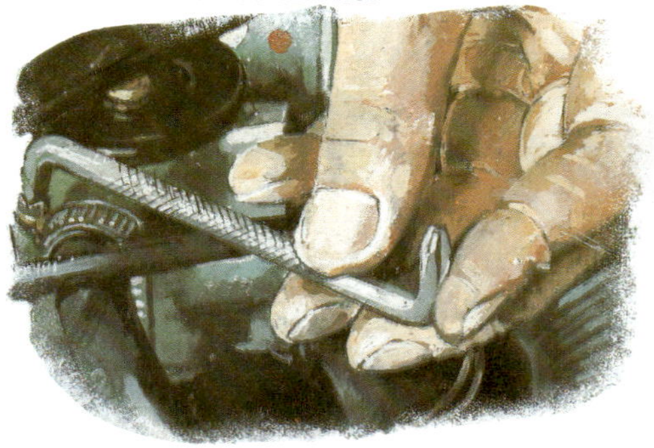

Manchmal kommt man an Schrauben nur heran, wenn man störende Bauteile entfernt, z. B. am Armaturenbrett. Um solche Demontagen zu vermeiden, kann man unter Umständen die Schraube mit einem etwa 12,5 cm langen Winkelschraubenzieher lösen.

Werkzeug und Ausrüstung 4

Kombizange

Eine Kombizange sollte in keinem Werkzeugsatz fehlen. Diese Zange hat zwei flache Backen, mit denen man Splinte oder Sicherungsbolzen ohne größere Beschädigung fassen bzw. herausziehen kann.

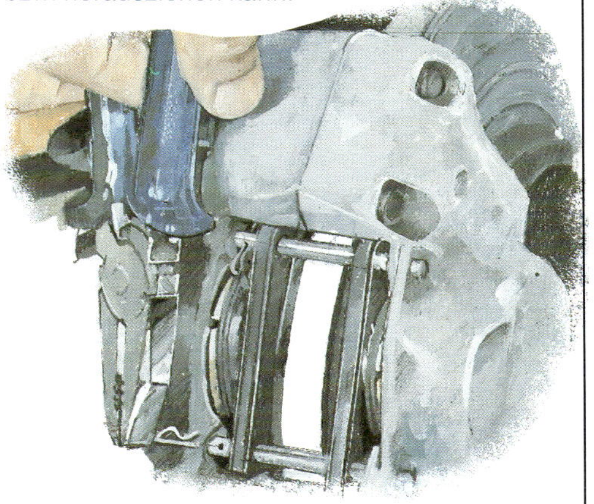

In der Mitte der Backen findet man eine Schneideeinrichtung, mit der Draht oder Splinte gekürzt werden. Gelegentlich ist eine zusätzliche Drahtschneideeinrichtung außen am Drehpunkt vorhanden.

Flach- und Sicherungszange

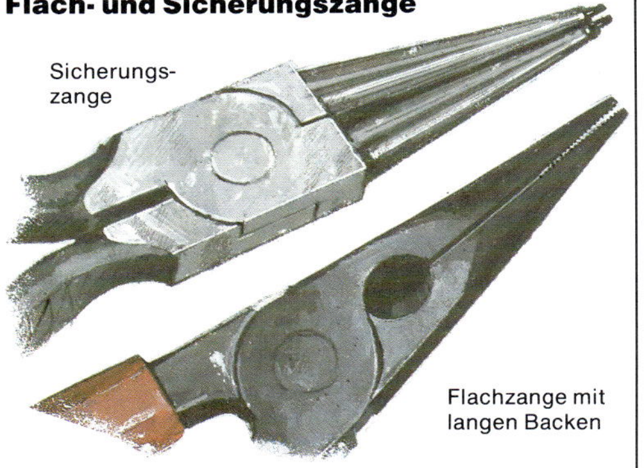

Die Flachzange hilft an besonders engen Stellen. Man kann mit ihr beispielsweise eine heruntergefallene Scheibe aus einem Hohlraum hervorziehen.

Bestimmte Bauteile an Kraftfahrzeugen können nur mit einer Sicherungszange ausgebaut werden.

Mehrzweckpreßzange

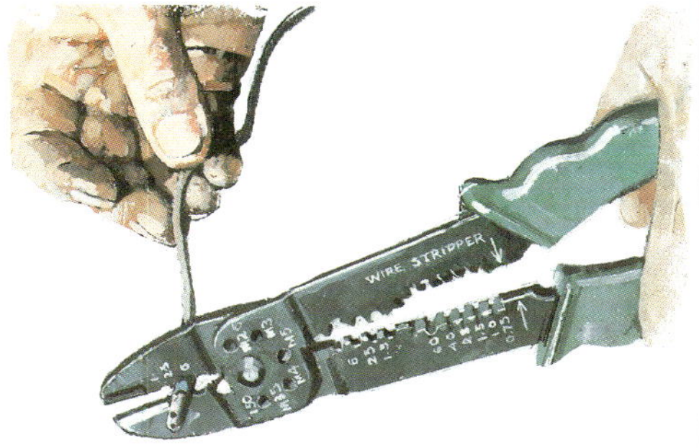

Kabelstecker werden mit Hilfe einer solchen Zange auf das abisolierte Drahtende gequetscht. Zusätzliche Funktionen: Abschneiden und Abisolieren des Kabels. Für die verschiedenen Kabelquerschnitte gibt es entsprechende Vorrichtungen.

Grip- und Wasserpumpenzange

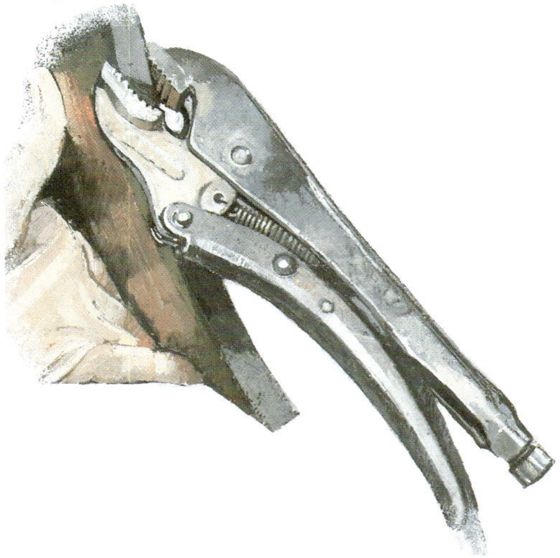

Muß man ein Werkstück zusammenspannen und hat dabei keinen Helfer, bedient man sich einer Gripzange. Mit Hilfe eines Rändels wird die erforderliche Materialstärke eingestellt, und die beiden Backen klemmen das Werkstück nach dem Zusammendrücken der Zange fest ein.

Ähnlich in der Funktion, allerdings ohne Klemmfunktion, sind Wasserpumpenzangen.

Feile

Eine Schmalseite besitzt eine aufgerauhte Fläche, während die andere glatt ist, damit man Ecken bearbeiten kann.

Mit Feilen werden Metallflächen geglättet oder vorgebohrte Löcher ausgearbeitet. Für runde Öffnungen benutzt man Rundfeilen, für ebene Werkstücke Flachfeilen, für kleine Löcher schlanke Schlüsselfeilen.

Es gibt sehr feine und sehr grobe Feilen. Sie sind entsprechend den Feilenhieben pro Zentimeter nach DIN von 1 bis 6 eingeteilt. Mit steigender Nummer wird die Hiebteilung feiner. Grobe Schruppfeilen, z. B. für weiches Aluminium, haben 8–15, feine Doppelschlichtfeilen 80–122 Hiebe. Für den Anfang genügt eine Schlichtfeile mit 30–80 Hieben.

Feilen werden oft ohne Heft verkauft. Jedoch sollte man, um schwere Verletzungen zu vermeiden, zu jeder Feile ein Heft kaufen und es mit einem kräftigen Schlag aufsetzen.

Eisensäge

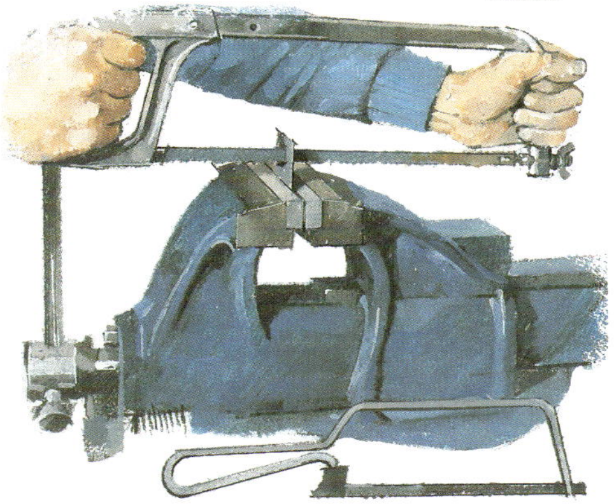

Do-it-yourselfer setzen Eisensägeblätter häufig falsch ein. Wichtig ist, daß die Zahnspitzen nach vorne zeigen.

Außerdem muß man flache Werkstoffe stets auch flach einspannen. Dabei wird an der Vorderkante nur angesägt. Spannt man ein dünnes Blech hochkant wie im Bild ein und will es sägen, bleiben die Zähne hängen, so daß Gefahr besteht, daß dadurch das Sägeblatt frühzeitig beschädigt wird und daß sich ungenaue Schnitte ergeben.

Blechschere

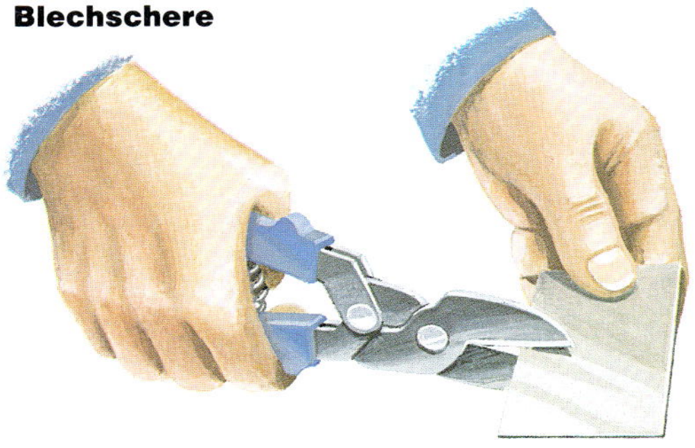

Eine gute Blechschere sollte in der Werkzeugausrüstung nicht fehlen. Man wählt am besten eine Schere mit Hebelübersetzung, damit man keine allzu großen Kräfte beim Bedienen einsetzen muß. Eine Schnittleistung bis 1,5 mm Blechstärke ist vollkommen ausreichend, da im Karosseriebereich keine stärkeren Bleche verwendet werden. Dicke Bleche muß man mit einer Eisensäge bearbeiten.

Werkzeug und Ausrüstung 5

Lehren

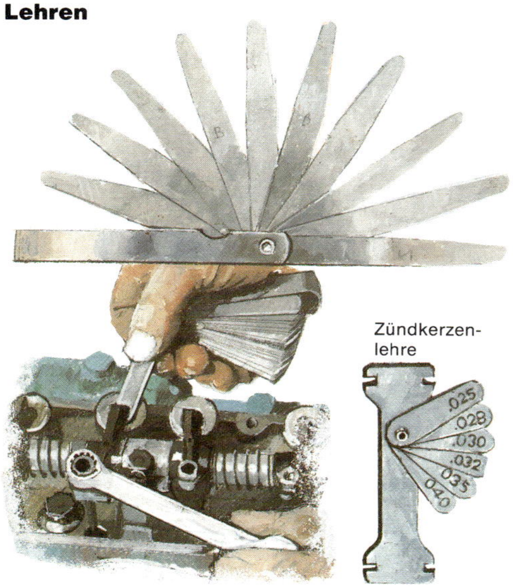

Fühlerlehren setzt man im Maschinenbau ein, wenn man das Spiel zwischen zwei Bauteilen prüfen will. Eine solche Lehre besteht aus mehreren Blättern, deren Dicke für verschiedene Einsatzarten gestaffelt ist und sich für Einsätze am Kraftfahrzeug zwischen 0,05 und 1 mm bewegt. Meist sind die Blätter um 0,05 mm gestaffelt.

Zündkerzen werden mit speziellen Fühlerlehren eingestellt und geprüft: Die Blätter sind kürzer und steifer, und mit einem kleinen Haken kann die Masseelektrode nachgebogen werden. Bei der Kerzenlehre kann man auch zwei Blätter zusammenlegen, um ein Maß zu erhalten, das als Einzelblatt nicht vorhanden ist.

Profiltiefen- und Luftdruckmesser

Ein Profiltiefenmesser hat eine flache Aufsatzfläche, die auf die Reifenoberfläche aufgelegt wird. Dann schiebt man in die Profilrille den Meßstift, an dessen Ende man die Profiltiefe auf einer Millimeterskala ablesen kann.

Luftdruckmesser gibt es mit Meßbereichen zwischen 0,5 und 4,0 bar. Zum Prüfen des Luftdruckes sind auch Luftpumpen mit angebautem Manometer zu empfehlen; denn damit kann man gleichzeitig auch fehlende Luft ergänzen. Bei der Pannenhilfe werden Luftpumpen außerdem benutzt, um eine Vergaserdüse oder eine Leitung durchzublasen.

Prüflampe

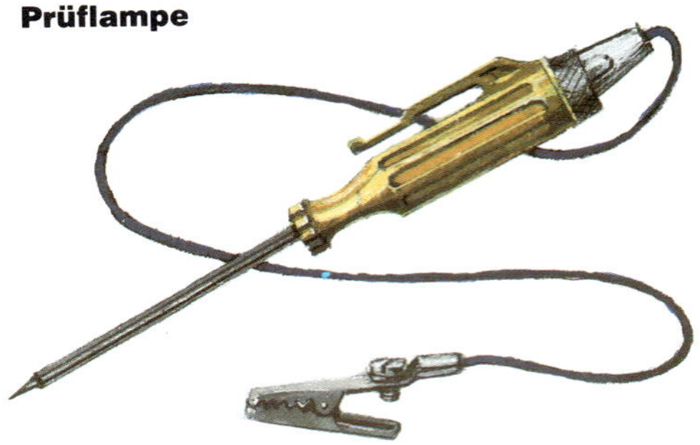

Eine Prüflampe ähnelt einem Schraubenzieher. Doch ist in ihrem Heft eine Glühlampe angebracht, die zwischen 6 und 24 V arbeitet. Größere Spannungen, etwa 220 V, darf man auf keinen Fall prüfen, da Lebensgefahr besteht. Am Heft ist ein Kabel mit einer Krokodilklemme angeschlossen.

Prüflampen mit Leuchtdiodenanzeige kann man gefahrlos zwischen 4,5 und 380 V einsetzen.

CO-Testgerät

Mit diesem Werkstattmeßgerät läßt sich auch das Abgasverhalten im Leerlauf messen. Für exakte Vergaser- und Zündeinstellungen muß auch der Do-it-yourselfer einen relativ preiswerten Abgastester kaufen.

Universaltester

Mit einem Wahlschalter kann man am Universaltester verschiedene Funktionen abrufen.

Zunächst ist die Spannungsmessung durch ein Voltmeter möglich. Der Meßbereich liegt in der Regel zwischen 9 und 14 V.

Für Drehzahlmessungen gibt es zwei Anzeigen: die erste von 0 bis 6000 Umdrehungen, die zweite für den Leerlauf von 0 bis 1600 Umdrehungen. Viele Geräte lassen sich für 4, 5, 6 und 8 Zylinder umschalten.

Da die Einstellung der Unterbrecherkontakte mit einer Fühlerlehre nicht besonders genau ist, mißt man heute immer den Schließwinkel. Dazu gibt es am Universaltester eine Schließwinkelanzeige zwischen 20 und 90°.

Zur Prüfung von elektrischen Leitungen reicht die Widerstandsmeßskala von 0 bis etwa 20 kΩ. Damit lassen sich auch Leitungsunterbrechungen feststellen. Da bei Zündanlagen bestimmte Widerstände innerhalb der Hochspannungsleitungen konstruktiv vorge-

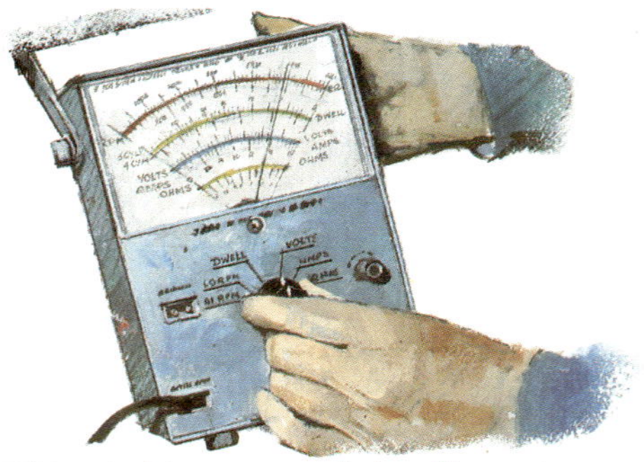

sehen sind, kann man mit dem Ohmmeter messen, ob die Widerstandsstecker, z. B. zum Entstören eines Radios, funktionsfähig sind bzw. noch im Toleranzbereich liegen.

In Werkstätten werden natürlich genauere, kostspielige Meßgeräte eingesetzt.

Kompressionsdruckprüfer

Mit Hilfe der Kompressionsmeßmethode kann man wichtige Erkenntnisse über den Zustand

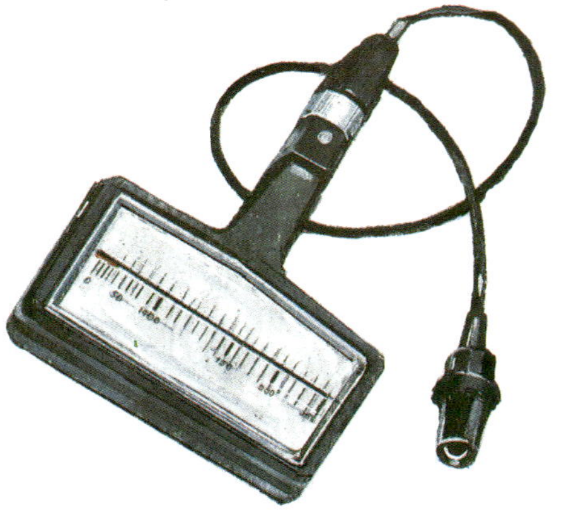

eines Motors gewinnen. Zur Messung schraubt man bei Betriebstemperatur alle Zündkerzen des Motors heraus. Dann wird der Kompressionsdruckprüfer nacheinander in die verschiedenen Zündkerzenlöcher geschraubt bzw. von einem Helfer hineingedrückt.

Läßt man nun den Motor bei voll durchgetretenem Gaspedal mit dem Anlasser einige Umdrehungen laufen, erhält man die Anzeige des jeweiligen Drucks.

Zündzeitpunkt-Einstellpistole

Zum Einstellen des exakten Zündzeitpunkts besitzt jeder Motor eine Einstellmarkierung an der Schwungscheibe oder an der vorderen Riemenscheibe des Keilriementriebes. Am Motorblock sitzt die Bezugsmarkierung.

Zur exakten Prüfung wird die Zündlichtpistole an Plus und Minus der Batterie, aber auch an das erste Zündkerzenkabel angeschlossen. Die Lampe wirft ein gebündeltes Licht auf die Bezugsmarkierung. Für das träge menschliche Auge scheint die Bezugsmarkierung dann nicht vorbeizulaufen, sondern sie ist als sich sehr langsam hin- und herbewegendes Zeigersignal gut abzulesen.

Batteriesäure- und Frostschutzmittelprüfer

Bei beiden Messungen wird der Batterie bzw. dem Kühlwasser etwas Flüssigkeit mit dem Gerät entnommen. Darin nimmt eine kleine Spindel entsprechend dem spezifischen Gewicht eine bestimmte Stellung ein.

Entsprechende Markierungen sind an der Batteriesäurespindel angebracht.

Für die Frostschutzmischung im Kühlsystem gibt es eine Spindel mit einer anderen Anzeige. Bei mäßig warmem Motor entnimmt man etwas Kühlflüssigkeit und liest ab, ob der Frostschutz noch ausreicht.

Werkzeug und Ausrüstung 6

Schlosserhammer

Der Hammer selbst besteht aus geschmiedetem Stahl und ist äußerst robust. Der Stiel ist aus Holz, gelegentlich auch aus Kunststoff gefertigt. Kunststoffstiele sind deshalb empfehlenswert, weil sie das unangenehme Prellen der Hände verhindern. Ein kleiner Schlosserhammer soll etwa 300 g, ein größerer etwa 800 g wiegen.

Kunststoff- und Gummihammer

Ein Hammer aus Stahl hat den Nachteil, daß er meist das Material heftig deformiert. Man kann diesen Effekt zum Teil vermeiden, wenn man nicht viele Schläge mit einem kleinen Hammer, sondern einen kräftigen Schlag mit einem großen Hammer ausführt. Anfänger bevorzugen oft aus Vorsichtsgründen kleine Hämmer.

Will man jedoch derartige Schäden vermeiden, sollte man zwischen den Hammer und das zu bearbeitende Objekt ein Stück Hartholz legen.

Auch der Einsatz von Durchschlägen oder Spezialwerkzeugen, z. B. für das Auftreiben eines Kugellagerrings, ist immer empfehlenswert.

Bei Blecharbeiten ist besondere Vorsicht angezeigt; denn Stahlhämmer treiben das Material auseinander. Will man dies verhindern, muß man einen Hammer mit einem Kunststoffkopf verwenden. Ist das Mittelstück dieses Hammers aus Stahl gefertigt, verfügt der Kunststoffhammer durchaus über das richtige Gewicht auch für schwere Arbeiten.

Für Blecharbeiten empfiehlt sich ein Gummihammer mittlerer Größe. Mit ihm kann man kleine Beulen aus Blechen häufig so austreiben, daß kein Lackschaden entsteht.

Bei Arbeiten mit Hämmern ist immer besonderes Augenmerk auf den Zustand des Stiels zu richten. Der Hammerstiel sollte stets mit einem Keil gesichert sein und darf natürlich keine Beschädigungen aufweisen. Ein davonfliegender Hammerkopf kann böse Verletzungen verursachen.

Aus Sicherheitsgründen sollte man auch niemals einen Hammer als Durchschlag verwenden, da hier die Gefahr der Splitterbildung besteht.

Linksdrall

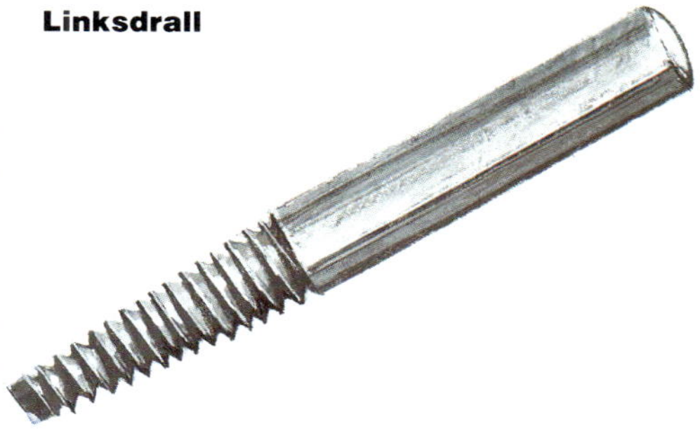

Manchmal lassen sich Schrauben nicht herausdrehen, ohne daß der Schraubenkopf abreißt. Hier hat sich der Einsatz eines Linksdralles in geeigneter Größe bewährt. Zunächst wird die abgerissene Schraube sorgfältig mit einer Feile geglättet und im Mittelpunkt genau angekörnt. Nun bohrt man mit einem kleinen Bohrer vor. Anschließend setzt man einen großen Bohrer ein, der aber immer dünner ist als der Schraubendurchmesser. Schließlich dreht man den Linksdrall in dieses Loch ein und dreht die Schraube linksherum heraus.

Stehbolzenausdreher

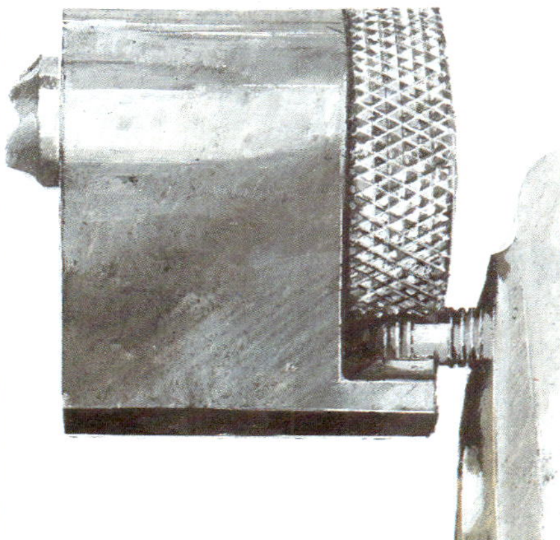

Bei einem Motoraustausch müssen die Stehbolzen aus dem Motorblock herausgedreht werden. Dafür dient der Stehbolzenausdreher. Eine profilierte Rolle klemmt sich beim Ansetzen fest, und der Stehbolzen läßt sich ohne Gewindebeschädigung herausdrehen. Ersatzweise kann man ihn auch mit Mutter und Kontermutter herausdrehen.

Mutternsprenger

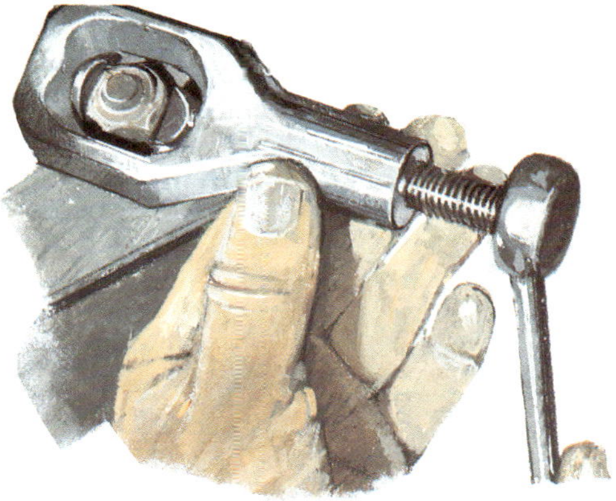

Schraubverbindungen lassen sich besonders bei älteren Fahrzeugen oft nicht mehr lösen. Für solche Fälle gibt es einen Mutternsprenger, der die Schraubverbindungen zerstört. Man dreht eine kräftige Schneide mit Hilfe einer Gewindestange gegen die Mutter. Diese platzt und läßt sich dann problemlos abnehmen.

Abzieher

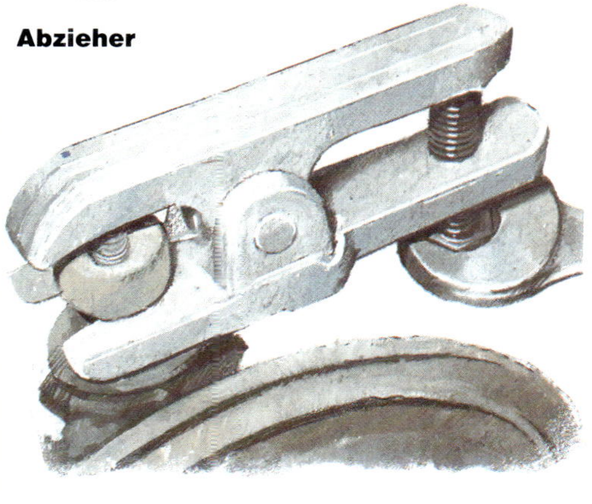

Viele Bauteile eines Fahrzeuges lassen sich ohne einen speziellen Abzieher nicht zerlegen. Dies gilt beispielsweise für Spurstangengelenke, Radlager und überhaupt für Komponenten, die mittels Preßpassung befestigt werden. In Werkstätten findet man ein ganzes Sortiment dieser teuren Spezialwerkzeuge. Für den Do-it-yourselfer ist der Erwerb kaum wirtschaftlich, weil man diese Abzieher nur selten braucht.

Körner

Setzt man einen Bohrer ohne Ankörnen auf eine Fläche auf, läuft seine Spitze sofort weg. Dies ist besonders bei lackierten Flächen peinlich. Deshalb sollte man nach dem Anreißen sorgfältig ankörnen, mit einem dünnen Bohrer vorbohren und mit dem erforderlichen Bohrdurchmesser nacharbeiten. Ein geeigneter Körner ist 80–100 mm lang.

Durchschlag

Der Durchschlag besitzt keine Spitze, sondern eine ebene Fläche. Damit lassen sich Splinte austreiben. Mit ihm kann man z. B. Radlagerringe Stück für Stück auftreiben.

Durchschläge gibt es oft im Sechsfachset mit Körner, Flach- und Kreuzmeißel. Ein starker Durchschlag, etwa 120 × 12 × 2 mm, gehört zum Standardwerkzeug.

Werkzeug und Ausrüstung 7

Radnaben- und Bremstrommelabzieher

Besonders kräftige Abzieher benötigt man, wenn die Radnaben oder Bremstrommeln abgezogen werden müssen; denn manchmal hat sich Rost an der Wellenverzahnung und an der Paßfläche der Trommel oder Nabe festgesetzt, so daß ein hoher Kraftaufwand zum Abziehen nötig ist, damit man an die Bremse herankommt.

Der im Bild gezeigte Spezialabzieher erfaßt jede einzelne Radmutter mit einem Arm. Jeder Arm wird dabei sorgfältig zentriert. Nun drückt beim Anziehen des Abziehers eine Gewindestange auf die Antriebswelle, und die Trommel wird Stück für Stück abgezogen.

Montiereisen

Gute Montiereisen sind aus Chrom-Vanadium-Stahl, 30–40 cm lang und dienen zur Reifenmontage. Sie sind jedoch universell einsetzbar, wenn man mit der Hebelwirkung große Kräfte aufbringen muß.

Lötkolben

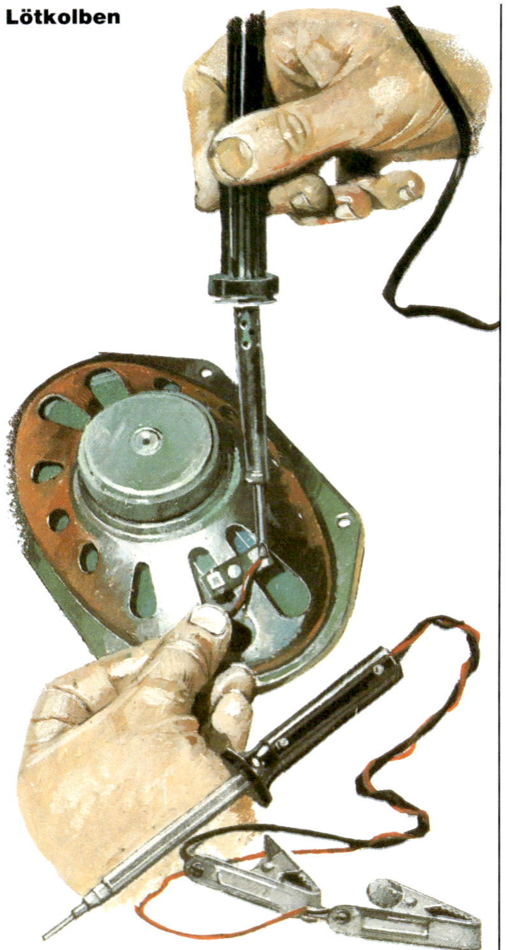

Obwohl die meisten elektrischen Verbindungen an Fahrzeugen heute gesteckt werden, muß man gelegentlich auch löten, beispielsweise wie im Bild ein Lautsprecherkabel.

Ein Lötkolben von 220 V sollte etwa eine Leistung zwischen 100 und 150 W haben. Weniger empfehlenswert sind Lötkolben für 12 V, die an die Batterie angeschlossen werden und nur etwa 20 W Leistung haben. Besonders ältere Batterien verkraften diese Belastung über längere Zeit nicht.

Zum Löten braucht man außerdem Lötzinn und Lötfett. Beides gibt es, kombiniert mit dem Flußmittel, in Form von Lötdraht.

Elektrische Bohrmaschine

Kein Do-it-yourselfer kommt heute ohne eine elektrische Handbohrmaschine aus. Für den Einsatz am Auto genügt schon eine Leistung von etwa 400 bis 500 W. Das Bohrfutter sollte Bohrer bis 13 mm fassen. Um sich die ständige Suche nach dem Bohrfutterschlüssel zu ersparen, erwirbt man am besten gleich von Anfang an ein Selbstspannfutter.

Eine Rechts-links-Laufschaltung ist sehr sinnvoll, denn damit kann man auch Schrauben herausdrehen.

Da die Anschlußkabel fast aller Bohrmaschinen sehr kurz sind, ist ein etwa 10 m langes Verlängerungskabel erforderlich.

Für Bohrarbeiten benötigt man einen Satz Bohrer von 1 bis 13 mm, jeweils um 0,5 mm steigend. Da sogenannte HSS-Bohrer besonders für große Schnittgeschwindigkeiten geeignet sind, sollte man den relativ hohen Preis akzeptieren. Bei den preiswerten WS-Bohrern hingegen muß man entweder sehr langsam bohren oder mit Wasser kühlen.

Es gibt auch zahlreiche Zusatzwerkzeuge. So läßt sich die Bohrmaschine auch zu einem Schwingschleifer umfunktionieren, der beim Abschleifen von Lack und Spachtel empfehlenswert ist. Neuerdings geht aber der Trend eindeutig zu Spezialwerkzeugen.

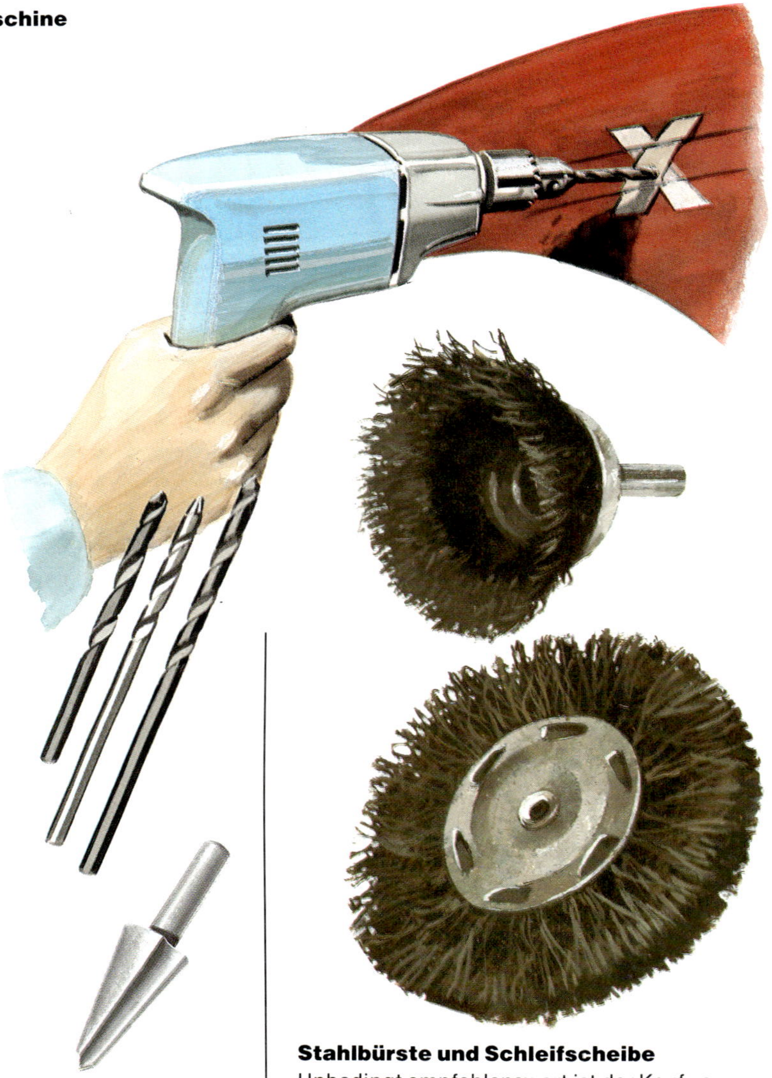

Stahlbürste und Schleifscheibe

Unbedingt empfehlenswert ist der Kauf von aufsteckbaren Stahlbürsten, mit denen man Rost ohne große Mühe entfernen kann. Noch wirksamer ist bei der Entrostung ein Gummischleifteller mit Schleifscheibe.

Bei Arbeiten mit der Schleifscheibe oder Stahlbürste muß man eine Schutzbrille tragen, die man am besten zusammen mit der Stahlbürste bzw. den Schleifscheiben erwirbt.

Werkzeug und Ausrüstung 8

Innensechskant- und Vielzahnschlüsseleinsätze

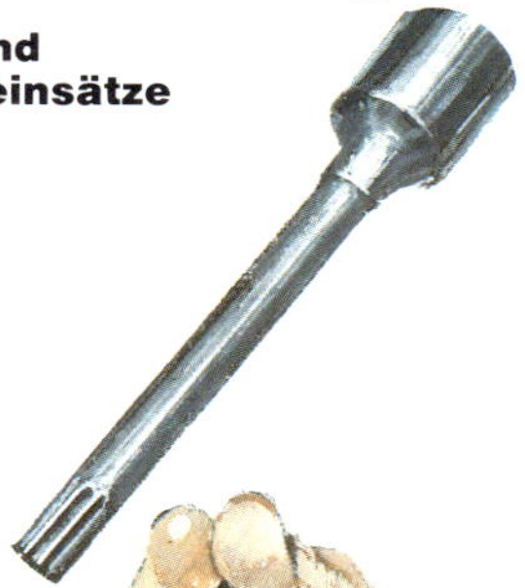

Die üblichen Steckschlüsselkästen enthalten meist nur Einsätze für Sechskantschrauben. Häufig gibt es aber auch Schrauben mit Innensechskant sowie Vielzahnschrauben, z. B. an Gelenkwellenflanschen.

Ventilsauggriff

Ausgeschlagene Ventilsitze müssen neu eingeschliffen werden. In der Werkstatt setzt man meist eine Ventilsitz-Drehvorrichtung ein. Man kann aber auch den Ventilsitz mit Schleifpaste einstreichen und mit einem Holzstiel, an dessen Ende ein Gummisauger sitzt, kräftig hin und her drehen.

Abzieher für Anlasser und Lichtmaschine

Anlasser und Lichtmaschine lassen sich meist mit den üblichen Werkzeugen zerlegen. Müssen aber neue Lager aufgepreßt werden, sind Abzieher und Preßwerkzeuge notwendig. Beim Bendix-Anlasser benötigt man zusätzlich einen Federspanner. Deshalb sollten Do-it-yourselfer Austauschteile verwenden.

Federspanner

Will man an einem Federbein den Stoßdämpfer ersetzen, muß man vor dem Zerlegen die Schraubenfeder mit einem Spanner zusammendrücken. Federspanner sollten mindestens drei Halteklauen besitzen. Dieses Spezialwerkzeug ist nicht ganz billig. Ausdrücklich zu warnen ist vor selbstgebastelten Federspannern.

Ventilfederzange

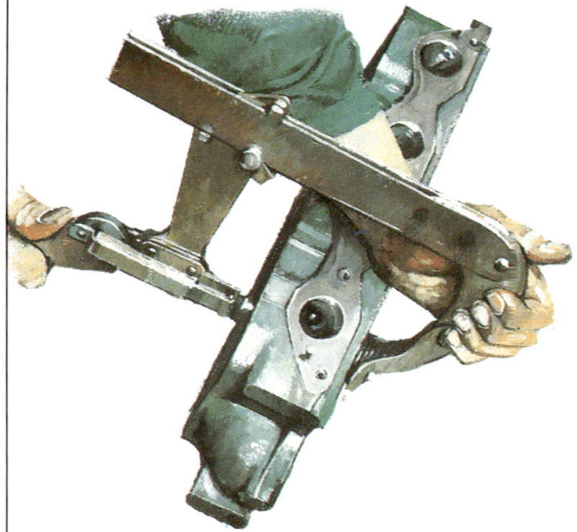

Mit einer solchen Ventilfederzange wird die Ventilfeder unter Spannung gesetzt, so daß man die Befestigungskeile herausnehmen kann. Beim Lösen des Spanners fallen Ventilteller, Feder und Ventil heraus. Da solche Arbeiten äußerst selten anfallen, lohnt sich der Erwerb dieses Werkzeuges für den Do-it-yourselfer nicht.

Wirtschaftlichkeit von Spezialwerkzeugen

Moderne Techniken im Fahrzeugbau bedingen immer häufiger Spezialwerkzeuge zur Reparatur. Dies gilt für Handwerksbetriebe wie für Do-it-yourselfer. Da in den Fachbetrieben solche Werkzeuge sehr oft gebraucht werden, ist diese Anschaffung sogar wirtschaftlich. Dies gilt nicht in jedem Fall für den Do-it-yourself-Bereich. Vor Beginn der Arbeiten sollte man stets prüfen, ob man eine Reparatur besser in der Fachwerkstatt ausführen läßt, wenn Spezialwerkzeug benötigt wird; denn oft liegt ein teurer Abzieher nach einmaligem Gebrauch nutzlos herum.

Bezugsquellen für Spezialwerkzeuge

Viele der hier gezeigten Spezialwerkzeuge kann man im Werkzeughandel erwerben. Es gibt aber auch Sonderwerkzeuge für bestimmte Modelle, die nur den typgebundenen Werkstätten zur Verfügung stehen. Man muß deshalb diese Werkzeuge über den Fachhandel erwerben. Viele Händler sind bereit, diesen Kundendienst zu übernehmen.

Stahlbürste

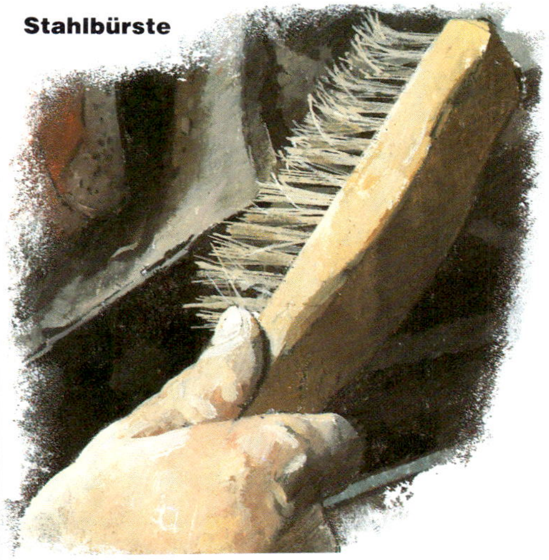

Vor der Demontage mancher Bauteile lohnt es sich, kräftig mit einer harten Stahlbürste Schmutz und Rost zu entfernen. Dies gilt z. B. für die Auspuffanlage, wenn die Muttern und die Schrauben unter einer dicken Rostschicht verdeckt sind und mit dem Schlüssel nicht richtig erfaßt werden können.

Zu einem normalen Handwerkszeug gehören eine schmale und eine breite Stahlbürste.

Schaber

Zur Reinigung der Dichtfläche eines Motorbauteils nimmt man ein Messer oder einen Schaber. Bei richtiger Handhabung kann man die festgebrannte Dichtung entfernen, ohne die Dichtfläche zu beschädigen.

Werkzeug und Ausrüstung 9

Mechanischer Wagenheber

Einfache mechanische Wagenheber sind nur für den Radwechsel im Pannenfall geeignet. Dabei wird eine Spindel mit einem Handgriff so gedreht, daß sich das Fahrzeug hebt oder senkt. Solche und ähnliche Wagenheber sind nicht für den Werkstatteinsatz konstruiert (siehe auch Seite 55).

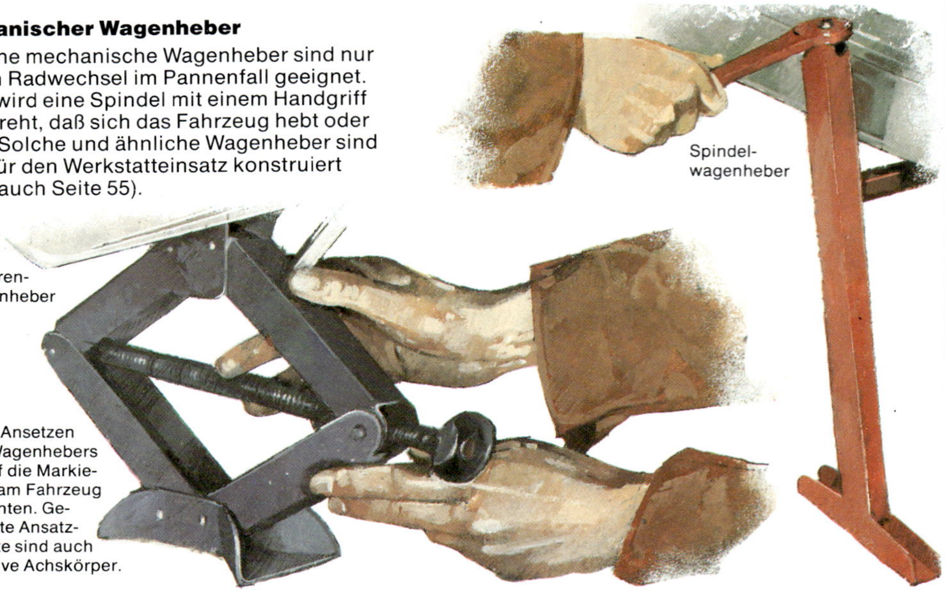

Spindel-wagenheber

Scheren-wagenheber

Beim Ansetzen des Wagenhebers ist auf die Markierung am Fahrzeug zu achten. Geeignete Ansatzpunkte sind auch massive Achskörper.

Unterstellböcke

Hat man das Fahrzeug mit dem Wagenheber angehoben, muß das auf dem Wagenheber ruhende Gewicht mit Stützböcken auf jeder Fahrzeugseite abgefangen werden. Als Auflagefläche für den Stützbock sind massive Rahmen- oder Achsteile geeignet.

Die meisten Unterstellböcke haben eine Mindesthöhe von etwa 40 cm und sind in Verbindung mit einfachen Hydraulikwagenhebern unbrauchbar. Man sollte nur Böcke mit einer Mindesthöhe von etwa 20 cm kaufen.

Die Prüflast der Unterstellböcke sollte bei etwa 1,5 t liegen.

Die Stützhöhe von Unterstellböcken kann mit einem einfachen Bolzen variiert werden.

Hydraulikwagenheber

Mit Hydraulikwagenhebern kann man Fahrzeuge so hoch aufbocken, daß Stützböcke darunter passen. Die Ausführung im Bild hat etwa 40 cm Hubhöhe und 1,5 t Hubkraft. Dank vier Rollen kann auch rangiert werden. Billiger sind Stempelwagenheber mit etwa 20 cm Hubhöhe.

Fahrbare Rangierwagenheber sind besonders standsicher, doch leider relativ teuer.

Wagenheber mit Doppelkolben

Einfacher Stempelwagenheber

Auffahrrampen und Sicherungskeile

Eine Hubhöhe von 40 cm ermöglicht bei Hydraulikwagenhebern nicht immer freies Arbeiten unter dem Fahrzeug. Deshalb sind Auffahrrampen zu empfehlen. Selbstverständlich müssen die Räder am Fahrzeug montiert bleiben.

Die nicht angehobene Achse muß mit Sicherungskeilen gesichert werden, die es im Caravan-Fachhandel gibt. Man kann sich aber auch mit im 45°-Winkel zugeschnittenen Holzblöcken behelfen.

Zusätzlich wird die Handbremse fest angezogen und ein Gang eingelegt.

Im Fachhandel erhältliche Auffahrrampen haben eine Prüflast von etwa 2 t und sind somit besonders geeignet. Eigenkonstruktionen sollte man besser nicht einsetzen.

Werkzeug und Ausrüstung 10

Rollbrett

Ein solcher Roller ist eine ideale Montagehilfe, wenn unter dem Auto gearbeitet wird. Er besteht aus Holzlatten oder aus Kunststoff und besitzt vier Räder. Do-it-yourselfer benutzen häufig auch ein Stück Hartschaum, das gut gegen die Bodenkälte isoliert.

Handlampe

Wenn man in der Dunkelheit bei einer Panne Licht benötigt, sind 12-V-Handlampen mit 8-W-Neonröhren empfehlenswert, die an die Batterie angeschlossen werden. Sie verbrauchen bei guter Ausleuchtung nur wenig Batteriestrom.

Bei Reparaturen sollte man allerdings eine 220-V-Handlampe einsetzen, da die Lichtausbeute größer ist und die Batteriekapazität geschont wird.

Ölkanne

Die Ölkanne ist etwas aus der Mode gekommen, seit es jede Schmierflüssigkeit auch in Spraydosen gibt, die aber im Verhältnis zum Inhalt sehr teuer sind. Deshalb empfiehlt sich eine handelsübliche Ölkanne, die man nachfüllen kann. Der Druck wird hier mit einer kleinen Handpumpe erzeugt.

Besonders empfehlenswert sind Ölkannen mit flexiblem Mundstück, das man abwinkeln kann, so daß man damit auch abgelegene Stellen erreicht.

Umweltschutz bei Autoreparaturen

Die Anforderungen des modernen Umweltschutzes gelten auch uneingeschränkt für Werkstätten bzw. alle Arbeiten am Auto. So darf mit Öl und Benzin verunreinigtes Waschwasser nur über einen Benzinabscheider ins Kanalnetz laufen. Das Altöl wird sorgfältig gesammelt und zur Aufarbeitung an Spezialbetriebe abgegeben. Behälter mit Lackresten für Verdünner und ähnliche Flüssigkeiten gelten als Sondermüll und sind entsprechend aufzubewahren bzw. vorschriftsmäßig zu beseitigen.

An diese gesetzlich vorgeschriebenen Maßnahmen muß sich selbstverständlich auch der Do-it-yourselfer halten.

Motoröl

Beim Ölwechsel muß das abgelassene Öl sorgfältig aufgefangen und in einen Transportbehälter umgefüllt werden. Zur Zurücknahme des Altöls ist der Verkäufer gesetzlich verpflichtet.

Auf keinen Fall darf man Öl in das Kanalnetz schütten oder im Boden versickern lassen, da stets die Gefahr der Grundwasserverseuchung besteht. Verstöße gegen die einschlägigen Vorschriften werden mit strengen Strafen geahndet.

Wird Öl verschüttet, bindet man es mit einem handelsüblichen Spezial-Ölbindemittel. Die so gebundenen geringen Mengen kann man dann der Müllentsorgung überlassen.

Kraftstoff

Otto-Kraftstoffe enthalten giftiges Benzol Man sollte deshalb solche Kraftstoffe niemals in offenen Behältern stehenlassen; denn Benzol dampft sehr leicht ab, so daß sowohl ernsthafte Vergiftungs- wie Explosionsgefahr besteht.

In jedem Fall ist nach einem Hautkontakt eine gründliche Reinigung sinnvoll, damit die Berührung mit dem Benzin möglichst kurz bleibt.

Säuren

Die im Kraftfahrzeug eingesetzten Bleibatterien enthalten verdünnte Schwefelsäure. Diese Säure darf beispielsweise beim Entleeren einer Batterie nicht einfach auf das Erdreich gelangen.

Batterien übergibt man im noch gefüllten Zustand der Regionalvertretung eines großen Batterieherstellers oder dem Unternehmer, wo man die neue Batterie gekauft hat.

Kaltlöser

Zum Reinigen fettiger Motorteile sind häufig Reinigungsmittel notwendig. Man benutzt heute fast nur sogenannte Kaltreiniger, die anschließend mit Wasser abgespült werden. Die durch das Abspülen entstandene Emulsion enthält Fett und Öl und darf nur über einen Benzinabscheider in die Kanalisation laufen.

Bremsflüssigkeit

Auch diese Flüssigkeit ist giftig und ätzend; sie darf deshalb nicht in das Abwasser gelangen. Beim Wechsel ist die verbrauchte Flüssigkeit aufzufangen. Es empfiehlt sich, die alte Flüssigkeit dort abzugeben, wo man die neue gekauft hat.

Umweltbelastung durch Prüfarbeiten mit laufendem Motor

Für manche Prüf- und Einstellarbeiten muß der Motor betriebswarm sein. Die Einstellungen werden im Leerlauf vorgenommen.

Man sollte aus Gründen des Umweltschutzes diese Art von Einstellarbeiten auf ein Mindestmaß beschränken. Außerdem sucht man am besten einen Standplatz, auf dem man die Nachbarn nicht durch Lärm belästigt.

Verdünner und Lacke

Reste von ausgetrocknetem Lack oder Verdünner gelten als Sondermüll und gehören nicht in die Haushalts-Mülltonne. Als Abnehmer kommen Farbenhändler oder Werkstätten in Frage, bei denen man auch sonst die Ersatzteile kauft.

Rostlöser

Verrostete Schrauben lassen sich manchmal sehr gut mit einem Rostlöser gangbar machen. Leider gibt es diese Rostlöser häufig nur als Spraydose. Wer ein Spray kauft, sollte unbedingt darauf achten, daß es ohne FCKW abgefüllt wurde.

Aber Vorsicht: Das Rostlösemittel ist brennbar und darf nicht gegen glühende Teile oder Flammen gesprüht werden! Vorsicht auch vor starker Erwärmung der Dose (z. B. durch Sonne): Sie steht unter Druck.

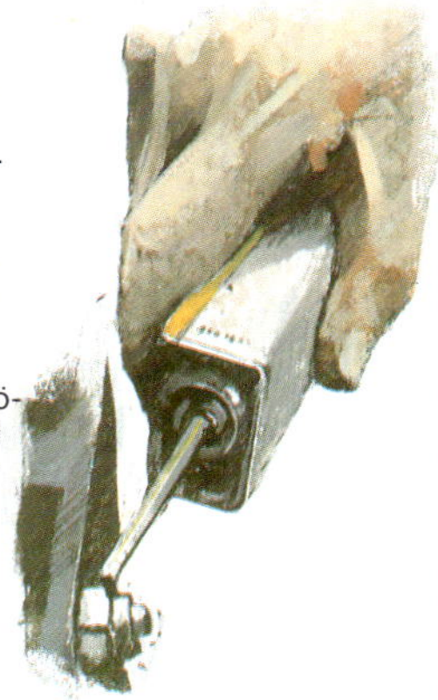

Werkzeug und Ausrüstung 11

Batterieladegerät

Gängige Batterieladegeräte haben Ladeleistungen von 4, 6 oder 8 A. Meistens sind die Geräte umschaltbar für Batterien von 6 oder 12 V Spannung.

Ein Amperemeter liefert Informationen über den Erhaltungszustand und die Ladeleistung. Eine Überlastsicherung spricht immer dann an, wenn die Stromaufnahme zu groß wird.

Eine leere Batterie ist bei völliger Entladung nach etwa 18 bis 24 Stunden wieder voll geladen.

Beim Anschließen der leeren Batterie zeigt das Amperemeter sofort hohe Werte an und geht dann allmählich auf etwa 1–2 A zurück.

Die Batterie sollte vor Anschließen des Ladegerätes und vor Abnahme der Batteriestöpsel gereinigt werden. Der Laderaum ist ausreichend zu belüften, damit es nicht zu kritischen Gaskonzentrationen kommt, etwa beim Überladen einer Batterie.

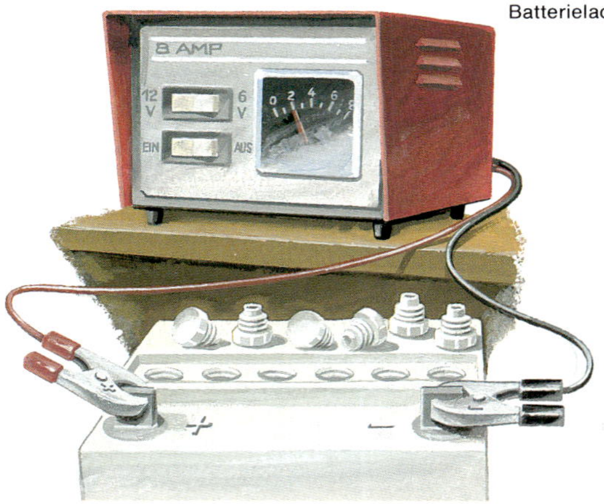

Batterieladegerät

Schraubstock

Die Standardbatterien sind in den letzten Jahren von sogenannten wartungsfreien Batterien fast vom Markt verdrängt worden. Diese Batterien kann man häufig nicht mehr öffnen und auch nicht mehr nachfüllen.

Beim Laden ist sorgfältig darauf zu achten, daß die Batteriefüllung nicht durch Überladungsvorgänge austritt, da sonst die Batterie unbrauchbar wird.

Moderne Ladegeräte besitzen häufig eine Spezialschaltung für wartungsfreie Batterien. Ist eine bestimmte Ladestufe erreicht, schaltet sich das Ladegerät automatisch ab und bei Absinken der Batteriespannung wieder ein. Man spricht von einer Dauererhaltungsladung.

Schraubstock

Bei vielen Reparaturarbeiten ist man auf einen guten Schraubstock angewiesen. Besitzt man keine Werkbank, tut es auch ein alter Schreibtisch.

Gute Schraubstöcke haben eine Backenbreite von mindestens 125 mm und sind aus geschmiedetem unverwüstlichem Stahl hergestellt.

Bei empfindlichen Bauteilen sollte man die Schraubstockbacken mit kleinen Holzbrettern belegen. Es gibt im Fachhandel auch Schutzbacken aus Aluminium.

Nicht empfehlenswert sind Schraubstöcke, die man mit einer Klemme am Tisch befestigt; denn häufig zieht man bei großer Belastung den Schraubstock vom Tisch ab.

Gewindebohrer und -schneider

Zum Nachschneiden von Gewindelöchern benötigt man einen Satz Gewindebohrer.

Einfache Sortimente enthalten Gewindebohrer der Durchmesser 4, 5, 6, 8 und 10 mm. Je Gewinde ist ein Werkzeug vorgesehen.

Will man neue Gewinde schneiden, benötigt man einen kompletten Satz mit jeweils drei Gewindebohrern je Gewindedurchmesser.

Die Bohrer sind nach ihrer Einsatzfolge mit ein, zwei oder drei Ringen gekennzeichnet. Manchmal hat der Fertigschneider keinen Ring.

Zunächst bohrt man ein Loch von der Größe 0,8 × Gewindedurchmesser. Für ein 10-mm-Gewinde braucht man also einen 8-mm-Bohrer. Anschließend werden die drei Gewindebohrer nacheinander in das Gewinde gedreht. Dabei ist der Gewindebohrer leicht vor- und zurückzudrehen und Öl zu verwenden, damit es einen glatten Gewindegang gibt.

Zum Nachschneiden von Stehbolzen und Schrauben setzt man Schneideeisen in einem Spezialhalter ein. Beim Kauf sollte man HSS-Qualität (Schnellschnittstahl) wählen, die sehr lange hält.

Verbrauchsmaterial

Ein entsprechendes Kleinteileregal sollte ein Sortiment gängiger Schrauben, Muttern, Unterlegscheiben und Federringe bzw. Zahnscheiben enthalten. Schrauben und Muttern der Größen 5, 6, 8 mm werden oft benötigt.

Gängige Splinte und Elektrostecker zum Aufpressen mit der Spezialzange sollten nicht fehlen.

Ähnliches gilt für einen kleinen Vorrat an Motoröl, Bremsflüssigkeit und Frostschutzmittel sowie für diverse Dichtungsmittel.

Reinigungsmaterial

Sauberkeit bei Reparaturen garantiert gute Arbeitsergebnisse.

Zum Reinigen von Bauteilen benutzt man eine einfache Kunststoffwaschwanne mit 1–2 l Kaltreiniger. Man legt z. B. den Vergaser hinein, reinigt kräftig mit einem Pinsel, sprüht ihn mit Wasser ab und bläst ihn sorgfältig mit Preßluft ab.

Kaltreiniger verursacht häufig einen milchigen Belag. Deshalb sprüht man solche Bauteile mit Motorwachs ein, das einen Schutzfilm bildet.

Staubsauger

Verfügt man über einen 220-V-Stromanschluß, kann man einen normalen Staubsauger zum Reinigen des Fahrzeuges verwenden. Es gibt heute aber auch schon sehr leistungsfähige Staubsauger für den Anschluß an das 12-V-Bordnetz. Sie haben eine Leistungsaufnahme bis 100 W und belasten damit die Batterie nicht allzusehr.

Wasserschlauch und Shampoo

Für eine schnelle Wagenwäsche sind Wasserschläuche mit aufgesteckter Waschbürste besonders geeignet, da man nicht ständig mit dem kalten Wasser in Berührung kommt. In den Griff der Waschbürste steckt man einen Shampoostift, der sich während der Wäsche auflöst.

Besitzt man keinen Wasseranschluß, muß man zu Wassereimer und Schwamm greifen. Dabei ist das Wasser sehr häufig zu wechseln, damit es keine Schmirgelstellen im Lack gibt. Besonders der Schwamm ist häufig zu spülen.

Dem letzten Waschwasser gibt man bei dieser Methode ein Waschwachs zu. Der Lack erhält dann automatisch eine schützende Wachsschicht.

Fensterleder

Obwohl es synthetische Fensterleder gibt, bewährt sich Naturleder am besten. Es ist weich, schonend und aufnahmefähig.

Fachleute benutzen zwei Fensterleder, eines für den Lack und das zweite für die Scheiben, damit diese nicht durch Silikon verunreinigt werden.

Politur, Watte und Putztücher

Stark verunreinigter Lack ist mit der einfachen Waschmethode nicht mehr zu reinigen. Vielmehr muß das Fahrzeug poliert werden. Für neuere Lacke nimmt man eine sehr milde Politur, für alten, stark verwitterten Lack eine entsprechende Qualität. Die Politur wird mit einer Spezialwatte aufgetragen.

Zur Fahrzeugreinigung gehören auch Putztücher. Besonders geeignet sind ausgewaschene Baumwollappen, die bei manchen Arbeiten, z. B. beim Reinigen von Vergasern, fusselfrei sein müssen.

Sicherheit bei Reparaturen 1

Für Reparaturen an Kraftfahrzeugen gilt eine ganze Reihe von Sicherheitsbestimmungen, die keineswegs willkürlich erlassen wurden. Do-it-yourselfer machen hier aus Unkenntnis oder Gleichgültigkeit manchmal schon während der ersten Gehversuche schlechte Erfahrungen. Falls man sich für irgendeine Eigenleistung entscheidet, sollte man in jedem Fall die folgenden Sicherheitsempfehlungen sorgfältig durchlesen und beachten.

Das Fahrzeug aufbocken

Ein Auto sollte immer auf einer ebenen, befestigten Fläche aufgebockt werden, damit es nicht abrutschen oder einsinken kann. Zum Anheben benutzt man nicht den Bordwagenheber, der nur für den Radwechsel vorgesehen ist, sondern einen Hydraulikwagenheber. Anschließend ist die Fahrzeuglast sofort mit einem Stützbock auf jeder angehobenen Seite abzusichern. Bei Aufenthalt unter dem Fahrzeug muß das Wagengewicht sicher auf den Böcken ruhen.

Ersatzweise kann man auch große Vierkanthölzer geschichtet unter das Auto legen. Falls die Räder demontiert werden, legt man sie übereinander und schiebt sie als zusätzliche Absicherung unter ein solides Rahmen- oder Achsteil.

Häufig sind Garagen viel zu eng für Eigenleistungen, so daß man besser im Freien arbeitet. Hier hat man mehr Platz und Licht.

Gegen Wegrollen und seitliches Abrutschen ist die nicht aufgebockte Achse immer mittels Handbremse, eingelegtem Gang und Keilen abzusichern.

Schutz vor Verbrennungen

Wenn man am laufenden Motor Einstellarbeiten vornehmen muß, achtet man auf heiße Motor- und Auspuffteile, die auch bei nur kurzer Berührung schlimme Verbrennungen verursachen können; dicke Handschuhe sind hier ein guter Schutz.

Vergiftungsgefahr

Läßt man einen Motor in einem abgeschlossenen Raum laufen, besteht Vergiftungsgefahr durch Kohlenmonoxid. Deshalb sollte man Prüfläufe nur im Freien durchführen.

Drehende Teile am Motor

Bei Arbeiten am laufenden Motor muß man auf drehende Motorteile achten, z. B. auf den Lüfter und den Keilriemen- bzw. Zahnriemenantrieb. Bei manchen Fahrzeugen schaltet sich der elektrische Lüfter automatisch ein, wobei man leicht erschrickt. Daher ist besondere Vorsicht angezeigt.

Sicherheit bei Reparaturen 2

Vorsicht bei modernen Zündsystemen!

Stromführende Kabel, Kabelstecker und blanke Stromanschlüsse des normalen 12-V-Bordnetzes kann man unbedenklich berühren, da hier nur geringe Ströme fließen.

Dies gilt nicht für die Zündanlage. Das Berühren einer stromführenden, nichtisolierten Zündleitung ist äußerst unangenehm und z. B. für die Träger von Herzschrittmachern bedenklich.

Lebensgefährlich ist es, wenn man Zündleitungen, Zündspulen, Zündstecker und Verteilerleitungen bei leistungsgesteigerten Zündanlagen berührt. Deshalb muß man grundsätzlich bei Arbeiten an Zündungssystemen die Anlage spannungslos machen, indem man die Zündung ausschaltet.

Umgang mit Kraftstoffen

Wird an der Kraftstoffanlage eines Fahrzeuges gearbeitet, besteht Rauchverbot. Das gleiche gilt auch, wenn man dem Reservekanister Kraftstoff entnimmt. Entleerte Kraftstoffkanister sind übrigens besonders explosionsgefährdet, weil geringe Mengen von Kraftstoff mit Luft ein äußerst explosives Gemisch bilden.

Umgang mit Säuren

Bei Haut- und Augenkontakt mit Batteriesäure ist die Kontaktstelle sofort mit reichlich Wasser zu spülen und ein Arzt aufzusuchen. Batteriesäure zerstört jedes Gewebe und natürlich auch Autolacke. Deshalb ist mit äußerster Vorsicht zu arbeiten!

Umgang mit Bremsflüssigkeit

Bremsflüssigkeiten sind hochgiftig und sehr ätzend. Beim Nachfüllen muß man Kontakt nicht nur mit der Haut, sondern auch mit dem Fahrzeuglack vermeiden: Schon ein Tropfen führt zu einer größeren Lackablösung. Deshalb Vorsicht beim Auffüllen und Entlüften!

Den Arbeitsbereich am Vorratsbehälter sollte man mit Plastikfolie und saugfähigen Tüchern abdecken.

Arbeiten an der elektrischen Anlage

Gerät eine 12-V-Stromleitung an Fahrzeugmasse, kommt es sofort zu einem Kurzschluß, und die Sicherung brennt durch. Ist keine Sicherung vorhanden, besteht die Gefahr eines Kabel- bzw. Fahrzeugbrandes. Deshalb ist bei Montagearbeiten an elektrischen Bauteilen immer die Minusleitung von der Batterie abzuklemmen und sorgfältig vom Minuspol entfernt zu halten. Bei Arbeiten an der Elektroanlage sollte man Uhren mit Metallband wegen der Gefahr von Kurzschlüssen und Hautverbrennungen ablegen.

Arbeiten an der Auspuffanlage

Wer unter dem Auto arbeitet, z. B. beim Ausbau der Auspuffanlage, sollte eine Schutzbrille tragen; denn beim Abnehmen der Anlage fällt häufig eine große Menge von losem Rost herunter. Vorsicht ist auch geboten, wenn man Auspuffgummis mit der Hebelkraft eines Schraubenziehers einhängt, da der abrutschende Schraubenzieher schwere Gesichts- und Augenverletzungen verursachen kann.

Arbeiten am Kühlsystem

Geschlossene Kühlsysteme stehen bei warmem oder heißem Motor immer unter Druck. Muß man den Einfüllstutzen trotzdem öffnen, tut man dies vorsichtig und legt einen Lappen darüber. Zunächst ist die Verschlußkappe bis zur ersten Verriegelungsstufe aufzudrehen. Der Druck entweicht dann deutlich hörbar. Erst nach einer Wartezeit sollte man die Verschlußkappe vollständig abnehmen. Werden Wasserschläuche gelöst, sind sie häufig mit kaltem Wasser gefüllt, während im Motorblock oder Kühler noch kochendheißes Wasser vorhanden ist, das sofort über die Hände läuft.

Sicherung von Schraubverbindungen

Jede Schraubverbindung eines Kraftfahrzeuges hat ihre eigene, vom Konstrukteur vorgesehene Sicherungstechnik. Grundsätzlich ist nur diese Sicherung zulässig; sie muß also nach der Reparatur wieder angebracht werden.

Für einfache Schraubverbindungen gibt es Sicherungen mit Zahn- oder Wellscheiben bzw. mit Federringen. Schraubverbindungen in Sacklöchern kann man auch, soweit dies vom Konstrukteur vorgesehen ist, mit Spezialklebern sichern. Die Kugelköpfe von Spurstangen und Achstraggelenken sind in aller Regel mit selbstsichernden Muttern verschraubt, die nur einmal eingesetzt werden dürfen. Weitere Sicherungen sind Sicherungsbleche, die ebenfalls immer erneuert und nach dem Festziehen der Schraubverbindung sorgfältig mit einem Hammer umgebogen werden müssen. An Radlagereinstellungen findet man Klemmschrauben und Splintsicherungen. Splinte werden ebenfalls immer nur einmal benutzt.

Schutzbrille

Bei Arbeiten mit dem Winkelschleifer oder dem Schleifbock muß man grundsätzlich eine Schutzbrille tragen. Es besteht die Gefahr, daß glühende Partikel an der Netzhaut des Auges schwere Schäden auslösen. Selbst beim kurzzeitigen Einsatz eines Schleifapparates sollte man sich die Zeit nehmen und die Schutzbrille aufsetzen.

Lötarbeiten

Lötarbeiten werden bei Temperaturen unterhalb 450 °C ausgeführt. In der Regel wird nur ein kleiner Bereich unmittelbar an der Lötstelle erwärmt. Problematisch ist oft das Ablegen des sehr heißen Lötkolbens. Deshalb sollte man grundsätzlich immer für eine wärmeisolierte Ablage im Arbeitsbereich sorgen, etwa eine Keramikfliese oder einen Ziegelstein. Nicht selten entstehen durch das unbedachte Ablegen eines Lötkolbens Brandstellen an Sitzen und Verkleidungen.

Arbeiten mit dem autogenen Schweißbrenner

Im Flammenkegel eines autogenen Schweißbrenners herrschen Temperaturen bis etwa 3000 °C. Keine Frage, daß man damit ein Auto leicht in Brand setzen kann, wenn man unbedacht zu Werke geht. Da man beim Schweißen immer eine dunkle Schutzbrille tragen muß, ist bei der Arbeit doppelte Vorsicht angezeigt. Am besten beobachtet ein Helfer den Bereich neben dem zu schweißenden Werkstück.

Asbesthaltiger Staub

Bremsstaub kann Asbest enthalten. Deshalb die Bremse nicht mit Preßluft reinigen, sondern mit Staubsauger, Pinsel und Mundschutz arbeiten. Staub in eine Tüte füllen und entsorgen.

Arbeiten mit dem Schweißgerät

Elektrische Schweißgeräte erhält man heute schon relativ preiswert im Werkzeugfachhandel. In der Regel sind sie nicht für Arbeiten an dünnen Karosserieblechen geeignet. Setzt man ein solches Gerät trotzdem ein, sind elektronische Bauelemente vor Beginn der Arbeiten abzuklemmen, damit es nicht zu Schäden kommt.

Für Schweißarbeiten gelten grundsätzlich die Fahrzeughersteller-Empfehlungen. Dies bedeutet, daß man heute nur Schutzgas-Schweißgeräte einsetzen darf. Dieser Hinweis ist wichtig, wenn es Beanstandungen nach § 29 der StVZO (TÜV-Prüfung) gibt.

Arbeiten an den Einspritzdüsen

Der Düsenöffnungsdruck bei Dieselmotoren liegt zwischen etwa 80 und 125 bar. Der Systemdruck kann bis 200 bar ansteigen. Baut man eine Einspritzdüse aus und setzt sie unter Druck, darf man daher auf keinen Fall den Finger auf die Abspritzöffnung halten; denn es besteht die Gefahr von Gewebezerstörungen.

Sicherheit im Pannenfall

Im Fall einer technischen Panne ist eine schnelle Schadensbehebung wichtig; denn es kommt immer wieder vor, daß es durch ein liegengebliebenes Fahrzeug zu einem Unfall kommt (siehe Seite 308).

Prüfung, Wartung und Reparatur

Die Motoraufhängung auswechseln

Damit sich die Vibrationen des Motors nicht auf das Fahrzeug übertragen, setzt man Gummi-Metall-Elemente ein, die auch Silentblocks heißen. Diese Elemente können im Lauf der Betriebszeit brüchig werden, oder die Metall-Gummi-Verbindung löst sich.

Zur Prüfung öffnet man die Motorhaube, läßt den Motor laufen und beschleunigt ihn kurzzeitig, indem man die Drosselklappe unterhalb des Motors bedient.

Dabei beobachtet man die Gummilager, um Schäden zu erkennen. Manchmal ist es auch sinnvoll, den abgestellten Motor mit einem Montiereisen vom Lager abzudrücken.

Bei längs eingebautem Motor sitzen die Gummi-Metall-Lager rechts und links oberhalb der Vorderachse im unteren Bereich des Motorblocks. Quer eingebaute Motoren sind etwas komplizierter gelagert, da eine Drehmomentstütze die Kippbewegung des Motors auffangen muß.

Werkzeug und Ausrüstung

Steckschlüssel, Wagenheber, Holzblock, Lampe, Ersatzlager

Arbeiten am längs eingebauten Motor

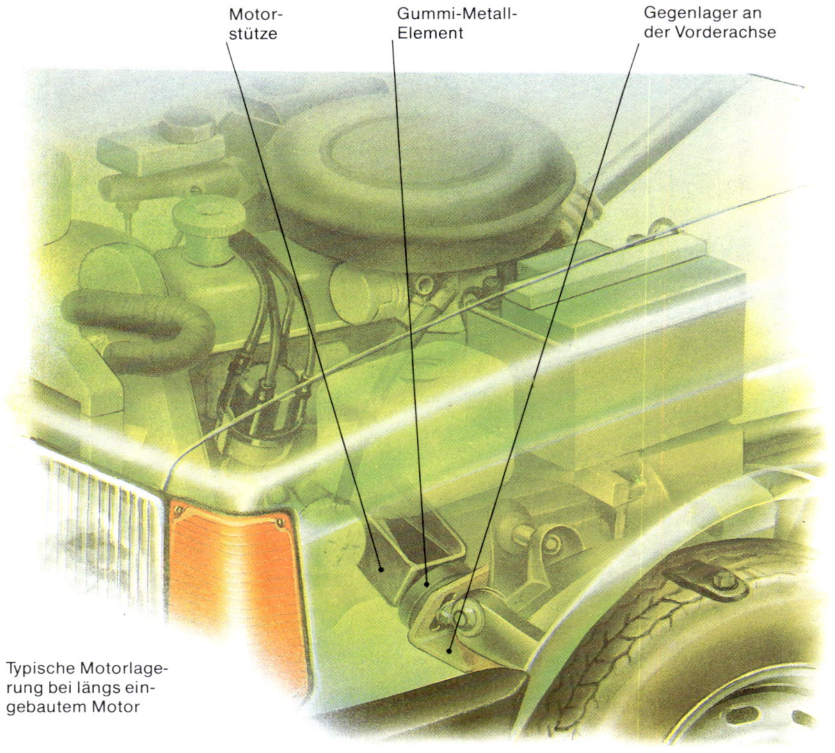

Typische Motorlagerung bei längs eingebautem Motor

Die Motoraufhängung oder Drehmomentstütze ausbauen

Hat der Motor eine Drehmomentstütze, legt man sie frei. Dann stützt man den Motor im Bereich der Ölwanne mit dem Wagenheber ab. Schäden an der Ölwanne vermeidet man durch einen soliden Holzblock zwischen Wagenheber und Wanne.

Beim Anheben des Wagenhebers sind Kühlerschläuche, Auspuff und Antriebswellen zu beobachten, damit es nicht zu Schäden kommt. Störende Bauteile müssen freigelegt werden. Man hebt den Wagenheber an, bis die Motorlagerung entlastet ist, wobei sich der Wagen vorn leicht anheben kann, aber dennoch auf den Rädern stehen bleiben muß.

Die Motorlagerung schraubt man auf einer Seite heraus. Keinesfalls beide Lagerungen freilegen, da dann der Motor seitlich abkippen kann. Zusätzliche Stützelemente am Motorblock ebenfalls abschrauben.

Nun läßt sich das Gummi-Metall-Element herausnehmen und ersetzen. Beim Ansetzen der Schrauben und Muttern müssen die Sicherungen, Federscheiben oder Federringe, noch genügend Spannkraft haben; sonst können sich die Schrauben wieder lösen.

Nachdem man die Lagerungen eingesetzt hat, dreht man den Wagenheber herunter und prüft die Position des Motorblocks und der Ölwanne; beide müssen genügend Abstand zu anderen Bauteilen haben und dürfen nicht aufliegen oder scheuern.

Nach der Prüfung aller Schlauchanschlüsse, Kabelverbindungen und des Auspuffs wird die Drehmomentstütze wieder befestigt. Falls notwendig, ersetzt man die Gummi-Metall-Elemente.

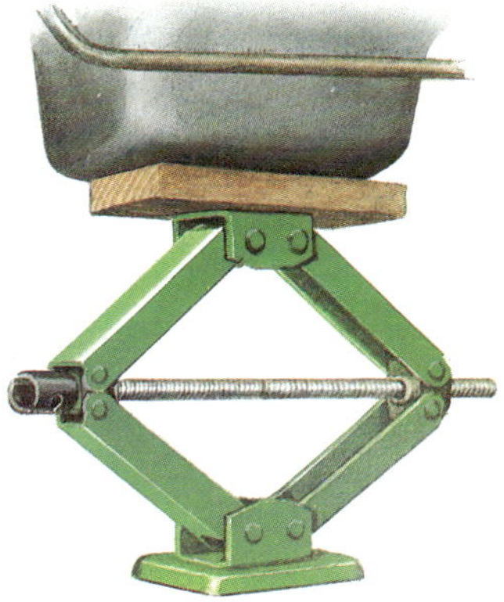

Das Motorgewicht wird durch einen Wagenheber abgestützt.

Die Schrauben der Motorstütze dreht man heraus.

Die Motorstütze ist entfernt, das Gummi-Metall-Element liegt frei.

Arbeiten am Quermotor

Bei vielen quer eingebauten Motoren erreicht man die Motorlagerung am besten von unten. Eine dritte Lagerung nimmt die Kippmomente auf.

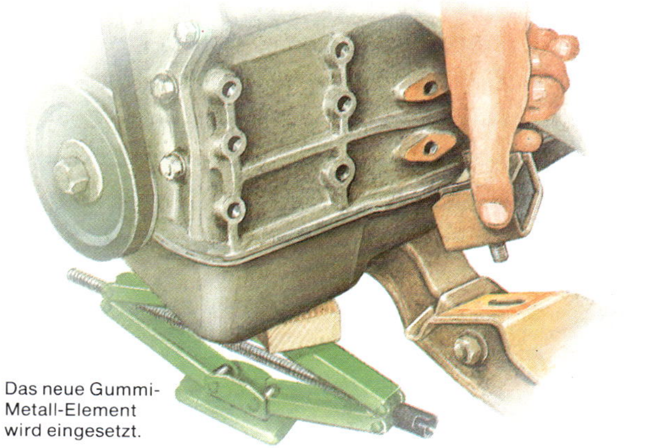

Das neue Gummi-Metall-Element wird eingesetzt.

Dichtungen ersetzen 1

Bei Ölspuren am Motorblock sollte man immer nach der Ursache suchen und fehlerhafte Dichtungen ersetzen. Das gleiche gilt, wenn Bauteile demontiert wurden. Alte Dichtungen sind meist nicht mehr brauchbar. Beim Kauf benötigt man die Motornummer.

Werkzeug und Ausrüstung

Schraubenzieher, Schraubenschlüssel, Steckschlüssel, Schaber, Montiereisen, Stahlbürste, Schleifpapier, Fühlerlehre, Zangen, Hammer, Wagenheber, Dichtungen, Dichtungskleber, Drehmomentschlüssel, Unterlegklötze, Kunststoffhammer

Eine Ventildeckeldichtung ersetzen

Man demontiert das Luftfilter, das verschiedene Anschlüsse haben kann.

Der Ventildeckel ist seitlich oder in der Mitte mit Schrauben und Muttern befestigt. Diese werden komplett mit den Unterlegscheiben abgenommen. Manchmal ist jede Schraube oder Mutter zusätzlich mit einem Dichtring ausgerüstet.

Nun hebt man den Ventildeckel vorsichtig mit beiden Händen ab. Gegebenenfalls hilft man mit einem großen Schraubenzieher nach, wenn die Dichtung verklebt ist. Dabei weder den Ventildeckel noch die Dichtfläche beschädigen.

Der Deckel mit der Dichtung läßt sich jetzt vom Zylinderkopf abnehmen. Dabei merkt man sich die Lage der Dichtung und besonders die Position der Fixierzungen.

Muß man die Dichtung mit einem Schaber oder einem breiten Schraubenzieher entfernen, legt man ein sauberes Tuch über Ventile und Ventilfedern, damit die Dichtungsteile nicht in die Ölablaufbohrungen geraten.

Die neue Dichtung klebt man mit Dichtungskleber auf und wartet einige Minuten, um eine bessere Fixierung zu erreichen. Dann wird die komplette Einheit über die Ventile gestülpt und entsprechend den Befestigungsschrauben und Bohrungen sorgfältig ausgerichtet. Bevor die Schrauben und Muttern angezogen werden, prüft man die Position der Dichtung mit Hilfe eventuell vorhandener Fixierzungen. Gegebenenfalls hilft man mit einer Flachzange nach.

Alle Schrauben und Muttern zieht man so fest, daß die Dichtung gut gepreßt wird. Abschließend wird der Motor mit allen Bauteilen komplettiert.

Einige Ventildeckel haben zentrale Befestigungsschrauben.

So sitzen die Schrauben bei manchen Ventildeckeln.

Mit beiden Händen verkantet man den Ventildeckel so, daß er sich leicht abheben läßt.

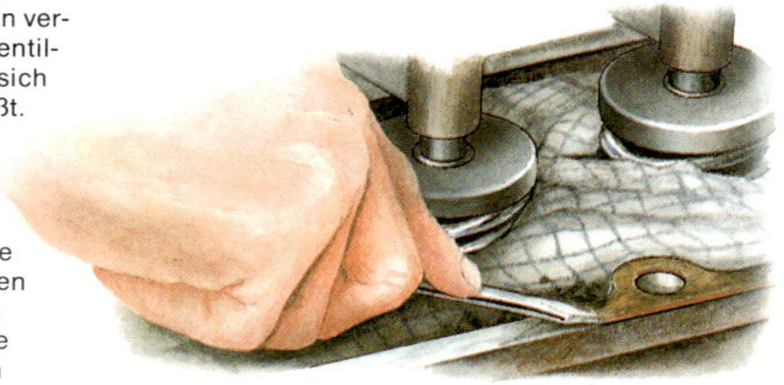

Damit nichts in die Ölablaufbohrungen fällt, ein sauberes Tuch einlegen. Die Dichtung mit dem Schaber abkratzen.

Eine Benzinpumpendichtung auswechseln

Bei dieser Arbeit besteht Rauchverbot; denn manchmal entstehen leicht entzündbare Kraftstoffdämpfe.

Die mechanische Benzinpumpe ist mit zwei Schrauben oder Stehbolzen am Motorblock angeflanscht. Man zieht die beiden Kraftstoffleitungen ab und dichtet die Leitung mit einer Schraube oder einem Stöpsel, damit kein Kraftstoff ausläuft. Nun dreht man die Schrauben oder Muttern heraus und zieht die Pumpe ab.

Eine unbeschädigte Dichtungspackung aus zwei dünnen Papierdichtungen und einer relativ dicken Isolierscheibe läßt sich nach sorgfältiger Reinigung wieder übernehmen.

Die neue Dichtung befestigt man mit Kleber auf der Isolierscheibe. Auch die Dichtflächen an Block und Benzinpumpe werden gereinigt und von Dichtungsresten befreit. Vorsicht beim Anziehen nach dem Einsetzen der Pumpe, damit das Isolierstück nicht platzt.

Nachdem man den Minuspol von der Batterie getrennt hat, nimmt man die Kraftstoffleitungen ab.

Die Kraftstoffleitung wird mit einer Schraube oder einem kurzen Bleistift abgedichtet.

Am Benzinpumpenflansch sitzen die beiden Muttern oder Schrauben.

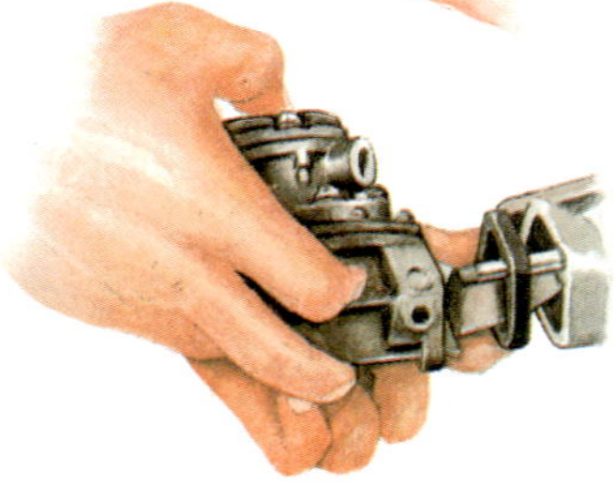

Wenn diese herausgedreht sind, läßt sich die Pumpe mit der Dichtungspackung abnehmen.

Dichtungen ersetzen 2

Vorbereitungen zum Ausbau der Ölwannendichtung

Bei vielen Fahrzeugen muß der Motor nicht ausgebaut werden, um die Ölwannendichtung zu ersetzen. Allerdings muß man fast immer den Motor ein wenig anheben. In der Regel stören der Vorderachskörper oder Teile der Lenkung.

Zunächst stellt man das Fahrzeug auf Auffahrrampen und sichert es gegen Wegrollen, indem man die Handbremse anzieht und Keile unterlegt. Man reinigt die Ölwanne im Arbeitsbereich und läßt das Motoröl ab. Dann hebt man den Motor mit einem Wagenheber an. Damit die Ölwanne nicht beschädigt wird, dient ein dicker Holzklotz als Zwischenlage. Man löst die Motoraufhängung rechts und links am Rahmen oder am Motorblock. Damit der Motor nicht seitlich abkippen kann, sichert man ihn mit Holzkeilen. Bei manchen Fahrzeugen muß man die Auspuffanlage aushängen. Dazu werden nur die Gummis aus den Halterungen gedrückt.

Hat der Motor eine ausreichende Arbeitshöhe erreicht, verkeilt man ihn seitlich an seinen beiden Stützen und nimmt den Wagenheber wieder heraus.

Damit der Wagenheber die Ölwanne nicht beschädigt, wird ein kräftiger Holzblock als Zwischenlage benutzt.

Den Motor abstützen

Man schiebt Holzkeile zwischen Motorlagerung und Rahmen.

Die Zylinderkopfdichtung ersetzen

Der Zylinderkopf wird ausgebaut, wie auf den Seiten 88 und 89 beschrieben.

Da es häufig vorkommt, daß sich eine Dichtung jeweils stückchenweise entfernen läßt, muß man sorgfältig darauf achten, daß weder Dichtungsteile noch Schmutz in den Motor gelangen. Die glatte Rückseite eines Eisensägeblattes erleichtert das Reinigen der Dichtfläche wesentlich.

Besonders vorsichtig muß man zu Werke gehen, wenn es sich um einen Zylinderblock oder -kopf aus Aluminium handelt. Wichtig ist es auch, die Schmutzreste, die sich in den einzelnen Bohrungen angesammelt haben, sorgfältig zu entfernen.

Nun wird die Dichtfläche an Zylinderkopf und -block mit einem Lineal geprüft. Dazu benötigt man ein Haarlineal und eine Fühlerlehre. Das Haarlineal wird mit der Meßfläche auf den Zylinderblock oder den Zylinderkopf gelegt, wobei man versucht, mit einer Fühlerlehre nichtplane Stellen zu entdecken. Besonders bei Zylinderköpfen kann es vorkommen, daß sie sich durch Überhitzung verzogen haben. Auf keinen Fall darf man nichtplane Stellen hinnehmen, bei denen sich Fühlerlehren von etwa 0,05 mm zwischen Dichtfläche und Lineal hindurchschieben lassen. Ist dies der Fall, müssen die Dichtflächen auf einer speziellen Maschine bearbeitet werden.

Die Dichtung wird auf beiden Seiten mit Motor- oder Graphitöl eingestrichen und aufgelegt. Dabei sind häufig Markierungen zu beachten, die darauf hinweisen, welche Dichtungsseite zum Zylinderkopf zeigen muß. Zu finden sind Hinweise wie „top“, „haut“ oder „oben“.

Zum Schluß wird der Zylinderkopf komplettiert.

Damit keine Dichtungsreste in die Bohrungen fallen, legt man saubere Tücher ein. Die Fläche wird mit einem Schaber oder der Rückkante eines Sägeblattes gereinigt.

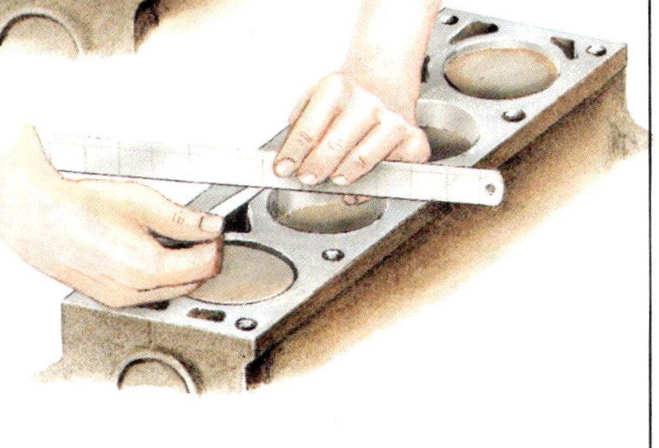

Die Fläche von Zylinderkopf und -block prüft man mit einem Haarlineal und einer 0,05 mm dicken Fühlerlehre.

Die Ölwannendichtung auswechseln

Die Ölwanne ist mit vielen kleinen Schrauben am Motorblock befestigt, die alle der Reihe nach herausgedreht werden. Manchmal sind zusätzlich Abdeckbleche im Bereich der Kupplungsglocke abzuschrauben. Dann wird die Ölwanne vorsichtig vom Block abgenommen. Es kann notwendig sein, die Kurbelwelle von Hand so zu drehen, daß die Kurbelwangen nicht stören, wozu man einen Schlüssel auf die Befestigungsschraube der vorderen Riemenscheibe setzt.

Mit einem Schaber reinigt man die Dichtfläche am Motorblock bzw. schleift sie mit feinem Schleifpapier ab. Bleiben Dichtungsteile an der Kurbelwelle oder an den Pleuelstangen hängen, werden sie mit Preßluft oder einem sauberen Tuch entfernt. Man prüft auch, ob das Ölwannensieb gereinigt werden muß. Die Ölwanne säubert man innen und außen, besonders die Dichtungssitze der beiden Hauptlager, wo meist Dichtstreifen eingelegt werden.

Die beiden flachen Dichtungen werden mit Dichtungskleber auf den Motorblock oder auf die Ölwanne geklebt. Die beiden Dichtstreifen für die Hauptlager taucht man am besten vollständig in Dichtungskleber und legt sie vorsichtig in die Passungen ein. Dann preßt man die Ölwanne auf die Dichtfläche.

Die Schrauben darf man nur sehr vorsichtig anziehen, um die neue Dichtung nicht zu zerquetschen. Alle Schrauben werden beigedreht und dann mäßig festgezogen.

Nachdem man Motor und Auspuff wieder eingehängt hat, füllt man Öl auf und führt einen Dichtigkeitslauf durch.

Man dreht alle Schrauben der Ölwanne bis auf zwei heraus. Wanne festhalten!

Kupplungsabdeckung

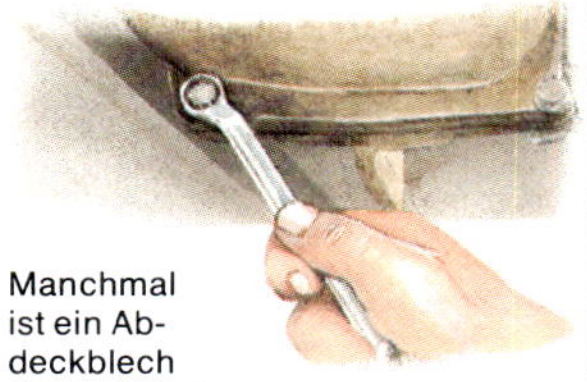

Manchmal ist ein Abdeckblech abzuschrauben.

Die Dichtstreifen in den Hauptlagern der Kurbelwelle setzt man sorgfältig mit Dichtungskleber ein.

Auch die Dichtfläche an der Ölwanne bestreicht man mit Dichtungskleber.

Dichtungen ersetzen 3

Eine Seitendeckeldichtung auswechseln

Bei manchen Motoren sind die Seitendeckel nur nach Ausbau des Krümmers zu erreichen. Die Seitendeckel sind entweder mit einer zentralen Schraube oder mit mehreren Schrauben entlang der Dichtfläche befestigt.

Man drückt den Seitendeckel mit einem Schraubenzieher vorsichtig ab, wobei man die Dichtflächen nicht beschädigen darf.

Mit einem Schaber reinigt man die Dichtfläche von Dichtungsresten, trägt Dichtungskleber auf und setzt die Dichtung komplett mit dem Seitendeckel ein. Vorsichtig setzt man die Schrauben an und prüft noch einmal die Lage der Dichtung. Beim Anziehen der Schrauben darf die Dichtung nicht zerquetscht werden.

Verzogene Seitendeckel sollte man in diesem Zustand nicht mehr einbauen, sondern sie auf einer planen Fläche mit dem Gummihammer ausrichten. Ist das nicht möglich, sind sie zu ersetzen.

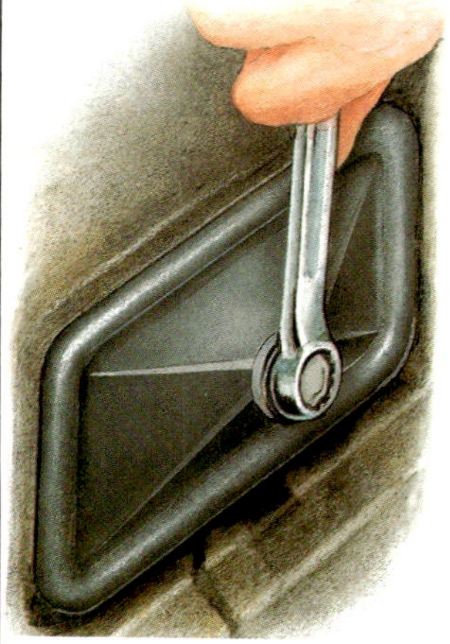

Seitendeckel sind mit einer Zentralschraube oder mit mehreren Schrauben befestigt.

Einen Dichtring an der Riemenscheibe ersetzen

Um die Riemenscheibe freizulegen, muß man die Lichtmaschine lösen und den Keilriemen abnehmen. Manchmal ist auch der Kühler auszubauen, damit man mehr Platz für den Abzieher gewinnt. Meist läßt sich die Riemenscheibe leicht abziehen, wenn man rechts und links zwei Schraubenzieher ansetzt. Manchmal muß man jedoch einen Abzieher einsetzen.

Nach Abziehen der Riemenscheibe nimmt man die Scheibenfeder mit einer Zange heraus, wonach der Dichtring freiliegt, den man nun vorsichtig mit einem großen Schraubenzieher herausdrückt. Diesen setzt man wechselweise rechts und links an, um das Gehäuse und seine Dichtflächen nicht zu beschädigen.

Nach der sorgfältigen Reinigung der Dichtflächen von Schmutz und Öl wird der Dichtring außen mit Dichtungskleber bestrichen und in die Bohrung eingesetzt.

Zum Eintreiben werden in Werkstätten Spezialeinschlagdorne benutzt. Ersatzweise kann man ein Stück Holz rund um den Dichtring ansetzen, um ihn stückweise einzutreiben. Der Dichtring sitzt richtig, wenn er bündig an der Gehäusefläche abschließt.

Bevor man die Riemenscheibe einsetzt, reinigt man die Lauffläche des Dichtringes sorgfältig und streicht sie mit Fett ein, damit er während der ersten Kilometer nicht trockenläuft.

Vor dem Ansetzen der Riemenscheibe wird die Scheibenfeder in den Schlitz der Kurbelwelle eingelegt; sie darf beim Aufsetzen der Riemenscheibe keinesfalls nach hinten aus ihrer Führung herausgeschoben werden. Dann setzt man die Schraube an, zieht sie fest und komplettiert den Motor.

Abschließend wird ein Probelauf durchgeführt.

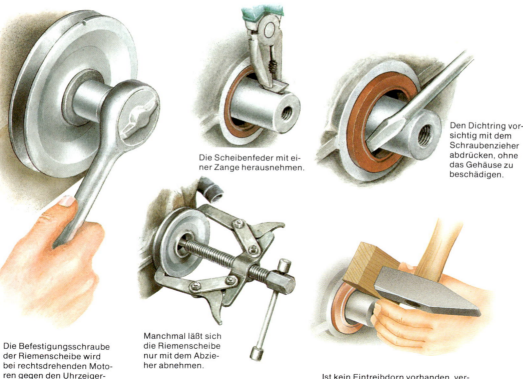

Die Befestigungsschraube der Riemenscheibe wird bei rechtsdrehenden Motoren gegen den Uhrzeigersinn herausgedreht.

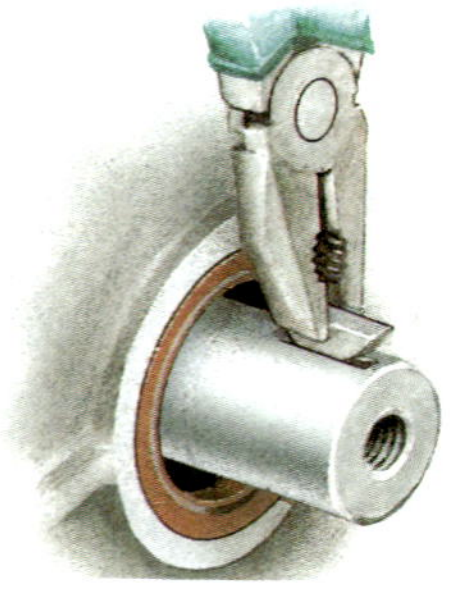

Die Scheibenfeder mit einer Zange herausnehmen.

Den Dichtring vorsichtig mit dem Schraubenzieher abdrücken, ohne das Gehäuse zu beschädigen.

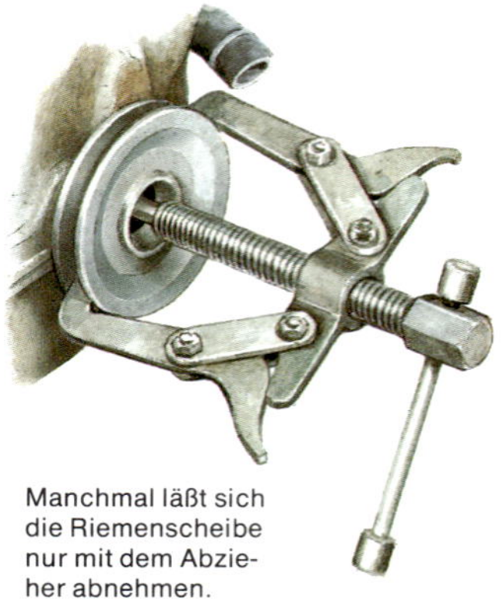

Manchmal läßt sich die Riemenscheibe nur mit dem Abzieher abnehmen.

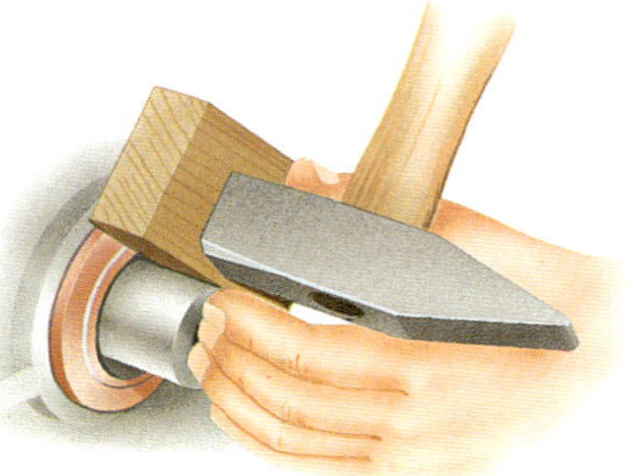

Ist kein Eintreibdorn vorhanden, verwendet man einen Holzklotz.

Den Verteiler abdichten

Man nimmt die Verteilerkappe ab, dreht den Motor so durch, daß der Verteilerfinger auf die Markierung für den ersten Zylinder zeigt, und löst die Befestigung des Verteilers. Es handelt sich dabei meist um eine Klammer mit einer Klemmschraube unterhalb des Verteilers.

Dann kann man den Verteiler vorsichtig nach oben herausziehen. Wegen der Schrägverzahnung des Verteilerantriebes dreht sich die Verteilerwelle dabei. Der Endpunkt dieser Verdrehung ist zum Wiedereinsetzen wichtig und wird mit einem Bleistift markiert.

Man zieht die Dichtung oder den Gummiring ab und reinigt die Dichtflächen sorgfältig. Man bringt die neue Dichtung auf und führt den Verteiler vorsichtig wieder ein. Gegebenenfalls ist der Verteiler wieder herauszuziehen und erneut einzusetzen.

Nun wird die Verteilerklemmbefestigung angezogen, die Verteilerkappe aufgesetzt und der Zündzeitpunkt mit Hilfe des Stroboskops geprüft.

Bei manchen Motoren wird durch den Verteiler auch die Ölpumpe angetrieben. Bei solchen Verteilern muß der Antriebsschlitz der Ölpumpe korrekt ausgerichtet sein. Auf keinen Fall darf man den Verteiler mit Gewalt einsetzen. Gegebenenfalls ist er mehrmals herauszunehmen und der Ölpumpenantrieb mit einem sauberen langen Schraubenzieher neu auszurichten.

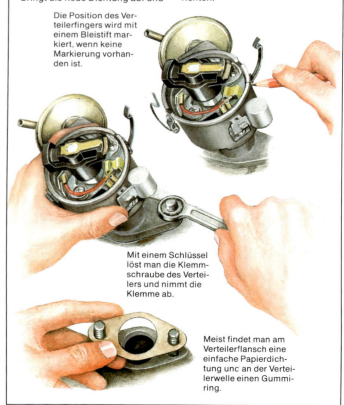

Die Position des Verteilerfingers wird mit einem Bleistift markiert, wenn keine Markierung vorhanden ist.

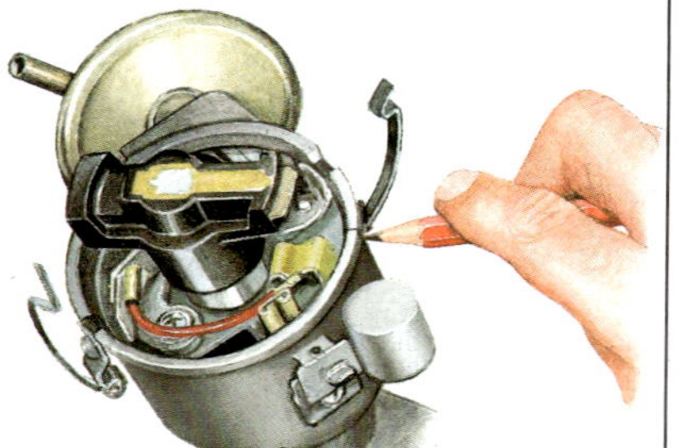

Mit einem Schlüssel löst man die Klemmschraube des Verteilers und nimmt die Klemme ab.

Meist findet man am Verteilerflansch eine einfache Papierdichtung und an der Verteilerwelle einen Gummiring.

Eine Krümmerdichtung auswechseln

Durchgebrannte Dichtungen erkennt man oft an dem eindeutigen Geräusch, gelegentlich auch an Schmauchspuren am Krümmerflansch.

Bei manchen Motoren sitzen Ansaug- und Auslaßkrümmer rechts und links am Zylinderkopf. Bei der Gegenstrombauweise sind beide Krümmer mit gemeinsamen Schrauben auf einer Seite des Zylinderkopfes befestigt. Bei V-Motoren liegt der Ansaugkrümmer in der Mitte zwischen den beiden Zylinderkopfreihen, während die beiden Auspuffkrümmer sich rechts und links außen am Motor befinden.

Vor Beginn der Arbeiten, am besten am Vortag, sollte man alle Schraubgewinde mit Rostlöser behandeln, besonders am Auslaßkrümmer.

Sind alle Schrauben bzw. Muttern entfernt, nimmt man den Krümmer ab. Oft geht das nur schwer, weil die Dichtung verklebt ist. Man setzt dann vorsichtig einen Kunststoffhammer oder Schraubenzieher ein.

Alte Dichtungsreste werden sorgfältig mit einem Schaber abgekratzt. Gegebenenfalls schleift man die Flächen mit feinem Schleifpapier nach.

Der Krümmer wird auf Risse und mit einem Stahllineal auf Verspannungen untersucht.

Wenn man die neue Dichtung anbringt, muß man darauf achten, welche Dichtfläche nach außen zum Krümmer zeigen muß; meist ist ein Hinweis angebracht.

Bei manchen V-Motoren wird der Krümmer von Wasser umspült. Dessen Dichtungen befestigt man stets mit Dichtungskleber.

Beim Anziehen der Schrauben oder Muttern vorsichtig arbeiten, damit sich der Krümmer nicht verspannt. Am besten setzt man einen Drehmomentschlüssel ein. Die Schrauben oder Muttern werden zunächst vorsichtig beigezogen und dann von innen nach außen endgültig festgedreht.

Nach einem Probelauf prüft man noch einmal das Drehmoment.

Werkzeug und Ausrüstung

Ringschlüssel, Steckschlüssel, Schraubenzieher, Lineal, Rostlöser, Schaber, Drehmomentschlüssel, Kunststoffhammer, Gripzange, Dichtungsmaterial

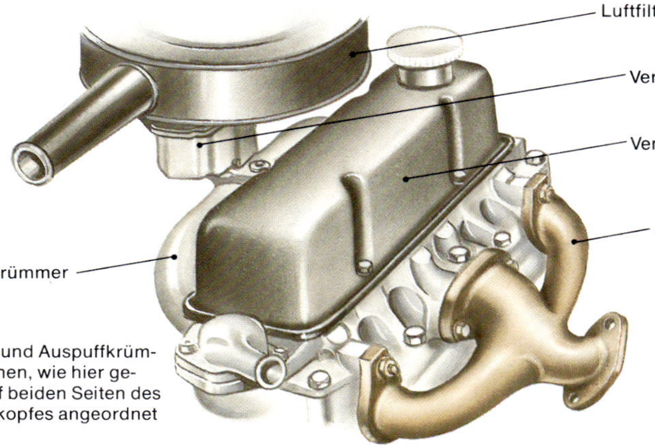

Ansaug- und Auspuffkrümmer können, wie hier gezeigt, auf beiden Seiten des Zylinderkopfes angeordnet sein.

Eine Ansaugkrümmerdichtung ausbauen

Man nimmt das Luftfilter ab und löst alle Anschlüsse und Versorgungsleitungen des Vergasers. Die Kraftstoffleitung wird mit einer Schraube oder einem Bleistiftstummel verschlossen und hochgebunden, damit kein Treibstoff ausläuft.

Wenn man die Vergaserflanschschrauben abgenommen hat, kann man den Vergaser komplett abziehen (siehe Seite 100) und ihn vorsichtig senkrecht weglegen, damit die Dichtflächen nicht beschädigt werden.

Ist der Krümmer von Wasserkanälen durchzogen wie bei V-Motoren, muß man das Kühlsystem teilweise entleeren. Anschließend wird die Unterdruckleitung für die Bremskraftunterstützung gelöst und abgezogen.

Nach dem Herausdrehen der Krümmerschrauben oder Muttern läßt sich der Krümmer abziehen. Man reinigt die Dichtflächen sorgfältig mit Schaber und Schleifpapier und legt eine neue Dichtung auf.

Meist wird die Dichtung nicht aufgeklebt. Dichtungskleber ist aber notwendig, wenn der Krümmer Wasseranschlüsse besitzt.

Dann wird das Fahrzeug komplettiert, falls notwendig, das Kühlwasser eingefüllt und ein Probelauf durchgeführt.

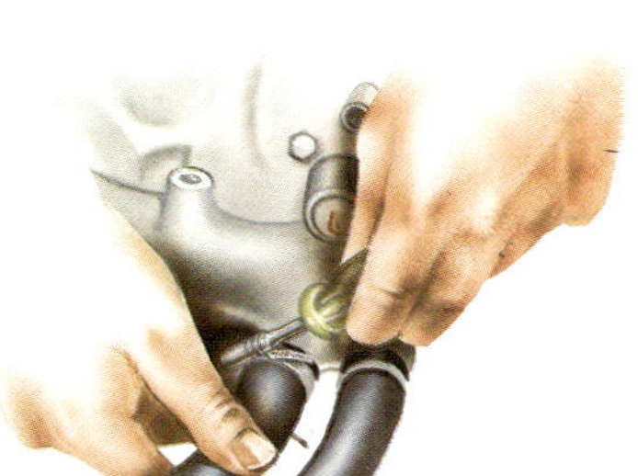

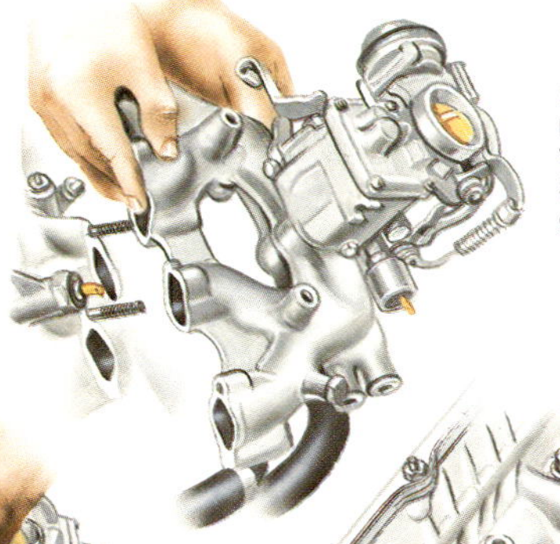

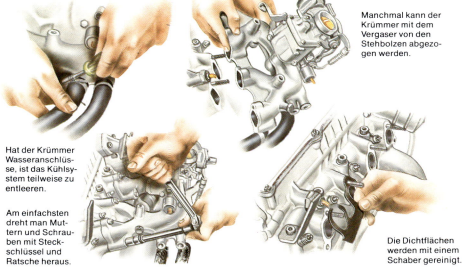

Manchmal kann der Krümmer mit dem Vergaser von den Stehbolzen abgezogen werden.

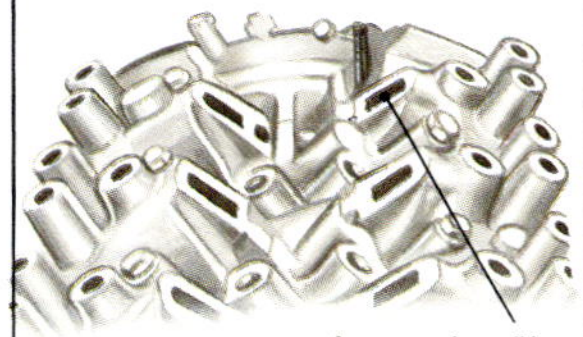

Der Einlaßkrümmer sitzt zwischen den Zylinderköpfen.

Hat der Krümmer Wasseranschlüsse, ist das Kühlsystem teilweise zu entleeren.

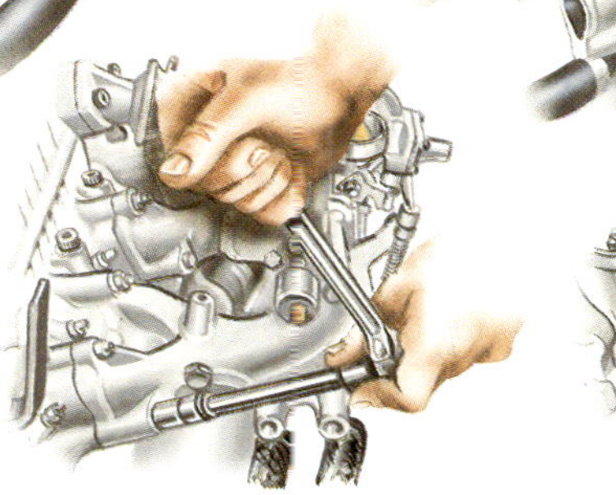

Am einfachsten dreht man Muttern und Schrauben mit Steckschlüssel und Ratsche heraus.

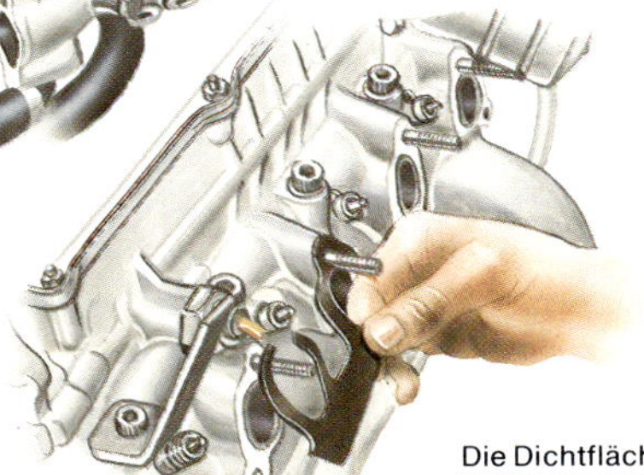

Die Dichtflächen werden mit einem Schaber gereinigt.

Die Auspuffkrümmerdichtung ausbauen

Vor Beginn der Arbeiten prüft man, ob der Platz ausreicht, um den Krümmer nach Abnehmen der Schrauben oder Muttern abzuziehen. Andernfalls muß man die störenden Anbauteile ausbauen. Es erleichtert die Arbeit, wenn man die Auspuffbefestigung im Getriebebereich löst.

Nach dem Herausdrehen der Befestigungsschrauben oder -muttern kann der Krümmer mit dem vorderen Auspuffrohr abgezogen werden. Gelingt dies nicht, muß man auch die Flanschverbindung trennen.

Einige Stunden vor dem Lösen der Schrauben oder Muttern sollte man Rostlöser einsetzen.

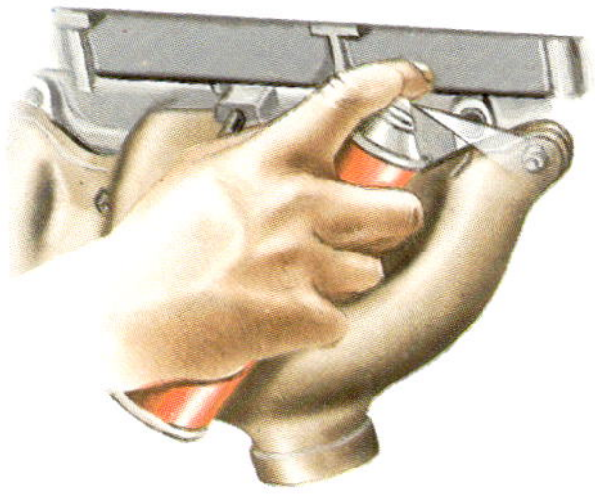

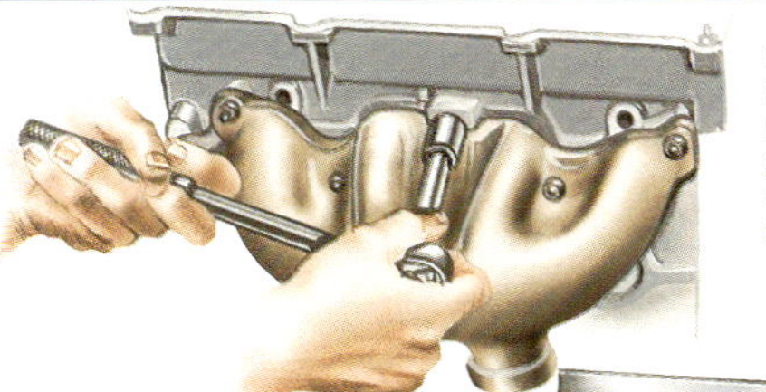

Krümmerschrauben werden in mehreren Durchgängen von innen nach außen festgezogen.

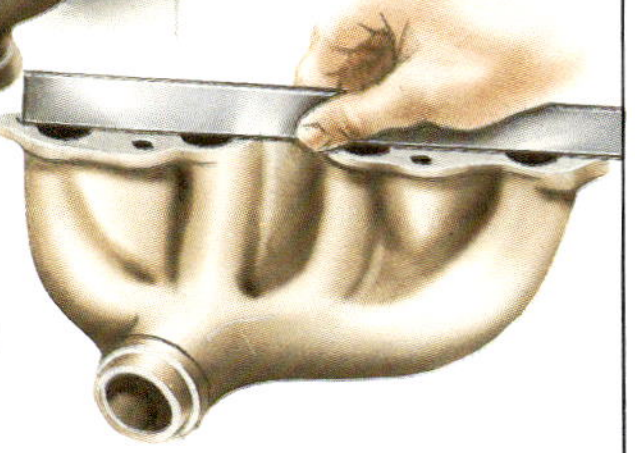

Mit einem Stahllineal wird geprüft, ob sich der Krümmer verzogen hat.

Den Zylinderkopf aus- und einbauen 1

Den Aus- und Einbau eines Zylinderkopfes sollte man einer Werkstatt überlassen. Die Arbeiten sind besonders bei Motoren mit obenliegender Nockenwelle relativ kompliziert, weil hier die Nockenwellensteuerung getrennt werden muß. Außerdem gibt es sehr unterschiedliche Vorschriften für das Anziehen der Zylinderkopfschrauben.

Fehlerhafte Reparaturen führen meist zu teuren Folgeschäden.

Allgemein sind Aus- und Einbau eines Zylinderkopfes dank den modernen Dichtungstechniken relativ selten notwendig.

Werkzeug und Ausrüstung

Gabel- und Ringschlüssel, Steckschlüssel, Kunststoffhammer, Drehmomentschlüssel, Holzblock, Schraubenzieher, Lineal, Schleifpapier, Fühlerlehre, Dichtungsmaterial

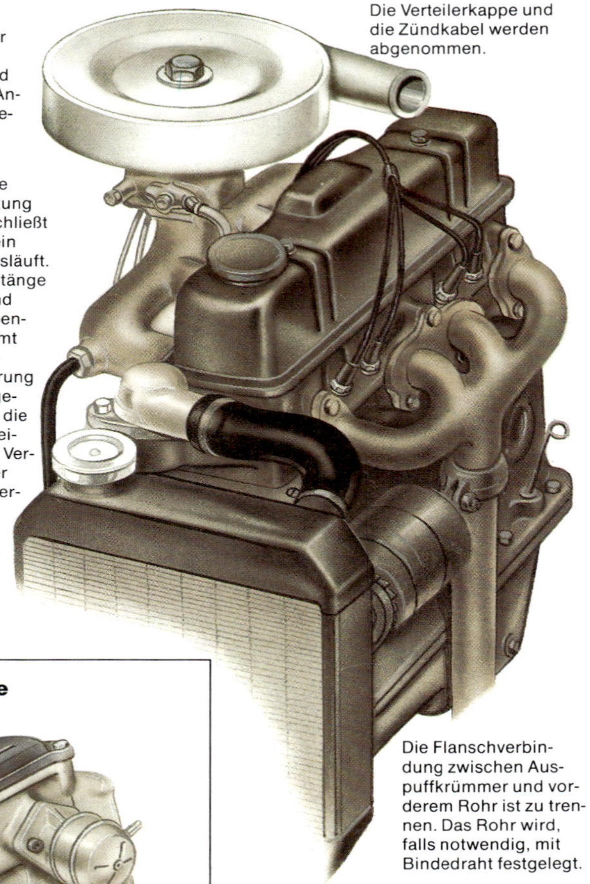

Das Luftfilter wird abgeschraubt und von seinen Anschlüssen getrennt.

Man zieht die Kraftstoffleitung ab und verschließt sie, damit kein Kraftstoff ausläuft. Vergasergestänge oder -zug und Starterklappenanschluß samt thermostatischer Steuerung werden freigelegt, ebenso die Unterdruckleitung für den Verteiler und der Bremskraftverstärker.

Die Verteilerkappe und die Zündkabel werden abgenommen.

Die Flanschverbindung zwischen Auspuffkrümmer und vorderem Rohr ist zu trennen. Das Rohr wird, falls notwendig, mit Bindedraht festgelegt.

Vor Beginn der Arbeiten wird das Kühlsystem entleert. Ist keine Ablaßschraube vorhanden, wird der untere Kühlwasserschlauch abgezogen. Anschließend entfernt man den oberen Schlauch.

Zylinderkopf bei obenliegender Nockenwelle

Bei manchen Motoren wird der direkt angetriebene Verteiler nicht ausgebaut. Lediglich die Verteilerkappe mit den Zündleitungen und der Unterdruckleitung ist abzunehmen (siehe Seite 132–133).

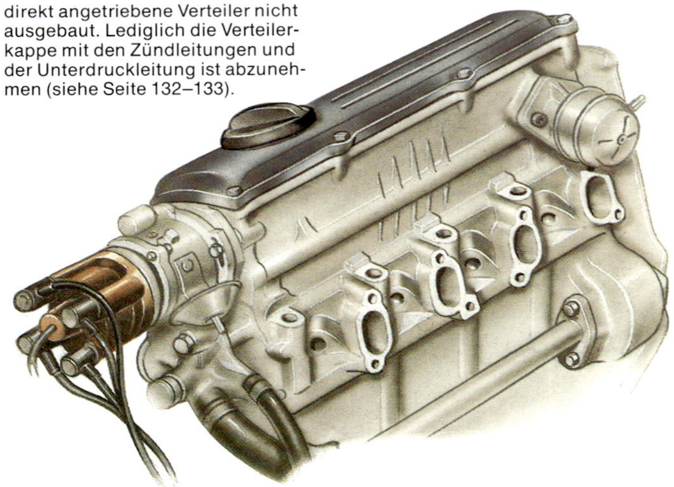

Demontagearbeiten an Stößelstangenmotoren

Man dreht die Schrauben bzw. Muttern der Ventildeckelbefestigung heraus und zieht den Ventildeckel ab.

Unter dem Ventildeckel sitzen die Befestigungsschrauben oder -muttern der Kipphebelwelle, die man der Reihe nach herausdreht.

Sind die Kipphebel einzeln befestigt, genügt es in den meisten Fällen, die kombinierten Befestigungs- und Einstellschrauben zu lösen und die Kipphebel zur Seite zu drehen, worauf sich die Stößelstangen herausziehen lassen.

Das gleiche gilt für Motoren mit Kipphebelwelle. Ist diese abgezogen, liegen die Stößelstangen frei, die man auf ein durchnumeriertes Stück Pappe legt, um sie nicht zu verwechseln.

Die Zylinderkopfschrauben oder -muttern werden außen beginnend der Reihe nach herausgedreht. Damit sich ein Alu-Zylinderkopf nicht verzieht, muß er kalt sein.

Da Zylinderkopfdichtungen fast immer verklebt sind, muß der Zylinderkopf mit einem Holzklotz und einem Hammer gelöst werden.

Nach dem Abnehmen des Zylinderkopfes liegt die Dichtung frei und kann vollständig abgezogen werden. Die Dichtflächen werden sorgfältig gereinigt und mit dem Lineal auf Verzug geprüft.

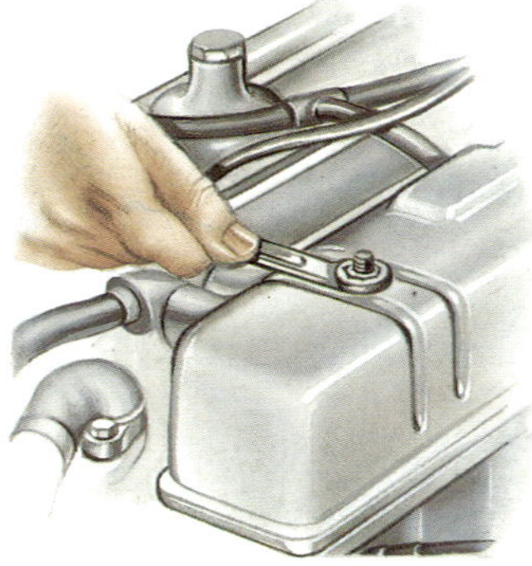

Nach dem Herausdrehen der Ventildeckelschrauben oder -muttern wird der Deckel vorsichtig abgezogen.

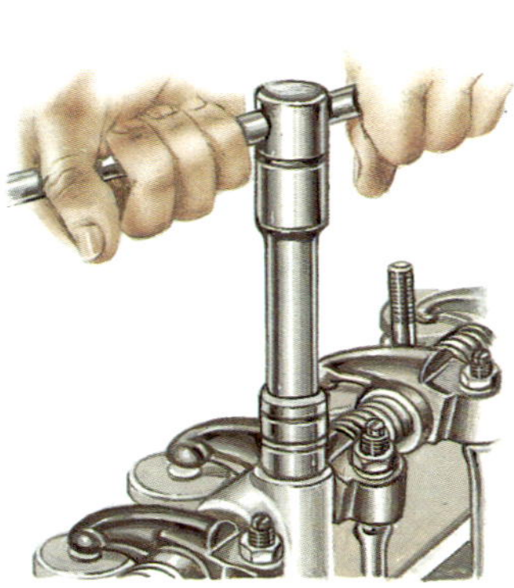

Hier ist die Kipphebelwelle mit Muttern und Stehbolzen befestigt. Die Muttern dreht man heraus.

Einzelkipphebel

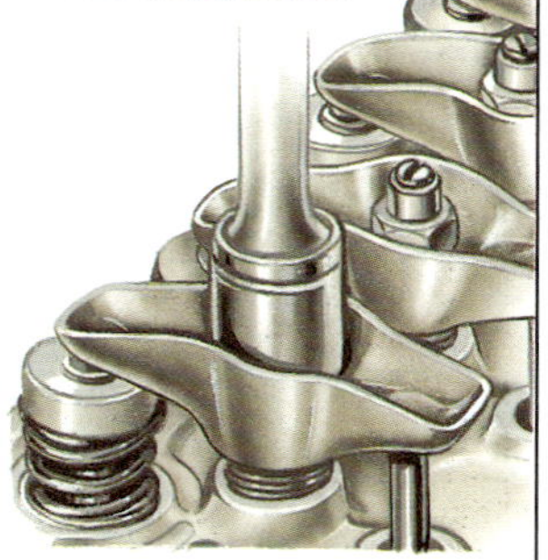

Die Befestigungs- und Einstellschrauben sind zu lösen und die Kopfschrauben freizulegen.

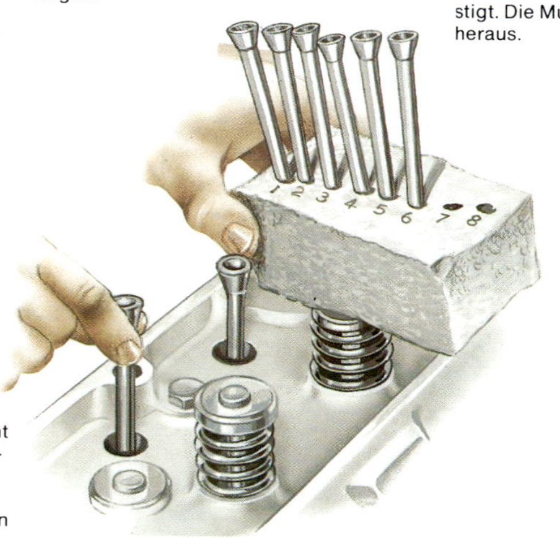

Die Stößelstangen nimmt man der Reihe nach heraus und steckt sie in einen durchnumerierten Hartschaumblock oder in ein Stück Pappe.

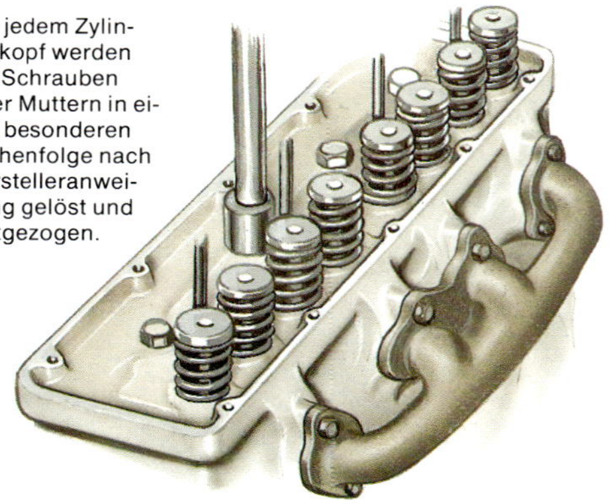

Bei jedem Zylinderkopf werden die Schrauben oder Muttern in einer besonderen Reihenfolge nach Herstelleranweisung gelöst und festgezogen.

Den Zylinderkopf aus- und einbauen 2

Demontage des Zylinderkopfes bei obenliegender Nockenwelle

Wird die Nockenwelle des Motors von einem Zahnriemen gesteuert, ist zunächst die Zahnriemenverkleidung auszubauen. Man lockert den Spannmechanismus des Zahnriemens (siehe Seite 77–78), nimmt diesen ab und schraubt Luftfilter und Ventildeckel ab. Die Schrauben bzw. Muttern der Zylinderkopfbefestigung liegen frei und können herausgedreht werden.

Wird die Nockenwelle hingegen mit einer Kette angetrieben, nimmt man zuerst das Luftfilter und den Ventildeckel ab. Am Kettenrad der Nockenwelle löst man die Befestigungsschrauben und legt es frei.

Bei manchen Konstruktionen bindet der Mechaniker Kette und Kettenrad mit Draht zusammen, damit sich die Steuerzeiten nicht verändern. Dann können die Schrauben bzw. Muttern des Zylinderkopfes herausgedreht werden.

Mit einem Gummihammer oder einem Holzklotz als Zwischenlage lockert man den Zylinderkopf und zieht ihn senkrecht nach oben. Kette und Kettenrad bleiben, wenn möglich, montiert.

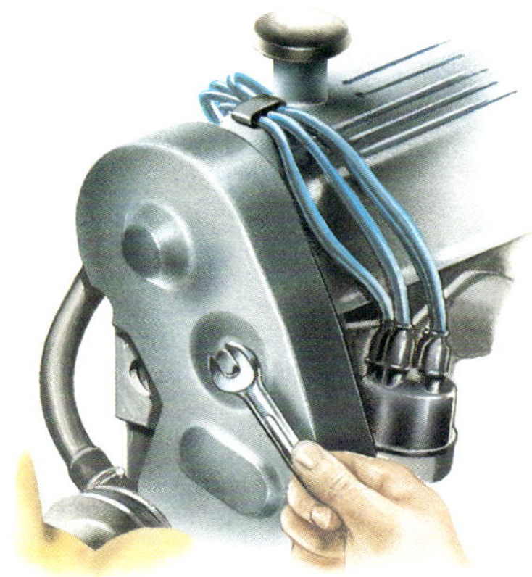

Man dreht die Schrauben der Zahnriemenverkleidung heraus und nimmt die Verkleidung ab.

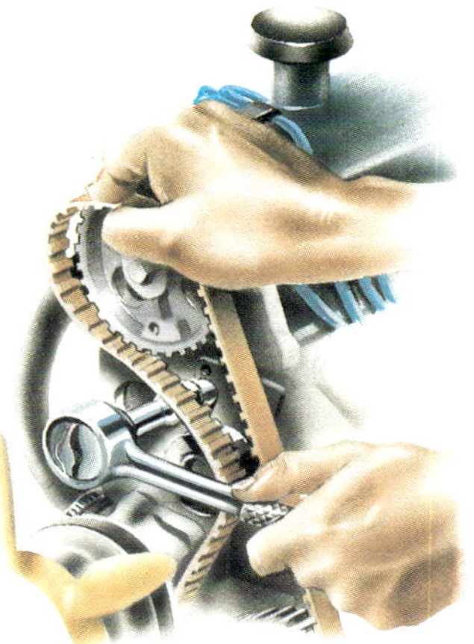

Nach Lösen des Zahnriemenspanners zieht man den Zahnriemen vom Nockenwellenrad nach vorne.

Den Nockenwellenantrieb freilegen

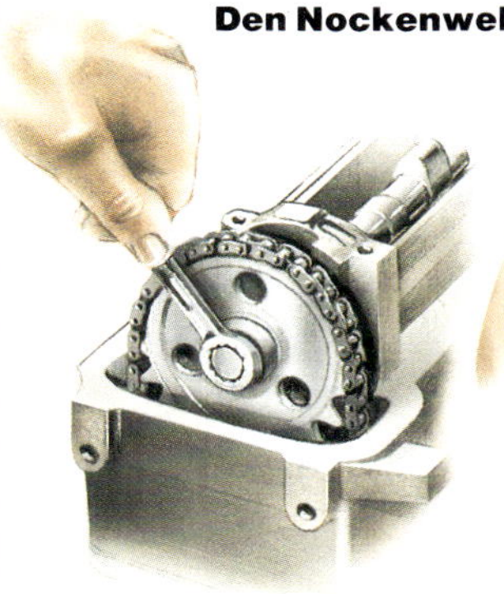

Bei Kettenantrieb schraubt man die Befestigung des Nockenwellenrades heraus.

Manchmal ist das Nockenwellenrad herauszunehmen. Die Kette dabei nicht fallen lassen.

Die Schrauben des Ventildeckels werden herausgedreht.

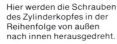

Hier werden die Schrauben des Zylinderkopfes in der Reihenfolge von außen nach innen herausgedreht.

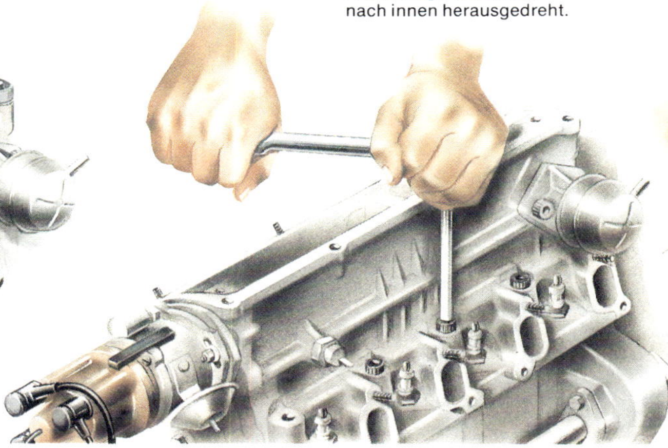

Falls sich der Zylinderkopf nicht abnehmen läßt, hilft man mit Gummihammer und Holzklotz nach.

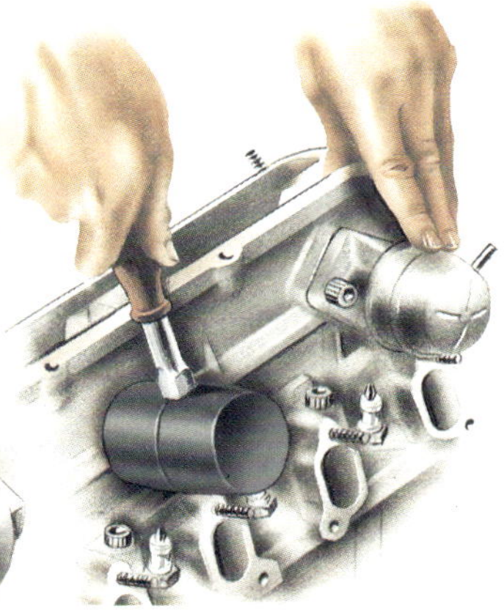

Den Zylinderkopf einbauen

Nach Prüfung der Dichtflächen und eventuellem Planschleifen wird die Dichtung mit Graphitfett oder Motoröl eingesetzt. Sie darf beim Auflegen des Zylinderkopfes nicht beschädigt oder verschoben werden. Auf eine eventuelle Bezeichnung achten.

Die Schrauben bzw. Muttern des Zylinderkopfes werden genau gemäß Herstellervorschrift angezogen.

Nach dem Einsetzen der Anbauteile wird die Ventileinstellung geprüft, der Ventildeckel mit einer neuen Dichtung verschraubt, Kühlwasser aufgefüllt und das System entlüftet.

Ist das Einstellen der Ventile bei warmem Motor vorgeschrieben, muß man den Ventildeckel noch einmal abnehmen.

Stößelstangenmotoren

Nach Festschrauben des Zylinderkopfes werden die Stößelstangen gemäß ihrer Numerierung eingesetzt.

Man legt zu diesem Zweck die Kipphebelwelle auf die Stehbolzen und richtet die einzelnen Stößel so aus, daß die Kugelpfannen mit dem Gegenstück der Ventileinstellschraube zusammenpassen.

Obenliegende Nockenwelle

Bevor der Zylinderkopf aufgelegt wird, wird der Motor mit einem Schlüssel so verdreht, daß der Kolben Nr. 1 in seinem oberen Totpunkt steht.

Eine entsprechende Markierung findet sich an der vorderen Riemenscheibe oder an der Schwungscheibe.

Eine zweite Einstellmarkierung am Nockenwellenrad muß mit der Gehäusenaht des Zylinderkopfes oder einer Markierung fluchten. Nur so funktioniert die Ventilsteuerung nach Auflegen des Zahnriemens einwandfrei.

Diese Einstellarbeiten sind sehr sorgfältig durchzuführen, da sonst die Gefahr eines schweren Motorschadens besteht.

Man spannt nun den Zahnriemen mit der Spanneinrichtung, kontrolliert die Markierungen an der Schwungscheibe oder Riemenscheibe am Nockenwellenrad und dreht den Motor mehrere Male mit einem Schlüssel durch.

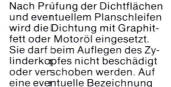

Beim Festschrauben der Kipphebelwelle müssen die Kugelpfannen der Stößelstangen die Einstellschraube des Kipphebels erfassen.

Bei diesem Motor mit obenliegender Nockenwelle werden Kurbelwelle und Nockenwelle mit Einstellmarkierungen an Motorblock, Kurbelwellenflansch und Nockenwellenrad ausgerichtet.

Eine obenliegende Nockenwelle aus- und einbauen 1

Bei manchen Motoren muß die obenliegende Nockenwelle ausgebaut werden, wenn man den Zylinderkopf abnehmen will. Es gibt sogar Motoren, bei denen dies zum Einstellen der Ventile notwendig ist.

Die Arbeiten, um die Nockenwelle freizulegen, variieren je nach Konstruktion sehr stark. Auf den Bildern sind vier häufige Konstruktionstypen zu sehen.

Bevor man die Nockenwelle einsetzt, sind die Lager mit sauberem Motoröl zu bestreichen, damit die Welle beim Motorstart nicht trockenläuft. Müssen Lagerstellen getrennt werden, sind die Drehmomente der Befestigungsschrauben oder -bolzen sehr sorgfältig einzuhalten.

Werkzeug und Ausrüstung

Gabel- und Ringschlüssel, Steckschlüssel, Drehmomentschlüssel, Schraubenzieher, Einstell-Lehren und Spezialwerkzeug, Kombizange, Dichtung, Motoröl

Leyland-Motoren

Die Nockenwelle muß nur für Inspektionsarbeiten oder bei Verschleiß ausgebaut werden.

Um an die Nockenwelle heranzukommen, schraubt man die Abdeckung des Zahnriemens ab und trennt Kraftstoff- und Unterdruckleitung. Die Einstellung des Verteilers im Verhältnis zum Nockenwellendeckel wird markiert und der Verteiler ausgebaut (siehe Seite 132–133). Mit einem Schlüssel wird die Kurbelwelle so gedreht, daß der erste Zylinder 90° vor OT steht.

Nach dem Lösen des Zahnriemenspanners wird der Zahnriemen freigelegt (siehe Seite 77–78). Dabei darf man weder die Nockennoch die Kurbelwelle verdrehen.

Wenn man alle Schrauben herausgeschraubt hat, wird das Nokkenwellenrad frei und läßt sich von der Nockenwelle abziehen. Der Zwischendeckel hinter dem Nockenwellenrad wird abgenommen.

Man dreht die Befestigungsschrauben und -bolzen des Nokkenwellendeckels vorsichtig heraus, damit sich die Ventilfedern langsam entlasten. Sind alle Bolzen gelöst, kann der Deckel abgenommen werden.

Beim Auflegen des Zahnriemens muß man sehr sorgfältig auf die Einstellmarkierungen achten.

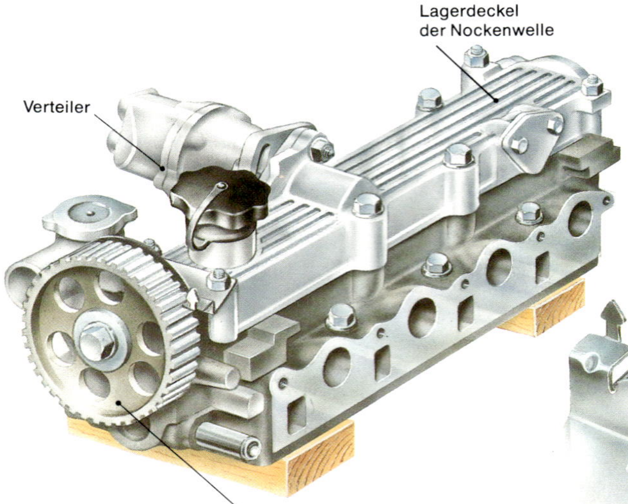

Bei diesem Motor ist der Ventildeckel Teil der Nockenwellenlagerung.

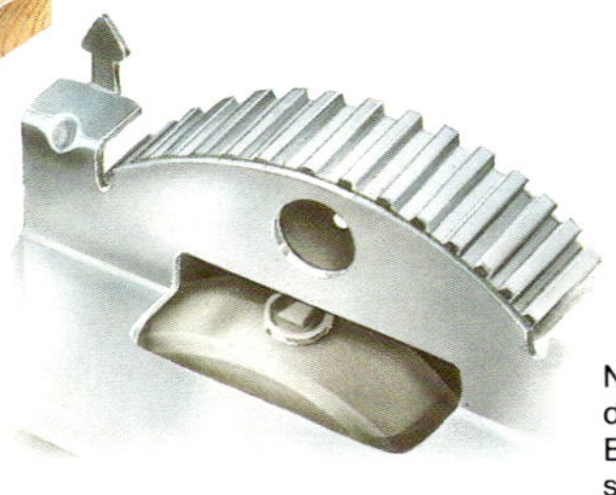

In der Stellung 90° vor OT fluchtet die Markierung am Nockenwellenrad mit einer Markierung am Gehäuse.

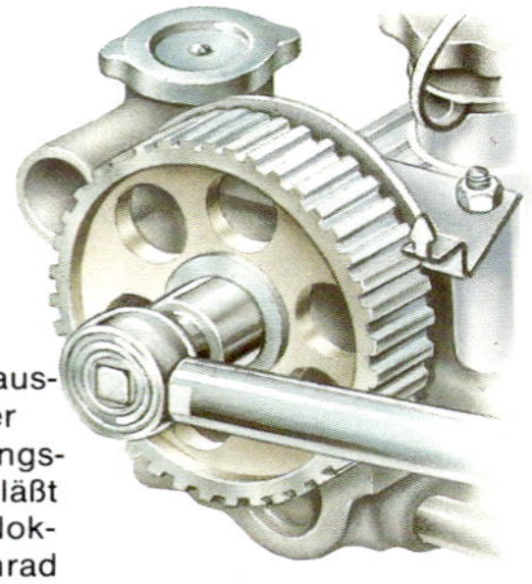

Nach Herausdrehen der Befestigungsschraube läßt sich das Nokkenwellenrad abziehen.

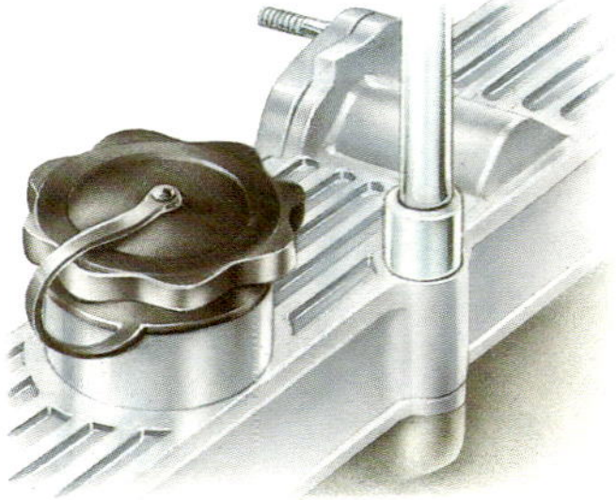

Man dreht alle Schrauben des Deckels in mehreren Durchgängen heraus.

Motoren mit Schlepphebel

Bei diesem Ford-Motor wurde der Zylinderkopf ausgebaut und mit seiner Dichtfläche auf zwei Holzklötze gesetzt.

Nachdem man die Ölleitung von den Lagerstellen abgenommen hat, beginnt man beim ersten Zylinder mit dem Freilegen der Schlepphebel, die sich nach dem Lösen der Feder mit einem Schraubenzieher besonders leicht herausnehmen lassen, wenn man das unten gezeigte Spezialwerkzeug unter die Nockenwelle klemmt und die Ventilfeder belastet. Die Schlepphebel legt man der Reihe nach ab, um Verwechslungen zu vermeiden.

Vor dem sechsten Nocken kann man an einer besonderen Paßfläche einen Gabelschlüssel ansetzen, um die Nockenwelle festzuhalten.

Man dreht die zwei Schrauben am hinteren Lagerbock der Nockenwelle heraus und zieht dann die Halteplatte ab.

Achtung: Beim Herausnehmen der Nockenwelle die Nokken nicht beschädigen.

Bevor man eine neue Nokkenwelle einsetzt, prüft man den vorderen Öldichtring.

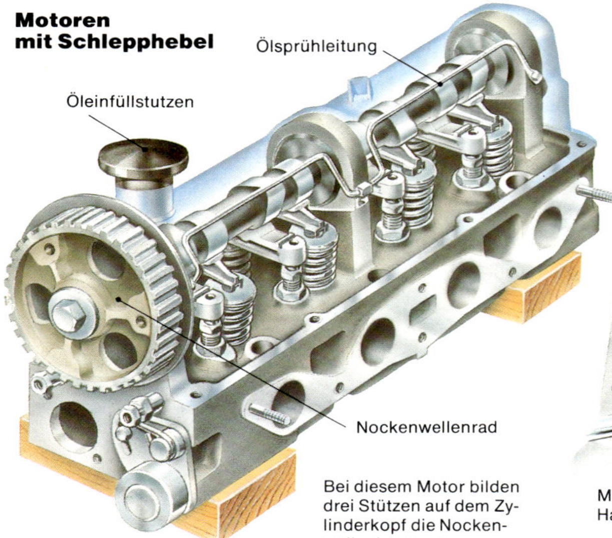

Bei diesem Motor bilden drei Stützen auf dem Zylinderkopf die Nockenwellenlagerung.

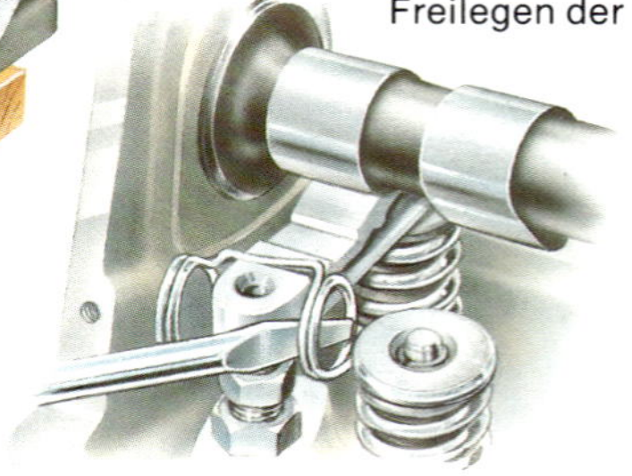

Mit einem Schraubenzieher werden die Haltefedern abgedrückt.

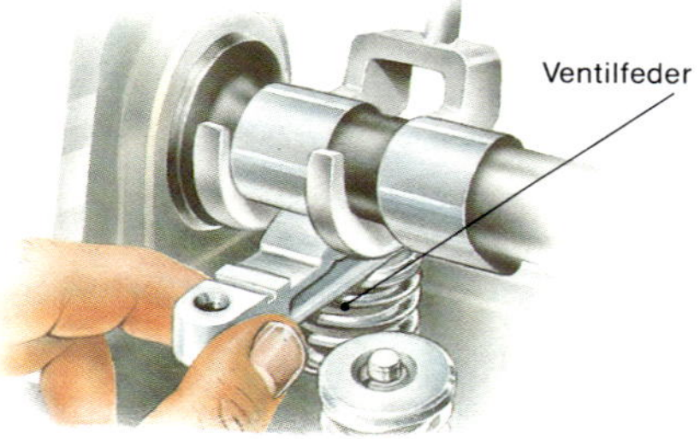

Mit diesem Spezialwerkzeug wird die Ventilfeder nach unten gedrückt.

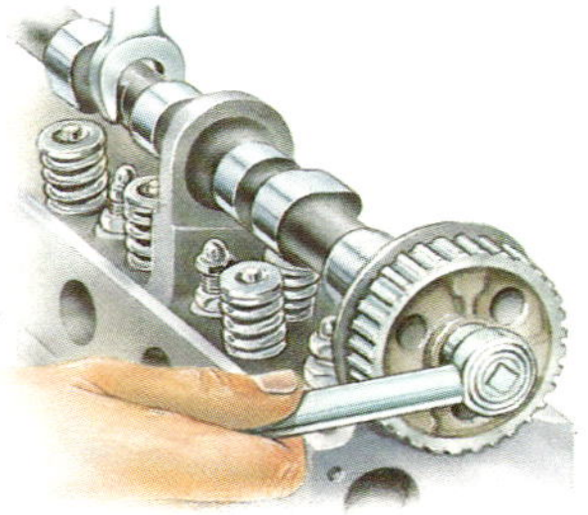

Vor dem sechsten Nocken wird die Nockenwelle mit einem Gabelschlüssel gehalten.

Die Halteplatte am rückwärtigen Nockenwellenlager wird abgenommen, und die Nockenwelle läßt sich herausziehen.

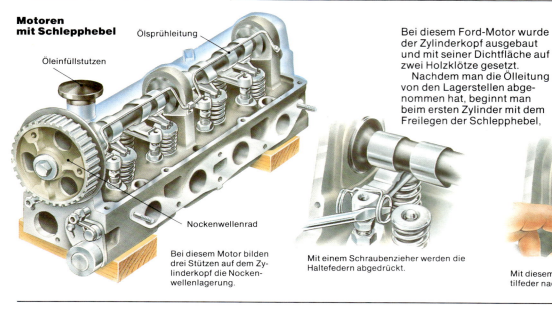

Eine obenliegende Nockenwelle aus- und einbauen 2

Opel- und VW-Motoren

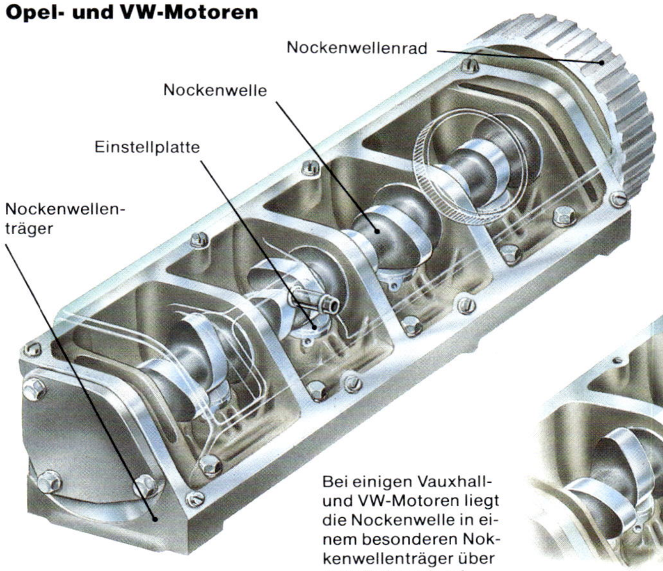

Bei einigen Vauxhall- und VW-Motoren liegt die Nockenwelle in einem besonderen Nokkenwellenträger über dem Zylinderkopf.

Mit einem Schlüssel, den man auf die Schraube der Kurbelwellen-Riemenscheibe setzt, dreht man den Kurbeltrieb, bis der erste Zylinder im OT steht.

Man nimmt die Abdeckung des Zahnriemens und nach Lösen der Spanneinrichtung den Riemen selbst ab (siehe Seite 101–102). Jetzt darf die Nokkenwelle keinesfalls mehr gedreht werden.

Die Schrauben des Nockenwellenträgers löst man in mehreren Durchgängen gleichmäßig, um Verspannungen zu vermeiden. Der Nockenwellenträger läßt sich nun komplett mit der Nockenwelle vom Kopf abnehmen.

Dreht man die Befestigung des Nockenwellenrads heraus und dreht die hintere Abdeckung der Nockenwellenlagerung ab, kann man die Nokkenwelle vorsichtig herausziehen. Die Ventileinstellplatten werden durchnumeriert, damit man sie in der gleichen Position wieder einsetzen kann. Bevor man die neue Nockenwelle montiert, prüft man den Öldichtring, den man am besten mit Dichtungskleber einsetzt, damit er sich leichter eintreiben läßt.

Die Schrauben des Nokkenwellenträgers werden Stück um Stück mit dem Steckschlüssel gelöst.

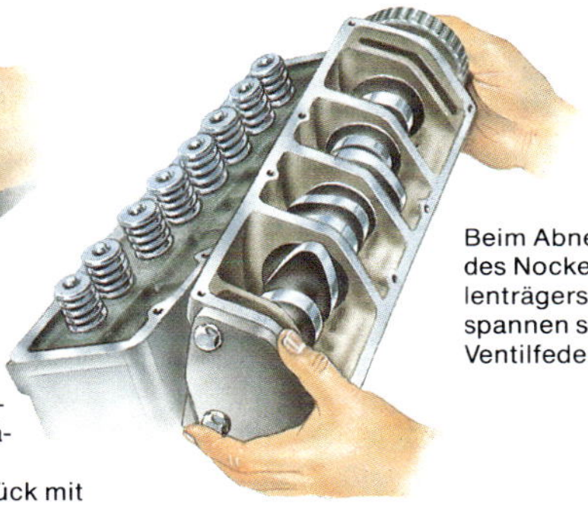

Beim Abnehmen des Nockenwellenträgers entspannen sich die Ventilfedern.

Die Schraube wird herausgedreht und das Nockenwellenrad abgezogen.

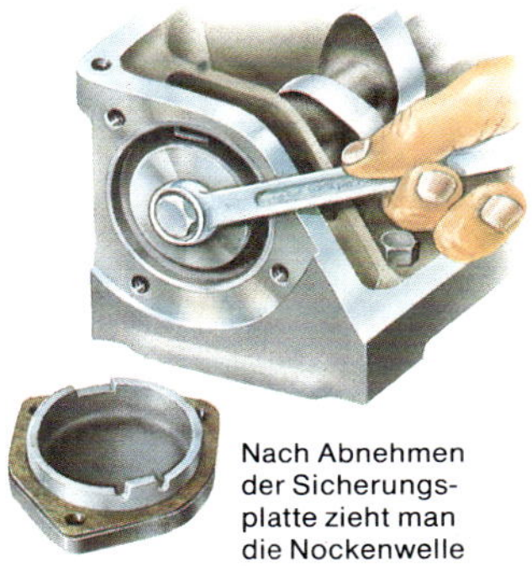

Nach Abnehmen der Sicherungsplatte zieht man die Nockenwelle heraus.

Englische Motoren

Bei diesem Leyland-Motor sind die Nokkenwellenlager geteilt und ermöglichen den Ausbau der Welle.

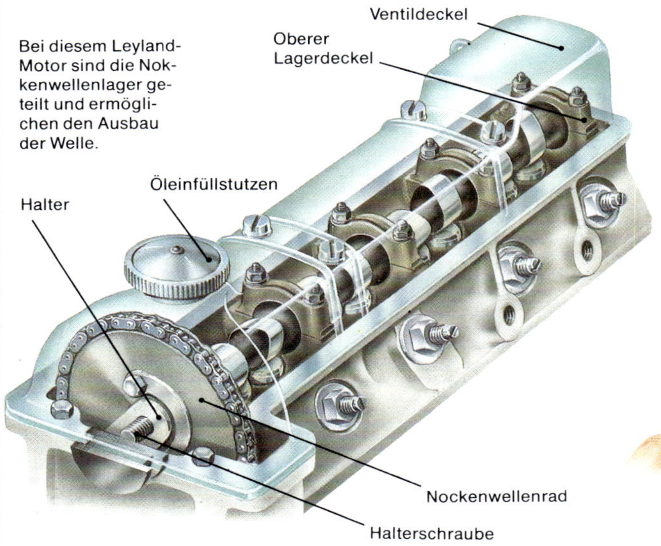

Zunächst nimmt man den Ventildeckel und die Gummischeibe vor dem Nokkenwellenrad heraus und dreht die Kurbelwelle, bis die OT-Markierung am Flansch des Nockenwellenrades nach unten zeigt. Der freie Raum um das Nockenwellenrad wird mit Tüchern abgedeckt, damit nichts in den Kettenkasten fällt. Eine Mutter sichert das Nockenwellenrad am Halter.

Nun legt man die Sicherung frei und dreht eine der Schrauben des Nockenwellenrades heraus. Die Tücher werden entfernt und die Nockenwelle im Uhrzeigersinn gedreht, bis die OT-Markierung mit der Markierung des vorderen Nockenwellenlagers übereinstimmt. Man legt die Tücher wieder ein und dreht die zweite Schraube des Nockenwellenrades heraus. Die Kurbelwelle dreht man weiter im Uhrzeigersinn, bis die Markierungen auf OT stehen. Die Muttern der Nockenwellenbefestigung werden heruntergedreht und die Lagerböcke auf numerierten Plätzen abgelegt. Die Nockenwelle liegt nun frei und kann vorsichtig abgezogen werden.

Mit einer Mutter wird das Nockenwellenrad mit dem Halter verschraubt.

Putzlappen verhindern, daß Schrauben in den Kettenkasten fallen.

Die Markierungen in der Mitte des Lagerdeckels müssen fluchten.

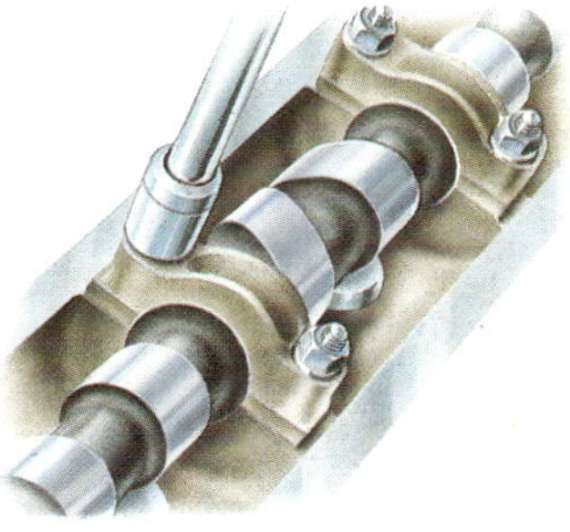

Die Lagerdeckel Stück um Stück lösen, damit sich die Ventilfedern langsam entspannen.

Die Froststopfen ersetzen

Die Froststopfen sind kleine flache Blechdeckel seitlich am Motorblock und gelegentlich auch am Zylinderkopf. Meist findet man sie im Bereich des Ansaug- oder Auspuffkrümmers.

Die Öffnungen dienen beim Gießen von Zylinderkopf und Motorblock zum Entfernen des Gießsandes oder der Gießkerne. Sie sind also eigentlich Fertigungsbohrungen, die mit einfachen Blechdeckeln verschlossen werden, um zusätzlich das Platzen von Motorblock bzw. Zylinderkopf zu verhindern, wenn das Kühlwasser einfriert; denn dann dehnt sich das Wasser aus, das nicht mit Frostschutzmittel vermischt wurde, und treibt die Froststopfen heraus. Schon oft wurde ein Motorblock durch diesen Trick gerettet. Man braucht anschließend nur die Froststopfen zu erneuern.

Solche Einbauarbeiten fallen aber nicht nur nach dem Einfrieren an. Froststopfen können auch durch zu hohen Druck oder durch Korrosion undicht werden. Manchmal sammelt sich Salzwasser an und zerstört den Froststopfen.

Gelegentlich sind die Verschlüsse schwer zu finden. Man nimmt deshalb einen Spiegel sowie eine Lampe und sucht Motorblock und Zylinderkopf nach undichten Froststopfen ab.

Da die Verschlüsse unterschiedlich groß sind, muß man sie genau ausmessen.

Zum Einbau sind in der Regel größere Demontagen notwendig. So baut man entweder den Ansaug- oder den Auslaßkrümmer zusammen mit dem Vergaser ab. Gelegentlich stört auch die Lichtmaschine oder der Verteiler.

Frostschutzverschlüsse im Bereich der Spritzwand kann man nur erneuern, wenn man den Motor ausbaut. Dies ist also immer eine Aufgabe für die Fachwerkstatt, nicht für den noch so geschickten Laien.

Vor Beginn der Arbeiten klemmt man die Batterie ab und entleert das Kühlsystem, sofern das Kühlwasser nicht schon durch die schadhaften Frostschutzverschlüsse abgelaufen ist.

Werkzeug und Ausrüstung

Auffangbehälter, Schraubenzieher, Schraubenschlüssel, Dichtungskleber, Durchschlaghammer, Spiegel, Lampe, Steckschlüssel

Froststopfen

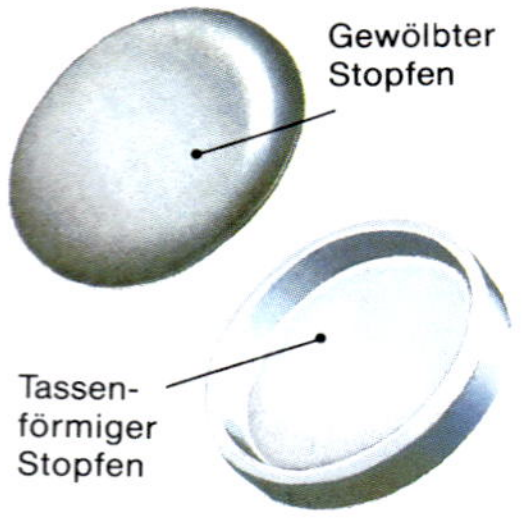

Gewölbte Stopfen werden nach dem Einsetzen mit einem Durchschlag gestaucht, tassenförmige mit einem Werkzeug eingetrieben.

Lage der Froststopfen

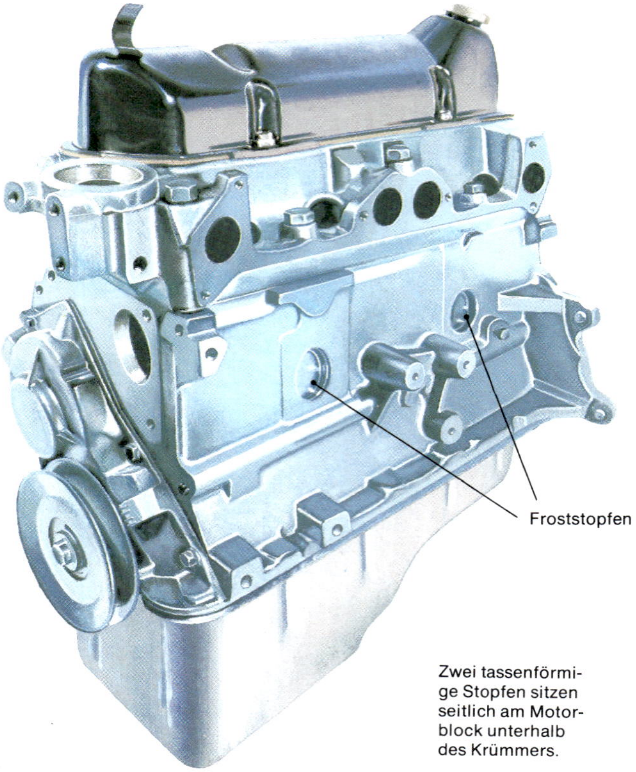

Zwei tassenförmige Stopfen sitzen seitlich am Motorblock unterhalb des Krümmers.

Die Froststopfen ausbauen

Mit einem kräftigen Schraubenzieher und einem Hammer versucht man, den Verschluß zu durchtrennen. Dabei ist darauf zu achten, daß der Verschluß nicht in den Motorblock getrieben wird. Manchmal empfiehlt es sich, den Deckel anzubohren.

Damit die Dichtflächen nicht beschädigt werden, stützt man den Schraubenzieher beim Herausdrücken nicht am Motorblock ab, sondern an einem Holzstück oder Hammerstiel.

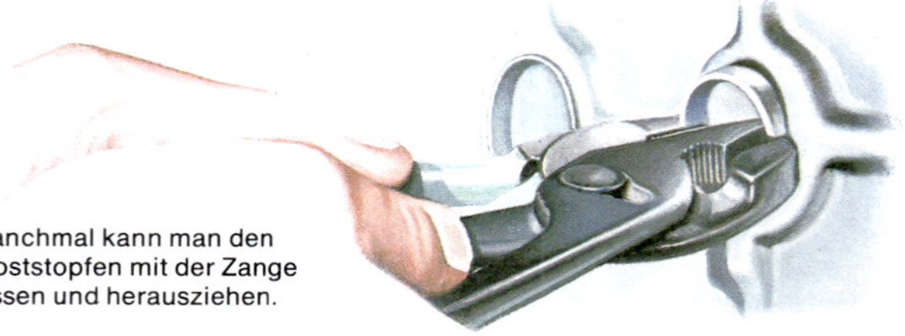

Manchmal kann man den Froststopfen mit der Zange fassen und herausziehen.

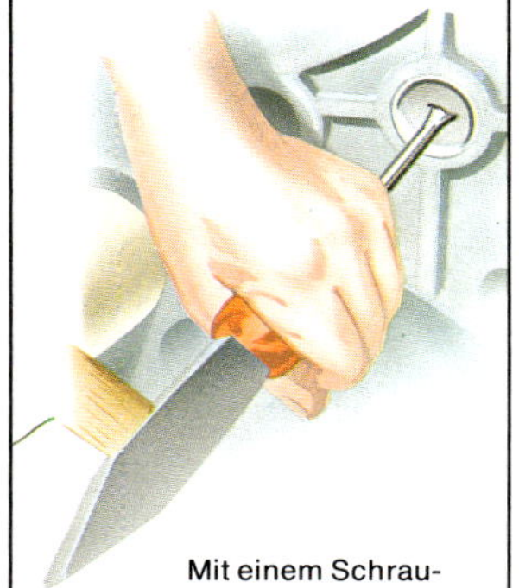

Mit einem Schraubenzieher wird der Deckel durchstoßen und herausgedrückt.

Die Froststopfen einbauen

Die Dichtfläche im Block wird sorgfältig mit Schleifpapier gereinigt und getrocknet. Den neuen Froststopfen und die Dichtfläche streicht man gründlich mit Dichtungskleber ein. Zum Einschlagen dient am besten ein Steckschlüssel, der genau den Durchmesser des Stopfens hat. Man setzt den Stopfen von Hand in die Bohrung und treibt ihn mit dem Steckschlüssel ein, bis er bündig abschließt.

Gewölbte Verschlüsse werden abschließend mit einem Durchschlag gestaucht, damit sie sich gut in die Bohrung einpressen. Wenn im Motorraum kein Platz ist, um mit dem Hammer zu arbeiten, braucht man Einpreßwerkzeuge, die man mit etwas Geschick selbst bauen kann. Man benötigt dazu ein kräftiges Flach- oder Winkeleisen, eine 12-mm-Schraube mit Mutter sowie eine Zwischenlage.

Der Steckschlüssel muß genau den Durchmesser des Froststopfens haben.

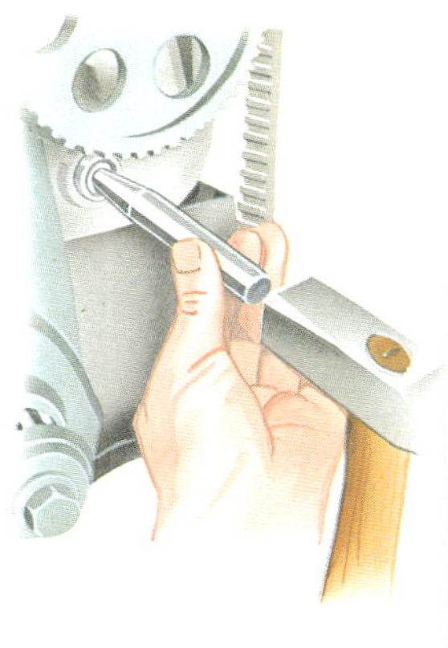

Gewölbte Froststopfen mit flachem Durchschlag stauchen.

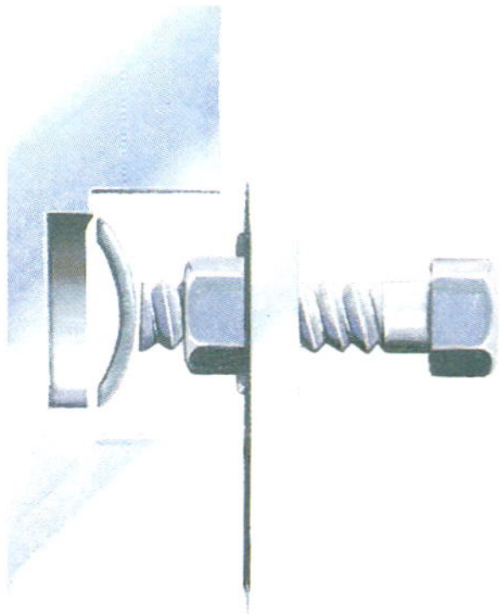

Ist kein Platz für das Arbeiten mit dem Hammer vorhanden, muß man ein Spezialwerkzeug einsetzen.

Das Ventilspiel prüfen und einstellen 1

Das richtige Ventilspiel ist für die Betriebssicherheit eines Motors besonders wichtig. Der kleine Spalt zwischen Ventilschaftende und Kipphebel oder Stößeltasse ermöglicht, daß sich das Ventil gasdicht an den Sitz anlegen kann. Bei Auslaßventilen ist dies zur Abkühlung notwendig. Zu eng eingestellte Ventile neigen zum Durchbrennen, zu weit eingestellte bewirken hohen Kraftstoffverbrauch und schlechte Leistung.

Das Einstellintervall, das von der Motorkonstruktion abhängt, findet man in der Bedienungsanleitung. Das Ventilspiel muß immer neu eingestellt werden, wenn der Zylinderkopf ausgebaut wurde.

Bevor man beginnt, überzeugt man sich von der Art der Ventileinstellung. Erfolgt sie hydraulisch, ist weder Kontrolle noch Einstellung erforderlich.

Die Ventile werden bei untenliegender Nockenwelle durch Stößelstangen und Kipphebel betätigt, bei obenliegender Nockenwelle direkt oder über Kipphebel.

Bei direkt betätigten Ventilen werden zur Einstellung häufig unterschiedlich dicke Einstellplatten in die Stößeltassen eingelegt. Da man diese Einstellplatten und außerdem Spezialwerkzeug benötigt, überläßt man die Ventileinstellung besser der Fachwerkstatt.

Bei allen anderen Systemen benötigt man nur Schraubenzieher, Fühlerlehre und Schraubenschlüssel. Außerdem muß man die Zündfolge kennen, um herauszufinden, welcher Nocken ein Ventil gerade vollständig entlastet. Nur in diesem Zustand können Ventile richtig eingestellt werden.

Manche Fahrzeughersteller empfehlen die Einstellung bei kaltem bzw. warmem Motor. Kalt ist ein Motor, wenn er etwa sechs Stunden nicht mehr gelaufen ist, warm ab etwa 60 °C Öltemperatur. Zum Einstellen der Ventile muß man Luftfilter und Ventildeckel ausbauen. Damit sich der Motor leichter durchdrehen läßt, werden die Kerzenkabel abgenommen und die Zündkerzen herausgedreht.

Beim Einstellen beginnt man mit dem ersten Zylinder. Man nimmt die Verteilerkappe ab und dreht den Motor durch, bis der Verteilerfinger auf die Markierung am Rand zeigt. Nach der Einstellung dreht man den Motor jeweils so lange weiter, bis der Nokken im Verteiler den Kontakt wieder öffnet. Dann verfolgt man das entsprechende Kerzenkabel zu dem dazugehörigen Zylinder.

Werkzeug und Ausrüstung

Schraubenschlüssel, Schraubenzieher, Fühlerlehre, Kerzenschlüssel, Dichtung

Ventiltrieb mit Stößelstangen und Kipphebel

Bei dieser Ausführung sitzen die Einstellschrauben und Kontermuttern am Ende des Kipphebels. Manchmal sind auch selbstsichernde Einstellschrauben vorgesehen.

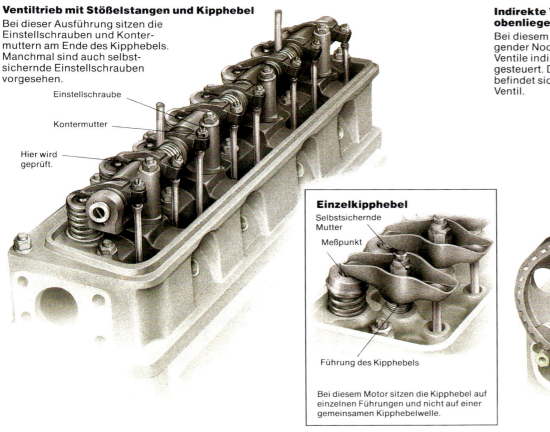

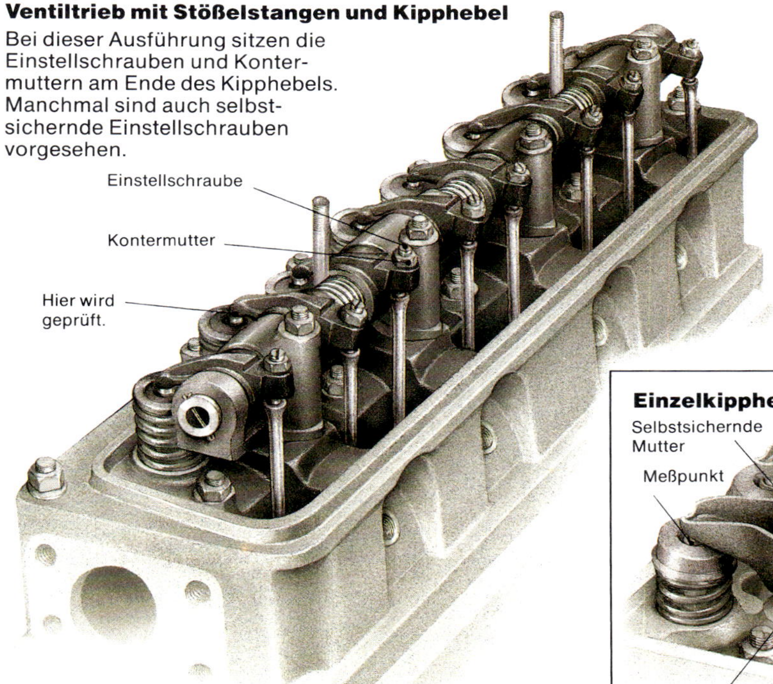

Einzelkipphebel

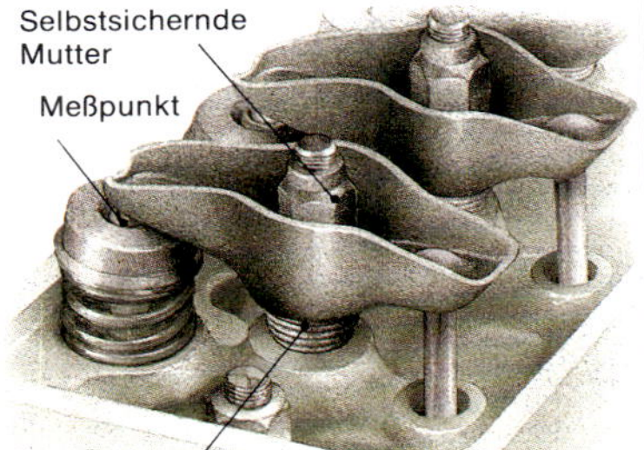

Bei diesem Motor sitzen die Kipphebel auf einzelnen Führungen und nicht auf einer gemeinsamen Kipphebelwelle.

Indirekte Ventilbetätigung mit obenliegender Nockenwelle

Bei diesem Aggregat mit obenliegender Nockenwelle werden die Ventile indirekt über Kipphebel gesteuert. Die Einstellschraube befindet sich jeweils über dem Ventil.

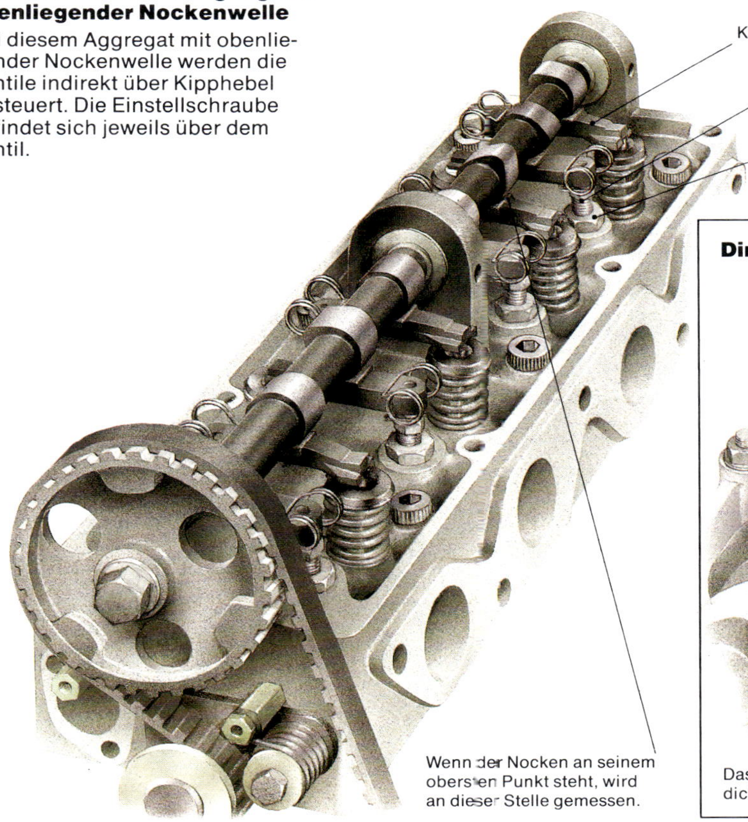

Wenn der Nocken an seinem obersten Punkt steht, wird an dieser Stelle gemessen.

Direkte Ventilsteuerung

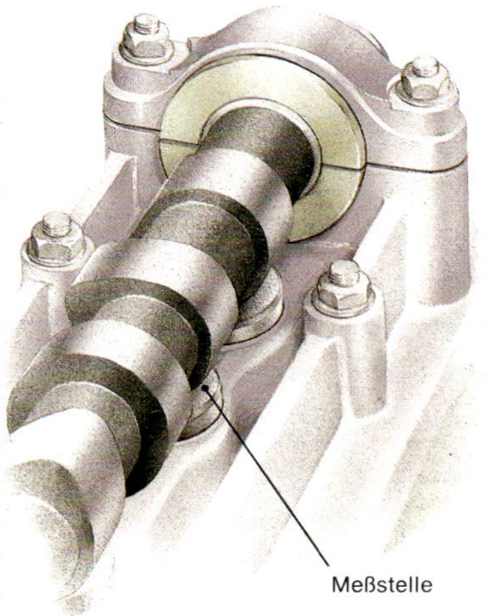

Das Ventilspiel wird hier mit verschieden dicken Einstellplatten eingestellt.

Das Ventilspiel prüfen und einstellen 2

Einstellarbeiten beim Stößelstangenantrieb

Ein- und Auslaßventile kann man jeweils dann einstellen, wenn gegenüberliegende Ventilpaare gerade geöffnet bzw. geschlossen sind. Das heißt, daß bei einem Vierzylindermotor beispielsweise Ein- und Auslaßventil des ersten Zylinders eingestellt werden, während am Zylinder 4 beide Ventile betätigt werden – oder umgekehrt.

Normalerweise werden Motoren immer im Uhrzeigersinn gedreht. Der Motor des Triumph Acclaim und einige Honda-Motoren werden allerdings wie luftgekühlte VW-Motoren gegen den Uhrzeigersinn gedreht, um die Ventile einzustellen.

Zum Prüfen führt man die Ventillehre zwischen Kipphebel und Ventil des betreffenden Zylinders ein. Bei korrektem Spiel muß sich die Lehre saugend zwischen den beiden Bauteilen hindurchziehen lassen. Wenn sich trotz eingelegter Lehre der Kipphebel von Hand auf- und abbewegen läßt, ist das Ventilspiel zu groß.

Läßt sich die Lehre nicht einführen, ist das Ventilspiel zu eng. Daher löst man die Kontermutter am anderen Ende des Kipphebels und verdreht die Einstellschraube. Dann hält man sie zur Sicherung fest und zieht die Kontermutter an. Bei selbstsichernden Einstellschrauben oder -muttern ist das Einstellen besonders leicht.

Bei manchen Motoren fehlt die Kipphebelwelle. In diesem Fall hat jeder Kipphebel eine Befestigungsschraube mit integrierter Einstellung. Hier benötigt man zum Einstellen einen Steckschlüssel.

Abschließend wird das Spiel noch einmal geprüft.

Sind die Arbeiten an einem Zylinder beendet, dreht man den Motor weiter, um die Ventile des nächsten Zylinders einzustellen.

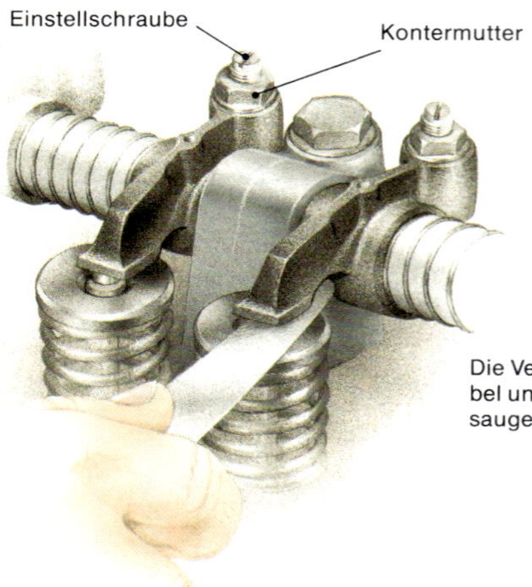

Die Ventillehre wird zwischen Kipphebel und Ventil eingeführt und soll sich saugend hin- und herbewegen lassen.

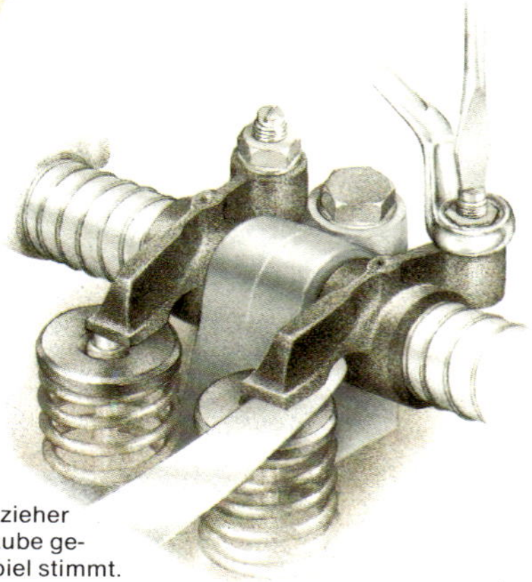
Mit einem Schraubenzieher wird die Einstellschraube gedreht, bis das Ventilspiel stimmt. Die Kontermutter wird nun angezogen und das Spiel noch einmal geprüft.

Weitere Einstelltechniken

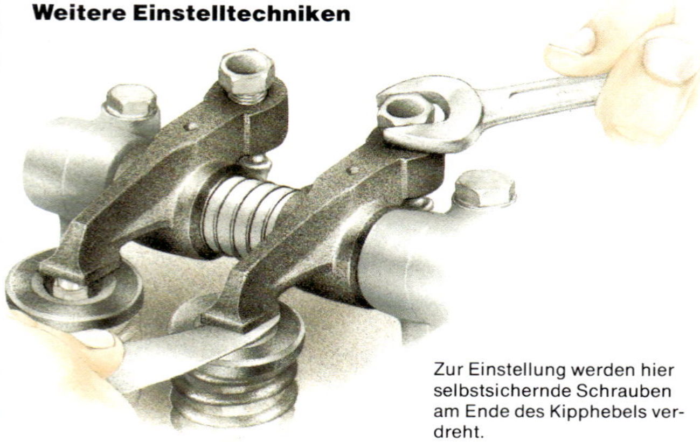
Zur Einstellung werden hier selbstsichernde Schrauben am Ende des Kipphebels verdreht.

Beim Kipphebel ohne Kipphebelwelle übernimmt die Einstellmutter auch die Kipphebelbefestigung.

Tricks bei Einstellarbeiten

Um die Ein- und Auslaßventile leichter zu identifizieren, helfen bei einigen Vierzylindermotoren ein paar Tricks.

Der Auspuffkrümmer stellt die Verbindung zwischen Auslaßventil und Auspuffsystem her. Verfolgt man ihn, zeigt er immer auf die Auslaßventile. Ähnliches gilt für die Einlaßventile, wenn man den vom Vergaser kommenden Ansaugkrümmer verfolgt. Bei manchen Motoren ergibt die Addition der Nummern der beiden betroffenen Ventile stets den Wert 9; so kann z.B. Ventil 1 eingestellt werden, während Ventil 8 voll geöffnet ist. Weitere Angaben dazu findet man in der nachfolgenden Tabelle.

Damit sich der Motor von Hand leichter drehen läßt, nimmt man zu den Einstellarbeiten grundsätzlich die Zündkerzen heraus. Ist die Riemenscheibe schwer zugänglich und kann kein Schlüssel angesetzt werden, legt man den dritten Gang ein, und der Motor kann leicht durch das Fahrzeug so bewegt werden, daß sich die Ventile nacheinander einstellen lassen.

Einstelltabelle

Man prüft Ventil 1, während Ventil 8 voll geöffnet ist.
Bei Ventil 3 ist Ventil 6 geöffnet.
Bei Ventil 5 ist Ventil 4 geöffnet.
Bei Ventil 2 ist Ventil 7 geöffnet.
Bei Ventil 8 ist Ventil 1 geöffnet.
Bei Ventil 6 ist Ventil 3 geöffnet.
Bei Ventil 4 ist Ventil 5 geöffnet.
Bei Ventil 7 ist Ventil 2 geöffnet.

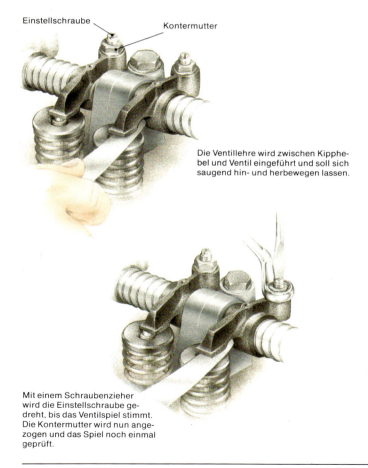

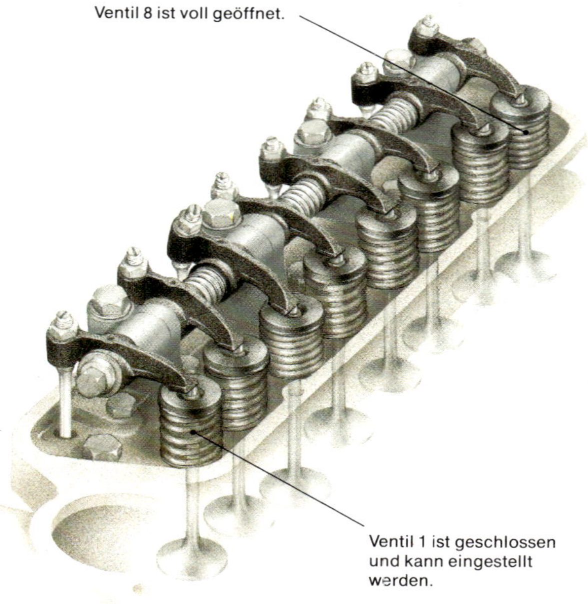

Ventil 8 ist voll geöffnet.
Ventil 1 ist geschlossen und kann eingestellt werden.

Die Ventile sind durchnumeriert. Die Addition der Nummern des zu prüfenden und des voll geöffneten Ventils ergibt immer den Wert 9.

Das Ventilspiel prüfen und einstellen 3

Einstellarbeiten bei obenliegender Nockenwelle

Bei Motoren mit obenliegender Nockenwelle stellt man ein Ventil ein, wenn der Nocken vollständig entlastet ist.

Die Kurbelwelle dreht man mit einem Schlüssel durch, der auf die Befestigungsschraube der Kurbelwellen-Riemenscheibe gesteckt wird. Niemals darf man an dem Rad der Nockenwelle drehen.

Zur Prüfung wird eine Fühlerlehre zwischen Einstellplatte und Nocken oder Kipphebel und Nocken eingeführt. Sie muß sich saugend hin- und herbewegen lassen. Ist das Spiel zu groß, stellt man mit einer etwas dickeren Fühlerlehre die Abweichung fest. Zum Einsetzen neuer Einstellplatten benötigt man eine Spezialzange und einen Hebel, mit dem man das Ventil nach unten drückt, um die Platte herauszunehmen. Auf den Einstellplatten sind ihre Maße vermerkt.

Manchmal wird seitlich an dem Tassenstößel eine Exzenterschraube verdreht.

Bei manchen Motoren drückt der Nocken über einen Schlepphebel, der meist ein verstellbares Widerlager hat, auf das Ventil. Wenn man die Kontermutter löst, läßt sich die Einstellschraube drehen.

Dann dreht man den Motor von Hand durch, um die Funktion der Schlepphebel zu prüfen.

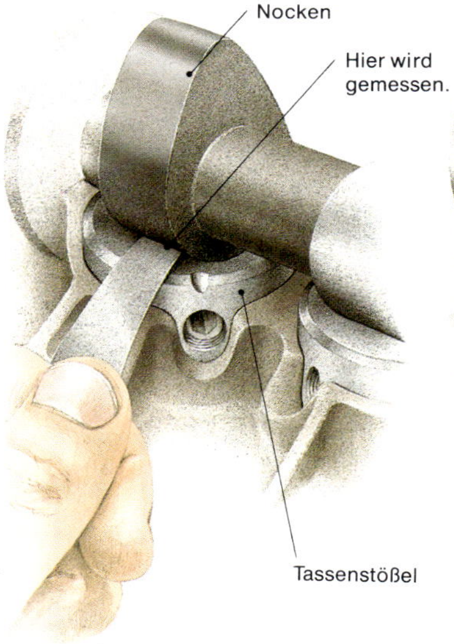

Beim Motor mit Tassenstößeln wird das Spiel mit der Fühlerlehre zwischen Stößel und Rückseite des Nockens gemessen.

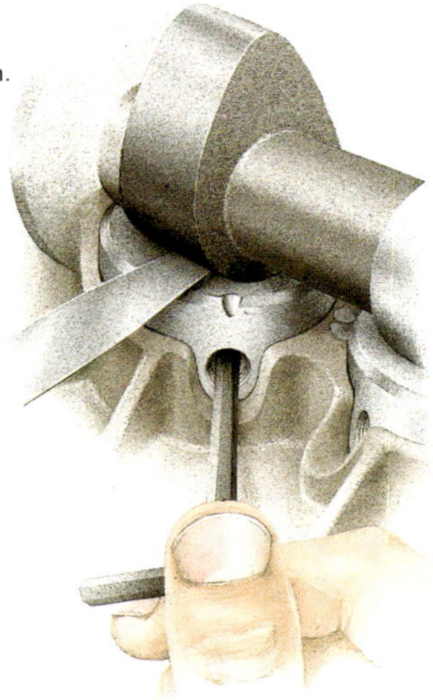

Bei diesem Motor sitzt in der Stößeltasse eine Innensechskantschraube, mit der das Spiel eingestellt werden kann. Reicht auch die äußerste Verstellmöglichkeit nicht aus, muß man die Stößeltasse auswechseln.

Motor mit indirekter Ventilbetätigung

Bei diesem Motor mit obenliegender Nockenwelle betätigt ein Schlepphebel die Ventile. Das Spiel wird zwischen Schlepphebel und Nocken geprüft. Beim Einstellen wird die Höhe eines Gegenlagers verändert.

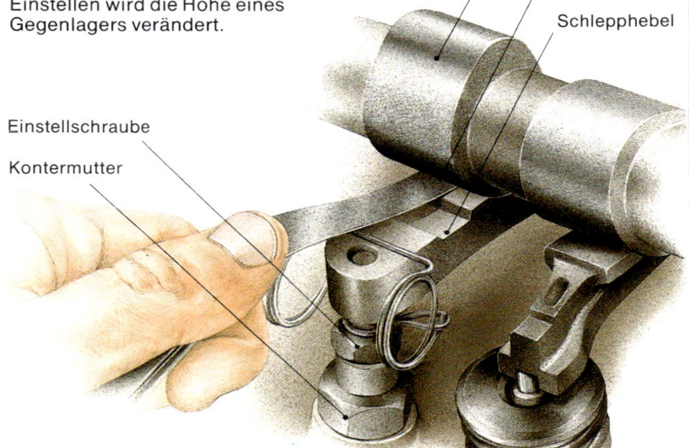

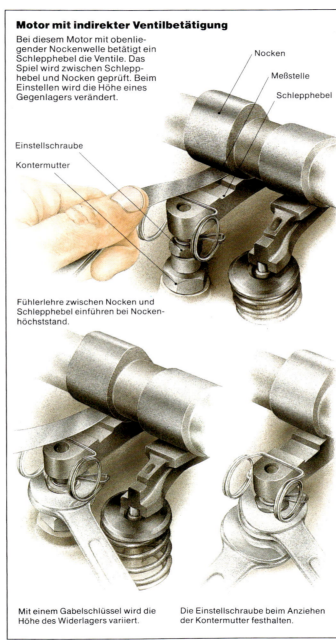

Fühlerlehre zwischen Nocken und Schlepphebel einführen bei Nockenhöchststand.

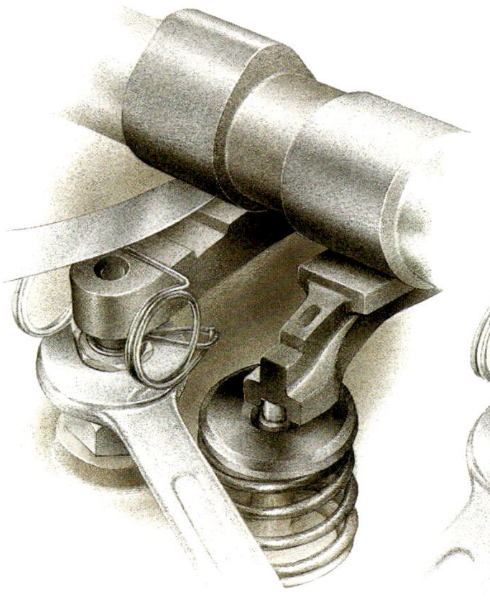

Mit einem Gabelschlüssel wird die Höhe des Widerlagers variiert.

Die Einstellschraube beim Anziehen der Kontermutter festhalten.

Andere Konstruktionen zur Ventilbetätigung

Bei einer anderen Art der indirekten Ventilsteuerung sitzen Kipphebel auf einer gemeinsamen Welle. Gegenüber befindet sich unmittelbar über den Ventilen jeweils eine Einstellschraube mit Kontermutter.

Zur Ventileinstellung wird der Motor mit einem Gabelschlüssel, den man auf die Befestigungsschraube der Kurbelwellen-Riemenscheibe steckt, in seiner üblichen Drehrichtung so lange durchgedreht, bis Zylinder 1 im oberen Totpunkt steht. In dieser Position erkennt man häufig an der vorderen Riemenscheibe die OT-Marke sowie die entsprechende Markierung am Motorblock.

Jetzt lassen sich die Ventile 1, 2, 3 und 5 durch Einführen der Fühlerlehre prüfen.

Sind die Ventile der Reihe nach geprüft und eingestellt, dreht man die Kurbelwelle im normalen Drehsinn einmal durch, bis die OT-Markierung wieder übereinstimmt. Nun werden die Ventile 4, 6, 7 und 8 geprüft und eventuell korrigiert.

Die Einstellung erfolgt immer dann, wenn der Nocken mit seiner höchsten Erhebung nach unten zeigt.

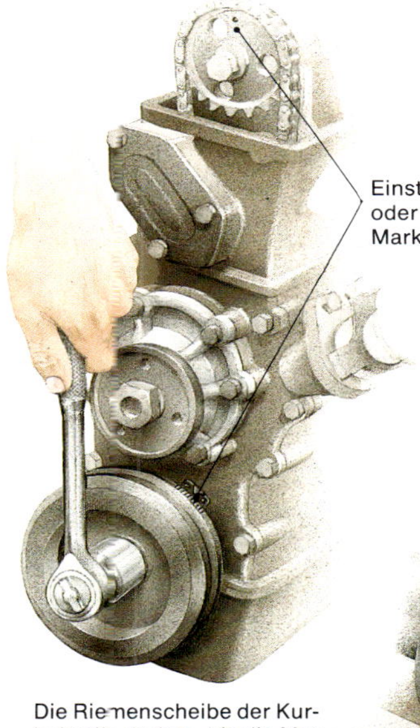

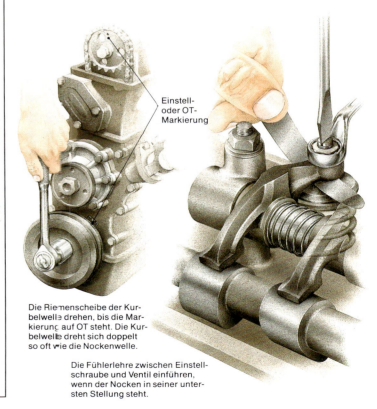

Die Riemenscheibe der Kurbelwelle drehen, bis die Markierung auf OT steht. Die Kurbelwelle dreht sich doppelt so oft wie die Nockenwelle.

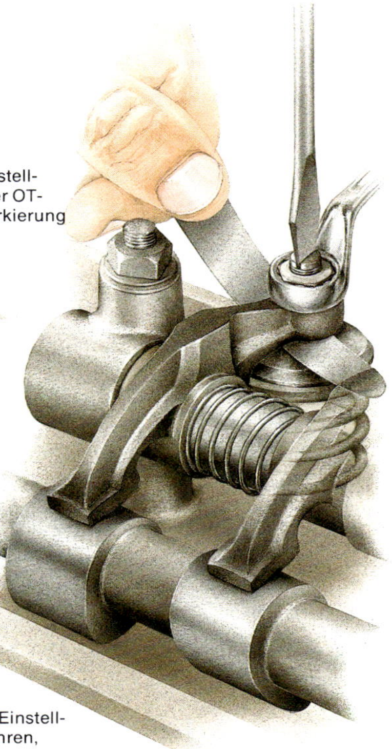

Die Fühlerlehre zwischen Einstellschraube und Ventil einführen, wenn der Nocken in seiner untersten Stellung steht.

Die Ventile einschleifen 1

Ventile müssen unter allen Betriebsbedingungen besonders gut abdichten. Verschlissene Sitze oder durchgebrannte Ventile führen zu geringer Kompression. Der Motor startet schlecht und bringt wenig Leistung.

Ermüdete Ventilfedern verstärken diesen Effekt.

Werkzeug und Ausrüstung

Steckschlüsselsatz, Gabelschlüssel, Ventilfederzange, Stahlbürste, Schaber, Holzblöcke, Bohrmaschine, Stahldraht-Topfbürste, Ventilschleifwerkzeug, Schleifpaste, Preßluft, Kreide, Motoröl

Die Ventile ausbauen

Den demontierten Zylinderkopf setzt man auf Holzklötze, um zu verhindern, daß die Dichtfläche beschädigt wird. Zusätzlich benötigt man reichlich Abstellplatz.

Man schraubt Ansaug- und Auspuffkrümmer ab. Auch die Zündkerzen dreht man heraus. Falls der Thermostatgehäusedeckel bei der Arbeit stört, muß er ebenfalls demontiert werden.

Nun stellt man den Zylinderkopf hochkant auf die Holzklötze und setzt die Ventilfederzange an. Beim Zusammenpressen werden am Ventilfederteller zwei Sicherungskeile frei, die man zur Seite legt. Dann läßt man die Zange langsam los, damit sich die Ventilfeder entsprechend entspannen kann.

Ventilfederteller und Ventilfeder können zur Seite gelegt werden. Auch das Ventil läßt sich nun aus der Führung herausziehen.

Für alle Teile hat man rechtzeitig sorgfältig durchnumerierte Ablageplätze vorbereitet, damit man die Ventile beim Zusammenbau wieder in der gleichen Position montieren kann.

Manchmal sind auf den Ventilschäften Ölabstreifringe angebracht, die bei der Demontage zerstört werden. Dabei kann es vorkommen, daß man ein Ventil mit einem Dorn aus der Führung heraustreiben muß.

Es kann vorkommen, daß die Ventilsicherungskeile mit dem Federteller verklemmen. Beim Ansetzen der Ventilfederzange gibt man deshalb mit einem Gummihammer einen leichten Schlag auf die Zange. Dies erleichtert die Demontage.

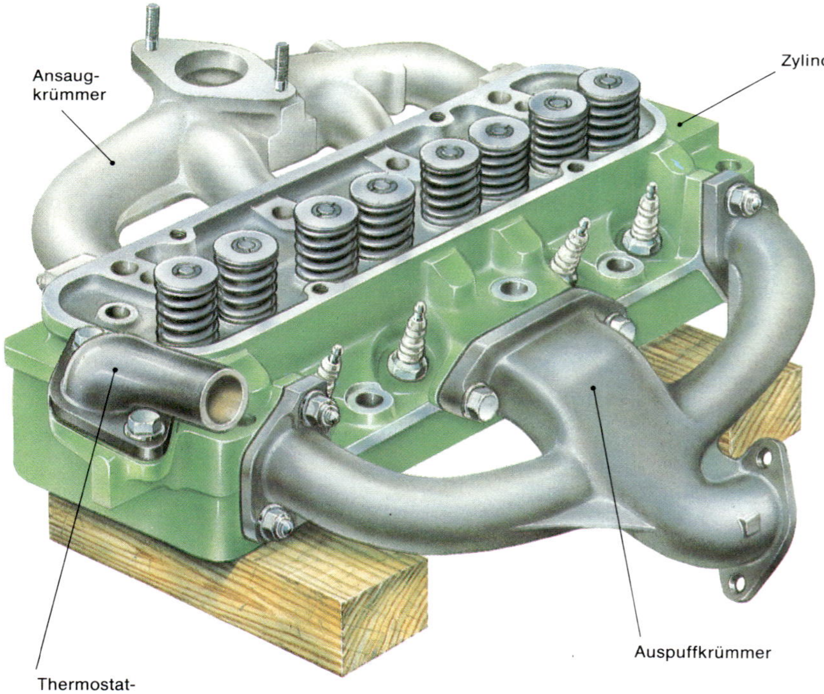

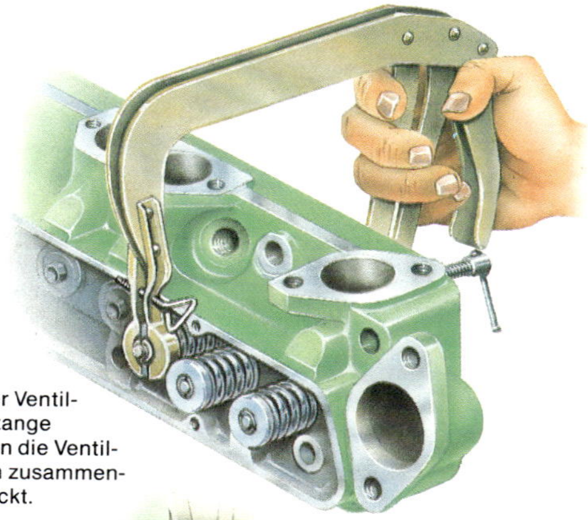
Mit der Ventilfederzange werden die Ventilfedern zusammengedrückt.

Die Sicherungskeile liegen frei.

Reinigungsarbeiten

Im Lauf der Betriebszeit sammelt sich im Brennraum Ölkohle an, die mit einer Stahldraht-Topfbürste entfernt wird. Das gleiche gilt für den Raum hinter den Auslaßventilen und am Flansch für den Auspuffkrümmer.

Vorsicht: Die Ventilsitze dürfen dabei keinesfalls beschädigt werden, besonders bei Aluminium-Zylinderköpfen.

Die Dichtfläche des Zylinderkopfes reinigt man am besten mit einem Flachschaber. Auch hier Vorsicht bei Aluminium-Zylinderköpfen.

Viele moderne Zylinderkopfdichtungen verkleben sehr fest mit den Dichtflächen des Zylinderkopfs und Motorblocks, so daß man sich viel Zeit nehmen sollte. Selbst kleinste Reste können zu Undichtigkeiten führen.

Ölkohle sitzt auch an Ventiltellern, die man mit dem Schaft in eine Bohrmaschine in einem Horizontalständer spannt. Mit einem Schaber lassen sich die Ölkohleansätze leicht entfernen, während die Bohrmaschine möglichst langsam läuft.

Sind die gröbsten Verunreinigungen entfernt, zieht man das Ventil mit feinem Schleifpapier ab und reinigt es.

Die Dichtfläche am Ventil darf weder eingeschlagen noch durchgebrannt sein.

Bei den Reinigungsarbeiten mit der Bohrmaschine grundsätzlich eine Schutzbrille tragen; denn die sehr harten Ölkohlereste platzen ab.

Auch im Auspufftrakt kann sich Ölkohle festsetzen.

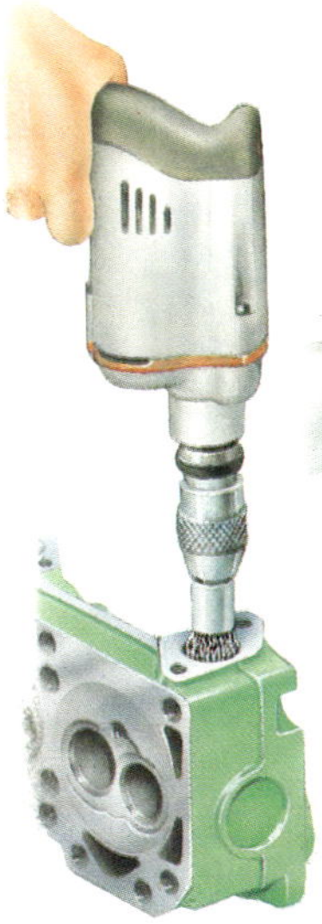

Der Brennraum wird mit der Topfbürste gereinigt.

Mit langsam laufender Bohrmaschine und Schaber die Ventile von Ölkohle befreien.

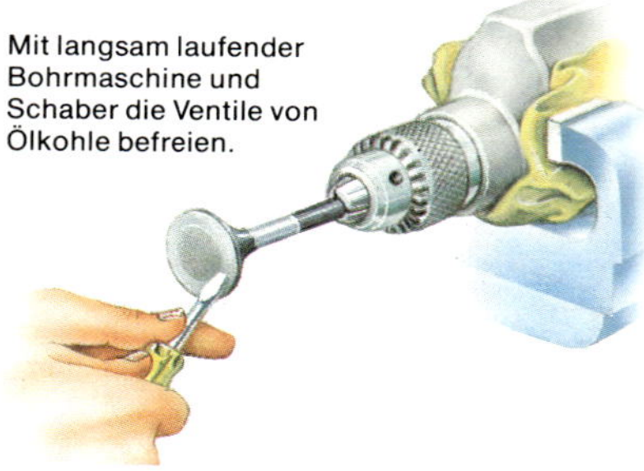

Die Ventile einschleifen 2

Die Ventilführungen prüfen

Um zu prüfen, ob der Ventilschaft oder die Ventilführung ausgeschlagen ist, hebt man das Ventil an, wie im Bild gezeigt, und bewegt es seitlich hin und her. Dabei soll das Spiel nicht größer als etwa 0,2 mm sein.

Ist der Verschleiß schon weiter fortgeschritten, muß man die Ventilführungen und die Ventile auswechseln. Zum Aus- und Einbau der Führungen braucht man eine hydraulische Presse.

Manchmal sind Ventilführungen Teile des Zylinderkopfes und können nicht ausgewechselt werden. Dann prüft der Mechaniker, ob ein Ventil mit einem Übermaßschaft das Spiel ausgleicht. Übermäßiges Spiel an den Ventilführungen führt zu Gasverlusten und zu hohem Ölverbrauch.

Hoher Ölverbrauch bei mittlerer Laufleistung entsteht meist durch beschädigte Ventilschaftabdichtungen. Die Ventilführungen sind oft noch unbeschädigt. Es genügt, die alten Schaftabdichtungen gegen neue aus hochwertigem, teflonhaltigem Kunststoff mit hoher Lebensdauer auszuwechseln.

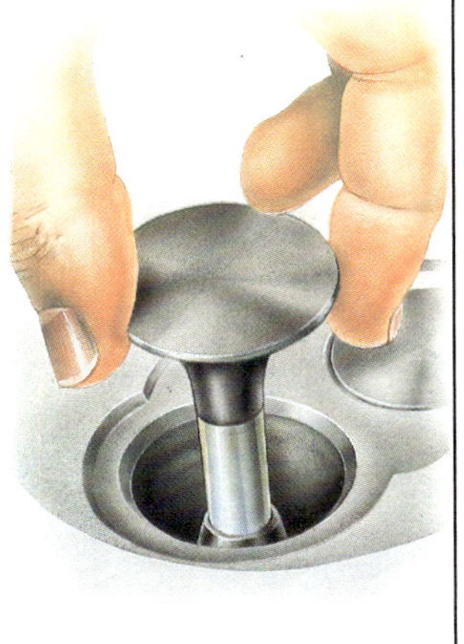

Das Ventil wird leicht aus seinem Sitz herausgehoben und zur Prüfung der Führung hin- und herbewegt.

Die Ventile einschleifen und einsetzen

Wiederverwendbare Ventile werden auf einer Ventildrehbank überarbeitet. Dabei wird auch der Schlag des Ventils geprüft.

Die Ventilsitze werden mit einer Sitzdrehvorrichtung überarbeitet. Die Sitzfläche erhält eine 45°-Fräsung. Da der Sitz selbst nur etwa 2–2,5 mm breit bei Auslaßventilen und etwa 1,5 mm bei Einlaßventilen sein soll, wird er mit 15°- und 75°-Fräsern korrigiert.

Nach den Arbeiten auf der Drehbank und an den Sitzringen wird das Ventil von Hand fein geschliffen. Dazu gibt man etwas Ventileinschleifpaste – gegebenenfalls mehrfach – auf das Ventil und steckt es in die Führung. Mit einem Gummisauger faßt man das Ventil und bewegt den Sauger hin und her. Beim richtig eingeschliffenen Ventil erkennt man in der Mitte der Ventilsitzfläche einen gleichmäßig grauen umlaufenden Ring.

Um Ventil und Sitzring sorgfältig von Schleifmittelresten zu befreien, nimmt man das Ventil aus dem Kopf heraus. Das saubere Ventil erhält zur Kontrolle des Einschleifvorganges Kreidestriche an der Sitzfläche. Man steckt es in die Führung zurück und bewegt es im geschlossenen Zustand wenige Millimeter hin und her.

Wenn man das Ventil wieder herausnimmt, sind die Kreidestriche nur im Sitzbereich unterbrochen, sofern man es richtig eingeschliffen hat.

Sind alle Ventile eingeschliffen, gibt man einige Tropfen Motoröl auf die Schäfte und führt die Ventile ein.

Alle Ventilschäfte sind mit einem Ölabstreifring zu versehen, der mit einem Spezialwerkzeug vorsichtig aufgebracht werden muß, damit die Dichtlippe nicht beschädigt wird.

Jetzt setzt man Ventilfedern und Ventilfederteller auf und drückt sie mit der Ventilfederzange zusammen. Beim Einsetzen der Sicherungskeile muß man sorgfältig arbeiten, damit das Ventil später nicht herausfällt.

Bei Motoren mit hoher Laufleistung sollte man die Ventile nicht überarbeiten, sondern durch Neuteile ersetzen. Dabei wird nur der Sitzring bearbeitet und genau auf das neue Ventil eingeschliffen.

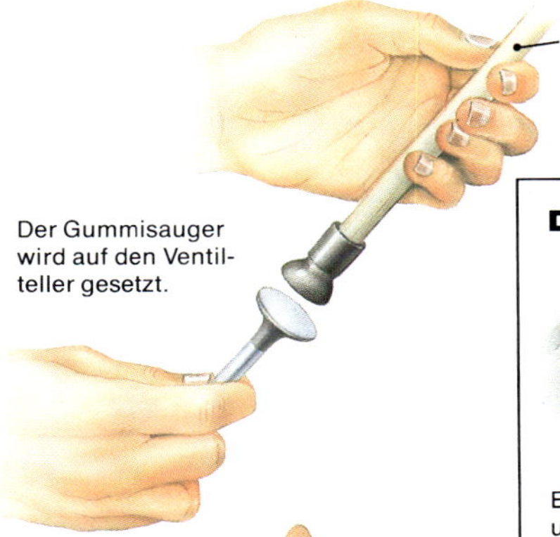

Der Gummisauger wird auf den Ventilteller gesetzt.

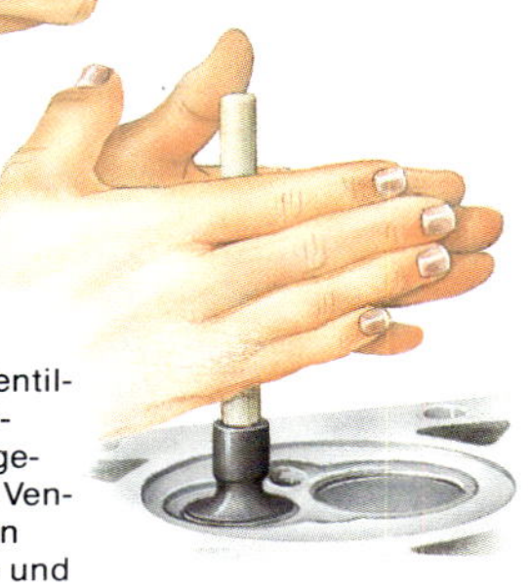

Das mit Ventileinschleifpaste eingestrichene Ventil wird von Hand hin- und hergedreht.

Der Ventilsitz

Ein guter Sitz ist mattgrau und etwa 1,5–2,5 mm breit.

Das Ventil hat einen grauen Ring. Ventile mit einer scharfen Außenkante sollten ersetzt werden.

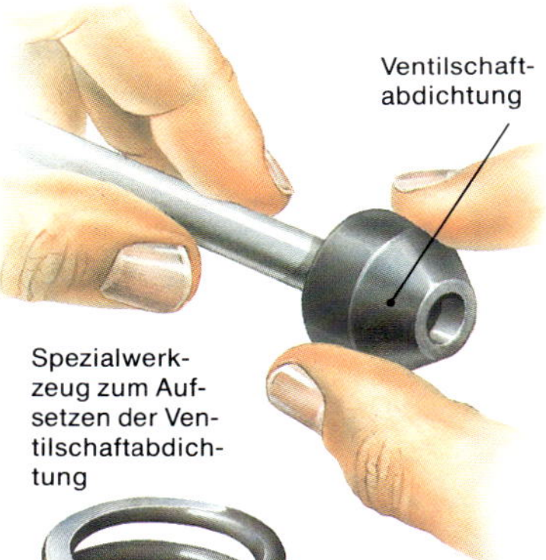

Spezialwerkzeug zum Aufsetzen der Ventilschaftabdichtung

Kolben und Motorblock prüfen

Auf den Kolbenböden setzt sich im Lauf der Betriebszeit Ölkohle ab. Eine dünne Schicht braucht kaum entfernt zu werden. Dicke Ablagerungen sollte man aber mit einem Holzstück abtragen, damit es nicht zu Glühzündungen kommt. Bei Verwendung eines Schabers besteht die Gefahr, daß man den Kolbenboden beschädigt.

Nachdem man die Sitzfläche der Zylinderkopfdichtung mit einem Schaber oder mit dem glatten Rücken eines Eisensägeblattes gereinigt hat, bläst man den Motor mit Preßluft ab. In Zylinderbohrungen und Wasserkanälen dürfen keine Dichtungs- oder Ölkohlereste zurückbleiben.

Es empfiehlt sich stets, auch einen Blick auf die Zylinderlaufbahn zu werfen. Deutliche Laufspuren weisen nicht selten auf Kolbenfresser hin. Kolben dürfen in der Bohrung kein allzu großes Spiel haben. Schäden an den Kolbenböden sind ein Zeichen dafür, daß Fremdkörper in den Motor gelangt sind. In diesem Fall sind die Kolben auszuwechseln.

Muß man den Motor zur Prüfung durchdrehen, setzt man einen Schlüssel auf die Schraube der Kurbelwellen-Riemenscheibe.

Bei Aggregaten mit Laufbüchsen besteht dabei die Gefahr, daß diese aus den Sitzen herausgehoben werden. Daher legt man ein Stück Holz auf die Laufbüchsen und hält sie in ihrer Position fest, wie im Bild rechts unten gezeigt.

Bevor man den Zylinderkopf mit einer neuen Dichtung einsetzt, prüft man die Sitzfläche des Motorblocks mit einem Lineal. Gegebenenfalls müssen die Dichtflächen von Zylinderkopf und Motorblock plangeschliffen werden.

Viele Werkstätten sind dazu übergegangen, die Dichtflächen des Kopfs nicht zu prüfen, sondern sie gleich zu überarbeiten. Der Kunde hat damit die Gewähr, daß die neue Zylinderkopfdichtung tatsächlich dicht bleibt. Außerdem kann man Risse besser erkennen.

Dicke Ölkohleschichten werden mit einem Stück Holz vorsichtig vom Kolbenboden entfernt.

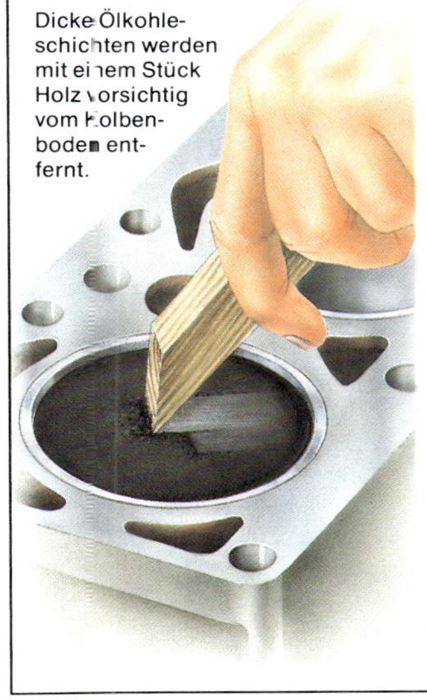

Motorblock mit auswechselbaren Laufbüchsen

Der Holzklotz verhindert, daß sich Laufbüchsen beim Durchdrehen des Motors anheben.

Die Kompression prüfen

Ein Kompressionstest informiert sehr gut über den Verschleißzustand eines Motors und gibt somit Auskunft über den Zustand der Kolben, der Kolbenringe mit Zylinderlaufbüchsen sowie der Ventilabdichtung.

Für den Test dreht man die Zündkerzen heraus und trennt das Zündsystem von der Spannungsversorgung. Den Kompressionsdruckprüfer drückt ein Helfer auf die Kerzenbohrungen, den Motor dreht man mit dem Anlasser durch.

Werkzeug und Ausrüstung

Kerzenschlüssel, Kompressionsdruckprüfer, Motoröl

Den Kompressionstest durchführen

Wenn der Motor seine normale Betriebstemperatur erreicht hat, stellt man ihn ab und dreht mit einem Kerzenschlüssel alle Zündkerzen heraus.

Da die Kerzenkabel bei den Arbeiten stören, nimmt man die Verteilerkappe ab und macht das elektronische Zündschaltgerät durch Abziehen des Plussteckers spannungslos.

Nun bringt man den Schalthebel in die Leerlaufstellung und zieht die Handbremse an. Ein Helfer drückt den Kompressionsdruckprüfer auf die Kerzenöffnung des ersten Zylinders, und bei voll durchgetretenem Gaspedal läßt man den Anlasser eine Zeitlang durchdrehen, bis die Anzeige des Gerätes ihr Maximum erreicht.

So werden alle Zylinder der Reihe nach geprüft. Das Gaspedal bleibt dabei stets in Vollgasstellung, damit der Motor beim Durchdrehen nicht allzuviel Benzin ansaugt und absäuft.

Die einzelnen Kompressionsdruckwerte notiert man auf einem Zettel. Es gibt auch Prüfgeräte mit einer Schreibvorrichtung, die nach der Prüfung jedes Zylinders weiterbewegt werden muß.

Bei manchen Kompressionsdruckprüfern besitzt der Anschlußschlauch ein Gewinde, das in das Kerzenloch eingeschraubt werden kann, so daß man zur Prüfung keinen Helfer benötigt.

Liegen die Meßwerte unter 6,5–7,5 bar, befindet sich ein Ottomotor meist bereits an der Verschleißgrenze.

Um herauszufinden, ob die Ursache in undichten bzw. in schlecht eingestellten Ventilen zu suchen ist, sollte man die Ventileinstellung prüfen, gegebenenfalls korrigieren (siehe Seite 69–71) und die Messung nach etwa 500 Fahrkilometern wiederholen.

Eine Fehlerquelle bei zu niedrigen Meßwerten ist Verschleiß von Kolben, Kolbenringen und Zylinderlaufbahnen.

Um herauszufinden, ob einer dieser Fehler vorliegt, schüttet man ein wenig Motoröl in das Kerzenloch, dreht den Motor mit dem Anlasser durch und wiederholt die Messung. Bei deutlicher Verbesserung des Meßergebnisses ist der Motor verschlissen.

Bleibt das Meßergebnis unverändert, ist eventuell das Öl am Kolben vorbei in die Ölwanne gelaufen, was bedeutet, daß der Verschleiß des Motors bereits sehr weit fortgeschritten ist.

Andererseits ist es auch möglich, daß Ventile durchgebrannt sind bzw. neu eingestellt werden müssen.

Bei den üblichen Ottomotoren liegen die normalen Kompressionswerte etwa zwischen 8 und 12 bar. Noch höhere Kompressionen weisen in der Regel darauf hin, daß sich sehr viel Ölkohle auf dem Kolbenboden angesetzt hat.

Wichtig ist für einen guten Motorzustand, daß die Meßwerte der einzelnen Zylinder nicht zu stark voneinander abweichen.

Bei den Prüfungen immer den Schalthebel in Leerlaufstellung bringen und das Fahrzeug mit der Handbremse sichern. Beim Starten des Anlassers Vorsicht vor drehenden Motorteilen!

Den Kompressionsdruckprüfer einsetzen

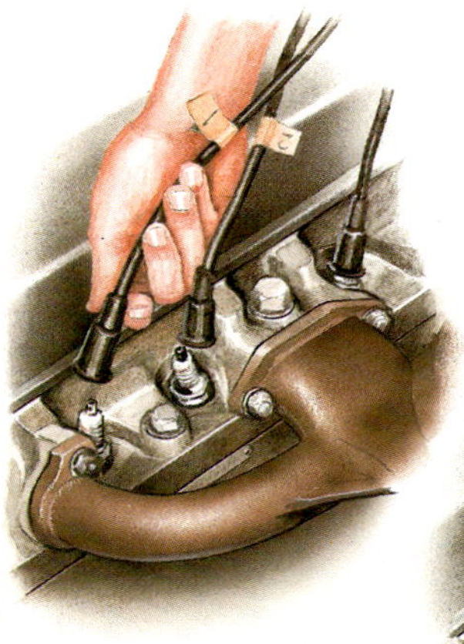

Man zieht die Kerzenstecker ab und nimmt die Verteilerkappe ab. Das mittlere Kabel der Zündspule wird auf Masse gelegt.

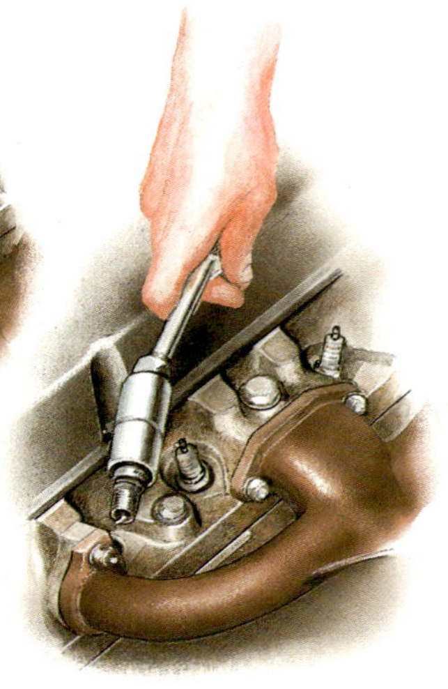

Man reinigt den Kerzenbereich und dreht die Kerzen mit einem Spezialschlüssel heraus.

Der Kompressionsdruckprüfer muß immer auf 0 gestellt werden, bevor man die nächste Messung vornimmt.

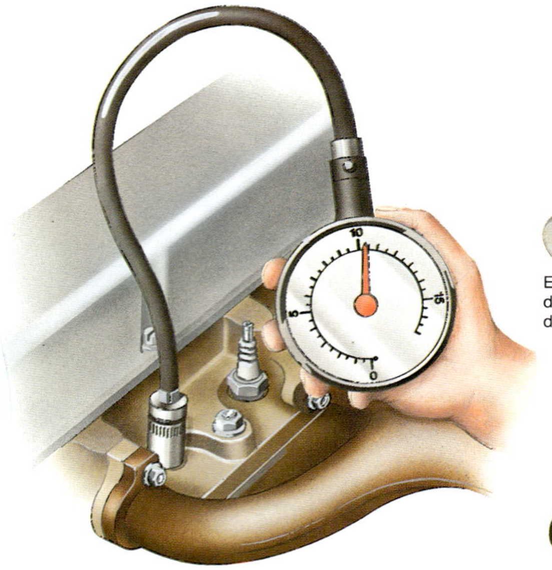

Dieses Prüfgerät hat ein Einschraubgewinde, so daß man keinen Helfer benötigt.

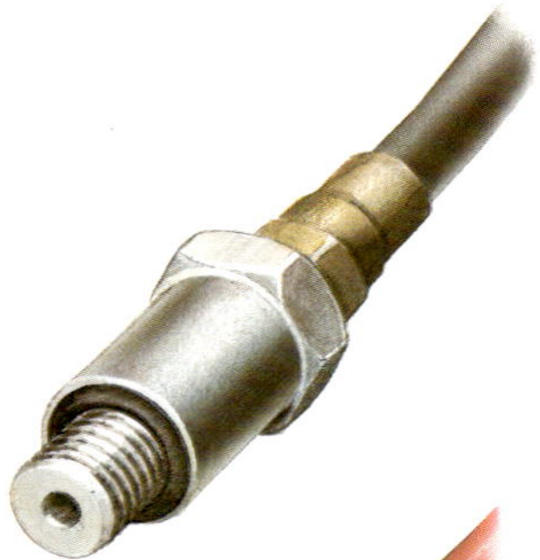

Einschraubgewinde des Kompressionsdruckprüfers

Bei diesem Kompressionstester benötigt man einen Helfer.

Verschiedene Anschlußgewinde

Bei Druckprüfern mit Einschraubgewinde muß man jeweils den richtigen Adapter einsetzen. Für Dieselmotoren braucht man Spezialanschlüsse und ein Prüfgerät mit einem Meßbereich bis etwa 35 bar.

Kerze mit Langgewinde

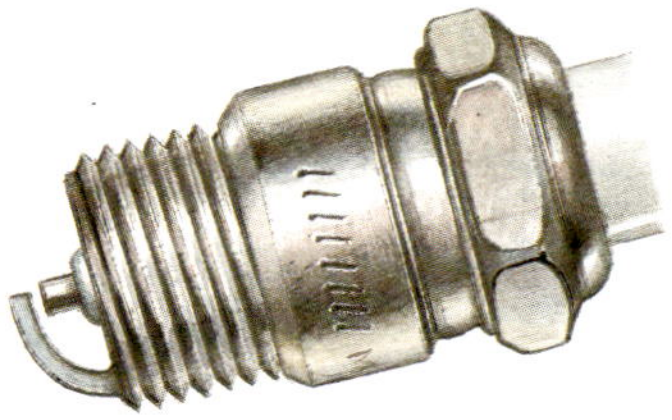

Standardkerzengewinde

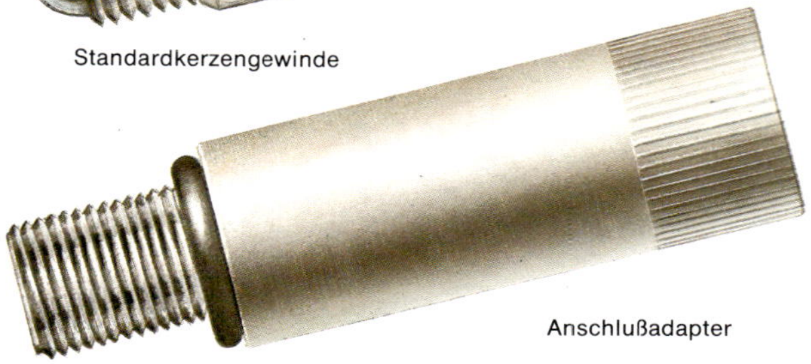

Anschlußadapter

Den Keilriemen prüfen, einstellen und ersetzen 1

Über den Keil- oder Flachriemen werden Lichtmaschine, Wasserpumpe, Kompressor der Klimaanlage und Hydraulikpumpe der Lenkhilfe angetrieben. Keilriemen fallen aufgrund hoher Belastung und normaler Alterung auch heute noch relativ häufig aus.

Zunächst dehnt sich der Keilriemen aus und rutscht durch. Dann bekommt er Risse und reißt. Daher sollte man Spannung und Zustand des Keilriemens oft prüfen.

Leuchtet während der Fahrt die Ladekontrolleuchte auf, kann der Keilriemen gerissen sein. Lichtmaschine und Wasserpumpe arbeiten dann nicht mehr, so daß man unverzüglich anhalten muß, um einen Schaden zu verhüten.

Hinweise auf einen durchrutschenden Keilriemen sind steigende Motortemperatur und eventuell auch eine leere Batterie.

Der Keilriemen rutscht häufig durch, wenn der Generator unter Last steht, wenn z. B. die Hauptscheinwerfer, die Heizscheibe und andere Verbraucher eingeschaltet sind. Dabei leuchtet die Ladekontrollampe nicht auf, obwohl die Batterie niemals voll geladen wird.

Wenn die Wasserpumpe nicht mit der notwendigen Drehzahl umläuft, wird der Motor überhitzt. Außerdem verschleißt der Keilriemen bei schlechter Spannung schneller: Die Lauffläche erhält feine Risse.

Ist der Keilriemen zu fest gespannt, können die Lager der Lichtmaschine und der Wasserpumpe beschädigt werden.

Zur Prüfung dreht man die Innenseite des Keilriemens nach außen. Risse, Schleifspuren und Ablösungserscheinungen sind Gründe, den Keilriemen zu ersetzen.

Moderne Flachriemenantriebe werden in gleicher Weise behandelt, jedoch ist bei ihnen meist eine etwas höhere Riemenspannung notwendig.

Bevor man den Keilriemen prüft, zieht man den Zündschlüssel ab, damit niemand aus Versehen den Motor startet. Sonst könnte man mit den Fingern in den Riementrieb geraten.

Auf keinen Fall darf man, wenn ein Ersatzriemen fehlt, eine Strumpfhose einsetzen, wie manchmal empfohlen wird; denn sie kann sich lösen und den Kühler sowie den Zahnriementrieb der Motorsteuerung beschädigen.

Werkzeug und Ausrüstung

Schraubenschlüssel, Meterstab, Ersatzkeil- oder -flachriemen

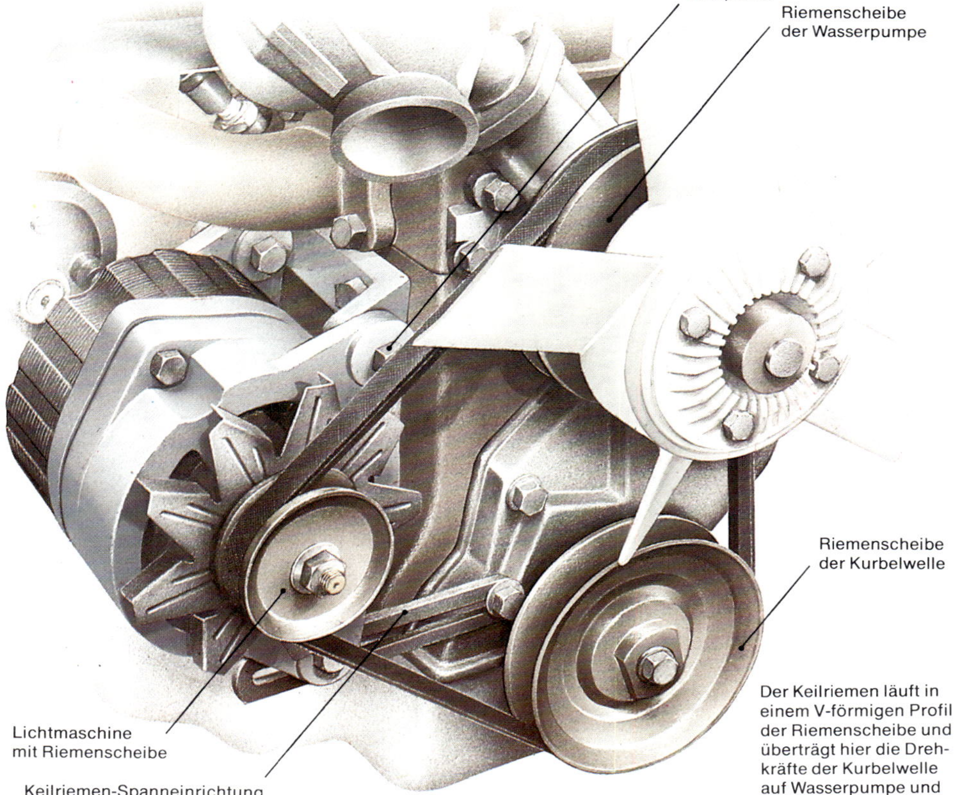

Der Keilriemen läuft in einem V-förmigen Profil der Riemenscheibe und überträgt hier die Drehkräfte der Kurbelwelle auf Wasserpumpe und Lichtmaschine.

Zerlegbare Riemenscheibe

Luftgekühlte VW-Motoren haben Lichtmaschinen mit einer zerlegbaren Riemenscheibe. Zwischen den beiden Teilen liegen Scheiben, mit denen die Keilriemenspannung eingestellt wird (siehe Seite 76).

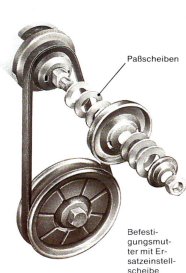

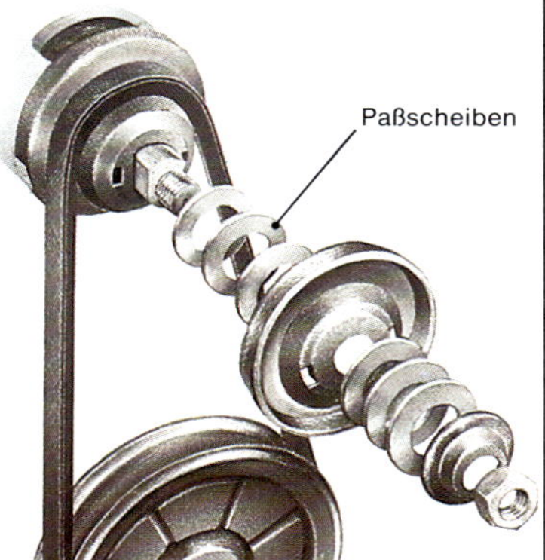

Die Keilriemenspannung prüfen

Man sucht sich den längsten Teil des Riementriebs zwischen zwei Riemenscheiben aus, legt ein Lineal oder einen Holzstab auf und drückt den Keilriemen durch. Er sollte sich etwa 10–15 mm durchdrücken lassen. Ist dieser Wert größer oder kleiner, muß er richtig eingestellt werden.

Mit dem Lineal mißt man die Mitte zwischen zwei Keilriemenscheiben aus.

Der Riemen sollte sich etwa 10–15 mm durchdrücken lassen.

Keilriementrieb mit Spannrolle

Manchmal sitzt am Keilriementrieb eine besondere Spannrolle. Man löst eine Kontermutter und dreht die Einstellspindel, bis die Spannung korrekt ist. Dann wird die Kontermutter wieder angezogen.

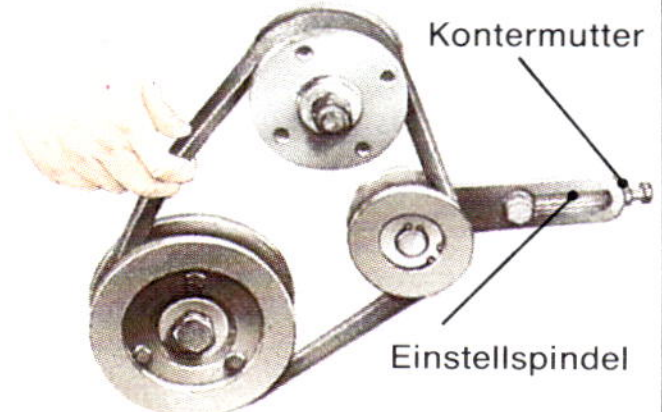

Den Keilriemen prüfen, einstellen und ersetzen 2

Einstellen der Keilriemenspannung

Hat sich ein Keilriemen gedehnt und rutscht durch, kann man ihn mit der Verstelleinrichtung der Lichtmaschine neu einstellen: Zwei Befestigungsschrauben bilden den Drehpunkt. Das dritte freie Ende in einer geschlitzten Metallschiene ist verstellbar.

Zum Einstellen der Keilriemenspannung löst man die Klemmutter in der geschlitzten Metallschiene, schiebt ein Montiereisen zwischen Motor und Lichtmaschine und drückt diese vom Motor weg, so daß sich der Keilriemen spannt. Anschließend prüft man seine korrekte Spannung (siehe Seite 99).

Wenn sich die zwei festen Aufhängungspunkte nicht drehen lassen, löst man die beiden untenliegenden Drehpunkte zum Spannen.

Bei Fahrzeugen mit einer Umlenkrolle ist das Einstellen der Keilriemenspannung sehr viel einfacher. Nach Lösen der Kontermutter wird die Einstellschraube gedreht, bis die Keilriemenspannung korrekt ist.

Zum Spannen des Keilriemens wird der Generator mit dem Montiereisen oder einem Stück Holz vom Motor weggedrückt.

Bei einigen Konstruktionen wird auch die untere Befestigung gelöst.

Den Generator von Hand bewegen, bis die Keilriemenspannung stimmt.

Einstellarbeiten an luftgekühlten VW-Motoren

Man hält den Lichtmaschinenanker mit einem Schraubenzieher fest, den man von hinten in den Schlitz der Keilriemenscheibe steckt, während man vorn die Befestigungsmutter und die vordere Scheibenhälfte abnimmt. Dahinter sitzen Paßscheiben, von denen man eine herausnimmt. Beim Zusammenbau muß man die Führungsschlitze in Gegenstücke auf der zweiten Riemenscheibe einführen.

Beim Festziehen der Mutter dreht man den Riementrieb, damit sich der Keilriemen nicht festsetzt.

Anschließend läßt man den Motor kurz laufen und prüft die Keilriemenspannung.

Befestigungsmutter und vordere Keilriemenscheibe werden abgenommen.

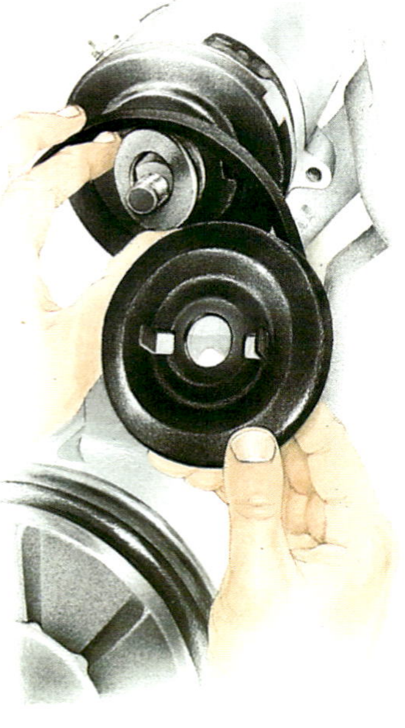

Zum Erhöhen der Keilriemenspannung nimmt man eine der Paßscheiben zwischen den Riemenscheiben heraus.

Man legt die zweite Riemenscheibe mit dem Keilriemen auf und setzt die Befestigungsmutter auf.

Den Keilriemen erneuern

Man sollte immer einen passenden Ersatzkeilriemen im Fahrzeug mitführen. Die Vertragswerkstätten und der Ersatzteil-Fachhandel führen ein ganzes Sortiment von Keilriemen für alle möglichen Marken. Man muß sich daher den richtigen Typ aus der Liste oder aus der Bedienungsanleitung des eigenen Autos heraussuchen.

Fehlen solche Angaben, findet man häufig die richtige Bezeichnung auf dem alten Keilriemen. Entscheidend dabei sind neben der richtigen Länge auch das Riemenprofil und die Qualitätsangabe.

In neuester Zeit montiert man sogenannte flankenoffene Keilriemen, die mit dem Kürzel „FO" bezeichnet werden. Sie sind höher belastbar und deshalb empfehlenswert.

Den alten Keilriemen kann man meist leicht abnehmen, wenn man die Lichtmaschineneinstellung und -befestigung im unteren Teil löst. Die Lichtmaschine klappt dann zum Motor, und der Keilriemen wird über das Lüfterrad gezogen. Bei verkleidetem Lüfterrad ist das Herausnehmen manchmal schwierig; dann schneidet man besser den Keilriemen mit dem Seitenschneider durch.

Den neuen Keilriemen führt man sorgfältig um das Lüfterrad herum und legt ihn zunächst auf die Keilriemenscheibe der Kurbelwelle und der Lichtmaschine. Dann erfaßt eine Hand den Lüfter der Wasserpumpe, während die andere den Keilriemen seitlich schräg auf die Keilriemenscheibe der Wasserpumpe legt. Beim Drehen des Lüfters wird nun der Keilriemen automatisch auf die Riemenscheibe gewunden.

Bei diesen Arbeiten muß man aufpassen, daß man nicht die Finger einklemmt! Man darf auf keinen Fall einen Schraubenzieher mit Gewalt einsetzen, damit der Keilriemen nicht überdehnt wird.

Besitzt das Fahrzeug eine Viskosekupplung, läßt sich der Riementrieb nicht mit dem Lüfter drehen. In diesem Fall setzt man einen gekröpften Ringschlüssel auf die Riemenscheibe der Kurbelwelle.

Zum Schluß wird die Keilriemenspannung eingestellt. Nicht flankenoffene Keilriemen muß man nach etwa 300 km nachstellen.

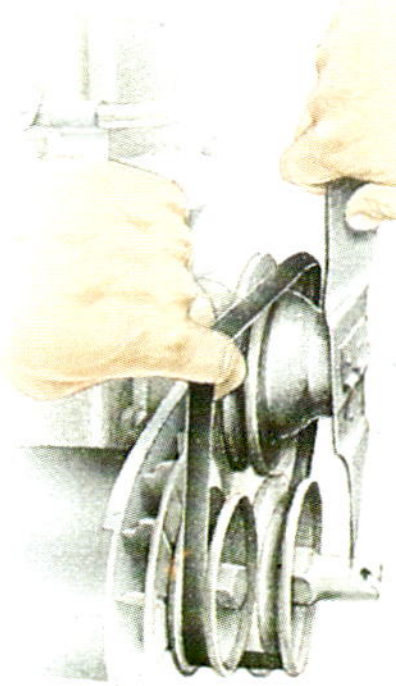

Der Keilriemen wird auf den Riementrieb gewunden. Dabei keinen Schraubenzieher benutzen!

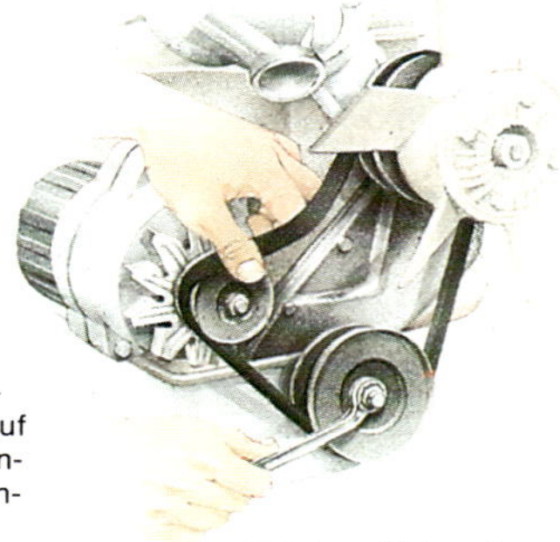

Bei einer Viskosekupplung dreht man den Riementrieb mit einem gekröpften Ringschlüssel.

Die Zahnriemenspannung einstellen 1

Nach Einbau des Zylinderkopfs ist die Spannung des Zahnriemens einzustellen, besonders bei manchen Dieselmotoren, da hier der Zahnriemen auch die Einspritzpumpe antreibt. Lockere Zahnriemen können abspringen. Dabei können sich Kolbenböden und Ventile berühren. Die Folge ist ein Motortotalschaden.

Werkzeug und Ausrüstung

Schraubenschlüssel, Steckschlüssel, Spezialwerkzeug zum Prüfen der Zahnriemenspannung, Drehmomentschlüssel, Schraubenzieher

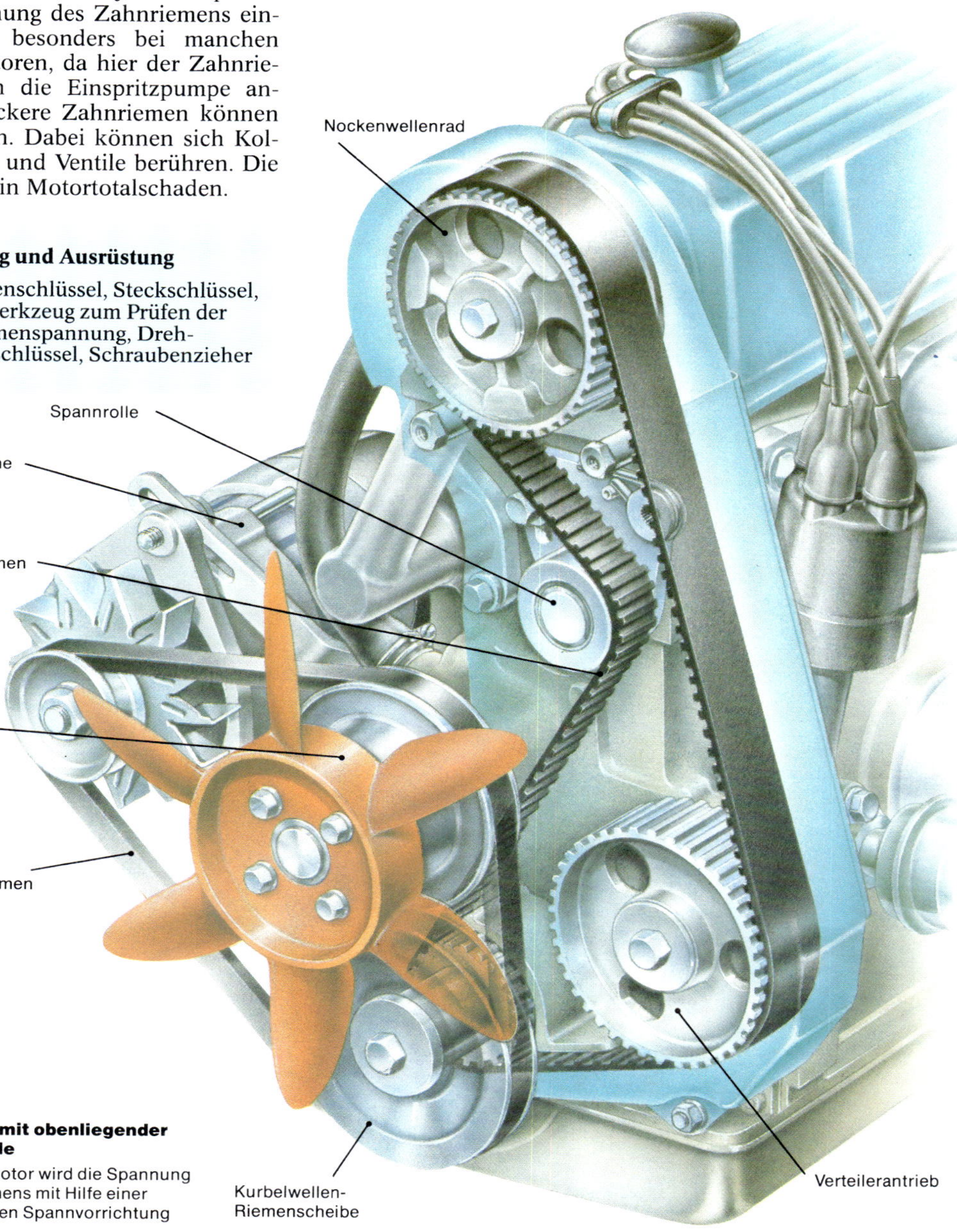

Ford-Motor mit obenliegender Nockenwelle
Bei diesem Motor wird die Spannung des Zahnriemens mit Hilfe einer federbelasteten Spannvorrichtung eingestellt.

Die Zahnriemenabdeckung ausbauen

Kontrollen empfehlen sich immer dann, wenn abnorme Geräusche im Bereich des Zahnriemens auftreten oder Fremdkörper hinter die Abdeckung gelangt sind.

Zunächst wird die Lichtmaschine gelöst, damit man den Keilriemen von den Riemenscheiben abnehmen kann.

Man dreht die Schrauben oder Muttern der Zahnriemenabdeckung heraus und zieht die Abdeckung ab.

Meist muß man die Keilriemenscheiben nicht abnehmen. Andernfalls dreht man die Schraube heraus und drückt die Riemenscheibe ab.

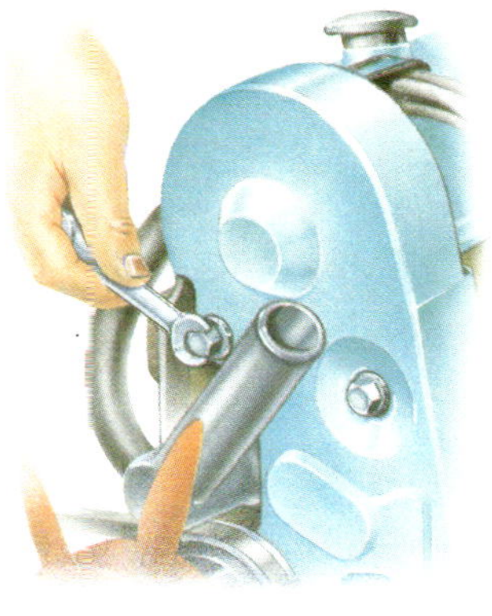

Befestigungsschraube der Zahnriemenabdeckung

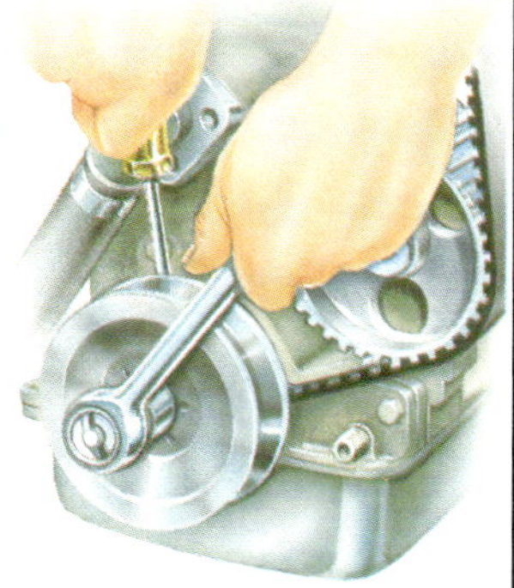

Bei manchen Motoren muß man zusätzlich zur Abdeckung auch die untere Riemenscheibe ausbauen.

Einstellarbeiten bei Ford-Motoren

Die Zahnriemenspannung wird hier mit einer federbelasteten Vorrichtung hergestellt. Löst man die linke Sicherungsschraube, kann man die Spannvorrichtung rechts mit einem Spezialsteckschlüssel auf das vorgegebene Drehmoment bringen.

Damit sich die Spannung im Zahnriemen gleichmäßig verteilt, dreht man den Riementrieb zweimal im Uhrzeigersinn durch. Man löst die Sicherungsschraube und bringt die Spannvorrichtung auf das richtige Drehmoment. Dann wird die Sicherungsschraube wieder angezogen. Anschließend ist der Motor wieder zu komplettieren.

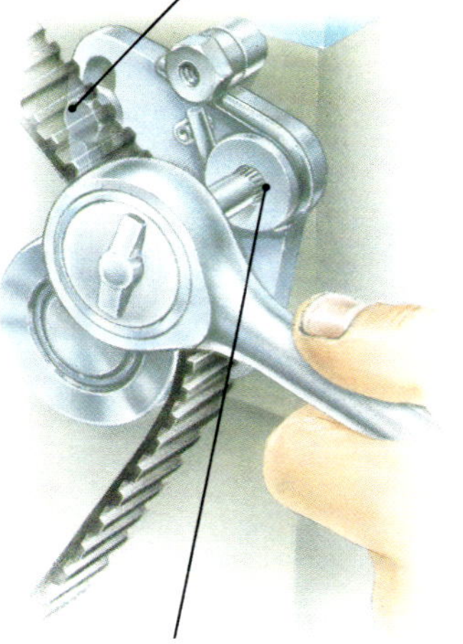

Einstellen der Zahnriemenspannung mit Hilfe einer Ratsche und eines Spezialsteckschlüssels

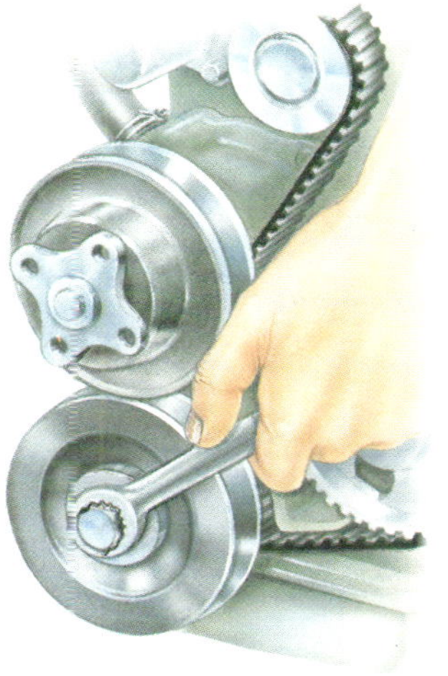

Achtung: Zündung ausschalten und Schlüssel abziehen!

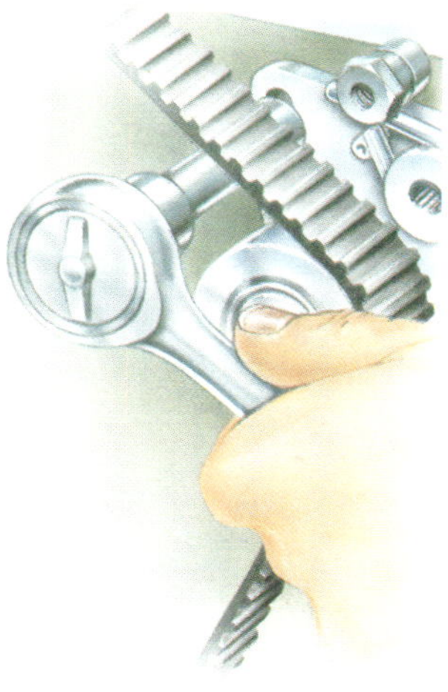

Zuletzt die Sicherungsschraube festziehen. Die Drehmomente beider Schrauben findet der Mechaniker im Werkstatt-Handbuch.

Die Zahnriemenspannung einstellen 2

Die Spannung mit der Federwaage prüfen und einstellen

Hier gibt es keine federbelastete Spannvorrichtung. Zur Einstellung benötigt man eine Federwaage mit einem Haken, deren Meßbereich bis etwa 6 kg reichen sollte.

Die Federwaage wird in der Mitte zwischen dem Nocken- und Kurbelwellenrad eingehängt. Man zieht die Waage an, bis der Zahnriemen die Markierung am Stutzen der Wasserpumpe erreicht. Bei einem gebrauchten Zahnriemen sollte die Waage 5 kg, bei einem neuen 6 kg anzeigen.

Eine kugelgelagerte Rolle spannt den Zahnriemen von außen.

Eine der beiden Einstellschrauben wird in einem Schlitz geführt. Öffnet man beide, läßt sich die Spannrolle in der Schlitzführung bewegen. Abschließend werden beide Schrauben gesichert und der Motor komplettiert.

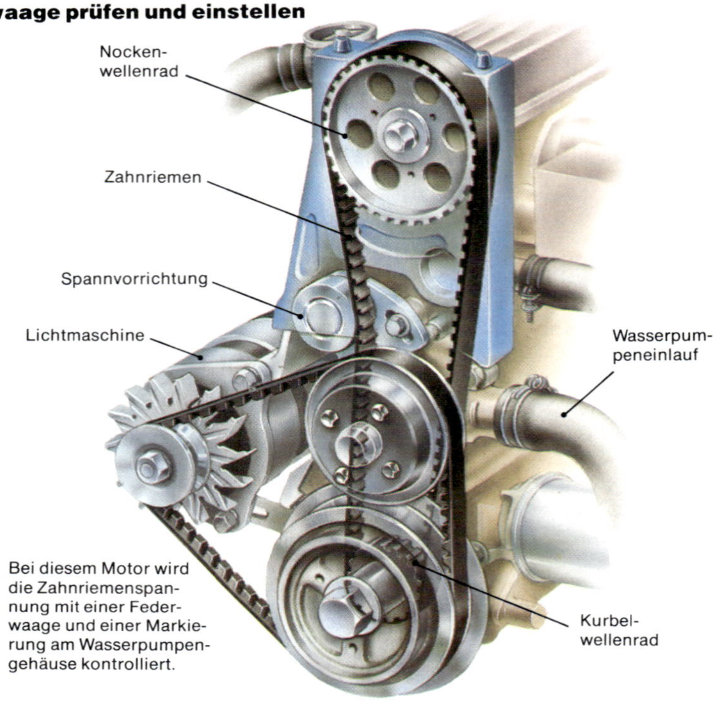

Bei diesem Motor wird die Zahnriemenspannung mit einer Federwaage und einer Markierung am Wasserpumpengehäuse kontrolliert.

Die Zahnriemenspannung prüfen

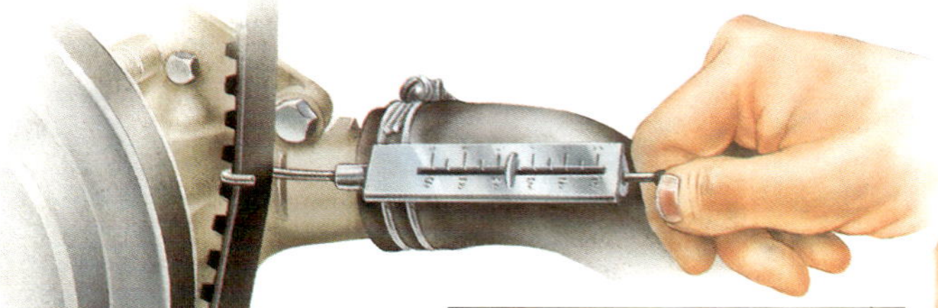
An dieser Stelle wird die Federwaage eingehängt.

Marke für den ausgezogenen Zahnriemen

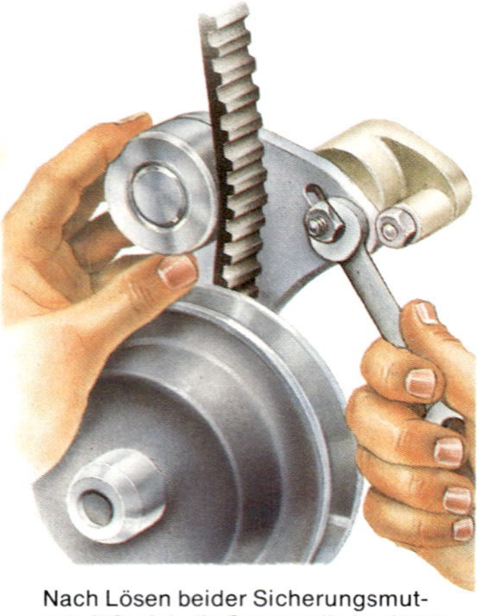
Nach Lösen beider Sicherungsmuttern läßt sich die Spannrolle in einem Schlitz verschieben.

Einstellarbeiten bei VW- und ähnlichen Motoren

Auch hier gibt es keine federbelasteten Spannrollen. Die Zahnriemenspannung prüft man, indem man den Riemen mit Daumen und Zeigefinger faßt und um 90° verdreht. Dabei darf man keine Gewalt anwenden. Die Prüfung führt man am längsten freiliegenden Teil des Zahnriemens durch.

Bei manchen VW-Motoren muß man zur Einstellung der Spannung die Wasserpumpe lösen und verdrehen.

Für die Einstellarbeiten an Dieselmotoren ist ein besonderer Druckpilz notwendig, der zum Spezialwerkzeugprogramm des Motorenherstellers gehört. Allgemein ist die Zahnriemenspannung beim Diesel höher.

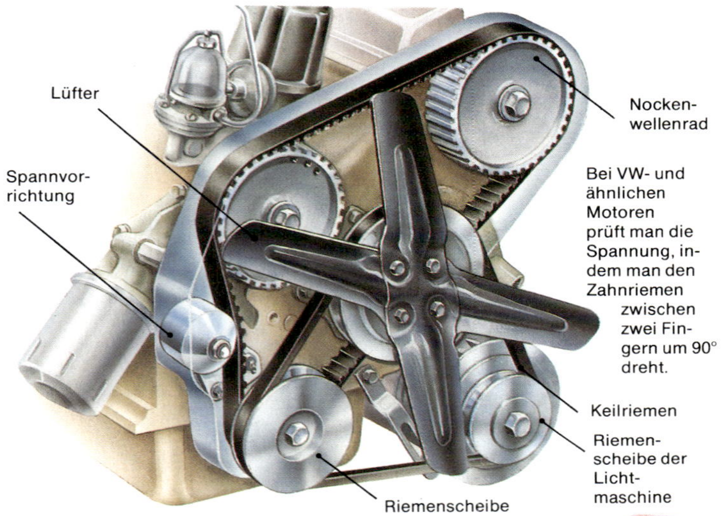

Bei VW- und ähnlichen Motoren prüft man die Spannung, indem man den Zahnriemen zwischen zwei Fingern um 90° dreht.

Spannvorrichtung an der Wasserpumpe

Bei manchen VW-Motoren muß man die Wasserpumpe verdrehen.

Die Klemmschrauben sind gelöst, und die Wasserpumpe wird soweit wie nötig mit einem Schraubenzieher verdreht.

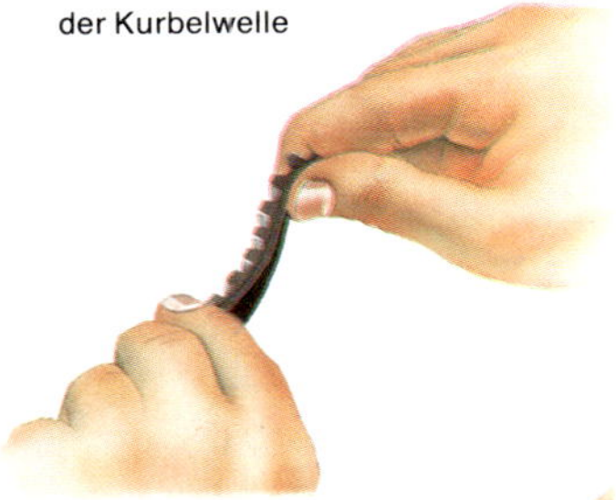
Der Zahnriemen wird mit Daumen und Zeigefinger um 90° verdreht.

Nach Lösen der Schrauben wird die Spannrolle im Uhrzeigersinn verdreht.

Das Motoröl prüfen und wechseln 1

Wie oft man den Ölstand prüft, hängt von der Fahrleistung und vom Ölverbrauch ab. Meist sind Prüfintervalle von etwa vier Wochen ausreichend.

Werkzeug und Ausrüstung

Ringschlüssel, Ölfilterschlüssel, Schraubenzieher, Hammer, Wagenheber und Stützböcke, Ölauffangwanne, Trichter, Motoröl, neues Ölfilter oder Ölfiltereinsatz

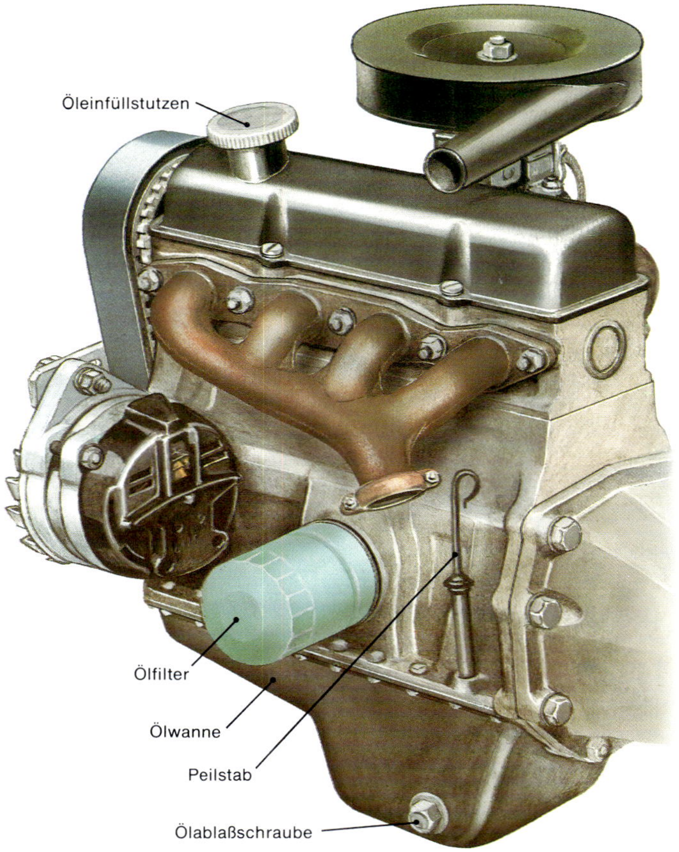

Umweltschutz

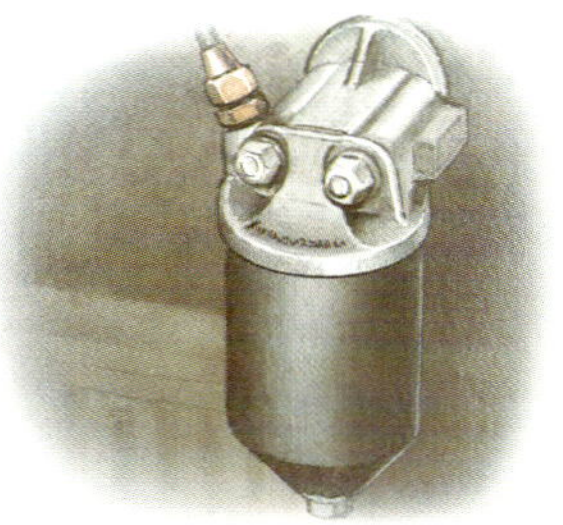

Ölfilter müssen wie Altöl entsorgt werden und gehören keinesfalls in den Hausmüll. Im Zweifelsfall sollte man in der Fachwerkstatt nachfragen.

Den Ölstand prüfen und Motoröl auffüllen

Zum Prüfen des Ölstandes sollte das Fahrzeug auf ebenem Untergrund stehen.

Der Meßstab sitzt meist seitlich am Motor. Der Bereich um den Peilstab wird mit einem Tuch abgewischt.

Dann zieht man den Stab heraus und reinigt ihn gründlich mit einem sauberen Tuch, besonders zwischen Maximal- und Minimalmarkierung.

Nun führt man den Peilstab bis zum Anschlag in die dafür vorgesehene Öffnung, zieht ihn wieder heraus und hält ihn horizontal, so daß die Flüssigkeit nicht verläuft. Liegt der Ölstand zwischen der Maximal- und der Minimalmarkierung, braucht das Motoröl nicht aufgefüllt zu werden. Ist etwa der Minimalstand erreicht, sollte man Motoröl nachfüllen.

Dazu nimmt man die Kappe des Öleinfüllstutzens ab und füllt die fehlende Menge nach. Ist das Öl nach einigen Minuten bis zur Ölwanne durchgelaufen, mißt man erneut mit dem Peilstab.

Moderne Mehrbereichsöle kann man unabhängig vom Fabrikat miteinander mischen. Dies gilt auch für vollsynthetische Motoröle ohne Beeinträchtigung der Motorlebensdauer.

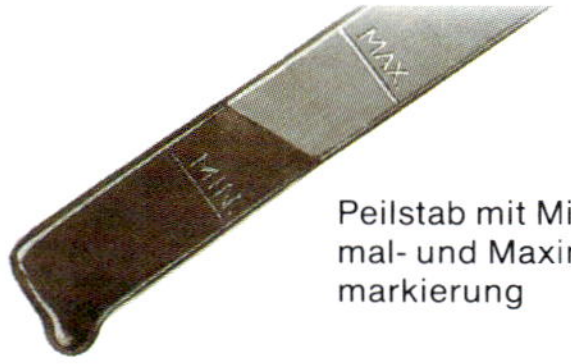

Peilstab mit Minimal- und Maximalmarkierung

Das Motoröl ablassen

Das Motoröl wird bei nahezu betriebswarmem Motor abgelassen. Es ist dann dünn und läuft schnell ab. Vorsicht vor heißem Motoröl!

Bei genügend großer Bodenfreiheit braucht man den Wagen nicht aufzubocken. Man stellt eine Ölauffangwanne mit ausreichendem Volumen unter die Ölwanne und löst die Ölablaßschraube mit einem Ringschlüssel. Die weiteren Umdrehungen führt man

Altöl wird in einer Wanne aufgefangen und bei einer Altölsammelstelle abgeliefert.

mit der Hand aus, damit man die Ölablaßschraube schnell wegnehmen kann und das heiße Öl nicht über die Hände fließt.

Wenn man einige Minuten gewartet hat, bis kein Öl mehr aus der Bohrung austritt, reinigt man die Dichtfläche an der Ölwanne und die Ablaßschraube mit einem fusselfreien Tuch. Man sollte immer einen neuen Dichtring auflegen. Die Schraube setzt man wieder mit der Hand an und zieht sie mit dem Schlüssel fest.

Das Ölfilter ausbauen

Man stellt die Ölauffangwanne unter das Ölfilter, das meist seitlich am Motorblock angeflanscht ist.

Zwei Filtertypen sind im Einsatz. Bei älteren Fahrzeugen sitzt die Filterpatrone in einer Kappe, die mit einer Zentralschraube am Ölfilterflansch befestigt ist. Neuere Fahrzeuge hingegen sind mit Wegwerffiltern ausgerüstet.

Zum Wechseln solcher Wegwerffilter benötigt man einen Ölfilterschlüssel. Hat man dieses Spezialwerkzeug nicht, kann man das Ölfilter auch mit einem Schraubenzieher durchstoßen, um das notwendige Lösemoment aufzubringen. Im Ölfilter befindet sich meist bis 0,5 l Öl, das beim Lösen des Filters herausläuft.

Bei wiederverwendbaren Filtergehäusen dreht man die Zentralschraube heraus und kann dann das Gehäuse mit der Filterpatrone abnehmen. Man entleert die Filterkappe vorsichtig, nimmt das verbrauchte Filterelement heraus und reinigt die wiederverwendbare Kappe gründlich.

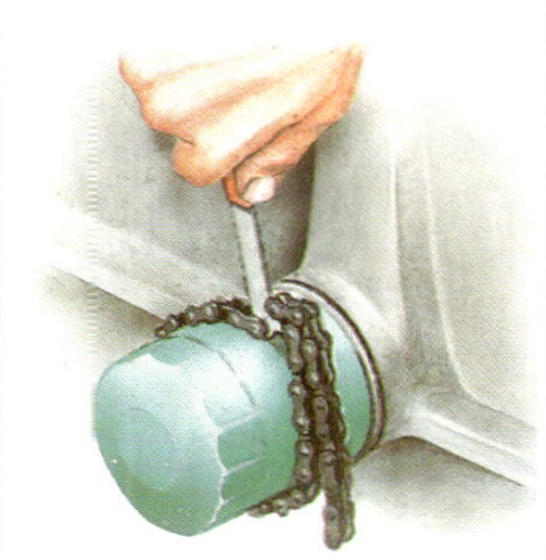

Mit dem Spezial-Ölfilterschlüssel wird das Filter gelöst.

Andernfalls mit einem Schraubenzieher durchstechen und lösen.

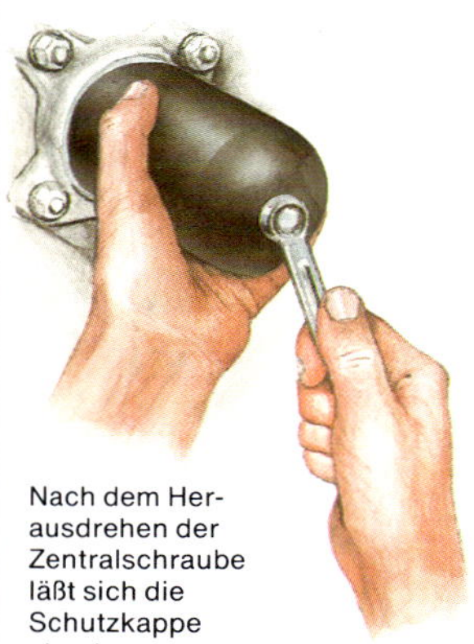

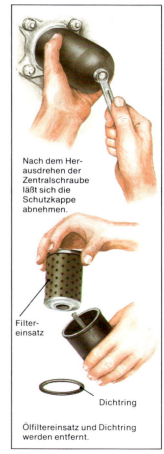

Nach dem Herausdrehen der Zentralschraube läßt sich die Schutzkappe abnehmen.

Ölfiltereinsatz und Dichtring werden entfernt.

Das Motoröl prüfen und wechseln 2

Das Ölfilter einbauen

Ein Wegwerffilter ist auch von weniger Geübten recht leicht einzubauen.

Man besorgt sich das passende Ersatzteil, reibt die angeklebte Dichtung sorgfältig mit frischem Motoröl ein und überzeugt sich, daß die Dichtfläche am Motor und das Schraubgewinde sauber sind.

Dann setzt man das Filter an und zieht es von Hand nicht zu stark fest, um die Dichtung nicht zu quetschen.

Der Dichtring wird mit sauberem Öl eingestrichen.

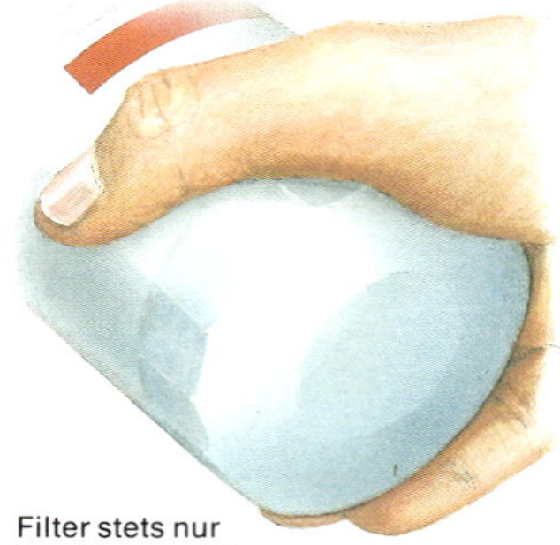

Filter stets nur handfest anziehen.

Ein Filterelement einsetzen

Die Packung enthält neben dem Filterelement einen Dichtring, den man mit Öl benetzt und in die gereinigte Dichtnut des Ölfilterflansches einsetzt.

In die Schutzkappe des Filterelements mit der Zentralschraube legt man eine Spiralfeder und eine Paßscheibe ein, die dafür sorgen, daß sich das Filterelement mit einer bestimmten Vorspannung an den Befestigungsflansch legt.

Die Einheit wird angesetzt und festgezogen.

Feder und Unterlegscheiben werden über die Zentralschraube des gereinigten Filtergehäuses gestülpt.

Dann setzt man das neue Filterelement auf; der Filterflansch erhält eine neue Dichtung.

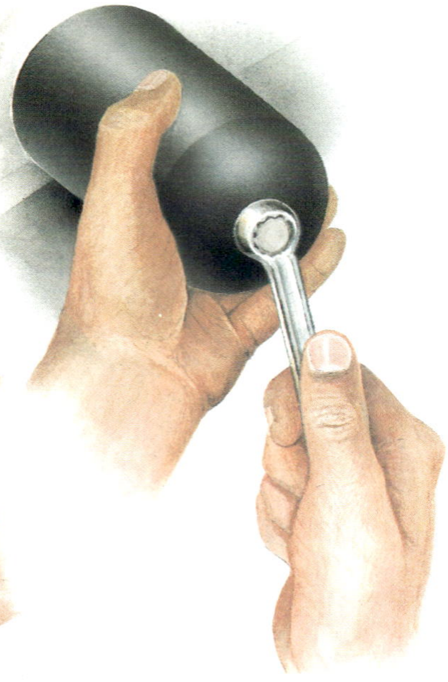

Das Filtergehäuse von Hand ansetzen. Anschließend die Zentralschraube mit einem Schlüssel anziehen; dabei das richtige Drehmoment beachten.

Frisches Öl einfüllen

Motoröl in 5-l-Gebinden ist immer preiswerter als in Literdosen.

Zum Einfüllen steckt man einen Trichter in den Öleinfüllstutzen. Um eine Kontrolle über die nachgefüllte Menge zu haben, sollte man literweise nachfüllen. Danach wartet man einige Minuten, bis sich das Öl in der Ölwanne gesammelt hat, und prüft den Ölstand noch einmal.

Nun wird der Öleinfüllstutzen verschlossen und der Motor gestartet. Wenn die Öldruckkontrolleuchte erst nach einigen Sekunden erlischt, ist dies unbedenklich, da sich der Öldruck erst aufbauen muß. Ein Motorschaden ist nicht zu befürchten.

Zum Einfüllen des Öls benutzt man einen großen Trichter.

Altöl niemals ins Erdreich schütten. Es gehört auch nicht in den Haus- oder Sperrmüll, sondern sollte stets recycelt werden. Nach dem Altöl-Rücknahmegesetz ist jeder Ölverkäufer verpflichtet, Altöl zurückzunehmen.

Die richtige Ölsorte

Welches Motoröl für welchen Motor geeignet ist, steht in der Betriebsanleitung. Grundsätzlich kann nur der Motorenkonstrukteur über die richtige Freigabe entscheiden.

Bisher wurden Motoröle vorwiegend nach amerikanischen Anforderungen untersucht. Es hat sich aber herausgestellt, daß diese Spezifikationen heute nicht mehr ausreichen, denn der Fahrzeugbetrieb bei uns sieht anders aus als z. B. in den USA. So gibt es in Europa einen Trend zu längeren Ölwechselintervallen bei sinkendem Treibstoffverbrauch. Deshalb gibt es nun auch ein europäisches Anforderungsprofil für moderne Motoröle.

CCMC-Klassifikationen

Die CCMC- (Comité des Constructeurs d'Automobiles du Marché Commun) Anforderung umfaßt die nachfolgenden API-Tests, verlangt aber weitere Untersuchungen:
- Begrenzung der Verdampfungsverluste (Ölverbrauch)
- Nockenwellen-/Ventiltriebverschleiß
- Schlammbildung, Schlammverhalten
- Hochtemperaturfestigkeit des Ölfilms
- Dichtungsverträglichkeit
- Motorensauberkeit im Turbodiesel
- Lagerkorrosion
- Ölkohlebildung bei hohen Temperaturen, Frühzündungsverhalten

G4 für Ottomotoren
G5 für Ottomotoren, wobei die Prüfungsanforderungen im Schlammtragevermögen und in der Oxidationsstabilität über denen der G4-Klasse liegen
PD2 für Pkw-Dieselmotoren
D4 für Lkw-Dieselmotoren
D5 für Lkw-Dieselmotoren; die Prüfanforderungen gegenüber Spiegelflächenbildung und Kolbensauberkeit liegen höher als bei D4

API-Klassifikationen

Die Anforderungen für Motoröle gemäß Ansprüchen des American Petroleum Institute (API) verlangen folgende Untersuchungen:
- Lagerkorrosion
- Ölalterung
- Bildung von Ablagerungen
- Verschleiß

SE für Ottomotoren der Baujahre 1972–1979
SF für Ottomotoren der Baujahre 1980–1988
SG für Ottomotoren ab Baujahr 1988
CC für Dieselmotoren
CD für Diesel- und Turbodieselmotoren
CE im Leistungsniveau wie CD mit Öleindickungs-, Verschleiß- und Kolbensauberkeitstest; erreicht nicht die Qualität der CCMC-Dieselmotoröle.

Daneben findet man auf allen Ölgebinden noch die speziellen Fahrzeugherstellerfreigaben.

Wichtig ist neben der Motorölklassifikation auch die Verwendung der richtigen Viskositätsklasse je nach Außentemperatur.

Beispiel vorgeschriebener Viskositätsklassen für Pkw-Motorenöle [1]

Benzinmotoren

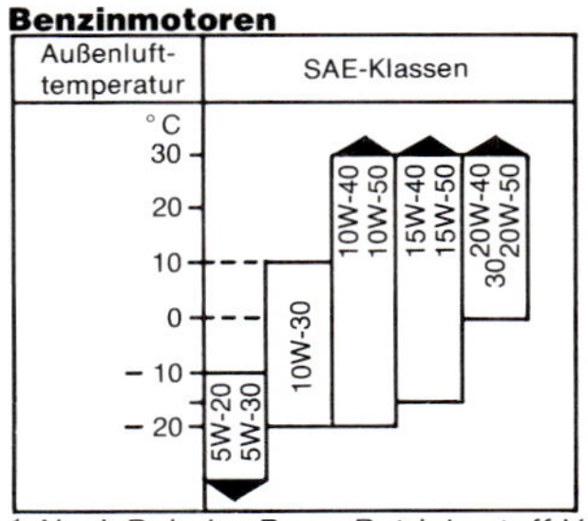

Dieselmotoren

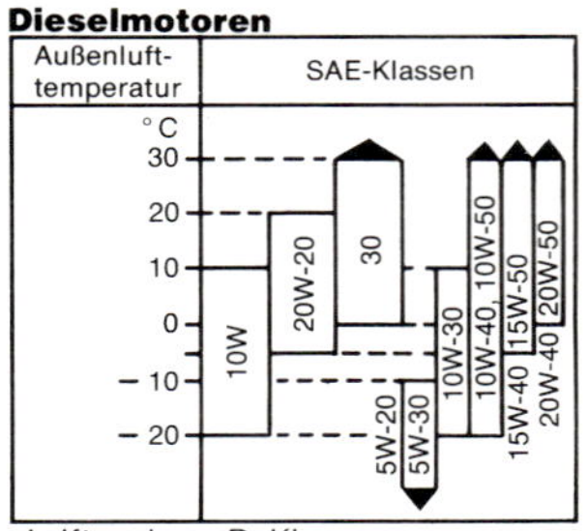

[1] Nach Daimler-Benz, Betriebsstoff-Vorschriften, bzw. D. Klamann, „Schmierstoffe und verwandte Produkte", Verlag Chemie (1982).

Ölwanne und Kurbelgehäuseentlüftung prüfen

Beim Verbrennungsvorgang können Gase am Kolben und an den Kolbenringen vorbei in den Kurbelwellenraum gelangen, der deshalb be- und entlüftet werden muß.

Früher führte man einen Luftstrom in den Ventildeckel ein und ließ die Gase über ein Entlüfterrohr ins Freie entweichen.

Heute leitet man sie in das Luftfilter zurück und verbessert damit nicht nur Leistung und Kraftstoffverbrauch des Motors, sondern verhindert auch die Emission von Schadstoffen.

Werkzeug und Ausrüstung

Schraubenzieher, Zange, Schlauchleitung, Preßluft, Reinigungsbenzin

Das Ölabscheideventil prüfen und die Öldampfabsaugung reinigen

Würde man die Ölwannenentlüftung direkt an das Ansaugsystem anschließen, könnte zuviel Ölnebel abgesaugt werden. Deshalb fängt eine Abscheidevorrichtung den Ölnebel auf, läßt Verbrennungs- und Benzindämpfe aber vorbeistreichen.

Um das System zu prüfen, zieht man vom längeren Ende des Ventils die Schlauchleitung ab und schließt einen zusätzlichen Schlauch luftdicht an. Bläst man Luft durch die Rückhalteeinrichtung, darf man keinen Widerstand spüren; andernfalls kann eine Feder gebrochen und das Rückhalteventil blockiert sein. Nach der Reinigung wiederholt man den Test. Zeigt sich hierbei kein Erfolg, ist das Ventil zu ersetzen.

Dann zieht man die andere Schlauchleitung des Ventils auf der Seite des Ansaugkrümmers oder des Luftfilters ab. Bläst man durch den Schlauch, muß eine deutlich geringere Luftmenge austreten, weil sie durch das Ventil begrenzt wird.

Mit Preßluft entfernt man Schmutz und Ölreste. Dabei prüft man auch die Schläuche auf Risse und Brüche, besonders am Sitz der Schlauchschellen.

Beim Einbau ist auf dichte und saubere Schlauchverbindungen zu achten.

Die Belüftungseinrichtung reinigen

Die Ölwannenbelüftung wird auch Ölseparator oder Flammenrückhaltesystem genannt und ist Teil der Öldampfabsaugung im Luftfilter.

Die Belüftungseinheit sollte periodisch im Rahmen der Inspektionen ausgebaut und von Ölrückständen gereinigt werden. Man zieht dazu die Schläuche aus den Halterungen, die man zusammen mit dem Filter abnimmt.

Verunreinigte Filter lassen sich in der Regel gut mit Kaltreiniger auswaschen. Anschließend sollte man sie mit Preßluft ausblasen.

Läßt sich das Filter nicht mehr reinigen, setzt man ein neues Teil ein.

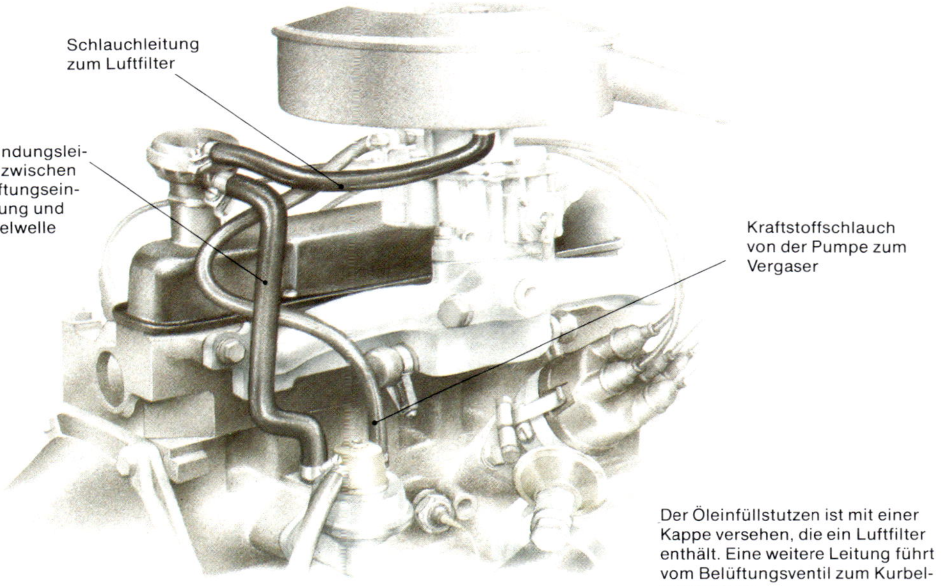

Der Öleinfüllstutzen ist mit einer Kappe versehen, die ein Luftfilter enthält. Eine weitere Leitung führt vom Belüftungsventil zum Kurbelwellenraum.

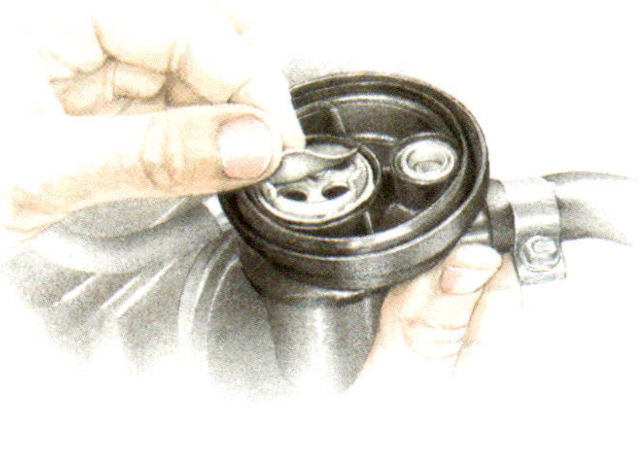

Diese Belüftungseinheit enthält ein Rückschlagventil und kann zur Reinigung zerlegt werden.

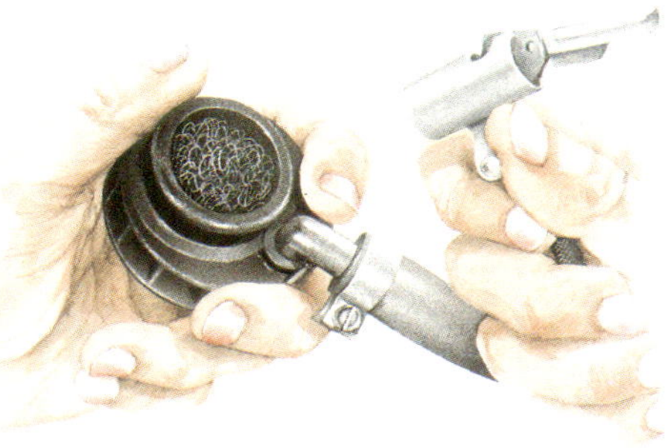

Hat man das Filter mit Kaltreiniger gereinigt, wird es mit Preßluft durchgeblasen.

Umweltschutz

Bei der Einführung strengerer Abgasgrenzwerte wurden auch die Emissionen aus dem Ölwannenraum begrenzt. Deshalb führen Konstrukteure heute die Entlüftungsschläuche über einen kleinen Ölabscheider oder ein Rückhalteventil vom Ölwannenraum oder Ventildeckel in den Ansaugkrümmer oder häufiger in das Luftfilter.

Die Schlauchleitungen darf man grundsätzlich nicht stillegen oder abklemmen, da sonst die Betriebserlaubnis des Fahrzeuges gefährdet ist. Ebenso darf man ältere Motoren ohne Rückführungssystem nicht in neuere Fahrgestelle übernehmen, außer man kann das System nachrüsten.

Nachteilig ist, daß Ölnebel das Luftfilter verunreinigen können, das man deshalb häufiger ersetzen oder reinigen muß.

Eine ähnliche Absaugeinrichtung gibt es bei Katalysatorfahrzeugen: Im Tank entstehende Dämpfe werden über ein Kohlefilter geleitet und hier gesammelt. Das Entleeren des Filters erfolgt während des Fahrbetriebs über eine Schlauchleitung zum Luftfilter.

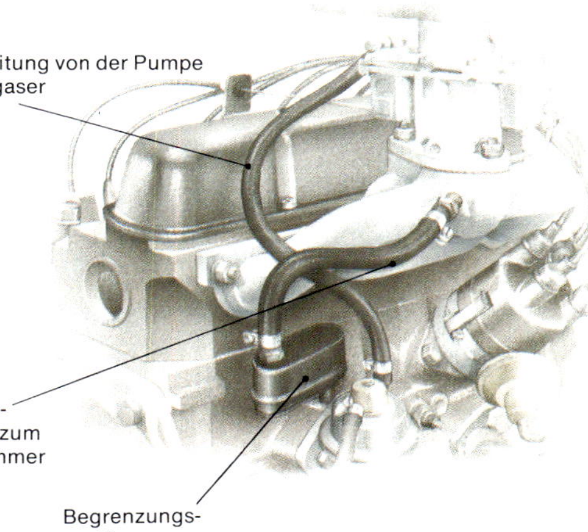

Dieses Entlüftungsventil ist seitlich am Motorblock montiert. Für den Ausbau genügt es, die Schlauchleitungen abzuklemmen und das Ventil von Hand abzuziehen.

Hinweis: Wegen der komplizierten Schlauchverlegung gibt es bei vielen modernen Fahrzeugen einen entsprechenden Schlauchverlegeplan als Aufkleber auf der Innenseite der Motorhaube. Dies erleichtert den Zusammenbau.

Öllecks aufspüren und beseitigen 1

Öllecks sollte man aus Gründen des Umweltschutzes nicht auf die leichte Schulter nehmen. Größere Undichtigkeiten führen sogar dazu, daß ein Auto im Rahmen der TÜV-Prüfung nach § 29 StVZO zurückgewiesen wird.

Die Fehlersuche beginnt mit einer Motorwäsche, die man immer in der Werkstatt oder an einer Tankstelle ausführen läßt, da verunreinigtes Waschwasser nur über einen Öl-Benzin-Abscheider in das Kanalnetz abgeleitet werden darf. Nach einem Probelauf sucht man am Motor undichte Stellen.

Werkzeug und Ausrüstung

Schraubenschlüssel, Steckschlüssel mit Verlängerung und Ratsche, Spiegel, Zange, Schraubenzieher, Lampe, neue Dichtungen

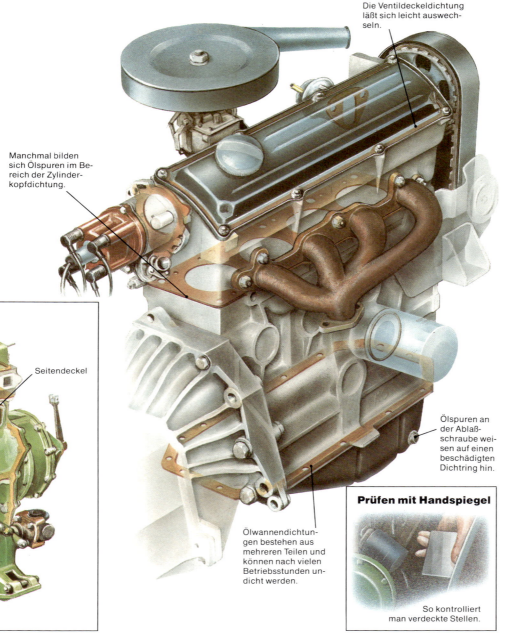

Quermotor

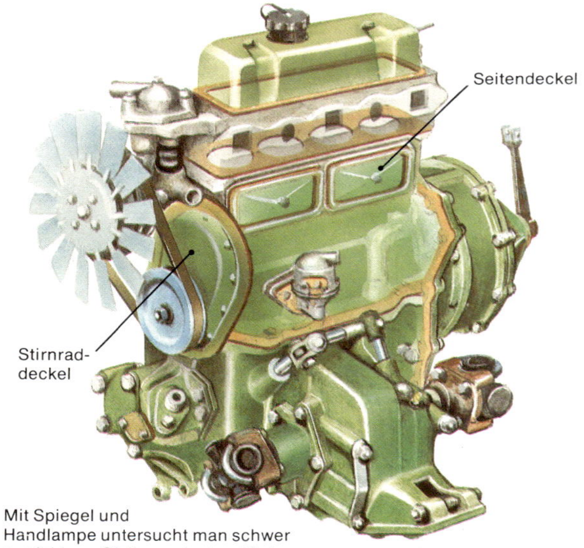

Mit Spiegel und Handlampe untersucht man schwer erreichbare Stellen zwischen Motor und Spritzwand.

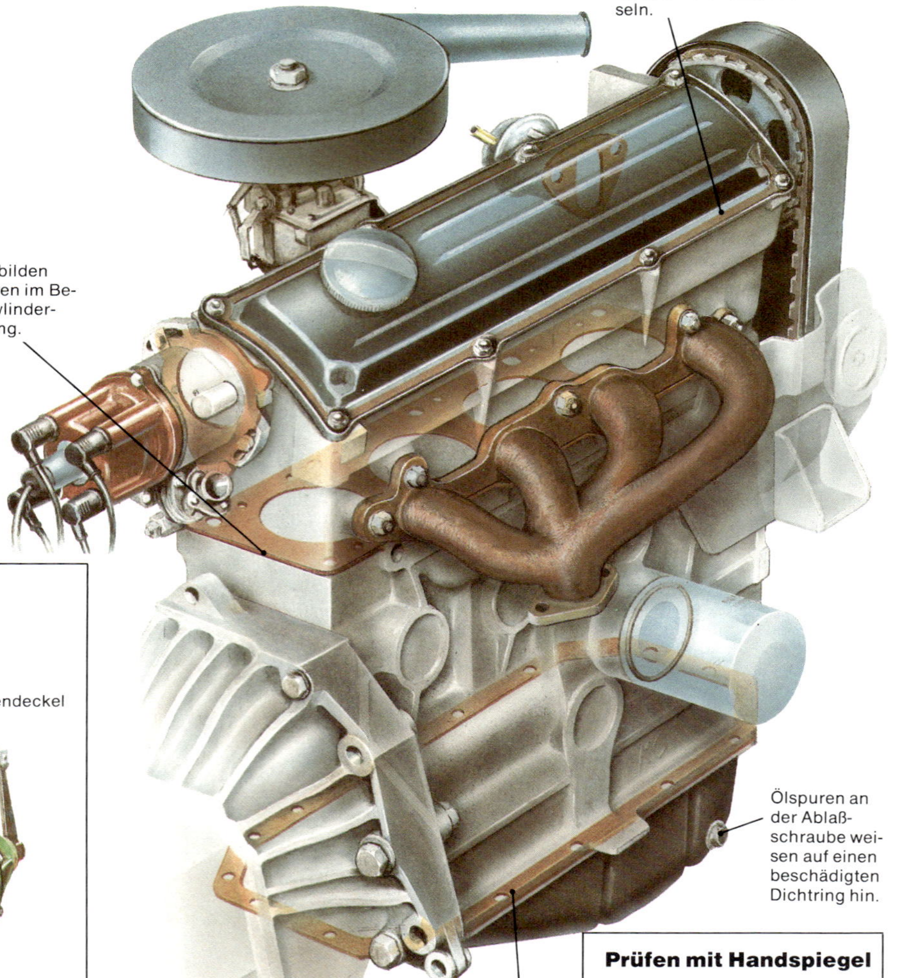

Die Ventildeckeldichtung läßt sich leicht auswechseln.
Manchmal bilden sich Ölspuren im Bereich der Zylinderkopfdichtung.
Ölspuren an der Ablaßschraube weisen auf einen beschädigten Dichtring hin.
Ölwannendichtungen bestehen aus mehreren Teilen und können nach vielen Betriebsstunden undicht werden.

Prüfen mit Handspiegel

So kontrolliert man verdeckte Stellen.

Die Radialdichtung einer Riemenscheibe prüfen

Ist die Radialdichtung an einer Riemenscheibe undicht, erkennt man Schleuderspuren am Stirnraddeckel. Ist der Schaden schon älter, bilden sich bei stehendem Motor Öltropfen an der untersten Stelle der Abdichtung. Dieser Fehler läßt sich nur beseitigen, wenn man die Riemenscheibe ausbaut und eine neue Radialdichtung einbaut. Wenn die Dichtfläche eingelaufen ist, muß die Riemenscheibe erneuert werden.

Sprühspuren am Stirnraddeckel bei schadhaftem Radialdichtring

Die Seitendeckeldichtungen prüfen

Diese Dichtungen können durch Wärmeeinwirkung schadhaft werden. Die Schadstellen, oft durch den Krümmer verdeckt, sind schwer zu lokalisieren, weshalb man einen kleinen Spiegel und eine Handlampe benötigt. Bei laufendem Motor prüft man, ob Öl austritt. Bringt das Nachziehen der Deckelschrauben keine Abhilfe, müssen die Dichtungen ersetzt werden (siehe Seite 62).

Abdichten der Seitendeckel durch Anziehen der Schrauben

Die Dichtung am hinteren Kurbelwellenlager prüfen

Ist der Radialring schadhaft, setzen sich Öltropfen an der Ölwanne und am Kupplungsgehäuse fest. Wird der Schaden größer, kann sogar die Kupplung verölen und verkleben.

Das Auswechseln dieses Dichtringes ist Werkstattsache, weil Kupplung, Getriebe und Schwungscheibe auszubauen sind.

Bei Ölspuren am Kupplungsgehäuse können Öllecks vorliegen.

Öllecks aufspüren und beseitigen 2

Die Ventildeckeldichtung prüfen

Man läßt den Motor mit erhöhter Drehzahl laufen, damit sich im Deckel ein kräftiger Sprühnebel bildet, der aus Leckstellen austreten kann. Vorsicht, daß keine Kleidungsstücke oder Haare vom Riementrieb erfaßt werden! Vorsicht auch vor heißen Motorteilen.

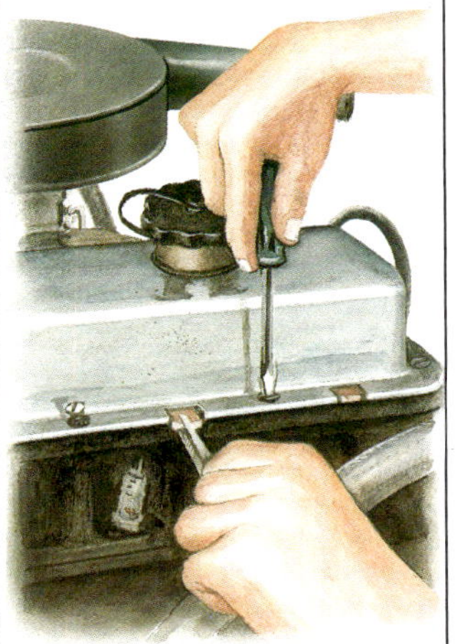

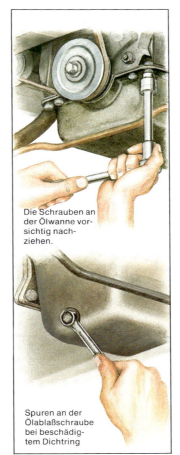

Bei diesem Ventildeckel kann man die korrekte Lage der Dichtung durch kleine Durchbrüche kontrollieren.

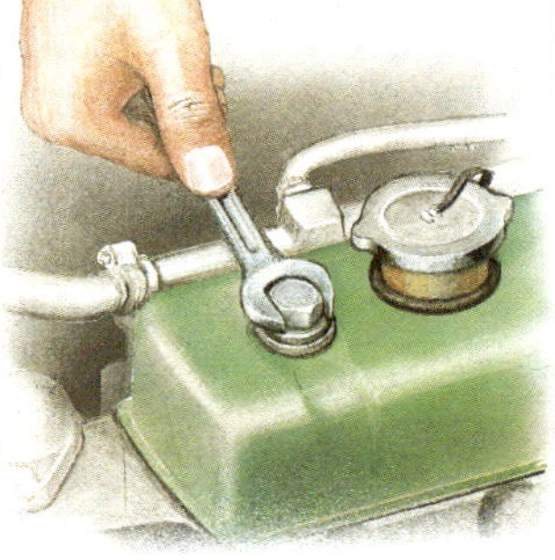

Die Schrauben mit Gefühl nachziehen, um den Deckel nicht zu verziehen und die Dichtung nicht zu zerquetschen.

Erkennt man frisch austretendes Öl, liegt dies vermutlich an ungenügend angezogenen Schrauben, oder die Dichtung ist gebrochen bzw. verrutscht.

Man probiert zunächst, ob sich die Schrauben nachziehen lassen. Führt dies nicht zum Erfolg, muß man eine neue Dichtung einsetzen.

Dazu nimmt man das Luftfiltergehäuse ab, dreht die Befestigungsschraube des Ventildeckels heraus und nimmt den Deckel ab.

Die neue Dichtung wird mit einem Dichtungskleber befestigt, damit sie nicht verrutschen kann. Einige Deckel besitzen auch Durchbrüche, durch die man den Sitz der Dichtung kontrollieren kann.

Beim Ansetzen der Schrauben oder Muttern die Unterlegscheiben bzw. Deckelverstärkungen nicht vergessen, da sie für gleichmäßigen Anpreßdruck sorgen. Manchmal gibt es zusätzliche Abdichtscheiben.

Die Ölwannendichtung prüfen

Bei aufgebocktem Fahrzeug läßt man den Motor betriebswarm laufen. Häufig stellen sich Ölspuren an Schrauben der Ölwannendichtung ein. Mit Steckschlüssel und Verlängerung sowie Ratsche zieht man sie soweit wie möglich nach, aber nicht so fest, daß die Dichtung zerquetscht wird.

Ölwannen besitzen im Bereich des vorderen und hinteren Hauptlagers einen zusätzlichen Dichtring. Tritt hier Öl aus, ist keine schnelle Reparatur möglich. Vielmehr ist die Ölwanne auszubauen und die Abdichtung zu ersetzen.

Manchmal muß man dazu die Vorderachse herunterlassen oder den Motor anheben, so daß es ohne Werkstatt nicht geht.

Gelegentliche Öltropfen an der Ölablaßschraube sind unbedenklich. Man kann jedoch versuchen, das Leck durch vorsichtiges Nachziehen der Schraube abzudichten. Auf jeden Fall sollte man beim nächsten Ölwechsel einen neuen Dichtring einsetzen.

Leichte Ölspuren im Ölwannenbereich – der Fachmann spricht vom Schwitzen – sind unbedenklich und unvermeidlich.

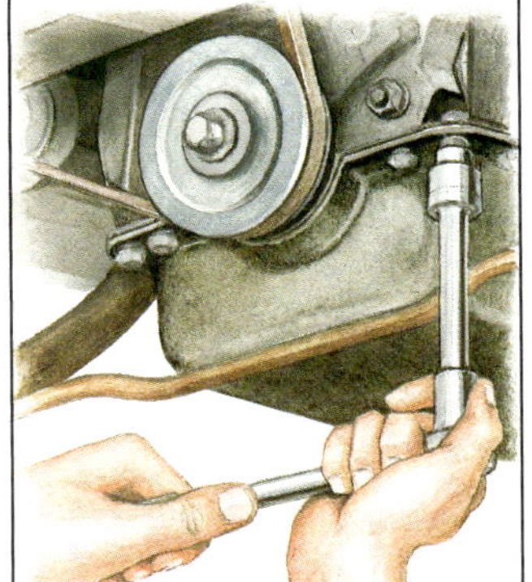

Die Schrauben an der Ölwanne vorsichtig nachziehen.

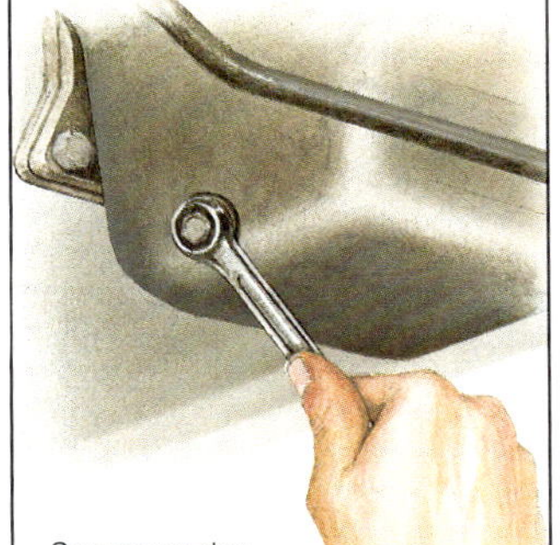

Spuren an der Ölablaßschraube bei beschädigtem Dichtring

Die Zylinderkopfdichtung prüfen

Durch diese Dichtung werden auch die Ölverbindungskanäle zwischen Zylinderkopf und Motorblock abgedichtet. Läßt der Anpreßdruck nach, können sich Ölspuren seitlich am Block bilden. Eine Reparatur durch Nachziehen der Zylinderkopfschrauben ist nicht möglich. Vielmehr ist der gesamte Zylinderkopf auszubauen und eine neue Dichtung einzusetzen. Zuvor sollte man aber immer prüfen, ob die Ölspuren nicht von der Ventildeckeldichtung stammen.

Ölfilter und Zwischenflansche

Zur besseren Kontrolle bockt man das Fahrzeug sorgfältig mit Wagenheber und Unterstellböcken auf und sichert es gegen Wegrollen. Man läßt den Motor laufen und prüft die Ölfilterbefestigung und ähnliche Zwischenflansche. Meist genügt es, alle Befestigungsschrauben nachzuziehen, um die Leckstellen abzudichten.

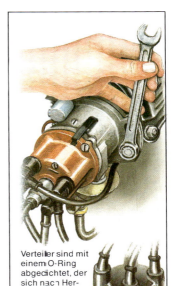

Ölpumpenflansche lassen sich meist durch Nachziehen der Befestigungsschrauben abdichten.

Ölspuren am Verteiler

Verteiler werden üblicherweise mit einem Gummiring – in der Fachsprache „O-Ring" genannt – abgedichtet. Bemerkt man Ölspuren, nimmt man den Verteiler vollständig heraus und erneuert diesen Ring. Manchmal sitzt am Flansch auch zusätzlich eine dünne Papierdichtung. Aus- und Einbau sind auf Seite 132–133 beschrieben.

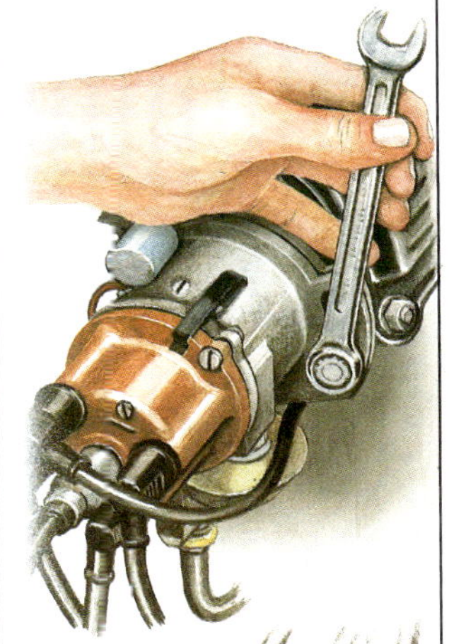

Verteiler sind mit einem O-Ring abgedichtet, der sich nach Herausnehmen des Verteilers leicht erneuern läßt.

Ölspuren an der Kraftstoffpumpe

Mechanische Pumpen sind meist mit zwei Schrauben oder Muttern am Motorblock oder Zylinderkopf befestigt. Zur Wärmeisolierung ist eine dicke Isolierdichtung mit zwei dünnen Papierdichtungen verklebt. Werden die Schrauben oder Muttern zu fest angezogen, kann die Isolierdichtung platzen.

Zunächst prüft man aber, ob sich die Abdichtung durch Nachziehen der Muttern oder Schrauben herstellen läßt. Andernfalls löst man die Befestigung und nimmt die Pumpe ab. Die neue Isolierdichtung mit den zwei Papierdichtungen setzt man sorgfältig mit Dichtungskleber ein und reinigt die Dichtflächen an Pumpe und Motorblock bzw. Zylinderkopf.

Die Ersatzdichtung muß die gleiche Dicke wie die alte Dichtung haben, damit die Pumpe die richtige Förderleistung erbringt.

Mechanische Benzinpumpen an Zylinderkopf oder Motorblock haben eine dicke Isolier- und zwei dünne Papierdichtungen.

Kühlwasserschläuche und Kühlwasserverschluß kontrollieren

Am Kühlsystem bereiten die Kühlwasserschläuche manchmal Probleme. Natürliche Alterung sorgt genauso wie das heiße Wasser und ölige Stellen für Risse und Leckstellen.

Man untersucht Kühlwasserschläuche bei kaltem Motor. Jeder Riß ist ein Hinweis darauf, daß dieser Schlauch platzen kann, wobei die Gefahr besteht, daß sich der Motor bis zum Motorschaden überhitzt. Deshalb sind beschädigte Schläuche möglichst bald zu ersetzen, ebenso die Schlauchbinder, die häufig rostig sind und brechen können.

Vor dem Ausbau der Schläuche muß das Kühlwasser abgelassen werden. Man nimmt den Kühlerverschluß bei kaltem Motor ab und öffnet die Ablaßschraube des Kühlers bzw. zieht den unteren Wasserschlauch ab.

Da moderne Motoren immer mit einem Gemisch aus Frost-/Korrosionsschutzmittel und Wasser gekühlt werden, fängt man das Kühlwassergemisch sorgfältig in einer Wanne auf.

Zum Schluß wird die Kühlwasserablaßschraube wieder angezogen bzw. der untere Wasserschlauch aufgesetzt und das Kühlsystem mit dem Frostschutzgemisch langsam aufgefüllt.

Heiße Kühlwassersysteme können unter Druck stehen und schwere Verbrühungen verursachen. Den Kühlwasserverschluß bei heißem Motor immer erst bis zur ersten Raste drehen, um Druck abzulassen. Gegebenenfalls Handschuhe und ein Tuch verwenden.

Werkzeug und Ausrüstung

Schraubenzieher, Messer, Spiegel, Zange, Schleifpapier, Handschuhe, Handlampe, Auffangwanne

Das Kühlsystem

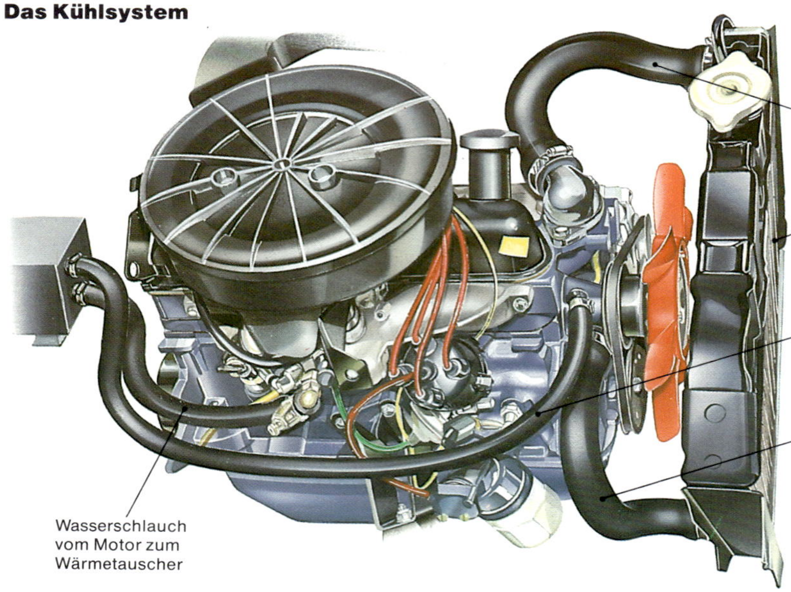

Typische Schäden

Spröde Stellen und Brüche erkennt man leicht, wenn man den zu prüfenden Schlauch zusammendrückt. Diese Schäden findet man meist in der Nähe des Schlauchbinders.

Bläht sich ein Schlauch deutlich auf, ist die innere Verstärkung gebrochen.

Ein Zeichen für Undichtigkeit sind auch Rostspuren an den Schlauchstutzen.

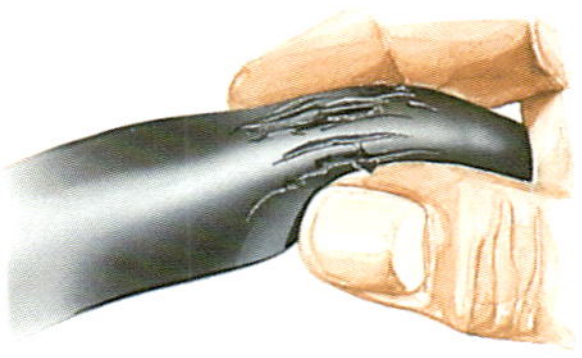

Um Risse besser zu erkennen, drückt man den Wasserschlauch zusammen.

Den Kühlwasserverschluß prüfen

Untersucht man den Kühlwasserstand, prüft man immer auch den Kühlwasserverschluß. Die Dichtung darf nicht beschädigt sein. Das Deckelventil muß sich leicht zusammendrücken lassen.

Für eine grobe Prüfung dreht man den Deckel bei mäßig warmem Motor in seine erste Raste. Dabei muß hörbar Luft oder Dampf entweichen; andernfalls hält das Überdruckventil den Druck nicht mehr und muß ersetzt werden.

Als Ersatzdeckel muß man ein Originalteil kaufen, dessen Überdruckventil auf das Kühlsystem abgestimmt ist. Das Überdrucksystem verhindert, daß das Wasser frühzeitig kocht. Steigt der Druck an, öffnet sich das Ventil, und ein Teil des Wassers entweicht durch das Überlaufrohr in den Ausgleichsbehälter oder ins Freie.

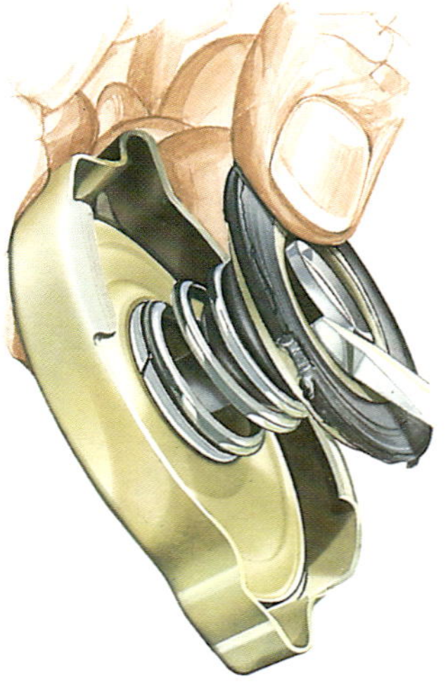

Das Unterdruckventil durch Anheben prüfen.

Einen Wasserschlauch auswechseln

Einen Wasserschlauch, der sich nicht leicht abziehen läßt, legt man am besten mit einem scharfen Messer frei.

Vorsicht: Bei Kunststoffkühlern darf man nur die Oberfläche anritzen, sonst wird der Kühleranschluß beschädigt.

Die Anschlüsse säubert man mit Schleifpapier. Neue Schellen legt man so über den Schlauch, daß man die Schrauben zum Anziehen gut erreichen kann.

Anschließend schiebt man den Wasserschlauch jeweils bis zum Anschlag auf die Stutzen, richtet die Schlauchschellen aus und zieht sie an.

Sind vom Fahrzeughersteller einfache Drahtklemmen vorgesehen, sollte man den Schlauch mit Klebeband umwickeln, damit die Klemmen den Schlauch nicht beschädigen.

Die Schlauchschellen schiebt man nach dem Lösen zur Seite. Drahtschellen sollte man durch Bandschellen (übernächstes Bild) ersetzen.

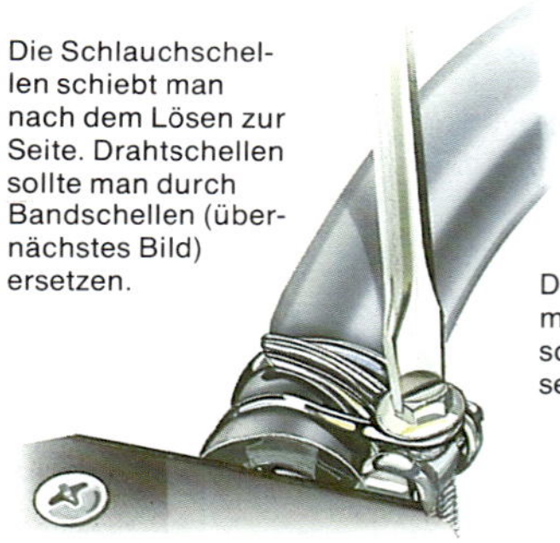

Den Schlauch mit einem scharfen Messer freilegen.

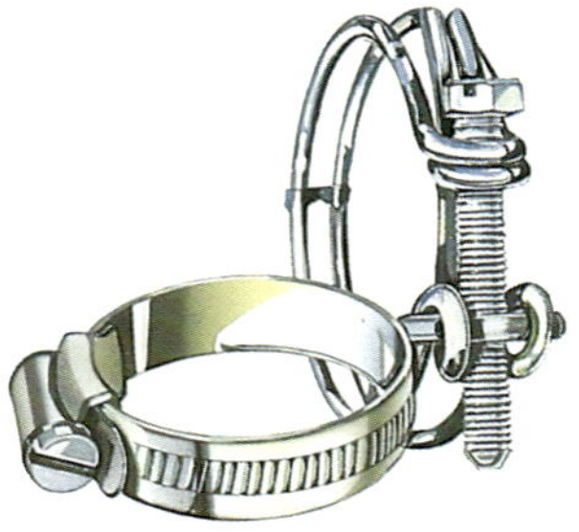

Bandschellen sind besser geeignet als Drahtschellen, weil sie nicht in das Gummi einschneiden.

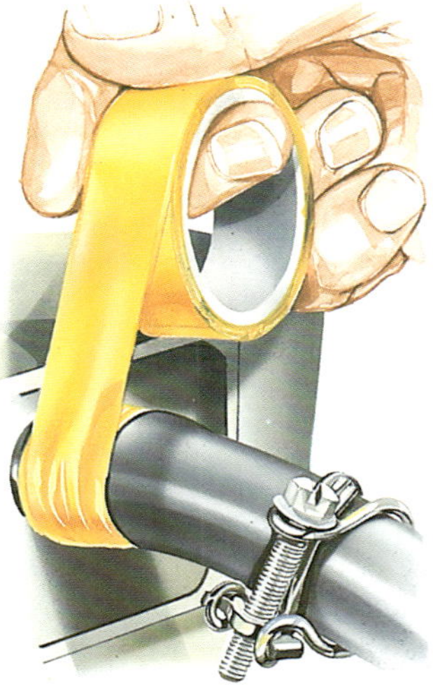

Bei Drahtklemmen sollte man den Schlauch immer mit Klebeband schützen.

Kühlwasserlecks aufspüren

Kühlwasserlecks sind nicht immer einfach zu finden, besonders dann nicht, wenn das Leck innerhalb des Motors liegt, etwa zwischen zwei Zylinderbohrungen. Man bemerkt es häufig nur durch die steigende Kühlwassertemperatur und durch den sinkenden Wasserspiegel.

Einfacher ist die Suche natürlich bei einer Wasserlache unter dem Auto oder bei rostigen Laufspuren am Motorblock. Ohne solche Hinweise muß man systematisch vorgehen. Dabei sollte der Motor betriebswarm sein und das Kühlsystem unter Druck stehen, damit das Kühlmittel aus der Schadstelle austritt.

Wenn man mit der Hand die Wasserschläuche hin und her bewegt, bemerkt man häufig Leckstellen dort, wo die Schlauchbinder sich tief in das Gummi eingeschnitten haben.

Andere Schadstellen sind die Lötnähte an den Wasserkästen des Kühlers. Kleinere Lecks kann man in der Werkstatt löten lassen. Bei größeren Lecks muß man einen Austauschkühler oder sogar einen neuen Kühler kaufen. Dies gilt immer für Kunststoffkühler, denn man kann sie überhaupt nicht reparieren.

Vorsicht bei Kunststoffkühlern: Nicht selten kommt es zu Brüchen, wenn man einen Schlauch mit Gewalt abzieht oder Schlauchbinder nachzieht.

Seitlich im Motorblock sitzen Froststopfen, die mit einem Dichtungsmittel in den Graugußblock eingesetzt sind und undicht werden oder durchrosten können. Da sie häufig verdeckt sind, braucht man zum Prüfen Spiegel und Handlampe.

Findet man keine äußeren Wasserspuren bei ständigem Kühlwasserverlust, ist unter Umständen die Zylinderkopfdichtung durchgebrannt, oder der Motorblock bzw. der Zylinderkopf hat Risse.

Solche Schäden sind immer zu vermuten bei Ölspuren oder Blasen im Einfüllstutzen. Für eine durchgebrannte Kopfdichtung ist auch der Abgasgeruch über dem Kühler bei laufendem Motor und abgenommenem Kühlwasserverschluß typisch.

Werkzeug und Ausrüstung

Spiegel, Handlampe, Schläuche, Schlauchbinder

Typische Leckstellen am Kühlsystem

Man untersucht die Froststopfen seitlich am Motorblock und alle Schlauchanschlüsse. Bei geschlossenem Kühlsystem werden auch die Verbindungsleitungen und das dazugehörige Überlaufgefäß untersucht. Zur Kontrolle der Wasserpumpenlagerung bewegt man den Lüfterflügel und die Riemenscheibe um die Längsachse. Thermostatgehäuse und Dichtung dürfen keine Rostspuren aufweisen.

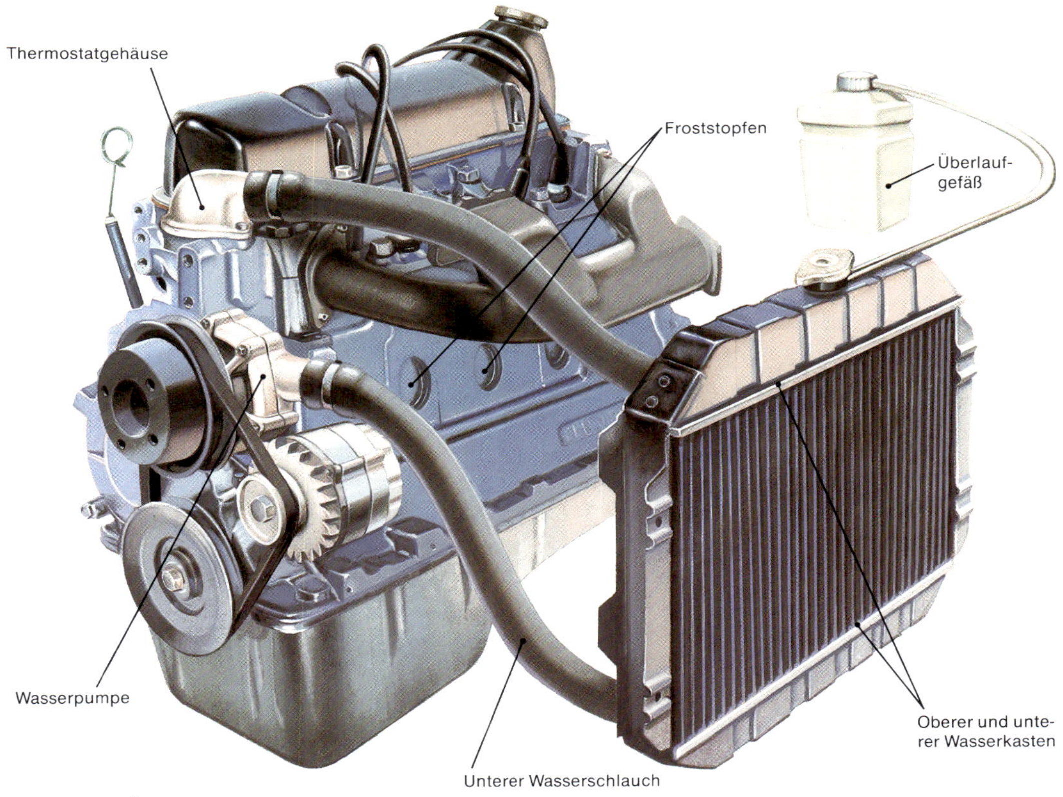

Die Froststopfen prüfen

Nützlich: Spiegel und Handlampe

Die Wasserpumpe prüfen

Um die Wasserpumpe zu prüfen, nimmt man den Keilriemen ab (siehe Seite 100). Man umfaßt die Lüfterflügel mit beiden Händen und bewegt die Pumpenwelle um die Längsachse. Hier darf man keinerlei Spiel feststellen. Andernfalls wird die Pumpendichtung schadhaft, und es entstehen Lecks. Das heiße Kühlwasser wäscht dann das Fett der Lagerung aus, und die Pumpe läuft rauh.

Rostspuren am Flansch der Wasserpumpe weisen auf schlecht angezogene Schrauben hin. Man kann das Leck durch Nachziehen der Schrauben beseitigen.

Ein anderes Anzeichen für eine schadhafte Wasserpumpe sind Laufgeräusche unmittelbar nach dem Motorstart oder beim Beschleunigen im Stand. Da die Lichtmaschinenlagerung ähnliche Geräusche verursacht, ist auch sie vor dem Ausbau der Wasserpumpe zu prüfen.

Beschädigte Wasserpumpen kann man nicht reparieren. Sie sind durch ein neues Teil zu ersetzen.

Achtung: Bei Prüfarbeiten grundsätzlich den Zündschlüssel abziehen!

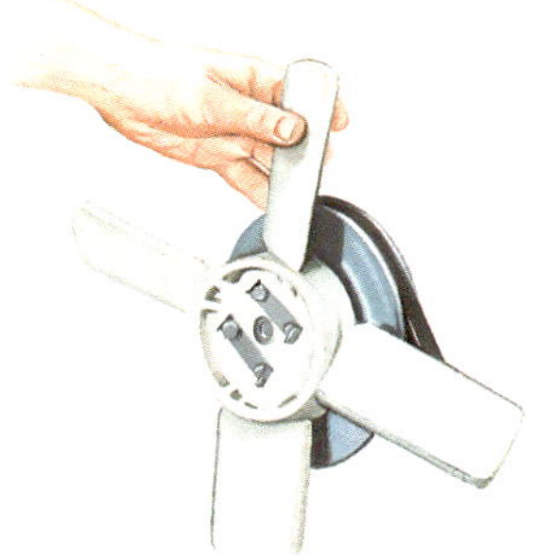

Der Lüfterflügel wird von Hand kräftig um seine Längsachse bewegt. Auch geringes Spiel weist auf ein schadhaftes Wasserpumpenlager hin.

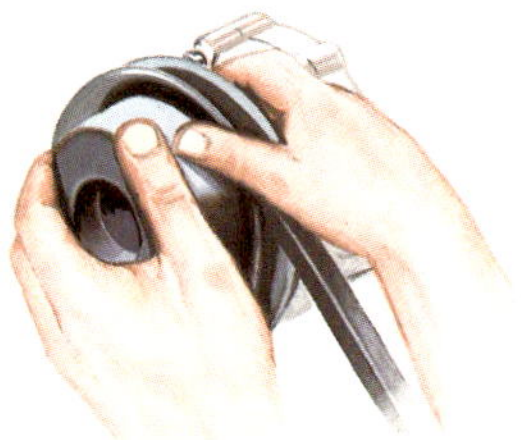

Ist kein Lüfter vorhanden, umfaßt man die Riemenscheibe mit beiden Händen.

Ein geschlossenes Kühlsystem entleeren und auffüllen

Beim geschlossenen Kühlsystem hat der Kühlwasserverschluß lediglich die Funktion eines Überdruckventils und wird im Normalfall nicht geöffnet.

Dehnt sich beim Fahren das Kühlwasser aus, wird das Ventil angehoben und das überschüssige Wasser über eine Schlauchleitung zu einem Ausgleichsgefäß abgeführt. Ist das Kühlmittel wieder kalt, fließt das Wasser zurück. Das System ist wartungsfrei. Arbeiten fallen nur dann an, wenn Lecks entstehen bzw. Teile des Kühlsystems ersetzt werden.

Geschlossene Kühlsysteme sind immer mit einem Langzeit-Kühlmittelzusatz versehen. Deshalb sollte man bei Arbeiten immer einen Auffangbehälter unter den Kühler stellen.

Vor dem Zurückfüllen in das System filtert man die Frostschutzmischung durch ein Tuch, um Verunreinigungen aufzufangen. Die dabei verlorene Kühlmittelmenge wird nicht durch einfaches Wasser, sondern durch das Originalkühlmittel ergänzt. Dabei sind die vorgegebenen Mischungsverhältnisse zu berücksichtigen.

Werkzeug und Ausrüstung

Auffangbehälter, Frostschutzmittel, Schraubenzieher, Klebeband, Plastiktüten, Wasserkanne

Das geschlossene Kühlsystem
Ein Druckventil sorgt für den geschlossenen Kreislauf, ein Ausgleichsbehälter für den Ausgleich des Flüssigkeitsstandes.

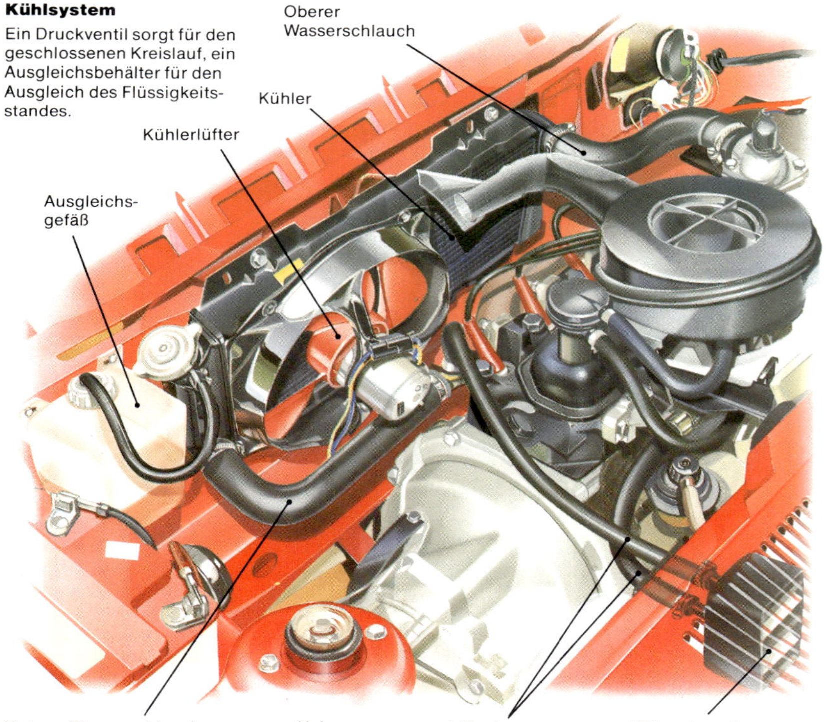

Wartungsarbeiten am geschlossenen Kühlsystem

Kennzeichen des geschlossenen Kühlsystems ist der Überlaufbehälter im Motorraum. Muß man Flüssigkeit nachfüllen, nimmt man auch hier kein klares Wasser, sondern ein Gemisch aus Wasser und Frostschutzmittel.

Beim Abnehmen des Einfüllstutzens prüft man auch die Verschraubung und die Dichtung auf Verschleiß und Verschmutzung. Häufig sitzt im Deckel ein Ventil, das gereinigt werden sollte. Der dünne Schlauch zwischen Ausgleichsbehälter und Kühler darf keine Risse aufweisen.

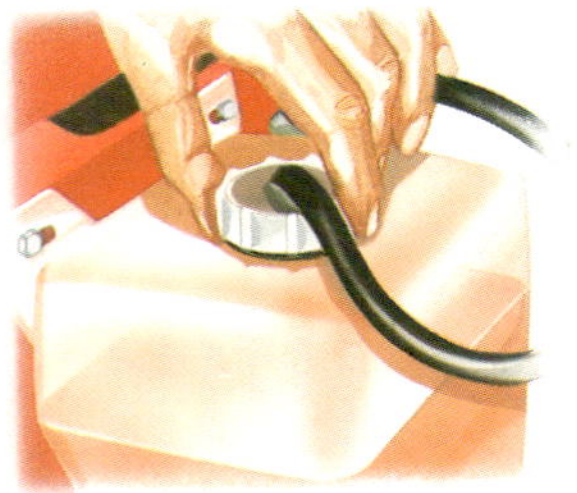

Am Ausgleichsgefäß prüft man die Dichtung und das Ventil am Einfüllstutzen.

In dem durchsichtigen Ausgleichsbehälter sieht man oft einen häßlichen braunen Niederschlag, der auf unschädliche Korrosion im Kühlsystem hinweist. Bemerkt man allerdings Ölspuren oder den Geruch von Auspuffgasen, besteht der Verdacht, daß die Zylinderkopfdichtung schadhaft geworden ist.

Gerät bei den Nachfüllarbeiten Frostschutzmittel auf den Fahrzeuglack, sollte man mit reichlich klarem Wasser nachspülen, da auf längere Sicht Ablösungserscheinungen möglich sind, denn Frostschutzmittel können Alkoholverbindungen enthalten, die den Lack angreifen.

Das geschlossene Kühlsystem entleeren und auffüllen

Zum Ablassen des Kühlwassers öffnet man bei kaltem Motor den Deckel des Ausgleichsgefäßes, stellt den Heizungshebel auf „warm", löst den Schlauchbinder und zieht den unteren Kühlwasserschlauch ab bzw. öffnet die Ablaufbohrungen am Motorblock.

Wenn Entlüftungsschrauben vorhanden sind, findet man diese an den obersten Schläuchen.

Soweit notwendig, wird das Kühlsystem gespült. Dann werden der untere Kühlwasserschlauch sowie die Ablaufbohrungen wieder verschlossen.

Entsprechend der Herstellervorschrift mischt man Frostschutzmittel und Wasser und füllt das Gemisch langsam ein, so daß die Luft aus Kühler und Motorblock allmählich entweicht. Das Wasser sollte am Überdruckventil des Kühlers bündig abschließen.

Das Kühlmittel im Überlaufgefäß wird bis zur Minimalmarkierung aufgefüllt und der Motor auf Betriebstemperatur gebracht, die erreicht ist, wenn die Rück- und Vorlaufschläuche des Heizungssystems gleichmäßig heiß sind.

Entlüftungsschrauben an den Heizungsschläuchen bleiben während des Einfüllens und des Motorprüflaufes offen, bis blasenfreies Kühlwasser austritt.

Nicht alle geschlossenen Kühlsysteme lassen sich einfach entlüften. Manche Fahrzeuge muß man aufbocken, da die Luft an der höchsten Stelle des Systems nur dann austreten kann, wenn sich der Kühlerstutzen bzw. das Ausgleichsgefäß ganz oben befindet.

Manche Fahrzeuge sollte man zum Entlüften des Kühlsystems vorne anheben.

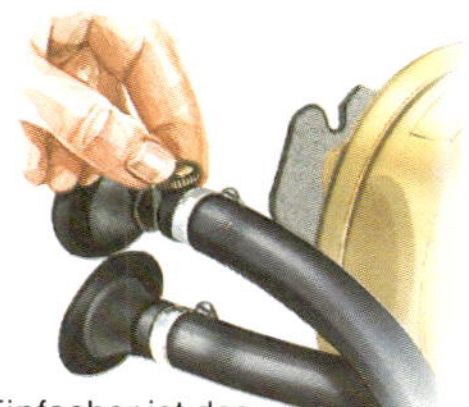

Einfacher ist das Entlüften, wenn Entlüftungsschrauben in den Heizungswasserschläuchen vorhanden sind.

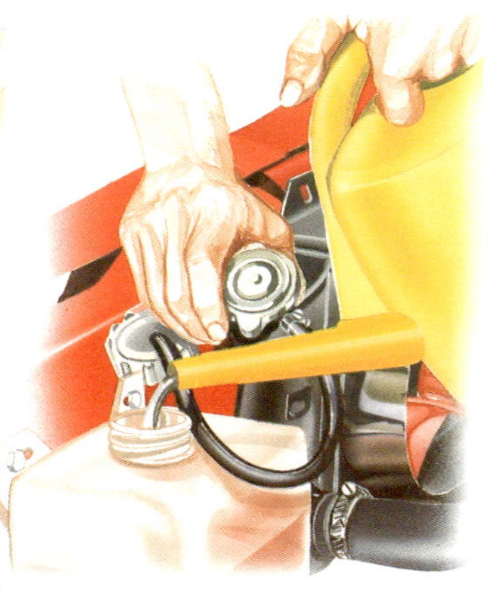

Ist das System entlüftet, wird das Kühlmittel im Ausgleichsbehälter ergänzt.

Das Frostschutzmittel prüfen und auffüllen

Dem Kühlwasser wird immer ein Kühlmittelzusatz beigefügt, der zwei Funktionen hat: Einmal verhindert er das Einfrieren, zum anderen werden Kalksteinbildung und Korrosion unterbunden.

Moderne Frostschutzmittel braucht man nicht routinemäßig zu wechseln. Das Kühlsystem ist, wenn ein Ausgleichsbehälter vorgesehen ist, absolut wartungsfrei. Von Zeit zu Zeit prüft man nur den Kühlmittelstand an den Markierungen des Ausgleichsgefäßes.

Bei einigen Fahrzeugen muß man das Frostschutzmittel nach etwa drei Jahren auswechseln. Wenn die Wirkung des Korrosionsschutzes nachlassen sollte, ist eine Neubefüllung empfehlenswert.

Für das Klima in Europa genügt eine Frostschutzwirkung bis etwa −25 °C. In der Regel wird aber das Kühlsystem jeweils zur Hälfte mit Frostschutzmittel und mit normalem Leitungswasser aufgefüllt. Auf jede Frostschutzmitteldose ist eine Mischtabelle aufgedruckt.

Am besten setzt man einen Original-Kühlmittelzusatz ein, der vom Motorenhersteller freigegeben ist. Unbedenklich sind auch Kühlmittelzusätze der großen Hersteller. Niemals darf man unterschiedliche Frostschutzmittel, etwa auf Methyl- und Äthyl-Glykol-Basis, mischen, da sonst die Betriebssicherheit des Fahrzeuges leiden könnte.

Sehr wichtig ist der Korrosionsschutz im Kühlmittelzusatz, besonders für Motoren mit Aluminiumzylinderkopf oder -block. Hier können durch ein ungeeignetes Frostschutzmittel oder durch den Betrieb mit einfachem Leitungswasser im Laufe der Betriebsjahre Korrosionslöcher im Metall entstehen.

Um der Verkalkung des Kühlers vorzubeugen, setzen manche Autofahrer destilliertes Wasser oder Regenwasser ein. Dies ist für einige Motoren nicht unbedenklich. Statt dessen kann man bedenkenlos normales Leitungswasser verwenden.

Werkzeug und Ausrüstung

Auffangwanne, Mischkanne, Leitungswasser, Frostschutzmittel

Frostschutzmittel im Kühlsystem

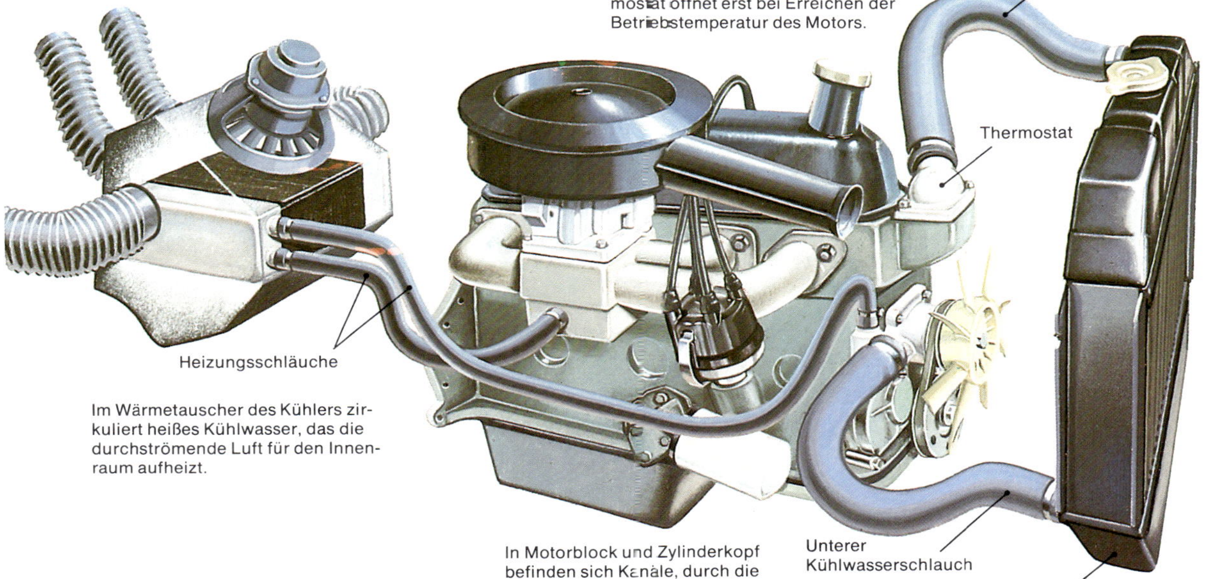

Das Kühlmittel transportiert überflüssige Wärme von Motor und Zylinderkopf zum Kühler, der sie an die Umgebung abgibt. Ein Thermostat öffnet erst bei Erreichen der Betriebstemperatur des Motors.
Oberer Kühlwasserschlauch
Thermostat
Heizungsschläuche
Im Wärmetauscher des Kühlers zirkuliert heißes Kühlwasser, das die durchströmende Luft für den Innenraum aufheizt.
In Motorblock und Zylinderkopf befinden sich Kanäle, durch die das Kühlwasser zirkuliert.
Unterer Kühlwasserschlauch
Kühler

Den Frostschutz prüfen

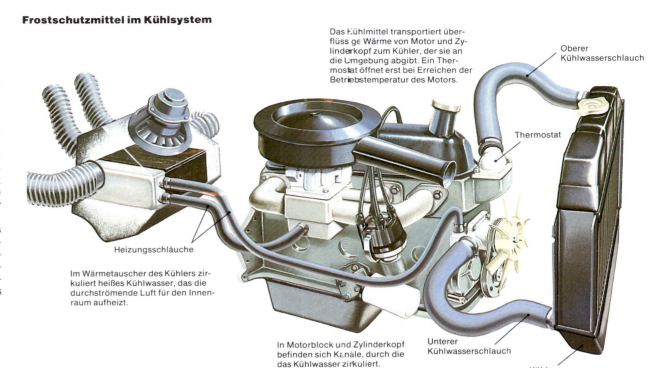

Zum Prüfen des Frostschutzes benutzt man eine Kühlwasserspindel aus dem Zubehörhandel. Bei mäßig warmem Motor entnimmt man eine geringe Menge Kühlmittel und liest an der Spindel ab, bis zu welcher Temperatur das Kühlmittel betriebssicher ist.

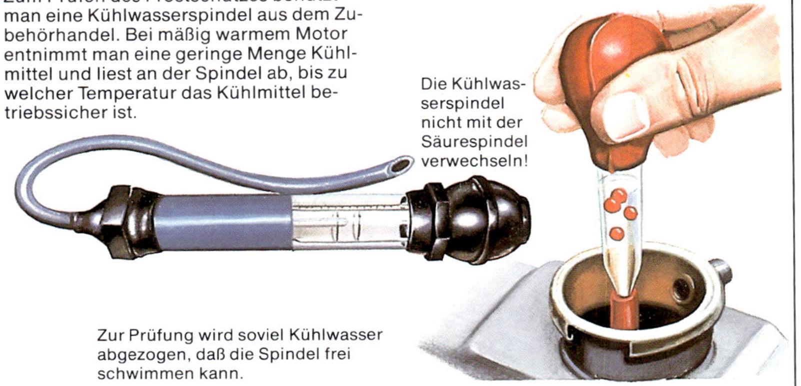

Die Kühlwasserspindel nicht mit der Säurespindel verwechseln!

Zur Prüfung wird soviel Kühlwasser abgezogen, daß die Spindel frei schwimmen kann.

Entleeren und Auffüllen des Kühlsystems

Bei kaltem Motor öffnet man die Ablaufbohrungen des Kühlers und des Motors, bzw. man zieht den unteren Wasserschlauch ab. Wenn man den Kühlerdeckel abnimmt, läuft das Wasser schneller ab.

Dabei sollte man überprüfen, ob die Kühlwasserschläuche und Schlauchbinder noch dicht sind.

Das Frostschutzmittel vermischt man in einer Gießkanne mit der notwendigen Menge Wasser. Nun dreht man die Verschlußstopfen an Kühler und Motor wieder hinein bzw. setzt den unteren Kühlwasserschlauch wieder auf und füllt Frostschutzmischung ein, bis die Kühllamellen bedeckt sind.

Der Prüflauf wird so lange durchgeführt, bis der Thermostat einmal öffnet, wobei sich das System automatisch entlüftet. Dann wird Kühlwasser bis zur Höhe des Auffüllstutzens nachgefüllt.

Bei schwer auffindbaren Lecks im Kühlsystem sollte man für die Fehlersuche klares Wasser auffüllen. Typische Schadstellen sind alle Schlauchverbindungen, aber auch Lötstellen bei älteren Kühlern, die manchmal durch ein Frostschutzmittel undicht werden und umgehend abzudichten sind.

Man mischt in einer Gießkanne Frostschutzmittel und Wasser.

Umweltschutz

Kühlwasser darf nicht ins Kanalnetz gelangen, denn es enthält Schadstoffe. Nicht mehr benötigte Flüssigkeit auffangen und beim Fachhändler entsorgen.

Zum Auffangen sind einfache Plastikschüsseln oder -eimer sehr gut geeignet.

Den Kühler und den Motorblock spülen

Bei älteren Fahrzeugen kann sich Kalkstein abgelagert haben, wenn man das Kühlsystem häufiger mit reinem Leitungswasser gefüllt hat, also ohne den Zusatz eines Kühlmittels gefahren ist.

Das Kühlwasser hat sich nach längerem Betrieb des Fahrzeugs durch Korrosion bereits stark braun verfärbt. Die Kühlleistung eines solchen Systems ist auf jeden Fall wesentlich herabgesetzt, und bei schneller Autofahrt kann man beobachten, daß der Motor häufig heißer wird, als es zulässig ist.

In diesem Fall kann man versuchen, wieder eine ausreichende Kühlleistung des Systems herzustellen, indem man den Kühler und den Motorblock spült.

Zunächst prüft man aber noch einmal, ob für die Überhitzungsneigung des Motors nicht andere Ursachen verantwortlich sind, z.B. undichte Kühleranschlüsse, eine schadhafte Zylinderkopfdichtung oder ein undichter Thermostat.

Zum Spülen entleert man den Kühler in kaltem Zustand und baut ihn anschließend aus. Außerdem nutzt man die Gelegenheit und führt eine Sichtprüfung des unteren Wasserkastens durch. Nicht selten erkennt man in diesem Wasserkasten eine Schlammansammlung, die man in der Regel mit einem Draht beseitigen kann.

Dann legt man den Kühler auf die Seite, schließt einen Gartenschlauch an und spült ihn gründlich durch. Dasselbe geschieht anschließend mit dem Motorblock.

Werkzeug und Ausrüstung

Auffangbehälter, Gabelschlüssel, Schraubenzieher, Wasserschlauch, Thermostatdichtung, Schlauchbinder, Frostschutzmittel

Den Kühler spülen

Man löst die Schlauchbinder an den beiden Wasserschläuchen und zieht sie ab. In den oberen Kühleranschluß steckt man einen Gartenschlauch und dichtet die Verbindung mit einem Lappen ab. Bei verschlossenem Einfüllstutzen spült man den Kühler so lange durch, bis klares Wasser fließt. Den unteren Anschlußstutzen kann man durch eine unten durchstoßene Plastiktüte mit einem Behälter verbinden, in dem man das Wasser auffängt, um zu prüfen, ob tatsächlich Verunreinigungen vorhanden waren.

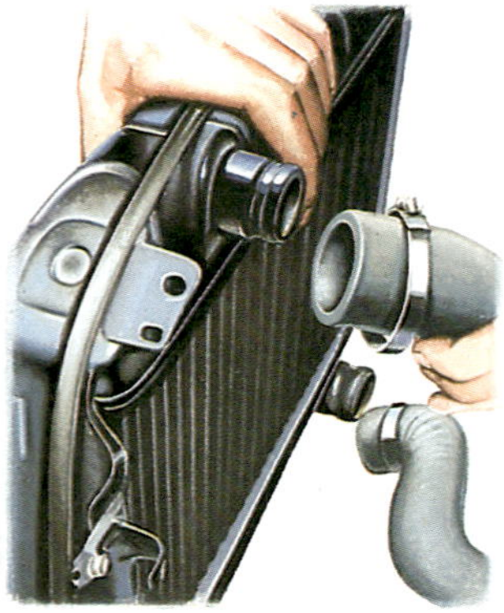

Nach dem Lösen der Schlauchschellen zieht man den unteren und den oberen Wasserschlauch vorsichtig von den Stutzen ab.

Schutz für die Elektrik

Elektrische Bauteile im Motorraum schützt man beim Spülen durch eine große Plastiktüte. So verhindert man Schäden am Elektrolüfter, an der Zündanlage und an der Lichtmaschine.

Mit einer Plastiktüte schützt man elektrische Bauteile.

Ein Gartenschlauch wird eingeführt und mit einem Lappen abgedichtet.

Man spült, bis klares Wasser austritt.

Einen ausgebauten Kühler spülen

Das Spülen ist viel einfacher bei ausgebautem Kühler, den man auf die Seite legt. Den Gartenschlauch setzt man am unteren Anschlußstutzen an. Vorsicht: Bei zu starkem Druck kann der Kühler platzen!

Man legt den Kühler mit dem Auslauf an tiefster Stelle auf die Seite und führt am unteren Stutzen einen Gartenschlauch ein. Den Wasserdruck allmählich steigern, damit der Kühler nicht platzt.

Die Kühlerlamellen reinigen

Die Kühlleistung ist schlecht, wenn Insekten die Kühlerlamellen zugesetzt haben. Zum Reinigen nur eine normale Bürste benutzen. Vorher weicht man die Insekten mit einem Insektenlöser ein. Zum Schluß spült man von vorn mit dem Gartenschlauch durch. Elektrische Teile hinter dem Kühler sind zu schützen.

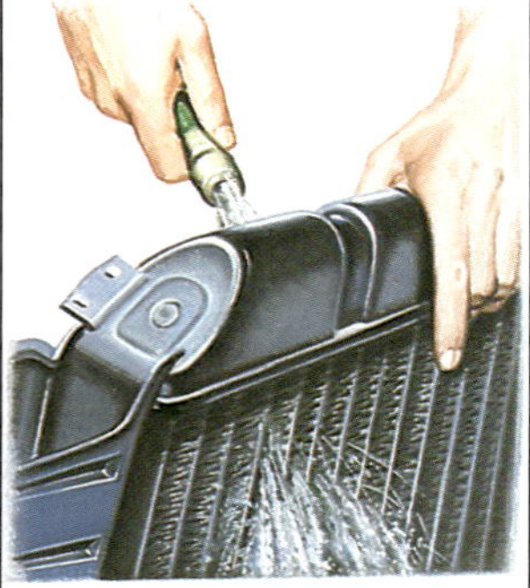

Die Kühlerlamellen säubert man von vorn mit einem Insektenreiniger und reichlich Wasser.

Den Motorblock spülen

Man nimmt den oberen Kühlwasserschlauch ab, öffnet das Thermostatgehäuse über der Wasserpumpe, nimmt den Thermostat heraus und schließt das Gehäuse wieder. Dann führt man einen Gartenschlauch in den Anschlußstutzen ein und dichtet ihn mit einem Tuch ab. Nun wird so lange gespült, bis aus dem unteren Anschlußstutzen und den geöffneten Ablaufbohrungen des Motorblocks klares Wasser austritt.

Nach dem Einbau des Kühlers sind die Schläuche mit neuen Schlauchschellen zu montieren.

Der Thermostat wird mit einer neuen Dichtung verschraubt, die man bei schlechten Dichtflächen beidseitig mit Dichtungsmittel einstreicht.

Bei geschlossenen Ablaufstutzen füllt man klares Wasser auf und beseitigt bei normaler Betriebstemperatur eventuelle Leckstellen, indem man die Schlauchbinder anzieht.

Nach dem Entleeren füllt man klares Wasser mit Kühlmittelzusatz ein.

Thermostatausbau

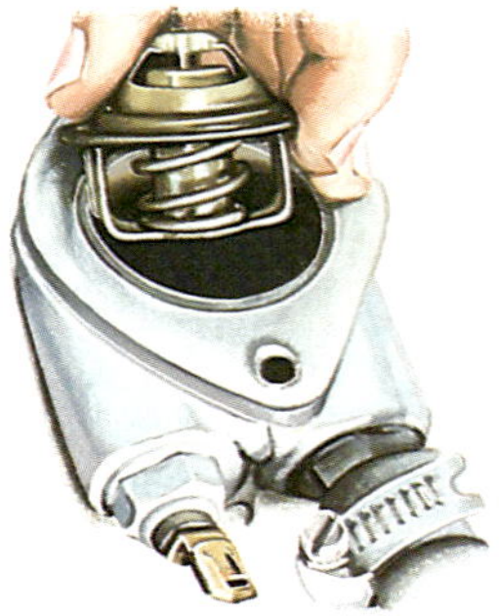

Zum Spülen des Motorblocks wird der Thermostat ausgebaut.

Den Kühler ausbauen

Die Kühler älterer Fahrzeuge bestehen aus Messingblech und können gelötet werden.

Moderne Fahrzeuge besitzen Kühler mit Lamellen aus Aluminium. Die beiden Wasserkästen bestehen aus Kunststoff. Solche Kühler sind beim Ausbau vorsichtig zu behandeln. Zieht man einen Schlauch mit Gewalt ab, kann ein Schaden entstehen, der den Ersatz des ganzen Kühlers bedingt.

Aluminium besitzt nicht die gleiche gute Wärmeleitfähigkeit wie Messing, so daß diese Kühler feinere Wasserröhrchen haben, die empfindlich gegen Verschmutzung und Kalkablagerungen sind; deshalb solche Kühlsysteme niemals ohne Kühlmittelzusatz benutzen.

Werkzeug und Ausrüstung

Schraubenzieher, Schraubenschlüssel, Auffangbehälter, Klebestreifen

Die Anbauteile des Kühlers

Bevor man den Kühler ausbaut, prüft man den Zustand der Schläuche und Schlauchschellen. Schadhafte Teile werden immer ersetzt. Drahtklemmen wechselt man am besten gegen Bandschellen aus.

Der Kühler kann über eine dünne Schlauchleitung mit einem Ausgleichsgefäß verbunden sein. Elektroanschlüsse für die Temperaturanzeige oder den Elektrolüfter werden getrennt.

Ist der Kühlerlüfter mit einem Rahmen am Kühler montiert, muß man ihn unter Umständen mit der Halterung oder Kühlluftführung abschrauben.

Sind Verkleidungen unter dem Kühler zum Abhalten von Spritzwasser angebracht, werden diese abgebaut.

Bei Fahrzeugen mit Automatikgetriebe ist in der Regel ein Zusatzölkühler vorhanden, der eingebaut bleibt.

Hat der Kühler einen Thermoschalter, trennt man vor Beginn der Arbeiten den Minuspol der Batterie. Dann nimmt man den Einfüllstutzen ab und entleert den Kühler. Dazu löst man die Schlauchschellen des unteren Wasserschlauches und dreht den Schlauch vorsichtig von seinem Stutzen herunter. Dabei darf man keinen Schraubenzieher einsetzen, da die Gefahr besteht, daß die Stutzen eingedrückt werden.

Lassen sich die Kühlerschläuche nicht abziehen, sind sie meist verhärtet. Man kann sie mit einem Messer abschneiden, weil sie ohnehin zu ersetzen sind.

Ist bei Automatikfahrzeugen der Ölkühler Teil des Hauptkühlers, sind Verbindungsleitungen abzuschrauben. Dabei läuft Getriebefluid aus, das man auffängt und bei einer Altölerfassungsstelle abgibt. Frisches Getriebefluid wird nach den Empfehlungen des Getriebeherstellers nachgefüllt.

Damit das Getriebe nicht vollkommen leerläuft, werden die Anschlußschläuche mit Plastikstopfen versehen.

Den Kühler zieht man langsam nach oben heraus, da meist kaum Platz vorhanden ist.

Der Einbau erfolgt in umgekehrter Reihenfolge.

Bei Kunststoffkühlern darf man die Schlauchklemmen nicht so festziehen, daß sich die Anschlußstutzen verziehen.

Typische Kühlerkonstruktion
Dieser Kühler besitzt vier Befestigungsflansche seitlich am oberen und unteren Wasserkasten. Der Elektrolüfter ist zusammen mit der Kühlluftführung hinter dem Kühler montiert. Der Kühler selbst ist vor oder neben dem Motor angeordnet.

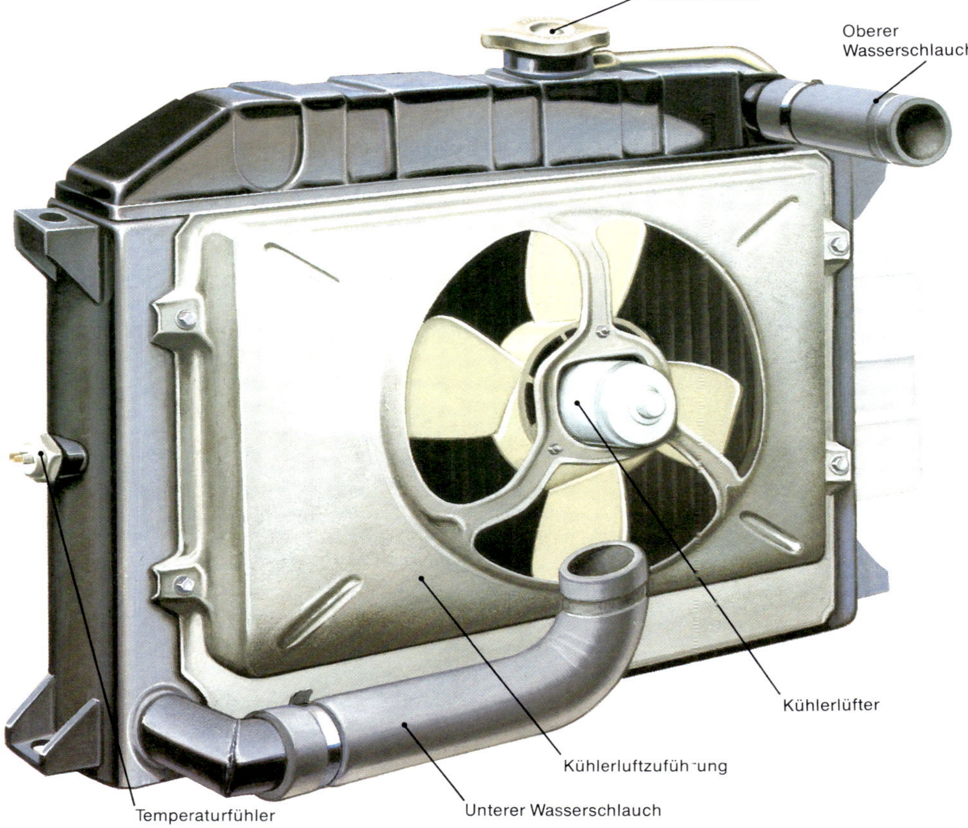

Steckmontage

Bei manchen Fahrzeugen sind seitlich am Kühlerkasten nur Gummipuffer vorhanden, die den Kühler führen.

Dieser ist dann lediglich am unteren Wasserkasten durch eine Mutter gesichert, und zwischen Rahmen und Kühler hält ein Gummipuffer Erschütterungen vom Kühler ab.

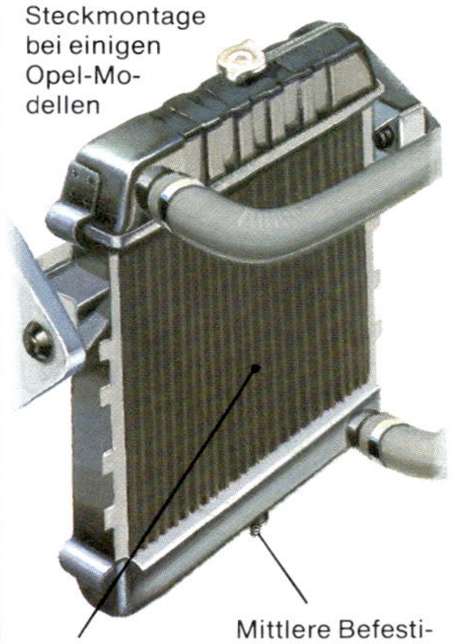

Die Mutter der unteren Befestigungsschraube wird heruntergedreht und der Kühler vorsichtig nach oben herausgezogen.

Den Kühler entleeren

Bei kaltem Motor wird der Kühlerdeckel oder der Verschluß des Ausgleichsgefäßes abgenommen. Zum Entleeren haben manche Kühler Ablaufbohrungen mit einer Verschlußschraube. Diese dreht man heraus.

Fließt das Wasser nicht ab, beseitigt man mit einem dünnen Draht den Schmutz vor der Ablaufbohrung.

Ist keine Ablaufbohrung vorhanden, zieht man den unteren Wasserschlauch ab.

Frostschutzmittel werden häufig nicht mehr routinemäßig gewechselt, sondern bleiben über mehrere Jahre im Kühlsystem. Deshalb ist die Flüssigkeit sorgfältig aufzufangen und wiederzuverwenden.

Abschließend prüft man den Frostschutz mit einer Spindel (siehe Seite 87).

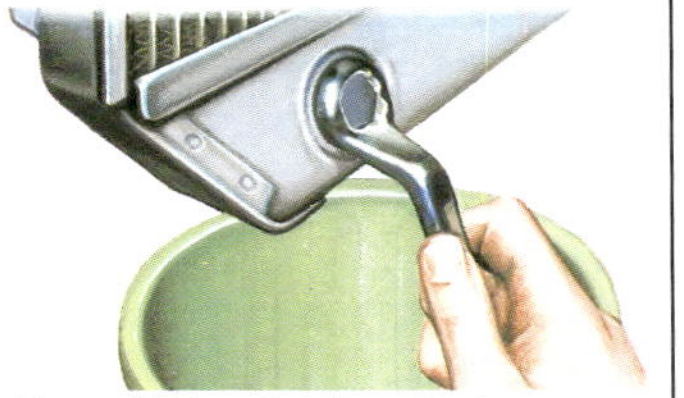

Dieser Kühler wird über eine besondere Ablaufbohrung entleert.

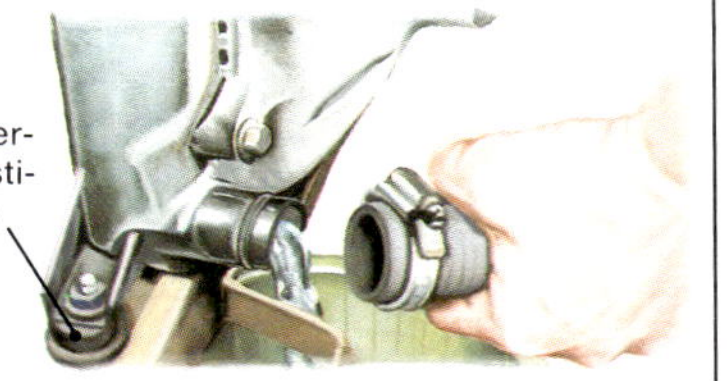

Bei diesem Kühler wird zum Entleeren der untere Wasserschlauch abgezogen.

Die Wasserpumpe ausbauen und ersetzen

Lagerschäden an Wasserpumpen sind bei zu großer Keilriemenspannung nicht selten.

Die ersten Anzeichen für eine undichte Wasserpumpe sind Wasserspuren unterhalb der Pumpenwelle. Zunächst ist der Schaden noch unbedenklich. Das heiße Wasser wäscht aber sehr schnell die Fettpackung der Lager aus, so daß sich Laufgeräusche einstellen. Bewegt man in diesem Zustand den Lüfter der Pumpe hin und her, spürt man das Lagerspiel sehr deutlich.

Wasserpumpen kann man nicht reparieren. Beim Kauf nimmt man gleich eine Dichtung mit Dichtungskleber mit. Sinnvoll ist es auch, die Schläuche zur Pumpe auf Risse zu prüfen. Verrostete Schlauchbinder werden ersetzt.

Zum Ausbau der Wasserpumpe entleert man das Kühlsystem. Am besten baut man den Kühler und die Kühlerverkleidung aus. Dann löst man die Schlauchklemmen an der Pumpe und zieht die Wasserschläuche ab. Nach dem Abschrauben des Lüfters und der Riemenscheibe liegt die Wasserpumpe frei.

Werkzeug und Ausrüstung

Schraubenschlüssel, Schraubenzieher, Drehmomentschlüssel, Dichtung, Dichtungskleber, Gummihammer

Vorbereitungen zum Ausbau der Wasserpumpe

Manchmal sind erhebliche Vorarbeiten notwendig, z. B. wenn der Kühler eine Verkleidung besitzt oder sehr nahe an der Pumpe montiert ist.

Kühlluftführungen sind so angebracht, daß man die Wasserpumpe nicht direkt ausbauen kann. Deshalb trennt man die Verschraubung der Luftführung vom Kühler, baut diesen aus und zieht die Luftführung nach vorne ab. Nun kann man das Lüfterrad samt Riemenscheibe abschrauben.

Um sich die Arbeit zu erleichtern, heben viele Mechaniker das Fahrzeug vorn mit einem Wagenheber an. Dies hat außerdem den Vorteil, daß ein großer Teil Kühlwasser im Motor zurückbleibt.

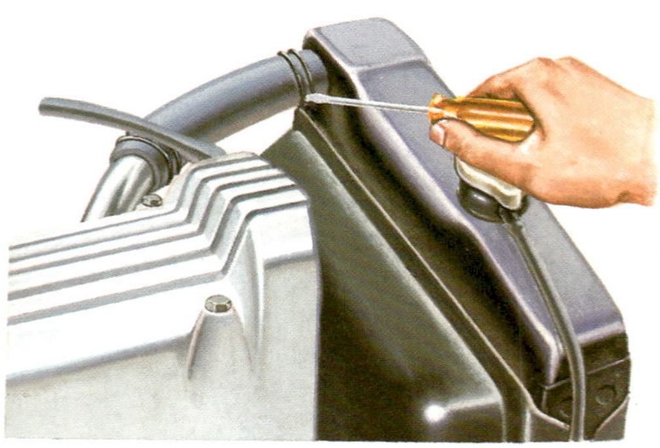

Eine Kühlluftführung hinter dem Kühler verhindert den direkten Ausbau der Wasserpumpe.

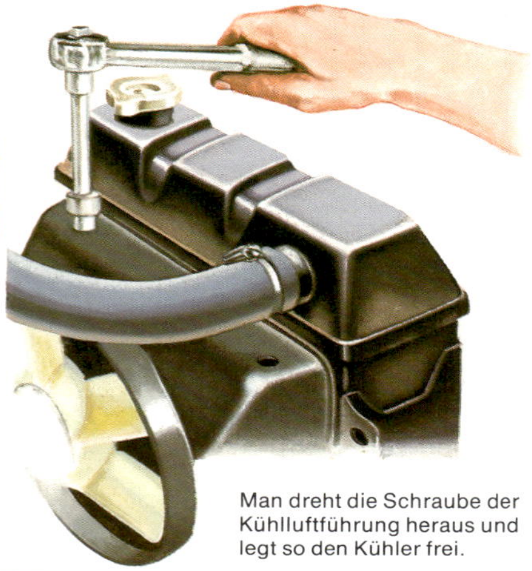

Man dreht die Schraube der Kühlluftführung heraus und legt so den Kühler frei.

Anordnung des Wasserpumpenantriebes

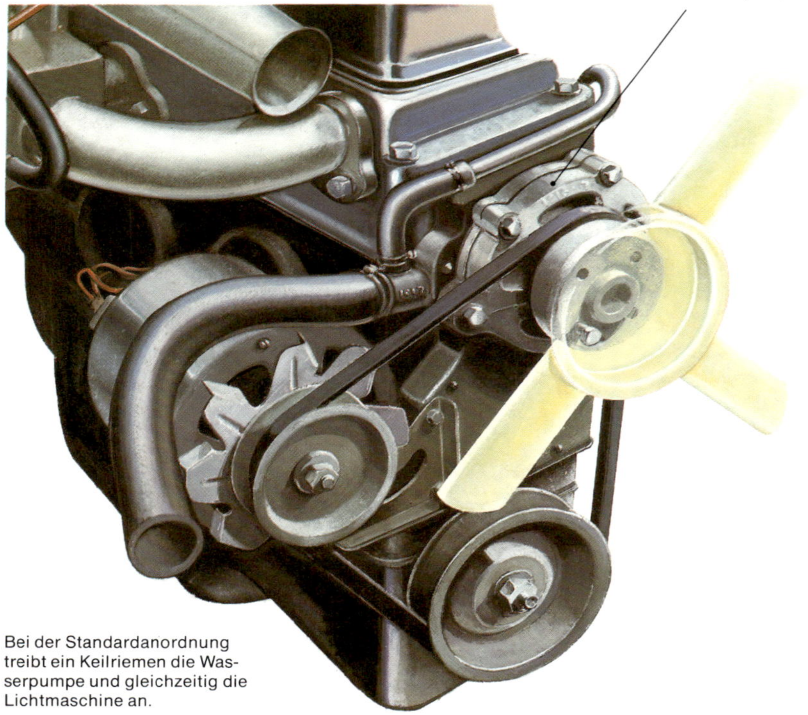

Bei der Standardanordnung treibt ein Keilriemen die Wasserpumpe und gleichzeitig die Lichtmaschine an.

Ausführungsvarianten

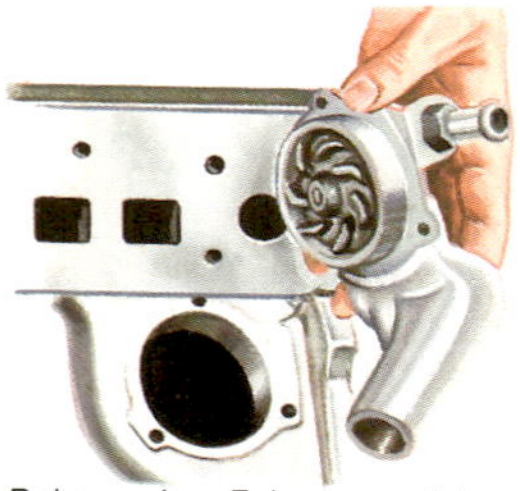

Bei manchen Fahrzeugen ist die Wasserpumpe auf der Rückseite des Motorblocks vertikal angeordnet.

Typische Anordnung der Pumpe bei Audi- und VW-Motoren

Die Pumpe aus- und einbauen

Die Schrauben rings um das Pumpengehäuse werden nach Abnehmen der Riemenscheibe mit Steckschlüssel und Ratsche herausgedreht. Dabei notiert man gegebenenfalls, wo lange oder kurze Schrauben sitzen.

Nach dem Herausdrehen der Schrauben läßt sich die Pumpe häufig nicht abziehen, weil die Dichtung mit Dichtungskleber befestigt ist. Um die Verklebung zu trennen, schlägt man mit einem Gummihammer auf die Pumpe und reinigt dann die Dichtfläche vorsichtig mit einem Schaber.

Die neue Dichtung wird beidseitig mit Dichtungskleber eingestrichen. Damit sie nicht verrutscht, steckt man zwei Schrauben durch die Bohrungen und setzt die Pumpe mit den Dichtungen und Schrauben zusammen. Nun wird das Fahrzeug wieder komplettiert und ein Prüflauf durchgeführt.

Der Keilriemen ist demontiert, die Riemenscheibe läßt sich vom Pumpenflansch trennen.

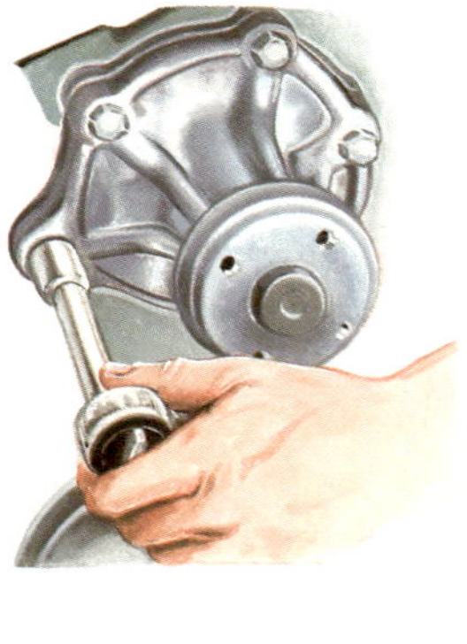

Mit Steckschlüssel, kurzer Verlängerung und Ratsche werden die Flanschschrauben herausgedreht.

Um die Verklebung der Wasserpumpendichtung zu lösen, setzt man einen Gummihammer ein.

Den Thermostat prüfen und auswechseln

Wenn der Motor seine Betriebstemperatur nur sehr langsam erreicht oder zu heiß wird, ist vermutlich der Thermostat schadhaft, der bei wassergekühlten Motoren in der Nähe der Wasserpumpe im Bereich des Zylinderkopfes montiert ist. Manchmal ist er auch einfach in einen Kühlerschlauch eingesetzt.

Zur Prüfung läßt man den Motor laufen und legt die Hand auf den oberen Wasserschlauch. Wenn der Thermostat funktioniert, bleibt der Wasserschlauch während einiger Minuten kalt und erwärmt sich dann sehr plötzlich.

Wird der Wasserschlauch von Anfang an gleichmäßig warm, ist der Thermostat schadhaft.

Wenn der Wasserschlauch kalt bleibt, obwohl der Motor bereits zu kochen droht, ist der Thermostat in geschlossenem Zustand hängengeblieben.

Werkzeug und Ausrüstung

Schraubenzieher, Schraubenschlüssel, Auffangbehälter, Dichtung, Dichtungskleber, Thermometer, Thermostat, Schaber

Lage des Thermostats

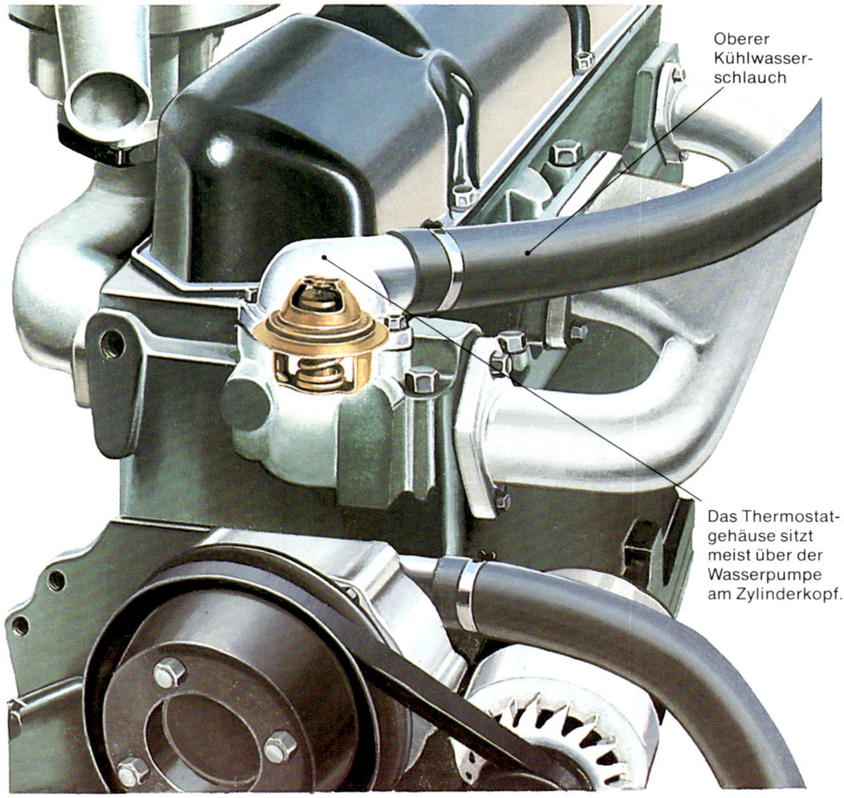

Oberer Kühlwasserschlauch
Das Thermostatgehäuse sitzt meist über der Wasserpumpe am Zylinderkopf.

Den Thermostat aus- und einbauen

Zum Ausbau braucht man das Kühlsystem nur teilweise zu entleeren: Bei kaltem Motor öffnet man den Ablaufhahn am Motor und senkt den Flüssigkeitsspiegel ab, bis der Thermostat frei liegt.

Bei manchen Thermostatgehäusen genügt es, die Befestigungsschraube herauszudrehen und das Oberteil des Gehäuses zusammen mit dem Wasserschlauch zur Seite zu klappen.

Man kann auch den oberen Schlauch abziehen.

Thermostatgehäuse werden mit einer Dichtung montiert, die häufig angeklebt ist. Läßt sich das Gehäuse nicht abnehmen, klopft man mit dem Hammerstiel leicht dagegen, bis sich die Verklebung lösen läßt. Niemals mit dem Schraubenzieher in den Spalt fahren, weil dies die Dichtflächen beschädigt.

Vor dem Einsetzen des neuen Thermostats werden die Dichtflächen sorgsam mit einem Schaber gereinigt. Grate beseitigt man mit Schleifpapier. Damit nichts in das Gehäuse fällt, steckt man einen Lappen in die Öffnung.

Nun wird der neue Thermostat eingesetzt, die neue Dichtung beidseitig mit Dichtungskleber bestrichen und das Gehäuse komplettiert. Man füllt das Kühlwasser wieder ein und führt einen Prüflauf durch.

Muß bei einer Fahrzeugpanne der Thermostat – weil er im geschlossenen Zustand hängenblieb – ausgewechselt werden, kann man die Weiterfahrt auch ohne Ersatzthermostat antreten, wenn keiner zur Verfügung steht. Der Motor erreicht dann zwar nicht mehr seine volle Betriebstemperatur, es besteht aber nicht die Gefahr eines Motorschadens. Doch sollte man möglichst bald einen Originalthermostat einsetzen lassen.

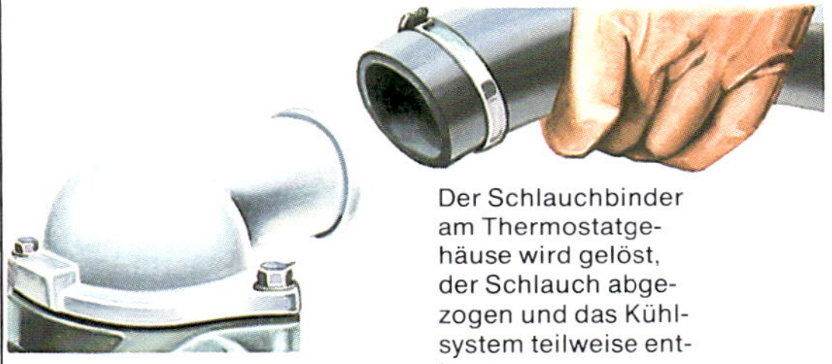

Der Schlauchbinder am Thermostatgehäuse wird gelöst, der Schlauch abgezogen und das Kühlsystem teilweise entleert.

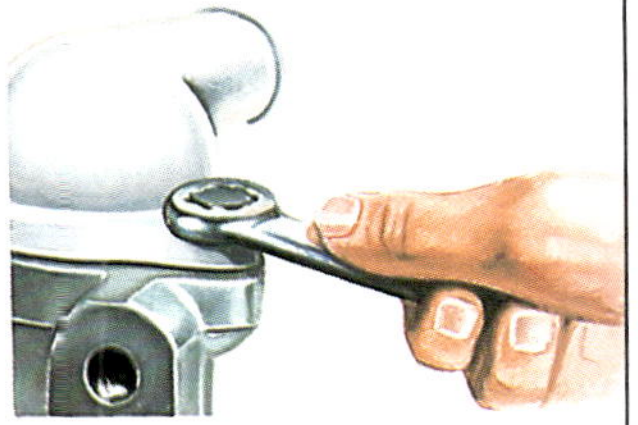

Die Schrauben des Thermostatgehäuses dreht man heraus.

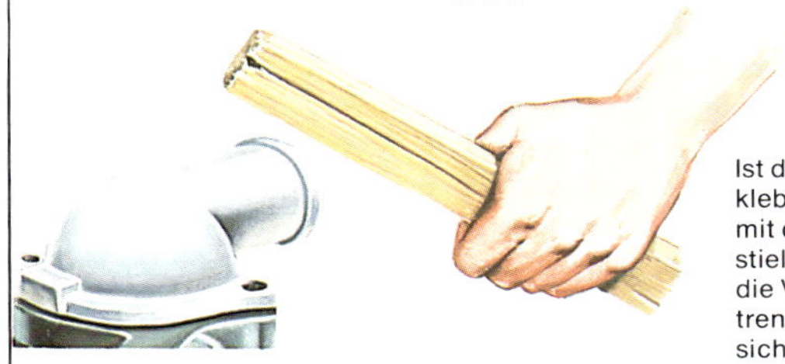

Ist das Gehäuse verklebt, schlägt man mit dem Hammerstiel dagegen, um die Verklebung zu trennen. Dabei vorsichtig arbeiten!

Den Thermostat einsetzen

Bei manchen Thermostaten muß man die Pfeilmarkierung notieren, bevor man den Thermostat herausnimmt. Häufig ist auch die richtige Arbeitstemperatur angegeben.

Der Deckel ist abgenommen, und der Thermostat läßt sich herausziehen.

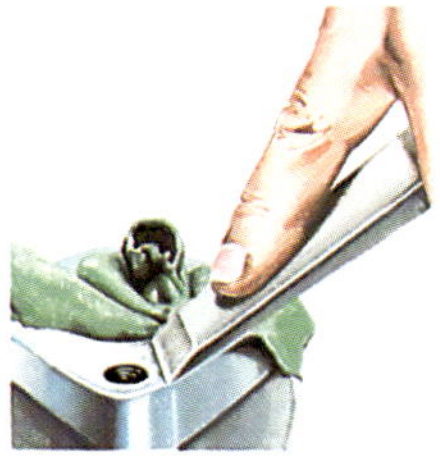

Die Dichtflächen reinigt man mit einem Schaber.

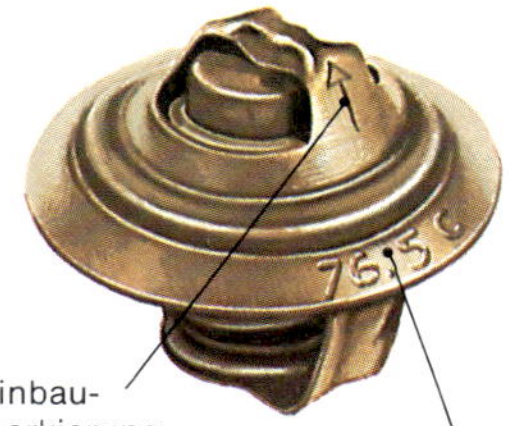

Den Thermostat prüfen

Um zu prüfen, ob sich der Thermostat noch öffnet, hängt man ihn in einen Topf mit kaltem Wasser. Das Wasser erwärmt man allmählich und prüft mit einem Thermometer, dessen Temperaturbereich bis mindestens 100 °C reichen sollte, die Wassertemperatur. Bei etwa 75–82 °C sollte sich der Thermostat öffnen. Ist dies nicht der Fall, muß er ersetzt werden.

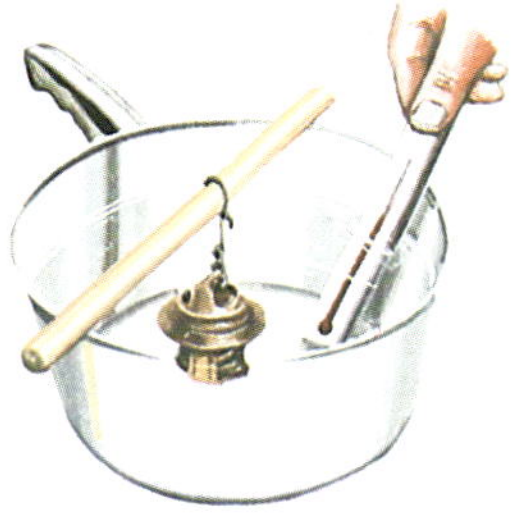

Thermostat und Thermometer sollten den Boden nicht berühren.

Schlauchmontage

Hier sitzt der Thermostat im oberen Wasserschlauch. Ein zweiter Schlauchbinder dient der Befestigung des Schlauches am Wasserpumpenstutzen.

Thermostat, der in den Schlauch der Wasserpumpe eingesetzt ist.

Den Elektrolüfter prüfen und ausbauen

Elektrolüfter haben den Vorteil, daß sie sich erst dann einschalten, wenn die Motortemperatur über den normalen Betriebswert ansteigt.

Zur Prüfung läßt man den Motor im Stand laufen und beobachtet die Temperaturanzeige. Kurz bevor der Zeiger im roten Bereich steht, muß sich der Lüfter einschalten. Er schaltet sich wieder aus, wenn die Anzeige sinkt.

Achtung: Der Thermolüfter schaltet sich bei steigender Temperatur automatisch ein; Hände, Haare und Kleidung vom Lüfterrad fernhalten!

Bei Anzeichen von Motorüberhitzung schaltet man den Motor ab und prüft den Thermoschalter am Kühler. Häufig steht dieser auch ohne Zündung unter Strom und vermeidet so Überhitzungen, wenn der Motor nicht läuft.

Werkzeug und Ausrüstung

Prüflampe, Schraubenzieher, Schraubenschlüssel, Prüfleitung

Funktion des Kühlerlüfters

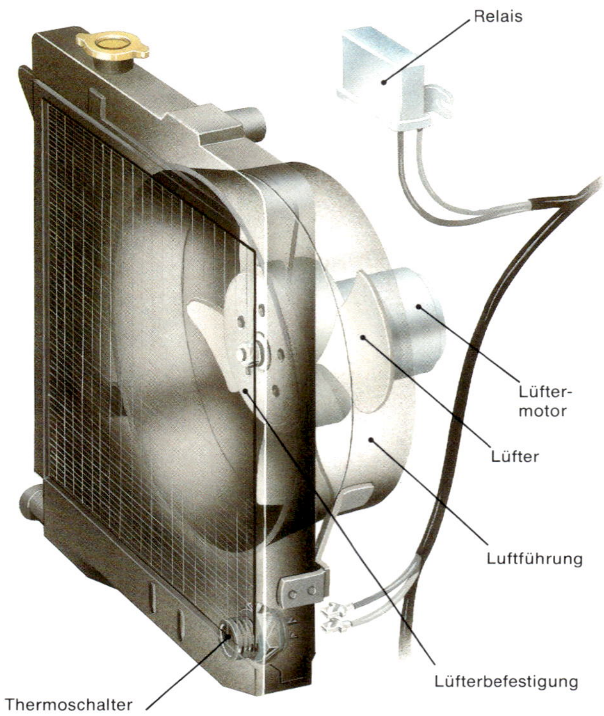

Den Stromanschluß und den Motor prüfen

Zunächst prüft man die Sicherung. Ist sie intakt, zieht man die beiden Stecker am Thermoschalter ab und hält sie zusammen: Der Lüfter muß sich einschalten. Gegebenenfalls ist die Zündung einzuschalten.

Man kann aber auch die Pluspole der Batterie und des Motors miteinander verbinden. Läuft der Motor nicht an, ist er beschädigt. Läuft er hingegen bei überbrücktem Thermoschalter an, ist dieser defekt.

In diesem Fall können die beiden Kabel fest miteinander verbunden werden, so daß der Kühllüfter ständig mitläuft. Dank diesem Trick kann man die Weiterfahrt antreten.

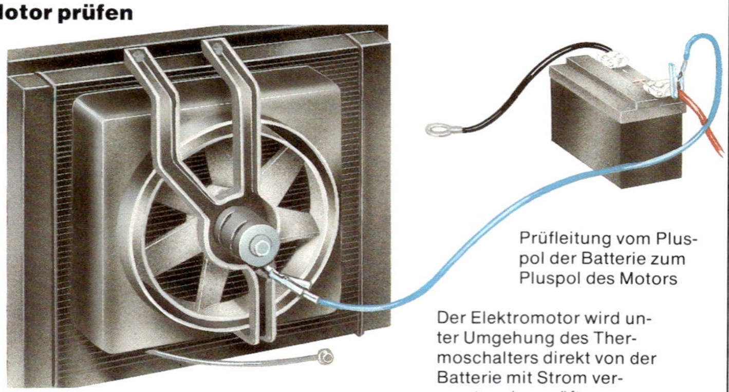

Prüfleitung vom Pluspol der Batterie zum Pluspol des Motors

Der Elektromotor wird unter Umgehung des Thermoschalters direkt von der Batterie mit Strom versorgt und geprüft.

Den Lüftermotor auswechseln

Man klemmt die Batterie ab und trennt die Elektroanschlüsse des Motors. Meist ist er mit Schrauben in der Kühlluftführung befestigt. Manchmal kann er nur komplett mit der Kühlluftführung abgezogen werden.

Nach dem Ausbau wird das Lüfterrad abgeschraubt. Man kann es wieder verwenden.

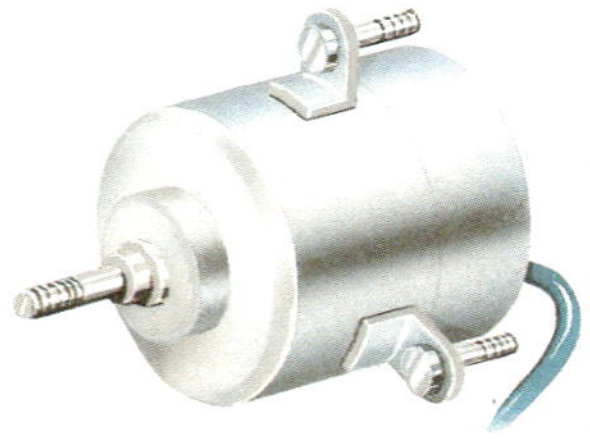

Der Lüfter wird vom alten Motor übernommen, wenn ein neuer Motor eingesetzt wird.

Den neuen Motor prüfen

Bevor man den neuen Motor einsetzt, sollte man ihn ohne aufgesetzten Lüfter testen. Man klemmt die Anschlüsse direkt an den Plus- und Minuspol der Batterie. Dabei den Motor gut festhalten.

Dann wird er komplettiert und eingebaut.

Den Thermoschalter prüfen

Ist der Motor nicht schadhaft, prüft man mit dem Stromprüfer, ob einer der Kabelanschlüsse am Thermoschalter unter Strom steht. Gegebenenfalls ist die Zündung einzuschalten. Hält man die beiden Kabelanschlüsse zusammen, muß der Lüfter anlaufen.

Ist kein Strom vorhanden, verfolgt man die Kabel bis zur Zentralelektrik bzw. Sicherung. Meist genügt es, die Anschlußstecker des Thermoschalters zu reinigen.

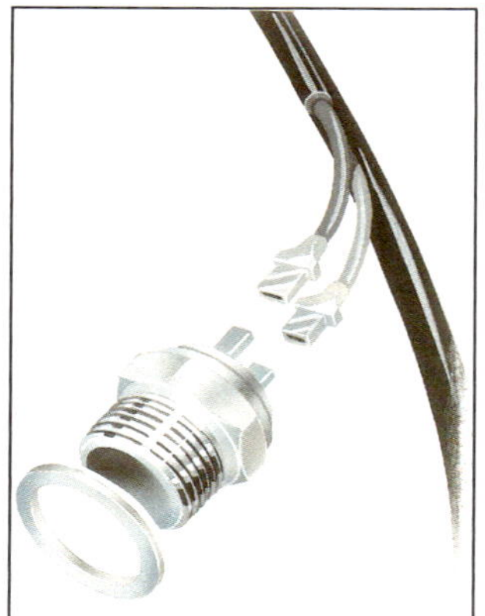

Thermoschalter mit Anschlußstecker: Der Schalter wird immer mit einer neuen Dichtung eingesetzt.

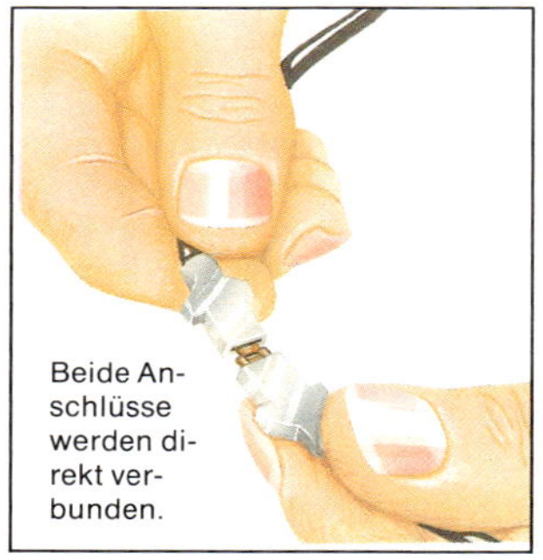

Beide Anschlüsse werden direkt verbunden.

Den Thermoschalter ausbauen

Man stellt eine Auffangwanne unter die Verschraubung, trennt die Elektroanschlüsse und löst den Schalter mit einem Schlüssel. Dann öffnet man den Kühlerverschluß.

Mit einer Hand dreht man den Thermoschalter vorsichtig heraus, in der anderen hält man den neuen Schalter mit einer neuen Dichtung. Wenn man schnell arbeitet, läßt sich der Schalter ohne großen Wasserverlust ansetzen.

Dann zieht man ihn fest, füllt das Kühlsystem auf und führt einen Prüflauf durch.

Die Relaisschaltung prüfen

Zur Prüfung hält man einen Schraubenzieher zwischen die Kabelanschlüsse. Das Relais muß mit einem Klicken reagieren.

Zusätzlich prüft man die Leitung zum Relais mit einer Prüflampe. Führt sie Strom, aber die Leitung zum Lüfter trotz überbrücktem Thermoschalter nicht, ist das Relais defekt.

Im Pannenfall kann man die Plusleitung indirekt auf die Batterie klemmen.

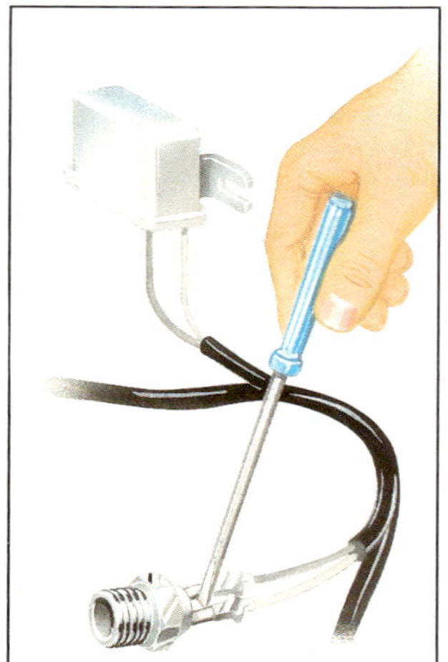

Mit dem Schraubenzieher werden die beiden Anschlüsse kurzgeschlossen. Dazu muß man die beiden Schutzhüllen etwas zurückziehen.

Sonstige Kabelanschlüsse

Kabelanschlüsse und Abzweigungen im Spritzwasserbereich sind korrosionsgefährdet und bei Störungen zu prüfen.

Die Heizung und den Heizventilator prüfen

Der Heizungsluftstrom wird häufig von Laub behindert, das sich im Ansaugbereich sammelt. Dieser Bereich befindet sich unmittelbar über der Spritzwand unter der Motorhaube.

Dazu gehören je nach Ausführung der Ventilator und verstellbare Klappen, die über Bowdenzüge bedient werden, außerdem Ablaufschläuche für Regenwasser. Die Luft wird direkt in den Innenraum oder über den Wärmetauscher der Heizung geleitet. Die ankommende Luft passiert den Wärmetauscher, der vom heißen Kühlwasser durchströmt wird, und erwärmt sich dabei.

Manchmal kommt es vor, daß die Luftzuführungsschläuche von dem Frischluftkasten abrutschen.

Bei geringem Luftdurchsatz im Heizungssystem empfiehlt es sich, alle Luftführungen abzuziehen und auszublasen. Sie sind mit Schlauchbindern oder mit Klebeband befestigt und dürfen nicht geknickt verlegt werden.

Eine unbefriedigende Heizleistung liegt häufig an einem schlecht eingestellten Bowdenzug des Kalt-Warm-Ventils. Bei der Prüfung bedient ein Helfer den Hebel der Kalt-Warm-Verstellung, während man das Ventil selbst beobachtet, dessen Anlenkhebel sich von Anschlag bis Anschlag bewegen muß.

Die Heizleistung ist auch vermindert, wenn die Heizwasserschläuche eingeknickt sind. Fühlen sich Kühlwasserschläuche schwammig an, sollte man sie erneuern.

Wurde das Kühlsystem mit reinem Wasser ohne Korrosionsschutzzusatz betrieben, hat sich vermutlich der Wärmetauscher zugesetzt. In diesem Fall zieht man den Rücklaufschlauch des Wärmetauschers ab und läßt den Motor laufen. Fließt das Wasser bei geöffnetem Heizungsventil nicht oder nur mäßig schnell ab, ist der Wärmetauscher verkalkt.

Werkzeug und Ausrüstung

Schraubenzieher, Gabelschlüssel, Gartenschlauch

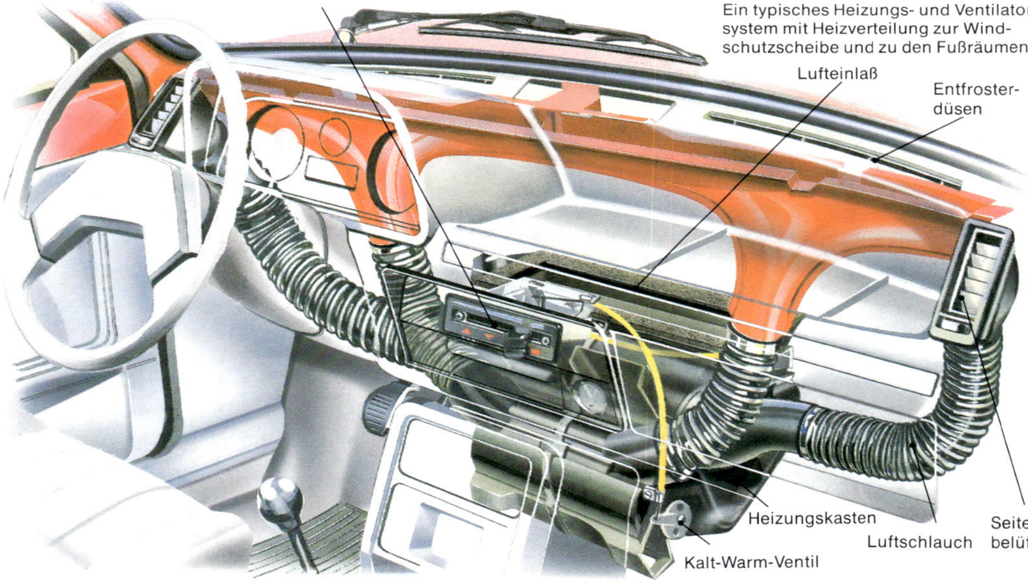

Heizungs- und Ventilatorsystem

Ein typisches Heizungs- und Ventilatorsystem mit Heizverteilung zur Windschutzscheibe und zu den Fußräumen

Den Luft- und Wasserdurchsatz prüfen

Die Luft wird, vom Fahrtwind oder Ventilator unterstützt, durch den Wärmetauscher in das Fahrzeuginnere geleitet. Die indirekte Absaugung am Fahrzeugheck sorgt für das Entweichen der überschüssigen Luft.

Um die Leistung des Ventilators zu prüfen, schaltet man das Heizgebläse ein und leitet in der Defrosterstellung den ganzen Luftstrom an die Scheibe. Wenn er nicht mit der Hand deutlich fühlbar ist, sind die Luftschläuche mit Laub zugesetzt oder geknickt.

Ist der Luftdurchsatz ausreichend, aber die Heizleistung unbefriedigend, prüft man die Einstellung des Bowdenzuges am Kalt-Warm-Ventil, das oft schwergängig ist, so daß der Bowdenzug abknicken kann.

Um das Kalt-Warm-Ventil zu finden, verfolgt man den Bowdenzug der Kalt-Warm-Verstellung am Armaturenbrett bis zum Heizungskasten oder bis in den Motorraum.

Bleibt die Heizleistung unbefriedigend, muß der Wärmetauscher gespült werden. Dazu zieht man beide Heizungsschläuche vom Motor ab, hält bei offenem Kalt-Warm-Ventil einen Wasserschlauch auf eine der Schlauchöffnungen und spült durch. Dabei darf man aber nicht mit vollem Wasserdruck arbeiten, damit der Wärmetauscher nicht platzt. Tritt am Ablaufschlauch kein kräftiger Strahl aus, ist der Wärmetauscher verkalkt und muß erneuert werden.

Bleibt der Wärmetauscher trotz heißem Motor und geöffnetem Kalt-Warm-Ventil kühl, haben sich Luftblasen gebildet, und man muß das System entlüften. Dafür zieht man den Rücklaufschlauch des Wärmetauschers ab, füllt Kühlwasser auf und startet den Motor. Nach etwa 10 Sekunden tritt ein voller Wasserstrahl aus dem Rücklaufschlauch aus.

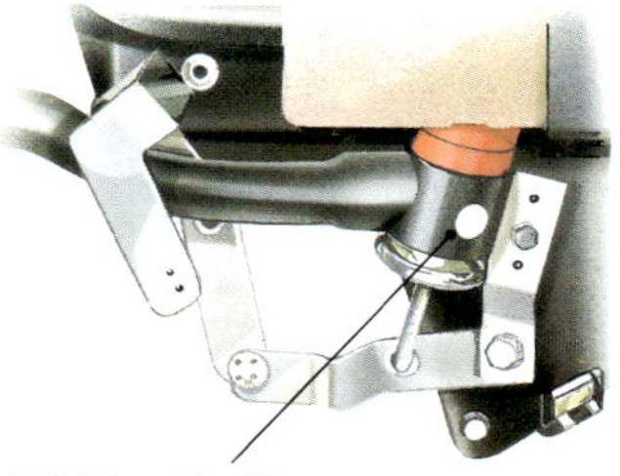

Kalt-Warm-Ventil

Das Kalt-Warm-Ventil sitzt entweder unmittelbar am Heizungskasten oder am Zylinderkopf.

Den Wasserdurchsatz prüfen

Den Rücklaufschlauch abziehen, um den Wasserdurchsatz zu prüfen.

Fremdkörper entfernen

Zunächst zieht man die Ablaufschläuche des Frischluftkastens ab und reinigt sie. Meist sind am Ende Lippenventile angebracht, in denen sich Staub oder Tannennadeln sammeln. Laub findet man häufig in den Seitendüsen, da der Luftstrom ohne jede Filterung in den Frischluftkasten gelangt.

Nach dem Abziehen des Ablaufschlauches werden Laub und Tannennadeln entfernt.

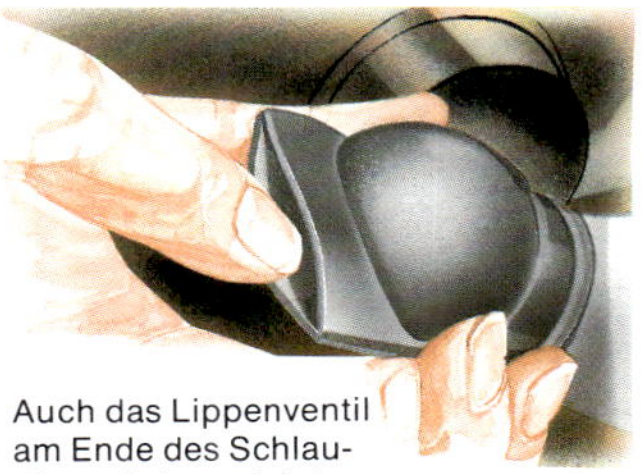

Auch das Lippenventil am Ende des Schlauches wird gereinigt.

Der Vergaser als Störquelle

Autofahrer verdächtigen häufig das Vergasersystem, es sei die Hauptursache für Motorstörungen. Doch gibt es dafür keine realen Gründe; denn vorausgesetzt, daß Vergaser mit normgerechtem Kraftstoff betankt werden und der Kraftstoffzulauf mit einem guten Filter ausgerüstet ist, neigen sie kaum zu Störungen.

In größeren Abständen, z. B. bei der ASU, ist es notwendig, die Leerlaufdrehzahl und den CO-Wert einzuregulieren.

Damit die Abgaswerte eines Fahrzeuges nicht verändert werden, sind bestimmte Schrauben mit Eingriffsicherungen versehen, die nur in Werkstätten entfernt werden dürfen.

Sind Einstellarbeiten am Vergaser notwendig, muß das Fahrzeug längere Zeit im Leerlauf laufen. Dabei ist auf mögliche Überhitzung des Motors zu achten. Einstellarbeiten nur im Freien durchführen. In geschlossenen Garagen besteht Vergiftungsgefahr durch die Auspuffgase!

Bevor ein Mechaniker sich auf eine aufwendige Vergaserreparatur einläßt, wird er meist das Luftfilter bzw. die Ansaugschläuche prüfen. Er untersucht auch die Anschlüsse für das Vergasergestänge und die Starterklappen-(Choke-)Anlenkung. Geprüft wird auch die Befestigung des Ansaugkrümmers mit den Anschlüssen für die Unterdruckversorgung des Verteilers und der Bremskraftunterstützung.

Ähnliches gilt für den Auspuffkrümmer und die Verschraubung des vorderen Auspuffrohres. Bei unüblichen Geräuschen in diesem Bereich ist es keineswegs sicher, daß sie vom Luftfilter stammen.

Wichtig ist, daß man den Motor immer mit einem DIN-gerechten Kraftstoff versorgt, und das nicht nur wegen der Klopffestigkeit. Es gibt nämlich gelegentlich Beimengungen im Kraftstoff, die nicht in der Norm vorgesehen sind und zu Störungen an Vergaser und Benzinpumpe führen können.

Bei unsicherem Leerlauf genügt es oft, die Umluftgemischschraube etwas zu öffnen. Eine Korrektur mit der zweiten Einstellschraube für den CO-Wert ist schon etwas aufwendiger; denn dazu benötigt man ein Abgasmeßgerät, mit dem der CO-Wert des Motors gemessen wird. Bevor man einen solchen Eingriff vornimmt, sollte man immer auch das Zündsystem und die Ventileinstellung prüfen.

Geht der Motor im Leerlauf oft aus, kann dies durch Fehler im Zündsystem ausgelöst werden bzw. durch zu eng eingestellte Ventile. Deshalb sind Fehler am Zündsystem oder an den Ventilen zu beheben, bevor man Vergasereinstellungen ändert.

Werkzeug und Ausrüstung

Schraubenzieher, Gabel- und Ringschlüssel

Teile, die man vor Arbeitsbeginn prüfen sollte

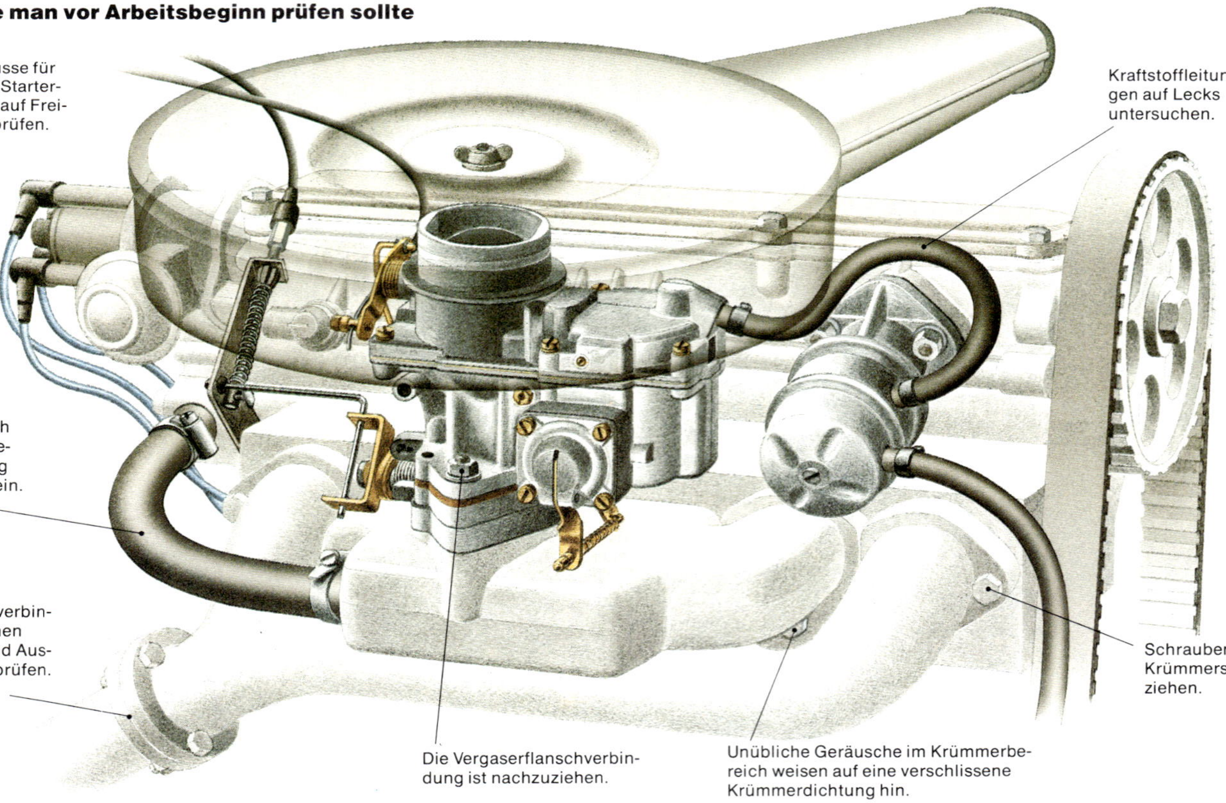
Alle Anschlüsse für Gasseil und Starterklappenzug auf Freigängigkeit prüfen.
Kraftstoffleitungen auf Lecks untersuchen.
Der Schlauch der Kurbelgehäuselüftung muß dicht sein.
Die Flanschverbindung zwischen Krümmer und Auspuffleitung prüfen.
Schrauben des Krümmers nachziehen.
Die Vergaserflanschverbindung ist nachzuziehen.
Unübliche Geräusche im Krümmerbereich weisen auf eine verschlissene Krümmerdichtung hin.

Spiel an der Drosselklappenwelle

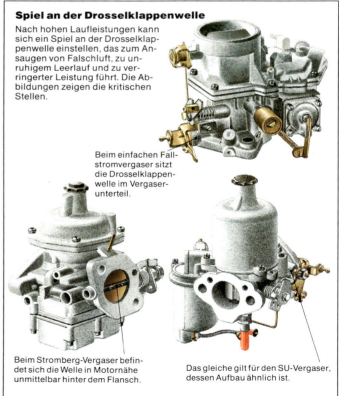

Nach hohen Laufleistungen kann sich ein Spiel an der Drosselklappenwelle einstellen, das zum Ansaugen von Falschluft, zu unruhigem Leerlauf und zu verringerter Leistung führt. Die Abbildungen zeigen die kritischen Stellen.

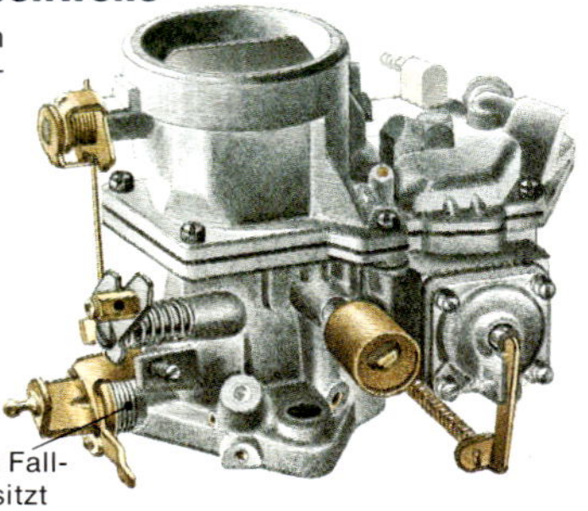

Beim einfachen Fallstromvergaser sitzt die Drosselklappenwelle im Vergaserunterteil.

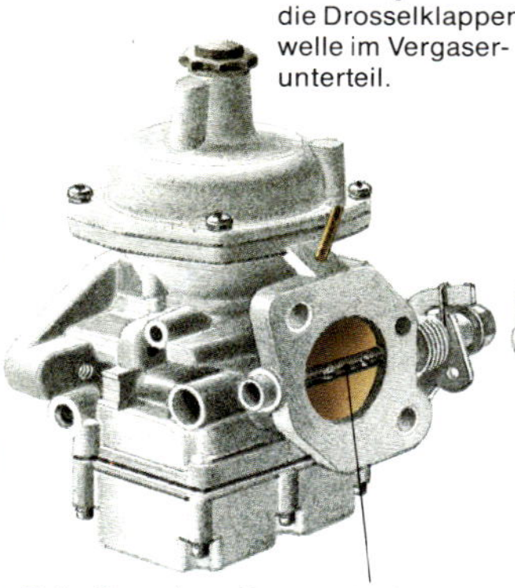

Beim Stromberg-Vergaser befindet sich die Welle in Motornähe unmittelbar hinter dem Flansch.

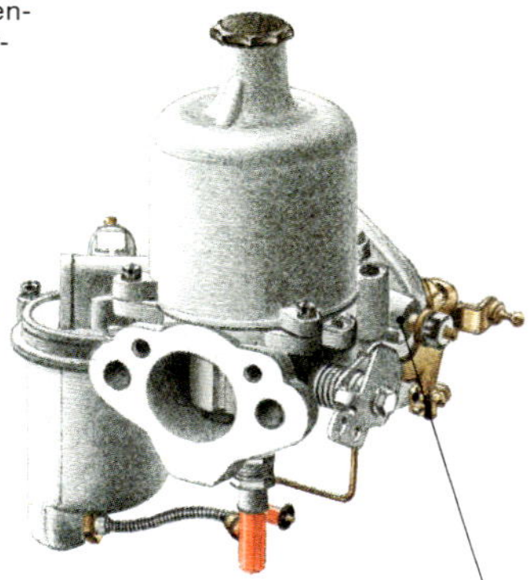

Das gleiche gilt für den SU-Vergaser, dessen Aufbau ähnlich ist.

Das Luftfilter reinigen und ersetzen

Ein verschmutztes Luftfilter erhöht den Kraftstoffverbrauch des Motors erheblich. Deshalb sollte man es bei den üblichen Inspektionen reinigen oder ersetzen.

Ist das Luftfiltergehäuse abgenommen, sollte man den Vergasereinlauf mit einem Tuch abdecken, damit keine Fremdteile in den Vergaser fallen.

Papierluftfilter haben meist eine Lebensdauer zwischen 10000 und 30000 km. Wenn man oft unbefestigte Straßen befährt, muß man sie früher austauschen.

Papierfilterelemente lassen sich leicht ersetzen. Bei älteren Fahrzeugen gibt es auch ölbenetzte Naßluft- oder Ölbadluftfilter.

Von einem Lufteintrittsstutzen wird die Luft über das Filter in den Vergaser geleitet. Zusätzlich gibt es Anschlüsse für die Luftvorwärmung vom Auspuffkrümmer. Bei thermostatischer Steuerung gibt es auch noch Unterdruck-Steuerungsleitungen. Oft ist der Ansaugstutzen von Sommer- auf Winterbetrieb umstellbar. Ein weiterer Anschlußstutzen führt Gase aus dem Kurbelgehäuse über das Luftfilter in den Motor.

Das Luftfiltergehäuse ist in der Regel von oben leicht zu öffnen, indem man die Klemmverbindungen oder Schrauben löst.

Werkzeug und Ausrüstung

Schraubenzieher, Gabelringschlüssel, Ölcontainer, Motoröl

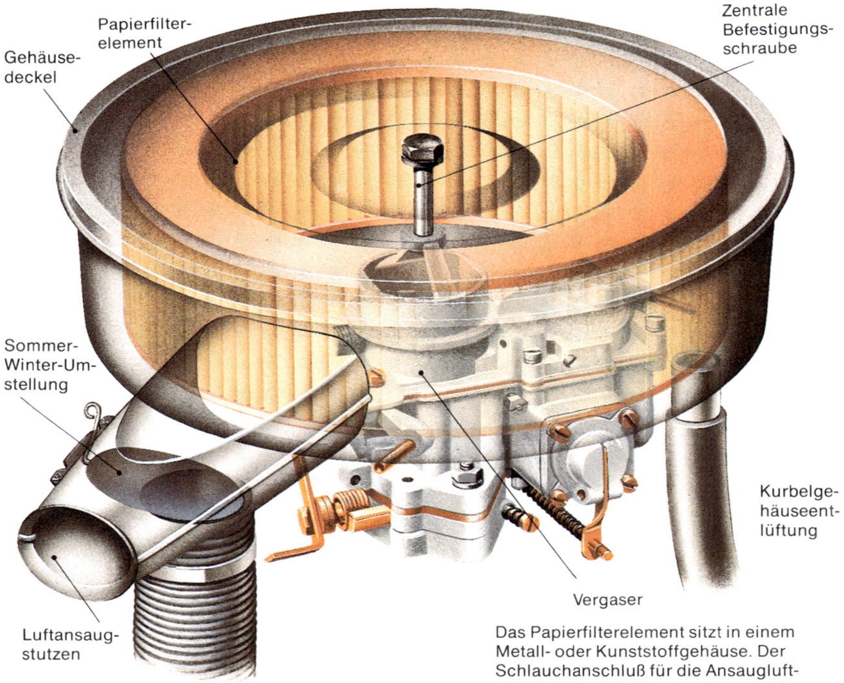

Das Papierfilterelement sitzt in einem Metall- oder Kunststoffgehäuse. Der Schlauchanschluß für die Ansaugluftvorwärmung ist links zu sehen, der für die Kurbelgehäuseentlüftung rechts.

Das Filterelement ausbauen und prüfen

Luftfiltergehäuse aus Metall oder Kunststoff besitzen eine zentrale Befestigungsschraube oder einzelne Spannverschlüsse. Man dreht die Schraube heraus oder drückt die Klipse mit einem Schraubenzieher oder von Hand ab, und der Deckel läßt sich abnehmen. Das nun freiliegende Filterelement kann herausgenommen werden.

Sind keine Markierungen vorhanden, sollte man das Gehäuse und den Deckel mit einem Bleistiftstrich versehen, damit man den Deckel wieder in der gleichen Position aufsetzen kann. Manchmal läßt sich der Deckel auch nur in einer Position montieren.

Die Filterbelegung läßt sich mit Werkstattmitteln nicht prüfen. Klappt man die einzelnen Filtertaschen auseinander und bemerkt eine erhebliche Schmutzansammlung, sollte man das Filter ersetzen. Ist die Belegung sichtbar geringer, kann man es von innen nach außen mit Preßluft durchblasen.

Naßluftfilter werden in Reinigungsbenzin ausgewaschen, getrocknet und anschließend wieder mit Öl benetzt. Ölbadluftfilter benötigen in jedem Fall eine neue Ölbefüllung.

Hierzu muß das Gehäuse sorgfältig gereinigt werden; denn am Boden sammelt sich Schmutz an.

Zentrale Befestigungsmutter, -schraube oder Flügelmutter herausdrehen.

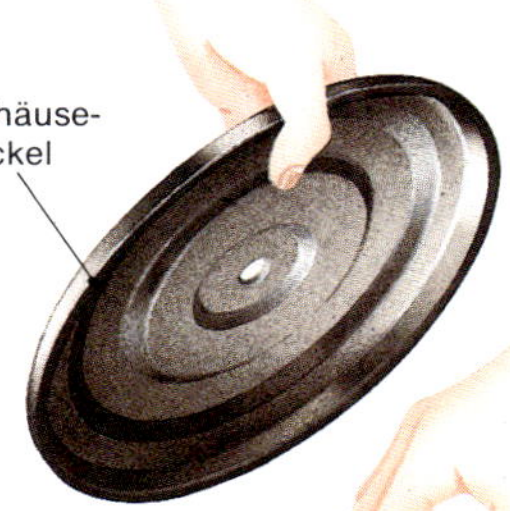

Den Deckel abheben

Bei diesem Luftfilter darf das Gehäuse mit einem Schraubenzieher nur an dieser Stelle abgehoben werden.

Das Filterelement wird herausgenommen und sorgfältig kontrolliert.

Das Filtergehäuse aus- und einbauen

Um den Vergaser freizulegen, muß man den Filterdeckel, das Filterelement und das Filterunterteil abbauen, das meist mit einer oder mehreren Schrauben am Vergaser montiert ist. Diese Schrauben sitzen am Boden des Gehäuses.

Nachdem man die Schrauben herausgedreht hat, zieht man das Luftfilter mit Drehbewegungen vom Vergaser ab. Dabei dürfen zerstörte Gummidichtringe nicht in den Vergaser fallen. Große Luftfiltergehäuse sind zusätzlich mit Stützen gesichert, die man von außen erkennen kann.

Liegt das Gehäuse frei, werden der Luftwärmeschlauch, der Schlauch der Kurbelgehäuseentlüftung und, soweit vorhanden, die Steuerschläuche der Ansaugluftvorwärmung getrennt. Bei all diesen Arbeiten muß man darauf achten, daß keine Schrauben oder Unterlegscheiben in den Vergaser fallen.

Vor dem Wiedereinsetzen prüft man die Gummidichtungen des Gehäuses und ersetzt sie gegebenenfalls, damit keine ungereinigte Luft vom Motor angesaugt wird.

Die Dichtungen lassen sich wesentlich leichter aufsetzen, wenn man sie mit etwas Fett oder Öl einreibt.

Die Schraube am Gehäuseboden mit Steckschlüssel herausdrehen.

Große Filter sind mit zusätzlichen Stützen gesichert.

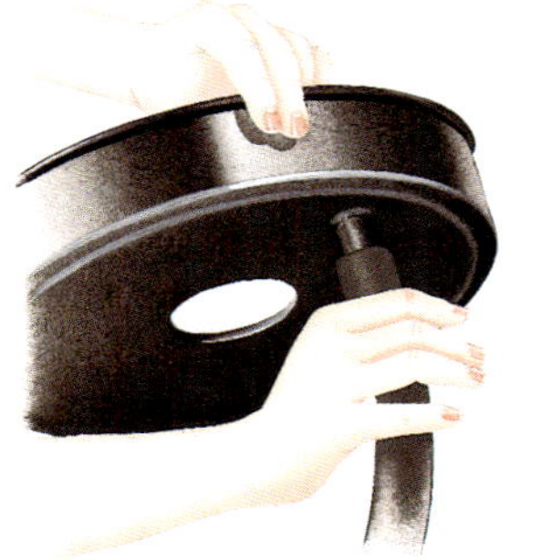

Man nimmt den Schlauch der Kurbelgehäuseentlüftung ab.

Sommer-Winter-Betrieb

An den ersten kühlen Herbsttagen sollte man den Luftfilter-Ansaugstutzen von Sommer- auf Winterbetrieb umstellen. Hierzu dient eine Luftklappe, oder es ist eine Klemmschraube um den Ansaugstutzen zu verdrehen.

Andernfalls kann es zu einer Vergaservereisung kommen, die zur Folge hat, daß der Motor stehenbleibt.

Moderne Fahrzeuge haben eine automatische Steuerung der Ansaugluftvorwärmung, um dies zu verhindern.

Den Vergaser einstellen

Bei diesem Fallstromvergaser wird das Gemisch von verschiedenen Düsen aufbereitet, die präzise gebohrt und den jeweiligen Betriebsbedingungen durch ihre Form und Größe angepaßt sind.

Welche Düse zu welcher Zeit für die Gemischaufbereitung verantwortlich ist, bestimmt der Unterdruck im Vergaser, der von der Motordrehzahl und der Drosselklappeneinstellung abhängt.

Diese Ausführung heißt auch Festdüsenvergaser, weil die Querschnitte der Düsen nicht verändert werden können.

Vergaser, die vor 1974 gebaut worden sind, haben in der Regel zwei Einstellmöglichkeiten: Einmal ist die Leerlaufgemisch-Regulierung zu nennen, die eine magere oder fette Abstimmung ermöglicht, und als zweite Einstellmöglichkeit ein Drosselklappenanschlag am Vergasergestänge.

Im Zuge der Einführung strengerer Abgasgrenzwerte wurden die Vergaser immer komplizierter. Das Leerlaufgemisch wird nicht mehr mit einer Drosselklappen-Anschlagschraube eingestellt. Die Grundeinstellung wird nicht mehr verändert. Dafür gibt es eine Leerlaufgemisch-Regulierschraube (CO-Wert-Einstellung) und eine Regulierschraube für das Zusatzgemisch.

Die Leerlaufgemisch-Schraube ist meist mit einer Eingriffsicherung versehen. Man reguliert den Leerlauf deshalb nur mit der Zusatzgemisch-Regulierschraube nach.

Zur Vergasergrundeinstellung benötigt man immer einen Abgastester. Der Motor ist auf Betriebstemperatur zu bringen.

Werkzeug und Ausrüstung

Schraubenzieher, Motortester, CO-Tester

Fallstromvergaser mit festen Düsen

Bei diesem Vergaser wird das Kraftstoff-Luft-Gemisch mit Hilfe verschiedener Düsen angepaßt, die eine feste, nicht variable Bohrung besitzen.

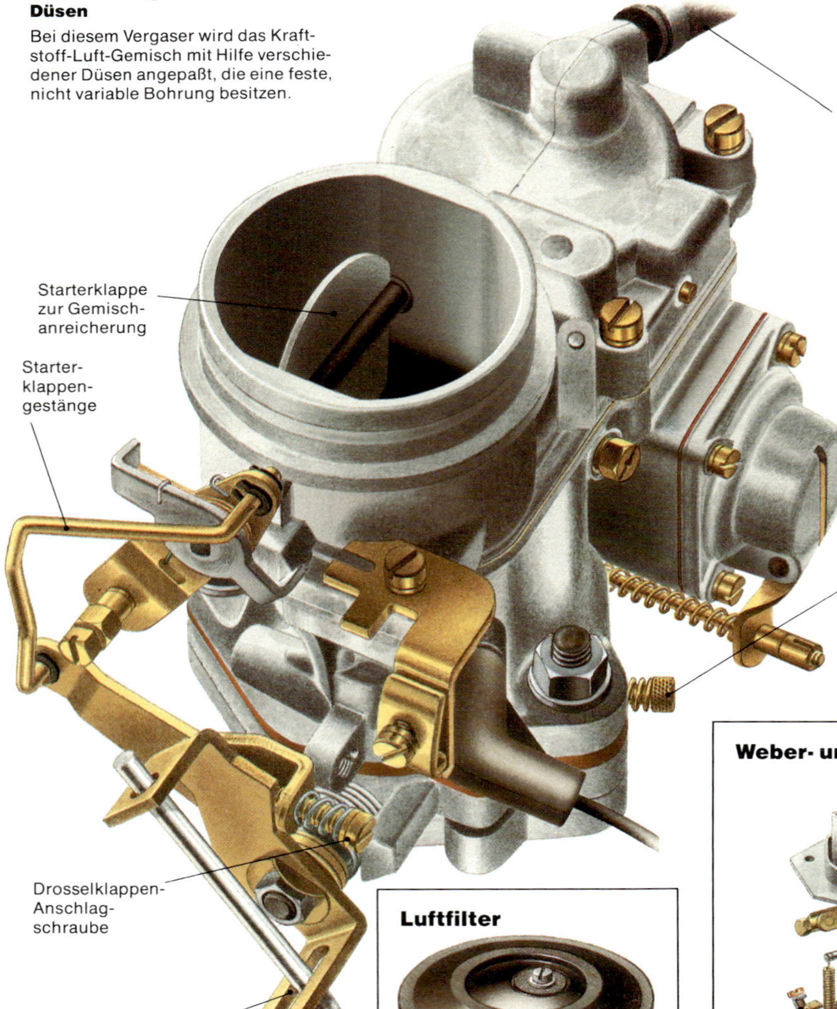

Luftfilter

Das Luftfilter zur Vergasereinstellung nicht ausbauen.

Leerlaufeinstellung

Bei Vergasern ohne Zusatzgemisch-Einstellschraube dreht man den Drosselklappenanschlag zurück, bis der Motor gerade noch läuft. Nun wird das Leerlaufgemisch durch Drehen der Gemischeinstellschraube im Uhrzeigersinn abgemagert, bis der Motor unruhig läuft. Dann wird die Schraube wieder leicht geöffnet, bis das CO-Meßgerät nicht mehr als den gesetzlichen Wert von 3,5 ± 1 Volumenprozent oder den vom Hersteller vorgeschriebenen Wert anzeigt.

Anschließend wird die Gestängeanschlagschraube so verändert, daß der Drehzahlmesser den vorgegebenen Richtwert anzeigt.

Eine Eingriffsicherung wird nur entfernt, wenn der CO-Wert nicht mehr stimmt.

Hingegen erfolgt das Nachregulieren des Leerlaufs mit der Zusatzgemisch-Regulierschraube, die in der Regel etwas größer ist als die Leerlaufgemisch-Einstellschraube.

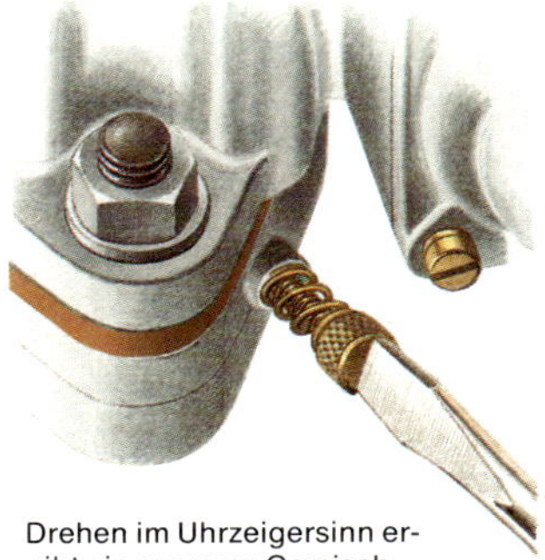

Drehen im Uhrzeigersinn ergibt ein mageres Gemisch.

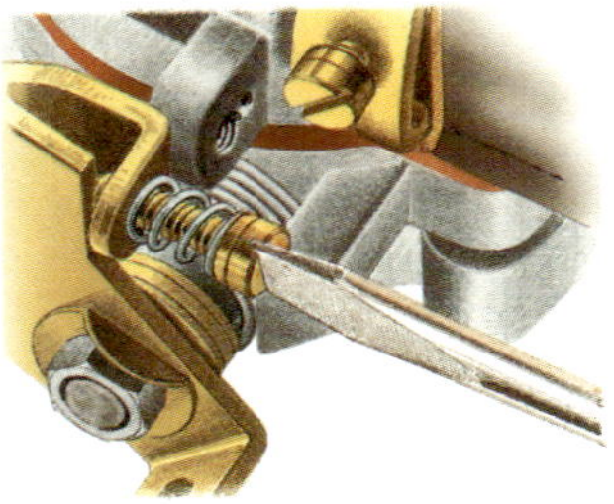

Bei modernen Vergasern wird der Drosselklappenanschlag nicht verändert.

Weber- und Solex-Vergaser einstellen

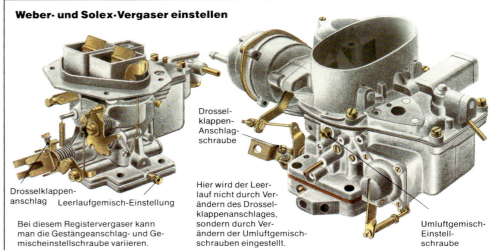

Bei diesem Registervergaser kann man die Gestängeanschlag- und Gemischeinstellschraube variieren.

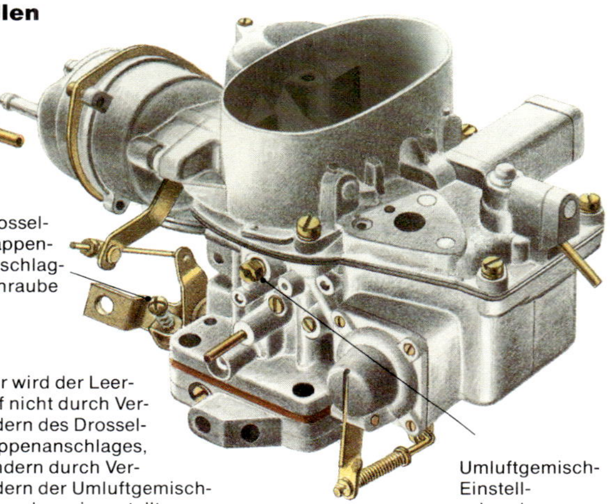

Hier wird der Leerlauf nicht durch Verändern des Drosselklappenanschlages, sondern durch Verändern der Umluftgemischschrauben eingestellt.

Den Leerlauf am Stromberg-Vergaser einstellen

Stromberg-Vergaser arbeiten nach dem Prinzip des konstanten Unterdrucks mit veränderlichem Lufttrichter und Düsenquerschnitt. Man spricht deshalb auch vom Gleichdruckvergaser. Das gleiche Funktionsprinzip wird bei englischen SU-Vergasern angewandt.

Allerdings hat der Stromberg-Vergaser eine zusätzliche Kolbenabdichtung zwischen Unterdruckkammer und Lufttrichterquerschnitt in Form einer Membrane.

Die verschiedenen Stromberg-Vergaser werden mit Nummern bezeichnet. So bedeutet z.B. die Nummer beim Vergasertyp 175, daß konstruktiv eine Saugrohrweite von 1,75 Zoll vorgesehen ist.

Im Zuge der Einführung strengerer Abgasgrenzwerte wurden auch Stromberg-Vergaser mehrfach modifiziert. Es gab eine neue Leerlauf-Einstellvorrichtung. Die Stellung der Drosselklappe des Regelkolbens und der Düsennadel in der Hauptdüse bestimmt nach wie vor die Kraftstoff-Durchflußmenge und den Grundleerlauf.

Der Vergaser wird bereits im Werk eingestellt, und man darf die Einstellung dann nicht mehr verändern. Die Leerlaufwerte kann man jedoch an einer Zusatzgemisch-Regulierschraube nachstellen. Es ist nicht notwendig, Gestängeanschläge zu verändern, wie es bei älteren Vergasertypen erforderlich war.

Nach wie vor muß man aber von Zeit zu Zeit dünnflüssiges Motoröl in die Dämpferkammer einfüllen.

Werkzeug und Ausrüstung

Motoröl, kleiner Vergaserschraubenzieher, Gabelschlüssel, Bleistift, breiter Flachschraubenzieher mit kurzer Klinge, Motortester, CO-Tester

Luftfilter

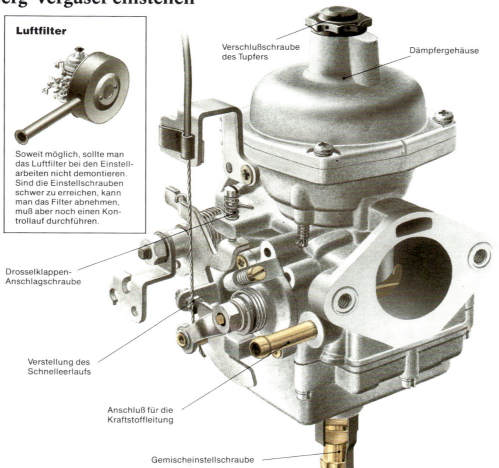

Soweit möglich, sollte man das Luftfilter bei den Einstellarbeiten nicht demontieren. Sind die Einstellschrauben schwer zu erreichen, kann man das Filter abnehmen, muß aber noch einen Kontrollauf durchführen.

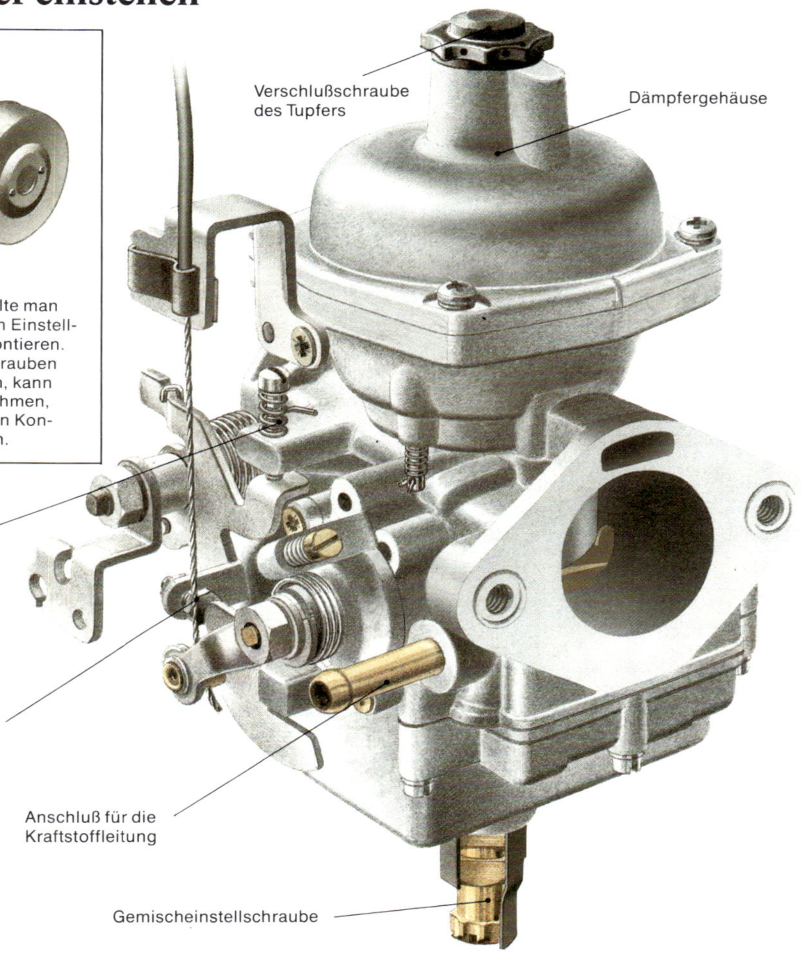

Das Schnelleerlauf-Gestänge prüfen

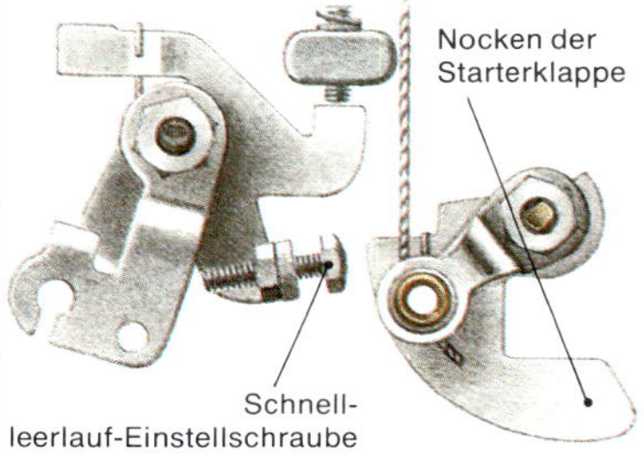

Beim Ziehen der Starterklappe betätigen ein Gestänge und Nocken die Drosselklappe und ermöglichen so eine erhöhte Leerlaufdrehzahl.

Befindet sich die Starterklappe in ihrer Nullstellung, muß zwischen den Nocken und der Schnelleerlauf-Verstellschraube ein deutliches Spiel von etwa 1 mm vorhanden sein.

Die Schnelleerlauf-Anschlagschraube verstellt sich normalerweise nicht und braucht deshalb auch im Rahmen der Wartungsarbeiten nicht verdreht zu werden.

Vor dem Einstellen immer prüfen, ob das Gestänge leichtgängig ist; gegebenenfalls mit Öl oder Fett gangbar machen.

Den Leerlauf einstellen

Bei älteren Vergasern gibt es drei Verstellmöglichkeiten: die Drosselklappen-Anschlagschraube, die Verstellung der Hauptdüse und die Verstellung des Schnelleerlaufs.

Zur Prüfung bringt man den Motor auf Betriebstemperatur und kontrolliert, ob die Starterklappe zurückgeschoben ist.

Bei manchen Vergaserausführungen gibt es unterhalb der Kolbenkammer einen fe-

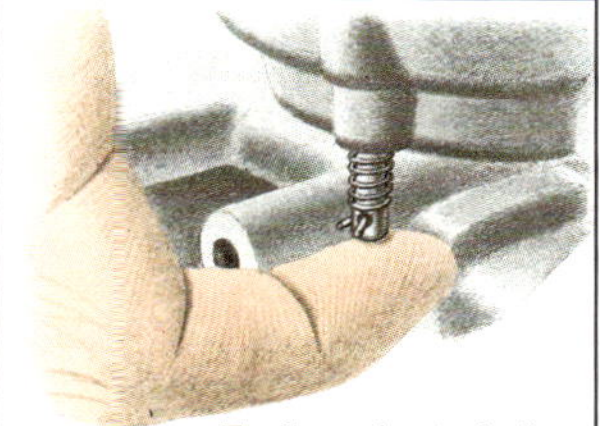

Tupfknopf unterhalb des Kolbens

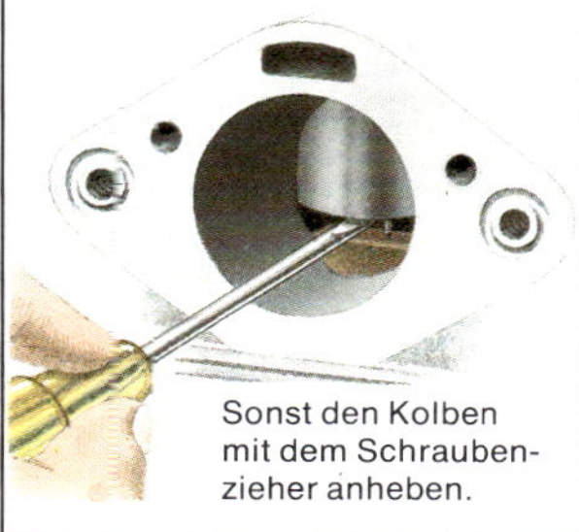

Sonst den Kolben mit dem Schraubenzieher anheben.

derbelasteten Tupfer, mit dem man den Kolben etwas anheben kann.

Steigt dabei die Motordrehzahl an, so ist das Gemisch in der Regel zu fett. Bleibt der Motor hingegen stehen, ist das Gemisch zu mager und muß korrigiert werden.

Fehlt der Tupfhebel, muß man das Luftfilter abbauen und den Kolben mit einem schmalen Schraubenzieher anheben. Der Prüfvorgang ist der gleiche.

Nun schaltet man den Motor ab und prüft, ob die Düsennadel exakt in der Düse läuft. Man hebt den Kolben mit einem Schraubenzieher an und läßt ihn zurückfallen. Bei richtigem Sitz der Nadel hört man ein deutliches Klicken.

Bei diesem Vergasertyp stellt man das Gemisch ein, indem man die Hauptdüse am Vergaserunterteil verdreht.

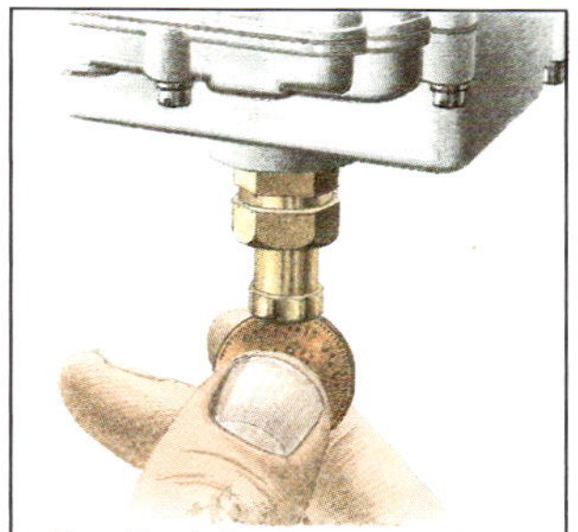

Zum Verstellen kann man einen kurzen breiten Schraubenzieher oder eine Münze nehmen. Nach jeder Verstellung wartet man etwa 15 Sekunden, bis sich der Leerlauf stabilisiert hat.

Dazu schraubt man den Dämpferkolben aus der Unterdruckkammer heraus, hält den Kolben mit einem Bleistift in seiner Lage fest und startet den Motor. Nun kann man die Gemischeinstellschraube mit einem breiten Schraubenzieher verdrehen. Drehen gegen den Uhrzeigersinn ergibt ein mageres, Drehen im Uhrzeigersinn ein fetteres Gemisch.

Wenn man den Tupfer betätigt hat, muß man etwa 15 Sekunden warten, damit sich der Leerlauf wieder stabilisiert. Dann stellt man die Leerlaufdrehzahl mit der Drosselklappen-Anschlagschraube ein.

Den Leerlauf am SU-Vergaser einstellen

Wie der Stromberg-Vergaser arbeitet der SU-(Skinner United)Vergaser nach dem Gleichdruckprinzip: Das Gemisch wird über den ganzen Drehzahlbereich mit Hilfe einer Hauptdüse eines veränderbaren Kolbens und einer Düsennadel aufbereitet.

Die in der nebenstehenden Abbildung gezeigte Ausführung besitzt außerdem eine Zusatzeinrichtung zur Erzielung möglichst niedriger Abgaswerte.

Vor Beginn der Einstellarbeiten prüft man den Ölstand in der Dämpferkammer und füllt gegebenenfalls dünnflüssiges Motoröl der Kategorie SAE 20 auf. Das Öl hat dabei die Aufgabe, die Kolbenbewegung zu dämpfen.

Der Ölspiegel sollte bei älteren Vergasern etwa 13 mm unterhalb der Kolbenkammer-Oberkante, bei neueren Vergasern etwa 13 mm über dem Kolben stehen.

Reagiert der Motor auf die Betätigung des Gaspedals schlecht, ist dies immer ein Hinweis auf Ölmangel im Dämpferteil des Vergasers.

Geht der Motor hingegen im Leerlauf häufiger aus, sollte man die Gemischabstimmung prüfen und die Leerlaufdrehzahl der neuen Einstellung anpassen.

Nach Möglichkeit sollte man das Luftfilter bei der Prüfung nicht ausbauen, da es die Unterdruckbildung im Vergaser beeinflußt.

Muß das Luftfilter dennoch ausgebaut werden, weil zu wenig Platz vorhanden ist, erfolgt die Grobabstimmung ohne Filter.

Zur Feinabstimmung ist der Motor dann wieder durch Anbau des Luftfilters zu komplettieren.

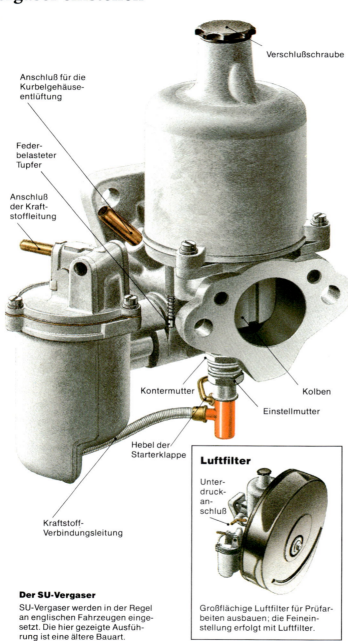

Werkzeug und Ausrüstung

Schraubenzieher, Gabelschlüssel, Bleistift

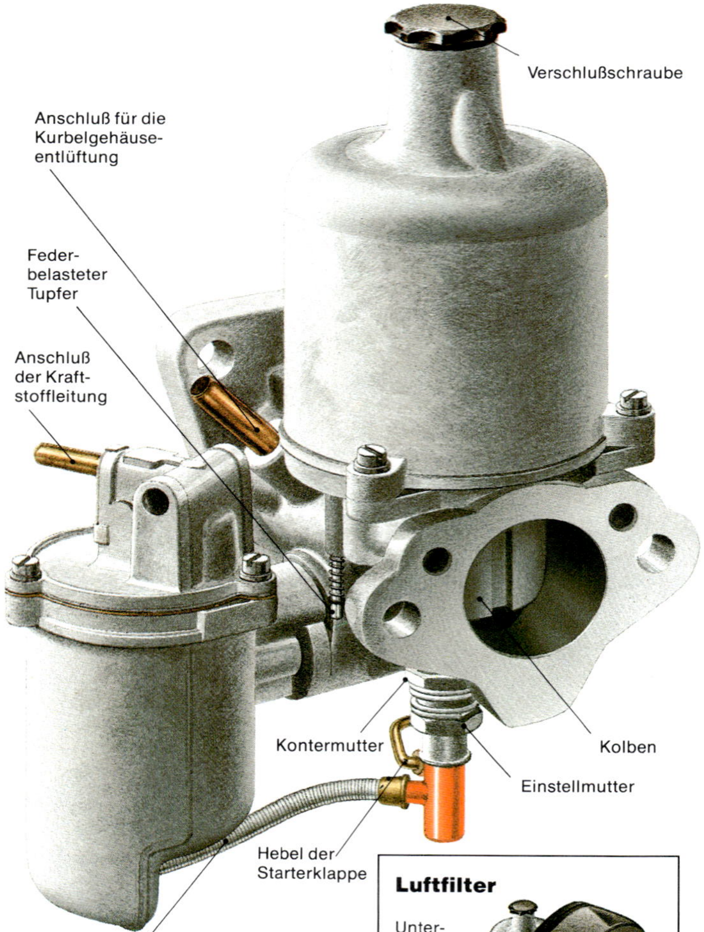

Der SU-Vergaser

SU-Vergaser werden in der Regel an englischen Fahrzeugen eingesetzt. Die hier gezeigte Ausführung ist eine ältere Bauart.

Luftfilter

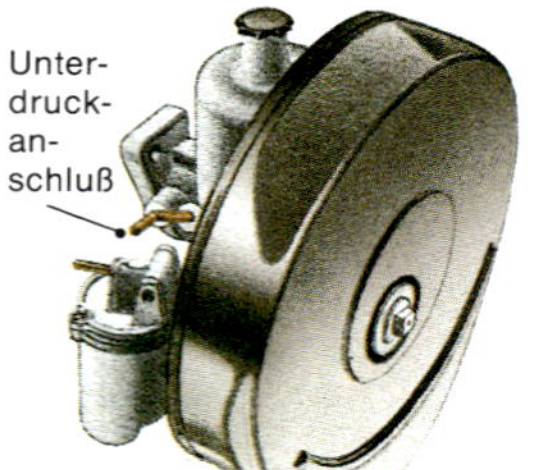

Großflächige Luftfilter für Prüfarbeiten ausbauen; die Feineinstellung erfolgt mit Luftfilter.

Den Leerlauf einstellen

Neben der Schwimmerkammer sitzt ein federbelasteter Tupfer, mit dem der Kolben in der Kolbenkammer angehoben wird. Man bringt den Motor auf Betriebstemperatur und hebt den Tupfer etwa 1 mm an. Wenn sich die Motordrehzahl nur unwesentlich ändert, ist die Gemischabstimmung korrekt. Erhöht sich die Drehzahl, ist das Gemisch zu fett. Geht der Motor aus, ist es zu mager.

Das Gemisch wird mit einer Sechskantmutter am Vergaserunterteil eingestellt. Hineindrehen gegen den Uhrzeigersinn macht das Gemisch magerer, Herausdrehen im Uhrzeigersinn fetter. Nach jeder Drehung an der Einstellmutter wartet man etwa 10 Sekunden und prüft dann die Vergasereinstellung erneut durch Anheben des Tupfers.

Bei den Prüfarbeiten Vorsicht vor drehenden Motorteilen! Den Motor nicht überhitzen.

Bei unbefriedigendem Ergebnis ist die Nadelzentrierung zu prüfen. Dazu stellt man den Motor ab, hebt den Kolben mit Hilfe des Dämpfers an und läßt ihn zurückfallen. Er sollte weich zurückgleiten und beim Aufsetzen deutlich klicken; sonst muß die Düse zentriert werden. Nicht zentrierte Nadel und Düse führen zum Verschleiß und müssen umgehend ersetzt werden.

Mit dem federbelasteten Tupfer hebt man den Kolben leicht an.

Die Hauptdüse zentrieren

Luftfilter und Dämpferkolben schraubt man ab. Dann hebt man mit einem kleinen Schraubenzieher den Kolben vorsichtig ab.

Mit dem Gabelschlüssel schraubt man die Hauptdüse soweit wie möglich nach oben. Dabei muß die Kontermutter gelöst werden, damit sie nicht am Vergasergehäuse anstehen kann.

Dann hält man den Kolben mit einem Bleistift nieder und zieht zur gleichen Zeit die Kontermutter an.

Man prüft nun die Zentrierung. Wenn man dabei das typische Klickgeräusch nicht hören kann, muß der Prozeß wiederholt werden.

Die Einstellmutter dreht man um zwei Umdrehungen heraus, und der Motor läuft wieder.

Wenn man das Luftfilter angebracht hat, prüft man die Gemischabstimmung mit einem Tupfer.

Als letztes füllt man Öl auf und setzt den Dämpferkolben ein.

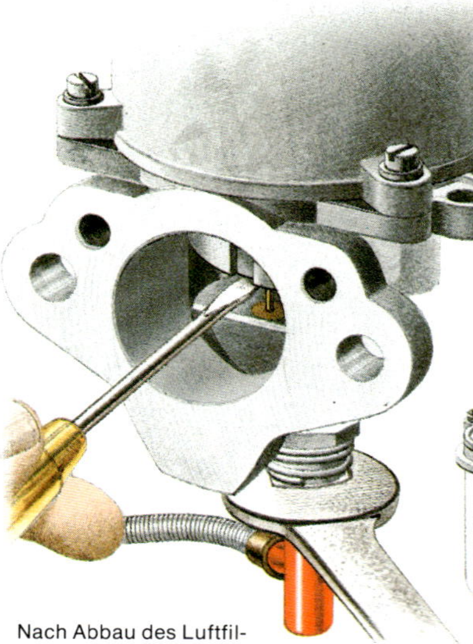

Nach Abbau des Luftfilters hebt man den Kolben mit einem Schraubenzieher an und dreht die Hauptdüse so weit in das Gehäuse, wie es der Anschlag ermöglicht.

Man hält den Kolben mit einem Bleistift am Boden fest und zieht die Sicherungsmutter an.

Vergaser mit Eingriffsicherung

In vielen Ländern müssen Fahrzeuge mit Verbrennungsmotoren heute bestimmte Abgasgrenzwerte erfüllen. Die Zulassungsbehörde prüft diese Werte, bevor das Fahrzeug die Betriebserlaubnis erhält. In einem aufwendigen Test wird das Kohlenmonoxid-, Kohlenwasserstoff- und Stickoxid-Emissionsverhalten untersucht. Die in den letzten Jahren immer strenger gewordenen Grenzwerte führten zu immer aufwendigeren Vergasersystemen.

Daher wird der Leerlauf eines Fahrzeuges nicht mehr mit einer Leerlaufgemisch- und einer Drosselklappen-Anschlagschraube eingestellt. Der Drosselklappenanschlag wird bereits im Werk justiert und braucht nicht mehr verändert zu werden. Der Leerlauf wird mit der Gemischeinstellung so eingestellt, daß sich im Abgas ein möglichst geringer CO-Wert ergibt. Dieser liegt heute meist zwischen 1,1 und 2,8 Volumenprozent. Er darf gemäß der StVZO 3,5 ± 1 Volumenprozent nicht überschreiten.

Die eigentliche Drehzahlregulierung erfolgt dann mit einer zweiten Umluft- oder auch Zusatzgemisch-Regulierschraube, die in der Regel größer ist als die erstgenannte Verstellmöglichkeit.

Damit nicht an bestimmten Verstellmöglichkeiten des Vergasers manipuliert wird, sitzen auf allen Schrauben (oft außer der Umluftgemischschraube) Eingriffsicherungen, die man nicht entfernen sollte.

Die Motordrehzahl prüft man zusätzlich mit einem Mehrfachtestgerät, das man an die Zündspule anschließt.

Werkzeug und Ausrüstung

Schraubenzieher, CO-Tester, Drehzahlmeßgerät oder Mehrfachtestgerät

Fallstromvergaser mit Eingriffsicherung

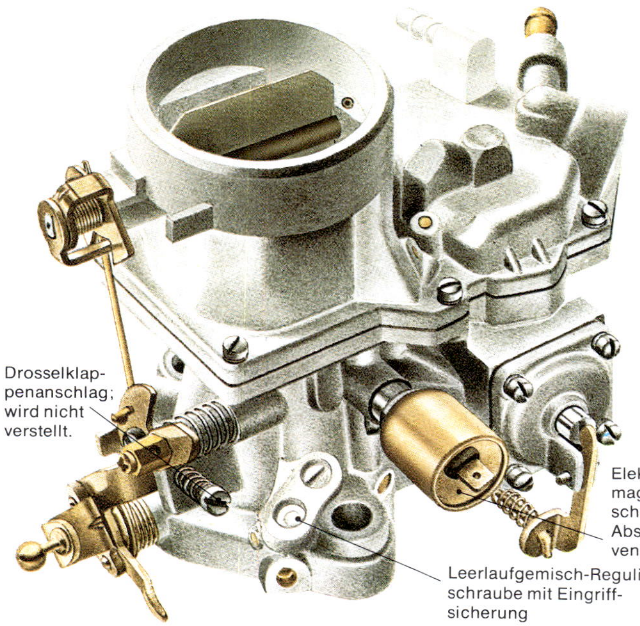

Variabler Venturi-Vergaser

Auch der Ford-VV-Vergaser hat ein Bypass-System zur Leerlaufeinstellung.

Leerlaufeinstellung beim Fallstromvergaser

Bei modernen Fallstromvergasern wird die Drosselklappe mit einem Bypass-System umgangen. Wenn der Drosselklappenspalt im Werk eingestellt ist, wird er nicht mehr verändert.

Unter einer Plastikkappe sitzt die Leerlaufgemisch-Einstellschraube, die nicht verändert wird. Solche Eingriffe sind Fachwerkstätten vorbehalten, die einen CO-Tester besitzen.

Hingegen kann die Leerlaufdrehzahl mit der zweiten, etwas größeren Zusatz- oder Umluftgemisch-Regulierschraube erhöht werden. Dreht man gegen den Uhrzeigersinn, erhöht sich die Drehzahl, im Uhrzeigersinn wird sie niedriger.

Damit man die Grundeinstellung wiederfindet, sollte man mit einem Bleistift eine Markierung anbringen.

Korrekturmöglichkeiten am Stromberg-Vergaser

Die werkseitige Einstellung von Grundleerlauf und Kolbenumluft darf nicht mehr verändert werden.

Zur Nachregulierung gibt es eine Leerlaufgemischmengen- oder eine Zusatzgemisch-Regulierschraube und zusätzlich ein elektromagnetisches Leerlauf-Abschaltventil, das ein Nachlaufen des warmen Motors beim Abstellen verhindert.

Veränderungen der Vergasergrundeinstellung mit Spezialwerkzeugen sind Fach- oder Vergaserwerkstätten vorbehalten.

Eingriffsicherung an der Hauptdüse

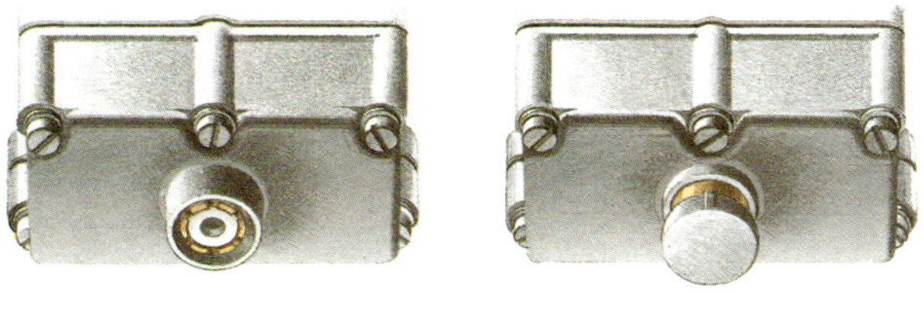

Die Hauptdüse kann nur mit einem Spezialwerkzeug verdreht werden.

Eine Kappe schützt vor unbefugten Eingriffen.

SU-Vergaser mit Eingriffsicherung

Die ersten SU-Vergaser hatten als Eingriffsicherungen nur Farbtupfer.

Später ging man auf Plastikkappen über, die man leicht entfernen, aber nicht mehr anbringen konnte.

Bei einem SU-Vergaser vom Typ HIF gibt es eine Schwimmerkammer unter dem Vergaser mit einer seitlichen Schraube zur Veränderung der Nadeleinstellung durch Fachwerkstätten.

Wenn man im Uhrzeigersinn an dieser Schraube dreht, die unter einem Stopfen versteckt ist, ergibt das ein fetteres Gemisch. Drehen gegen den Uhrzeigersinn bewirkt dagegen ein magereres Gemisch.

Zusätzlich gibt es eine Verstellung der Umluftgemischmenge zur Drehzahlabstimmung.

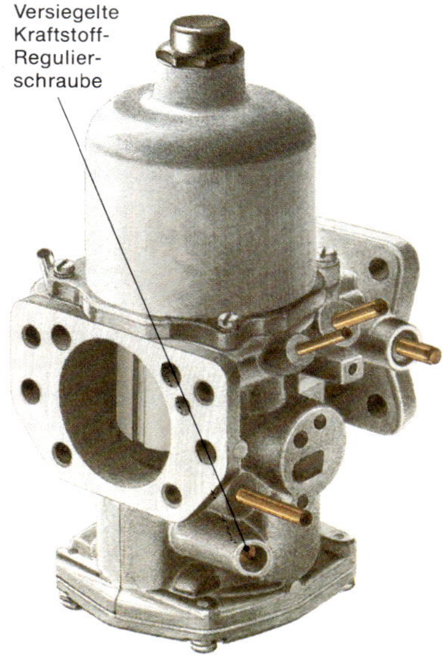

Einen Vergaser ausbauen

Obwohl Vergasersysteme relativ störunanfällig sind, kann es vorkommen, daß nach einer bestimmten Zeit Schmutz, der durch das Filter gerissen wurde, im Vergaser zu Störungen führt.

Außerdem besteht die Möglichkeit, daß durch Rückstände aus dem Kraftstoff die Düsen so zugesetzt werden, daß der Vergaser nicht mehr richtig funktioniert oder ausfällt.

Bewegliche Teile, z. B. die Düsennadel, verschleißen während einer längeren Laufzeit des Fahrzeuges. Die Folge ist, daß der Vergaser sich nicht mehr sauber regulieren läßt.

An Fallstromvergasern gibt es z. B. Leerlaufdüsen mit sehr kleinen Bohrungen, die sich zusetzen können.

Gummidichtungen, aber auch Membranen werden brüchig und bekommen Risse. Durch Wärmeeinfluß neigen Dichtungen zu Leckbildung. Manchmal kommt es auch vor, daß Nadelventile hängenbleiben, so daß der Vergaser überläuft.

Wenn einer der bisher beschriebenen Fehler auftritt, ist es notwendig, den Vergaser auszubauen und eine Grundüberholung vorzunehmen. Allerdings handelt es sich hier um einen Eingriff, der nur in Fachwerkstätten durchgeführt werden kann.

Zur Grundüberholung gibt es Reparatursätze, die alle notwendigen Verschleißteile enthalten.

Wenn der Verschleiß schon zu weit fortgeschritten ist, z. B. im Bereich der Drosselklappenwelle, empfiehlt es sich, einen Austauschvergaser einzusetzen.

Wichtig ist eine saubere Arbeitsfläche, auf der man den Vergaser in seine Einzelteile zerlegt.

Dazu schraubt man zunächst den Luftfilterdeckel ab und nimmt den Papierfiltereinsatz heraus. Dann zieht man das Luftfilterunterteil vom Vergaser ab, nachdem man die Befestigungsflansche abgeschraubt hat. Man nimmt die Kraftstoffleitung ab, verschließt sie mit einer Schraube, legt sie zur Seite und zieht den Unterdruckanschluß ebenfalls ab.

Nicht rauchen und kein offenes Feuer! Selbst geringe Konzentrationen von Kraftstoff können Verpuffungen und Verbrennungen auslösen.

Weiterhin schraubt man den Starterklappenzug sowie die Betätigung für die Drosselklappe ab, die entweder ein Zug oder ein Gestänge ist.

Ist eine Steuerung der Kaltstarteinrichtung mittels Kühlwasser vorgesehen, wird das Kühlsystem teilweise entleert. Anschließend können die Anschlußschläuche am Vergaser getrennt werden.

Wenn die Starterklappeneinrichtung einen zusätzlichen elektrischen Anschluß besitzt, muß er abgezogen werden.

Unmittelbar nach dem Abnehmen des Vergasers wird ein sauberes Tuch auf die Ansaugöffnung gelegt, damit weder Schmutz noch Bauteile in den Ansaugkrümmer geraten können. Fallen Fremdkörper in den Ansaugkrümmer, muß er ausgebaut werden.

Werkzeug und Ausrüstung

Schraubenzieher, Reparatursatz, Dichtungen, Gabelschlüssel, eine saubere Ablagefläche

Die Kraftstoffleitung abziehen

Die Kraftstoffleitung wird mit einer Drehbewegung abgezogen und sofort mit einer Schraube oder einem Stopfen verschlossen.

Den Vergaser abnehmen

Während man mit der einen Hand die Muttern von den Stehbolzen dreht, hält man den Vergaser mit der anderen. Die Dichtung bleibt zunächst auf dem Ansaugstutzen, dessen Öffnung mit einem Tuch verschlossen wird.

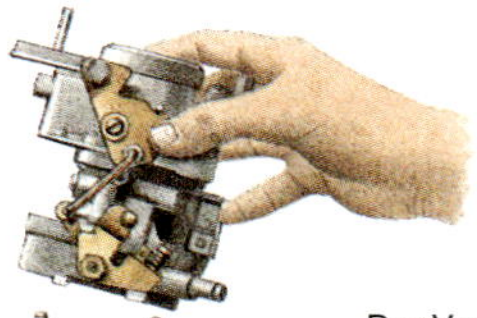

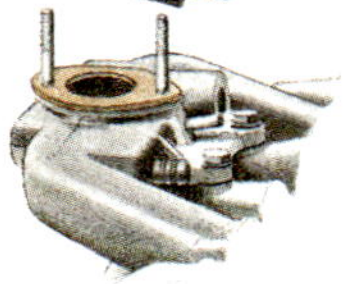

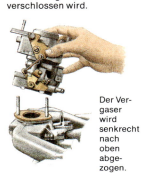

Der Vergaser wird senkrecht nach oben abgezogen.

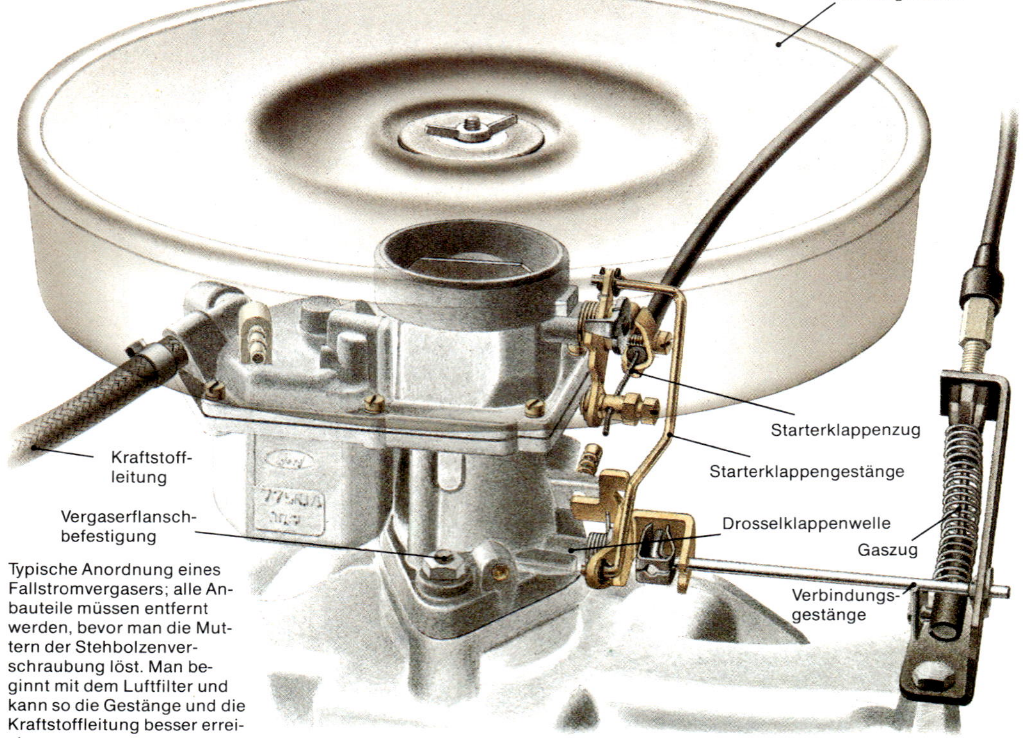

Typische Anordnung eines Fallstromvergasers; alle Anbauteile müssen entfernt werden, bevor man die Muttern der Stehbolzenverschraubung löst. Man beginnt mit dem Luftfilter und kann so die Gestänge und die Kraftstoffleitung besser erreichen.

Gestänge und Seilanlenkungen

Nach dem Ausbau des Luftfiltergehäuses sieht man die Anlenkung für die Starterklappe und die Drosselklappenbedienung. Beim Ausbau der Klemmverbindungen prüft man auch Seile und Gestänge. Der Unterdruckanschluß wird abgezogen.

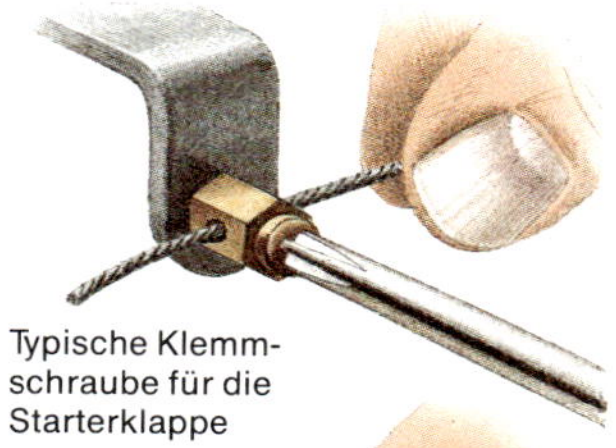

Typische Klemmschraube für die Starterklappe

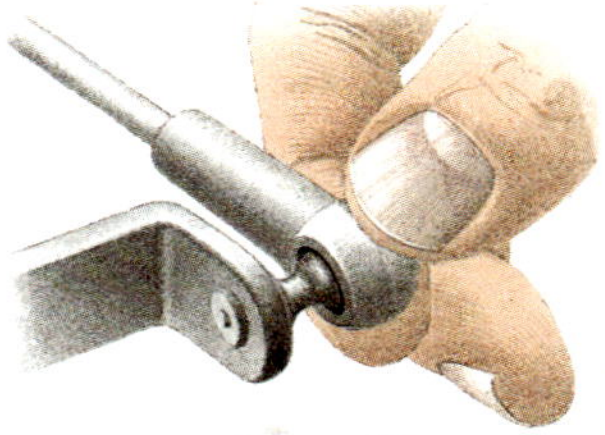

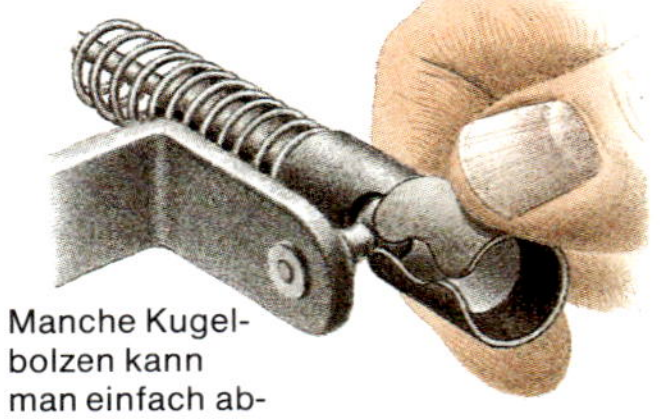

Manche Kugelbolzen kann man einfach abziehen, andere haben Sicherungsschieber.

Hier wird ein einfacher Sicherungsklips mit einem Schraubenzieher abgedrückt.

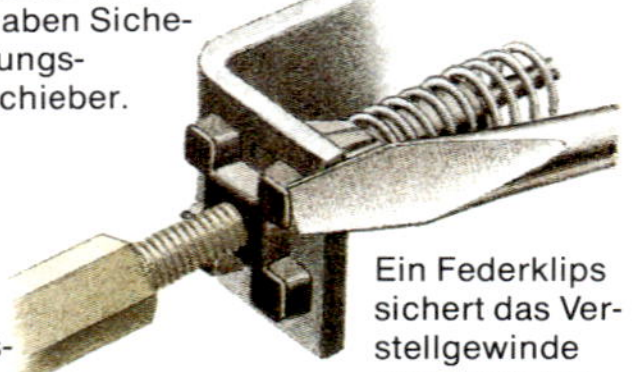

Ein Federklips sichert das Verstellgewinde und muß zum Ausbau abgezogen werden.

Einen Fallstromvergaser zerlegen und reinigen 1

Manche Festdüsenvergaser mit ihren zahlreichen Düseneinrichtungen sind verhältnismäßig anfällig gegen Verunreinigungen.

Werden entsprechende Verunreinigungen festgestellt, muß der Vergaser zerlegt und sorgfältig gereinigt werden. Da gibt es Düsen, die nach einigen Betriebsjahren ausgewechselt werden müssen, aber auch ganze Überholsätze. In jedem Fall werden die Dichtungen und Kunststoffteile, z.B. die Beschleunigerpumpe und -membrane, ersetzt.

Wichtigstes Gebot bei allen Vergaserreparaturen ist absolute Sauberkeit. Zum Zerlegen braucht der Mechaniker daher einen sauberen und aufgeräumten Platz, damit einerseits kein Schmutz das Arbeitsergebnis gefährdet und andererseits keine Teile verwechselt werden. Häufig sind kugel- und federbelastete Ventile montiert, bei denen die Gefahr besteht, daß sie herausfallen und verlorengehen.

Obwohl man bei vielen Vergasern das Vergaseroberteil abbauen kann, um Reparaturen durchzuführen, während alles übrige montiert bleibt, empfiehlt sich diese Technik nicht. Statt dessen sollte der Vergaser immer komplett an seiner Flanschverbindung getrennt und dann abgezogen werden.

Alle Teile reinigt man, soweit notwendig, gründlich mit Kaltreiniger. Bevor man den zusammengebauten Vergaser wieder an den Motor montiert, sollte man nicht vergessen, die äußeren beweglichen Teile zu ölen oder einzufetten.

Werkzeug und Ausrüstung

Schraubenzieher, Kombizange, Seitenschneider, Gabelschlüssel, Kaltreiniger, Spezialschraubenzieher

Standard-Fallstromvergaser

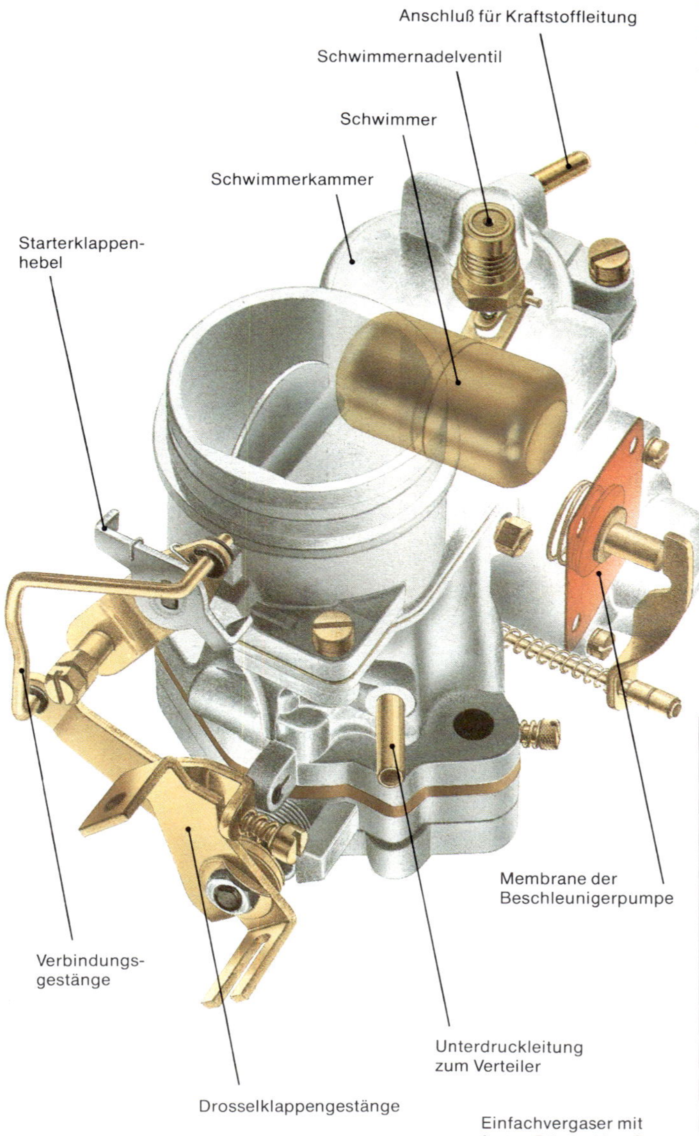

Einfachvergaser mit festen Düsen: Das Gehäuse besteht aus drei Teilen und kann zum Reinigen zerlegt werden.

Den Vergaserdeckel ausbauen

Das Verbindungsgestänge zwischen Drosselklappe und Starterklappe wird, soweit notwendig, getrennt. Dann wird das Vergaseroberteil nur abgezogen und zur Seite geklappt.

Sicherungsklipse oder kleine Splinte drückt man mit einem Schraubenzieher oder einer Zange ab. Alle Sicherungen sind zu erneuern.

Eine verklebte Dichtung wird mit einem scharfen Messer abgedrückt und gereinigt.

Nach dem Abnehmen des Vergaserdeckels entleert man das mit Benzin gefüllte Gehäuse in einen Behälter, ohne daß Teile herausfallen.

Um die Einbaulage wiederzufinden, nimmt man Schwimmersteuerungen sowie Nadelventile einzeln mit der Hand aus dem Gehäuse. Groben Schmutz entfernt man mit einem sauberen Tuch.

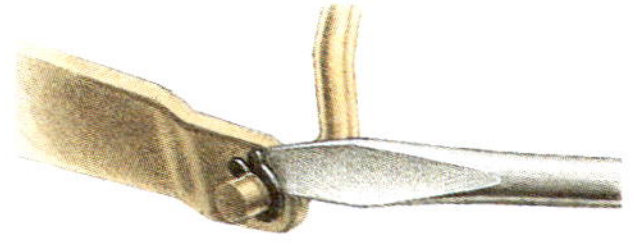

Klipse mit Schraubenzieher abdrücken.

Splintverbindung

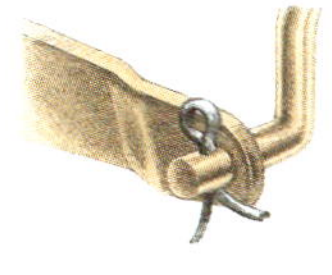

Manche Hebel werden mit kleinen Splinten gesichert, die immer ersetzt werden müssen.

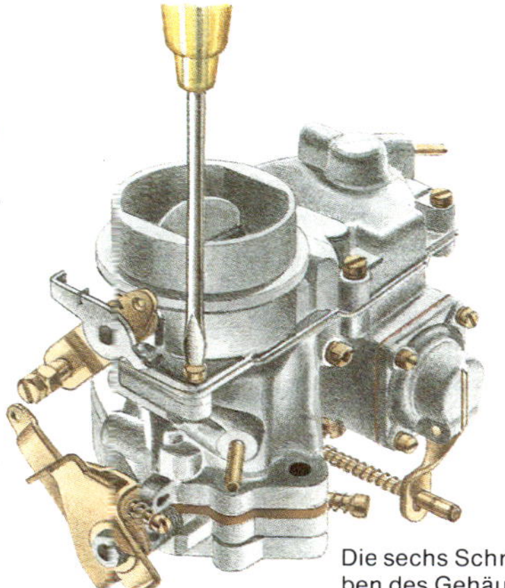

Die sechs Schrauben des Gehäusedeckels herausdrehen.

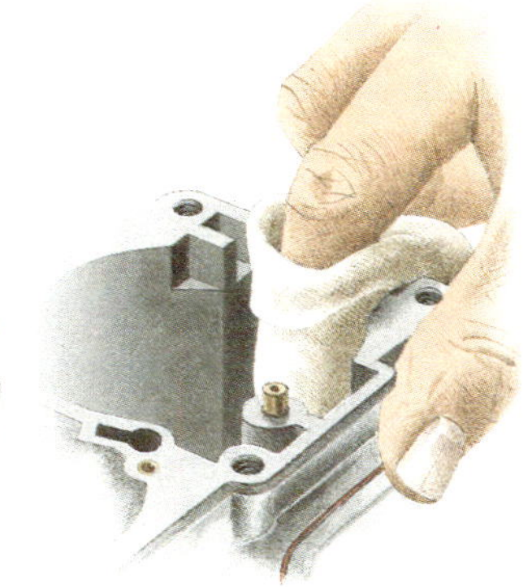

Grobe Verunreinigungen entfernt man mit einem sauberen Tuch.

Die Membrane der Beschleunigerpumpe erneuern

Wenn man das Pumpengehäuse abgeschraubt hat, klappt man den Gehäusedeckel mit dem Betätigungsgestänge ab. Eine verklebte Membrane nicht zerreißen oder ausdehnen.

Da hinter oder vor der Membrane meist eine Feder sitzt, vorsichtig hantieren, damit die Feder die Membrane nicht einseitig abdrückt und zerreißt.

Die Membrane untersucht man gegen das Licht auf Risse. Ist sie verformt, muß sie ersetzt werden.

Die Membrane der Beschleunigerpumpe kann sich wie andere Kunststoffe auflösen, wenn Kraftstoffe zu einem hohen Anteil mit Methanol versetzt sind. Erst in jüngster Zeit verwenden die Vergaserhersteller methanolfeste Kunststoffe.

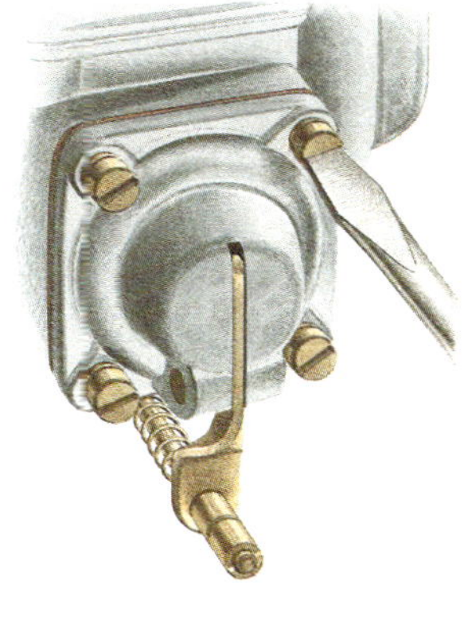

Die Schrauben der Beschleunigerpumpe werden herausgedreht.

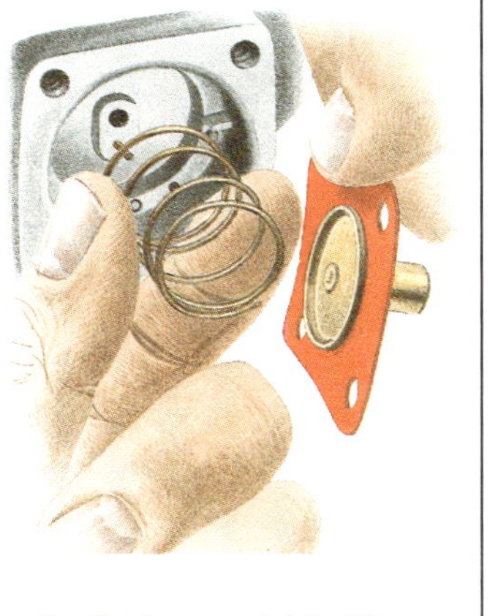

Das Gehäuse vorsichtig öffnen, da die Membranfeder belastet ist.

Einen Fallstromvergaser zerlegen und reinigen 2

Den Schwimmer und das Nadelventil ausbauen

Zum Ausbau des Nadelventils die Achse des Schwimmers herausdrücken. Nicht auf den Schwimmer drücken, damit sich seine Grundeinstellung nicht verändert. Manche Schwimmer sitzen im Vergasergehäuse-Unterteil und werden nur aus einer Führung herausgezogen.

Liegt der Schwimmer frei, kann man das Nadelventil zerlegen. Man prüft die Nadelspitze auf Verklebungen und Auswaschungen. Ist sie nicht mehr einwandfrei, muß man sie ersetzen; denn eine undichte Schwimmernadel führt häufig zu einem übermäßigen Kraftstoffverbrauch.

Man prüft, ob der Schwimmer dicht ist, indem man den Hohlkörper am Ohr schüttelt. Bemerkt man Flüssigkeit, muß man ihn auswechseln.

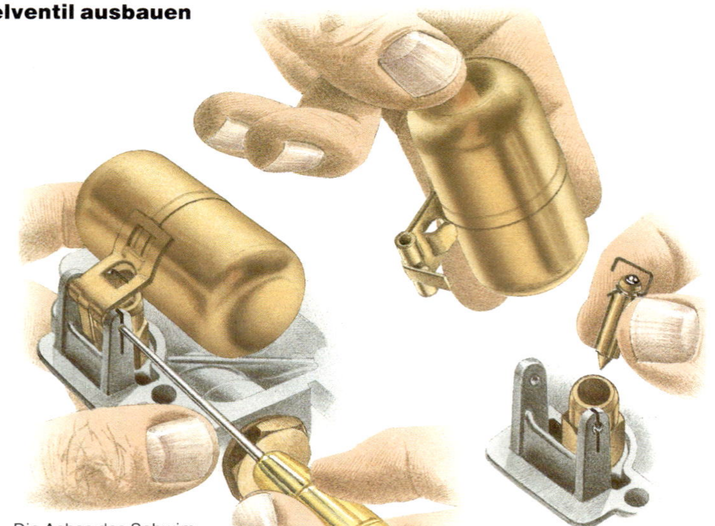

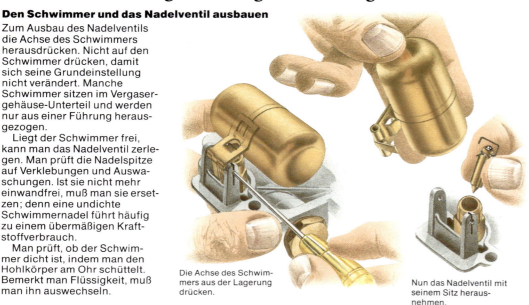

Die Achse des Schwimmers aus der Lagerung drücken.

Nun das Nadelventil mit seinem Sitz herausnehmen.

Verschraubtes Nadelventil

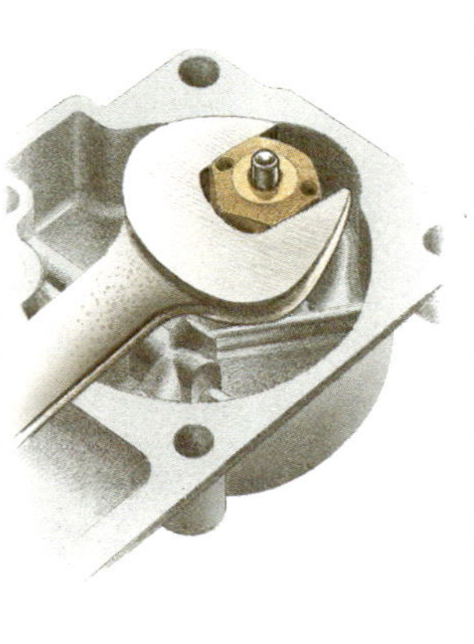

Dieses Ventil wird zur Prüfung mit einem Gabelschlüssel herausgedreht.

Die Schwimmereinstellung prüfen

Der korrekte Schwimmerstand wird im Vergaserherstellungswerk entweder mit Unterlegscheiben oder durch Verbiegen einer Nase am Schwimmer korrekt eingestellt.

In der Regel wird diese Einstellung nicht geändert. Ist in der Werkstatt jedoch eine Panne passiert, findet der Mechaniker im Werkstatthandbuch das korrekte Maß für den betreffenden Vergaser.

Mit einem Spiralbohrer oder einer besonderen Lehre wird der Schwimmerstand geprüft.

Zum Korrigieren benötigt man die entsprechenden Unterlegscheiben und geeignetes Meßwerkzeug. Im Normalfall sollte man aber die Anzahl der Unterlegscheiben nicht verändern.

Beim Einsetzen des Schwimmers ist es wichtig, daß die Düsennadel mit ihrer Zwangssteuerung richtig eingesetzt wird. Ein kleiner Draht am Nadelventil senkt und hebt sich mit dem Schwimmer. Mit dieser Technik kann man Störungen am Ventil durch Verkanten oder Verkleben begegnen.

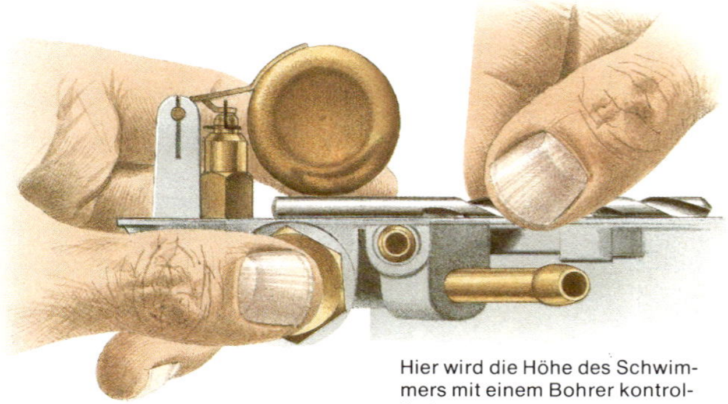

Hier wird die Höhe des Schwimmers mit einem Bohrer kontrolliert.

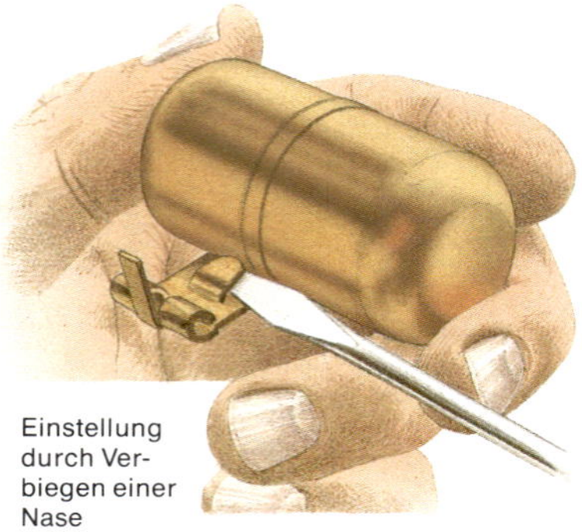

Einstellung durch Verbiegen einer Nase

Einstellung mit Unterlegscheiben

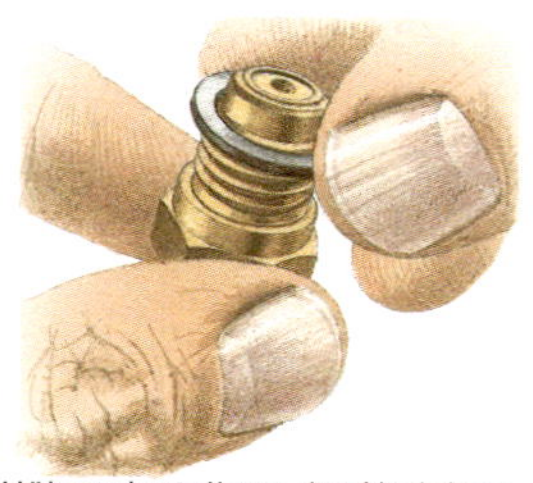

Höheneinstellung des Nadelventils durch Unterlegen verschiedener Scheiben.

Die Düsen reinigen

Im Vergaser gibt es vier Typen von Düsen, zum Teil mehrfach und in verschiedenen Bauformen, besonders bei Doppel- oder Registervergasern.

Jede Düse versorgt den Motor in einem bestimmten Drehzahlbereich mit Kraftstoff. Dies ermöglicht eine differenzierte Diagnose bei Motorstörungen. Die Hauptdüse ist am größten und versorgt den Motor bei Vollast mit Kraftstoff. Man findet sie meistens am Boden der Schwimmerkammer.

Die Leerlaufdüse sorgt für einen geringen Kraftstoffzufluß im Leerlaufbereich und kann deshalb relativ leicht verschmutzen. Bei schlechtem Leerlauf sollte man sie besonders sorgfältig reinigen.

Zwischen Leerlauf und höherer Drehzahl gibt es eine Übergangseinrichtung mit Luftkorrekturdüsen und Mischrohrtechnik. Solche Düsen sind relativ lang und haben zahlreiche Bohrungen am Schaft.

Für die Beschleunigerpumpe gibt es eine Beschleunigerdüse. Ist diese verschmutzt, nimmt der Motor schlecht Gas an.

Alle Düsen sind mit einem Gewinde zur Befestigung im Vergaser versehen und können herausgeschraubt werden. Sie bestehen aus relativ weichem Spezialmessing und werden deshalb beim Herausdrehen leicht beschädigt. Um dies zu verhindern, setzt der Mechaniker immer einen Spezialschraubenzieher ein.

Da man nicht immer unterscheiden kann, welche Düsen und Verbindungsbohrungen sauber und welche verunreinigt sind, dreht man die Verschlußstopfen oder die Düsen selbst heraus und bläst sie mit Preßluft durch. Man darf die Düsen nicht mit Draht durchstoßen, da man sonst die sorgfältig kalibrierten Bohrungen verletzt.

Störungen durch Schmutz kann man weitgehend vermeiden, wenn man vor dem Vergaser ein einfaches Filter in die Kraftstoffleitung setzt.

Bei einer korrekt ausgeführten Vergaserreparatur gehört zu jeder Düse ein besonderer Schraubenzieher. Damit will man die Gratbildung an Vergaserdüsen vermeiden.

Trotzdem kommt es immer wieder vor, daß normale Schraubenzieher benutzt werden und der Vergaser nach der Reparatur nicht richtig funktioniert. In diesem Fall hilft nur der Einsatz eines kompletten Austauschvergasers, der bereits im Werk richtig eingestellt wurde. Ein solcher Vergaser ist allerdings sehr teuer.

Verschiedene Vergaserdüsen

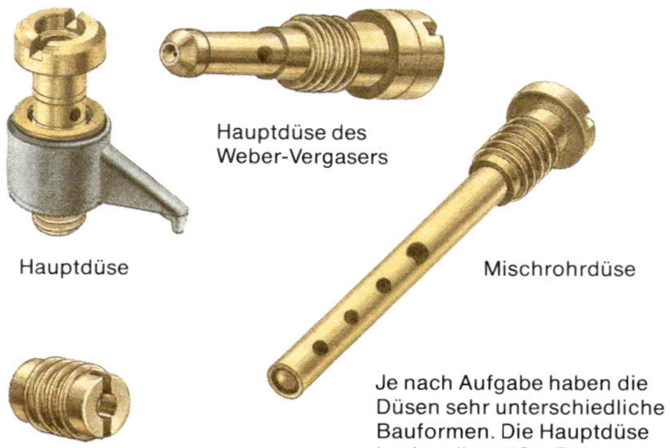

Je nach Aufgabe haben die Düsen sehr unterschiedliche Bauformen. Die Hauptdüse besitzt die größte Bohrung, die Leerlaufdüse die kleinste.

Einen Stromberg-Vergaser zerlegen und reinigen 1

Diesen Vergaser muß man nicht routinemäßig reinigen. Hat sich allerdings innen Schmutz festgesetzt oder sind Teile, z.B. die Nadel oder die Hauptdüse, verschlissen, muß er zerlegt werden. Die Membrane des Kolbens wird oft von Chemikalien im Kraftstoff angelöst, oder sie erhält Risse. Bei größeren Durchbrüchen läuft der Motor häufig nur noch im Leerlauf.

Der Vergaser wird von seinen Anschlüssen befreit und der Vergaserflansch getrennt. Man sollte das Gehäuse außen mit Kaltreiniger reinigen.

Werkzeug und Ausrüstung

Kaltreiniger, Flach- und Kreuzschraubenzieher, Flachzange, Gabelschlüssel, Preßluft, Motoröl, Vergaserschraubenzieher

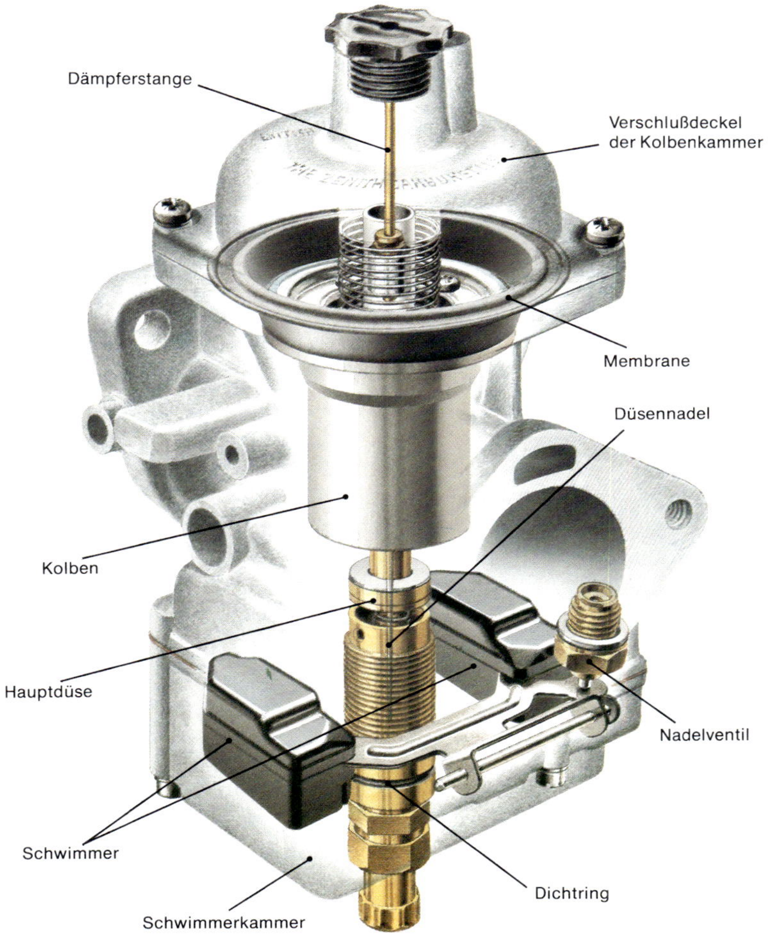

Die Unterdruckkammer zerlegen und den Kolben ausbauen

Zunächst wird die Verschlußschraube der Unterdruckkammer herausgedreht und der Dämpferkolben herausgezogen.

Bevor man den oberen Verschlußdeckel abschraubt, bringt man eine Markierung an, damit man ihn wieder in die gleiche Position einbauen kann.

Sind die Schrauben herausgedreht, läßt sich der Deckel abnehmen. Darunter sitzen die Kolbenfeder, die Membrane und das Oberteil des Kolbens, die sich nach oben abziehen lassen. Dabei die Düsennadel nicht verbiegen. Eine Justiernase an der Membrane paßt in eine Aussparung des Vergaserunterteils.

Nach Prüfen der Bauteile wird die Kolbenkammer mit Motoröl SAE 20 aufgefüllt.

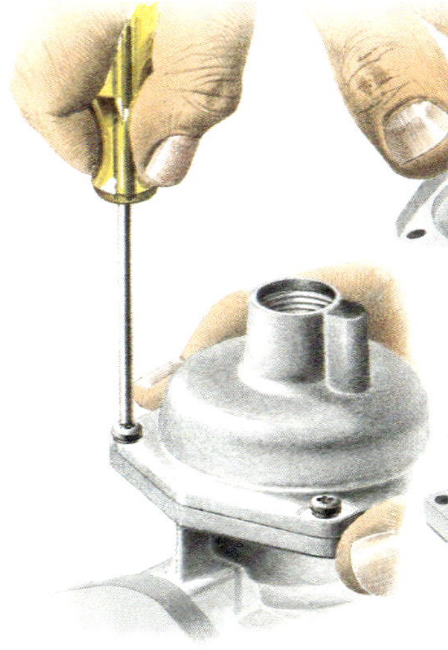

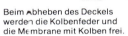

Der Verschlußdeckel wird durch vier Befestigungsschrauben gehalten.

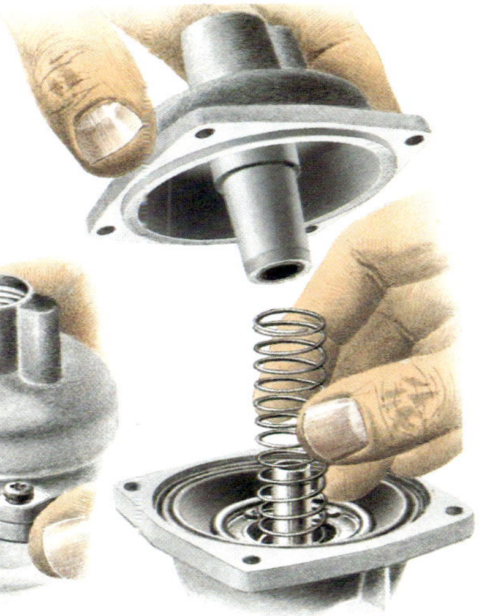

Beim Abheben des Deckels werden die Kolbenfeder und die Membrane mit Kolben frei.

Den Kolben senkrecht nach oben abziehen, damit die Nadel nicht verbogen wird.

Die Düsennadel und die Membrane ausbauen

Nachdem Kolben und Membrane herausgezogen sind, kann die Düsennadel geprüft werden. Bei größeren Auswaschungen ist die Nadel auszuwechseln.

Man muß als Ersatz stets eine Originalnadel des betreffenden Vergasermodells einsetzen. Die Nadel wird mit versenkten Schrauben gehalten.

Man schraubt die Schrauben des Befestigungsdeckels heraus, nimmt ihn ab und zieht die Membrane ab, die man gegen das Licht hält und dabei leicht auseinanderzieht. Bei Rissen oder gar Durchbrüchen ist sie zu ersetzen.

Beim Einsetzen einer neuen Membrane ist die genaue Position zu beachten.

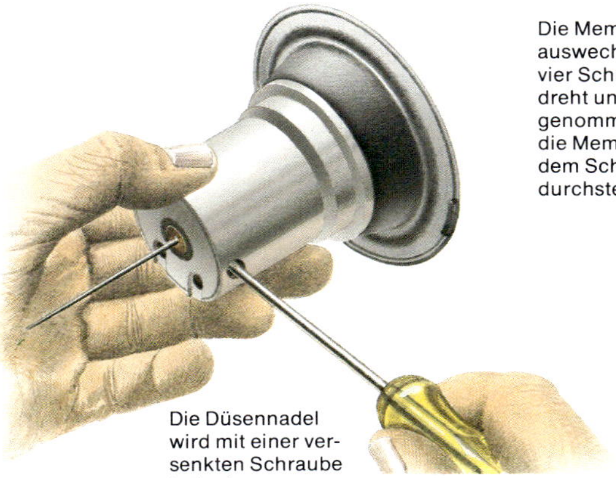

Die Düsennadel wird mit einer versenkten Schraube befestigt.

Die Membrane läßt sich auswechseln, wenn man vier Schrauben herausdreht und den Ring abgenommen hat. Dabei die Membrane nicht mit dem Schraubenzieher durchstechen.

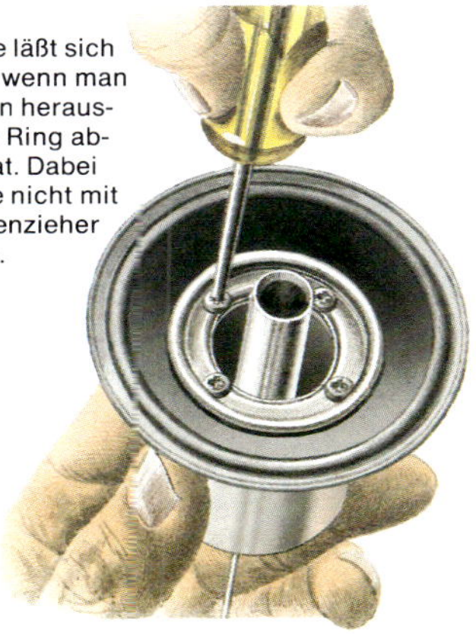

Man hält die Membrane gegen das Licht, um Risse oder Durchbrüche zu erkennen.

Einen Stromberg-Vergaser zerlegen und reinigen 2

Die Schwimmerkammer ausbauen

Bevor man die Schwimmerkammer abbaut, muß man die Sicherung der Hauptdüse mit einer Flachzange abziehen. Nachdem man die sechs Befestigungsschrauben der Schwimmerkammer herausgedreht hat, läßt sich das Unterteil der Schwimmerkammer abziehen. Dabei vorsichtig arbeiten; denn häufig ist die Dichtung verklebt.

Das Gehäuse darf man beim Ausbau nicht verdrehen, um den Schwimmerstand nicht zu verändern.

Anschließend kann man die Befestigungsachse des Schwimmers herausdrücken.

Moderne Vergaser haben meist noch Sicherungsklipse zur Schwimmerfixierung, die man mit einem Schraubenzieher abdrückt.

Das Nadelventil ist mit dem Vergasergehäuse verschraubt.

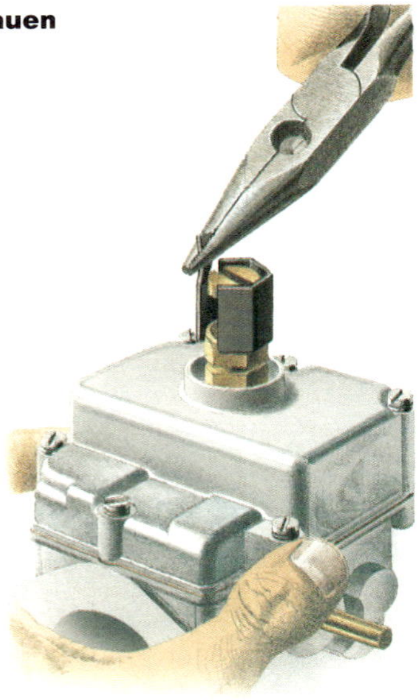

Man zieht die Sicherung der Hauptdüse ab.

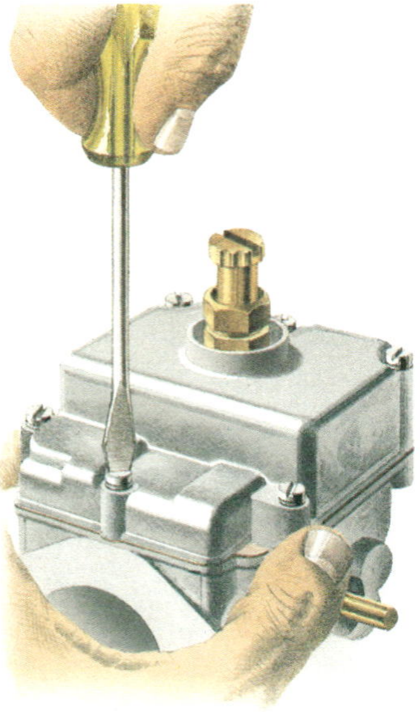

Sechs Schrauben halten den Deckel der Schwimmerkammer.

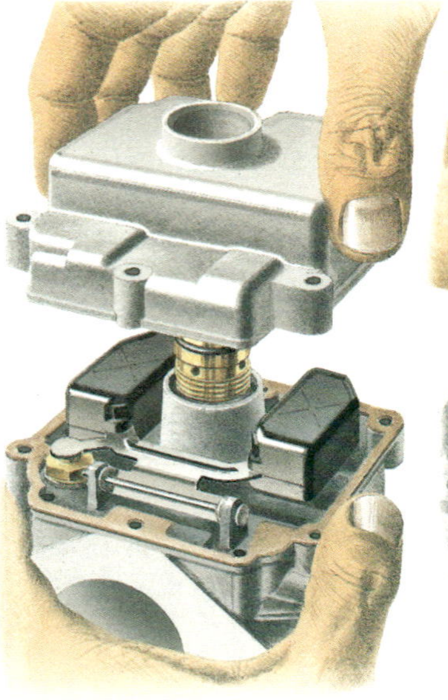

Der Deckel wird vorsichtig ohne Verdrehen nach oben abgezogen.

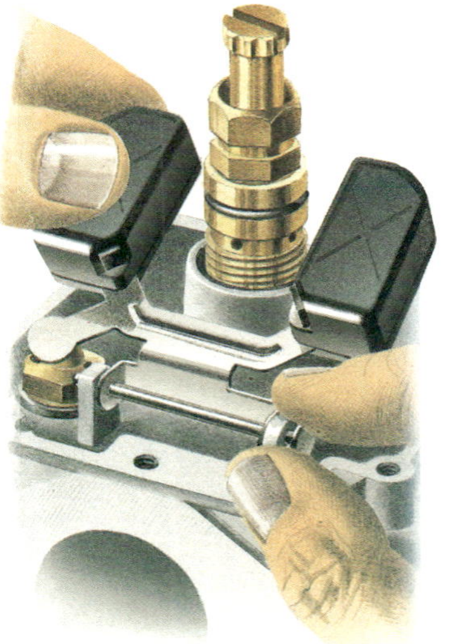

Schwimmerbefestigung mit Hilfe einer einfachen Achse

Schwimmerbefestigung

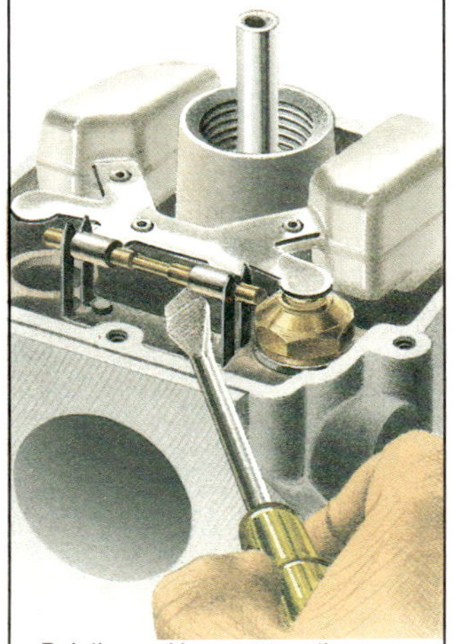

Bei diesem Vergasertyp die Schwimmerbefestigung mit einem Schraubenzieher vorsichtig abdrücken.

Einstellen des Schwimmerstandes

Den Schwimmerstand stellt man ein, wenn der Kraftstoffverbrauch zu hoch ist. Der Vergaser wird um 180° gedreht und ein Lineal an die Kante des Schwimmergehäuses gehalten. Bei Hohlkörperschwimmern liegt das Maß zwischen 16 und 18 mm, bei Festkörperschwimmern zwischen 18,5 und 19,5 mm. Den Schwimmerstand verstellt man, indem man eine Nase am Schwimmergestänge biegt, die auf das Nadelventil drückt. Manchmal ist die Höhe des Nadelventils durch verschieden dicke Dichtungen zu variieren.

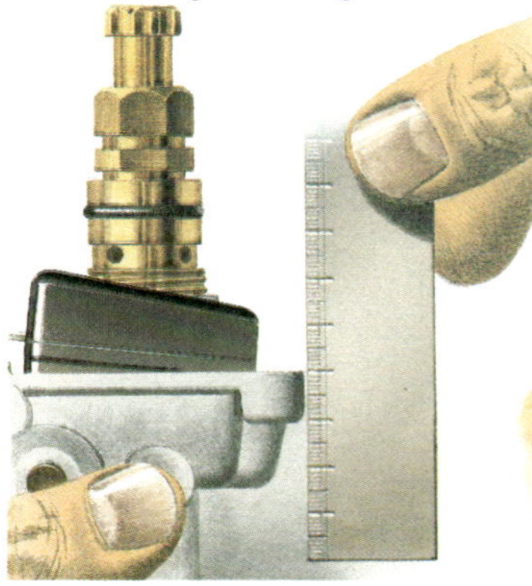

Mit einem Lineal mißt man den Schwimmerstand am Vergasergehäuse.

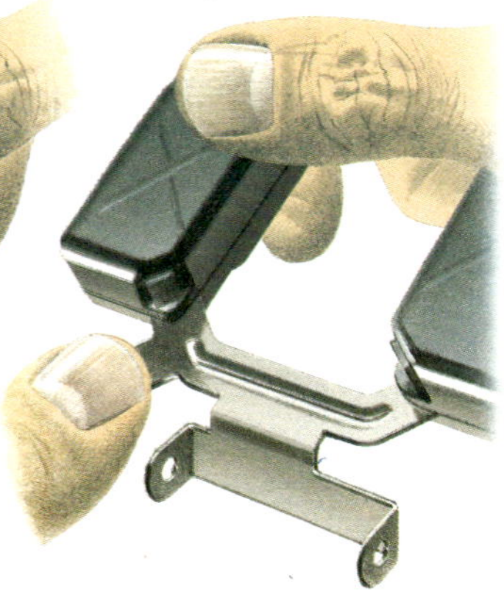

Den Schwimmerstand korrigiert man, indem man eine Blechnase biegt.

Nadelventil einstellen

Die Nadelventilhöhe kann man variieren, indem man dünnere oder dickere Dichtungen einlegt.

Die Hauptdüse ausbauen

Bei modernen Stromberg-Vergasern läßt sich die Hauptdüse nicht ohne Spezialwerkzeug ausbauen, sondern wird durch einfaches Durchblasen gereinigt.

Bei älteren Vergasern kann man die Hauptdüse, ohne ihre Einstellung zu verändern, mit einem Gabelschlüssel komplett mit dem Düsenhalter herausdrehen. Sie kann nun zerlegt und mit sauberem Kraftstoff gereinigt sowie mit Preßluft durchgeblasen werden.

Dabei prüft man den O-Ring am Düsenhalter. Ein verschlissener O-Ring führt zu ständigen Kraftstofflecks in diesem Bereich. Am besten ersetzt man ihn grundsätzlich. Dabei vorsichtig arbeiten, damit die Düse nicht beschädigt wird.

Beim Einschrauben der Hauptdüsen vorsichtig arbeiten, damit das Gewinde nicht überdreht wird.

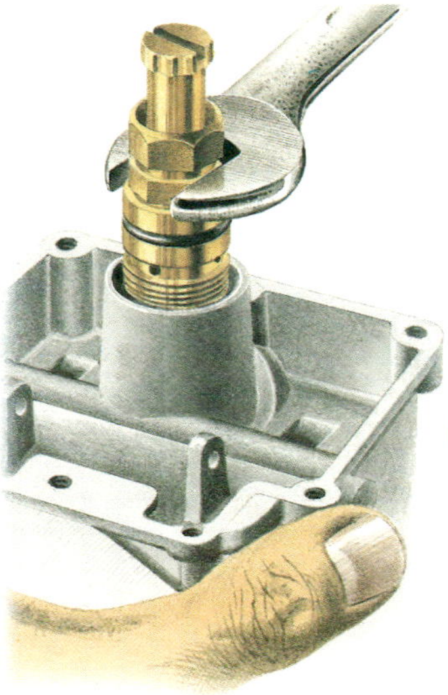

Die Hauptdüse mit dem Düsenhalter ab unterem Sechskant herausdrehen.

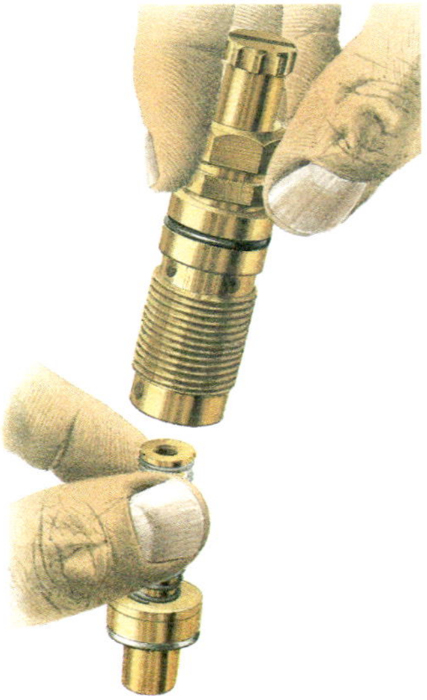

Jetzt kann man die Hauptdüse aus dem Düsenhalter herausziehen.

Einen Varajet-Vergaser zerlegen und reinigen 1

Zahlreiche Opel-Fahrzeuge sind mit einem Varajet-Vergaser ausgerüstet. Er besitzt zwei Arbeitsbereiche: Bei niedriger Last und Drehzahl wird der Motor durch den Teil des Vergasers versorgt, der mit Festdüsen ausgerüstet ist. Bei hohen Drehzahlen schaltet sich der variable Lufttrichter automatisch dazu.

Wie jeden anderen Vergaser muß man diesen Typ zu Prüf- und Reinigungsarbeiten von seinem Flansch trennen. Man reinigt ihn mit Kaltreiniger. Nach dem Zerlegen prüft man die einzelnen Bauteile, setzt neue Dichtungen ein und ölt bzw. fettet die außenliegenden Gestänge.

Grundsätzlich gilt auch hier, daß man stets sauber arbeiten muß; denn selbst kleinste Schmutzpartikel können die Vergaserfunktion beeinflussen.

Eventuell vorhandene Gestängeanschlagschrauben sollte man nicht verändern, da es sich hier um die Vergasergrundeinstellung handelt.

Werkzeug und Ausrüstung

Flachzange, Schraubenzieher, Gabelschlüssel, Dichtungssatz

Varajet-Vergaser

Der Varajet-Vergaser besteht aus einer Kombination von Festdüsen- und Gleichdruckvergaser mit variablem Lufttrichter und Düsenquerschnitt. Zum Zerlegen benötigt man keine Spezialwerkzeuge.

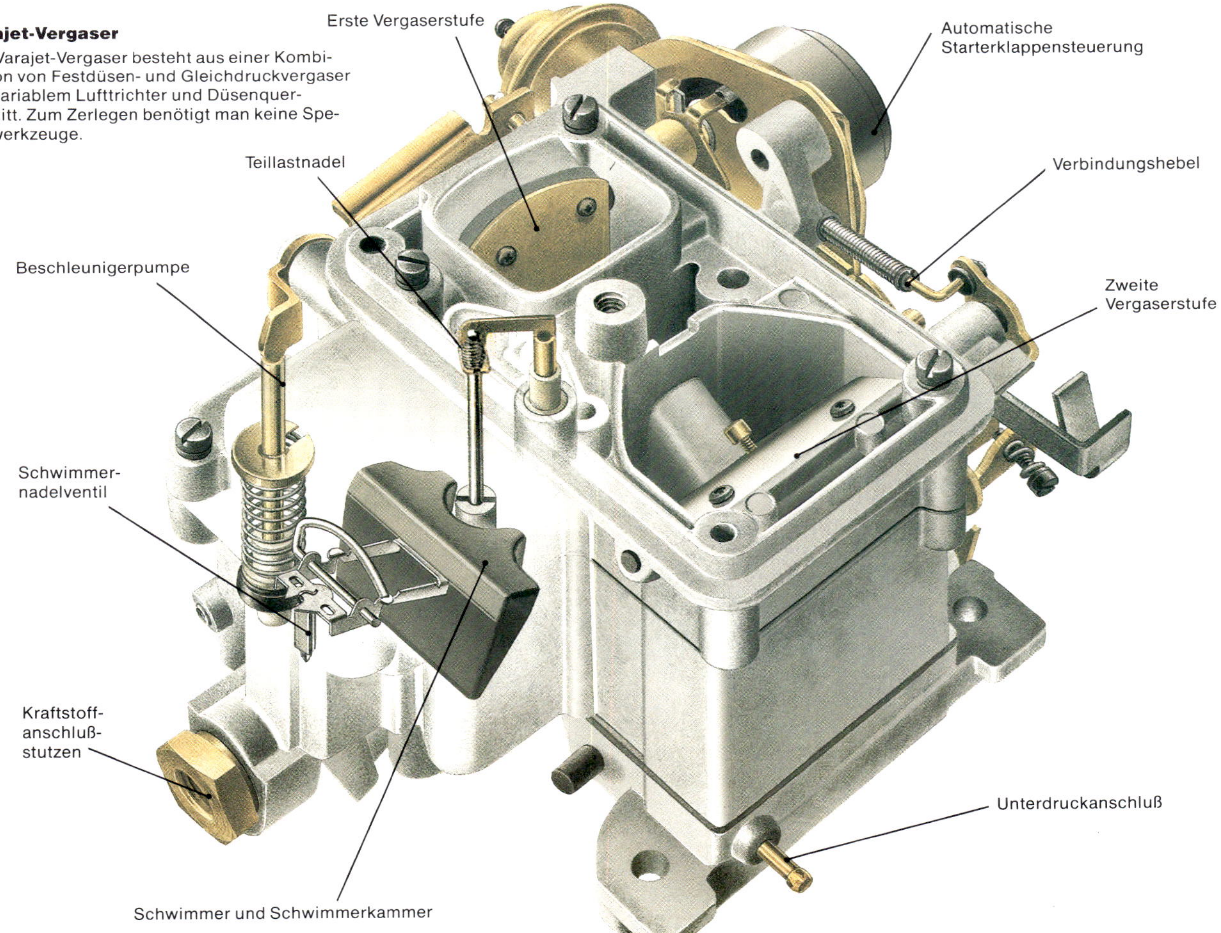

Den Vergaser zerlegen

Der Verbindungshebel zwischen Drosselklappe und Startautomatik wird getrennt, indem man einen kleinen Splint herauszieht. Beim Zusammenbau sollte man einen neuen Splint einsetzen.

Nun dreht man alle Vergaserdeckelschrauben wie beim Standard-Festdüsenvergaser heraus. Allerdings hängt der Schwimmer nicht am Vergaserdeckel, sondern bleibt im Gehäuse.

Die Beschleunigerpumpe sitzt auf einer Feder und kann leicht herausspringen; deshalb die Pumpe mit dem Finger festhalten. Ebenso kann hinter der Pumpe eine Kugel leicht herausfallen.

Neben dem Beschleunigerpumpengehäuse sitzt eine weitere Kugel unter einer Feder, die mit einer Schraube gesichert ist. Diese Feder braucht man normalerweise nicht auszubauen, es sei denn, man will sie auf Beschädigung prüfen oder die Düse unter dem Kugelventil ist verschmutzt.

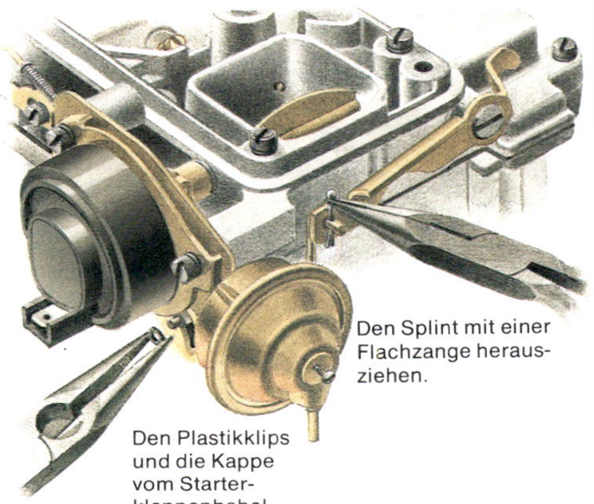

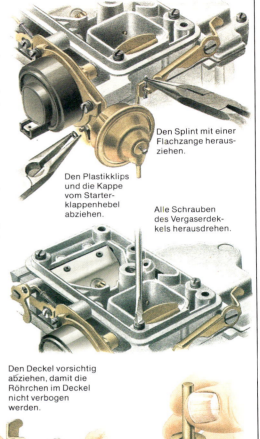

Den Splint mit einer Flachzange herausziehen.

Den Plastikklips und die Kappe vom Starterklappenhebel abziehen.

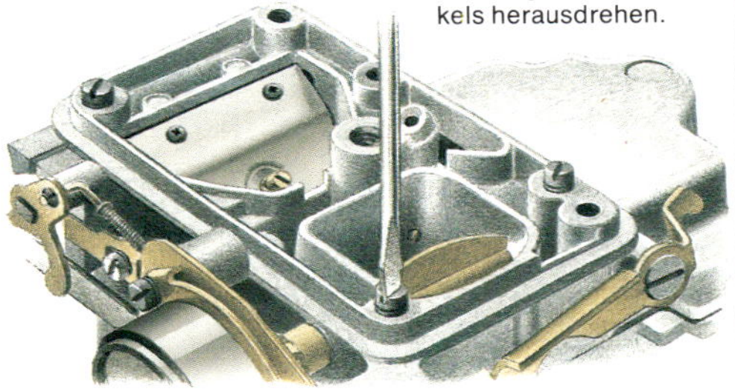

Alle Schrauben des Vergaserdeckels herausdrehen.

Den Deckel vorsichtig abziehen, damit die Röhrchen im Deckel nicht verbogen werden.

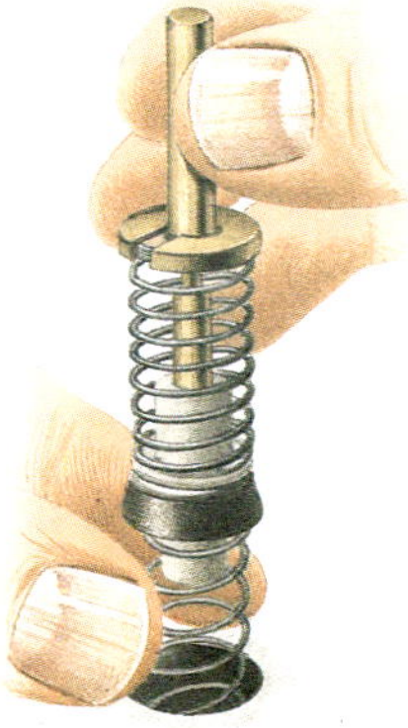

Die Beschleunigerpumpe sitzt auf einer Feder und kann leicht herausspringen.

Einen Varajet-Vergaser zerlegen und reinigen 2

Die Schwimmerkammer reinigen

Man nimmt ein Druckstück aus Kunststoff oberhalb des Nadelventils heraus und prüft die Aufhängung des Nadelventils.

Der Klips an der Aufhängung wird entfernt und der Schwimmer herausgenommen.

Das Nadelventil hängt vom Schwimmer herab und wird abgezogen. Darunter befindet sich noch ein Lagerstück, das man ebenfalls herausnimmt.

Wenn man die Schwimmerlagerung wieder in das Gehäuse einsetzt, muß man aufpassen, daß man den Sicherungshaken richtig ansetzt.

Der Schwimmerstand kann nicht eingestellt werden.

Bevor man den Gehäusedekkel wieder aufsetzt, prüft man, ob die Beschleunigerpumpe frei in ihrer Bohrung läuft.

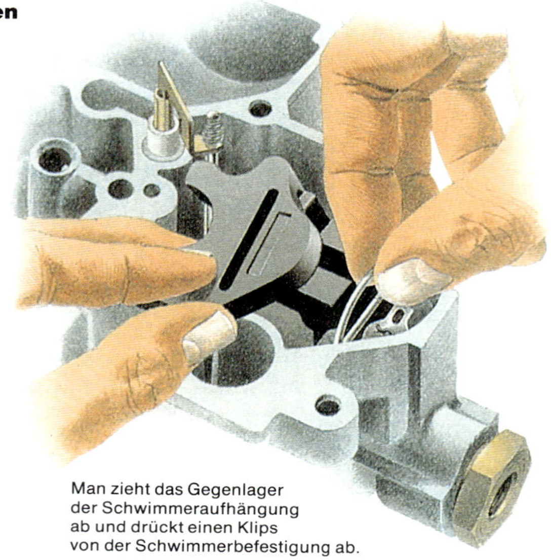

Man zieht das Gegenlager der Schwimmeraufhängung ab und drückt einen Klips von der Schwimmerbefestigung ab.

Auch das Unterteil der Lagerung nimmt man aus der Kammer, damit man sie vollständig reinigen kann.

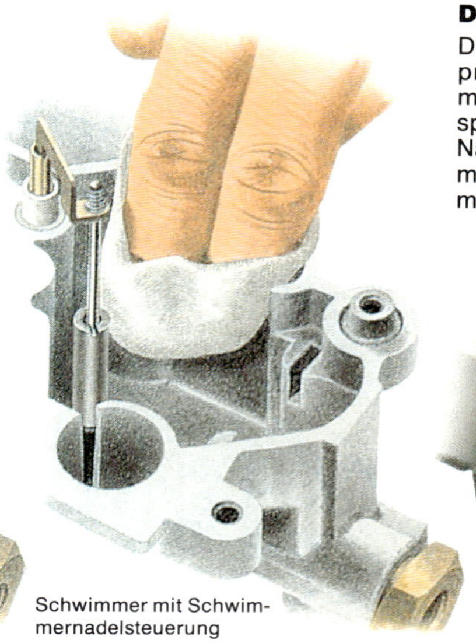

Schwimmer mit Schwimmernadelsteuerung

Das Nadelventil prüfen

Das Schwimmernadelventil prüft man auf Verschleiß, den man besonders an der Nadelspitze erkennt. Ist der Sitz des Nadelventils verschlissen, muß man einen Austauschvergaser montieren.

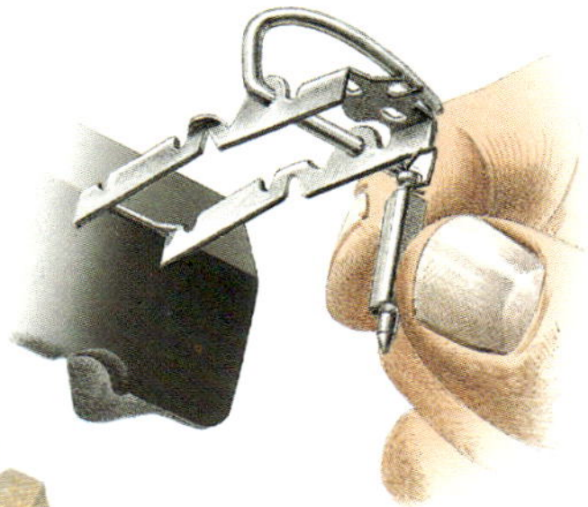

Das Nadelventil wird sorgfältig auf Verschleiß geprüft.

Die Teillastnadel prüfen

Die Teillastnadel bewegt sich in einer Bohrung auf und ab. Sie wird von einem kleinen Hebel geführt, der wiederum in einem Kolben endet. Die Nadel läßt sich sehr leicht verbiegen.

Zum Ausbau zieht man eine kleine Feder nach oben, schwenkt den Anlenkhebel zur Seite und zieht die Nadel senkrecht heraus.

Will man die Düse der Nadel ausbauen, braucht man einen sehr gut sitzenden Schraubenzieher. Man prüft Nadel und Düse auf Verschleiß, der zu hohem Teillastverbrauch führen kann. Beide sollten deshalb selbst bei kleinen Gebrauchsspuren ersetzt werden.

Beim Wiedereinsetzen die Nadel vorsichtig in die Düse einführen und dann am Anlenkhebel befestigen. Dazu Feder über dem Hebel anbringen.

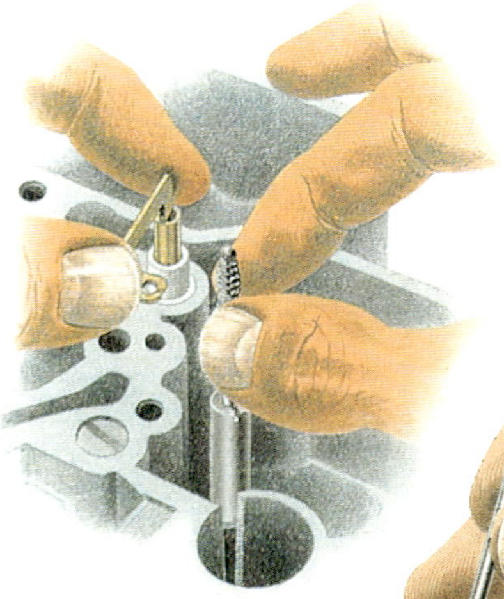

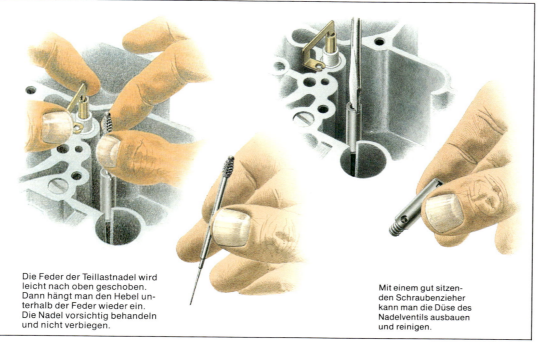

Die Feder der Teillastnadel wird leicht nach oben geschoben. Dann hängt man den Hebel unterhalb der Feder wieder ein. Die Nadel vorsichtig behandeln und nicht verbiegen.

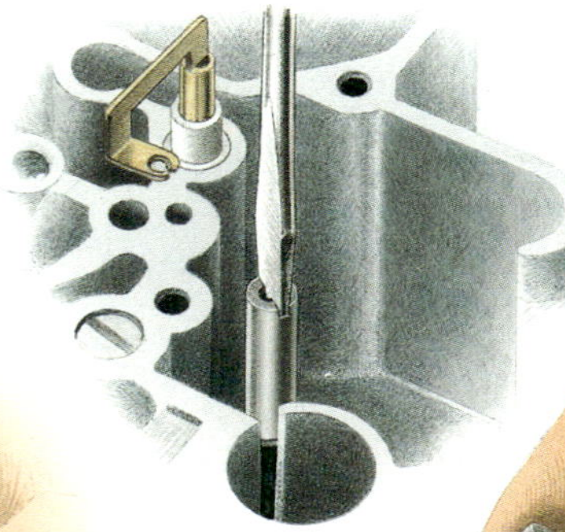

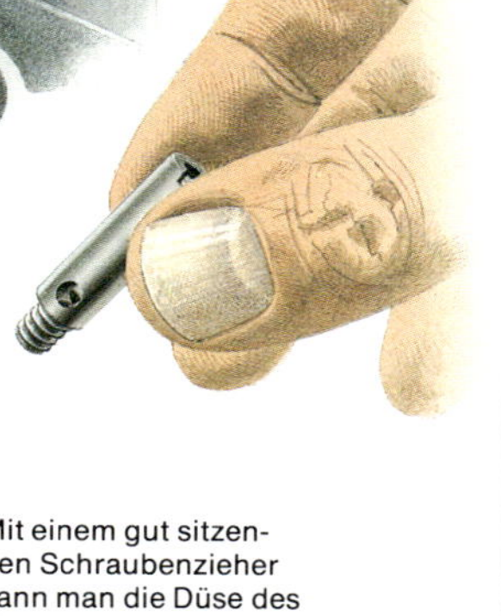

Mit einem gut sitzenden Schraubenzieher kann man die Düse des Nadelventils ausbauen und reinigen.

Die automatische Startvorrichtung justieren

Je nach Betriebsweise eines Fahrzeuges kann man die Startautomatik so einstellen, daß sie früher oder später ausrastet.

Zur Korrektur löst man die Klemmschrauben des Gehäuses und markiert die ursprüngliche Einstellung mit dem Schraubenzieher.

Verschiebt man nun das Gehäuse in Richtung „R", bleibt die Starterklappe länger eingeschaltet. Ein Verschieben in Richtung „L" bedeutet weniger Vorspannung.

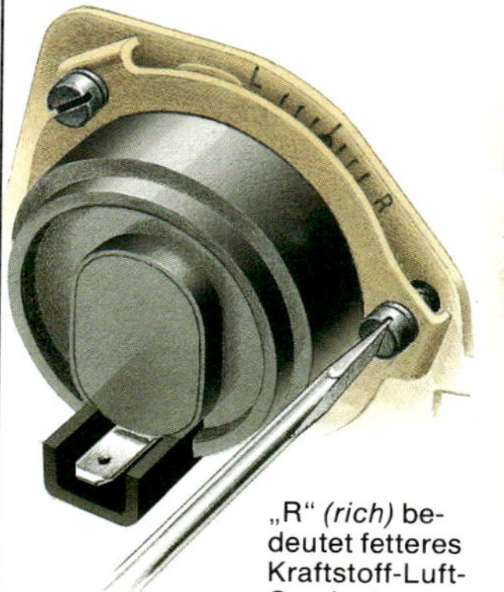

„R" *(rich)* bedeutet fetteres Kraftstoff-Luft-Gemisch.

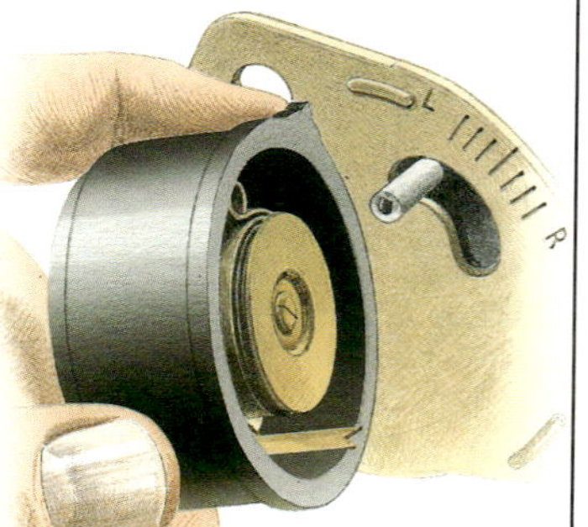

„L" *(lean)* bedeutet mageres Gemisch während der Startphase.

Einen variablen Venturi-Vergaser zerlegen und reinigen 1

Viele kleinere Ford-Fahrzeuge haben einen Ford-VV-Vergaser. Er schaut auf den ersten Blick wie ein normaler Fallstrom-Festdüsen-Vergaser aus und besitzt auch dessen typische Einrichtungen, wie z.B. eine Beschleunigerpumpe.

Allerdings verfügt er in einer zusätzlichen Vergaserstufe über eine Gleichdruckvorrichtung, einen variablen Lufttrichter und Düsenquerschnitt. Dieser Vergaserteil ist anders als beim SU- und Stromberg-Vergaser, nämlich um 90° gedreht.

Wie beim Standard-Festdüsen-Vergaser gibt es bei dieser Ausführung Düsen, die sich im Lauf der Zeit zusetzen können und dann zu reinigen sind.

Das Nadelventil mit Sitz und Schwimmernadel ist auf Verschleiß zu prüfen, ebenso die zwei Membranen, die nach längerem Einsatz brüchig werden können.

Der Vergaser wird beim Ausbau von seiner Flanschverbindung getrennt und senkrecht abgezogen, damit kein Kraftstoff ausläuft. Bevor man ihn zerlegt, wird er außen mit Kaltreiniger gereinigt, damit der Schmutz nicht in das Gehäuse gelangen kann.

Nach dem Zerlegen, Reinigen und Zusammenbau benetzt man die außenliegenden beweglichen Teile mit Fett und Öl.

Die automatische Starterklappenvorrichtung kann man ähnlich wie beim Varajet-Vergaser für ein mageres bzw. fetteres Gemisch einstellen.

Grundsätzlich sollte man eine magere Einstellung wählen, damit der Kraftstoffverbrauch während der Warmlaufphase nicht allzu groß ist.

Werkzeug und Ausrüstung

Schraubenzieher, Flachzange, Dichtungen, Preßluft, Kaltreiniger

Variabler Venturi-Vergaser von Ford

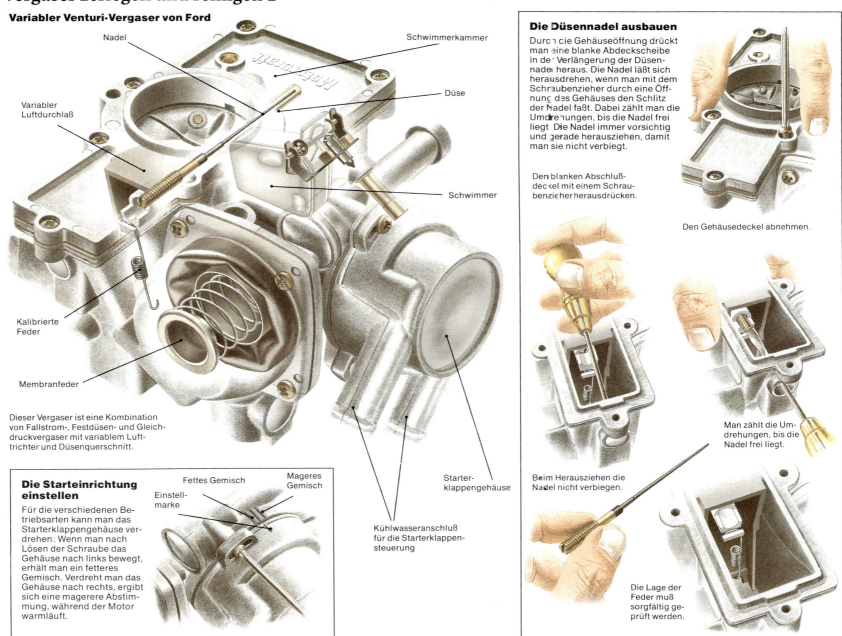

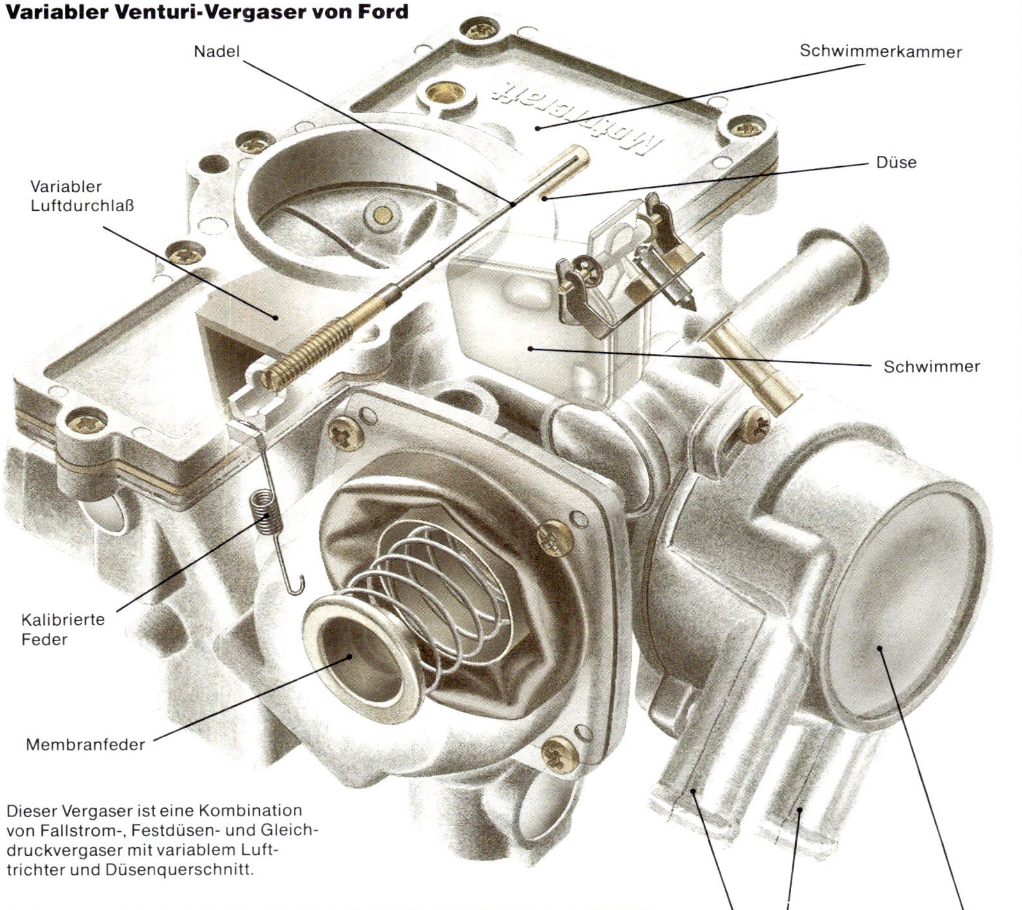

Dieser Vergaser ist eine Kombination von Fallstrom-, Festdüsen- und Gleichdruckvergaser mit variablem Lufttrichter und Düsenquerschnitt.

Die Starteinrichtung einstellen

Für die verschiedenen Betriebsarten kann man das Starterklappengehäuse verdrehen: Wenn man nach Lösen der Schraube das Gehäuse nach links bewegt, erhält man ein fetteres Gemisch. Verdreht man das Gehäuse nach rechts, ergibt sich eine magerere Abstimmung, während der Motor warmläuft.

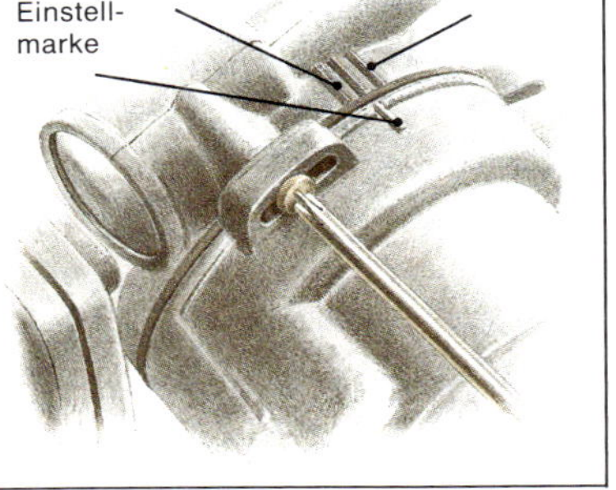

Die Düsennadel ausbauen

Durch die Gehäuseöffnung drückt man eine blanke Abdeckscheibe in der Verlängerung der Düsennadel heraus. Die Nadel läßt sich herausdrehen, wenn man mit dem Schraubenzieher durch eine Öffnung des Gehäuses den Schlitz der Nadel faßt. Dabei zählt man die Umdrehungen, bis die Nadel frei liegt. Die Nadel immer vorsichtig und gerade herausziehen, damit man sie nicht verbiegt.

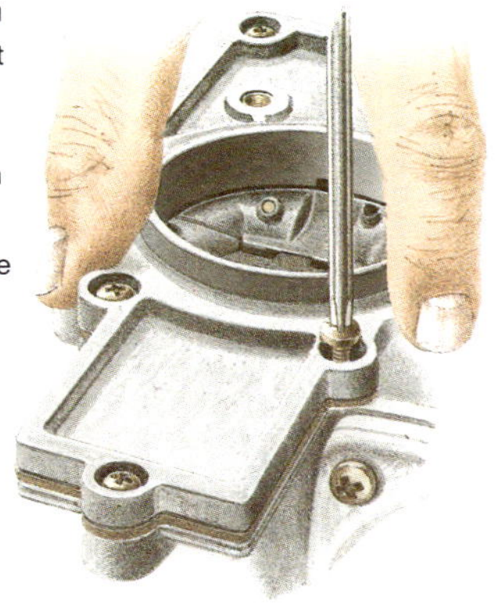

Den Gehäusedeckel abnehmen.

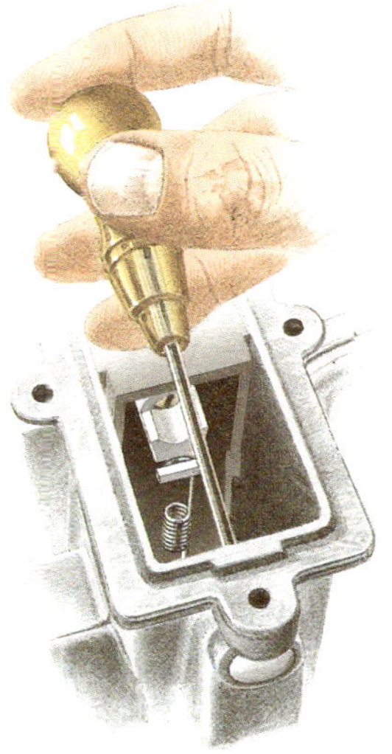

Den blanken Abschlußdeckel mit einem Schraubenzieher herausdrücken.

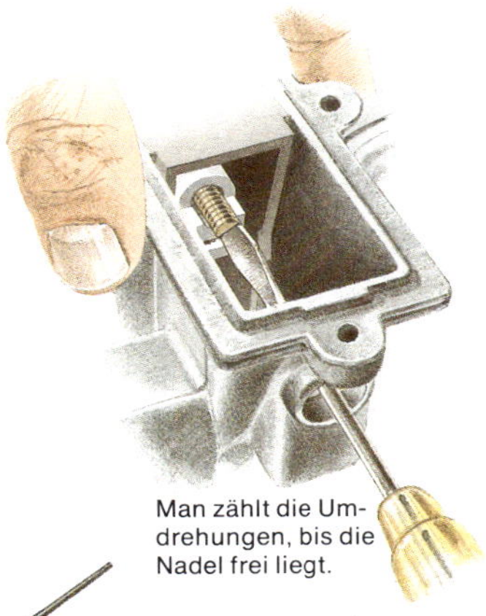

Man zählt die Umdrehungen, bis die Nadel frei liegt.

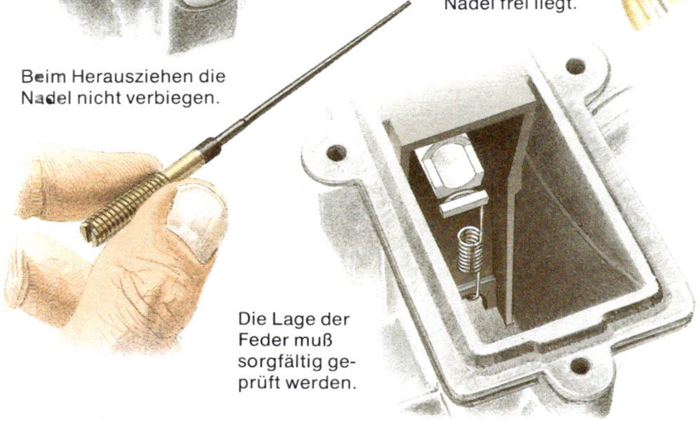

Beim Herausziehen die Nadel nicht verbiegen.

Die Lage der Feder muß sorgfältig geprüft werden.

Einen variablen Venturi-Vergaser zerlegen und reinigen 2

Den Düsenhalter ausbauen

Wenn man vier Schrauben herausgedreht hat, läßt sich der Düsenhalter komplett herausziehen. Man prüft die Düse vorsichtig auf Verschleiß. Ist sie oval und nicht rund, muß man sie ersetzen.

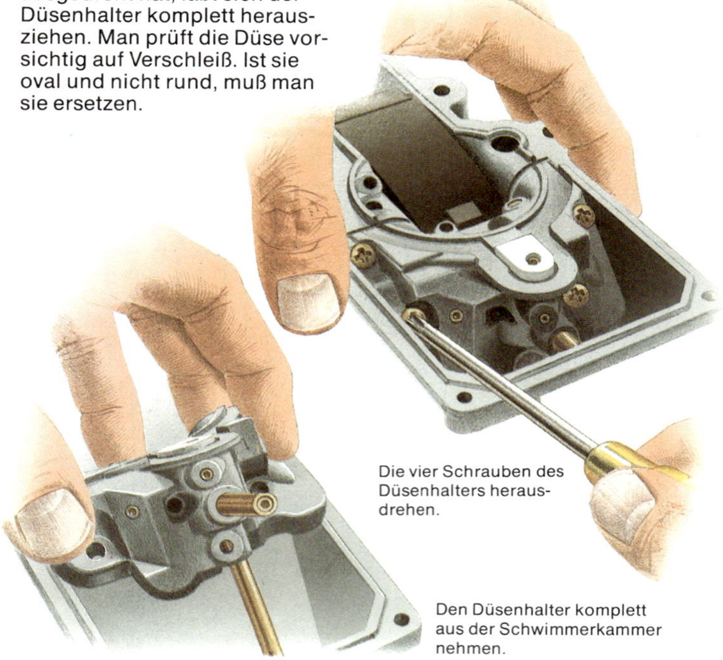

Die vier Schrauben des Düsenhalters herausdrehen.

Den Düsenhalter komplett aus der Schwimmerkammer nehmen.

Den Schwimmer und das Schwimmernadelventil prüfen

Mit einem Schraubenzieher drückt man die Aufhängung des Schwimmers ab und nimmt ihn heraus. Wenn man ihn vor dem Ohr schüttelt, darf man keine Geräusche von eingedrungenem Kraftstoff hören.

Das Nadelventil wird herausgenommen und auf Verschleiß geprüft. Ein schlechter Nadelsitz führt häufig zum Überlaufen des Vergasers.

Zusätzlich reinigt man die Schwimmerkammer.

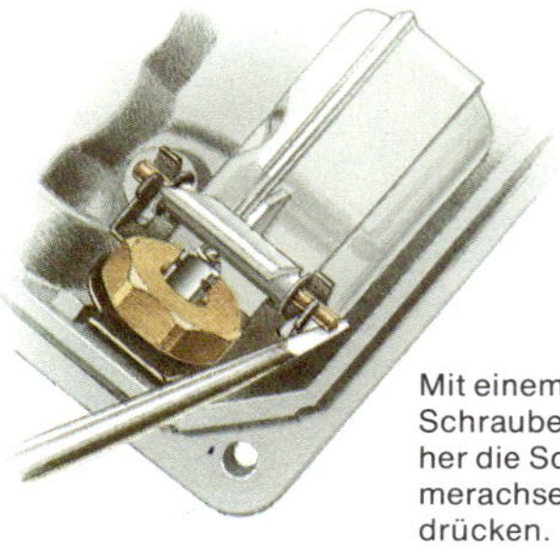

Mit einem Schraubenzieher die Schwimmerachse abdrücken.

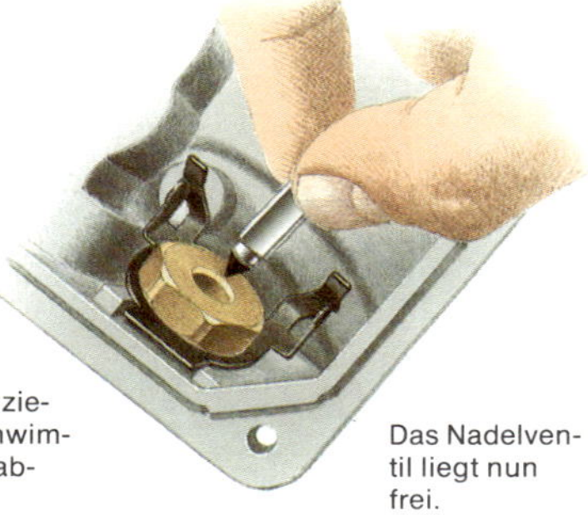

Das Nadelventil liegt nun frei.

Die Steuermembrane ausbauen

Die Steuermembrane wird durch einen Deckel gehalten, der mit vier Schrauben befestigt ist. Diese Schrauben dreht man heraus.

Die Membrane muß man vorsichtig abziehen, da sie häufig mit dem Gehäuse verklebt ist. Hinter ihr sitzt eine Klipssicherung.

Die Steuermembrane wird wie die Membrane der Beschleunigerpumpe geprüft. Zusätzlich prüft man, ob die Feder in einer Vierkantöffnung zentriert ist, und drückt sie abwärts, bevor man das Gehäuse zusammenbaut.

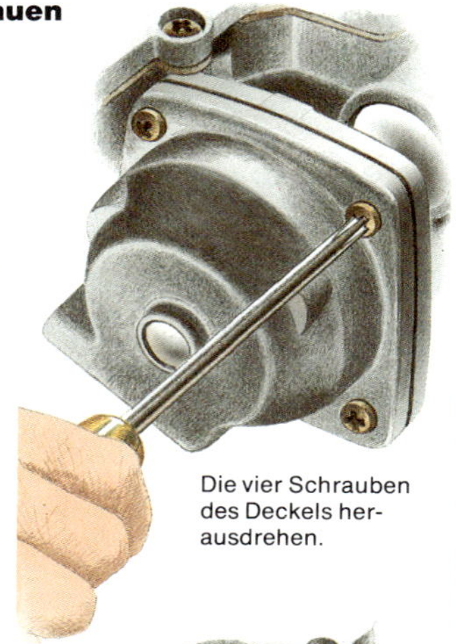

Die vier Schrauben des Deckels herausdrehen.

Der Deckel mit Feder gibt die Membrane frei.

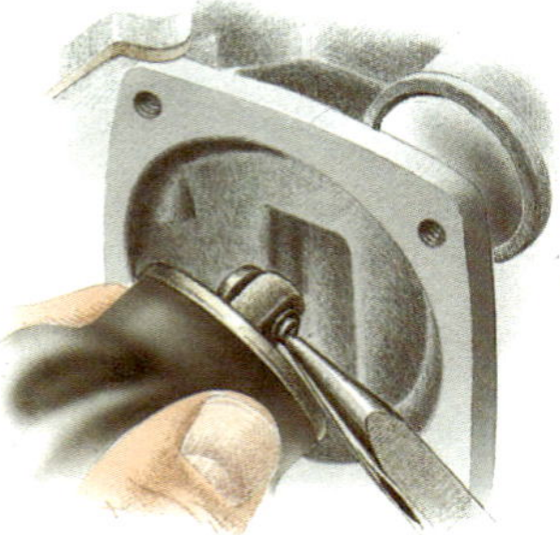

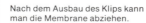

Nach dem Ausbau des Klips kann man die Membrane abziehen.

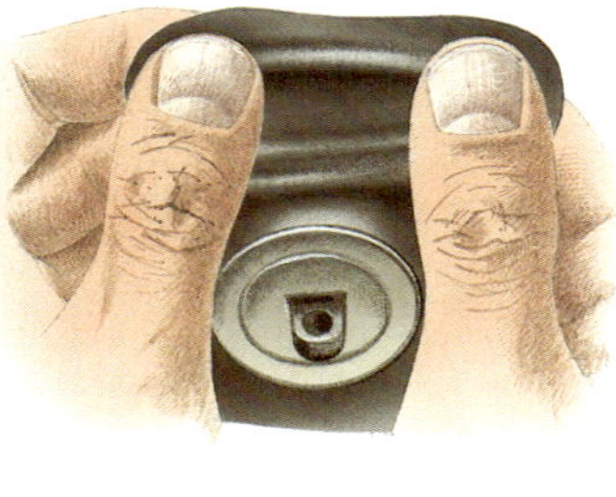

Die Membrane gegen das Licht halten und auf Risse prüfen.

Die Beschleunigerpumpe ausbauen

Man dreht die drei Schrauben des Beschleunigerpumpengehäuses heraus, nimmt den Deckel ab und zieht die darunterliegende Feder vorsichtig heraus.

Zum Prüfen zieht man die Membrane leicht auseinander, um Risse und Brüche erkennen zu können. Die Bohrung unter der Membrane sollte sauber sein. Man darf sie aber niemals mit einem Draht freilegen.

Beim Einbau sollte die Membrane flach auf dem Gehäuse liegen. Dabei aufpassen, daß man die Membranseiten nicht verwechselt.

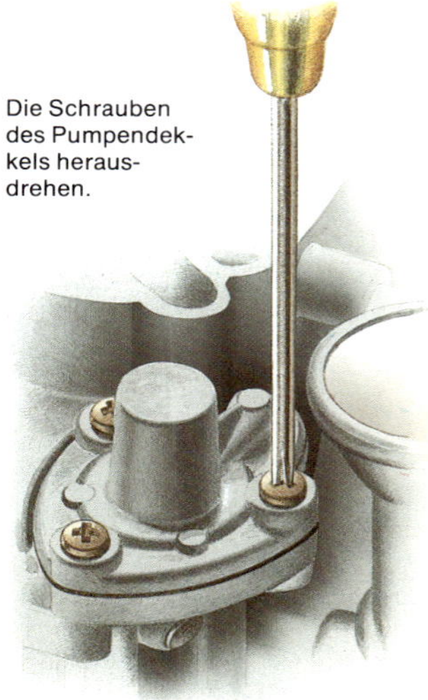

Die Schrauben des Pumpendeckels herausdrehen.

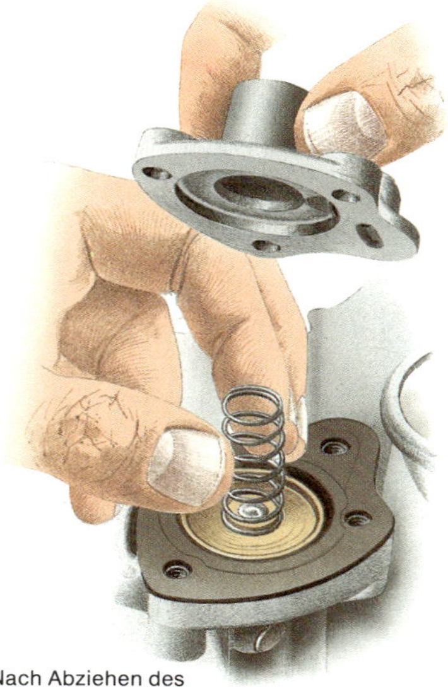

Nach Abziehen des Deckels liegt eine Feder frei.

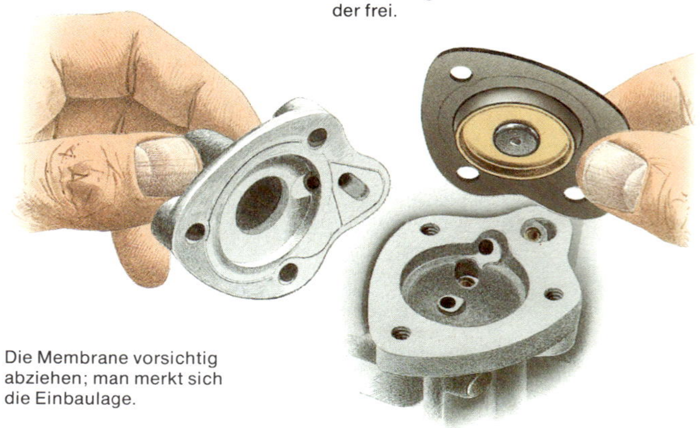

Die Membrane vorsichtig abziehen; man merkt sich die Einbaulage.

Die mechanische Benzineinspritzung prüfen und warten 1

Mechanische Einspritzsysteme wie die K-Jetronic sind nicht komplizierter als mancher Vergaser. Trotzdem bleiben Reparaturen der Fachwerkstatt vorbehalten, weil zur Reparatur sehr gute Kenntnisse des Einspritzsystems notwendig sind.

Zusätzlich benötigt man zahlreiche teure Spezialwerkzeuge, deren Anschaffung sich für den Do-it-yourselfer nicht lohnt.

Einige Prüfungen sind aber mit Universalwerkzeug möglich. Vor größeren Demontagen sollte man eine routinemäßige Kontrolle der elektrischen Anschlüsse und der Relaisschaltung vornehmen.

Werkzeug und Ausrüstung

Schraubenzieher, Schraubenschlüssel, Prüflampe, Mehrfachtestgerät, Kraftstoffilter, Dichtungen

Die Relaisschaltung für die Kraftstoffpumpe prüfen

Eine der elektrischen Baukomponenten für die mechanische Kraftstoffeinspritzung ist die Kraftstoffpumpe. Es handelt sich in der Regel um eine Rollenzellenpumpe, die häufig in der Nähe des Tanks unter dem Wagenboden hinter einer Verkleidung angeordnet ist.

Springt der Motor nicht an, nimmt man die Verkleidung ab und kontrolliert den vom Relais kommenden Stromanschluß sowie die Masseverbindung der Pumpe.

Dabei ist zu beachten, daß eine Sicherheitsschaltung das Weiterlaufen der Pumpe verhindert, wenn der Motor stehenbleibt, damit der Motor nicht absäuft. Die Sicherheitsschaltung wird von Impulsen der Zündspule gesteuert.

Sind die elektrischen Anschlüsse der Kraftstoffpumpe einwandfrei, prüft man als nächstes die Sicherung auf dem Kraftstoffpumpenrelais in der Nähe der Zentralelektrik.

Um das Relais zu kontrollieren, nimmt man es aus seiner Halterung und überbrückt es, wie im Bild gezeigt, mit Hilfe eines Kabels.

Wenn die Pumpe nun läuft, ist das Relais defekt. Mit dieser Notschaltung kann man sogar die Weiterfahrt antreten.

Damit es nicht zu einem Fahrzeugbrand kommt, sollte man unbedingt eine fliegende 8-A-Sicherung in die Leitung einsetzen.

Den Leerlauf einstellen

Zur Einstellung des Leerlaufs ist bei diesem Modell ein kleiner Gabelschlüssel notwendig, mit dem man eine kleine Schraube im Bereich der Drosselklappe verdreht. Drehen im Uhrzeigersinn bedeutet eine geringere, Drehen gegen den Uhrzeigersinn eine höhere Leerlaufdrehzahl.

Zur Prüfung und Einstellung der Leerlaufdrehzahl schließt man ein Mehrfachmeßgerät an die Zündspule an. Der Motor muß betriebswarm sein.

Zur Simulierung ungünstiger Betriebsbedingungen schaltet man zusätzlich das Licht und weitere elektrische Verbraucher ein.

Man wählt eine Einstellung, die einerseits möglichst niedrig ist, andererseits aber in jedem Fall das sichere Durchlaufen des Motors ermöglicht.

Den CO-Wert einstellen

Ähnlich wie Vergasersysteme besitzen Einspritzanlagen eine zusätzliche Leerlaufeinstellmöglichkeit durch eine CO-Korrektur.

Bevor man den CO-Wert verändert, um einen sicheren Leerlauf zu erhalten, sollte man in jedem Fall die Zündung prüfen bzw. versuchen, die Leerlaufdrehzahl nach der obigen Beschreibung zu verändern.

Zur Einstellung des CO-Wertes braucht man einen Abgastester, der nach Erreichen der notwendigen Betriebstemperatur geeicht wird. Anschließend führt man die Meßsonde in das Auspuffrohr.

Auch der Motor muß Betriebstemperatur haben. Wenn man den Verschlußstöpsel von der CO-Einstellschraube abgezogen hat, kann man mit einem Schraubenzieher oder Spezialwerkzeug die Schraube verdrehen. Drehen im Uhrzeigersinn bedeutet höheren, gegen den Uhrzeigersinn geringeren CO-Gehalt.

Aufgrund der gesetzlichen Bestimmungen darf der vom Hersteller vorgeschriebene CO-Wert nicht überschritten werden. Die meisten mit Einspritzanlagen ausgerüsteten Motoren haben ohne Katalysator einen CO-Wert um ca. 2 Volumenprozent.

Die Einstellarbeiten nicht in geschlossenen Räumen ausführen: Es besteht Vergiftungsgefahr durch Auspuffgase! Vorsicht vor drehenden Motorteilen!

Schraube zur Einstellung der Leerlaufdrehzahl

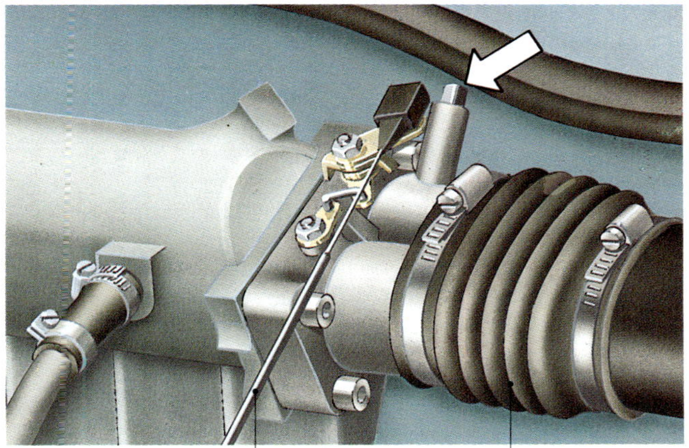

Mit einem Gabelschlüssel wird die Leerlaufeinstellschraube so verändert, daß der Motor bei einer möglichst niedrigen Drehzahl sicher durchläuft.

Schraube zur Einstellung des CO-Werts

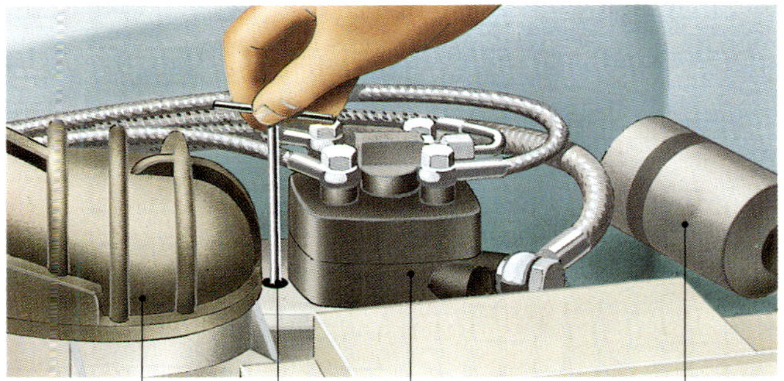

Mit dieser versenkten Schraube wird der CO-Wert korrigiert. Dabei nicht auf die Schraube drücken. Während der Einstellarbeiten kein Gas geben. Nach der Einstellung kurz Gas geben und die Messung wiederholen.

Die elektrischen Anschlüsse an der Kraftstoffpumpe prüfen

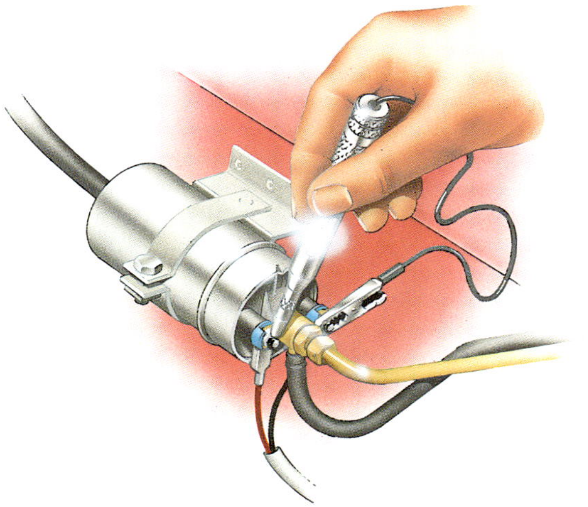

Mit einem Stromprüfer prüft man den elektrischen Anschluß der Kraftstoffpumpe. Dazu ist das Relais an der Zentralelektrik herauszunehmen und eine Brücke einzusetzen.

Fliegende Sicherung als Brücke

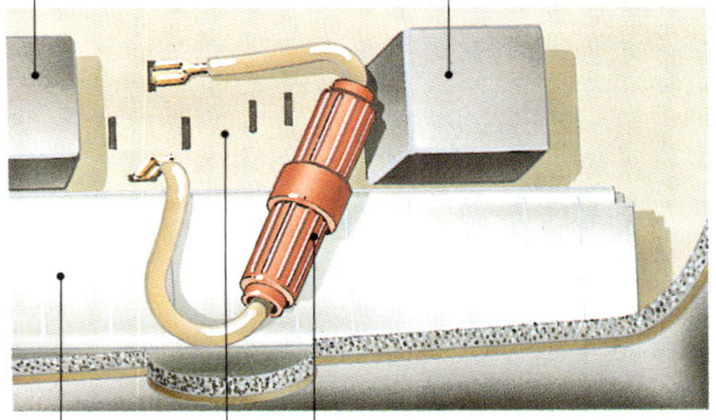

Das Relais der Pumpe ist herausgenommen und wird durch ein Kabel mit fliegender Sicherung ersetzt.

Die mechanische Benzineinspritzung prüfen und warten 2

Das Kraftstoffilter auswechseln

Einspritzanlagen besitzen aufwendige Kraftstoffilter, damit Verunreinigungen vom System ferngehalten werden. Besonders anfällig für Verschmutzungen sind beispielsweise die Einspritzventile und der Steuerkolben im Kraftstoffmengenteiler. Daher sollten Einspritzanlagen niemals ohne Kraftstoffilter betrieben werden.

Zum Ausbau des Filters stellt man den Motor ab und löst die beiden Kraftstoff-Schlauchanschlüsse. Dabei das Filter stets mit einem Gabelschlüssel gegenhalten, damit sich der Filterhalter nicht verbiegt.

Da das Kraftstoffsystem noch unter Druck stehen kann, immer ein sauberes Tuch auf das Filter legen, bevor man die Schlauchleitungen trennt.

Man legt die Kraftstoffleitung zur Seite und löst nun den Halter des Filters. Das Filter läßt sich herausnehmen.

Die Schlauchverbindungen werden mit neuen Dichtungen versehen und die Verbindungsschrauben von Hand angesetzt. Das Filter wird in die Halterung eingelegt und verschraubt. Jetzt kann man die Schrauben der Kraftstoffleitungen anziehen.

Das Kraftstoffilter

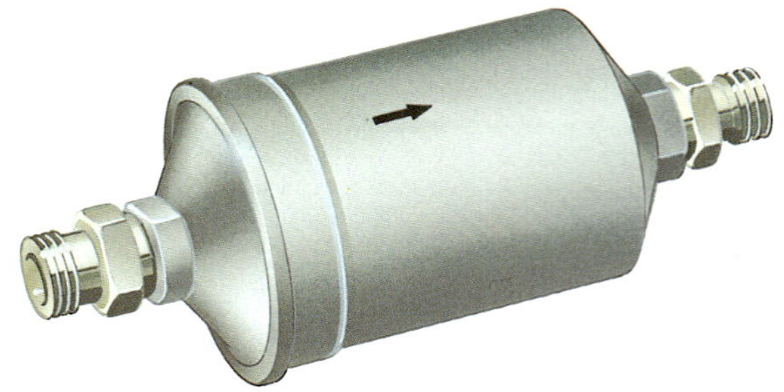

Das Kraftstoffilter wird routinemäßig während der Inspektionen gewechselt. Die Verschraubungen sind stets mit neuen Dichtungen anzusetzen.

Dabei das Filter wieder mit einem Gabelschlüssel gegenhalten und die Schläuche so ausrichten, daß sie nicht anliegen oder scheuern.

Den Thermoschalter prüfen

Der Thermoschalter steuert das Kaltstartventil, das einen sicheren Start durch zusätzliche Kraftstoffeinspritzung bei kaltem Motor ermöglicht. Den Thermozeitschalter kann man bei kaltem Motor bzw. bei Kühlwassertemperaturen unter 30 °C prüfen.

Dazu zieht man die Hochspannungsleitung des Zündverteilers ab und legt sie auf Masse. Weiterhin zieht man den Stecker am Kaltstartventil ab und schließt eine Prüflampe an. Betätigt man nun den Anlasser, muß bei kaltem Motor die Lampe aufleuchten. Bei 0 °C bleibt das Signal für 3–8, bei 20 °C für 1–4 Sekunden erhalten. Normalerweise leuchtet die Lampe nicht länger als 8 Sekunden.

Zur Prüfung bei heißem Motor kann man den Thermoschalter auch ausbauen und in kaltem Wasser abkühlen.

Das Kaltstartventil prüfen

Wenn der Thermozeitschalter für die Steuerung des Kaltstartventils geprüft ist, untersucht man das Kaltstartventil selbst. Diese Prüfung empfiehlt sich immer dann, wenn der Motor an kalten Tagen nicht gut startet und schlecht Gas annimmt.

Zur Prüfung sollte der Motor kalt sein. Falls der Motor heiß ist, baut man den Thermozeitschalter aus und legt ihn in kaltes Wasser.

Als erstes legt man die mittlere Hochspannungsleitung des Zündverteilers auf Masse. Dann dreht man zwei Schrauben am Kaltstartventil heraus und zieht es komplett mit der angeschlossenen Leitung und dem Elektroanschluß ab.

Nun hält man das Kaltstartventil in ein Gefäß, während ein Helfer den Motor mit dem Anlasser durchdreht. Das Kaltstartventil muß gleichmäßig bis 8 Sekunden lang einen Kraftstoffstrahl abgeben.

Zur weiteren Prüfung trocknet man das Ventil mit einem sauberen Tuch ab. Anschließend darf sich innerhalb einer angemessenen Zeit kein Tropfen bilden.

Beobachtet man baldige Tropfenbildung, muß man das Ventil ersetzen.

Den Thermoschalter prüfen

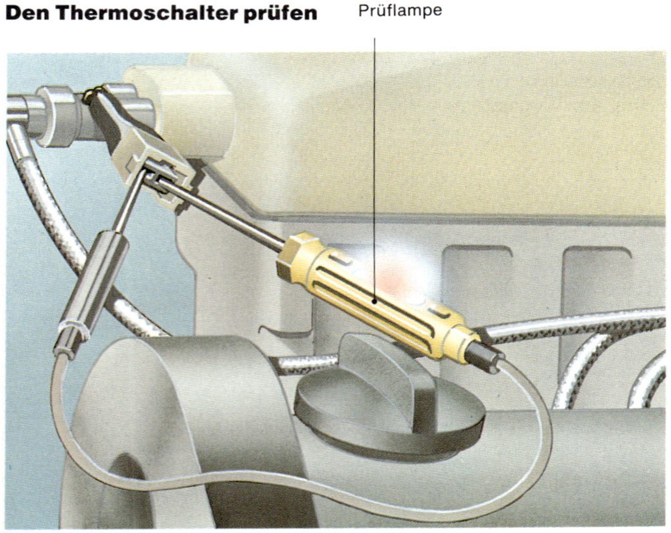

Bei kaltem Motor bzw. bei Kühlwassertemperaturen unter 30 °C wird eine Prüflampe angeschlossen. Bei Betätigen des Anlassers leuchtet die Prüflampe, abhängig von der Temperatur, bis etwa 8 Sekunden lang auf.

Das Kaltstartventil prüfen

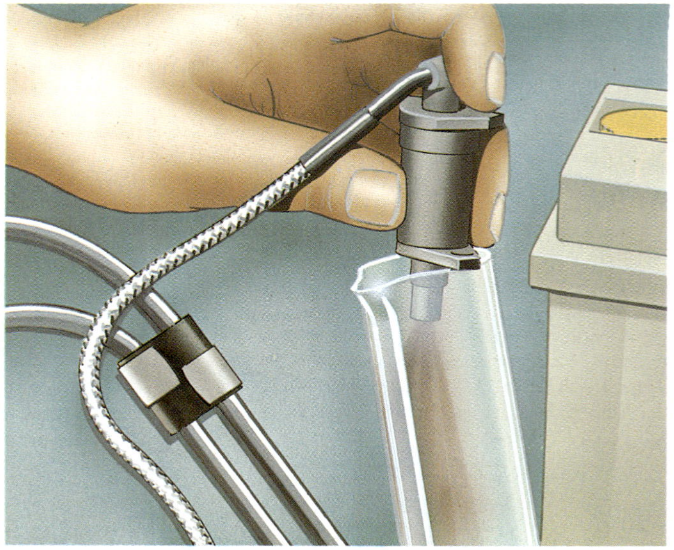

Das Kaltstartventil gibt bis zu 8 Sekunden einen gleichmäßig starken Kraftstoffstrahl ab. Bei dieser Prüfung sollte der Motor kalt sein.

Den Steuerkolben prüfen

Um die Leichtgängigkeit des Steuerkolbens zu prüfen, legt man den Luftführungsschlauch oberhalb des Kraftstoffmengenteilers nach Lösen eines Schlauchbinders zur Seite.

Zur Prüfung die Verschraubung der darunterliegenden Stauscheibe mit einer Flachzange halten und die Stauscheibe vorsichtig flach nach oben und unten bewegen. Selbst bei schneller Abwärtsbewegung darf kein Widerstand spürbar sein.

Andernfalls muß man den Kraftstoffmengenteiler mit dem Steuerkolben ersetzen.

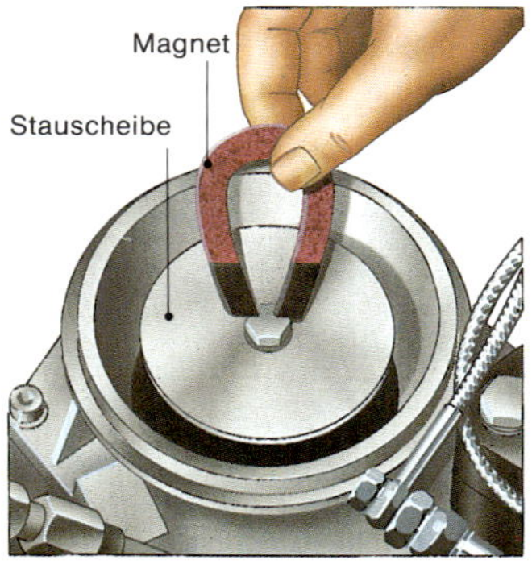

Achtung: Beim Prüfen des Steuerkolbens die Stauscheibe nicht verbiegen!

Das Zusatzluftsystem prüfen

Der Motor erhält beim Kaltstart analog der zusätzlich eingespritzten Kraftstoffmenge Zusatzluft. Dafür gibt es einen besonderen Zusatzluftschieber, den man prüfen kann, ohne ihn auszubauen.

Zur Prüfung zieht man den elektrischen Stecker am Zusatzluftschieber ab. Motor und Luftschieber müssen bei dieser Prüfung kalt sein.

Läßt man nun den Motor im Leerlauf laufen und klemmt den Verbindungsschlauch zwischen Luftschieber und Saugrohr von Hand oder mit einer Zange ab, bemerkt man eine Veränderung der Drehzahl und des Gleichlaufverhaltens.

Die Prüfung läßt sich auf den warmen Motor ausdehnen. Dazu bringt man den Elektrostecker am Zusatzluftschieber wieder an. Bei zusammengeklemmtem Schlauch darf sich die Drehzahl nicht verändern.

Im Zweifelsfall ist der Zusatzluftschieber zu ersetzen.

Man prüft zusätzlich alle Schlauchanschlüsse des Systems. Auch kleine Undichtigkeiten, wie z. B. poröse Schläuche oder schadhafte Dichtungen am Ölmeßstab, führen zu Störungen.

Die Kraftstoffversorgung prüfen

Bleibt der Motor eines Fahrzeuges stehen, prüft man zuerst die Zündanlage und als nächstes die Kraftstoffversorgung. Man zieht die Kraftstoffleitung am Vergaser ab und hält sie in ein Gefäß. Dreht man den Motor mit dem Anlasser durch und tritt ein deutlicher Strahl Kraftstoff aus, ist der Vergaser zu überholen. Kommt nur sehr wenig Kraftstoff aus der Leitung, ist die Leitung bzw. das Filter zugesetzt, oder die Kraftstoffpumpe ist beschädigt.

Pumpen, die nicht verschraubt, sondern zugebördelt sind, können nicht überholt werden.

Sitzen am Pumpendeckel zahlreiche Schrauben, kann man die Pumpe zerlegen und durch Einsetzen einer neuen Membrane und neuer Ventile überholen.

Störungen sind auch am Schwinghebel oder am Übertragungsgestänge möglich.

Häufigste Störungsursache ist die Membrane. Bei einem geringfügigen Schaden bemerkt man den Kraftstoffmangel nur im höheren Drehzahlbereich. Mit der Zeit kann aber Kraftstoff durch die Membrane hindurch in die Ölwanne laufen, und der Motor bleibt stehen. Das Risiko einer Verpuffung in der Ölwanne ist dabei nicht unerheblich.

Eine andere Störquelle sind die Pumpenventile. Sie bestehen aus Kunststoffplättchen und einer kleinen Feder. Setzt sich Schmutz zwischen den Ventilsitz, wird die Pumpe funktionsunfähig.

Bei manchen Fahrzeugen kann sich die Pumpenverschraubung am Motorblock lösen. Dabei tritt Öl aus, und die Pumpe fördert nicht mehr richtig.

Werkzeug und Ausrüstung

Schraubenzieher, Schraubenschlüssel, Steckschlüssel

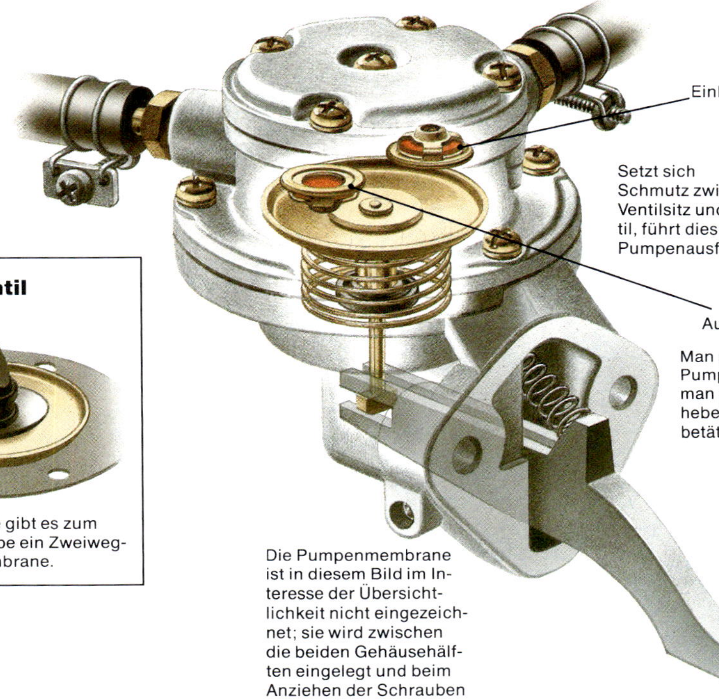

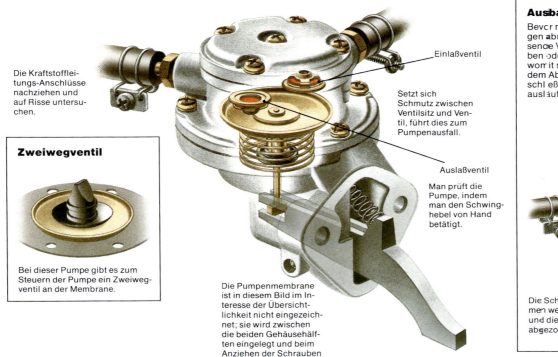

Die Kraftstoffleitungs-Anschlüsse nachziehen und auf Risse untersuchen.

Setzt sich Schmutz zwischen Ventilsitz und Ventil, führt dies zum Pumpenausfall.

Man prüft die Pumpe, indem man den Schwinghebel von Hand betätigt.

Die Pumpenmembrane ist in diesem Bild im Interesse der Übersichtlichkeit nicht eingezeichnet; sie wird zwischen die beiden Gehäusehälften eingelegt und beim Anziehen der Schrauben gespannt.

Zweiwegventil

Bei dieser Pumpe gibt es zum Steuern der Pumpe ein Zweiwegventil an der Membrane.

Ausbau der Pumpe

Bevor man die Kraftstoffleitungen abnimmt, legt man sich passende Verschlußstopfen, Schrauben oder kurze Bleistifte zurecht, womit man die Leitungen nach dem Abnehmen sorgfältig verschließt, damit kein Kraftstoff ausläuft.

Die Pumpe ist mit zwei Schrauben oder Muttern am Motor oder Zylinderkopf verschraubt.

Beim Einsetzen muß man darauf achten, daß man den Schwinghebel nicht versehentlich unterhalb des Nockens der Nockenwelle einführt.

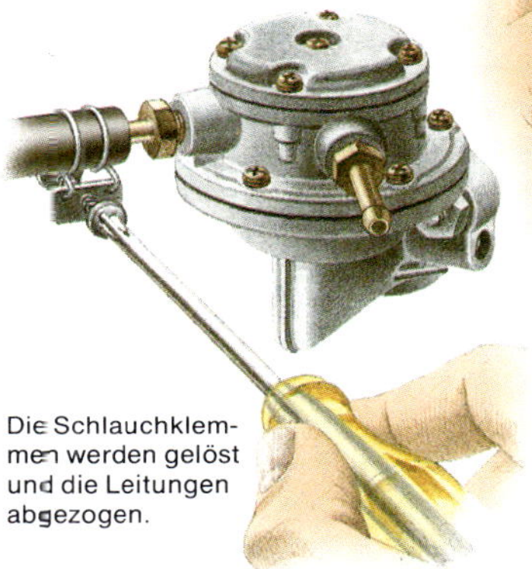

Die Schlauchklemmen werden gelöst und die Leitungen abgezogen.

Nach dem Abdrehen von zwei Muttern kann man die Pumpe abziehen.

Die Pumpenfunktion prüfen

Um die Funktion der Pumpe zu prüfen, werden in der Werkstatt Druck- und Unterdruck-Anzeigegeräte eingesetzt. Es gibt aber auch eine einfachere Möglichkeit.

Man sollte grundsätzlich niemals versuchen, die Pumpe durch Einblasen von Preßluft zu reinigen; denn dabei würde die Membrane platzen.

Besser ist es, wenn man die Pumpe abnimmt und den in ihr zurückgebliebenen Kraftstoff für die hier beschriebene einfachere Erprobung benutzt.

Die Druckleitung von der Pumpe zum Vergaser mit dem Finger verschließen und den Schwinghebel mehrfach von Hand drücken. Der Schwinghebel muß sich nun sehr leicht bewegen lassen.

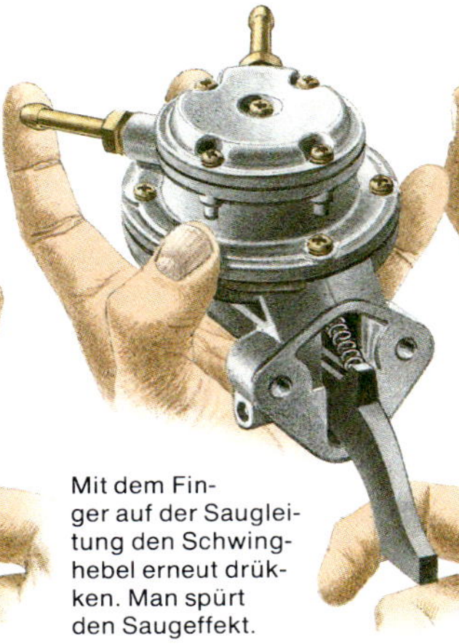

Mit dem Finger auf der Saugleitung den Schwinghebel erneut drücken. Man spürt den Saugeffekt.

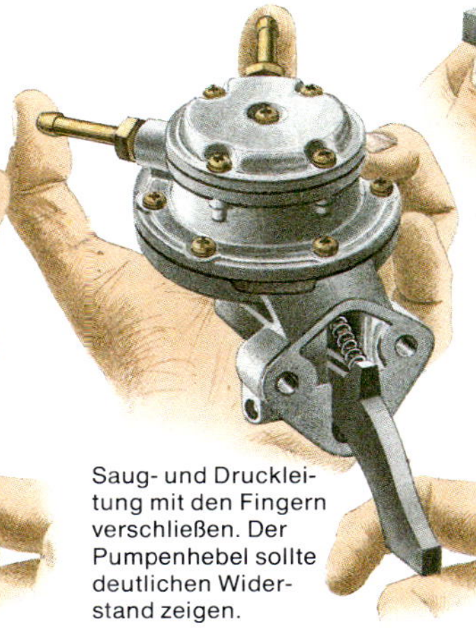

Saug- und Druckleitung mit den Fingern verschließen. Der Pumpenhebel sollte deutlichen Widerstand zeigen.

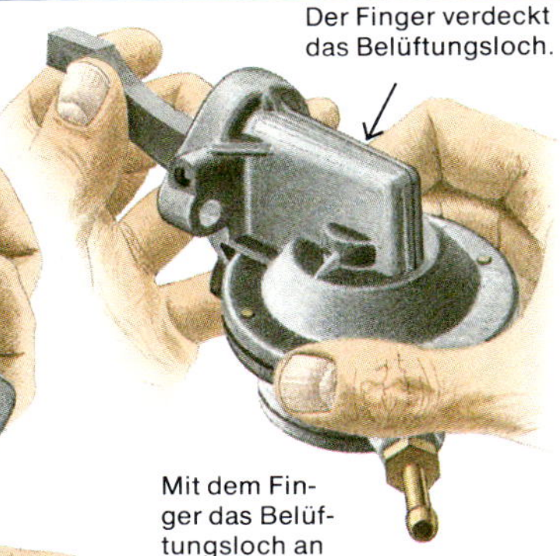

Der Finger verdeckt das Belüftungsloch.

Mit dem Finger das Belüftungsloch an der Unterseite abdecken und den Schwinghebel drücken. Ist die Öldichtung einwandfrei, spürt man deutlich Widerstand.

Arbeiten an Kraftstoffleitungen 1

Jedes Kraftstoffleck ist gefährlich. Tritt der typische Geruch von Kraftstoff im Fahrzeug auf, sollte man unverzüglich nach der Ursache suchen. Dabei nicht rauchen; denn bereits geringste Konzentrationen können zu Verpuffungen führen.

Aus Sicherheitsgründen sollte man sogar den Minuspol der Batterie abziehen, um Funkenbildung, z. B. im Bereich elektrischer Schalter, zu vermeiden. Ebenso ist offenes Licht verboten.

Die Leitungen vom Tank zum Motor sind meist unter dem Wagenboden verlegt. Früher bestanden sie aus Metall, heute sind sie fast ausschließlich aus Kunststoff. Eine Ausnahme bilden Einspritzmotoren und Dieselaggregate. Wegen der hohen Druckwerte verwendet man hier nach wie vor verschraubte Metalleitungen oder hochdruckfeste Schläuche, die ebenfalls verschraubt sind. Einfache Kraftstoffleitungen bei Vergasermotoren sind nur gesteckt und mit Schlauchklemmen gesichert.

Die Kraftstoffleitung beginnt am Tank. Der Sauganschluß ist auch manchmal mit der Kraftstoff-Meßeinrichtung kombiniert. Unter dem Wagenboden ist die Leitung mit Gummitüllen und Metallklemmen bis zum Motorraum verlegt und endet dort an der mechanischen Kraftstoffpumpe.

Hat das Fahrzeug eine elektrische Pumpe, sitzt diese meist im Tank oder im Bereich des Tanks.

Saugleitungen werden meist nur gesteckt und kaum besonders gesichert. Druckbeaufschlagte Leitungen dagegen, also von der Pumpe zum Vergaser oder zur Einspritzanlage, sind immer mit Schneidringverbindungen, Überwurfmuttern und Schlauchklemmen verbunden, damit sie nicht abrutschen können.

Kraftstoffleitungen aus Kunststoff sind ebenso wie Metalleitungen besonders dauerhaft. Probleme gibt es nur an den Übergangsstellen. Besonders bei Kunststoffleitungen verwendet man häufig nur einfache gewebeverstärkte Gummiklemmstücke, die nach längerer Laufleistung brüchig und undicht werden.

Metalleitungen werden mit der Schneidringtechnik verschraubt. Man schiebt eine Überwurfmutter über die Kraftstoffleitung, setzt einen Schneidring auf und führt die Leitung in das anzuschließende Bauteil ein. Beim Anziehen der Überwurfmutter sorgt der Schneidring für eine dauerhafte Verbindung.

Bei älteren Typen wurde die Leitung mit Hilfe eines Bördelwerkzeugs glockenförmig aufgebogen. Kraftstoffleitungen dieser Bauform werden nicht als Meterware, sondern als fertiges Paßstück verkauft. Dies ist häufig bei Dieselmotoren und ihren Einspritzsystemen der Fall.

Naturgemäß sind Kunststoffleitungen besonders empfindlich gegen Durchschmelzen, wenn sie in der Nähe heißer Motorteile verlegt sind. Hier ist immer eine sorgfältige Montage mit den serienmäßigen Klipsen notwendig. Metalleitungen hingegen können durch Schwingungsbrüche undicht werden.

Die Verlegung von Kraftstoffleitungen unterliegt gemäß der StVZO strengen Bauvorschriften. Deshalb immer geprüfte Originalteile verwenden.

Wird beim Zubehöreinbau die Kraftstoffleitung angezapft, besteht die Gefahr, daß die Betriebserlaubnis des Fahrzeugs erlischt. Deshalb auf die Einbauvorschriften und auf die ABE des Zubehörs achten.

Werkzeug und Ausrüstung

Wagenheber und Unterstellböcke, Sicherungskeile, Schraubenzieher, Gabelring, Schlüsseldraht, Zange, Kraftstoffleitungen, Schneidringverbinder, Befestigungsklipse

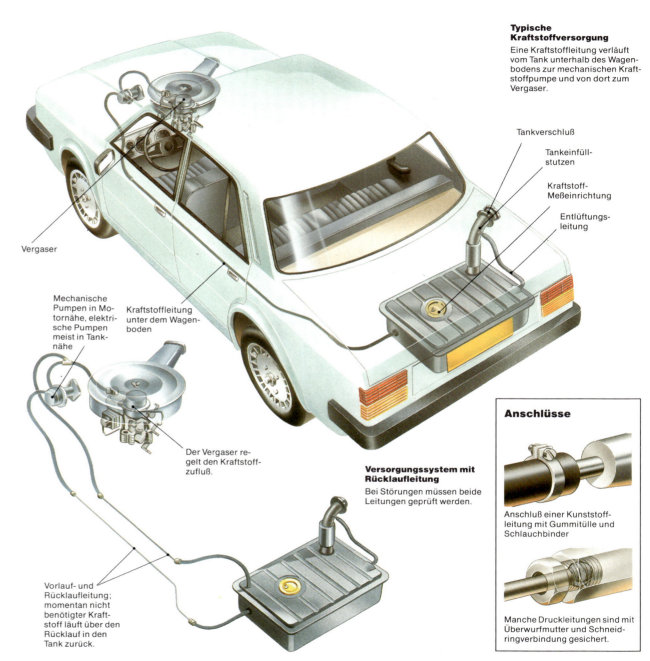

Typische Kraftstoffversorgung
Eine Kraftstoffleitung verläuft vom Tank unterhalb des Wagenbodens zur mechanischen Kraftstoffpumpe und von dort zum Vergaser.

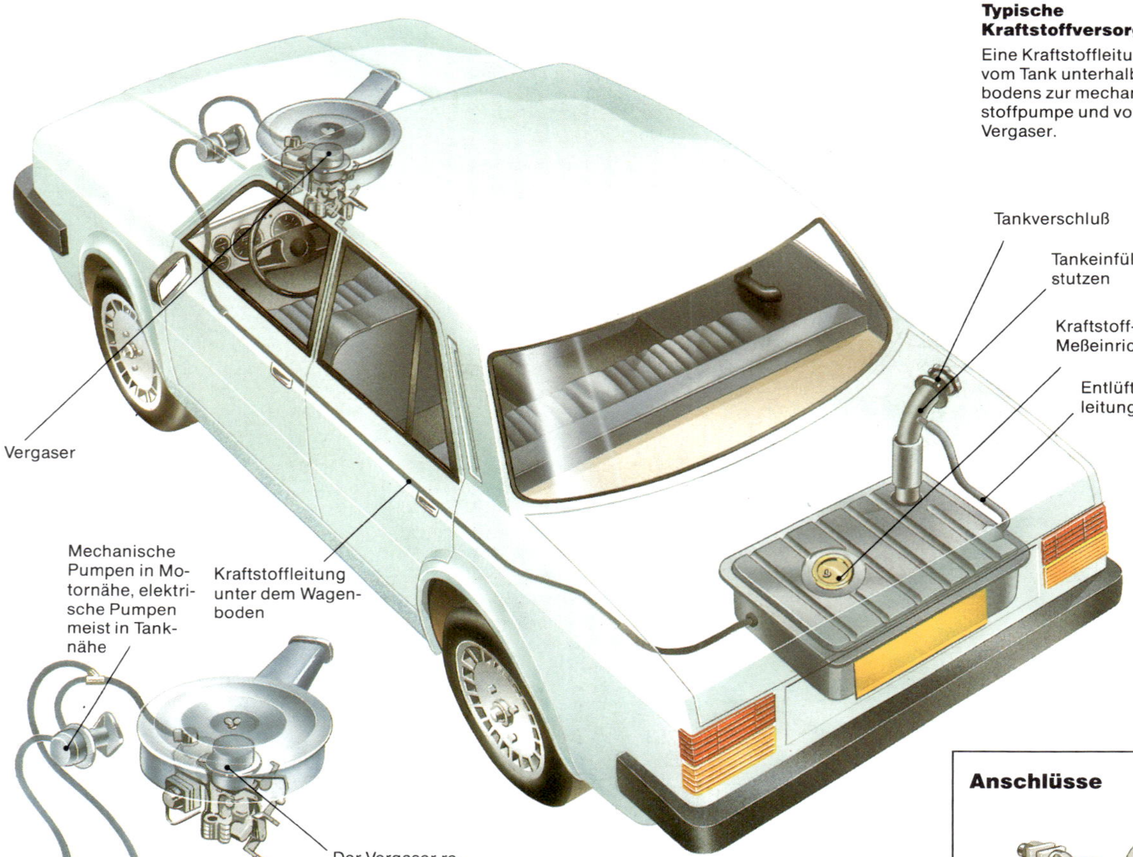
Tankverschluß
Tankeinfüllstutzen
Kraftstoff-Meßeinrichtung
Entlüftungsleitung
Vergaser
Mechanische Pumpen in Motornähe, elektrische Pumpen meist in Tanknähe
Kraftstoffleitung unter dem Wagenboden

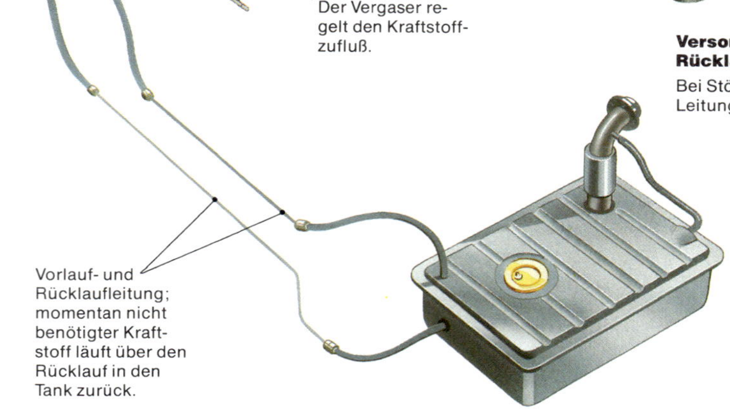
Der Vergaser regelt den Kraftstoffzufluß.
Vorlauf- und Rücklaufleitung; momentan nicht benötigter Kraftstoff läuft über den Rücklauf in den Tank zurück.

Versorgungssystem mit Rücklaufleitung
Bei Störungen müssen beide Leitungen geprüft werden.

Anschlüsse

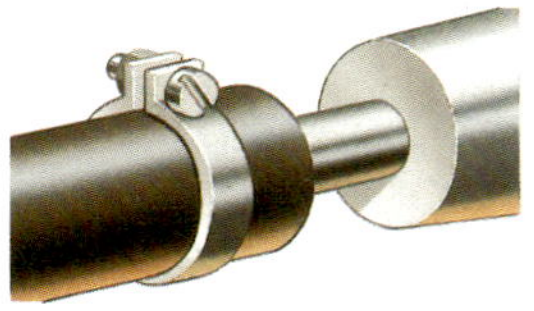

Anschluß einer Kunststoffleitung mit Gummitülle und Schlauchbinder

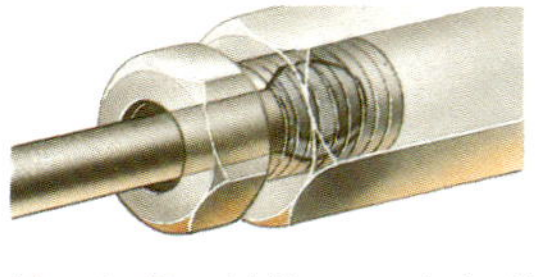

Manche Druckleitungen sind mit Überwurfmutter und Schneidringverbindung gesichert.

Arbeiten an Kraftstoffleitungen 2

Kraftstoffgeruch

Das erste Anzeichen für ein Leck ist der typische Kraftstoffgeruch an Bord. Es muß jedoch nicht immer ein Fehler vorliegen. Der Geruch entsteht z. B. auch dann, wenn man gerade getankt hat oder wenn das Fahrzeug unwillig angesprungen ist.

Bemerkt man jedoch unter dem Fahrzeug Kraftstoffspuren, ist eine intensivere Untersuchung notwendig. In der Regel läßt sich das Leck leicht feststellen; denn im Bereich der Undichtigkeit hat der Kraftstoff den Schmutz abgewaschen und eine typische Laufspur hinterlassen. Eine einfach auszumachende Fehlerquelle ist ein überlaufender Tank bei schräg stehendem Fahrzeug.

Bemerkt man an der Schwimmerkammer des Vergasers Kraftstoff oder Laufspuren, sollte man auf jeden Fall den Schwimmer und das Schwimmernadelventil prüfen. Wie dies durchgeführt wird, ist jeweils bei den verschiedenen Vergasertypen beschrieben.

Geprüft werden sollten auch die Schraub- oder Klemmverbindungen an Pumpen- und Vergaseranschlüssen.

Findet man keinen Schaden, muß man das Fahrzeug mit Wagenheber und Unterstellböcken aufbocken und die Kraftstoffleitung bis zum Tank verfolgen. Dabei sind die Sicherheitshinweise auf Seite 55 zu beachten.

Ausgetretener Kraftstoff läuft manchmal an den Leitungen entlang und tropft weit entfernt von der Leckstelle ab. In diesem Fall sollte man die gesamte Leitung erneuern.

Bei einer Notreparatur schiebt man einen Kraftstoffschlauch, dessen Innendurchmesser dem Außendurchmesser der Kunststoffleitung entspricht, über diese Leitung und sichert ihn mit zwei Schlauchklemmen.

Die Anschlüsse erneuern

Gummitüllen an Kunststoff-Kraftstoffleitungen werden häufig beschädigt, wenn man sie falsch behandelt.

Zieht man sie beispielsweise schräg vom Anschluß ab, werden sie ausgedehnt oder reißen. Man sollte sie deshalb immer leicht drehend in Richtung der Steckverbindung abziehen und aufstecken.

Zur Sicherheit angebrachte Schlauchschellen sollte man nicht übermäßig anziehen.

Hat eine Metalleitung keine Schneidringverbindung, sondern ist sie nur glockenförmig aufgebogen, benutzt der Mechaniker ein besonderes Bördelwerkzeug. Die Leitung wird dann zwischen zwei Metallbakken eingeklemmt; ein Bördeldorn weitet die Leitung aus.

Im Notfall kann man versuchen, die Leitung auch mit Hilfe einer kleinen Drahtzange aufzubördeln. Man setzt die Zange in mehreren Durchgängen rings um die Kraftstoffleitung an und weitet sie auf, wie in der Abbildung unten gezeigt.

Sind Kunststoff-Kraftstoffleitungen unter Verwendung von Kupplungsstücken verschraubt, sollte man zum Trennen und Festziehen der Kupplungsstücke immer zwei Gabelschlüssel einsetzen. Benutzt man nur einen Schlüssel, besteht die Gefahr, daß die Kraftstoffleitung abgeschert wird.

Kraftstoffleitungen im Motorraum sind vor allem durch Hitze gefährdet, während die Teile unter dem Wagenboden häufig durch Steinschläge beschädigt werden.

Manche Kunststoffe werden nach einer bestimmten Betriebszeit hart und sind dann nicht mehr ausreichend flexibel. Man sollte als Ersatz nur geeignetes Material verwenden.

Dringt an Leckstellen Schmutz ein, kann die Kraftstoffleitung teilweise oder ganz blockiert werden. Bleibt dann das Fahrzeug stehen, ist die Fehlersuche relativ einfach.

Wenn die Höchstgeschwindigkeit merkbar eingeschränkt ist, sollte man nach Stellen in der Leitung suchen, die sich durch Unterdruck zusammengezogen haben.

Eine Metalleitung im Notfall bördeln

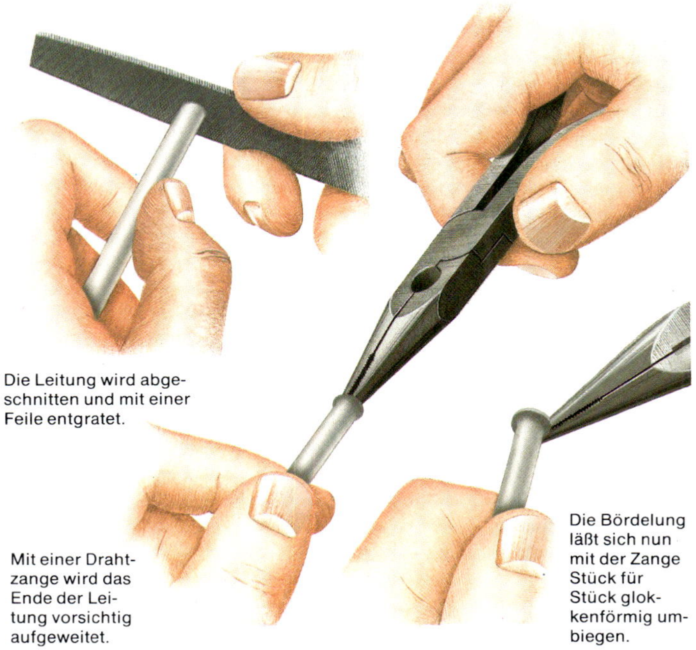

Die Leitung wird abgeschnitten und mit einer Feile entgratet.

Mit einer Drahtzange wird das Ende der Leitung vorsichtig aufgeweitet.

Die Bördelung läßt sich nun mit der Zange Stück für Stück glokkenförmig umbiegen.

Schneidringverbindung

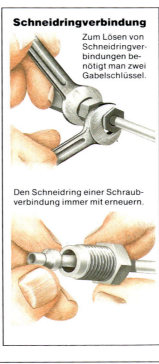

Zum Lösen von Schneidringverbindungen benötigt man zwei Gabelschlüssel.

Den Schneidring einer Schraubverbindung immer mit erneuern.

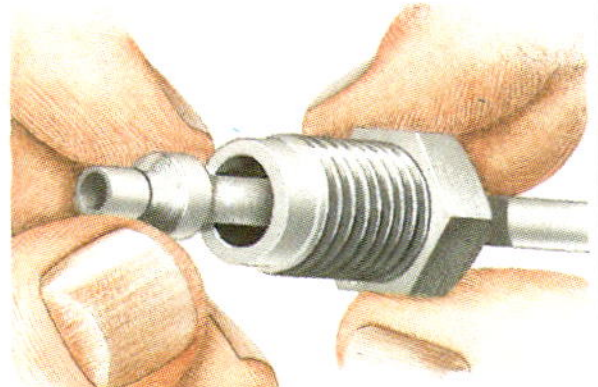

Eine verstopfte Leitung findet und reinigt man am einfachsten, wenn man Preßluft einsetzt. Man legt die Kraftstoffleitung an beiden Enden frei und bläst Luft mit niedrigem Druck durch die Leitung.

Da Kraftstoff giftig ist, sollte man im Interesse der Gesundheit die Leitung niemals mit dem Mund durchblasen.

Hohe Drücke führen zu Schäden an der Leitung und an anderen Bauteilen, falls diese noch angeschlossen sind. Deshalb wird der Mechaniker beim Durchblasen der Leitung immer den Druck reduzieren.

Muß man in gefüllte Kraftstoffleitungen blasen, sollte man zusätzlich ein Tuch zum Abdecken verwenden, damit kein Kraftstoff in die Augen gerät.
Nicht in Kraftstofftanks blasen, da diese dadurch aufgebläht und beschädigt werden können.

Manche verstopfte Zuleitung hat ihre Ursache in einem unter dem Wagenboden montierten Kraftstoffilter, das der Mechaniker im Rahmen der Inspektion wegen seiner Lage übersehen und deshalb nicht ausgewechselt hat.

Filter, für die dasselbe zutrifft, gibt es auch häufig im Bereich der Kraftstoffpumpen oder der Ansaugleitungen (siehe Seite 114).

Bemerkt man solche Störungen häufiger und ist das Fahrzeug schon älter, kann der Tank innen verrostet sein; der Rost wird dann von der Pumpe angezogen.

Andere Fehlerquellen in der Kraftstoffversorgung sind falsch verlegte und verklemmte Belüftungsleitungen im Tankbereich.

Während bei älteren Fahrzeugtypen der Tank einfach durch ein Loch im Tankdeckel belüftet wurde, benutzt man heute aufwendige Entlüftungssysteme. Diese Leitungen sind unterhalb des Kotflügels im Bereich des Einfüllstutzens verlegt und werden deshalb häufig stark verschmutzt.

Stellen sich Risse ein oder rutscht eine Entlüftungsleitung sogar ab, tritt Schmutz ungehindert in die Leitung ein und verhindert nach kurzer Zeit das Belüften des Tanks.

Die Fehlersuche bei mangelnder Tankbelüftung ist besonders schwierig, weil sich viele Störungen in der Kraftstoffversorgung meist nur im hohen Geschwindigkeitsbereich bemerkbar machen. Wenn man dann den Motor abgestellt hat, belüftet sich der Tank allmählich. Der Wagen startet und funktioniert wieder ganz normal, bis sich im Tank erneut ein Vakuum gebildet hat.

Wenn man gleich nach dem Anhalten den Tankdeckel abnimmt, kann man feststellen, ob sich Unterdruck gebildet hat.

Diesen Fehler darf man nicht mit speziellen Eigenschaften mancher Kraftstoff-Einspritzsysteme verwechseln, bei denen der Tank aufgrund seiner Konstruktion zu leichter Unterdruckbildung neigt.

Bei Pannen unterwegs hat man häufig keine Preßluft zur Verfügung, um Störungen in der Kraftstoffversorgung zu beseitigen.

Zum Reinigen der Kraftstoffleitungen kann man sich allerdings mit einer Fußpumpe, die mit entsprechenden Paßstükken ausgerüstet ist, behelfen. Solche Pumpen sind zusammen mit dem passenden Zubehör in allen ADAC-Geschäftsstellen erhältlich.

Störungen am Kraftstoffilter beseitigen

Ein zugesetztes Kraftstoffilter führt zu Leistungsabfall bei hoher Drehzahl. Das Fahrzeug läuft unregelmäßig. Man muß auch damit rechnen, daß es plötzlich stehenbleibt.

Aus diesem Grunde sollten Kraftstoffilter im Rahmen der Inspektion gereinigt oder auch ersetzt werden.

Die meisten modernen Fahrzeugtypen sind mit sogenannten Wegwerffiltern in der Kraftstoffleitung ausgerüstet.

Bei älteren Fahrzeugen sitzt das Kraftstoffilter in Form eines Siebes direkt in der Kraftstoffpumpe. Bei mechanischen Pumpen baut man zur Reinigung den Deckel im oberen Pumpenteil aus. Das Sieb ist wieder verwendbar.

Bei elektrischen Pumpen, die meist in der Nähe des Tanks untergebracht sind, sind die Arbeiten etwas aufwendiger, weil man an die Pumpen schlechter herankommt. Bei Einspritzsystemen sitzt das Filter hingegen häufiger im Motorraum und ist leichter zugänglich.

Pumpensiebe reinigt man mit Preßluft und Benzin. Die Abscheideräume der Pumpe werden ebenfalls vorsichtig mit Preßluft ausgeblasen.

Bei Arbeiten an Kraftstoffpumpen besteht stets Brandgefahr; deshalb nicht rauchen und kein offenes Feuer!

Besonders bei vollem Tank kann nach Abnehmen des Pumpendeckels Kraftstoff auslaufen. Deshalb ist die Zuflußleitung immer abzuziehen und mit einer Schraube oder einem Bleistift zu verschließen.

Werkzeug und Ausrüstung

Schraubenzieher, Preßluft, Benzin, Reinigungspinsel

Siebe an mechanischen Pumpen

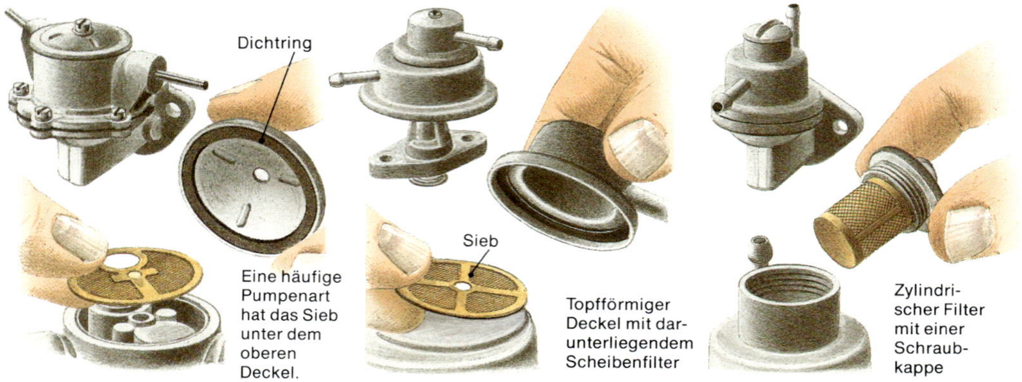

Eine häufige Pumpenart hat das Sieb unter dem oberen Deckel.

Topfförmiger Deckel mit darunterliegendem Scheibenfilter

Zylindrischer Filter mit einer Schraubkappe

Die mit aufschraubbarem Deckel versehenen Pumpen haben meist Filter aus Kunststoff oder Metallgewebe. Man schraubt den Deckel und das Filter sorgfältig heraus und bläst es aus. Auch der Abscheideraum wird gereinigt. Vorsichtig mit der Preßluft umgehen und die Pumpe mit einem Tuch abdecken, damit kein Kraftstoff über Hände und Gesicht läuft.

Bei manchen Pumpen mit zylindrischem Filter kann man den Deckel von Hand abschrauben.

SU-Pumpe und Filter

Bei englischen Fahrzeugen werden mechanische Pumpen mit einem zylindrischen Filter unter einem Winkelstück eingesetzt. Dieses wird durch einen mit zwei Schrauben gesicherten Spannring festgehalten. Beim Herausdrehen der Schrauben den Schraubenkopf nicht beschädigen.

Wenn man den Spannring abgenommen hat, läßt sich das Winkelstück der Saugseite abnehmen, und das Sieb ist zu erkennen.

Nach der Reinigung wird das Winkelstück mit einer neuen Gummidichtung eingesetzt. Vor dem Anziehen richtet man das Winkelstück so aus, wie es vorher montiert war.

Zum Schluß führt man stets einen Probelauf durch und prüft die Dichtigkeit des Systems.

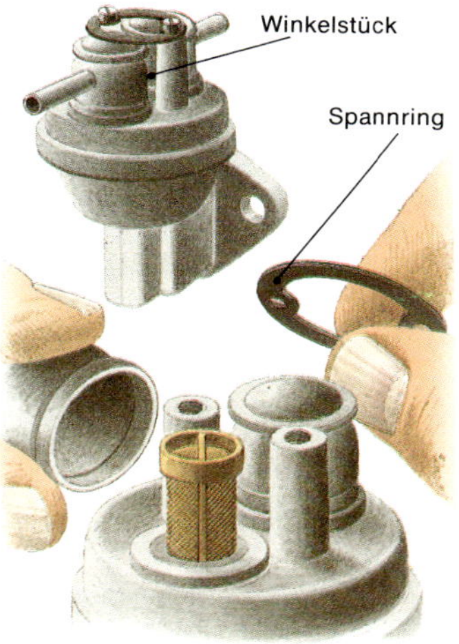

Das Sieb befindet sich unter dem Winkelstück der Ansaugseite.

Elektropumpen

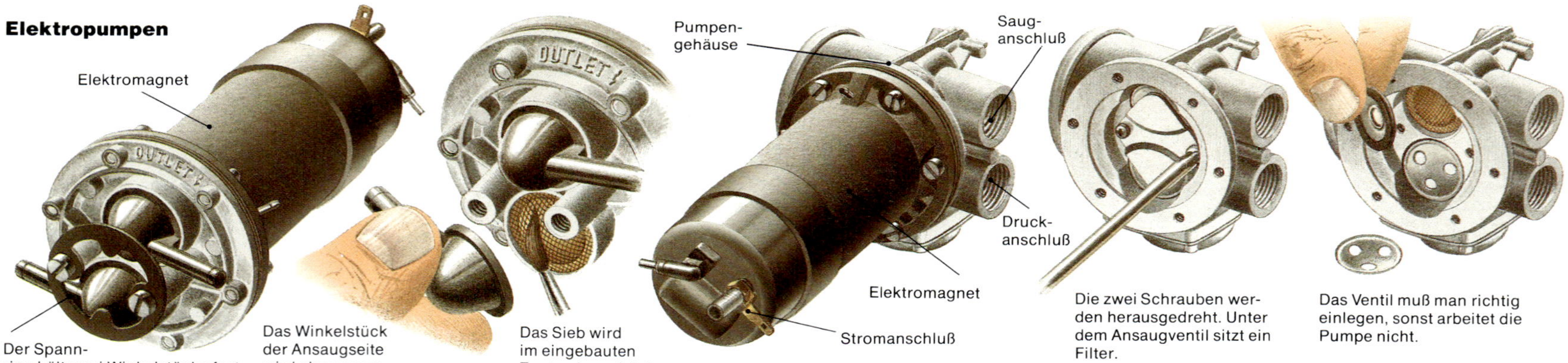

Der Spannring hält zwei Winkelstücke fest.

Das Winkelstück der Ansaugseite wird abgezogen.

Das Sieb wird im eingebauten Zustand gereinigt.

Die zwei Schrauben werden herausgedreht. Unter dem Ansaugventil sitzt ein Filter.

Das Ventil muß man richtig einlegen, sonst arbeitet die Pumpe nicht.

Auch bei elektrischen Benzinpumpen gibt es Kraftstoffsiebe aus Metallgewebe.

Bei einem Pumpentyp erkennt man zwei Winkelstücke für den Saug- und den Druckschlauch. Die beiden Anschlußstutzen sind auf dem Gehäuse entsprechend bezeichnet. Wenn man zwei Schrauben herausgedreht hat, nimmt man den Haltering ab. Das Winkelstück des Ansaugschlauches mit der Bezeichnung „Inlet“ wird abgedrückt. Darunter befindet sich ein Metallgewebe, das man nicht entfernt, sondern reinigt. Dabei die Saugleitung zuhalten, damit kein Kraftstoff ausläuft.

Bei einer anderen Pumpenausführung für größere Fahrzeuge gibt es nebeneinander einen verschraubten Saug- und einen Druckstutzen. Um an das Filter heranzukommen, muß man den zylindrischen Teil der Pumpe, der den Elektromagneten trägt, abschrauben. Bei Doppelpumpen gibt es zwei Magnete, wobei nur der rechte Zylinder abgeschraubt wird. Wenn man sechs Schrauben herausgedreht hat, lassen sich Zylinder und Gehäuse trennen. Im Gehäuse halten zwei Schrauben eine Metallplatte. Dreht man sie heraus, findet man außer dem Saug- das Druckventil, das mit „Out“ bezeichnet ist. Das Sieb aus Metallgewebe liegt zwischen zwei Gummidichtungen.

Beim Zusammenbau in umgekehrter Reihenfolge sollte man die Dichtung zwischen den Hauptbauteilen ersetzen und zuletzt die elektrischen Anschlüsse und Leitungen anbringen.

Eine mechanische Kraftstoffpumpe überholen

Die Pumpe wird nach dem Ausbau mit dem Schwinghebel in einen Schraubstock gespannt. Das Gußgehäuse ist zum Einspannen ungeeignet, da Aluminiumguß brechen kann. Dann entfernt man den oberen Pumpendeckel, der meist mit einer zentralen Schraube befestigt ist, und nimmt das darunterliegende Sieb heraus.

Die beiden Pumpenhälften markiert man mit einem Schraubenzieherstrich und dreht die Schrauben entlang der Trennaht heraus. Dabei hält eine Hand die Pumpe zusammen, um den Federdruck aufzufangen. Ist die Pumpe verklebt, nicht mit einem Werkzeug die Dichtfläche beschädigen.

Werkzeug und Ausrüstung

Schraubstock, Pinsel, Preßluft, Schraubenzieher, Hammer, Durchschlag, Kaltreiniger

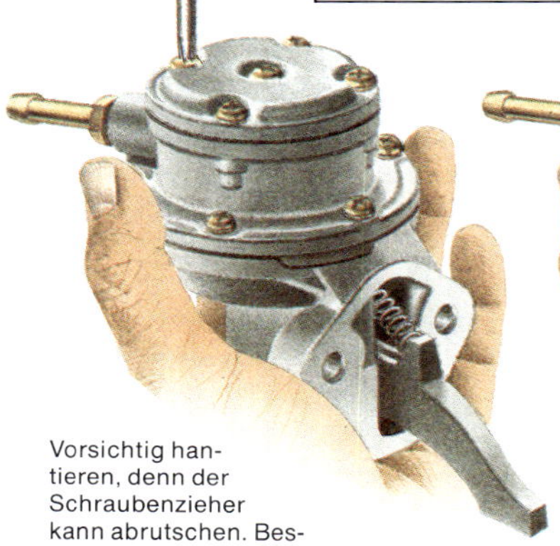

Vorsichtig hantieren, denn der Schraubenzieher kann abrutschen. Besser einen Schraubstock verwenden.

Pumpendeckel mit einer Zentralschraube

Die Pumpe von Hand zusammenhalten, während man die Schrauben herausdreht.

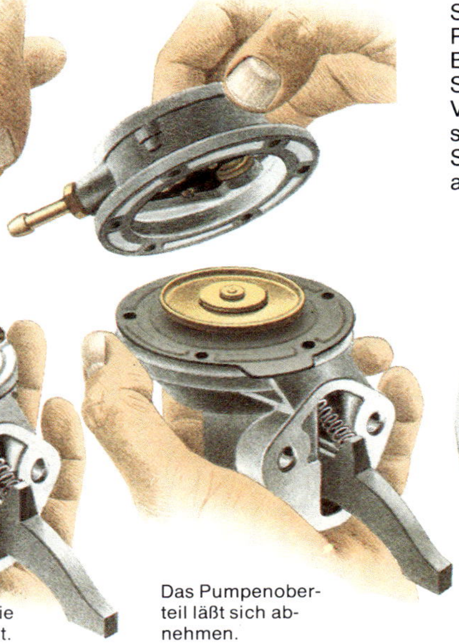

Das Pumpenoberteil läßt sich abnehmen.

Die Ventile reinigen

Saug- und Druckventil sind im Pumpenoberteil meist mit einer Befestigungsplatte und Schrauben montiert. Beide Ventile bestehen aus Kunststoffplättchen mit einfachen Spiralfedern, die man nur herausschraubt.

Es empfiehlt sich, die Ventile immer zu ersetzen; denn sie sind Teil des Überholsatzes. Dabei die Lage der Federn nicht verwechseln.

Bei einigen Pumpen lassen sich die Ventile nicht auswechseln, sondern nur reinigen.

Links das Druckventil, rechts das Saugventil

Ventileinheit einer SU-Pumpe, von unten gesehen

Die Membrane ausbauen

Wenn man das Pumpenoberteil abgenommen hat, erkennt man die Membrane mit der Membranfeder.

Die Membrane ist mit einer geschlitzten Stange am Schwinghebel eingehängt. Man faßt sie an der Verstärkerplatte und dreht sie um 90°, wobei man sie gleichzeitig herunterdrückt, und hängt sie auf diese Weise aus.

Außer der Membranfeder gibt es eine kleinere Feder, die den Schwinghebel auf Distanz hält, wenn die Pumpe leer durchläuft. Die Membrane steht dann still, und der Schwinghebel bewegt sich leer auf und ab.

Der Schwinghebel selbst ist zweigeteilt und steht ebenfalls unter Federspannung. Die Feder am Pumpenflansch braucht man beim Ausbau der Membrane nicht auszuhängen.

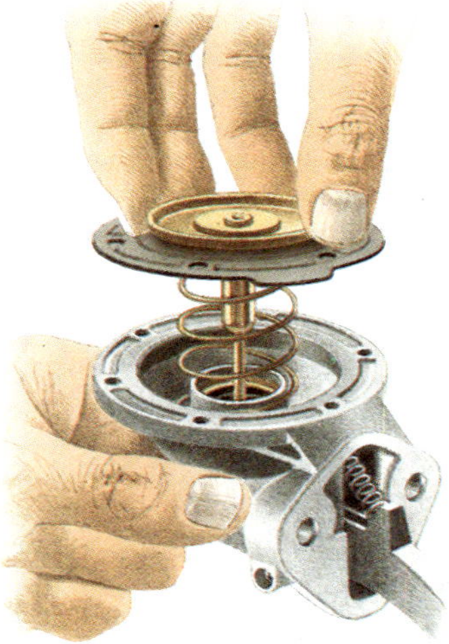

Bei dieser Pumpe dreht man die Membrane mit der Membranstange um 90° und hängt sie aus dem T-förmigen Schlitz am Ende des Schlepphebels aus.

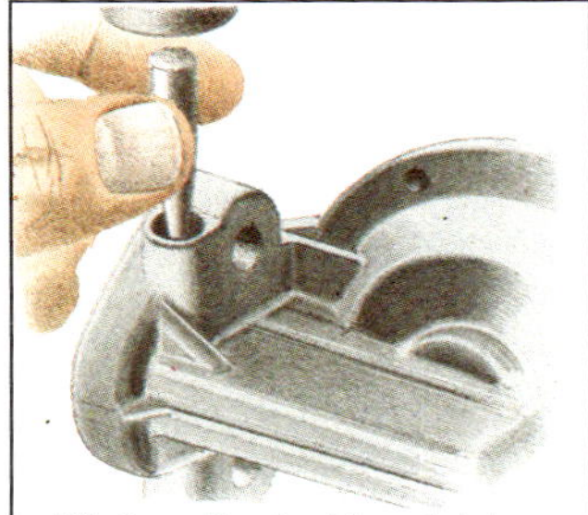

Mit einem Durchschlag wird der Lagerbolzen des Pumpenhebels vorsichtig herausgeschlagen.

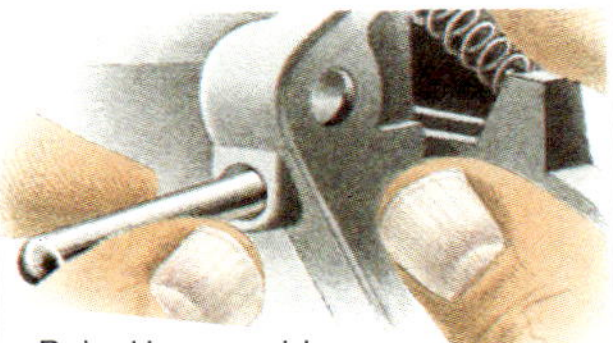

Beim Herausschlagen des Bolzens wird der Pumpenhebel frei.

Die Öldichtung prüfen

Manche Pumpen besitzen eine Abdichtung gegen Motoröl unter einer Kappe im Pumpenunterteil. Muß die Dichtung ersetzt werden, drückt man die Kappe heraus, und die Dichtung liegt frei.

Es empfiehlt sich, das Pumpenunterteil bei dieser Gelegenheit sorgfältig in Kaltreiniger zu reinigen.

Mit einem Schraubenzieher drückt man Sicherungskappe und Dichtung heraus.

Die Pumpe reinigen, komplettieren und einbauen

Ist das Pumpengehäuse zerlegt und sind alle Einbauteile herausgenommen, wäscht man das Ober- und Unterteil in sauberem Kaltreiniger. Anschließend bläst man die Pumpe mit Preßluft aus, um sie zu reinigen.

Man nimmt als erstes die neue Membrane heraus und hängt sie zusammen mit der Feder und der darunterliegenden Distanzfeder für den Schlepphebel ein. Dabei sollte man sorgfältig vorgehen, damit die Membrane nicht beschädigt wird.

Nun legt man die Ventilplättchen in das Pumpenoberteil ein, legt die Federn auf und verschraubt die Ventile mit der Abschlußplatte.

Die Pumpe wird so zusammengefügt, daß die vor dem Auseinandernehmen mit dem Schraubenzieher angebrachten Markierungen übereinstimmen. Man setzt alle Schrauben an der Trennaht der Pumpe an und richtet dabei die Membrane sorgfältig aus.

Die Befestigungsschrauben werden in mehreren Durchgängen angezogen. Dabei muß man die Membrane unter Spannung halten, indem man den Schwinghebel drückt, damit sie sich gut an die Pumpendichtfläche anlegen kann.

Als letztes wird der Pumpendeckel mit einer neuen Dichtung und einem neuen Sieb eingesetzt. Die Schraube sollte man vorsichtig anziehen, um Beschädigungen auszuschließen.

Abschließend prüft man noch einmal die Funktion der Pumpe, bevor man sie endgültig einbaut.

Die Tankanzeige und den Tank erneuern

Zeigt die Benzinanzeige einen leeren Tank an, obwohl man ihn gerade aufgefüllt hat, liegt dies vermutlich an einem schadhaften Geber im Tank. Manchmal gibt es auch Unterbrechungen zwischen Geber und Anzeigegerät.

Bleibt hingegen die Anzeige auf „Voll" stehen, obwohl man schon eine ganze Zeit fährt, kann dies die Folge eines Kurzschlusses an der Verkabelung der Anzeige oder des Tankgebers sein.

Werkzeug und Ausrüstung

Schraubenzieher, Gabelschlüssel, Universaltester, Benzinkanister, Ersatztank und Geber, Dichtungsmasse

Den Tankgeber prüfen

Der Geber ist in der Regel oben oder seitlich am Tank montiert. Ist gleichzeitig das Kraftstoffansaugrohr mit dem Geber verschraubt, braucht man nur die Kraftstoffleitung zu verfolgen, um den Geber zu finden.

Am Deckel des Gebers sitzen manchmal zwei elektrische Anschlüsse. Der eine steuert das Anzeigegerät, der zweite eine Reservekraftstoff-Warnlampe. Man prüft, ob diese Anschlüsse lose sind.

Während ein Helfer die Anzeige am Armaturenbrett beobachtet, schaltet man die Zündung ein, zieht das Steuerkabel vom Geber ab und hält es an Fahrzeugmasse. Wenn die Nadel in Richtung „Voll" ausschlägt, ist die Verkabelung in Ordnung; der Geber mit Schwimmer ist allerdings vermutlich schadhaft.

Bleibt die Nadel wieder stehen, wenn man das Kabel an den Tank hält, ist dieser wahrscheinlich nicht geerdet. Man muß einige Verbindungsschrauben des Tanks mit der Karosserie lösen und wieder festziehen.

Bewegt sich die Nadel in keinem Fall, ist in den meisten Fällen das Kabel unterbrochen.

Bleibt die Prüfung ohne Ergebnis, sollte man als nächstes den Tankgeber ausbauen und untersuchen. Dabei sollte der Fahrzeugtank möglichst leer sein, damit kein Kraftstoff überläuft.

Verschlußdeckel des Tankgebers mit Bajonett

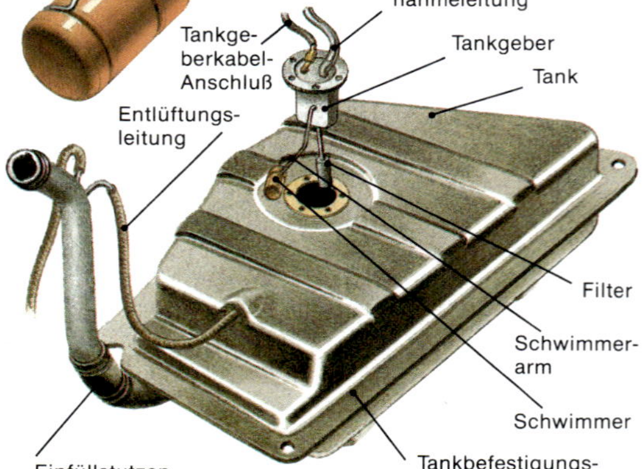

Der Kraftstofftank sitzt meist im Bereich des Kofferraumes, und der Tankgeber ist von oben erreichbar.

Den Geber aus- und einbauen

Die Sicherheitshinweise beim Umgang mit Benzin (Seite 56) sind zu beachten.

Zunächst zieht man die Kraftstoffleitung ab, falls sie Teil des Geberelementes ist. Bei zwei Anschlüssen werden beide markiert, damit man Rück- und Vorlauf nicht verwechselt.

Beide Leitungen werden mit einer Schraube verschlossen. Man zieht die elektrischen Leitungen vom Geber ab und markiert seine Lage mit einem Bleistiftstrich.

Ist der Geber mit mehreren Schrauben am Tank befestigt, dreht man sie aus und legt sie beiseite, damit sie nicht in den Tank fallen. Eine Bajonettverschraubung kann man mit einer Wasserpumpenzange herausdrehen. Man löst die Verschraubung gegen den Uhrzeigersinn, nachdem man sie mit Hammer und Durchschlag gelockert hat.

Nun wird der Geber vorsichtig herausgekippt. Der daruntersitzende lange Stahldraht mit einem Schwimmer darf nicht verbogen werden.

Die Dichtung wird vorsichtig abgezogen, damit keine Dichtungsreste in den Tank fallen.

Der neue Geber und die Dichtung werden mit Dichtungsmasse eingestrichen und eingebaut. Abschließend bringt man alle Anschlüsse an.

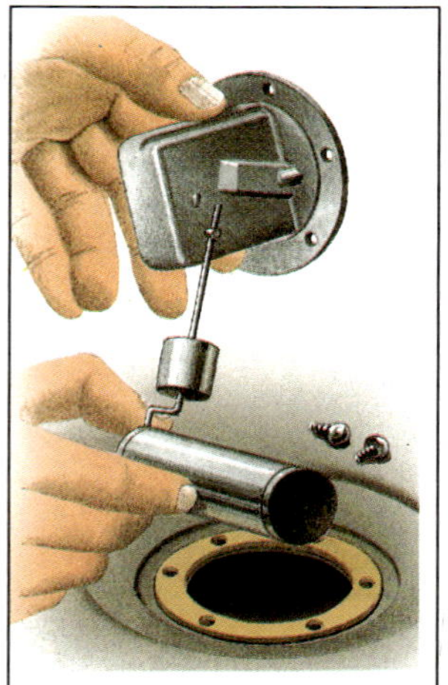

Beim Herausnehmen des Tankgebers vorsichtig hantieren, damit der Schwimmerarm nicht verbogen wird.

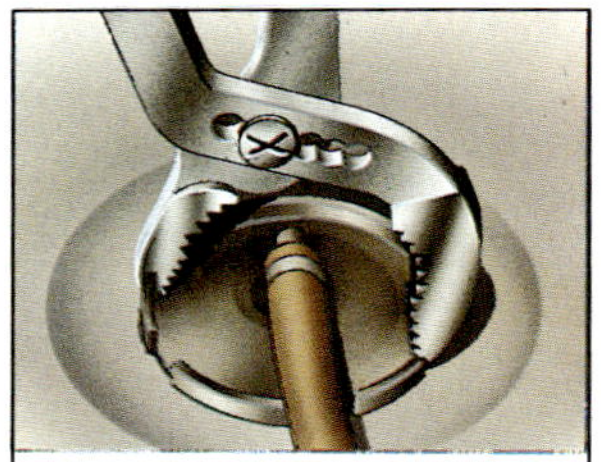

Tankgeber vorsichtig mit einem Werkzeug herausdrehen.

Den Kraftstofftank prüfen

Bemerkt man öfter Kraftstoffgeruch in der Nähe des Tanks, ist zunächst die Anschlußleitung zu prüfen.

Ist diese in Ordnung, wird der Tank vollständig freigelegt und auf Rostschäden untersucht. Korrosionsgefährdet ist die Oberseite des Tanks im Kofferraum durch Schwitzwasser und die Unterseite durch Steinschlag und Straßenschmutz. Manche Tanks rosten auch von innen nach außen durch.

Ein verrosteter Tank sollte nicht gelötet oder geschweißt, sondern vollständig durch ein Neuteil ersetzt werden.

Sicherheitshinweis

Das Rauchen und der Umgang mit offenem Feuer sind verboten.

Zusätzlich klemmt man den Minuspol der Batterie ab, damit kein elektrischer Funken entstehen kann.

Wird nur der Tankgeber ausgewechselt, genügt es, wenn der Tank fast leer ist.

Bei einigen Fahrzeugen gibt es einen besonderen Ablaßstutzen, um den Tank zu entleeren. Vorher sollte man genügend leere Kanister bereitstellen, um den Kraftstoff aufzufangen.

Ist ein solcher Ablaufstutzen nicht vorhanden, kann man den Tank aufgrund der Siphonwirkung durch die übliche Leitung entleeren, die man vom Tankstutzen abzieht. Hierfür gibt es Spezialpumpen. Nie das Benzin mit dem Mund ansaugen; denn im Kraftstoff enthaltene Verbindungen gefährden die Gesundheit.

Wird der Tank erneuert, benötigt man Dichtungsmaterial sowie für die metallenen Haltebänder Zwischenlagen, die oft Feuchtigkeit binden, was dann die Rostschäden verursacht.

Es empfiehlt sich, den Tank auch bei kleinsten Löchern zu erneuern, nicht nur wegen des ständigen Kraftstoffverlustes, sondern vor allem wegen der Brand- und Explosionsgefahr.

Den Tank aus- und einbauen

Die Arbeiten führt man am besten durch, wenn der Tank leer gefahren ist. Zusätzlich entleert man ihn völlig durch eine Ablaufbohrung, trennt die Anschlußleitungen und löst die elastische Verbindung zum Einfüllstutzen, den man zur Seite klappt, um die Tankbelüftungsleitungen zu entfernen.

Ist der Tank Teil des Kofferraumes, gibt es zahlreiche Verschraubungen am Boden. Sitzt er unter dem Kofferraum, sind oft Haltebänder zu trennen. Bei einigen Fahrzeugen muß man dazu die Hinterachse lösen.

Der neue Tank wird mit neuer Dichtungsmasse eingesetzt und verschraubt. Die Gummizwischenlagen an den Haltebändern werden ebenfalls erneuert. Der Tank wird im Bodenbereich mit Unterbodenschutzmasse eingestrichen.

Arbeitet die Füllstandsanzeige des neuen Tanks einwandfrei, kann man den alten Geber übernehmen. Man setzt ihn mit einer neuen Dichtung und Dichtungsmasse ein.

Bevor man den Einfüllstutzen montiert, wird er auf Korrosion geprüft; denn er verläuft oft in einem engen Raum hinter dem Kotflügel, so daß sich hier Schmutz und Salzwasser ansammeln können.

Im Bereich des Ansaugstutzens gibt es oft zahlreiche Entlüftungsleitungen, die sehr sorgfältig verlegt werden müssen. Es empfiehlt sich, sie mit Preßluft durchzublasen.

Eine verstopfte Entlüftungsleitung bewirkt ähnliches wie ein zugesetztes Kraftstoffilter. Der Motor hat dann besonders im oberen Drehzahlbereich zu wenig Leistung aufgrund von Kraftstoffmangel.

Bei fehlender Entlüftung kann sich der Tank sogar durch Unterdruckbildung zusammenziehen und dabei beschädigt werden.

Abschließend füllt man den Tank mit Kraftstoff voll und untersucht alle Schläuche auf Leckstellen.

Die Auspuffanlage erneuern 1

Eine beschädigte Auspuffanlage muß man umgehend instand setzen; sonst entstehen nämlich einerseits Geräusche, die dem Fahrer eine gebührenpflichtige Verwarnung einhandeln können, und zum anderen ist es möglich, daß giftige Auspuffgase in das Fahrzeuginnere geraten. Zusätzlich besteht Brandgefahr, wenn heiße Auspuffgase den Unterboden aufheizen, so daß er sich entzünden kann.

Die meisten Auspuffanlagen bestehen aus mehreren Einzelteilen, die mit Flanschen oder Klammern miteinander verbunden sind. Geschweißte Systeme bzw. Anlagen, die nur aus einem einzigen Stück bestehen, findet man heute meist nur noch bei Heckmotor-Fahrzeugen.

Bevor man die Ersatzteile kauft, setzt man das Fahrzeug sicher auf Stützböcke oder auf Auffahrrampen und prüft den Zustand der Anlage mit einer Handlampe.

Mit den Prüfarbeiten beginnt man am vorderen Auspuffrohr, das an die Auspuffkrümmer anschließt.

Das darauf folgende Auspuffrohr ist genauer zu kontrollieren. Man klopft es mit einem Hammer oder Schraubenzieher ab, um dünne bzw. schon durchgerostete Stellen ausfindig zu machen. Das gleiche gilt für den Vorschalldämpfer, für den Hauptschalldämpfer und für das Endrohr. Eine Erneuerung von einzelnen Teilen ist bei schon fortgeschrittener Durchrostung der Auspuffanlage nicht sinnvoll, denn häufig fällt eine solche Anlage durch Schwingungsbrüche wenige Tage nach der Reparatur erneut aus.

Erneuert werden auch alle Auspuffflansche, Dichtungen, Klemmverbindungen und Gummis.

Werkzeug und Ausrüstung

Großer langer Schraubenzieher, Stahlbürste, Schraubenschlüssel, Eisensäge, Ringschlüssel, Schaber, Hammer, Stützböcke oder Auffahrrampen, Schleifpapier, Rostlöser, Dichtungsmaterial, Schrauben und Muttern, Handlampe, Schutzbrille

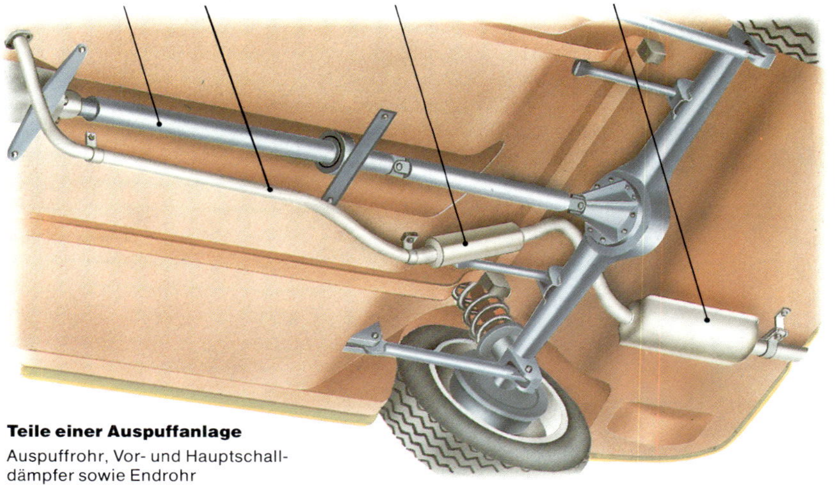

Teile einer Auspuffanlage
Auspuffrohr, Vor- und Hauptschalldämpfer sowie Endrohr

Die Krümmerverbindung lösen

Üblich sind Befestigungsklammern oder Flanschverbindungen für den Krümmeranschluß, die man oft einfacher von unten erreicht.

Da die Schrauben meist stark verrostet sind, sollte man zunächst den Rost mit einer Stahlbürste entfernen. Man läßt reichlich Rostlöser auf die Schrauben einwirken, während man mit der Demontage der Auspufftöpfe beginnt.

Die Schraubenschlüssel sollten stets gut sitzen, damit durch die großen Kräfte die Sechskantschrauben und -muttern nicht beschädigt werden.

Anschließend entfernt man mit einem Messer oder Schaber sorgfältig die Dichtungsreste.

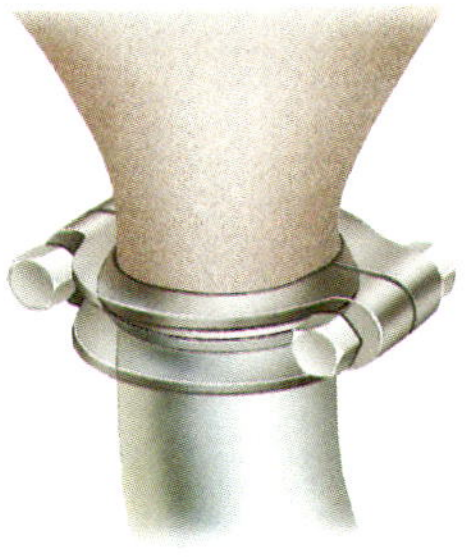

Krümmerverbindung mit zwei Metallklammern und einem Dichtring

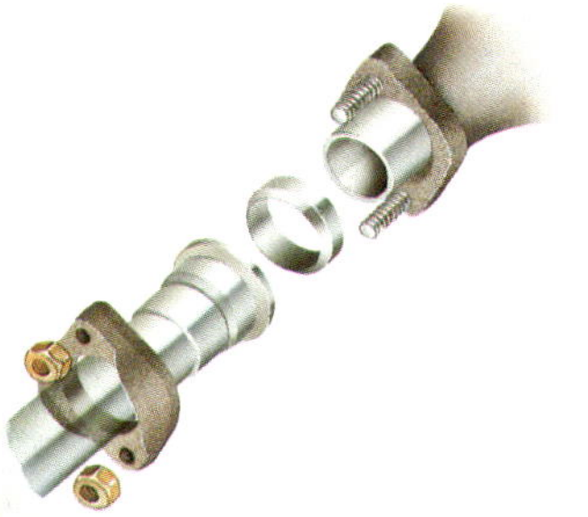

Flanschverbindung mit Stehbolzen und Muttern

Ansetzen einer Klammer- oder Flanschverbindung

Wenn die Dichtfläche sorgfältig gereinigt ist, werden die Schrauben mit Öl gängig gemacht, damit man sie von Hand drehen kann.

Dichtungen werden grundsätzlich erneuert, auch wenn sie nicht beschädigt sind. Ein Helfer drückt das vordere Auspuffrohr an den Krümmer, und eine Hälfte der Klammerverbindung wird zusammen mit den Schrauben angesetzt. Nun legt man die andere Hälfte um den Krümmer und setzt die Muttern an.

Soweit Schraubensicherungen oder Unterlegscheiben vorgesehen waren, darf man sie nicht vergessen. Nun zieht man mit einem Gabelschlüssel die Schraubverbindungen leicht fest, so daß sich das Rohr noch verschieben läßt.

Bei der Flanschverbindung sind zunächst die Stehbolzen so gangbar zu machen, daß sich die Muttern von Hand drehen lassen. Am besten setzt man neue Muttern ein.

Die Dichtfläche ist mit einem Schraubenzieher und einer Stahlbürste sorgfältig zu reinigen.

Nun führt ein Helfer das vordere Auspuffrohr mit der Hand, während man die Dichtung auf den Flansch legt. Eine Hand hält die Flanschverbindung fest, während die andere die Mutter ansetzt.

Anschließend zieht man die Muttern mit einem Ring- oder Gabelschlüssel so weit an, daß die Dichtung gerade angedrückt wird und das Rohr sich noch bewegen läßt.

Verschiedene Auspuffbefestigungen abnehmen

Die Auspuffanlage wird am Wagenboden elastisch durch Gummimetallelemente bzw. Gummiringe mit Stehbolzen oder Gewindestücken gehalten. Gummiringe werden nur in Haken gehängt und lassen sich mit einem Schraubenzieher abdrücken. Alle Aufhängungen sollte man grundsätzlich erneuern.

Zur Arbeitserleichterung kann man die gesamte Anlage mit einer Eisensäge zerteilen.

Um die Augen gegen herunterfallenden Rost und abrutschende Schraubenzieher zu schützen, sollte man immer eine Schutzbrille tragen.

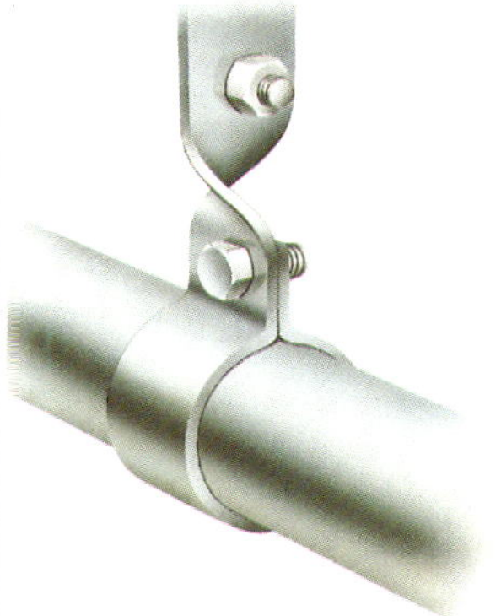

Starre Auspuffbefestigung, am Getriebegehäuse oder am Motor angebracht

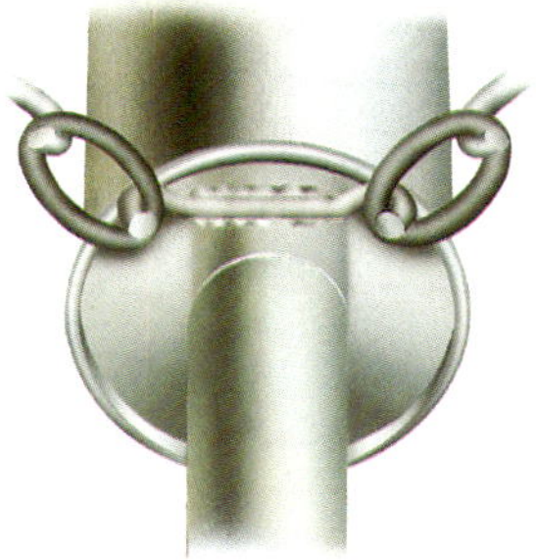

Elastische Gummiringe an Haken, die die Übertragung von Vibrationen verhindern

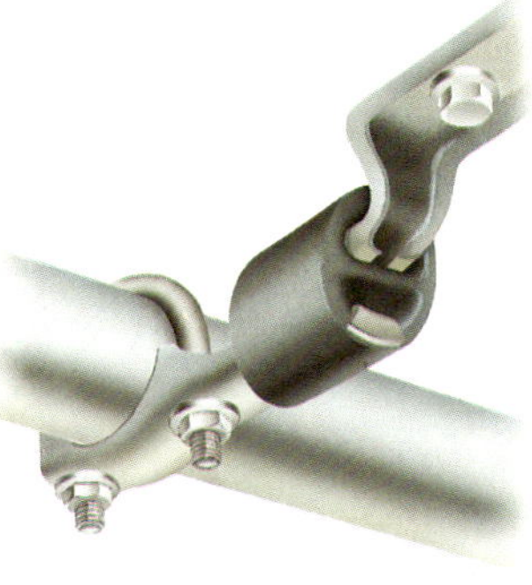

Kombination einer Auspuffklammer mit einer Gummimuffe

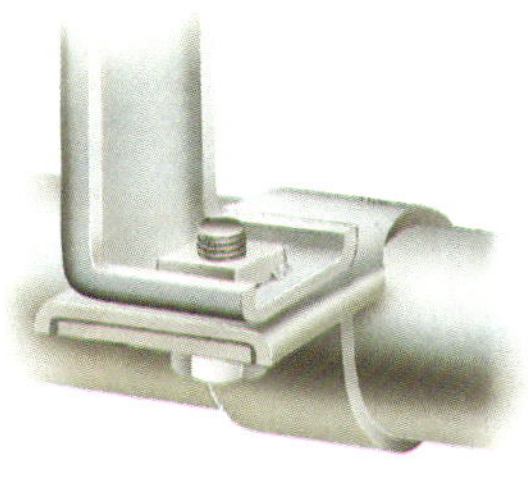

Klemmverbindung, kombiniert mit einem Winkelhaken

Die Auspuffanlage erneuern 2

Einsetzen der neuen Bauteile

Hat man die neue Auspuffanlage besorgt, steckt man sie provisorisch neben dem Fahrzeug zusammen. Manchmal muß man mit Hilfe einer Rundfeile einige Passungen nacharbeiten oder Farbreste mit Schleifpapier entfernen. Da die Anlage sich von Hand zusammenstekken lassen muß, streicht man die sich überlappenden Teile dick mit Fett ein und schiebt sie wiederholt zusammen.

Klemmschellen, Schrauben und Muttern sollte man stets erneuern, um sich die Arbeit zu erleichtern. Dazu gibt es besondere Einbausätze.

Gewindestücke oder Stehbolzen, die am Fahrzeug verbleiben, sollte man mit Schneideisen bzw. Gewindebohrer nacharbeiten. Dabei reichlich Öl verwenden, und dann die Gängigkeit der Gewinde mit Schrauben bzw. Muttern prüfen. Dies kostet zwar Zeit, erspart aber weitere Mühe beim Zusammensetzen.

Zum Einsetzen des vorderen Auspuffrohres mit der aufgelegten Krümmerdichtung zieht man die Schrauben am Krümmer und an der ersten Getriebebefestigung nur mit der Hand an. Dann setzt man – wenn vorhanden – den Vorschalldämpfer auf das Auspuffrohr und schiebt ihn so weit, bis eine gasdichte Verbindung entsteht.

Gleichzeitig hängt man die Gummiringe des Vorschalldämpfers mit der Hebelwirkung eines Schraubenziehers ein. Zuletzt kommen der Endschalldämpfer und das Endrohr.

Um die Anlage an den Aufbau anzupassen, hebt man die Hinterachse an. Auspuffrohre und -töpfe müssen zu allen Bauteilen des Autos den gleichen Sicherheitsabstand haben.

Erst jetzt werden alle Klemmverbindungen angesetzt und festgezogen, ebenso die Schrauben am Krümmer. Beim anschließenden Probelauf überzeugt man sich, daß die Anlage dicht ist.

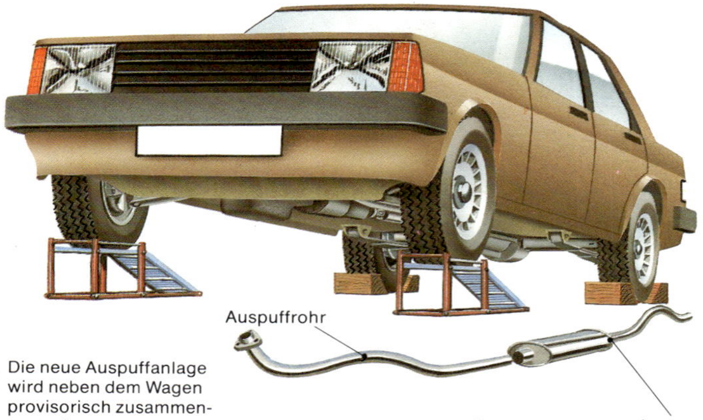

Die neue Auspuffanlage wird neben dem Wagen provisorisch zusammengesteckt.

Eine Auspuffschelle setzen

Man setzt solche U-förmigen Klammern etwa 10–15 mm neben die jeweilige Klemmstelle und nicht genau auf die Naht.

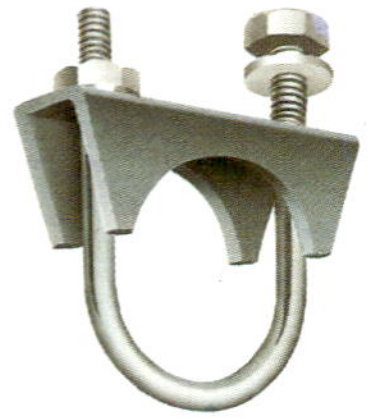

U-Schelle mit Gegenstück, Muttern und Unterlegscheiben

Ein einzelnes Teil der Anlage ersetzen

Wird die komplette Anlage erneuert, ist das Zerlegen kein Problem, wenn man eine Eisensäge benutzt. Will man aber nur ein Teil erneuern, ist das Abnehmen schwierig, wenn die Bauteile zusammengebrannt und zusammengerostet sind.

Wenn man die Klemmstellen gelöst hat, klopft man mit einem kleinen Hammer die Verbindung kräftig ab, während man einen großen Hammer dagegenhält. Mit diesem Trick lassen sich Teile, die man sonst nicht trennen kann, häufig auseinanderschieben. Nicht ratsam ist die Verwendung von Hammer und Meißel, womit man meist das noch gute Auspuffrohr beschädigt und gleichzeitig die Verbindung undicht macht.

Beschädigte Auspufftöpfe kann man entfernen, wenn man nach dem Lösen der Klemmschelle ein Stück Holz quer vor den Topf legt und mit einem großen Hammer auf den Topf schlägt.

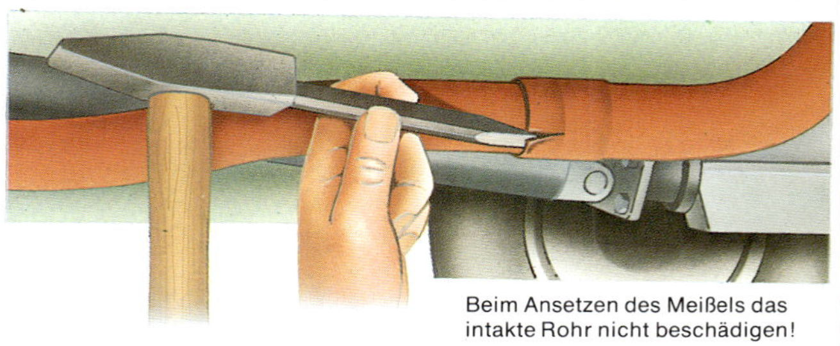

Beim Ansetzen des Meißels das intakte Rohr nicht beschädigen!

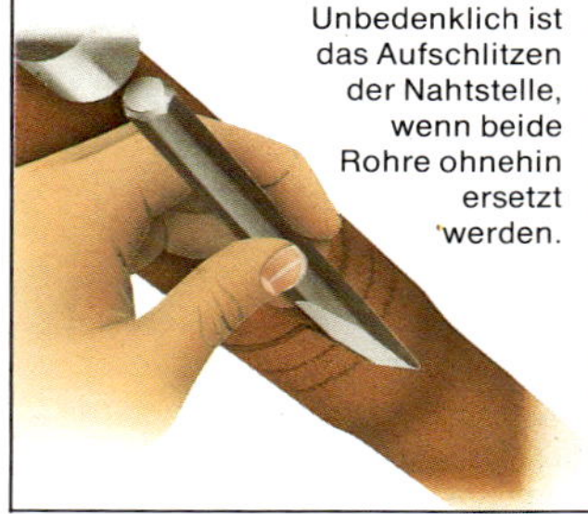

Unbedenklich ist das Aufschlitzen der Nahtstelle, wenn beide Rohre ohnehin ersetzt werden.

Ausführen einer Notreparatur (nicht bei Katalysator-Modellen)

Im Fachhandel gibt es Bandagen aus Glasfasermaterial, die zusammen mit einer Härtermasse eine recht dauerhafte Verbindung ergeben. Voraussetzung ist allerdings, daß man die Reparaturstelle gut erreicht und daß noch gesundes Blech vorhanden ist, an dem man die Bandage ansetzen kann.

Zunächst reinigt man die Schadstelle kräftig mit einer Stahlbürste und benetzt das Rohr mit Dichtmasse. Nun wird das Glasfasergewebe um den Topf oder um das Rohr gelegt und gut angedrückt. Abschließend gibt man den Rest der Masse auf die Bandage und wartet die Aushärtezeit ab. Diese Notreparatur kann lange halten. Trotzdem sind die schadhaften Teile baldigst zu ersetzen.

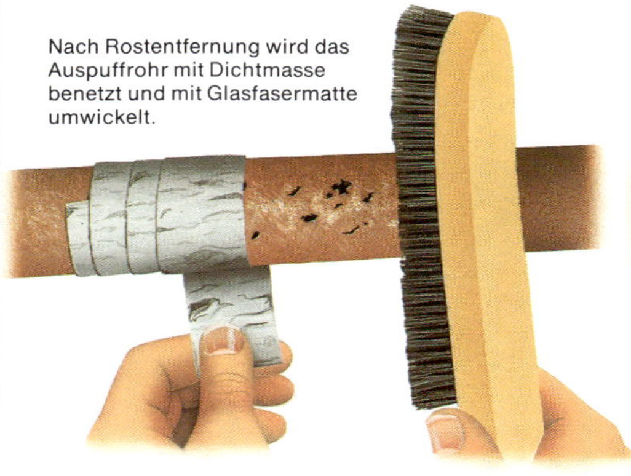

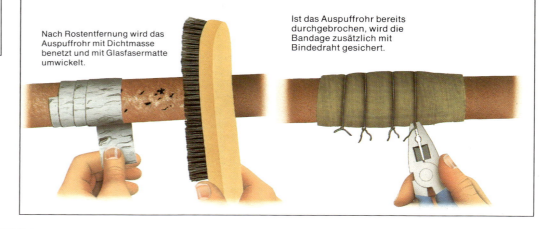

Nach Rostentfernung wird das Auspuffrohr mit Dichtmasse benetzt und mit Glasfasermatte umwickelt.

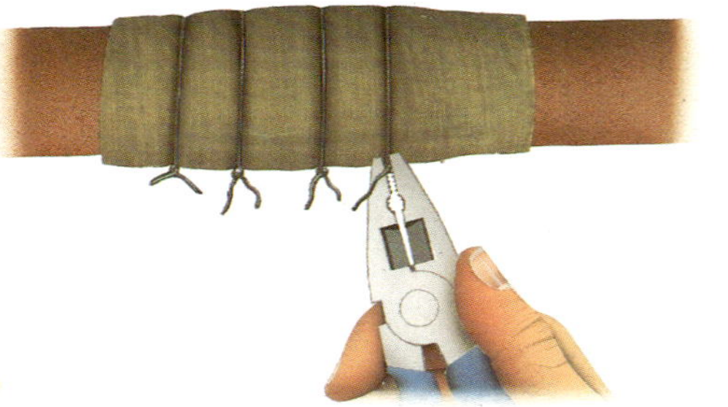

Ist das Auspuffrohr bereits durchgebrochen, wird die Bandage zusätzlich mit Bindedraht gesichert.

Ersetzen der Auspuffanlage bei Heckmotor-Fahrzeugen

Der Auspuff besteht meist aus einem Hauptschalldämpfer mit den Endrohren und den Verbindungsflanschen zum Motor bzw. bei Luftkühlung auch mit den Heizschläuchen und den Wärmetauschern.

Um die Flanschstellen zu erreichen, müssen häufig Abdeckbleche entfernt werden, die mit Blechschrauben montiert sind. Auch die Klemmschellen zu den Wärmetauschern werden entfernt.

Die Muttern auf den Stehbolzen sind häufig festgebrannt, so daß die Stehbolzen bei dem Versuch, sie gewaltsam abzudrehen, abreißen können. Am besten meißelt man die Muttern mit einem kleinen Kreuzmeißel ab. Spezialmuttern lassen sich auf diese Weise leicht entfernen. Nun kann man den Schalldämpfer mit den Endrohren komplett abziehen.

Nachdem man die neuen Dichtungen aufgelegt hat, schiebt man den neuen Schalldämpfer auf. Es folgen die Flanschverbindungen, die Auspuffendrohre und die Abdeckbleche.

Einen Katalysator prüfen und erneuern

Der Katalysator hat sich mittlerweile in ganz Europa durchgesetzt, und die Frage, wie betriebssicher ein solches System ist, hat die Praxis längst beantwortet. Katalysatorfahrzeuge laufen meist störungsfrei. Dies gilt auf jeden Fall für den Abgaskonverter, der sich als Teil der Auspuffanlage unter dem Wagenboden befindet.

Autofahrer können allerdings nach einigen Jahren der Betriebsdauer nicht sicher sein, daß der Katalysator überhaupt noch funktioniert, denn er kann nur mit Hilfe einer aufwendigen Laboruntersuchung getestet werden. Auch die neue Abgasuntersuchung ist kein vollwertiger Ersatz für die Laborprüfung und liefert nur wichtige Anhaltswerte.

Entscheidend ist, daß ein Katalysator nur dann vernünftige Abgaswerte am Auspuffende erreichen kann, wenn auch die Peripherie funktioniert. Zur Peripherie gehören die Zündung, die Gemischaufbereitung, alle Schläuche, Ventile und sonstigen Einrichtungen, die den Motorlauf und den Kraftstoffverbrauch beeinflussen. Selbst kleinste Störungen an der Peripherie können die Katalysatorfunktion erheblich beeinträchtigen und den Katalysator zerstören.

Somit sind Eigenleistungen am Abgasreinigungssystem nur noch sehr bedingt möglich. Jedes Fahrzeug muß nach dem vom Gesetzgeber und vom Fahrzeughersteller vorgegebenen Prüfumfang getestet werden, und dies setzt die Anschaffung eines teuren Abgastesters sowie eine intensive Schulung voraus. Komplizierte Fehler können oft nur noch mit Hilfe eines Computers erkannt werden.

Werkzeug und Ausrüstung

Ringschlüssel, Steckschlüssel, Ratsche, Schraubenzieher, Rostlöser, Schleifpapier, Putztücher, Arbeitsgrube oder Hebebühne, Katalysator, Dichtungssatz, Motorprüfgeräte

Den Katalysator und dessen Einbaulage prüfen

Die Sichtprüfung des Katalysators unter dem Wagenboden ist Teil der neuen Abgasuntersuchung und kann von jedem Autofahrer selbst ausgeführt werden.

Eine Kontrolle ist auch dann sinnvoll, wenn der Wagen bzw. der Katalysator auf einer Bodenunebenheit aufsaß. Man stellt das Fahrzeug zunächst sicher auf Abstellböcke oder auf eine Grube, schließt eine Handlampe an und leuchtet den Katalysator sowie die ganze Auspuffanlage ab. Man erkennt den Katalysator – wie im Bild rechts gezeigt – in der gleichen Einbaulage wie früher der vordere Auspufftopf. Der Katalysator wird an seiner Außenhülle untersucht, ob es hier Schleifspuren gibt. Viele Kat-Schalen sind außen mit einem Schutzschild ausgerüstet. Ist das Schutzschild verbogen, sollte man kontrollieren, ob die Beschädigung bis zur Kat-Schale durchgedrungen ist.

Weiter kontrolliert man auch die Einbaulage und prüft, ob der Kat nicht am Wagenboden bzw. am Isolierschild des Wagenbodens anliegt. In seinem gesamten Verlauf muß das Auspuff- und Katalysatorsystem in ausreichendem Abstand zu benachbarten Bauteilen des Aufbaus verlegt sein.

Auch die Dichtflansche und Schrauben werden kontrolliert. Man läßt den Motor laufen und bittet einen Helfer, rhythmischmäßig Gas zu geben. Hierbei darf es im Katalysator keinerlei Rappelgeräusche geben. Dies wäre ein Hinweis auf einen zerbrochenen Katalysatormonolith: Der Katalysator müßte ausgewechselt werden.

Auch wenn es keine Geräusche gibt und die Außenhülle des Katalysators stark geknickt ist, wird ein Auswechseln notwendig. Durch die Verengung kann es zur Überhitzung kommen, und der Motor wird nicht mehr seine volle Leistung erbringen.

Auswechseln des Katalysators

Katalysatoren sind meist mit Hilfe kräftiger Flansche in die Auspuffanlage geschraubt – es muß also nicht geschweißt werden. Das Auswechseln beginnt mit dem Reinigen der Schrauben. Man setzt die Stahlbürste und den Rostlöser ein und versucht, die Schrauben zu lösen.

Soll oder kann der Katalysator wiederverwendet werden, sind nicht lösbare Schrauben mit dem Trennschleifer oder der Eisensäge zu entfernen. Auf keinen Fall darf man mit Hammer und Meißel arbeiten, denn sonst besteht die Gefahr, daß ein noch gut erhaltener Katalysator im Inneren beschädigt wird.

Ist der Katalysator frei, nimmt man ihn vorsichtig heraus und unterzieht ihn auch im Inneren einer Sichtprüfung. Meist läßt er sich gut prüfen, wenn man ihn gegen eine Lichtquelle hält. Der Katalysatormonolith muß gleichmäßig grau bis leicht schwarz sein. Es dürfen keinerlei Anschmelzungen oder Brüche erkennbar sein. Die am Auto verbliebenen Flansche reinigt man mit einer Feile oder mit Schleifpapier.

Der noch verwendbare alte oder aber ein neuer Katalysator wird mit Hilfe von neuen Dichtungen eingesetzt und mit neuen Schrauben festgezogen. Beim Einsetzen die Abgasrichtung beachten, die meist mit einem Pfeil angegeben ist. Der Pfeil zeigt die Durchströmungsrichtung an.

Ist der Katalysator eingebaut, führt man einen Prüflauf aus. Nach Möglichkeit sollte man umgehend einen Motortest in der Fachwerkstatt ausführen lassen, damit die Abgaswerte geprüft und gegebenenfalls eingestellt werden können.

Auspufftopf und Katalysator

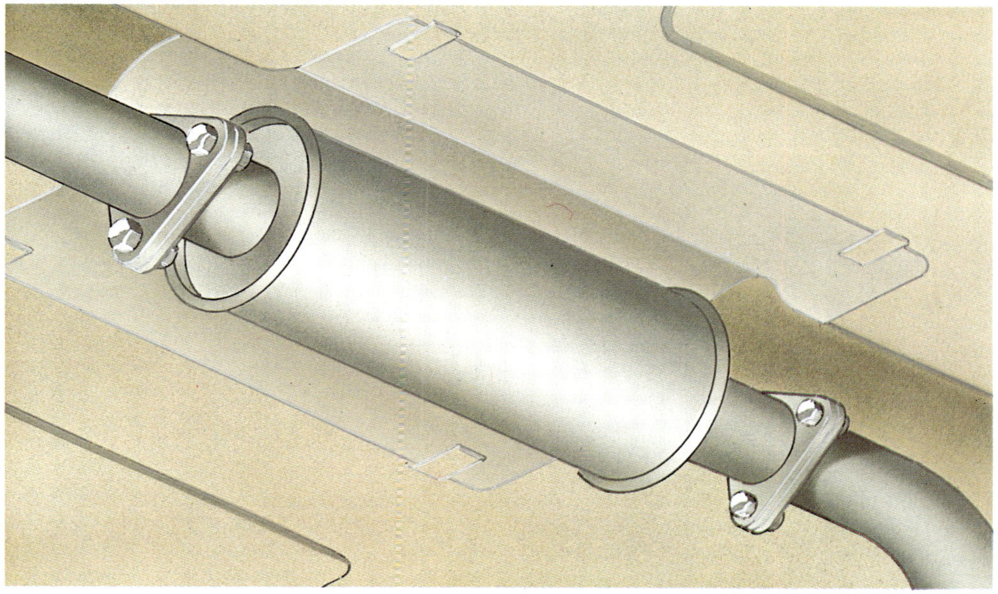

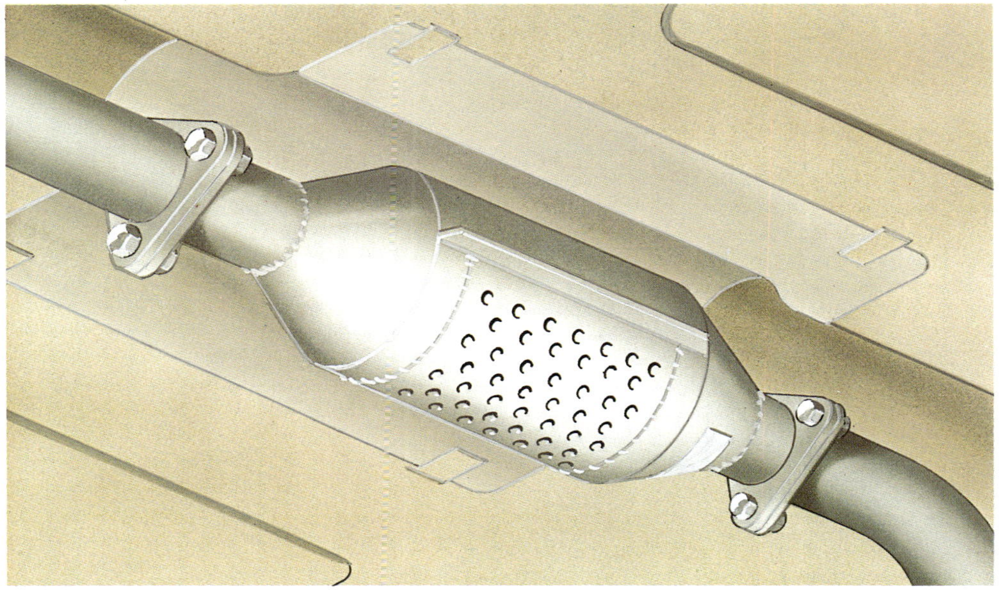

Der neue Katalysator (unten) wird wie ein Auspufftopf (oben) eingesetzt.

Sichtprüfung der Zündanlage

Durch eine einfache Sichtprüfung der Zündanlage kann man manche Fahrzeugpanne vermeiden. Es empfiehlt sich, einen Blick auf das Zündsystem zu werfen, wann immer die Motorhaube geöffnet ist, etwa wenn man den Ölstand kontrolliert oder die Scheibenwaschanlage auffüllt.

Man prüft zunächst die Niederspannungsanschlüsse an Zündspule und Verteiler. Es handelt sich dabei um die dünnen Leitungen, die man auf Brüche und Risse untersucht.

Das gleiche gilt für die dicken Leitungen zwischen Zündkerze und Verteiler. Hier prüft man zusätzlich die Sicherungsklipse, die die Zündkabel von umlaufenden bzw. heißen Motorteilen in sicherer Entfernung halten.

Die dicken Hochspannungsleitungen sollte man von Zeit zu Zeit mit einem sauberen Tuch abreiben, damit keine Kriechströme entstehen, die den Motorstart verhindern.

Die Kerzenstecker sollten fest auf den Leitungen sitzen. Bei der Prüfung sollte man darauf achten, daß man die Anschlüsse nicht verwechselt.

Die Verteilerkappe aus hochwertigem Isolierstoff ist mit Klipsen auf dem Verteiler befestigt. Manchmal sind zwei kleine Schrauben zur Justierung vorgesehen. Die Verteilerkappe sollte man mit einem Tuch reinigen, denn ein schmieriger Ölfilm trägt oft zur Kriechstrombildung bei.

Im Inneren der Verteilerkappe sitzt in der Mitte eine federbelastete Kohlebürste. Manchmal ist auch eine Blattfeder am Verteilerfinger für die Verbindung zur Kappe verantwortlich. Die Kohlebürste sollte frei in ihrer Führung laufen und unbeschädigt sein.

Die Kontakte für die einzelnen Zylinder haben immer leichte Brandspuren. Es lohnt sich, sie hin und wieder zu reinigen.

Der Verteilerfinger kann zur Prüfung abgezogen werden; eventuell muß man vorher eine Sicherungsschraube entfernen. Mit einer feinen Feile läßt sich die Kontaktbahn des Verteilerfingers reinigen.

Als nächstes prüft man die Unterdruckleitungen vom Vergaser zum Verteiler. Nicht selten rutschen die Leitungen ab, weil die Gummiverbindungen brüchig geworden sind. Ob die Unterdruckleitung mit der Unterdruckverstellung noch funktionsfähig ist, kann man mit einer Stroboskoplampe testen (siehe Seite 150).

Auch die Zündspule wird geprüft und ihre isolierte Kappe gereinigt. In der Mitte sitzt die dicke Hochspannungsleitung, die entweder gesteckt und mit einer Gummikappe gesichert oder verschraubt ist. Rechts und links verlaufen die beiden Niederspannungsleitungen, die bei modernen Fahrzeugen nur gesteckt sind. Man prüft, ob die Steckverbindungen noch sicher sind. Bei älteren Fahrzeugen gibt es hier unproblematische Schraubverbindungen.

Die Bezeichnung „15“ oder „Plus“ auf der Zündspule weist auf die Leitung vom Zündanlaßschalter hin. An dem mit „1“ oder „Minus“ bezeichneten Niederspannungsanschluß beginnt die Leitung zum Verteiler. Manchmal findet man auch die Hinweise „SW“ für *switch* (Zündanlaßschalter) und „CB“ (*contact breaker*) für die Unterbrecherkontakte.

Bei vielen modernen Fahrzeugen besitzt die Zündspule einen Vorwiderstand. Beim Fahrzeugstart ist die Zündspannung erhöht, während der Widerstand zur Schonung der Zündspule im Normalbetrieb beiträgt. Die Überbrückungsleitung für diesen Widerstand wird entweder vom Zündanlaßschloß oder vom Magnetschalter des Anlassers gesteuert. Der Vorschaltwiderstand ist im Bereich der Zündspule montiert. Bei manchen Fahrzeugen übernimmt eine Widerstandsleitung vom Zündschalter zur Spule diese Aufgabe.

Eine sehr einfache Prüfung der Zündanlage ist in den Abendstunden möglich. Überspannungsdurchschläge an vielen Bauteilen kann man dann sehr gut erkennen, da an den schadhaften Teilen Entladungen sichtbar werden.

Wenn man stromführende Bauteile einer Zündanlage berührt, ist das unangenehm, aber im Normalfall ungefährlich.
Besitzt das Fahrzeug jedoch eine leistungsgesteigerte Zündanlage, besteht Lebensgefahr. Muß man stromführende Teile berühren, benötigt man eine besondere Isolierzange, oder die Anlage muß stromlos gemacht werden.

Werkzeug und Ausrüstung

Isolierter Schraubenzieher, isolierte Spezialzange, Kontaktfeile, Kontaktspray

Typisches Standardzündsystem

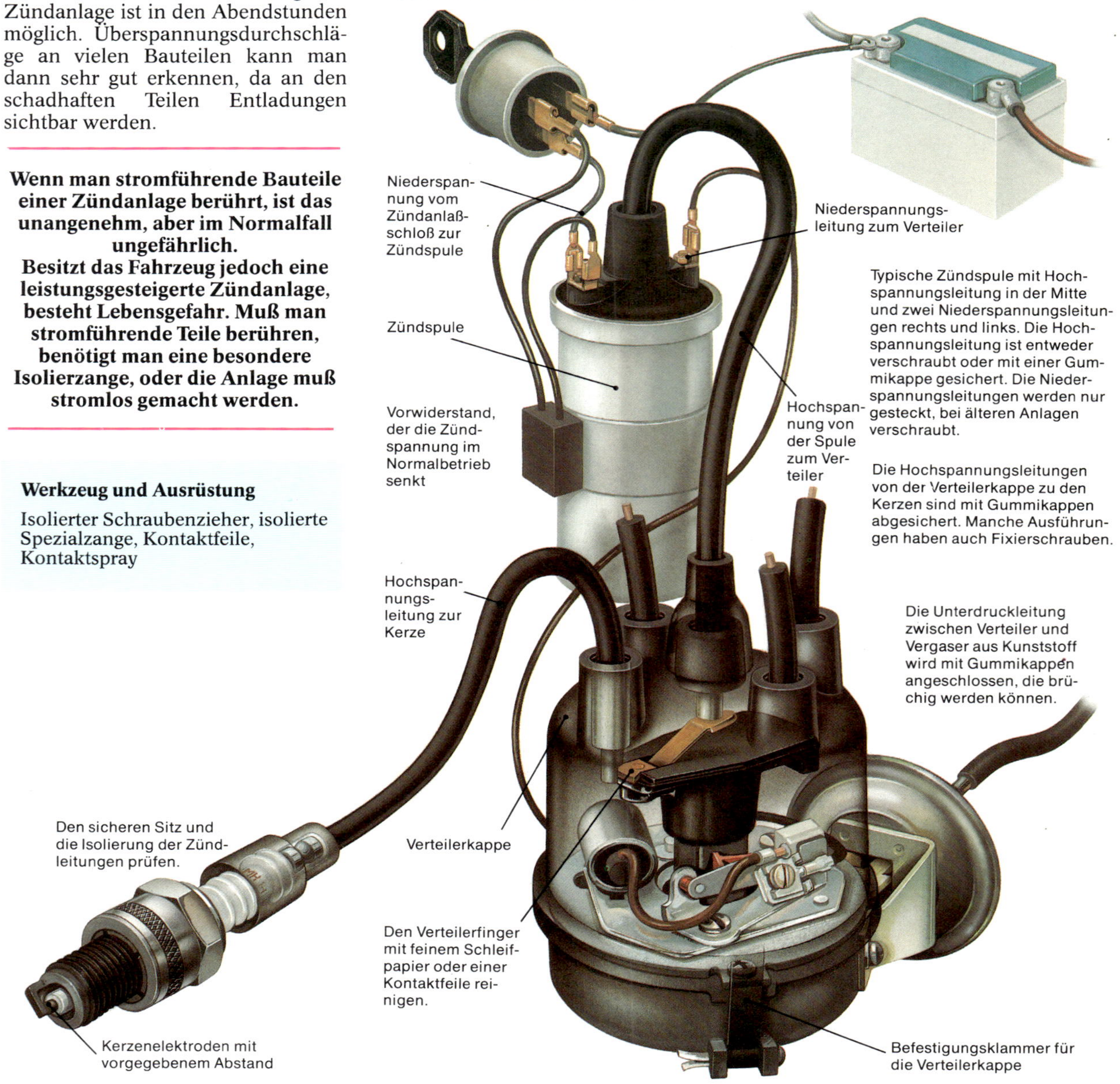
Niederspannung vom Zündanlaßschloß zur Zündspule
Niederspannungsleitung zum Verteiler
Typische Zündspule mit Hochspannungsleitung in der Mitte und zwei Niederspannungsleitungen rechts und links. Die Hochspannungsleitung ist entweder verschraubt oder mit einer Gummikappe gesichert. Die Niederspannungsleitungen werden nur gesteckt, bei älteren Anlagen verschraubt.
Zündspule
Hochspannung von der Spule zum Verteiler
Vorwiderstand, der die Zündspannung im Normalbetrieb senkt
Die Hochspannungsleitungen von der Verteilerkappe zu den Kerzen sind mit Gummikappen abgesichert. Manche Ausführungen haben auch Fixierschrauben.
Hochspannungsleitung zur Kerze
Die Unterdruckleitung zwischen Verteiler und Vergaser aus Kunststoff wird mit Gummikappen angeschlossen, die brüchig werden können.
Den sicheren Sitz und die Isolierung der Zündleitungen prüfen.
Verteilerkappe
Den Verteilerfinger mit feinem Schleifpapier oder einer Kontaktfeile reinigen.
Kerzenelektroden mit vorgegebenem Abstand
Befestigungsklammer für die Verteilerkappe

Den Niederspannungsstromkreis prüfen

Der Niederspannungsstromkreis besteht aus der Primärwicklung der Spule, der Batterie, dem Zündanlaßschalter, den Unterbrecherkontakten und den dazugehörigen Kabelverbindungen.

Werkzeug und Ausrüstung

Voltmeter oder Prüflampe, Schraubenzieher, Säurespindel

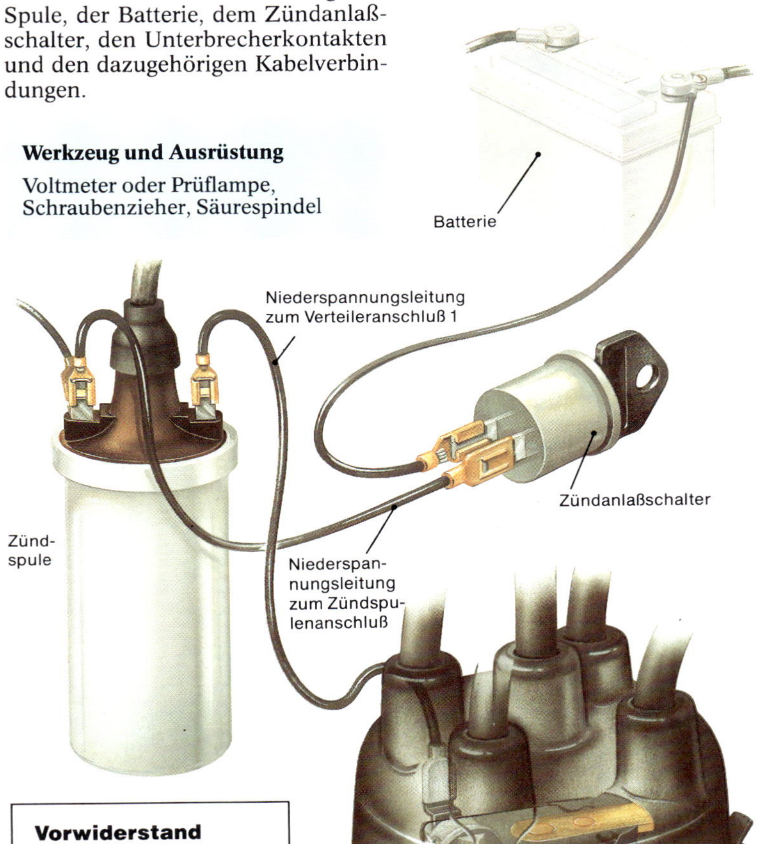

Die 12 V der Bordnetzspannung fließen von der Batterie über das Zündanlaßschloß zur Zündspule und werden hier in Hochspannung umgewandelt.

Vorwiderstand

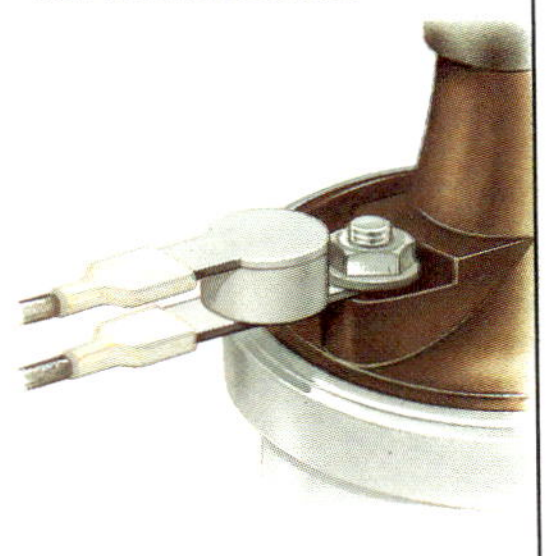

Vorwiderstände sind meist im Bereich der Zündspule montiert; sie werden beim Starten überbrückt.

Die Batterie prüfen

Wenn das Fahrzeug beim Startversuch schlecht anspringt, beginnt man bei der Suche nach der Ursache immer mit einer Prüfung der Batterie. Man kontrolliert, ob die Anschlüsse sauber, ohne Korrosion und fest angezogen sind.

Mit einer Säurespindel entnimmt man jeder Zelle etwas Batteriesäure und liest das spezifische Gewicht an der Skala ab. Ein Wert von 1,12 bedeutet, daß die Batterie entladen, einer von 1,28, daß sie gut geladen ist.

Um zu prüfen, ob die Batterie ihre Spannung auch unter Last behält, schaltet man alle elektrischen Verbraucher ein und startet das Fahrzeug mehrfach hintereinander. Das Licht darf bei dem Startversuch nur unwesentlich schwächer werden.

Schaltet man ein Voltmeter zwischen Plus- und Minuspol der Batterie, darf bei dem Startversuch die Spannung bei 12-V-Anlagen nicht unter 9,5 V absinken. Andernfalls ist die Batterie zu laden bzw. zu ersetzen.

Den Vorwiderstand prüfen

Bei älteren Fahrzeugen wird die Zündspule von der Batterie über das Zündschloß mit 12 V versorgt.

Bei moderneren Fahrzeugen benötigt man diese Spannung aber nur für das Anlassen. Während des Fahrbetriebes senkt ein Vorwiderstand oder ein Vorwiderstandskabel die Zündspulenspannung bis auf 7 V ab.

Dieser Widerstand wird während des Startens durch einen Zusatzkontakt am Magnetschalter des Anlassers überbrückt. Das ist zu berücksichtigen, wenn man die Stromversorgung einer Zündspule durchmißt.

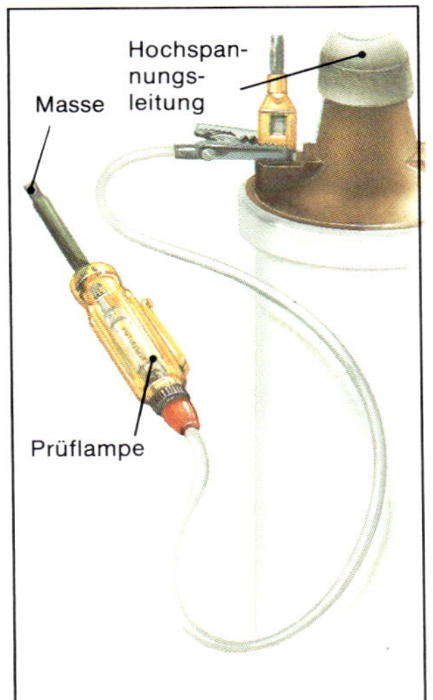

Zu einer groben Prüfung der Spannungsversorgung bringt man bei geöffneten Kontakten eine Prüflampe an, die bei eingeschalteter Zündung hell brennen soll. Glimmt sie nur, ist die Zuleitung schadhaft.

Die Stromversorgung prüfen

Man schaltet ein Voltmeter zwischen Klemme 15 der Zündspule und Masse. Hier müssen etwa 12 V bei Zündanlagen ohne Vorwiderstand, bei Systemen mit Vorwiderstand etwa 7–8 V anliegen, wobei die Spannung beim Starten bis 12 V ansteigt.

Zeigt das Voltmeter keinen Ausschlag, liegt eine Kabelunterbrechung vor.

Die Spule prüfen

Ergeben die vorhergehenden Tests keine Fehler, untersucht man die Primärwicklung. Dazu nimmt man die Verteilerkappe ab und legt zwischen die Kontakte ein Stück Kunststoff.

Ein Voltmeter zwischen Klemme 1 der Spule und Masse muß bei eingeschalteter Zündung und laufendem Anlasser 12 V anzeigen; sonst liegt eine Unterbrechung in der Primärwicklung oder ein Kurzschluß im Niederspannungsstromkreis des Verteilers vor, oder die Zündspule ist beschädigt.

Die Verteilerleitung prüfen

Man prüft die Isolierung und die Anschlüsse der Leitung zwischen dem Anschluß 1 der Zündspule und dem Verteiler und mißt sie mit dem Voltmeter durch. Hier müssen während des Startens 12 V anliegen. Gegebenenfalls prüft man die Montage des Kondensators und die Unterbrecherkontakte auf Kurzschlüsse.

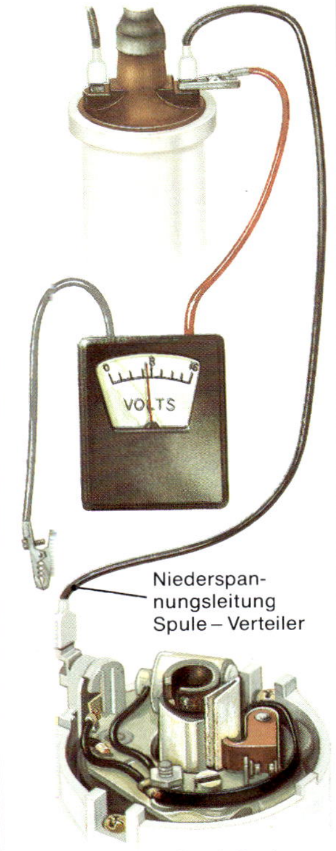

Man klemmt ein Stück Papier zwischen die Kontakte. Das Voltmeter mißt die Spannung zwischen Zündspule und Verteiler.

Die Unterbrecherkontakte prüfen

Wurden unmittelbar vor der Störung die Kontakte oder der Kondensator ausgewechselt, dann sind vielleicht die Isolierscheiben der Kabelverbindung falsch eingesetzt worden. Deshalb sollte man die Verschraubung noch einmal zerlegen und prüfen.

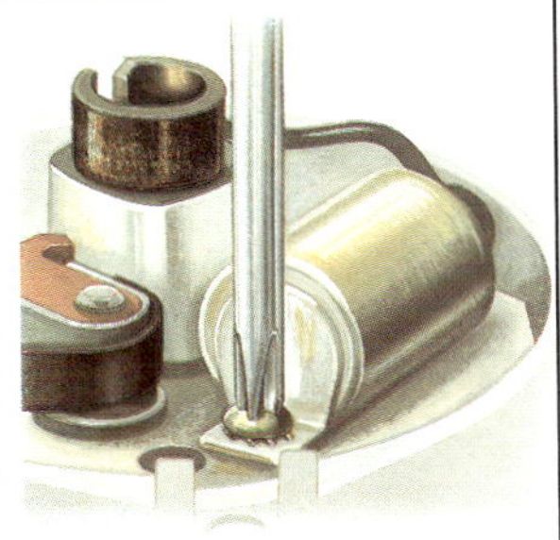

Um einen Kurzschluß im Kondensator festzustellen, baut man ihn aus und mißt mit dem Voltmeter, ob Strom durchfließt.

Legt man bei geschlossenen Kontakten zwischen Kabel 1 und Masse ein Voltmeter, muß es 0 anzeigen. Jede andere Anzeige weist auf Kriechströme hin, die durch Schmutz oder Verölung entstehen.

Manchmal ist auch die Masseverbindung zwischen Verteiler und Motor schadhaft. In diesem Fall empfiehlt es sich, den Verteiler auszubauen und die Masseleitung innerhalb des Verteilers sorgfältig zu prüfen.

Befinden sich schmierige Beläge auf Unterbrecherkontakten, entfernt man sie am besten mit Kaltreiniger oder mit einer Kontaktfeile.

Den Hochspannungszündkreis prüfen

Die in der Sekundärwicklung der Zündspule erzeugte Hochspannung gelangt über das mittlere Kabel der Zündspule zur Verteilerkappe und von hier aus über den Verteilerfinger zu den Kerzen.

Hochspannungsleitungen darf man bei eingeschalteter Zündung auf keinen Fall berühren, besonders nicht bei Hochleistungszündanlagen. Für die Prüfung unter Strom stehender Teile gibt es isolierte Zangen und Schraubenzieher.

Werkzeug und Ausrüstung

Isolierte Zange, isolierter Schraubenzieher, Ohmmeter oder Mehrfachmeßgerät

Der Hochspannungskreis

Man prüft die Isolierung der Hochspannungsleitung auf Risse und Brüche. Prüfung nicht bei eingeschalteter Zündung durchführen!

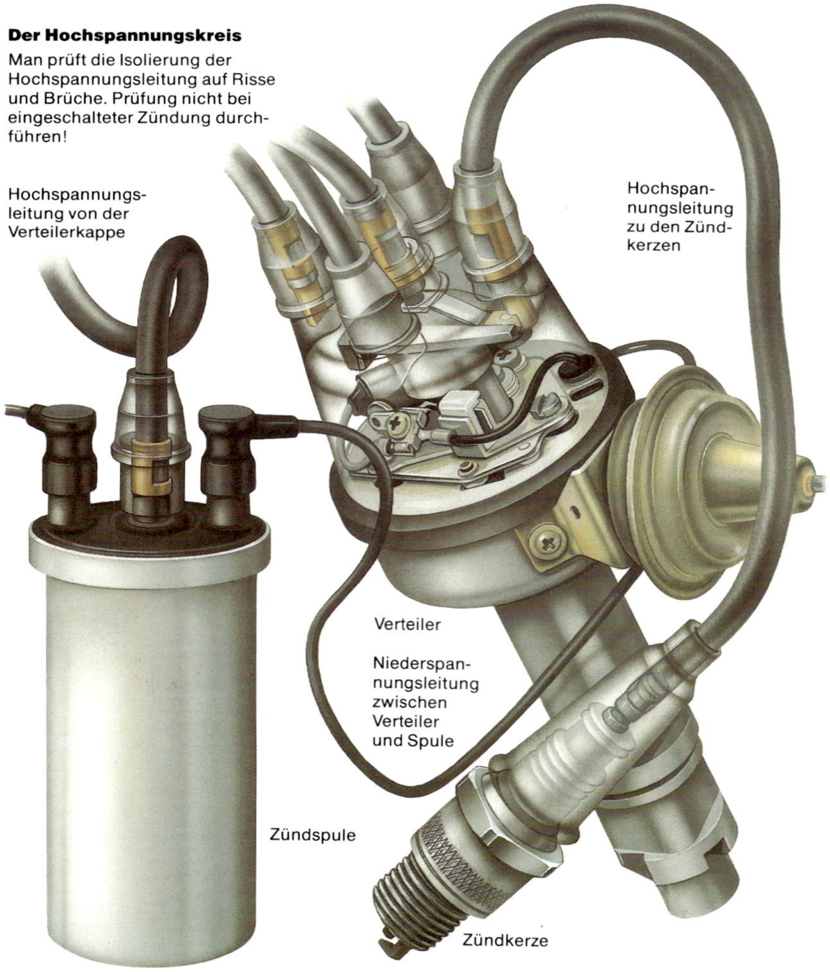

Die Sekundärwicklung der Zündspule prüfen

Um die Sekundärwicklung zu prüfen, nimmt man die Verteilerkappe ab und zieht das mittlere dicke Kabel heraus. Dieses hält man bei eingeschalteter Zündung mit einer isolierten Zange einige Millimeter entfernt an den Kerzenanschluß und öffnet mit einem isolierten Schraubenzieher den Unterbrecherkontakt.

Sind Zündspule und Kondensator in Ordnung, sieht und hört man deutlich einen Funken überspringen.

Bei einem weiteren Test zieht man alle Kerzenstecker ab, damit der Motor nicht anspringt. Eine Kerze wird ausgebaut, wieder mit dem Stekker versehen und auf Masse geklemmt.

Während nun ein Helfer den Motor mit dem Anlasser durchdreht, muß ein kräftiger Funke zwischen Mittel- und Massekontakt der Kerze überspringen.

Ist dies nicht der Fall, sollte man die Zündspulen- und die Kondensatoranschlüsse prüfen. Sind beide in Ordnung, ist die Zündspule beschädigt.

Falls ein Kurzschluß vorliegt, kann man dies feststellen, wenn man die mittlere Hochspannungsleitung von der Verteilerkappe abzieht, sie mit einer isolierten Zange etwa 3 mm entfernt an den Verteilerfinger hält und den Unterbrecherkontakt mit einem isolierten Schraubenzieher öffnet.

Beim Durchdrehen des Motors mit dem Anlasser sollte bei dieser Prüfung kein oder ein nur schwacher Funke entstehen. Kräftige Funkenbildung weist auf Kurzschluß hin. Zur Beseitigung reinigt man den Verteiler, besonders den Verteilerfinger.

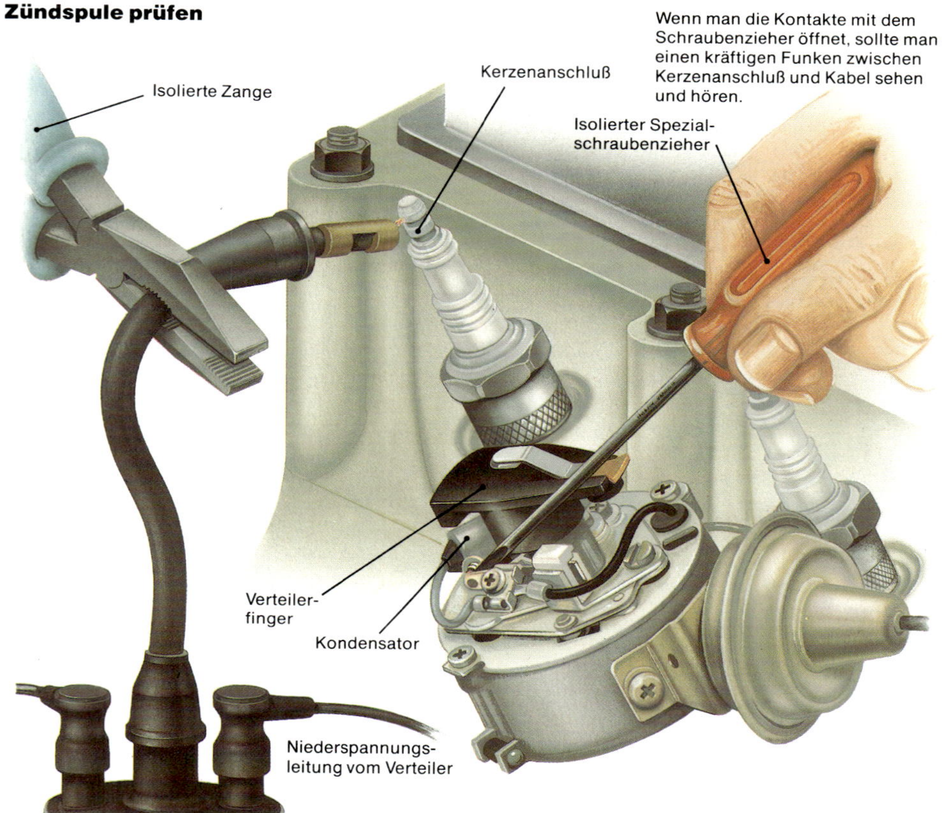

Eine Hochspannungsleitung prüfen

Hochspannungsleitungen im Zündsystem benötigen einen bestimmten Widerstand, damit sie den Rundfunkempfang nicht stören. Auf Graphit- und Kohlefaserkabeln ist er angegeben, bei Kupferleitungen liegt er niedrig (ohne Stecker).

Zur Prüfung baut man die Leitungen aus und mißt sie durch. Kohlefaserkabel mit mehr als 25 kΩ sollte man auswechseln.

Bei Kupferkabeln mißt man außer der Leitung auch die Stecker. Zündkerzenstecker haben Widerstände von 5 bis 10 kΩ, einfache Verteilerstecker etwa 1 kΩ.

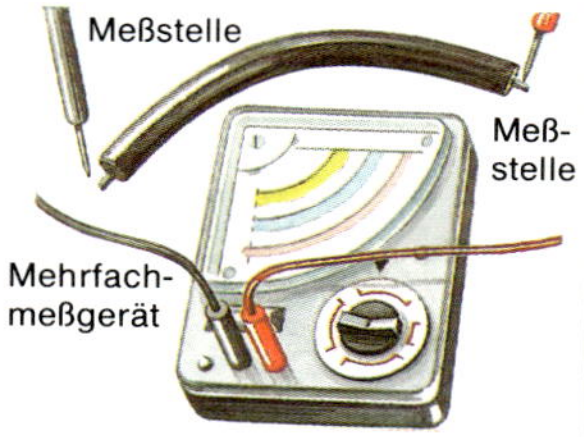

Mit den beiden Prüfleitungen des Ohmmeters mißt man den Durchgang der Widerstandsleitung.

Hochspannungsleitungen prüfen und reinigen

Die Hochspannungsleitungen mit den Anschlußsteckern werden im Zuge der üblichen Inspektion gereinigt und geprüft.

Häufig bilden sich hier schmierige Beläge, die Salz und Feuchtigkeit binden. Es kommt dann zu Spannungsüberschlägen, und der Motor springt schlecht an und neigt zu Aussetzern. Am besten reinigt man Leitungen und Stecker regelmäßig mit einem sauberen Tuch.

Abschließend kann man die Kerzenkabel auch mit einem Kontaktspray einsprühen, der noch vorhandene Feuchtigkeit verdrängt.

Müssen Kerzenkabel, die brüchig geworden sind, ersetzt werden, darf man keinesfalls irgendein Hochspannungskabel einsetzen, denn alle diese Leitungen sind samt den Anschlußsteckern sorgfältig auf das System abgestimmt.

Um Störungen des Rundfunk- und Fernsehempfangs zu vermeiden, weisen alle Hochspannungsleitungen einen Sollwiderstand auf. Dabei handelt es sich bei vielen Fahrzeugen um normale Kupferleitungen, die mit Widerstandssteckern ausgerüstet sind.

Manchmal dienen als Zündkerzenkabel Graphit- oder Kohlefaserkabel, die besonders flexibel und daher vorsichtig zu behandeln sind, damit die innenliegende leitende Fasermasse nicht beschädigt wird.

Werkzeug und Ausrüstung

Zange, scharfes Messer, Klebeband, Schraubenzieher, Ersatzkabel und Stecker

Die Kerzenkabel aus- und einbauen

Um die Kerzenstecker nicht zu verwechseln, sollte man sie mit Nummern markieren. Man beginnt damit beim ersten in Fahrtrichtung gelegenen Zylinder.

Bei einer Verwechslung muß man die Verteilerkappe abnehmen und den Kontakt für den ersten Zylinder suchen. Nun kann man das erste Kabel aufstecken. Entsprechend der Zündfolge setzt man die anderen Kabel ein.

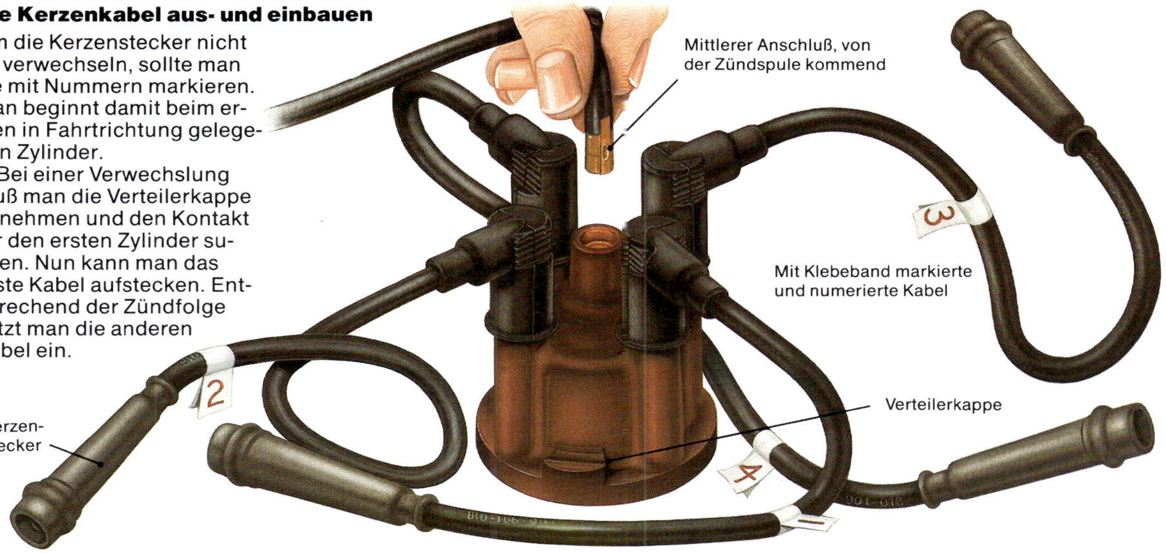

Verschiedene Kabel und Anschlußmöglichkeiten

Kupferkabel sind sehr robust, müssen aber mit Widerstandssteckern ausgerüstet werden.

Hingegen haben Kohle- oder Graphitfaserkabel einen vorgegebenen Widerstand, den man auf der Isolierung ablesen kann. Hier darf man nicht ohne weiteres zusätzliche Widerstandsstecker montieren.

Bei Kohle- oder Graphitfaserkabeln benötigt man für einen sicheren Kontakt Spezialanschlußstecker. Zusätzlich verhindern Gummikappen, daß Feuchtigkeit in die Steckverbindung eintritt.

Um sich die Arbeit mit den verschiedenen Steck- und Klemmverbindungen zu ersparen, setzt man häufig Spezialeinbausätze ein, die auf die jeweiligen Widerstände und Längen abgestimmt sind.

Arbeiten an Katalysatorfahrzeugen sind besonders sorgfältig auszuführen. Der heiße Katalysator ist gefährdet, wenn durch Zündaussetzer unverbrannter Kraftstoff hineingelangt. Im Zweifelsfall bei Zündstörung das Fahrzeug abschleppen lassen.

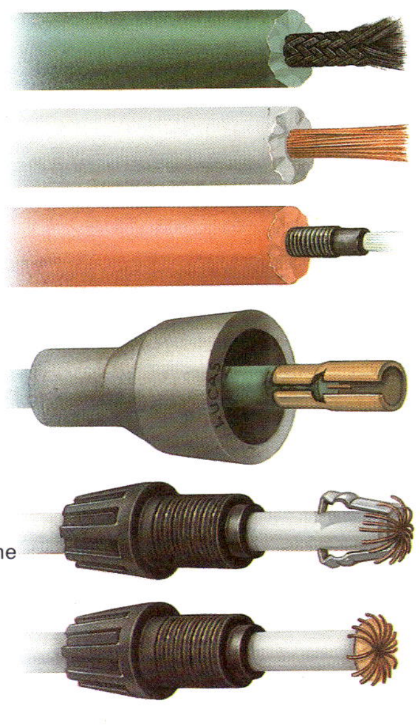

Die Kontaktklemmen von Kupferkabeln auswechseln

Mit einer Isolierzange oder einem scharfen Messer entfernt man etwa 13 mm der Isolierung, ohne die Kupferlitze zu beschädigen, und schiebt eine neue Kontaktklemme auf. Manchmal ist nur eine einfache Scheibe vorgesehen.

Die Kontaktklemme wird mit der Zange zusammengequetscht, so daß sie gut in die Isolierung einschneidet.

Die Kupferlitzen werden nach oben um die Klemme gelegt. Eine Mutter sorgt für die richtige Quetschverbindung.

Ist die Kontaktklemme eine Hülse, isoliert man das Kabel ab und legt die umgebogenen Litzen an die Isolierung an.

Die Kontakthülse preßt man mit einer Zange so auf, daß sie guten Kontakt mit der Litze erhält.

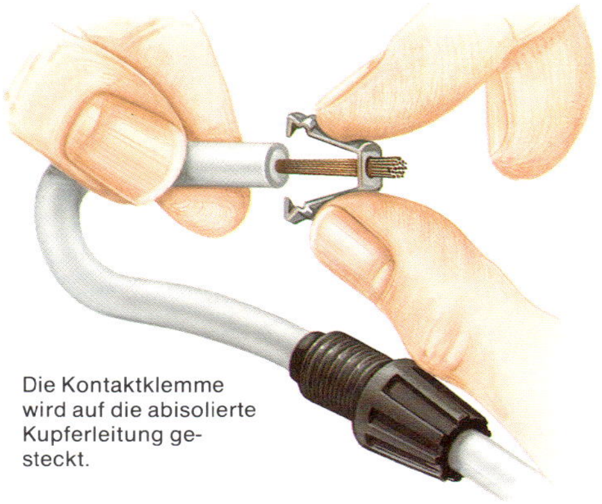

Die Kontaktklemme wird auf die abisolierte Kupferleitung gesteckt.

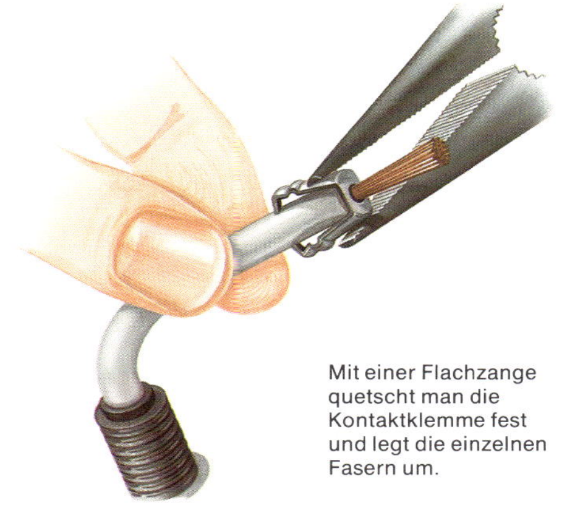

Mit einer Flachzange quetscht man die Kontaktklemme fest und legt die einzelnen Fasern um.

Kerzenstecker und Widerstand einbauen

Manche Kerzenstecker und Widerstände besitzen Schraubanschlüsse. Das Kabel braucht nicht abisoliert zu werden. Der Stecker bzw. Widerstand wird bis zum Anschlag in das Kabel hineingedreht.

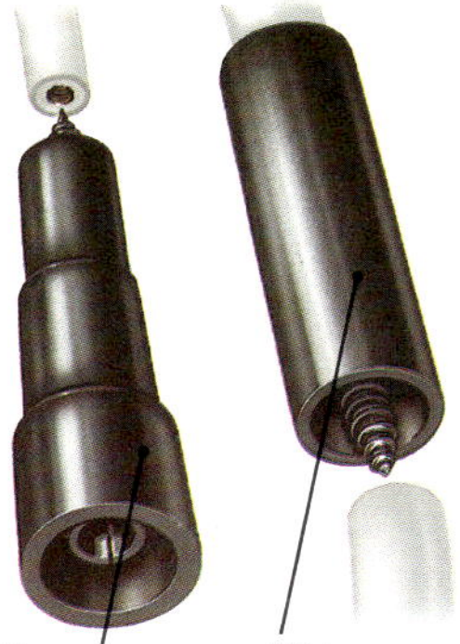

Zündkerzen prüfen und auswechseln

Zündkerzen halten unter normalen Betriebsbedingungen ca. 15000 km. Währenddessen braucht man sie weder auszubauen noch zu reinigen. Auf den Motor richtig abgestimmte Zündkerzen reinigen sich selbst.

Bei Störungen empfiehlt es sich, die Kerzen auszubauen und das Kerzenbild sowie den Elektrodenabstand zu prüfen und gegebenenfalls einzustellen.

Wichtig ist, daß man nur Zündkerzen einsetzt, die vom Hersteller des Motors freigegeben sind.

Bei einem zu niedrigen Wärmewert wird die Zündkerze heiß; es kann zu Glühzündungen oder sogar zu einem Motorschaden kommen.

Wählt man eine Kerze mit einem zu hohen Wärmewert, erreicht sie nie ihre Betriebstemperatur, und der Motor reagiert in der Warmlaufphase mit hohem Kraftstoffverbrauch und schlechter Leistungszunahme.

Zum Kerzenwechsel setzt man am besten einen Spezialkerzenschlüssel ein.

Werkzeug und Ausrüstung

Spezialkerzenschlüssel, Pinsel, Preßluft, Stahlbürste, Fühlerlehre mit Einstellwerkzeug, Schraubenzieher, Drehmomentschlüssel

Verschiedene Zündkerzen

Die am häufigsten verwendete Kerze hat ein 18-mm-Gewinde und einen unverlierbaren Dichtring.

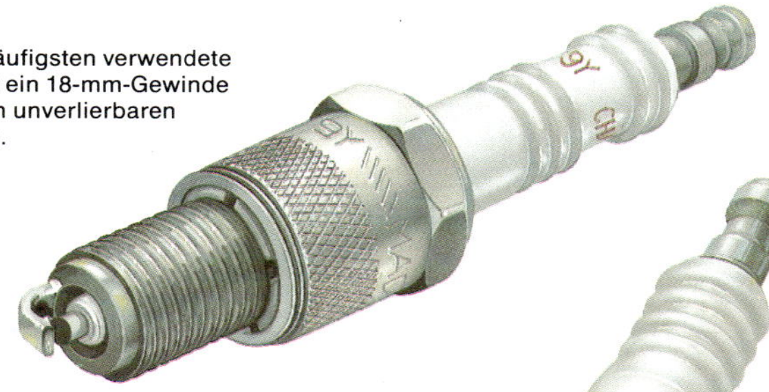

Moderne Kerzen ohne Dichtring, aber mit Dichtkonus werden etwas mehr als handfest angezogen.

Der richtige Wärmewert ist stets auf der Kerze angegeben. Zusätzliche Buchstaben weisen auf die Einsatzart hin.

Nicht nur der Wärmewert ist wichtig, sondern auch die Funkenlage. Diese wird mit weiteren Buchstaben beschrieben.

Alle Kerzenhersteller informieren in Vergleichslisten darüber, welche Kerze für welchen Motortyp geeignet ist. Auch die Bedienungsanleitung des Fahrzeuges enthält entsprechende Angaben.

Die Zündkerzen ausbauen

Bevor man die Zündkerzenstecker abzieht, sollte man sie, um Verwechslungen zu vermeiden, mit beschriftetem Klebeband der Reihe nach numerieren. Beim Abziehen die Kerzenstecker selbst angreifen; nicht am Kabel ziehen!

Der Bereich um die Kerze wird mit Preßluft oder mit einem Pinsel gereinigt. Wenn man die Kerzen herausdreht, muß man aufpassen, daß man den Kerzenschlüssel nicht verkantet.

Der Bereich in der Nähe der Kerze wird mit Preßluft oder einem Pinsel gereinigt.

Kerzenschlüssel mit Universalgelenk zum Ausbauen von schwer erreichbaren Kerzen

Den Elektrodenabstand einstellen

Der Abstand zwischen Masse und Mittelelektrode liegt je nach Herstellerempfehlung bei den einzelnen Typen zwischen 0,6 und 1,1 mm.

Bei zu hohem Abbrand ist es möglich, den Elektrodenabstand durch Nachbiegen der außenliegenden Masseelektrode zu korrigieren.

Für Prüf- und Einstellarbeiten gibt es eine Fühlerlehre mit einem Biegewerkzeug, die saugend zwischen Mittel- und Masseelektrode hindurchgleiten soll.

Beim Biegen sollte man vorsichtig arbeiten, damit man die Elektrode nicht zu oft hin- und herbiegen muß, wobei sie abbrechen kann.

Vorsicht, den Isolierkörper an der Elektrode nicht beschädigen!

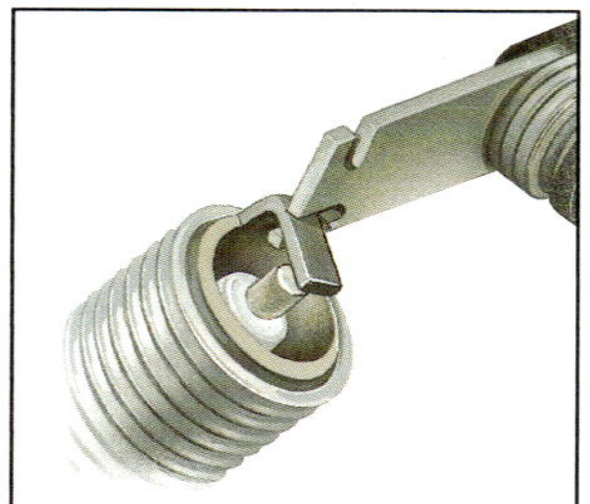

Mit diesem Spezialwerkzeug wird der Elektrodenabstand durch Nachbiegen der Masseelektrode verändert.

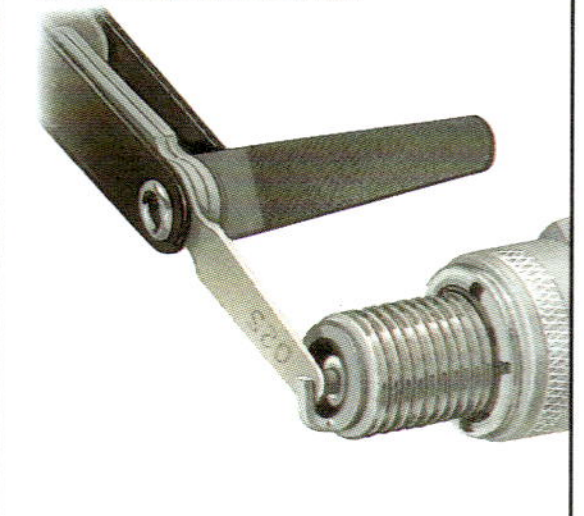

Dasselbe Werkzeug besitzt zahlreiche kurze Fühlerlehren.

Die Kerzen einsetzen

Kerzen stets von Hand einsetzen. Ist dies nicht möglich, das Gewinde im Zylinderkopf kontrollieren. Beim Einsetzen hilft Graphitpulver am Gewinde.

Kerzen nicht schräg oder mit Gewalt einsetzen. Besonders bei Aluminiumzylinderköpfen besteht die Gefahr einer Beschädigung.

Die restlichen Umdrehungen mit dem Zündkerzenschlüssel ausführen. Vorsicht, nicht überdrehen!

Kerzen mit Konusdichtsitz nur etwas mehr als handfest anziehen.

Die Kerzen reinigen

Kerzen braucht man unter normalen Betriebsbedingungen nicht zu reinigen.

Doch bei Störungen am Vergaser oder an der Zündung kann es zu Ablagerungen kommen, die mit einer Stahlbürste vorsichtig zu entfernen sind.

In vielen Werkstätten wird die Kerze in ein Spezialgerät eingeschraubt und mit einem Sandstrahl gereinigt.

Beim Einbau der Kerze sollte man den Isolator mit einem Tuch säubern. Schmierige Beläge können zu Überschlägen und zu Zündaussetzern führen.

Normale Zündkerze mit rehbraunem Isolator

Verschmutzte Kerze mit Ablagerungen

Kerze im Kurzstreckenbetrieb mit zu fettem Gemisch

Kerze, bei der sich Öl abgesetzt hat

Verbrannte Kerze mit zu geringem Wärmewert

Einkaufstips

Zündkerzen werden in Kaufhäusern und Verbrauchermärkten oft erstaunlich günstig angeboten. Dabei kann man Produkte bekannter Herstellerfirmen bedenkenlos kaufen.

Relativ neu sind Platinzündkerzen, die verhältnismäßig teuer sind und sich nur dann lohnen, wenn man sehr viel im Kurzstreckenbetrieb unterwegs ist. Hier besitzen sie deutliche Vorteile.

Seit Einführung längerer Wartungsintervalle gibt es Spezialkerzen bis 30000 km Standzeit. Will man diesen Kerzentyp einsetzen, sollte man sich erkundigen, ob er freigegeben ist.

Die statische Einstellung des Zündzeitpunkts

Der Funke einer Zündkerze soll das Gemisch im Verbrennungsraum kurz vor dem Moment entzünden, an dem der Kolben bei Beendigung des Verdichtungstaktes den oberen Totpunkt (OT) im Zylinder erreicht hat.

Wieviel Grad vor OT die Entzündung erfolgt, ist konstruktiv vorgegeben und hängt beispielsweise von der Art des Brennraumes und der Lage der Zündkerzen ab. Der Sinn dieser Maßnahme ist es, hohe Leistung bei geringem Kraftstoffverbrauch zu erreichen.

Die Hersteller geben den Zündzeitpunkt im allgemeinen in Grad vor OT, seltener nach OT an. Damit man die richtige Einstellung findet, gibt es Markierungen an der Riemenscheibe der Kurbelwelle oder an der Schwungscheibe, die man durch einen Durchbruch im Kupplungsgehäuse beobachtet.

Bei der normalen kontaktgesteuerten Zündung kann man den Zündzeitpunkt bei stehendem Motor mit der Prüflampe einstellen. Diese statische Methode ist nicht sehr genau; denn bei laufendem Motor beeinflußt das Spiel im Verteiler den exakten Ablauf.

Deshalb führte man die dynamische Messung mit der Zündlichtpistole ein. Elektronische Zündungen, die berührungslos, also ohne Unterbrecherkontakt arbeiten, können nur mit dem Stroboskop geprüft und eingestellt werden.

In der Praxis stellt man den Zündzeitpunkt oft nach der statischen Methode ein, damit man das Öffnen der Kontakte erkennt. Diese Technik ist jedoch nur bei normalen und nicht bei leistungsgesteigerten Zündanlagen zulässig.

Werkzeug und Ausrüstung

Gabelschlüssel, Schraubenzieher, Steckschlüssel, Prüflampe

Den statischen Zündzeitpunkt bestimmen

Je nach Fabrikat gibt es verschiedene Techniken, um den Zündzeitpunkt zu markieren.

Bei manchen Aggregaten ist eine Skala im Bereich der Riemenscheibe der Kurbelwelle angebracht. In der Riemenscheibe selbst ist ein Einschnitt zu sehen.

Manchmal fehlt auch die Skala, und es gibt nur eine einfache Gehäusemarkierung, die bei Deckung mit einer Marke an der Kurbelwelle den OT-Punkt anzeigt.

Bei anderen Motoren beobachtet man die Schwungscheibe durch einen Durchbruch im Kupplungsgehäuse.

Der OT-Punkt ist oft mit den Begriffen „OT" oder „O" markiert. Manchmal ist auch nur eine Kugel oder ein tiefer Körnerschlag vorgesehen.

Bei einer weiteren Methode schraubt man die Zündkerzen heraus. Während ein Helfer den Motor mit der Hand durchdreht, verschließt man das Kerzenloch des ersten Zylinders mit dem Daumen. Das Ende des Kompressionstaktes kann man auf diese Weise grob ermitteln.

Um den Zündzeitpunkt zu prüfen, nimmt man nun die Verteilerkappe und den Verteilerfinger ab. Die Aussparung der Verteilerwelle sollte genau gegenüber der Markierung für den ersten Zylinder stehen.

Nun klemmt man eine Prüflampe an Masse und an den Kontaktanschluß im Verteiler. Der Motor wird erst einmal gegen den Uhrzeigersinn zurückgedreht.

Dreht man ihn dann wieder wie bei normalem Betrieb im Uhrzeigersinn, leuchtet die Prüflampe auf. In dieser Stellung haben sich die Kontakte geöffnet, und der OT-Punkt ist gefunden.

Dann überprüft man bei dieser Einstellung die Markierungen an der Riemenscheibe oder Schwungscheibe.

Stimmen die Markierungen nicht miteinander überein, wird der Verteiler an seiner Klemmverbindung gelöst und entsprechend verdreht, bis die OT-Marke des Zündzeitpunkts gefunden ist.

Die Zündung einstellen

Die Markierung der Riemenscheibe muß der Zündzeitpunktmarkierung gegenüberstehen.

Kompression prüfen

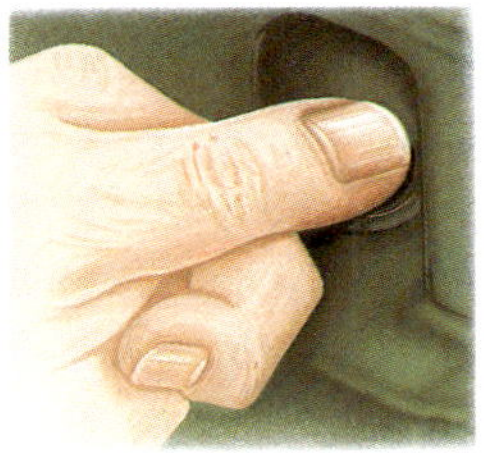

Dreht man den Motor von Hand, kann man mit dem Daumen das Ende des Kompressionstaktes und damit den OT prüfen.

Andere Markierungen

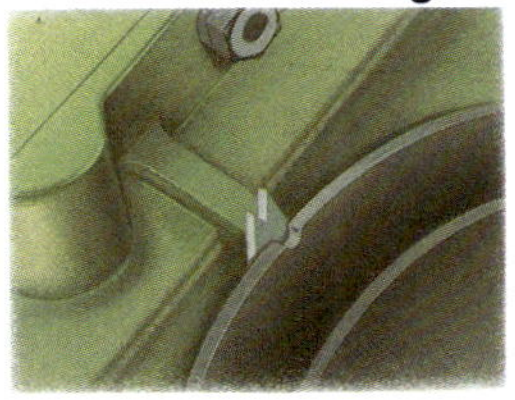

Der erste Pfeil gibt den Zündzeitpunkt an, der zweite den oberen Totpunkt (OT).

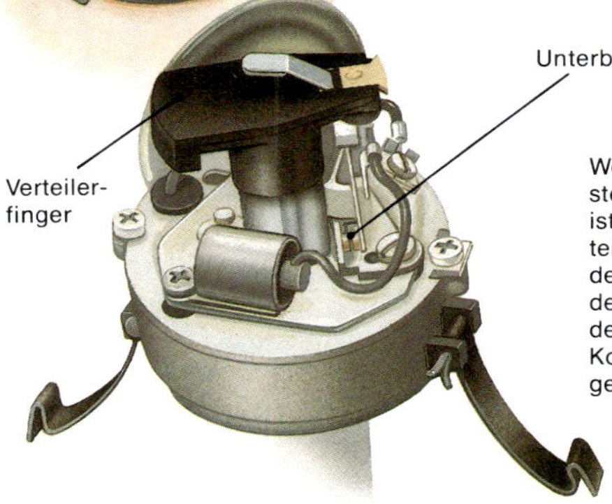

Wenn die Einstellung korrekt ist, zeigt der Verteilerfinger auf den Kontakt für den ersten Zylinder, und die Kontakte sind geöffnet.

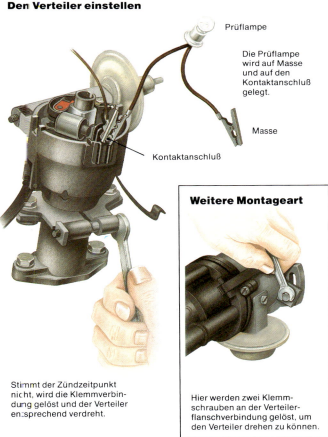

Den Verteiler einstellen

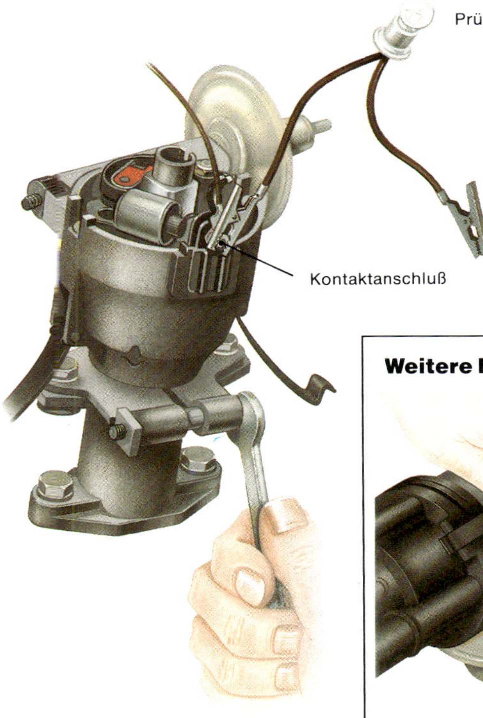

Prüflampe
Die Prüflampe wird auf Masse und auf den Kontaktanschluß gelegt.
Masse
Kontaktanschluß

Stimmt der Zündzeitpunkt nicht, wird die Klemmverbindung gelöst und der Verteiler entsprechend verdreht.

Weitere Montageart

Hier werden zwei Klemmschrauben an der Verteilerflanschverbindung gelöst, um den Verteiler drehen zu können.

Die dynamische Einstellung des Zündzeitpunkts

Die statische Einstellung des Zündzeitpunkts ist nicht besonders genau. Deshalb wird bei allen modernen Aggregaten die dynamische Zündeinstellung mit dem Stroboskop, das auch als Zündlichtpistole bezeichnet wird, bevorzugt.

Die Zündlichtpistole ist mit einer Xenon- oder Neon-Blitzlampe ausgerüstet. Sie wird an den Plus- und Minuspol der Batterie sowie an die Hochspannungsleitung des ersten Zylinders angeschlossen. Zündet die Kerze dieses Zylinders, blitzt die Lampe auf. Richtet man den Strahl gleichzeitig auf die Zündzeitpunktmarkierung, läßt sich diese, bedingt durch die Trägheit des Auges, sehr gut erkennen.

Man stellt den Zündzeitpunkt in der Regel bei vorgegebener Leerlaufdrehzahl und betriebswarmem Motor ein.

Die Drehzahl kann erhöht werden, um die Auswirkungen der Früh- und Spätverstellung des Verteilers zu prüfen. Die Zündzeitpunktmarkierung „läuft dann weg".

Im Verteiler sorgt die Fliehkraftverstellung für die Beeinflussung des Zündzeitpunkts bei Vollastbetrieb. Der Unterdruckversteller verstellt die Zündung bei Teillast.

Bei modernen Motoren haben die Konstrukteure eine zweifache Unterdruckverstellung vorgesehen, nämlich sowohl für die Früh- als auch für die Spätverstellung. Dadurch kann man das Abgasverhalten dieser Motoren entsprechend den gesetzlichen Bestimmungen abstimmen.

Vorsicht bei Arbeiten am laufenden Motor, daß Kleidung und Haare nicht von drehenden Motorteilen erfaßt werden!
Das Berühren und Anschließen stromführender Bauteile ist nur bei ausgeschalteter Zündung zulässig.
Beim Berühren leistungsgesteigerter Zündanlagen besteht Lebensgefahr!

Werkzeug und Ausrüstung

Zündlichtpistole, Drehzahlmesser, Schraubenzieher, Gabelschlüssel, Kreide

Die Unterdruckverstellung

Bei einfacher Unterdruckverstellung wird zur Prüfung des Zündzeitpunkts bei den meisten Motoren der Unterdruckschlauch abgenommen.

Hat die Unterdruckdose Früh- und Spätverstellung, also zwei Anschlüsse, mißt man meist mit Unterdruck bei angebrachten Schläuchen.

Um die Funktion zu prüfen, kann man die einzelnen Schläuche auch bei laufendem Motor abziehen.

Die Zündlichtpistole anschließen

Die Zündlichtpistole wird bei stehendem Motor angeschlossen. Für die Stromversorgung sind ein roter Anschluß, der auf den Pluspol, und ein schwarzer Anschluß, der auf den Minuspol der Batterie geklemmt wird, vorhanden.

Ist die Zündlichtpistole mit einem induktiven Abgriff ausgestattet, legt man die hierfür dienende Zange um das Hochspannungskabel des ersten Zylinders.

Ältere Ausführungen besitzen Zwischenstecker. Hier muß der Zündkerzenstecker des ersten Zylinders von der Kerze abgenommen werden. Der Zwischenstecker ist in die Leitung zu setzen.

Zündlichtpistolen mit induktivem Abgriff sind zwar etwas teurer, lassen sich aber universeller verwenden, da das Anschließen eines Zwischensteckers nicht immer sehr einfach ist.

Den Zündzeitpunkt prüfen

Nachdem man die Zündlichtpistole angeschlossen hat, prüft man, ob der Motor genau mit der vorgegebenen Drehzahl läuft.

Diese prüft man mit dem eingebauten Drehzahlmesser, falls ein solcher vorhanden ist. Andernfalls muß man die Messung mit einem Drehzahltester durchführen.

Bei betriebswarmem Motor wird nun die Zündzeitpunktmarkierung angeblitzt.

Ist die Markierung schlecht zu beobachten, stoppt man den Motor, reinigt die Einstellmarkierung und bestreicht sie mit Kreide. Die Kreidemarkierung wird leicht abgewischt, so daß die Kreide nur in den Vertiefungen zurückbleibt.

Zusätzlich zur Kontrolle bei Leerlauf kann man auch die Drehzahl erhöhen, um die Funktion der Fliehkraft- und Unterdruckverstellung zu prüfen.

Den Zündzeitpunkt einstellen

Nach dem Abschalten des Motors wird die Klemmverschraubung des Verteilers nur soweit gelöst, daß sie sich zwar nicht von selbst verdreht, wohl aber von Hand verstellt werden kann.

Dann startet man den Motor wieder und blitzt die Zündzeitpunktmarkierung mit der Zündlichtpistole an.

Durch Verdrehen des Verteilers kann der Zündzeitpunkt variiert werden.

Vorsicht: Bei diesen Arbeiten darf man keine stromführenden Teile berühren, vor allem nicht bei leistungsgesteigerten Anlagen! Am besten verwendet man eine isolierte Zange.

Voraussetzung für die korrekte Einstellung und Funktion der Zündanlage sind auf jeden Fall einwandfreie Unterbrecherkontakte.

Da der Schließwinkel und in direktem Zusammenhang mit diesem der Kontaktabstand den Zündzeitpunkt beeinflussen, sollte der Schließwinkel vor dem Zündzeitpunkt geprüft und gegebenenfalls korrigiert werden.

Wenn man den Zündzeitpunkt korrigiert und den Motor abgeschaltet hat, zieht man den Verteiler fest.

Abschließend führt man noch einmal einen Prüflauf durch.

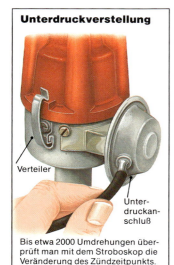

Unterdruckverstellung

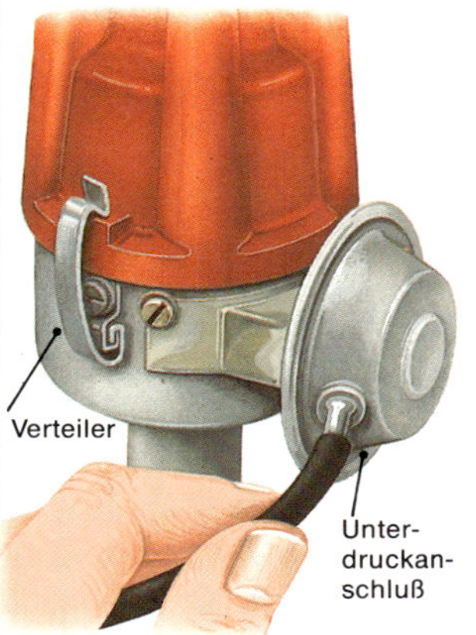

Bis etwa 2000 Umdrehungen überprüft man mit dem Stroboskop die Veränderung des Zündzeitpunkts.

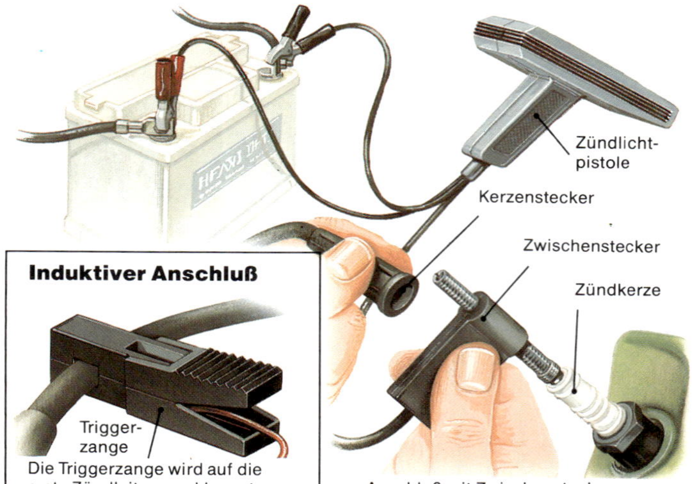

Anschluß mit Zwischenstecker zwischen Kerze und Kerzenstecker

Induktiver Anschluß

Triggerzange

Die Triggerzange wird auf die erste Zündleitung geklemmt.

Verschiedene Markierungen

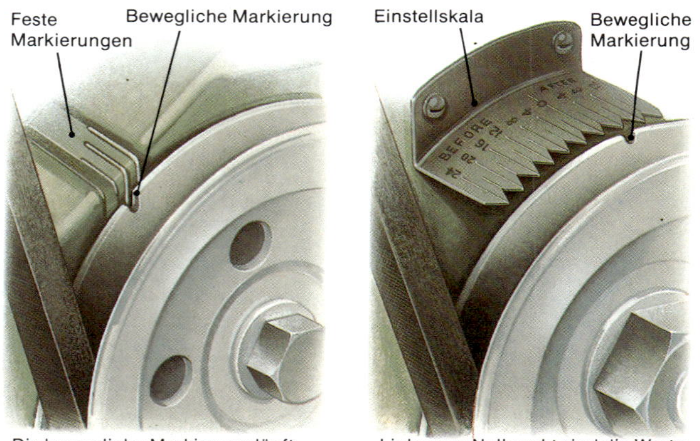

Die bewegliche Markierung läuft hier an verschiedenen Gehäusemarkierungen vorbei.

Links vom Nullpunkt sind die Werte für Früh-, rechts für Spätzündung markiert.

Unterbrecherkontakte einbauen und einstellen 1

Unterbrecherkontakte sollte man im Rahmen der Inspektion grundsätzlich ersetzen. Einmal verbrennen die Kontaktflächen an Amboß und Hebel, zum anderen verschleißt ein kleiner Kunststoffnocken, der die Kontakte steuert, so daß es allmählich zu einer Veränderung des Zündzeitpunktes kommt. So wird der Unterbrecherabstand im Lauf der Zeit immer geringer.

Ist der Kontaktabbrand besonders groß, besteht der Verdacht, daß der Zündkondensator schadhaft ist. Da außerdem die Zündspannung absinkt, sollte man den Kondensator möglichst schnell ersetzen.

Bei neueren Fahrzeugen werden die Kontakte statisch mit der Fühlerlehre und dynamisch mit dem Stroboskop bei laufendem Motor eingestellt.

Werkzeug und Ausrüstung

Schraubenzieher, Flachzange, Gabelschlüssel, Fühlerlehre, Stroboskop

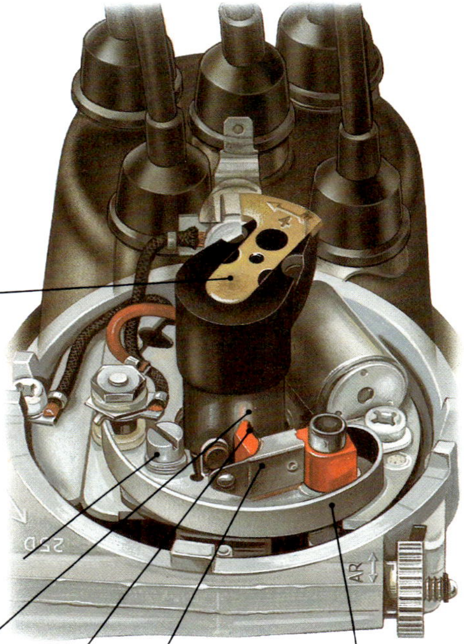

Allgemeine Hinweise zum Ausbau von Unterbrecherkontakten

Fast immer muß man die Verteilerkappe abnehmen, die durch Klipse oder Schrauben gehalten wird. Darunter sieht man den Verteilerfinger und häufig eine Schutzkappe. Beide werden abgezogen.

Wenn man den Kabelanschluß der Unterbrecherkontakte gelöst hat, läßt sich ein Teil des Kontaktpaares von einer Achse abziehen.

Der zweite Teil ist meist mit einer Schraube auf der Grundplatte befestigt. Nach dem Herausdrehen nimmt man den Unterbrecheramboß ab.

Man reinigt den Verteiler mit einem Tuch, setzt das neue Kontaktpaar ein und stellt den Abstand mit einer Lehre ein.

Die zwei Befestigungsklipse mit einem Schraubenzieher abdrücken.

Schraubbefestigung

Manchmal ist die Kappe auch mit zwei Schrauben befestigt.

Die Mutter des Kontaktkabels muß man nicht immer abschrauben. Meist kann man den Kabelschuh abziehen, wenn man sie gelöst hat.

Den Kontaktabstand einstellen

Der Unterbrecherkontaktabstand liegt zwischen 0,3 und etwa 0,4 mm. Das genaue Maß liefert der Fahrzeughersteller.

Zur Einstellung dreht man die Kurbelwelle des Motors so, daß der Nocken der Verteilerwelle den Unterbrecherhebel in seine höchste Position bringt. Man kann den Motor leichter durchdrehen, wenn man die Kerzen ausbaut.

Mit einer Fühlerlehre mißt man den Abstand zwischen Kontakthebel und Amboß.

Manchmal sind eine Einstellschraube und eine Sicherungsschraube, häufiger aber nur eine Sicherungsschraube am Kontaktamboß vorgesehen. Diese löst man und bewegt mit einem Schraubenzieher den Amboß, der die Verstellschraube oder einen Justierschlitz bewegt.

Wenn man den Kontaktamboß gesichert hat, prüft man den Abstand noch einmal. Abschließend gibt man sparsam Fett auf den Kunststoffnocken des Unterbrechers. Dabei ist darauf zu achten, daß die Kontaktfläche nicht verunreinigt wird.

Die dynamische Einstellung der Unterbrecherkontakte wird auf den folgenden Seiten beschrieben.

Der Nocken der Verteilerwelle muß in seiner höchsten Stellung stehen.

Der Schraubenzieher steht im Verstellschlitz. Mit der Fühlerlehre wird der Abstand gemessen.

Während man die Klemmschraube anzieht, sichert ein zweiter Schraubenzieher die Kontaktverstellung.

Unterbrecherkontakte einbauen und einstellen 2

Lucas-Verteiler

Bei der älteren Bauart dieses Verteilertyps wird eine kleine Mutter vom freien Ende der Blattfeder abgeschraubt. Darunter befindet sich ein Isolierstück.

Wichtig ist, daß man sich die Position der einzelnen Teile inklusive der Unterlegscheiben genau merkt.

Wenn man eine Schraube herausgenommen hat, kann man den Kontaktsatz entfernen. Der Einbau erfolgt in umgekehrter Reihenfolge.

Den Kontaktabstand stellt man mit Hilfe eines Justierschlitzes ein, in den man einen Schraubenzieher steckt.

Beim neueren Lucas-Verteilertyp ist das Anschlußkabel nur noch in der Blattfeder des Unterbrecherhebels eingehängt.

Marelli-Verteiler

Man dreht eine Mutter vom seitlichen Kabelanschluß herunter, löst die Befestigungsschraube des Kontaktsatzes, und das Isolierstück im Gehäuse gibt die Blattfeder frei.

Ein Klips wird abgedrückt, und der Kontaktsatz kann herausgenommen werden.

Beim Einbau das Kondensatoranschlußkabel nicht vergessen.

Bosch-Verteiler

Das Anschlußkabel ist nur gesteckt und wird mit dem Unterbrecherkabel abgezogen.

Der Kontaktamboß ist mit einer Schraube befestigt. Beim Einsetzen des neuen Kontaktambosses gibt man etwas Fett auf die Befestigungsschraube.

Nun kann man den Unterbrecherhebel einsetzen und das Kabel wieder aufstecken.

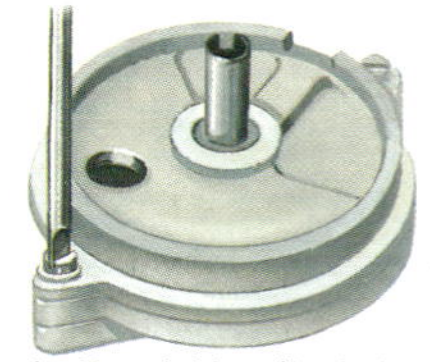

Manche Bosch-Verteiler haben eine abschraubbare Führungsplatte.

Nippon-Denso-Verteiler

Man löst am Verteilergehäuse eine Schraube und zieht das gesteckte Anschlußkabel heraus. Zur Befestigung des Verteilerambosses dienen zwei Schrauben.

Der Kontaktsatz wird mit einem Justierschlitz ausgerichtet.

Kontaktwechsel beim Lucas-Verteiler

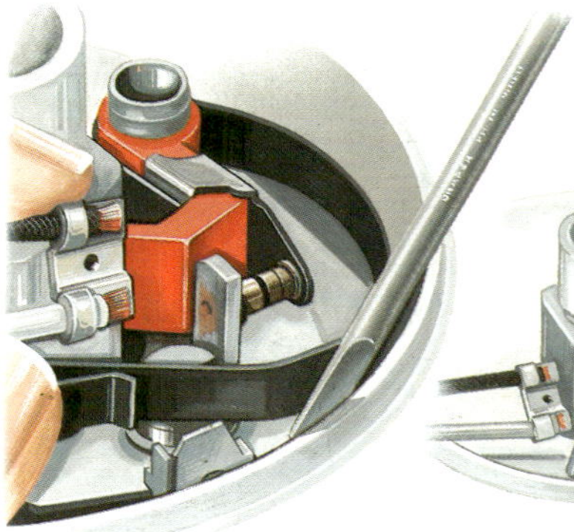

Die Blattfeder mit einem Schraubenzieher herausdrücken und die Anschlußkabel abziehen.

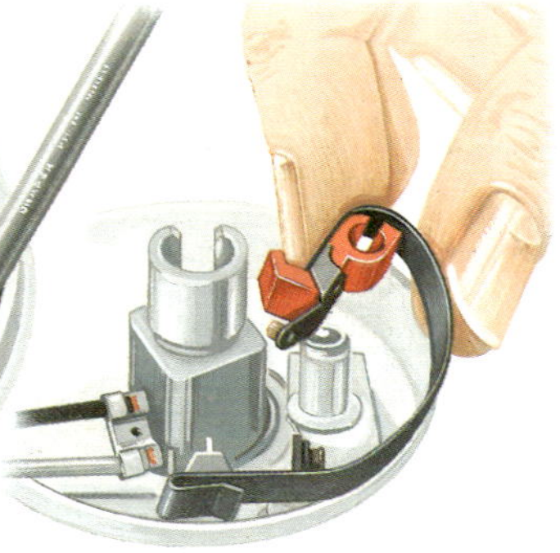

Der Unterbrecherhebel läßt sich von seiner Welle abziehen.

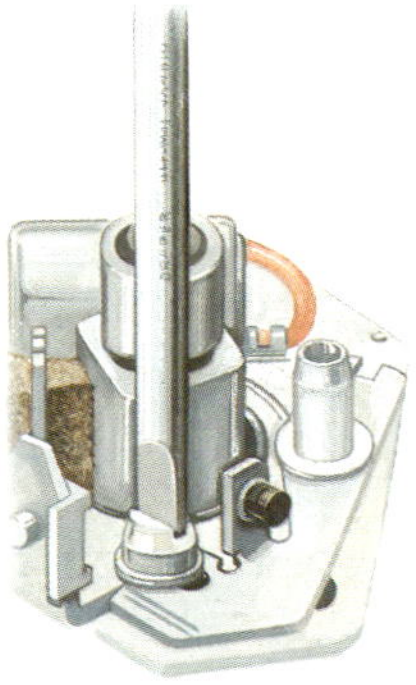

Der Amboß ist mit einer Schraube an der Bodenplatte justiert.

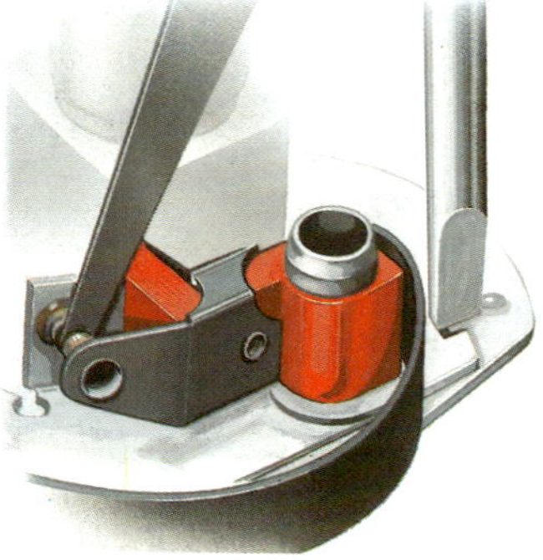

Den Kontaktabstand mit einem Schraubenzieher einstellen.

Marelli-Verteiler

Den Klips der Unterbrecherbefestigung abdrücken.

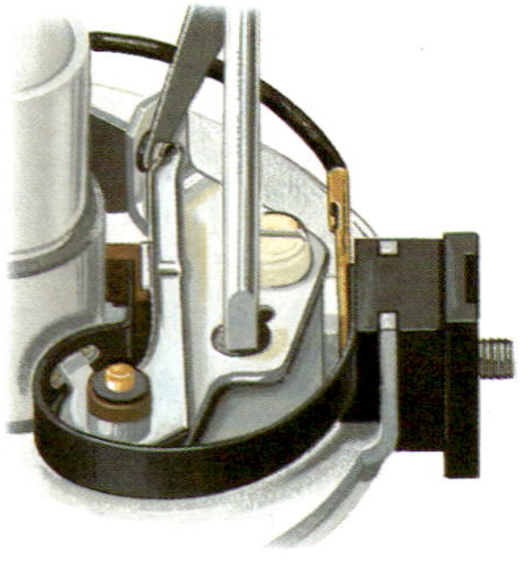

Mit einem Loch im Amboß den Kontaktsatz justieren.

Kontaktwechsel beim Bosch-Verteiler

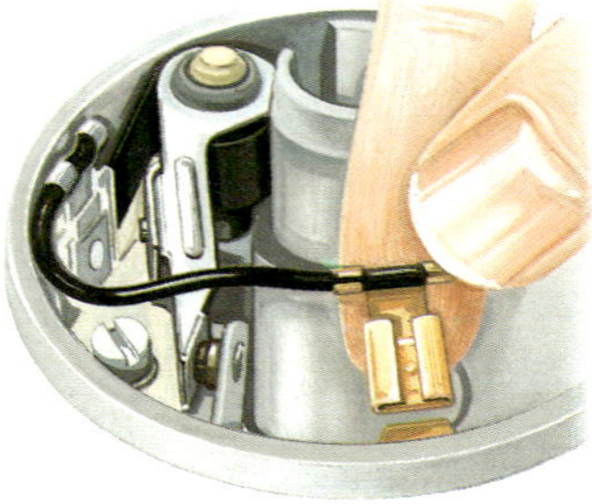

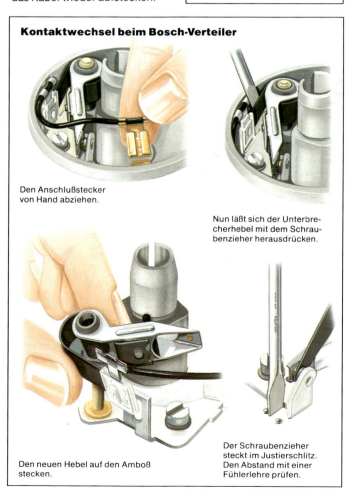

Den Anschlußstecker von Hand abziehen.

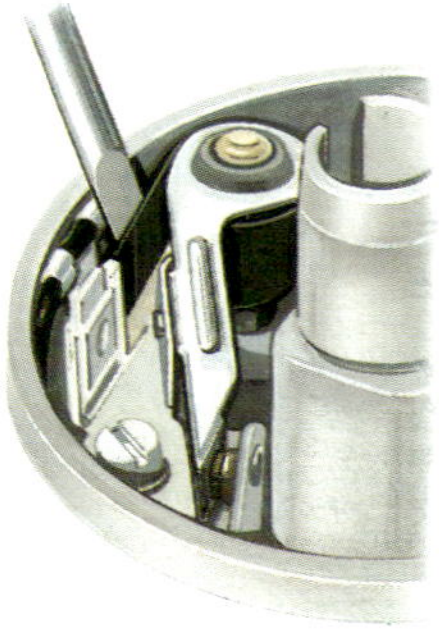

Nun läßt sich der Unterbrecherhebel mit dem Schraubenzieher herausdrücken.

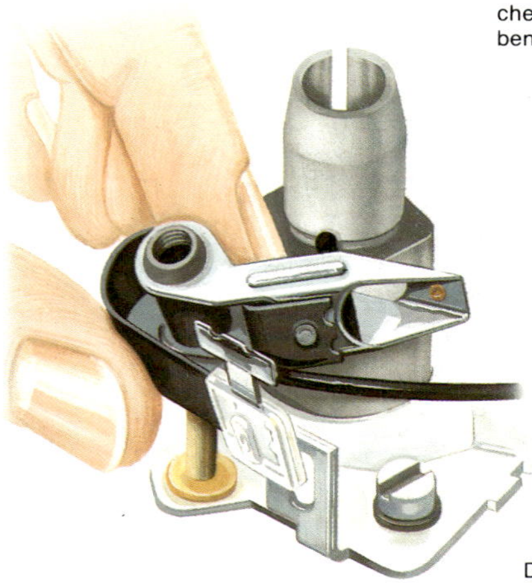

Den neuen Hebel auf den Amboß stecken.

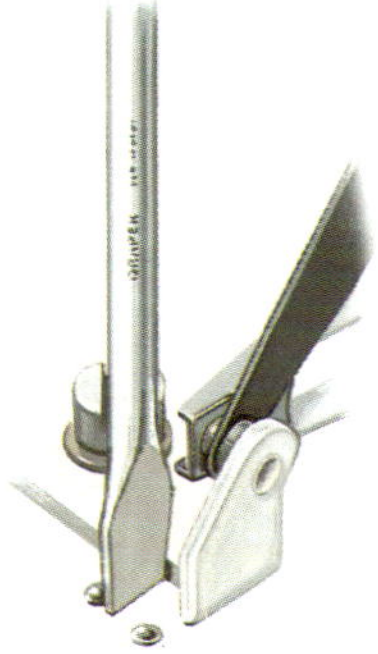

Der Schraubenzieher steckt im Justierschlitz. Den Abstand mit einer Fühlerlehre prüfen.

Kontaktwechsel beim Nippon-Denso-Verteiler

Die Mutter am Verteileranschluß lösen und das Kabel abziehen.

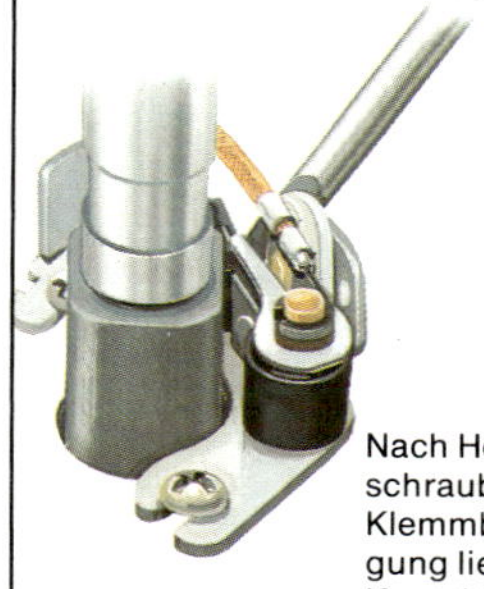

Nach Herausschrauben der Klemmbefestigung liegen die Kontakte frei.

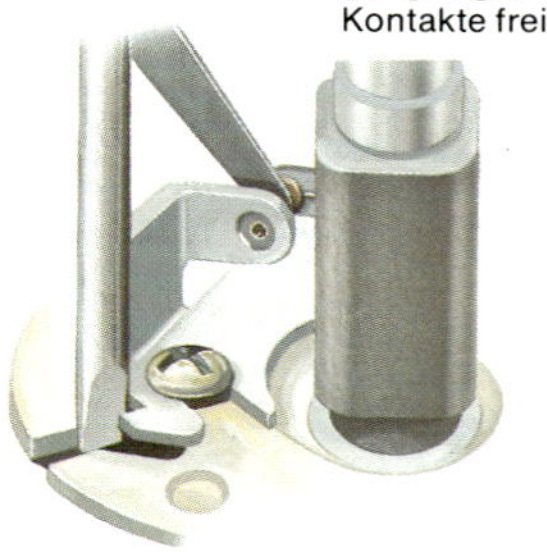

Den Amboß mit dem Schraubenzieher versetzen, um den Abstand einzustellen.

Unterbrecherkontakte einbauen und einstellen 3

Mitsubishi-Verteiler

Man löst die Schrauben der Kontakte und das Anschlußkabel und nimmt die beiden Schrauben samt Unterlegscheiben und den Kontaktsatz heraus.

Beim Einsetzen der neuen Kontakte muß man beachten, daß man sie genau in die Justiernase einsetzt.

Man bringt die Masseleitung an und setzt die Kondensatorleitung ein.

Zur Justierung der Kontakte gibt es einen V-Schlitz.

Die Kontakte beim Mitsubishi-Verteiler einbauen

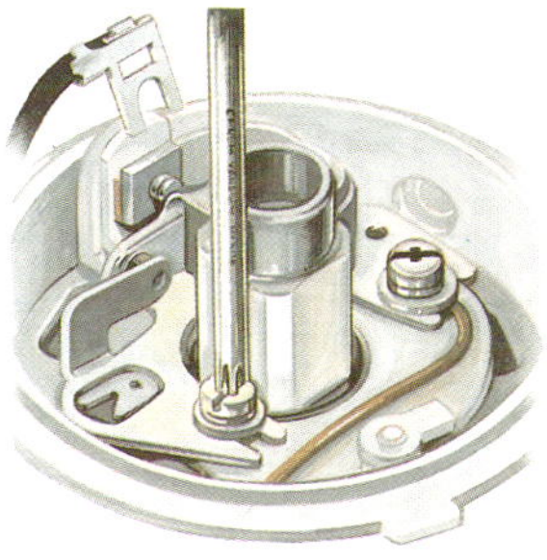

Wenn die Anschlußleitung abgezogen ist, dreht man die beiden Kreuzschlitzschrauben heraus.

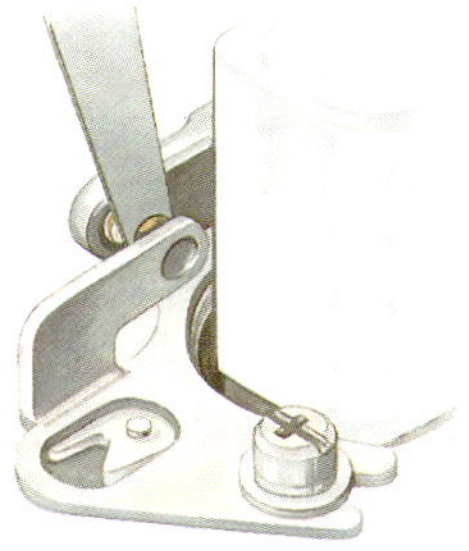

Zur Einstellung des Abstandes wird ein V-Schlitz verdreht.

AC-Delco-Verteiler

Die Firma AC-Delco setzt zwei Grundtypen von Verteilern ein. Entweder sitzen die Kontakte oben auf der Grundplatte, oder oberhalb der Kontakte sitzt die Fliehkraftsteuerung.

Beim ersten Typ wird eine Blattfeder abgedrückt, und der Kontakthebel liegt frei. Der Amboß ist mit Halteschrauben am Boden befestigt.

Beim zweiten Typ muß man zusätzlich zwei Schrauben herausdrehen, um den Verteilerfinger abzunehmen. Die Schrauben bleiben in ihrer Befestigungsbohrung und werden vorsichtig komplett mit dem Finger abgezogen. Darunter findet man wieder die übliche Kontaktbefestigung mittels Blattfeder, die man abdrückt.

AC-Delco-Verteiler in Normalausführung

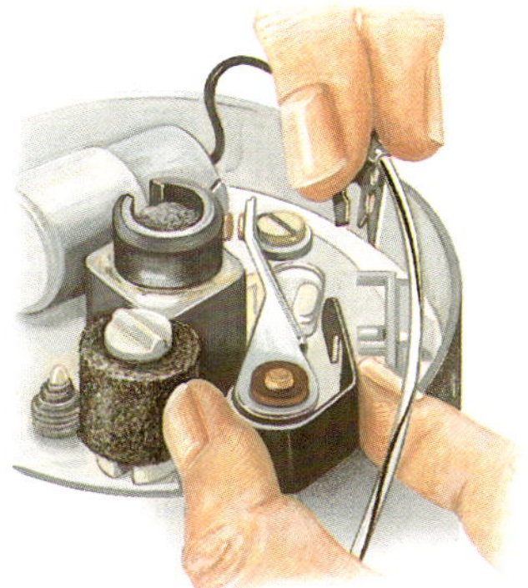

Wenn man die Blattfeder des Hebels abdrückt, liegen die Anschlußkabel frei.

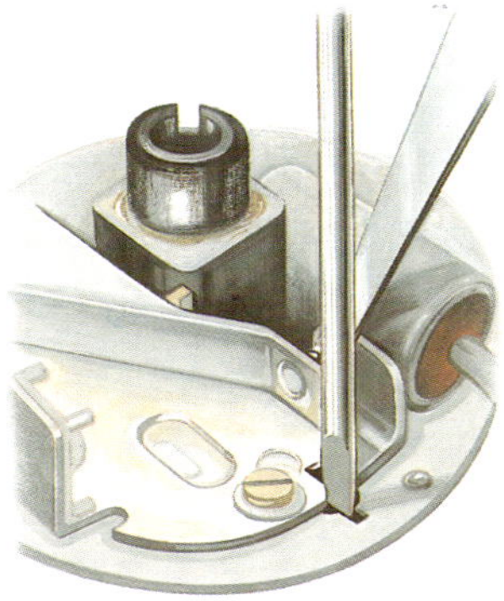

Mit einem Schraubenzieher im Justierschlitz wird der Abstand eingestellt.

AC-Delco-Verteiler in veränderter Ausführung

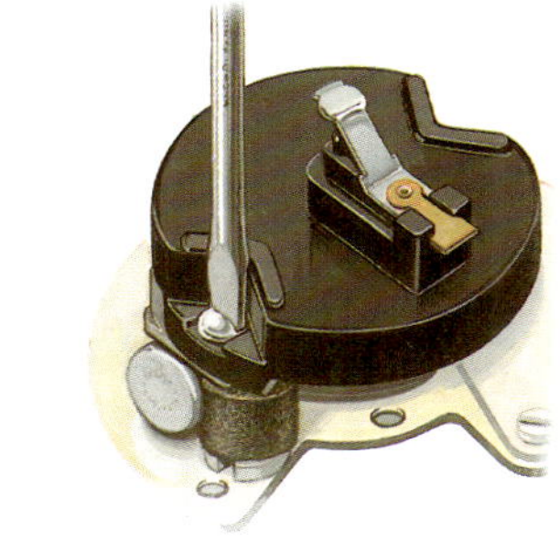

Die Halteschrauben des Verteilerfingers werden herausgedreht.

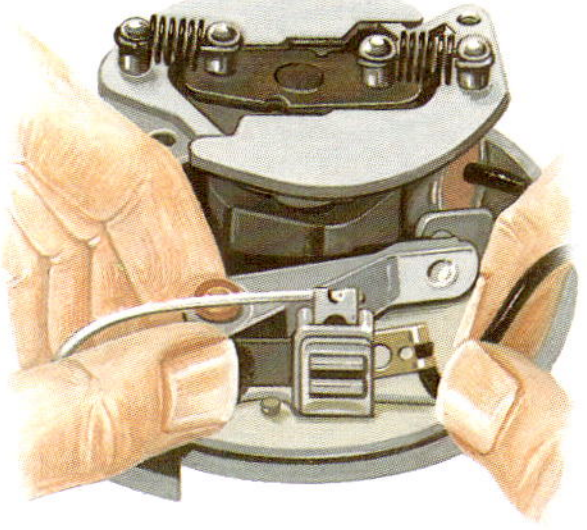

Darunter befindet sich die übliche Kontaktmontage.

Motorcraft-Verteiler

Wenn man eine Kreuzschlitzschraube gelöst hat, zieht man die beiden Anschlußstecker ab. Der Kontaktsatz ist mit zwei Schrauben auf der Verteilergrundplatte befestigt.

Der Einbau erfolgt in umgekehrter Reihenfolge.

Motorcraft-Verteiler

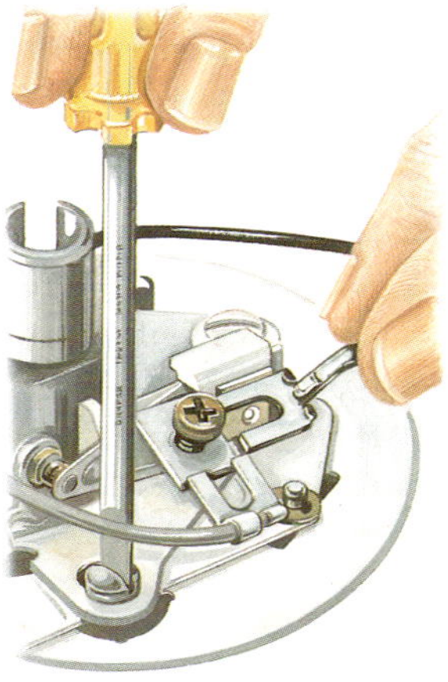

Man löst die Anschlußleitung und dreht die Halteschraube heraus.

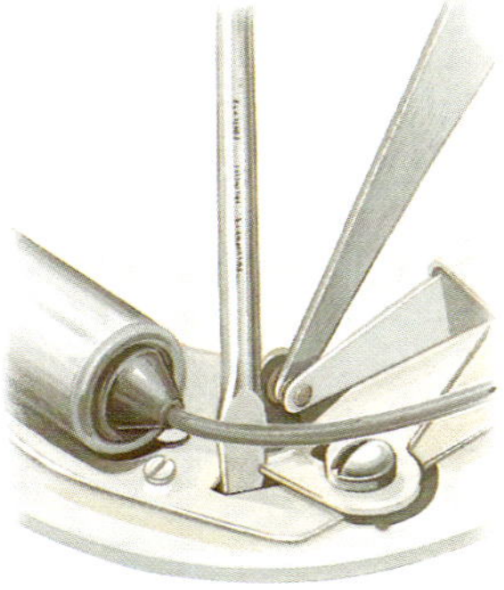

Den Abstand stellt man mit Fühlerlehre und Justierschlitz ein.

Ducellier-Verteiler

Man löst die Klemmuttern am Verteilergehäuse und nimmt das Anschlußkabel im Verteiler ab. Der Unterbrecherhebel ist mit einer Haarnadelfeder gesichert, die wie die darunterliegende Scheibe abgezogen wird.

Dann nimmt man den Kontakthebel heraus, und die Befestigungsschrauben des Ambosses liegen frei.

Der neue Satz wird eingebaut und der Kontakthebel wieder mit Scheibe und Haarnadelsicherung befestigt.

Die Kontakte beim Ducellier-Verteiler

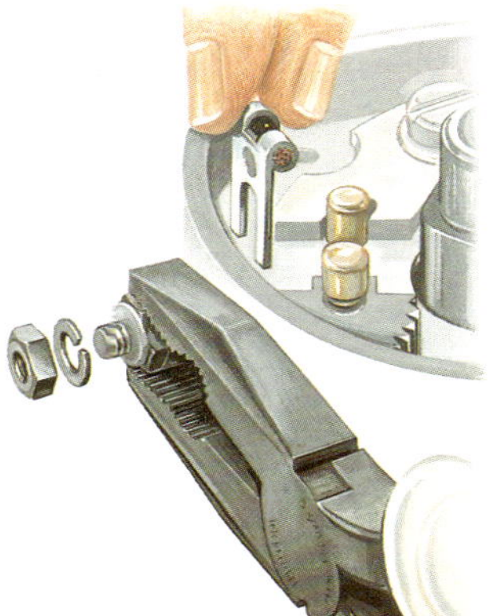

Man löst die Klemmuttern, um das Anschlußkabel freizulegen.

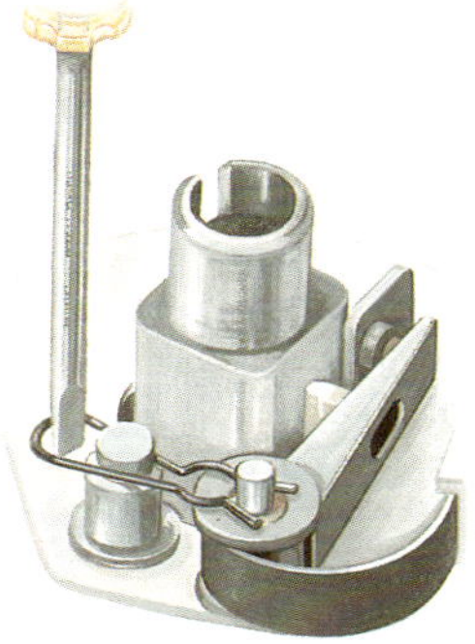

Der Kontakthebel ist mit einer Haarnadelsicherung befestigt, die man mit dem Schraubenzieher abzieht.

Beim Einsetzen des Kontakthebels die Unterlegscheibe nicht vergessen.

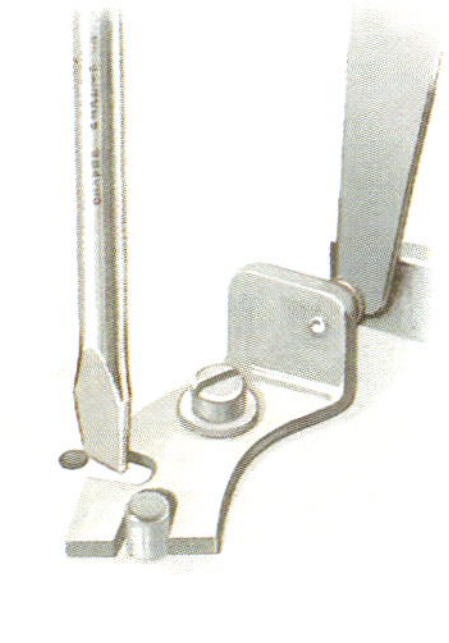

Mit einem kleinen Schraubenzieher stellt man den Kontaktabstand ein.

Den Schließwinkel einstellen

Neue Unterbrecherkontakte werden beim Einsetzen mit Hilfe der Fühlerlehre auf das vom Hersteller angegebene Maß eingestellt.

Diese statische Einstellung ist aber mit einigen Unsicherheiten behaftet. Deshalb schreiben nahezu alle Hersteller bei neueren Motoren die dynamische Prüfung und die entsprechende Korrektur mit einem Schließwinkel-Testgerät vor. Diese Methode hat den Vorteil, daß auch bei älteren Kontakten, bei denen sich schon Abbrand auf der Oberfläche gebildet hat, eine Messung möglich ist.

Bei modernen Fahrzeugen mit elektronischer Zündung dürfen Schaltgeräte durch Kurzschlüsse und andere Eingriffe nicht überlastet werden. Hinzu kommt, daß bei solchen Fahrzeugen der Schließwinkel meist elektronisch vorgegeben ist und nicht mehr eingestellt werden kann.

Werkzeug und Ausrüstung

Schließwinkel-Testgerät, Schraubenzieher

Das Testgerät anschließen

Das Meßgerät hat zwei Anschlußklemmen: eine mit der Bezeichnung „Klemme 15" oder „CB" (für *contact breaker)*, die an Klemme 15 der Zündspule befestigt wird. Die zweite Leitung legt man auf Masse. Bei manchen Testprüfern kann man diese Leitung auch an Anschluß 1 der zweiten Klemme der Zündspule legen.

Beim Schließwinkel-Testgerät wird die Zylinderzahl mit einem Wahlschalter eingestellt.

Den Schließwinkel messen

Sind die neuen Unterbrecherkontakte eingesetzt, werden Verteilerfinger und Kappe aufgesetzt. Dann startet man den Motor.

Wenn man den Schließwinkel mißt, darf die Startautomatik nicht mehr in Funktion sein, bzw. die Starterklappe muß zurückgeschoben werden. Der Motor dreht im normalen Leerlauf.

Nach Anschließen und Abstimmen des Meßgerätes liest man den Schließwinkel ab. Dabei bedeutet ein zu kleiner Schließwinkel einen zu großen, ein zu großer Schließwinkel einen zu kleinen Kontaktabstand.

Bei den meisten in jüngerer Zeit gebauten Motoren liegt der Schließwinkel im Bereich von etwa 50°.

Häufig wird dieser Wert auch in Prozent umgerechnet und auf der Skala des Meßgerätes entsprechend wiedergegeben.

Bei vollelektronischer Zündung ist die Schließwinkelmessung elektronisch vorgegeben.

Nach der Leerlaufmessung erhöht man die Drehzahl von Hand bis auf etwa 1000 Umdrehungen pro Minute. Der Schließwinkel sollte sich nicht stark verändern und darf höchstens um 2–3° vom Nennwert abweichen. Größere Abweichungen weisen auf einen verschlissenen Verteiler hin.

Kontaktklemmen nur bei ausgeschalteter Zündung anlegen. Dies gilt für Motoren mit leistungsgesteigerter Zündanlage: Es besteht Lebensgefahr! Schaltgeräte vor dem Eingriff spannungslos machen, damit sie nicht zerstört werden.

Die Schließwinkelmessung

Wenn der Motor die Verteilerwelle dreht, öffnet an ihr ein Nocken die Kontakte, die von einer kleinen Feder sofort wieder geschlossen werden.

Bei einem Vierzylindermotor beträgt der Winkel zwischen zwei Nocken 90°; innerhalb dieses Winkels ist der Kontakt für eine bestimmte Zeit geschlossen, meist in einem Bereich um 50°. Im restlichen Winkelbereich wird der Kontakt gerade geöffnet oder geschlossen.

Das Schließwinkel-Testgerät wird an die Zündspule oder den Verteiler und an Masse angeschlossen. Abweichungen von ±3° sind zulässig. Sind die Abweichungen auch innerhalb der einzelnen Zylinder höher, läuft der Motor rauh, und man sollte nach den Ursachen forschen.

Die Schließwinkel variieren je nach Fahrzeugfabrikat. Am Schließwinkel-Testgerät gibt es je eine Skala für vier und sechs Zylinder. Die Werte von acht Zylindern liest man von der Vierzylinderskala ab und halbiert sie.

Im Pannenfall kann man die Kontakte mit der Fühlerlehre einstellen und weiterfahren. Die endgültige, fachgerechte Einstellung sollte aber möglichst bald erfolgen.

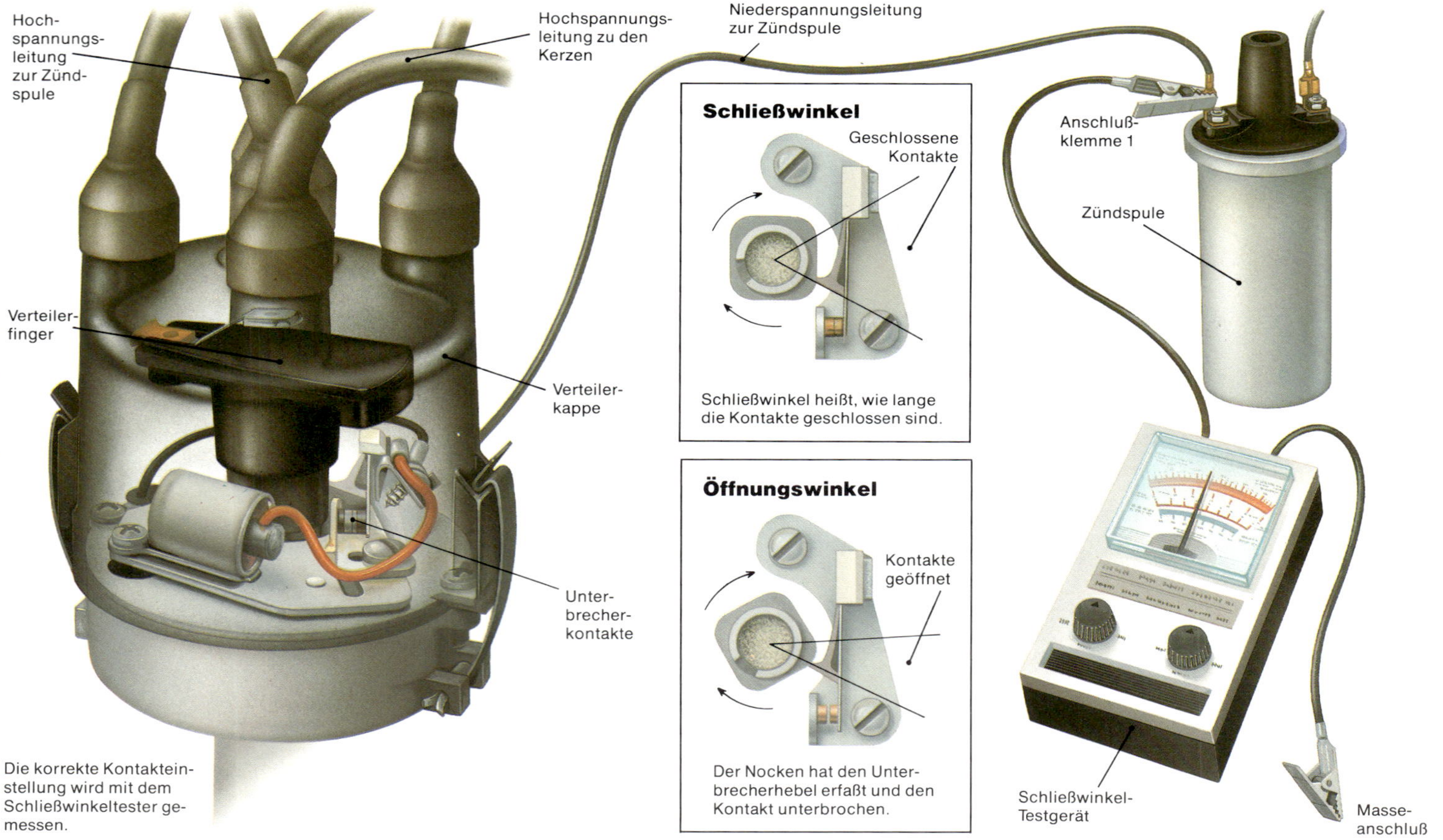

Die korrekte Kontakteinstellung wird mit dem Schließwinkeltester gemessen.

Den Schließwinkel einstellen

Stimmte der Schließwinkel bei der Messung nicht, muß man die Verteilerkappe erneut abnehmen und den Kontaktabstand mit Lehre und Schraubenzieher korrigieren.

Man dreht dazu den Motor so durch, daß der Nocken den Kontakt in seine höchste Position bringt.

Mit der Fühlerlehre wird die Einstellung entsprechend dem abgelesenen Meßwert korrigiert. Man setzt die Verteilerkappe wieder auf und führt erneut eine dynamische Messung durch.

Steht ein Helfer zur Verfügung, kann man die Messung auch bei abgenommener Verteilerkappe bei Starterdrehzahl durchführen. Dabei bedient der Helfer den Anlasser, während der Mechaniker selbst den Schließwinkel mit einem Schraubenzieher korrigiert.

Nach Festziehen der Kontakte prüft man die Einstellung noch einmal bei komplettiertem Motor und Leerlaufdrehzahl.

Einen Kondensator auswechseln

Der Kondensator kann von Induktionsspannungen in Bewegung gesetzte Elektronen speichern und wieder abgeben.

Er besteht aus gewickelten Kunststoffbändern mit aufgedampftem Metallbelag, sitzt gut isoliert in einem Becher und wird mit einem Masseanschluß und einer Klemme im Verteiler montiert.

Ist der Kondensator schadhaft geworden, erkennt man dies an einem sehr hohen Kontaktabbrand, so daß der Motor häufig wegen des falschen Kontaktabstandes stehenbleibt.

Der Kondensator sitzt in oder auf dem Verteilergehäuse. Bei der Montage stets auf gute Masseverbindung achten.

Werkzeug und Ausrüstung

Schraubenzieher,
Gabelschlüssel

Innenliegender Kondensator

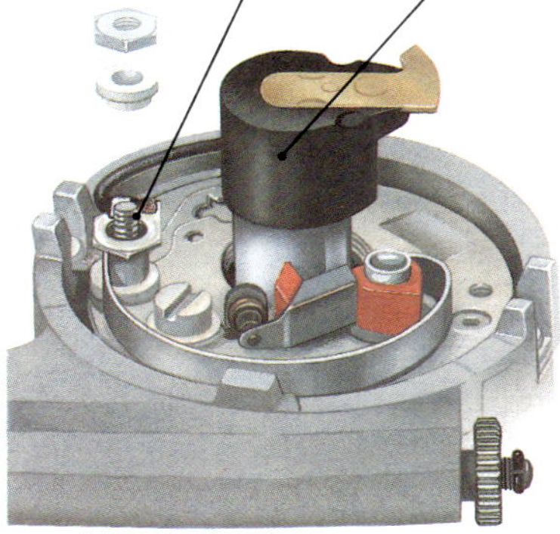

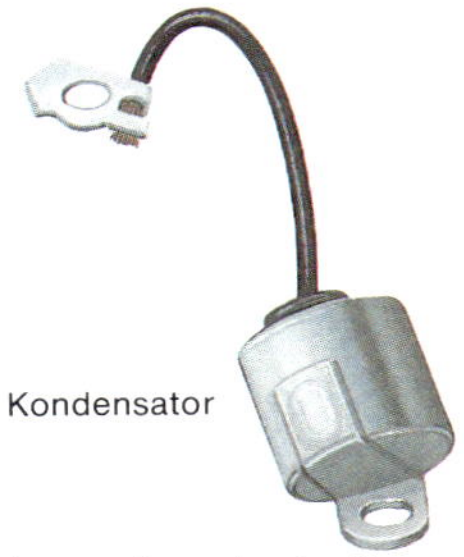

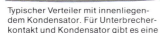

Ausgebauter Kondensator mit Anschlußleitung und Befestigungswinkel

Typischer Verteiler mit innenliegendem Kondensator. Für Unterbrecherkontakt und Kondensator gibt es eine Klemmutter. Der Haltewinkel des Kondensators stellt die Masseverbindung her.

Ausbau des Kondensators beim Standardverteiler

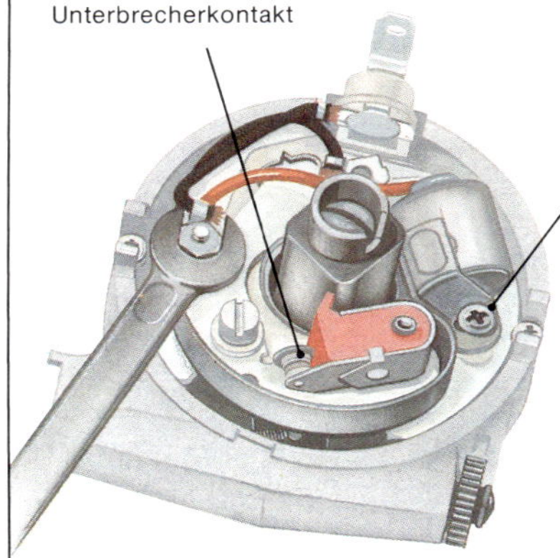

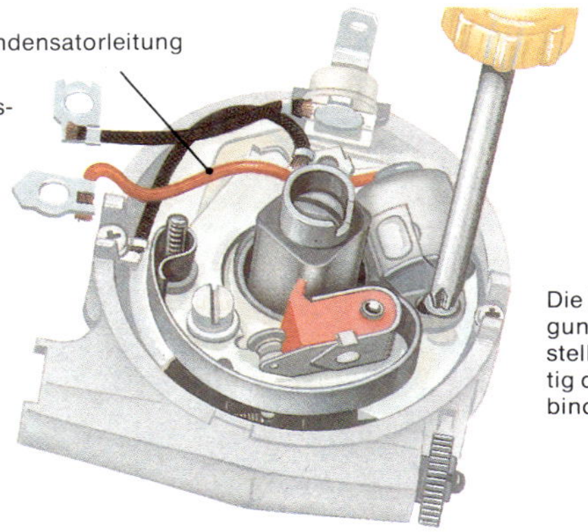

Die Befestigungsschraube stellt gleichzeitig die Masseverbindung her.

Man nimmt die Verteilerkappe, den Verteilerfinger und den Staubschutzdeckel ab und legt sie auf einen sauberen Platz.

Nachdem man eine Befestigungsmutter und die darunterliegende Isolierscheibe entfernt hat, kann man die Anschlußleitung und den Kondensator ausbauen.

Beim Anschließen der einzelnen Leitungen muß man darauf achten, daß man die Isolierungsscheiben sorgfältig und korrekt einsetzt.

Springt unmittelbar nach Abschluß der Arbeiten der Motor nicht an oder stellen sich Zündstörungen ein, sollte man den Kondensatoranschluß noch einmal zerlegen und die Lage der Isolier- und Paßscheiben prüfen.

Kondensator-Einbauvarianten

Beim AC-Delco-Verteiler ist der Kondensator im Gehäuse untergebracht. Man nimmt die Verteilerkappe ab, löst die Klemmschraube des Anschlußkabels und zieht den Anschluß heraus. Bei manchen Ausführungen wird dieses Kabel von der Kontaktfeder gehalten. Nun kann man die Halteschraube des Kondensators aus der Basisplatte herausdrehen.

Kondensatoren bei Nippon-Denso-, Mitsubishi-, Bosch- und Ducellier-Verteilern sitzen an der Außenseite. Das Kondensatorgehäuse ist mit einer oder zwei kleinen Schrauben befestigt, die man herausdreht.

Obwohl bei manchen Bosch-Verteilern der Kondensator außen befestigt ist, muß man Verteilerkappe und -finger sowie einen Staubdeckel abnehmen, da die Anschlußleitung durch einen Kunststoffstopfen nach innen geführt ist. Dieser Stopfen ist mit einer Klemmschelle befestigt, die man herausdreht. Dann löst man die Kondensatorverschraubung und kann die ganze Einheit herausnehmen.

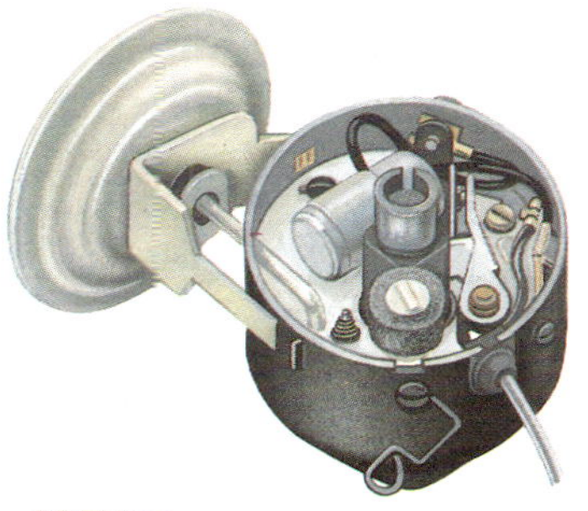

AC Delco
Der Kondensator-Anschlußklips liegt unter der Feder des Kontaktes.

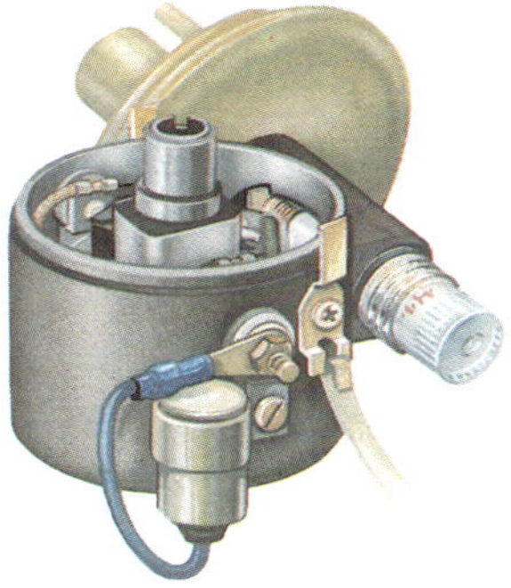

Nippon Denso
Der Kondensator ist mit einer Schraube befestigt.

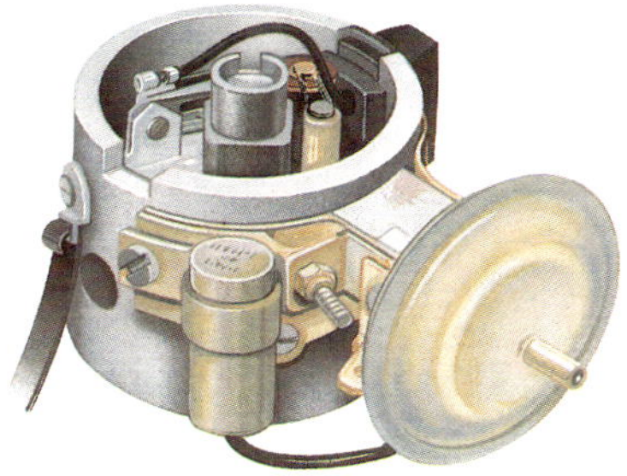

Ducellier
Dieser Kondensator sitzt außen am Gehäuse und ist mit Schraube und Klips gesichert.

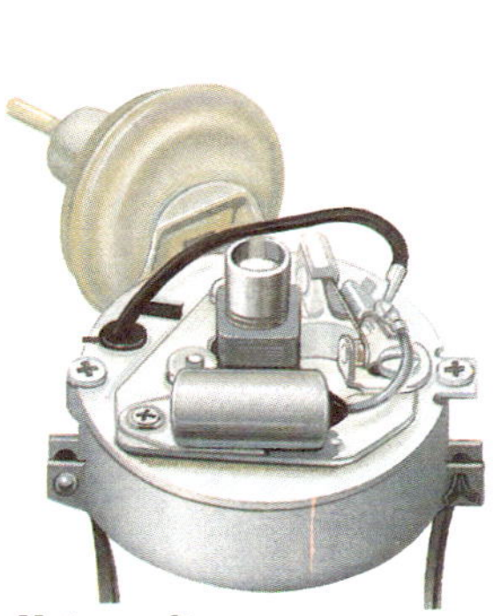

Motorcraft
Die Kondensatorleitung ist mit einem Kabelschuh befestigt.

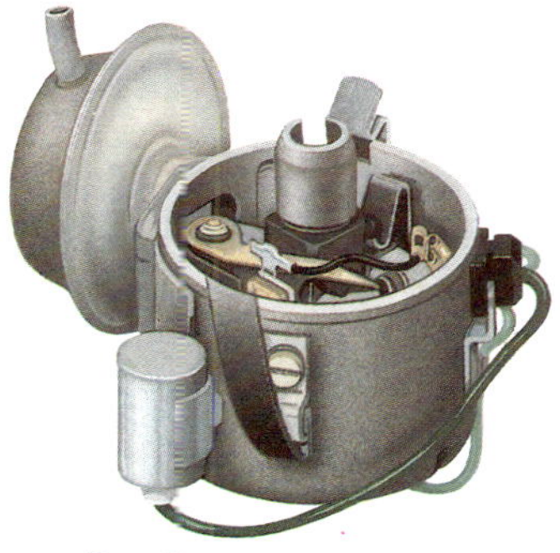

Bosch
Anschlußblock mit gemeinsamer Leitung für Kondensator und Unterbrecherkontakt

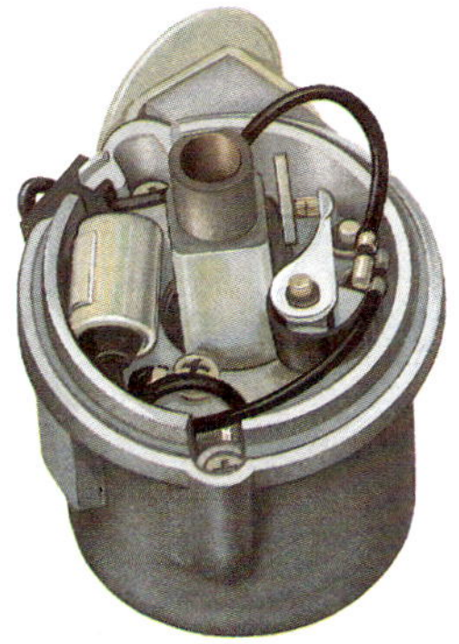

Mitsubishi
Die Kondensatorleitung ist mit einer Mutter befestigt.

Den Verteiler aus- und einbauen 1

Bei manchen Fahrzeugen kommt man schlecht an den Verteiler heran, so daß man ihn zum Wechseln der Kontakte besser ausbauen sollte.

Man setzt einen Schlüssel auf die Mutter der Kurbelwellen-Riemenscheibe und verdreht diese, bis der erste Zylinder seinen oberen Totpunkt erreicht hat, und markiert die Stellung des Verteilerfingers gegenüber dem Verteilergehäuse. Auch der Verteilerschaft wird am Motorgehäuse markiert. Wird der Motor bei ausgebautem Verteiler nicht mehr verdreht, ist das Einsetzen sehr einfach. Aus Sicherheitsgründen sollte man niemals darauf verzichten, die Batterie abzuklemmen.

Werkzeug und Ausrüstung

Schraubenzieher, Gabelschlüssel, Bleistift

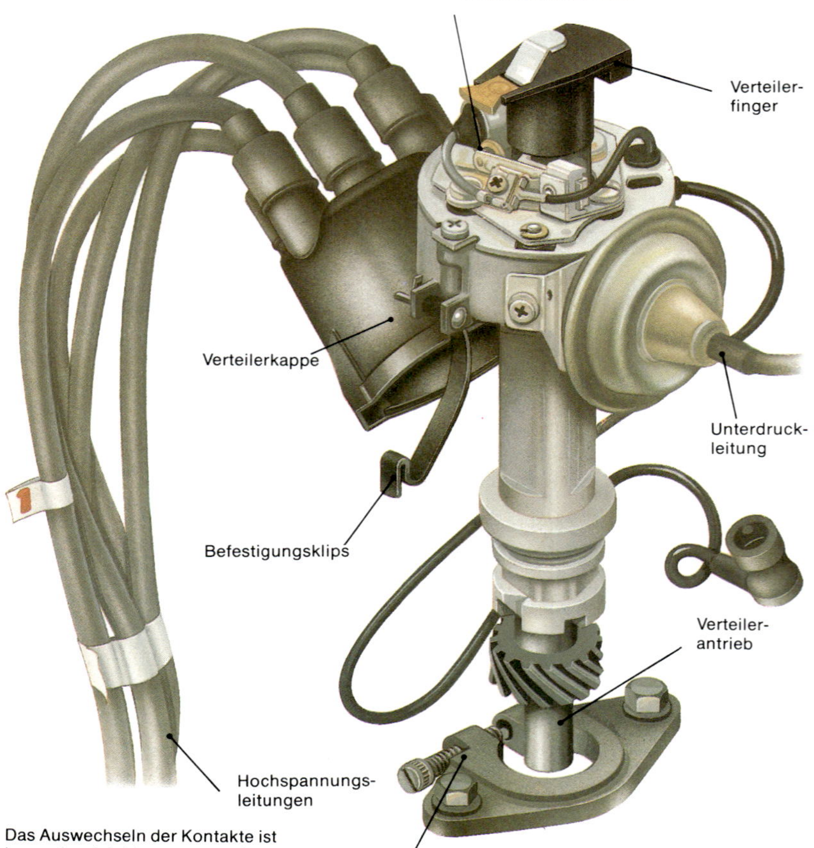

Das Auswechseln der Kontakte ist besonders leicht, wenn man den Verteiler ausbaut.

Die Verteilerkappe abnehmen

Die beiden Klemmen des Verteilers werden mit einem Schraubenzieher abgedrückt.

Manchmal ist die Verteilerkappe auch mit zwei Schrauben befestigt.

Der unter der Kappe liegende Verteilerfinger und der Staubschutzdeckel werden abgezogen.

Man sucht jetzt die Markierung des ersten Zylinders.

Bevor man die Verteilerkappe abnimmt, zeichnet man die Position des ersten Zylinders an, falls nicht schon im Werk eine Markierung angebracht wurde.

In dieser Position zündet der erste Zylinder, die Kontakte sind geöffnet.

Den Ausbau vorbereiten

Mit einem Schlüssel, den man auf die Schraube der Kurbelwellen-Riemenscheibe setzt, dreht man den Motor, bis der Verteilerfinger auf die Markierung des ersten Zylinders zeigt.

Ist keine Markierung vorhanden, kann man die Verteilerkappe provisorisch aufsetzen und den ersten Zylinder mit einem Bleistiftstrich am Gehäuse markieren. Man trennt die Vakuumleitungen für die Verteilersteuerung und das Niederspannungskabel von der Zündspule.

Einen Verteiler mit Klemmbefestigung ausbauen

Häufig ist der Verteiler mittels Grundplatte und Klemmschlitz befestigt.

Man löst die Klemmschraube und zieht den Verteiler aus seiner Führung. Klemmt das Verteilergehäuse, setzt man rechts und links einen Schraubenzieher an und hebelt es heraus.

Bei Schrägzahnung dreht sich die Welle leicht. Ihre Position markiert man deutlich am Gehäuse, denn sie ist zum Wiedereinsetzen wichtig.

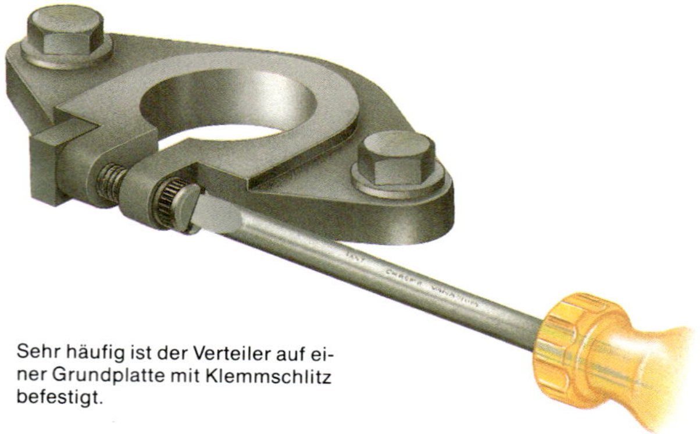

Sehr häufig ist der Verteiler auf einer Grundplatte mit Klemmschlitz befestigt.

Verteilerbefestigung mit Stehbolzen

Bei manchen Fahrzeugen mit obenliegender Nockenwelle sitzt der Verteiler in der Verlängerung der Nockenwelle und wird von Stehbolzen gehalten.

Zum Ausbau dreht man die Muttern und Scheiben herunter. Vorher zeichnet man die Einstellung des Verteilers gegenüber dem Zylinderkopf genau an.

Läßt sich das Gehäuse nicht abziehen, hilft man vorsichtig mit einem Schraubenzieher zwischen Verteilergehäuse und Klemmflansch nach.

Wenn das Verteilergehäuse klemmt, kann man mit einem Schraubenzieher vorsichtig nachhelfen.

Den Verteiler aus- und einbauen 2

Den Verteiler einsetzen

Die Verteilerwelle wird so ausgerichtet, daß der Verteilerfinger auf die Markierung des ersten Zylinders zeigt.

Bei Verteilern mit Nutverbindung muß ein Schlitz ausgerichtet werden.

Beim Antrieb mit einem schrägverzahnten Zahnrad ist die Verteilerwelle so zu drehen, daß sie fast auf die zweite Markierung und nicht auf die OT-Markierung des ersten Zylinders zeigt.

Schiebt man das Verteilergehäuse ein, ist es notwendig, die Verteilerwelle um einige Grad hin- und herzubewegen, damit sich die Welle von selbst ausrichten kann.

Stimmen die Markierungen des Verteilers miteinander überein, sichert man die Schraubverbindung und schließt die Leitungen an.

Die Verteilereinstellung wird mit dem Stroboskop geprüft.

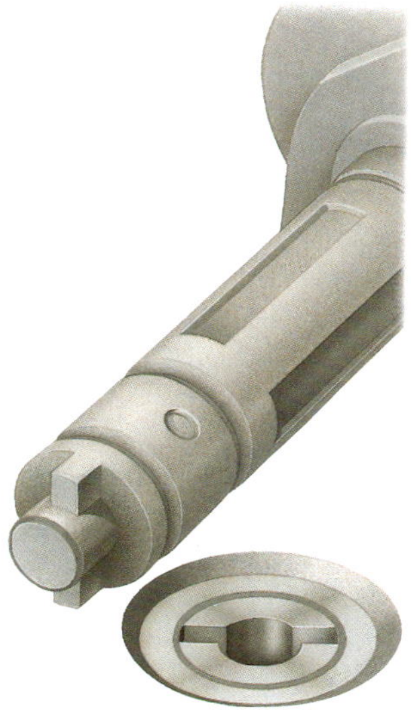

Verteiler mit Klauenverbindung

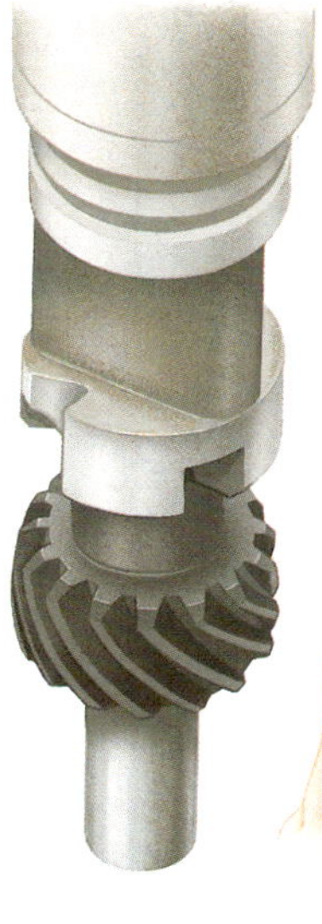

Verteiler mit schrägverzahntem Zahnrad

Die Verteilerkappe einbauen

Bevor man die Verteilerkappe aufsetzt, reinigt man sie außen und innen und prüft dabei die Segmente jedes Zylinders auf Erosionsspuren und Kriechströme, die sich als schwarze Laufspuren zeigen.

Bevor man die Verteilerkappe aufsetzt, untersucht man sie auf Haarrisse.

Verteilerfeineinstellung

Die Feineinstellung wird von Anschlag bis Anschlag durchgedreht. Dabei zählt man die Umdrehungen. Diese Zahl teilt man durch zwei und dreht die Rändelmutter entsprechend mit zurück.

Einbau des Verteilers, falls der Motor gedreht wurde

Damit die vom Konstrukteur vorgegebene Zündfolge stimmt, wenn man den Verteiler eingesetzt hat, muß man Nocken- und Kurbelwelle genau ausrichten.

Der Zündfunke jedes Zylinders wird kurz vor dem Ende des Kompressionstaktes im oberen Totpunkt (OT) ausgelöst.

Den OT eines Zylinders spürt man leicht, wenn man den Daumen auf die Zündkerzenbohrung hält und den Motor durchdreht. Am Ende des Kompressionstaktes merkt man, daß der Druck nicht mehr zunimmt.

Man kann auch den Ventildeckel abnehmen und den Ventiltrieb beobachten. Stehen beide Ventile des ersten Zylinders still, während sich gegenüber die Ventile des vierten Zylinders bewegen, hat man den OT für den ersten Zylinder.

Zusätzlich können OT-Markierungen an folgenden Stellen angebracht sein: an der Schwungscheibe und am Kupplungsgehäuse bzw. an der vorderen Riemenscheibe oder auch am Nockenwellenrad, wobei die Markierung mit einer Kante fluchten muß.

Nur wenn alle Einstellmarken übereinstimmen, darf man den Verteiler so einsetzen, daß der Finger gegenüber der Markierung des ersten Zylinders am Verteilergehäuse steht.

Beim Einsetzen des Verteilers müssen alle am Motor angebrachten OT-Markierungen miteinander übereinstimmen.

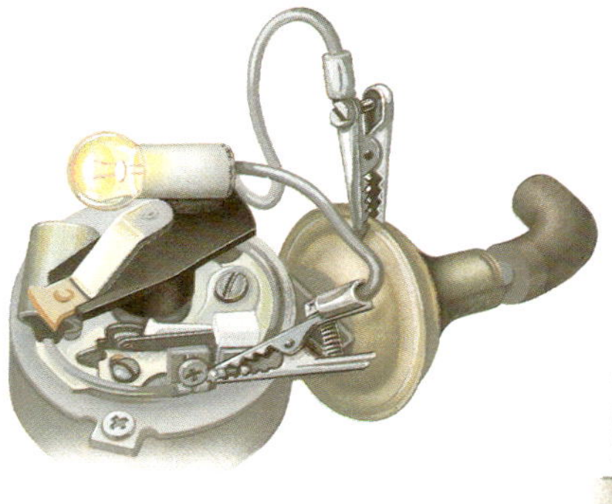

Die Prüflampe, die an die Unterbrecherkontakte geklemmt ist, zeigt den genauen Zeitpunkt an, an dem sich die Kontakte öffnen.

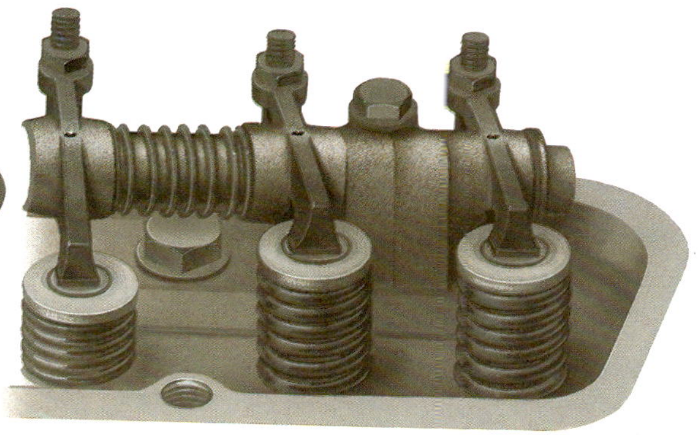

Stehen die Ventile eines Zylinders still, obwohl man die Kurbelwelle ein wenig vor- und zurückdreht, hat man den OT dieses Zylinders gefunden.

Einstellvarianten

Bei manchen Verteilern findet man am Gehäuse eine Feinverstellung mittels Rändelmutter. Es ist wichtig, eine mittlere Einstellung zu finden. Man dreht deshalb die Einstellmutter von Hand einmal von Endanschlag bis Endanschlag und zählt die Umdrehungen. Anschließend dreht man die Einstellung um die halbierte Anzahl zurück und hat so die mittlere Justierung gefunden.

Zur Überprüfung des Zündzeitpunktes wendet man die übliche Technik an. Bei einer elektronischen Zündung ist die Einstellung nur mit dem Stroboskop möglich.

Verteilervarianten

Bei manchen Verteilertypen bleibt das Antriebszahnrad im Motor zurück, weil es nicht besonders gesichert ist. Zum Wiedereinbau nimmt man es mit einem Draht heraus, ölt es und setzt es wieder ein, bevor man den Verteiler montiert.

Gelegentlich gibt es auch Dichtungen am Verteilerflansch, die man immer erneuern sollte.

Manchmal besitzen Verteiler OT-Geber in der Nähe des Kupplungsgehäuses, so daß man die OT-Marke nicht sehen kann. Diese Geber kann man ausbauen. Man dreht den Motor dann von Hand durch, bis die Gehäusemarkierung mit der Markierung an der Schwungscheibe übereinstimmt. In dieser Position zeigt der Verteilerfinger auf die Markierung des ersten Zylinders, und die Nockenwellenrand-Markierung steht genau auf der Nahtstelle zwischen Ventildeckel und Zylinderkopf. Ist dies nicht der Fall, muß man die Kurbelwelle ein weiteres Mal durchdrehen.

Beim Einsetzen des Verteilers ist auf den Ölpumpenantrieb zu achten.

Das Kupplungsseil prüfen

Der Bowdenzug einer Kupplungsbedienung besteht aus dem innenliegenden Stahlseil und der äußeren Schutzhülle. Im Lauf der Zeit wird der Seilzug durch mangelnde Schmierung schwergängig.

Allzu große Pedalkräfte sollten ein Anlaß sein, das Kupplungsseil auszubauen und es zu schmieren. Auch die Kabelanschlüsse und die Gelenke werden gängig gemacht und gefettet.

Werkzeug und Ausrüstung

Wagenheber, Unterstellböcke, Gabelschlüssel, Ringschlüssel, Steckschlüsselsatz, Schraubenzieher, Splinte, Seitenschneider, Fett

Seilanlenkungen

Die drei wichtigsten Techniken der Seilbefestigung am Kupplungspedal mittels Öse, Gabel oder Kugel

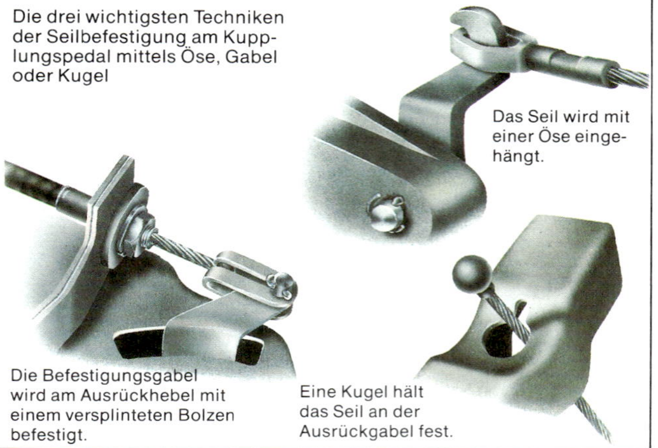

Das Seil wird mit einer Öse eingehängt.
Die Befestigungsgabel wird am Ausrückhebel mit einem versplinteten Bolzen befestigt.
Eine Kugel hält das Seil an der Ausrückgabel fest.

Das Kupplungsseil

Typische Anordnung des Kupplungsseils bei Frontmotoren. Häufig gibt es auch hydraulische Kupplungsbedienungen.

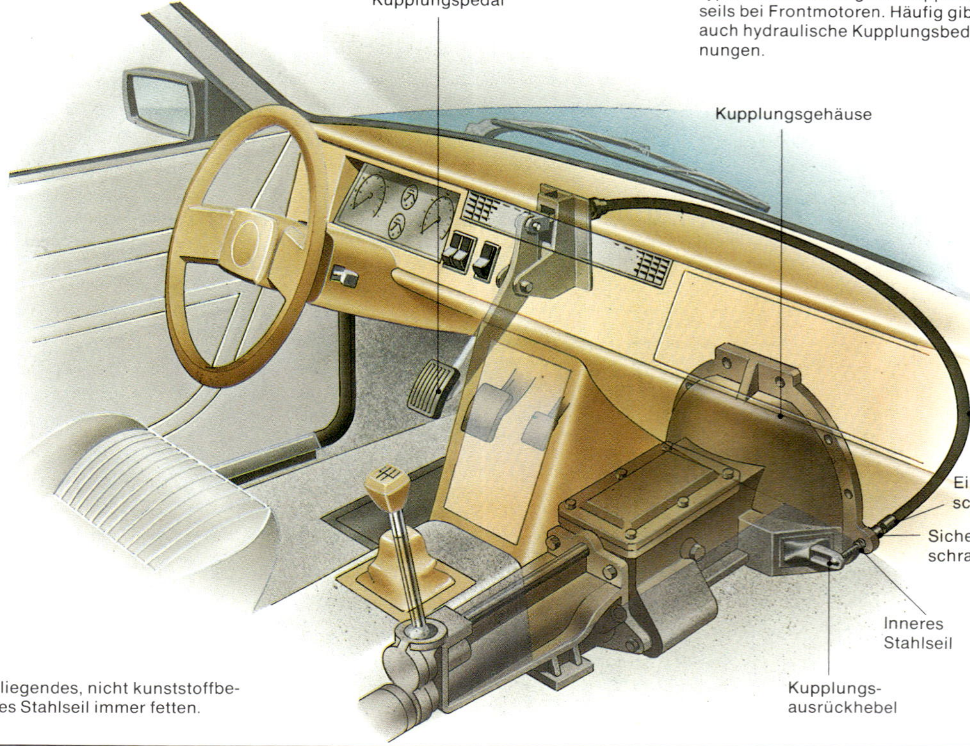

Ein innenliegendes, nicht kunststoffbeschichtetes Stahlseil immer fetten.

Das Kupplungsseil prüfen

Zunächst hängt man das Kupplungsseil an der Ausrückgabel unter dem Fahrzeug aus und löst dazu die Einstellschrauben am Seil oder an der Kabelhülle.

Wenn man nun das Kupplungspedal bedient, kann man erkennen, ob das Seil weich und geschmeidig läuft. Ist dies nicht der Fall, prüft man, ob sich eventuell bei der Seilverlegung scharfe Knicke gebildet haben. Gleichzeitig inspiziert man die aus der Seilführung herausragenden Seilenden, die verschmutzt sein können.

Gelegentlich sind auch Seilfasern gerissen und behindern die Leichtgängigkeit. In diesem Fall tut man gut daran, das ganze Seil auszubauen und zu erneuern.

Das Kupplungsseil ausbauen

Das Kupplungsseil wird, wie oben beschrieben, an der Kupplungsausrückgabel getrennt und auch im Fahrzeug von der Anlenkung des Pedals abgezogen.

Während die untere Befestigung meist einstellbar ist, ist das Seil am Pedal unter dem Armaturenbrett nur mit einer Öse eingehängt. Manchmal gibt es auch mit einem kleinen Splint gesicherte Bolzen.

Bei einigen Fahrzeugen findet man die Seileinstellung unmittelbar vor der Spritzwand im Motorraum. Mit einer Zange nimmt man eine geschlitzte Scheibe heraus, und das Seil lockert sich, so daß es am Kupplungsausrückhebel und am Pedal ausgehängt werden kann.

Der Seilausbau bei Heckmotor-Fahrzeugen ist etwas aufwendiger. Häufig muß man die ganze Pedaleinheit herausnehmen. Auch der Zugriff an der Ausrückgabel ist oft so versteckt, daß man ein Hinterrad abnehmen muß. Dazu ist das Fahrzeug sicher mit Wagenheber und Stützböcken aufzubocken.

Liegt die Kupplungsseil-Einstellung im Spritzwasserbereich, sind die Einstellmuttern oft schwer zu lösen. Man reinigt die Gewinde mit einer Stahlbürste und wendet Rostlöserspray an.

Damit sich das Seil oder die Seilhülle nicht mitdreht, faßt man sie mit einer Gripzange und dreht die Einstellmutter herunter.

Läßt sich die Mutter nicht lösen, kommt man oft nicht umhin, das Seil mit dem Seitenschneider zu zerstören.

Diese Technik empfiehlt sich auch, wenn ohnehin Seilfasern gerissen sind.

Ein neues, innenliegendes Stahlseil ohne Kunststoffbeschichtung wird sorgfältig eingefettet, vorsichtig in die Bohrung der Spritzwand bzw. bei Heckmotoren in die Führung geschoben und am Pedal eingehängt.

Dann steckt man die Gewindestange des Seils durch die Befestigung an der Ausrückgabel und zieht die Einstellmutter an, bis sich am Pedal ein Kupplungsspiel von etwa 10 mm ergibt. Am Kupplungsausrückhebel selbst beträgt das Spiel nur wenige Millimeter.

Kupplungsseil bei Heckmotorfahrzeugen

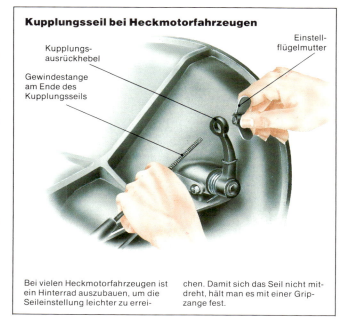

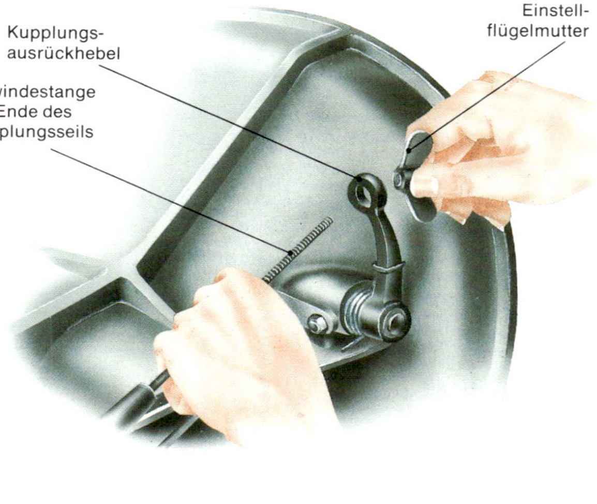

Bei vielen Heckmotorfahrzeugen ist ein Hinterrad auszubauen, um die Seileinstellung leichter zu erreichen. Damit sich das Seil nicht mitdreht, hält man es mit einer Gripzange fest.

Das Kupplungsspiel einstellen 1

Damit eine Kupplung richtig arbeitet, muß sowohl am Kupplungsausrückhebel als auch am Kupplungspedal ein bestimmtes Spiel vorhanden sein.

Ist das Spiel zu gering, kann die Kupplung durchrutschen, weil sich die Kupplungsanpreßfedern nicht richtig entlasten können. Als Folge kann der Kupplungsbelag verbrennen, so daß die Kupplung überholt werden muß.

Ist das Spiel zu groß, reicht der Kupplungspedalweg nicht aus, um die Kupplung zu trennen. Die Folgen sind eine schwergängige Schaltung, Schaltgeräusche oder sogar ein erhöhter Verschleiß an den Synchroneinrichtungen des Getriebes.

Die Kupplungseinstellung korrigiert man bei der üblichen Inspektion immer dann, wenn der normale Kupplungsverschleiß das Spiel verändert hat.

Zur Übertragung der Pedalkräfte dienen ein Kupplungsseil, ein Gestänge oder eine Kupplungshydraulik mit Geber- und Nehmerzylinder.

Das Spiel kann man bei manchen Fahrzeugen an der Ausrückgabel, bei anderen Fahrzeugen auch am Pedal prüfen.

Ist der Kupplungsseilzug in der Stirnwand gelagert, kann man das Kupplungsspiel auch dort prüfen und verstellen.

Unabhängig von der jeweils eingesetzten Technik ist die Kupplung dann richtig eingestellt, wenn Ausrückgabel oder -lager bei entlastetem Pedal einige Millimeter Abstand zum Kupplungsdruckdeckel haben. Andernfalls werden Gestänge, Seilzug oder Seilhülle entsprechend verlängert oder verkürzt.

Bei manchen Kupplungsbetätigungen sorgt eine spezielle Technik dafür, daß sich das Spiel automatisch einstellt. In diesem Fall entfallen daher jede Kontrolle und Einstellung.

Bei Fahrzeugen mit automatischer Kupplungsbetätigung, oft in Verbindung mit einem automatischen Getriebe, fehlt das Kupplungspedal. Hier betätigen statt dessen ein Unterdruck-Servomotor und ein Gestänge die Ausrückgabel.

Auch hier muß das Gestänge ein Spiel von einigen Millimetern haben, damit Kupplungsdruckdeckel und Lager bei entlasteter Kupplung keinen Kontakt haben. Die Einstellung erfolgt am Gestänge des Servomotors im Motorraum.

Werkzeug und Ausrüstung

Gabelschlüssel, Ringschlüssel, Schraubenzieher, Fühlerlehre, Meterstab, Hydraulikflüssigkeit, Handlampe

Mechanische Kupplungsbetätigung

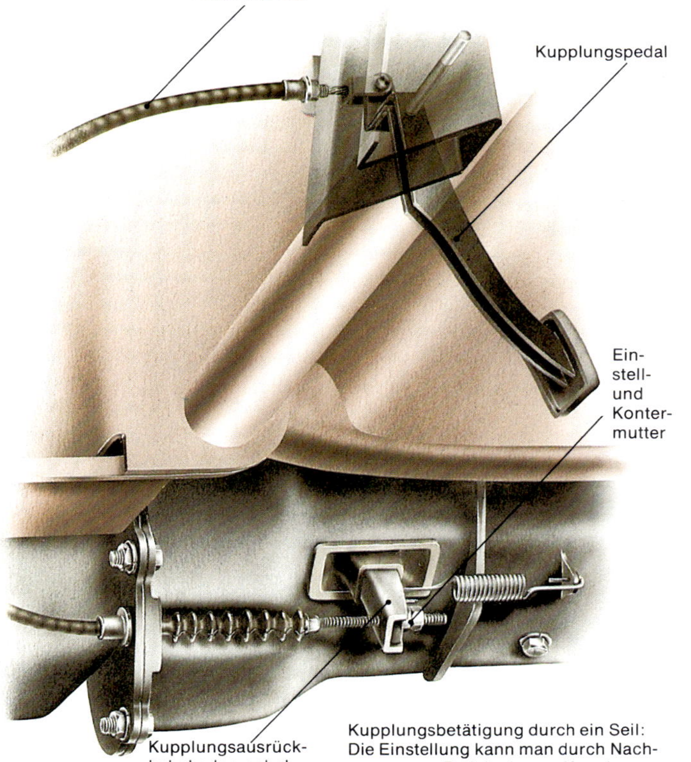

Kupplungsbetätigung durch ein Seil: Die Einstellung kann man durch Nachmessen am Pedal oder am Kupplungsausrückhebel prüfen.

Im Bild ist eine sehr häufige Kupplungsbetätigung zu sehen.

Das obere Ende des Pedals ist mit einem Seilzug verbunden, der durch die Spritzwand nach außen und von dort zum Kupplungsgehäuse weitergeführt wird, wo sich das Widerlager befindet.

Mit Hilfe einer Gewindestange greift der Seilzug in die Ausrückgabel ein. Hier wird das Spiel eingestellt.

Hydraulische Kupplung

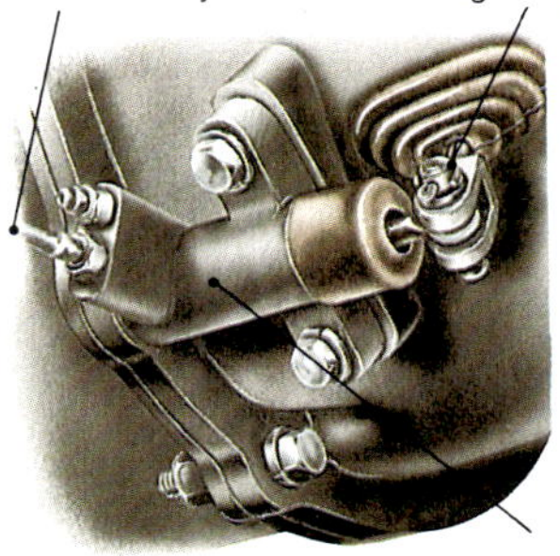

Hydraulische Kupplungsbetätigung, die sich selbst nachstellt. Es gibt keine Einstellung am Nehmerzylinder.

Das Kupplungsspiel bei einem Quermotor einstellen

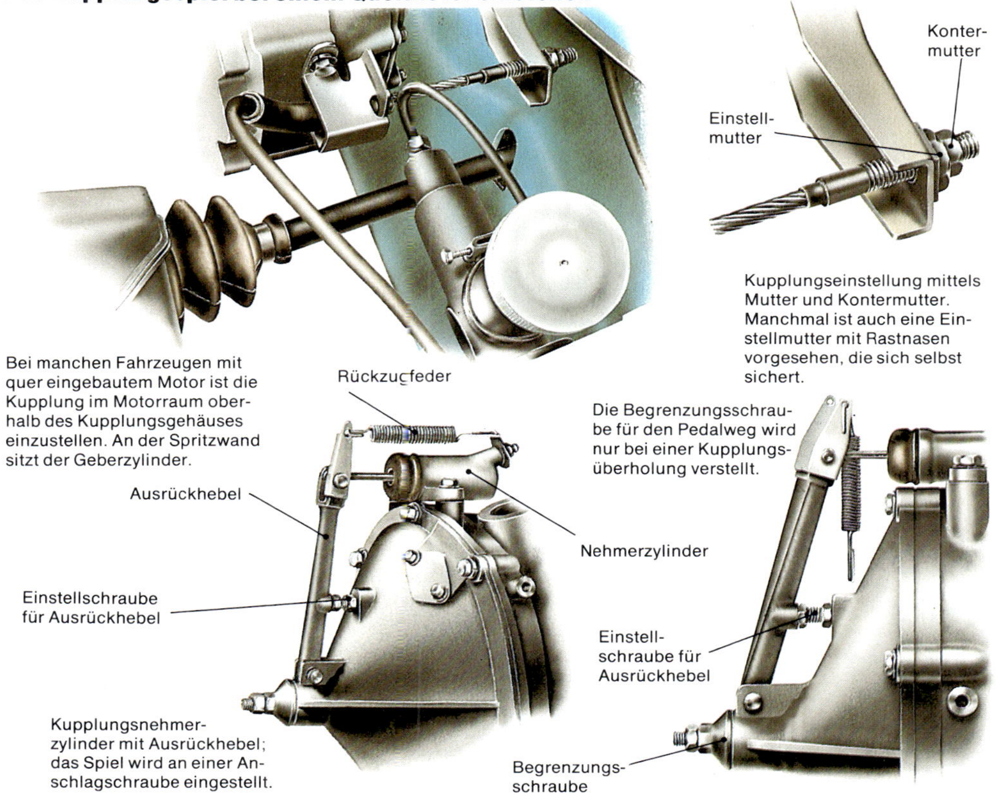

Kupplungseinstellung mittels Mutter und Kontermutter. Manchmal ist auch eine Einstellmutter mit Rastnasen vorgesehen, die sich selbst sichert.

Bei manchen Fahrzeugen mit quer eingebautem Motor ist die Kupplung im Motorraum oberhalb des Kupplungsgehäuses einzustellen. An der Spritzwand sitzt der Geberzylinder.

Die Begrenzungsschraube für den Pedalweg wird nur bei einer Kupplungsüberholung verstellt.

Kupplungsnehmerzylinder mit Ausrückhebel; das Spiel wird an einer Anschlagschraube eingestellt.

Das Kupplungsspiel einstellen 2

Um das Kupplungsspiel zu prüfen, sind je nach Herstellerempfehlung unterschiedliche Methoden vorgesehen. In diesem Kapitel werden drei Techniken erklärt:

1. Man mißt den Leerweg am Kupplungsausrückhebel unmittelbar am Kupplungsgehäuse.
2. Man mißt den Leerweg zwischen dem Ausrückhebel und der Einstellmutter.
3. Man mißt den Leerweg zwischen dem Seilanschlag und der herausgezogenen Seilführung.

In der Regel muß man für diese Arbeiten das Fahrzeug aufbocken oder es auf eine Hebebühne oder über eine Arbeitsgrube fahren. Die Sicherheitshinweise auf Seite 55 sind zu beachten.

Das Spiel am Kupplungsausrückhebel prüfen und einstellen

Man verfolgt das Kupplungsseil vom Pedal über den Durchbruch in der Spritzwand zum Kupplungsgehäuse.

Am Ende des Ausrückhebels, der seitlich aus dem Kupplungsgehäuse ragt, sitzt die Gewindestange des Kupplungsseils mit Konter- und Einstellmutter.

Das Spiel mißt man zwischen entlastetem und belastetem Ausrückhebel, wenn sich dieser ohne größere Spannung an den Kupplungsdruckdeckel anlegt.

Zum Nachmessen hält man einen Meterstab parallel zum Kupplungsseilzug an das Kupplungsgehäuse. Meist genügt nach Herstellerempfehlung ein Spiel bis 5 mm.

Ist es zu gering, löst man die Konter- und Einstellmutter und stellt die Kupplung nach, indem man das Seil verkürzt. Ist das Spiel zu klein, wird die Einstellmutter etwas gelöst. Der Meßvorgang wird wiederholt und anschließend die Kontermutter angezogen.

Bei Fahrzeugen ohne Kontermutter gibt es eine Einstellmutter, die sich durch eine Verzahnung selbst sichert. Da die Gewindestange oft stark verschmutzt ist, kann es vorkommen, daß man zunächst das Gewinde mit Rostlöser gangbar machen muß.

Das Spiel zwischen Einstellmutter und Ausrückhebel prüfen

Bei dieser Technik muß man zunächst die Rückholfeder des Ausrückhebels mit einer Zange herausziehen.

Wie in der Abbildung gezeigt, erfaßt man das Seilende an der Gewindestange und zieht es so weit wie möglich an.

Gleichzeitig drückt die andere Hand so auf den Ausrückhebel, daß er am Kupplungsdruckdeckel anliegt. Mit einem Meterstab mißt man das Spiel zwischen Ausrückhebel und Einstellmutter, das sich auch hier um 5 mm bewegt.

Je nach Meßergebnis ist das Seil durch Verstellen der Einstellmutter zu verkürzen oder zu verlängern.

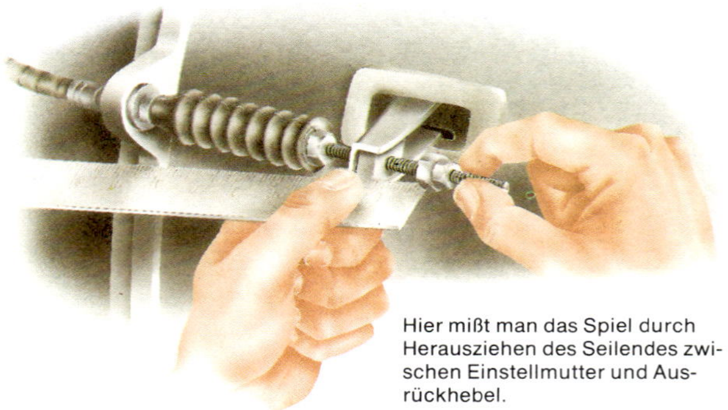

Hier mißt man das Spiel durch Herausziehen des Seilendes zwischen Einstellmutter und Ausrückhebel.

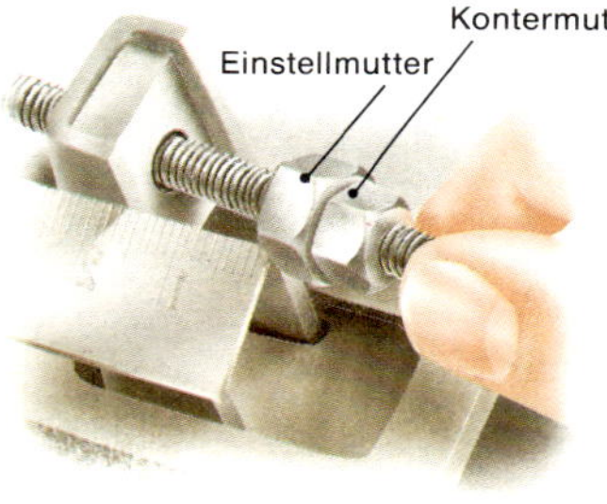

Das Spiel bewegt sich meist um 5 mm. Im hier gezeigten Fall muß man das Kupplungsspiel nachstellen.

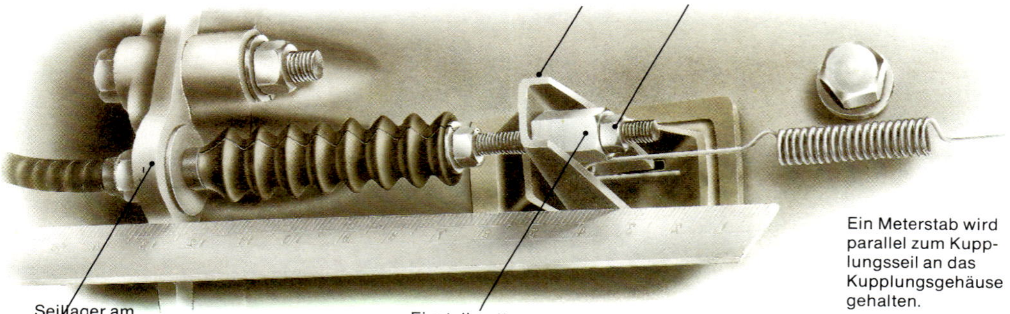

Ein Meterstab wird parallel zum Kupplungsseil an das Kupplungsgehäuse gehalten.

Das Kupplungsspiel messen

Kupplungsspiel heißt, daß zwischen Kupplungsausrücklager und -druckdeckel ein bestimmter Abstand vorhanden ist, damit das Lager nicht frühzeitig verschleißt.

Das Spiel wird bei der hier gezeigten Technik mit einem Meterstab am Ende des Ausrückhebels gemessen und durch Verändern der Seillänge korrigiert.

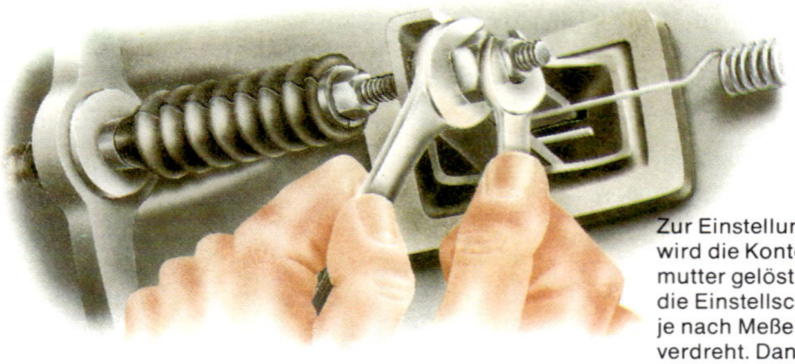

Zur Einstellung wird die Kontermutter gelöst und die Einstellschraube je nach Meßergebnis verdreht. Dann mißt man erneut nach.

Das Spiel an der Seilhülle prüfen und einstellen

Man sucht die Stelle am Kupplungsgehäuse, die als Gegenlager für die Seilhülle dient.

Wenn man das Kupplungspedal mit einem Holzklotz unterlegt, bleibt es in der oberen Position. Mit einer Hand zieht man die Seilhülle kräftig aus dem Gegenlager zurück und mißt das Spiel zwischen Kontermutteranschlag und Seilgegenlager, meist etwa 10 mm.

Ist das Spiel zu groß, wird die Einstellmutter entsprechend verdreht.

Dann kontert man die Einstellung und legt die Seilführung sorgfältig in das Seillager zurück. Wenn man etwas Fett auf das Seil gibt, können Schmutz und Spritzwasser nicht in die Seilhülle eindringen.

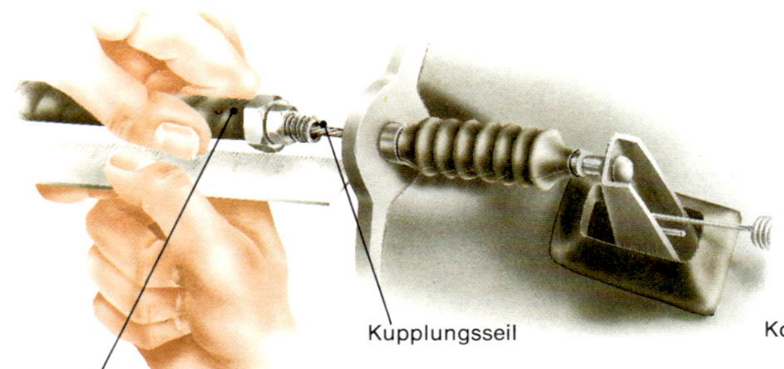

Die Seilhülle wird zum Nachmessen aus dem Widerlager möglichst weit herausgezogen, damit sich der Ausrückhebel an den Kupplungsdruckdeckel anlegt.

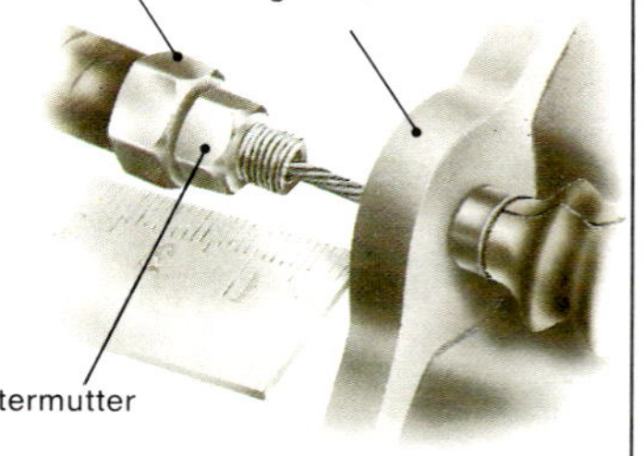

Das Spiel zwischen Seilwiderlager am Kupplungsgehäuse und Konter- bzw. Einstellmutter messen. Falls notwendig, die Seillänge verändern.

Das Kupplungsspiel einstellen 3

Das Spiel einer hydraulischen Kupplungsbetätigung prüfen und einstellen

Bei vielen hydraulischen Kupplungsbetätigungen wird das Spiel automatisch eingestellt.

Es gibt aber auch Systeme, bei denen man den Verschleiß des Kupplungsbelages durch Verändern des Gestängeweges kompensieren muß.

Die Einstellung erfolgt dann am Gestänge des Nehmerzylinders mit der Konter- und Einstellmutter.

Zunächst prüft man aber den Flüssigkeitsstand im Vorratsbehälter des Geberzylinders. In der Regel wird hier normale Bremsflüssigkeit verwendet.

Mit einer Zange zieht man die Rückzugfeder ab. Den Ausrückhebel schiebt man möglichst weit nach vorn, hält einen Meterstab parallel zur Druckstange, läßt den Ausrückhebel los und mißt den Weg zwischen Druck- und Ruhelage des Hebels.

Dieser Kupplungsleerweg sollte stets im Bereich von 5 mm liegen.

Bei einem abweichenden Wert löst man die Kontermutter und verstellt die Einstellmutter, um die Druckstange zu verkürzen bzw. zu verlängern.

Nachdem man die Einstellmutter gekontert hat, wiederholt man den Meßvorgang.

Schäden an der Kupplung

Läßt sich die Kupplung trotz mehrerer Versuche nicht einstellen, sind vermutlich Teile des Kupplungsdruckdeckels gebrochen, so daß eine Überholung fällig ist.

Das gleiche gilt, wenn man im Leerlauf Klappergeräusche von gebrochenen Federn und Kupplungsentlastungsteilen hört.

Ein besonders rauher Lauf bei angelegtem Ausrückhebel weist auf ein schadhaftes Ausrücklager hin.

Vorratsbehälter

Meist enthalten hydraulische Systeme Bremsflüssigkeit. Nur zugelassene Flüssigkeit einfüllen.

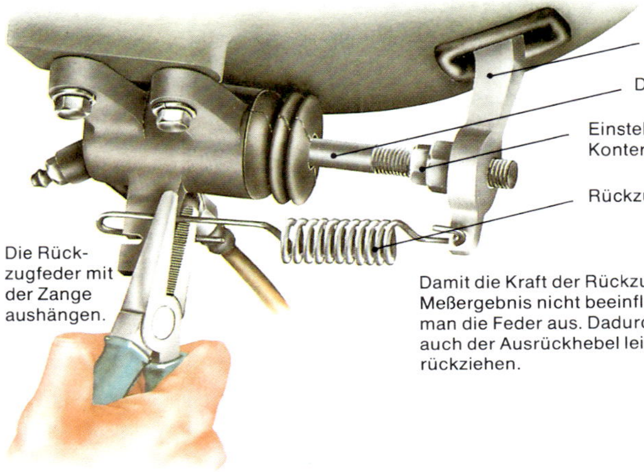

Die Rückzugfeder mit der Zange aushängen.

Damit die Kraft der Rückzugfeder das Meßergebnis nicht beeinflußt, hängt man die Feder aus. Dadurch läßt sich auch der Ausrückhebel leichter zurückziehen.

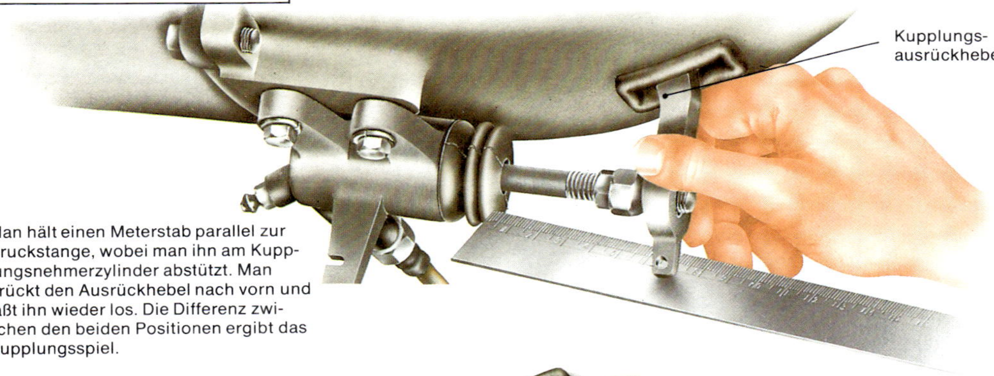

Man hält einen Meterstab parallel zur Druckstange, wobei man ihn am Kupplungsnehmerzylinder abstützt. Man drückt den Ausrückhebel nach vorn und läßt ihn wieder los. Die Differenz zwischen den beiden Positionen ergibt das Kupplungsspiel.

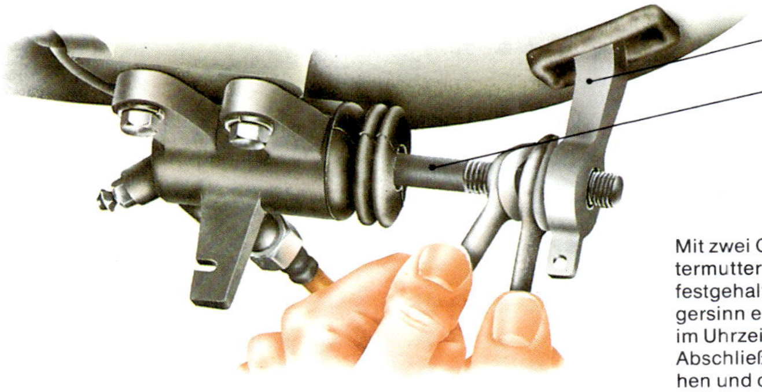

Mit zwei Gabelschlüsseln wird die Kontermutter gelöst und die Einstellmutter festgehalten. Drehen gegen den Uhrzeigersinn ergibt ein kleines Drehmoment, im Uhrzeigersinn ein größeres Spiel. Abschließend die Kontermutter anziehen und die Feder wieder einhängen.

Das Spiel bei quer eingebautem Motor prüfen und einstellen

Zunächst wird der Stand der Flüssigkeit im Vorratsbehälter des Kupplungsgeberzylinders korrigiert.

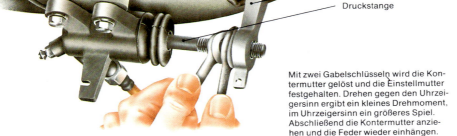

Um das Spiel zwischen Anschlagschraube und Ausrückhebel zu messen, zieht man die Rückzugfeder vom Kupplungsausrückhebel ab, zieht diesen möglichst weit zurück und schiebt eine Fühlerlehre zwischen Anschlagschraube und Ausrückhebel. Das Spiel sollte etwa 0,5 mm betragen. Sonst löst man die Kontermutter und verdreht die Schraube entsprechend. Stimmt das Spiel, die Rückzugfeder wieder einhängen.

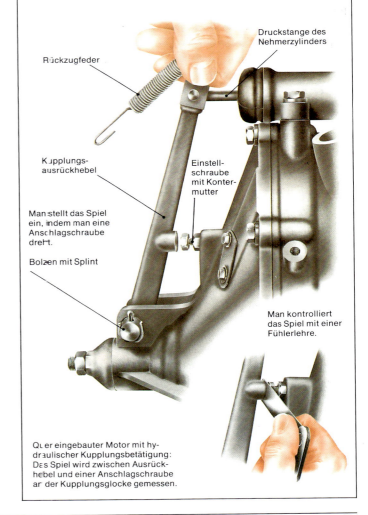

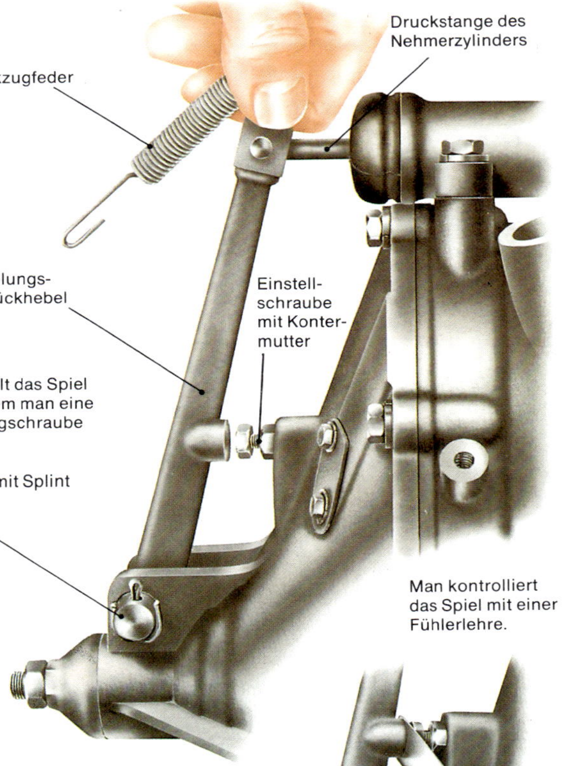

Man stellt das Spiel ein, indem man eine Anschlagschraube dreht.

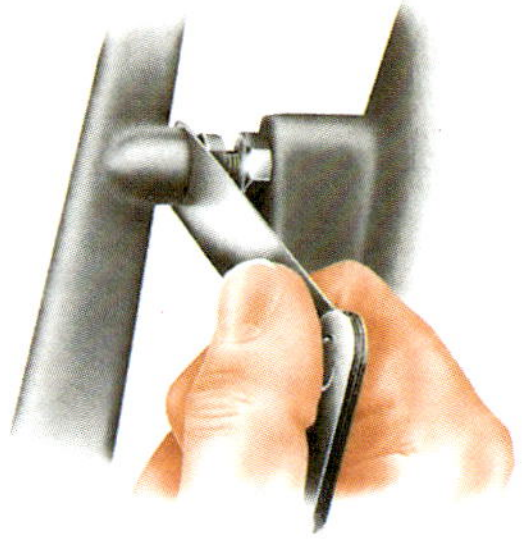

Man kontrolliert das Spiel mit einer Fühlerlehre.

Quer eingebauter Motor mit hydraulischer Kupplungsbetätigung: Das Spiel wird zwischen Ausrückhebel und einer Anschlagschraube an der Kupplungsglocke gemessen.

Das Kupplungsspiel einstellen 4

Das Spiel am Kupplungspedal prüfen

Man prüft das Spiel nicht unter dem Wagenboden, sondern direkt am Pedal. Dazu hält man einen Meterstab gegen den Wagenboden und mißt die Pedalstellung im entlasteten Zustand.

Dann belastet man das Pedal mit der Hand, so daß sich das Kupplungsausrücklager an die Druckplatte legt, und führt eine zweite Messung durch.

Die Differenz bei den Messungen ergibt das Kupplungsspiel, meist zwischen 10 und 15 mm.

Bei einer anderen Methode plaziert man am Wagenboden ein Stück Holz, an dem man mit einem Bleistift die Lage des entlasteten und belasteten Pedals markiert. Die Kupplung ist dabei nicht belastet, sondern das Ausrücklager hat sich nur an den Kupplungsdruckdeckel angelegt. Am Holz mißt man die Differenz zwischen beiden Strichen.

Nach der Korrektur des Kupplungsspiels am Gestänge oder am Seil wiederholt man die Messung.

Bemerkt man bei den Einstellarbeiten ein schwergängiges Pedal, das nicht mehr von selbst in die Nullstellung zurückgeht, sind Gestänge oder Seilzug auszubauen und zu ölen, oder die Rückzugfedern sind zu ersetzen.

An einem Stück Holz bringt man Markierungen an, und zwar sowohl im entlasteten wie im angelegten Zustand des Pedals. Das Pedal darf man dabei nur so weit drücken, daß das Spiel zwischen Kupplungsausrücklager und Kupplungsdruckplatte ausgeglichen ist. Das Pedal dabei nicht mit dem Fuß, sondern von Hand drücken.

Mit einem Meterstab wird die Differenz zwischen den beiden Markierungen gemessen. Der Wert liegt bei den meisten Fahrzeugen zwischen 10 und 15 mm.

Das Spiel an der Spritzwand einstellen

Bei den bisher vorgestellten Techniken erfolgten Einstellung und Prüfung des Kupplungsleerweges entweder im Fußraum oder unter dem Fahrzeug direkt am Kupplungsgehäuse bzw. am Widerlager des Seils oder des Gestänges.

Bei einigen Fahrzeugen gibt es eine andere Art der Einstellung, nämlich am Widerlager der Kupplungsseilführung an der Spritzwand. Man öffnet die Motorhaube und sucht das Seillager, meist in der Nähe des Hauptbremszylinders unmittelbar vor den Pedalen. Am Ende der Seilführung erkennt man mehrere Einstellschlitze, die einem Gewinde ähneln. In einem der Schlitze steckt ein kräftiger Klips.

Zur Prüfung der Einstellung zieht man die Seilführung fest aus dem Widerlager heraus und zählt die Anzahl der nun freiliegenden Justierschlitze.

Stimmt dieser Wert nicht mit den Herstellerangaben überein, wird der Klips mit einer Zange herausgenommen und neu angesetzt.

Bei anderen Systemen ist das Seilende zur Einstellung mit einem Gewinde sowie mit Kontermutter und Einstellmutter versehen. Das Kupplungsspiel wird am Pedal geprüft. Ist es zu gering, löst man die Kontermutter und verdreht die Einstellmutter gegen den Uhrzeigersinn.

Einige Hersteller geben an, daß am Kupplungspedal selbst kein Leerweg vorhanden sein darf. In diesem Fall muß man das Kupplungsspiel am Ausrückhebel unter dem Fahrzeug oder im Motorraum prüfen.

Gelegentlich zeigt sogar eine rote Warnlampe am Armaturenbrett an, wenn sich das Spiel durch zunehmenden Verschleiß des Kupplungsbelags verändert. Ist das Spiel neu eingestellt, muß die Lampe verlöschen.

Andernfalls prüft man, ob die Lampe auch noch andere Aufgaben erfüllen muß.

Manchmal dient sie zur Anzeige anderer Mängel am Fahrzeug, beispielsweise zur Füllstandskontrolle am Vorratsbehälter.

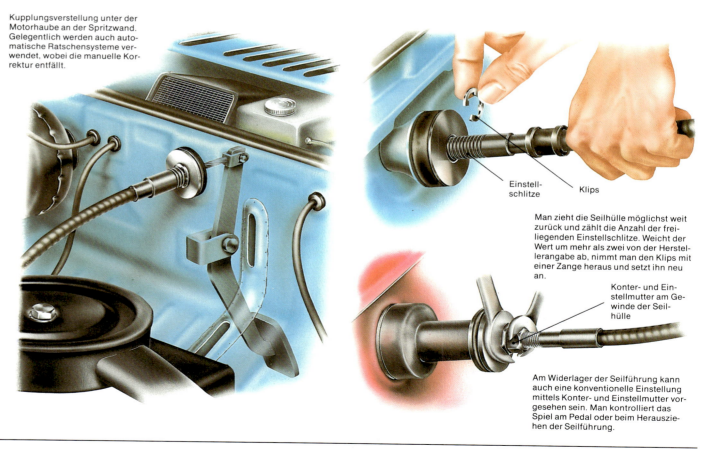

Kupplungsverstellung unter der Motorhaube an der Spritzwand. Gelegentlich werden auch automatische Ratschensysteme verwendet, wobei die manuelle Korrektur entfällt.

Man zieht die Seilhülle möglichst weit zurück und zählt die Anzahl der freiliegenden Einstellschlitze. Weicht der Wert um mehr als zwei von der Herstellerangabe ab, nimmt man den Klips mit einer Zange heraus und setzt ihn neu an.

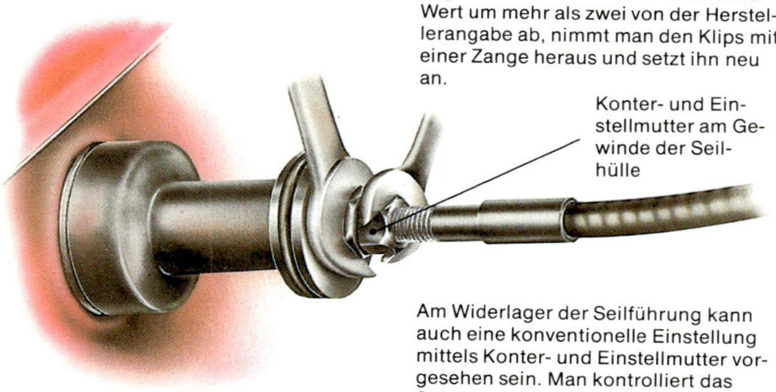

Am Widerlager der Seilführung kann auch eine konventionelle Einstellung mittels Konter- und Einstellmutter vorgesehen sein. Man kontrolliert das Spiel am Pedal oder beim Herausziehen der Seilführung.

Eine hydraulische Kupplungsbetätigung entlüften

Trennt die Kupplung eines Fahrzeugs mit hydraulischer Kupplungsbetätigung nicht mehr richtig, so daß es Geräusche beim Schalten gibt, prüft man zunächst das Kupplungsspiel.

Ist dies korrekt, kann Luft in die Hydraulikanlage eingedrungen sein. Da sich die Luft im System zusammenpressen läßt, wird der Ausrückhebel nicht mehr genügend weit betätigt, und die Kupplung trennt nicht mehr richtig.

In diesem Fall entlüftet man die Anlage. Bevor man entlüftet, prüft man jedoch, ob es Leckstellen am Geber- und Nehmerzylinder bzw. an den Verbindungsleitungen und -schläuchen gibt. Undichte Teile müssen entweder abgedichtet oder ausgewechselt werden.

Dann füllt man Kupplungsflüssigkeit nach, und zwar nur vom Hersteller freigegebene Flüssigkeiten (oft Bremsflüssigkeit). Die Mischung verschiedener Flüssigkeiten führt in den meisten Fällen zu Störungen und ist deshalb unzulässig.

Wenn das Entlüften der Kupplung keinen Erfolg gebracht hat und sich nach kurzer Zeit Störungen einstellen, ist oft der Kupplungsnehmer oder der Geberzylinder undicht, der durch neue Manschetten abgedichtet werden kann.

Vorsicht beim Umgang mit Hydraulik- und Bremsflüssigkeiten! Sie sind nicht nur giftig, sondern auch scharf ätzend. Schon ein Tropfen verursacht einen größeren Lackschaden. Die einschlägigen Sicherheitsvorschriften sind stets zu beachten (siehe Seite 56).

Werkzeug und Ausrüstung

Hydraulikflüssigkeit, Gabelschlüssel, Ringschlüssel, Entlüftergefäß und -schlauch oder Entlüftergerät, Schutzdecken für die Kotflügel

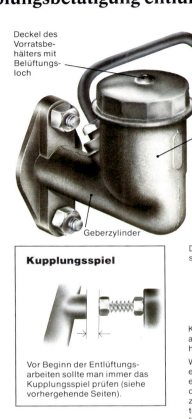

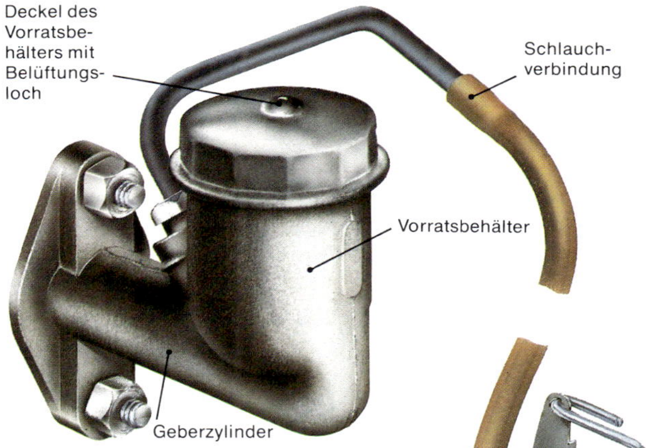

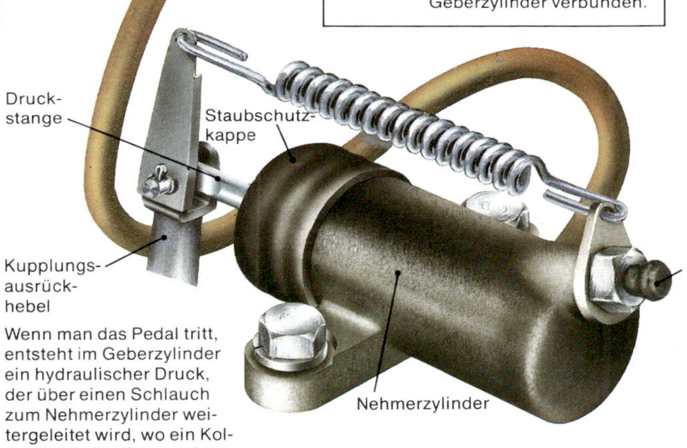

Wenn man das Pedal tritt, entsteht im Geberzylinder ein hydraulischer Druck, der über einen Schlauch zum Nehmerzylinder weitergeleitet wird, wo ein Kolben über eine Stange den Ausrückhebel der Kupplung drückt.

Kupplungsspiel

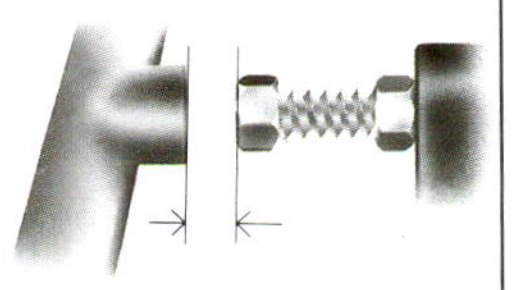

Vor Beginn der Entlüftungsarbeiten sollte man immer das Kupplungsspiel prüfen (siehe vorhergehende Seiten).

Kupplungsnehmerzylinder

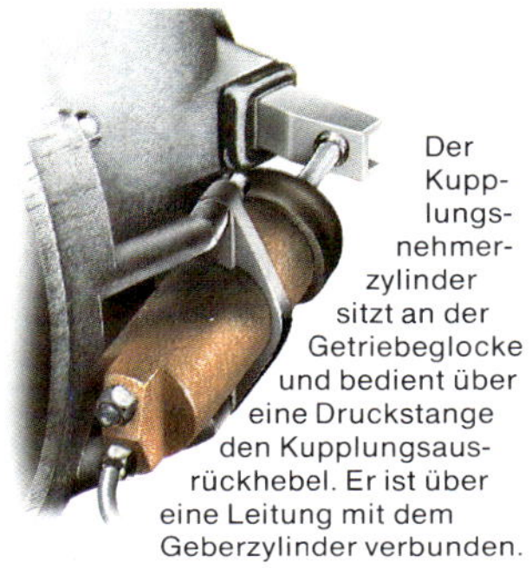

Der Kupplungsnehmerzylinder sitzt an der Getriebeglocke und bedient über eine Druckstange den Kupplungsausrückhebel. Er ist über eine Leitung mit dem Geberzylinder verbunden.

Entlüften

Man füllt den Flüssigkeitsstand im Vorratsbehälter auf und gibt etwas Flüssigkeit in einen Behälter, den man in der Nähe des Nehmerzylinders abstellt. Nun steckt man auf das Entlüfterventil des Nehmerzylinders einen Schlauch, dessen anderes Ende unterhalb des Flüssigkeitsspiegels des Behälters endet.

Zum Öffnen des Entlüfterventils verwendet man einen besonders gut sitzenden Ringschlüssel, um den Sechskant nicht zu beschädigen.

Man öffnet das Entlüfterventil probeweise, um seine Leichtgängigkeit zu prüfen.

Ein Helfer tritt das Pedal etwa zehnmal und hält es gedrückt fest, während man das Entlüftungsventil öffnet, worauf mit Luft versetzte Flüssigkeit austritt.

Dies wiederholt man, bis nur noch Flüssigkeit ohne Luft austritt. Achtung: Spätestens nach dem dritten Entlüftungsvorgang muß der Vorratsbehälter aufgefüllt werden. Das Entlüfterventil zudrehen, den Schlauch abziehen und die Staubschutzkappe aufsetzen.

Den Flüssigkeitsbehälter auffüllen

Der Deckel des Flüssigkeitsbehälters wird mit einem Tuch sorgfältig gereinigt, damit kein Schmutz in das System gerät. Nachdem man den Deckel abgenommen hat, erkennt man am Gehäuse Füllstandsmarkierungen.

Zum Nachfüllen nimmt man immer neue, vom Hersteller freigegebene Flüssigkeit. Vorsicht beim Nachfüllen, damit es keine Verätzungen im Motorraum oder auf dem Lack gibt!

Die Entlüfterleitung aufsetzen

Als Entlüfterleitung dient ein Plastikschlauch von etwa 50 cm Länge und rund 5 mm Durchmesser.

Das Entlüfterventil am Ende des Kupplungsnehmerzylinders unter einer Staubschutzkappe reinigt man mit einer Stahlbürste und öffnet es versuchsweise leicht mit einem Ringschlüssel, um die Freigängigkeit zu prüfen.

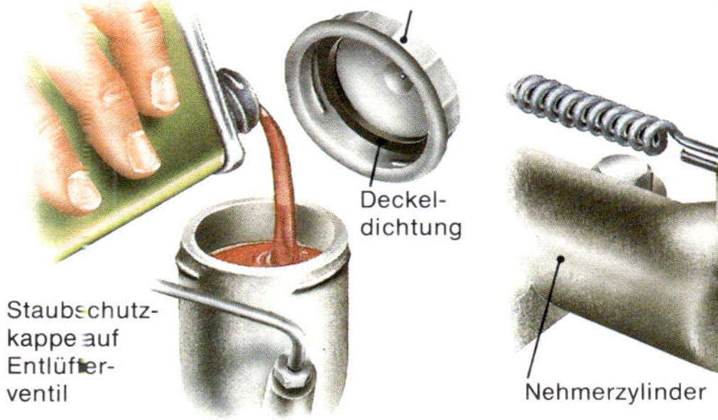

Zum Nachfüllen immer neue, vom Hersteller freigegebene Hydraulikflüssigkeit (Bremsflüssigkeit) verwenden.

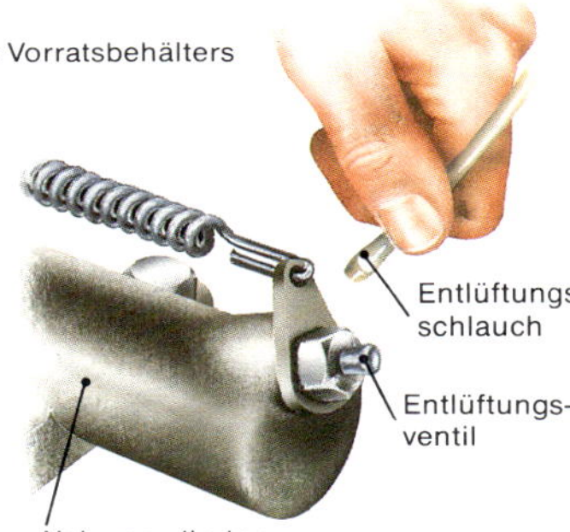

Man setzt einen durchsichtigen Plastikschlauch auf das Entlüfterventil.

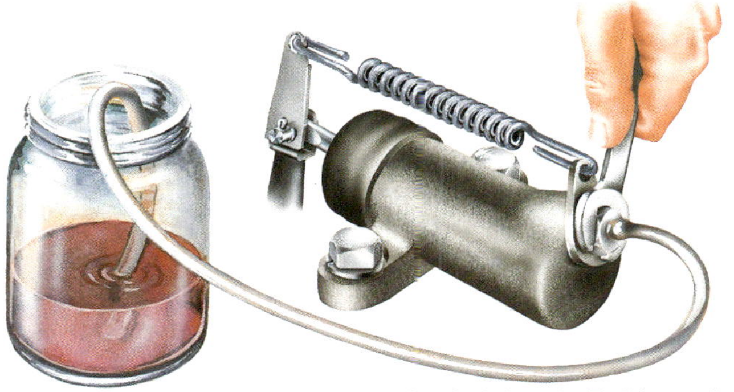

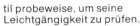

Das Schlauchende liegt unter dem Flüssigkeitspegel. So lange entlüften, bis nur noch blasenfreie Flüssigkeit austritt.

Den Sechskant des Entlüfterventils nicht beschädigen. Das Ventil wird nur eine 3/4 Umdrehung geöffnet.

Entlüftergerät

Bei der hier geschilderten Entlüftungsmethode für die Kupplung kommt man ohne einen Helfer aus.

In Werkstätten wird der Vorratsbehälter mit einem Paßstück versehen, an das ein mit Hydraulikflüssigkeit aufgefüllter Druckbehälter angeschlossen wird.

Die Kupplungsbedieneinheit steht nun unter Druck, und man braucht nur noch das Entlüfterventil mit einem Schlauch zu versehen und zu öffnen.

Den Kupplungsgeber- und -nehmerzylinder prüfen und auswechseln 1

Kupplungsnehmer- und -geberzylinder können im Lauf der Betriebsjahre undicht werden. Man bemerkt dann an den Kolbenstangen und Abdichtmanschetten Spuren von Hydraulikflüssigkeit.

Manchmal löst die Kupplung auch trotz korrekter Einstellung nicht mehr richtig aus, oder aber das Pedal fällt leer durch.

Bei solchen Störungen sind die Abdichtungen der Kolben im Geber- und Nehmerzylinder verschlissen. Der Hydraulikdruck baut sich nur kurzzeitig auf, kann aber über die Lecks nach außen entweichen. Über solche verschlissenen Abdichtungen kann auch Luft eintreten. Das Pedal fühlt sich dann schwammig an.

Für Geber- und Nehmerzylinder gibt es spezielle Abdichtsätze. Diese sollte man aber nur dann verwenden, wenn die Bohrungen der Zylinder noch einwandfrei sind und keine Auswaschungen oder Korrosionsstellen haben. Besser ist es, komplette Geber- und Nehmerzylinder einzusetzen, besonders dann, wenn das Fahrzeug schon etwas älter ist.

Im Rahmen der Montagearbeiten muß das Hydrauliksystem geöffnet und anschließend entlüftet werden. Beim Entleeren und Befüllen des Systems Vorsicht im Umgang mit der ätzenden Hydraulikflüssigkeit! Vor allem lackierte Flächen sollte man durch Kotflügelschoner extra schützen.

Werkzeug und Ausrüstung

Kotflügelschoner, Auffangwanne, Spitzzange, Schraubenzieher, Ring- und Gabelschlüssel, Verschlußstopfen, Hydraulikflüssigkeit, Entlüftungsgerät oder -schlauch mit Gefäß, erforderliche Ersatzteile nach Bedarf

Kupplungsgeberzylinder

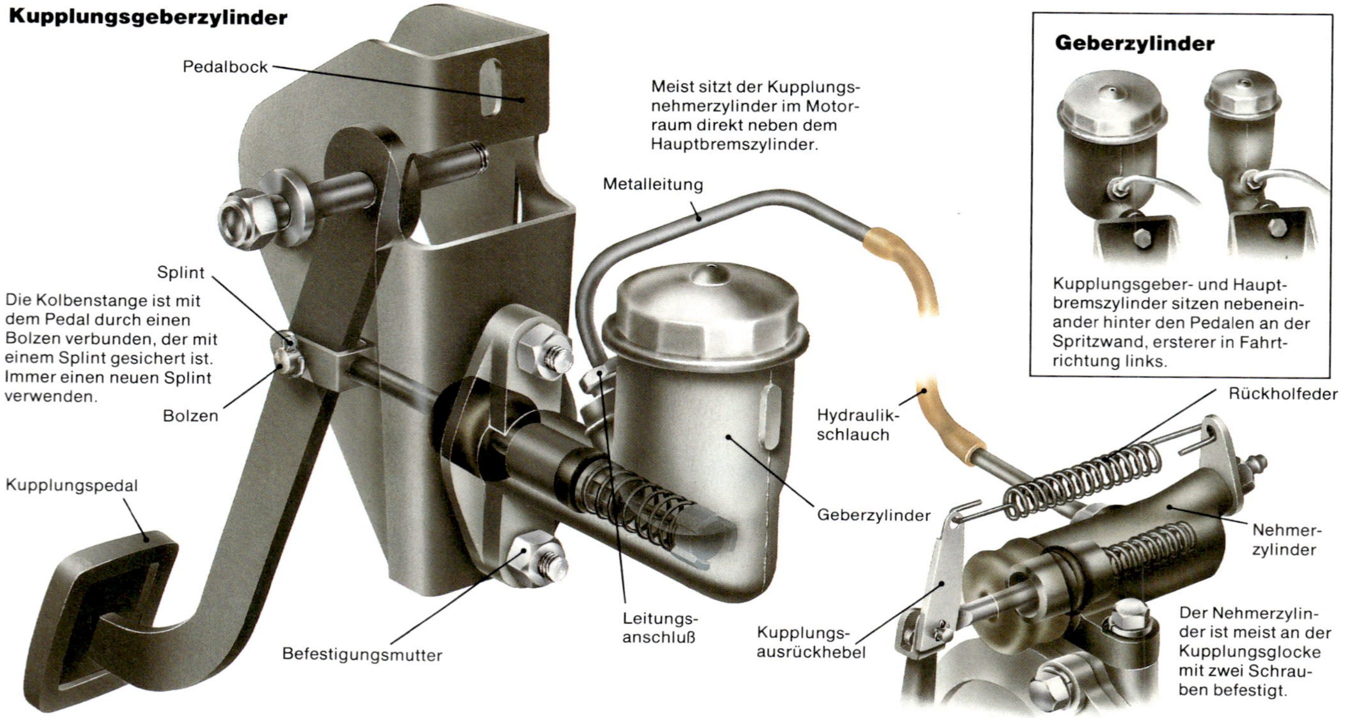

Pedalbock
Meist sitzt der Kupplungsnehmerzylinder im Motorraum direkt neben dem Hauptbremszylinder.
Metalleitung
Splint
Die Kolbenstange ist mit dem Pedal durch einen Bolzen verbunden, der mit einem Splint gesichert ist. Immer einen neuen Splint verwenden.
Bolzen
Hydraulikschlauch
Kupplungspedal
Geberzylinder
Rückholfeder
Nehmerzylinder
Leitungsanschluß
Kupplungsausrückhebel
Befestigungsmutter
Der Nehmerzylinder ist meist an der Kupplungsglocke mit zwei Schrauben befestigt.

Geberzylinder

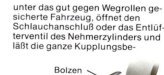

Kupplungsgeber- und Hauptbremszylinder sitzen nebeneinander hinter den Pedalen an der Spritzwand, ersterer in Fahrtrichtung links.

Die Hydraulikanlage prüfen

Der Kupplungsgeberzylinder sitzt meist hinter den Pedalen an der Spritzwand neben dem Hauptbremszylinder. Deshalb ist darauf zu achten, daß man die beiden Hydrauliksysteme nicht verwechselt. Der Kupplungszylinder befindet sich immer links in Fahrtrichtung.

Zur Prüfung des Flüssigkeitsstandes reinigt man den Deckel des Vorratsbehälters und nimmt ihn ab. Ist der Flüssigkeitsstand deutlich unter Normalniveau, verfolgt man die Leitung bis zum Nehmerzylinder an der Kupplungsglocke. Dann zieht man die Staubschutzkappen beider Zylinder ab und prüft, ob sich hier Hydraulikflüssigkeit angesammelt hat.

Wenn man an dieser Stelle deutliche Spuren von Flüssigkeit feststellt, ist mit Sicherheit die Abdichtung des Kolbens defekt, so daß eine gründliche Überholung sowie ein Neuteil fällig sind.

Den Geberzylinder ausbauen

Kotflügel und andere lackierte Stellen werden durch Schoner oder Plastikfolien geschützt.

Mit einem Gabelschlüssel löst man den Leitungsanschluß am Zylinder und setzt sofort einen Gummistöpsel in die Zylinderöffnung, damit der Vorratsbehälter nicht ausläuft. Dabei starre Metalleitungen nicht knicken oder verbiegen; am besten befestigt man sie mit Klebeband.

Mit einer Zange zieht man den Splint oder Klips von dem Bolzen ab, der die Druckstange mit dem Kupplungspedal verbindet, und nimmt die Druckstange heraus.

Nun dreht man die beiden Muttern oder Schrauben des Geberzylinders an der Spritzwand heraus, und der Geberzylinder mit der Leitung zum Nehmerzylinder liegt frei.

Vorsicht beim Herausnehmen. Mit dem Finger das Belüftungsloch im Deckel des Vorratsbehälters zuhalten, damit keine Flüssigkeit ausläuft.

Die Überwurfmutter der Leitung lösen und herausdrehen.

Nach Einbau den neuen Zylinder auffüllen und das System entlüften.

Bei einer anderen Demontagetechnik begibt man sich zuerst unter das gut gegen Wegrollen gesicherte Fahrzeug, öffnet den Schlauchanschluß oder das Entlüfterventil des Nehmerzylinders und läßt die ganze Kupplungsbetätigung langsam leerlaufen. Man kann nun den Geberzylinder in aller Ruhe ausbauen, ohne daß man mit Problemen mit der Hydraulikflüssigkeit rechnen muß.

Die Leitung sorgfältig zur Seite legen, damit sie nicht beschädigt wird.

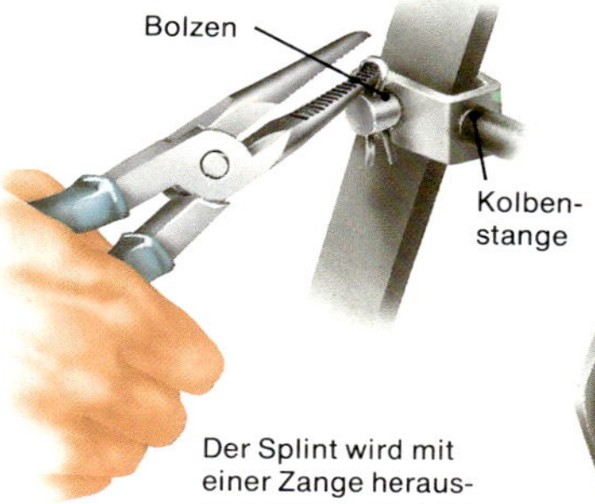

Bolzen
Kolbenstange

Der Splint wird mit einer Zange herausgenommen, und der Verbindungsbolzen liegt frei.

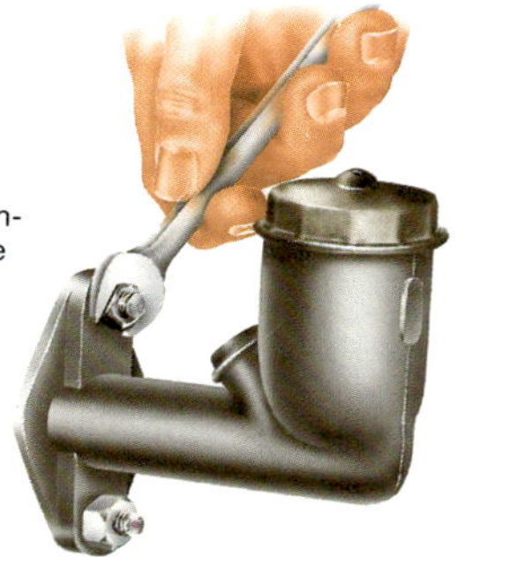

Die beiden Befestigungsmuttern oder -bolzen des Zylinders herausschrauben.

Den Kupplungsgeber- und -nehmerzylinder prüfen und auswechseln 2

Einen Geberzylinder überholen

Die Überholtechnik gilt als preiswerte Reparaturmethode – vorausgesetzt, daß der Werkstatt-Stundensatz nicht allzu hoch ist.

Der Mechaniker reinigt den Zylinder außen und zieht die Staubschutzkappe an der Kolbenstange zurück, die mit der Kappe abgenommen werden kann.

Darunter erkennt man einen Sicherungsring, der mit einer Spezialzange herausgenommen wird. Unter diesem Ring befinden sich eine Anschlagscheibe, ein Kolben mit Abdichtmanschette sowie eine Feder in unterschiedlicher Anordnung. Alle diese Teile werden entfernt und der Reihe nach auf der sauberen Werkbank abgelegt.

Der Zylinder wird gereinigt und mit Preßluft ausgeblasen. Mit einer hellen Lampe prüft man, ob sich an der Kolbenlauffläche Auswaschungen oder Korrosionsspuren ausgebildet haben. Ist dies der Fall, muß der komplette Zylinder erneuert werden.

Kann man den Zylinder übernehmen, prüft der Mechaniker, welche Teile der Überholsatz nicht enthält; denn viele alte Bauelemente, z. B. eine Anschlagscheibe, kann man nach der Reinigung wieder verwenden.

Nun zieht man die neue Dichtung auf den Kolben auf. Manchmal ist die Dichtmanschette auch vor dem Kolben angeordnet und wird deshalb mit einer Schutzscheibe frei in die Bohrung eingelegt. Niemals darf man solche neuen Abdichtmanschetten trocken einbauen. Hierzu gibt es Spezialfett, oder man benetzt die Lauffläche mit frischer Hydraulikflüssigkeit.

Beim Zusammenfügen ist darauf zu achten, daß die Dichtlippe der neuen Manschette nicht eingeklemmt oder beschädigt wird.

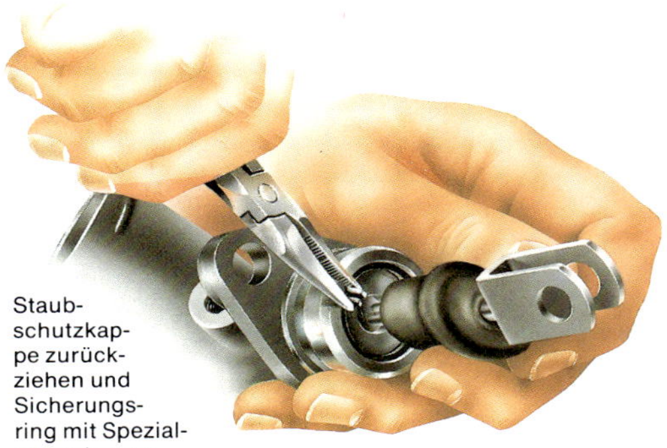

Staubschutzkappe zurückziehen und Sicherungsring mit Spezialzange herausnehmen.

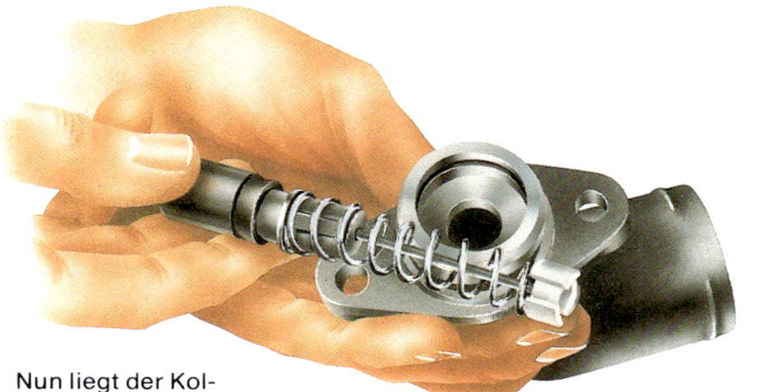

Nun liegt der Kolben mit der Abdichtung und der Feder frei.

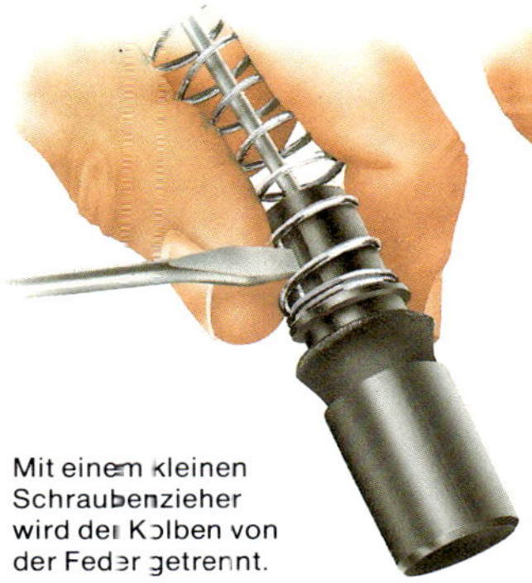

Mit einem kleinen Schraubenzieher wird der Kolben von der Feder getrennt.

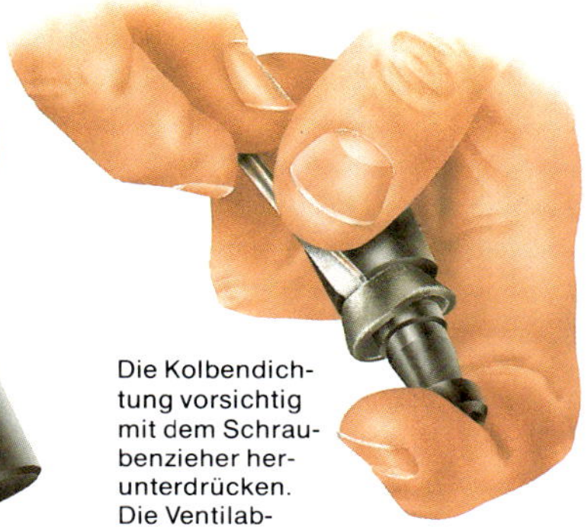

Die Kolbendichtung vorsichtig mit dem Schraubenzieher herunterdrücken. Die Ventilabdichtung stets erneuern.

Den Nehmerzylinder auswechseln

Meist sitzt der Nehmerzylinder seitlich an der Kupplungsglocke, oft nur mit zwei Schrauben befestigt. Zum Ausbau steckt man eine Kunststoffleitung auf das Entlüfterventil, öffnet es und läßt das System leerlaufen. Man unterstützt das Entleeren, indem man das Kupplungspedal betätigt.

Nun wird die Überwurfmutter an der Hydraulikleitung herausgedreht. Man zieht den Plastikschlauch und die Rückholfeder ab. Wenn man die beiden Schrauben herausgedreht hat, kann man den Nehmerzylinder von der Kolbenstange, die am Ausrückhebel zurückbleibt, abziehen.

Den neuen Zylinder baut man in umgekehrter Reihenfolge ein.

Bei eng verlegter Hydraulikleitung kann man die Überwurfmutter vorher ansetzen und erst dann die Schrauben des Zylinders anbringen.

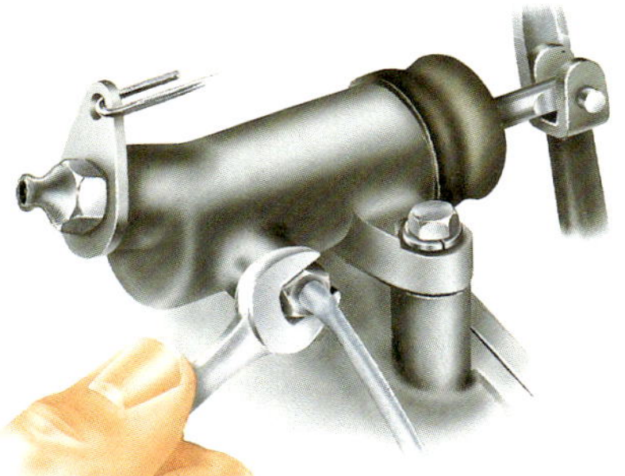

Zum Lösen der Überwurfmutter braucht man einen gut sitzenden Gabelschlüssel, damit der Sechskant nicht beschädigt wird. Die Rückzugfeder wird mit einer Zange ausgehakt.

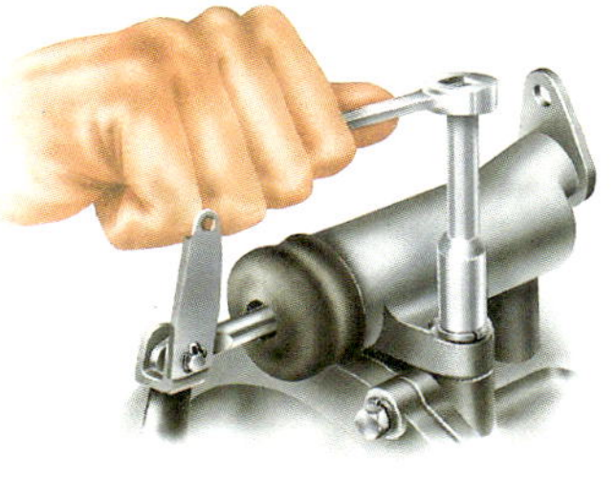

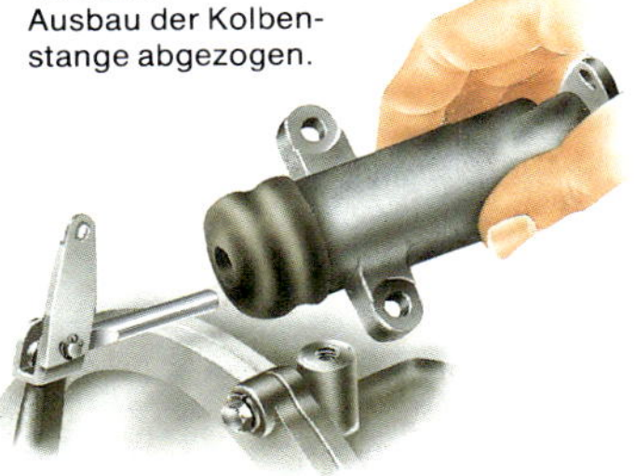

Der Nehmerzylinder wird ohne Ausbau der Kolbenstange abgezogen.

Beide Schrauben des Zylinders herausdrehen.

Nehmerzylinder mit besonderer Befestigung

Nicht immer ist der Nehmerzylinder mit Schrauben am Kupplungsgehäuse befestigt.

Manchmal erkennt man auch an der Kupplungsglocke eine angegossene Öse, die den Zylinder ohne besondere Verschraubung hält.

Beim Ausbau hält man sich an die übliche Arbeitstechnik. Das System wird entleert und die Leitung getrennt. Ist die Kolbenstange abgezogen, setzt man ein Spezialwerkzeug an und preßt den Zylinder aus seinem Sitz heraus.

Ist der Nehmerzylinder festgerostet, setzt man Rostlöser ein. Dabei vorsichtig mit dem Hammer umgehen, damit die Befestigungsöse nicht abbricht.

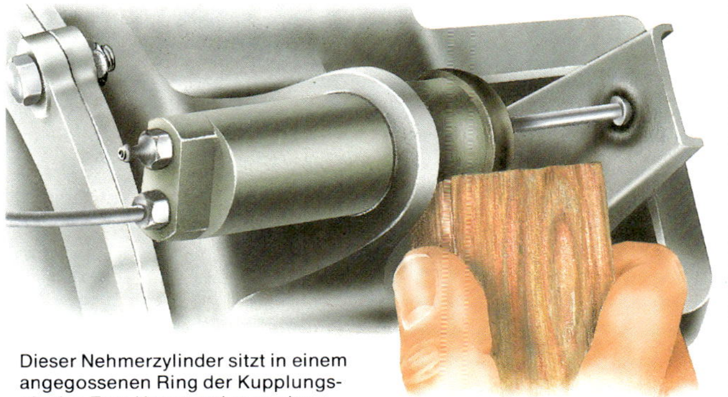

Dieser Nehmerzylinder sitzt in einem angegossenen Ring der Kupplungsglocke. Zum Herausnehmen einen Holzklotz so einspannen, daß der Ausrückhebel nicht stört.

Eine Dichtmanschette aufziehen

Abdichtmanschetten sind besonders empfindliche Bauteile. Zum Abnehmen des neuen Zylinders führt man einen kleinen Schraubenzieher hinter die Manschette und nimmt sie mit Drehbewegungen vom Kolben herunter, der gereinigt wird.

Die neue Manschette feuchtet man mit Spezialfett aus dem Überholsatz an und zieht sie drehend auf.

Auch die kleinste Beschädigung der Dichtlippe führt unweigerlich zu Hydraulikverlust und Ausfall des Systems.

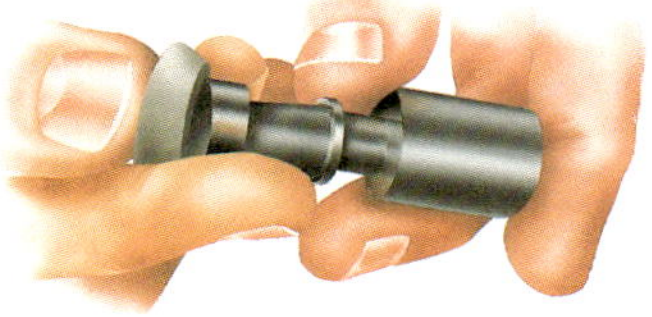

Beim Aufziehen von Kolbendichtungen die Dichtlippe nicht beschädigen!

Das Getriebeöl prüfen und wechseln 1

Schaltgetriebe enthalten eine Menge beweglicher Teile. Einige laufen in Öl, während andere nur mit Sprühöl versorgt werden. Durch die Schmierung wird das Trockenlaufen der einzelnen Baukomponenten verhindert.

Je nach Getriebehersteller ist eine bestimmte Ölsorte vorgeschrieben. Wie im Motor muß das Öl die Schmierung bei niedrigen und hohen Temperaturen gewährleisten, und zwar bei den sehr hohen Drücken, wie sie an den Zahnflanken entstehen. Deshalb sollte man die Ölspezifikation in der Bedienungsanleitung genau einhalten.

Bei modernen Getriebeausführungen wird das Öl nicht mehr routinemäßig gewechselt. Man spricht von einer Lebensdauerbefüllung. Allerdings sollte der Ölstand bei der großen Inspektion geprüft werden.

Einige Hersteller verlangen allerdings aus Sicherheitsgründen einen Ölwechsel nach einer bestimmten Laufstrecke. Ein zusätzlicher Grund, den Ölstand zu prüfen, sind Lecks im Getriebebereich.

Zum Prüfen des Ölstandes sollte das Fahrzeug auf ebenem Grund stehen. Um an die Ölpeilöffnung seitlich am Getriebegehäuse heranzukommen, braucht man eine Hebebühne oder Arbeitsgrube. Nur wenige Getriebe haben einen Peilstab, an den man vom Motorraum aus herankommt.

Der Ölpeilstab wird herausgedreht. Man wischt ihn ab, wobei man eine Minimal- und Maximalmarkierung erkennt. Man muß den Peilstab bis zum Anschlag hineinschieben, damit es nicht zu fehlerhaften Messungen kommt.

Bei Fahrzeugen ohne Peilstab faßt man mit dem Finger in die Peilöffnung. Der Ölstand sollte unterhalb der Öffnung stehen.

Manchmal werden Motor, Getriebe und Achsantrieb durch dieselbe Ölfüllung geschmiert. Hier genügt der übliche Motorölpeilstab zur Kontrolle. Die Befüllung erfolgt durch den Öleinfüllstutzen.

Getriebeeinfüll- und -ablaßschrauben lassen sich oft wegen Korrosion nur schwer öffnen. Deshalb immer gut sitzende Ringschlüssel mit großer Hebelwirkung verwenden. Mit einfachen Gabelschlüsseln beschädigt man oft nur den Sechskant. Manchmal benötigt man Innenvier- oder -sechskantschlüssel.

Einfüll- und Ablaßschraube sind oft mit Dichtringen ausgerüstet, die zu ersetzen sind.

Ebenso problematisch wie ein zu geringer ist ein zu hoher Ölstand. Durch die Pumpwirkung der umlaufenden Zahnräder entsteht ein zu hoher Öldruck. Die Folge sind Leckstellen und teure Reparaturen.

Da die Einfüllschrauben meist nur mit Spezialfüllgeräten zu erreichen sind, sollte man den Getriebeölwechsel bei der üblichen Inspektion ausführen lassen.

Beim Anziehen von Getriebeeinfüll- und -ablaßschrauben muß man vorsichtig arbeiten. Die Gehäuse bestehen meist aus Aluminiumguß. Ein zu großes Drehmoment führt zu Schäden am Gewinde.

Gelegentlich versucht man, schadhafte oder rauhlaufende Getriebe durch eine neue Ölbefüllung zu „reparieren". Der Erfolg ist immer fraglich, denn auch das dickste Getriebeöl kann keine unnormalen Geräusche überdecken. Hier empfiehlt sich eventuell ein vollständiges Austauschgetriebe.

Werkzeug und Ausrüstung

Hebebühne oder Arbeitsgrube, Ringschlüssel oder Steckschlüsseleinsätze, Spezial-Ölwechselschlüssel, Auffangwanne, Getriebeölpumpe

Getriebeanordnung eines Frontantriebfahrzeugs

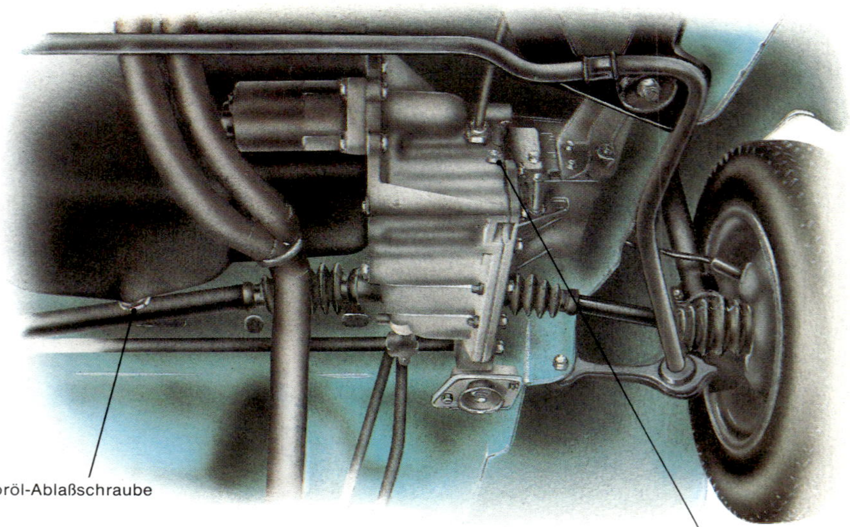

Der Ölstand wird durch eine Öffnung seitlich am Getriebe geprüft. Dieselbe Schraube dient der Ölbefüllung. Vorsicht: Die Schraube nicht mit Befestigungsbolzen verwechseln!

Ölstand prüfen

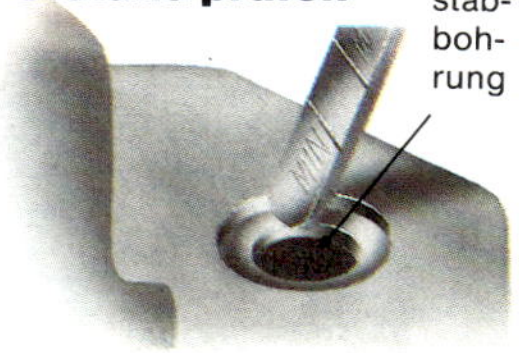

Der Peilstab hat eine Minimal- und Maximalmarkierung.

Das Fahrzeug steht auf einer ebenen Fläche; dabei sollte der Ölstand gerade den Rand der Peilöffnung erreichen.

Getriebeanordnung beim Hinterradantrieb

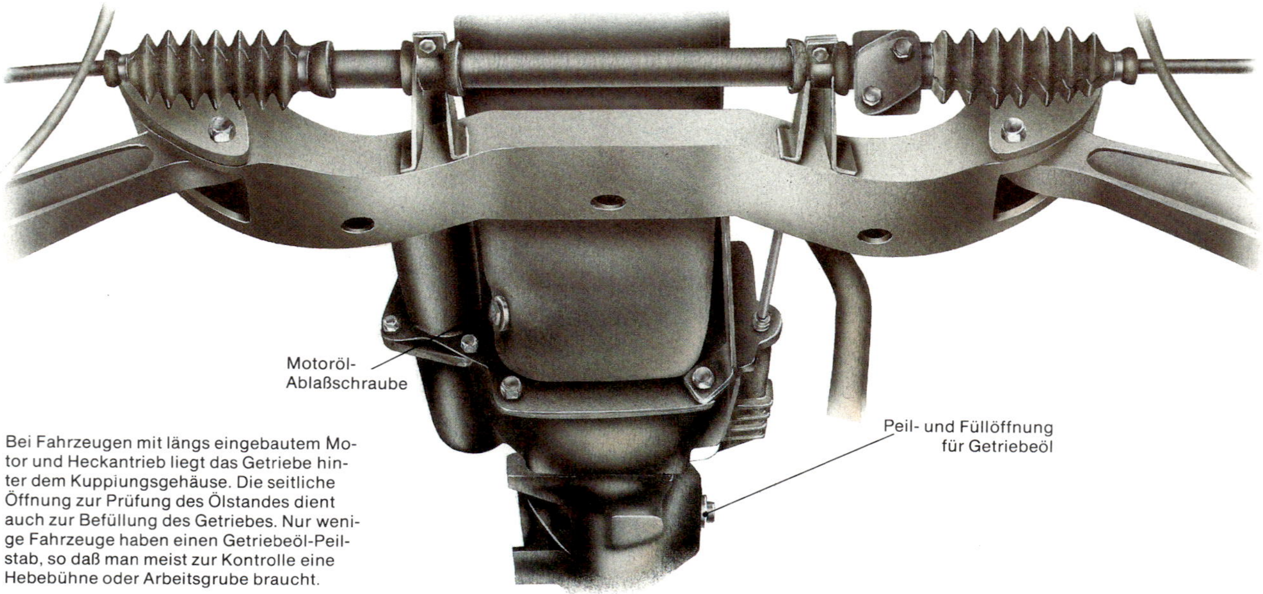

Bei Fahrzeugen mit längs eingebautem Motor und Heckantrieb liegt das Getriebe hinter dem Kupplungsgehäuse. Die seitliche Öffnung zur Prüfung des Ölstandes dient auch zur Befüllung des Getriebes. Nur wenige Fahrzeuge haben einen Getriebeöl-Peilstab, so daß man meist zur Kontrolle eine Hebebühne oder Arbeitsgrube braucht.

Das Getriebeöl prüfen und wechseln 2

Getriebeölwechsel

Getriebeöl ist relativ dick und läuft in kaltem Zustand schlecht ab. Deshalb sollte man Motor und Getriebe vor Beginn der Arbeiten warmfahren.

Zum Getriebeölwechsel stellt man das Fahrzeug auf eine Hebebühne oder über eine Arbeitsgrube. Da die Schrauben oft sehr fest sitzen oder korrodiert sind, sollte man gut sitzende Schlüssel benutzen.

Bei Getrieben mit mehreren durch Stege getrennten Füllräumen muß man mehrere Ablaßschrauben öffnen.

Das Öl wird in einer Wanne aufgefangen. Für die Ölentsorgung bei Werkstätten sorgen Spezialfirmen. Vorsicht bei heißem Getriebeöl: Den Hautkontakt meiden, damit es nicht zu Verbrennungen kommt!

Wenn das Öl langsamer fließt, sollte man untersuchen, ob aus dem Getriebegehäuse Metallspäne herausgespült werden, die immer ein Zeichen für Schäden am Getriebe sind, so daß demnächst eine Getriebeüberholung fällig wird.

Wenn das Öl abgelaufen ist, wird die Ablaßschraube mit einer neuen Dichtung eingesetzt. Mit einem Spezialbefüllgerät füllt man so viel Öl ein, daß es gerade unterhalb der Getriebeöl-Einfüllbohrung steht. Die Einfüllöffnung wird mit Verschlußschraube und neuer Dichtung versehen. Anhaftende Tropfen abwischen.

Bei manchen Getriebekonstruktionen ist keine Ablaßschraube mehr vorgesehen. Zum Getriebeölwechsel sind entweder Teile der Getriebeverschraubung oder ein Getriebedeckel vollständig auszubauen.

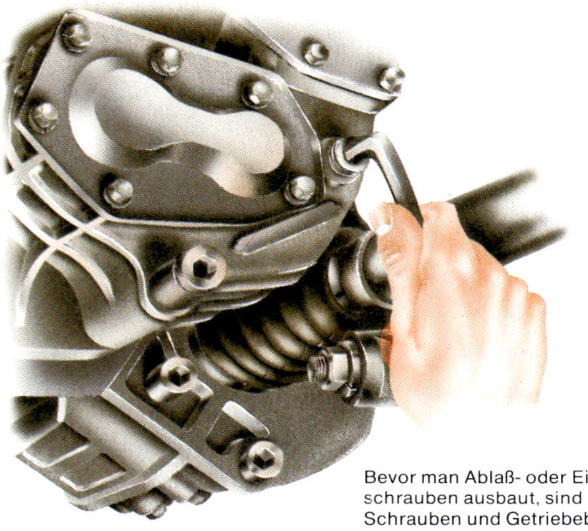

Bevor man Ablaß- oder Einfüllschrauben ausbaut, sind Schrauben und Getriebebereich gründlich zu reinigen. Im Bild sieht man ein Getriebe mit Innensechskantschrauben.

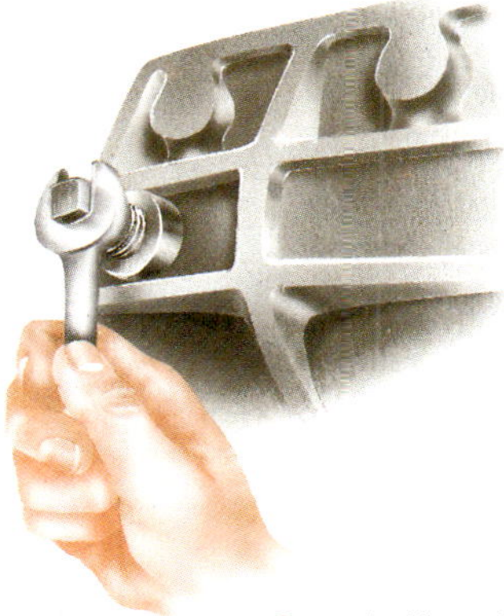

Damit der Vier- oder Sechskant von Befüll- und Ablaßschrauben nicht beschädigt wird, sollte man immer gut sitzende Schlüssel verwenden. Beschädigte Schrauben nicht wieder einsetzen.

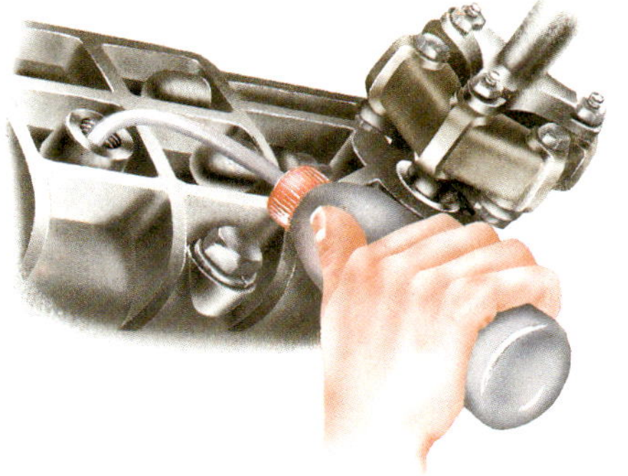

In der Werkstatt wird das Öl mit einer Pumpe eingefüllt. Im Notfall kann man die Befüllung auch aus einer Plastikflasche mit einem Schlauch ergänzen, die in heißem Wasser angewärmt wird.

Leckstellen am Getriebe

Man stellt das Fahrzeug auf die Hebebühne, über die Arbeitsgrube oder auf Unterstellböcke. Zur Kontrolle braucht man eine Handlampe.

Leckstellen sind nicht immer leicht zu orten, da sie von Straßenschmutz abgedeckt werden. Der Fahrtwind verteilt zusätzlich die Ölspuren über das ganze Getriebe, so daß es sich lohnt, vor einer Kontrolle das Getriebe mit Kaltreiniger und Wasser zu waschen.

Wenn man den Getriebeölstand geprüft hat, fährt man das Fahrzeug einige Kilometer, bis Motor und Getriebe warmgelaufen sind. Nun kann man gegebenenfalls frische Leckspuren am Gehäuse erkennen.

Die häufigsten Leckstellen sind schadhafte Dichtringe an Ablaßschrauben und Peilöffnungen. Läßt sich die Schraube nicht durch Nachziehen abdichten, muß man neue Dichtungen oder sogar neue Ablaß- und Befüllschrauben einsetzen. Dazu muß das Getriebeöl abgelassen werden.

Sind am Getriebe Deckel vorhanden, neigen die Dichtungen zum Schwitzen. Man versucht, den Deckel durch vorsichtiges Nachziehen der Schrauben abzudichten, ohne die Dichtungen zu zerquetschen. Mißlingt dies, ist der Deckel auszubauen und mit einer neuen Dichtung zu versehen. Bilden sich Ölspuren am Tachometerantrieb, schraubt man diesen ab und setzt einen neuen Dichtring auf.

Auch am Getriebeende, dem sogenannten Getriebehals, gibt es eine Öldichtung, die häufiger schadhaft wird. Bilden sich hier kräftige Tropfen und Spuren von Öl, muß die Kardanwelle ausgebaut werden, um den Dichtring zu erneuern.

Bei Frontantrieb ragen seitlich aus dem Getriebe zwei Flansche für die Antriebswellen heraus. Die Dichtringe sind bei Ölspuren zu erneuern.

Bei Ölspuren zwischen Kupplungsgehäuse und Getriebe ist das gesamte Getriebe auszubauen, um den Dichtring der Hauptantriebswelle zu ersetzen. Dabei empfiehlt sich eine komplette Getriebeabdichtung.

Häufige Leckstellen sind die Dichtringe von Ablaßschrauben.

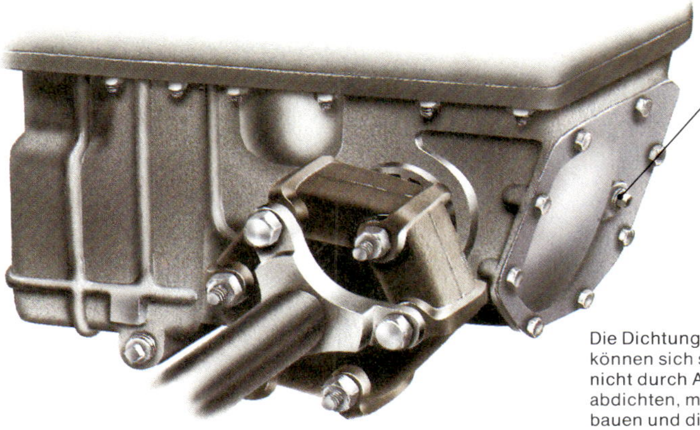

Die Dichtungen von Getriebedeckeln können sich setzen. Lassen sie sich nicht durch Anziehen der Schrauben abdichten, muß man den Deckel ausbauen und die Dichtung erneuern.

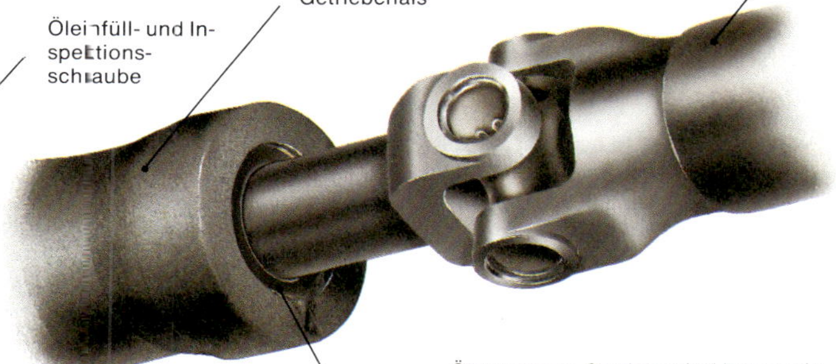

Ölspuren am Getriebe sind immer ein Hinweis auf einen beschädigten Dichtring. Zum Ersetzen muß die Kardanwelle ausgebaut werden. Bei Frontantrieb sind die Flansche der beiden Seitenwellen zu prüfen.

Das Automatikgetriebefluid prüfen und wechseln

Automatische Hydraulikgetriebe sind nicht störanfällig und brauchen kaum Wartung, außer der regelmäßigen Kontrolle der Befüllung mit ATF (*Automatic Transmission Fluid*).

Geringe Verluste durch schwitzende Dichtungen gleicht man aus, indem man Getriebeflüssigkeit nachgießt. Sinkt der Stand aber schneller, sollte man das Leck suchen und abdichten lassen.

Bei den meisten Automatikgetrieben muß die Getriebeflüssigkeit zum Messen des Standes etwa handwarm sein, sonst kann das Meßergebnis verfälscht sein. Man prüft vom Motorraum aus mit einem Peilstab.

Niemals zuviel ATF einfüllen. Zusätzlich prüft man bei der Inspektion, ob der ATF-Kühler oder die Kühlrippen am Getriebeboden sauber sind, und reinigt sie gegebenenfalls.

Werkzeug und Ausrüstung

Vom Hersteller freigegebenes ATF, Trichter, Auffangwanne, Gabel- und Ringschlüssel, Steckschlüsselsatz

Den ATF-Stand prüfen

Zur exakten Kontrolle des ATF-Standes im Getriebe sollte der Motor einige Kilometer gelaufen sein, so daß die Befüllung etwa handwarm ist.

Dann stellt man das Fahrzeug auf eine ebene Fläche, zieht die Handbremse an und läßt den Motor im Leerlauf laufen. Je nach Herstellerempfehlung befindet sich der Getriebeschalthebel in der Position „P“ oder „N“.

Der Motor läuft; Schalthebel in Stellung „P“ oder „N“.

Aus dem vorher gereinigten Führungsrohr – es darf kein Schmutz in das Getriebe gelangen – zieht man den Peilstab, reinigt ihn mit einem sauberen, fusselfreien Tuch und führt ihn wieder bis zum Anschlag ein. Nachdem man ihn herausgezogen hat, erkennt man den Stand zwischen der Maximal- und der Minimalmarkierung.

Erhält man kein sicheres Meßergebnis, wird die Prüfung mehrfach wiederholt.

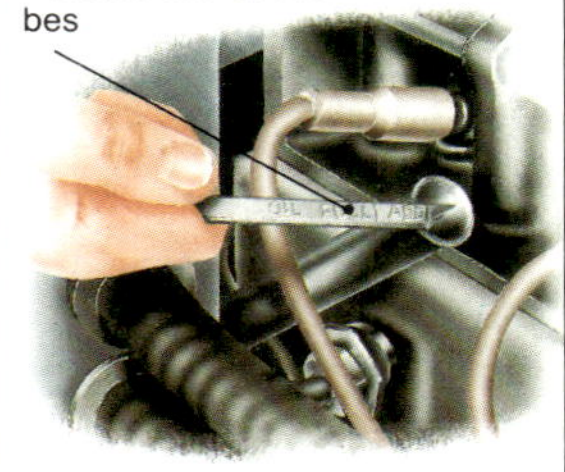

Der Bereich in der Nähe der Peilrohröffnung wird sorgfältig gesäubert.

Wartungsarbeiten am Automatikgetriebe

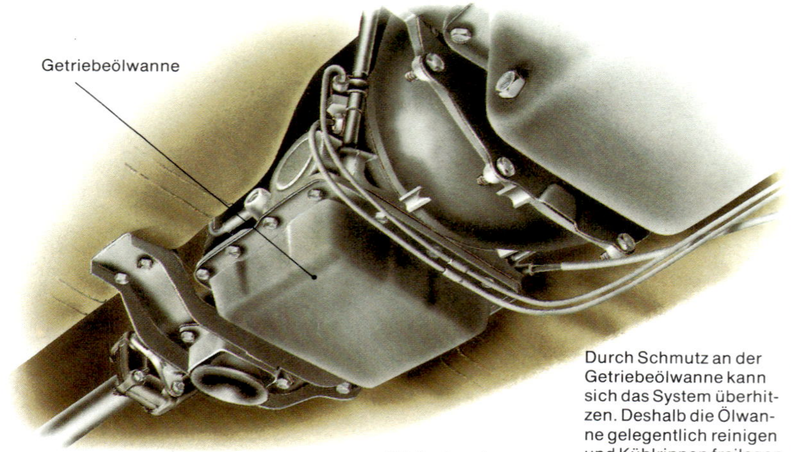

Durch Schmutz an der Getriebeölwanne kann sich das System überhitzen. Deshalb die Ölwanne gelegentlich reinigen und Kühlrippen freilegen.

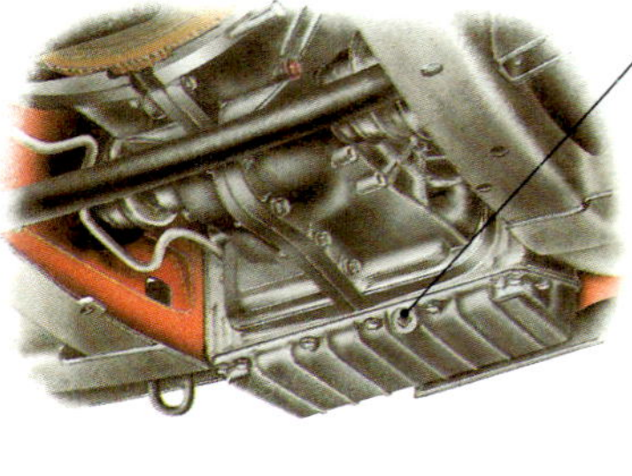

Getrennte Befüllung für Automatikgetriebe und Achsantrieb

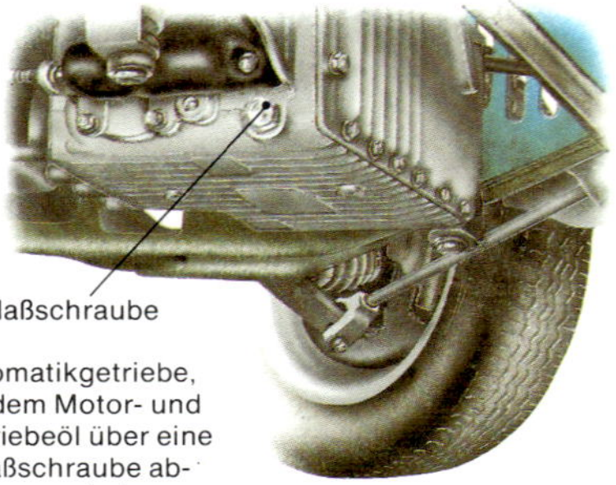

Automatikgetriebe, bei dem Motor- und Getriebeöl über eine Ablaßschraube abgelassen wird.

Das ATF auffüllen und wechseln

Zum Auffüllen des ATF dient ein Trichter, den man in das Führungsrohr des Peilstabes einführt. Auch hier ist auf größte Sauberkeit zu achten.

Eingefüllt wird nur vom Hersteller freigegebenes ATF. Auf keinen Fall darf man verschiedene ATF-Sorten untereinander mischen.

Zum Nachfüllen einen Trichter und Originalfluid verwenden.

Beim Auffüllen zunächst kleinere Mengen nachschütten. Nachdem 0,25 l in das Peilrohr gelaufen sind, mißt man erneut. Der ATF-Stand muß stets zwischen den beiden Peilstabmarken liegen. Beim Messen und Nachfüllen stets auch auf die Temperatur von Motor und Getriebeflüssigkeit achten. Bei zu hohen Temperaturen Motor und Getriebe abkühlen lassen.

Das ATF wird nach längeren Laufzeiten gewechselt. Da häufig auch der Zustand des Getriebes zu prüfen ist, Bremsbänder einzustellen sind und ein innenliegendes Filter zu wechseln ist, nimmt man die gesamte Ölwanne ab. Deshalb haben Automatikgetriebe oft keine Ölablaßschraube.

Arbeiten am Automatikgetriebe, auch der Wechsel des ATF, sind stets Spezialisten- und Werkstattsache.

Bei halbautomatischen Getrieben, die mit normalem Motoröl befüllt werden, kann man den Ölwechsel auch selber durchführen. Die Arbeiten sind nicht komplizierter als ein einfacher Motorölwechsel.

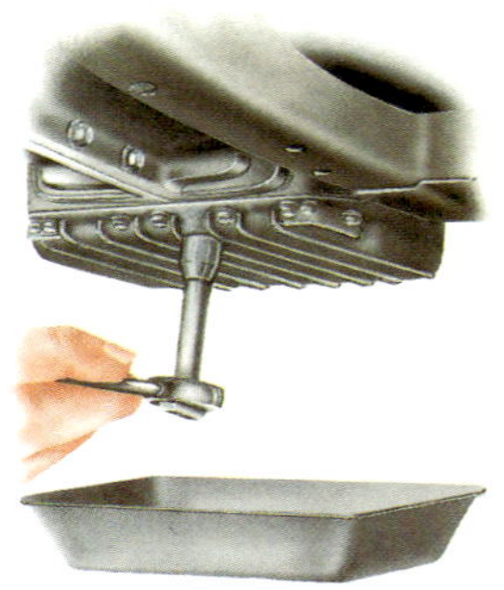

Der Ölwechsel an hydraulischen Automatikgetrieben ist der Werkstatt vorbehalten. Oft muß der Getriebedeckel abgebaut werden, weil keine Ablaßschraube vorhanden ist.

Bei Frontantriebfahrzeugen ist darauf zu achten, daß es für Achsantrieb und automatisches Getriebe separate Füllmengen und Ölsorten gibt. Im Achsantrieb findet man Getriebeöl, im Automatikgetriebe hingegen ATF.

Ein Automatikfahrzeug abschleppen

Fahrzeuge mit Automatikgetriebe sollen nach Möglichkeit nicht auf den eigenen Rädern abgeschleppt werden. Die Gefahr eines Getriebeschadens ist sehr hoch, denn bei stehendem Motor arbeitet die Ölpumpe nicht, und das Getriebe läuft trocken.

Nach Möglichkeit sollte man immer die ADAC-Straßenwacht einschalten, die eine Pannenhilfe mit Bordmitteln versucht. Gelingt dies nicht, wird ein Straßendienstunternehmen im Auftrag des ADAC beauftragt, das das Fahrzeug mit modernstem Gerät in die nächste Werkstatt überführt.

Nur in Ausnahmesituationen darf man das Fahrzeug mit Abschleppseil oder Abschleppstange schleppen. Dabei lassen die verschiedenen Hersteller eine maximale Entfernung von 50 km und eine Höchstgeschwindigkeit von 50 km/h zu.

Aus Sicherheitsgründen sollte man solche Schleppmanöver jedoch nur dann ausführen, wenn mit keiner anderen Pannenhilfe gerechnet werden kann.

Die Gelenke an Antriebswellen prüfen

Die Kardanwelle verbindet bei Fahrzeugen in Standardbauweise das Schaltgetriebe mit der Hinterachse. An jedem Ende der Welle ermöglicht ein Kardangelenk die freie Auf- und Abbewegung der Hinterachse. Bei längeren Fahrzeugen ist zusätzlich ein Zwischenlager in der Fahrzeugmitte eingebaut.

Jedes Kardan- oder Kreuzgelenk besteht aus einem Zapfenkreuz, das zwischen zwei Gelenkgabeln geführt wird. Die Lagerung der Zapfen besteht aus Bronzebüchsen oder bei modernen Kreuzgelenken auch aus Nadellagern.

Bei modernen Fahrzeugen können die Kardanwellengelenke nicht abgeschmiert werden, denn sie sind auf Lebensdauer versiegelt. Ältere Ausführungen haben noch Schmiernippel, so daß man das Fett von Zeit zu Zeit erneuern kann.

Aus Fertigungs- und Sicherheitsgründen kann man die Gelenke einer Kardanwelle oft nicht einzeln erneuern. Bei Schäden wird dann die gesamte Kardanwelle ersetzt.

Schäden an der Kardanwelle bemerkt man in der Regel an Knackgeräuschen beim Anfahren oder an Vibrationen im höheren Geschwindigkeitsbereich.

Bei solchen Anzeichen sollte man sofort eine genauere Kontrolle auf einer Arbeitsbühne oder Grube durchführen und keine allzu langen Strecken mehr fahren; denn durch die Unwucht können Schäden am Getriebehals oder an der Hinterachse entstehen.

Die Kontrolle beginnt mit einer Sichtprüfung. Oft hat sich schon Rost an den Nadellagern gebildet, und am Zapfenkreuz ist deutliches Spiel bemerkbar. Zur weiteren Kontrolle legt man den ersten Gang ein und bewegt das Fahrzeug auf der Grube von Hand hin und her. Hat die Kardanwelle beschädigte Nadellager, kann man dies sehen und fühlen.

Eine andere Prüfung ist mit einem Schraubenzieher möglich, den man in die Gelenkgabel einführt. Durch Drücken setzt man das Gelenk auf Spannung und beobachtet das Spiel.

Dabei darf man völlig normale Geräusche vom Achsantrieb oder Getriebe nicht mit denen einer schadhaften Kardanwelle verwechseln.

Werkzeug und Ausrüstung

Ringschlüssel, Schraubenzieher, Handlampe, Arbeitsgrube

Kardangelenk beim Hinterradantrieb

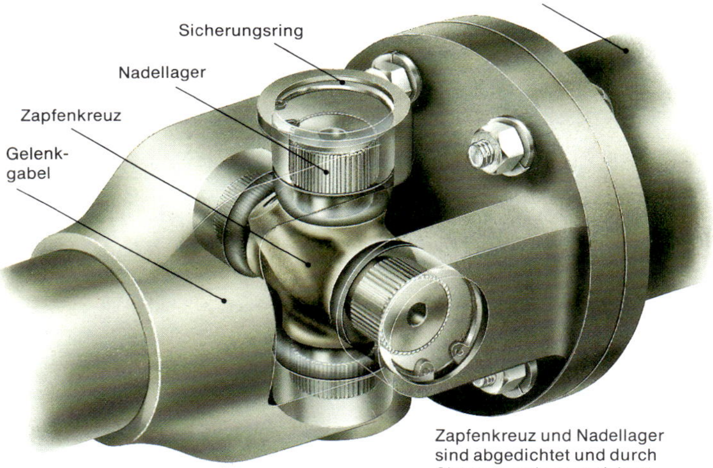

Zapfenkreuz und Nadellager sind abgedichtet und durch Sicherungsringe gesichert.

Fettmangel und defekte Abdichtungen an den Nadellagern eines Kardangelenks führen oft zu frühzeitigen Schäden. Bevor man ein Kardangelenk prüft, sollte man aber die Schrauben am Befestigungsflansch nachziehen. Dann wird der erste Gang eingelegt und das Fahrzeug hin und her bewegt.

Spiel innerhalb der Nadellagerung ist spürbar. Häufig hört man auch Knackgeräusche, wenn bereits Rostspuren auftreten.

Mit einem Schraubenzieher kann man einen größeren Druck auf die Lagerung ausüben.

Hexagonalgummigelenke

Solche Gummigelenke findet man oft auf der Getriebeseite einer Antriebswelle bei Frontantrieb- und Heckmotorfahrzeugen.

Das Gelenk besteht aus einem flexiblen Gummiring mit sechs Befestigungsbolzen, die den Getriebeflansch mit der Antriebswelle verbinden. Nach hoher Laufleistung können sich Risse und Brüche am Gummimaterial einstellen.

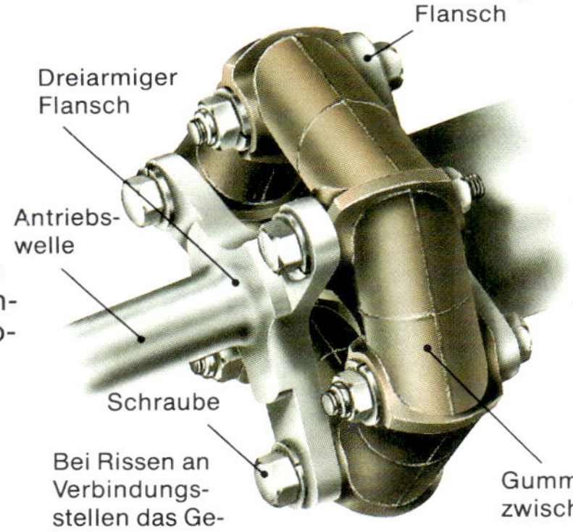

Bei Rissen an Verbindungsstellen das Gelenk erneuern.

Gummikreuzgelenk

Dieses Gelenk sitzt bei älteren Fahrzeugen innen an der Antriebswelle. Jedes Gelenksegment besteht aus einem Gummikonus, der mit einem U-Bügel an der Gelenkgabel verschraubt ist.

Bei der Inspektion prüft man das Gummimaterial auf Alterung und Risse. Öl führt häufig zum Aufquellen, so daß sich Spiel im Gelenk einstellen kann. Muttern der U-Bügel sollte man nachziehen. Manchmal rutschen die Gummis aus der Lagerung, worauf Spuren am Ende des jeweiligen Konus hinweisen.

Schadhafte Teile erfordern den Einbau eines kompletten neuen Gelenks.

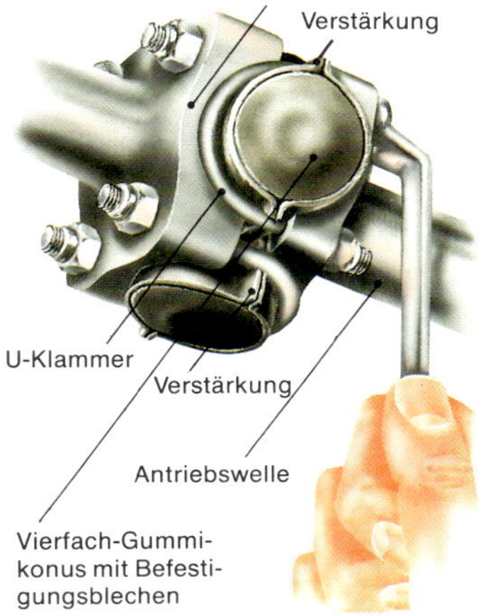

Bei der Inspektion die Muttern der U-Bolzen nachziehen und prüfen.

Öldichtringe an Antriebswellen

Undichtigkeiten an den Flanschen von Antriebswellen bemerkt man meist an Ölspuren am Getriebegehäuse.

Im Extremfall bildet sich unter dem Fahrzeug eine Öllache. In diesem Fall muß man die Antriebswelle ausbauen und den Dichtring erneuern.

Bei manchen Fahrzeugen übernimmt ein Gummibalg die Abdichtung auf der Getriebeseite, der auf Risse untersucht wird. Zum Auswechseln gibt es teilbare Faltenbälge, so daß man die Antriebswelle nicht ausbauen muß.

Bei Frontantrieb sitzt der Öldichtring am Getriebeflansch in einer Vertiefung des Differentialgehäuses.

Zur Prüfung wischt man das Getriebe ab und macht eine kurze Probefahrt. Danach dürfen sich keine Ölspuren gebildet haben.

Gleichlaufgelenke

Die Antriebswellen von Frontantriebfahrzeugen sind mit Gleichlaufgelenken ausgestattet, bei denen Stahlkugeln in Kurvenbahnen laufen. Das Gelenk ist ölbefüllt und mit einem Faltenbalg abgedeckt. Durch eine spezielle Technik kann das Gelenk Antriebskräfte in jeder Situation ruckfrei übertragen. Zusätzlich sind Lenk- und Einfederungsbewegungen bei automatischem Längenausgleich möglich.

Die Faltenbälge sollte man häufiger prüfen. Schon beim kleinsten Schaden muß die Antriebswelle ausgebaut, das Gleichlaufgelenk abgepreßt und der Faltenbalg ersetzt werden. Tritt Öl aus einem schadhaften Faltenbalg aus, kann Wasser oder Schmutz in das Gelenk gelangen.

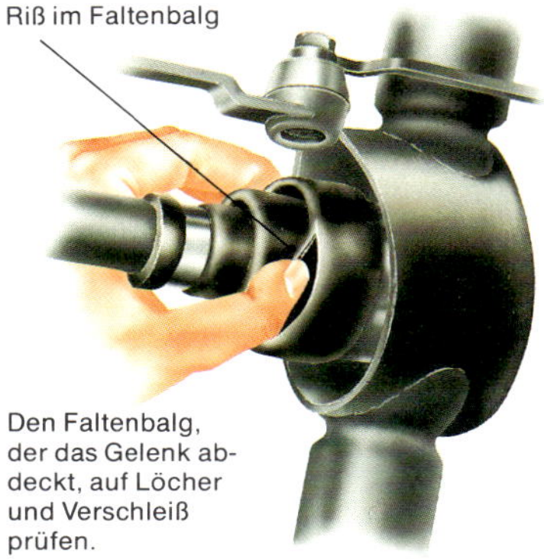

Den Faltenbalg, der das Gelenk abdeckt, auf Löcher und Verschleiß prüfen.

Leckstellen und Ölwechsel am Hinterachsdifferential

Ein undichtes Hinterachsdifferential wird meist nicht oder so spät bemerkt, daß bereits Schäden eingetreten sind. Die einfachsten Anzeichen für Undichtigkeiten sind Öltropfen am Boden der Garage oder des Abstellplatzes.

Untersucht man das Fahrzeug genauer, bemerkt man Ölspuren am Differential oder am Gehäusedeckel, an der Ablaßschraube oder am Dichtring des Kardanwellenflansches.

Ölspuren an Bremsankerplatten, Felgen und Reifen deuten auf schadhafte Dichtringe der Seitenwellen hin. Derartiger Ölaustritt führt meist zu Schäden an den Wellenlagern, so daß eine umgehende Reparatur ratsam ist.

Das Öl im Differential ist sehr dick, so daß man Leckstellen nicht bei einem kalten Fahrzeug finden kann. Für eine Prüfung sollte man die Hinterachse deshalb betriebswarm fahren. Die Fehlersuche ist einfacher, wenn man die fraglichen Stellen mit einem Kaltreiniger sorgfältig abgewaschen hat.

Meist wird das Hinterachs-Differentialöl nicht mehr gewechselt. Nur den Ölstand sollte man gelegentlich prüfen. Bei anderen Fahrzeugen ist das Öl nach Herstellerempfehlung zu wechseln.

Werkzeug und Ausrüstung

Hebebühne oder Arbeitsgrube, Kaltreiniger, Ring- und Gabelschlüssel, Steckschlüssel, Auffangwanne, Hinterachsöl, Befülleinrichtung, Spezialschlüssel

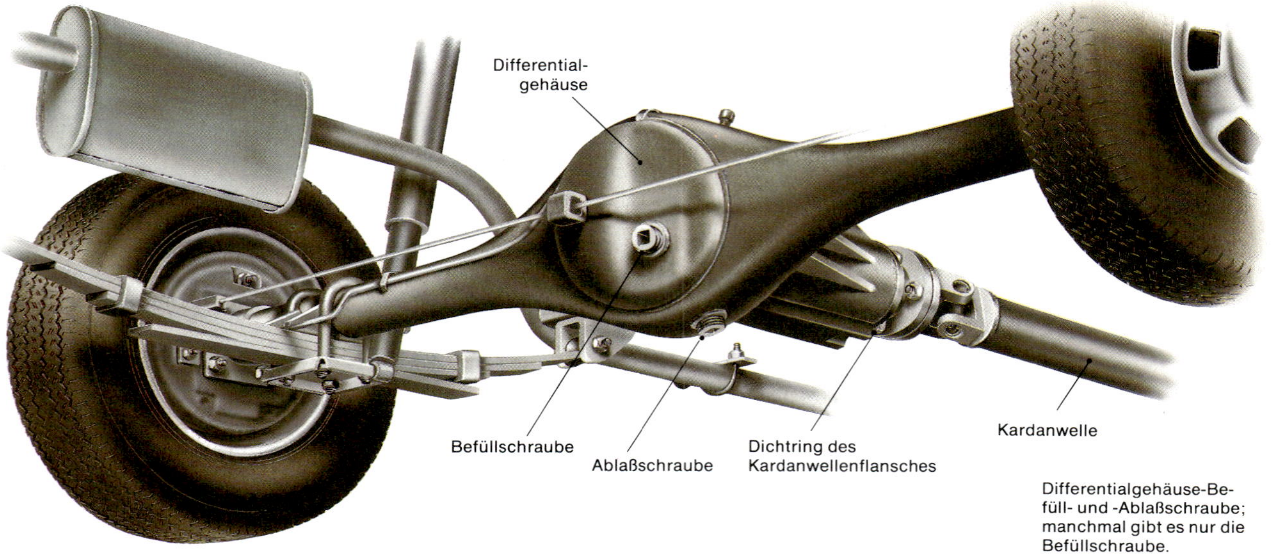

Differentialgehäuse-Befüll- und -Ablaßschraube; manchmal gibt es nur die Befüllschraube.

Typische Leckstellen an der Hinterachse

Ein häufiger Grund für Ölspuren an der Hinterachse sind schadhafte Dichtungen der Ölablaß- und der Befüllschraube. Man versucht, durch Anziehen der Schrauben das Differential ausreichend abzudichten.

Wenn sich die Dichtung am Differentialgehäusedeckel oder am Differentialträger gesetzt hat, sind ebenfalls die Schrauben nachzuziehen.

Eine andere Störquelle sind die Dichtringe der Halbachsen, auch Seitenwellen genannt.

Bei kleineren Lecks erkennt man auf der Bremsankerplatte Ölspuren an einer Drainageöffnung, die der Konstrukteur vorgesehen hat, um das Verölen der Bremse zu vermeiden.

Wird der Öldichtring des Flansches der Kardanwelle undicht, trägt der Fahrtwind die Ölspuren nach hinten, so daß die Fehlersuche manchmal schwierig ist. Solch einÖlleck ist besonders gefährlich, wenn die Bremsen in der Mitte des Fahrzeuges direkt am Differential montiert sind.

Austretendes Öl am Differential hat manchmal seine Ursache in einer übermäßigen Befüllung der Hinterachse. Die beweglichen Teile im Differential wirken wie eine Zahnradpumpe, und der Öldruck beschädigt Dichtungen und Dichtringe. Gelegentlich gibt es deshalb im oberen Bereich des Differentials eine Belüfterschraube, durch die übermäßiger Druck entweichen kann. Diese Schraube sollte bei der Inspektion auf Funktion und Sauberkeit geprüft werden.

Alle Arbeiten am Fahrzeugdifferential erfordern Spezialwerkzeug und sind somit der Werkstatt vorbehalten.

Bei einem Differentialgehäusedeckel kann man die Dichtung allerdings in Eigenleistung ersetzen. Dazu muß man die Ölfüllung ablassen und auffangen. Man löst die Schrauben, nimmt den Deckel ab und reinigt ihn, ebenso die Dichtflächen. Nachdem man die Dichtung mit einem Dichtungskleber befestigt hat, setzt man die Schrauben wieder an und zieht sie in mehreren Durchgängen über Kreuz an. Dabei ist das vorgesehene Drehmoment einzuhalten, um die Dichtung nicht zu quetschen. Zur Ölbefüllung benötigt man eine Spezialpumpe.

Bei undichten Stellen am Differentialträger versucht man, das Gehäuse durch Nachziehen der Schrauben abzudichten.

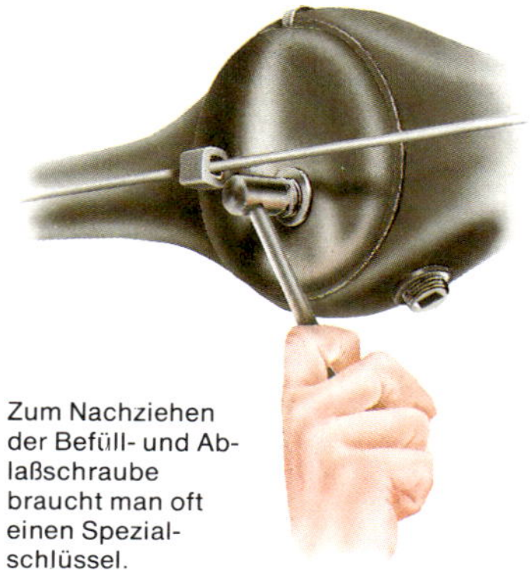

Zum Nachziehen der Befüll- und Ablaßschraube braucht man oft einen Spezialschlüssel.

Ölwechsel am Hinterachsdifferential

Man fährt das Fahrzeug einige Kilometer, bis das Hinterachsöl warm wird und leichter abläuft.

Auf der Arbeitsgrube oder Hebebühne reinigt man das Gehäuse im Bereich der Befüll- und Ablaßschraube und dreht die Ablaßschraube heraus. Damit das Hinterachsöl schneller und besser

Das Öl in einer Wanne sorgfältig auffangen.

in ein Auffanggefäß abläuft, dreht man die Befüllschraube heraus. Die Ablaßschraube wird mit einem neuen Dichtring angesetzt und festgezogen.

Mit einer Befüllpumpe füllt man das Differentialgehäuse langsam auf, bis das Öl an der Bohrung der Befüllschraube steht. Zuviel eingefülltes Öl läßt man wieder ablaufen. Steht keine Pumpe zur Verfügung, kann man das Öl im Notfall auch mit einer weichen Plastikflasche einfüllen.

Gibt es keine besondere Ablaufschraube, dreht man einige Schrauben am Differentialdeckel heraus und läßt das Gehäuse leerlaufen.

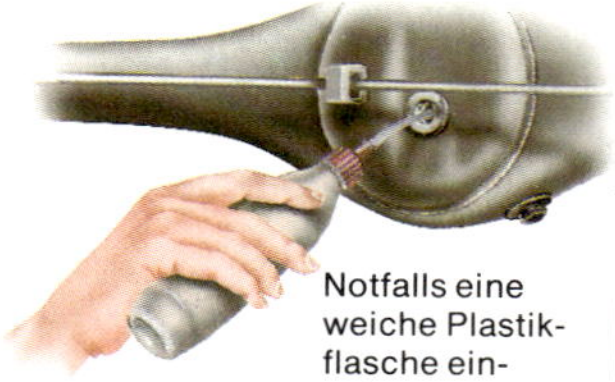

Notfalls eine weiche Plastikflasche einsetzen.

Seitenwellen prüfen und ausbauen

Halb- oder Seitenwellen der hier vorgestellten Bauform findet man bei Fahrzeugen mit Heckantrieb. Obwohl diese Teile hoch belastet sind, bereiten sie im Alltagsbetrieb wenig Probleme.

Das innere Ende der Welle ist verzahnt und wird von den Hinterachs-Wellenrädern des Ausgleichsgetriebes geführt. Das äußere Ende ist mit einem Kugellager ausgerüstet, das im Achsgehäuse verschraubt ist. Diese Lagerung besitzt als Abdichtung einen Öldichtring. Teilweise verwendet man auch kombinierte Lager inklusive Abdichtung.

Wird ein solches Lager schadhaft, bemerkt man verstärkte Lauf- und Mahlgeräusche, oft auch Ölspuren hinter der Bremsträgerplatte. Ein solcher Schaden verursacht ähnliche Geräusche wie schadhafte Schulterlager am Differentialgetriebe. Die Fehlersuche ist deshalb meist recht schwierig.

In jedem Fall muß das Fahrzeug in der Werkstatt genau untersucht und instand gesetzt werden; denn ein total beschädigtes Lager einer Seitenwelle kann das Fahrzeug verkehrsunsicher machen.

Es wird sogar von Fällen berichtet, in denen sich das Rad samt Seitenwelle vom Fahrzeug löste.

Werkzeug und Ausrüstung

Wagenheber, Unterstellböcke, Abzieher, Gabel- und Ringschlüssel, Steckschlüssel, Öldichtring, Ersatzlager, Hammer

Seitenwellen einer Hinterachse

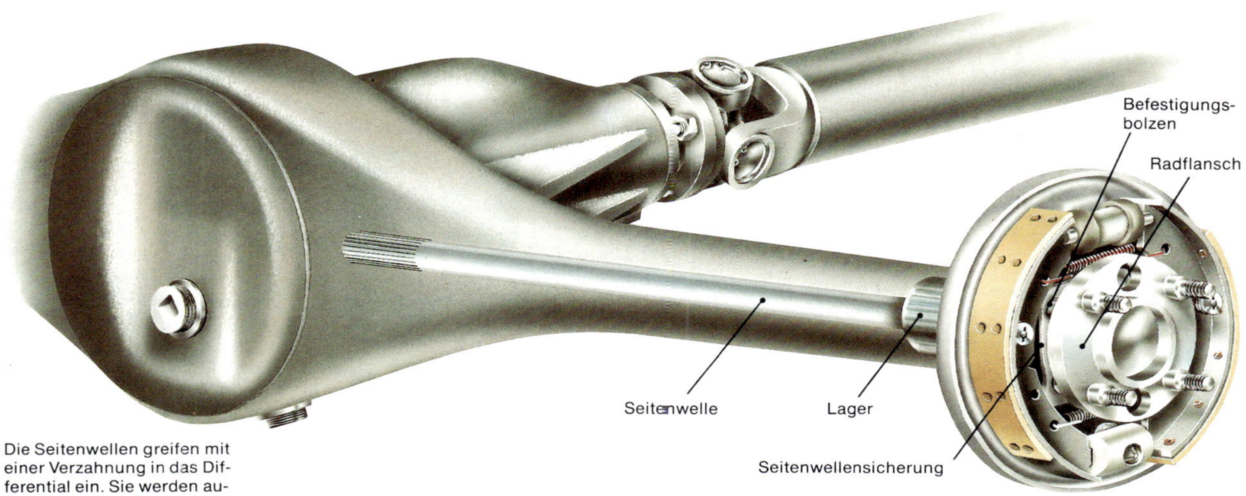

Die Seitenwellen greifen mit einer Verzahnung in das Differential ein. Sie werden außen mit einem Lager im Achsgehäuse geführt.

Eine Seitenwelle ausbauen

Die Arbeiten sind relativ kompliziert und daher der Werkstatt vorbehalten, wo man zunächst das Rad der schadhaften Seite mit der Bremstrommel abnimmt. Ist die Bremse verölt, wird sie komplett zerlegt.

Mit Steckschlüssel und Verlängerung dreht man die vier Muttern der Seitenwellensicherung heraus.

Die Bolzen werden mit einem Durchschlag nach hinten ausgetrieben und die Sicherungsbleche hinter dem Wellenflansch abgezogen.

Läßt sich die Halbwelle am Flansch nicht herausziehen, wird ein Spezialabzieher in Form eines Schlaghammers angesetzt. Zum Befestigen dienen die Radmuttern.

Das Hammergewicht bringt große Kräfte auf, so daß sich ein eventuell verklemmtes Lager leicht komplett mit der Seitenwelle aus dem Sitz des Hinterachsgehäuses herauslösen läßt.

Bevor man den Schlaghammer einsetzt, muß man sich natürlich vergewissern, daß die Sicherungsscheiben wirklich herausgenommen wurden und daß keine Bauteile der Bremse oder Bremsträgerplatte die Entnahme der Seitenwelle behindern.

Da beim Herausziehen der Welle die Gefahr besteht, daß ein Teil des Differentialöls herausläuft, stellt man eine Auffangwanne unter die Arbeitsstelle.

Man kann das Fahrzeug auch schräg aufbocken, so daß das Öl nicht heraus-, sondern ins Differential zurückläuft.

Damit die Schrauben der Seitenwelle besser erreichbar sind, hat der Wellenflansch entsprechende Durchbrüche.

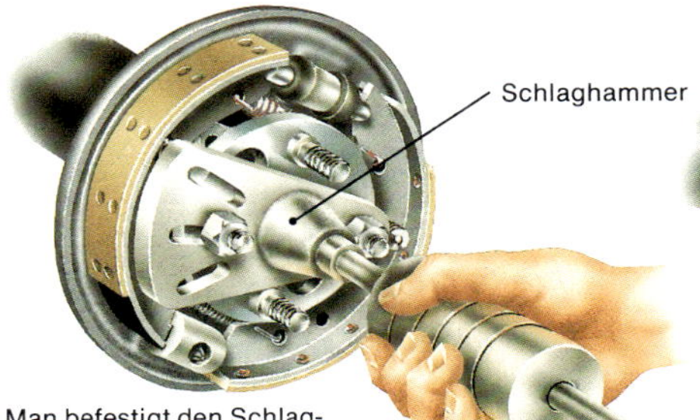

Man befestigt den Schlaghammer mit den Muttern und schlägt das festsitzende Lager komplett mit der Welle heraus.

Liegt das Lager frei, fällt die Welle nach unten. Dabei kann der Öldichtring beschädigt werden, den man deshalb stets ersetzen sollte.

Die Welle, das Lager und den Öldichtring prüfen

Vor der Prüfung wird die Welle gereinigt. Da der Wellenschlag nur auf einer Drehbank zu prüfen ist, spannt man die Welle zwischen zwei Spitzen ein.

Man mißt den Rundlauf, indem man den Drehstahl mehrfach an die Welle heranführt, die man dabei von Hand dreht. Größere Abweichungen machen den Einbau einer neuen Welle nötig.

Das Lager wird geprüft, indem man die Seitenwelle am Flansch in einen Schraubstock spannt. Man drückt mit dem Daumen möglichst fest auf das Lager und dreht es durch. Bemerkt man ungewöhnliche Laufgeräusche oder klemmt das Lager irgendwo, muß es ausgewechselt werden.

Ein Auswechseln des Lagers empfiehlt sich auch dann immer, wenn der Öldichtring undicht war und das heiße Differentialöl die Fettpackung des Lagers auswaschen konnte

Das Lager sollte man außen immer nur mit einem Tuch reinigen, niemals aber mit Waschbenzin oder Kaltlöser abspritzen, da sonst die Gefahr besteht, daß die innere Fettpackung verunreinigt wird.

Beim Herausziehen der Welle wird in den allermeisten Fällen der Dichtring beschädigt. Eine Prüfung erübrigt sich somit. Wie man den Dichtring erneuert, ist auf Seite 148 ausführlich beschrieben.

Ein beschädigtes Lager wird in der Werkstatt mit Spezialwerkzeug ausgewechselt. Der Sicherungsring wird im heißen Ölbad erwärmt und aufgeschrumpft.

Verölte Bremsbeläge können nicht gereinigt werden, sondern sind in jedem Fall zu ersetzen.

Im Rahmen der Prüfung sollte man auch die Dichtigkeit des Radbremszylinders kontrollieren.

Einen Öldichtring ersetzen 1

Im Kraftfahrzeugbau setzt man verschiedene Techniken ein, um ein ölgefülltes Bauteil abzudichten. Festverschraubte Teile, z. B. eine Ölwanne, dichtet man mit einer Papier- oder Korkdichtung ab. Gelegentlich wird auch eine spezielle Dichtungsmasse auf Kunststoffbasis benutzt.

Muß ein Bauteil öfters demontiert werden, wie es z. B. bei einem Ölfilter der Fall ist, setzt man sogenannte O-Ringe ein. Es handelt sich dabei um relativ einfache Gummiringe aus hochwertigem Material, die zwischen den abzudichtenden Teilen eingeklemmt werden.

Als Dichtung von Wellen, die sich mit hoher Drehzahl drehen, sind O-Ringe nicht geeignet, da sie nicht verschleißfest sind.

Dafür hat man einen anderen Dichtungstyp entwickelt, der sehr viel aufwendiger gebaut ist. Er besteht aus einem kräftigen Kunststoffkörper, der zur Verstärkung häufig noch mit einem Metallring ausgerüstet ist. Er besitzt ein oder zwei Dichtlippen, die auf einem besonderen Sitz der abzudichtenden Welle laufen. Die federnde Wirkung der Dichtlippe wird von einer gewickelten Drahtfeder unterstützt.

Der Aus- und Einbau solcher Wellendichtringe ist nicht einfach. Man benötigt dazu häufiger einen Abzieher. Beim Einbau ist größte Präzision gefordert. Damit der Dichtring nicht schief auf der Welle läuft, benutzt man einen speziellen Einschlagdorn.

Der Dichtring wird außen mit Dichtmasse eingestrichen, um eine gute Verbindung mit dem Achsgehäuse zu erreichen. Die Dichtlippe selbst benetzt man mit etwas Fett oder Öl; denn ein trockenlaufender Ring wird bald wieder undicht.

Werden neu eingesetzte Dichtringe nach kurzer Laufzeit wieder undicht, genügt es keinesfalls, sie noch einmal zu ersetzen. Vielmehr ist nach zusätzlichen Fehlerquellen zu suchen. Rotierende Wellen können zu großes Lagerspiel besitzen. Hier sind die Lagerung und der Rundlauf der Welle zu prüfen. Außerdem kontrolliert man das Lagergehäuse auf Brüche und Risse, durch die Öl austreten kann.

Werkzeug und Ausrüstung

Wagenheber, Unterstellböcke, Gabel- und Ringschlüssel, Steckschlüsselsatz, Auffangwanne, Abzieher, Einschlagdorn, Hammer, Schraubenzieher, Dorn, Fettdichtmasse

Verschiedene Dichtringe

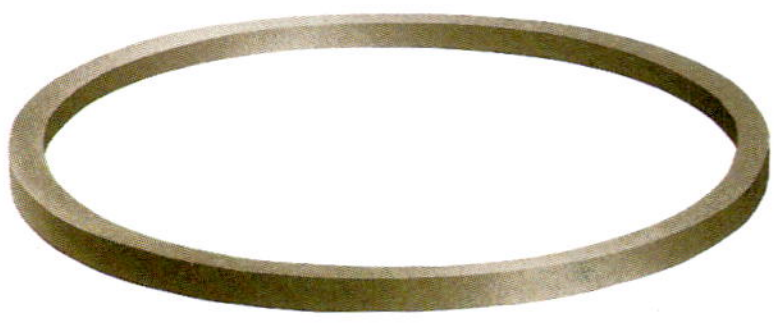

O-Ring eines Ölfilters, wie man ihn an nicht oder wenig beweglichen Bauteilen einsetzt

Aufwendiger Dichtring einer Welle. Man erkennt die Dichtlippe, deren Wirkung durch eine Feder unterstützt wird.

Dichtring am Schiebestück der Kardanwelle

Die Verlängerung des Getriebes heißt Getriebehals. Hier läuft die Kardanwelle oft in einem Schiebestück, und im Getriebegehäuse sitzt der Dichtring. Wenn dieser nach längerer Betriebszeit schadhaft wird, bemerkt man Ölspuren unter dem Fahrzeug.

Zum Auswechseln des Dichtringes baut man die Kardanwelle aus. Ist kein Abzieher vorhanden, kann man versuchen, den Dichtring mit einem kräftigen Schraubenzieher herauszudrücken.

Der neue Dichtring wird auf den Einschlagdorn gesetzt, nach Reinigen des Getriebehalses außen mit Dichtmasse bestrichen und mit einem kräftigen Hammerschlag eingetrieben.

Man fettet die Dichtlippe ein und prüft das Schiebestück an der Kardanwelle. Ist die Dichtlippe eingelaufen, muß sie erneuert werden.

Beim Austausch empfiehlt es sich, den neuen Dichtungsring, den Eintreibdorn sowie den Hammer griffbereit zur Hand zu haben, da gleich nach dem Ausbau des Sicherungsrings Öl ausläuft und man den Dichtring schnell ersetzen muß.

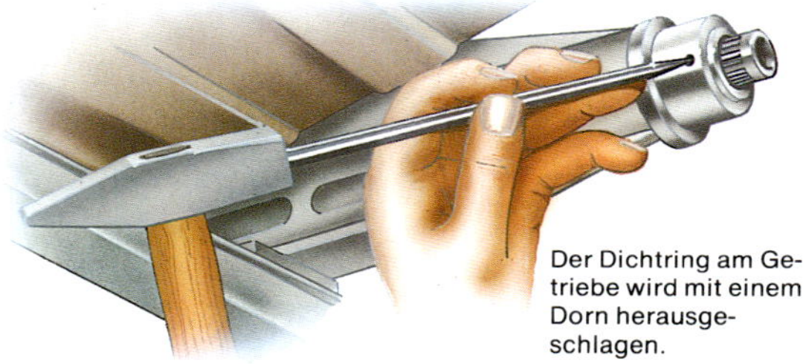

Der Dichtring am Getriebe wird mit einem Dorn herausgeschlagen.

Der Ausbau ist einfacher, wenn man einen speziellen Abzieher benützt.

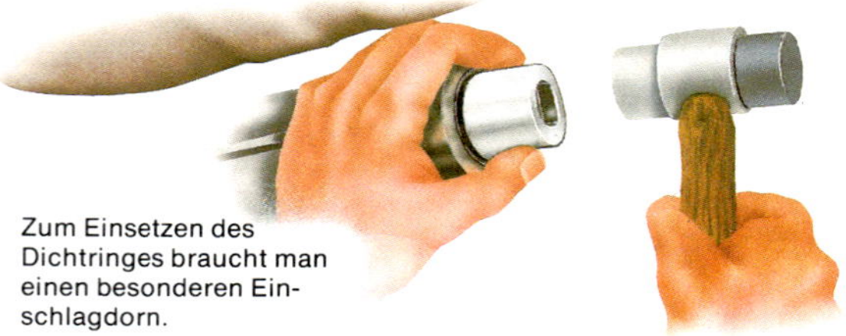

Zum Einsetzen des Dichtringes braucht man einen besonderen Einschlagdorn.

Dichtring einer Seitenwelle

Nach dem Ausbau der Seitenwelle erkennt man den Dichtring im Rohr des Achsgehäuses. Der eingepreßte Dichtring wird mit einem Schraubenzieher herausgedrückt und gereinigt. Den neuen Dichtring schlägt man mit einem Dorn ein, nachdem man ihn außen mit Dichtungskleber bestrichen hat. Vor dem Einsetzen der Welle benetzt man die Lauffläche mit Öl oder Fett.

Der Dichtring wird mit dem Schraubenzieher oder Montiereisen herausgedrückt.

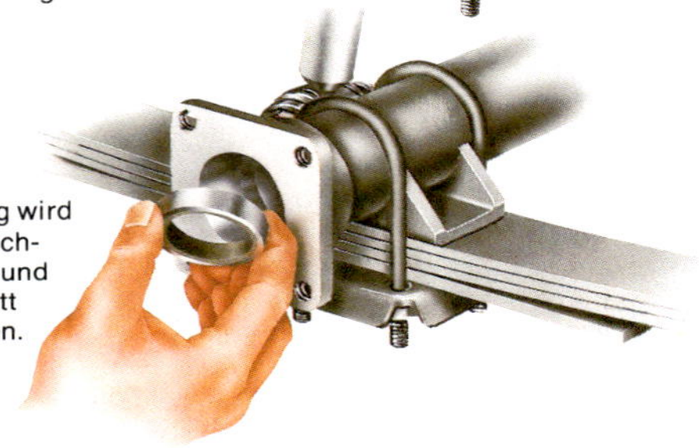

Der Dichtring wird außen mit Dichtungskleber und innen mit Fett eingestrichen.

Dichtring an der Antriebswelle

Die Antriebswellen sind mit Gummimanschetten abgedichtet, die im Inneren mit einem besonderen Dichtring ausgerüstet sind.

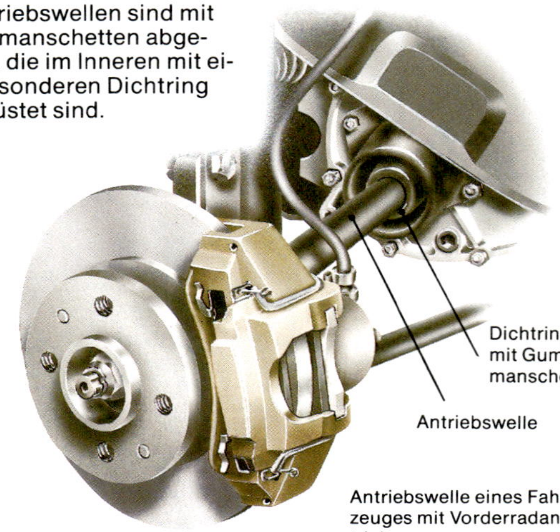

Antriebswelle eines Fahrzeuges mit Vorderradantrieb

Einen Öldichtring ersetzen 2

Einen Dichtring am Kardanwellenflansch des Getriebes oder der Hinterachse ausbauen

Man dreht die Schrauben der Kardanwellenbefestigung am Flansch heraus und legt die Kardanwelle zur Seite.

In der Mitte des Flanschs erkennt man eine gesicherte Mutter und das Gewinde des verlängerten Antriebskegelrades bzw. der Getriebewelle. Mit einem Körner markiert man die Lage der Mutter auf dem Gewinde, um später wieder die gleiche Einstellung zu finden. Dann dreht man die Mutter herunter.

Damit sich das Fahrzeug nicht bewegt, wird die Handbremse angezogen. Bevor man den Flansch mit einem Kunststoffhammer heruntertreibt, stellt man eine Ölauffangwanne unter das Getriebe- bzw. Achsgehäuse.

Beim Herunternehmen des Flansches den Sitz des Dichtringes nicht beschädigen.

Den Dichtring mit einem Abzieher oder kräftigen Schraubenzieher herausdrücken; dabei den Sitz im Gehäuse nicht beschädigen.

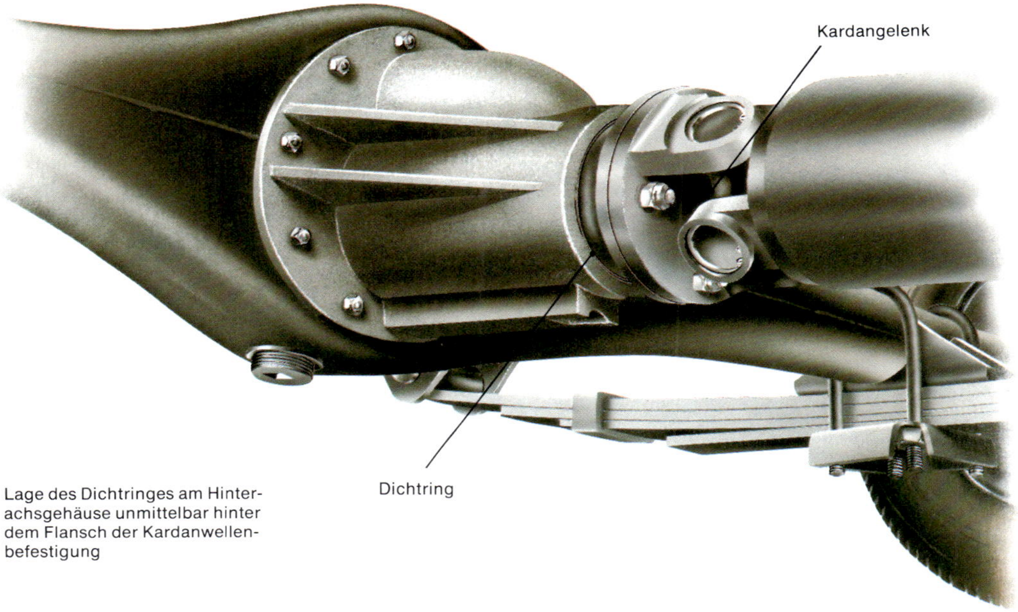

Lage des Dichtringes am Hinterachsgehäuse unmittelbar hinter dem Flansch der Kardanwellenbefestigung

Man dreht die Befestigungsschrauben der Kardanwelle heraus.

Den Kardanwellenflansch hält man mit einem Montiereisen fest. Um eine gute Angriffsfläche zu finden, steckt man zwei Schrauben in den Flansch.

Mit einem Kunststoffhammer wird der Flansch abgezogen.

Den Dichtring mit einem Schraubenzieher oder Montiereisen abdrücken. Dabei den Dichtsitz nicht beschädigen.

Den Dichtring einsetzen

Der Sitz des Dichtringes im Gehäuse und der Flansch werden sorgfältig gereinigt.

Wenn der Flansch eingelaufen ist, lohnt es sich nicht, einen neuen Dichtring einzusetzen. Hier ist auch der Flansch des Antriebs zu erneuern.

Der neue Dichtring wird mit einem Eintreibdorn eingeschlagen, der einen Anschlag hat, um zu verhindern, daß der Ring schief im Gehäuse sitzt.

Damit der Ring auch in seinem Sitz dicht wird, streicht man etwas Dichtungskleber auf den Sitz.

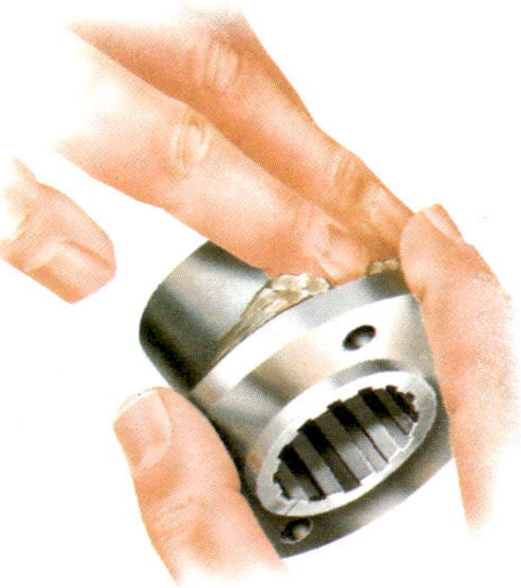

Den Flansch reinigen und seinen Sitz mit Fett bestreichen.

Zum Eintreiben des Dichtringes benötigt man einen speziellen Eintreibdorn.

Der Flansch wird mit Fett eingestrichen und auf den Antrieb aufgesteckt. Beim Befestigen muß man die Mutter mit dem richtigen Drehmoment anziehen. Sie muß sich nach Abschluß der Arbeiten in der ursprünglichen Ausgangslage befinden.

Man kann auch die Anzahl der Umdrehungen zählen, um das richtige Drehmoment zu erreichen.

Die Mutter wird meist mit einigen Körnerschlägen gesichert. Manchmal ist auch ein Splint vorgesehen, der erneuert wird.

Wenn die Mutter und der Flansch mit Sicherungsblechen gesichert werden müssen, sind sie stets zu erneuern. Beim Anziehen das Sicherungsblech nicht abscheren, sondern nach Erreichen des Drehmoments mit einem Hammer gut anklopfen, um ein Lösen der Mutter zu verhindern.

Die Kardanwelle wird wieder verschraubt.

Eine Motor-Drehmomentstütze prüfen

Der Antriebsblock eines Fahrzeugs mit Motor, Kupplung und Getriebe ist über Gummi-Metall-Elemente mit der Karosserie verbunden und bewegt sich je nach Last und Betriebszustand in dieser elastischen Lagerung hin und her.

Für die Begrenzung der Bewegung dienen zusätzliche Stützen oder Teleskopdämpfer. Besonders bei quer eingebauten Motoren sind diese Stützen wichtig; denn hier müssen sie beim Beschleunigen das auf den Motor wirkende Drehmoment auffangen.

Motor-Drehmomentstützen bzw. -dämpfer sollten im Rahmen der regelmäßigen Inspektionen geprüft werden. Zusätzlich kontrolliert man den Zustand der Gummilager, wenn man bemerkt, daß beim Beschleunigen oder Bremsen unübliche Geräusche auftreten.

Bei der entsprechenden Prüfung versucht man, die Drehmomentstützen von Hand oder mit einem kräftigen Schraubenzieher in der Aufhängung zu bewegen.

Die Gummilager lassen sich meist leicht auswechseln. Handelt es sich allerdings um Gummi-Metall-Konstruktionen, ist die komplette Lagerung zu erneuern.

Hat das Fahrzeug hydraulische Teleskopdämpfer, untersucht man diese zunächst auf Leckstellen. Wenn ein Dämpfer ausgefallen ist, sollte man bei dieser Gelegenheit immer auch die anderen Motoraufhängungen prüfen; denn es ist leicht möglich, daß der Fehler bereits einen Folgeschaden ausgelöst hat.

Werkzeug und Ausrüstung

Gabelschlüssel, Ringschlüssel, Gripzange, Schraubstock, Schraubenzieher oder Montiereisen

Die verschiedenen Ausführungsarten

Bei einer Ausführung sitzt die starre Drehmomentstütze zwischen dem Motor und einer Verstärkungsplatte an der Spritzwand. Zu einem anderen System gehören hydraulische Dämpfer. Stets haben die Lagerstellen Gummibüchsen, die von einem Auge der Stütze aufgenommen werden.

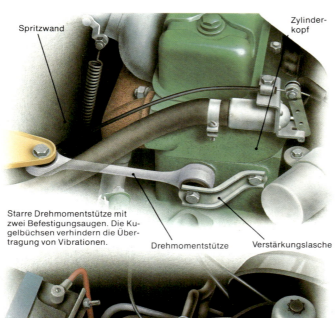

Starre Drehmomentstütze mit zwei Befestigungsaugen. Die Kugelbüchsen verhindern die Übertragung von Vibrationen.

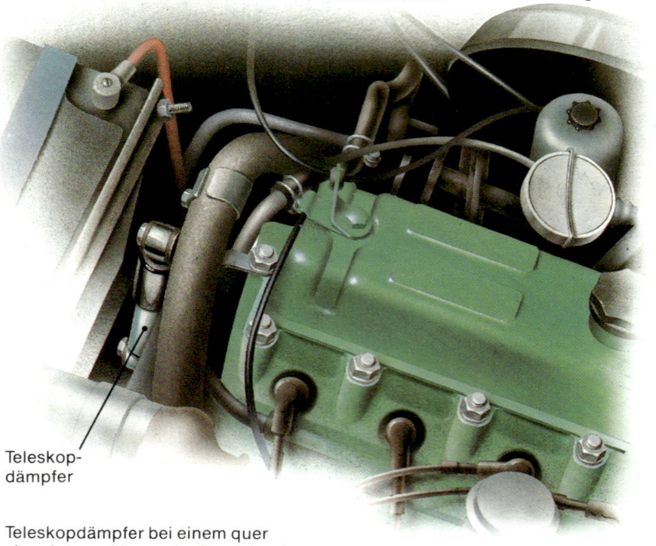

Teleskopdämpfer bei einem quer eingebauten Motor; der Dämpfer sitzt zwischen Zylinderkopf und Rahmenlängsträger.

Eine Drehmomentstütze prüfen und die Gummibüchsen erneuern

Man öffnet die Motorhaube und baut störende Bauteile aus. Mit einem Schraubenzieher oder Montiereisen drückt man gegen die Stütze und prüft dabei das Spiel innerhalb der Lagerung.

Ausgeschlagene Büchsen werden nach Ausbau der Stütze erneuert.

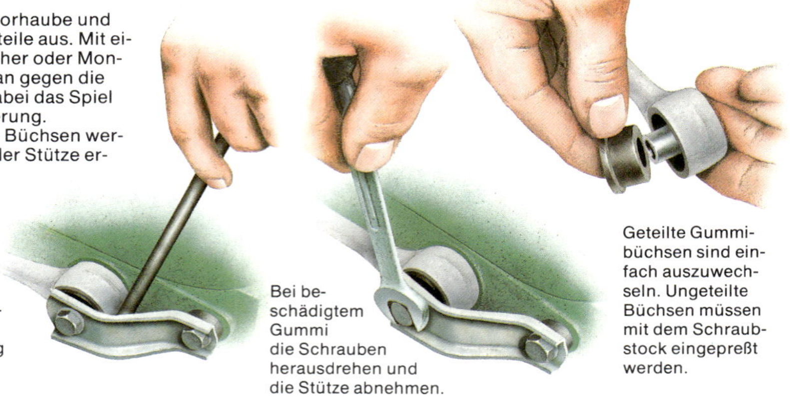

Mit einem Schraubenzieher drückt man gegen die Stütze und beobachtet dabei die Bewegung des Lagergummis.

Bei beschädigtem Gummi die Schrauben herausdrehen und die Stütze abnehmen.

Geteilte Gummibüchsen sind einfach auszuwechseln. Ungeteilte Büchsen müssen mit dem Schraubstock eingepreßt werden.

Einen Teleskopdämpfer prüfen

Wenn man im Zweifel ist, ob ein Teleskopdämpfer funktioniert, sollte man ihn zur Prüfung ausbauen.

Der Stoßdämpfer wird in Einbaulage in einen Schraubstock gespannt und von Hand hin- und herbewegt. Die Kolbenstange darf sich nur schwer und gleichmäßig bewegen lassen.

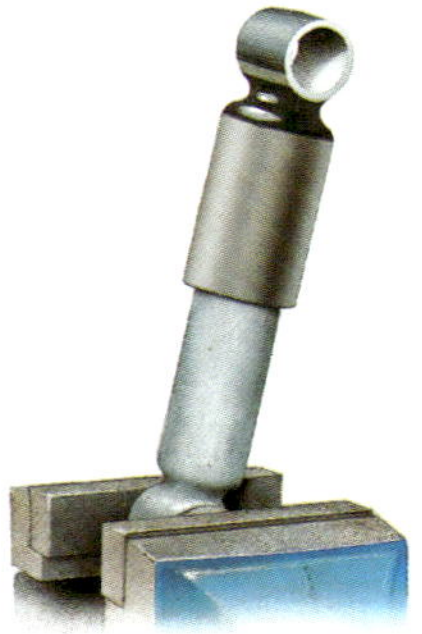

Im Schraubstock eingespannt, darf sich der Dämpfer von Hand nur schwer bewegen lassen.

Eine verstellbare Drehmomentstütze prüfen

Manche Drehmomentstützen sind verstellbar. Der Mechaniker korrigiert das Maß der Stütze nach den Herstellerangaben. Dazu löst er eine Kontermutter und dreht die Verstellhülse mit einer Gripzange. Allgemein soll die Stütze so eingestellt sein, daß die Gummilager bei abgestelltem Motor spannungsfrei sind.

Ist keine Korrektur möglich, sind unter Umständen die Motor- und Getriebelagerungen abgerissen, so daß der Antriebsblock nur noch von der Drehmomentstütze gehalten wird.

Ist dies der Fall, muß man die Motorlagerungen erneuern, bevor man die Drehmomentstütze einstellt.

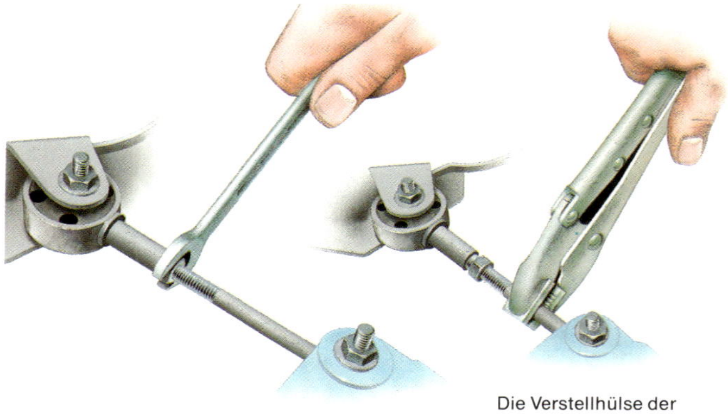

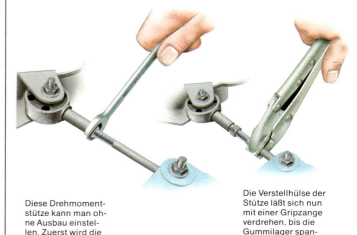

Diese Drehmomentstütze kann man ohne Ausbau einstellen. Zuerst wird die Kontermutter gelöst.

Die Verstellhülse der Stütze läßt sich nun mit einer Gripzange verdrehen, bis die Gummilager spannungsfrei sind.

Die Radaufhängung prüfen 1

Die Elemente der Fahrzeugfederung und Radaufhängung sind mit dem Aufbau durch Gummilager oder fettversorgte Kugelbolzen verbunden. Die ständige Bewegung im Achssystem während der Fahrt stellt hohe Anforderungen an diese Bauteile. Gummibüchsen können z. B. ausschlagen oder Risse erhalten.

Alle Lagerstellen und Kugelbolzen werden bei der üblichen Inspektion geprüft. Ist ein Gummilager durch austretendes Öl schadhaft geworden, ist das Leck zu beseitigen, bevor man die Gummibüchse auswechselt.

Zur Prüfung muß man das Fahrzeug sehr sorgfältig aufbocken, da die Kontrolle häufig den Einsatz von Montiereisen erfordert, so daß man darauf achten muß, daß das Fahrzeug nicht von den Stützböcken rutscht.

Kugelbolzen, die auch als Tragegelenke bezeichnet werden, übernehmen die Verbindung von den Querlenkern zum Achsschenkel bzw. Federbein. Diese Kugelbolzen reinigt man vor der Prüfung, damit ein inneres Spiel besser erkennbar ist.

Untersucht wird außer den Kugelbolzen und Lagerstellen auch ihre Verschraubung. Dazu klopft man die Karosserieteile im Bereich der Befestigungselemente mit einem kleinen Hammer oder einem kräftigen Schraubenzieher ab. An einem hellen Klang erkennt man gesundes Blech. An- oder durchgerostete Stellen klingen dumpf. Hier muß man oft Unterbodenschutz abtragen, um das Blech genauer kontrollieren zu können.

Aus Gewichtsgründen sind Achselemente oft aus hohlen Blechpreßteilen gefertigt, die miteinander verschweißt sind. Diese rosten gelegentlich von innen nach außen durch, so daß man hier den Korrosionsfortschritt besonders intensiv prüfen muß.

Das Spiel in Achsgelenken und Befestigungspunkten erfordert den Einsatz eines Helfers. Dieser faßt das Rad unten und oben und bewegt es um die Hochachse. Dabei beobachtet man die Bewegung im Bereich des Radlagers am Achstragegelenk.

Bei schwereren Fahrzeugen kann es sinnvoll sein, einen kräftigen Hebel am Rad anzusetzen. Die Kontrolle erfolgt unter dem Fahrzeug mit einer Handlampe.

Bei Vorderachsen mit MacPherson-Federbeinen öffnet man die Haube und prüft den Zustand der Verschraubung am inneren Radhaus. Das Fahrzeug wird dann von Hand kräftig durchgefedert; dabei achtet man auf Geräusche und ungewöhnliche Bewegungen des oberen Lagers. Spröde oder rissige Gummibüchsen sind umgehend auszuwechseln.

Im Bereich der oberen Lagerung von MacPherson-Federbeinen gibt es häufig ein besonderes Lager, das das Lenken erschwert, wenn es trocken geworden ist. Es läßt sich auswechseln, wenn man das gesamte Federbein ausbaut und die obere Lagerung zerlegt.

Staubschutzkappen oder Gummibälge am Federungssystem reinigt man und prüft sie auf Risse.

Beschädigte Gummikappen an Achstragegelenken sind umgehend zu erneuern, damit kein Schmutz oder Wasser eindringt und die Fettpackung auswäscht.

Beschädigte Kugelbolzen verursachen oft Geräusche und sind schwergängig.

Da bei allen Prüfarbeiten große Hebel- und Körperkräfte aufgebracht werden müssen, um die Federkräfte des Systems überbrücken zu können, stets vorsichtig arbeiten; am besten Handschuhe tragen.

Werkzeug und Ausrüstung

Wagenheber, Unterstellböcke, Hammer, Schraubenzieher, Montiereisen, Handlampe

Die vordere Radaufhängung prüfen

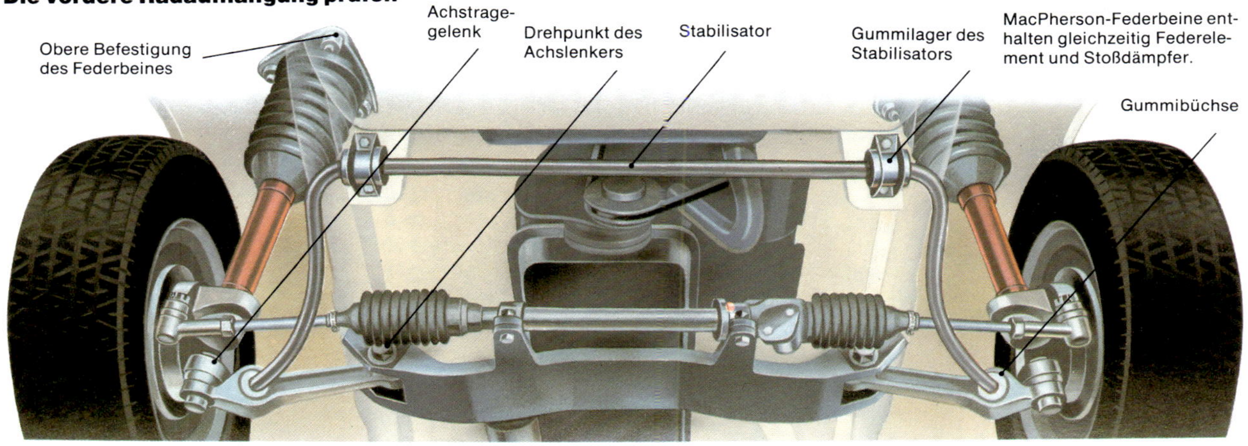

Zur Prüfung der Radaufhängung und der Achstragegelenke wird das Fahrzeug vorn so angehoben, daß die Federung herunterhängt. Die Stützböcke sitzen unter den Querlenkern, um die Federung zu belasten.

Man prüft alle Gummilager und Büchsen an Achsverbindungsstellen, an Stoßdämpfern und Stabilisatoren.

Dann bockt man das Fahrzeug ab und wiederholt die Prüfung. Schwer bewegliche Elemente belastet man mit

Das entlastete Rad mit einem kräftigen Hebel anheben.

einem Montiereisen. Spiel in den Lagerstellen weist auf schadhafte Bauteile hin, die in einer Werkstatt auszuwechseln sind.

Bei einer anderen Prüfung belastet ein Helfer die Federung kräftig von Hand. Hier-

Die obere Befestigung des Federbeines nachziehen.

bei verfolgt man die Bewegungen in der Achskonstruktion.

Bei geöffneter Motorhaube prüft man den oberen Befestigungspunkt von MacPherson-Federbeinen, zieht die Befestigungsschrauben nach und prüft die Gummilagerung.

Rost macht den Ausbau und Schweißarbeiten notwendig. Gelegentlich sind auch verrostete Ver-

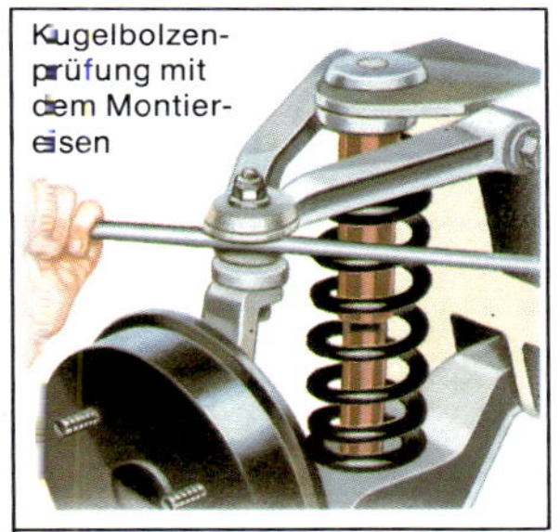
Kugelbolzenprüfung mit dem Montiereisen

stärkungsplatten zu erneuern.

Kugelbolzen von Doppel-

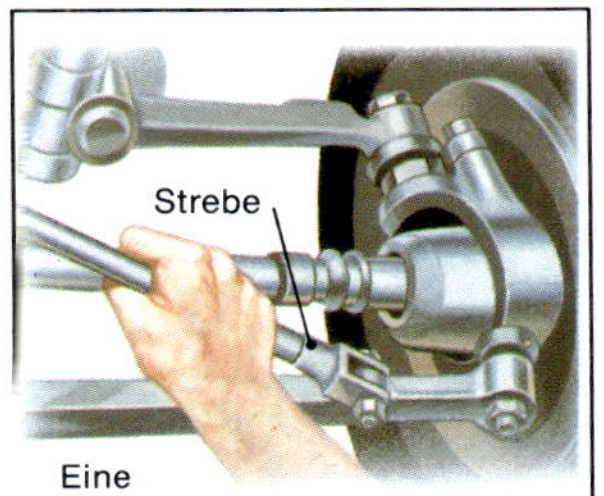

Eine Schubstrebe prüfen.

querlenkerachsen prüft man mit einem Montiereisen, das man an einem soliden Achs-

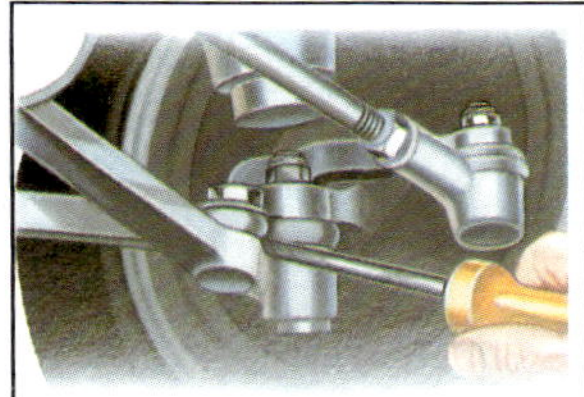
Den unteren Kugelbolzen prüfen.

teil abstützt. Man drückt den Querlenker nach oben und kontrolliert die Bewegungen zwischen Achsschenkel und Lenker.

Schubstreben und Stabilisatoren prüft man durch Verdrehen. Verschlissene Gummilager poltern häufig.

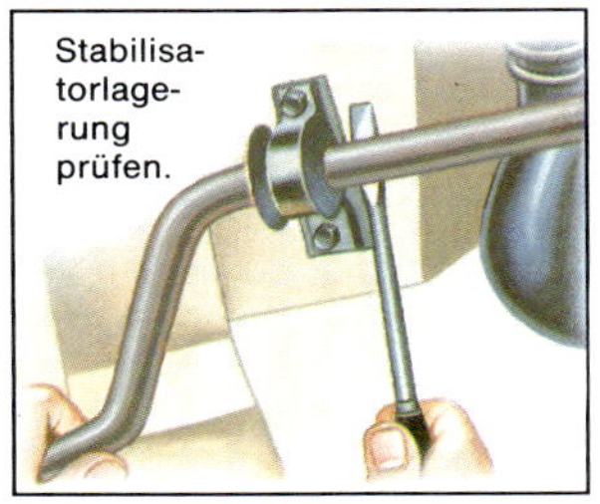
Stabilisatorlagerung prüfen.

Die Radaufhängung prüfen 2

Eine Doppelquerlenkerachse prüfen

Die beiden Querlenker führen den Achsschenkel mit zwei Kugelbolzen. Der untere Lenker nimmt auch die Feder und den Montagepunkt für den Stoßdämpfer auf.

Man prüft die Kugelbolzen und die Lagerung.

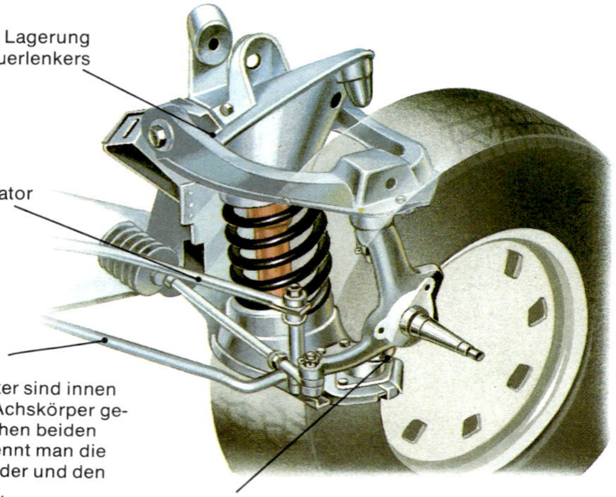

Die Querlenker sind innen drehbar am Achskörper gelagert. Zwischen beiden Lenkern erkennt man die Schraubenfeder und den Stoßdämpfer.

Achse mit Drehstab

Bei manchen Fahrzeugen übernimmt ein Drehstab die Federung.

Obwohl die Bauteile solide ausgeführt sind, ist im Bereich der Montagepunkte damit zu rechnen, daß im Lauf der Zeit Materialermüdungen eintreten.

Man prüft deshalb die Verstärkungsbleche auf Befestigungs- und Korrosionsschäden.

Die äußere Drehstabbefestigung an der Verbindungsstelle zum Achsschenkel ist oft durch Steine oder Schmutz beschädigt.

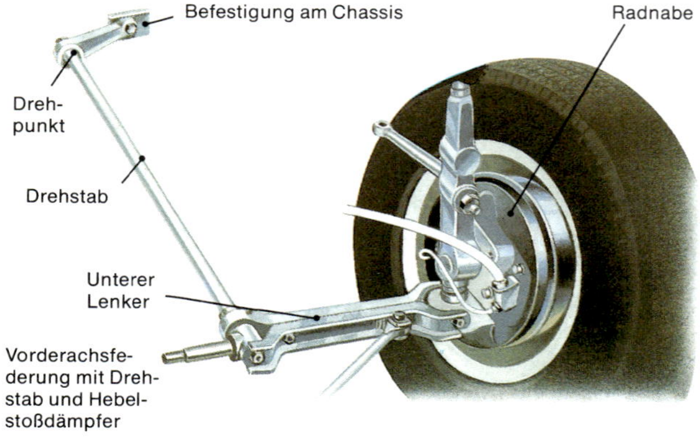

Vorderachsfederung mit Drehstab und Hebelstoßdämpfer

Eine Hinterachsaufhängung prüfen

Die Achsaufhängung bei Starrachsen ist oft weniger aufwendig als bei einer gelenkten Vorderachse. Entsprechend einfach ist die Prüfung.

Man stellt das Fahrzeug auf Stützböcke und belastet die verschiedenen Baukomponenten mit einem Montiereisen, während man die Bewegung an den Gummilagern kontrolliert.

Vor der Kontrolle sind öfter Bauteile zu reinigen, besonders wenn Öl an der Achse ausgetreten ist und Gummilager aufgeweicht sein können.

Bei der Prüfung muß man das Montiereisen so ansetzen, daß man keine Bremsleitungen oder das Handbremsseil beschädigen kann.

Schrauben und Bolzen zieht man nach und achtet auf korrodierte Stellen im Aufhängungsbereich. Dazu klopft man den Bereich der Aufhängung mit einem Schraubenzieher oder einem kleinen Hammer ab.

Korrodierte Stellen müssen nach Herstelleranweisung durch eingeschweißte Teile verstärkt werden. Leichte Verrostungen beseitigt man mit der Stahlbürste, bringt eine Rostschutzfarbe auf und behandelt die Stelle nach dem Trocknen mit Decklack und dann mit Unterbodenschutz.

Radaufhängungen werden bei der TÜV-Untersuchung genau kontrolliert. Es lohnt sich nicht, Rostschäden mit Unterbodenschutz abzudecken, denn das wird meist entdeckt. Man sollte außerdem an die Verkehrssicherheit des eigenen Autos denken.

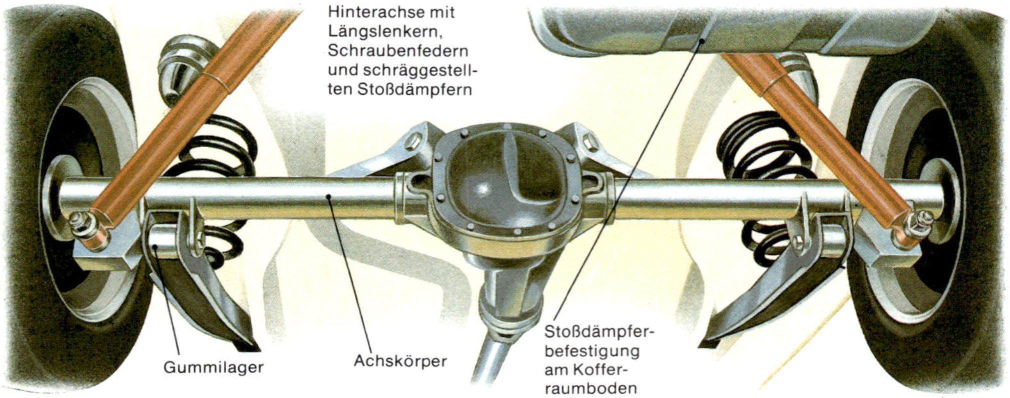

Hinterachse mit Längslenkern, Schraubenfedern und schräggestellten Stoßdämpfern

Einen Längslenker prüfen

Zur Verbesserung der Radführung haben Hinterachsen häufig Längslenker, deren Lagerung man ebenso auf Verschleiß prüft wie die Befestigung des Stoßdämpfers.

Jedes Spiel an den Lagerungsstellen verursacht unsicheres Fahrverhalten.

Fortgeschrittener Verschleiß bewirkt Poltern an der Hinterachse.

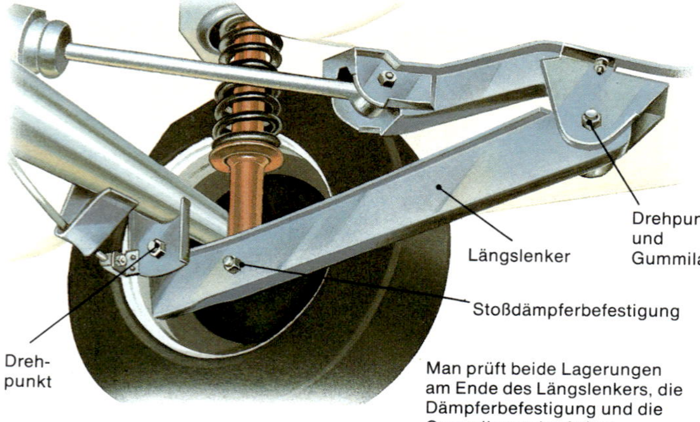

Man prüft beide Lagerungen am Ende des Längslenkers, die Dämpferbefestigung und die Gummilager der Achse.

Eine Schräglenkerhinterachse prüfen

Das Fahrzeug wird auf der zu prüfenden Seite angehoben. Ein Unterstellbock stützt das Chassis ab.

Falls notwendig, wird das Rad ausgebaut. Man prüft alle Gummilager auf Verschleiß und klopft die Blechprägeteile der Lenker und des Achskörpers sorgfältig mit einem Hammer oder Schraubenzieher ab.

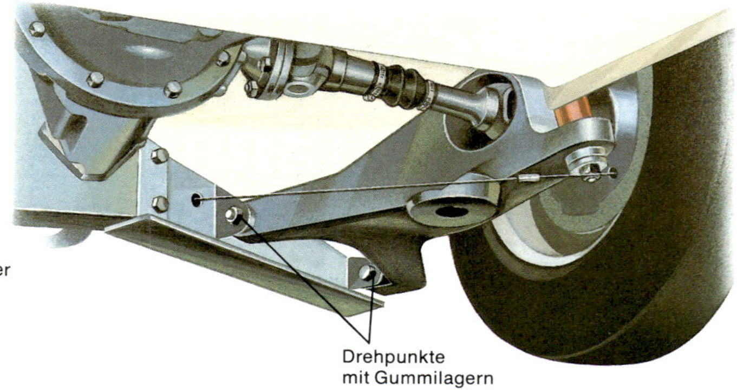

Man prüft die Lagerung der Drehpunkte, wenn das Fahrzeuggewicht auf dem Rad ruht.

Die Stoßdämpfer prüfen 1

Alle modernen Fahrzeuge besitzen Teleskopstoßdämpfer als Teile des Federungssystems. Bei Vorderachsen nach dem MacPherson-Prinzip sitzen die Stoßdämpfer im Federbein. Bei allen anderen Konstruktionen gibt es zusätzliche Befestigungselemente.

Um den Zustand der Stoßdämpfer prüfen zu können, löst man die Radschrauben und bockt das Fahrzeug so auf, daß die Räder frei herabhängen und die Stoßdämpfer gestreckt werden. Dann nimmt man die Räder ab.

Leckstellen suchen

Stoßdämpfer enthalten eine Spezialhydraulikflüssigkeit, die den Dämpfungseffekt ermöglicht. In ihr bewegen sich Kolben und Ventilscheiben auf und ab. Die Flüssigkeit muß enge Bohrungen passieren, wobei die von Bodenunebenheiten ausgelösten Schwingungen gedämpft werden.

Eine kritische Stelle an Stoßdämpfern ist die Abdichtung der Kolbenstange, die aus dem Dämpfergehäuse herausragt. Öllecks bilden hier oft mit Straßenschmutz einen deutlich sichtbaren Belag.

Solche Stoßdämpfer sind umgehend zu erneuern.

Bei MacPherson-Federbeinen gibt es solche Undichtigkeiten unterhalb des Stoßdämpfers am Federbeinrohr. Hier wird die Stoßdämpferpatrone ausgewechselt.

Stoßdämpfer sollte man möglichst paarweise auswechseln.

Sonstige Beschädigungen suchen

Auch das Dämpfergehäuse sollte geprüft werden. Vom Rad aufgewirbelte Steine können die Dämpferrohre verbeulen, so daß ihre Funktion beeinträchtigt ist. Solche Dämpfer sollte man ausbauen und im Schraubstock prüfen.

Um die blanke Kolbenstange zu prüfen, zieht man die Schutzkappe soweit wie möglich nach unten. Bei Auswaschungen an der Stange ist ein neuer Satz Stoßdämpfer fällig, denn eine solche Kolbenstange beschädigt die Abdichtung.

Die Stoßdämpferaufhängung besitzt Gummilager, die ausgeschlagen sein, brüchig werden und Risse bekommen können. Zur Prüfung verdreht man den Stoßdämpfer oder läßt das Fahrzeug, z.B auf einer Hebebühne, aus- und einfedern.

Die Aufhängung sollte kein Spiel haben. Die obere Aufhängung des Stoßdämpfers endet in der Regel in der Karosserie. Die Verstärkungsscheiben und kräftigen Gummiringe dürfen nicht verschlissen sein.

Bei Federbeinkonstruktionen benötigt man zur Prüfung der oberen Aufhängung des Stoßdämpfers eine Lampe. Die Kontrolle ist einfacher, wenn man am Federbeindom eine Schutzplatte abnehmen kann.

Gummilager auswechseln

Der Stoßdämpfer wird ausgebaut. Konstruktionen mit Befestigungsauge haben meist teilbare Gummilager, die man rechts und links aus dem Auge herausdrückt.

Ist die Gummibüchse nicht geteilt, braucht man zum Herausdrücken einen Schraubstock und einen Steckschlüssel. Die neue Büchse wird mit Talkum oder Silikon behandelt und im Schraubstock eingepreßt.

Bei Gewindebefestigung werden die Gummilager schon beim Ausbau des Dämpfers frei. Man muß sich aber die Lage von Verstärkungsscheibe und Gummilager merken.

Werkzeug und Ausrüstung

Prüflampe, Schraubstock, Talkum, Silikon, Steckschlüssel, Gabelschlüssel, Ringschlüssel, Schraubenzieher, Montiereisen

Montageformen an der Vorderachse

Bei Stoßdämpfern nimmt oben und unten oft ein Auge die runden Gummilager auf. Die Bohrung ist mit einer Metallhülse verstärkt.

Es gibt auch Stoßdämpfer mit Gewindebefestigung, die mit Verstärkungsscheiben und Gummiringen ausgerüstet sind.

Einzelne Hersteller setzen auch Mischbauformen bei der Vorderachsmontage ein.

Die obere Befestigung bei MacPherson-Federbeinen trägt gleichzeitig das Schwenklager für das Federbein, oft kombiniert in einem Gummi-Metall-Element angebracht.

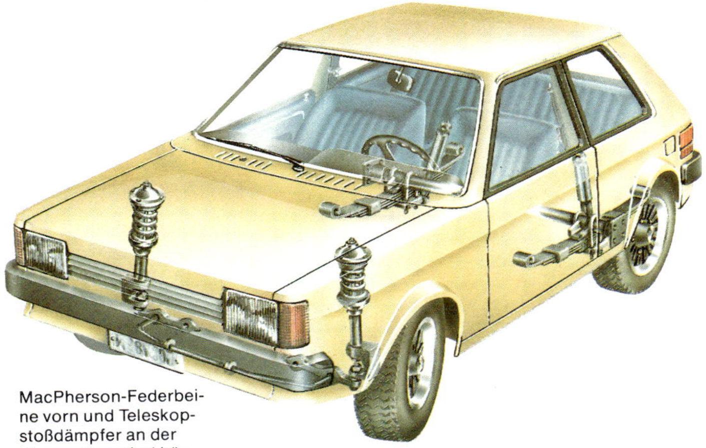

MacPherson-Federbeine vorn und Teleskopstoßdämpfer an der Hinterachse sind häufig kombiniert.

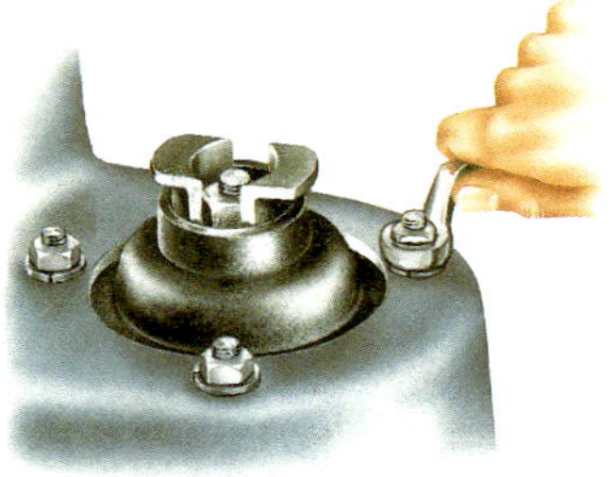

Typische obere Befestigung des MacPherson-Federbeines mit innenliegendem Schwenklager und Gummielement

Stoßdämpfer innerhalb einer Schraubenfeder; die Kolbenstange liegt offen.

Der Stoßdämpfertest

Auf den beginnenden Verschleiß von Stoßdämpfern wird man häufig durch eine unsichere Straßenlage aufmerksam.

Gleichzeitig können Klopfgeräusche zu hören sein, die entweder von einer losen Befestigung herrühren oder auch durch Spiel an der Kolbenstange bei gleichzeitigem Ölverlust entstehen.

Läßt die Stoßdämpferfunktion weiter nach, neigt das Rad zum Springen auf der Fahrbahn. Die Folgen sind eine schlechte Radführung und Auswaschungen an den Reifen.

Ein einfacher Stoßdämpfertest ist von Hand möglich. Dazu prüft man zunächst die Aufhängung des Stoßdämpfers, aber auch den Luftdruck in den Reifen. Dann versucht man, mit der Hand den Kotflügel, unter dem man den schadhaften Stoßdämpfer vermutet, kräftig nach unten zu drücken. Je kräftiger man drückt, um so sicherer ist das Ergebnis bei diesem Test. Beim Loslassen sollte das Fahrzeug unverzüglich ohne Nachschwingen zum Stillstand kommen. Schwingt es nach, sind die Stoßdämpfer mit Sicherheit schadhaft.

Den gleichen Test wiederholt man an allen anderen Stoßdämpfern. Ist man sich nicht sicher, wird der Stoßdämpfer ausgebaut.

Wenn man keine äußeren Schäden feststellen kann und der Stoßdämpfer noch dicht ist, spannt man ihn in Einbaulage in einen Schraubstock. Der Stoßdämpfer muß sich nun von Hand ohne Unterbrechungen schwer auf- und niederbewegen lassen.

Alle diese Tests können natürlich nur grobe Anhaltspunkte vermitteln, so daß man stark verschlissene Stoßdämpfer aussondern kann.

In größeren Werkstätten werden Stoßdämpfer auf dem Prüfstand untersucht, wozu sie nicht ausgebaut werden müssen.

Der ADAC-Stoßdämpfertest

Im Rahmen der Mitgliederbetreuung setzt der ADAC mobile und stationäre Stoßdämpfer-Prüfstände ein.

Beim Stoßdämpfertest wird das Fahrzeug achsweise mit den Rädern ohne Ausbau der Stoßdämpfer auf Schwingelemente gesetzt, die elektromotorisch angeregt werden. Dieser Motor wird dann abgeschaltet, und die Stoßdämpfer müssen die in Schwingung geratene Masse dämpfen. Auf einem Diagramm werden die dabei gewonnenen Meßwerte festgehalten.

Die gefundenen Werte vergleicht man mit Kenndaten, die von den verschiedenen Stoßdämpfer- bzw. Fahrzeugherstellern vorgegeben sind. So kann man den Zustand der Stoßdämpfer und die Beeinträchtigung des Fahrverhaltens des betreffenden Fahrzeuges beurteilen.

Der kostenlose ADAC-Stoßdämpfertest erspart also eine größere Fehlersuche.

Die Stoßdämpfer prüfen 2

Stoßdämpfer an der Hinterachse montieren

Die Stoßdämpfer der Hinterachse sind mit dem Achsgehäuse unten im Bereich der Federbriden befestigt. Die Befestigung mit Stehbolzen oder Schrauben ist üblich. Fast alle Stoßdämpfer besitzen ein Auge mit einem Gummilager.

Zur oberen Befestigung gehört eine Verstärkungsplatte an der Karosserie. Häufig ist die Kolbenstange des Stoßdämpfers mit einem Gewinde versehen, das durch den Wagenboden oder die Radhäuser ragt.

Beide Seiten der Befestigung sind mit Verstärkungsplatten und Gummiringen ausgerüstet.

Damit man die obere Befestigung im Kofferraum findet, muß man gelegentlich Verkleidungsteile ausbauen.

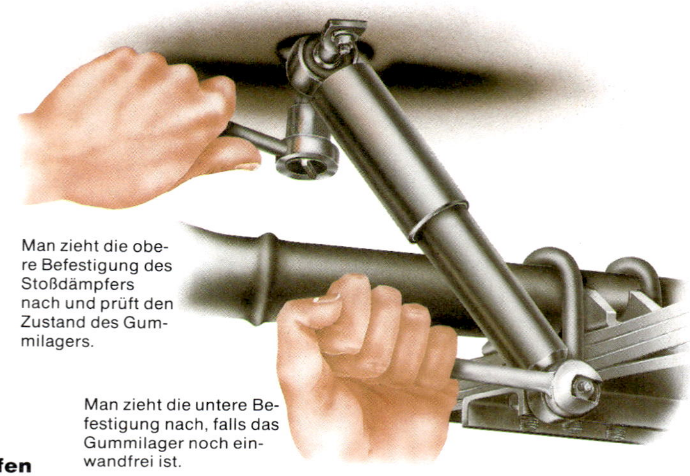

Man zieht die obere Befestigung des Stoßdämpfers nach und prüft den Zustand des Gummilagers.

Man zieht die untere Befestigung nach, falls das Gummilager noch einwandfrei ist.

Die hinteren Stoßdämpfer prüfen

Hintere Stoßdämpfer mit oberer Gewindebefestigung sind im Radlauf sichtbar befestigt.

Besitzt die Hinterachse Schraubenfedern, sind die Radhäuser domartig ausgebildet.

Zum Prüfen der Stoßdämpfer öffnet man den Kofferraum oder die Heckklappe und legt die Verkleidung frei. Dann bewegt man das Fahrzeug auf und ab und beobachtet dabei die Bewegung der Verschraubung.

Ist hier etwas Spiel vorhanden und sind die Gummilager weder gerissen noch brüchig, kann man die Stoßdämpferbefestigung nach Lösen einer Kontermutter nachziehen. Dabei muß ein Helfer den Stoßdämpfer unter dem Kotflügel festhalten.

Zur Prüfung des Gummilagers an der unteren Seite der Stoßdämpfer benötigt man einen Wagenheber oder eine Hebebühne.

Bei Verwendung des Wagenhebers muß man vorsichtig arbeiten und vor allem keine Schaukelbewegungen ausführen.

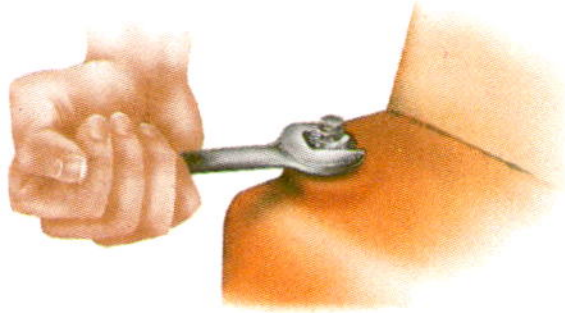

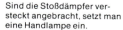

Nach Lösen der Kontermutter kann man die Stoßdämpferbefestigung nachziehen.

Sind die Stoßdämpfer versteckt angebracht, setzt man eine Handlampe ein.

Kombinierte Feder- und Stoßdämpferelemente prüfen

Manche Fahrzeuge besitzen eine unkonventionelle Hydraulikfederung, bei der als Federelement eine unter Druck stehende Flüssigkeit eingesetzt wird. Jedes Rad besitzt dann ein kombiniertes Feder-Stoßdämpfer-Element.

Häufig sind die Elemente der Vorder- und Hinterachse durch eine Hochdruckleitung miteinander verbunden.

Besitzt die hydraulische Federung konventionelle Stoßdämpfer, prüft man diese wie besprochen.

Bei allen anderen Fahrzeugtypen kontrolliert man zunächst die Hydraulikleitungen auf Lecks.

Sinkt der Hydraulikdruck im System ab, senkt sich das Fahrzeug allmählich auf die Gummianschläge der Achsen, und der Wagen federt nur noch wenig.

Bei einer solchen Panne kann man noch mit mäßiger Geschwindigkeit (bis etwa 50 km/h) zur nächsten Werkstatt weiterfahren.

Zur Erhöhung des Drucks setzt man hier eine besondere Serviceeinheit ein.

Nachdem die Anlage wieder gefüllt und entlüftet ist, kontrolliert man das System auf Lecks und wechselt schadhafte Leitungen aus.

Im Rahmen der üblichen Fahrzeugkontrolle kann man den Zustand der Federung auch durch Nachmessen des Abstandes zwischen Kotflügelkante und Achsmitte kontrollieren. In der Bedienungsanleitung sind dazu Maße als grobe Anhaltswerte angegeben.

Die Dämpfungselemente der hydraulischen Federung findet man an der Vorderachse im Motorraum und prüft sie auf Leckstellen.

Zur Kontrolle der Federelemente an der Hinterachse muß man das Fahrzeug aufbocken und die Räder abnehmen.

Bei dieser Gelegenheit prüft man auch die unter dem Wagenboden verlegten Hydraulikleitungen auf Schäden durch von den Rädern hochgewirbelte Steine.

Die elastischen Hydraulikschläuche werden sorgfältig gereinigt und besonders im Bereich von Verschraubungen auf Risse und Stellen mit ausgetretener Flüssigkeit geprüft.

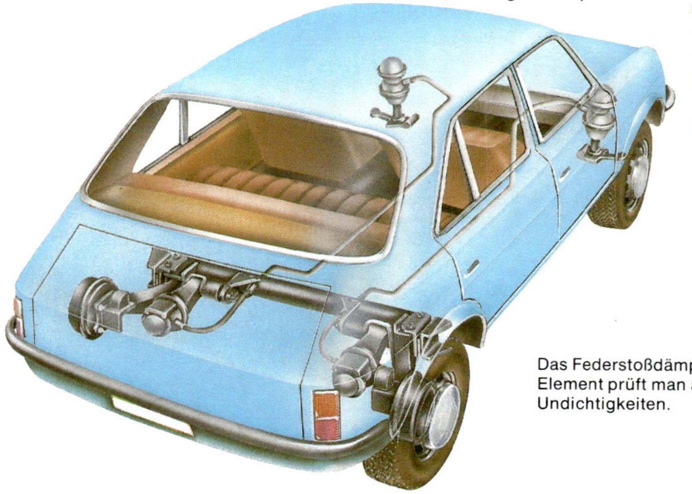

Fahrzeuge mit hydraulischer Federung haben an jedem Rad ein kombiniertes Feder- und Stoßdämpferelement. Häufig sind Hydraulikleitungen zwischen den vorderen und hinteren Elementen.

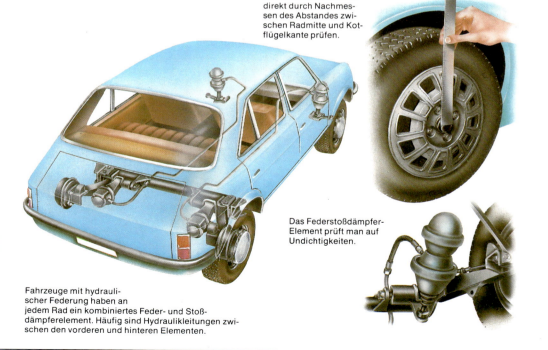

Den Druck kann man indirekt durch Nachmessen des Abstandes zwischen Radmitte und Kotflügelkante prüfen.

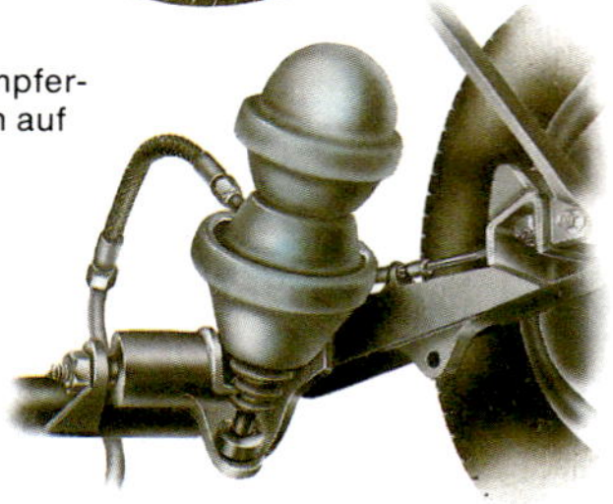

Das Federstoßdämpfer-Element prüft man auf Undichtigkeiten.

Neue Stoßdämpfer einbauen 1

Teleskopstoßdämpfer können generell nicht überholt werden. Lediglich die oberen und unteren Gummibüchsen kann man erneuern. Läßt die Dämpferwirkung nach oder sind die Stoßdämpfer undicht geworden, werden sie ersetzt.

Bei manchen Systemen müssen Federspanner eingesetzt werden, die in jeder Werkstatt zur Verfügung stehen.

Ausdrücklich zu warnen ist vor selbstgebauten Hilfskonstruktionen, denn Federn können große Kräfte aufnehmen, und eine abspringende Feder kann böse Verletzungen verursachen.

MacPherson-Federbeine haben innenliegende Dämpferpatronen. Der Einbau ist hier relativ aufwendig, und immer ist Spezialwerkzeug notwendig.

Stoßdämpfer gibt es als Originalteile bei den Kundendienstwerkstätten der Fahrzeughersteller, aber auch über den Teilefachhandel.

Da bei den großen Herstellermarken keine wesentlichen Qualitätsunterschiede festgestellt werden können, sollte man auf das preiswerteste Angebot zurückgreifen.

Neben den Standardstoßdämpfern, die ab Werk eingebaut sind, gibt es auch Spezialmodelle für den sportlichen Einsatz, für höhere Zuladung oder für Wohnwagenbesitzer.

Wichtig ist in jedem Fall, daß nur Stoßdämpfer eingebaut werden, die vom Fahrzeug- oder Stoßdämpferhersteller für das betreffende Modell freigegeben sind.

Werkzeug und Ausrüstung

Gabelschlüssel, Ringschlüssel, Steckschlüssel, ein Satz Drehmomentschlüssel, Schraubstock, Gripzange, Federspanner, Wagenheber, Unterstellböcke, Rampen, Sicherungskeile

Lage der Stoßdämpfer

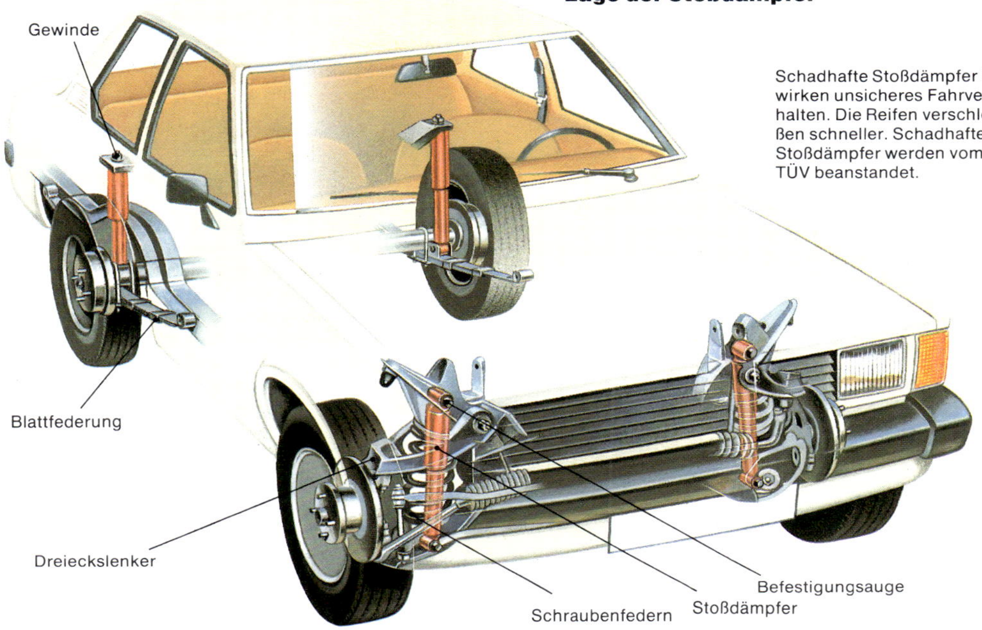

Schadhafte Stoßdämpfer bewirken unsicheres Fahrverhalten. Die Reifen verschleißen schneller. Schadhafte Stoßdämpfer werden vom TÜV beanstandet.

Eine obere Stoßdämpferbefestigung aus- und einbauen

Die obere Stoßdämpferbefestigung befindet sich meist im Koffer- oder Motorraum eines Fahrzeuges.

Man dreht die Kontermutter und die darunterliegende Mutter herunter. Damit sich der Stoßdämpfer nicht mitdreht, hat der Gewindebolzen oft eine Schlüsselfläche, an der man eine Zange oder einen kleinen Gabelschlüssel ansetzen kann.

Beim Einsetzen neuer Stoßdämpfer sind Scheiben und Gummilager in richtiger Reihenfolge aufzusetzen. Die Schraube nur so weit anziehen, bis das Gummilager spielfrei ist.

Einfache Muttern werden mit der Kontermutter gesichert, selbstsichernde Muttern erneuert.

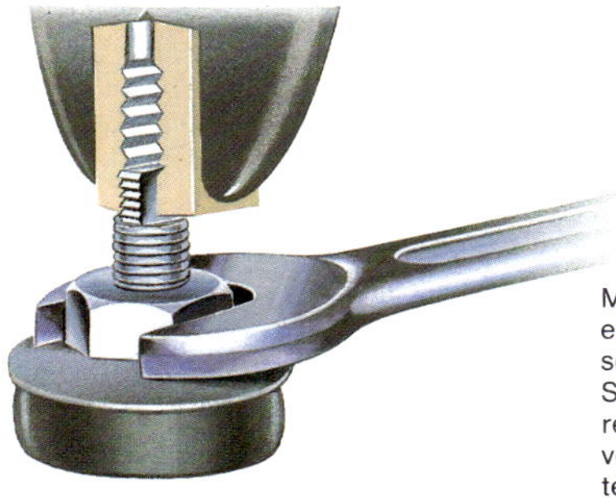

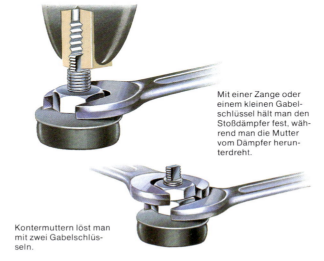

Mit einer Zange oder einem kleinen Gabelschlüssel hält man den Stoßdämpfer fest, während man die Mutter vom Dämpfer herunterdreht.

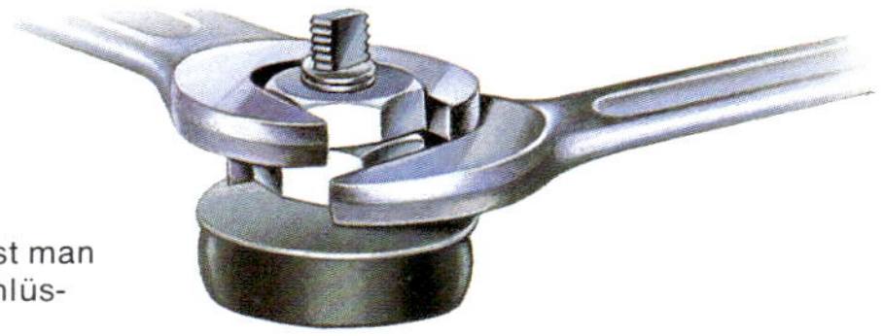

Kontermuttern löst man mit zwei Gabelschlüsseln.

Stoßdämpferbefestigung an der Vorderachse

Die Art, wie Stoßdämpfer an der Vorderachse befestigt sind, variiert je nach Achskonstruktion stark. Stoßdämpfer können zusammen mit der Feder zwischen oberem Lenker und Radhaus angebracht sein. Auch die Befestigung am unteren Querlenker ist möglich.

Wenn Stoßdämpfer und Feder kombiniert angebracht sind, kann man die Baueinheit komplett herausnehmen. Ist die Feder nicht mit dem Stoßdämpfer verschraubt, sondern nur aufgesteckt, entspannt sie sich beim Freilegen des Stoßdämpfers, so daß man zur Demontage einen Federspanner benötigt.

Ist die untere Stoßdämpferanlenkung auch die Befestigung für einen Drehstab, Fahrzeug so aufbocken, daß dieser nicht mehr unter Vorspannung steht.

Kombinierte Anbringung von Stoßdämpfer und Feder; die Anlenkung erfolgt am oberen Dreieckslenker.

Vorderachse mit Drehstabfederung: Die untere Dämpferanlenkung nimmt gleichzeitig auch die Befestigung des Stabilisators auf

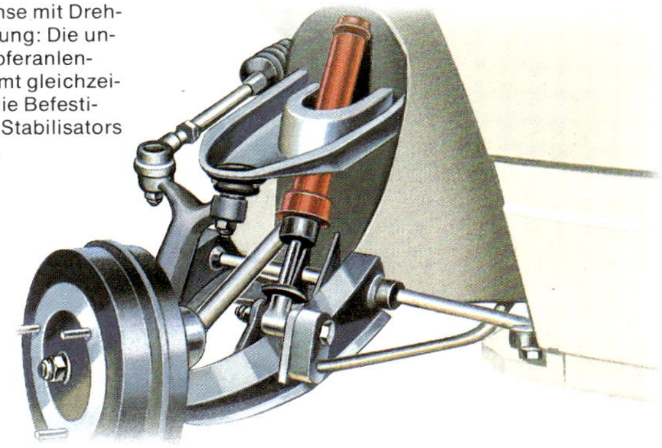

Neue Stoßdämpfer einbauen 2

Man bockt das Fahrzeug entsprechend den Sicherheitsvorschriften auf, nachdem man die Radmuttern gelockert hat.

Dabei setzt man die Unterstellböcke so an, daß sie unter dem Rahmen das gesamte Gewicht des Fahrzeuges aufnehmen; die Federung kann dabei frei herunterhängen. Ist dies geschehen, können die Vorderräder abgenommen werden.

Nachdem man festgestellt hat, wie die Stoßdämpfer angeordnet und befestigt sind, wird der Wagenheber unter den unteren Lenkerarm gestellt und leicht angehoben.

Er muß so angesetzt werden, daß sich der Stoßdämpfer ohne Behinderung abschrauben und herausnehmen läßt.

Durch das Anheben wird die Federung nur leicht angehoben, so daß die Stoßdämpferverschraubung nicht unter Spannung sitzt.

Bei manchen Federungssystemen braucht man in dieser Arbeitsphase einen Federspanner; denn gleichzeitig mit dem Lösen des Stoßdämpfers wird die Feder frei.

Ist die Schraubenfeder hingegen mit einer verschraubten Abschlußplatte versehen, wird das Federbein mit Stoßdämpfer und Feder komplett herausgenommen. Der Federspanner kommt erst später zum Einsatz.

Stoßdämpfer können entweder mit einem Auge und den entsprechenden Schrauben oder auch mit einer Gewindestange befestigt sein, die durch den Lenkerarm ragt. Die Befestigung wird gelöst.

Sind die Schraubverbindungen verrostet, verwendet man ein Rostlösemittel, oder man trennt die Muttern mit dem Muttersprenger bzw. einem Kreuzmeißel auf (siehe Seite 49).

Beim Einsetzen der neuen Stoßdämpfer achtet man auf die richtige Anordnung von Gummilagern und Unterlegscheiben.

Bei manchen Fahrzeugen ist es sinnvoll, vor dem Abziehen der Stoßdämpfer das Auto abzubocken, damit sich die Stoßdämpfer ohne Verspannung ihre normale Position suchen.

Die vorderen Stoßdämpfer bei getrennter Federung ausbauen

Das Wagengewicht ruht auf Unterstellböcken, und die Vorderräder sind abgenommen.

Mit einem Wagenheber hebt man die Radschwinge leicht an, damit sich die Schraubverbindungen besser herausdrücken lassen. Man trennt die obere und untere Schraubverbindung, und der Dämpfer läßt sich nach unten aus dem Lenker herausziehen.

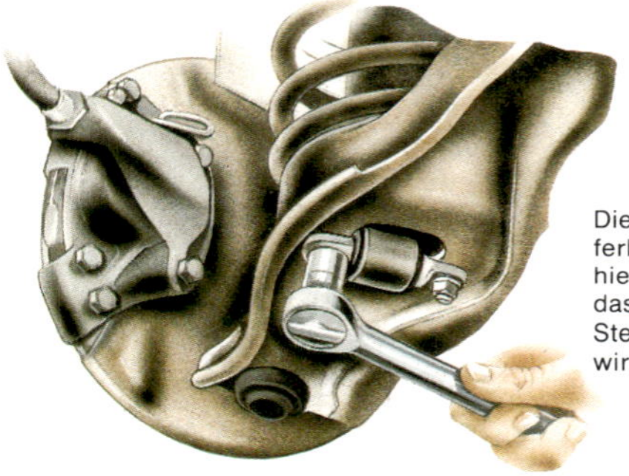

Die untere Stoßdämpferbefestigung besteht hier aus einem Auge, das von Muttern und Stehbolzen gehalten wird.

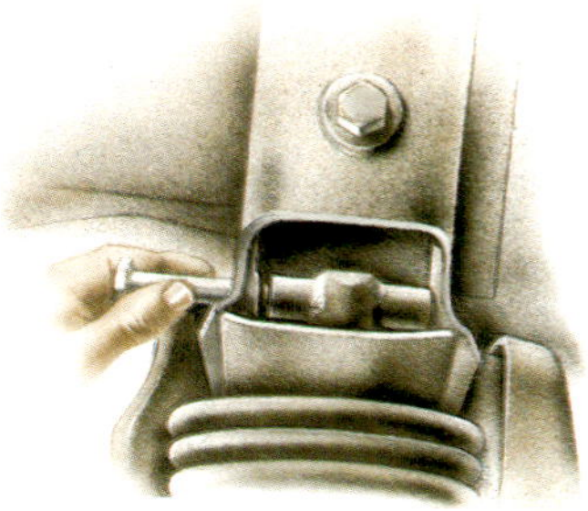

Wichtig ist, in welcher Richtung der Bolzen durch den Lenker gesteckt wird. Er wird stets in gleicher Lage wieder eingebaut.

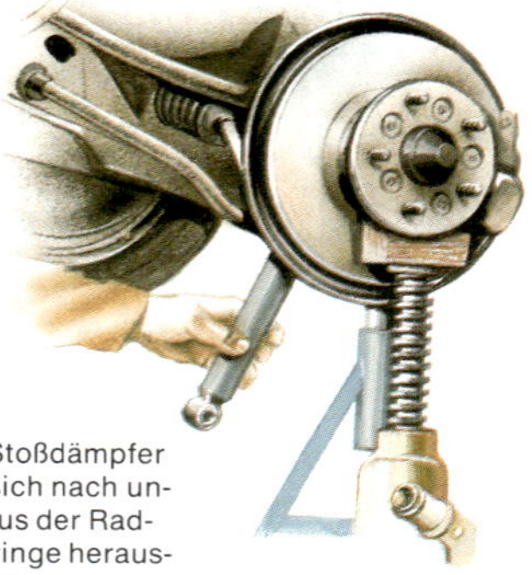

Der Stoßdämpfer läßt sich nach unten aus der Radschwinge herausziehen.

Kombinierte Montage

Bei dieser Drehstabfederung nimmt die untere Stoßdämpferbefestigung auch die Anlenkung für den Stabilisator auf. Nur wenn der Drehstab nicht unter Spannung steht, ist die untere Befestigung leicht herauszuschrauben.

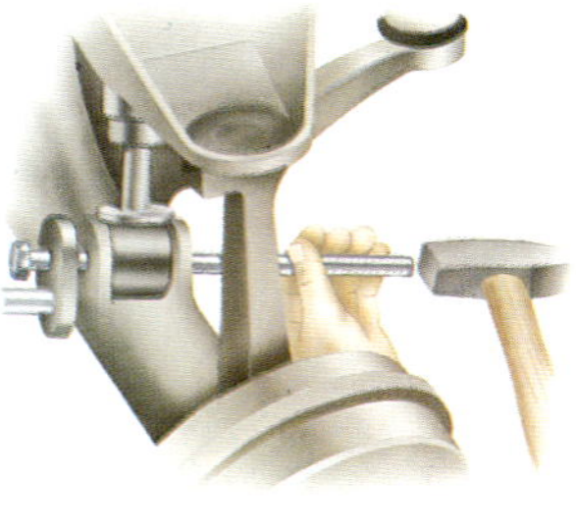

Den Befestigungsbolzen mit einem weichen Durchschlag vorsichtig heraustreiben.

Zum Ausbau den Stoßdämpfer etwas zusammendrücken.

Die vorderen Stoßdämpfer mit kombinierter Federbefestigung erneuern

Das Fahrzeug wird vorne so aufgebockt, daß das Gewicht auf zwei Stützböcken ruht. Die Federung hängt frei herunter, wird allerdings mit einem Wagenheber leicht angehoben. Als Erleichterung setzt man einen Federspanner ein.

Als nächstes schraubt man die Muttern an der oberen Befestigung ab. Man dreht die Mutter der unteren Befestigung herunter und drückt den Bolzen heraus.

Ist der Federspanner richtig angesetzt, kann man die gesamte Einheit aus dem Radhaus herausnehmen.

Das Federbein spannt man mit dem Federspanner in den Schraubstock und löst die zentrale Mutter des Federdeckels.

Dreht sich beim Lösen der Mutter die Stoßdämpferstange mit, hält man sie mit einem Gabelschlüssel oder der Gripzange fest.

Die zusammengepreßte Feder wird von dem alten Stoßdämpfer abgezogen und in gleicher Weise auf den neuen Stoßdämpfer aufgesetzt. Dabei muß man darauf achten, daß eventuell vorhandene Gummizwischenlagen unbeschädigt sind und richtig in den vorgesehenen Vertiefungen sitzen. Den Federteller befestigt man mit einer neuen selbstsichernden Mutter.

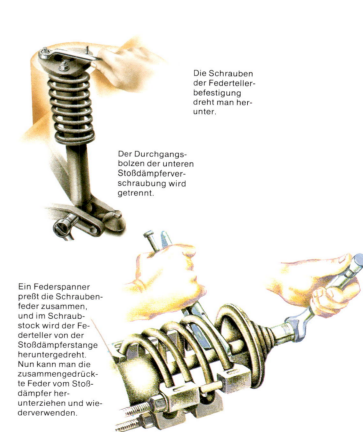

Die Schrauben der Federtellerbefestigung dreht man herunter.

Der Durchgangsbolzen der unteren Stoßdämpferverschraubung wird getrennt.

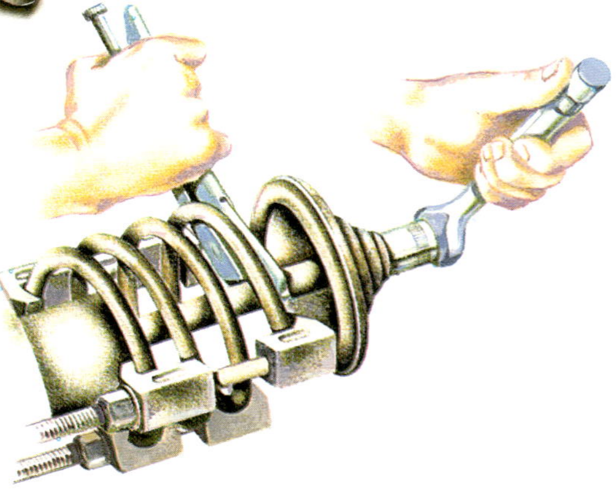

Ein Federspanner preßt die Schraubenfeder zusammen, und im Schraubstock wird der Federteller von der Stoßdämpferstange heruntergedreht. Nun kann man die zusammengedrückte Feder vom Stoßdämpfer herunterziehen und wiederverwenden.

Neue Stoßdämpfer einbauen 3

Die hinteren Stoßdämpfer ausbauen

Die hinteren Stoßdämpfer sind oft leichter auszubauen als die vorderen. Manchmal ist es zweckmäßig, die Hinterräder abzunehmen, um sich die Arbeit zu erleichtern. Ist dies der Fall, löst man die Radmuttern der Hinterräder und bockt das Fahrzeug nach Vorschrift auf. Das Fahrzeuggewicht ruht auf Stützböcken, während die Federung frei herunterhängt.

Es gibt sehr unterschiedliche Stoßdämpferbefestigungen. Bei einigen Fahrzeugen sitzt der Stoßdämpfer in der Mitte einer Schraubenfeder; manchmal sind diese auch kombiniert angeordnet. In diesem Fall ist der Einsatz eines Federspanners notwendig (siehe Seite 51).

Die untere und die obere Stoßdämpferbefestigung werden gelöst. Ist das obere Teil mit einer Gewindestange versehen, die durch den Boden des Kofferraumes oder durch das Radhaus ragt, muß man im Kofferraum einige Verkleidungsteile und Kunststoffkappen entfernen. Das untere Teil des Stoßdämpfers ist oft mit Auge und Durchgangsbolzen befestigt.

Bei neuen Stoßdämpfern sind die Befestigungsaugen mit neuen Gummis ausgerüstet. Die oberen Gummis, Beilagscheiben und sonstigen Teile muß man allerdings extra prüfen. Selbstsichernde Muttern werden stets erneuert.

Der Stoßdämpfer wird in umgekehrter Reihenfolge eingesetzt und festgezogen, wenn das Gewicht des Fahrzeuges wieder auf der Achse ruht. So vermeidet man Verspannungen in der Stoßdämpferbefestigung.

Einen Stoßdämpfer mit verschraubtem Auge ausbauen

Das mit einem Lagergummi versehene Auge wird mit Durchgangsbolzen, Unterlegscheibe und Mutter an der Achse festgehalten.

Die Schraube hält man mit einem Ringschlüssel gegen und dreht mit der Ratsche die Mutter herunter.

Wenn sich eine Durchgangsschraube im Auge des Stoßdämpfers festgesetzt hat, schraubt man die Mutter einige Gewindegänge auf und schlägt die Schraube mit einem Kunststoffhammer vorsichtig ein Stück heraus.

Der Bolzen läßt sich nun mit einer Gripzange fassen und durch kräftiges Hin- und Herdrehen freilegen.

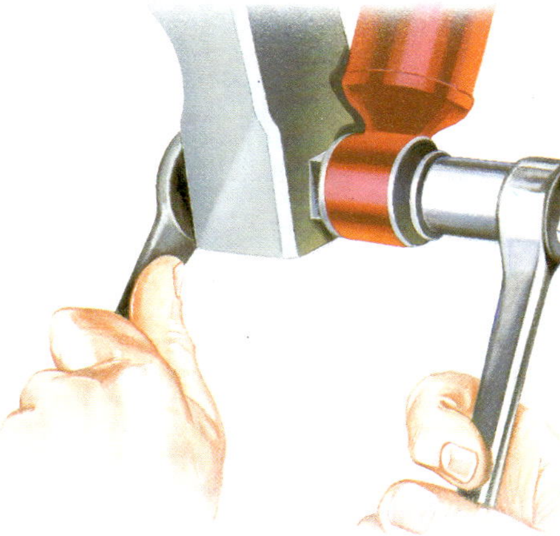

Man hält den Schraubenkopf mit einem Ringschlüssel fest und dreht die Mutter mit Ratsche und Steckschlüssel herunter.

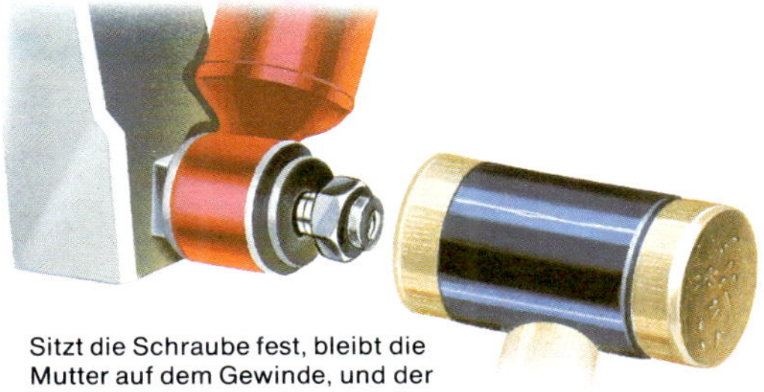

Sitzt die Schraube fest, bleibt die Mutter auf dem Gewinde, und der Bolzen wird mit dem Kunststoffhammer herausgeschlagen; bei verrosteten Schrauben und Muttern Drahtbürste und Rostlöser einsetzen.

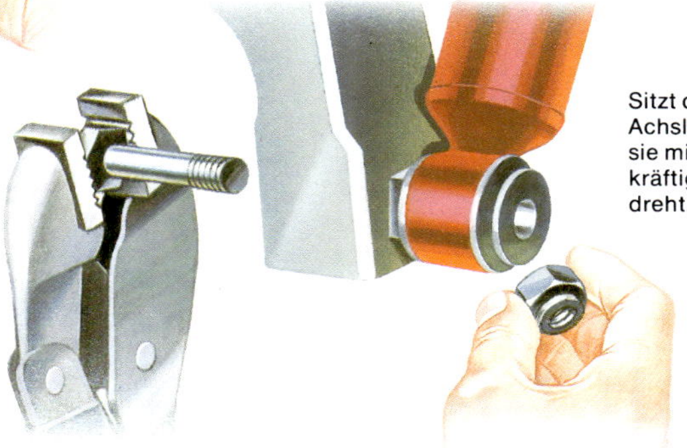

Sitzt die Schraube am Achslenker fest, wird sie mit einer Gripzange kräftig hin- und hergedreht, bis sie freiliegt.

Umgang mit einem Federspanner

Ein Federspanner hält die Schraubenfeder zusammen und die Spannung vom oberen Federteller fern.

Der Monteur muß sehr sorgfältig arbeiten; denn eine sich entspannende Feder kann schwere Verletzungen verursachen.

Do-it-yourselfer greifen manchmal zu Hilfskonstruktionen, vor denen ausdrücklich zu warnen ist.

Die Anschaffung eines teuren Federspanners lohnt sich für Do-it-yourselfer nicht.

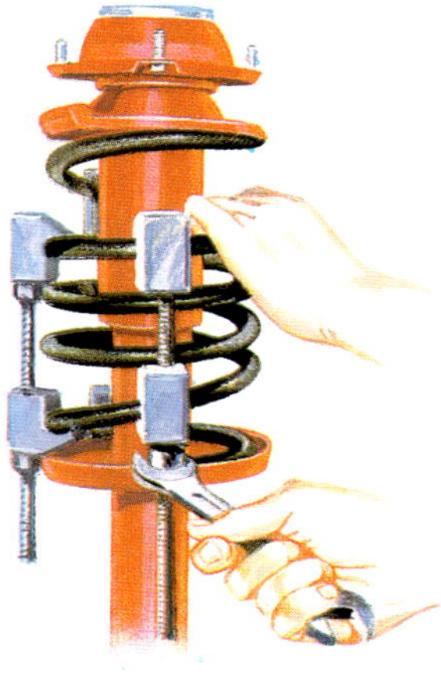

Der Federspanner wird Stück für Stück auf allen Seiten gleichmäßig fest- und losgedreht.

Kombinierte Anordnung von Federn und Stoßdämpfer

Hier sind die hinteren Federn zwischen zwei Federtellern direkt auf dem Stoßdämpfer angeordnet.

Wenn das Fahrzeug aufgebockt ist, nimmt man die Räder und löst die Verschraubung des oberen Federtellers. Dabei kann der Einsatz eines Federspanners notwendig werden.

Am unteren Achslenker dreht man die Befestigung mit Schraube und Auge heraus, nimmt die ganze Einheit heraus und spannt sie in einen Schraubstock. Nun wird die mittlere Schraube des Federtellers, soweit vorhanden, abgeschraubt.

Dreht sich dabei die Gewindestange des Stoßdämpfers mit, hält man sie unter dem Federteller mit Gripzange oder Gabelschlüssel fest.

Die gespannte Feder läßt sich vom Stoßdämpfer mit dem Federteller und den Gummilagen abnehmen. Manchmal ist auch der untere Federteller vom Stoßdämpfer herunterzuziehen, weil er für den neuen Stoßdämpfer wiederverwendet wird.

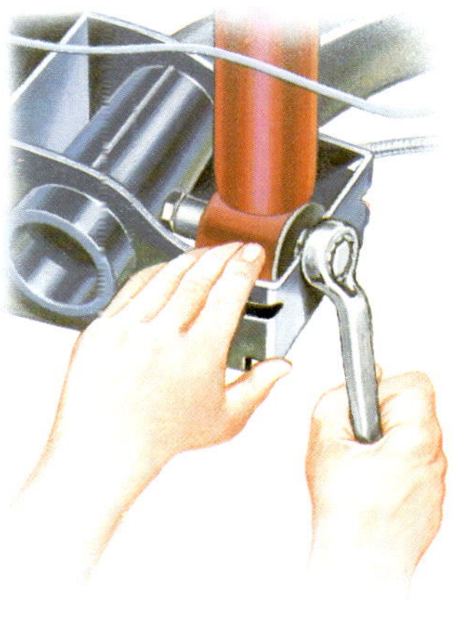

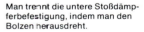

Man trennt die untere Stoßdämpferbefestigung, indem man den Bolzen herausdreht.

In einem Schraubstock läßt sich die Sicherungsmutter des Federtellers herunterdrehen.

Einen Stoßdämpfereinsatz bei Federbeinkonstruktionen erneuern 1

Wenn der Stoßdämpfer eines MacPherson-Federbeines verschlissen ist, muß das ganze Federbein ausgebaut, zerlegt und der Stoßdämpfereinsatz erneuert werden. Die Arbeiten erfordern Spezialwerkzeuge und -kenntnisse, sind also einer Fachwerkstatt vorbehalten.

Manche Konstruktionen können nicht zerlegt werden, nur die Schraubenfedern sind zu übernehmen.

Werkzeug und Ausrüstung

Federspanner, Unterstellböcke, Wagenheber, Bremsentlüftungsgerät, Schlauchklemme, Gabel- und Ringschlüssel, Steckschlüsselsatz, Hammer, Durchschlag

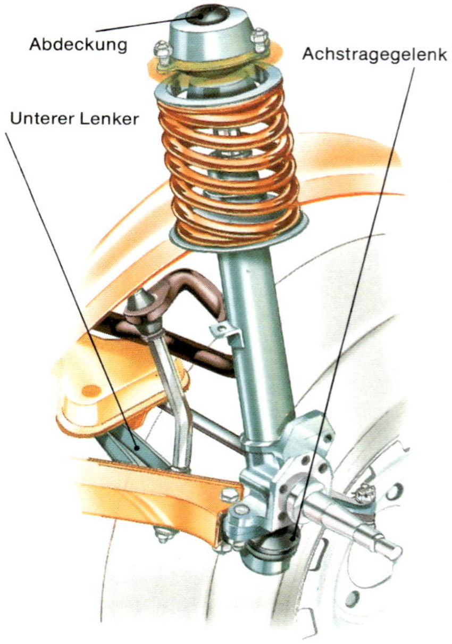

MacPherson-Federbein, bei dem Achsschenkel und Federbein miteinander verschweißt sind: Die gesamte Radbremse ist auszubauen. Die Konstruktion ist meist oben mit drei und unten mit zwei Schrauben befestigt.

Federbein am Vorderradantrieb

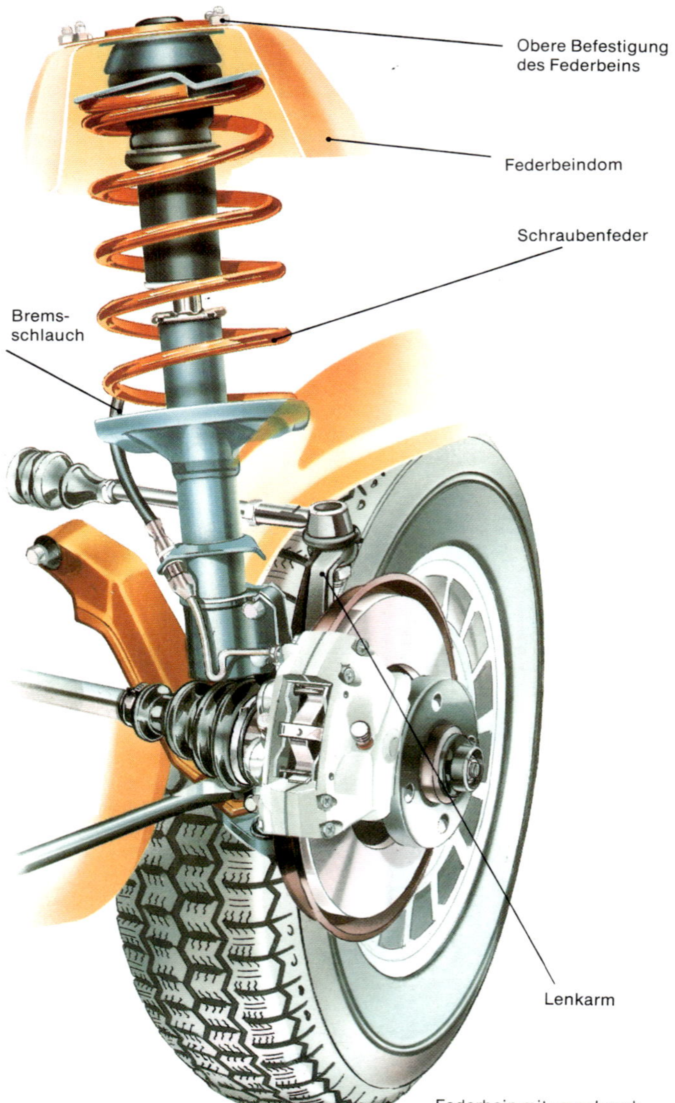

Federbein mit verschraubtem Achsschenkel: Man braucht die Radbremse nicht zu zerlegen; allerdings ist der Bremskreis zwischen Schlauch und Leitung zu öffnen.

Das Federbein ausbauen

Unter der Motorhaube sind die Befestigungsmuttern des Federbeines am Radhaus herunterzudrehen. Die mittlere Mutter wird nicht gelöst.

Man nimmt das Rad und die Bremse ab, wenn das Federbein und der Achsschenkel nicht getrennt werden können.

Nach Möglichkeit umgeht der Mechaniker das Öffnen des Bremskreises, indem er den Bremssattel ausbaut.

Der Bremskreis muß aber geöffnet werden, wenn der Bremsschlauch und die Bremsleitung am Federbein befestigt sind (siehe Abbildung).

Nun wird die Verbindung zwischen Radschwinge und Achstragegelenk abgeschraubt.

Die Lage des Gelenks sollte man auf jeden Fall mit einer Reißnadel anzeichnen.

Häufig kann hier der Sturz mit Hilfe von Langlöchern variiert werden.

Man dreht die oberen drei Befestigungsmuttern herunter; die mittlere Schraube unter dem Deckel wird nicht gelöst.

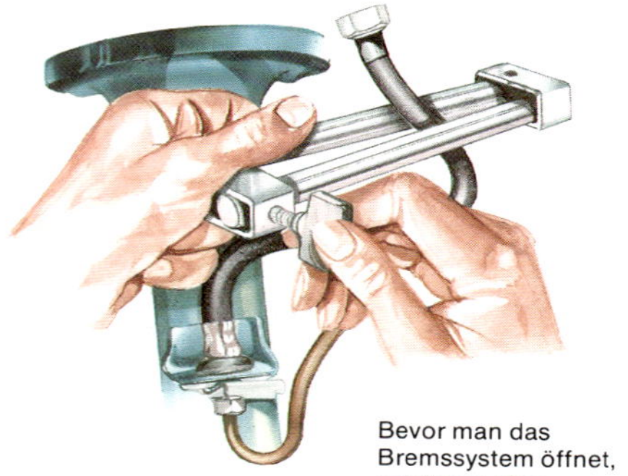

Bevor man das Bremssystem öffnet, setzt man eine Schlauchklemme an.

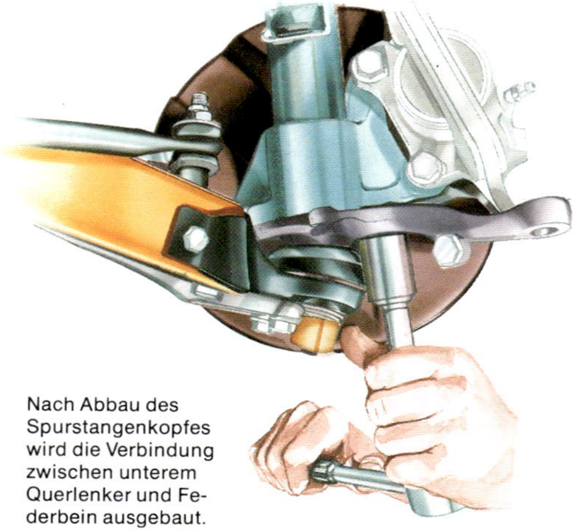

Nach Abbau des Spurstangenkopfes wird die Verbindung zwischen unterem Querlenker und Federbein ausgebaut.

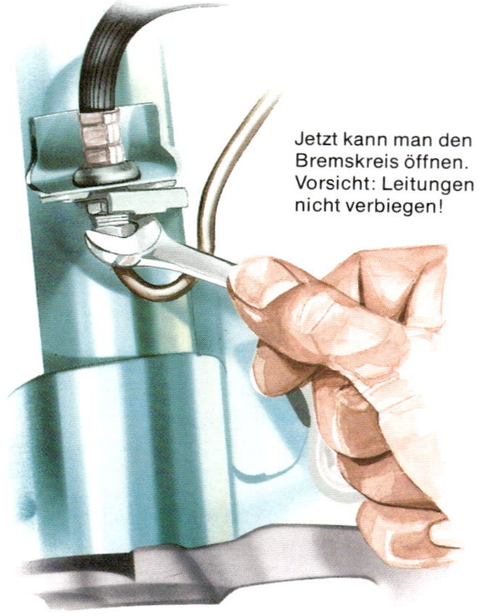

Jetzt kann man den Bremskreis öffnen. Vorsicht: Leitungen nicht verbiegen!

Einen Stoßdämpfereinsatz bei Federbeinkonstruktionen erneuern 2

Federbeine mit angeschraubten Achsschenkeln

Häufig sind zwei Klemmschrauben vorgesehen. Die obere dient bei dieser Konstruktion der Sturzeinstellung und ist als Exzenterschraube ausgeführt.

Damit sie in der gleichen Lage eingebaut werden kann, markiert man die Stellung des Exzenters.

Wird jedoch ein neues komplettes Federbein eingesetzt, läßt es sich nicht vermeiden, daß anschließend der Sturz eingestellt wird.

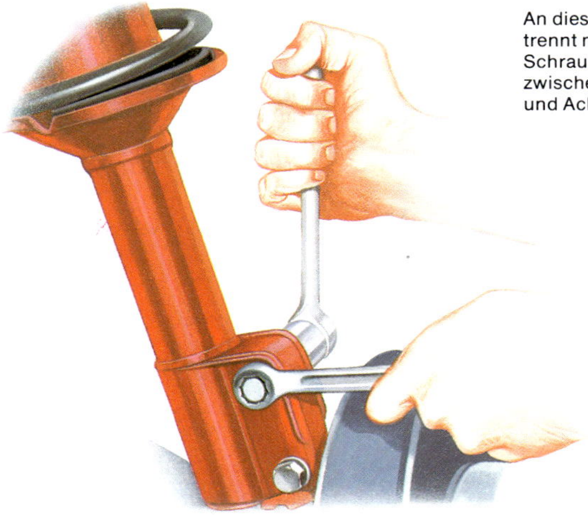

An dieser Stelle trennt man die Schraubverbindung zwischen Federbein und Achsschenkel.

Der oberste Befestigungsbolzen hat einen Exzenter zur Einstellung des Sturzes, was entsprechend zu markieren ist; im Zweifelsfall muß das Fahrzeug vermessen werden.

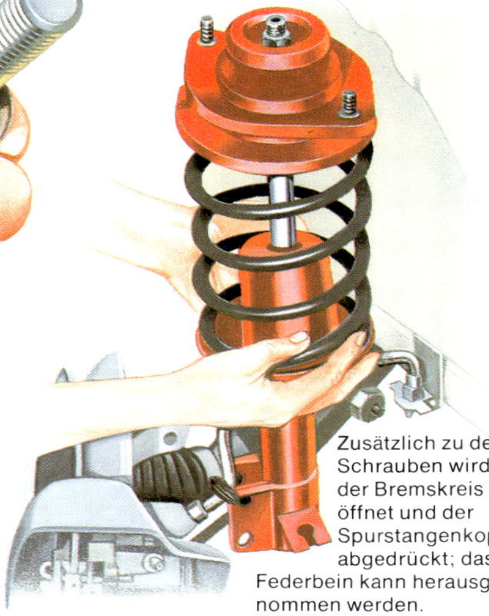

Zusätzlich zu den Schrauben wird der Bremskreis geöffnet und der Spurstangenkopf abgedrückt; das Federbein kann herausgenommen werden.

Die Dämpferpatrone aus- und einbauen

Das Federbein wird gereinigt und so in einen Schraubstock geklemmt, daß man einen Federspanner ansetzen kann.

Der Umgang mit gespannten Federn ist nicht ungefährlich.

Die mittlere Mutter der Kolbenstange wird abgedreht. Da sich die Kolbenstange mitdreht, ist sie mit einem Innensechskantschlüssel festzuhalten.

Jetzt läßt sich der Federdeckel mit dem oberen Schwenklager abnehmen. Die gespannte Schraubenfeder zieht man vom Federbein ab.

Das Federbeinrohr ist oben mit einer großen Überwurfmutter versehen, die man mit einem Spezialschlüssel oder im Schraubstock herunterdreht. Dabei das Dämpferrohr nicht beschädigen.

Es gibt auch Muttern mit Innengewinde, die mit einem Hakenschlüssel abgedreht werden. Nun läßt sich der Stoßdämpfereinsatz mit Kolbenstange und Arbeitszylinder herausnehmen.

Das Federbeinrohr innen sorgfältig reinigen und die neue Federbeinpatrone einführen. Je nach Herstellerempfehlung kann man den Stoßdämpfereinsatz einölen, um das Festrosten zu vermeiden.

Bei manchen Konstruktionen wird ein Spezialdämpferöl eingefüllt. Die Mutter wird mit einer neuen Dichtung aufgeschraubt und mit dem richtigen Drehmoment angezogen. Bevor man die Feder wieder aufsetzt, prüft man das obere Schwenklager.

Der Federdeckel oder das Schwenklager wird eingesetzt und mit einer neuen Mutter gesichert.

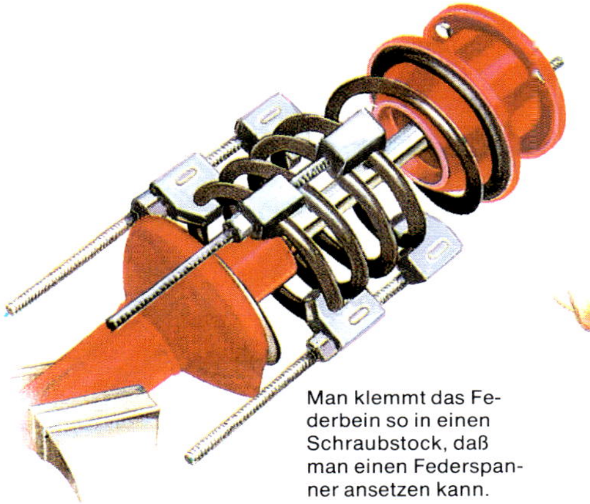

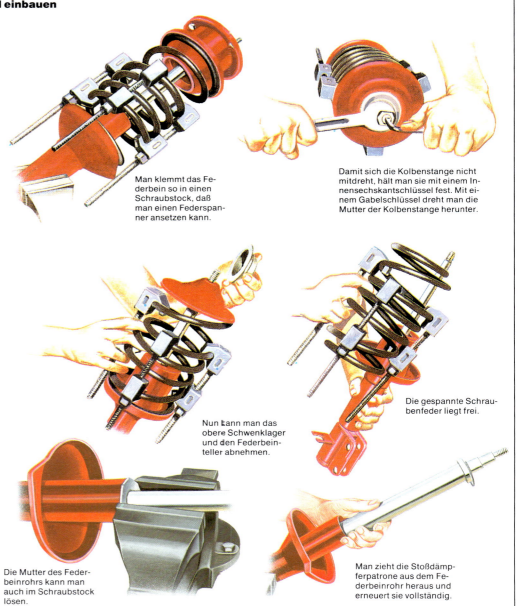

Man klemmt das Federbein so in einen Schraubstock, daß man einen Federspanner ansetzen kann.

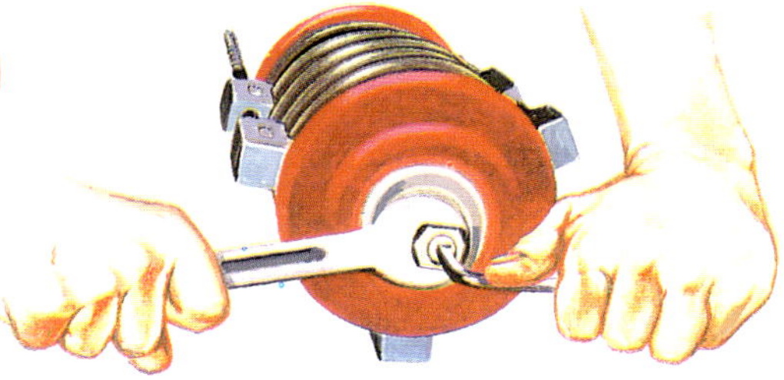

Damit sich die Kolbenstange nicht mitdreht, hält man sie mit einem Innensechskantschlüssel fest. Mit einem Gabelschlüssel dreht man die Mutter der Kolbenstange herunter.

Nun kann man das obere Schwenklager und den Federbeinteller abnehmen.

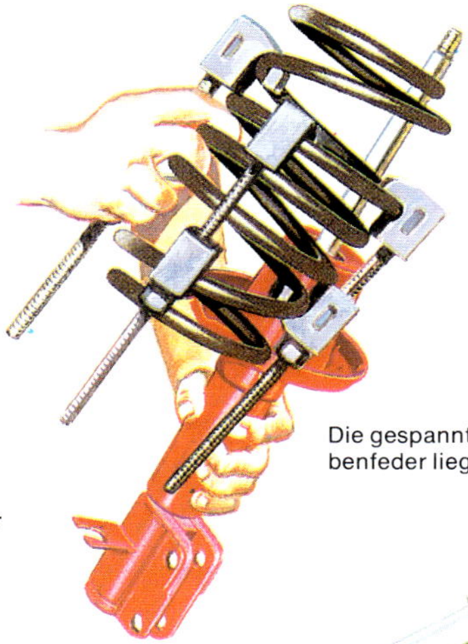

Die gespannte Schraubenfeder liegt frei.

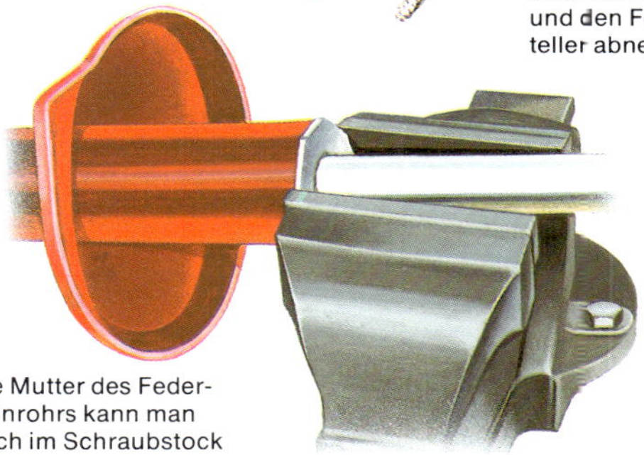

Die Mutter des Federbeinrohrs kann man auch im Schraubstock lösen.

Man zieht die Stoßdämpferpatrone aus dem Federbeinrohr heraus und erneuert sie vollständig.

Blattfedern und ihre Lagerung prüfen 1

Blattfedern gelten als robuste Bauteile. Trotzdem sollte man die Aufhängung bei den üblichen Inspektionen prüfen und bei älteren Fahrzeugen zusätzlich auf Ermüdungserscheinungen oder gebrochene Einzelblätter achten.

Dazu stellt man das Fahrzeug auf eine ebene Fläche. Der Reifendruck sollte der Herstellervorschrift entsprechen und der Tank gefüllt sein. Das unbeladene Fahrzeug wird mit eingelegtem Gang gegen Wegrollen gesichert.

Um die Federung gleichmäßig zu be- und entlasten, faßt man das Auto seitlich am Dach und schwingt es kräftig hin und her.

Man prüft nun aus ein paar Meter Abstand vor und hinter dem Auto, ob die Karosserie gerade auf dem Fahrgestell steht und auf keiner Seite hängt, wenn der Fahrer hinter dem Lenkrad sitzt.

Bemerkt man derartige Mängel, ist das Fahrzeug an der Karosserie aufzubocken, so daß die gefederte Achse frei herabhängt.

Ein anderes Problem ist das Nachlassen der Federkraft durch normale Alterung. Die Karosserie hängt dann meist hinten gleichmäßig durch. Solche Federn sollten rechtzeitig, bevor ein Bruch eintritt, ersetzt werden.

Werkzeug und Ausrüstung

Wagenheber, Unterstellböcke, Gabelschlüssel, Ringschlüssel, Kunststoffhammer, Stahlbürste, Rostlöserspray, Zwischenlagen, Spezialfett, Ersatzteile

Die Blattfederung

Blattfedern gibt es heute in der Regel nur noch in der Hinterachse.

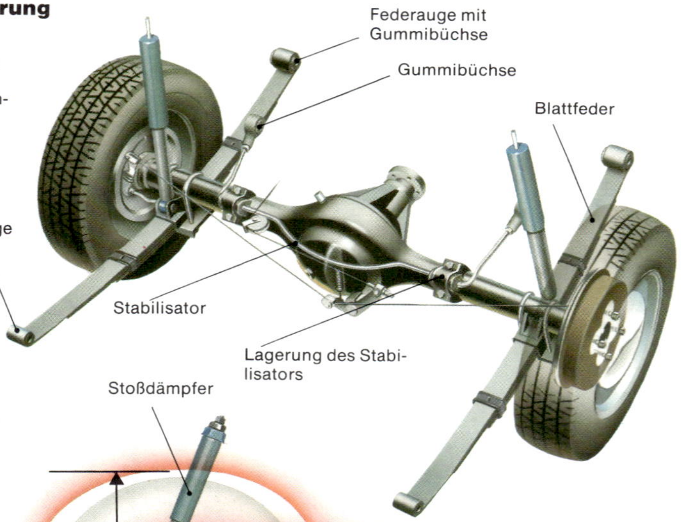

Indem man diesen Abstand nachmißt, kann man prüfen, ob die Blattfeder bereits ihre Spannung verloren hat und ersetzt werden muß.

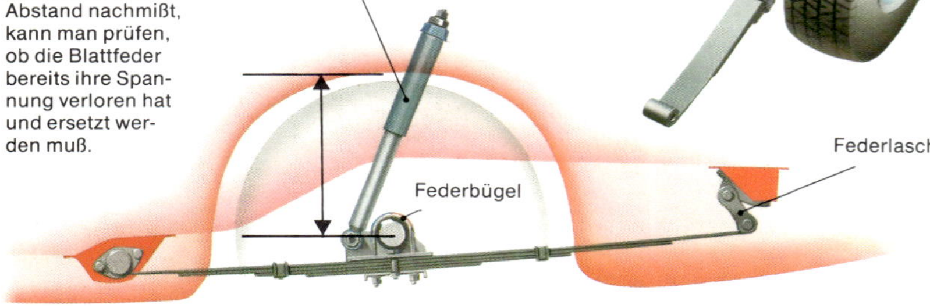

Die Blattfedern reinigen

Eine Standardblattfederung besteht aus dem Hauptfederblatt und den mit Klammern befestigten kürzeren Zusatzblättern.

Konstruktionsbedingt gibt es manchmal Probleme durch die Reibung zwischen den verschiedenen Federblattlagen.

Bei den herkömmlichen Konstruktionen kann sich Schmutz absetzen und in die Zwischenlagen eindringen. Die Folgen sind Rost und Verschleiß. Deshalb sollte man Blattfedern gelegentlich reinigen und einsprühen, damit sie nicht frühzeitig ausfallen.

Moderne Blattfedern sind mit Zwischenlagen aus Kunststoff ausgerüstet, die nicht eingefettet werden sollten. Man kann sie aber statt dessen mit einem Silikonspray behandeln.

Blattfedern an Vorderachsen sind relativ selten. An Hinterachsen hingegen findet man sie noch häufiger.

Zur Reinigung und Inspektion werden die Radkappen und die Radmuttern abgenommen. Das Fahrzeug wird so aufgebockt, daß die Achse frei herunterhängt.

Stützböcke werden deshalb unter den Rahmen, nicht unter die Achse gestellt. Auf jeden Fall sind die üblichen Sicherheitsvorschriften zu beachten.

Die Federn hängen mit der Achse nun weit herunter und lassen sich mit einer Stahlbürste gut von anhaftendem Schmutz reinigen.

Doch kann man diese Arbeit auch mit einem Dampfstrahler bei einer Fahrzeugunterwäsche in der Werkstatt durchführen lassen.

Sind die Federn leicht angerostet, ist das kein Grund für Bedenken. Mit einer Stahlbürste läßt sich dieser Rost beseitigen. Dabei sollte man sehr vorsichtig arbeiten und eine Schutzbrille tragen!

Die losen Schmutzteile werden mit Preßluft entfernt. Dann wird jede Feder mit Silikonspray behandelt.

Wenn man die Räder aufgebockt und die Radmuttern beigezogen hat, kann man das Fahrzeug wieder abbocken.

Zum Schluß werden die Radmuttern festgezogen und die Radkappen aufgesetzt.

Zur Reinigung der Federn wird der Rahmen auf Stützböcke gesetzt, so daß die Achse herabhängt.

Mit einer Stahlbürste werden Schmutz und Rost entfernt.

Auch die Federlaschen werden gereinigt.

Nach Abschluß der Reinigung wird die Federung mit einem Spray behandelt.

Blattfedern und ihre Lagerung prüfen 2

Die Federblätter und ihre Befestigung prüfen

Bei älteren Fahrzeugen empfiehlt sich eine Prüfung der Federn, nachdem man sie gereinigt hat, und zwar besonders dann, wenn die Karosserie auf einer Seite hängt oder unübliche Geräusche aus dem Federbereich zu hören sind.

Federblattbrüche sind manchmal schwer zu erkennen. Deshalb fährt man mit einem Schraubenzieher jedes Federblatt ab und drückt dabei den Schraubenzieher kräftig seitlich gegen die einzelnen Lagen. An einer Bruchstelle wird der Schraubenzieher hängenbleiben.

Manchmal kommt es auch vor, daß sich eine Feder schon von selbst beim Fahren auseinandergeschoben hat, so daß die Fehlersuche leichter ist.

Seitlich verrutschte Federblätter werden mit einem Kunststoffhammer ausgerichtet. Anschließend zieht man die Federbügel, häufig auch Briden genannt, nach und befestigt die Federklammer.

Hat sich die Gummizwischenlage am Achsgehäuse gesetzt, muß man die Muttern der Federbriden nachziehen.

Federblätter kann man nicht schweißen; vielmehr muß man das gesamte Federpaket ausbauen, zerlegen und das betreffende Blatt austauschen. Bei älteren Fahrzeugen ist häufig ein neuer Federnsatz notwendig.

Auch die Federlaschen sind zu prüfen. Sie sollten nicht verbogen sein.

Feder und Achsgehäuse sind häufig mit zwei U-förmigen Federklammern verbunden. Zwischen Achsgehäuse und Feder liegt eine kräftige Zwischenlage aus Gummi. Bemerkt man hier Spiel, genügt es, die Schrauben nachzuziehen. Gerissene oder aufgequollene Gummilagen müssen aber ausgewechselt werden.

Jedes Federpaket ist in der Mitte mit der sogenannten Herzschraube gegen Verschieben gesichert. Damit sich die Blattfedern auch nicht seitlich verschieben, gibt es zusätzliche Federlaschen, die mit Kunststoff- oder Gummizwischenlagen ausgerüstet sind. Die Herzschraube selbst kann nicht nachgezogen werden, da sie von der Achse verdeckt wird. Dafür prüft man den Zustand der Federklammer und der Zwischenlagen. Diese sollten weder verrostet sein noch Risse haben.

Hat sich die Feder bereits verschoben, weil sich die Verschraubung am Achsgehäuse gelöst hat, sind die Blattfederlagen neu auszurichten und festzuziehen.

Blattfedern sind vorne durch ein festes Lager geführt, das mit Gummibüchsen versehen ist. Zur Prüfung setzt man ein Montiereisen an.

Das andere Ende der Feder ist mit Federlaschen befestigt, die für den Längenausgleich beim Aus- und Einfedern sorgen. Auch hier setzt man zur Prüfung ein Montiereisen ein.

Eine Querblattfeder-Aufhängung prüfen

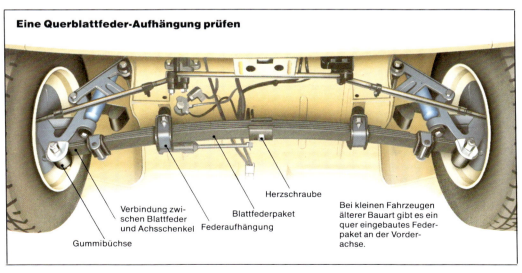

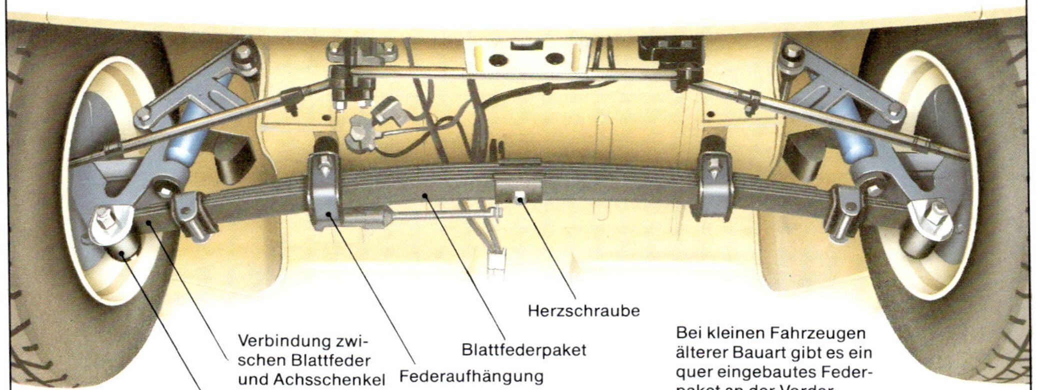

Bei kleinen Fahrzeugen älterer Bauart gibt es ein quer eingebautes Federpaket an der Vorderachse.

Seitliches Spiel der Federn; Roststellen

Um zu prüfen, wie die Federaufhängung seitlich auf die Achse wirkende Kräfte aufnimmt, wird das Fahrzeug so aufgebockt, daß die Federn frei herunterhängen. Man versucht, die Federn seitlich zu bewegen. Dazu kann man ein Montiereisen in die Federgehänge einführen und sie seitlich verdrehen. Spiel innerhalb der Gummilagerung ist ein Hinweis auf verschlissene Teile.

Mit einer Stahlbürste reinigt man nun den Unterboden, besonders die Verstärkungen, die die Federbefestigung aufnehmen. Alle Schrauben und Muttern, besonders die der Federlaschen, werden nachgezogen. Bei Durchrostungen am Aufbau müssen neue Teile eingeschweißt werden.

Bei der Prüfung setzt man einen Schraubenzieher oder einen Hammer mit spitzer Finne ein. Gesundes Blech klingt hell, angerostetes oder durchgerostetes hingegen dumpf.

Leichten Oberflächenrost mit einer Stahlbürste entfernen und Korrosionsschutzfarbe auftragen. Wenn man den Decklack aufgetragen hat, bringt man den Unterbodenschutz auf.

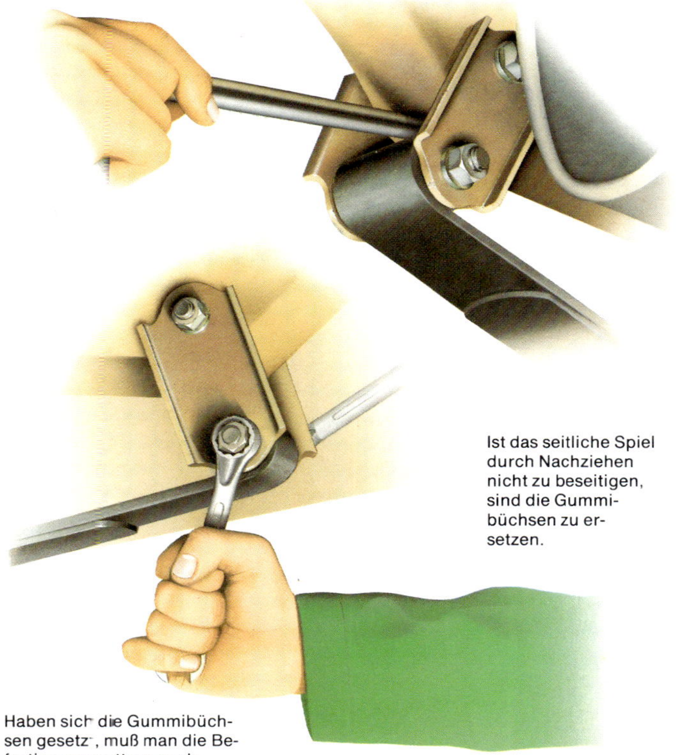

Ist das seitliche Spiel durch Nachziehen nicht zu beseitigen, sind die Gummibüchsen zu ersetzen.

Haben sich die Gummibüchsen gesetzt, muß man die Befestigungsmuttern nachziehen.

Schraubenfedern auswechseln

Gebrochene Schraubenfedern sind nicht zu schweißen, sondern zu ersetzen. Bei älteren Fahrzeugen sollte man unter Umständen beide Federn einer Achse erneuern. Die Federrate von Schraubenfedern erkennt man an einer Farbmarkierung.

Werkzeug und Ausrüstung

Wagenheber, Unterstellböcke, Gabelschlüssel, Ringschlüssel, Abzieher, Federspanner, Durchschläge, Hammer, Schraubenzieher, Drehmomentschlüssel

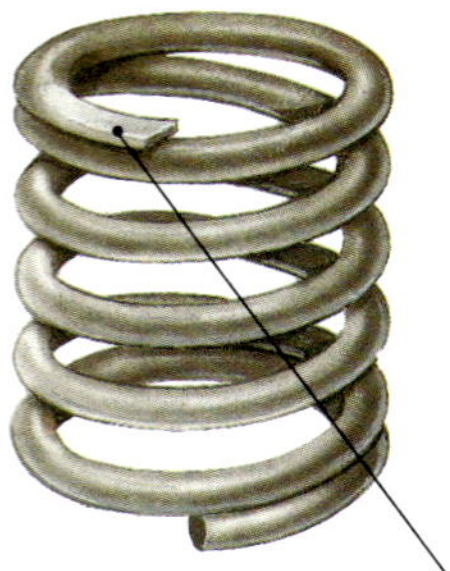

Die auslaufenden Federwindungen haben ein Gegenlager im Achsgehäuse oder in der Radschwinge.

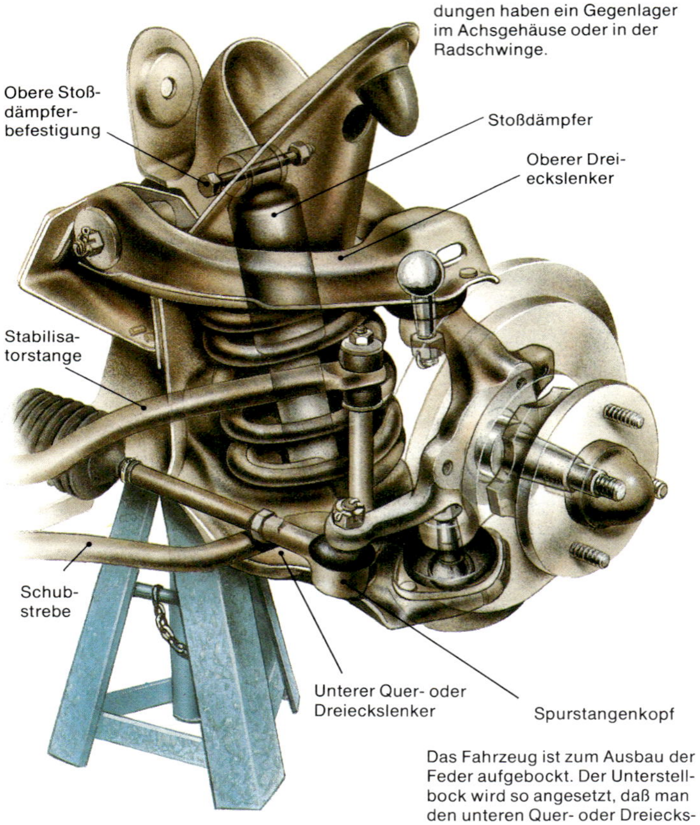

Das Fahrzeug ist zum Ausbau der Feder aufgebockt. Der Unterstellbock wird so angesetzt, daß man den unteren Quer- oder Dreieckslenker zurückdrücken kann, um die Feder herauszunehmen.

Die Feder ausbauen

Das Fahrzeug aufbocken und die Unterstellböcke unter den Rahmen stellen.

Nach Abdrehen der Spurstangenmutter drückt man die

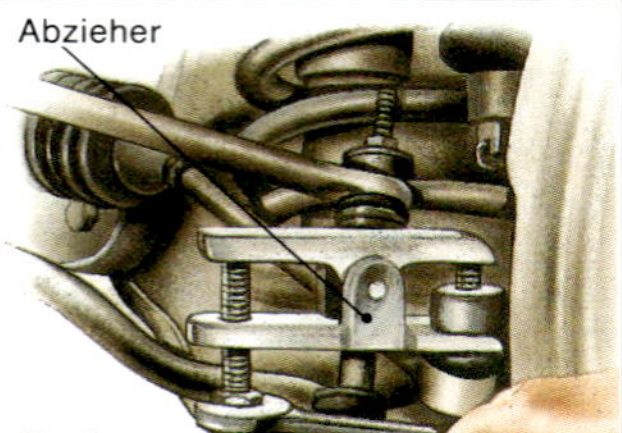

Die Spurstangenköpfe stets mit dem Abzieher, nie mit dem Hammer ausbauen, da sonst der Kugelkopf beschädigt wird.

Spurstange mit dem Abzieher ab. Soweit notwendig, wird auch der Stabilisator gelöst

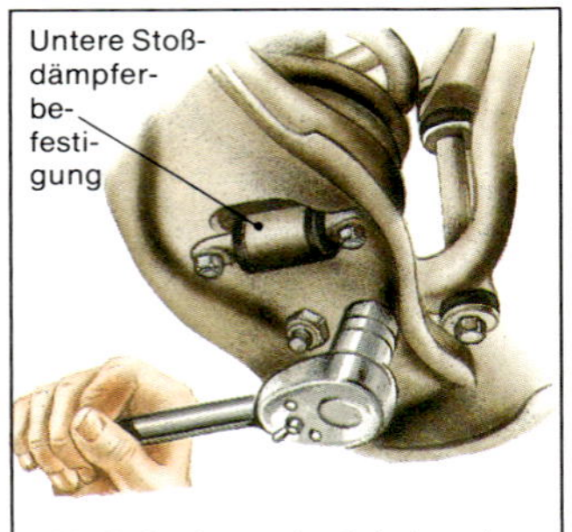

Die Befestigung der Schubstrebe wird abgeschraubt.

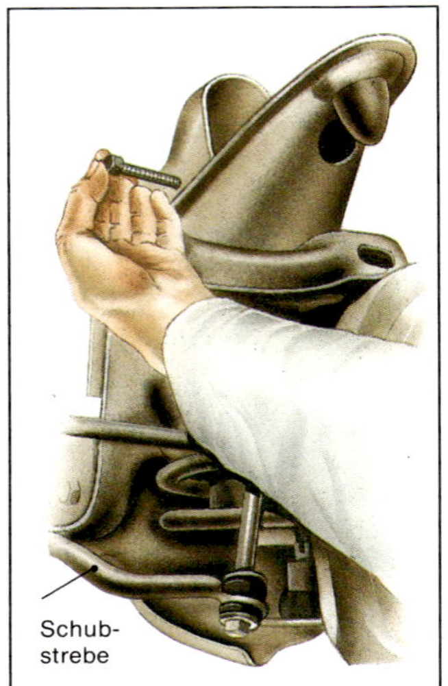

Der Wagenheber unter der unteren Schwinge ist leicht angehoben und nimmt dem Stoßdämpfer die Spannung; die Verschraubungen herausziehen.

und ausgebaut. Ist der Stoßdämpfer innerhalb der Feder angeordnet, löst man seine untere und obere Befestigung an Achsrahmen und Querlenker und baut ihn aus.

Der Wagenheber wird jetzt so angesetzt, daß man die Muttern des unteren Achstragegelenkes herunterschrauben und mit einem Abzieher vom Achsschenkel lösen kann. Der Wagenheber wird langsam abgelassen, wobei sich die Feder allmählich entspannt.

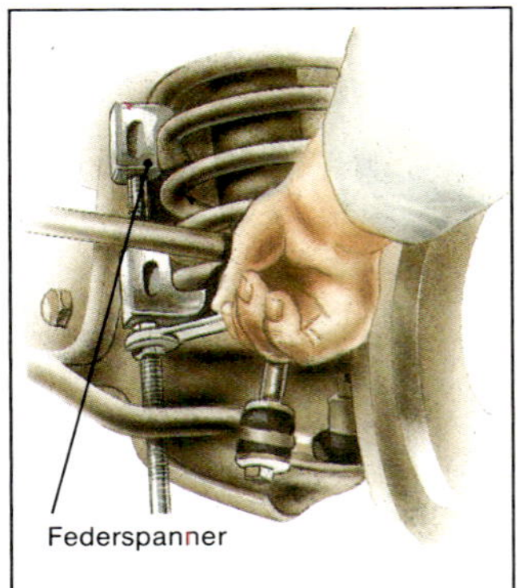

Alle drei Federspanner werden sorgfältig angesetzt, damit sie nicht von den Windungen abrutschen.

Wenn Platz vorhanden ist, kann man auch vor Lösen der Tragegelenkmutter den Federspanner einsetzen.

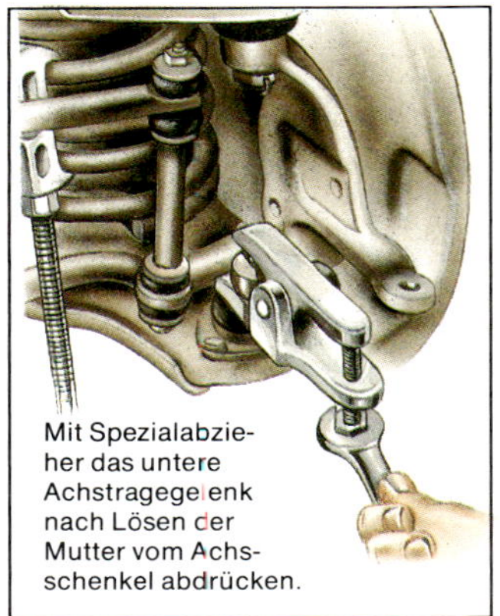

Mit Spezialabzieher das untere Achstragegelenk nach Lösen der Mutter vom Achsschenkel abdrücken.

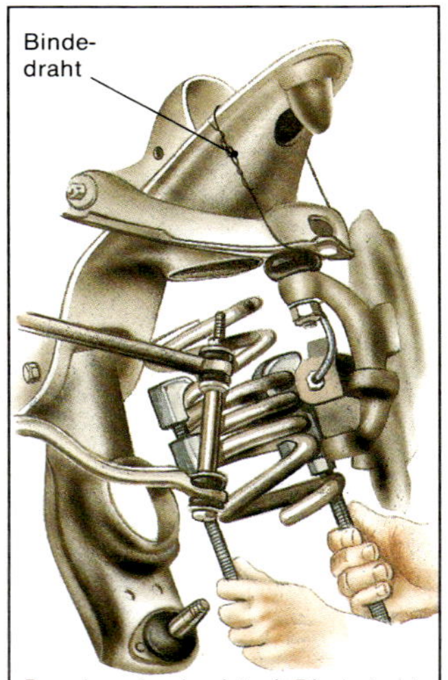

Der obere Lenker ist mit Bindedraht gesichert, um Bremsschlauch und -leitung nicht zu beschädigen.

Das Tragegelenk wird, wie besprochen, vom Achsschenkel gelöst, und die gespannte Feder läßt sich herausnehmen. Diese Technik bevorzugt man, wenn die Feder nicht gebrochen ist.

Alle Gummizwischenlagen zwischen Feder, Achsgehäuse und unterer Radschwinge nimmt man heraus, reinigt sie und prüft sie auf Beschädigungen.

Die Feder wird entspannt, indem man den Spanner gleichmäßig auf beiden Seiten Stück für Stück löst.

Die neue Feder einbauen

Die Federenden sind verschieden geformt und oft angeschliffen oder ausgeschmiedet. Gegenlager findet man am Achsgehäuse und in der unteren Radschwinge.

Die Feder wird so zusammengedrückt, daß man sie einsetzen kann, nachdem man die Gummizwischenlagen aufgesetzt hat. Zur Erleichterung drückt man die untere Schwinge weit nach unten.

Sitzt die Feder in ihrer Führung, zieht man die untere Schwinge nach oben und steckt das Achstragegelenk in das Gegenstück des Achsschenkels.

Beim Festziehen der Mutter kann sich der Kugelbolzen des Achstragegelenkes mitdrehen. Da man ihn mit einer Zange oder einem Schlüssel nicht festhalten kann, setzt man mit dem Wagenheber die Schwinge unter Spannung. Nun nimmt man den Federspanner heraus.

Stabilisator und Spurstange werden wieder eingebaut. Man verwendet neue selbstsichernde Muttern und bei Kronenmuttern neue Splinte.

Die Gummiabdeckkappen und Gummilager prüft man bei dieser Gelegenheit und ersetzt sie, falls nötig.

Die Gummilager eines Stabilisators ausbauen 1

Vorder- und Hinterachsen können mit Stabilisatoren ausgerüstet sein, um die seitliche Neigung des Aufbaus in Kurven in Grenzen zu halten. Stabilisatoren sind wie Blattfedern in Gummibüchsen gelagert. Diese Lagerstellen prüft man bei der Inspektion oder dann, wenn ungewöhnliche Geräusche bei der Kurvenfahrt auftreten.

Häufig kann man die einzelnen Gummilager ohne Ausbau des Stabilisators erneuern, besonders wenn sie geteilt sind. Eingepreßte Gummilager erfordern aber immer einen kompletten Ausbau, damit man die Lager im Schraubstock aus- und einpressen kann.

Je nach Fahrzeug kann es notwendig sein, einen Wagenheber anzusetzen, um den Aufbau zu entlasten. Auf diese Weise beseitigt man die eventuell im Stabilisator vorhandene Spannung.

Unterschiedliche Montageverfahren

Nicht bei jedem Fahrzeug müssen die Räder ausgebaut werden. Ist der Stabilisator gut erreichbar, z. B. auf einer Hebebühne, kann man ihn von unten demontieren.

Sind die seitlichen Aufhängungen jedoch ziemlich nahe am Radbereich montiert, bockt man das Fahrzeug besser auf Stützböcke auf und nimmt die Räder ab. Auf diese Weise kommt man leichter an die Verschraubungen heran, und es entstehen keine Verspannungen im Stabilisator.

Zunächst löst man die Verschraubungen des Stabilisators mit dem Aufbau. Dann trennt man die Schraubverbindung am Achslenker und zieht die Stabilisatorstange heraus.

Manchmal sind die Muttern am Stabilisator schwer zu lösen, so daß sich der Einsatz eines Muttersprengers (siehe Seite 49) empfiehlt. Um den Muttersprenger besser ansetzen zu können, sollte man vorher die Gummibüchsen mit einem Messer herausschneiden.

Neue Büchsen einziehen

Ungeteilte Lagerbüchsen lassen sich manchmal schwer einsetzen. Dabei sind Abzieher oder Einpreßvorrichtungen hilfreich.

Sind hierfür geeignete Spezialwerkzeuge nicht vorhanden, kann sich der Mechaniker mit einer Hilfskonstruktion die Arbeit erleichtern. Er benötigt dazu einen Steckschlüsseleinsatz, der den Durchmesser der einzupressenden Büchse hat, sowie eine kräftige Schraube mit Beilagscheibe und Mutter.

Der Steckschlüsseleinsatz und die Schraube werden so durch das Loch des Querlenkers geführt, daß die Büchse beim Anziehen der Mutter automatisch eingezogen wird. Die Beilagscheibe dient dabei als Anschlag für die Mutter.

Leichter geht es, wenn man die Büchse mit Silikonspray benetzt und mit Talkum einreibt. Öl oder Fett darf man bei diesen Arbeiten nicht verwenden, da sonst das Gummimaterial aufquellen kann.

Beim Ansetzen der Stabilisatorstange müssen alle vorgesehenen Scheiben und Büchsen, die mit Markierungen versehen sind, richtig eingesetzt werden.

Selbstsichernde Muttern werden stets erneuert und mit einem Drehmomentschlüssel angezogen.

Nach Abschluß der Arbeiten kann das Fahrzeug wieder komplettiert und abgebockt werden.

Werkzeug und Ausrüstung

Unterstellböcke und Wagenheber, Schraubenzieher, Gabel-, Ring-, Drehmomentschlüssel, Steckschlüsseleinsatz, Schraubstock, Silikonspray oder Talkum

Der Stabilisator

Stabilisatoren begrenzen die seitliche Neigung. Die hier gezeigte Ausführung nimmt auch Kräfte auf, die von vorn auf Rad und Querlenker wirken. Die Stabilisatorstange ist mit Aufbau und Lenkern durch Gummibüchsen verbunden, die ausgeschlagen sein können.

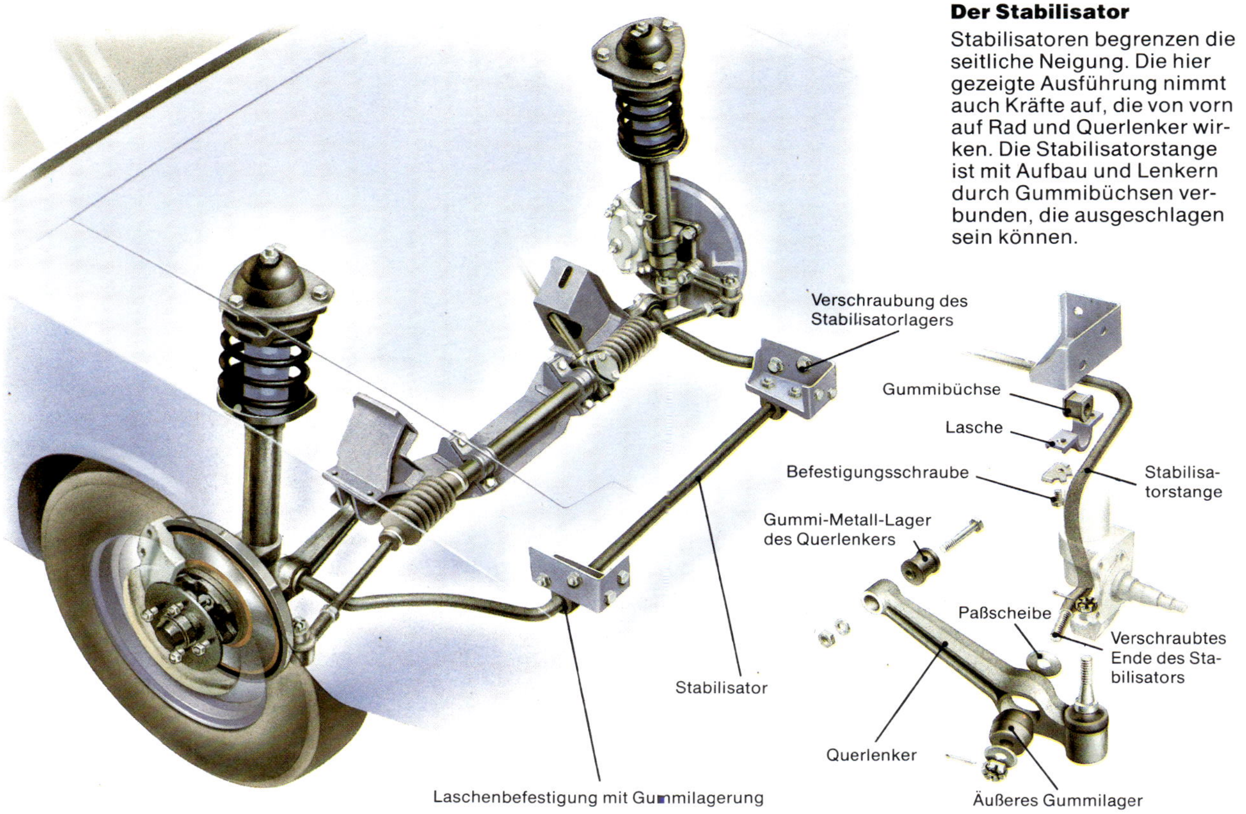

Ein Hilfsgestänge ausbauen

Hier greift der Stabilisator nicht direkt auf die Radschwinge ein, sondern begrenzt nur die seitliche Neigung des Aufbaus.

Zur Abstützung der Radschwinge hat der Konstrukteur eine zusätzliche Schubstrebe vorgesehen.

Die Stabilisatorstange ist über Gummilager, eine Gewindestange und ein Distanzrohr mit dem Achslenker verschraubt.

Das Auswechseln der geteilten Gummibüchsen ist einfach. Sind die Verschraubungen stark verrostet, zerstört man die Muttern mit einem Muttersprenger und ersetzt Gewindestange, Beilagscheiben und Gummibüchsen.

Steht beim Ausbau der Verbindungsgestänge der Stabilisator auf Spannung, hebt man den Aufbau mit dem Wagenheber an.

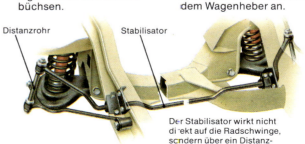

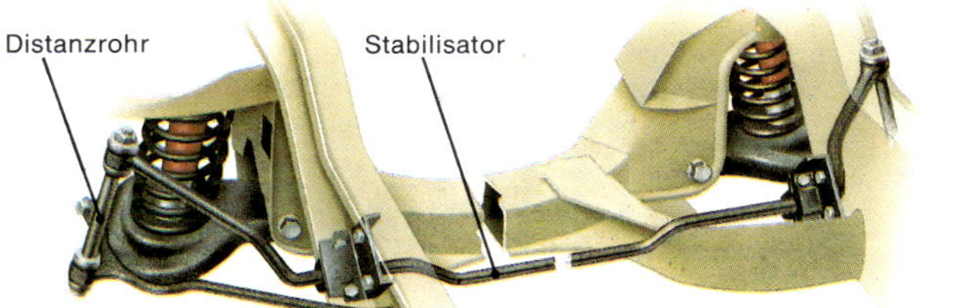

Der Stabilisator wirkt nicht direkt auf die Radschwinge, sondern über ein Distanzstück.

Büchse im Querlenker

Hier ist der Stabilisator in einer Büchse des Querlenkers befestigt. Die Stabilisatorstange darf bei einer Prüfung kein Spiel haben.

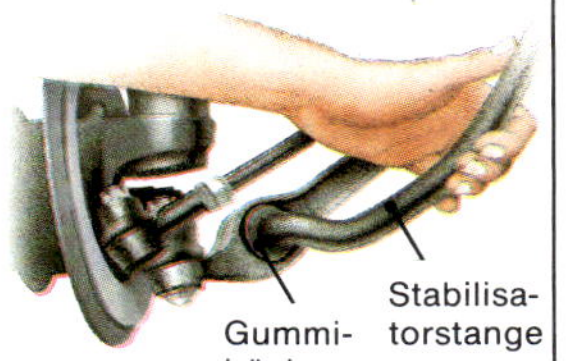

Die Gummilager eines Stabilisators ausbauen 2

Stabilisator an der Hinterachse

Die Anordnung des Stabilisators an Hinterachsen variiert stark. Entweder sind beide Längslenker der Achse mit dem Stabilisator verbunden, oder die Stabilisatorlagerung ist an Achskörper und Wagenboden befestigt.

Bei Drehstabfedern sind die Längslenker mit dem Stabilisator verschraubt.

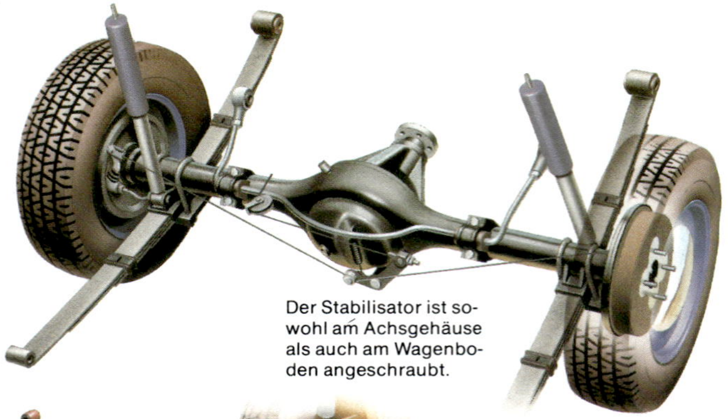

Der Stabilisator ist sowohl am Achsgehäuse als auch am Wagenboden angeschraubt.

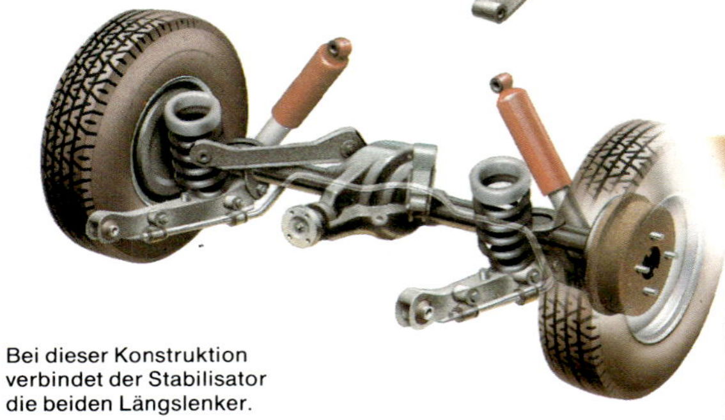

Bei dieser Konstruktion verbindet der Stabilisator die beiden Längslenker.

Fahrzeug mit Drehstabfederung: Der Stabilisator verläuft von Längslenker zu Längslenker und stützt sich am Rahmen ab.

Die äußere Stabilisatorlagerung einbauen

Stabilisatoren sind außen oft über ein Hilfsgestänge mit dem Achslenker verbunden.

Zur Lagerung der Stabilisatoren gehören Unterlegscheiben und Distanzstücke, die verhindern, daß die Gummipuffer beim Anziehen der Schraube oder Mutter zu stark zusammengepreßt werden.

Beim Zusammenbau des Stabilisators sollte man die Stellung der Schwinge durch Anheben des Aufbaus variieren, damit die Gummilager sich in das Auge der Stabilisatorstange einsetzen lassen.

Sind die Gummilager einzupressen, ist der Stabilisator auszubauen. Das Einpressen erfolgt in einem Schraubstock.

Das äußere Ende des Stabilisators ist mit einem Auge versehen.

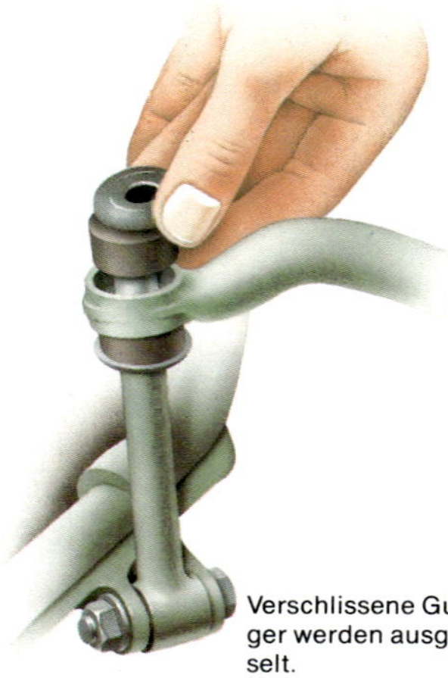

Verschlissene Gummilager werden ausgewechselt.

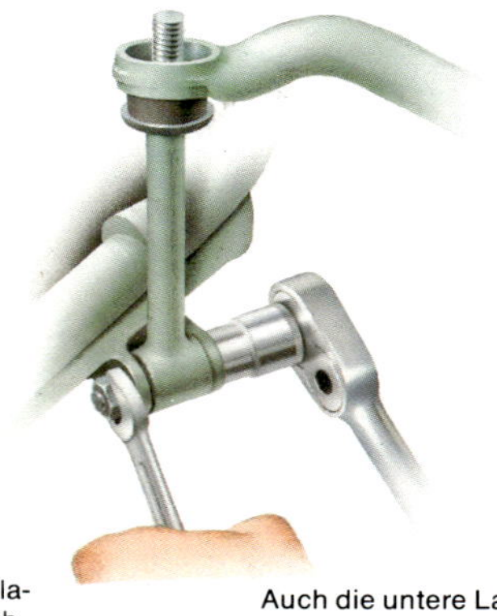

Auch die untere Lagerung des Verbindungsgestänges wird geprüft.

Den Stabilisator aus- und einbauen

Auf der Hebebühne oder in der Arbeitsgrube prüft man zunächst die Einbaulage der verschiedenen Unterlegscheiben und Haltebügel.

Das gleiche gilt für die Positionierung der Gummizwischenlagen, die häufig mit Nasen versehen sind, damit sie nicht seitlich aus den Lagerbüchsen herausrutschen.

Mit Steckschlüssel, kurzer Verlängerung und Ratsche dreht man zunächst die Befestigungsmuttern der Schrauben am Wagenboden heraus und nimmt Haltebügel und Unterlegscheiben ab.

Werden nun die inneren Befestigungen am Rahmen erneuert, drückt man die Stabilisatorstange mit einem Montiereisen herab und zieht die schadhaften Lagergummis ab.

Sind auch die äußeren Gummilager beschädigt, werden die dazugehörigen Schraubverbindungen rechts und links an der Radschwinge gelöst.

Die Stabilisatorstange sollte man reinigen und mit Silikonspray behandeln, um die neuen Gummilager leichter aufziehen zu können. Sind diese in richtiger Position, läßt sich der Stabilisator wieder einbauen.

Er ist sorgfältig seitlich auszurichten, bevor man die Schrauben festzieht.

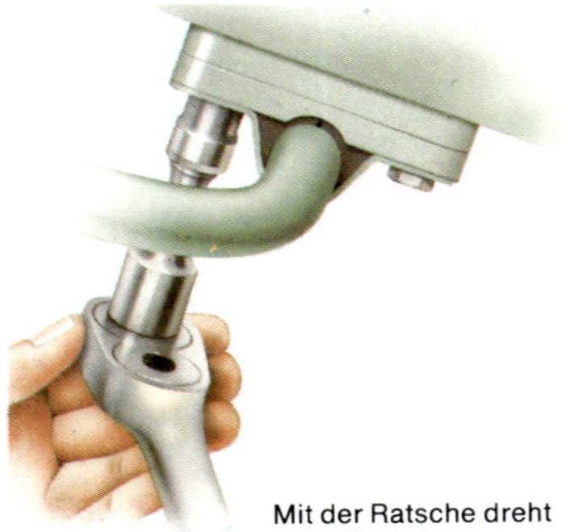

Mit der Ratsche dreht man die Befestigungsschraube am Wagenboden heraus.

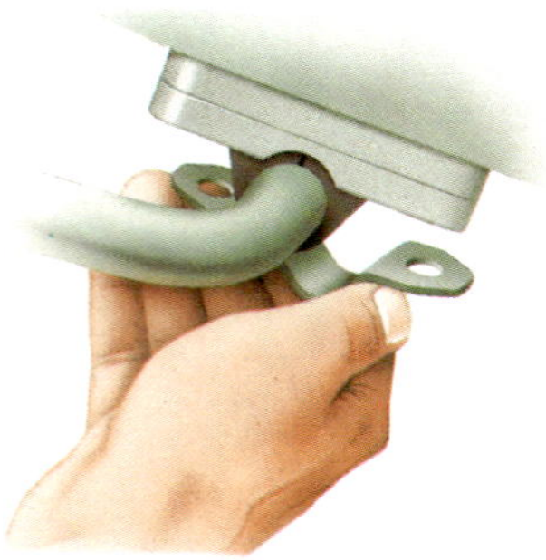

Man nimmt die Haltebügel und Unterlegscheiben ab und merkt sich die Reihenfolge.

Mit einem Montiereisen drückt man den Stabilisator herunter und zieht das Gummilager ab.

Stabilisator an einer Längslenker-Hinterachse

Manchmal greift der Stabilisator der Hinterachse auf die Längslenker ein.

Zum Ausbau stellt man den Wagenheber unter die Radschwinge, dreht die Muttern von den Durchgangsschrauben ab und entlastet den Wagenheber so weit, bis sich die Schrauben herausziehen lassen.

Die Karosserie ruht dabei auf Unterstellböcken.

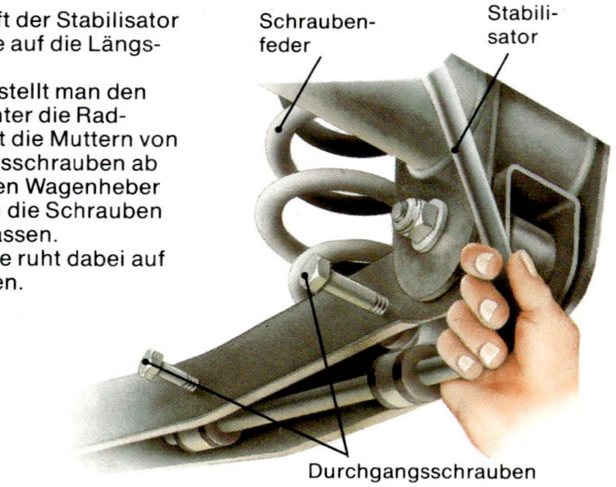

Der Stabilisator sitzt im Profil der Längslenker.

Achsvermessung und Einstellarbeiten 1

Damit sich ein Fahrzeug unter allen Betriebsbedingungen sicher lenken läßt, nehmen die Vorderräder zur Fahrzeuglängs-, -hoch- und -querachse bestimmte Winkel ein.

Für die jeweiligen Maße bzw. Positionen gibt es in der Fachsprache Begriffe wie Sturz, Spreizung, Lenkrollradius, Vor- und Nachspur, Nachlauf und Spurdifferenzwinkel.

Diese Kriterien wirken so zusammen, daß das Flattern der Räder unterdrückt wird, das Fahrzeug sicher geradeaus läuft und nach dem Lenkeinschlag Rückstellkräfte das Fahrzeug stabilisieren.

Durch die konstruktiv vorgegebenen Maße wird zusätzlich der Verschleiß der Reifen möglichst gering gehalten.

Bei den Einstellwerten handelt es sich jeweils nur um wenige Millimeter oder Winkelgrade, für deren Einhaltung Achsmeßstände entwickelt worden sind, so daß eine Achsvermessung dem Fachbetrieb vorbehalten bleibt. Dies gilt aus Sicherheitsgründen auch für grobe Einstellarbeiten und provisorische Reparaturen.

Die Achsgeometrie kann sich durch Verschleiß, aber auch schon durch das Überfahren eines Bordsteins verändern.

Bei ungewöhnlichem Fahrverhalten sollte man zunächst den Reifenluftdruck, das Spiel der Radlager, aber auch den Zustand der Felgen kontrollieren. Bleibt der unsichere Fahreindruck erhalten, muß das Fahrzeug auf einem Meßstand genauer vermessen werden, damit die Fahrsicherheit gewährleistet bleibt und die Reifen nicht vorzeitig verschleißen.

Werkzeug und Ausrüstung

Achsmeßstand, Gabel- und Ringschlüssel, Handlampe, Wasserpumpenzange

Vor- und Nachspur

Die Räder eines Fahrzeuges laufen nicht parallel zur Fahrtrichtung. Um das Flattern und Radieren der Räder zu verhindern, haben Fahrzeuge eine konstruktiv vorgegebene Spur. Die meisten heckangetriebenen Fahrzeuge haben Vorspur, die frontangetriebenen Nachspur.

Die Vor- oder Nachspur einstellen

Die Einstellung erfolgt durch Verändern der Spurstangenlänge. Dazu werden Klemmschellen an einer Spurstange geöffnet. Auf dem Achsmeßstand kann man die Werte durch Rechts- oder Linksverdrehen der Spurstangenhülse verändern.

Häufig ist nur eine verstellbare Spurstange vorgesehen. Läßt sich die Spur nach einer Vorderachsreparatur nicht mehr korrigieren, muß eine zweite verstellbare Spurstange eingesetzt werden.

Provisorisch kann man im Notfall die Spur mit einer Schnur oder Holzlatte prüfen, die man zwischen die Reifen hält, was aber niemals genau Werte erbringen kann.

Beim Auswechseln von Spurstangenköpfen erspart man sich das sofortige Vermessen der Vorderachse, wenn man die Umdrehungen des Gewindes auf dem Spurstangenkopf beim Herausschrauben zählt und den neuen Spurstangenkopf entsprechend einsetzt.

Sturz und Lenkrollradius

Die Räder stehen bei vielen Vorderachskonstruktionen nicht senkrecht zur Fahrbahnebene, sondern unter einem bestimmten Winkel, den man als Sturz bezeichnet. Auch die Schwenkachse des Achsschenkels oder des Federbeines hat eine Neigung, die man Spreizung nennt.

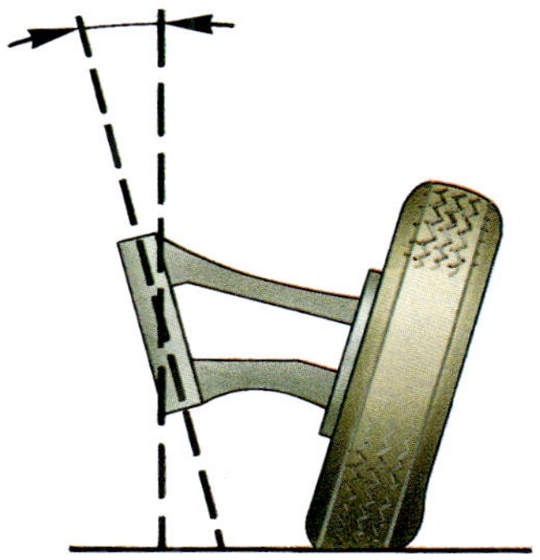

Spreizung Neigung des Achsschenkelbolzens gegenüber einer Senkrechten in der Ebene quer zur Fahrtrichtung

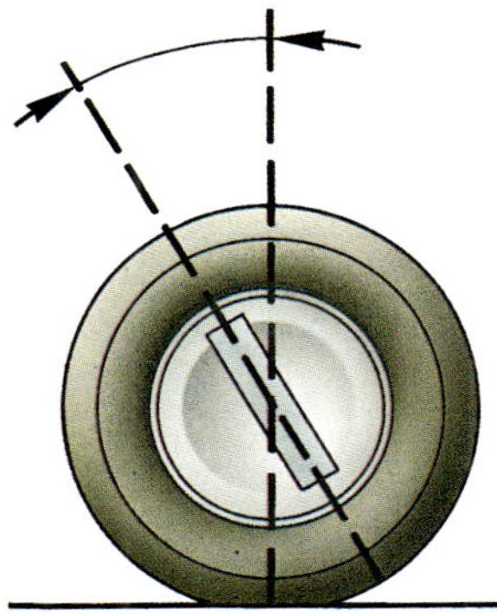

Nachlauf Neigung der Schwenkachse eines Achsschenkels zur Fahrbahnebene in Fahrtrichtung

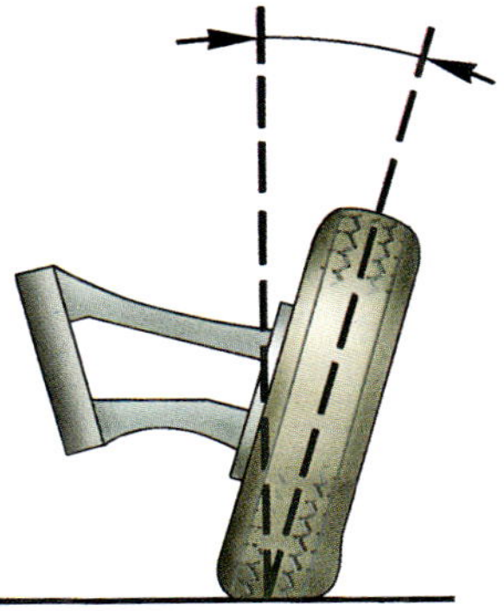

Sturz Neigung der vorderen Ebene zur Fahrbahn

Mit Sturz und Spreizung wird der Berührungspunkt eines Rades näher an die Schwenkachse herangerückt und der Lenkrollradius kleiner. Da an diesem Lenkrollradius die Kräfte zwischen Rad und Fahrbahn angreifen, werden Fahrbahneinflüsse von der Lenkung ferngehalten.

Bei vielen modernen Vorderachskonstruktionen beträgt der Lenkrollradius 0 oder liegt bereits außerhalb des Rades auf der Fahrbahn und ist somit negativ. Eine derartige Konstruktion bewirkt auch bei ungünstigen Witterungsverhältnissen ein sicheres Fahrverhalten.

Zusätzlich wirken Sturz, Spreizung und vorgegebener Lenkrollradius mit, wenn das Pendeln der Vorderräder (Flattern) unterdrückt werden soll. Spreizung und Lenkrollradius bewirken auch die Rückstellkräfte in der Lenkung.

Einstellarbeiten

Sturz, Lenkrollradius und Spreizung sind meist nicht verstellbar. Bei Reparaturen an der Vorderachse sind deshalb oft ganze Bauteile auszuwechseln. Anschließend ist das Fahrzeug vollständig zu vermessen.

Manchmal lassen sich durch Einlegen von Scheiben oder durch Exzenterschrauben die vorgeschriebenen Maße wieder einstellen.

Gelegentlich ist auch durch einfache Langlöcher und Klemmschrauben eine Anpassung möglich.

Sind aber die Verformungen so groß, daß die Bautoleranzen weit überschritten werden, muß man auch bei einstellbaren Vorderachsen ganze Baukomponenten auswechseln. Bei der Montage neuer Teile wählt man eine provisorische mittlere Einstellung der Exzenterschrauben oder Langlöcher.

ADAC-Achsvermessung

Für seine Mitglieder bietet der ADAC eine elektronische Prüfung der Vorderachseinstellung. Mit einer modernen Methode werden die Achsmeßwerte auf einem Bildschirm elektronisch ausgewertet. Man erhält einen Prüfbericht, mit dem die Werkstatt die Arbeiten und Kosten abschätzen kann.

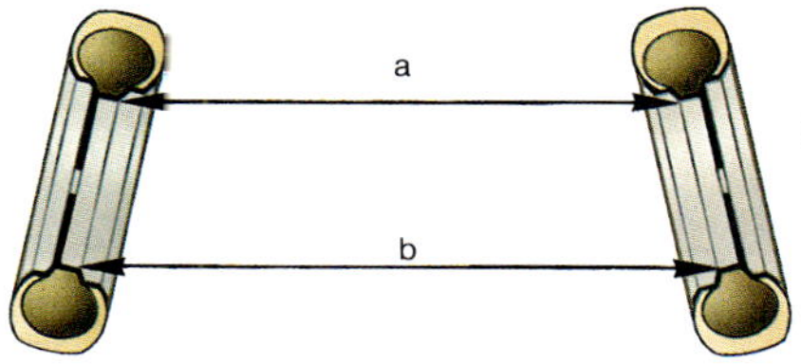

Spur
Vorspur: Maß a ist kleiner als Maß b.
Nachspur: Maß a ist größer als Maß b.

Rollradius
Negativer Lenkrollradius: Die gedachte Verlängerung des Federbeines durch den unteren Lenker trifft außerhalb der Radmitte auf den Boden (links).
Positiver Lenkrollradius: Der gedachte Drehpunkt ist zur Fahrzeugmitte versetzt (rechts).

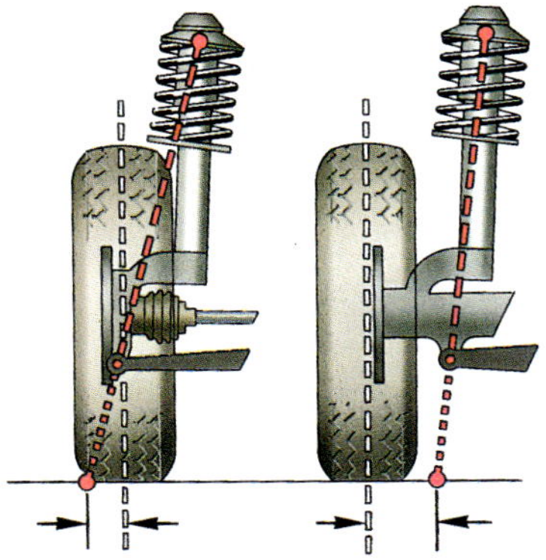

Verstellung des Sturzes mittels Exzenterschraube

Bei aufwendigeren Vorderachskonstruktionen gibt es diese Verstellungsmöglichkeiten des Sturzes durch eine Exzenterschraube, die man zur Einstellung lockert. Durch Drehen nach rechts oder links bewirkt man die gewünschte Änderung.

Grundlage jeder Einstellung sind die vom Hersteller vorgegebenen Werte.

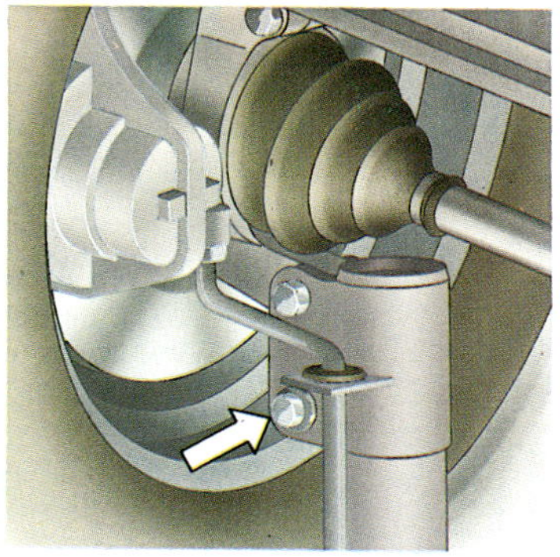

Achsvermessung und Einstellarbeiten 2

Die Vor- oder Nachspur einstellen

Man stellt die Spur eines Fahrzeuges ein, indem man die Länge einer oder zweier Spurstangen verändert. Zur exakten Einstellung benötigt man ein Spurmaß oder einen Achsmeßstand.

In Ausnahmesituationen kann man sich aber z. B. mit einer einfachen Meßlatte behelfen. Das Vor- oder Nachspurmaß beträgt etwa 0–3 mm. In diesem Bereich sollte man eine Einstellung finden. Größere Strecken darf man dann allerdings aus Sicherheitsgründen und wegen des hohen Reifenverschleißes nicht zurücklegen.

Zum Einstellen der Spur brauchen die Spurstangenköpfe oder die Spurstangen nicht ausgebaut zu werden. Man löst nur Klemmverbindungen, und eine Verstellhülse läßt sich verdrehen.

Manchmal gibt es nur eine verstellbare Spurstange. Muß auch die zweite Spurstange verlängert oder verkürzt werden, ist die starre Spurstange auszuwechseln. Häufig ist dann nach Beendigung der Arbeiten auch das Lenkrad in der Werkstatt geradezusetzen.

Zum Lösen der Spurstange benötigt man eine Hebebühne oder eine Arbeitsgrube.

Die Einstellarbeiten erfolgen jeweils nach Herstelleranweisung, in der Regel bei unbelastetem Fahrzeug.

Eine Spurstange verstellen

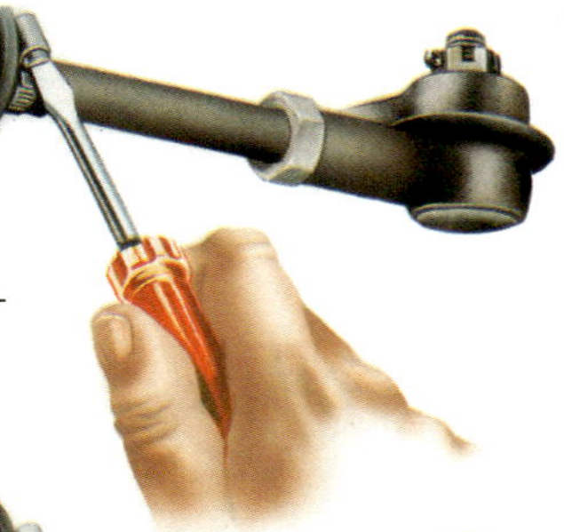

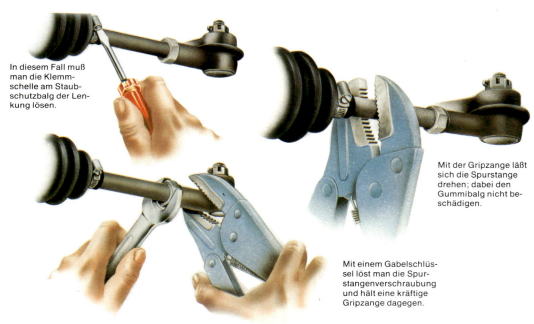

In diesem Fall muß man die Klemmschelle am Staubschutzbalg der Lenkung lösen.

Mit der Gripzange läßt sich die Spurstange drehen; dabei den Gummibalg nicht beschädigen.

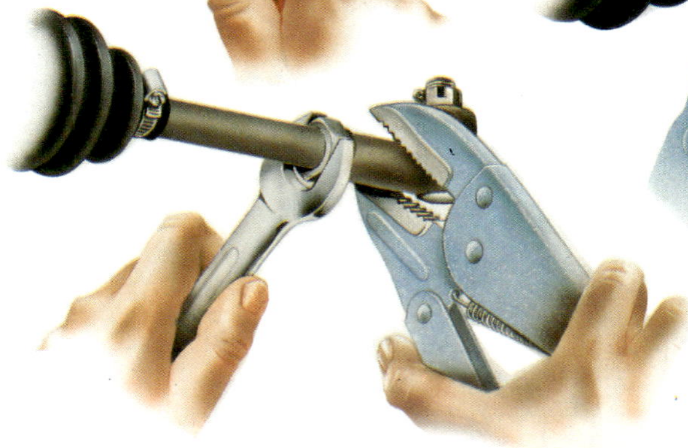

Mit einem Gabelschlüssel löst man die Spurstangenverschraubung und hält eine kräftige Gripzange dagegen.

Zunächst wird die Spurstange freigelegt. Häufig muß man eine Schlauchschelle lösen, um den Staubschutzbalg der Lenkung freizulegen. Dieser darf sich bei den Einstellarbeiten nicht verdrehen. Man braucht ihn aber nicht abzuziehen.

Mit einem gut sitzenden Gabelschlüssel wird nun die Sicherungsmutter an der Spurstangen-Längenverstellung gelöst. Dabei fängt man die Drehbewegung der Spurstange mit einer Gripzange auf. Die Sicherungsmutter wird nur um etwa drei Umdrehungen gelöst.

Bei manchen Spurstangen sind Linksgewinde vorgesehen, so daß sich die Mutter nur gegen den Uhrzeigersinn lösen läßt. Die Regel sind jedoch Rechtsgewinde bei der Verstellmöglichkeit.

Die Verstellhülse der Spurstange wird mit der Gripzange so gedreht, daß sich die Spurstange verlängert oder verkürzt. Die ursprüngliche Einstellung markiert man mit einem Schraubenzieher.

Bei manchen Spurstangen ist die Verstellhülse geschlitzt und wird durch Spannschellen gesichert. Hier löst man die Schraubverbindungen rechts und links an der Klemme, reinigt die sichtbaren Gewindeteile mit einer Stahlbürste und gibt einige Tropfen Öl auf das Gewinde. Die Verstellhülse wird wiederum mit der Gripzange in der gewünschten Richtung verstellt.

Nach Abschluß der Arbeiten werden alle Verschraubungen sorgfältig angezogen oder gekontert.

Geschlitzte Verstellhülse

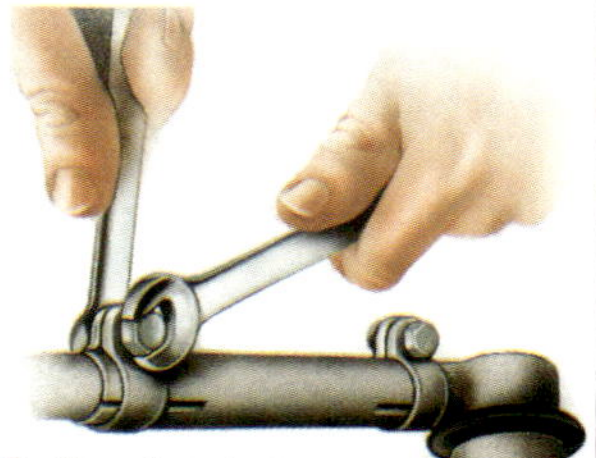

Die Verschraubungen der Spannhülse werden gelöst und gereinigt.

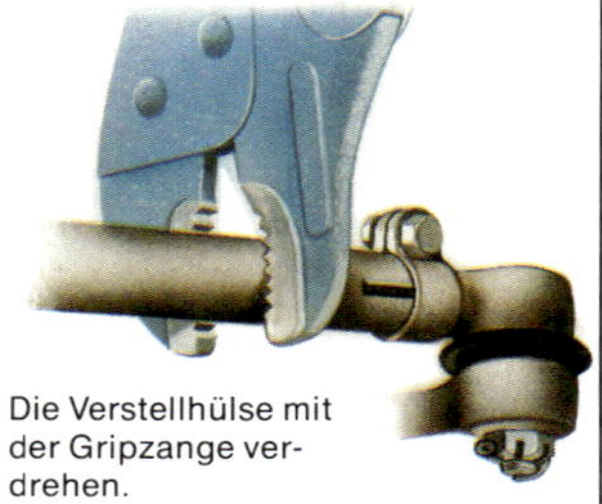

Die Verstellhülse mit der Gripzange verdrehen.

Systeme mit verstellbarem Zahnstangenende

Manchmal sind Spurstangen starr. Dafür läßt sich die Länge der aus dem Lenkgehäuse ragenden Teile variieren.

Zur Einstellung baut man die Spurstange aus und schiebt den Staubschutzbalg zurück, bis die Kontermutter frei wird.

Manchmal empfiehlt es sich, die Klemmschelle des Schutzbalges zu lösen.

Die Sicherungsmutter wird abgedreht, bis sich das Zahnstangenende von Hand hin- und herbewegen läßt. Zum Messen der Vorspur wird jeweils die außenliegende Spurstange provisorisch eingehängt.

Man zieht die Kontermutter der Zahnstangenlenkung fest, bringt den Gummibalg korrekt an und sichert die Spurstange.

Zum Teil wird die Spur bei belastetem Fahrzeug gemessen. Wurde das Fahrzeug kurz vor der Messung angehoben, ist es von Hand mehrfach durchzufedern, damit sich die Vorderachse setzt.

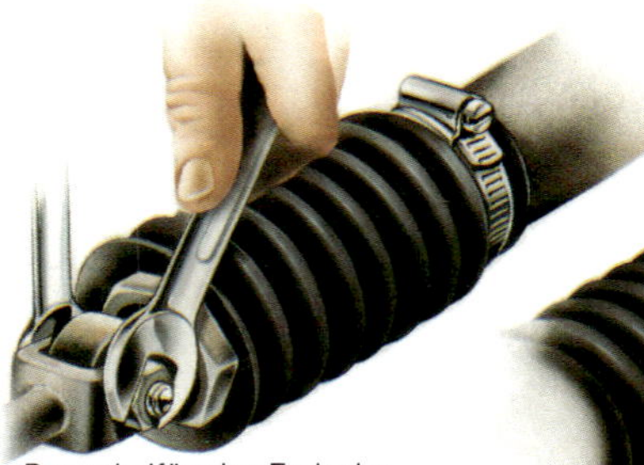

Das gabelförmige Ende der Spurstange wird ausgebaut und zur Seite geklappt.

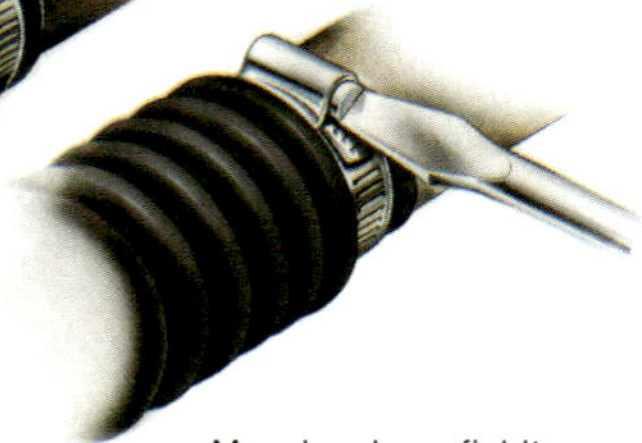

Manchmal empfiehlt es sich, den Gummibalg der Zahnstangenlenkung zu lösen.

Unter dem Gummibalg sitzt die Kontermutter der Spurverstellung, die gelöst wird.

Jetzt läßt sich die Verlängerung der Zahnstange mit dem Befestigungsauge verdrehen.

Die Vorderachse und das Lenksystem schmieren 1

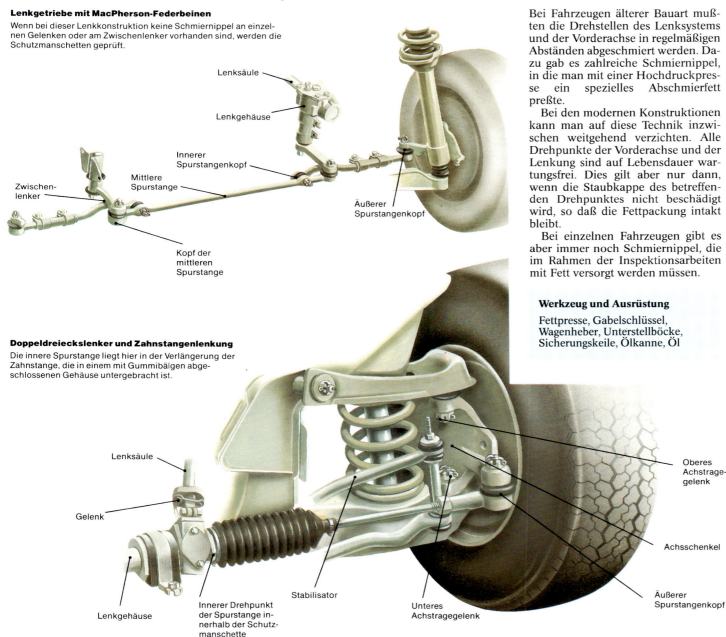

Lenkgetriebe mit MacPherson-Federbeinen

Wenn bei dieser Lenkkonstruktion keine Schmiernippel an einzelnen Gelenken oder am Zwischenlenker vorhanden sind, werden die Schutzmanschetten geprüft.

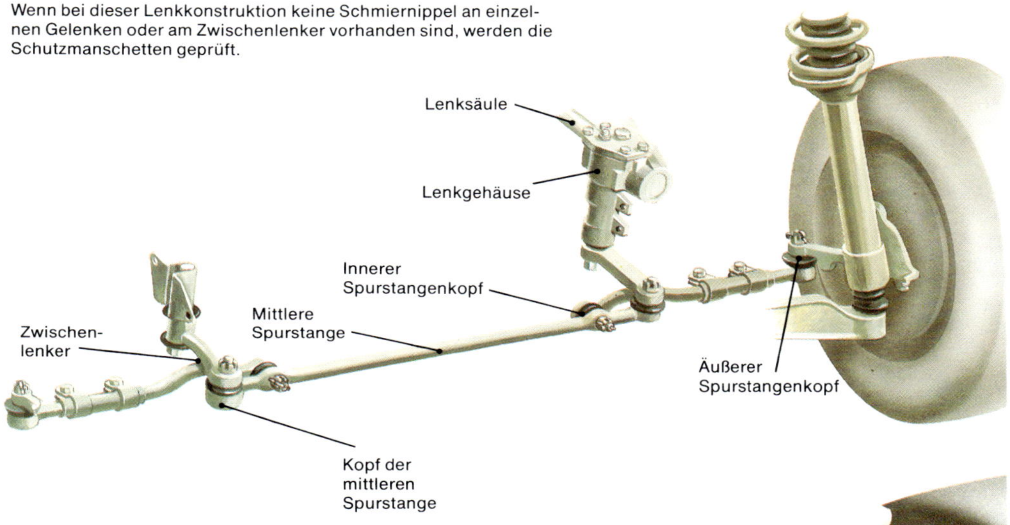

Doppeldreieckslenker und Zahnstangenlenkung

Die innere Spurstange liegt hier in der Verlängerung der Zahnstange, die in einem mit Gummibälgen abgeschlossenen Gehäuse untergebracht ist.

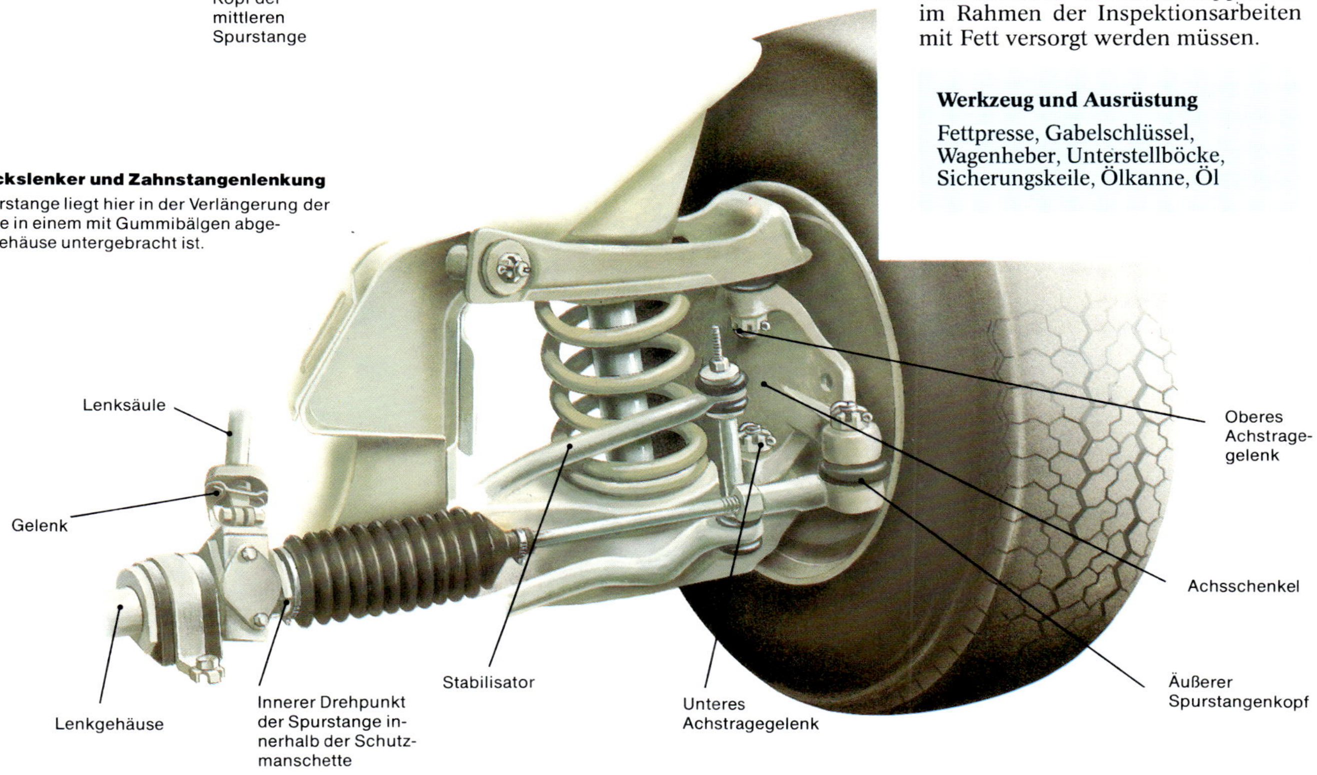

Bei Fahrzeugen älterer Bauart mußten die Drehstellen des Lenksystems und der Vorderachse in regelmäßigen Abständen abgeschmiert werden. Dazu gab es zahlreiche Schmiernippel, in die man mit einer Hochdruckpresse ein spezielles Abschmierfett preßte.

Bei den modernen Konstruktionen kann man auf diese Technik inzwischen weitgehend verzichten. Alle Drehpunkte der Vorderachse und der Lenkung sind auf Lebensdauer wartungsfrei. Dies gilt aber nur dann, wenn die Staubkappe des betreffenden Drehpunktes nicht beschädigt wird, so daß die Fettpackung intakt bleibt.

Bei einzelnen Fahrzeugen gibt es aber immer noch Schmiernippel, die im Rahmen der Inspektionsarbeiten mit Fett versorgt werden müssen.

Werkzeug und Ausrüstung

Fettpresse, Gabelschlüssel, Wagenheber, Unterstellböcke, Sicherungskeile, Ölkanne, Öl

Abschmierarbeiten

Sind noch Schmiernippel vorhanden, findet man sie an allen Achsgelenken.

Zuerst reinigt man den Nippel mit einem Tuch oder einer Stahlbürste. Dann wird die Hochdruckpresse am Nippel angesetzt und so lange bedient, bis das Fett gleichmäßig am Gelenk austritt. Läßt sich die Gelenkstelle nicht abschmieren, muß ein Helfer durch Bewegung der Lenkung versuchen, den Weg für das Fett frei zu machen.

Manchmal muß man das Fahrzeug auch auf der abzuschmierenden Seite aufbokken, um das Gelenk zu entlasten. Gelegentlich ist es auch empfehlenswert, Schmiernippel zu ersetzen.

Bei allen Arbeiten muß das vom Hersteller freigegebene Fett der richtigen Viskosität benutzt werden. Die Schmierstelle sollte zwar ausreichend versorgt werden, aber nicht so übermäßig, daß Fett vom Gelenk abtropft.

Achstragegelenk älterer Ausführung mit Schmiernippel

Beim Abschmieren dieses Gelenks bedient man die Fettpresse so lange, bis neues unverbrauchtes Fett an der Gummimanschette austritt. Der überstehende Fettkragen schützt das Gelenk zusätzlich gegen Straßenschmutz.

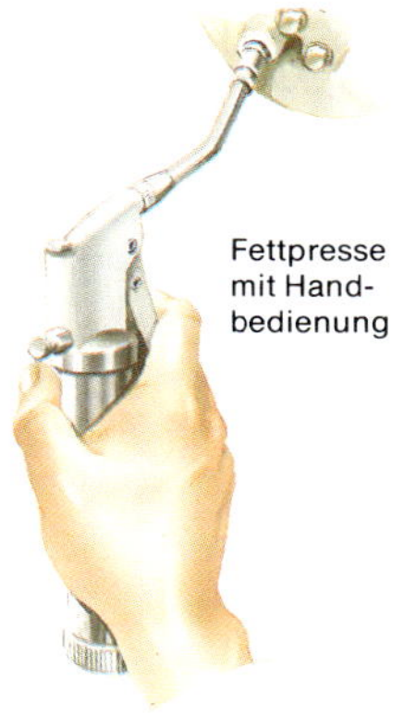

Fettpresse mit Handbedienung

Auswechselbare Schmiernippel

Manchmal sitzen im Bereich der Achstragegelenke Blindstopfen. Man reinigt diesen Bereich sorgfältig und dreht den Stopfen heraus.

Zum Abschmieren wird ein Nippel eingesetzt und das Gelenk wie üblich mit der Schmierpresse aufgefüllt. Anschließend bringt man den Blindverschluß wieder an.

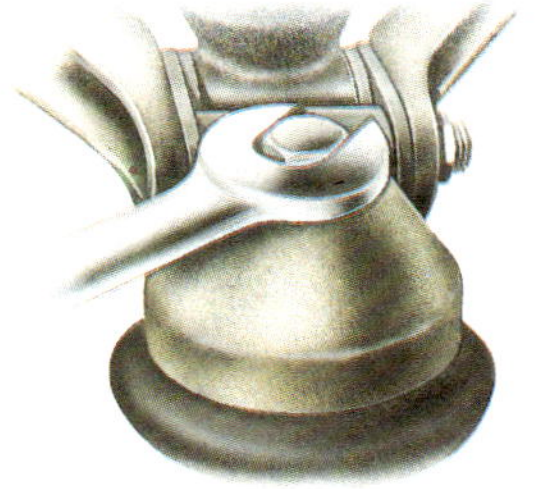

Man schraubt den Blindverschluß heraus und setzt vorübergehend einen Schmiernippel ein.

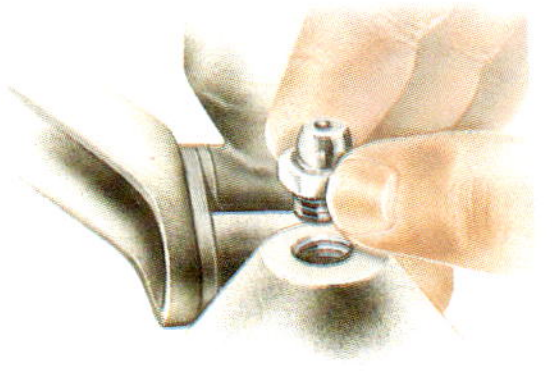

Die Vorderachse und das Lenksystem schmieren 2

Einen Spurstangenkopf abschmieren

Die Spurstangenköpfe brauchen heute in der Regel nicht mehr abgeschmiert zu werden, da sie eine Fettfüllung besitzen.

Bei der Fahrzeuginspektion achtet der Mechaniker aber besonders darauf, ob die Staubkappen beschädigt sind.

Diese sind auch einzeln erhältlich und können ausgewechselt werden, falls das Gelenk selbst noch kein Spiel aufweist und die Fettpackung erhalten ist.

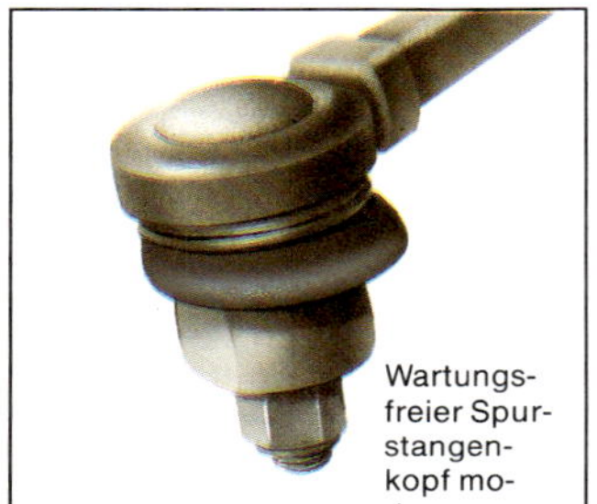

Wartungsfreier Spurstangenkopf moderner Bauart

Spurstangenköpfe mit Schmiernippel

Ältere Fahrzeuge haben an den Spurstangenköpfen häufig Schmiernippel.

Bei Schwierigkeiten wird das Gelenk hin- und herbewegt, bis das Fett einen Kragen am Gelenk gebildet hat.

Spurstangenkopf älterer Bauart mit Schmiernippel

Eine Zahnstangenlenkung schmieren

Das Gehäuse einer Zahnstangenlenkung kann eine Fett- oder eine Ölbefüllung besitzen, die nur geprüft werden muß, wenn ein Gummibalg oder die dazugehörige Klemme schadhaft ist.

Bei einer Neubefüllung läßt man das alte Öl in eine Auffangwanne ablaufen. Frisches Öl füllt man mit einer Ölkanne auf.

Manchmal muß man das Fahrzeug auf einer Seite aufbocken. Dann bringt man den Balg an einer Seite wieder in seine Ursprungslage und zieht den Klemmring fest.

Auf der anderen Seite der Lenkung wird das neue Öl eingefüllt. Auch diesen Gummibalg bringt man zum Abschluß wieder in seine richtige Position und schließt das Gehäuse, indem man den Klemmring anzieht.

Falls das Fahrzeug nicht schräg aufzubocken ist, kann man die Lenkung auch durch Hin- und Herbewegen der Zahnstange von Anschlag bis Anschlag entleeren.

Dazu wird der größere Faltenbalg am Lenkgehäuse abgezogen. Zum Auffüllen bringt man diesen Teil des Balges wieder an und befüllt die Lenkung dann an der äußeren Öffnung des Balges, durch die die Spurstange ins Freie ragt.

Fettgefüllte Lenkungen können nicht entleert werden. Einen beschädigten Gummibalg zieht man vollständig ab und entfernt an der Zahnstange vorhandenen Schmutz und anhaftendes Fett soweit wie möglich. Die Gelenkstellen sind zu kontrollieren.

Man streicht die Zahnstange mit Fett ein und setzt dann den neuen Faltenbalg auf.

Zum Entleeren der Lenkung empfiehlt es sich, das Fahrzeug auf einer Seite aufzubocken.

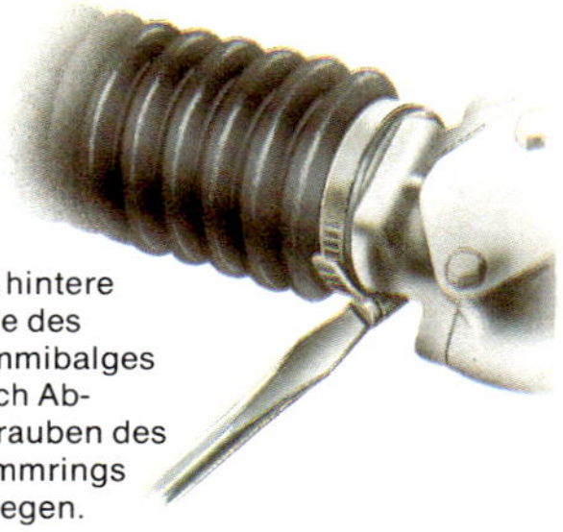

Das hintere Ende des Gummibalges durch Abschrauben des Klemmrings freilegen.

Fettpressen, die mit Preßluft betrieben werden, verfügen häufig über sehr hohe Arbeitsdrücke. Die Mündung der Fettpresse deshalb niemals mit der Hand abdecken, weil es hier zur Gewebezerstörung und durch eindringendes Fett zur Blutvergiftung kommen kann.

Eine Lenkung entleeren

Das innere Ende des Gummibalges ist abgezogen, und die Lenkung wird entleert.

Mit einer Spezialpumpe oder einer Ölkanne wird die Lenkung aufgefüllt.

Ein Lenkgehäuse auffüllen

Lenkgetriebe sind in der Regel mit einem dickflüssigen Öl gefüllt, das nicht gewechselt werden muß. Im Rahmen der Inspektionsarbeiten kann es aber empfehlenswert sein, den Ölstand zu prüfen.

Zur Kontrolle des Ölstandes muß man in der Regel eine Inspektionsöffnung aufschrauben, in die man dann auch das Öl füllt.

Diese Schraube darf man allerdings nicht mit der Einstellschraube für die Lenkung verwechseln.

Wenn man die Kontrollbohrung geöffnet hat, prüft man den Ölstand, indem man einen sauberen Schraubenzieher als Peilstab einsetzt.

Die Lenkung ist korrekt aufgefüllt, wenn der Ölpegel knapp unter der Inspektionsöffnung steht.

Da die Inspektionsöffnung oft recht klein ist, füllt man Öl entsprechend der Herstellerempfehlung mit einer Ölkanne ein. Dabei sollte man langsam eingießen, damit man das Gehäuse nicht überfüllt.

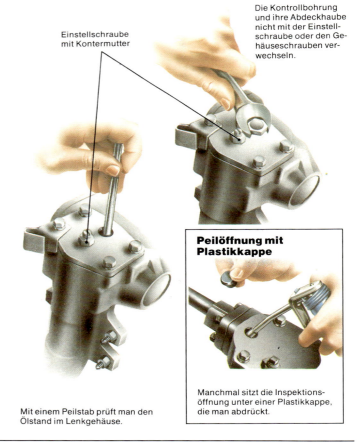

Die Kontrollbohrung und ihre Abdeckhaube nicht mit der Einstellschraube oder den Gehäuseschrauben verwechseln.

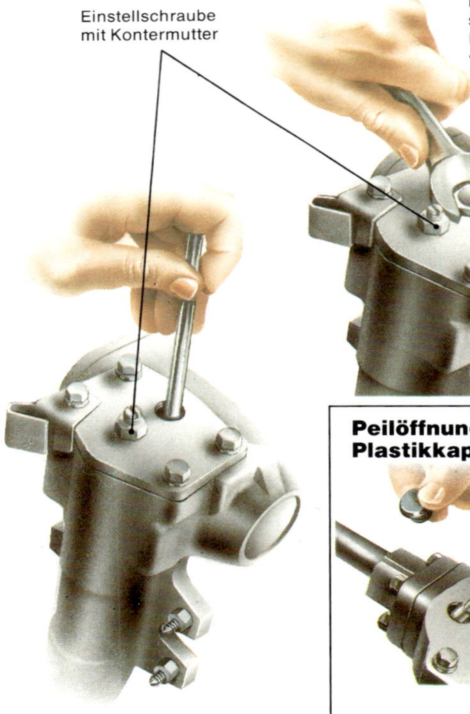

Mit einem Peilstab prüft man den Ölstand im Lenkgehäuse.

Peilöffnung mit Plastikkappe

Manchmal sitzt die Inspektionsöffnung unter einer Plastikkappe, die man abdrückt.

Die Achstragegelenke prüfen

Die Achstragegelenke, die auch als Kugelbolzen bezeichnet werden, verbinden die Radschwinge mit dem Achsschenkel bzw. die MacPherson-Radaufhängungen mit dem Federbein. Sie sind Sicherheitsbauteile im besten Sinne.

Bereits bei geringstem Spiel oder bei kleinen Störungen sollte man eine Werkstatt aufsuchen oder selbst eine Sichtprüfung durchführen.

Da diese Bauteile im Alltagsbetrieb kräftig beansprucht werden, sind sie konstruktiv entsprechend ausgelegt. Trotzdem stellt sich nach hoher Laufleistung der übliche Verschleiß ein. Spur, Sturz und Nachlauf verändern sich automatisch, und das Reifenprofil wird einseitig abgefahren.

Übersieht man diese Warnsignale, muß man sogar damit rechnen, daß der Kugelbolzen aus seiner Pfanne springt, so daß höchste Unfallgefahr besteht.

Bei der Prüfung kontrolliert man zunächst den Zustand der Staubschutzkappen. Sind diese porös oder bemerkt man Risse, ist die Achse zu zerlegen und die Staubschutzkappe abzuziehen.

Falls noch kein Schmutz eingedrungen ist und die Fettpackung einwandfrei ist, kann man die Staubschutzkappe erneuern. Falls nicht, sollte man das ganze Gelenk aus Sicherheitsgründen in der Werkstatt ersetzen lassen.

Zur Prüfung muß die Achskonstruktion so entlastet werden, daß der Kugelbolzen nicht unter Federspannung steht. Vorsicht bei Arbeiten unter dem Fahrzeug: Das Fahrzeug selbst muß auf Stützböcken ruhen, während der Wagenheber die Achse entlastet.

Werkzeug und Ausrüstung

Wagenheber, Unterstellböcke, Montiereisen, Handlampe

Radaufhängung mit Doppeldreieckslenker

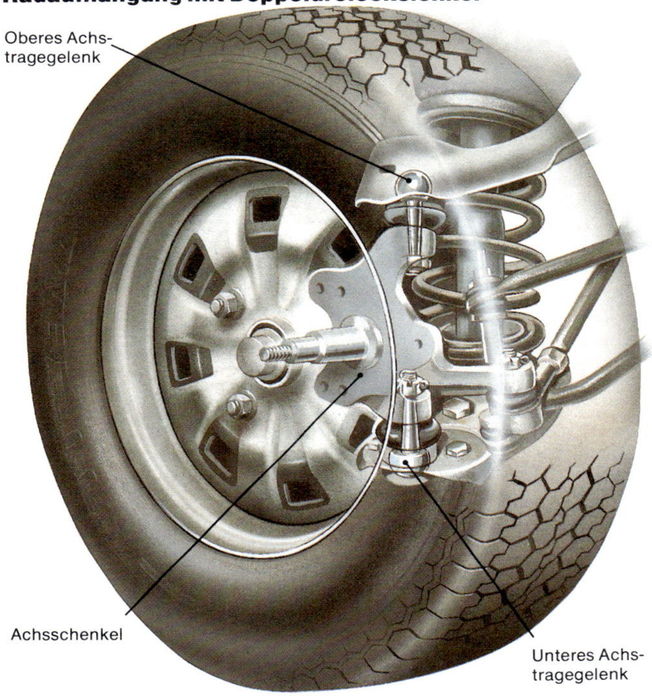
Oberes Achstragegelenk
Achsschenkel
Unteres Achstragegelenk

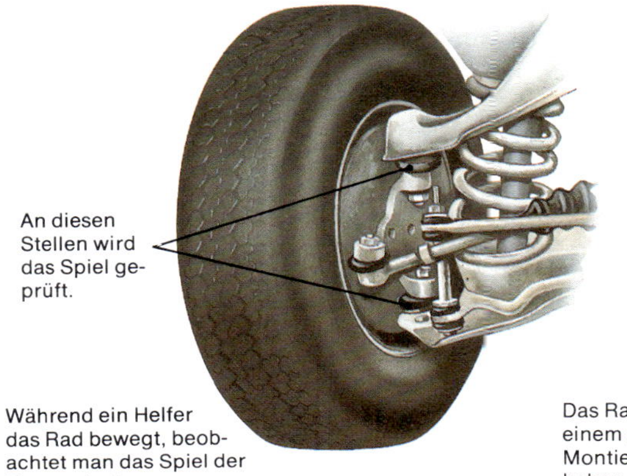
An diesen Stellen wird das Spiel geprüft.

Während ein Helfer das Rad bewegt, beobachtet man das Spiel der Tragegelenke.

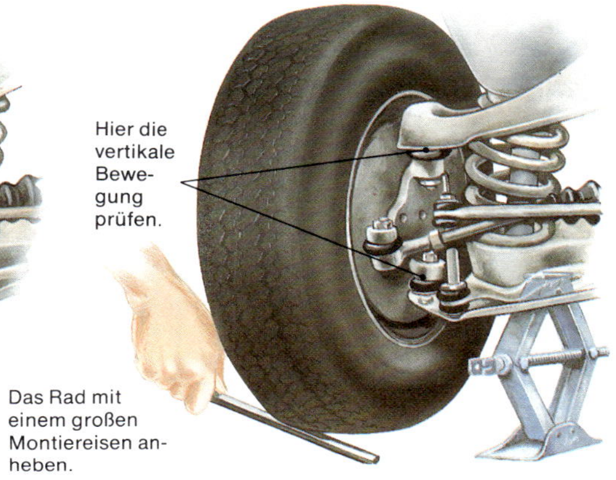
Hier die vertikale Bewegung prüfen.

Das Rad mit einem großen Montiereisen anheben.

Man sucht sich für die Prüfung der Achskonstruktion einen Platz unter dem Auto, von dem aus man die beiden Achstragegelenke beobachten kann. Dabei sind die Sicherheitshinweise auf Seite 55–56 zu beachten.

Ein Helfer ergreift das Rad oben mit beiden Händen und bewegt es kräftig hin und her. Ein geringes Spiel, bedingt durch die Radlager, ist völlig normal. Dieses Spiel beobachtet man zwischen Bremstrommel oder -scheibe und Abdeckplatte. An den Tragegelenken selbst darf aber keine Bewegung sichtbar sein.

Um das vertikale Spiel zu testen, stellt man einen Wagenheber unter die untere Achsschwinge und entlastet die Vorderachse. Der Helfer setzt ein kräftiges Montiereisen unten am Rad an und bewegt die gesamte Achsaufhängung in Richtung nach oben.

Dabei darf sich der Achsschenkel im Verhältnis zu den beiden Lenkern nicht bewegen lassen.

Jedes Spiel weist auf bereits verschlissene Achstragegelenke hin, die möglichst schnell ersetzt werden müssen.

Prüfung bei MacPherson-Federbeinen

Hier muß man nur das untere Achstragegelenk auf Spiel prüfen. Der Wagen wird so aufgebockt, daß das Rad frei herabhängt. Der Helfer bewegt das Rad in Richtung der Lenkbewegungen.

Es darf keinerlei Spiel am Tragegelenk sichtbar werden. Dabei ist das Spiel in der Lenkung ohne Bedeutung.

Um das vertikale Spiel zu prüfen, drückt man mit einem kräftigen Montiereisen in der Felge den unteren Kugelbolzen nach unten.

Häufig legt man zwischen Kugelbolzen und Montiereisen eine Zwischenlage.

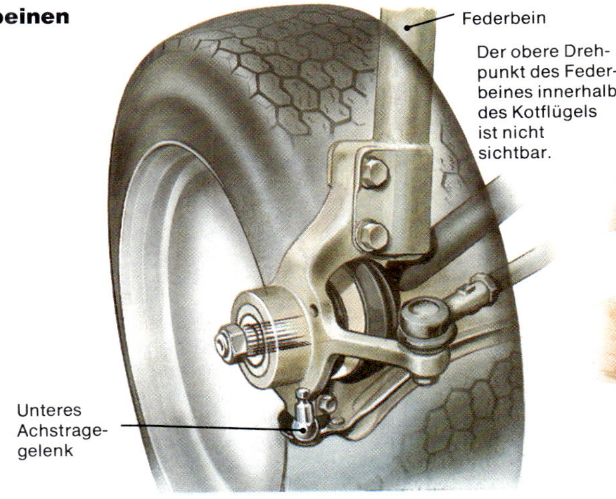
Federbein
Unteres Achstragegelenk

Der obere Drehpunkt des Federbeines innerhalb des Kotflügels ist nicht sichtbar.

Hier wird das Spiel geprüft.

Ein Helfer bewegt das Rad kräftig hin und her.

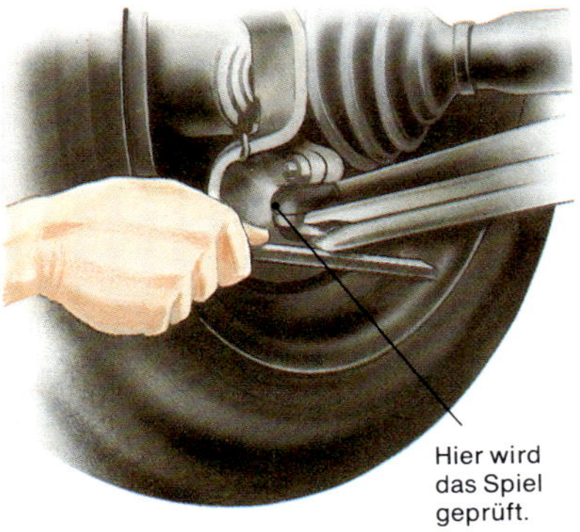
Hier wird das Spiel geprüft.

Das Montiereisen stützt sich an der Felge ab und drückt gegen das Tragegelenk.

Die Montagepunkte des Lenksystems prüfen

Karosserieteile, an denen Lenkungselemente befestigt sind, sollte man von Zeit zu Zeit prüfen.

Schraubverbindungen können sich lockern, oder die Karosserie ist in diesem Bereich von Rost befallen.

Werkzeug und Ausrüstung

Auffahrrampe oder Hebebühne, Sicherungskeile, Ringschlüssel, Kunststoffhammer, Drehmomentschlüssel, Handlampe, Schraubenzieher

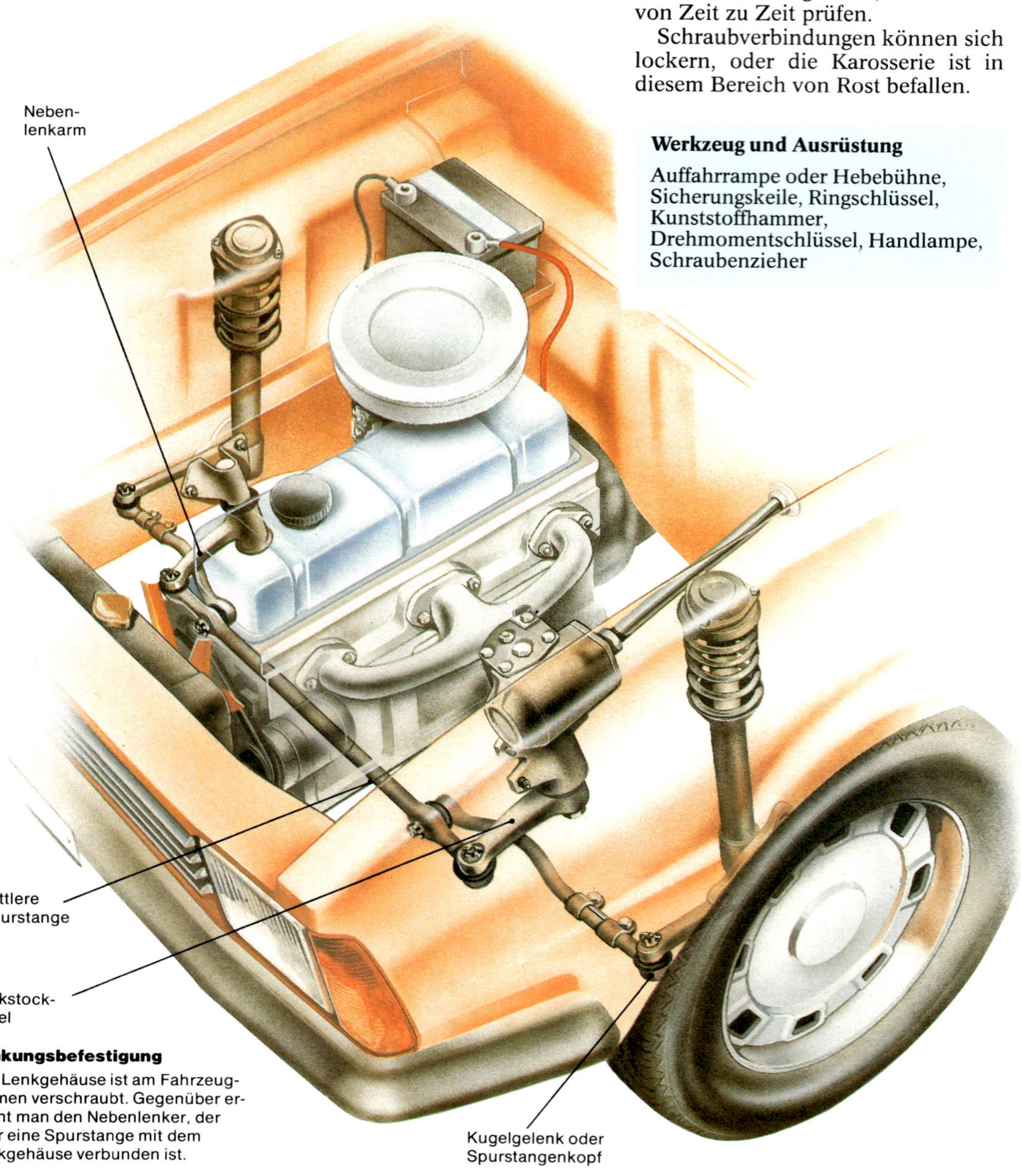

Lenkungsbefestigung

Das Lenkgehäuse ist am Fahrzeugrahmen verschraubt. Gegenüber erkennt man den Nebenlenker, der über eine Spurstange mit dem Lenkgehäuse verbunden ist.

Die Montagepunkte prüfen

Die Lenkungselemente eines Fahrzeuges sind an den beiden Rahmenverstärkungen rechts und links unten im Motorraum montiert, oder aber die Lenkeinheit verläuft quer zur Fahrtrichtung.

Das Fahrzeug wird zur Kontrolle auf die Bühne gestellt. Zur Prüfung der Montagepunkte öffnet man die Motorhaube und kontrolliert, ob an den Befestigungen Spuren im Schmutz zu bemerken sind, die auf lose Teile hinweisen.

Als nächstes säubert man mit einem Schraubenzieher oder einer Stahlbürste die entsprechenden Karosserieteile.

Gegebenenfalls ist das Fahrzeug einer Unter- und Motorwäsche zu unterziehen.

Dann faßt ein Helfer das Lenkrad und bewegt es kräftig hin und her. Unter dem Wagen beobachtet man nun die Bewegungen des Lenkgestänges und der verschraubten Elemente. Das Lenkgehäuse und die Verschraubungen von Zwischenlenkern dürfen sich nicht bewegen.

Mit einem Drehmomentschlüssel werden die wichtigsten Schraubverbindungen kontrolliert. Lose Muttern oder Schrauben werden mit dem richtigen Drehmoment wieder angezogen.

Die Kontrolle des Drehmomentes erübrigt sich bei verrosteten Karosserieteilen. Ein solches Fahrzeug gehört umgehend in die nächste Kraftfahrzeugwerkstatt, wo die Karosserieteile nach Herstelleranweisung neu eingeschweißt werden.

Bei den Prüfungen ist ein sehr strenger Maßstab anzulegen, denn Durchrostungen in diesem Karosseriebereich können schwere Unfälle durch Versagen des Lenksystems auslösen.

Einer zusätzlichen Kontrolle wird die Befestigung des Lenkstockhebels und des Mittel- oder Zwischenlenkerhebels unterzogen. Hier gibt es oft versplintete Schraubverbindungen, die sich in ihrer Verzahnung setzen und lockern können.

Ist dies der Fall, wird der Splint entfernt, jede Schraube nachgezogen und ein neuer Splint eingesetzt.

Ist die Lagerung des Lenkzwischenhebels ausgeschlagen, werden neue Büchsen eingesetzt, oder aber der ganze Lenkzwischenhebel wird ausgewechselt.

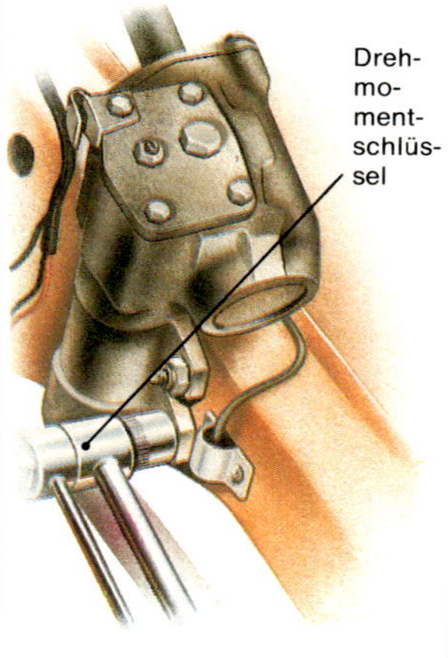

Zur Prüfung benutzt man einen Drehmomentschlüssel. Alle Sicherungen nur einmal verwenden.

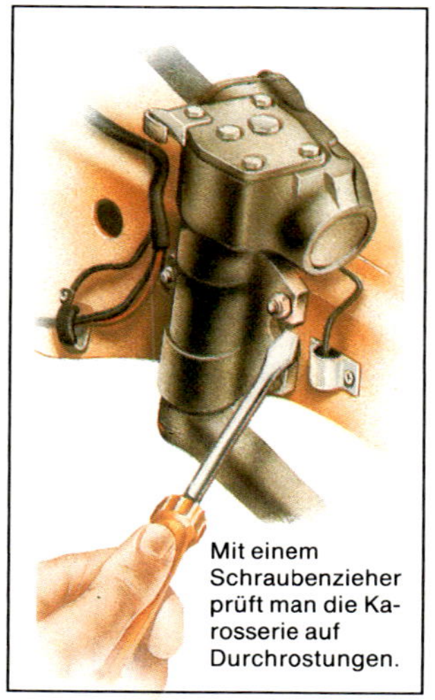

Mit einem Schraubenzieher prüft man die Karosserie auf Durchrostungen.

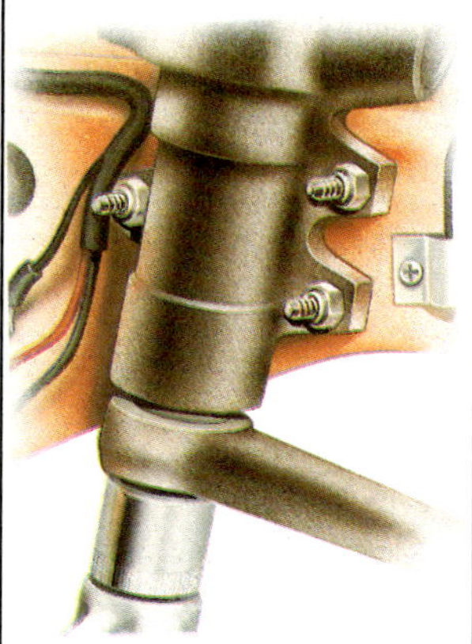

Die Lagerung des Zwischenhebels wird auf das richtige Drehmoment geprüft.

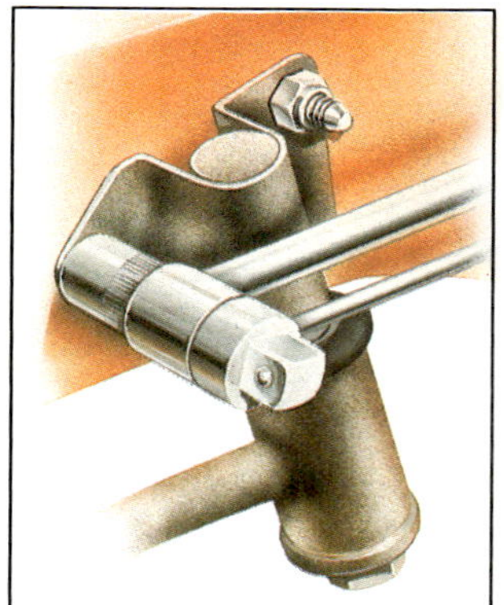

Drehmomentkontrolle am Lagerbock des Zwischenhebels

Das Lenkgestänge prüfen

Die zahlreichen Gelenke von Verbindungsgestängen im Lenksystem verschleißen im Lauf der Betriebszeit, ohne daß dies der Fahrer zunächst bemerkt. Das Spiel der vielen einzelnen Kugelbolzen wirkt aber später so zusammen, daß sich das Fahrzeug bei hoher Geschwindigkeit unsicher lenken läßt. Der Fachmann spricht auch vom „Schwimmen" eines Fahrzeuges, wenn es sich nicht mehr exakt führen läßt.

Neben den Nachteilen des unsicheren Fahrverhaltens stimmt dann auch die Lenkgeometrie nicht mehr. Die Folge ist ein übermäßiger Verschleiß der Vorderreifen.

Deshalb wird das Spiel in den verschiedenen Teilen des Lenkgestänges geprüft. Dazu sollte man das Fahrzeug sicher aufbocken. Um die Bauteile einer Sichtkontrolle zu unterziehen, muß man häufig auch die Räder abnehmen.

Bei diesen Arbeiten sind die Sicherheitshinweise strikt zu beachten.

Werkzeug und Ausrüstung

Wagenheber, Unterstellböcke, Sicherungskeile, Schraubenzieher, Montiereisen, Handlampe

Schraublenkgetriebe mit Lenkgestänge

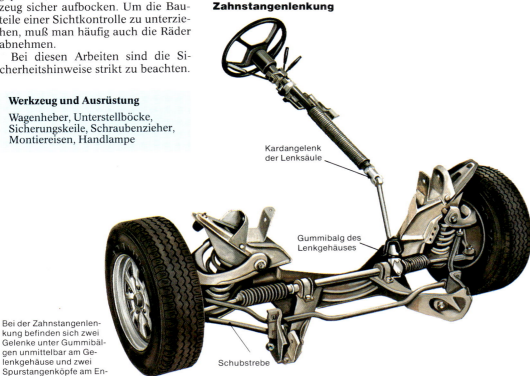

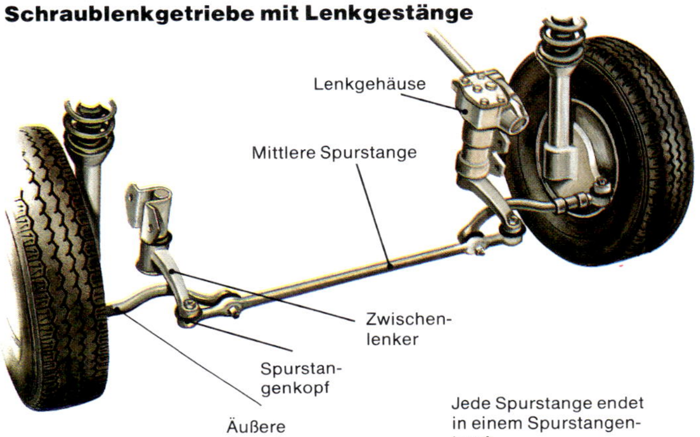

Jede Spurstange endet in einem Spurstangenkopf.

Zahnstangenlenkung

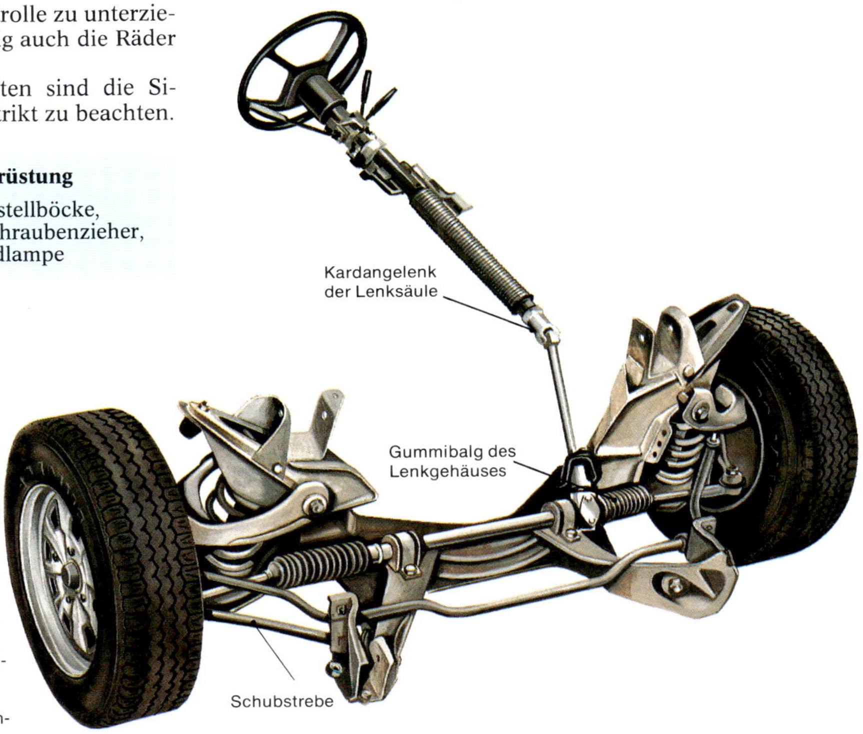

Bei der Zahnstangenlenkung befinden sich zwei Gelenke unter Gummibälgen unmittelbar am Gelenkgehäuse und zwei Spurstangenköpfe am Ende der Spurstange.

Verbindungsgelenke der Lenksäule

Häufig sitzt ein Gelenk im Motorraum unmittelbar im Bereich der Spritzwand und ein weiteres im Bereich des Lenkgehäuses. Sie bestehen aus dem Gelenkflansch, aus den beiden Gelenkgabeln und dem Gelenkzapfen.

Die Verbindung zur Lenksäule wird oft durch eine Verzahnung und eine Klemmhülse hergestellt, deren Befestigung durch Nachziehen der Schrauben zu prüfen ist.

Die Gelenke kann man durch Einsetzen eines Schraubenziehers in die Gelenkgabel und Hin- und Herbewegen kontrollieren.

Bei einer zweiten Prüfung bewegt ein Helfer, wenn das Fahrzeug auf den Rädern steht, die Lenkung hin und her, wobei sich ein verschlissenes Kreuzgelenk leicht feststellen läßt. Eventuelle Gummikupplungen werden ebenfalls geprüft.

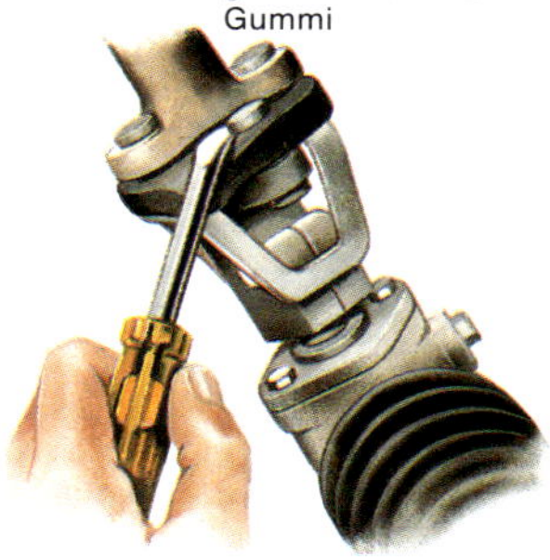

Gelenkscheibe aus gewebeverstärktem Gummi

Spurstangenköpfe prüfen

Das Fahrzeug wird mit dem Wagenheber angehoben und auf Unterstellböcke gestellt. Zusätzlich sichert man das Fahrzeug mit der Handbremse und durch Unterlegkeile gegen Wegrollen.

Wenn man die Vorderräder abgenommen hat, führt man eine Sichtprüfung aller Spurstangenköpfe durch.

Zunächst befreit man den Spurstangenkopf von Schmutz und untersucht die Staubschutzkappe auf Risse. Beschädigte Kappen sind umgehend auszuwechseln, da sonst Spritzwasser die Fettpackung auswaschen, Schmutz eindringen und der Kugelbolzen verschleißen kann.

Zur weiteren Prüfung bewegt ein Helfer die Lenkung kräftig einige Millimeter hin und her. Im Spurstangenkopf darf man dabei keinerlei Auf- und Ab- oder Hin- und Herbewegungen entdecken.

Eine sichere Diagnose ist möglich, wenn man die Hand seitlich an den Spurstangenkopf hält und die Bewegung der Pfanne im Verhältnis zur Verschraubung prüft.

Zur Kontrolle des vertikalen Spieles setzt man ein Montiereisen ein, das sich einerseits an der Spurstange, andererseits am Lenk- oder Zwischenhebel abstützt.

Den Spurstangenkopf durch Bewegen in jede Richtung prüfen.

Bei der Prüfung nach § 29 der StVZO wird das Spiel der Spurstangen von der Arbeitsgrube aus kontrolliert.

Bei der Zahnstangenlenkung befindet sich oft ein Gelenk innerhalb der Gummibälge unmittelbar rechts und links am Lenkgehäuse.

Will man prüfen, ob es verschlissen ist, muß man den äußeren Spurstangenkopf abziehen und dann versuchen, die Spurstange in Richtung der Lenkbewegung aus dem Gehäuse herauszuziehen und wieder hineinzudrücken.

Die Spurstange kräftig anziehen und zurückdrücken.

Bemerkt man hier mehr als geringes Spiel, sind neue Teile fällig.

Manchmal gibt es am Lenkgehäuse keine Gelenke. Hier müssen zusätzlich zwei Gummi-Metall-Lager als innere Drehpunkte der Spurstange geprüft werden. Zusätzlich sitzen in der Mitte des Lenkgehäuses Gummibälge, die auf Risse und Brüche kontrolliert werden.

Hier sitzt ein Gelenk in der Lenksäule unmittelbar im Pedalbereich.

Prüfungen am Lenkgehäuse

Um das Spiel der Lenkung und den Sitz des Lenkgehäuses prüfen zu können, braucht man Auffahrrampen oder eine Montagegrube.

Wichtig ist in jedem Fall, daß das Fahrzeuggewicht während der Kontrollarbeiten auf den Rädern der gelenkten Achse ruht.

Zunächst kontrolliert man das Gehäuse auf Leckstellen. Lenkgehäuse besitzen eine Ölbefüllung. Bei größeren Ölverlusten läßt sich die Lenkung nur noch schwer bewegen. Ein niedriger Ölstand ist immer ein Zeichen für ein Leck am Gehäuse.

In diesem Fall reinigt man den Motorraum im Bereich des Lenkgehäuses und füllt Öl auf. Die Kontrolle wird nach einer Probefahrt wiederholt; Ölspuren weisen auf den Schaden hin.

Prüfungen am Lenksystem sind für den geübten Do-it-yourselfer kein Problem.
Reparaturen müssen aber aus Sicherheitsgründen stets der Fachwerkstatt vorbehalten bleiben.

Ein anderes Problem bei Lenksystemen ist das sich nach längerer Betriebszeit allmählich einstellende Spiel, das man zum Teil durch Nachstellen einer Korrekturschraube oder durch Einlegen von Scheiben beheben kann.

Lenkungsspiel äußert sich in einem unsicheren Fahrverhalten: Das Fahrzeug „schwimmt".

Zusätzlich sind in diesem Fall auch die Montagestellen des Lenkstockhebels und der Lenksäule zu prüfen.

Werkzeug und Ausrüstung

Auffahrrampen oder Hebebühne, Kaltreiniger, Handlampe, Gabelschlüssel, Schraubenzieher, Kreide

Lenksystem mit Schraublenkgetriebe

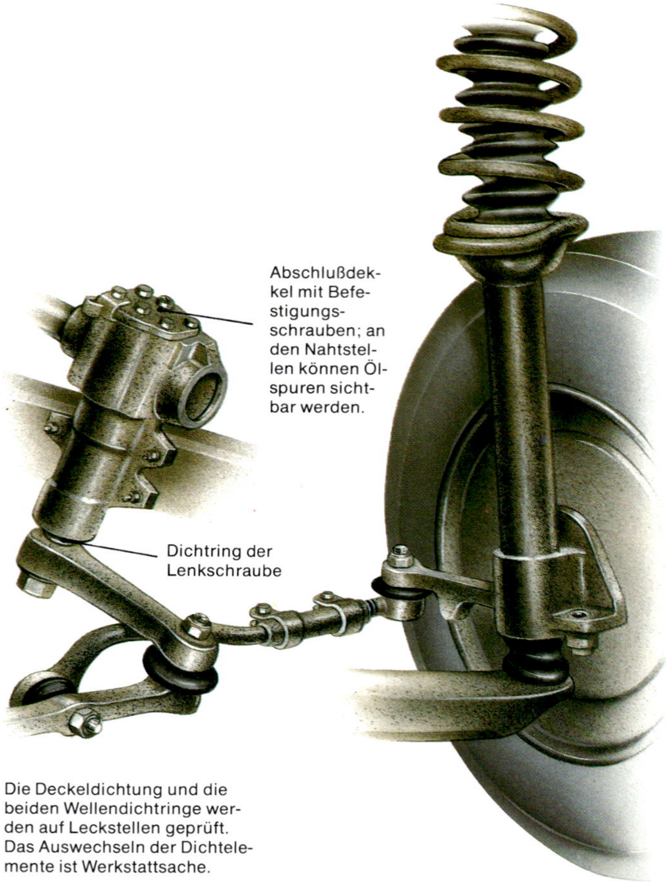

Abschlußdeckel mit Befestigungsschrauben; an den Nahtstellen können Ölspuren sichtbar werden.
Dichtring der Lenkschraube

Die Deckeldichtung und die beiden Wellendichtringe werden auf Leckstellen geprüft. Das Auswechseln der Dichtelemente ist Werkstattsache.

Typische Leckstellen

Das Lenkgehäuse ist in der Regel oben oder seitlich mit einem Deckel verschraubt. Die darunterliegende Dichtung kann sich im Lauf der Zeit setzen.

Bemerkt man an den Deckelrändern Ölspuren, zieht man die Befestigungsschrauben des Deckels nach. Diese Schrauben darf man aber nicht mit der Einstellschraube der Lenkung oder mit dem Stopfen zum Ölnachfüllen verwechseln.

Das Lenkgetriebe ist am Lenkstockhebel unten und an der Lenksäule oben mit zwei Radialdichtringen ausgerüstet.

Schäden sind oft schwer zu lokalisieren, da austretendes Öl am Gehäuse entlang bis auf die Spurstangen läuft.

Das Lenkspiel beim System mit Lenkgetriebe prüfen

Lenkgetriebe haben konstruktionsbedingt ein etwas größeres Spiel als Zahnstangenlenkungen. Zur Prüfung dieses Spiels bleibt das Fahrzeug zunächst auf den Rädern stehen. Die Lenkung wird geradeaus gestellt.

Man ergreift das Lenkrad durch das offene Fenster und bewegt es leicht hin und her, so daß sich die Vorderräder gerade zu bewegen beginnen. Das Spiel am Lenkradumfang darf dabei bis 10 mm betragen. Zur Erleichterung der Kontrolle bringt man einen Kreidestrich am Lenkrad an.

Dieses grobe Richtmaß variiert je nach Fahrzeugtyp. Grundsätzlich muß das Spiel so gering sein, daß sich das Fahrzeug sicher lenken läßt. Die Lenkung darf aber nicht so hart nachgestellt werden, daß sie hakt oder klemmt.

Um zu prüfen, ob es Spiel im Bereich der Spurstange oder der Lenkung gibt, beobachtet man die Bewegung des Lenkstockhebels direkt im Motorraum, während ein Helfer das Lenkrad auf Zuruf vorsichtig im Spielbereich hin- und herdreht, bis sich der Lenkstockhebel bewegt.

Die Lenksäulenbefestigung prüfen

Die Lenkspindel ist häufig verzahnt. Die Lenksäule ist mit einer Klemmlasche an der Verzahnung befestigt. Die Schrauben sollte man öfter nachziehen.

Um zu prüfen, ob die Lenkspindel Spiel im Gehäuse hat oder ob die Befestigung lose geworden ist, bewegt man die Lenksäule im Motorraum kräftig vertikal und horizontal.

Den Lenkstockhebel prüfen

Zur Kontrolle faßt man den Lenkstockhebel, wie in der Abbildung gezeigt, und bewegt ihn kräftig auf und ab. Es darf kein Spiel spürbar sein. Sonst kann der Lenkstockhebel lose geworden sein, und die Mutter ist nachzuziehen.

Bleibt das Spiel nach dem Festziehen bestehen, muß man die Lenkung in einer Werkstatt neu einstellen oder überholen lassen.

Die Befestigung des Lenkrads prüfen

Um die Befestigung des Lenkrads zu prüfen, drückt man den festgeklipsten Hupenkontakt oder die damit verbundene Prallplatte ab. Darunter erkennt man die auslaufende Lenksäule und die große Befestigungsmutter des Lenkrads.

Das Lenkrad schlägt man nun kräftig rechts und links ein, so daß sich vorhandenes Spiel zwischen Befestigungsmutter und Lenkrad erkennen läßt. Ist eine Sicherung vorhanden, wird sie zur Seite gebogen. Das Lenkrad zieht man nach Herstellervorschrift an und sichert anschließend die Befestigungsmutter.

Zur Erleichterung der Prüfung bringt man einen Kreidestrich am Lenkrad an.

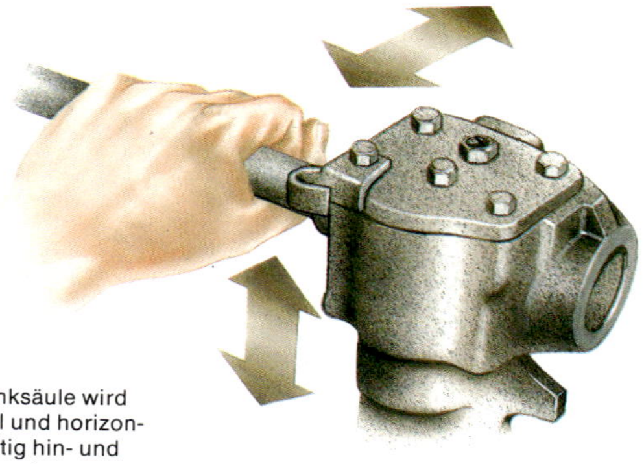

Die Lenksäule wird vertikal und horizontal kräftig hin- und herbewegt.

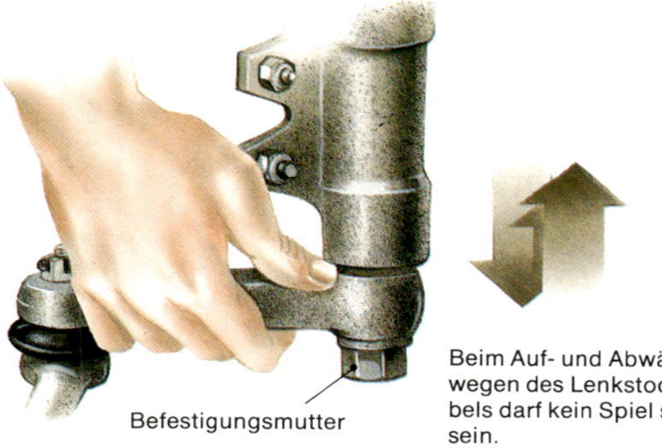

Beim Auf- und Abwärtsbewegen des Lenkstockhebels darf kein Spiel spürbar sein.

Einen Spurstangenkopf oder eine Spurstange ausbauen 1

Spurstangenköpfe sind sicherheitsrelevant und deshalb robust. Wird allerdings die Staubschutzkappe beschädigt und nicht sofort ersetzt, können Schmutz und Wasser eindringen. Die Fettpackung wird ausgewaschen, und der Spurstangenkopf verschleißt sehr schnell.

Aus Sicherheitsgründen darf man die Reparatur nicht hinauszögern. Das Ausbauen der Spurstangen auf einer Arbeitsgrube oder Hebebühne bereitet keine Probleme. Bei versteckt liegenden Spurstangen muß man das Rad abnehmen.

Zum Ausbau eines Spurstangenkopfes braucht man in der Regel einen Spezialabzieher, besonders wenn der Spurstangenkopf wieder verwendet wird.

Eingriffe an Spurstangen sind dem Fachmann vorbehalten. Anschließend ist die Spur des Fahrzeuges zu vermessen.

Spurstangenköpfe sind Sicherheitsbauteile; provisorische Reparaturen sind deshalb unzulässig. Beim Abziehen der Köpfe immer Spezialwerkzeug verwenden, damit der Spurstangenkopf und das Befestigungsauge nicht beschädigt werden.

Nicht mit dem Hammer auf den Lenkhebel schlagen, damit dieser nicht verformt oder zerstört wird. Vorsicht besonders bei Schweißkonstruktionen.

Werkzeug und Ausrüstung

Arbeitsgrube, Hebebühne oder Wagenheber mit Unterstellböcken, Zange, Gabel- und Ringschlüssel, Grip- oder Wasserpumpenzange, Spezialabzieher, Hammer, Ersatzspurstangenkopf oder Staubschutzkappe

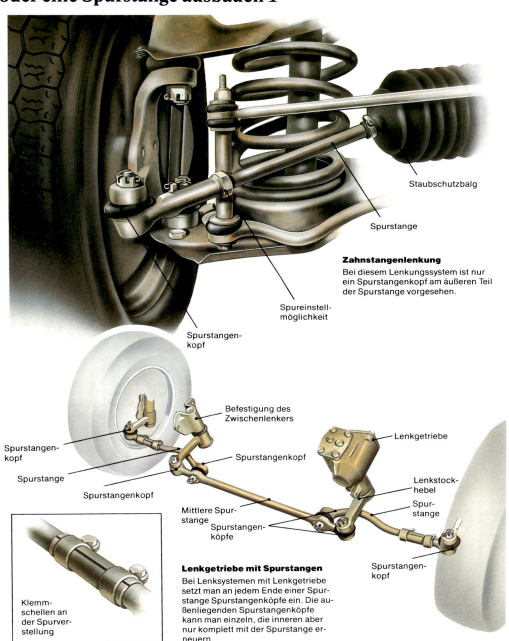

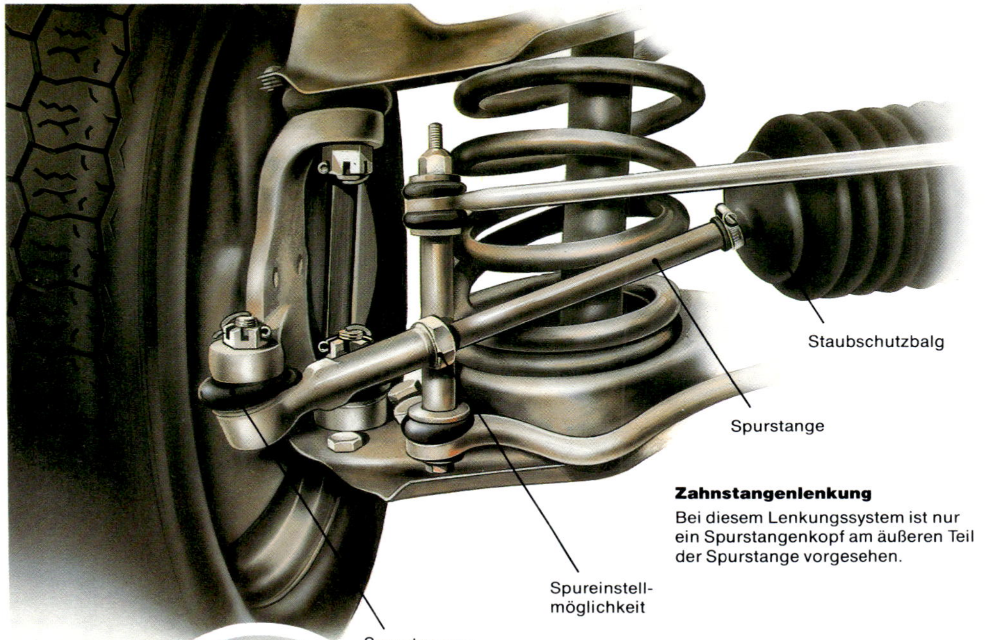

Zahnstangenlenkung

Bei diesem Lenkungssystem ist nur ein Spurstangenkopf am äußeren Teil der Spurstange vorgesehen.

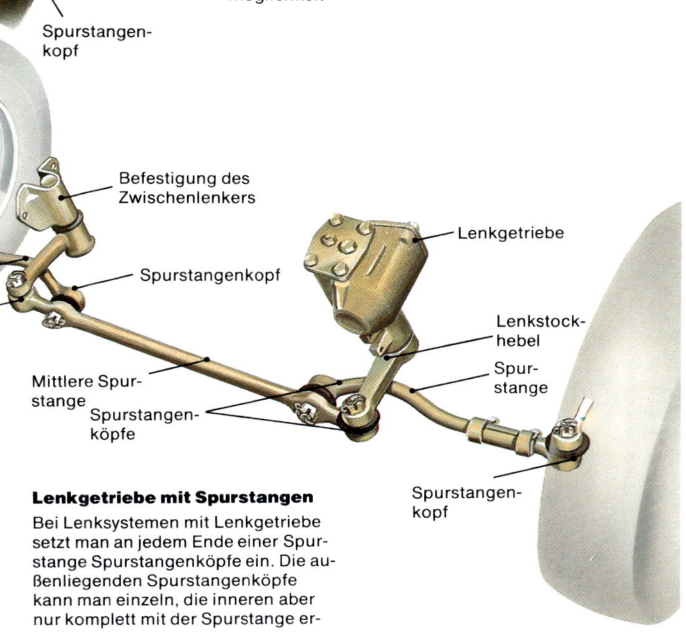

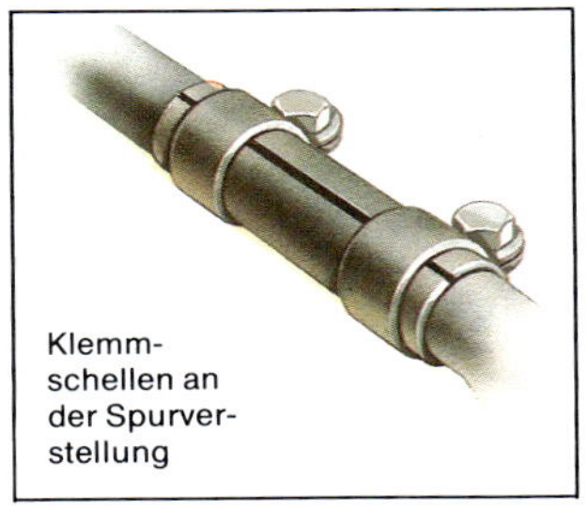

Lenkgetriebe mit Spurstangen

Bei Lenksystemen mit Lenkgetriebe setzt man an jedem Ende einer Spurstange Spurstangenköpfe ein. Die außenliegenden Spurstangenköpfe kann man einzeln, die inneren aber nur komplett mit der Spurstange erneuern.

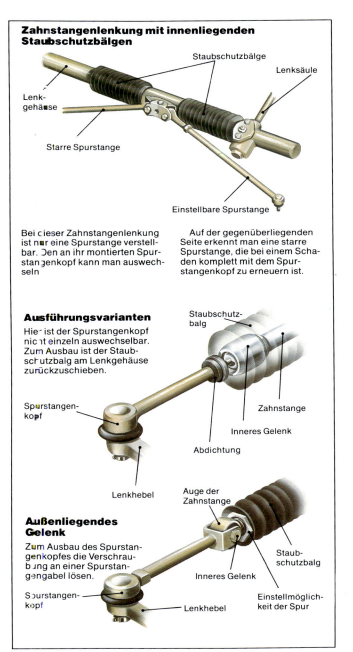

Zahnstangenlenkung mit innenliegenden Staubschutzbälgen

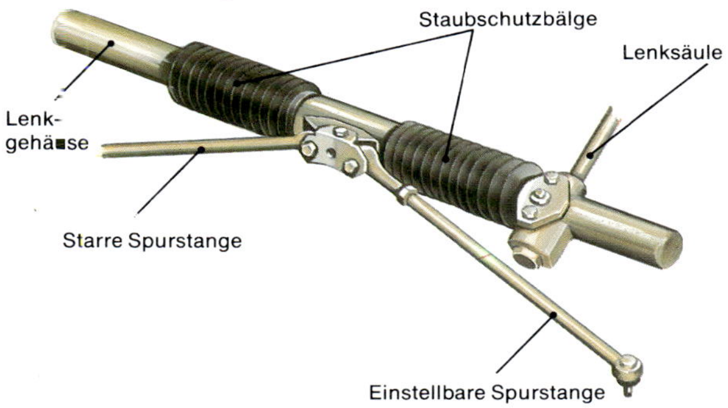

Bei dieser Zahnstangenlenkung ist nur eine Spurstange verstellbar. Den an ihr montierten Spurstangenkopf kann man auswechseln

Auf der gegenüberliegenden Seite erkennt man eine starre Spurstange, die bei einem Schaden komplett mit dem Spurstangenkopf zu erneuern ist.

Ausführungsvarianten

Hier ist der Spurstangenkopf nicht einzeln auswechselbar. Zum Ausbau ist der Staubschutzbalg am Lenkgehäuse zurückzuschieben.

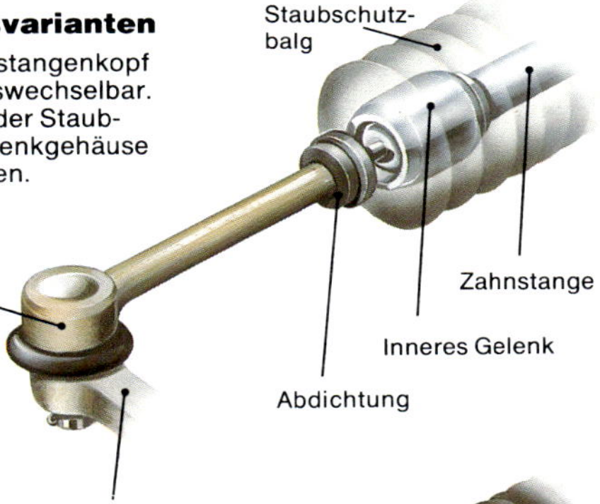

Außenliegendes Gelenk

Zum Ausbau des Spurstangenkopfes die Verschraubung an einer Spurstangengabel lösen.

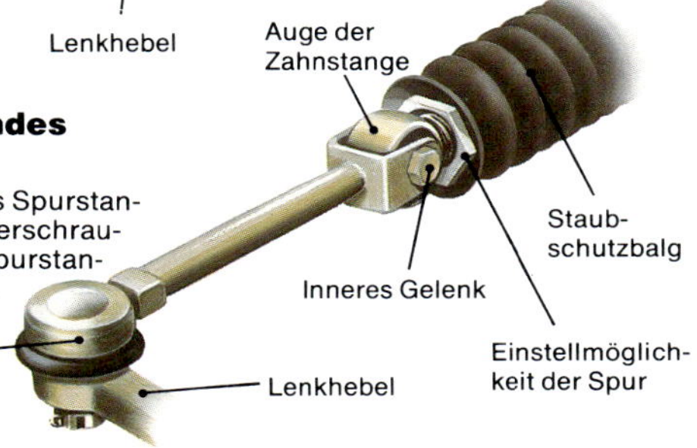

Einen Spurstangenkopf oder eine Spurstange ausbauen 2

Die Spurstangenverschraubung gangbar machen

Bei dieser Konstruktion endet die Kugelpfanne in einem mit Gewinde versehenen Rohr, dessen Verschraubung mit der Spurstange durch eine Kontermutter oder durch Spannbügel gesichert ist, wobei die Spurstangenhülse meist geschlitzt ausgeführt wird.

Auf der anderen Seite übernimmt der gelenkige Teil des Kugelbolzens die Verbindung zum Lenkhebel. Die Schraube ist mit einer selbstsichernden Mutter oder einem Splint samt Mutter gesichert.

Zum Ausbau löst man die Kontermutter oder die Klemmverbindung an der Spurstange. Beim Lösen der Kontermutter sollte man den Spurstangenkopf stets mit einem Gabelschlüssel oder mit einer Gripzange gegenhalten, damit der Kugelbolzen nicht über seine normale Beweglichkeit hinaus verdreht und beschädigt wird.

Damit die Spur beim Auswechseln eines Spurstangenkopfes nicht verstellt wird, muß man den neuen Kopf in derselben Position wie vorher montieren. Hierzu gibt es verschiedene Möglichkeiten: Beispielsweise kann man die exakte Länge der Spurstange messen. Auch Farbmarkierungen sind hilfreich.

Besitzt die Verschraubung des Spurstangenkopfes ein Außen- und die Spurstange ein Innengewinde, mißt man die Länge des aus der Spurstange herausschauenden Gewindes, oder man zählt die Umdrehungen; ebenso viele führt man wieder beim Einbau des Kopfes aus.

Allerdings ist keine dieser Methoden sehr präzise, besonders nicht bei älteren Fahrzeugen.

Im Interesse der Verkehrssicherheit sollte man die Vorspur auf jeden Fall nach Ausführung der Arbeiten mit dem Meßgerät prüfen.

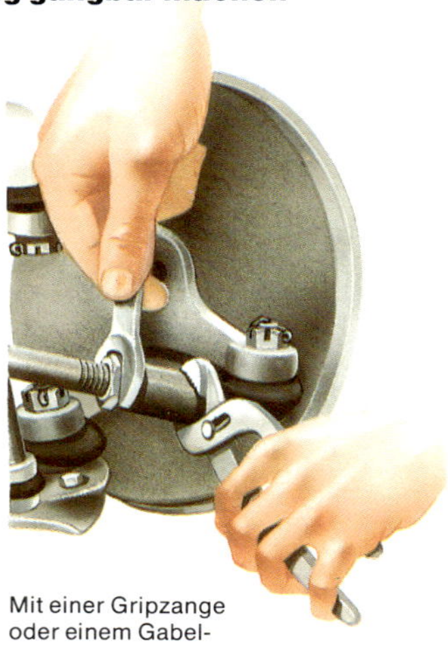

Mit einer Gripzange oder einem Gabelschlüssel hält man gegen, damit der Spurstangenkopf beim Lösen der Kontermutter nicht beschädigt wird.

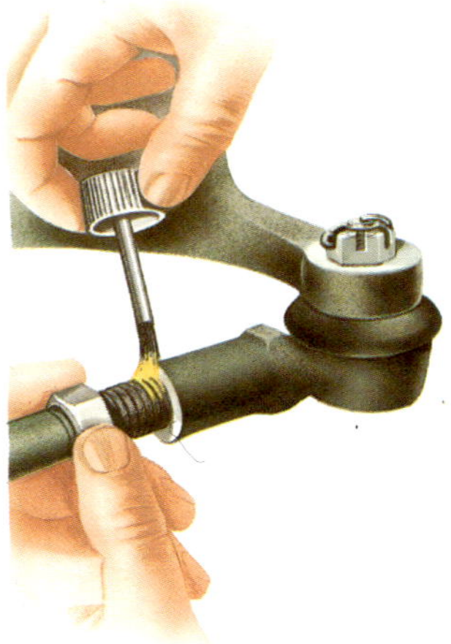

Die Kontermutter ist zurückgedreht, man bringt eine Farbmarkierung an, um beim Einsetzen des neuen Spurstangenkopfes dieselbe Spurstangenlänge zu erhalten.

Sicherungsklammern

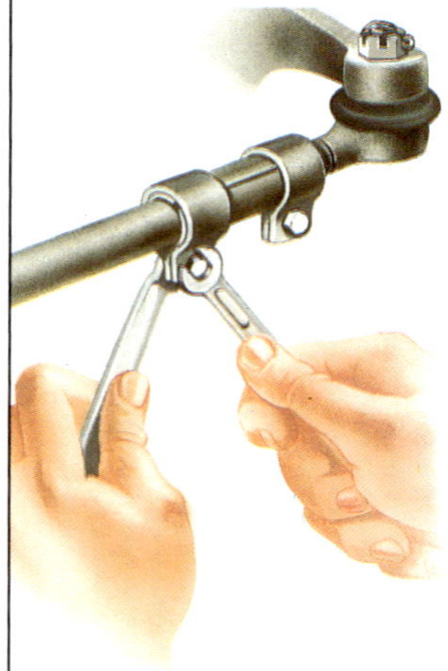

In diesem Fall ist die Spurstange geschlitzt und mit zwei Klammern gesichert. Man löst beide Klemmschrauben.

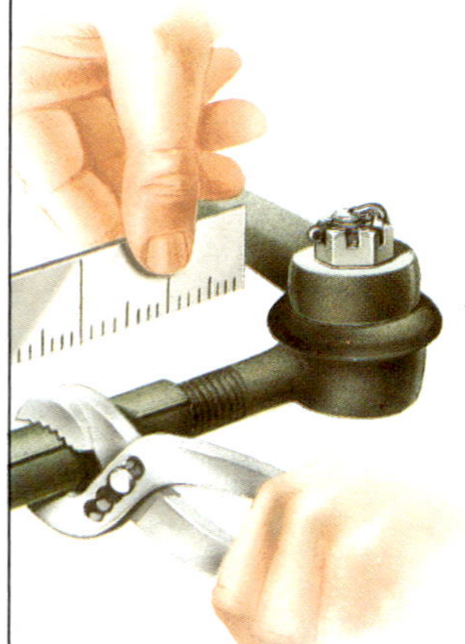

Mit einem Lineal mißt man die aus der Spurstange herausragende Gewindelänge.

Einen Spurstangenkopf abziehen

Der Spurstangenkopf ist mit dem Lenkhebel durch einen konischen Sitz verbunden.

Die Verschraubung selbst ist mit einer splintgesicherten Kronenmutter oder einer selbstsichernden Mutter versehen.

Man zieht den Splint mit dem Seitenschneider heraus und dreht die Mutter herunter. Selbstsichernde Schrauben werden nur abgeschraubt.

Der Preßsitz macht häufig den Einsatz eines Spezialabziehers notwendig, der jeweils entsprechend dem Typ des Kugelkopfes unterschiedlich ausgeführt ist.

Drückt der Abzieher auf das Gewinde des Kugelkopfes, sollte die Mutter zur Schonung des Gewindes wieder aufgesetzt werden.

Bei anderen Abziehertypen wird eine Gabel zwischen Lenkhebel und Kugelkopf geschoben. Ein kräftiger Schlag mit dem Hammer trennt die Klemmverbindung.

Es kann manchmal schwierig sein, die Mutter vom Kugelbolzen abzuschrauben, weil sich dieser in der Kugelpfanne dreht. Dann muß der Spurstangenkopf mit einem kleinen Wagenheber oder Montiereisen unter Spannung gesetzt werden.

Hilft dieser Trick nicht, setzt man einen Muttersprenger (siehe Seite 49) ein und zerstört die Mutter.

Den Spurstangenkopf abschrauben

Wenn der Spurstangenkopf freigelegt ist, kann man ihn abschrauben. Man sollte allerdings vorher die ursprüngliche Position markieren.

Es gibt Links- und Rechtsgewinde. Grundsätzlich sollte man die Umdrehungen zählen, bis der Spurstangenkopf von der Spurstange abfällt.

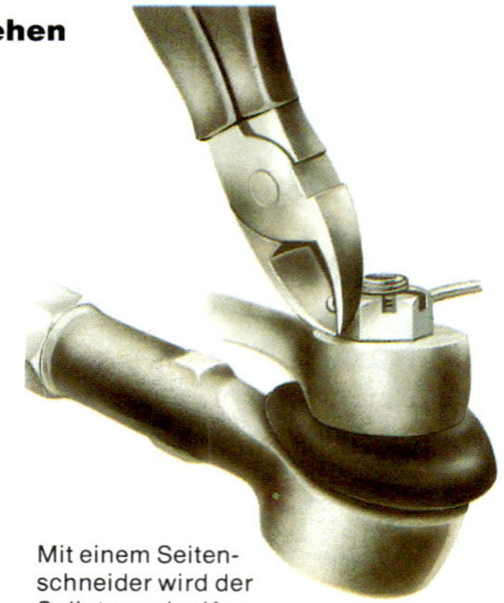

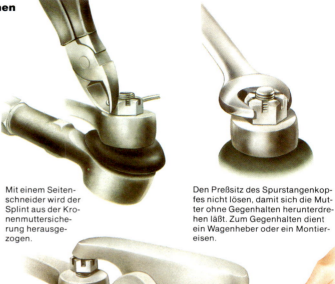

Mit einem Seitenschneider wird der Splint aus der Kronenmuttersicherung herausgezogen.

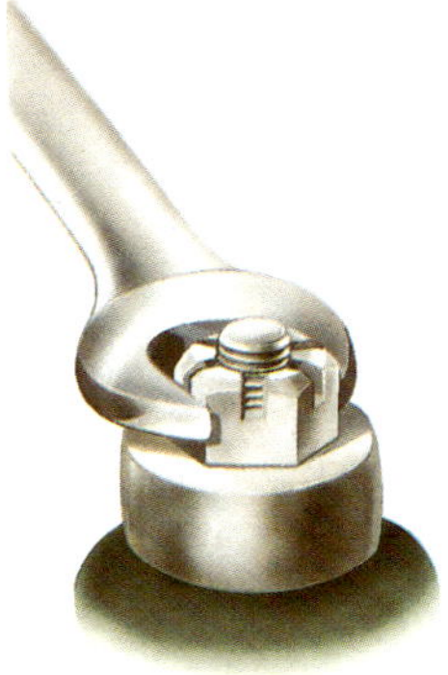

Den Preßsitz des Spurstangenkopfes nicht lösen, damit sich die Mutter ohne Gegenhalten herunterdrehen läßt. Zum Gegenhalten dient ein Wagenheber oder ein Montiereisen.

Je nach Ausführung sind unterschiedliche Abzieher notwendig, um den Spurstangenkopf vom Lenkhebel abzudrücken.

Wenn man den Spurstangenkopf herunterdreht, zählt man die Umdrehungen und findet so die ursprüngliche Einstellung wieder.

Gabelabzieher

Manche Spurstangenköpfe werden mit einer Abziehgabel freigelegt. Dabei die Staubschutzkappe nicht beschädigen.

Andere Spurstangenverbindungen ausbauen

Starre Spurstange mit einem Kugelkopf

Zu der im Bild gezeigten Ausführung gehört eine starre Spurstange. Der Kugelbolzen kann nicht separat ausgewechselt werden.

Zum Ausbau trennt man die Verschraubung des Spurstangenkopfes am Lenkhebel und setzt den Abzieher ein.

Die innere Verbindung stellt eine Gabel her, die ein Auge am Ende der Zahnstange umfaßt. Man dreht den Bolzen heraus.

Damit sich die selbstsichernde Mutter nicht dreht, benötigt man einen Schlüssel zum Gegenhalten.

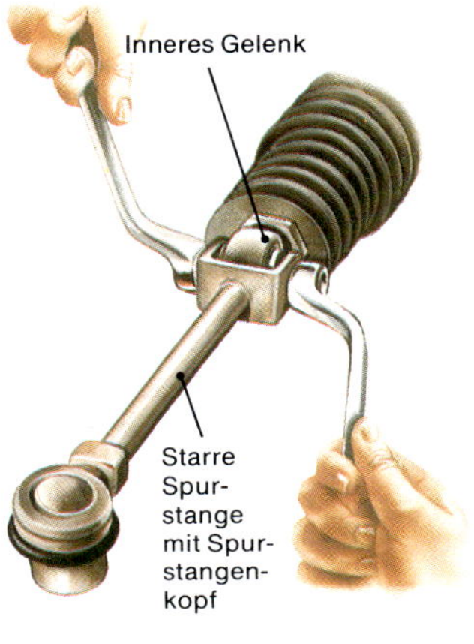

Ausbau des inneren Gelenkes

Am Ende der Zahnstange sitzt kein Kugelbolzen, sondern ein mit einer Gummimuffe versehenes Auge.

Ist die Gummimuffe verschlissen, zieht man den Schutzbalg vom Lenkgehäuse ab, löst die Kontermutter der Verschraubung und schraubt das Auge komplett mit dem Gummibalg herunter. Dabei zählt man die Anzahl der Umdrehungen, um die ursprüngliche Einstellung leichter zu finden.

Trotzdem sollte die Spur des Fahrzeuges nach dem Zusammenbau vermessen werden.

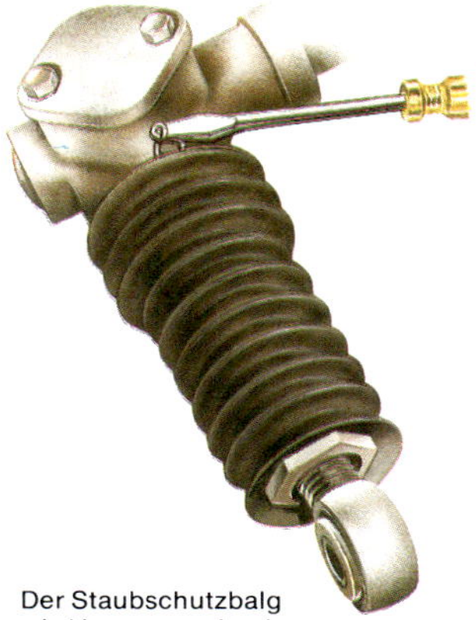

Der Staubschutzbalg wird innen vom Lenkgehäuse abgezogen.

Die Kontermutter wird um eine Viertelumdrehung gelöst.

Das Auge läßt sich zusammen mit dem Schutzbalg von der Zahnstange abdrehen.

Lenksystem mit innenliegendem Kugelbolzen

Der äußere Spurstangenkopf wird am Lenkhebel, wie es auch bei anderen Konstruktionen üblich ist, ausgebaut.

Um die Demontage des inneren Gelenkes zu ermöglichen, zieht man die Staubschutzkappe vom Lenkgehäuse ab und schiebt sie so weit auf die Spurstange zurück, daß die Verschraubung des inneren Gelenkes an der Zahnstange freigelegt wird. Mit einem Gabelschlüssel löst man anschließend die Kontermutter.

Nun ist es möglich, daß die Kugelpfanne ebenfalls mit einem Gabelschlüssel von der Zahnstange abgedreht wird. Dazu gibt es zwei Paßflächen.

Beim Herunterdrehen zählt man die Umdrehungen oder bringt eine Farbmarkierung an, um später beim Zusammenbau die ursprüngliche Einstellung leichter wiederzufinden.

Spezialausführungen

Die inneren Verschraubungen lassen sich häufig nur lösen, wenn Spezialwerkzeuge vorhanden sind, so daß solche Arbeiten Werkstattsache sind.

Der Staubschutzbalg wird vom Lenkgehäuse abgezogen und zurückgeschoben, bis die Verschraubung des inneren Gelenkes freiliegt.

Nach Lösen der Kontermutter läßt sich das innere Gelenk von der Zahnstange abschrauben.

Zahnstangenlenkung mit innenliegenden Gummibälgen

Bei einer Sonderausführung sind die Spurstangen nicht am Ende der Zahnstange, sondern in der Mitte des Lenkgehäuses verschraubt.

Zum Ausbau der Spurstange werden die außenliegenden Spurstangenköpfe wie üblich mit einem Abzieher nach Herunterdrehen der Mutter freigelegt.

Die innenliegende Schraubverbindung ist durch Sicherungsbleche gesichert. Diese schlägt man mit dem Hammer zurück. Nach Herunterdrehen der Muttern wird das Auge der Spurstange frei.

Bei diesem Lenksystem ist häufig eine Spurstange starr ausgeführt, so daß sie vollständig auszuwechseln ist, wenn ein Spurstangenkopf beschädigt ist.

Das innenliegende Gummi-Metall-Lager im Auge der Spurstange kann ausgewechselt werden. Bei manchen Lenkungen muß zusätzlich ein Lenkungsdämpfer ausgebaut werden, den man wie einen Stoßdämpfer prüfen sollte.

Um bei versteckt liegenden Gummibälgen besser an die Bauteile heranzukommen, lohnt es sich manchmal, Wasserschläuche oder elektrische Leitungen abzuklemmen oder mit Draht zur Seite zu binden.

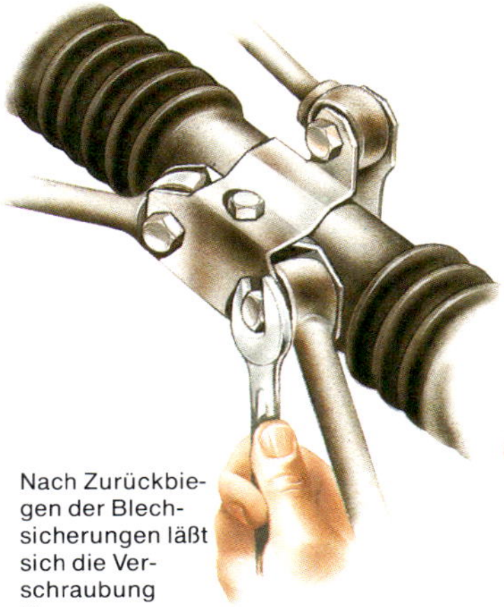

Nach Zurückbiegen der Blechsicherungen läßt sich die Verschraubung lösen.

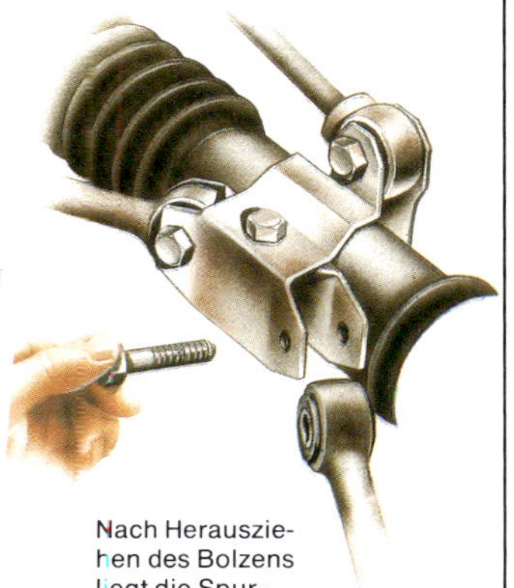

Nach Herausziehen des Bolzens liegt die Spurstange frei.

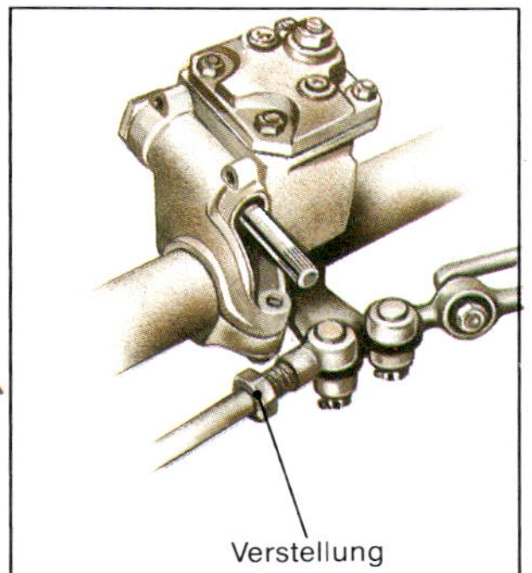

Diese Gehäuselenkung hat je eine linke und eine rechte Spurstange. Rechts erkennt man das Auge der Lenkungsdämpferbefestigung.

Spurstangen oder Spurstangenköpfe einbauen

Alle Teile der Spurstange, die nicht ersetzt werden sollen, sind zu reinigen und zu prüfen. Die neuen Teile sind oft mit einer Wachs- oder Fettschicht abgedeckt, damit sie während der Lagerung nicht rosten. Diese Schicht wird so weit entfernt, daß alle Gewinde gangbar sind.

Beim Zusammensetzen der Spurstange achtet der Mechaniker darauf, daß Rechts- und Linksgewinde nicht verwechselt werden. Der Spurstangenkopf wird so weit auf die Spurstange gedreht, bis die Markierung oder die Zahl der Umdrehungen stimmt, die man beim Ausbau gezählt hat.

Die Kontermutter wird noch nicht angezogen, sondern zuerst wird die Verbindung mit dem Lenkhebel hergestellt.

Selbstsichernde Muttern zum Verschrauben des Kugelbolzens sind immer zu erneuern, ebenso bei Kronenmuttern die Splinte.

Um die mittlere Einstellung des Kugelbolzens zu finden, schwenkt man ihn von Hand von Anschlag zu Anschlag, richtet ihn mittig aus, hält die Kugelpfanne mit einer Wasserpumpenzange oder einem Gabelschlüssel fest und zieht die Kontermutter an.

Wenn sich die selbstsichernde Mutter oder Kronenmutter der Spurstangenkopf-Verschraubung am Lenkhebel schlecht festziehen läßt, weil sich der Kugelbolzen in seiner Pfanne dreht, sollte man das Gewinde prüfen und, wenn nötig, nachschneiden.

Zum Ansetzen und Anziehen kann man die Kugelpfanne von unten mit Hilfe eines Montiereisens unter Spannung setzen.

Nach Abschluß der Arbeiten sollte immer die Spur vermessen werden.

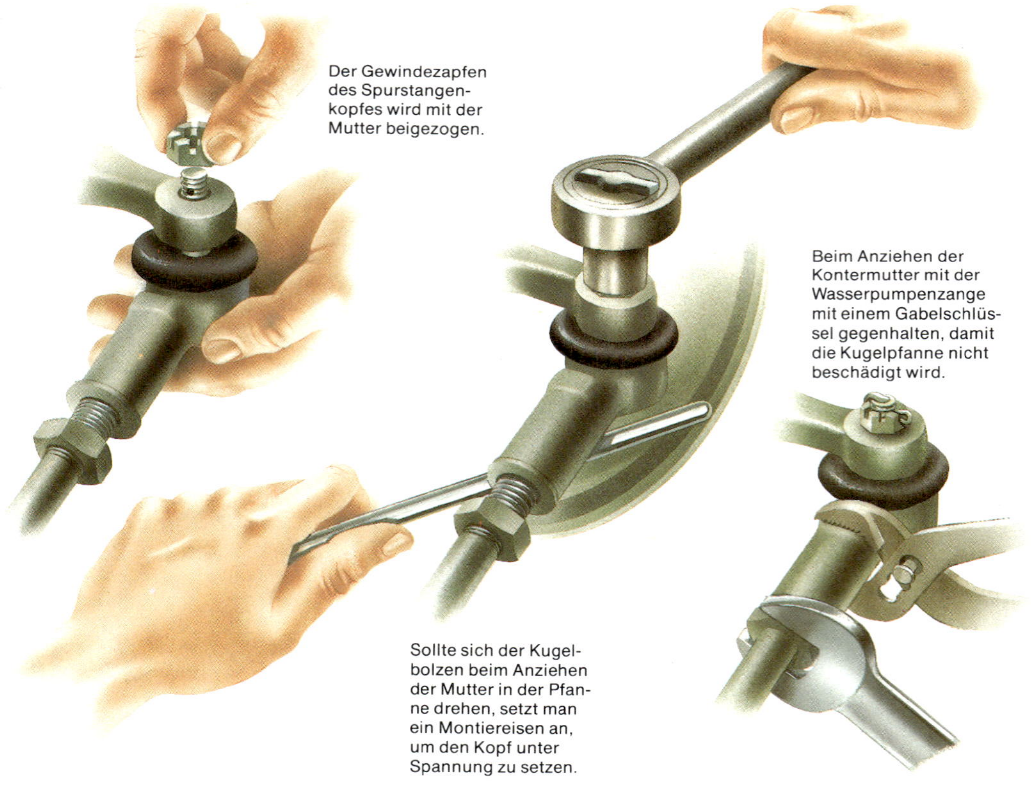

Der Gewindezapfen des Spurstangenkopfes wird mit der Mutter beigezogen.

Beim Anziehen der Kontermutter mit der Wasserpumpenzange mit einem Gabelschlüssel gegenhalten, damit die Kugelpfanne nicht beschädigt wird.

Sollte sich der Kugelbolzen beim Anziehen der Mutter in der Pfanne drehen, setzt man ein Montiereisen an, um den Kopf unter Spannung zu setzen.

Eine starre Spurstange einbauen

Beim Auswechseln der starren Spurstange ist es nicht notwendig, die Spurstangenlänge auszumessen. Der Mechaniker besorgt das Originalteil unter Angabe des Modelljahres und der Fahrgestellnummer. Man vergleicht die Spurstange mit dem ausgebauten Teil, reinigt sie und setzt sie ein.

Man benutzt stets neue selbstsichernde Muttern bzw. Splinte. Kronenmuttern können wieder verwendet werden, müssen aber unter allen Umständen mit einem Splint gesichert werden.

Zunächst wird die Schraubverbindung am gabelförmigen Ende der Spurstange hergestellt.

Wird das innere Gelenk der Spurstange ersetzt, zählt man die Umdrehungen.

Das Auge wird senkrecht ausgerichtet und die Kontermutter angezogen.

Eine starre Spurstange gegen eine verstellbare auswechseln

Wenn ein Fahrzeug vermessen wird, stellt sich öfter heraus, daß die vom Hersteller vorgegebenen Kennwerte nur durch Einbau einer anderen, verstellbaren Spurstange eingestellt werden können.

Dann wird zunächst der äußere Spurstangenkopf der starren Spurstange mit einem Abzieher vom Lenkhebel abgedrückt. Die innere Verschraubung dreht man nach Lösen eines Sicherungsbleches heraus, und die Spurstange wird frei.

Die neue Spurstange legt man neben die alte und dreht die einstellbaren Köpfe, bis sie annähernd so lang wie die alte ist. Anschließend vergleicht man die Längen mit einem Meterstab.

Da dieser Vergleich sehr ungenau ist, muß man in jedem Fall ein Spurmeßgerät oder einen Achsmeßstand einsetzen.

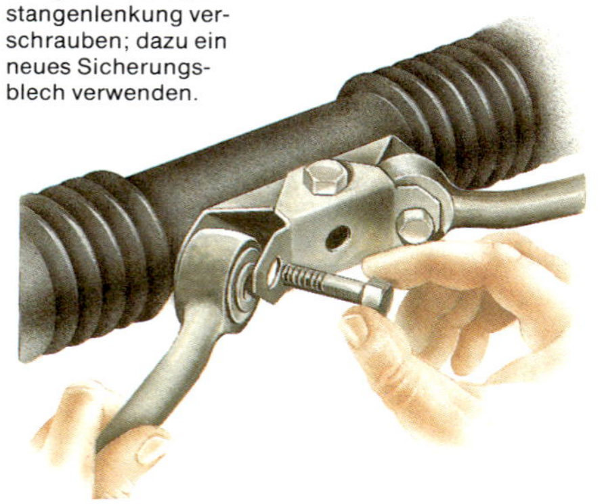

Zunächst die Spurstange mit der Zahnstangenlenkung verschrauben; dazu ein neues Sicherungsblech verwenden.

Befindet sich am Ende der Zahnstange ein Gelenk mit dieser Einstellmöglichkeit, achtet man auf die Farbmarkierung, oder die Kontermutter dient als Anschlag für das Ausgangsmaß.

Die Befestigung einer Zahnstangenlenkung prüfen

Viele moderne Fahrzeuge haben Zahnstangenlenkungen, die quer vor der Spritzwand oder quer vor dem Motor montiert sind.

Das Lenkgetriebe ist auf dem Rahmen oft mit U-Bügeln befestigt, unter denen Gummieinlagen sitzen. Lösen sich die Schrauben, kann sich das Lenkgehäuse seitlich bewegen, und die Lenkung wird unpräzise.

Je nach dem Sitz des Lenkgehäuses kontrolliert man die Montage von oben nach unten.

Bei der Inspektion muß das Fahrzeuggewicht auf den Rädern ruhen. Zur Prüfung ist somit eine Hebebühne oder eine Montagegrube geeignet. Auch Auffahrrampen kann man einsetzen.

Werkzeug und Ausrüstung

Auffahrrampen oder Hebebühne, Sicherungskeile, Ringschlüssel, Drehmomentschlüssel, Schraubenzieher, Kunststoffhammer, Handlampe

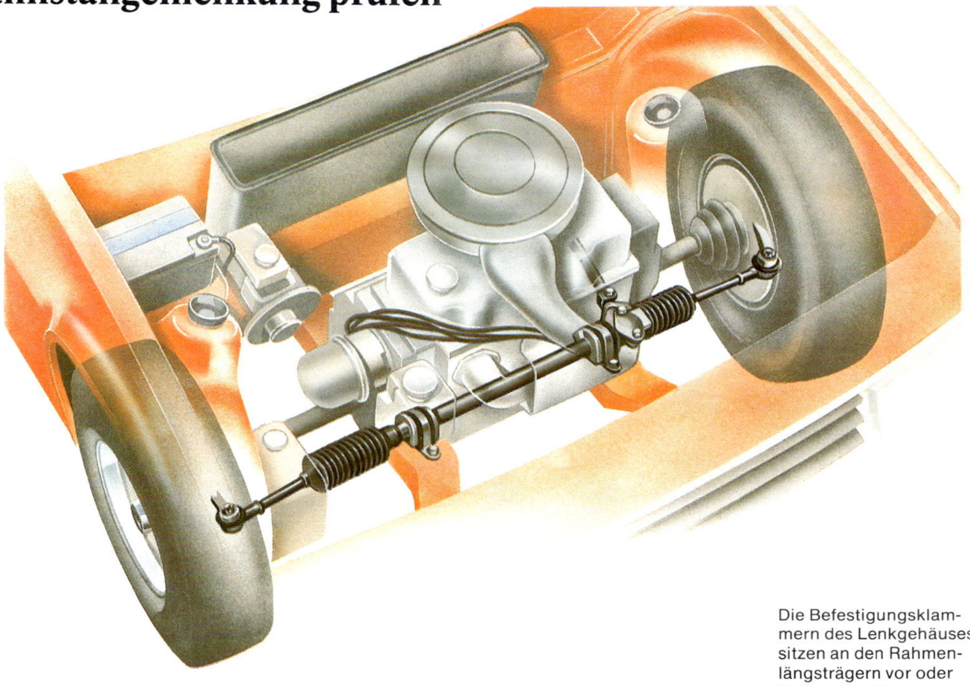

Die Befestigungsklammern des Lenkgehäuses sitzen an den Rahmenlängsträgern vor oder hinter dem Motor.

Die Montagepunkte kontrollieren

Bei Zahnstangenlenkungen ist in der Regel das Mittelteil des Lenkgetriebes mit U-Bügeln rechts und links an den Längsrahmen befestigt.

Die Auflagepunkte der U-Bügel werden geprüft. Wichtig ist, ob sich hier Scheuerstellen gebildet haben, da diese immer ein Hinweis auf eine lose Verschraubung sind.

Ist dies nicht der Fall, wischt man mit einem Tuch oder einer Stahlbürste den Schmutz ab.

Nun bewegt ein Helfer die Lenkung kräftig hin und her. Das Lenkgehäuse darf sich innerhalb der U-Bügel, die häufig mit Kunststoff- oder Gummizwischenlagen versehen sind, nicht bewegen.

Ist jedoch eine entsprechende Bewegung des Lenkgehäuses festzustellen, werden die Schrauben oder Muttern auf ihr richtiges Drehmoment überprüft.

Wichtig ist, daß der Helfer die Lenkung kräftig hin- und herbewegt, weil es sonst nicht möglich ist, lose Schraubverbindungen zu erkennen.

Stellt man bei der Kontrolle fest, daß sich die Lenkung bewegt, obwohl das Drehmoment der U-Bügel stimmt, sind häufig die Gummi- oder Kunststoffzwischenlagen gerissen, verbraucht oder haben sich so weit gesetzt, daß sich das Lenkgehäuse hin- und herbewegen kann. Die Zwischenlagen sind dann umgehend auszuwechseln, soweit dies möglich ist.

Manchmal sind auch Teile des Gehäuses selbst schadhaft, so daß ein neues Lenkgehäuse fällig wird.

Ist die Verschraubung einwandfrei, kontrolliert man weiterhin den Zustand der Karosseriebleche im Befestigungsbereich. Leichte Roststellen sollte man beseitigen und mit Rostschutzfarbe und Decklack behandeln.

Haben sich jedoch Durchrostungen eingestellt, wird die Werkstatt neue Karosserieteile einschweißen. Dies erfolgt immer genau nach Anweisung des Fahrzeugherstellers.

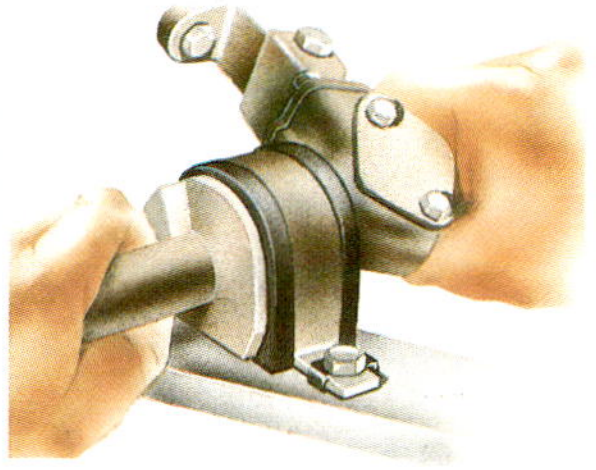

Verschraubung zwischen Karosserie und U-Bügel, die Lenkgehäuse und Rahmen verbindet, prüfen.

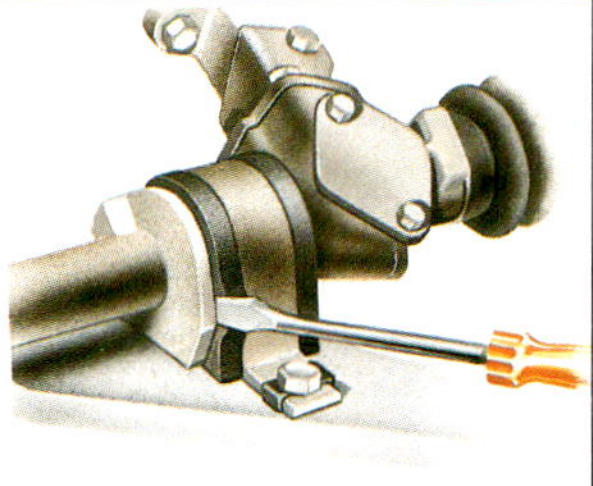

Spiel an der Gummieinlage prüfen.

Eine Zwischenlage ausbauen

Gummi- oder Kunststoffzwischenlagen kann man meist auswechseln, ohne die Lenkung auszubauen.

Die Zwischenlage ist an einer Stelle offen und wird über das Lenkgehäuse geschoben.

Zum Ausbau dreht man die Schrauben der Befestigungsklammern heraus, mit einem Schraubenzieher oder Montiereisen hebt man die Zahnstangenlenkung an, und die alte Zwischenlage läßt sich herausziehen.

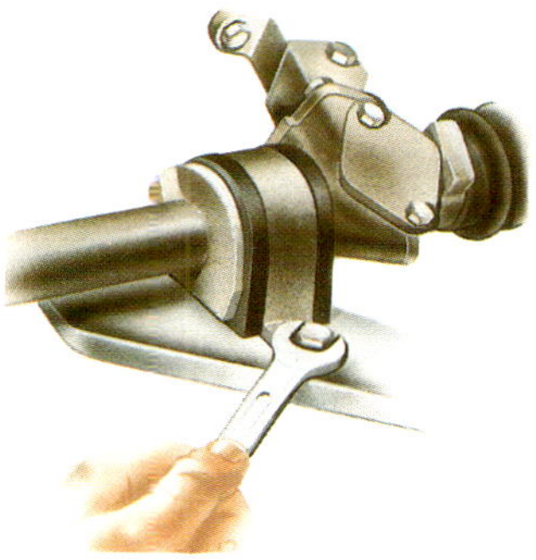

Zunächst wird nur ein U-Bügel abgeschraubt, während man den zweiten auf der anderen Seite nur etwas löst.

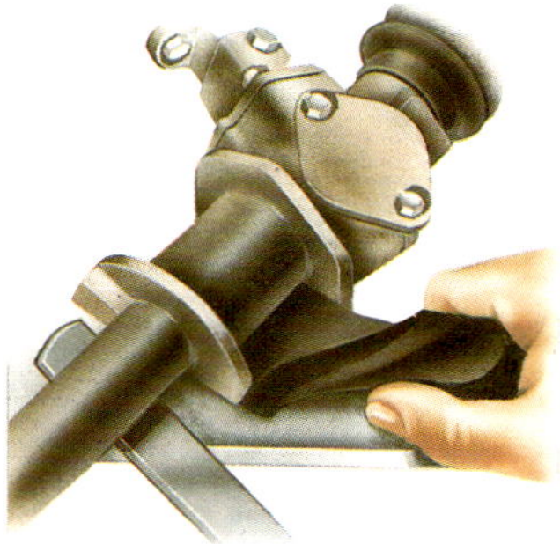

Mit einem großen Schraubenzieher oder Montiereisen hebt man das Lenkgehäuse an, und die Zwischenlagen lassen sich herausziehen.

Die Befestigungsklammern einsetzen

Die neue Zwischenlage wird über das Lenkgehäuse gestülpt und sorgfältig ausgerichtet.

Häufig müssen Fixiernasen in eine Aussparung der Gehäusebefestigung passen. Die Klammer wird über die neue Zwischenlage gelegt und mit einem Kunststoffhammer so ausgerichtet, daß man anschließend die Befestigungsschrauben ansetzen und anziehen kann.

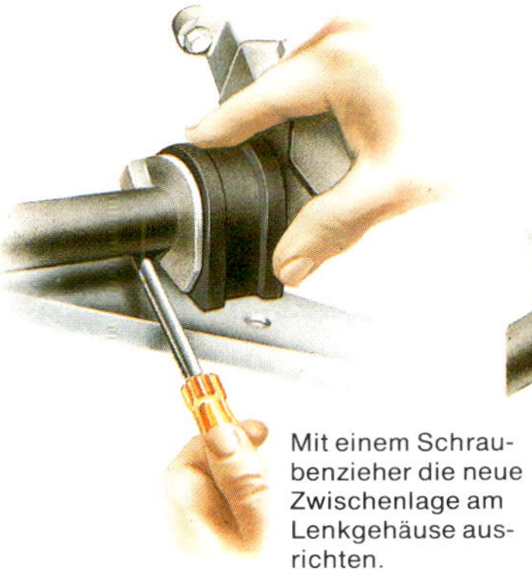

Mit einem Schraubenzieher die neue Zwischenlage am Lenkgehäuse ausrichten.

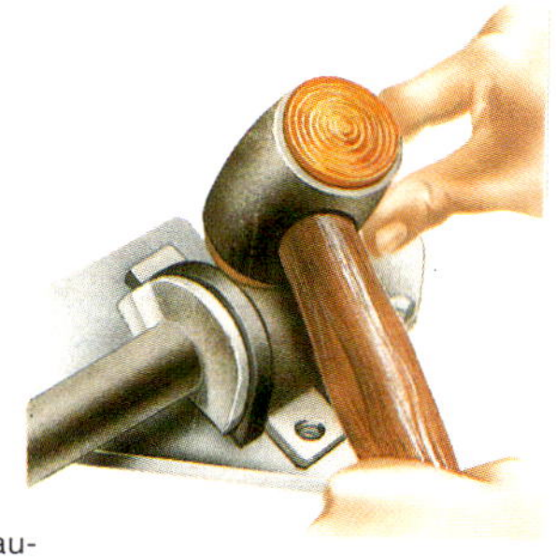

Den Klemmbügel so ausrichten, daß sich Schrauben oder Muttern leicht ansetzen lassen.

Eine Zahnstangenlenkung kontrollieren

Die Prüfung erfolgt auch bei Zahnstangenlenkungen bei belasteter Vorderachse. Zur Inspektion braucht man Auffahrrampen, eine Hebebühne oder eine Arbeitsgrube.

Das Spiel im Lenksystem läßt sich sehr viel leichter kontrollieren, wenn ein Helfer eingesetzt wird, der gleichzeitig am Lenkrad dreht.

Das Gehäuse der Zahnstangenlenkung ist mit Öl oder Fett gefüllt, das nicht routinemäßig erneuert wird. Es können sich aber im Lauf der Betriebszeit Undichtigkeiten durch Beschädigungen oder Verschleiß einstellen.

Zur Kontrolle reinigt man das gesamte Lenkgehäuse mit den Gummischutzhüllen. Gegebenenfalls muß Öl aufgefüllt werden. Nach einigen Kilometern Probefahrt kann man die Leckstellen besser orten. Durch die Reinigung kann man auch andere Schäden besser erkennen.

Sind die Schutzhüllen des Lenkgetriebes stark beschädigt und ist bereits Schmutz eingedrungen, muß die gesamte Zahnstangenlenkung aus Sicherheitsgründen zerlegt, gereinigt und geprüft werden.

Bei Arbeiten unter dem Fahrzeug sind in jedem Fall die Sicherheitsvorschriften zu beachten. Nicht unter dem Auto arbeiten, wenn das Gewicht des Wagens auf dem Wagenheber ruht! Das Fahrzeug ist zusätzlich immer mit Unterstellböcken zu sichern.

Bei Arbeiten an der Lenkung sollten Do-it-yourselfer sich mit der Kontrolle der Bauteile begnügen. Reparaturen und Einstellarbeiten sind immer Werkstattsache.

Werkzeug und Ausrüstung

Auffahrrampen, Hebebühne oder Arbeitsgrube, Gabelschlüssel, Kreide, Handlampe, Öl, Schraubenzieher

Prüfpositionen an einer Zahnstangenlenkung

Mit Ausnahme der Lenksäule findet man die gleichen Bauteile auch auf der anderen Fahrzeugseite vor.

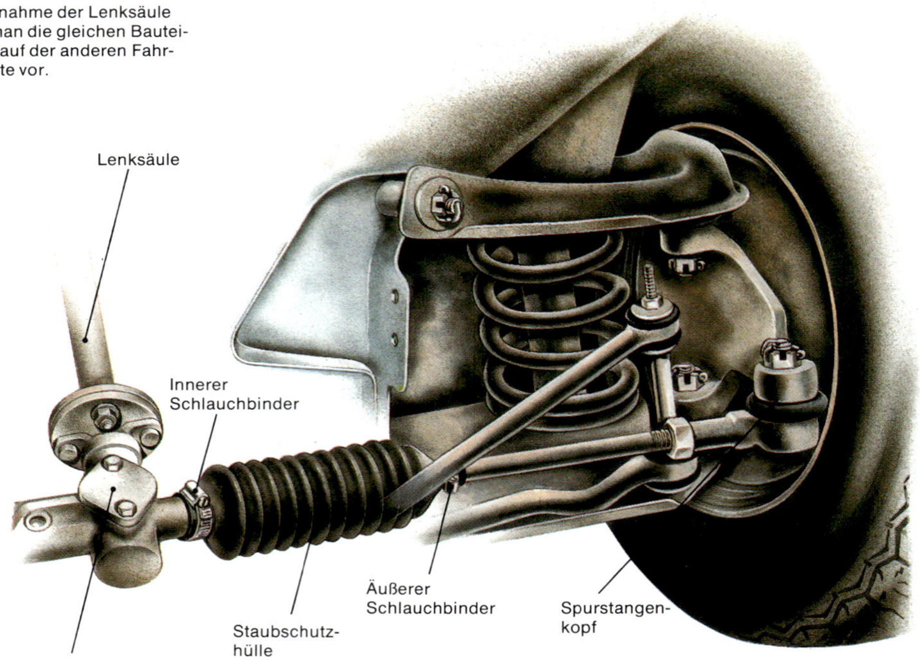

Das Lenkspiel prüfen

Die Zahnstangenlenkung darf nahezu kein Spiel haben. Jeder kleinsten Bewegung des Lenkrades muß ein sofortiger Ausschlag der Vorderräder folgen.

Zur Prüfung stellt man das Fahrzeug auf ebenem Boden ab und richtet die Lenkung geradeaus. Durch das geöffnete Fenster bewegt man das Lenkrad leicht hin und her und beobachtet dabei die Vorderräder.

Die Bewegung der Zahnstange und der Spurstange kann man oft nur von unten überwachen. Während ein Helfer das Lenkrad leicht hin- und herbewegt, prüft man das Auswandern der Zahnstange.

Um das Spiel exakt zu messen, hilft ein Kreidestrich am Lenkrad. Der Helfer dreht das Lenkrad langsam und hält es auf Zuruf fest, sobald man unter dem Fahrzeug die Bewegung der Zahn- oder Spurstange bemerkt.

Das Spiel der Lenkungsritzellagerung prüft man, indem man die Lenksäule von Hand auf- und abbewegt. Auch seitlich darf kein Spiel spürbar sein.

Bei dieser Gelegenheit wird auch die Klemmbefestigung der Lenksäule nachgezogen, auch dann, wenn ein verschraubtes Kardangelenk oder eine Gelenkscheibe Teil der Lenksäule ist.

Lenkradspiel

Will man das Lenkradspiel exakt messen, bringt man einen Kreidestrich am Lenkrad an. Der Finger markiert die Ausgangsposition.

Man dreht das Lenkrad leicht in eine Richtung, bis ein Helfer unter dem Fahrzeug bemerkt, daß die Spurstange oder Zahnstange auswandert. Ein größeres Spiel als 5 mm ist unzulässig.

Die Staubschutzhüllen prüfen

Staubschutzhüllen an Zahnstangenlenkungen schützen die rechts und links aus dem Gehäuse auswandernde Zahnstange vor Verschmutzung und verhindern, daß Öl oder Fett austritt.

Schäden an den Schutzhüllen, besonders bei Lenkungen mit Fettfüllung, stellen zunächst noch kein Problem dar. Allerdings dringen im Lauf der Betriebsdauer Staub und Wasser in die Lenkung ein.

Fährt man ohne eine Reparatur weiter, wird die Lenkung so beschädigt, daß ein neues Teil eingesetzt werden muß.

Da Staubschutzhüllen relativ preiswert sind, lohnt es sich, sie routinemäßig zu kontrollieren und, falls notwendig, sofort auszuwechseln.

Schäden an den Schutzhüllen, die faltenbalgartig ausgebildet sind, lassen sich nicht immer leicht feststellen.

Zunächst muß man den Balg mit einem Tuch kräftig abreiben. Öl- und Fettspuren, die außen anhaften, sind nicht immer ein Zeichen für eine schadhafte Schutzhülle. Das Fett kann auch von anderen Lenkungs- und Achsbauteilen stammen.

Zur Kontrolle zieht man die Segmente des Balgs auseinander. Erkennt man Risse oder versprödete Stellen, ist ein Austausch umgehend notwendig.

Faltenbälge sollten stets spannungsfrei montiert und nicht verdreht werden.

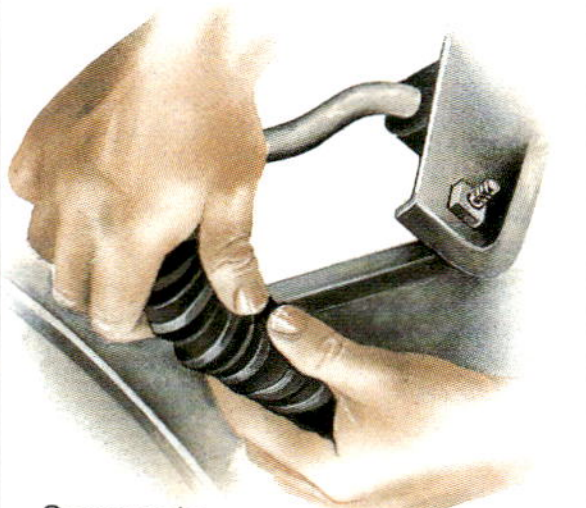

Segmente mit dem Daumen auseinanderklappen.

Besteht bei einem Schaden, z. B. im Urlaub, keine Reparaturmöglichkeit, sollte man die Schutzhülle behelfsmäßig mit Plastikfolie überziehen, die man mit Isolierband befestigt. Später ist die Schutzhülle auszuwechseln.

Schlauchbinder nicht übermäßig anziehen, damit die Schutzhülle nicht platzt.

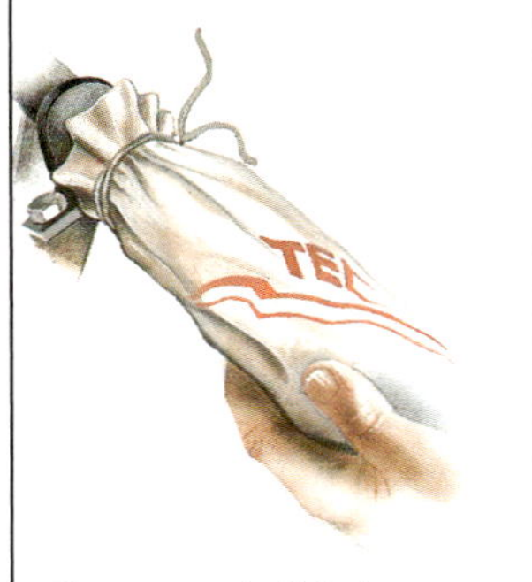

Notreparatur im Urlaub, wenn keine Ersatzschutzhülle zur Verfügung steht.

Die Staubschutzbälge einer Zahnstangenlenkung ersetzen 1

Wenn die Gummischutzbälge einer Zahnstangenlenkung brüchig werden, können Staub und Wasser eindringen. Die Folge ist ein erhöhter Verschleiß, denn Fett und Öl werden ausgewaschen.

Häufig muß die ganze Lenkung zerlegt und ersetzt werden. Diese sehr teure Reparatur kann man sich leicht ersparen, wenn man rechtzeitig beide Schutzbälge erneuert.

Dies ist sehr einfach, wenn sie außen rechts und links an der Zahnstangenlenkung angebracht sind.

Aufwendiger sind die hierbei anfallenden Arbeiten, wenn die Bälge innen liegen, wie beispielsweise bei manchen VW-Fahrzeugen. Dann muß in der Werkstatt die ganze Lenkung zerlegt werden.

Werkzeug und Ausrüstung

Wagenheber, Unterstellböcke, Schraubenzieher, Ersatzfett oder Öl, neue Schutzbälge und Befestigungsklemmen

Die Schutzbälge bei innenliegenden Schwenklagern auswechseln

Manchmal sind die Enden der Spurstangen durch ein großes Schwenklager mit den Spurstangen verbunden.

Zum Auswechseln der Schutzbälge wird die Spurstange an dieser Stelle gelöst und zur Seite geklappt.

Der Federklips am anderen Ende des Gummibalges wird freigelegt und der Balg vom Lenkgehäuse abgezogen.

Nach dem Lösen der Kontermutter dreht man auch die Einstellschraube der Schwenklager heraus und zählt die Umdrehungen.

Damit wird auch der Gummibalg frei.

Die Kontermutter sollte nun nicht mehr verdreht werden, da sie beim Komplettieren als Anschlag dient.

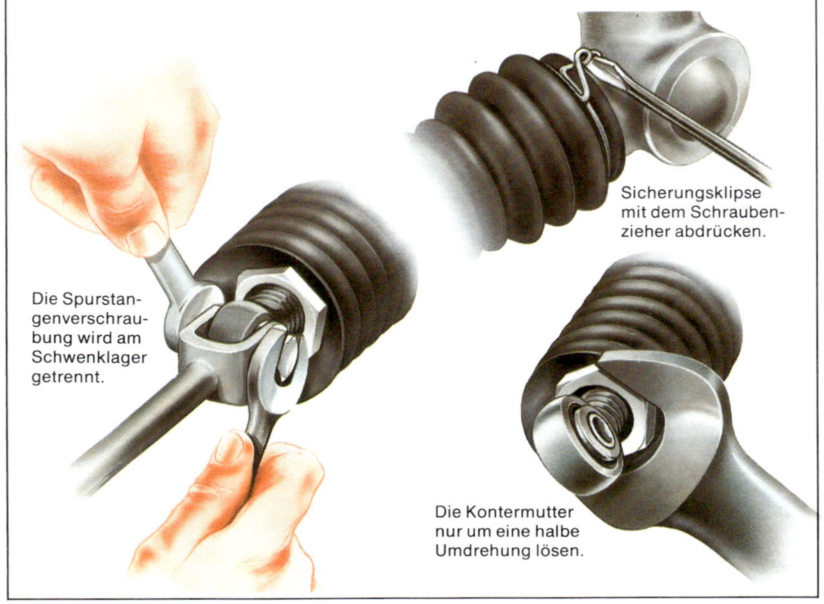

Die Spurstangenverschraubung wird am Schwenklager getrennt.

Sicherungsklipse mit dem Schraubenzieher abdrücken.

Die Kontermutter nur um eine halbe Umdrehung lösen.

Vorbereitungen zum Ausbau

Man löst die Verschraubungen der Vorderräder, bockt das Fahrzeug mit Wagenheber und Unterstellböcken auf und sichert es gegen Wegrollen mit der Handbremse und dem ersten Gang. Bei Fahrzeugen mit Getriebeautomatik legt man die Parkstellung ein.

Man nimmt die Vorderräder ab und schraubt die Kugelköpfe der Spurstange ab (siehe Seite 173–174). Die Spurstange wird gereinigt, damit sich der Gummibalg besser abziehen läßt.

Ist der Balg mit Schlauchschellen gesichert, merkt man sich die Lage oder mißt sie aus, damit man den neuen Balg in der gleichen Position spannungsfrei anbringen kann.

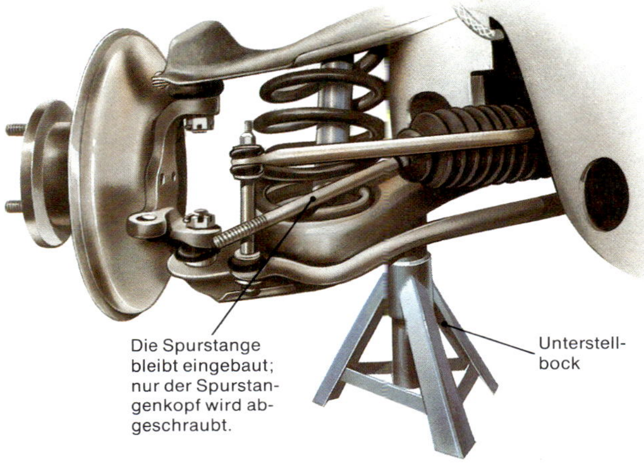

Vorderachse mit zwei Querlenkern und Zahnstangenlenkung

Die Spurstange bleibt eingebaut; nur der Spurstangenkopf wird abgeschraubt.

Unterstellbock

Den Faltenbalg ausrichten

Fehlen Markierungen, die Position vor dem Ausbau ausmessen.

Den Staubschutzbalg abziehen

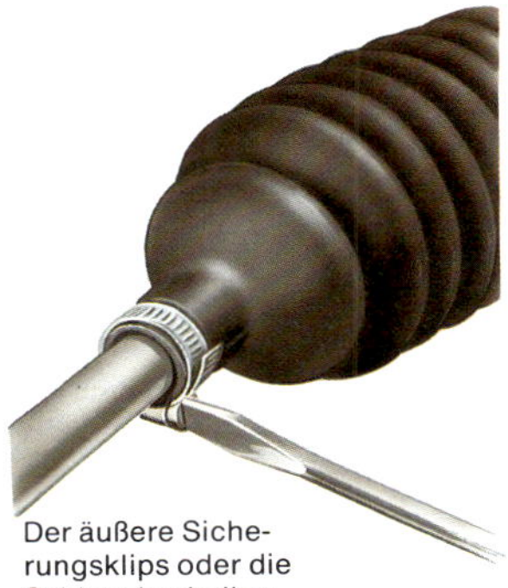

Der äußere Sicherungsklips oder die Schlauchschellen werden freigelegt und abgezogen.

Drahtklipse

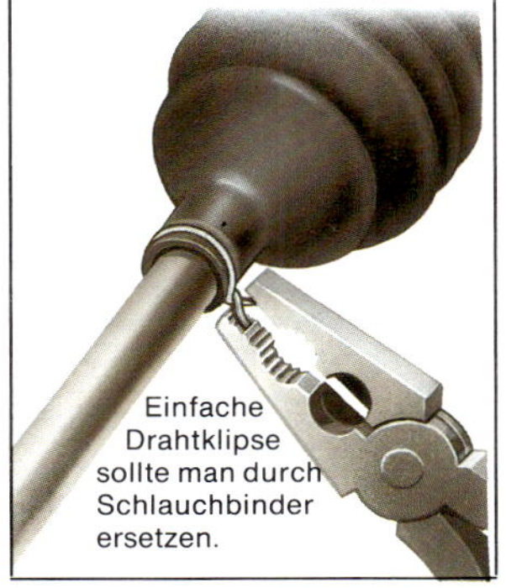

Einfache Drahtklipse sollte man durch Schlauchbinder ersetzen.

Den inneren Schlauchbinder lösen und zurückschieben.

Beim Abziehen des Gummibalgs vom Lenkgehäuse kann Öl austreten.

Bei einer mit Öl gefüllten Lenkung muß man einen Behälter unter das Fahrzeug stellen, um herauslaufendes Öl aufzufangen.

Manche Schutzbälge sind mit verschraubten Schellen befestigt, die man wieder verwenden kann. Einfache Drahtklipse schneidet man mit dem Seitenschneider auf und ersetzt sie später durch die besser geeigneten Schraubklemmen. Ist die innere Schlauchschelle gelöst und zurückgeschoben, kann der gesamte Schutzbalg vom Lenkgehäuse abgezogen werden, da der Kugelkopf der Spurstange bereits ausgebaut ist. Dabei kann Öl auslaufen, das man in einem Behälter auffängt.

Wenn der äußere Schlauchbinder wieder verwendet werden soll, wird er gründlich gereinigt und gangbar gemacht.

Die Staubschutzbälge einer Zahnstangenlenkung ersetzen 2

Reinigen, Prüfen und Einbauen

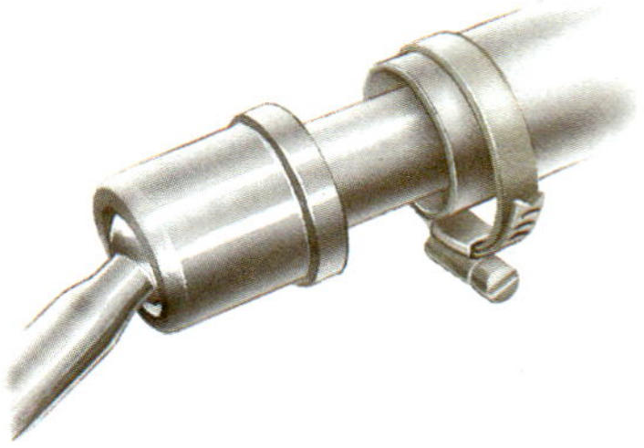

Die innere Schlauchschelle bleibt auf dem Lenkgehäuse zurück.

Der Gummibalg wird leicht eingefettet.

Durch Drehbewegungen fixiert man den Gummibalg in seiner Lage.

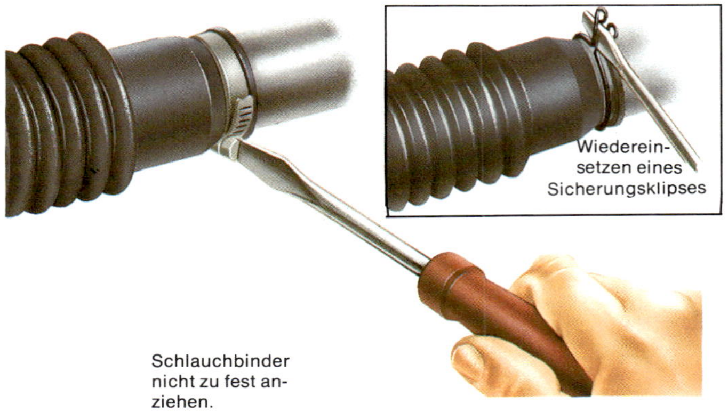
Wiedereinsetzen eines Sicherungsklipses

Schlauchbinder nicht zu fest anziehen.

Auch der äußere Schlauchbinder wird nach Ausrichten des Gummibalges angezogen.

Bei den freigelegten Teilen der Lenkung wird sorgfältig geprüft, ob Wasser und Staub eingedrungen sind.

Leichte Verschmutzungen reinigt man mit Preßluft und Putzlappen.

Ist die Verschmutzung allerdings bereits so weit fortgeschritten, daß die Lenkung schwergängig oder gar verschlissen ist, muß sie komplett ausgewechselt werden.

Ist dies nicht der Fall, genügt es, die Lenkung je nach Herstellerempfehlung neu mit Fett zu versorgen. Ölgefüllte Lenkungen füllt man auf, wenn der neue Staubschutzbalg aufgezogen ist.

Sind innere Gelenke vorhanden, werden sie durch kräftiges Ziehen auf Verschleiß geprüft und gegebenenfalls ersetzt.

Bevor man den neuen Staubschutzbalg aufzieht, muß man den außenliegenden Teil der Spurstange sorgfältig säubern, damit der Gummibalg beim Aufschieben keinen Schmutz erfaßt.

Können die alten Schlauchbinder übernommen werden, macht man sie vor dem Einsetzen des Gummibalges gangbar. Der innere Schlauchbinder wird über die Spurstange auf das Lenkgehäuse geschoben.

Der Staubschutzbalg wird, damit er sich leichter aufschieben läßt, innen mit Fett bestrichen und mit Drehbewegungen auf das Lenkgehäuse gezogen. Dabei den rechten und linken Balg nicht verwechseln, falls sie unterschiedlich lang sind.

Den Faltenbalg dichtet innen der bereits auf dem Lenkgehäuse vorhandene Schlauchbinder ab; diesen darf man nicht zu sehr festziehen, da sonst die Gefahr besteht, daß das Gummi platzt.

Nun wird das äußere Ende des Gummibalges in Position gebracht und ebenfalls mit der Schlauchschelle befestigt. Bei ölgefüllten Lenkungen ist vorher das fehlende Öl zu ergänzen.

Der äußere Spurstangenkopf wird wieder mit dem Achsschenkel verbunden und die Mutter mit einem Splint gesichert. Selbstsichernde Muttern sind immer zu erneuern.

Lenksysteme mit innenliegender Spurverstellung

Wenn der alte Faltenbalg entfernt ist, prüft man die Zahnstange und das Gehäuseinnere.

Eingedrungene Schmutzteile entfernt man mit Preßluft und einem Lappen. Ist die Lenkung schwergängig oder beschädigt, muß das Lenksystem ausgewechselt werden.

Die gereinigte Zahnstange wird mit Fett versorgt. Den inneren Federklips reinigt man und verwendet ihn wieder, wenn er noch genügend Spannung hat.

Der Faltenbalg wird mit beiden Händen zusammengepreßt und auf die Zahnstange geschoben. Der Drahtring sichert ihn auf dem Lenkgehäuse.

Die Spureinstellschraube wird wieder in die Zahnstange eingeschraubt. Dabei zählt man die Umdrehungen wie beim Ausbau.

Beim Anziehen der Sicherungsmuttern wird das Auge der Spurstangenbefestigung ausgerichtet.

Anschließend zieht man den Staubschutzbalg bis zu einer angebrachten Vertiefung vor.

Bei dieser Gelegenheit sollte man stets auch das Schwenklager im Befestigungsauge der Spurstange prüfen.

Falls es trocken ist, kann man es bei dieser Gelegenheit leicht einfetten.

Den Gummibalg mit beiden Händen zusammendrücken und mit der großen Öffnung voran auf die Lenkung schieben.

Wie beim Ausbau auch beim Einbau die Umdrehungen der Einstellschraube zählen und die Kontermutter anziehen.

Das äußere Ende des Balges liegt in einer Vertiefung und wird vorgezogen.

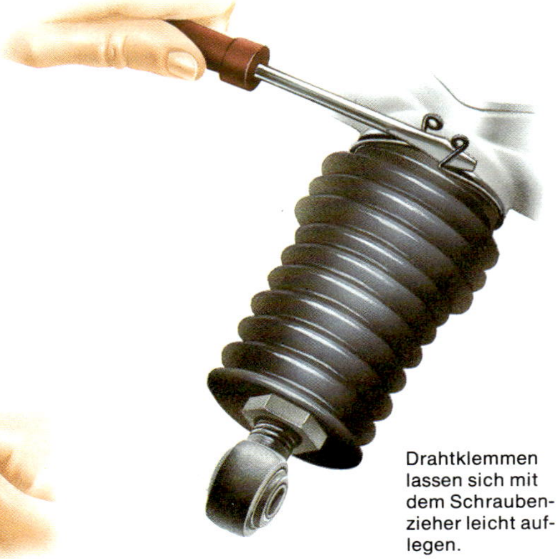

Drahtklemmen lassen sich mit dem Schraubenzieher leicht auflegen.

Eine Servolenkung prüfen

Der Zustand einer kompletten Servolenkanlage sollte im Rahmen der Inspektionen oder aber spätestens bei Eintritt einer Störung geprüft werden.

Einen vollständigen Ausfall der Lenkhilfe bemerkt man daran, daß sich das Lenkrad nur noch schwer drehen läßt. Zur Prüfung kontrolliert man den Hydraulikflüssigkeitsstand im Vorratsbehälter. Fehlt Flüssigkeit, ist die Anlage auf Leckstellen zu untersuchen.

Da an solchen Stellen Luft eintritt, muß das System nach Beheben des Lecks entlüftet werden.

Der Vorratsbehälter kann direkt auf dem Pumpengehäuse montiert sein. Die Pumpe findet man in der Nähe des Keilriementriebes seitlich am Motor. Bei manchen Systemen ist auch ein separater Behälter vorhanden, wobei eine Schlauchleitung die Verbindung zur Pumpe herstellt.

Den Stand der Hydraulikflüssigkeit prüft man, wenn das Fahrzeug auf ebener Fläche auf seinen vier Rädern steht. Gewisse Schwankungen im Flüssigkeitsniveau sind möglich, wenn das System kalt oder warm ist. Häufig sind entsprechende Markierungen vorhanden, die darauf hinweisen, welche Schwankungsbreite in Kauf genommen werden kann.

Man kontrolliert alle Verschraubungen der Anschlußleitungen. Lecks lassen sich leichter finden, wenn man die Lenkung vor der Prüfung mit Kaltreiniger säubert. Wird Hydraulikflüssigkeit nachgefüllt, sollte man immer vom Hersteller freigegebene Originalflüssigkeit verwenden.

Werkzeug und Ausrüstung

Gabelschlüssel, Schraubenzieher, Kaltreiniger, Handlampe

Servolenkung

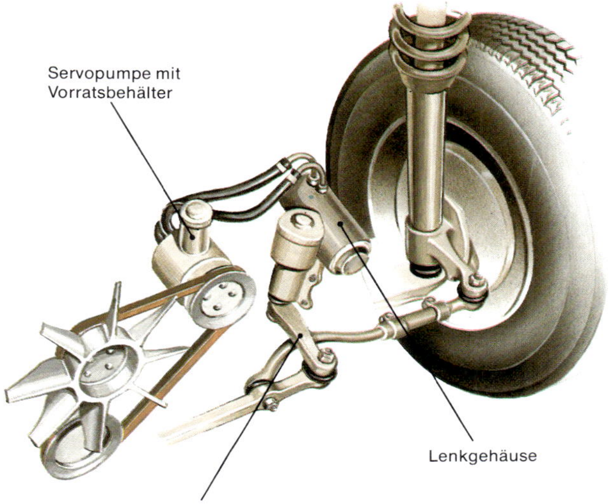

Der in der Pumpe erzeugte Hydraulikdruck wirkt über ein Kolbensystem auf das Lenkgetriebe und erleichtert das Lenken.

Den Flüssigkeitsstand prüfen

Das Fahrzeug wird auf einen ebenen Platz gestellt. Wenn man den Vorratsbehälter geöffnet hat, erkennt man eine Minimal- und eine Maximalmarkierung mit Hinweisen, welche dieser beiden Markierungen bei kalter bzw. warmer Hydraulikflüssigkeit verbindlich ist.

Manchmal hat der Deckel des Behälters einen Peilstab. Bei anderen Systemen dreht man die Flügelmutter vom Deckel herunter und nimmt ihn ab. Die Markierung sitzt dann seitlich am Gehäuse.

Deckel des Vorratsbehälters mit Peilstab. Man erkennt die Minimal- und Maximalmarkierung.

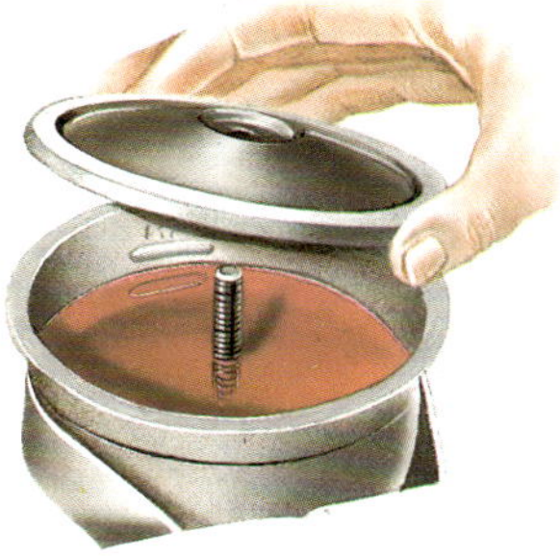

Deckel eines Vorratsbehälters mit Flügelmutter. Die Peilmarken befinden sich an der Gefäßwandung.

Servohilfe einer Zahnstangenlenkung

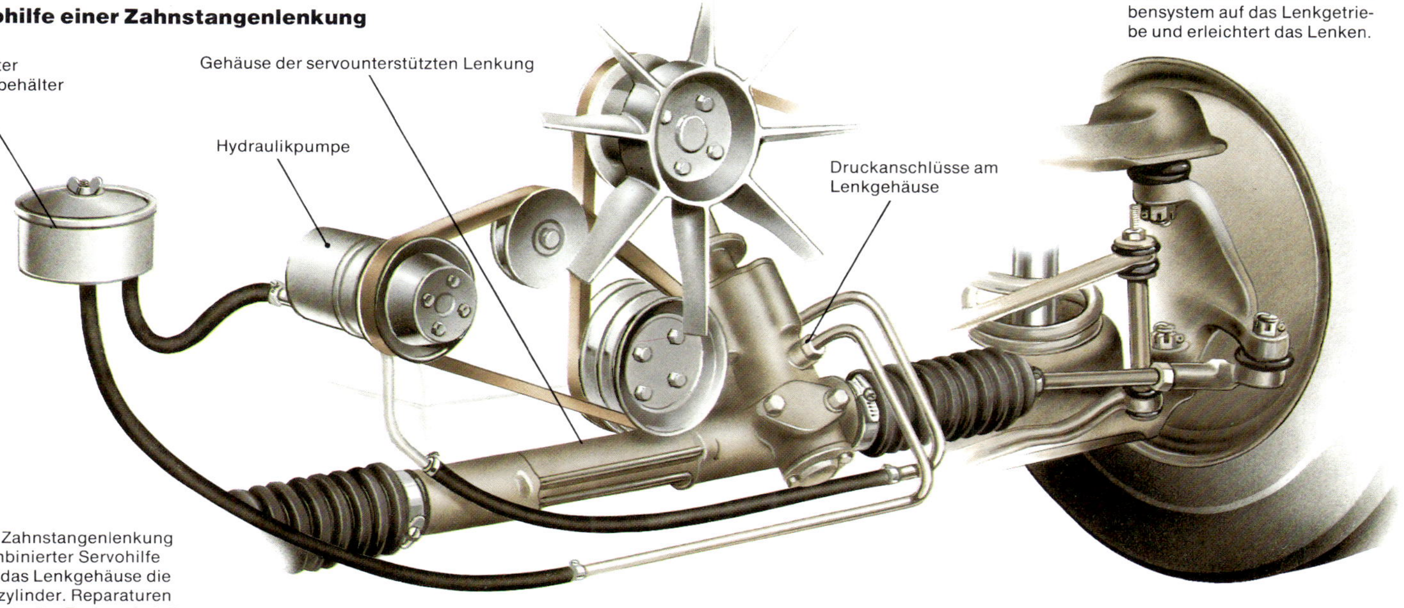

Bei der Zahnstangenlenkung mit kombinierter Servohilfe enthält das Lenkgehäuse die Arbeitszylinder. Reparaturen sind Sache der Fachwerkstatt.

Das System entlüften

Man zieht die Handbremse des Fahrzeuges an und bringt den Getriebeschalthebel in die neutrale Stellung.

Bei Automatikgetrieben stellt man den Wählhebel auf die Position „P".

Der Motor sollte Betriebstemperatur haben und im Leerlauf drehen.

Man bewegt die Lenkung im Stand mehrfach von Anschlag bis Anschlag und schaltet dann den Motor ab.

Wenn man nach Abnehmen des Deckels beobachten kann, daß aus dem Vorratsbehälter Blasen aufsteigen, befindet sich Luft im System.

Man füllt Hydraulikflüssigkeit bis zur Maximalmarkierung auf und verschraubt den Vorratsbehälter.

Das Fahrzeug wird vorne angehoben und durch Unterstellböcke gesichert; dabei sind die Sicherheitshinweise auf Seite 55 zu beachten.

Nach Prüfen des Flüssigkeitsstandes startet man den Motor und dreht die Lenkung langsam von Anschlag zu Anschlag. Anschließend prüft man den Flüssigkeitsstand noch einmal und schaltet den Motor wieder ab.

Dann stellt man das Fahrzeug wieder auf die Räder und startet den Wagen erneut.

Die Lenkung wird abermals etwa fünfmal von Anschlag zu Anschlag gedreht und der Flüssigkeitsstand noch einmal einer abschließenden Kontrolle unterzogen.

Den Keilriemen an der Servolenkung einstellen und erneuern

Lenkhilfesysteme benötigen zur Druckversorgung eine Hydraulikpumpe, die von einem Keilriemen im Bereich des Riemenantriebs für die Wasserpumpe oder die Lichtmaschine angetrieben wird. Eine Doppelriemenscheibe der Kurbelwelle treibt gleichzeitig zwei Keilriemen an. Bei modernen Fahrzeugen gibt es auch Einriemenantriebe.

Ohne die richtige Keilriemenspannung rutscht der Riemen durch, und man hört laute Pfeifgeräusche; der Keilriemen verschleißt schneller und kann reißen. Zusätzlich fehlt der notwendige Hydraulikdruck für die Servolenkung.

Der Keilriemen wird mit der schwenkbaren Servopumpe gespannt, die mit einer Schraube in einem Langloch fixiert wird. Manchmal gibt es auch zusätzliche Spannschrauben im Langloch.

Bei einer Inspektion prüft man den Riemen auf Risse und Brüche. In jedem Fall wird sein Zustand kontrolliert, wenn man ungewöhnliche Geräusche des durchrutschenden Riemens hört.

Die Inspektion erfolgt meist durch die offene Motorhaube. Wenn der Keilriemenantrieb von oben nicht zugänglich ist, muß man das Fahrzeug allerdings aufbocken.

Bei Fahrzeugen mit Lenkhilfe sollte man immer einen Ersatzkeilriemen mitführen, da man im Notfall oft keinen passenden Keilriemen erhält.

Wenn die Lenkhilfe ausfällt, reagiert das Fahrzeug auf Lenkeinschläge sehr schwerfällig und träge, so daß die Weiterfahrt nur mit größter Vorsicht möglich ist.

Werkzeug und Ausrüstung

Lineal, Meterstab, Gabelschlüssel, Schraubenzieher, Wagenheber und Unterstellböcke, Sicherungskeile

Lage der Hydraulikpumpe für die Lenkhilfe

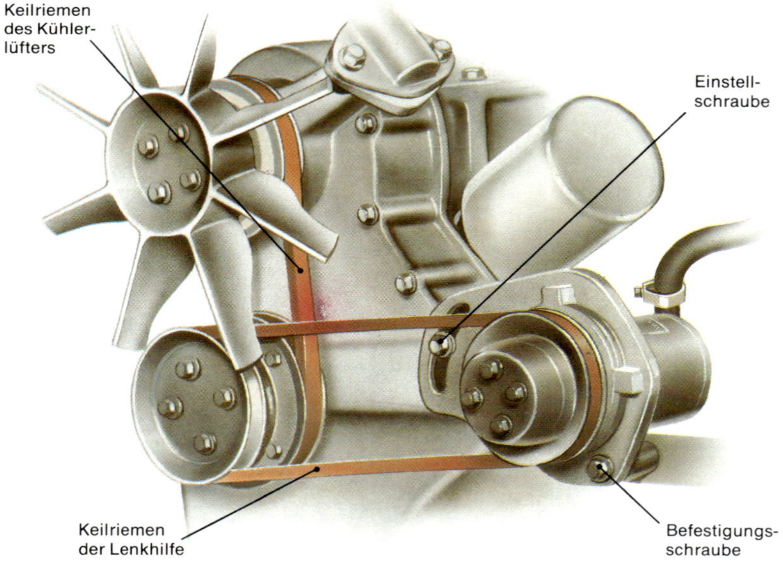

Die Keilriemenspannung prüfen und einstellen

Man prüft, ob der Keilriemen in einer Linie läuft. Keilriemenscheiben dürfen nicht versetzt montiert sein.

Um die Keilriemenspannung zu prüfen, legt man ein Lineal auf den längsten freiliegenden Teil des Riemens und drückt ihn mit dem Daumen mäßig stark nach unten.

Der Riemen darf sich am tiefsten Punkt etwa 10 bis 15 mm durchdrücken lassen, sonst muß die Riemenspannung eingestellt werden.

Dazu löst man die Klemmschraube im Langloch der Riemenverstellung und bewegt die Pumpe vom Motor weg, bis sich der Riemen nicht mehr zu weit durchdrücken läßt.

Manchmal muß man auch die Schraube am Drehpunkt der Pumpe lösen, allerdings nur um eine halbe Umdrehung.

Läßt sich die Pumpe nur schwer bewegen, setzt man einen kräftigen Schraubenzieher und ein Montiereisen an, das man am Motorblock und am Pumpengehäuse abstützt. Vorsicht, keine Schläuche oder Rohrleitungen beschädigen!

Während man mit einer Hand die Pumpe auf Spannung hält, zieht die zweite Hand die Einstellschraube im Langloch fest.

Anschließend wird die Riemenspannung noch einmal gemessen und gegebenenfalls korrigiert.

Man zieht Einstell- und Befestigungsschrauben der Pumpe fest, führt einen kurzen Probelauf durch und mißt die Keilriemenspannung erneut.

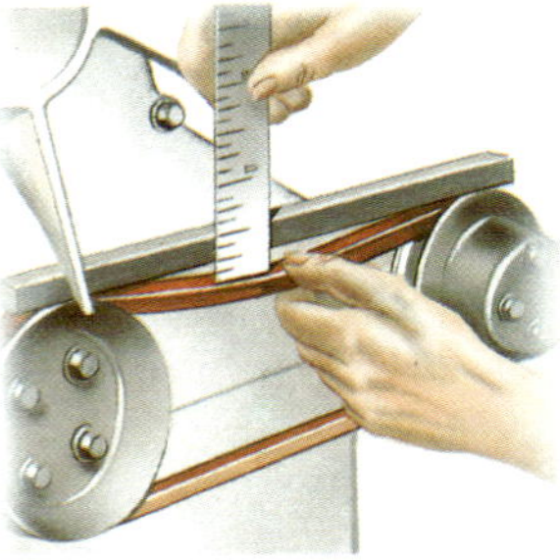

Den Keilriemen zwischen zwei Riemenscheiben mit dem Daumen

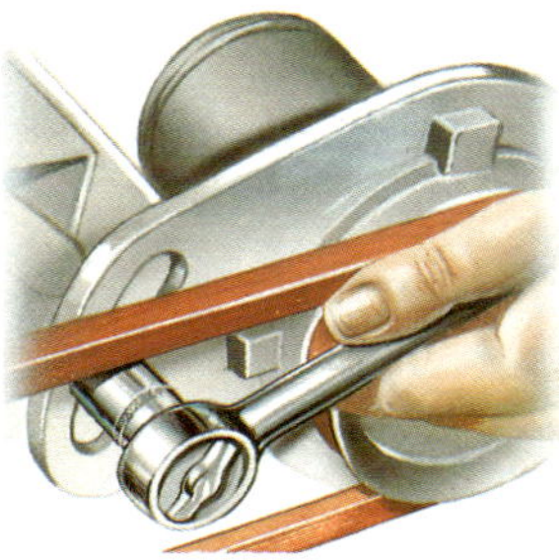

durchdrücken. Die Einstellschraube nur lösen, aber nicht ausbauen.

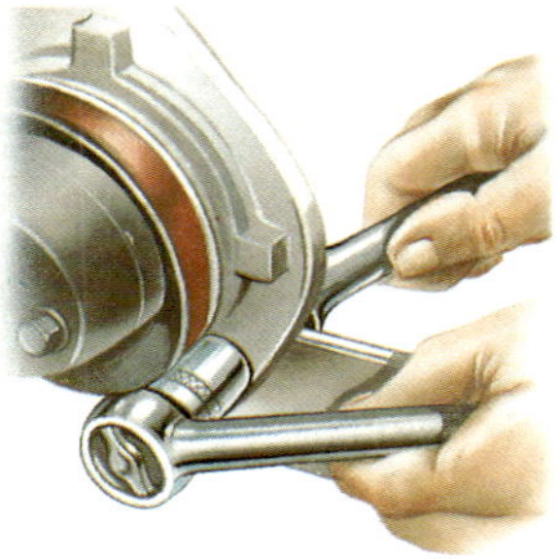

Falls notwendig, auch die Befestigungsschraube der Pumpe lösen.

Systeme mit Spannrolle

Die Einstellung ist besonders einfach, wenn ein Hebelarm am Ende eine Spannrolle trägt, die auf den Keilriemen drückt.

Die Lage des Arms kann man mit einer Einstellschraube variieren. Man löst je eine Sicherungs- und Befestigungsschraube der Spannvorrichtung und verdreht die Einstellung so lange, bis die Spannung stimmt.

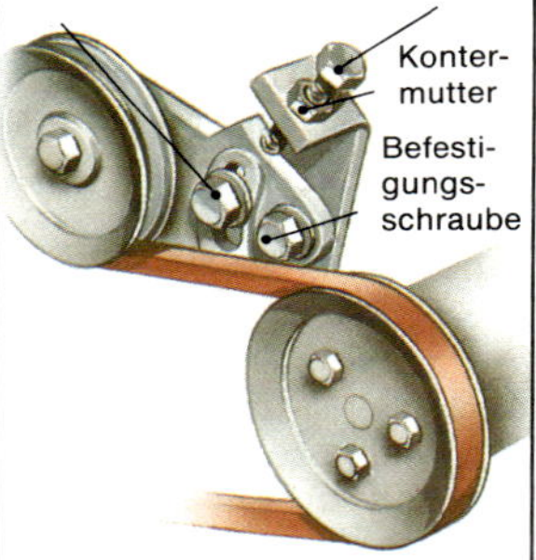

Durch Verdrehen der Schraube die Spannung einstellen.

Den Keilriemen prüfen

Man nimmt den Keilriemen in beide Hände und prüft ihn Abschnitt für Abschnitt durch leichtes Verdrehen.

Bei Alterungsrissen, Brüchen oder anderen Schäden ist er sofort auszuwechseln.

Einen nicht völlig durchgerissenen Keilriemen kann man als Reserve mitführen.

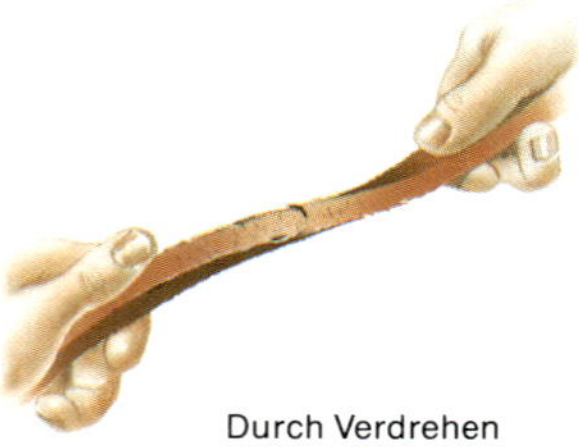

Durch Verdrehen kann man Risse und Brüche leichter feststellen.

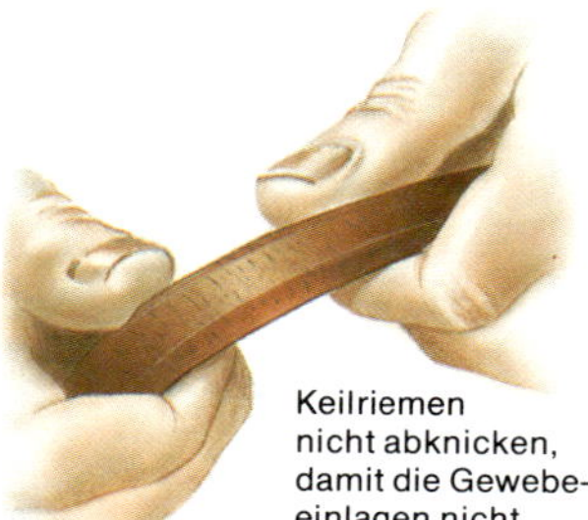

Keilriemen nicht abknicken, damit die Gewebeeinlagen nicht brechen!

Den Keilriemen auswechseln

Keilriemen sollte man nie mit einem Montiereisen ohne Nachlassen der Einstellschrauben abdrücken, um die Keilriemenscheiben nicht zu beschädigen.

Zum Abnehmen des Keilriemens löst man vielmehr die Einstell- und Befestigungsschrauben der Pumpe und drückt diese möglichst weit an den Motor heran.

Den neuen Keilriemen legt man zuerst auf eine Riemenscheibe und dann drehend auf die zweite. Mit einem Ringschlüssel läßt sich die Riemenscheibe leichter drehen.

Herkömmliche Keilriemen werden nach etwa 100 km Fahrstrecke nachgespannt, moderne flankenoffene Riemen nicht.

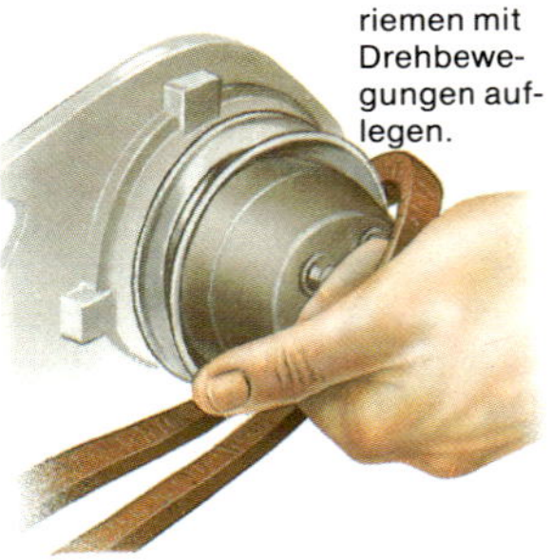

Den Keilriemen mit Drehbewegungen auflegen.

Die Bremsanlage auf Dichtigkeit prüfen

Bei Bremsenreparaturen durch eine Werkstatt wird auch die Dichtigkeit des Systems geprüft. Läßt sich das Pedal federnd durchtreten, ist dies ein Zeichen für eine Leckstelle oder Luft in einem Bremskreis.

Ist der Flüssigkeitsstand im Vorratsbehälter zu niedrig, können sich auch die Bremsbeläge abgenutzt und automatisch nachgestellt haben.

Der Hauptbremszylinder mit dem Vorratsbehälter sitzt meist im Motorraum an der Spritzwand. Für den Flüssigkeitsstand im Behälter gibt es eine Minimum- und eine Maximummarkierung.

Bei Behältern aus durchsichtigem Kunststoff sieht man den Flüssigkeitsstand von außen.

Grundsätzlich ist das Bremssystem sehr gründlich zu prüfen, denn bei Flüssigkeitsverlust kann ein Bremskreis vollständig ausfallen!

Zwei häufige Leckstellen sind bei Trommelbremsen verschlissene Manschetten der Radbremszylinder und des Hauptbremszylinders.

Undichtigkeiten an Bremssätteln von Scheibenbremsen sind seltener.

Andere Fehlerquellen sind brüchige Bremsschläuche oder gar von Rost angefressene Bremsleitungen.

Findet man keine Leckstellen, obwohl man einen kontinuierlichen Flüssigkeitsverlust beobachtet hat, sollte man die Bremse zusätzlich unter Druck prüfen. Werkstätten setzen dabei das Bremssystem mit einer besonderen Vorrichtung, die zwischen Pedal und Sitz eingespannt wird, unter Vorspannung. Die gleiche Wirkung erreicht man auch dann, wenn ein Helfer das Bremspedal mit großer Kraft tritt. Der zusätzliche Druck läßt auch schwache Lecks deutlich werden.

Tritt keine Bremsflüssigkeit aus und läßt der Bremsdruck trotzdem nach, ist eine Manschette im Hauptbremszylinder verschlissen, und dieser muß komplett ausgewechselt werden.

Bremsbeläge, die durch austretende Bremsflüssigkeit oder gar Fett verunreinigt sind, müssen immer erneuert werden.

Beläge muß man grundsätzlich achsweise austauschen. Es besteht sonst die Gefahr, daß durch einseitige Bremswirkung das Fahrzeug beim Bremsen ausbricht oder die Bremse einseitig zieht.

Werkzeug und Ausrüstung

Schraubenschlüssel, Schlauchklemme, Stahlbürste, Rostlöser, Wagenheber, Stützböcke oder Hebebühne

Bremsanlage

Der hydraulische Druck pflanzt sich durch die Bremsleitungen zu den einzelnen Rädern fort. Aus dem Vorratsbehälter des Hauptbremszylinders werden die Leitungen mit Bremsflüssigkeit versorgt.

Kontrolle mit einer Schlauchklemme

Wenn sich das Pedal weich und federnd durchtreten läßt, werden mit der Schlauchklemme nacheinander die flexiblen Schläuche abgequetscht. Läßt sich dann das Bremspedal nicht mehr so weich durchtreten, liegt der Defekt im abgeklemmten Bremskreis und in den dazugehörigen Bauteilen.

Radbremszylinder

Starke Lecks am Radbremszylinder einer Trommelbremse erkennt man an Flüssigkeitsspuren im Bereich der Bremsträgerplatte, der Felge oder am Reifen. Häufig zieht dann auch die Bremse einseitig, weil die Bremsbeläge verschmiert sind. Ein undichter Radbremszylinder ist wie die Bremsbeläge zu erneuern.

Bremsleitungen und Schraubverbindungen

Leitungen bzw. Schraubverbindungen müssen sorgfältig mit einer Stahlbürste gereinigt werden. Läßt sich ein oberflächlicher Rostansatz leicht abbürsten, ist er ungefährlich. Die Leitungen werden mit Rostschutzfarbe gestrichen.

Bemerkt man allerdings Rostfraß und ist das Material der Bremsleitungen bedenklich geschwächt, ist das betreffende Leitungsteil komplett auszuwechseln.

Schwierig beim Auswechseln von Leitungen ist besonders das Lösen von Verschraubungen. In der Werkstatt reinigt man deshalb Schraubverbindungen von Bremsleitungen mit Rostlöser, läßt diesen einige Zeit einwirken und lockert dann vorsichtig die Muttern durch wiederholtes Vor- und Zurückdrehen.

Bremsleitungen dürfen beim Einbau nicht geknickt oder so montiert werden, daß Scheuerstellen entstehen. Wichtig ist ein gut passender Schraubenschlüssel, damit die Muttern nicht beschädigt werden.

Achtung: Stark verrostete Bremsleitungen werden bei der Hauptuntersuchung beanstandet. Es genügt auf keinen Fall, verrostete Leitungen dick mit Unterbodenschutz einzustreichen, da der Prüfer diesen Trick kennt.

Bremsschläuche

Flexible Bremsschläuche müssen beim Fahren jedem Radausschlag und den Einfederungsbewegungen folgen und unterliegen höchsten Beanspruchungen. Achtung bei Bremsschläuchen, die sehr nahe an Achsteilen verlegt sind: Sind hier Scheuerstellen?

Zur Prüfung kann man den Schlauch mit den Händen leicht abknicken. Erkennt man dabei winzige Risse an der Außenhülle, müssen solche Schläuche unverzüglich ausgewechselt werden.

Hauptbremszylinder

Einen undichten Hauptbremszylinder erkennt man durch Bremsflüssigkeitsspuren unter dem Zylinder an der Spritzwand. Manchmal gelangt die Flüssigkeit auch in den Fußraum und verursacht dort einen eigentümlichen Geruch.

Man sieht Lecks an dieser Stelle meist erst, wenn man die Schutzmanschette der Kolbenstange zurückschiebt. Ein undichter Hauptbremszylinder muß sofort ausgewechselt werden.

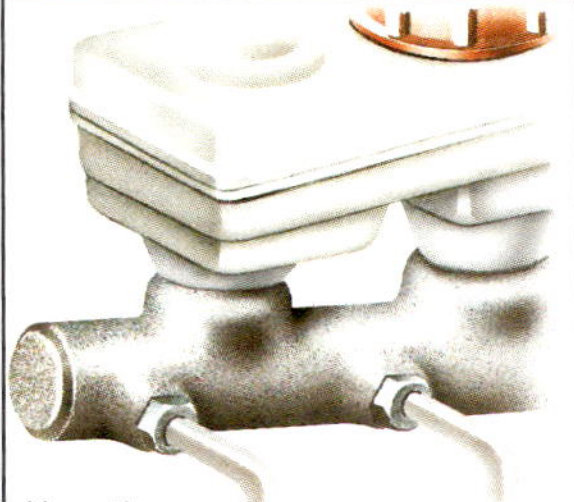

Hauptbremszylinder mit Vorratsbehälter

Undichtigkeiten an Scheibenbremsen

Zur Kontrolle von Scheibenbremsen baut man die Bremsklötze aus (siehe Seite 215). Bei Flüssigkeitsspuren an der Staubmanschette am Bremskolben den Bremssattel auswechseln!

Staubschutzkappe anheben.

Die Bremsen einstellen 1

Scheibenbremsen stellen sich selbsttätig nach, wenn sie abgenutzt werden, so daß ein Nachstellen entfällt. Hingegen müssen manche Trommelbremsen von Zeit zu Zeit neu eingestellt werden, wobei die Fußbrems- und die Handbremseinstellung separat zu korrigieren sind.

Die Bremsbacken werden so nachgestellt, daß der Belag die Innenfläche der Trommel beinahe berührt. Wenn man nun das Bremspedal niedertritt, gibt es somit keinen Leerweg, sondern die Backen erfassen die Trommel sofort ohne jegliches Spiel. Dieses Spiel vergrößert sich in dem Maß, wie die Beläge abgenützt werden, der Pedalweg vergrößert sich ebenfalls dementsprechend, und der Bremsvorgang setzt folglich mit einer wachsenden Verzögerung ein.

Manche Autofahrer versuchen diesen Leerweg durch mehrmaliges Betätigen des Pedals, das sogenannte Pumpen, auszugleichen. Es steht jedoch außer Frage, daß diese Technik in der Notsituation versagt; deshalb sollte die Bremse immer richtig eingestellt sein. Bei den Bremsen kann die geringste Nachlässigkeit tödliche Folgen haben. Nachstellbare Trommelbremsen besitzen unterschiedliche Nachstellvorrichtungen. Durch einen Blick auf die Bremsträgerplatte auf der Rückseite kann man feststellen, welche Technik bei dem betreffenden Modell benutzt wird. Häufig ist das Ende der Nachstellvorrichtung als Vierkant ausgebildet und ragt aus dem Bremsträger heraus.

Die Nachstellung selbst erfolgt durch einen Keil oder einen Exzenter im Inneren. Einige Vorrichtungen besitzen auch Sechskantzapfen, die die gleiche Funktion haben.

Die Zapfen sind häufig versenkt bzw. schwer zugänglich. Um Beschädigungen zu vermeiden, verwendet die Werkstatt zum Nachstellen Spezialschlüssel. Bei Schwergängigkeit muß man die Nachstellvorrichtung mit einer Stahlbürste gründlich reinigen und mit einem Rostlöserspray gangbar machen.

Die Nachstellvorrichtung besteht manchmal aus einer Rändelmutter oder einer Rändelhülse, die durch ein Loch in der Bremsträgerplatte oder von vorn durch die Bremstrommel zugänglich ist. Damit man besser an die Einstellung herankommt, kann man das Rad abnehmen.

Wichtig ist nach Abschluß der Einstellarbeiten die Prüfung, ob jedes Rad völlig frei läuft. Wenn die Bremse zu fest eingestellt ist, können Überhitzungen die Bremsanlage oder eventuell auch das gesamte Radlager zerstören. Deshalb sollte man während des Nachstellvorganges gelegentlich zwischendurch fest auf die Bremse treten, damit sich die Bremsbacken zentrieren und um sicherzugehen, daß die Bremsen nicht schleifen.

Neuere Fahrzeuge besitzen bereits Trommelbremsen, die selbstnachstellend sind. Hier entfällt der beschriebene Arbeitsvorgang. Wichtig ist auch bei diesen Systemen, daß ein Laufrad völlig frei und ohne Schleifwirkung läuft. Sollte das nicht der Fall sein, muß der Wagen sofort in die Werkstatt. Nachlässigkeit ist gefährlich, und unfachmännisch ausgeführte Reparaturversuche haben hier schlimme Folgen.

Werkzeug und Ausrüstung

Wagenheber, Unterstellböcke oder Hebebühne, Schraubenschlüssel, Nachstellschlüssel, Schraubenzieher, Zange, Stahlbürste, Rostlöser, Handlampe und Rollbrett

Nachstellvorrichtung mit Keil

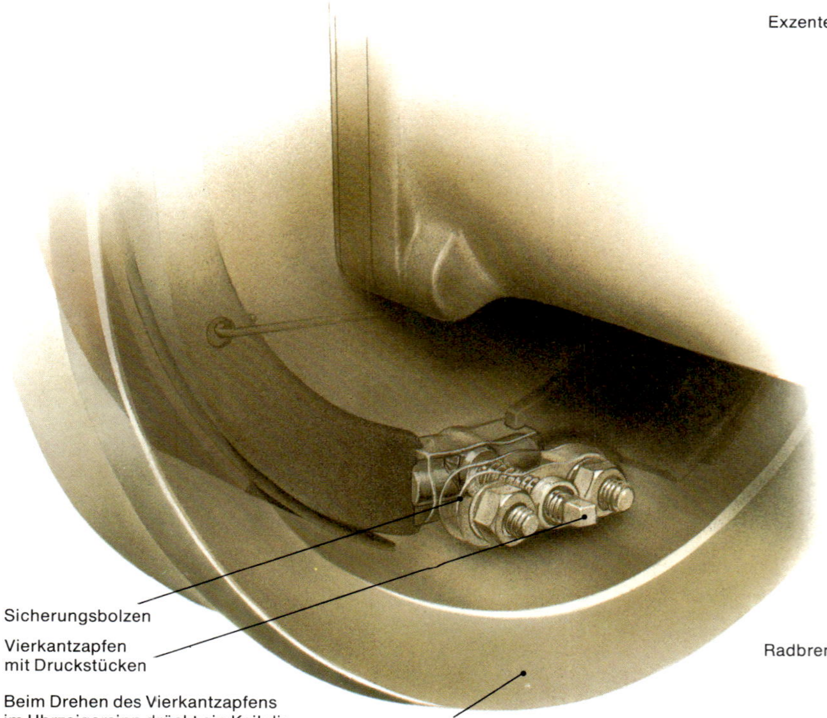

Beim Drehen des Vierkantzapfens im Uhrzeigersinn drückt ein Keil die Bremsbacken auseinander.

Nachstellvorrichtung mit Exzenter

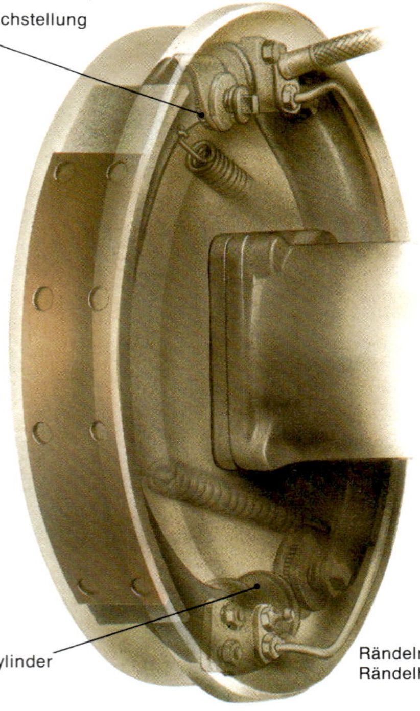

Der Zapfen dreht eine Exzenterschraube gegen die Bremsbacke und bewegt sie nach außen.

Rändelmutter oder Rändelhülse

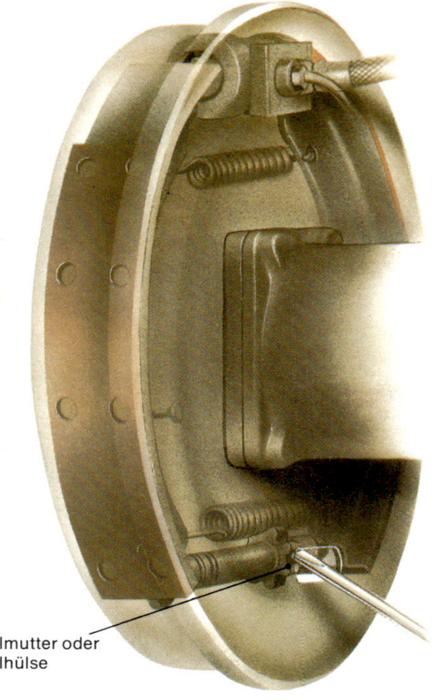

Die Mutter dreht sich auf einer Gewindestange, die die Bremsbacken auseinanderdrückt.

Selbsttätige Nachstellvorrichtung

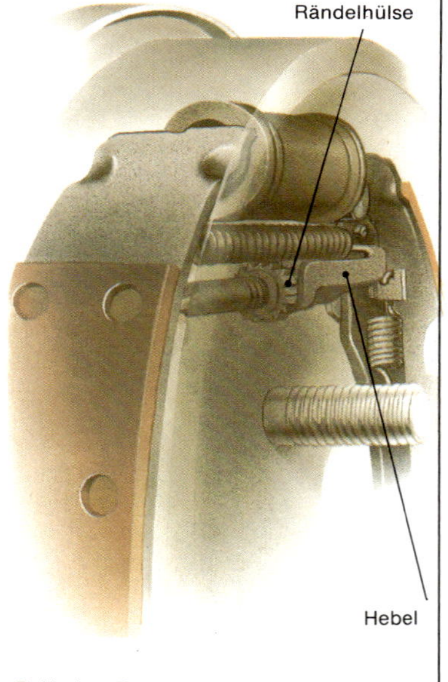

Bei jedem Bremsvorgang bewegt ein Hebel die Rändelhülse, die die Bremsbacken nachstellt. Eine besondere Vorrichtung verhindert, daß sich die Bremse zu stark nachstellt.

Die Bremsen einstellen 2

Einstellen mit Rändelmutter oder Rändelhülse

Der Mechaniker entfernt die Schutzkappe vor der Nachstellöffnung in der Bremsträgerplatte. Mit einer Schraubenzieherklinge dreht man die Nachstellmutter meist im Uhrzeigersinn so lange, bis die Radbremse festsitzt.

Dann muß man darauf achten, daß die Radbremse wieder frei wird. Man dreht zwar so lange, bis das Rad festsitzt, nimmt aber dann die Einstellung um ein bis zwei Rasten zurück und tritt gelegentlich auch probeweise auf die Bremse.

Die Gummikappe der Nachstellöffnung am Bremsträger wird entfernt, darunter liegt die Rändelmutter.

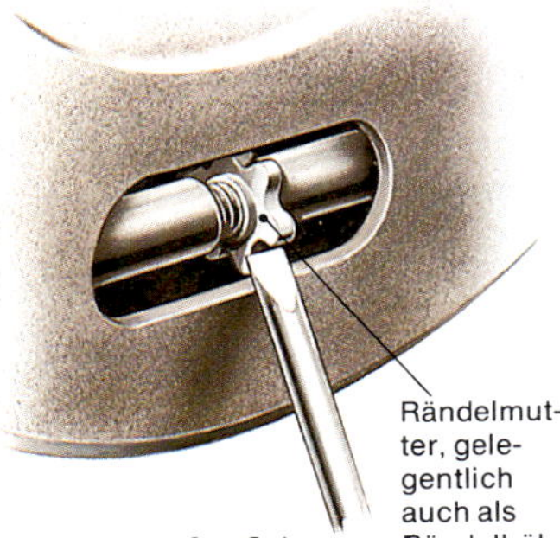

Mit einem großen Schraubenzieher oder anderem geeignetem Werkzeug wird die Rändelmutter gedreht.

Die selbsttätige Nachstellvorrichtung lösen

Selbsttätige Nachstellvorrichtungen bewirken jederzeit die optimale Einstellung einer Bremse. Sie erschweren aber andererseits die Arbeit beim Ausbau der Bremstrommel.

Je nach Fahrzeugtyp werden unterschiedliche Techniken angewandt.

Meist wird eine Radmutter entfernt, wenn – von vorn zugänglich – kein Sichtfenster in der Bremstrommel vorhanden ist. Durch das Loch wird ein Keil oder eine andere Sperre der Nachstellvorrichtung angehoben, und die Bremsbacken laufen automatisch zurück. Die Bremstrommel kann leicht abgezogen werden.

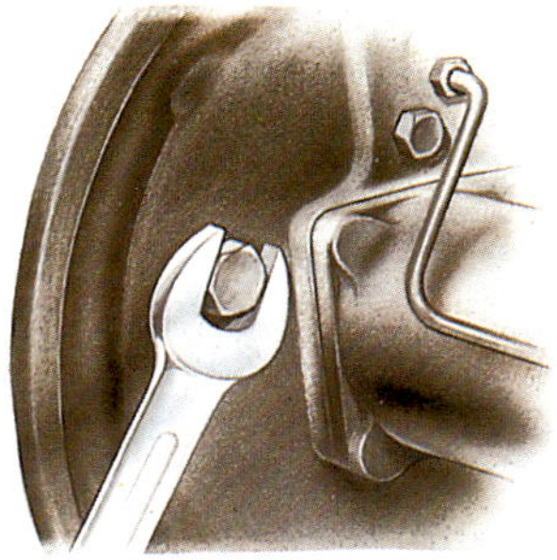

Zuerst wird meist eine Radmutter entfernt, um die Bremse nachzulassen.

Die Bremstrommel kann dann abgezogen werden.

Zur Arbeitserleichterung kann man auch ein Rad abnehmen; dann läßt sich allerdings die freiliegende Bremstrommel sehr schwer drehen, und der Achsantrieb beeinflußt das Einstellungsergebnis. Deshalb läßt man in der Werkstatt das Rad meist auf der Trommel und nimmt etwas mehr Mühe in Kauf.

Einstellen mit einer Exzentervorrichtung

Die auf der Rückseite der Bremsträgerplatte erkennbaren Nachstellzapfen werden gereinigt und mit einem Rostlöserspray bzw. dünnflüssigem Öl benetzt. Beim Drehen im Uhrzeigersinn werden die Backen nachgestellt. So weit drehen, bis Widerstand spürbar ist und das Rad fest sitzt. Dann wird die Nachstellung ein kleines Stück zurückgenommen, bis sich das Rad frei drehen läßt. Mäßige Schleifgeräusche sind ohne Belang. Gelegentlich muß man bei den Einstellarbeiten auf die Bremse treten, damit sich die Bremsbacken zentrieren.

Einstellen mit einer Keilnachstellung

Ähnlich wie bei der Exzentertechnik besitzt auch die Keilnachstellung einen Vierkant- oder Sechskantzapfen, der auf der Rückseite des Bremsträgers herausragt. Im Inneren der Trommel übernehmen keilförmige Flächen das Nachstellen der Bremsbacken, die entweder gespreizt, d.h. nachgestellt, oder entlastet bzw. zurückgenommen werden.

Meist wird im Uhrzeigersinn gedreht, manchmal auch dagegen. Im Zweifelsfall muß man das ausprobieren.

Auch hier wird so lange nachgestellt, bis das Rad fest wird. Die Nachstellung nimmt man zurück, bis nur noch ein leichtes Schleifen hörbar ist.

Die Nachstellvorrichtung wird jeweils geringfügig im Uhrzeigersinn gedreht, um die Bremsbacken an die Trommel anzulegen.

Beim Nachstellen ist das Rad zu drehen. Wenn es blockiert, wird die Nachstellung etwas zurückgenommen.

Festsitzende Kolben einer Scheibenbremse

Räder, die mit einer Scheibenbremse abgebremst werden, lassen sich normalerweise mit einem leichten Widerstand frei drehen. Tritt ein Helfer langsam auf das Bremspedal, wird die Bremswirkung allmählich spürbar. Nach einem kurzen Pedalweg ist das Rad fest blockiert.

Ist dies nicht der Fall, nimmt man das Rad ab und kontrolliert die Bremsbeläge. Ein größerer Luftspalt zwischen den Belägen und der Bremsscheibe läßt erkennen, daß der Bremskolben festsitzt.

Es kommt aber auch vor, daß der Kolben in Bremsstellung fest bleibt und die Beläge ständig schleifen. Dieser Fehler führt zur Überhitzung der Bremse und zu erhöhtem Belagverschleiß. Zusätzlich wird mehr Treibstoff verbraucht.

Festsitzende Bremskolben können nicht repariert werden. Man wechselt den Bremssattel, den es häufig auch als Austauschteil gibt, vollständig aus.

Den festsitzenden Kolben (Symptom: ein Pfeif- oder Schleifgeräusch) darf man nicht mit einem festsitzenden Schwimmrahmen verwechseln. Diesen erkennt man meist an einer erheblichen Verschmutzung.

Man kann dann den Schwimmsattel mit einer Drahtbürste reinigen und mit Spezialpaste gängig machen. Tritt nach einem Bremsversuch das Schleifgeräusch wieder auf, ist es doch der Kolben.

Laien haben Schwierigkeiten, den Unterschied zu erkennen.

Im Zweifelsfall sollte man die Behebung des Schadens einer Werkstatt überlassen.

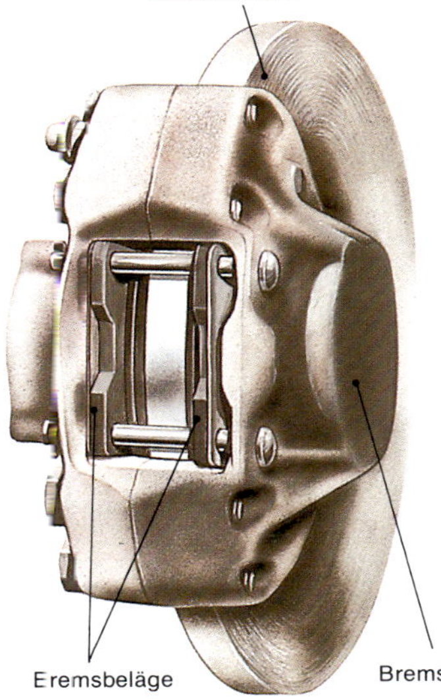

Bei der Festsattelbremse werden die Bremsbeläge durch zwei gegenüberliegende Bremskolben betätigt.

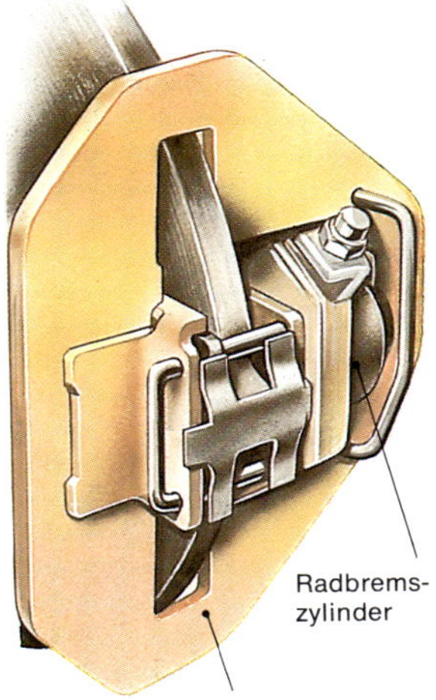

Die Schwimmrahmenbremse besitzt einen Bremszylinder. Die Kräfte werden von einem Bremsbelag auf den zweiten durch den Schwimmrahmen übertragen.

Beläge von Trommelbremsen erneuern 1

Auch bei der Trommelbremse ist die Kontrolle der Belagstärke wichtig. Moderne Fahrzeuge besitzen dazu Durchbrüche in der Bremsträgerplatte, die von einer Schutzkappe verdeckt sind. Bei einigen Modellen muß allerdings die Bremstrommel noch abgenommen werden.

Bremsbeläge sind auf Bremsbacken entweder aufgenietet oder aufgeklebt. Bei aufgenieteten Belägen besteht stets die Gefahr, daß freiliegende Nieten zur Riefenbildung in der Bremstrommel führen. Deshalb ist hier die Kontrolle besonders wichtig.

Bremsbacken mit aufgeklebten Belägen sollten, wenn die Belagstärke etwa 3 mm erreicht, zur Sicherheit umgehend durch Austauschbremsbacken ersetzt werden.

Beläge für Trommelbremsen werden immer achsweise erneuert, auch wenn die Beläge am zweiten Rad noch gut erhalten sind. Mit Öl oder Bremsflüssigkeit verunreinigte Beläge können durch Reinigung nicht überarbeitet werden, da durch ungleiche Bremswirkung das Fahrzeug außer Kontrolle geraten kann. Zum Einsatz kommen Beläge des Fahrzeugherstellers oder solche mit Freigabe für dieses Modell.

Bei Arbeiten an Bremssystemen niemals Belagstaub einatmen: Er kann giftigen Asbest enthalten. Staub deshalb mit dem Staubsauger erfassen und entsorgen.

Sind Bremstrommeln fest mit der Nabe verschraubt, dann sind zur Demontage der Muttern große Drehmomente und somit Spezialwerkzeuge in Fachwerkstätten notwendig. Beim Abschrauben dieser Muttern muß das Fahrzeug mit allen vier Rädern auf dem Boden stehen.

Zur Abnahme der Bremstrommel wird eine manuelle Nachstellvorrichtung um ein bis zwei Zähne zurückgenommen, eine automatische Nachstellfunktion wird meist durch ein Loch in der Bremstrommel ausgeklinkt.

Man kann die Bremstrommel nach Abnahme des Rades ohne die Radnabe abziehen, wenn die Trommel zusätzlich mit kleinen Schrauben befestigt ist. Bilden Bremstrommel und Radnabe eine Einheit, kann das Rad auf der Bremstrommel bleiben und ist nach dem Abschrauben der Achsmutter mit einem Abzieher komplett abzuziehen.

Werkzeug und Ausrüstung

Wagenheber, Unterstellböcke oder Hebebühne, Schraubenschlüssel, Schraubenzieher, Schieblehre mit Tiefenmesser oder Lineal, Bremsfederzange, Wasserpumpenzange, Kombizange, Radnaben- oder Bremstrommelabzieher, Abzieher für die Radkappe, Kunststoffhammer, Austauschbremsbacken oder -bremsbeläge

Bremstrommel mit Radnabe

Eine typische Hinterrad-Bremstrommel mit integrierter Radnabe. Die Bremsbeläge sind in diesem Fall aufgenietet.

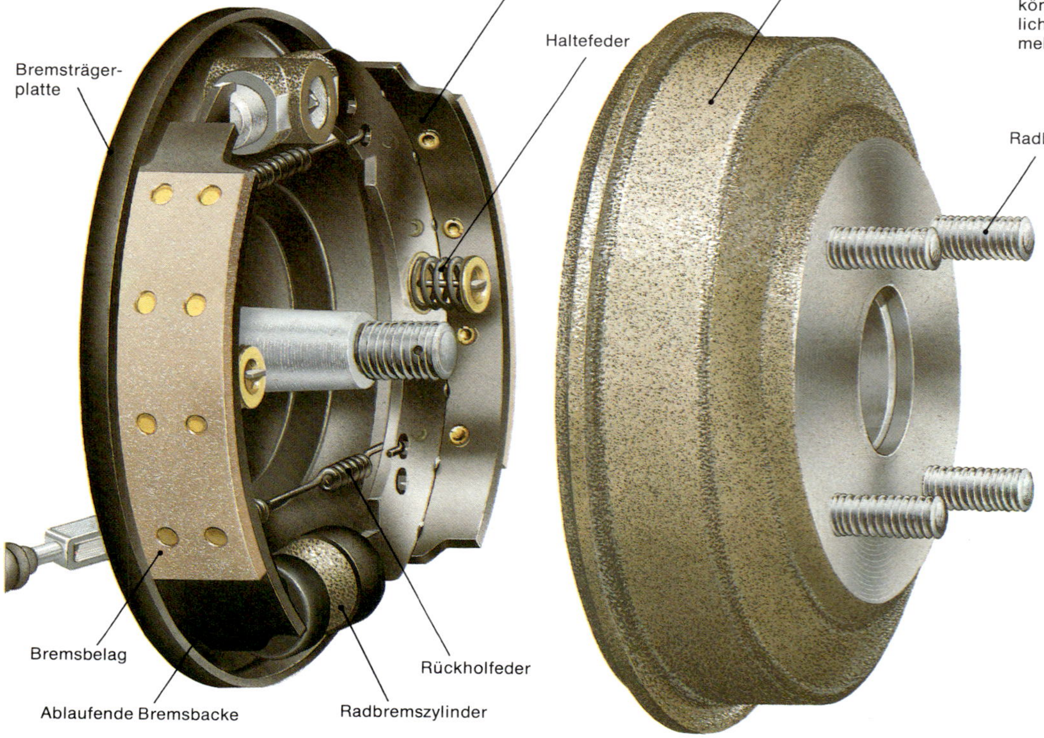

Bremse mit getrennter Bremstrommel

Eine Vorderradbremse, bei der Inspektionsarbeiten ohne Ausbau der Nabe vorgenommen werden können. Hier schraubt man lediglich das Rad und die Bremstrommel ab, und die Beläge liegen frei.

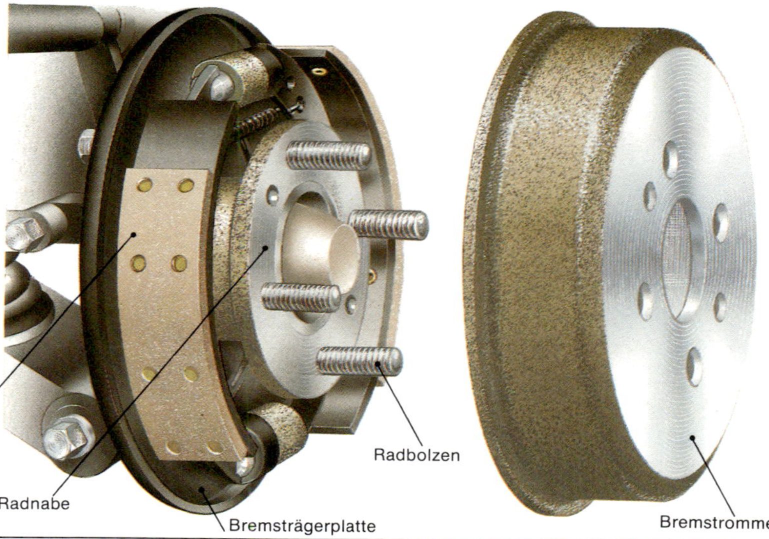

Kontrolle der Belagdicke

Aufgenietete Bremsbeläge müssen spätestens dann erneuert werden, wenn sie bis auf 2 mm oberhalb der versenkten Nietenköpfe abgenutzt sind.

Die Stärke von aufgeklebten Belägen muß mindestens 3 mm betragen. Die Bremsbacken werden dann komplett ausgewechselt, wenn der Belag auf 3 mm abgefahren ist.

Bremsbeläge werden auch dann erneuert, wenn ihre Oberfläche rissig, spröde oder glasig verhärtet ist.

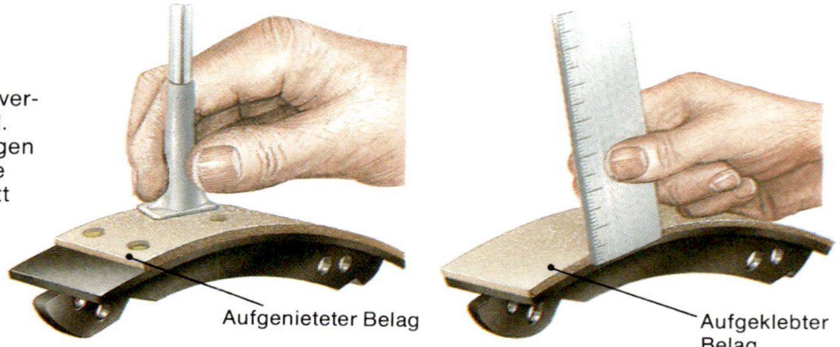

Beläge von Trommelbremsen erneuern 2

Eine Bremstrommel mit Radnabe ausbauen

Zum Ausbau der Bremstrommel hebelt man die Radkappe ab und erkennt in der Mitte der Bremstrommel die Achsmutter, die mit einem Splint gesichert ist. Bei einigen Fahrzeugen ist diese Mutter noch einmal durch eine Kappe geschützt.

Der Mechaniker biegt nun den Splint an einem Ende gerade und zieht ihn mit einer Zange heraus.

Die Achsmutter sitzt oft sehr fest. Deshalb benötigt man auch zur Demontage meist eine Nuß mit Knebel und Verlängerungsrohr. Nie darf man die Mutter lösen, wenn das Fahrzeug auf einer Bühne oder auf dem Wagenheber steht, sonst kippt es herunter. Deshalb dürfen die Achsmuttern nur dann gelöst werden, wenn das Fahrzeug mit allen vier Rädern fest auf dem Boden steht. Erst danach wird das Fahrzeug angehoben. Befinden sich in der Radnabe Radlager, z. B. bei nicht angetriebenen Achsen, breitet man vor der Nabe ein sauberes Tuch aus, weil beim Abziehen der Nabe meist die schmutzempfindlichen Lagerteile auf den Boden fallen. Radlager dürfen auf keinen Fall mit Straßenschmutz verunreinigt werden.

Bei angetriebenen Achsen wird die Radnabe nur mit einem Keil oder einem Preßsitz festgehalten. Die Radlager sitzen hinter der Bremsträgerplatte im Achsrohr.

Sitzt die Trommel fest, kann man sie mit Hilfe des auf der Nabe verbliebenen Rades abziehen. Hat man zuvor das Rad abgenommen, befestigt man es wieder mit zwei Radmuttern, um größere Kräfte aufzubringen.

Die Abdeckkappe – soweit vorhanden – wird mit einem Schraubenzieher abgehebelt, den man gleichmäßig entlang des Kappenrandes ansetzt.

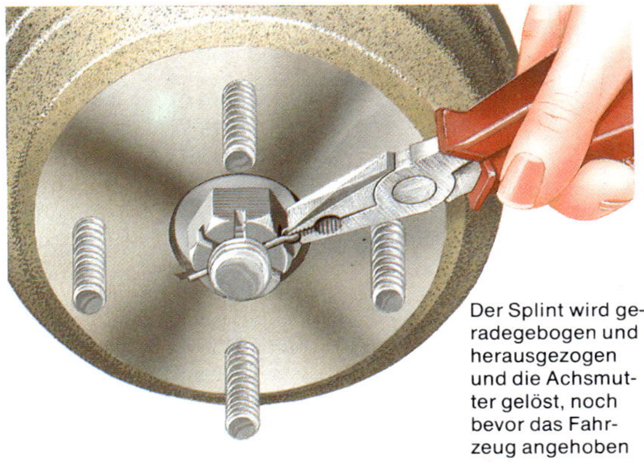

Der Splint wird geradegebogen und herausgezogen und die Achsmutter gelöst, noch bevor das Fahrzeug angehoben wird.

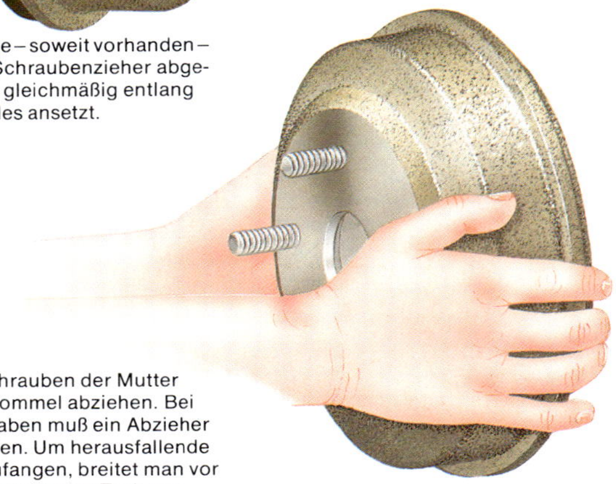

Nach dem Abschrauben der Mutter kann man die Trommel abziehen. Bei festsitzenden Naben muß ein Abzieher eingesetzt werden. Um herausfallende Wälzlager aufzufangen, breitet man vor der Radnabe ein sauberes Tuch aus.

Eine Bremstrommel ohne Radnabe ausbauen

Nach dem Lösen der Radmutter wird das Fahrzeug aufgebockt und das Rad abgenommen.

Die Trommel ist mit der Radnabe durch zwei Schrauben verbunden, die meist asymmetrisch angeordnet sind, so daß die Bremstrommel nur in einer bestimmten Lage aufgesteckt werden kann.

Nun löst der Mechaniker die Schraube und versucht, die Trommel abzuziehen. Sie sitzt meist recht fest auf der Nabe, so daß man einen kräftigen Kunststoffhammer braucht. Dabei wird stets schräg von der Seite auf die vordere Kante der Trommel geschlagen, um nichts zu beschädigen.

Wenn das nicht geht, hilft nur ein spezieller Bremstrommelabzieher oder ein Schweißbrenner, mit dem die Bremstrommel in der Werkstatt vorsichtig erwärmt wird, ohne sie jedoch zu verbrennen.

Nach solchen Eingriffen ist immer eine Generalüberholung der Bremse fällig.

Die Bolzen oder Schrauben, mit denen die Trommel befestigt ist, werden entfernt. Bei festsitzenden Schrauben setzt man einen Durchschlag seitlich in den Schlitz an und schlägt entgegen der Uhrzeigerrichtung an.

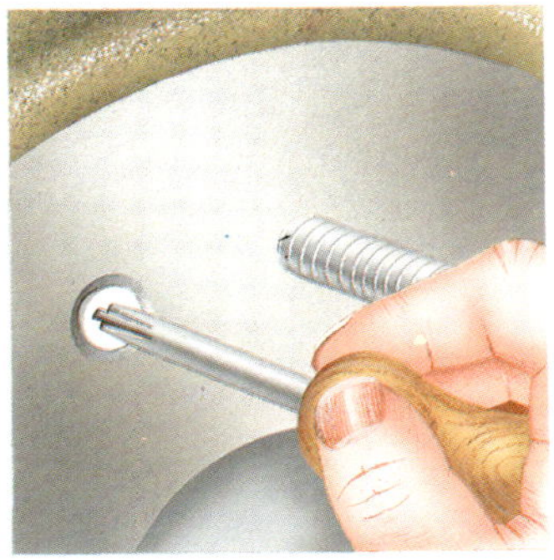

Die Schrauben werden nach dem Lösen mit dem Schraubenzieher herausgedreht.

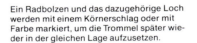

Ein Radbolzen und das dazugehörige Loch werden mit einem Körnerschlag oder mit Farbe markiert, um die Trommel später wieder in der gleichen Lage aufzusetzen.

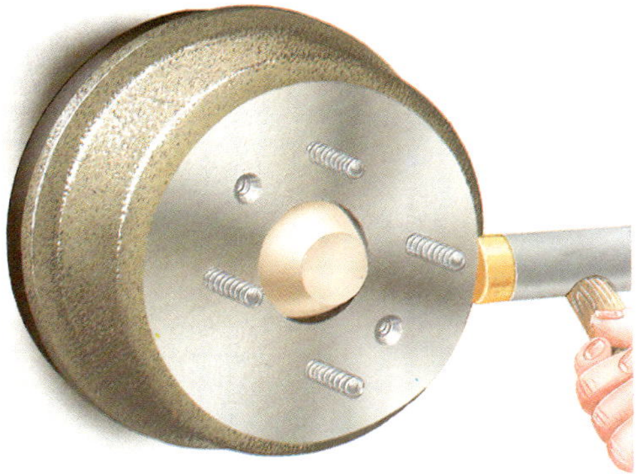

Eine festsitzende Trommel ist entlang der Vorderkante mit einem Kunststoffhammer zu lösen. Dabei darf man nicht auf den Rand der Trommel oder auf die Bremsträgerplatte schlagen.

Beläge von Trommelbremsen erneuern 3

Die Bremsbacken ausbauen

Wenn die Bremse frei liegt, wird zunächst der Belagstaub mit einem kräftigen Pinsel, mit Preßluft oder mit einer Saugglocke entfernt.

Bei Demontagearbeiten werden dann die Befestigungsfedern zwischen Bremsbacken und Bremsträgerplatte gelöst. Es handelt sich dabei entweder um Schraubenfedern mit davorliegendem geschlitztem Teller und dazugehörigen Haltestiften oder um Blattfederklemmen mit Haltestiften.

Die Schraubenfedern sitzen unter einem geschlitzten Teller. Der Haltestift ist vorn abgeflacht und paßt genau in einen Schlitz im Teller. Nun hält man beide Enden des Haltestiftes fest und dreht das flache mit einer Zange um 90°: Die Befestigung fällt auseinander. Der Haltestift wird dabei mit der zweiten Hand von hinten an der Bremsträgerplatte erfaßt.

Eine Blattfeder wird ebenfalls niedergedrückt und der Stift um 90° gedreht.

Zum Entfernen der Haltefeder wird der Stift festgehalten und der Federteller mit der Zange niedergedrückt und gleichzeitig gedreht, bis das flache Stiftende durch den Schlitz im Teller rutscht.

Schnittbild einer typischen Befestigung mittels Schraubenfeder, Federteller und Haltestift

Eine Federklemme entfernen

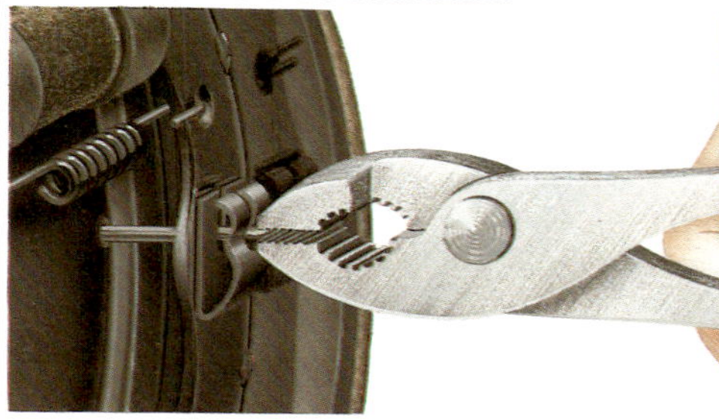

Die Blattfeder wird mit einer Zange niedergedrückt, bis sich das flache Stiftende um 90° drehen läßt.

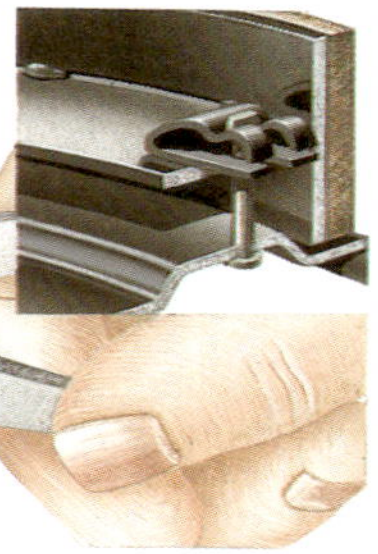

Befestigungstechnik im Schnitt mit einer Federklemme und einem T-förmigen Haltestift

Die Rückholfedern ausbauen

Zunächst vergewissert sich der Mechaniker, welche Rückholfeder zu welchem Befestigungsloch gehört.

Meist sind in der Bremsbacke mehrere Durchbrüche vorhanden, die anderen Zwecken dienen. Man prüft weiter, ob sich die Bremsbacken gemeinsam mit den eingehängten Federn über die Radnabe heben lassen.

Bei manchen Fahrzeugtypen ist die Radnabe so breit, daß die Federn ausgehängt werden müssen.

Dazu benutzt man entweder eine Spezial-Bremsfederzange oder aber einen kräftigen Haken, den man aus Draht selber biegen kann. Den Haken führt man mit einer Zange hinter die Feder und erfaßt so das Federende sicher.

Bei Einsatz einer Zange benutzt man den Flansch der Radnabe als Auflage und kann so die notwendigen großen Hebelkräfte aufbringen.

Zum Aushängen der Rückholfeder kann man einen selbst angefertigten Haken verwenden, wenn keine Bremsfederzange vorhanden ist.

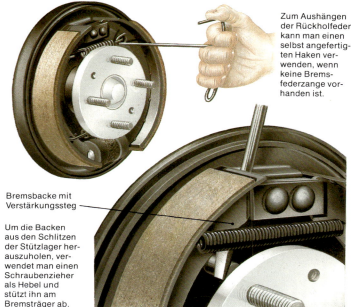

Bremsbacke mit Verstärkungssteg

Um die Backen aus den Schlitzen der Stützlager herauszuholen, verwendet man einen Schraubenzieher als Hebel und stützt ihn am Bremsträger ab.

Spezialwerkzeuge

In Werkstätten sind zahlreiche Spezialwerkzeuge für Bremsüberholungen vorhanden.

Die Bremsbacken abnehmen und den Radbremszylinder sichern

Sind die Bremsen vom Widerlager abgenommen, zieht der Mechaniker sie vorsichtig nach vorne ab.

Ist allerdings bei Hinterradbremsen zusätzlich das Handbremsseil befestigt, nimmt man beide Backen mit dem Bremshebel und der dazwischenliegenden Druckstange komplett ab. Nun löst man das Handbremsseil vom Bremshebel. Dann kann man die Bremsbacken von den Rückzugfedern und der Druckstange trennen.

Besonders wichtig ist bei diesen Arbeiten die Sicherung des Radbremszylinders. Damit der Radbremszylinder nicht auseinanderfällt, wird er mit Bindedraht oder Gummiband umwickelt. Man muß unbedingt darauf achten, daß keine Bremsflüssigkeit austritt.

Haltefeder

Bei Bremsen ohne Handbremsseil mit zwei auflaufenden Backen die Haltefedern und die Rückholfedern aushaken und die Backen einzeln abnehmen.

Vor dem Aushaken muß eine Rückholfeder gelegentlich entspannt werden, indem man die Backe aus dem Widerlager herausnimmt.

Wichtige Arbeiten vor dem Zusammenbau der Bremse

1. Bauteile von Verunreinigungen befreien. Vorsicht: Belagstaub kann giftigen Asbest enthalten; deshalb luftdicht verpackt in die Mülltonne werfen.
2. Alle Nachstellvorrichtungen der Fuß- und Handbremse sowie alle Hebel gangbar machen, die Nachstellvorrichtung auf Null zurückdrehen.
3. Beim Zusammenbau in umgekehrter Reihenfolge die Backen gut zentrieren. Sie müssen sich auf der Bremsträgerplatte leicht hin- und herbewegen lassen, dürfen also nicht hängen oder klemmen.
4. Vor dem Aufsetzen der Trommel die Beläge und die innere Trommel mit Schmirgelleinen kräftig abziehen und reinigen. Die Bremse sorgfältig einstellen (siehe Seite 208).

Einen Radbremszylinder erneuern 1

Ist ein Radbremszylinder undicht geworden, sollte man ihn sofort komplett ersetzen. Früher übliche Reparaturtechniken, bei denen lediglich neue Manschetten eingesetzt wurden, sind unzuverlässig; es gab zahlreiche Reklamationen, und am Ende kam man meistens doch nicht ohne ein Austauschteil aus. Sind auch die Bremsbeläge mit Bremsflüssigkeit verunreinigt, setzt die Werkstatt auch neue Beläge ein.

Werkzeug und Ausrüstung

Wagenheber oder Hebebühne, Unterstellböcke, Schraubenschlüssel, Schraubenzieher, Rostlöser, Steckschlüssel, Hammer, Gummistopfen, Drahtbürste

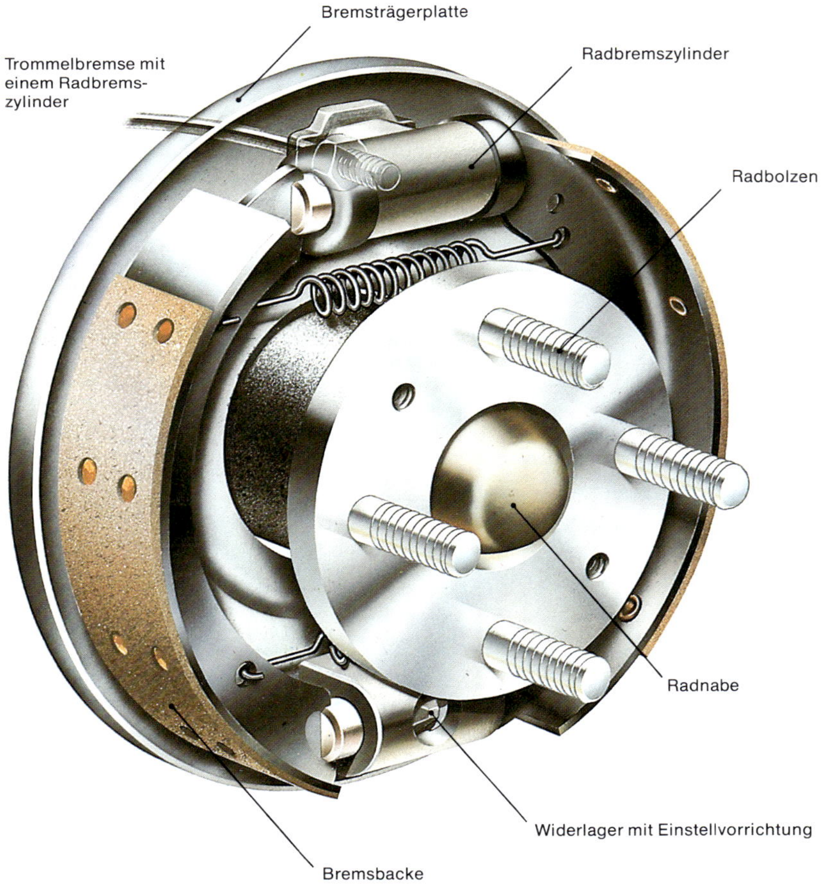

Das Rad, die Trommel und die Nabe – soweit notwendig – werden abgenommen und die Bremsbacken demontiert. Der Radbremszylinder wird frei.

Den Radbremszylinder ausbauen

Zunächst reinigt der Mechaniker mit einer Stahlbürste die Rückseite der Bremsträgerplatte. Dabei werden die Verschraubungen des Radbremszylinders, die Überwurfmutter der Bremsleitung sowie das Entlüfterventil sichtbar.

Dann trifft man Vorkehrungen, damit nach der Abnahme der Bremsleitung keine Bremsflüssigkeit ausläuft. Man kann mit einer Schraubenklemme den zum Bremskreis gehörenden Bremsschlauch abklemmen. Oder man benutzt einen Plastikstopfen, den man auf die Überwurfmutter der Bremsleitung aufklipst.

Man kann auch die Öffnung des Vorratsbehälters am Hauptbremszylinder mit einer dünnen Plastikfolie abdecken. Nach dem Aufsetzen des Abschlußdeckels erhält man so eine recht perfekte Vakuumabdichtung.

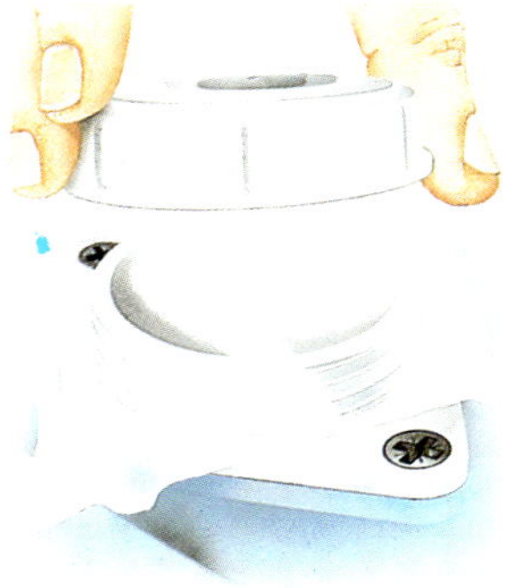

Die Kappe mit unterlegter Plastikfolie wieder aufschrauben.

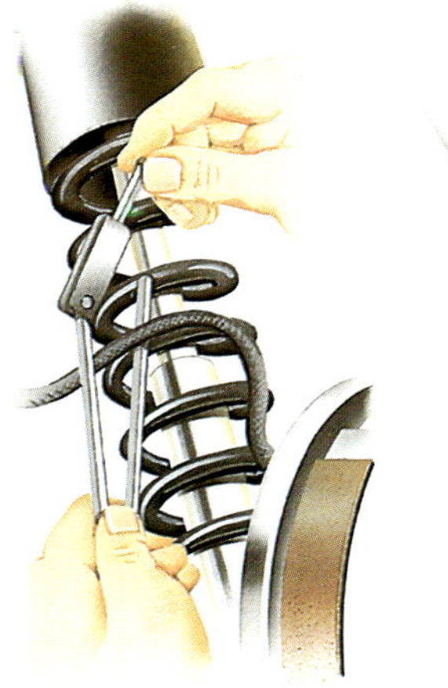

Oder der flexible Bremsschlauch wird mit einer Schlauchklemme abgeklemmt.

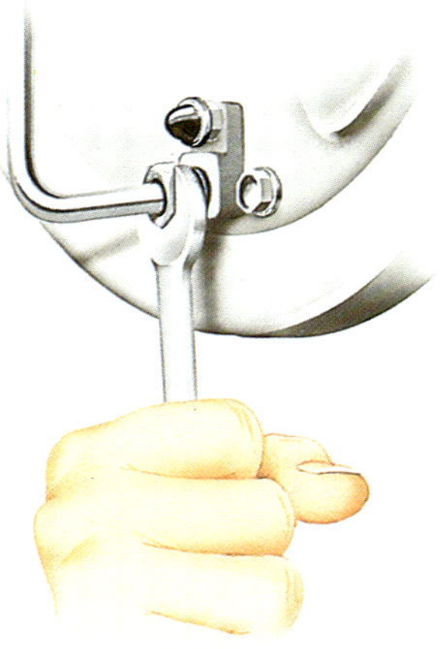

Die Schraubverbindung der Bremsleitung ist zu lockern, bevor man den Radbremszylinder abschraubt.

Klemmen oder Schrauben am Radbremszylinder lösen

Ist der Radbremszylinder mit Schrauben oder Muttern befestigt, werden zuerst diese gelöst.

Wichtig ist, daß man vor dem endgültigen Lockern des Radbremszylinders versucht, die Gängigkeit der Verschraubung der Bremsleitung zu prüfen. Dabei löst man sie so, daß noch keine Bremsflüssigkeit austritt und die Überwurfmutter nicht beschädigt wird. Läßt sich die Mutter nicht lösen und beginnt sich die Bremsleitung zu drehen, muß man diese Leitung bis zum nächsten Verteilerstück erneuern.

Sind Radbremszylinder mit Federklemmen befestigt, wird der Zylinder zusätzlich durch eine Nuten- und Stiftkonstruktion geführt. Die Klipse baut man mit Zange und Schraubenzieher aus. Beim Abnehmen des Radbremszylinders bemerkt man häufig eine Dichtung zwischen Bremsträgerplatte und Radbremszylinder.

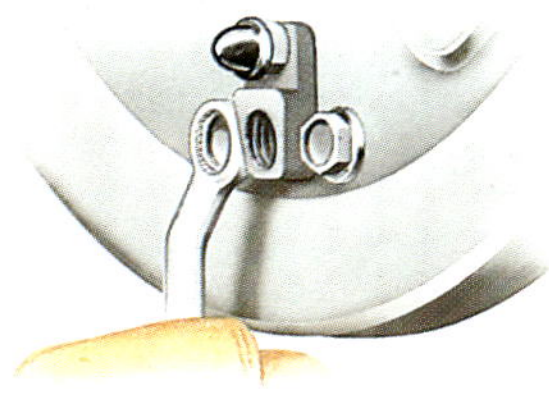

Befestigung des Radbremszylinders mit zwei Schrauben

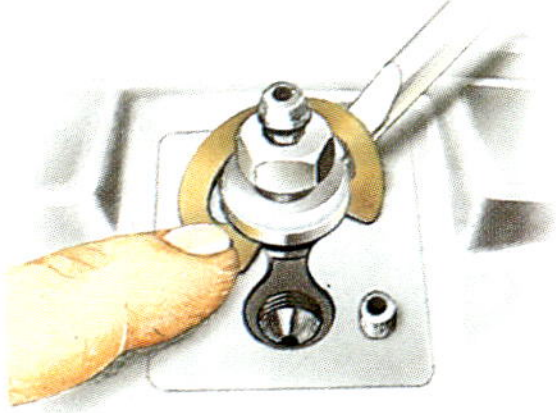

Klemmbefestigung eines Radbremszylinders mit Stiftführung

Einen beweglichen Radbremszylinder ausbauen

Der Sockel dieses Radbremszylinders ragt durch einen Schlitz am Bremsträger und ist beweglich. Außen an der Bremsträgerplatte sind zwei ineinandergreifende Federklemmen in eine Nut geschoben und führen den Bremszylinder. Die Sicherung ist auch durch eine Federplatte mit zwei starren Klemmen möglich. Den Schlitz deckt dann eine Staubkappe ab.

Bei zwei Federklemmen wird die äußere abgezogen, indem man sie abwechselnd an den Enden mit Schraubenzieher und Hammer leicht anklopft.

Hat die Federplatte zwei Klemmen, wird zuerst die in der Nähe des Handbremshebels möglichst weit verschoben. Dann drückt man die andere in die gleiche Richtung, bis man ihr Ende fassen kann.

Gelegentlich muß man den Hebelarm der Handbremse oder das Entlüftungsventil demontieren, um den Radbremszylinder abzubekommen.

Schließlich ist der Schlitz in der Bremsträgerplatte sorgfältig von beiden Seiten zu reinigen und mit einem Spezialfett leicht einzustreichen. Bei der Montage muß man die Staubschutzkappen wieder dicht ansetzen.

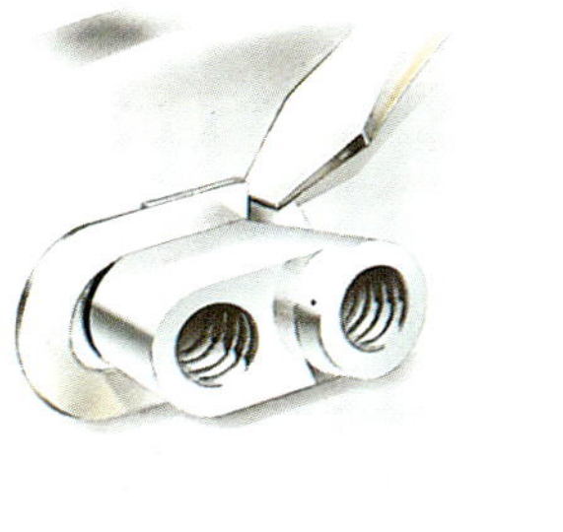

Die Federklemme abwechselnd an ihren Bügeln mit Schraubenzieher und Hammer herausklopfen.

Einen Radbremszylinder erneuern 2

Die Bremsleitung ausbauen

Der bereits von seiner Befestigung getrennte Radbremszylinder wird nach vorne durch die Bremsträgerplatte gezogen, so daß man die Bremsleitung leicht erreichen kann. Die Überwurfmutter am Radbremszylinder wird mit einem gut sitzenden Gabelschlüssel festgehalten und der Radbremszylinder abgedreht. Man erreicht so, daß die Bremsleitung nicht verdreht, beschädigt oder abgerissen wird.

Ist der Radbremszylinder erst einmal abgenommen, läßt sich häufig durch den Einsatz von Rostlöser und durch ein wenig Klopfen auch die Überwurfmutter lösen, die auf keinen Fall beschädigt werden darf.

War hingegen eine Beschädigung der Bremsleitung unvermeidbar, wird der Mechaniker diese umgehend ersetzen. Meist sind solche Bremsleitungen ohnehin schon so verrostet, daß ein Erneuern aus Sicherheitsgründen sinnvoll ist.

Den Radbremszylinder einbauen

Die Bremsträgerplatte wird gereinigt. Gelegentlich muß man auch die Bremsträgerplatte mit Rostschutzfarbe streichen. Der Einbau des Radbremszylinders erfolgt in umgekehrter Reihenfolge. Verschraubungen müssen stets von Hand angesetzt werden, und die Leitung darf sich nicht verdrehen.

Die Bremsbacke wird wieder eingesetzt, die Bremse entlüftet und nachgestellt, wenn sie nicht selbstnachstellend ist. Plastikfolie vom Vorratsbehälter nehmen!

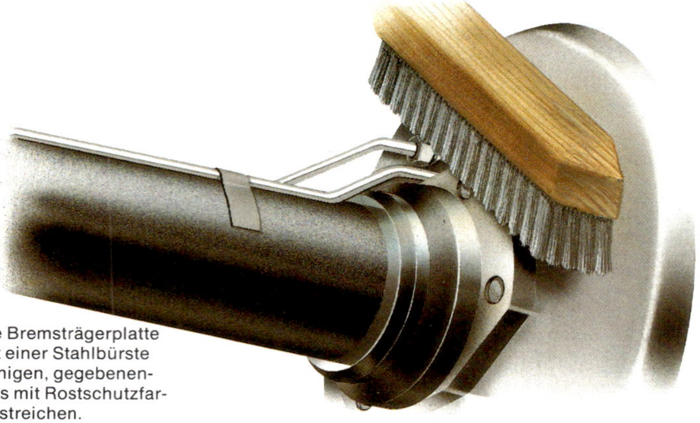

Die Bremsträgerplatte mit einer Stahlbürste reinigen, gegebenenfalls mit Rostschutzfarbe streichen.

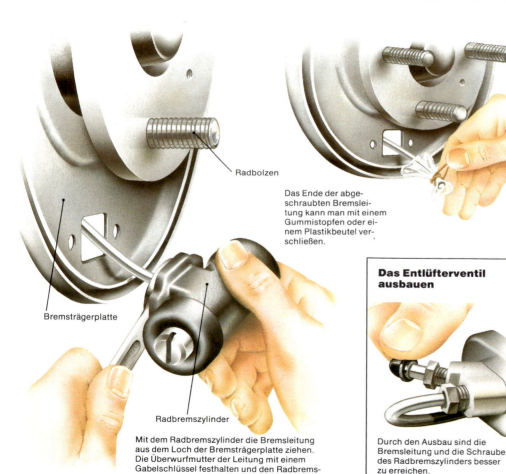

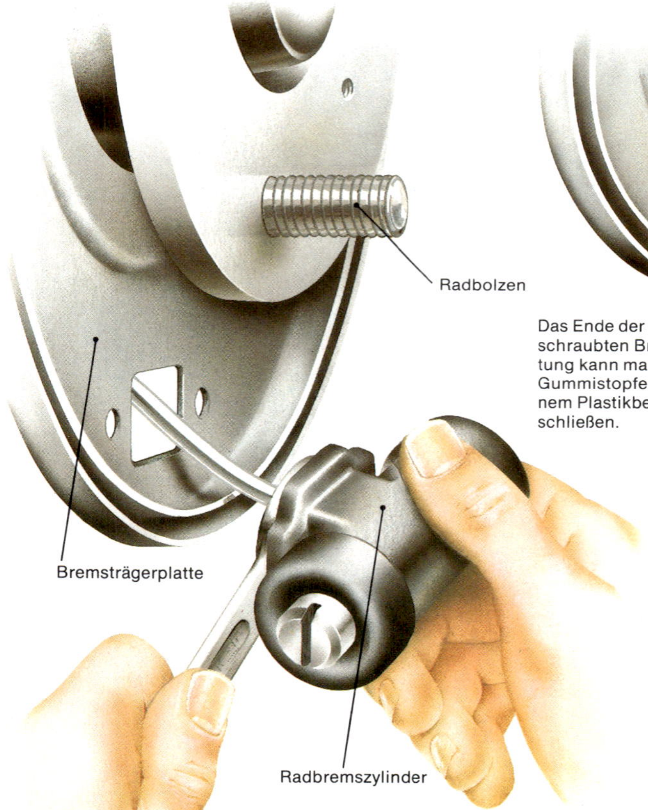

Mit dem Radbremszylinder die Bremsleitung aus dem Loch der Bremsträgerplatte ziehen. Die Überwurfmutter der Leitung mit einem Gabelschlüssel festhalten und den Radbremszylinder abdrehen.

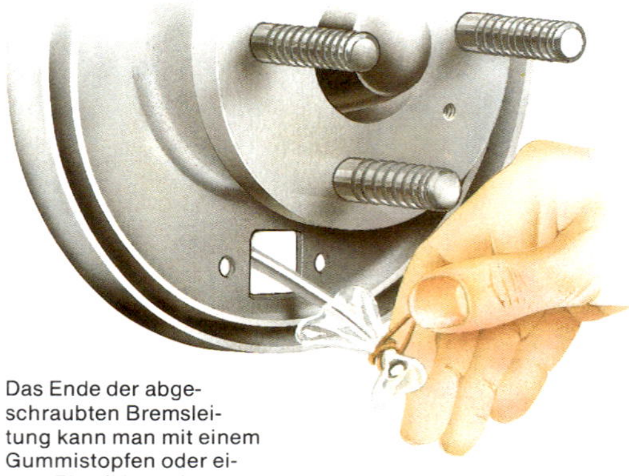

Das Ende der abgeschraubten Bremsleitung kann man mit einem Gummistopfen oder einem Plastikbeutel verschließen.

Das Entlüfterventil ausbauen

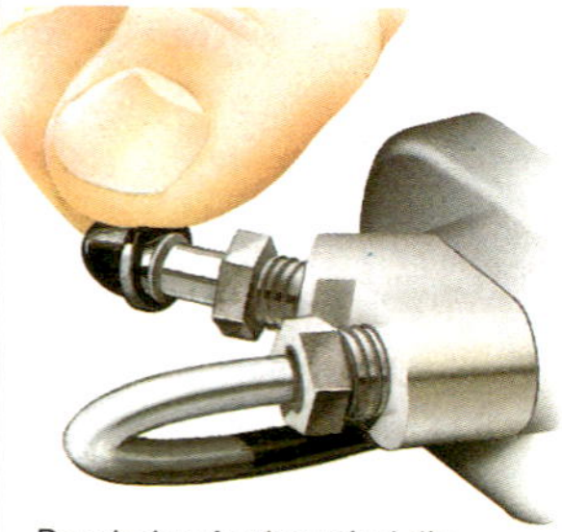

Durch den Ausbau sind die Bremsleitung und die Schraube des Radbremszylinders besser zu erreichen.

Radbremszylinder mit zwei Anschlüssen

Gelegentlich müssen zwei Bremsleitungen von einem Radbremszylinder gelöst werden, wenn z. B. eine Verbindungsleitung zu einem anderen Radbremszylinder vorhanden ist. Diese wird zuerst getrennt und am Ende mit einem Stopfen versehen, damit sie dicht und sauber bleibt. Dann wird die zweite Überwurfmutter gelockert und der Radbremszylinder ausgebaut, indem man den Schlauch oder die Leitung ein Stück aus der Bremsträgerplatte herauszieht.

Bei Radbremszylindern mit zwei Bremsleitungen wird zuerst die Verbindungsleitung abgeschraubt.

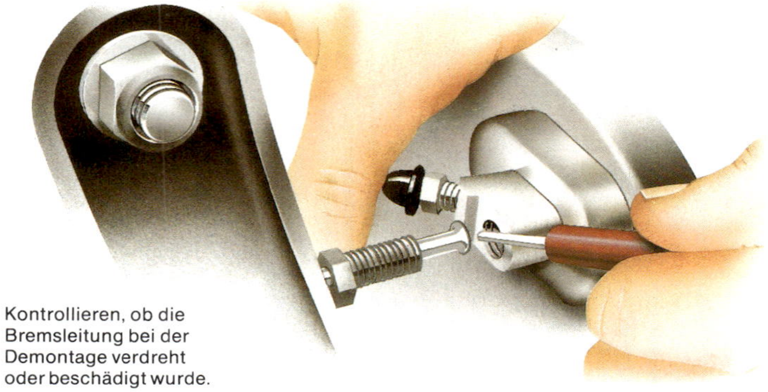

Kontrollieren, ob die Bremsleitung bei der Demontage verdreht oder beschädigt wurde.

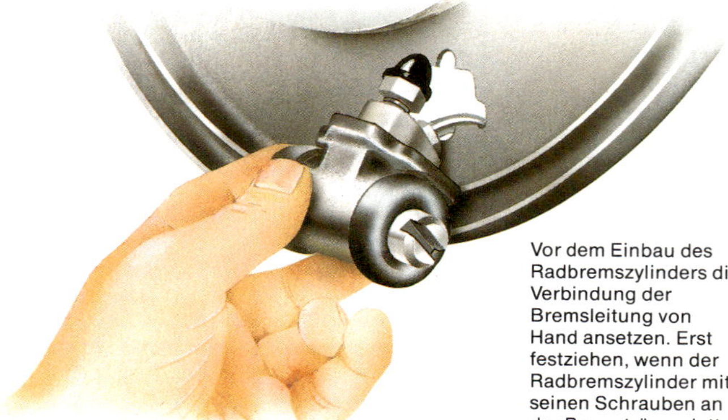

Vor dem Einbau des Radbremszylinders die Verbindung der Bremsleitung von Hand ansetzen. Erst festziehen, wenn der Radbremszylinder mit seinen Schrauben an der Bremsträgerplatte befestigt ist.

Beläge von Scheibenbremsen erneuern 1

Scheibenbremsen erzeugen hohe Bremskräfte. Deshalb verschleißen sie stärker als Trommelbremsen.

Bei einer Belagdicke inklusive der Rückenplatte von etwa 6 mm ist ein Belagwechsel dringend nötig. Der Belag selbst weist dann nur noch eine Sicherheitsreserve von etwa 2 mm auf. Benutzt man eine solche Bremse weiter, kann sich der Bremsbelag ruckartig von der Trägerplatte lösen, was die Bremsleistung deutlich verschlechtert. Außerdem beschädigen dann die Rückenplatten die Bremsscheiben.

Gelegentlich ist die Belagstärke durch einen Durchbruch in der Felge erkennbar. Manchmal muß man auch das Rad abmontieren.

Die Abnutzung der Beläge ist auch daran zu erkennen, daß der Stand der Bremsflüssigkeit im Vorratsbehälter etwas absinkt, weil der Kolben im Bremssattel von der Bremsflüssigkeit entsprechend nachgeschoben wurde.

Selbst bei äußerlich gleichen Fahrzeugen gibt es verschiedene Bremssysteme. Deshalb muß man beim Ausbau genau auf Typ, Aussehen und Hersteller der einzelnen Teile achten.

Beim Auswechseln der Scheibenbremsen muß man das gesamte Bremssystem kontrollieren und reinigen. Übersieht man kleine Mängel, kann dies einen Unfall auslösen.

Für verschlissene Bremsbeläge kommen nur Originalersatzteile in Frage. Die Bremsbeläge gibt es als kompletten Satz für eine Achse.

Werkzeug und Ausrüstung

Kombizange, Wasserpumpenzange, Schraubenzieher, Schraubenschlüssel, Bremsbelagauszieher, Kolbenzurücksetzzange, Radkreuz, Wagenheber, Unterstellböcke oder Hebebühne, Montiereisen, Bremsenreinigungsmittel, Pinsel, Antiquietschmittel, Spezialbürste, Bremsbeläge, Haltestifte und Federn

Typische Scheibenbremse mit Festsattel

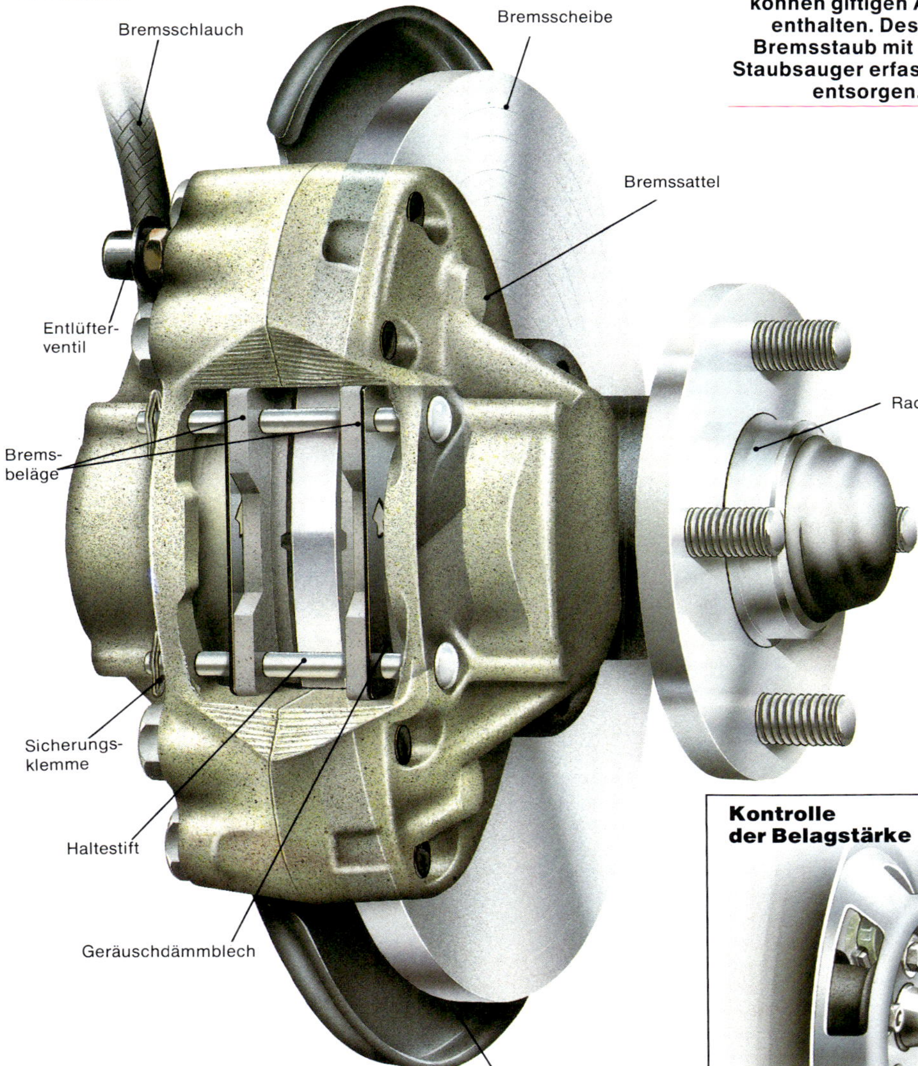

Scheibenbremsbeläge können giftigen Asbest enthalten. Deshalb Bremsstaub mit einem Staubsauger erfassen und entsorgen.

Kontrolle der Belagstärke

Die Kontrolle ist durch einen Durchbruch der Felge möglich.

Die Bremsbeläge ausbauen

Bei vielen Scheibenbremsen kann man die Bremsbeläge ohne Abbau des Bremssattels herausnehmen. Sie sind mit Haltestiften befestigt, die durch die Beläge und durch Bohrungen des Bremssattels führen.

Am Ende der Haltestifte befinden sich Sicherungsklammern. Bevor sie entfernt werden, ist die ganze Bremse außen mit einer Stahlbürste zu reinigen, und die Klammern sind zu entfernen. Dann kann man die Haltestifte mit einem Splinttreiber herausschlagen und abnehmen.

Es gibt auch Modelle, bei denen die Haltestifte keine außenliegenden Sicherungsklammern haben. Die Klammern werden erst frei, wenn man den Haltestift herausgeschlagen hat.

Mit Hilfe von zwei Zangen oder großen Schraubenziehern kann man die Bremsbeläge heraushebeln. Besser arbeitet man allerdings, wenn ein Belagauszieher zur Verfügung steht.

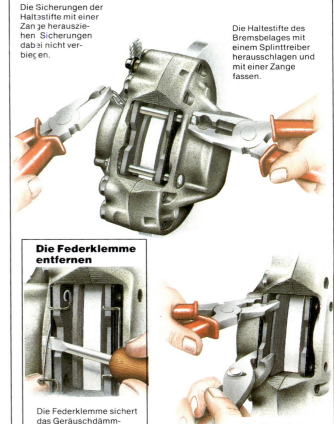

Die Sicherungen der Haltestifte mit einer Zange herausziehen. Sicherungen dabei nicht verbiegen.

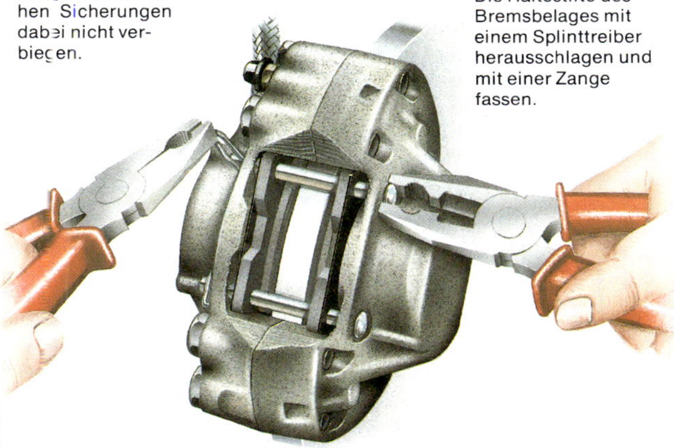

Die Haltestifte des Bremsbelages mit einem Splinttreiber herausschlagen und mit einer Zange fassen.

Die Federklemme entfernen

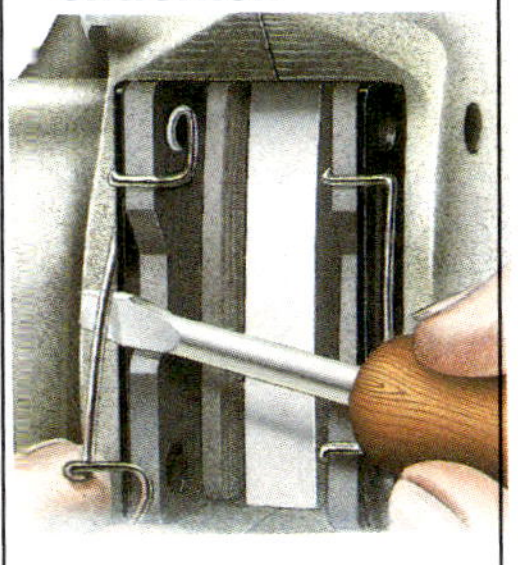

Die Federklemme sichert das Geräuschdämmblech. Man hebelt sie ab.

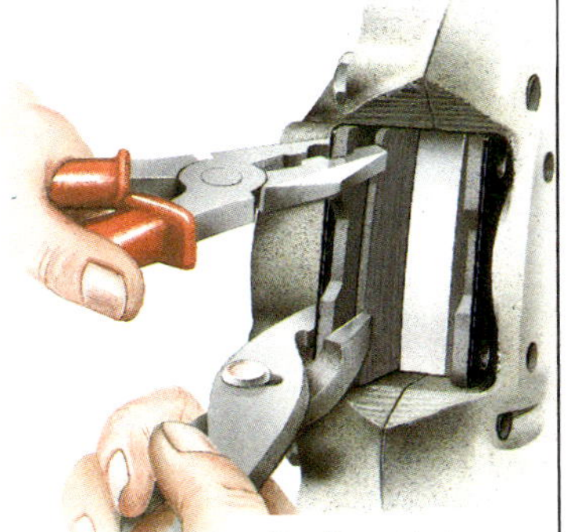

Den Bremsbelag heraushebeln.

Beläge von Scheibenbremsen erneuern 2

Bremsscheibe und -sattel reinigen

Die Schächte des Bremssattels müssen nach der Demontage der Bremsbeläge sorgfältig gereinigt werden.

Für den groben Schmutz benutzt man die Klinge eines Schraubenziehers, die mit einem fusselfreien Lappen umwickelt ist. Achtung: Dabei muß man darauf achten, daß man die Staubmanschetten nicht beschädigt!

Für die endgültige Reinigung nimmt man einen kleinen Pinsel oder Preßluft.

Der neue Bremsbelag muß sich einwandfrei in den Schacht einführen lassen. Man kontrolliert auch, ob der Bremszylinder noch dicht und die Bremsscheibe glatt ist. Beschädigte oder undichte Teile muß man umgehend von der Werkstatt auswechseln lassen.

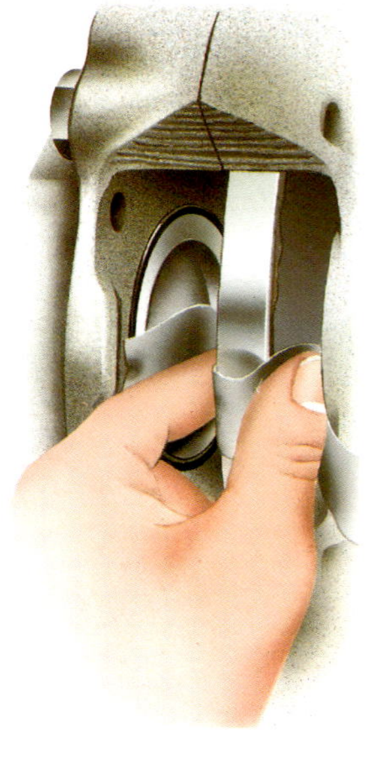

Die Bremsscheibendicke prüfen. Verschmutzte Bremsscheiben mit Schleifpapier abziehen.

Die Bremsbeläge wieder einbauen

Die neuen Bremsbeläge sind natürlich dicker als die alten. Um sie einzusetzen, muß man die Kolben des Bremszylinders zurückdrücken. Zu diesem Zweck benutzt man eine Zurücksetzzange, die im Fachgeschäft erhältlich ist. Ersatzweise kann man auch ein Montiereisen verwenden. Dabei ist jedoch äußerste Vorsicht angezeigt. Man muß sowohl die Bremsscheibe vor Beschädigung – etwa durch Zwischenlegen eines Holzes – als auch den Bremskolben selbst entsprechend schützen.

Bevor man den Kolben zurückdrückt, prüft man den Stand der Bremsflüssigkeit im Vorratsbehälter des Hauptbremszylinders. Wurde Bremsflüssigkeit nachgefüllt, wird vermutlich der Vorratsbehälter überlaufen. Da Bremsflüssigkeit den Lack angreift, sollte man überschüssige Bremsflüssigkeit mit einer Plastikflasche absaugen. Achtung: Bremsflüssigkeit ist hoch giftig; deshalb niemals mit dem Mund absaugen!

Mit Bremsflüssigkeit verunreinigte Teile sind sofort mit klarem Wasser nachzuspülen.

Beim Zurückschieben dürfen die Kolben nicht verdreht werden, um Schäden an der Bremsscheibe und am Bremskolben zu vermeiden.

Zurücksetzzange

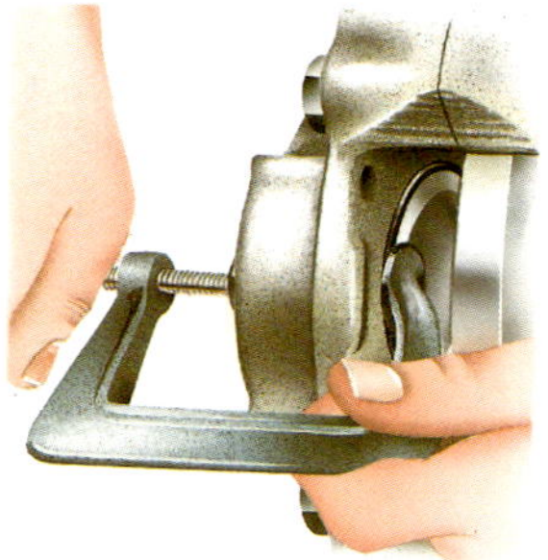

Zum Zurücksetzen des Kolbens eignet sich am besten eine Spezialzurücksetzzange, die im Fachhandel erhältlich ist.

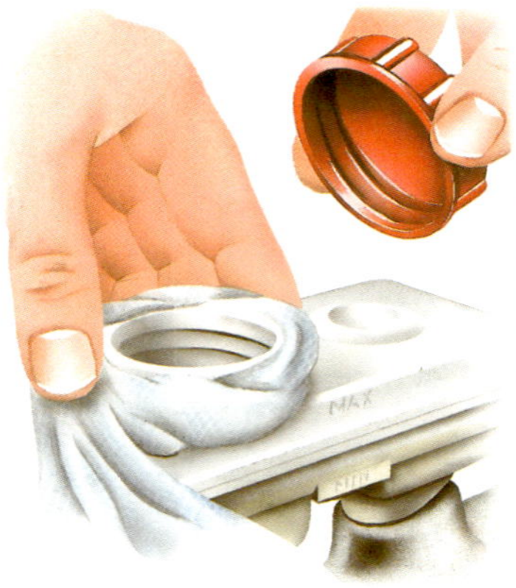

Um den Einfüllstutzen des Vorratsbehälters wird ein Lappen gewickelt und überstehende Bremsflüssigkeit abgesaugt. Dabei größte Vorsicht!

Entlüfterventil

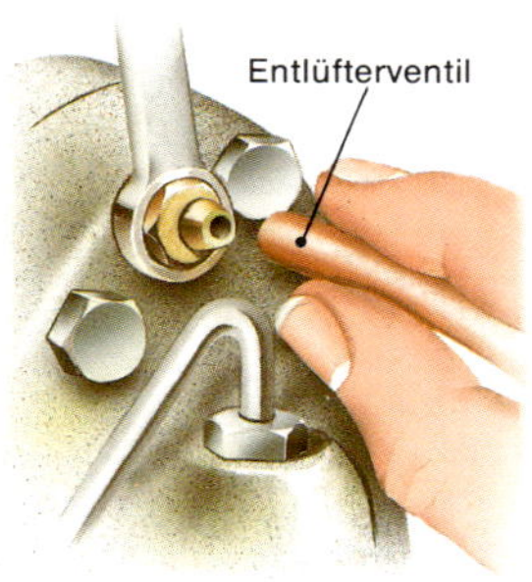

Beim Einsetzen von neuen Scheibenbremsbelägen muß man das Bremssystem nicht öffnen.

Nun werden die neuen Bremsbeläge eingesetzt. Sie müssen sich im Schacht vollkommen frei bewegen. Falls man eine Antiquietschpaste verwendet, muß man sie vorsichtig auf der Belagrückseite dünn verstreichen, darf sie aber niemals auf Bremsbelag oder -scheibe bringen.

Neue Bremsbeläge einsetzen

Nachdem man sich vergewissert hat, daß sich die neuen Bremsbeläge in den Bremssattel einführen lassen, ohne zu klemmen, prüft man noch einmal, ob die Belagseite und auch die Bremsscheibe völlig sauber sind. Beim Einsetzen darf man Bremsbeläge und -scheibe nicht mit den Fingern berühren.

Sind Geräuschdämmbleche vorgesehen, werden diese mit den Bremsbelägen eingeführt.

Die Pfeilmarkierungen auf den Geräuschdämmblechen zeigen stets die Drehrichtung bei Vorwärtsfahrt an. Nun wird ein neuer Haltestift eingesetzt und gleichzeitig die Kreuzfeder eingespannt.

Die Geräuschdämmbleche mit der Pfeilmarkierung in Drehrichtung Vorwärtsfahrt des Rads einsetzen.

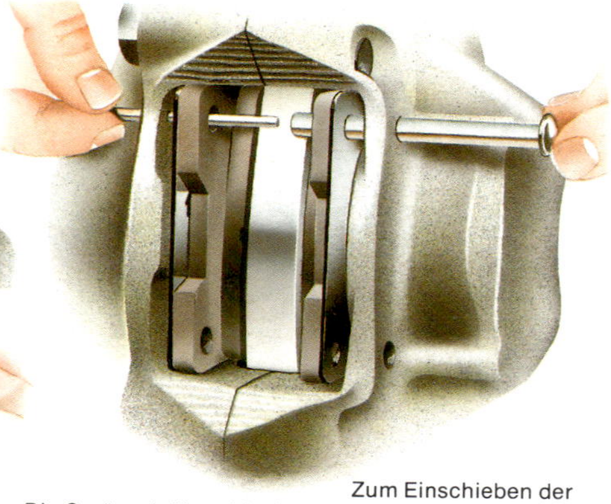

Zum Einschieben der Haltestifte die Löcher der Bremsbeläge und der Geräuschdämmbleche zur Deckung bringen.

Den zweiten Haltestift ebenso einführen und die Kreuzfeder spannen. Beide Haltestifte werden mit Klemmen gesichert.

Manchmal kann man die Kreuzfedern auch nach den Haltestiften einsetzen. Es gibt Konstruktionen, bei denen die Haltestifte zur Sicherung besondere Spannhülsen tragen.

Die Federklemmen einsetzen

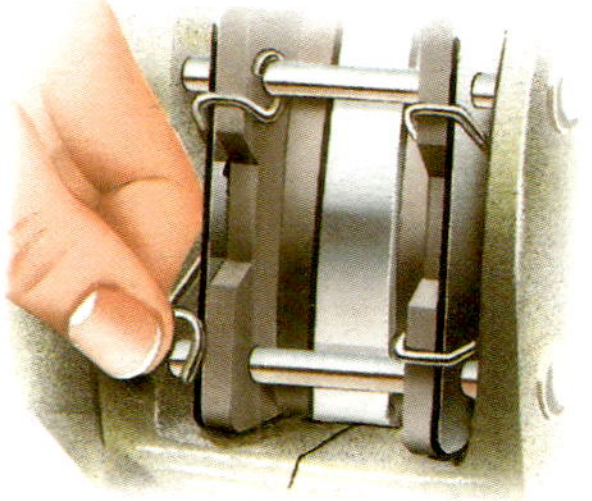

Die Federklemmen für die Geräuschdämmbleche werden – soweit vorhanden – erneuert.

Beim Einsetzen dieser Stifte benutzt man einen Spezialdorn oder einen Hammer ohne Durchschlag. Die Spannhülsen dürfen sich nicht abscheren.

Kontrolle

Vor dem Start muß man das Bremspedal mehrmals kräftig durchtreten, damit sich die Beläge an die Bremsscheibe anlegen. Diese Arbeit ist besonders wichtig, denn die Bremse ist zunächst funktionsuntüchtig.

Auf den ersten Fahrkilometern muß man besonders vorsichtig bremsen. Neue Bremsbeläge müssen sich erst einschleifen, bevor sie voll greifen.

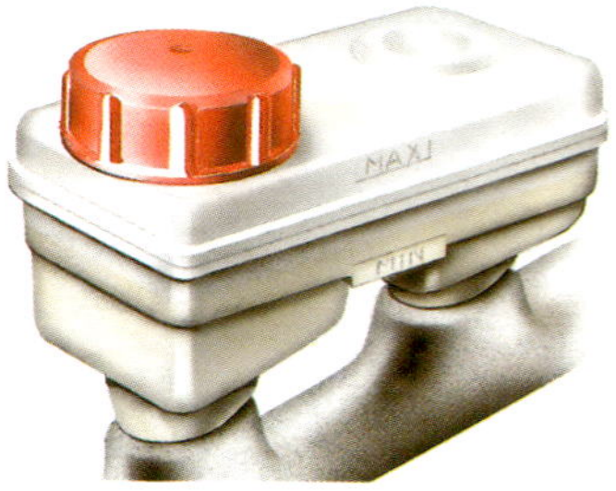

Bremsflüssigkeit nachfüllen.

Beläge von Scheibenbremsen erneuern 3

Girling-Bremsen

Bei dieser Bauart handelt es sich um eine Schwimmsattelbremse, die weit verbreitet ist. Der Bremskolben befindet sich an der Innenseite der Scheibe in einem Gehäuse, das fest mit dem Federbein verschraubt ist. Der über die Bremsscheibe greifende Sattelrahmen ist seitlich verschiebbar.

Beim Bremsen wird nur ein Belag direkt vom Kolben aus betätigt, während der zweite Belag über den Schwimmsattel angepreßt wird. Die Bremsbeläge werden von zwei Haltestiften geführt, die auch die Beleghaltefeder spannen. Die beiden Haltestifte sind über einen Blechwinkel mit dem Bremssattel verschraubt und so gegen Herausfallen gesichert.

Sind elektrische Kontakte zur Kontrolle der Belagstärke vorgesehen, werden sie an der Zylinderseite eingebaut.

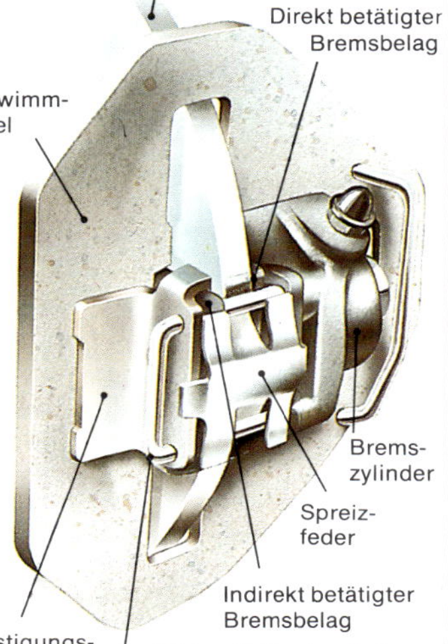

Gibt es U-förmige Haltestifte, sind sie an einem Blechwinkel mit dem Bremssattel verschraubt.

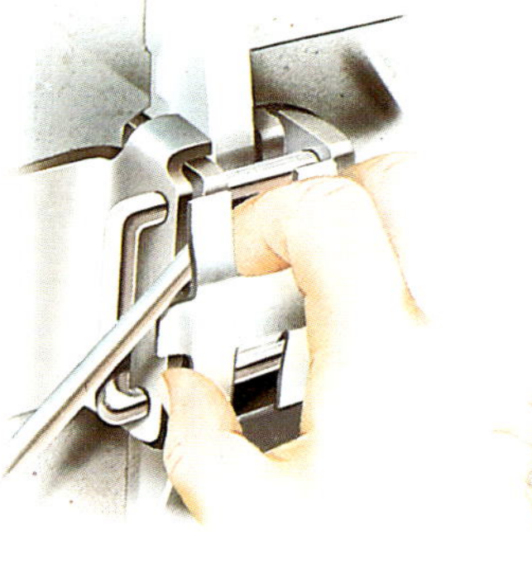

Die Belaghaltefeder mit einem Schraubenzieher von den Haltestiften abdrücken. Die Verschraubung der beiden Haltestifte demontieren.

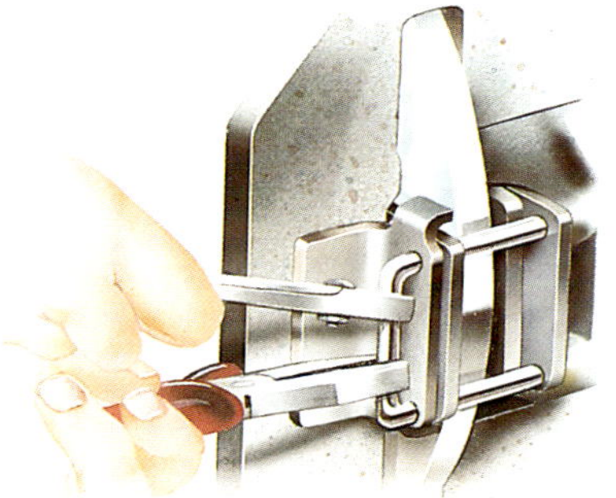

Die beiden Haltestifte mit zwei Zangen gleichmäßig herausziehen.

Den direkt betätigten Bremsbelag mit zwei Zangen herausziehen und den zweiten Bremsbelag zunächst freisetzen, indem man den Sattel mit einem kräftigen Schraubenzieher zur Seite drückt.

Girling-Bremsen anderer Bauart

Hier bewegt sich ein Kolben in einem seitlich verschiebbaren Gehäuse. Der Kolben drückt einen Bremsbelag direkt an die Scheibe und läßt dann das Gehäuse zur Seite gleiten, so daß auch der zweite Bremsbelag an die Scheibe gepreßt wird.

Das Zylindergehäuse ist mit kleinen Prismenblechen und Splinten gesichert. Zum Ausbau der Beläge ist zunächst der Splint zu entfernen. Die Führungen werden seitlich herausgezogen. Nach dem Abheben des Bremszylinders liegen die Bremsbeläge frei.

Der Bremszylinder wird mit Bindedraht an der Karosserie festgebunden. Beim Einsetzen neuer Bremsbeläge muß man die Spannfeder wieder richtig einsetzen (siehe Abbildung).

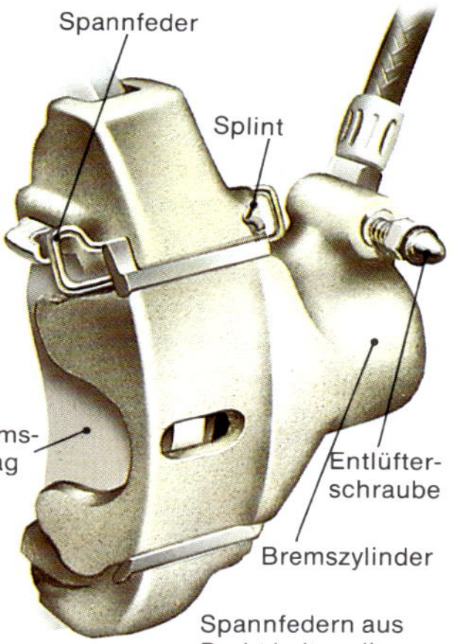

Spannfedern aus Draht halten die prismenförmigen Sicherungsstücke auf Spannung.

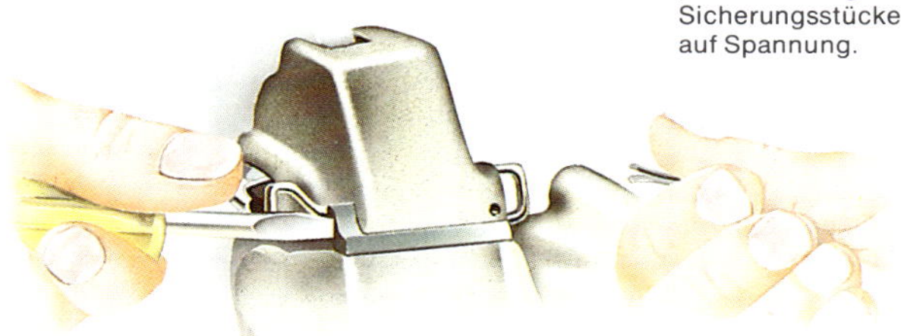

Die Splinte herausziehen und das Gehäuse herunterdrücken, Sicherungsstücke seitlich herausziehen.

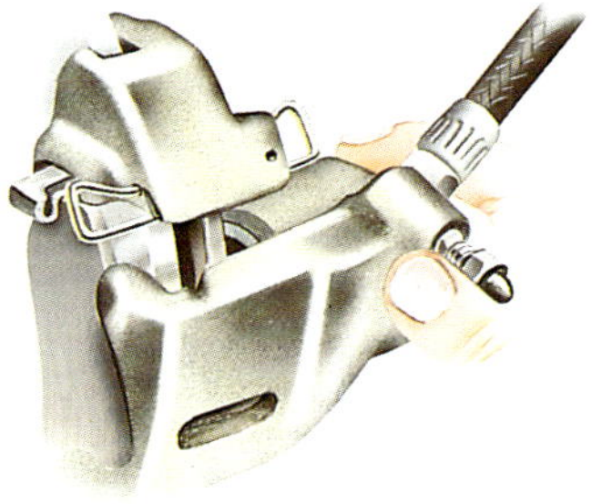

Das Gehäuse abheben, indem man es an einem Ende herunterdrückt und am anderen Ende hochzieht. Das Gehäuse nicht am Bremsschlauch hängen lassen.

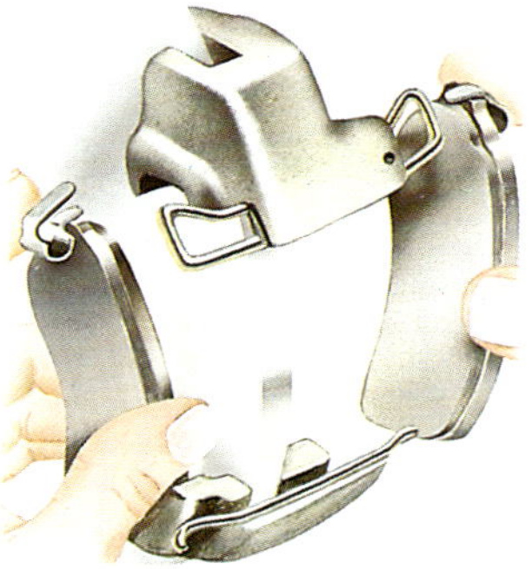

Die Bremsbeläge rechts und links vom Sattel abheben.

Lizenznachbau von Scheibenbremsen

Bei vielen Lizenznachbauten wird die Bremse ebenfalls nur über einen Kolben und einen gemeinsamen Rahmen, der auf zwei Befestigungsstiften gleitet, betätigt. Wenn man die Sicherung von einem Stift entfernt, läßt sich das Gehäuse um den anderen Stift schwenken, und die Bremsbeläge sind frei.

Die Haltestifte besitzen zusätzlich Staubdichtungen, die bei der Montage nicht verdreht werden dürfen. Die Stifte sind unterhalb des Befestigungsbolzens abgeflacht, so daß man sie mit einem Gabelschlüssel festhalten kann, wenn der Bolzen abgeschraubt wird. Einige Fahrzeuge mit Frontantrieb besitzen anstelle der Haltebolzen für die Stifte eine Sechskantschraube.

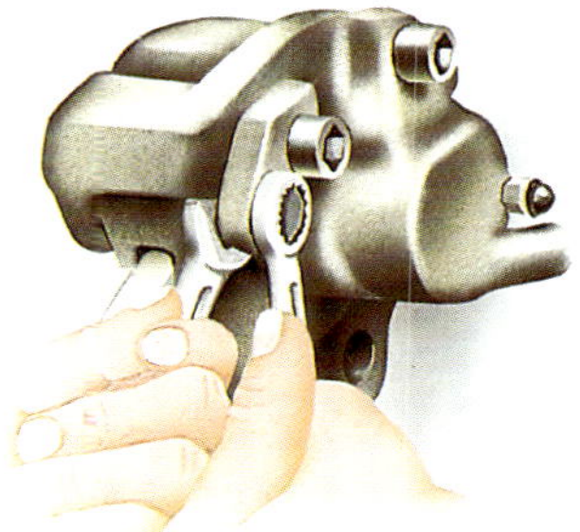

Der Haltebolzen wird abgeschraubt.

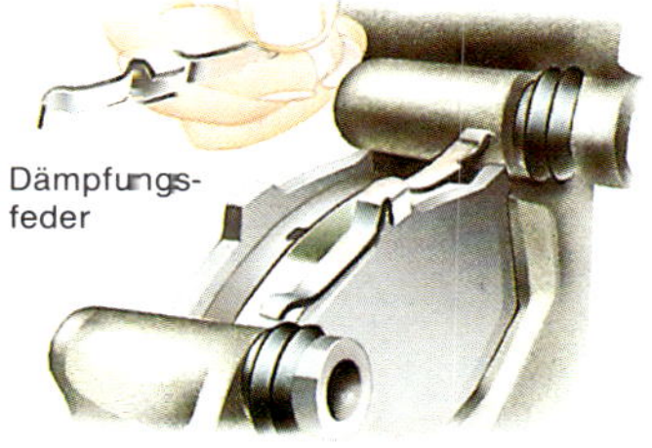

Das Gehäuse schwenkt man um den zweiten Stift, die Bremsbeläge sind frei.

Beim Wegschwenken ist das Gehäuse stets mit der Hand zu führen, damit es nicht frei am Bremsschlauch hängt.

Meist gehört zu den Bremsbelägen eine besondere Dämpfungsfeder, die Geräusche verhindern soll. Diese wird von oben aufgesetzt. Bremsbeläge mit Verschleißkontakten sitzen stets an der Innenseite.

Scheibenbremsen von Lockheed, Bendix und ATE

Diese drei Firmen stellen Bremsen mit zwei gegenläufigen Kolben her. Ihre Grundkonzeption ist der der Girling-Schwimmsattelbremse ähnlich. Die Bremsbeläge werden in der gleichen Weise eingesetzt. Gelegentlich befinden sich hinter den Bremsbelägen Geräuschdämmbleche.

Das Lockheed-Zylindergehäuse ist mit großen Splinten befestigt, und an den Haltestiften finden sich Dämpfungsfedern.

Zur Demontage sind die Splinte geradezubiegen und herauszuziehen. Für den Zusammenbau sind stets passende neue Splinte zu verwenden und durch Aufbiegen sorgfältig gegen Herausfallen zu sichern.

Die Bendix- und ATE-Bremsen verwenden in Abkehr von dieser Befestigungstechnik massive Stifte, die man mit einem Durchschlag vorsichtig herausklopft.

Bei bestimmten Lockheed-Bremsen sind im Bremssattel vier Kolben untergebracht. Diese Bremsen bezeichnet man als „Zweikreis-Sicherheitsbremsen".

Relativ neu im Pkw-Bau sind Festsattelbremsen, die den Vorteil einer vergrößerten Belagfläche bei kleiner Bauweise besitzen, weshalb sie auch in engen Radschüsseln Platz finden.

Die Handbremse einstellen 1

Nach den Einstellarbeiten an der Fußbremse muß auch die Handbremseinstellung geprüft werden. Es ist möglich, daß sich die Seilzüge gedehnt haben. Andererseits können wie bei der Fußbremse die Beläge verschlissen sein.

Es gibt sehr unterschiedliche Nachstellvorrichtungen, die jedoch alle das gleiche bewirken, nämlich eine Verkürzung oder Verlängerung der Seilzüge bzw. der Gestänge.

Bei einigen Fahrzeugen befindet sich die Einstellvorrichtung im Wageninneren unmittelbar am Handbremshebel.

Bei anderen Fahrzeugen sind sie unterhalb des Fahrzeuges angebracht. Da hier die Nachstellgewinde meist verschmutzt sind, muß man die Gewindegänge mit der Stahlbürste reinigen und mit reichlich Rostlöser behandeln. Bei diesen Vorarbeiten reinigt man gleichzeitig eventuell vorhandene Gelenke und Gestänge und schmiert sie mit Fett ab.

Werkzeug und Ausrüstung

Wagenheber, Unterstellböcke oder Hebebühne, Rostlöser, Fett, Schmieröl, Stahlbürste, Schraubenschlüssel, Schraubenzieher, Zange

Bowdenzug

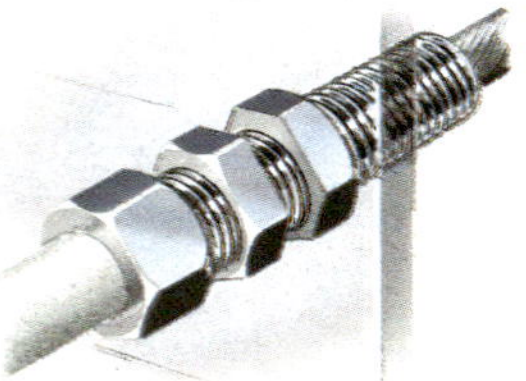

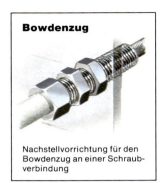

Nachstellvorrichtung für den Bowdenzug an einer Schraubverbindung

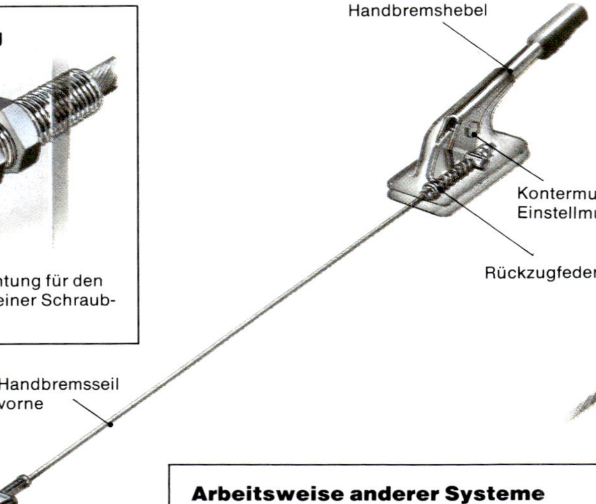

Die Nachstellvorrichtung für eine Handbremse mit doppeltem Seilzug befindet sich am unteren Ende des Handbremshebels. Jeder Seilzug wird einzeln nachgestellt.

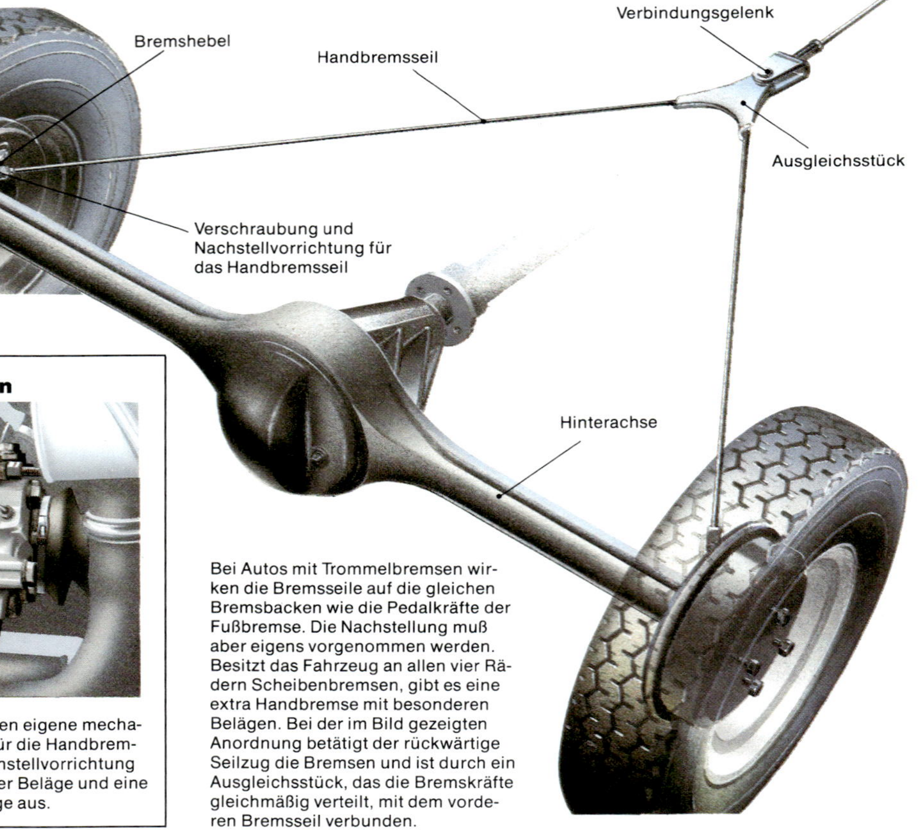

Bei Autos mit Trommelbremsen wirken die Bremsseile auf die gleichen Bremsbacken wie die Pedalkräfte der Fußbremse. Die Nachstellung muß aber eigens vorgenommen werden. Besitzt das Fahrzeug an allen vier Rädern Scheibenbremsen, gibt es eine extra Handbremse mit besonderen Belägen. Bei der im Bild gezeigten Anordnung betätigt der rückwärtige Seilzug die Bremsen und ist durch ein Ausgleichsstück, das die Bremskräfte gleichmäßig verteilt, mit dem vorderen Bremsseil verbunden.

Scheibenbremsen

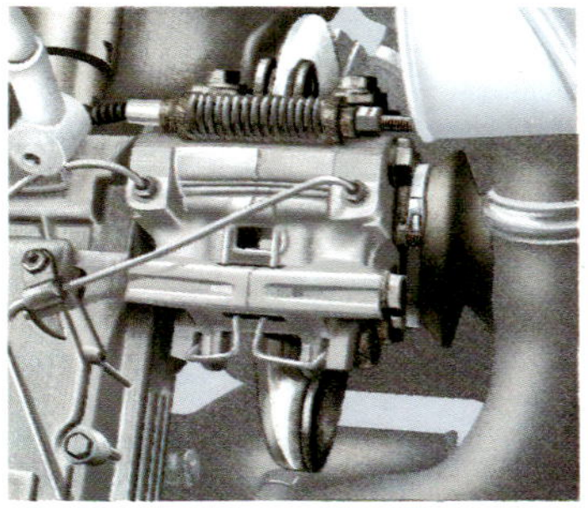

Einige Fahrzeuge besitzen eigene mechanisch betätigte Beläge für die Handbremse. Eine gemeinsame Einstellvorrichtung gleicht die Abnutzung der Beläge und eine Ausdehnung der Seilzüge aus.

Arbeitsweise anderer Systeme

Bei einigen Handbremsen führt ein Seilzug zu einem Umlenkhebel mit Ausgleichsstück, der seinerseits über ein zweites Seil die Bremsen betätigt. Die Einstellvorrichtung befindet sich entweder am Handbremshebel oder am Ausgleichsstück.

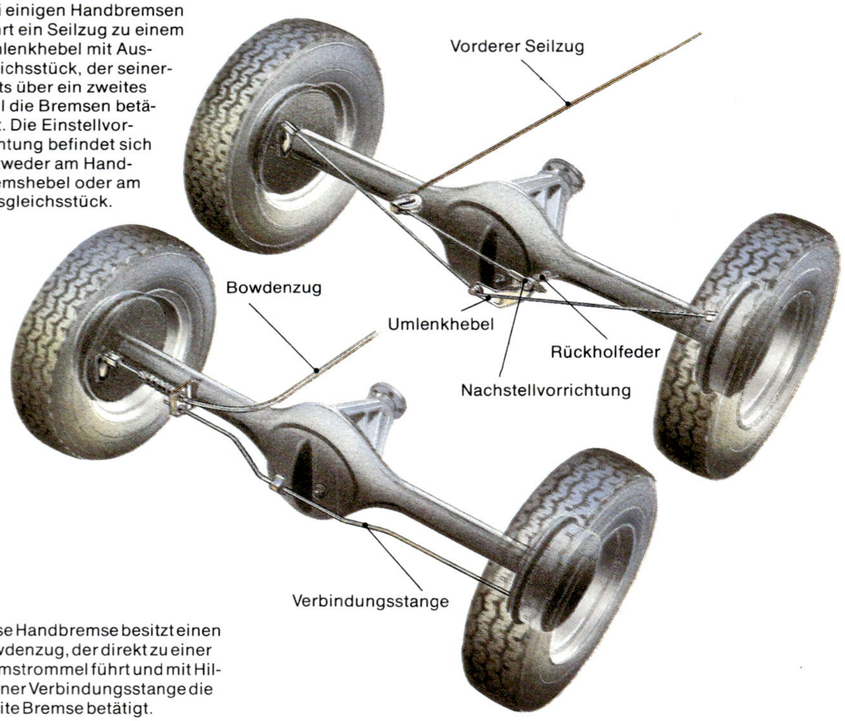

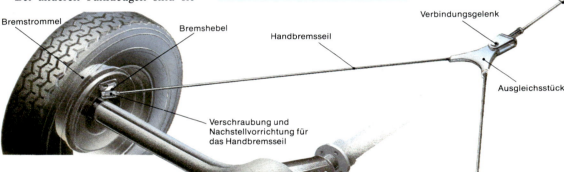

Diese Handbremse besitzt einen Bowdenzug, der direkt zu einer Bremstrommel führt und mit Hilfe einer Verbindungsstange die zweite Bremse betätigt.

Die Handbremse einstellen 2

An den Gewindestangen am Ende der Seilzüge sitzen Muttern, die besonders gesichert sind. Meist setzt man zusätzlich eine Kontermutter ein, die mit einem zweiten Schraubenschlüssel gelöst wird.

Dreht sich beim Nachstellen die Gewindestange mit, hält man sie mit einer Zange fest. Bei manchen Systemen haben die Einstellgewinde einen Schlitz, so daß ein Schraubenzieher benutzt werden kann. Die Nachstellmutter wird im Uhrzeigersinn nachgestellt, bis man den Handbremshebel nur noch drei bis vier Rasten anziehen kann; die zweite, gegenüberliegende Gewindestange wird ebenso weit nachgestellt. Die Handbremse wird jetzt zwei Stufen angezogen, bis geringer Widerstand an den Hinterrädern spürbar ist. Beide Hinterräder müssen sich nun gleich schwer drehen lassen.

Bei gelöster Handbremse kontrolliert man, ob beide Räder frei durchdrehen, andernfalls muß die Einstellung nochmals korrigiert werden.

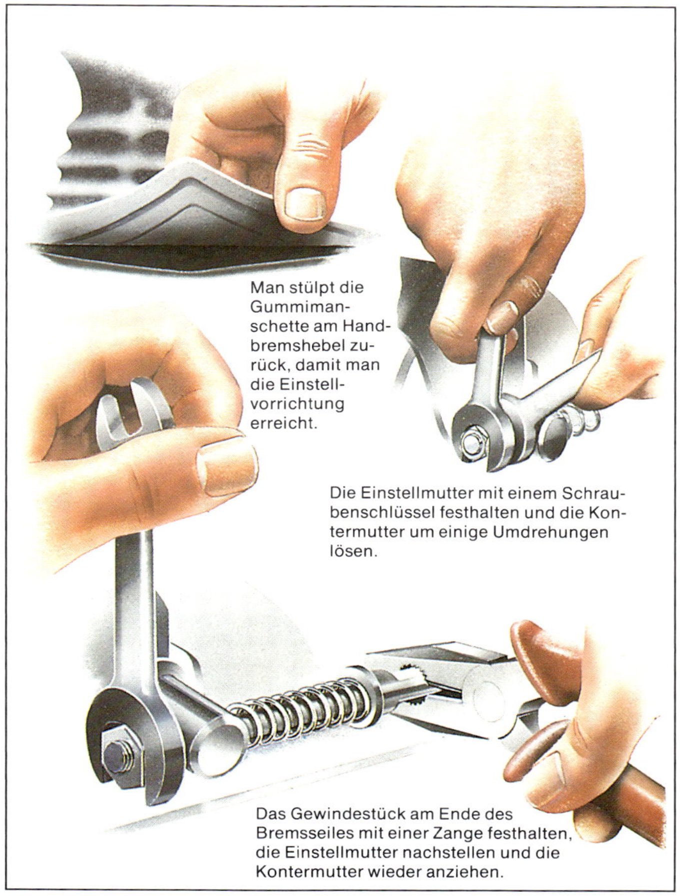

Man stülpt die Gummimanschette am Handbremshebel zurück, damit man die Einstellvorrichtung erreicht.

Die Einstellmutter mit einem Schraubenschlüssel festhalten und die Kontermutter um einige Umdrehungen lösen.

Das Gewindestück am Ende des Bremsseiles mit einer Zange festhalten, die Einstellmutter nachstellen und die Kontermutter wieder anziehen.

Die Handbremse am vorderen Seilzug einstellen

Die Nachstellvorrichtung befindet sich hier unterhalb des Fahrzeuges, etwa in Wagenmitte am vorderen Bremsseil. Man löst die Handbremse und zieht sie etwa drei Rasten an. Die Nachstellung erfolgt jetzt am Gewindestück des vorderen Seils. Dabei wird die Kontermutter gelöst und mit der Einstellmutter eingestellt. Wird eine Nachstellhülse benutzt, sichert sich diese mit Nocken selbst.

Lassen sich nach dem Einstellen die beiden Hinterräder gleichmäßig schwer von Hand drehen, ist die Einstellung richtig. Bei gelöster Handbremse kontrolliert man, ob beide Räder frei laufen. Gegebenenfalls

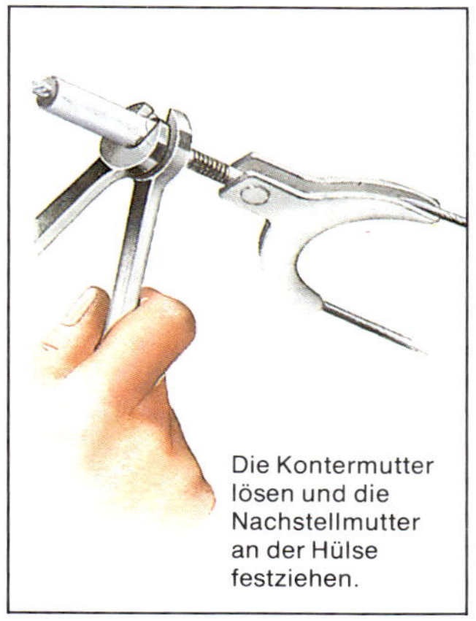

Die Kontermutter lösen und die Nachstellmutter an der Hülse festziehen.

wird die Einstellung korrigiert und mit der Kontermutter gesichert.

Einen Bowdenzug einstellen

Die Handbremse wird um drei Rasten angezogen. Die Gegenmutter wird gelöst und etwas zurückgedreht. Die Nachstellmutter verstellt man, bis ein Widerstand am Bowdenzug spürbar wird.

Man dreht ein Rad von Hand und ändert gegebenenfalls die Nachstellung. Wenn beide Bremsen gleichmäßig greifen, wird die Einstellmutter festgehalten und die Kontermutter angezogen.

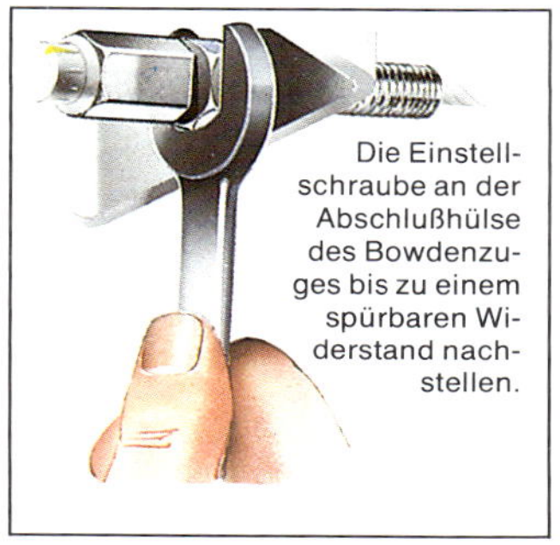

Die Einstellschraube an der Abschlußhülse des Bowdenzuges bis zu einem spürbaren Widerstand nachstellen.

Handbremse nachstellen bei geteiltem Seilzug

Bei einigen Wagentypen wird die Handbremse über zwei Seilzüge betätigt, die durch einen Umlenkhebel im Wagen miteinander verbunden sind. Ein vorderer Seilzug führt vom Handbremshebel zum Umlenkhebel, ein hinterer von da zu den Radbremsen. Zum Einstellen zieht man den Handbremshebel um zwei Rasten an und löst die Kontermutter.

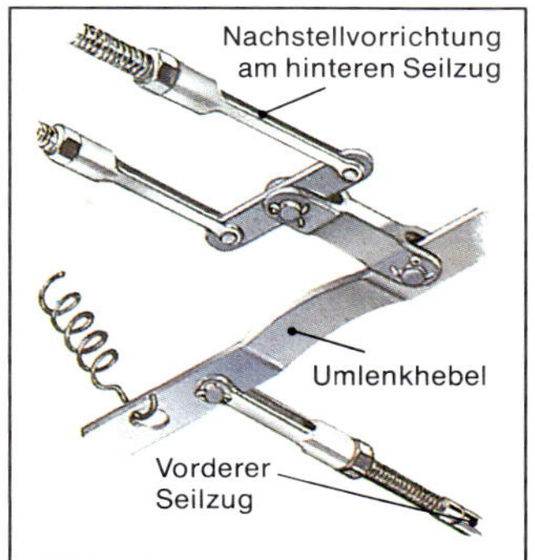

Einige Systeme besitzen drei Handbremsseile, die zu einem Ausgleichsstück führen und einzeln nachgestellt werden können.

Handbremsausgleich

Gelegentlich stellt man die Handbremse über den Handbremsausgleich im Bereich der Hinterachse oder an einer Gabel mittels Gewindestange oder Seilzug in unmittelbarer Nähe der Bremsträgerplatte nach.

Zum Nachstellen entfernt man einen Sicherungssplint aus dem Übertragungsgestänge und zieht den dazugehörigen Stift heraus. Nun wird der Handbremshebel bis zur zweiten Raste angezogen. Die Kontermutter ist zu lösen und mit der Nachstellmutter einzustellen, bis sich Bolzen und Gabelkopf gerade noch zusammenstecken lassen.

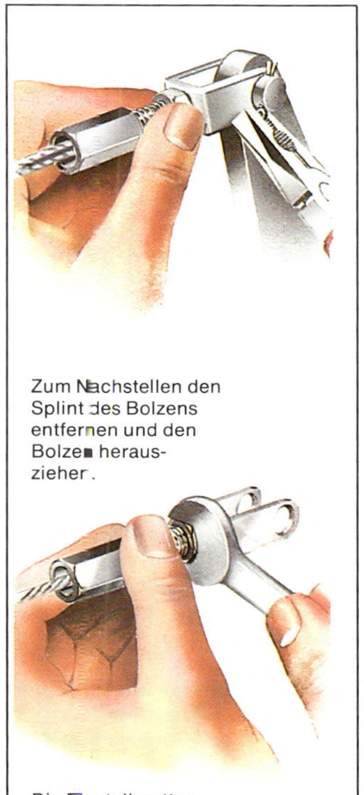

Zum Nachstellen den Splint des Bolzens entfernen und den Bolzen herausziehen.

Die Einstellmutter hinter dem Gabelkopf zurückschrauben.

Die Kontermutter wird wieder angezogen und der Bolzen des Gestänges mit einem neuen Splint gesichert.

Scheibenbremsen

Bei Fahrzeugen mit Scheibenbremsen an allen vier Rädern wirkt die Handbremse meist auf die Bremsscheiben der hinteren Räder.

Mit einem großen Gabelschlüssel wird die Kontermutter zum Nachstellen an der Rückseite des Bremssattels gelöst und etwas zurückgeschraubt. Mit einem kleineren Gabelschlüssel dreht man die Nachstellmutter im Uhrzeigersinn bis zum Anschlag. In dieser Stellung sollte sich das Rad von Hand nur schwer drehen lassen. Dann wird die Einstellmutter eine halbe bis dreiviertel Umdrehung zurückgenommen. Schließlich hält man die Einstellmutter fest und sichert die Kontermutter.

Nach der Einstellung die Nachstellmutter festhalten und kontern.

Handbremsseile prüfen und erneuern

Die Handbremse besteht aus drei Hauptbauteilen, dem Handbremsgriff, dem Übertragungsgestänge oder den Seilen mit der integrierten Nachstellvorrichtung sowie den Handbremsbacken mit den Bremstrommeln oder -scheiben. Die Einstellvorrichtung befindet sich entweder am Handbremshebel im Wageninneren oder am Übertragungsgestänge bzw. -seil.

Handbremssysteme wirken meist auf die Hinterräder, nur bei einigen Fahrzeugen auf die Vorderräder. Die Bauart bleibt aber stets gleich.

Bremsseile können sich dehnen und Beläge verschleißen. Deshalb wird die Handbremse bei der Inspektion geprüft und eingestellt.

Handbremsseil und Gestänge sind unter dem Fahrzeugboden verhältnismäßig offen und ungeschützt. Sie können in ihren Führungen festfressen, so daß sich die Handbremse nicht mehr ziehen oder lösen läßt. Außerdem können Scheuerstellen zum Bruch des Seiles führen.

Man prüft die Seilzüge in ihrer ganzen Länge auf der Hebebühne. Wichtig sind Führungs- und Umlenkpunkte.

Laufen die Handbremsseile in Schutzhüllen, kontrolliert man die äußere Hülle auf Risse, wo Wasser und Schmutz eindringen können, so daß das Seil allmählich fest wird.

Ausgleichsstücke am hinteren Bremsseil verteilen die Bremskräfte gleichmäßig auf die beiden Räder. Ein festsitzendes Ausgleichsstück bewirkt einseitige Bremswirkung, die bei der Hauptuntersuchung bemängelt wird.

Verschlissene oder funktionsuntüchtige Teile sind immer wegen Unfallgefahr auszuwechseln.

Werkzeug und Ausrüstung

Wagenheber, Unterstellböcke oder Hebebühne, Schmierfett, Rostlöser, Schraubenzieher, Schraubenschlüssel, Zange, Stahlbürste

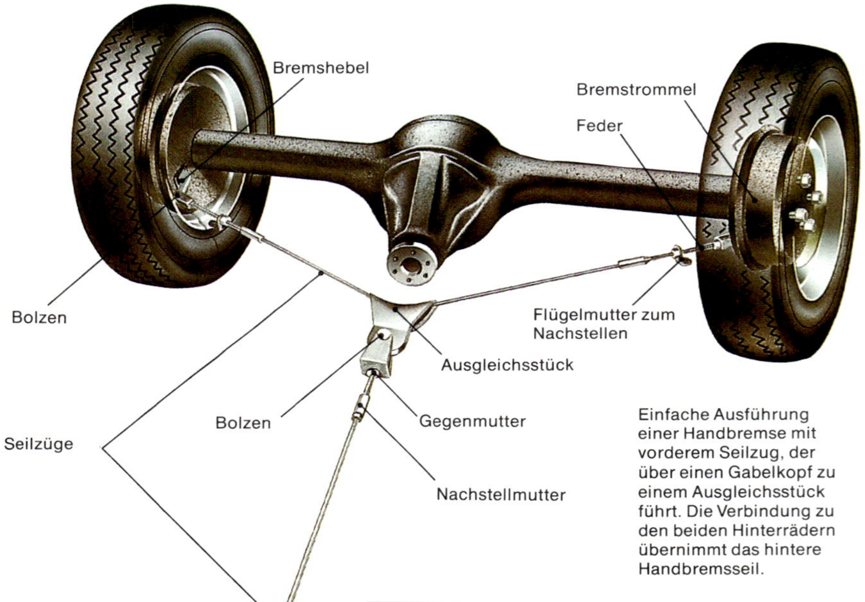

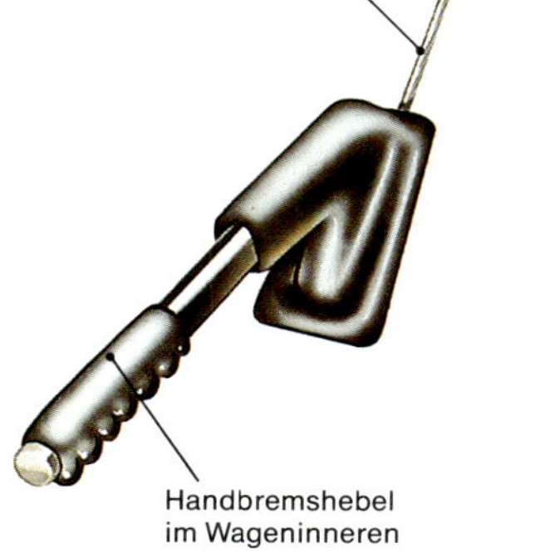

Einfache Ausführung einer Handbremse mit vorderem Seilzug, der über einen Gabelkopf zu einem Ausgleichsstück führt. Die Verbindung zu den beiden Hinterrädern übernimmt das hintere Handbremsseil.

Andere Bauweise einer Handbremse

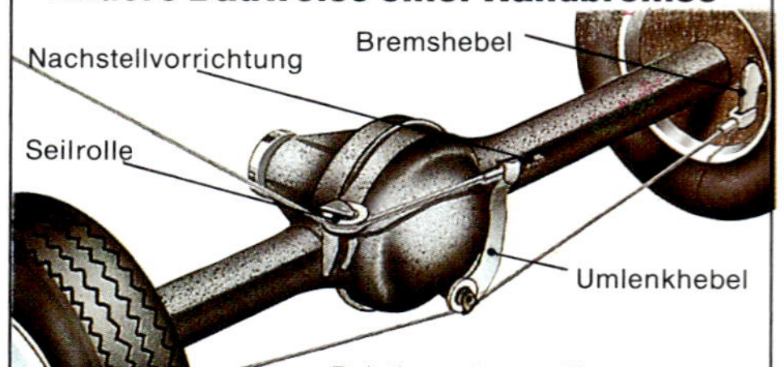

Bei dieser Feststellbremse führt das vordere Bremsseil zu einem Umlenkhebel. Der Umlenkhebel bedient ein zweites Handbremsseil, das die Bremsbacken anlegt.

Die Bremsseile erneuern

Am Handbremshebel können ein oder zwei vordere Seile angebracht sein. Sie laufen durch Öffnungen im Bodenblech, die von unten mit einer Schutzplatte abgedeckt sind. Zum Ausbau der Bremsseile nimmt man sie ab.

Bei doppelten Seilzügen sind rechts und links meist Einstellschrauben. Je ein Seilzug führt dann zur Radbremse und wird separat eingestellt. Der Mechaniker löst die Kontermutter und dreht sie mit der Einstellmutter vom Gewindestück des Seilendes ab.

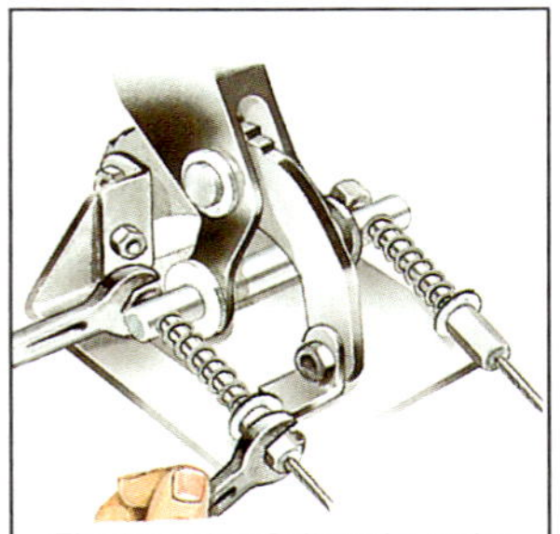

Ein doppelter Seilzug ist meist mit Nachstellschrauben am Handbremshebel befestigt.

Dann wird die betreffende Radbremse zerlegt, und das Seil läßt sich aus den Führungen herausziehen.

Bei einem einfachen Seilzug endet das vordere Handbremsseil meist an einem Ausgleichsstück mit Nachstellvorrichtung. Ist das vordere Seil schadhaft, nimmt man den Befestigungsbolzen am Handbremshebel ab und löst die Nachstellvorrichtung vom entsprechenden Gewindestück im Gabelkopf (am Ausgleichsstück).

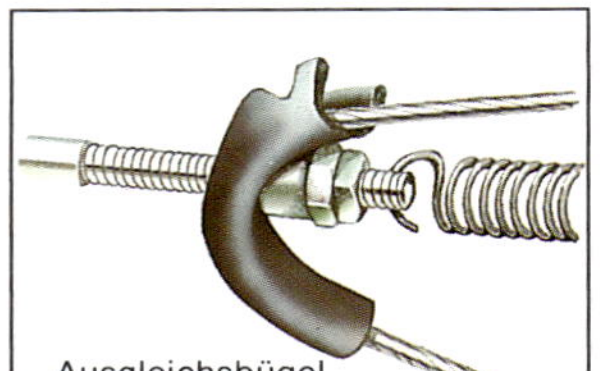

Ausgleichsbügel an einer Gewindestange

Ist hingegen das hintere Handbremsseil beschädigt, demontiert man danach die Radbremse und legt so die Seilenden frei. Am Durchbruch der Bremsträgerplatte sind meist Seilführungen oder Widerlager angeschraubt.

Seilzüge von Handbremsen können teilweise auch in flexiblen Spiralen untergebracht sein, deren Enden mit Gummitüllen abgedichtet sind. Diese Gummitüllen müssen ebenfalls ersetzt werden. Man füllt sie mit Fett, um sie abzudichten.

Bei manchen Wagentypen laufen die Seilzüge in starren Rohren. Beim Ausbau bindet man eine Schnur am Seil fest und zieht die Schnur mit ins Leerrohr. Damit läßt sich das neue Seil besser wieder einziehen.

Beim Zusammenbau widmet der Mechaniker einem eventuell vorhandenen Ausgleichsbügel die größte Aufmerksamkeit. Der Bügel wird sorgfältig von Rost gereinigt und mit einer Fettpackung versehen, damit die Bremse gleichmäßig zieht.

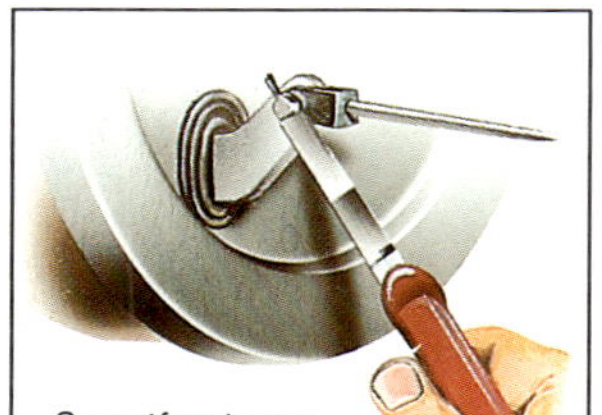

So entfernt man Befestigungsbolzen mit Splintsicherung.

Seilrollen oder Umlenkhebel werden vor dem Einsetzen des neuen Handbremsseiles von Rost und Schmutz befreit. Alle Teile müssen sich, wenn sie mit Rostlöser behandelt sind, frei und ohne großes Spiel bewegen.

Wenn die Handbremse festsitzt

1. Wird eine Radbremse deutlich wärmer als die andere, kann das Handbremsseil festsitzen. Der Mechaniker hebt das Fahrzeug mit einem Wagenheber an und läßt einen Helfer den Handbremshebel bedienen. Je nach Position muß das Rad frei oder fest werden.
2. Oft muß man das Bremsseil ausbauen und gangbar machen. Man träufelt zunächst Rostlöser zwischen Seil und Seilführung und bewegt das Seil kräftig hin und her. Dann setzt man es mit Graphitfett wieder ein.
3. Nicht immer sitzt das Seil fest. Auch der Bremshebel kann innerhalb der Bremse festgerostet sein.

Beispiel einer Bremsseilführung. Hier muß der Drehzapfen eingeölt werden, damit er gangbar bleibt.

Die Bremsanlage entlüften und Bremsflüssigkeit wechseln 1

Gelangt Luft durch eine Undichtigkeit in das hydraulische Bremssystem, reagiert die Bremse schwammig. Das Pedal läßt sich dann weich durchtreten. Die Bremsleistung tritt meist stark verzögert oder gar nicht ein. Hier muß aus Sicherheitsgründen schnell etwas geschehen.

Pumpt man mehrmals mit dem Pedal, erhält die Anlage wieder ihren Normaldruck, und die Bremswirkung ist besser. In diesem Fall muß das gesamte System auf undichte Stellen abgesucht und repariert werden. Da der Hydraulikkreis zu diesem Zweck an einer Stelle geöffnet werden muß, ist später ein Entlüften des betreffenden Bremskreises notwendig. Sonst bleibt die Bremse unwirksam.

Zum Entlüften öffnet der Mechaniker der Reihe nach die jeweils zuständigen Entlüftungsventile an den Radbremszylindern, die hinten aus den Bremsträgerplatten herausragen. Das Entlüfterventil wird dabei mit einem kleinen Plastikschlauch versehen, der in einer Entlüfterflasche endet. Während ein Helfer das Bremspedal tritt, öffnet der Mechaniker das Entlüfterventil, und die Luft tritt aus dem System aus. Es wird so lange durchgepumpt, bis nur noch Bremsflüssigkeit austritt.

Man muß den Vorratsbehälter am Hauptbremszylinder vor dem Entlüften auffüllen. Bremsflüssigkeit darf auf keinen Fall auf die Lackierung oder andere Bauteile gelangen, denn sie ist stark ätzend. Mit Bremsflüssigkeit verunreinigte Bauteile spritzt man mit einem kräftigen Wasserstrahl ab. Auch die Hände sollte man gründlich waschen.

Viele Hersteller schreiben den Wechsel der Bremsflüssigkeit nach bestimmten Intervallen vor. Diese Arbeit ähnelt dem Vorgehen beim Entlüften.

Der Wechsel bei der Routineinspektion ist wichtig, weil Bremsflüssigkeit Wasser bindet. Dadurch sinkt der Siedepunkt, und bei einer Notbremsung könnte im System Wasserdampf entstehen, der wiederum die Bremse funktionsunfähig macht.

Modern ausgerüstete Werkstätten besitzen für solche Entlüftungsarbeiten oder für den Wechsel der Bremsflüssigkeit eigene Entlüftergeräte, die viele der genannten Vorgänge automatisch durchführen.

Werkzeug und Ausrüstung

Wagenheber, Unterstellböcke oder Hebebühne, Drahtbürste, Schraubenschlüssel, Kunststoffschlauch, Entlüftergefäß oder Entlüftergerät, Bremsflüssigkeit gemäß Spezifikation des Herstellers

Eine Zweikreisbremse entlüften

Bei einer Zweikreisbremse führen getrennte hydraulische Kreise zu den Bremsen der Vorder- und Hinterräder. Die Bremsleitungen führen vielfach durch einen Bremskraftbegrenzer, der den auf die Hinterradbremsen wirkenden hydraulischen Druck reguliert und das Blockieren der Räder verhindert. Bei einigen Typen kann man Hinterradbremsen bei entlasteten Rädern nicht entlüften.

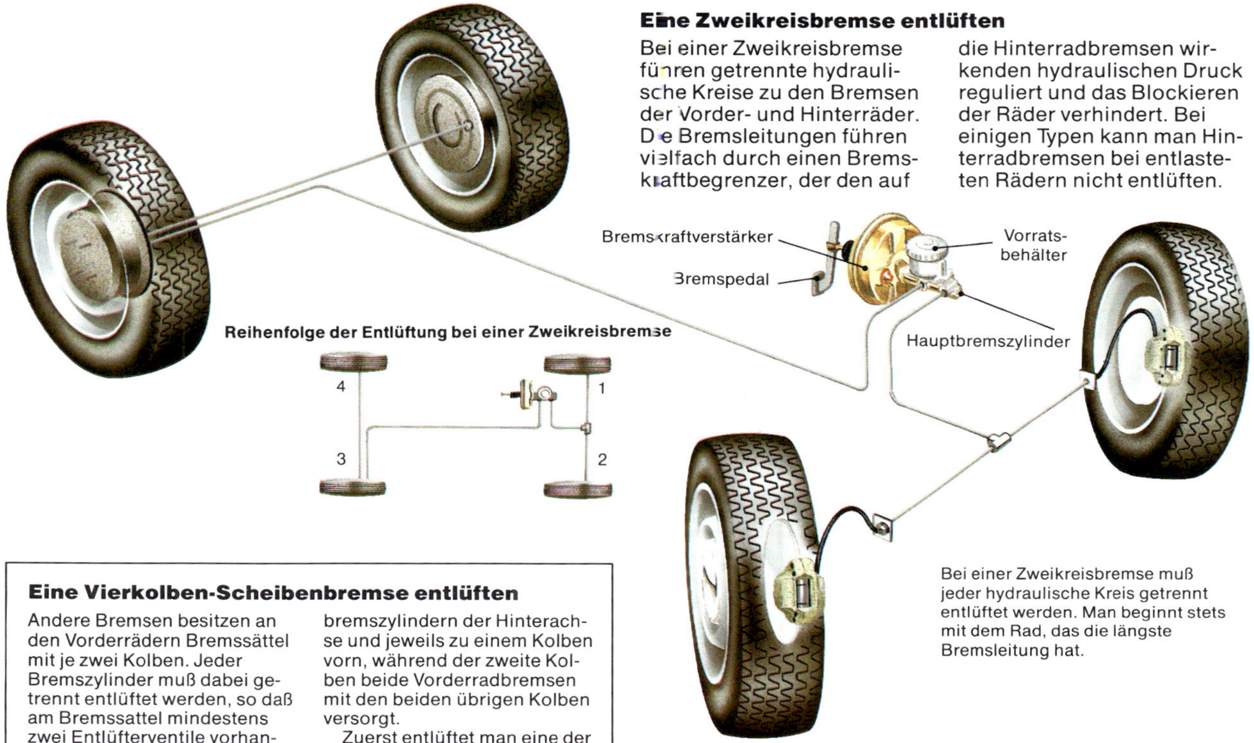

Bei einer Zweikreisbremse muß jeder hydraulische Kreis getrennt entlüftet werden. Man beginnt stets mit dem Rad, das die längste Bremsleitung hat.

Lage der Entlüfterventile

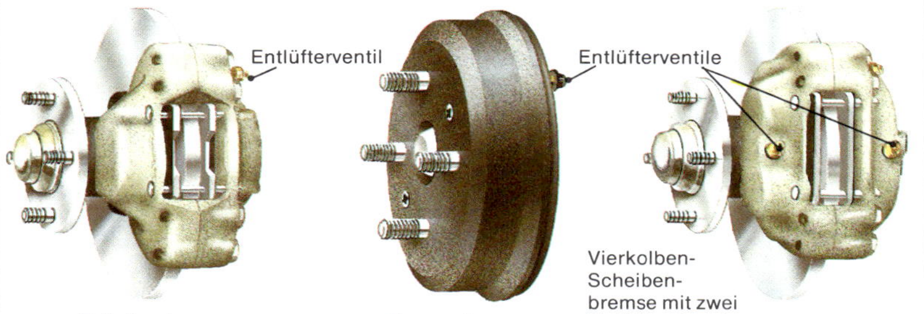

Scheibenbremse

Trommelbremse

Vierkolben-Scheibenbremse mit zwei Entlüfternippeln

Eine Vierkolben-Scheibenbremse entlüften

Andere Bremsen besitzen an den Vorderrädern Bremssättel mit je zwei Kolben. Jeder Bremszylinder muß dabei getrennt entlüftet werden, so daß am Bremssattel mindestens zwei Entlüfterventile vorhanden sind. Der eine Kolben im Hauptbremszylinder drückt Bremsflüssigkeit zu den Radbremszylindern der Hinterachse und jeweils zu einem Kolben vorn, während der zweite Kolben beide Vorderradbremsen mit den beiden übrigen Kolben versorgt.

Zuerst entlüftet man eine der Hinterradbremsen und dann den dazugehörigen Bremssattel. In der gleichen Reihenfolge wird die Entlüftung an der anderen Fahrzeugseite vorgenommen.

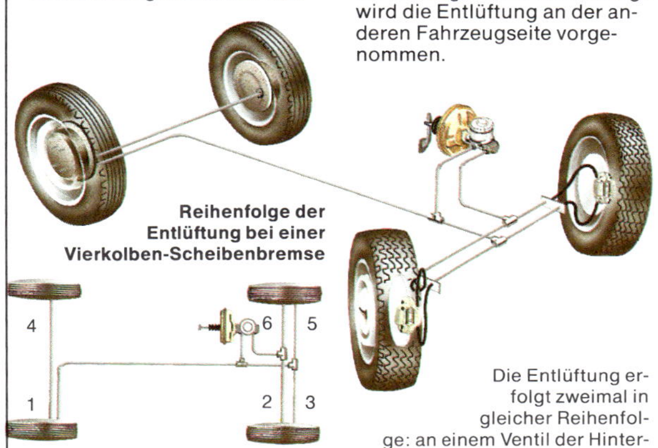

Die Entlüftung erfolgt zweimal in gleicher Reihenfolge: an einem Ventil der Hinterradbremse und an zwei Ventilen einer Vorderradbremse.

Arbeitsweise bei einer Einkreisbremse

Die Bremsflüssigkeit gelangt durch eine Bremsleitung zu den einzelnen Rädern. Im Falle eines Lecks fällt die gesamte Bremsanlage aus.

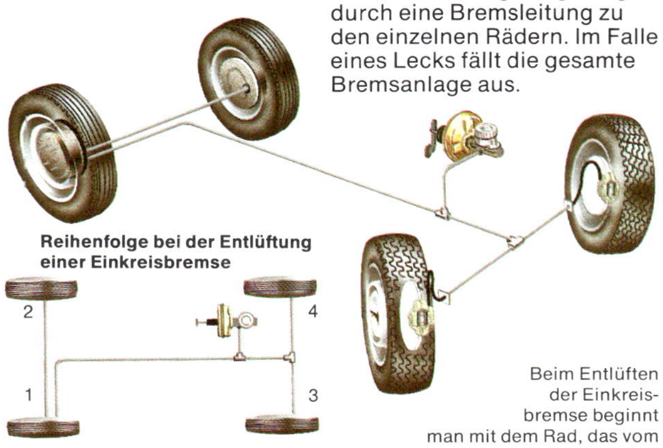

Beim Entlüften der Einkreisbremse beginnt man mit dem Rad, das vom Hauptbremszylinder am weitesten entfernt ist, und beendet die Arbeit an der kürzesten Leitung.

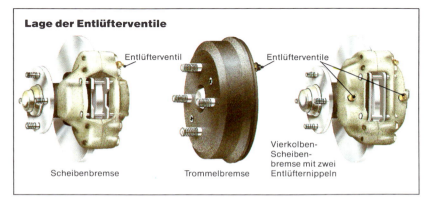

Die Bremsanlage entlüften und Bremsflüssigkeit wechseln 2

Trommel- und Scheibenbremsen werden in gleicher Weise entlüftet.

Da die Entlüfterventile verhältnismäßig schlecht zugänglich sind, nimmt man am besten die Räder ab oder benutzt eine Arbeitsgrube bzw. Arbeitsbühne. Ein Fahrzeug mit Bremskraftbegrenzer an der Hinterachse muß in jedem Fall mit belasteter Hinterachse entlüftet werden.

Vor Beginn der Arbeiten reinigt der Mechaniker mit einer Drahtbürste die Entlüfterventile, zieht die Staubkappe ab und prüft, ob sich das Entlüfterventil leicht öffnen und schließen läßt. Dazu muß er einen passenden Ringschlüssel benutzen. Vorsichtig hält er einen Putzlappen auf das Entlüfterventil; denn es können einige Tropfen ätzender Bremsflüssigkeit austreten. Nun wird ein sauberer durchsichtiger Plastikschlauch über das Ventil gestülpt. Der Schlauch ist etwa 30 cm lang und sollte das Ventil luftdicht umschließen. Am Ende des Schlauches befindet sich ein sauberes Glasgefäß, das etwas frische Bremsflüssigkeit enthält.

Lassen sich Entlüfterventile nicht öffnen, können sie sehr leicht abreißen. In diesem Fall muß der Radbremszylinder oder unter Umständen sogar der ganze Bremssattel komplett erneuert werden. Rostlöser bleibt in dieser Situation trotz langer Einwirkzeit meist unwirksam.

Leichtgängige Entlüfterventile schließt man wieder. Ein Helfer setzt das Bremspedal unter Druck, indem er mehrmals pumpt. Nun öffnet der Mechaniker das Entlüfterventil sehr schnell. Es tritt mit Luft vermischte Bremsflüssigkeit aus. Noch bevor die Abwärtsbewegung des Bremspedals beendet ist, wird das Entlüfterventil wieder geschlossen.

Diesen Vorgang wiederholt man sicherheitshalber etwa 3- bis 5mal, wenn viel Luft im System war. Meist ist der betreffende Radbremszylinder schon nach zweimaligem Entlüften wieder einwandfrei funktionsfähig.

Wird mehrmals gepumpt und entlüftet, ist es besonders wichtig, den Flüssigkeitsstand im Vorratsbehälter des Hauptbremszylinders zu überwachen. Es muß rechtzeitig neue Bremsflüssigkeit nach Spezifikation des Fahrzeugherstellers (d. h. mit der richtigen D.o.T.-Nummer) nachgefüllt werden.

Auf die gleiche Weise werden alle Radbremszylinder und alle Bremssättel entlüftet. Die Arbeiten beim Erneuern alter Bremsflüssigkeit sind die gleichen wie beim Entlüften.

Nach Beendigung der Arbeiten werden alle Entlüfterventile sorgfältig angezogen und mit einer neuen Staubkappe versehen.

Alte Bremsflüssigkeit schüttet man in die Originaldose zurück und liefert sie bei einer Altöl-Erfassungsstelle bzw. bei der Werkstatt ab. Sie gehört wegen ihrer Giftigkeit nicht in den Haushaltsmüll.

Der Bremspedaldruck sollte sich nun gleichmäßig hart anfühlen. Das Bremspedal muß auch bei starkem, länger anhaltendem Fußdruck ohne Absinken in der gleichen Position verharren.

Ist der Pedalleerweg immer noch zu groß, müssen die Bremsen nachgestellt werden. Dazu ist im Fahrzeug eine Vorrichtung zum mechanischen Nachstellen der Trommelbremsen vorgesehen.

Wenn das Fahrzeug wieder komplett ist, wird abschließend auf dem Prüfstand eine Bremsprobe durchgeführt.

Entlüfterventile sind mit einer Stahlbürste von Schmutz und Rost zu befreien und mit einem Lappen zu säubern.

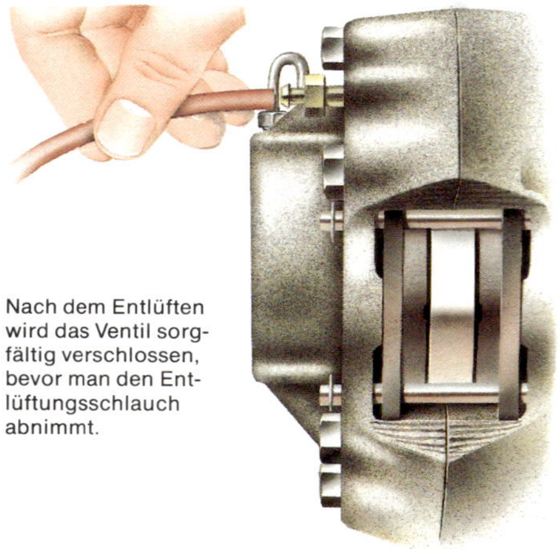

Nach dem Entlüften wird das Ventil sorgfältig verschlossen, bevor man den Entlüftungsschlauch abnimmt.

Ein Ringschlüssel wird am Ventil angesetzt und ein Entlüftungsschlauch darübergestülpt. Das Ventil ist beim Entlüftungsvorgang etwa eine viertel bis halbe Umdrehung zu öffnen. Bremsflüssigkeit tritt dann in das bereits gefüllte Glasgefäß ein. Das offene Schlauchende muß in die Bremsflüssigkeit des Gefäßes eintauchen.

Ein verstopftes Entlüfterventil durchstoßen

Tritt nach dem Öffnen keine Bremsflüssigkeit aus dem Ventil aus, dürfte es verstopft sein.

In diesem Fall klemmt man eine Schlauchklemme um den zum Bremszylinder gehörenden Bremsschlauch. Man kann nun das Entlüfterventil vollständig herausschrauben.

Mit einem dünnen, steifen Draht wird das ausgebaute Ventil vorsichtig durchstoßen.

Man reinigt das Ventil, schraubt es wieder fest ein und entfernt die Schlauchklemme vom Bremsschlauch.

Schlauchklemme

Das Ventil wird vorsichtig mit einem dünnen Draht durchstoßen.

Weitere Tips

Nicht selten ist nach Abschluß der Arbeiten das Ergebnis noch immer unbefriedigend. Hier könnte der Mechaniker übersehen haben, daß ein zweiter Bremskreis vorhanden ist, der auch entlüftet werden muß.

Sinkt das Pedal bei starker Belastung allmählich zu Boden, obwohl keine äußerlichen Undichtigkeiten vorhanden sind, ist die Primärmanschette des Hauptbremszylinders schadhaft. Der nachlassende Druck weicht dann innerhalb des Hauptbremszylinders in den Vorratsbehälter aus. In diesem Fall ist ein neuer Hauptbremszylinder einzusetzen.

Beim Nachfüllen von Bremsflüssigkeit darf immer nur vom Hersteller freigegebene Originalbremsflüssigkeit mit der richtigen Spezifikation eingesetzt werden. Die Spezifikation erkennt man an der sogenannten D.o.T.-Angabe (Department of Transportation = US-Verkehrsbehörde). Der Begriff D.o.T. wird mit einer Nummer kombiniert angegeben und erklärt die Belastbarkeit der Bremsflüssigkeit. Allgemein sind Bremsflüssigkeiten mit der Auszeichnung D.o.T. 4 unbedenklich einsetzbar. Niedrigere Nummern ergeben eine geringere, höhere Nummern eine höhere Belastbarkeit.

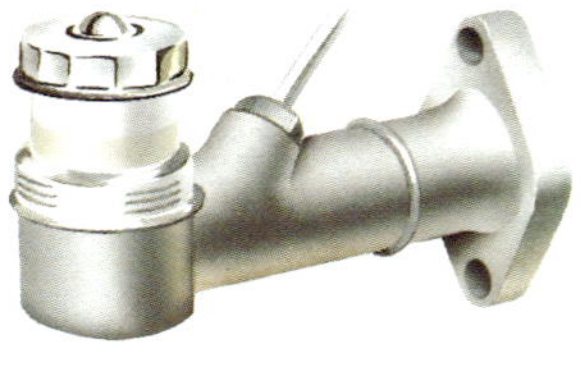

Typischer Hauptbremszylinder einer Einkreisbremse

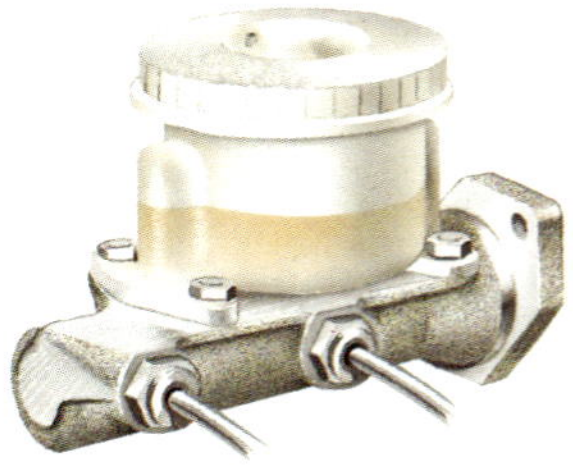

Tandem-Hauptbremszylinder einer Zweikreisbremse mit zwei Anschlüssen

Den Hauptbremszylinder und den Bremskraftverstärker erneuern 1

Ein undichter Hauptbremszylinder (siehe Seite 183) muß umgehend ausgetauscht werden. Auch bei kleineren Lecks wird der Vorratsbehälter allmählich leer, und es besteht die Gefahr, daß zumindest ein Bremskreis ausfällt.

Der Hauptbremszylinder befindet sich meistens an der Spritzwand, die den Motorraum vom Insassenraum trennt. Größere Fahrzeuge haben zusätzlich einen Bremskraftverstärker.

Der Hauptbremszylinder ist über eine Kolbenstange mit dem Bremspedal verbunden.

Um einen defekten Bremskraftverstärker zu prüfen, tritt man das Pedal mit mittlerer Kraft und startet den Motor. Bei einwandfreier Verstärkung gibt jetzt das Pedal dem Fuß deutlich spürbar nach. Wird diese Unterdruckverstärkung nicht wirksam, wird das Bremsgerät erneuert.

Zum Ausbau löst der Mechaniker zunächst alle Stromkabel wie den Anschluß des Bremslichtschalters und der Kontrolleuchte für den Bremsflüssigkeitsstand. Nun schraubt man der Reihe nach die hydraulischen Anschlüsse ab. In Werkstätten werden diese vielfach mit Plastikstopfen verschlossen, damit kein Schmutz in die Hydraulikleitungen gelangt. Nach der Abnahme der Befestigungsschrauben und des Sicherungsbolzens am Bremspedal ist der Hauptbremszylinder frei.

Werkzeug und Ausrüstung

Schraubenschlüssel, Verschlußstopfen, Putzlappen, Zange, Schraubenzieher, Glasgefäß mit Entlüftungsschlauch, Wagenheber mit Unterstellböcken oder Hebebühne

Vorbereitungen zum Ausbau des Hauptbremszylinders

Zunächst deckt der Mechaniker den Kotflügel auf der Montageseite ab. Bei diesen Arbeiten kann man nicht immer verhindern, daß ätzende Bremsflüssigkeit verspritzt wird, die den Lack beschädigt.

Die Bremsflüssigkeit im Hauptbremszylinder muß nicht abgesaugt werden. Es genügt, wenn man das Luftloch im Deckel des Vorratsbehälters mit Klebeband verschließt und so das Nachfließen von Flüssigkeit verhindert. Man kann auch beim Trennen der Bremsflüssigkeit Plastikstopfen auf die Öffnungen klipsen.

Wurde Bremsflüssigkeit im Motorraum verspritzt, muß man immer sofort mit klarem Wasser nachspülen.

Manchmal ist der Vorratsbehälter vom Hauptbremszylinder getrennt montiert. In diesem Fall ist eine meist gesteckte Verbindungsleitung zu trennen und mit einem Plastikstopfen zu verschließen.

Aus Sicherheitsgründen den Hauptbremszylinder immer nach vorn aus dem Fahrzeug herausnehmen; nicht über den Kotflügel führen.

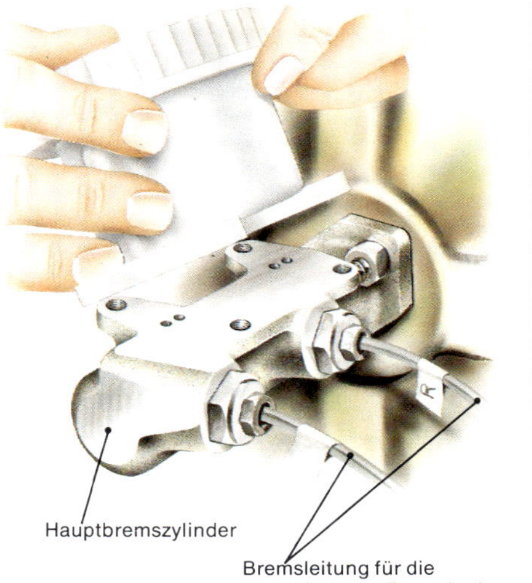

Ein abnehmbarer Vorratsbehälter des Hauptbremszylinders wird abgeschraubt. Diese Arbeit kann man auch nach dem kompletten Ausbau des Hauptbremszylinders vornehmen, wenn die Befestigungsschrauben des Zylinders gut erreichbar sind.

Hauptbremszylinder einer Zweikreisbremse mit Bremskraftverstärker

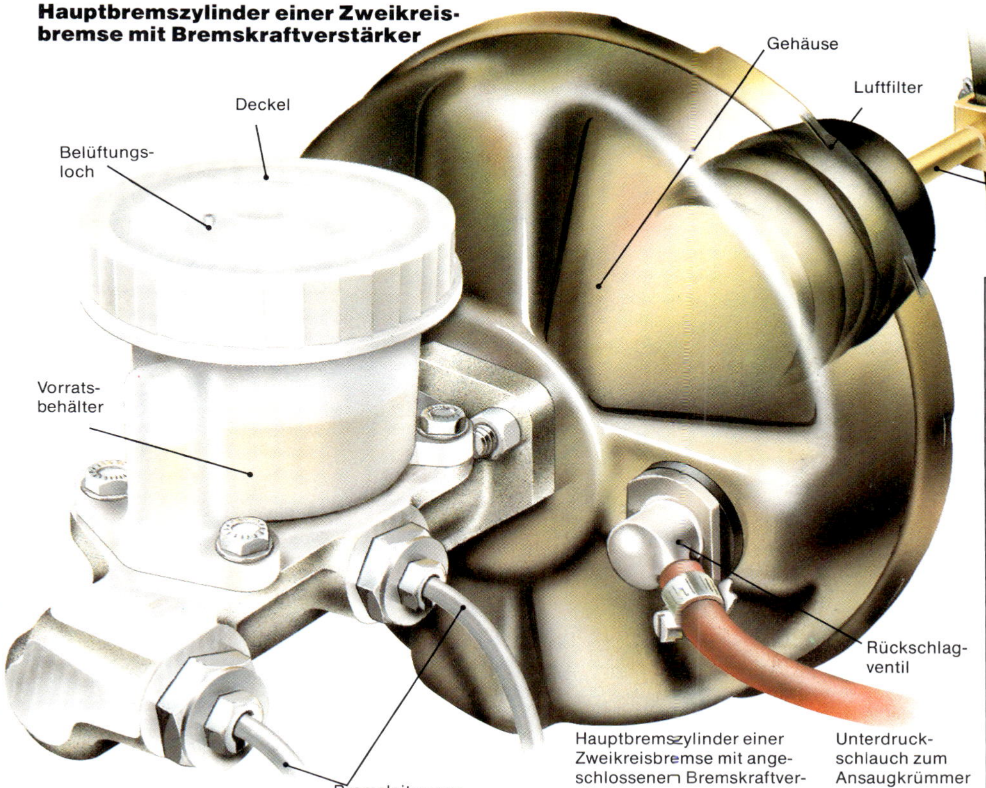

Hauptbremszylinder einer Zweikreisbremse mit angeschlossenem Bremskraftverstärker

Unterdruckschlauch zum Ansaugkrümmer

Hauptbremszylinder einer Einkreisbremse

Ausführung ohne Bremskraftverstärker mit integriertem Vorratsbehälter

Abnehmen der Kolbenstange

Meist verbindet ein Bolzen die Kolbenstange mit dem Bremspedal. Der Bolzen ist mit einem Splint oder einer Klemme gesichert. Ist das Pedal im Wageninneren durch die Verkleidung oder Gepäckablage schlecht erreichbar, muß der Mechaniker diese entfernen. Dann werden Splint und Bolzen abgenommen.

Beim Wiedereinbau muß man aus Sicherheitsgründen einen neuen Splint oder eine neue Sicherung verwenden.

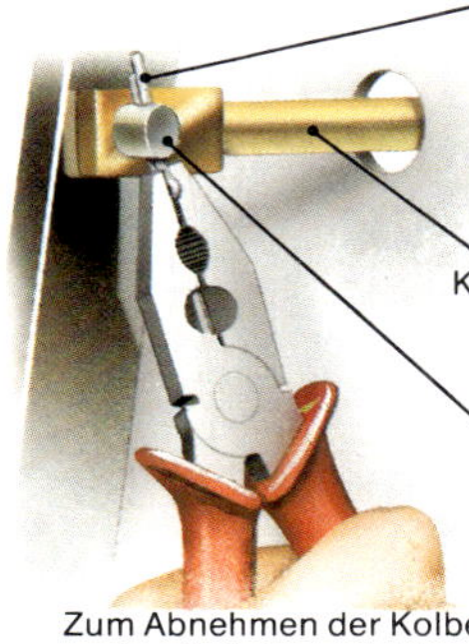

Zum Abnehmen der Kolbenstange den Splint geradebiegen, herausziehen und den Bolzen seitlich herausschieben.

Abnehmen der Kolbenstange bei VW-Fahrzeugen

Bei einigen VW-Modellen läßt sich die Kolbenstange mit dem Hauptbremszylinder ziehen, muß aber beim Zusammenbau eingestellt werden. Dazu löst man die Kontermutter und dreht die Stange, bis das Spiel 1–2 mm beträgt.

Bei Tandem-Hauptbremszylindern ist die richtige Einstellung des Bremspedals wichtig: Es muß sich im Pannenfall ganz durchtreten lassen, damit bei Ausfall eines Bremskreises der zweite Kreis wirkt.

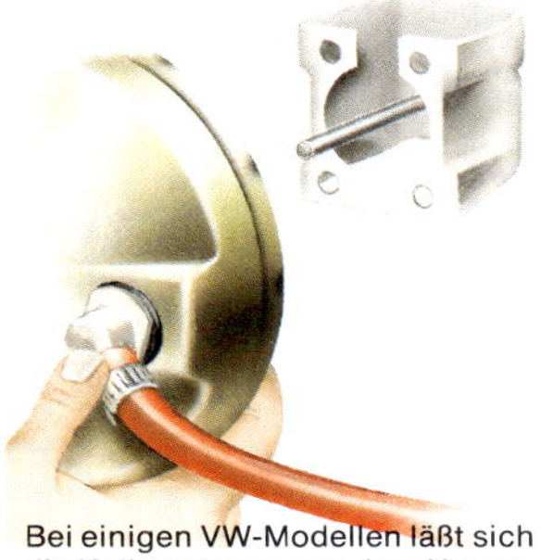

Bei einigen VW-Modellen läßt sich die Kolbenstange aus dem Hauptbremszylinder ohne Abnahme des Gabelkopfes herausziehen. Beim Einbau muß man die Länge der Kolbenstange prüfen und einstellen.

Den Hauptbremszylinder und den Bremskraftverstärker erneuern 2

Den Hauptbremszylinder ausbauen

Man schraubt die Bremsleitungen am Hauptbremszylinder ab und verschließt die Leitungen, trennt alle Stromkabel und bindet Teile fest, die bei der Arbeit stören.

Hauptbremszylinder werden meist mit zwei Muttern und deren Bolzen befestigt. Eine Sonderrolle spielt bei diesen Arbeiten der VW-Käfer: Hier muß man das Fahrzeug aufbocken und das linke Vorderrad abnehmen. Der Hauptbremszylinder sitzt unter dem Kofferraum.

Man löst die Befestigungsmuttern, hebt den Zylinder heraus und achtet auf abfallende Beilagscheiben bzw. abtropfende Bremsflüssigkeit.

Dann wird der neue Hauptbremszylinder eingesetzt. Zuerst wird er von Hand angesetzt; erst dann benutzt man einen Schraubenschlüssel, um die Muttern festzuziehen.

Nun wird der Vorratsbehälter aufgesetzt und frisch gefüllt. Abschließend entlüftet man die Bremsen.

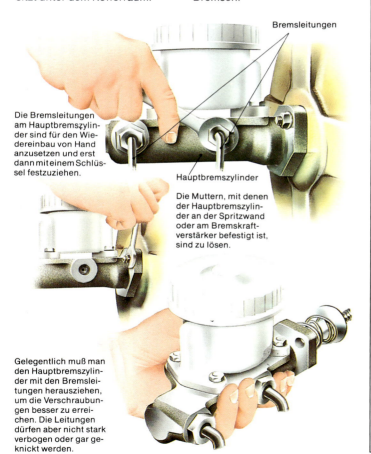

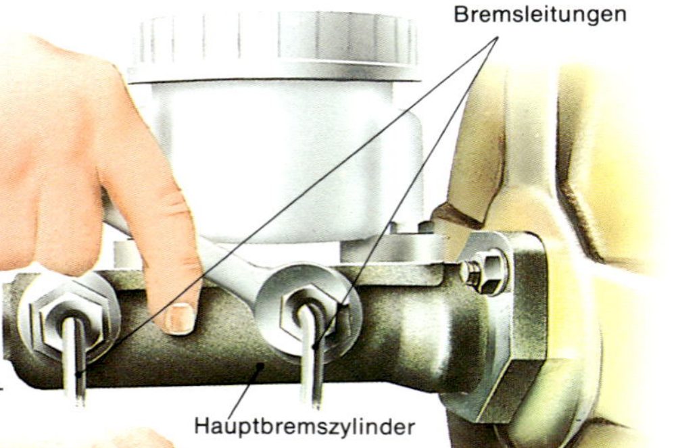

Die Bremsleitungen am Hauptbremszylinder sind für den Wiedereinbau von Hand anzusetzen und erst dann mit einem Schlüssel festzuziehen.

Die Muttern, mit denen der Hauptbremszylinder an der Spritzwand oder am Bremskraftverstärker befestigt ist, sind zu lösen.

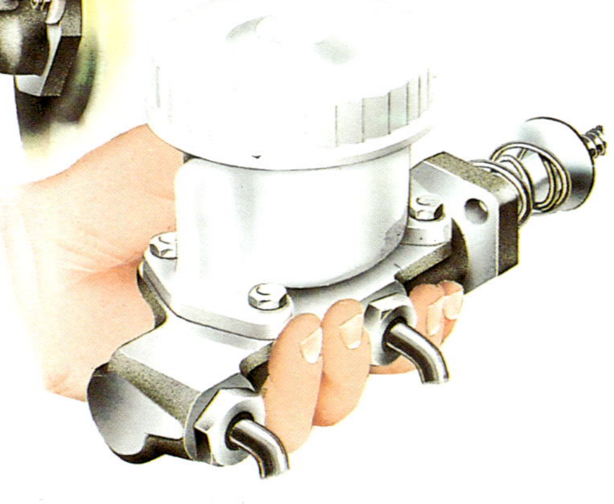

Gelegentlich muß man den Hauptbremszylinder mit den Bremsleitungen herausziehen, um die Verschraubungen besser zu erreichen. Die Leitungen dürfen aber nicht stark verbogen oder gar geknickt werden.

Den Bremskraftverstärker austauschen

Der Bremskraftverstärker, in der Fachsprache Bremsgerät genannt, ist in Form einer großen Dose zwischen Bremspedal und Hauptbremszylinder angeordnet.

Ist nur der Bremskraftverstärker schadhaft und kann der Hauptbremszylinder im Fahrzeug bleiben, müssen die Bremsleitungen nicht immer getrennt werden, falls sie lang genug sind. Man spart sich in diesem Fall die mühsame Arbeit, die Bremsflüssigkeit abzulassen und die Bremsanlage zu entlüften.

Der Mechaniker trennt wie gewohnt die Verschraubung des Hauptbremszylinders, des Bremskraftverstärkers und des Bremspedals. Der Bremskraftverstärker wird vom Hauptbremszylinder abgezogen und ist nun bis auf den Vakuumanschluß, der noch abgeklipst wird, frei.

Vielfach werden die Manschetten älterer Hauptbremszylinder bei den anschließenden Entlüftungsarbeiten überfordert. Es lohnt sich deshalb, gleich beide Teile, Bremskraftverstärker und Hauptbremszylinder, auszuwechseln.

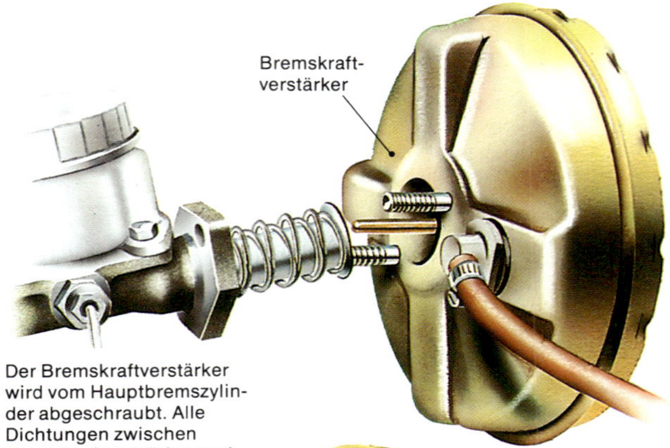

Der Bremskraftverstärker wird vom Hauptbremszylinder abgeschraubt. Alle Dichtungen zwischen Bremskraftverstärker und Hauptbremszylinder sind zu prüfen und eventuell zu erneuern.

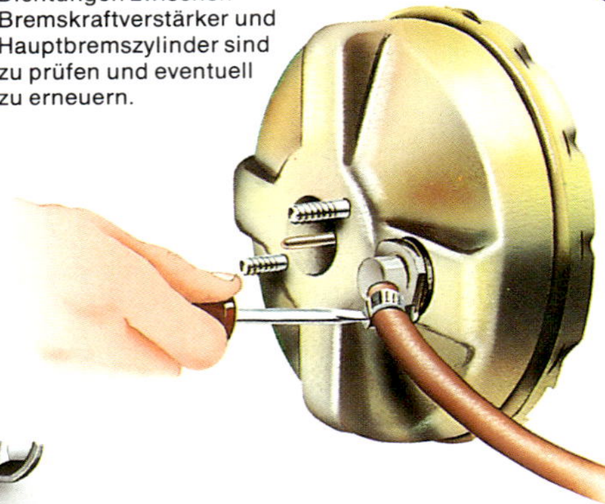

Man trennt den Anschluß des Unterdruckschlauchs am Bremskraftverstärker, indem man die Schlauchklemme löst.

Der Bremskraftverstärker wird vom Lagerbock abgeschraubt und vom Hauptbremszylinder abgehoben. Befindet sich ein Dichtungsring zwischen Bremskraftverstärker und Lagerbock, ist dieser auf Schäden zu prüfen und gegebenenfalls zu ersetzen.

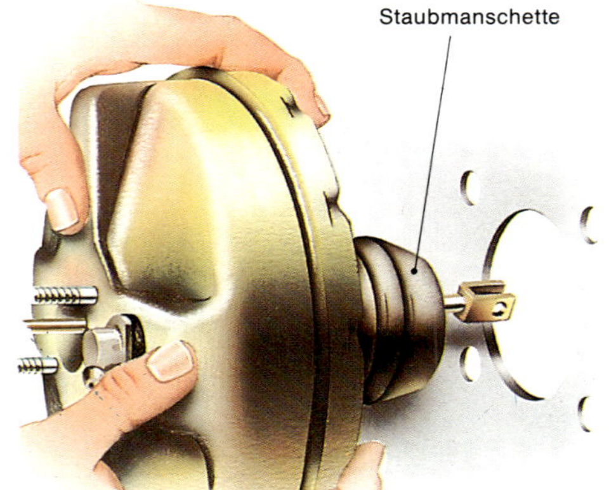

Das Luftfilter im Bremskraftverstärker erneuern

Auf den Bremskraftverstärker wirkt mit Staub verunreinigte Luft ein. Deshalb ist ein Luftfilter in Form eines Filz- oder Schaumstoffringes im Bereich der Kolbenstange angebracht.

Dieses Filter wird bei Reparaturen am Bremskraftverstärker erneuert. Der Mechaniker schiebt dazu die Staubmanschette auf der Kolbenstange des Hauptbremszylinders zurück. Das Filter liegt so frei und kann abgezogen werden.

Man schneidet das Ersatzfilter mit einem scharfen Messer im Winkel von 45° auf, schiebt es über die Kolbenstange und drückt es in seinen Sitz.

Sitzt vor dem Filter eine Dämpfungsscheibe, sind die beiden Schlitze dieser Bauteile jeweils um 180° versetzt einzubauen.

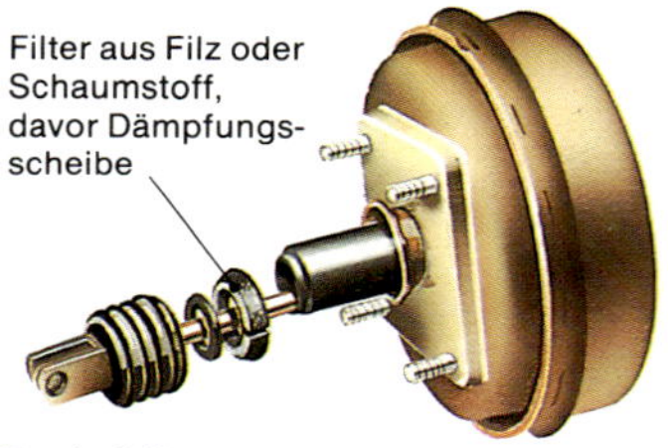

Das Luftfilter kann meist ohne Ausbau des Bremskraftverstärkers erneuert werden. Man erreicht es durch einen Spalt zwischen der Rückseite des Unterdruckverstärkers und der Spritzwand.

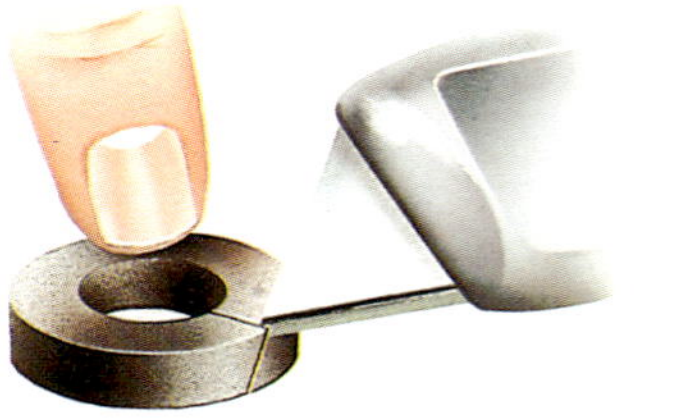

Zum Aufsetzen das Filter im 45°-Winkel aufschneiden. Die Schlitze der Dämpfungs- und der Filterscheibe um 180° versetzt montieren.

Räder und Reifen prüfen

Die Reifen sind die Basis eines Kraftfahrzeuges. Sie unterliegen höchsten Beanspruchungen und müssen nicht nur das Gewicht des Autos tragen, sondern beim Fahren auch noch die Antriebs-, Brems- und Fliehkräfte übertragen. Dabei befindet sich stets nur ein kleiner Teil des Reifens in Kontakt mit der Fahrbahn.

Die Reifen sollte man regelmäßig kontrollieren. Dies gilt für die Kontrolle des Luftdruckes genauso wie für die Überwachung des Profilverschleißes. Solche Arbeiten kann auch der technisch unbegabte Autofahrer selbst durchführen.

Reifen sollte man stets kühl und trocken in einem dunklen Raum aufbewahren. Am besten hängt man sie in der Garage oder im Keller auf und vermeidet so Abplattungen der Lauffläche.

Besonders gefährlich für das Reifenmaterial sind Öle und Kraftstoffe. Deshalb beim Lagern auf einen sauberen Lagerort achten.

Werkzeug und Ausrüstung

Schraubenzieher, Profiltiefenmesser, Manometer, Fußpumpe, Wagenheber und Unterstellböcke, Radkreuz, Drehmomentschlüssel

Reifenverschleiß und Schäden

Das Reifenprofil wird auf unnormalen Verschleiß, der Reifen selbst auf Altersrisse, Schnitte und Einschlüsse untersucht.

Profil und Reifenflanken prüfen

Die Kontrolle des Reifenzustandes beginnt mit der Prüfung des Profilbildes. Dazu bockt man das Fahrzeug auf und dreht das Rad von Hand durch.

Eine gleichmäßige Profiltiefe zeigt, daß der Reifen einwandfrei abläuft und weder Spur- noch Sturzfehler vorhanden sind. Steine oder sonstige Einschlüsse, die sich im Profil festgesetzt haben, werden mit einem Schraubenzieher entfernt. Man achtet dabei besonders auf Nägel, Draht oder ähnliche Gegenstände, die den Reifen durchstochen haben könnten. Beim Herausziehen von Nägeln gibt man etwas Wasser auf das Einstichloch und prüft, ob Luft austritt.

Ist das Reifenprofil an manchen Stellen über die ganze Breite stärker verschlissen, weist dies auf ein kräftiges Bremsmanöver hin: Das Rad blockierte, und beim Durchrutschen bildeten sich die großflächigen Auswaschungen.

Schräg ablaufende Profilschultern weisen auf ständiges schnelles Kurvenfahren hin, extrem verschlissene Schultern hingegen auf Spur- oder Sturzfehler.

Wenn man die Reifenflanke kontrolliert, achtet man auf Ausbauchungen, die auf Schäden am Reifenunterbau hinweisen könnten. Ein solcher Reifen ist besonders bei hoher Geschwindigkeit gefährlich und sollte bald in einer Werkstatt demontiert und näher geprüft werden. Reifen mit Schäden am Unterbau können nicht repariert, sondern müssen ersetzt werden.

Die Profiltiefe messen

Die StVZO schreibt eine Mindestprofiltiefe am ganzen Reifenumfang von 1,6 mm vor. Dabei handelt es sich um ein absolutes Mindestmaß.

Es ist klar, daß ein solcher Reifen, z. B. bei Regen, keinerlei Sicherheitsreserven mehr besitzt.

Man kann das Reifenprofil auch provisorisch mit einem Markstück prüfen.

Daher sind viele Reifenhersteller dazu übergegangen, Profilabnutzungsanzeiger, kurz TWI (Tread Wear Indicator), in den Profilrillen vorzusehen. Diese Querstege treten bei einem Restprofil von etwa 1,6 mm hervor und zeigen an, daß ein Reifenwechsel fällig ist.

Bei Winterreifen sind die Anforderungen an das Reifenprofil noch höher. Bei etwa 3 mm mittlerer Profiltiefe ist ein neuer Reifen fällig.

Zum Messen der Profiltiefe gibt es Spezialwerkzeuge, aber auch ein sehr einfaches Hilfsmittel. Man steckt ein Markstück in das Reifenprofil. Wenn der Kennbuchstabe für die Münzprägeanstalt auf der Rückseite des Geldstükkes im Profil verschwindet, reicht das Reifenprofil noch aus. Schaut der Kennbuchstabe heraus, beträgt das restliche Profil nur noch rund 1,5 mm.

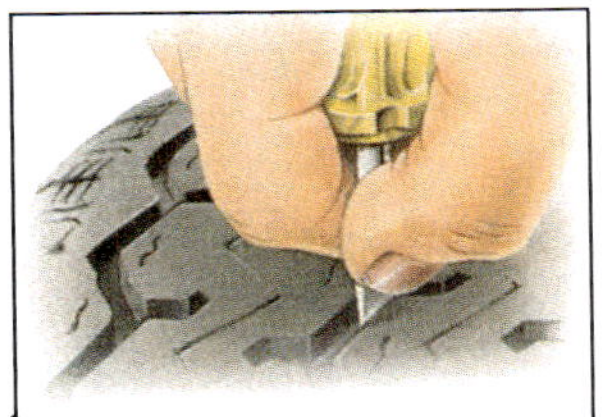

Man steckt die Klinge eines kleinen Schraubenziehers in das Reifenprofil. Der Daumen dient als Anschlag.

Das Nachmessen ist natürlich auch mit einer Schraubenzieherklinge möglich, die man in das Reifenprofil einführt. Der Daumennagel dient dabei als Anschlag.

Noch besser sind Profiltiefenmesser, die ähnlich wie das Tiefenmaß eines Meßschiebers funktionieren. Man setzt das Tiefenmaß so auf den Reifen, daß die Profiltiefe erfaßt wird. An einer Skala kann man das Tiefenmaß ablesen.

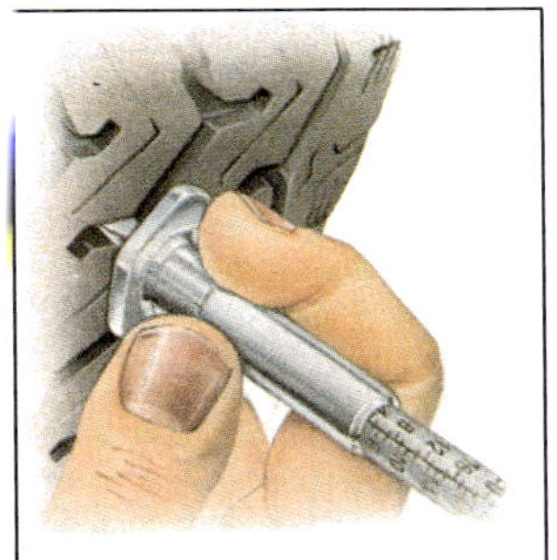

Profis benutzen einen Profiltiefenmesser mit Skalenanzeige.

Auf diese Weise prüft man alle Reifen. Die gesetzlich vorgeschriebene Mindestprofiltiefe muß überall, also auch an den Flanken, vorhanden sein.

Die früher übliche Methode des Profilnachschneidens ist aus Sicherheitsgründen abzulehnen, auch an den Flanken.

Reifenbezeichnungen

Nach den Empfehlungen der ECE (UN-Wirtschaftskommission für Europa) gibt es einheitliche Reifenbezeichnungen.

So liest man z. B. auf einer Reifenflanke den Hinweis 175R14 78SE1++++. Die erste Zahl informiert über die Reifenbreite in Millimetern. R steht für Radial-/Gürtelreifen, die Zahl 14 für den Raddurchmesser in Zoll. Die Zahl 78 gibt die maximale Reifentragfähigkeit an. S gilt für einen Reifen, der bis 180 km/h Höchstgeschwindigkeit zugelassen ist. E steht für Europa, die Ziffer 1 für ein bestimmtes Herstellerland. Die letzte Zahl (hier +) ist eine Prüfnummer.

Ist die erste Zahl kombiniert, z. B. 175/70, dann ist dieser Reifen im Verhältnis zur Breite nur 70% hoch. Man spricht dann von siebziger Breitreifen.

Symbole für die zugelassene Höchstgeschwindigkeit bei entsprechend gekennzeichneten Reifen:

Q = 160 km/h
R = 170 km/h
S = 180 km/h
T = 190 km/h
U = 200 km/h
H = 210 km/h

Ursachen für Reifenverschleiß

Ungewöhnlichen Reifenverschleiß verhindert man am besten, indem man den korrekten Luftdruck entsprechend der Zuladung und Höchstgeschwindigkeit einhält. Auch eine vorsichtige und vorausschauende Fahrweise schont die Reifen.

Scharfes Abbremsen, schnelle Kurvenfahrten und Kavalierstarts führen zu einem erheblichen Mehrverschleiß. So kann bei einer Gewaltbremsung ein Rad blockieren. Beim Schleifen auf der Straße erhält der Reifen eine deutliche Abflachung, die nicht nur das Profil beschädigt, sondern auch den Rundlauf beeinträchtigt.

Beim Durchfahren einer Kurve mit hoher Geschwindigkeit verlagert sich das Gewicht des Autos auf die kurvenäußeren Räder und hier besonders auf die Reifenschultern. Führt man solche Manöver öfter durch, verschleißen die Schultern, bevor der Reifen seine maximale Lebensdauer erreicht hat.

Eine andere Ursache von ungewöhnlich frühem Reifenverschleiß ist ständiges Fahren mit hoher Geschwindigkeit. Hier verschleißt der Reifen aber gleichmäßiger, weil Brems- und Beschleunigungsvorgänge selten sind.

Ein ungleichmäßiges Profil sollte immer ein Anlaß für eine umfassende Prüfung des Fahrzeuges sein.

Diese Prüfung beginnt mit der Kontrolle des Reifenluftdruckes. Untersucht werden sollte auch die Bremsanlage.

Eine häufige Ursache schlecht ablaufender Reifen sind Fehler in Spur oder Sturz.

Funktionsunfähige Stoßdämpfer führen zu typischen Auswaschungen, weil der Reifen nur zeitweise Kontakt mit der Straße hat.

Eine Unwucht löst ähnliche Effekte aus; sie läßt sich jedoch durch Auswuchten beim Reifenhändler leicht beseitigen.

Typische Profilschäden

An Kraftfahrzeugen gibt es eine ganze Reihe von Fehlern, die typische Reifenschäden auslösen. Allerdings ist die Zuordnung nicht immer einfach, und oft gibt es Überlagerungen, wenn mehrere Mängel zugleich vorhanden sind.

Bei ständigem Fahren mit zu hohem Luftdruck verschleißt das Profil in der Reifenmitte besonders schnell. Es ist dann oft an den Reifenschultern recht gut erhalten.

Ist hingegen der Luftdruck zu niedrig, ist das Profil in der Mitte fast unbeeinträchtigt, während die Schultern schon abgefahren sind.

Bilden die Profilstollen eine Art Sägezahnprofil, ist dies ein Zeichen für Fehler an der Spureinstellung. Dieser Schaden wird durch ständigen Schräglauf des Reifens auf der Straße verursacht.

Der Verschleiß ist bei zu großer Vorspur besonders an den außenliegenden Schultern ausgeprägt. Bei zu großer Nachspur nimmt der Verschleiß an den Innenschultern zu.

Werden grobstollige Winterreifen im Sommer bei Dauerhöchstgeschwindigkeit gefahren, kann sich der Reifen erwärmen, und ganze Profilblöcke reißen aus. Deshalb die Geschwindigkeitsgrenze für Reifen genau beachten.

Profilverschleiß in der Reifenmitte durch zu hohen Luftdruck

Verschleiß an den Reifenschultern durch zu niedrigen Luftdruck

Sägezahnprofilbildung durch fehlerhafte Spureinstellung

Erhöhter Schulterverschleiß durch schnelles Kurvenfahren

Abgeschliffene Profile, verursacht durch extreme Fahrweise

Schaden durch ständiges heftiges Bremsen

Profilverlust nach einem Bremsmanöver

Reifen nach Notbremsung aus hoher Geschwindigkeit mit Blockieren

Den Luftdruck prüfen

Falscher Luftdruck beeinträchtigt die Lebensdauer eines Reifens. In der Regel ist er zu niedrig. Man kann dann oft auch ein unsicheres Fahrverhalten beobachten. Sinkt der Luftdruck weiter ab, kommt es zu einer erheblichen Erwärmung und schließlich zum Platzen des Reifens.

Der Luftdruck des Reifens sollte in kaltem Zustand geprüft werden. Zur Kontrolle setzt man ein Manometer ein.

An den meisten Tankstellen gibt es Luftdruck-Prüfgeräte, mit denen man gleichzeitig den Luftdruck korrigieren kann.

Die Angaben über den richtigen Reifendruck findet man in der Betriebsanleitung, auf einem Aufkleber im Türausschnitt oder an der Tankklappe.

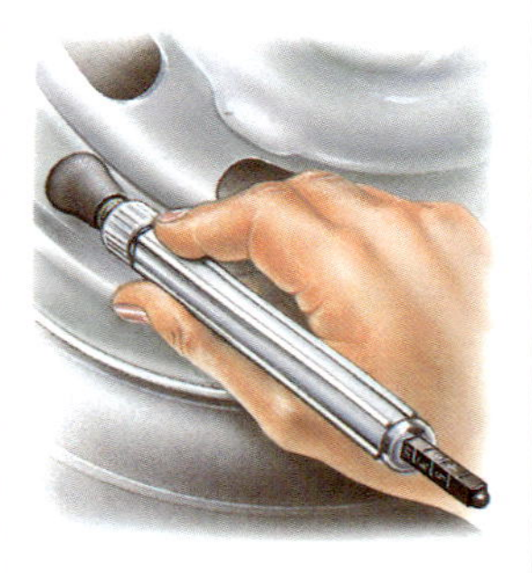

Zum Prüfen des Luftdruckes die Staubkappe abnehmen und den Druckprüfer aufsetzen.

Wenn man etwas weniger komfortable Fahreigenschaften akzeptiert, sollte man den Luftdruck allgemein um 0,2 bar erhöhen, womit man einen Beitrag zur Energieeinsparung leistet.

Man sollte regelmäßig auch den Luftdruck im Reserverad prüfen.

Schäden an Rädern und Reifen vermeiden

Schäden an Rädern, oft auch als Felgen bezeichnet, sind seltener als an Reifen. Es kommt aber beispielsweise vor, daß man gezwungenermaßen oder fahrlässig zu schnell über einen Randstein fährt. In diesem Fall wird oft das Felgenhorn verbogen, ohne daß der Reifen Schaden nimmt.

Durch das Verbiegen entsteht eine Unwucht im Rad, so daß eine Reparatur notwendig wird. Läßt sich das Rad nicht mehr ausrichten, muß es erneuert werden.

Besonders anfällig gegen derartige Schäden sind Leichtmetallräder. Hier ist eine Reparatur in der Regel unmöglich.

Zu einem beschädigten Reifenunterbau kommt es oft, wenn metallische Gegenstände, etwa ein Nagel oder eine Schraube, auf der Fahrbahn liegen und den Reifen beim Darüberfahren durchstechen. Die Folge ist ein schleichender Luftverlust. Außerdem kann Feuchtigkeit in den Reifenunterbau eindringen, so daß es dort zu Korrosion kommt. Deshalb sollte man die Reifen öfter auf eingedrungene Gegenstände untersuchen.

Fährt man einen Reifen ohne Luft, etwa um noch eine Tankstelle oder Werkstatt zu erreichen, führt dies zu einer so außergewöhnlichen Erwärmung, daß er vollkommen zerstört wird. Deshalb sollte man auf keinen Fall mit einem Plattfuß fahren. Auch aus Gründen der Verkehrssicherheit ist diese Empfehlung zu beherzigen.

Durch Fehler an der Spureinstellung ist die Möglichkeit gegeben, daß ein Reifen im Radhaus oder an Achsbauteilen scheuert. Die Reifenflanke wirkt dann rauh, und es besteht die Gefahr, daß der Reifen platzt.

Bedingt durch moderne Gummimischungen sind Reifen unempfindlich gegen den kurzzeitigen Kontakt mit Chemikalien, Öl, Teer, Dieselöl, Benzin und Petroleum. Bei längerem Kontakt quillt jedoch der Reifen auf, so daß man die Verunreinigungen mit Wasser und Seife entfernen sollte.

Alterserscheinungen an Reifen sind in der Regel nur ein Problem bei Wohnwagen. Hohe Anteile an UV-Strahlung und Ozon, z.B. an der See, führen hier oft zu einer hohen Ausfallquote.

Tips für den Reifenkauf

Viele Schäden an Reifen lassen sich nur schwer beurteilen, so daß beim Weiterbenutzen ein Risiko nie ganz auszuschließen ist. Besser, als sich lange mit der Diagnose zu beschäftigen, tauscht man den Reifen gegen einen günstig erstandenen neuen Reifen aus.

Es gibt zwar unverbindliche Preisempfehlungen, aber Reifen werden heute nur noch selten zum Bruttopreis abgegeben. Um die Preise zu vergleichen, lohnt es sich, mehrere Händler aufzusuchen. Einem guten Stammkunden wird der Reifenhändler immer einen fairen Preis einräumen.

Die Reifenreparatur

Schlauchlose Reifen können in einer Spezialwerkstatt repariert werden. Hier gibt es Werkzeuge, mit denen zunächst der Durchbruch gereinigt und aufbereitet und anschließend ein Gummipilz mit Spezialkleber eingesetzt wird, der die schadhafte Stelle perfekt abdichtet.

Allerdings besteht dabei die Gefahr, daß die Gewebe und Stahleinlagen im Reifenunterbau zerstochen werden. Deshalb sind reparierte Reifen nur bedingt einsatzfähig und nicht für schnelle Fahrzeuge geeignet.

Am besten verwendet man reparierte Reifen nur noch als Reservereifen, auch wenn sie noch ein gutes Profil besitzen. Die Räder montiert man entsprechend um.

Sonstige Reifenschäden

Bevor man nach größeren Reifenschäden sucht, sollte man zunächst die Dichtigkeit des Ventileinsatzes prüfen.

Dazu pumpt man den Reifen mit dem Nennfülldruck auf und gibt einen Tropfen Wasser auf die Ventilöffnung. Auch nach langer Zeit dürfen sich keine Blasen bilden.

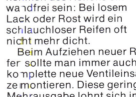

Der Sitz des Ventils am Felgendurchbruch wird ebenfalls auf diese Weise geprüft. Bei verrosteten Felgen gibt es hier oft Lecks, und das komplette Ventil muß ausgewechselt werden.

In einem solchen Fall ist natürlich die Felge zu entrosten und neu zu lackieren. Auch der Zustand der Felgenschulter sollte nach Abnehmen des Reifens einwandfrei sein: Bei losem Lack oder Rost wird ein schlauchloser Reifen oft nicht mehr dicht.

Beim Aufziehen neuer Reifen sollte man immer auch komplette neue Ventileinsätze montieren. Diese geringe Mehrausgabe lohnt sich im Interesse der Vekehrssicherheit eines Fahrzeugs.

Profilablösungen sind eine Folge zu geringen Luftdrucks und daraus resultierender Überhitzung. Sie entstehen oft, wenn ein Autofahrer versucht, die nächste Werkstatt noch zu erreichen, obwohl ein Reifen erheblich Luft verloren hat.

Eine Schraube hat den Unterbau durchstochen.

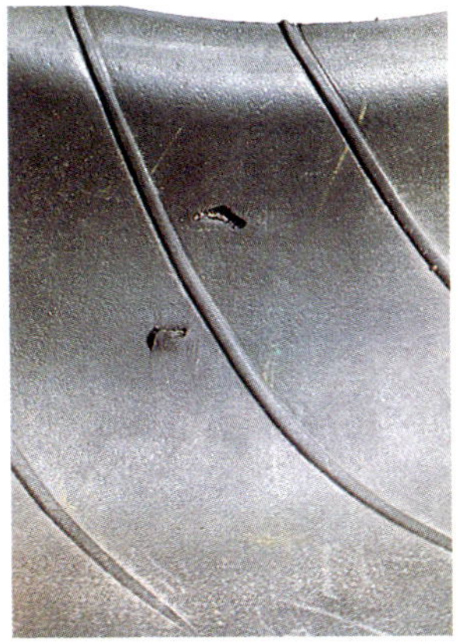
Reifenbruch, verursacht durch Überfahren eines Randsteins

Entlangfahren an Randsteinen rauht die Reifenflanke auf.

Schleifspuren an der Flanke durch falsch eingestellte Lenkanschläge

Laufflächenablösung durch Alterung oder Öleinwirkung

Zerstörter Reifen nach einer längeren Fahrt ohne Luft

Öl und Kraftstoff lassen Gummi allmählich aufquellen.

Natürliche Alterung eines Reifens durch UV-Licht und Ozon

Räder prüfen und wechseln

Die Radkappe, das Rad und die Befestigungsteile sollte man regelmäßig prüfen, z.B. wenn man das Fahrzeug wäscht.

Das Rad kontrolliert man auf Schäden am Felgenhorn, etwa nach Überfahren eines Randsteines, sowie auf festen Sitz der Auswuchtgewichte. Korrosionsstellen schleift man mit Schleifpapier ab und übersprüht sie mit einem Spezialfelgenspray, der aber nicht auf Reifen und Radkappen gelangen sollte. Am besten deckt man sie mit Klebeband ab.

In Werkstätten setzt man für diesen Zweck besondere Lackierschablonen ein.

Bei Leichtmetallrädern kontrolliert man ebenfalls den festen Sitz der Auswuchtgewichte, die hier oft nur geklebt sind und eventuell zusätzlich mit Klebestreifen gesichert werden müssen. Leichtmetallräder sind oft mit Decklack versehen, um Korrosion zu verhindern. Schäden in diesem Lack sind möglichst bald auszubessern.

Unabhängig von dem Radtyp prüft man den festen Sitz der Radmuttern sowie den Sitz der Staub- und Radkappen.

Zur Kontrolle des vom Hersteller vorgeschriebenen Drehmoments von Radmuttern oder Bolzen ist es notwendig, einen Drehmomentschlüssel einzusetzen.

Werden Leichtmetallräder gegen Stahlräder oder umgekehrt ausgewechselt, muß man unbedingt auf die richtige Schraubenlänge achten. Bei Leichtmetallrädern ist zu beachten, daß oft längere Schrauben vorgeschrieben sind.

Werkzeug und Ausrüstung

Schraubenzieher, Drehmomentschlüssel, Radkreuz, Felgen, Lackstahlbürste, Schleifpapier

Das Reifenventil prüfen

Ein Grund für schleichenden Luftverlust ist oft ein schadhaftes Ventil. Wenn man neue Reifen montiert, sollte man nicht am falschen Platz sparen: Anstatt das alte Ventil am Rad zu belassen, sollte man es komplett mit dem Einsatz erneuern.

Zur Prüfung, ob ein Ventil noch dicht ist, schraubt man die Schutzkappe herunter und gibt etwas Wasser auf die Öffnung.

Wenn jetzt Luftblasen austreten, wird der Ventileinsatz mit der Schraubkappe herausgenommen und erneuert.

Wenn man dabei besonders schnell arbeitet, braucht man das Fahrzeug nicht einmal aufzubocken.

Wenn man das Reifenventil ausgewechselt hat, muß man aber auf jeden Fall den Luftdruck kontrollieren und diese Kontrolle nach einiger Zeit wiederholen.

Rädertausch

Es kann sinnvoll sein, alle Räder untereinander zu tauschen, damit sie gleichmäßig abgenutzt werden; denn manchmal unterliegen die Reifen der Vorderachse einem höheren Verschleiß. Dieser Wechsel ist besonders angebracht, wenn die Flanken der Vorderreifen schon stark strapaziert sind.

Beim Wechseln hält man sich an die Herstellerempfehlung, oder man wechselt die vorderen gegen die hinteren Räder über Kreuz aus. Manchmal ist es auch sinnvoll, das Reserverad anstelle eines Reifens zu montieren, der nur noch die Mindestprofiltiefe aufweist. Doch sollte man dann der Ursache des frühzeitigen Verschleißes nachgehen.

Radwechsel

Zunächst sichert man das Fahrzeug, das auf einer ebenen Fläche stehen sollte, gegen Wegrollen, indem man den ersten Gang einlegt und die Handbremse anzieht.

Mit einem Schraubenzieher drückt man die Radkappe ab und legt sie zur Seite. Dann wird jede Radmutter bzw. jeder Bolzen mit dem Radkreuz gelöst. Da das vom Hersteller mitgelieferte Werkzeug oft nur bedingt brauchbar ist, sollte man ein Radkreuz in Werkstattqualität benutzen.

Auch Radwechsel-Werkzeuge mit Verlängerung, die Teile eines Werkzeugkastens sind, leisten gute Dienste. Einen solchen Werkzeugsatz erhält man in jeder ADAC-Geschäftsstelle.

Der Wagenheber wird in die vorgesehene Öffnung gesteckt und das Fahrzeug angehoben. Man dreht die Radmuttern oder Bolzen herunter, und das Rad ist frei.

Winterreifen montieren

Viele Autofahrer scheuen die hohen Kosten für einen Satz Winterreifen und vertrauen auf gut profilierte Sommerreifen. Dies ist aus Sicherheitsgründen nicht vertretbar.

Die Gummimischungen der neuen Winterreifengeneration sind an feuchte Fahrbahnen, Schnee und Eis angepaßt und ermöglichen, besonders in Verbindung mit Lamellenreifen, auf winterlichen Fahrbahnen ein sehr sicheres Fahren.

Deshalb sollte man sein Fahrzeug im Herbst grundsätzlich auf Winterreifen mit Stahlfelgen umrüsten, besonders wenn im Sommer Leichtmetallräder montiert sind, die im Winter, bedingt durch Streusalz, stark korrodieren können.

Die Rad- oder Staubkappe wird mit einem Schraubenzieher abgedrückt.

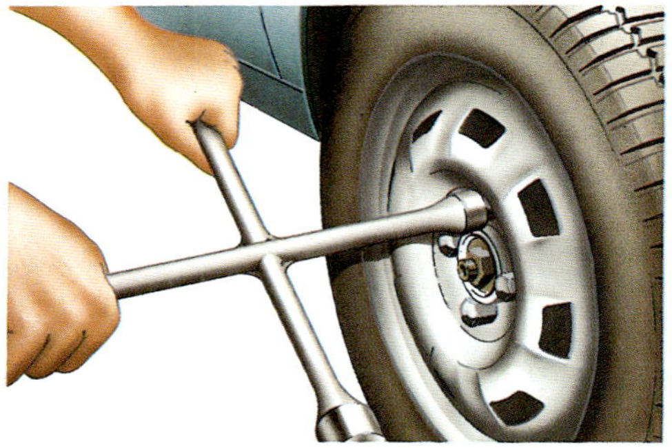

Zum Lösen festsitzender Radmuttern oder Schrauben verlängert man das Radkreuz oder den Steckschlüssel mit einem kräftigen Rohr.

Muttern oder Bolzen legt man in die Radkappe.

Dann steckt man das neue Rad auf und setzt die Radmuttern oder Bolzen von Hand an. Die Befestigungsteile sollte man über Kreuz wechselweise in mehreren Durchgängen anziehen, damit sich das Rad gut zentriert.

Zum Schluß wird der Wagen abgelassen und jede Mutter oder Schraube mit dem Drehmomentschlüssel festgezogen. Nach etwa 100 km Fahrt ist eine weitere Prüfung wichtig.

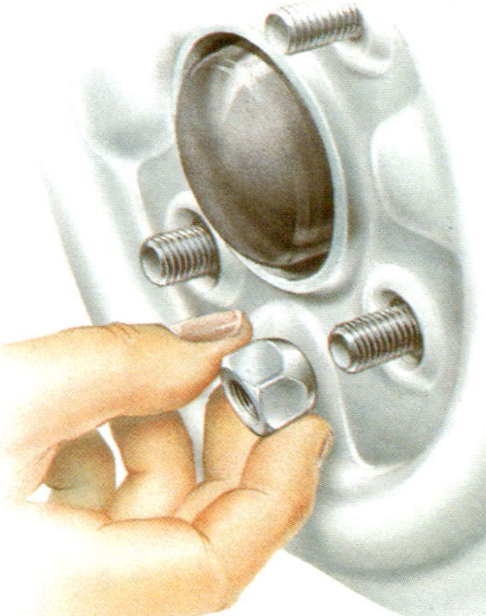

Wenn das neue Rad aufgesteckt ist, setzt man die Muttern oder Bolzen von Hand an und dreht sie über Kreuz in mehreren Schritten an.

Wenn das Fahrzeug wieder auf den Rädern steht, zieht man Radmuttern bzw. Bolzen mit dem Drehmomentschlüssel fest.

Radlager einstellen

Die Radlager von nicht angetriebenen Achsen sollte man nach längerer Laufzeit ausbauen, prüfen und mit frischem Fett versehen. Radlager verfügen über hohe Standzeiten, sind aber relativ empfindlich gegen Montagefehler und Fettmangel.

Die Radlager einer angetriebenen Achse brauchen nicht routinemäßig zerlegt und geprüft zu werden. Es handelt sich meist um abgedichtete Konstruktionen mit einer speziellen Fettpackung.

Wird ein solches Lager schadhaft, muß das Federbein ausgebaut und das Lager mit einer Presse ausgewechselt werden. Diese Arbeit ist somit Werkstattsache.

Werkzeug und Ausrüstung

Wagenheber, Unterstellböcke, Gabel-, Ringschlüssel, Seitenschneider, Schraubenzieher, Hammer, Drehmomentschlüssel, Fett, Ersatzlager, Durchschläge

Radlager einer nicht angetriebenen Achse

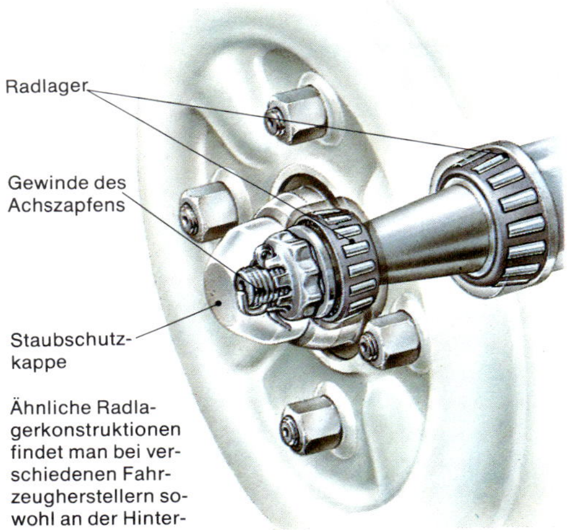

Ähnliche Radlagerkonstruktionen findet man bei verschiedenen Fahrzeugherstellern sowohl an der Hinterachse als auch an der Vorderachse.

Das Spiel prüfen

Man faßt den Reifen oben und unten und versucht, das Rad zu kippen.

Radlagersicherungen

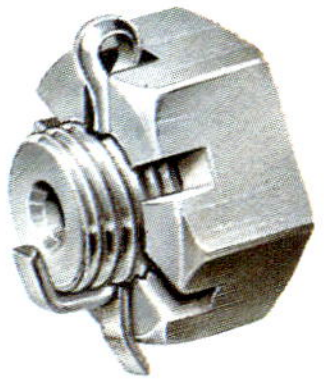

Kronenmutter mit Splintsicherung

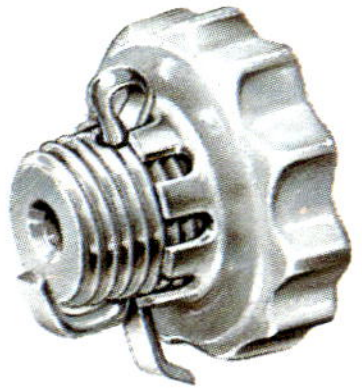

Kronensicherung über der Einstellmutter mit Splint

Einstellmutter mit Bördelrand, die in die Längsnut des Achszapfens geschlagen wird

Geschlitzte Einstellmutter mit Klemmschraube

Einstellarbeiten an einer nicht angetriebenen Achse

Zum Einstellen der Radlager verdreht man eine Mutter, die auf dem Gewinde am Ende des Achszapfens sitzt.

Um an die Einstellmutter heranzukommen, zieht man die Radkappe und die darunterliegende Staubkappe mit einem Abzieher ab. Das Rad braucht man nicht abzunehmen.

Nun wird das Fahrzeug auf der zu prüfenden Seite so aufgebockt, daß das betroffene Rad frei herunterhängt. Dabei sind die Sicherheitsvorschriften zu beachten (siehe Seite 55–56).

Hat man den Achszapfen von überflüssigem Fett befreit, erkennt man die gesicherte Einstellmutter, für die es unterschiedliche Sicherheitstechniken gibt: einmal die versplintete Kronenmutter, oft ein besonderes Sicherungsblech, gelegentlich eine Mutter mit einem Bördel, der mit einem Dorn am Achszapfen so verdämmt wird, daß er in einen Schlitz des Gewindes unverlierbar eingreift. Andere Konstrukteure setzen eine geschlitzte Mutter mit einer Klemmschraube ein.

Ist die Radsicherung abgenommen oder gelöst, wird das Radlagerspiel geprüft. Dazu greift man mit beiden Händen oben und unten über den Reifen und kippt die Radlagerung um den Achszapfen.

Bemerkt man hier ein deutliches Spiel, zieht man die Einstellmutter mit Gefühl an, bis kein Spiel mehr spürbar ist. Nun löst man die Mutter um eine sechstel Umdrehung und dreht sie leicht zurück, um bei einer Kronenmutter den Splint in das Loch des Achszapfens ansetzen zu können. Grundsätzlich sollte man immer einen neuen Splint verwenden.

Bei einer anderen Technik wird die Sechskantmutter zunächst ebenfalls gefühlvoll angezogen und dann so weit gelöst, daß man eine Druckscheibe hinter der Mutter mit dem Schraubenzieher hin- und herschieben kann. Dabei darf man den Schraubenzieher nicht abstützen. Es werden lediglich die Kräfte genutzt, die eine Hand aufbringen kann, um das Spiel zu prüfen.

Bei einer dritten, etwas aufwendigeren Methode benötigt man einen Drehmomentschlüssel. Die Mutter wird mit dem vom Hersteller vorgeschriebenen Drehmoment angezogen, und die Radlagervorspannung ist richtig eingestellt.

Nach den Einstellarbeiten wird das Rad von Hand durchgedreht: Es muß frei laufen, ohne zu klemmen. Hört man Laufgeräusche im Lagerbereich, muß man die Nabe ausbauen, um den Zustand der Lager zu prüfen.

Wenn die Einstellmutter des Radlagers gesichert ist, wird die Staubkappe mit dem Kunststoffhammer angesetzt. Sie wird nicht mit Fett gefüllt, da diese Fettpackung in der Regel die Lager nicht erreicht.

Daher kommt man nicht um hin, ein Radlager zum Einfetten auszubauen.

Anschließend setzt man die Radkappe wieder auf.

Einstellen mit Druckscheibe

Die Mutter wird mit dem Gabelschlüssel vorsichtig angezogen, bis kein Spiel mehr im Radlager vorhanden ist, und dann so weit zurückgedreht, bis man die Druckscheibe mit einem Schraubenzieher, den man nicht abstützen darf, hin- und herschieben kann.

Die Radlager einer angetriebenen Achse einstellen

Die Radlagereinstellung wird nicht routinemäßig geprüft, sondern erfolgt jeweils bei der Montage des Radlagers, und zwar durch das vom Hersteller vorgeschriebene Drehmoment der Mutter an der Nabe.

Da hier oft große Drehmomente bis 30 Nm eingesetzt werden, muß das Fahrzeug beim Anziehen der Mutter stets auf den Rädern stehen.

Zieht man die Mutter am aufgebockten Fahrzeug nach, besteht Unfallgefahr, weil das Fahrzeug abrutschen könnte.

Einstellfehler

Ist das Radlager korrekt eingestellt, und läßt sich das Rad immer noch spürbar um die Fahrzeuglängsachse bewegen, ist auch die Radaufhängung zu prüfen. Auf keinen Fall darf man dieses Spiel durch zu strenges Nachstellen des Radlagers ausgleichen, da sonst das Lager schnell schadhaft wird.

Bei heißgelaufenen Radlagern besteht durch zu strenges Nachstellen die Gefahr, daß sich der Achszapfen mit dem Laufrad vom Fahrzeug trennt.

Eine Einstellmutter mit Druckscheibe einstellen

Bei richtiger Einstellung kann man die Druckscheibe mit einem Schraubenzieher hin- und herschieben.

Sicherungsbleche

Manchmal gibt es zu einer Einstell- eine Kontermutter am Achszapfen und dazwischen ein Einstellblech, das mit einer Nase in den Längsschlitz des Zapfengewindes eingreift und das Verdrehen der Muttern verhindert.

Man öffnet die Schraubverbindung, indem man das Sicherungsblech aufbiegt.

Beim Zusammenbau immer ein neues Sicherungsblech einsetzen.

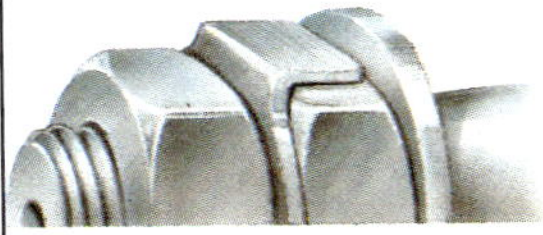

Das Sicherungsblech wird mit dem Hammer so umgeschlagen.

Radlager ersetzen und fetten 1

Bei nicht angetriebenen Vorder- oder Hinterachsen findet man zwar sehr ähnliche Anordnungen von Radlagern, je nach Hersteller werden aber unterschiedliche Lagertypen, z. B. Kugel- oder Schrägrollenlager, eingesetzt.

Nach Herstellerempfehlung muß das Radlager nach einer längeren Laufzeit zerlegt, geprüft und dann wieder mit einer neuen Fettpackung versehen werden.

Ein anderer Grund, daß die Fettpackung ersetzt werden muß, liegt vor, wenn man die Nabe zerlegen müßte, um an die Bremsanlage heranzukommen. Oft sind Radnabe und Bremstrommel ein Bauteil, und der Ausbau des Radlagers erfolgt zwangsläufig.

Ein weiterer Grund für eine solche Demontage sind ungewöhnliche Geräusche im Radlagerbereich oder zu großes Spiel.

Es kann auch vorkommen, daß der Radlagerdichtring schadhaft geworden ist und Fett in die Bremse eintreten konnte. In diesem Fall muß man zusätzlich die Bremsbeläge erneuern und die Bremstrommel bzw. -scheibe sorgfältig reinigen.

Falls die Bremsbeläge schon eingelaufen sind, kann es sinnvoll sein, sie leicht zurückzunehmen.

Eine automatische Bremsnachstellung muß gelöst werden, damit bei der Demontage des Radlagers nicht zugleich auch die Bremsbacken von der Bremsträgerplatte abgezogen werden.

Werkzeug und Ausrüstung

Wagenheber, Unterstellböcke, Gabel- und Ringschlüssel, Seitenschneider, Drehmomentschlüssel, Durchschlag, Hammer, Eintreibwerkzeug, Fett, Ersatzlager mit Abdichtung

Details einer Radlagerung

Man erkennt den äußeren und inneren Lagerkäfig, die im Inneren der Radnabe einer Scheibenbremse oder der Nabe einer Bremstrommel angeordnet sind.

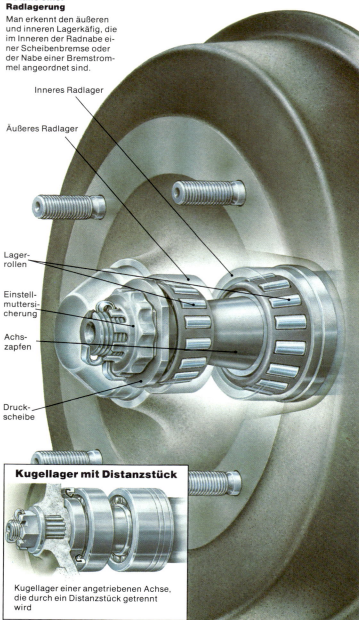

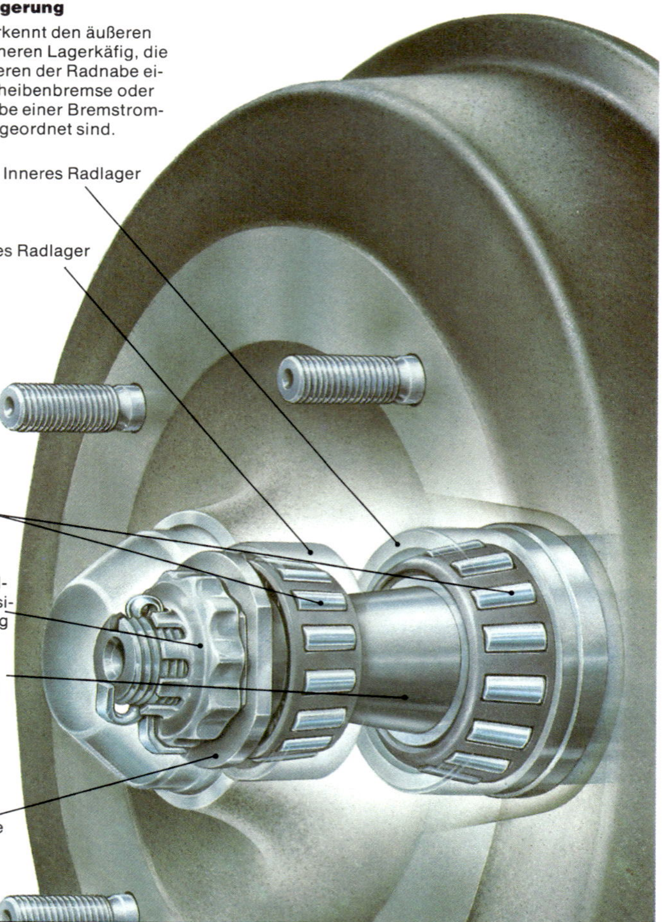

Kugellager mit Distanzstück

Kugellager einer angetriebenen Achse, die durch ein Distanzstück getrennt wird

Die Radnabe ausbauen

Wenn man Rad- und Staubkappe mit einem Abzieher abgezogen hat, bockt man das Fahrzeug auf. Das Rad braucht bei vielen Achsen ohne Antrieb nicht abgenommen zu werden.

Nun löst man die Radlagersicherung und versucht, die darunterliegende Druckscheibe und den äußeren Lagerkäfig herauszunehmen.

Falls dies nicht möglich ist, sollte man vor dem Abziehen ein sauberes Tuch vor der Radnabe ausbreiten; denn beim Abziehen fällt der äußere Lagerring auf den Boden, wo er leicht mit Schmutz oder Staub in Kontakt kommen könnte.

Nun zieht man mit beiden Händen kräftig am Reifen und zieht die Nabe ab.

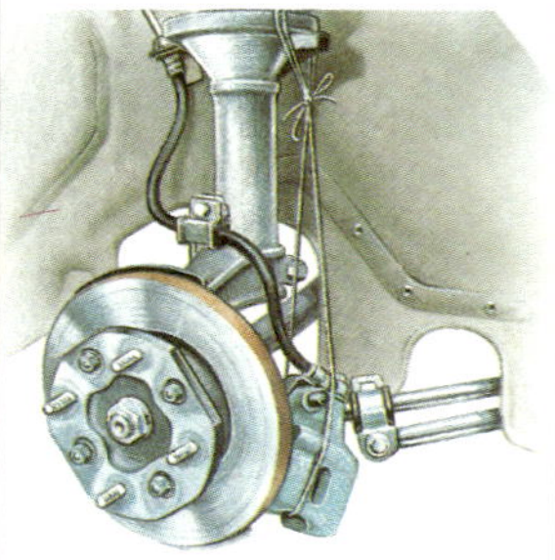

Den Bremssattel beim Ausbau am Federbein festbinden.

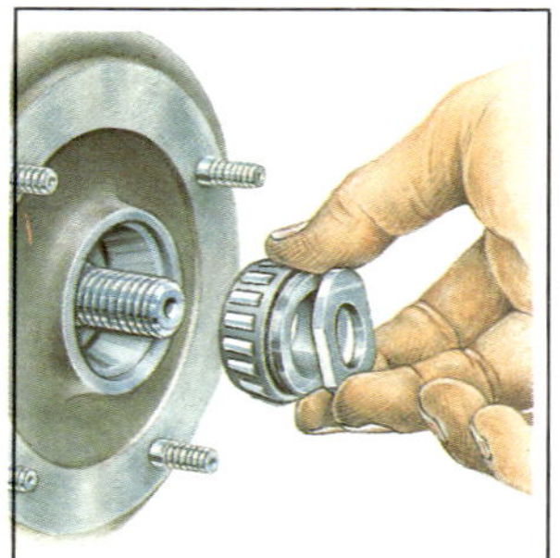

Druckscheibe und äußeren Lagerring nimmt man heraus.

Abzieher

Manche Radnaben lassen sich nur mit einem Spezialwerkzeug abziehen. Dazu ist die Felge abzunehmen. Mit den Radmuttern setzt man die Klauen des Abziehers an. Die Abzieherspindel drückt auf den Achszapfen. Vorsicht: Stets die Radbremse zurücknehmen, um die Bremse nicht zu beschädigen.

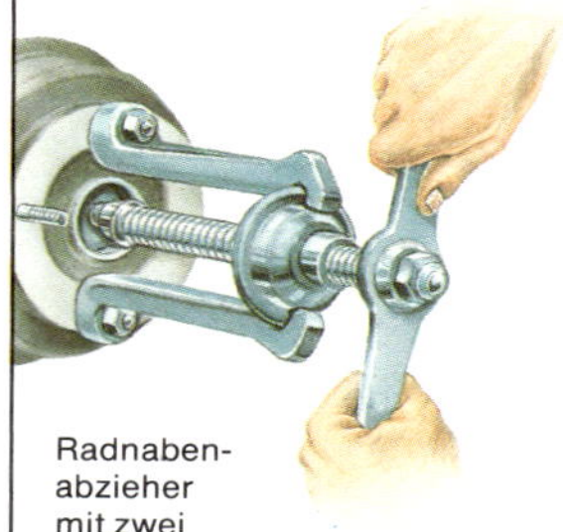

Radnabenabzieher mit zwei Klauen

Den inneren Lagerring ausbauen

Die Radnabe wird so auf eine Werkbank gelegt, daß man den Dichtring des inneren Lagers mit einem kräftigen Schraubenzieher herausdrücken kann.

Den Dichtring herausdrücken.

Dabei wird der Käfig des inneren Radlagers frei und kann ebenso wie der Lagerring geprüft, gereinigt und gefettet werden.

Ist das Lager schadhaft, dreht man die Nabe um und treibt den Lagerring mit einem Spezialwerkzeug oder Dorn aus.

Damit man besser an den Lagerring herankommt, besitzt die Nabe in ihrem Sitz entsprechende Durchbrüche.

Der Durchschlag wird jeweils wechselweise rechts und links in einen der Durchbrüche angesetzt. Mit dem Hammer treibt man den Lagerring stets nur einige Millimeter heraus, damit die Nabe nicht beschädigt wird. Nun wird die Nabe gründlich von altem Fett befreit und gereinigt.

Den inneren Lagerring herausschlagen.

Radlager ersetzen und fetten 2

Ausbau des äußeren Lagerringes

Der Lagerkäfig und die Druckscheibe der äußeren Lagerung sind bereits beim Abnehmen der Staubkappe frei geworden und brauchen nicht demontiert zu werden.

Stellt sich beim Prüfen des Lagerringes heraus, daß er schadhaft geworden ist, muß man ihn herausschlagen. Dies geschieht mit einem Spezialwerkzeug oder mit einem schlanken Dorn.

Damit man besser an den Lagerring herankommt, gibt es zwei Lücken im Lagersitz. Der Ring wird mit dem Durchschlag herausgetrieben, indem man diesen abwechselnd rechts und links ansetzt. Dabei darf der Lagersitz nicht ausgeweitet werden.

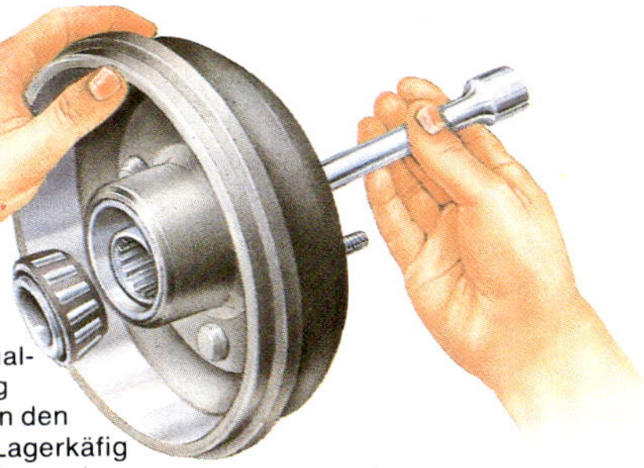

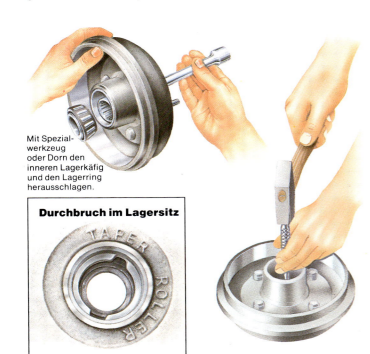

Mit Spezialwerkzeug oder Dorn den inneren Lagerkäfig und den Lagerring herausschlagen.

Durchbruch im Lagersitz

Hier wird der Dorn zum Ausbau des Lagerringes angesetzt.

Beim Herausschlagen der Lager ist darauf zu achten, daß die Nabe nicht beschädigt wird.

Die Lager prüfen und reinigen

Man kontrolliert die Laufflächen des inneren und äußeren Lagerringes, bei Kegelrollenlagern nur den äußeren Lagerring. Der Käfig der Kegelrollen ist nicht vom Konus zu drücken.

Gleichmäßig graue Laufflächen an den Lagersitzen sind normale Gebrauchsspuren und kein Grund zur Besorgnis. Haben sich jedoch kleine Löcher gebildet, sind die Lager zu erneuern.

Die Lager fetten und den Dichtring einsetzen

Der äußere Lagerring der beiden Radlager wird mit einem Spezialwerkzeug oder einem Dorn in die Nabe eingetrieben. Dabei den Dorn wechselweise rechts und links gleichmäßig ansetzen, ohne die Lauffläche zu beschädigen.

Nun nimmt man den Lagerkäfig in eine Hand und bestreicht ihn gleichmäßig mit so viel Fett, wie im Lager Platz hat. Den inneren Lagerring legt man in die Nabe ein und setzt den Dichtring an. Um diesen nicht zu beschädigen, benutzt man ein Spezialwerkzeug oder ein geeignetes Holzstück, wobei kein Schmutz in das Lager geraten darf.

Die Bremstrommel bzw. Bremsscheibe, die Bremsbeläge und der Achszapfen sind gründlich zu reinigen.

Ist das Lager schmutzig geworden, muß es vollständig in Kaltreiniger ausgewaschen, mit Preßluft ausgeblasen und neu eingefettet werden.

Die Nabe einbauen

Wenn man die Radnabe auf den Zapfen schiebt, darf man die Nabe nicht verkanten. Sie muß sich zügig von Hand bis zum Anschlag aufschieben lassen. Gegebenenfalls vorsichtig mit einem Kunststoffhammer nachhelfen.

Der Lagerkäfig des äußeren Lagers wird ebenfalls mit einer Fettpackung bestrichen und in die Nabe gedrückt.

Es folgen die Druckscheibe und die Einstellmutter. Das Einstellen wird auf Seite 205 beschrieben.

Man bringt die Radsicherung an und komplettiert die Nabe mit der Staubkappe.

Wenn man die Radnabe von Hand probeweise durchdreht, darf man keinerlei Lauf- oder Schleifgeräusche hören.

Mit einem Spezialwerkzeug oder einem flachen Stück Holz treibt man den Dichtring in die Nabe.

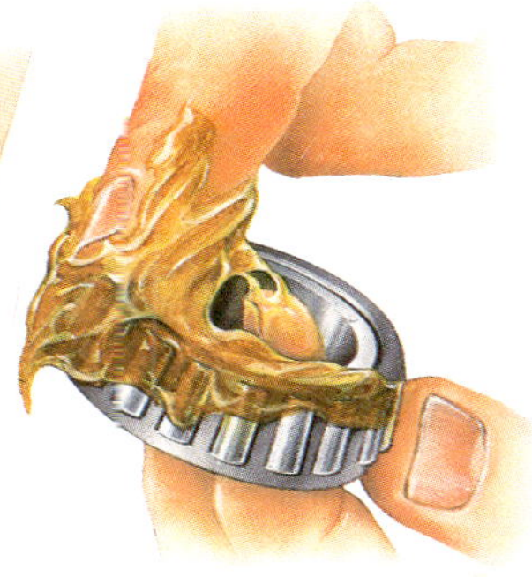

Den Lagerkäfig mit Fett bestreichen.

Nicht zu viel Fett verwenden.

Kugellager

Ist ein Kugellager nicht zu trennen, reinigt man das Lager in Kaltreiniger und achtet auf ungewöhnliche Laufgeräusche.

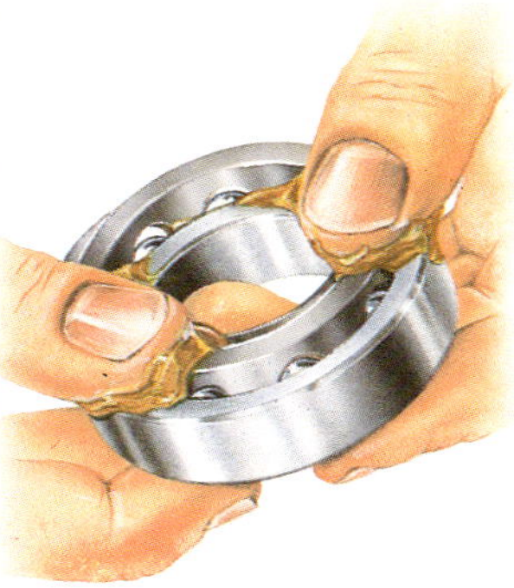

Der Raum zwischen dem inneren und dem äußeren Lagerring wird gleichmäßig mit Fett aufgefüllt.

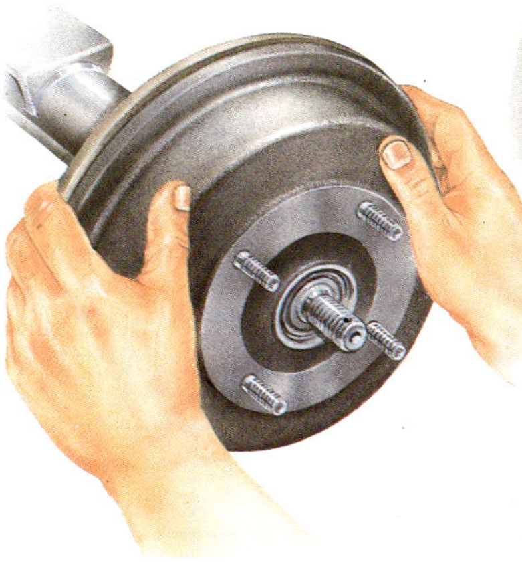

Die Nabe wird unter gleichmäßigem Drehen auf den Achszapfen gesetzt.

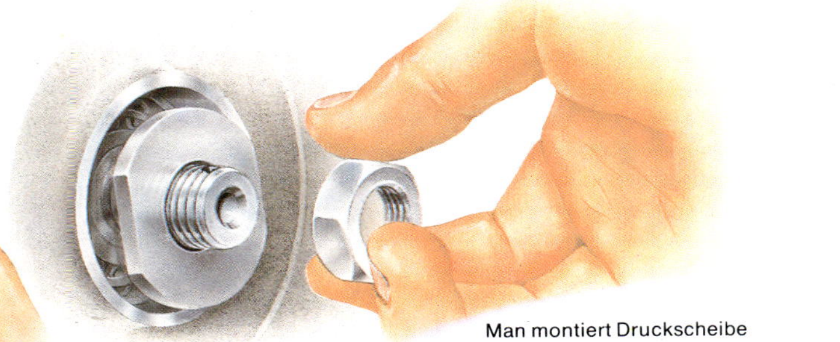

Man montiert Druckscheibe und Mutter.

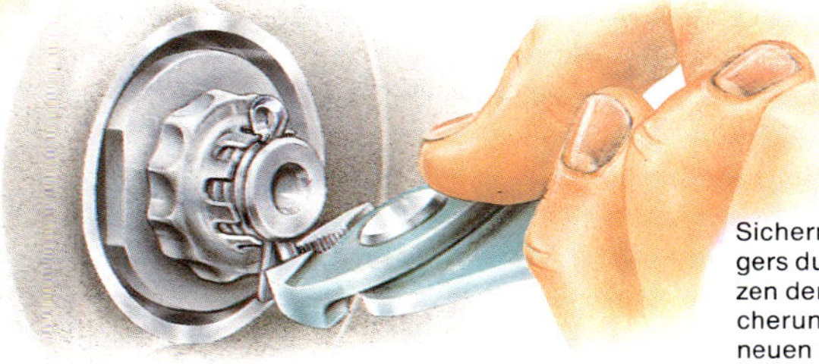

Sichern des Lagers durch Ansetzen der Kronensicherung und eines neuen Splints.

Die Radlager einer angetriebenen Achse erneuern

Die Radlagerungen angetriebener Vorder- und Hinterachsen sind sich in ihrer Bauart, sofern es sich um Einzelradaufhängungen handelt, sehr ähnlich. Der Hauptunterschied zur nicht angetriebenen Achse ist der rotierende Achszapfen. Federbein und Radschwinge sind als Radlagergehäuse ausgebildet. In der Lagerung kann sich die Antriebswelle drehen.

Die Lagerung selbst, zwei einzelne oder ein doppelreihiges Radlager, ist nach außen gut abgedichtet und auf Lebensdauer mit Fett versorgt, so daß Schmutz und Wasser nicht eindringen können. Die Lager müssen nicht gewartet, geschmiert oder eingestellt werden.

Bei einem Lagerschaden wird meist die komplette Baueinheit ausgebaut. Die Lager werden mit einer Presse herausgedrückt.

Wenn man die genaue Schadensursache an einer angetriebenen Achse feststellen will, ist man immer auf einen Fachmann angewiesen, der die jeweilige Konstruktion besonders gut kennt.

Gerade bei älteren Fahrzeugen gibt es durchaus Geräusche, die vom Radlager stammen könnten, obwohl nur die Scheibenbremsbeläge im Bremssattel festsitzen. Diese Reparatur ist viel schneller und damit kostengünstiger auszuführen.

Auch Schäden an der Gelenkwelle verursachen ähnliche Geräusche, so daß immer eine umfassende Prüfung notwendig ist.

Werkzeug und Ausrüstung

Abzieher, hydraulische Presse, Federspanner, Wagenheber, Unterstellböcke, Seitenschneider, Drehmomentschlüssel, Gabel- und Ringschlüssel, Steckschlüsselsatz, Zange, Hammer, Kunststoffhammer, Ersatzlager mit Abdichtung

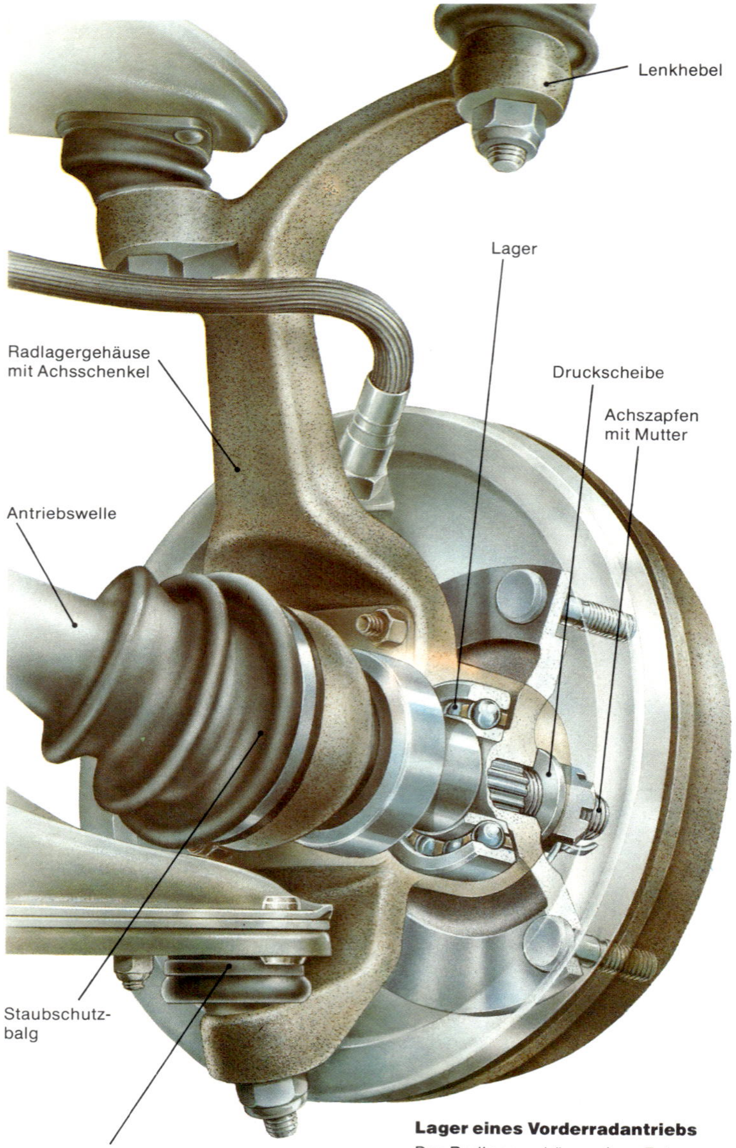

Lager eines Vorderradantriebs
Das Radlagergehäuse eines Fahrzeuges mit Vorderradantrieb verfügt über zwei einzelne oder ein doppelreihiges Radlager. Durch die Radlagerung hindurch läuft die Antriebswelle, die außen den Flansch für das Laufrad trägt.

Den Ausbau vorbereiten

Bevor man das Fahrzeug aufbockt, nimmt man die Radkappe ab. Darunter sitzt die große Mutter, die die Radlager zusammenhält. Dies ist der Hauptunterschied zur Lagerung nicht angetriebener Achsen. Die Mutter wird mit einem sehr großen Drehmoment angezogen bzw. gelöst. In der Regel ist keine besondere Einstelltechnik vorgesehen.

Wegen des großen Drehmomentes bis 30 mkg oder 300 Nm muß das Fahrzeug zum Lösen der Mutter stets auf den Rädern stehen, damit es nicht von den Unterstellböcken rutscht. Zum Lösen braucht man einen großen Steckschlüssel mit Verlängerung. Das Fahrzeug ist gegen Wegrollen zu sichern.

Ist die Mutter gelöst, bockt man das Fahrzeug so auf, daß das Rad frei herunterhängt. Man nimmt das Rad ab und legt die Bremse soweit wie notwendig frei.

Bei Scheibenbremsen baut man den Bremssattel ab und bindet ihn am Aufbau fest. Trommelbremsen werden so zerlegt, daß der Flansch der Antriebswelle herausgedrückt werden kann.

Frontantrieb

Bei Frontantriebsfahrzeugen mit Federbeinachsen legt man das gesamte Federbein frei. Dazu zieht man mit einem Abzieher das Spurstangen- sowie das untere und obere Traggelenk ab. Die Gelenkwelle wird am Getriebeflansch abgeschraubt und aus der Radlagerung herausgezogen.

Man kann nun das gesamte Federbein herausnehmen und das Radlager auf einer Presse herausdrücken.

Beim Lösen der Zentralmutter muß das Fahrzeug aus Sicherheitsgründen immer auf den Rädern stehen.

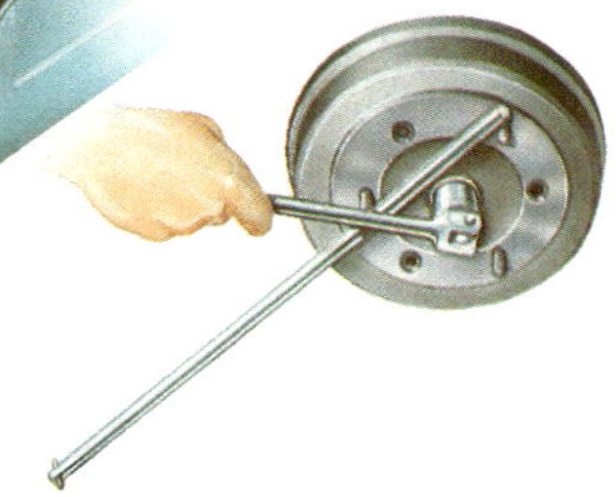

Damit sich bei abgenommenen Rädern die Bremstrommel nicht mitdreht, steckt man ein Montiereisen so zwischen die Radbolzen, daß es sich auf dem Boden abstützt. So läßt sich die Zentralmutter besser lösen.

Derart ausgebaute Radlager können nicht wiederverwendet werden, sondern sind zu erneuern.

Hinterradantrieb

Die Antriebswelle wird am Flansch der Hinterachse und am Flansch der Radlagerung abgeschraubt und herausgenommen. Dann drückt man den Achsstummel mit einem Abzieher oder mit einem Kunststoffhammer vorsichtig heraus. Die Radlager liegen frei, nachdem man Abdichtungen und Sicherungsringe entfernt hat.

Zum Herausdrücken benutzt man entweder einen Universalabzieher oder einen gut sitzenden Spezialdorn. Das Radlagergehäuse vor dem Einsetzen der neuen Lager sorgfältig reinigen.

Einbau des Lagers

Die Radlager werden mit Spezialdornen eingeschlagen oder mit einer hydraulischen Presse aufgepreßt.

Dabei ist stets vorsichtig zu arbeiten und das Werkzeug nur am äußeren Lagerring anzusetzen, um Beschädigungen zu vermeiden.

Abgedichtete Lager werden nicht gefettet, da sie bereits beim Zusammenfügen des Lagers mit Fett versorgt wurden.

Geteilte Lager hingegen füllt man mit Fett auf und dichtet sie mit einem Dichtring im Radlagergehäuse ab.

Beim Anziehen der großen Sicherungsmuttern ist das Fahrzeug wieder auf die Räder zu stellen. Das vorgegebene Drehmoment ist zu beachten.

Einen Stromkreis prüfen 1

Fällt ein elektrisches Bauteil ohne ersichtlichen Grund öfter aus, obwohl es mehrfach geprüft wurde, liegt vermutlich eine Unterbrechung im betreffenden Stromkreis vor. Die Prüfung führt man mit einem Ohmmeter oder einer Prüflampe durch.

Wegen der vielen Verzweigungen des Kabelbaumes ist die Verfolgung des Strompfades nicht immer einfach.

Die Kabelisolierungen sind unterschiedlich gefärbt und teilweise numeriert. Es gibt allerdings keine nationalen oder internationalen Normen. Zur schnellen Fehlersuche benutzen Mechaniker Schaltpläne.

Bei den Prüfarbeiten muß man häufig bei anliegender Spannung arbeiten. Um Kurzschlüsse zu vermeiden, ist besondere Vorsicht notwendig.
Prüfarbeiten an Zündungen mit gesteigerter Leistung sind nur im ausgeschalteten Zustand zulässig: Es besteht Lebensgefahr.

Werkzeug und Ausrüstung

Spannungsprüfer oder Ohmmeter, Prüfleitung mit Krokodilklemme

Klemmenbezeichnung nach DIN 72552

Bei den meisten nach DIN ausgerüsteten Fahrzeugen findet man diese Bezeichnungen an den einzelnen elektrischen Baukomponenten.

1	Niederspannung von Zündspule oder Verteiler
4	Hochspannung von Zündspule und Verteiler
15	Geschaltetes Plus hinter der Batterie, Ausgang des Zündschalters
30	Eingang direkt von Batterie Plus
31	Rückleitung direkt an Batterie Minus oder Masse
31 b	Rückleitung an Batterie Minus oder Masse über Schalter bzw. Relais (geschaltetes Minus)
49	Blinkgeber Eingang
49 a	Blinkgeber Ausgang
49 b	Blinkgeber Ausgang des zweiten Blinkkreises
50	Startersteuerung direkt
50 a	Startersteuerung Ausgang an Batterieumschalter
51	Gleichspannung am Gleichrichter von Wechselstromgeneratoren
53	Pluseingang des Wischermotors
53 a	Wischer Pluspol der Endabschaltung
53 b	Wischer Nebenschlußwicklung
53 c	Elektrische Scheibenspülerpumpe
53 e	Wischerbremswicklung
53 i	Wischermotor mit Permanentmagnet und dritter Bürste für höhere Geschwindigkeit
54	Bremslicht an Anhängersteckdose
55	Nebelscheinwerfer
56	Scheinwerferlicht
56 a	Fernlicht und -kontrolle
56 b	Fahrlicht
56 d	Lichthupenkontakt
57 a	Parklicht
57 l	Parklicht links
57 r	Parklicht rechts
58	Begrenzungsschlußleuchten und Instrumentenleuchten
58 c	Anhängersteckvorrichtung für einadrig verlegtes und im Anhänger abgesichertes Schlußlicht
58 d	Regelbare Instrumentenbeleuchtung
58 l	Schluß- und Begrenzungsleuchte links
58 r	Schluß- und Begrenzungsleuchte rechts bzw. Kennzeichenleuchte
61	Ladekontrolle
75	Radio und Zigarettenanzünder
76	Lautsprecher

Stromkreis für Scheinwerfer und Rücklichter

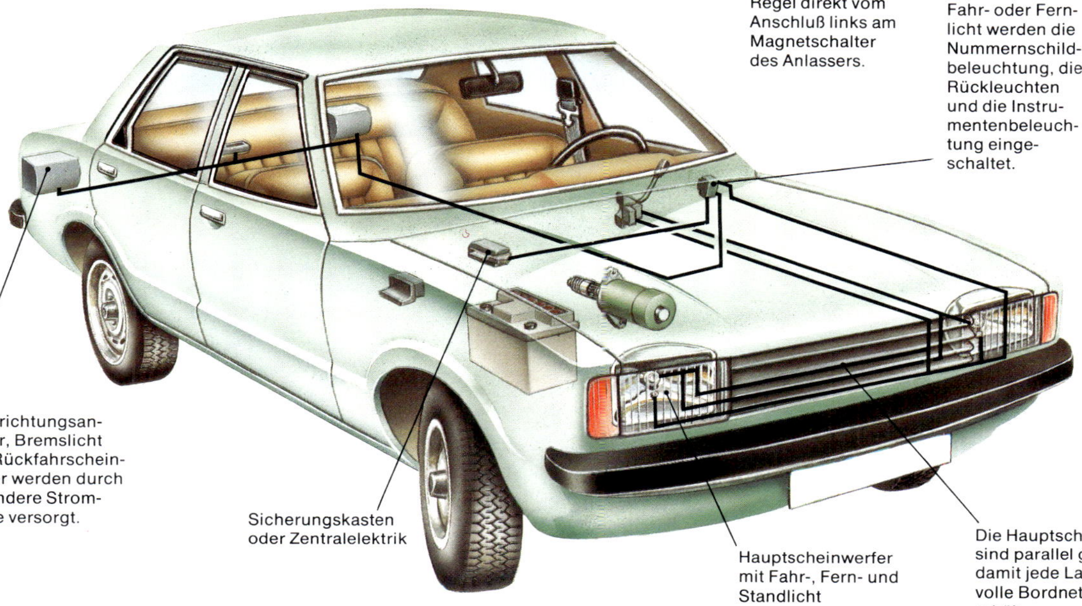

Die Stromversorgung erfolgt in der Regel direkt vom Anschluß links am Magnetschalter des Anlassers.
Mit dem Stand-, Fahr- oder Fernlicht werden die Nummernschildbeleuchtung, die Rückleuchten und die Instrumentenbeleuchtung eingeschaltet.
Fahrtrichtungsanzeiger, Bremslicht und Rückfahrscheinwerfer werden durch besondere Stromkreise versorgt.
Sicherungskasten oder Zentralelektrik
Hauptscheinwerfer mit Fahr-, Fern- und Standlicht
Die Hauptscheinwerfer sind parallel geschaltet, damit jede Lampe die volle Bordnetzspannung erhält.

Arbeiten mit Stromprüfer und Ohmmeter

Ein einfacher Stromprüfer hat eine Krokodilklemme, die auf Fahrzeugmasse gelegt wird. Mit der Prüfklinge selbst tastet man die stromführenden Anschlüsse ab. Leuchtet die Prüflampe auf, hat man eine spannungführende Leitung gefunden. In Ausnahmefällen kann man sogar mit der Prüfspitze die Isolierung eines Kabels durchstechen, ohne daß größere Isolierarbeiten anfallen.

Will man hingegen prüfen, ob eine Masseverbindung vorhanden ist, klemmt man die Krokodilklemme auf eine spannungführende Leitung, z. B. an den Sicherungskasten. Hat man mit der Prüfklinge eine Masseverbindung gefunden, leuchtet die Lampe auf. Mit einem Ohmmeter prüft man, ob eine Leitung Durchgang hat. Eine Klemme legt man an den Leitungseingang, die andere an den -ausgang. Schlägt das Ohmmeter aus, ist die Leitung in Ordnung.

Besitzt das Vielfachprüfinstrument ein Voltmeter, kann man auch dieses für Spannungsprüfungen einsetzen.

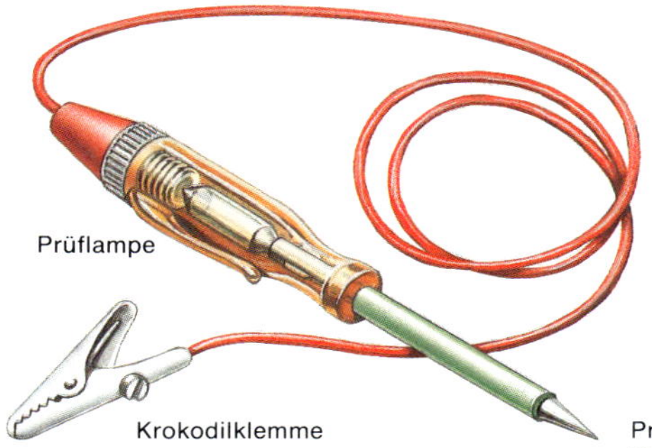

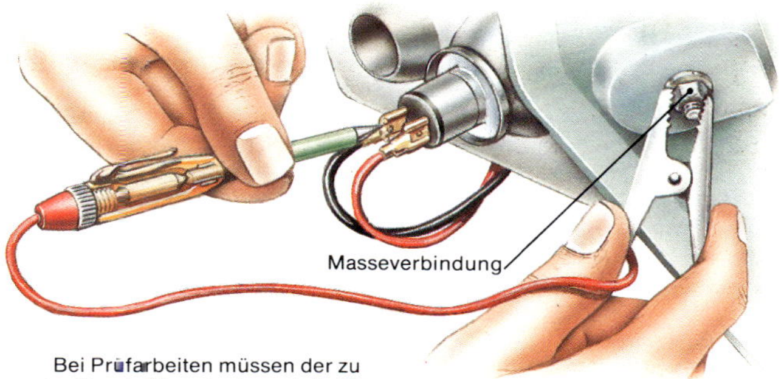

Bei Prüfarbeiten müssen der zu prüfende Stromkreis und die Zündung eingeschaltet sein.

Einen Stromkreis prüfen 2

Eine Relaisschaltung prüfen

Wird ein elektrisches Bauteil durch eine Relaisschaltung versorgt, prüft man bei Störungen den Stromkreis mit Hilfe eines direkten Stromanschlusses. Dazu verbindet man die Plusleitung der Batterie mit dem Pluspol des zu prüfenden Gerätes. Arbeitet das Bauteil nicht, ist es schadhaft.

Vorher prüft man die Masseverbindung dieser Einheit.

Funktioniert das Bauteil jedoch, ist die Versorgungsleitung vom Relais, am Relais oder an den Steckern des Relais schadhaft. Man verfolgt die Versorgungsleitung bis zum Relais und zieht den Mehrfachstecker ab.

Mit Rostlöser oder einem Schraubenzieher lassen sich Korrosionsspuren beseitigen. Auch die Masseverbindung des Relais wird gereinigt. Man dreht die Befestigungsschraube heraus und reinigt sie.

Mit der Prüfklinge tastet man die Plusleitung von der Batterie oder vom Zündschloß ab. Brennt die Lampe, steht das Relais unter Strom.

Brennt die Lampe nicht, prüft man den Anschluß an der Batterie oder am Zündschloß.

Nun schaltet man die Zündung oder den Schalter dieses Stromkreises ein und prüft die dünne Leitung vom Schalter zum Relais. Ist dort kein Strom, setzt man die Lampe an die beiden Anschlüsse des Schalters. Beide müssen Strom führen und somit das Relais ansteuern.

Anschließend prüft man die Masseleitung. Funktioniert das Relais immer noch nicht, ist es schadhaft und auszuwechseln.

Ist hingegen die Masseverbindung in Ordnung, prüft man den Relaisanschluß, der das Bauteil versorgt. Liegt kein Strom an, ist das Relais schadhaft.

Wenn die Kontakte des Relais zusammenbrennen, bleibt es immer geschlossen, so daß der Verbraucher ständig eingeschaltet bleibt. Deshalb ist das Relais zu ersetzen.

Bei Arbeiten mit der Prüflampe muß die Krokodilklemme stets auf eine nicht lackierte, masseführende Stelle geklemmt werden, damit die Lampe einwandfrei arbeitet. Vor einer Prüfung sollte man die Prüflampe mit beiden Klemmen direkt an der Batterie testen.

Bei modernen Fahrzeugen gibt es zahlreiche Verkleidungen aus Kunststoff, so daß eine Masseverbindung bzw. stromführende Leitung oft schwer zu finden ist. Dann legt man ein Kabel mit einer Krokodilklemme von der Masse bzw. vom Pluspol der Batterie zum Arbeitsplatz.

Eine solche Hilfsleitung sollte man auch dann verwenden, wenn man weit von der Batterie bzw. vom Motorraum entfernte Leitungen oder Bauteile prüft, z. B. die Rücklichter oder eine unter dem Wagenboden montierte Kraftstoffpumpe.

Werden stromführende Hilfsleitungen eingezogen, um Systeme zu prüfen, sollten in diese Leitungen in jedem Fall fliegende Sicherungen eingesetzt werden, um Kurzschlüsse zu vermeiden.

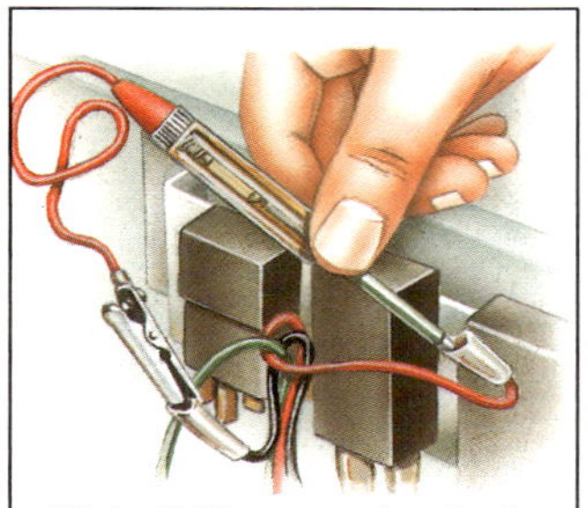

Mit der Prüflampe werden die einzelnen Relaisanschlüsse getestet.

Lichtmaschine und Anlasserstromkreis

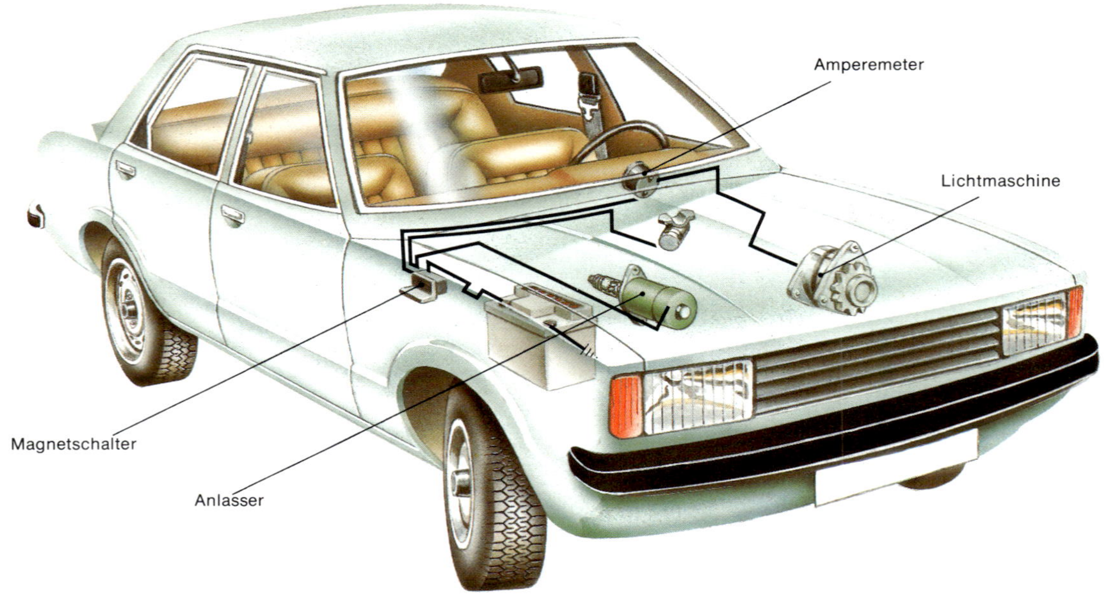

Die Batterie ist mit der Fahrzeugmasse durch ein kräftiges Kupferband verbunden. Die elektrischen Bauteile der meisten Fahrzeuge sind so montiert, daß der Minuspol auf Masse liegt. Vom Pluspol der Batterie führt bei dieser Schaltung ein schweres, isoliertes Kabel zum Magnetschalter des Anlassers.

Ein Amperemeter wird vom Magnetschalteranschluß versorgt. Da hier hohe Ströme fließen, ist der Querschnitt des Kabels groß.

Der Stromkreis ist durch die Leitung vom Generator komplett, so daß ein Amperemeter immer anzeigt, wie hoch der momentane Stromfluß zur Batterie ist.

Vom Amperemeter führen weitere Leitungen, die hier im Bild nicht eingezeichnet sind, zum Lichtschalter, zum Sicherungskasten und zu anderen Stromkreisen.

Zündstromkreis

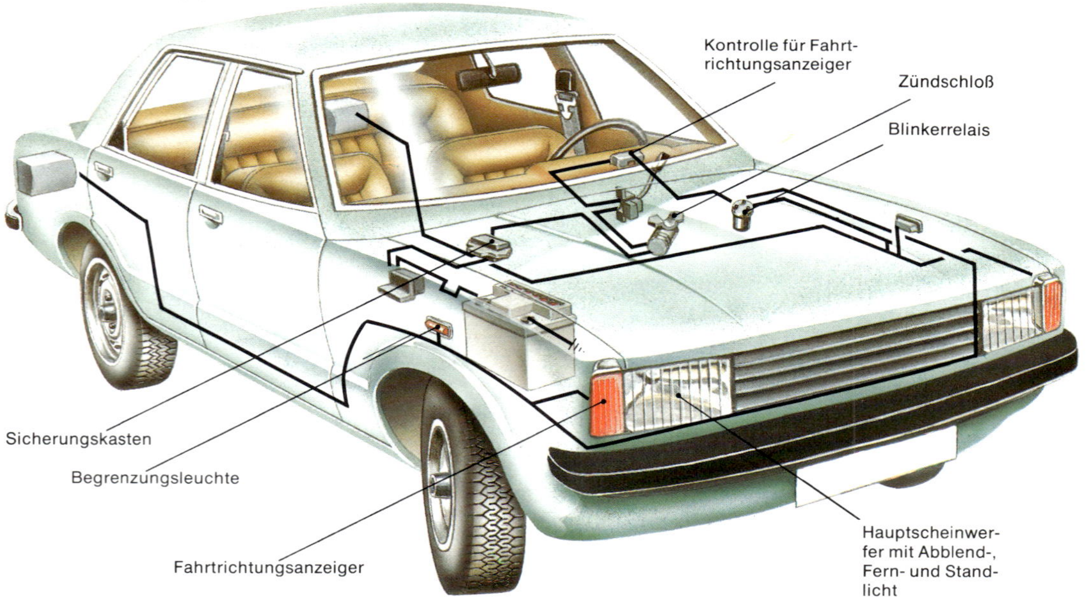

Viele Stromkreise werden über das Zündschloß versorgt und funktionieren deshalb nur, wenn die Zündung eingeschaltet ist. Damit wird verhindert, daß sich die Batterie allmählich entlädt, wenn man das Abschalten eines Verbrauchers vergißt. Ausnahmen sind z. B. das Standlicht, das Parklicht sowie die Warnblinkanlage.

Vom Zündschloß führen Kabel zum Sicherungskasten. Damit werden alle Stromkreise versorgt, die mit der Zündung funktionieren müssen. Von jeder Sicherung aus laufen Kabel in verschiedenen Farben zu den einzelnen Verbraucherstromkreisen.

Mit Hilfe der Farbkennzeichnung ist es leichter, die Anschlüsse aufzufinden.

Arbeiten an der Verkabelung 1

Die elektrischen Baukomponenten sind durch verschiedenfarbige Kabel verbunden. Nebeneinander verlegte Kabel faßt man zu einem Kabelbaum zusammen, der durch einen Kunststoffschlauch geschützt wird. Dieser Schlauch ist in Kunststoff- oder Metallschlaufen am Aufbau befestigt.

Bei gedruckten Schaltungen verwendet man flache Plastikbandkabel, in denen Kupferleitungen eingebettet sind.

Werden Kabel durch Bleche geführt, setzt man Gummitüllen ein.

Sind Kabelbäume in mehrere Sektionen unterteilt, werden diese mit Mehrfachsteckern verbunden. Bei einer Reparatur ersetzt man einzelne Sektionen.

Für mehrere Kabelquerschnitte werden Flachstecker verwendet, die man mit einer speziellen Abisolier- und Klemmzange anbringt (siehe Seite 47).

Will man von einer Leitung eine andere abzweigen, benutzt man Einschneidverbinder. Eine Metallklinge durchschneidet die Isolierung, ohne daß der Leiter durchschnitten wird.

Die älteste Technik, Kabel miteinander zu verbinden, ist das Löten. Für Arbeiten am Kraftfahrzeug benötigt man einen Lötkolben mit 150 W Leistung. Besonders geeignet sind Blitz- oder Schnellötkolben.

Im Notfall kann man eine Kabelverbindung auch mit einer Lüsterklemme zum Anschluß von Haushaltslampen herstellen; man muß die Verbindungsstelle aber mit Isolierband sichern.

Werkzeug und Ausrüstung

Lötkolben, Löt- oder Flachstecker, Abisolierzange oder Mehrpreßzange, Prüflampe oder Multitester, Schraubenzieher

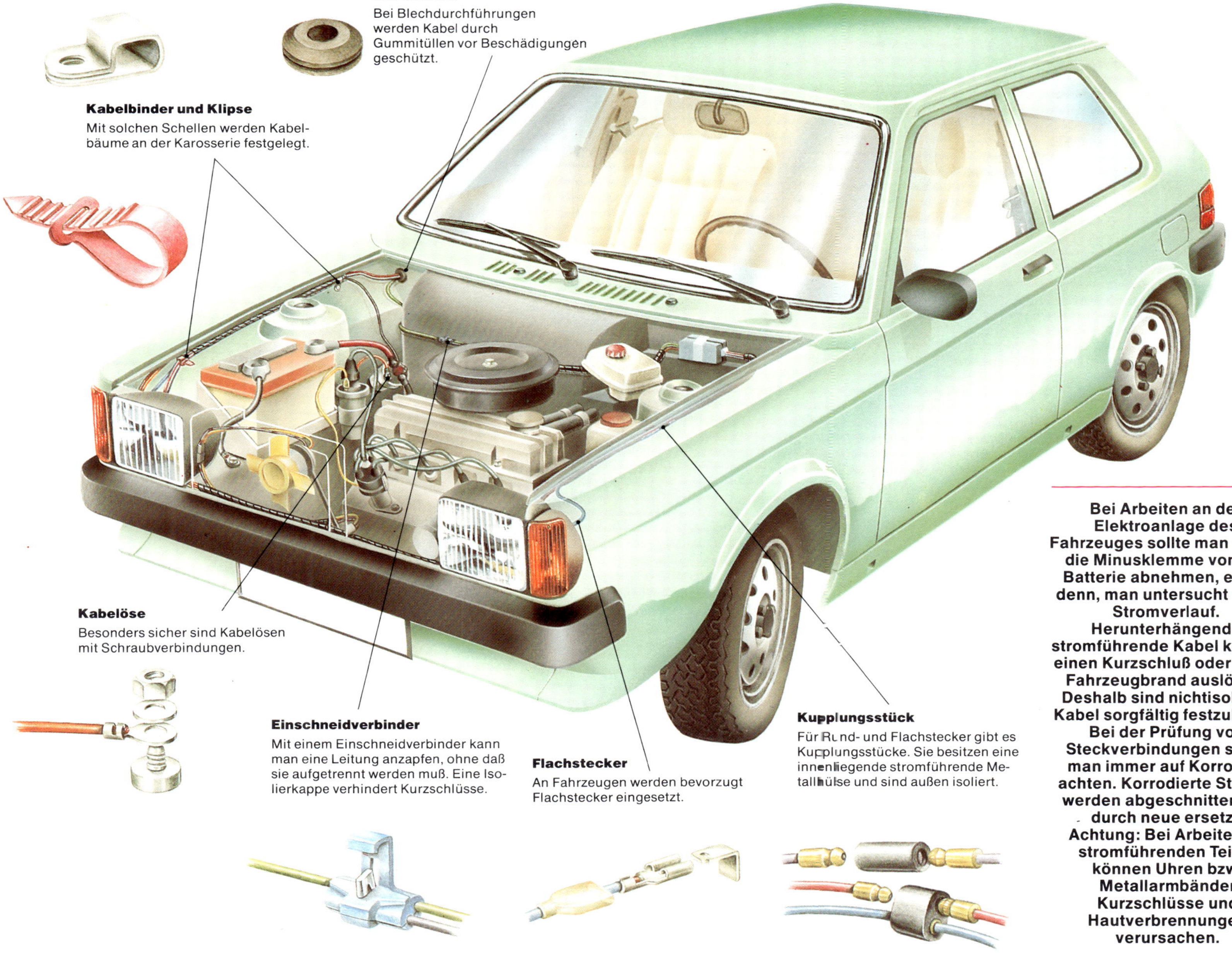

Gummitülle
Bei Blechdurchführungen werden Kabel durch Gummitüllen vor Beschädigungen geschützt.

Kabelbinder und Klipse
Mit solchen Schellen werden Kabelbäume an der Karosserie festgelegt.

Kabelöse
Besonders sicher sind Kabelösen mit Schraubverbindungen.

Einschneidverbinder
Mit einem Einschneidverbinder kann man eine Leitung anzapfen, ohne daß sie aufgetrennt werden muß. Eine Isolierkappe verhindert Kurzschlüsse.

Flachstecker
An Fahrzeugen werden bevorzugt Flachstecker eingesetzt.

Kupplungsstück
Für Rund- und Flachstecker gibt es Kupplungsstücke. Sie besitzen eine innenliegende stromführende Metallhülse und sind außen isoliert.

Bei Arbeiten an der Elektroanlage des Fahrzeuges sollte man immer die Minusklemme von der Batterie abnehmen, es sei denn, man untersucht einen Stromverlauf. Herunterhängende stromführende Kabel können einen Kurzschluß oder einen Fahrzeugbrand auslösen. Deshalb sind nichtisolierte Kabel sorgfältig festzulegen. Bei der Prüfung von Steckverbindungen sollte man immer auf Korrosion achten. Korrodierte Stecker werden abgeschnitten und durch neue ersetzt. Achtung: Bei Arbeiten an stromführenden Teilen können Uhren bzw. Metallarmbänder Kurzschlüsse und Hautverbrennungen verursachen.

Arbeiten an der Verkabelung 2

Arbeiten am Kabelbaum

Der Kabelbaum selbst bietet kaum einen Anlaß für Reparaturen oder Störungen. Gelegentlich wird die Isolierung mechanisch bzw. durch elektrische Überlastung beschädigt, so daß es zu Kurzschlüssen kommen kann. Brennt dann die Sicherung nicht durch, besteht die Gefahr eines Fahrzeugbrandes. Dies ist fast immer der Fall, wenn Zubehör falsch montiert oder an Leitungen angeschlossen wird, die zu schwach ausgelegt sind.

Bei älteren Fahrzeugen kann die Isolierung durch Alterung und Wärmeeinwirkung hart werden und abbröckeln. Hier muß das betreffende Teil des Kabelbaumes erneuert werden. Dabei kann es notwendig sein, den Isolierschlauch aufzuschneiden, um die einzelnen Kabel freizulegen. Dazu verwendet man ein scharfes Messer.

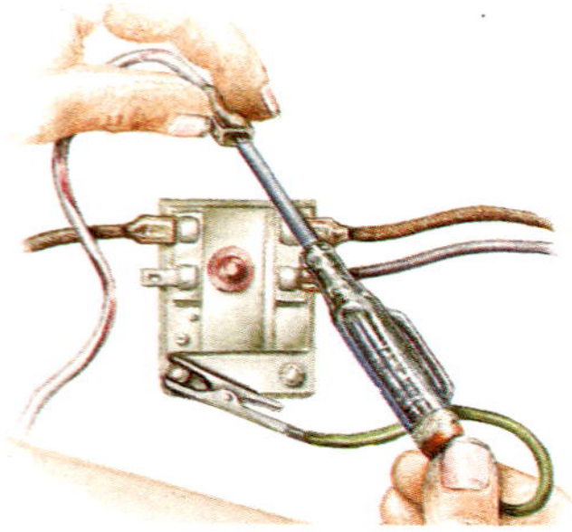
Schäden an den Kabeln findet man leicht mit der Prüflampe.

Man muß bei dieser Arbeit aber mit größter Vorsicht vorgehen, damit man die unter dem Kunststoffschlauch liegenden Kabel mit ihren Isolierungen nicht verletzt.

Ist nur eines der Kabel durch Überhitzung ausgefallen und sind keine anderen Kabelisolierungen beschädigt, schneidet man das betreffende Teil heraus, bringt einen Kabelstecker mit einer Spezialzange an (siehe Seite 211) und setzt ein Kabel in derselben Farbe ein. Die Farbe ist dabei nicht einmal so wichtig wie der richtige Querschnitt.

Man muß bei solchen Reparaturen immer denselben Querschnitt einsetzen, der vom Konstrukteur vorgesehen wurde. In der Regel handelt es sich um einen Querschnitt von 1,5 mm^2, in Ausnahmefällen von 2,5 mm^2.

Beim Kabelbaum markiert man die einzelnen Kabel mit Klebeband.

Kabelbäume, die in mehrere Sektionen unterteilt und durch Stecker verbunden sind, kann man an den Steckverbindungen trennen. Die schadhaften Teile wechselt man aus. Diese Methode empfiehlt sich immer; denn häufig ist es aus Platzgründen sehr schwierig, Verbindungsstecker oder Lötstellen anzubringen.

Stecker oder Lötverbindungen sind immer sorgfältig mit Isolierband gegen Kurzschlüsse zu sichern. Bevor man solche Reparaturen ausführt, prüft man, ob die Kabelstecker am Ende des Kabelbaumes noch in einwandfreiem Zustand sind.

Bei korrodierten Verbindungen lohnt es sich, eine völlig neue Stromversorgung mit Kabelsteckern zu installieren. Die alte Leitung wird dann stillgelegt. Hilfreich sind dabei die auf Seite 211 beschriebenen Einschneidverbinder.

Ein neues Kabel einziehen

Neues elektrisches Zubehör benötigt neue Kabel. Am besten verlegt man sie entlang dem vorhandenen Kabelbaum, um Kabelklemmen und Durchbrüche auszunutzen.

Um ein Kabel durch einen vorhandenen Durchbruch bzw. die Gummitülle durchzuziehen, steckt man einen Draht neben dem Kabelbaum durch die Tülle und biegt das Ende zu einem Haken um. Das neue Kabel wird in diesen Haken gelegt und mit der Zange festgeklemmt. Dann zieht man den Draht langsam durch die Tülle.

Ist kein Platz für diese Technik vorhanden, muß man ein neues Loch bohren, das groß genug ist für eine der handelsüblichen Gummitüllen.

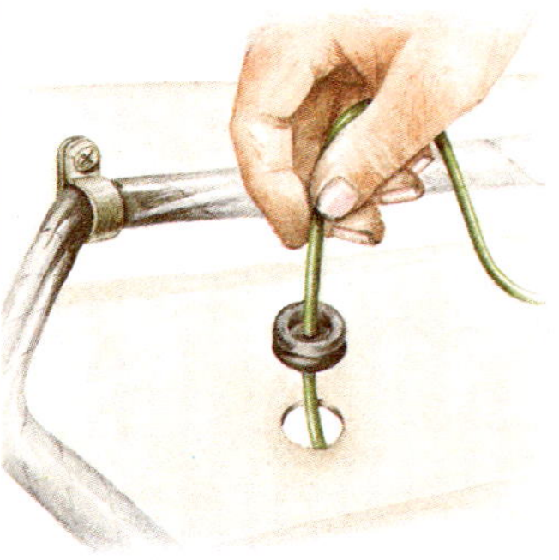
Gummitüllen schützen die Durchbrüche vor Beschädigung.

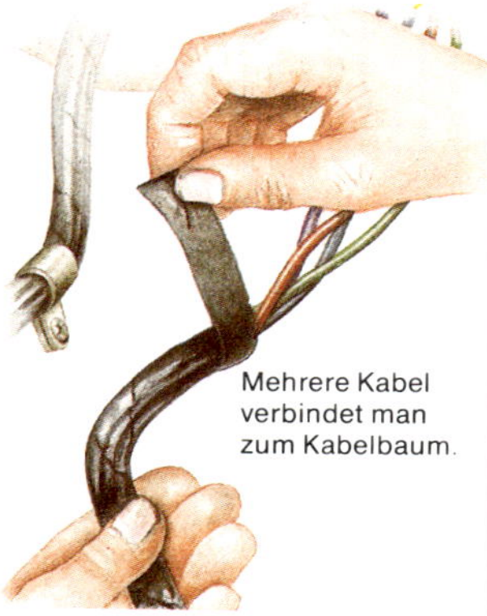
Mehrere Kabel verbindet man zum Kabelbaum.

Gebräuchliche Kabelquerschnitte

Bei Reparaturen kommt der Mechaniker mit vier Standard-Kabelquerschnitten aus. Einmal handelt es sich um das Standardkabel mit 1,5 mm^2 Durchmesser. Bei stärkeren Strömen werden 2,5 mm^2 dicke Kabel eingesetzt.

Hochspannungskabel für die Zündung erkennt man an ihrer dicken Isolierung.

Für Kabel im Anlasser und Lichtmaschinen-Stromkreis sind Querschnitte bis etwa 16 mm^2 üblich.

Standardkabel mit 1,5 mm^2

2,5 mm^2 für höhere Belastungen

Hochspannungskabel

Kabel mit 16 mm^2 und mehr sind im Anlasserstromkreis üblich.

Kabelverbindungen

Die einfachste, aber zugleich handwerklich aufwendigste Methode, zwei Kabel zu verbinden, ist das Löten. Man entfernt die Isolierung von den Kabeln mit einer Abisolierzange und dreht die Kabellitzen von Hand zusammen. Nun werden die beiden Kabelenden mit dem Lötkolben erhitzt und in Lötfett getaucht. Man bringt Lot auf, verzinnt so die beiden Enden und hält sie zusammen. Nach erneuter Erhitzung und Abkühlung ist die Lötverbindung hergestellt.

Diese Technik ist relativ zeitraubend, so daß man heute bei Reparaturen meist auf Steck- und Klemmverbindungen zurückgreift.

Dazu gibt es im Fachhandel spezielle Sets mit Kabelschuhen und einer Mehrzweck-Preßzange, mit der man Kabel abisolieren und Kabelschuhe anbringen kann.

Mit der Mehrzweckzange können die im Kraftfahrzeug üblichen Kabel ohne Beschädigung der Kupferlitze abisoliert werden.

Man legt dabei etwa 10 mm Litze an den beiden zu verbindenden Kabelenden frei. Dann steckt man einen Kabelverbinder auf das eine Kabel und preßt ihn mit der Zange sorgfältig zusammen.

Das gleiche wiederholt man beim zweiten Kabel mit einem isolierten Kupplungsteil.

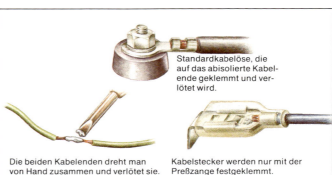

Standardkabelöse, die auf das abisolierte Kabelende geklemmt und verlötet wird.

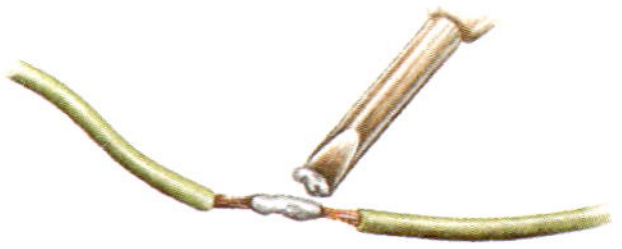
Die beiden Kabelenden dreht man von Hand zusammen und verlötet sie.

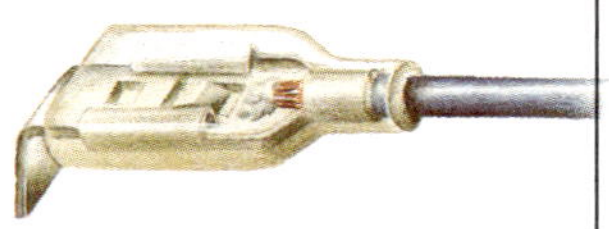
Kabelstecker werden nur mit der Preßzange festgeklemmt.

Etwa 10 mm Kabel werden abisoliert.

Kupplungsstück für zwei Steckverbinder

Sicherungen prüfen

Wenn ein elektrischer Verbraucher nicht mehr arbeitet, kann dies am Bauteil selbst, an der Verkabelung oder an der Sicherung liegen. Die häufigste Störquelle ist dabei die Sicherung, die man daher zuerst prüft.

Die Sicherungen befinden sich in einem Sicherungskasten oder sind Teil der Zentralelektrik. Meist findet man sie unter der Motorhaube unmittelbar im Bereich der Spritzwand oder unter dem Armaturenbrett.

Zu den Bedienungsanleitungen der Fahrzeuge gehören Lagepläne, in denen die einzelnen Sicherungskreise durchnumeriert sind. Hier kann man sich darüber informieren, welche Verbraucher zu welchem Stromkreis gehören. Besitzt man diese Angaben nicht, nimmt man jede Sicherung einzeln heraus und schreibt auf, welcher Verbraucher nicht mehr arbeitet. Man erhält so eine komplette Übersicht.

So prüft man eine Sicherung

Bei überlasteter Sicherung brennt ein kleiner Schmelzdraht am oder im Sicherungskörper durch. Erkennt man dies nicht, nimmt man die betreffende Sicherung heraus und setzt versuchsweise eine neue ein.

Bei durchgebrannter Sicherung sollte man keine neue einsetzen, ohne den Schaden an der Verkabelung oder an dem Elektrobauteil gesucht zu haben. Auch der Einsatz einer stärkeren Sicherung führt nicht zum Ziel, denn dann kann der Stromkreis überlastet werden oder sogar ein Fahrzeugbrand entstehen.

Denn der Zweck der Sicherung besteht nämlich darin, solche Schäden durch Zerschmelzen des genau bemessenen Drahtes zu verhindern. Die verschiedenen Bauformen für Sicherungen sind Porzellankörper-, Glaskörper- oder Kunststoff-Flachsicherungen, die es in Stärken zwischen 5 und 25 A gibt.

Die schwächeren Sicherungen sind meist für die Lichtanlage, die stärkeren für Scheibenheizungen und Elektromotoren gedacht.

Bei manchen Fahrzeugen sind nur zwei Sicherungen vorhanden, meist für Leistungen bis 50 A.

Dieselfahrzeuge haben oft eine Zusatzsicherung für den Anlaß-Glühvorgang.

Beim Einsetzen einer Sicherung sollte der dazugehörige Verbraucher immer ausgeschaltet sein. Stets nur die Sicherung einsetzen, die vom Fahrzeughersteller für den jeweiligen Sicherungskreis vorgesehen ist.

Werkzeug und Ausrüstung

Schleifpapier, Ersatzsicherungen

Sicherungstypen

Bei Sicherungen für die Fahrzeugelektrik gibt es verschiedene Bauformen. Am häufigsten sind die unten abgebildeten Typen.

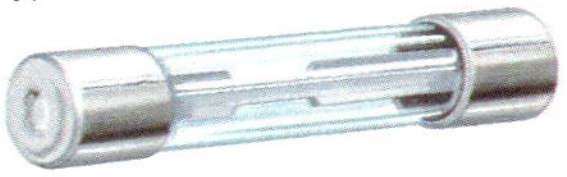

Glaskörpersicherung mit innenliegendem Schmelzdraht

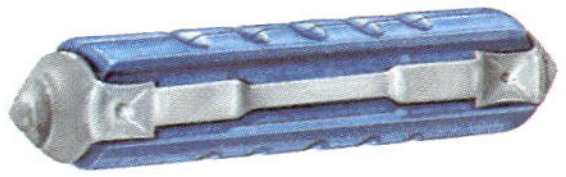

Porzellankörpersicherung mit außenliegendem Schmelzdraht

5

Moderne Flachsicherung, die an zahlreichen neueren Fahrzeugen montiert wird.

Sicherungskasten

Bei den meisten Fahrzeugen befindet sich der Sicherungskasten im Knieraum oder im Bereich des Handschuhkastens unter dem Armaturenbrett. Die zentrale Elektrik hingegen sitzt meist im Motorraum unmittelbar vor der Spritzwand.

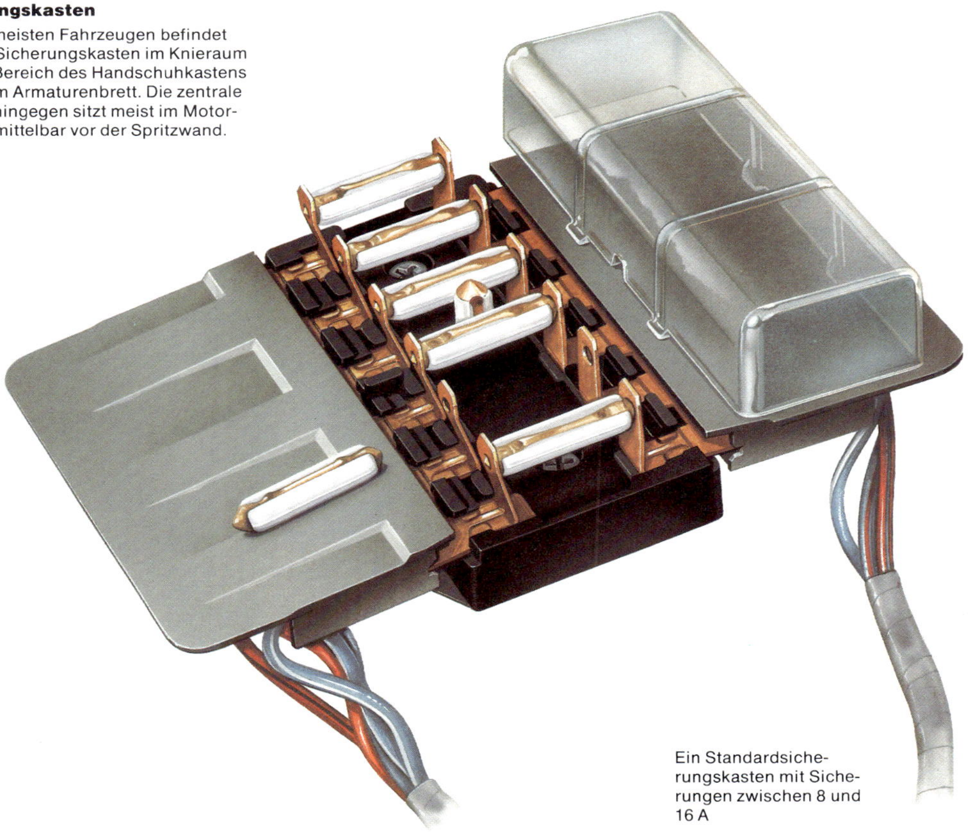

Ein Standardsicherungskasten mit Sicherungen zwischen 8 und 16 A

Eine Sicherung auswechseln

Die meisten Sicherungen werden zwischen zwei Kontaktfedern eingeklemmt. Man kann sie von Hand herausnehmen, wenn man eine Feder abdrückt.

Manchmal sind die Kontaktstellen korrodiert, so daß der Stromkreis ausfällt, obwohl die Sicherung nicht durchgeschmolzen ist. Meist genügt es, die Sicherung von Hand im Sicherungshalter zu drehen. Sonst nimmt man sie heraus und reinigt sie mit feinem Schleifpapier.

Bei verbogenen Federklammern ist es möglich, sie von Hand auszurichten.

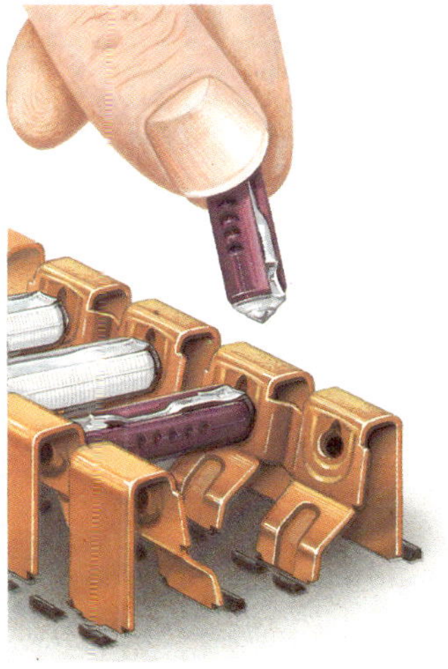

Jede Sicherung wird zwischen zwei Federn eingeklemmt und von diesen festgehalten. Die Federn stellen auch den Kontakt her.

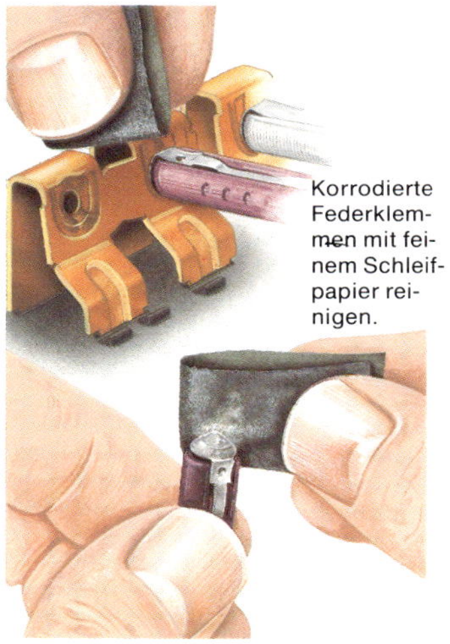
Korrodierte Federklemmen mit feinem Schleifpapier reinigen.

Korrosionsstellen an der Sicherung selbst lassen sich mit Schleifpapier reinigen. Einfacher ist es, eine neue Sicherung einzusetzen.

Spezialsicherungen prüfen und ausbauen

Bezeichnung der Sicherungen

Die Angabe der maximalen Belastbarkeit einer Sicherung in Ampere findet man auf dem Porzellan- oder Kunststoffkörper bzw. bei Glassicherungen auf dem Anschlußkontakt. Wird die entsprechende Stromaufnahme überschritten, brennt der Sicherungsdraht durch.

Eine Ausnahme sind Glaskörpersicherungen. Eine 10-A-Sicherung dieser Bauform ist ausgelegt für eine dauernde Belastung von 10 A, kann aber kurzzeitig bis 20 A vertragen, ohne sofort durchzubrennen. Gelegentlich sieht man auch den Hinweis „20 Ampere (10 Ampere CR)“, wobei CR *continuous resistance* (Dauerbelastung) bedeutet.

Die gezeigte Sicherung findet man weniger am Kraftfahrzeug selbst, dafür aber häufiger an elektronischen Bauteilen, z. B. Autoradios.

Bezeichnung der Stromaufnahme auf einer Glaskörpersicherung

Durchgebrannte Sicherung

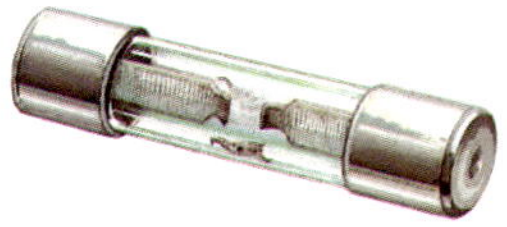

Die Sicherung war überlastet. Die Verbindung zwischen den Metallkappen ist unterbrochen.

Fliegende Sicherungen

Bajonettverschluß

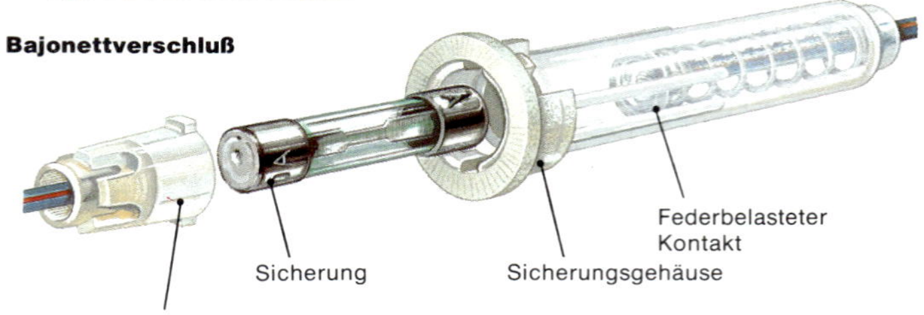

Kunststoffklips

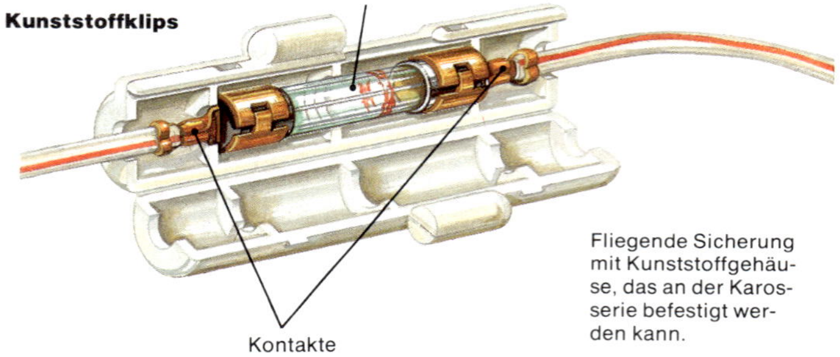

Fliegende Sicherung mit Kunststoffgehäuse, das an der Karosserie befestigt werden kann.

Obwohl die Fahrzeughersteller in der Regel Sicherungen in einem Sicherungskasten zusammenfassen, gibt es Zubehör, das durch eine sogenannte „fliegende Sicherung“ abgesichert werden muß. Für diese Sicherung ist dann ein Extragehäuse vorgesehen, und sie ist Teil der Plusleitung zum Verbraucher.

Gebräuchlich sind zwei Typen von fliegenden Sicherungen: erstens Sicherungen im Bajonettgehäuse; zweitens Sicherungen in einem Kunststoffklips, der mit Rastnasen an der Karosserie befestigt ist.

Bajonettgehäuse

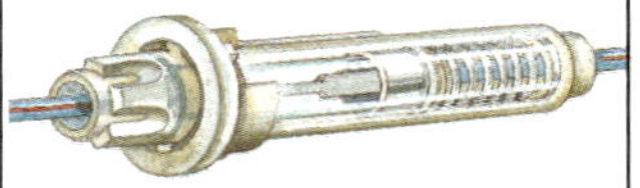

Man kommt an die Sicherung heran, wenn man das Gehäuse in Längsrichtung leicht zusammendrückt und den Bajonettverschluß durch Drehen öffnet.

Kunststoffklips

Die Sicherung ist zwischen zwei zusammengeklipsten Gehäuseteilen sicher eingebettet.

Die genaue Lage solcher Stromkreise wird in der Bedienungsanleitung des Fahrzeugs beschrieben.

Man findet die Lage von fliegenden Sicherungen auch, wenn man der Plusleitung des betreffenden Verbrauchers systematisch folgt.

Sicherungsautomaten

Schmelzdrahtsicherungen haben den Nachteil, daß sie bei Ausfall des Stromkreises ersetzt werden müssen.

Besser sind deshalb Sicherungsautomaten, die im Pkw-Bau allerdings selten sind. Meist werden sie bei Verbrauchern benutzt, die empfindlich sind, z. B. bei benzin-elektrischen Heizungen.

Das Prinzip dieser Sicherungen beruht auf der Bimetallfeder. Dabei sind zwei Metallstreifen mit unterschiedlichen Ausdehnungskoeffizienten zusammengenietet.

Fließt durch diese Bimetallfeder Strom, erwärmt sie sich bei Überlastung und öffnet einen Kontakt, womit der Stromkreis unterbrochen ist. Wenn die Bimetallfeder abkühlt, schaltet sie den elektrischen Verbraucher wieder ein.

Bei einer Sonderausführung wird der sich abhebende Bimetallstreifen von einem Sicherungsknopf aufgefangen, der zum Wiedereinschalten gedrückt werden muß.

Ähnliche Sicherungsautomaten gibt es auch im Haushaltsstromnetz.

Ein Sicherungsautomat, der die thermische Überlastung eines Elektromotors verhindert.

Ein Sicherungskabel auswechseln

Bei manchen Fahrzeugen wird auch die Stromversorgung von der Batterie – mit Ausnahme des Anlasserstromkreises – durch eine Hauptsicherung abgesichert, die meist in einem besonderen Gehäuse sitzt oder als Sicherungskabel ausgeführt ist.

Ein Sicherungskabel besteht aus zwei Anschlußgehäusen mit dazwischenliegendem Kupferkabel, bei dem Querschnitt und Länge festgelegt sind.

Sinn der Hauptsicherung ist es, die Stromversorgung sofort zu unterbrechen, wenn Kurzschlüsse an Kabeln zu Einzelsicherungen entstehen, z. B. bei Unfällen: Die Hauptsicherung bzw. das Sicherungskabel schmilzt durch, wodurch ein Fahrzeugbrand verhindert wird.

Stets sind Originalteile zu verwenden. Nie darf man ein Sicherungskabel durch ein normales Kabel ersetzen.

Sicherungskabel in der abgebildeten Bauform werden an den Elektriksystemen von Kraftfahrzeugen relativ selten verwendet. Gebräuchlich sind die bekannten Schmelzsicherungen.

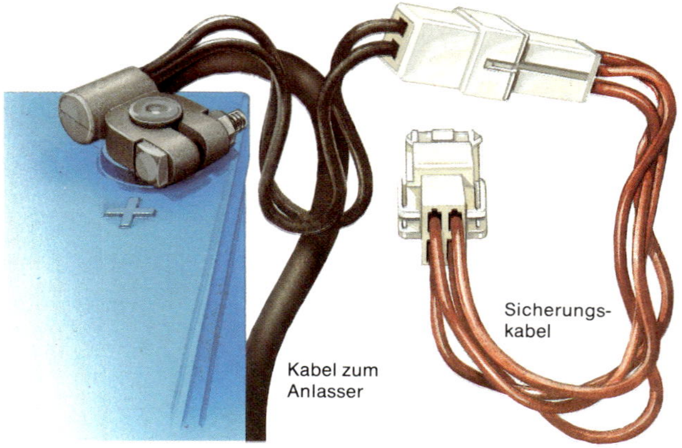

Das Sicherungskabel ist durchgeschmolzen. Zum Auswechseln trennt man die Verbindungsstecker.

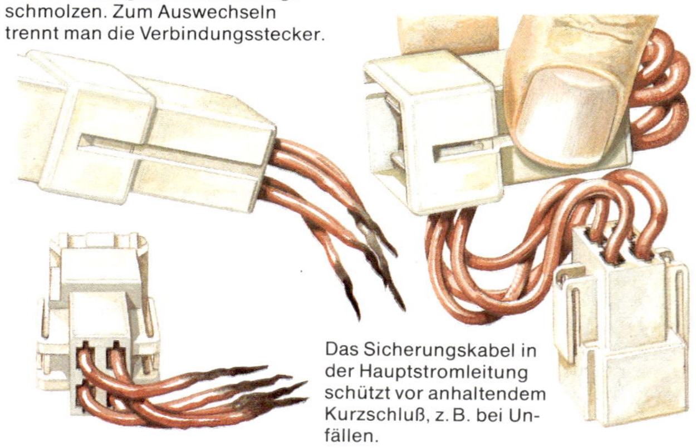

Das Sicherungskabel in der Hauptstromleitung schützt vor anhaltendem Kurzschluß, z. B. bei Unfällen.

Die Instrumente prüfen 1

Fahrzeuge haben zur Überwachung des Fahr- und Motorbetriebszustandes eine ganze Reihe von Anzeigeinstrumenten, darunter den Tachometer mit Kilometerzähler sowie die Öldruck-, Kraftstoff- und Wassertemperaturanzeige. Dazu kommen Uhr, Drehzahlmesser und anderes Zubehör. Man kann alle diese Instrumente nicht selbst reparieren, sondern begnügt sich mit der Prüfung der Anschlüsse und mit dem Ausbau. Die Reparatur selbst überläßt man dem Spezialbetrieb.

Bei allen Arbeiten im Armaturentafelbereich grundsätzlich die Batterie abklemmen.

Typisches Kombiinstrument

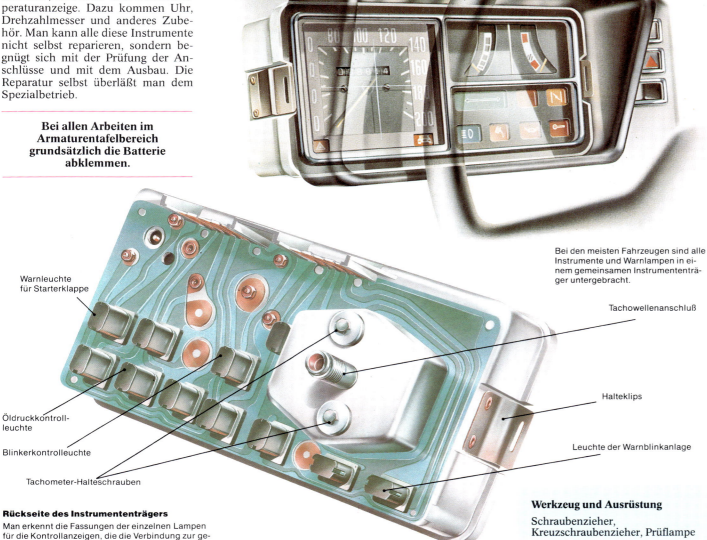

Bei den meisten Fahrzeugen sind alle Instrumente und Warnlampen in einem gemeinsamen Instrumententräger untergebracht.

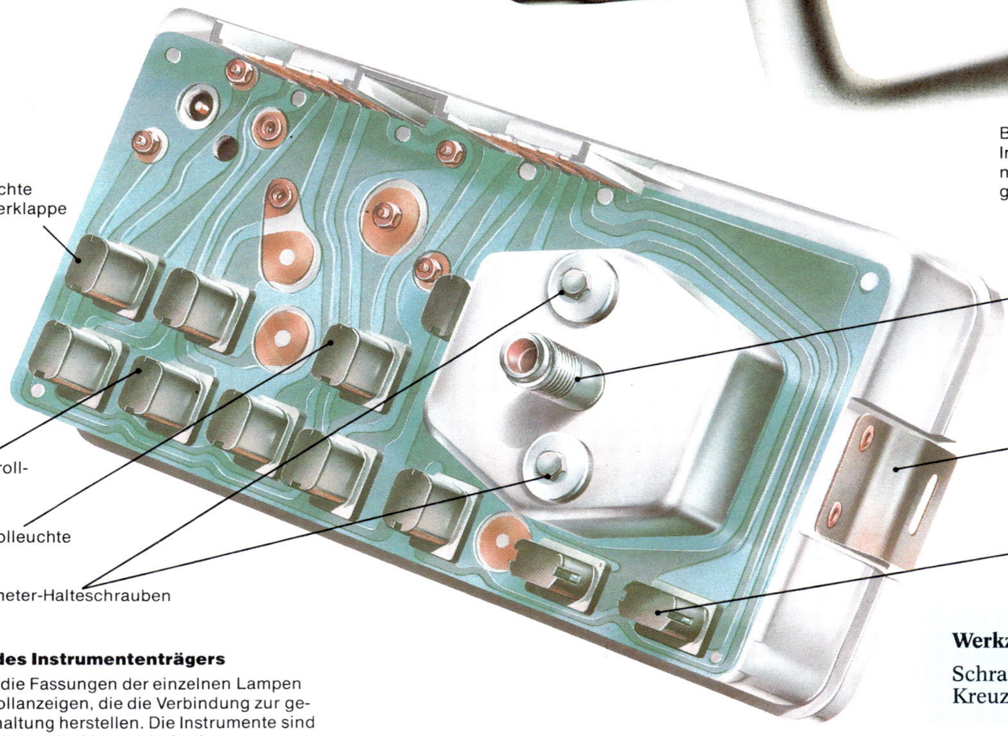

Rückseite des Instrumententrägers

Man erkennt die Fassungen der einzelnen Lampen für die Kontrollanzeigen, die die Verbindung zur gedruckten Schaltung herstellen. Die Instrumente sind durch Schrauben oder Muttern befestigt.

Werkzeug und Ausrüstung

Schraubenzieher, Kreuzschraubenzieher, Prüflampe

Ein Kombiinstrument ausbauen

Auf den ersten Blick kann man kaum erkennen, wie ein Kombiinstrument ausgebaut wird. Schuld daran ist das Styling der Armaturentafelverkleidung. Zunächst dreht man alle erkennbaren Blechtreibschrauben im Bereich des Instrumentes heraus. Häufig sind diese durch eingeklipste Zierleisten verdeckt, die man vorsichtig mit einem flachen Schraubenzieher abdrückt.

Liegt das Kombiinstrument frei, prüft man, ob es sich herausziehen läßt. Meist muß man vorher auf der Rückseite des Tachometers die Rändelschraube der Antriebswelle abdrehen und die Welle herausziehen. Nun kann man den gesamten Instrumententräger vorsichtig nach vorne ziehen.

Hinter dem Kombiinstrument wird der große Zentralstecker, der die Anzeigelampen und die Instrumente versorgt, vorsichtig abgezogen.

Manchmal muß man zum Ausbau des Instrumententrägers das Lenkrad oder die Lenksäulenverkleidung abnehmen, was man besser einem Spezialisten überläßt.

Läßt sich das Kombiinstrument nicht nach vorne herausziehen, weil die Tachometerwelle und die Verbindungskabel sehr kurz sind, faßt man von unten hinter das Instrument und zieht die Tachowelle und alle Kabelverbindungen ab.

Vorsichtig drückt oder zieht man das Kombiinstrument aus der Halterung heraus.

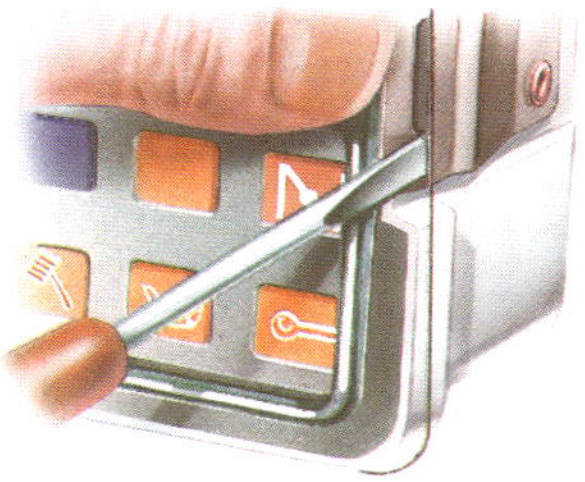

Erkennt man Halteklipse, werden diese mit einem Schraubenzieher erfaßt und nach vorne gezogen.

Die meisten Instrumente sind mit Kreuzschlitzschrauben befestigt.

Die Instrumente prüfen 2

Tachometer

Die häufigste Störquelle bei dem Wegstreckenzähler und der Geschwindigkeitsanzeige ist die mechanische Tachowelle.

Fallen beide Anzeigen aus, ist die Tachowelle gebrochen. Zur Prüfung trennt man die Verbindung am Getriebe oder am Antriebsrad und dreht die Tachowelle von Hand durch. Die Nadel des Geschwindigkeitsanzeigers muß beim Durchdrehen leicht ausschlagen.

Tachowellen, die Geräusche verursachen, kann man nach dem Ausbau ölen. Man hält die Welle senkrecht, gibt einige Tropfen Öl auf den Vierkantantrieb und dreht die Welle mit einer Bohrmaschine durch.

Drehzahlmesser

Der Drehzahlmesser mißt die Impulse der Zündanlage. Eine Reparatur ist nicht möglich, da es sich um ein elektronisches Bauteil handelt. Zeigt der Drehzahlmesser nicht mehr an, prüft man die Anschlüsse sowie die Leitung zur Zündanlage mit einem Ohmmeter.

Zusätzlich kann man mit einem Voltmeter den Stromanschluß und die Masseverbindung prüfen.

Volt- und Amperemeter

Beide Instrumente können nicht repariert werden. Die Prüfung umfaßt somit nur alle Anschlußleitungen.

Ein Instrument an der Batterie prüfen

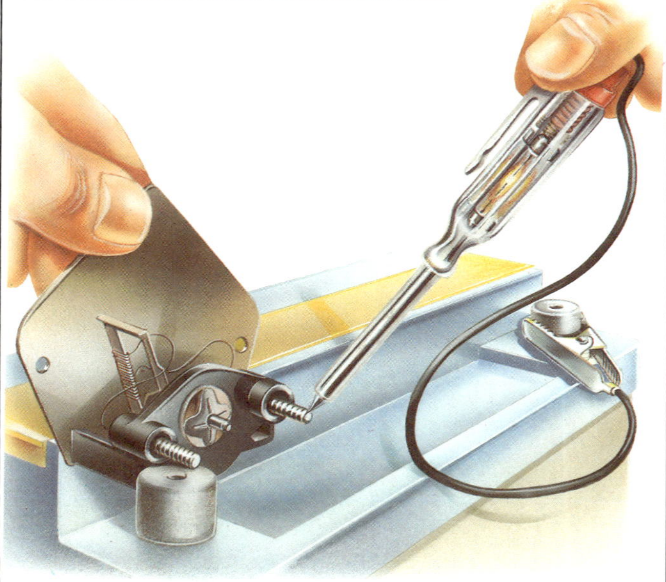

Man legt einen Anschluß des Instruments auf den Minuspol der Batterie. Eine Klemme der Lampe klipst man an den Pluspol der Batterie und berührt mit der Klinge den zweiten Anschluß des Instruments. Die Lampe muß aufleuchten und der Zeiger ausschlagen.

Batteriekontrolle

Bei ungenauer Anzeige sollte man das Instrument ausbauen und direkt an der Batterie prüfen. Man vergleicht die gemessenen Werte mit den Anzeigewerten eines Testinstrumentes. Sind die Zeigerausschläge identisch, untersucht man die Anschlußkabel.

Kraftstoffanzeige

Die Kraftstoffanzeige wird von einem Schwimmer im Tank aus durch einen veränderlichen Widerstand angesteuert.

Anzeigeinstrumente und Schwimmer mit veränderlichem Widerstand fallen selten aus. Unpräzise Angaben basieren in den meisten Fällen auf Störungen am Spannungskonstanthalter, der in der Regel auf der Leiterplatte des Kombiinstrumentes sitzt.

Zur Prüfung elektronischer Spannungskonstanthalter schließt man ein Voltmeter an: Die Bordnetzspannung muß sich in einem sehr engen Toleranzband um etwa 10 V stabilisieren.

Bei richtiger Funktion von Spannungskonstanthaltern mit Zener-Dioden mißt man einen pulsierenden Ausschlag. Sonst muß der Konstanthalter ersetzt werden.

Öldruckanzeige

Bei Störungen sollte man zunächst den Ölstand prüfen, dann den Zustand der Kabelverbindung am Öldruckschalter unmittelbar am Motorblock. Zieht man das Kabel ab, muß bei eingeschalteter Zündung die Öldruck-Kontrollampe erlöschen.

Legt man den Kabelschuh auf Masse, muß die Lampe aufleuchten, sonst ist vermutlich der Öldruckschalter defekt. Zusätzlich prüft man die Stromversorgung der Kontrollampe und den Zustand der Lampe selbst.

Lage des Spannungskonstanthalters

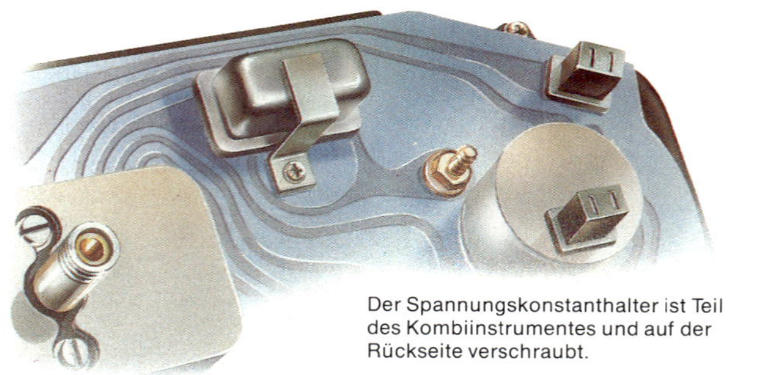

Der Spannungskonstanthalter ist Teil des Kombiinstrumentes und auf der Rückseite verschraubt.

Temperaturanzeige

Zeigt dieses Instrument häufig eine zu geringe Motortemperatur an, prüft man zunächst den Kühlwasserthermostat (siehe Seite 91).

Funktioniert der Thermostat und wird der Motor normal betriebswarm, ist vermutlich der Spannungskonstanthalter defekt. Das gleiche gilt, wenn die Temperaturanzeige ständig zu hoch ist, obwohl der Motor nicht zum Kochen neigt.

Reagiert das Instrument nicht, ist vermutlich das Kabel des Gebers abgefallen oder unterbrochen.

Anzeigeinstrumente neigen weniger zu Störungen als Temperaturgeber oder Spannungskonstanthalter.

Einen neuen Geber einbauen

Die Geber für Öldruck und Wassertemperatur ähneln Messing-Sechskantschrauben und sitzen am Motorblock oder Zylinderkopf mit einem einzelnen Mittelkontakt.

Der Ausbau sollte grundsätzlich bei kaltem Motor erfolgen. Vorher muß man die Kühlflüssigkeit teilweise ablassen und auffangen.

Vor dem Einbau des Temperaturgebers streicht man das Gewinde mit etwas Dichtungskleber ein.

Vorsicht: Kein zu hohes Drehmoment aufbringen, denn die Messingschraube besitzt keine allzu große Festigkeit und könnte abbrechen.

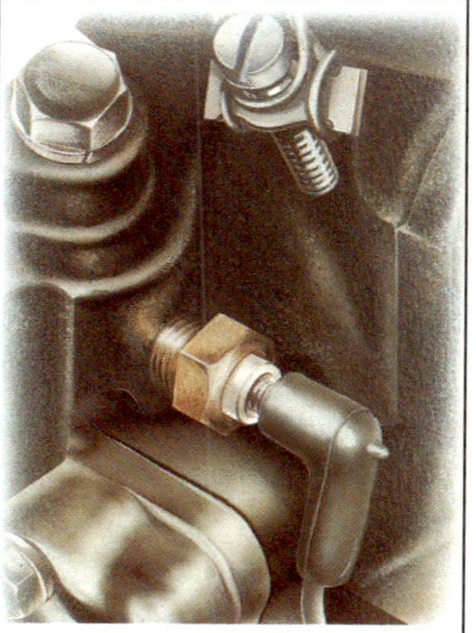

Zum Auswechseln eines Gebers für das Kühlwasser muß man das Kühlsystem teilweise entleeren.

Kontrollampen auswechseln

Bei Kombiinstrumenten sitzen die Lampen für die Kontrollleuchten in eingeklipsten Fassungen. Die Lampen selbst besitzen nur einen Glaskolben mit herausgeführten Glühdrähten, die am Ende umgebogen sind.

Zum Auswechseln der Lampen wird der Instrumententräger vorne abgezogen (siehe Seite 215). Die entsprechende Lampenfassung läßt sich aus der gedruckten Schaltung leicht von Hand herausziehen.

Bei älteren Fahrzeugen besitzt jede Lampe ihre eigene Metallfassung mit einem Anschlußkabel. Üblich sind Glühlampen mit Bajonettfassung.

Damit es nicht zu Schmorschäden an Instrumenten kommt, darf man nur Lampen gleicher Leistung einsetzen.

Fällt eine wichtige Kontrolllampe unterwegs aus und ist kein Ersatz vorhanden, sollte man eine funktionsfähige, weniger wichtige Lampe in die wichtigere Einheit einsetzen und für die Weiterfahrt verwenden, bis eine Reparatur möglich ist.

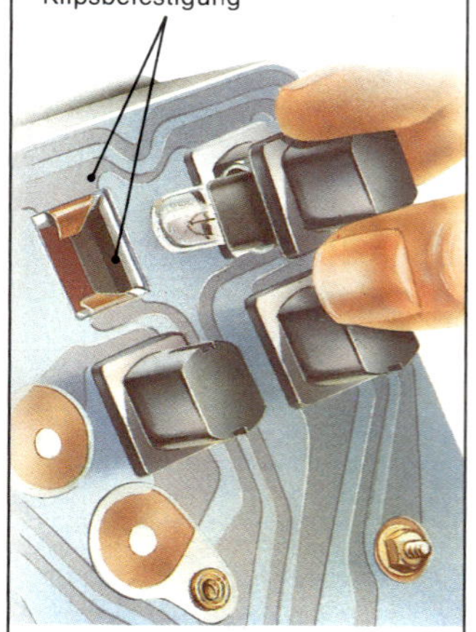

Die Halteklipse stellen gleichzeitig die stromführende Verbindung zu der Glühlampe her.

Die Tachowelle einbauen

Wenn der Tachometer plötzlich ausfällt, liegt das häufig an einem Bruch der Antriebswelle, die die Verbindung zum Getriebe oder zu einem der Antriebsräder herstellt. Die Nadel bleibt dann stehen, weil das Innenteil der Welle gebrochen ist oder das Vierkantende leer durchläuft. Gelegentlich sind auch Verbindungsschrauben lose.

Neigt die Tachonadel zum Schlagen oder Vibrieren, kann Getriebeöl über die Welle in den Tacho eingedrungen sein. In diesem Fall muß ein Austauschtachometer eingebaut werden. Bewegt sich die Anzeigenadel ruckartig, kann die Antriebswelle scharfkantig verlegt sein. Hingegen weist ein immer wiederkehrendes Pendeln auf einen verschlissenen Antriebsvierkant hin.

Geräusche in der Welle beruhen in den allermeisten Fällen auf mangelnder Schmierung.

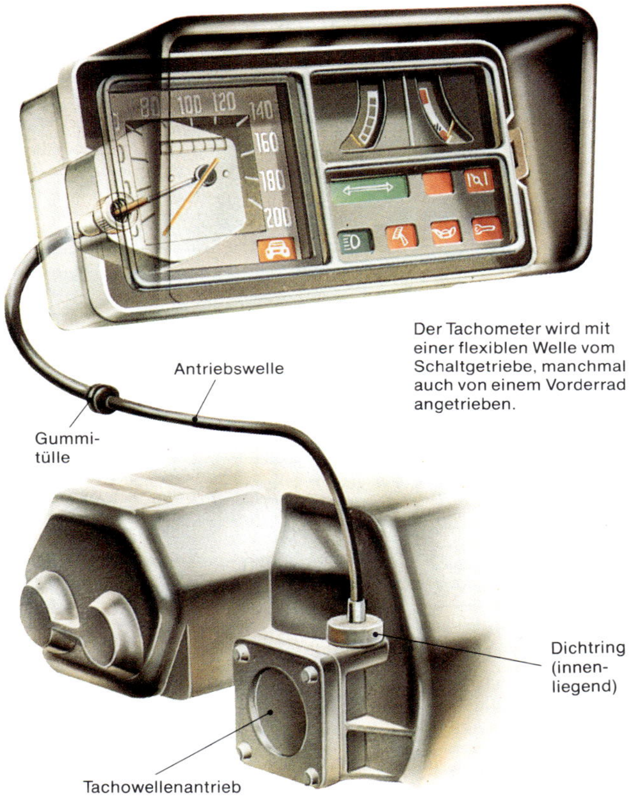

Der Tachometer wird mit einer flexiblen Welle vom Schaltgetriebe, manchmal auch von einem Vorderrad angetrieben.

Werkzeug und Ausrüstung

Wagenheber, Unterstellböcke, Wasserpumpenzange, Schraubenzieher, Fett, Öl

Die Tachowelle ausbauen und prüfen

Man kontrolliert, ob die Tachowelle in ihrer ganzen Länge an irgendeiner Stelle mit einem Knick um eine Kurve verlegt wurde.

Bei den meisten Fahrzeugen sind besondere Befestigungsklipse angebracht, die die Welle in ihrer Lage halten. Man löst die jeweils vorgesehenen Befestigungen und nimmt anschließend die Welle auf der Antriebsseite ab.

Das andere Ende der Wellenbefestigung am Tachometer ist in aller Regel schwieriger zu erreichen. Erst einmal greift man mit der Hand hinter das Armaturenbrett und versucht, die Überwurfmutter zu lösen.

Ist dies nicht möglich, muß man den Kombitachometer nach vorne herauskippen, um so die Mutter besser erreichen zu können.

Bei einigen Modellen sind Klipsbefestigungen vorgesehen. Bei diesem Befestigungssystem muß man in jedem Fall den Kombitachometer herausnehmen.

Nach dem Ausbau der Tachowelle prüft man die beiden Vierkantantriebsstücke an ihren beiden Enden. Sind sie rund abgeschliffen, muß man die Welle ersetzen.

Dann dreht man die Welle von Hand; gleichzeitig beobachtet ein Helfer das andere Wellenende, das sich drehen muß, auch wenn der Helfer die Welle von Hand festzuhalten versucht.

Dreht sich das andere Wellenende nicht, ist die Welle gebrochen.

Dreht sich das Innenteil ruckartig, dann ist die Welle wahrscheinlich geknickt und muß ebenfalls ersetzt werden.

Die Tachowelle wird abgeschraubt und der Antriebsvierkant auf Verschleiß geprüft.

Eine neue Antriebswelle einbauen

Wenn Befestigungsteile und die Gummitülle zum Einbau der neuen Welle übernommen werden müssen, nimmt man sie von der alten Welle ab und rüstet sie um.

Um zu prüfen, ob die neue Welle einwandfrei läuft, kann man sie leicht U-förmig im weiten Bogen zusammenlegen und von Hand durchdrehen. Die Innenseele muß sich sehr leicht und ohne jede hemmende Bewegung durchdrehen lassen.

Manchmal sitzt auf dem Tachowellen-Antriebsteil eine kleine Radialdichtung. Man muß sie sorgfältig prüfen und am besten immer ersetzen, damit kein Getriebeöl in den Tachometer gefördert wird.

Die komplettierte Welle wird nun durch die entsprechende Durchbruchsbohrung der Trennwand zum Tachometer geschoben. Man erfaßt die Welle mit der Überwurfmutter vom Fahrzeuginneren aus, führt sie in den Antriebsvierkant des Tachometers ein und dreht die Überwurfmutter von Hand fest.

Nachdem man die Gummitülle mit einem Schraubenzieher in die Trennwand eingesetzt hat, verlegt man die Welle zum Getriebe und befestigt sie mit den vorhandenen Klipsen.

Während man die Welle in den Antriebsvierkant des Getriebeteiles steckt, dreht man sie leicht hin und her, bis der Vierkant paßt. Abschließend befestigt man sie.

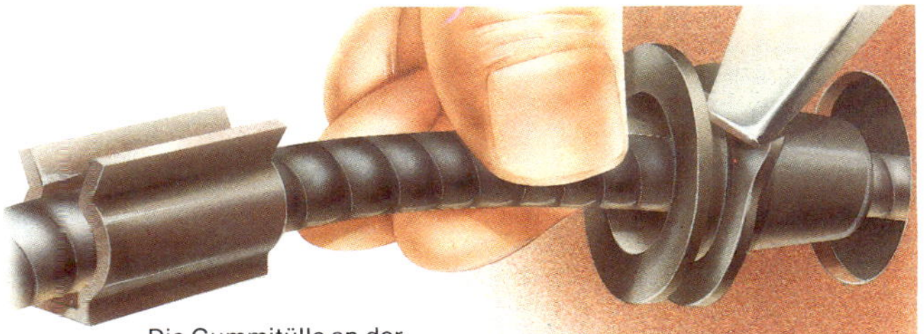

Die Gummitülle an der Fahrzeugspritzwand sorgfältig mit einem Schraubenzieher einsetzen, um den Durchbruch gut abzudichten.

Verschiedene Wellenanschlüsse

Die meisten Tachowellen sind nach einer der drei folgenden Methoden an das Getriebe angeschlossen.

Beim Anschluß mit Überwurfmutter sind an Getriebe und Tachometer Gewinde vorgesehen.

Bei der Klipsbefestigung übernimmt ein Spannring die Sicherung in der Nut einer Befestigungshülse.

Bei der Klemmbefestigung wird die Welle mit einer verschraubten Federklemme gesichert.

Überwurfmutter

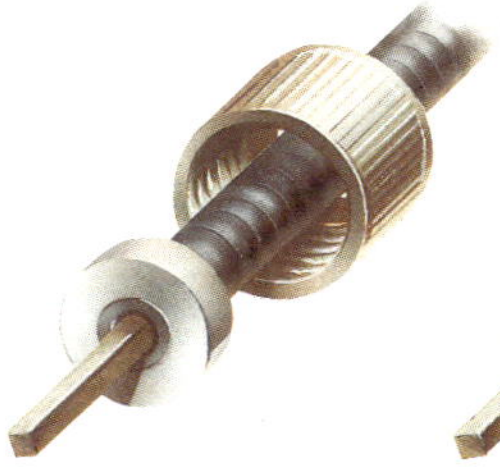

Die Überwurfmutter hat ein entsprechendes Gewindegegenstück am Getriebe.

Klipsbefestigung

Der Klips sitzt in einer Befestigungshülse am Getriebe.

Klemmbefestigung

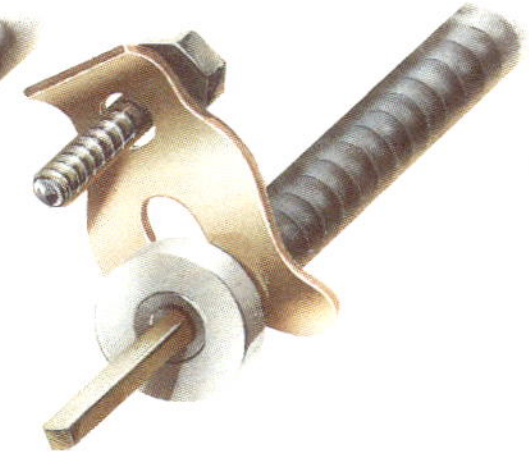

Ein Klemmstück preßt die Welle gegen den Tachoantrieb.

Batterieanschlüsse und Leitungen prüfen

Auch wenn die Batterie geladen ist, bemerkt man nicht selten, daß der Anlasser trotzdem nicht anläuft, weil der Stromkreis zum Anlasser unterbrochen ist. Manchmal hört man auch nur das typische Klickgeräusch des Magnetschalters am Anlasser. Hier liegt zu wenig Spannung an, und der Anlasser spurt nicht ein.

Bevor man den Anlasser prüft, sollte man sich mit den Batterieanschlüssen beschäftigen, die besonders bei älteren Batterien so korrodiert sein können, daß kein Strom mehr fließt.

Ein gebräuchlicher Batterieanschluß ist eine einfache Klammer, die den Pol umschließt; es gibt aber auch Kappen, die von oben mit einer Schraube befestigt werden.

Einige Fahrzeuge besitzen flache Batteriepole und einen Anschluß mit einem runden Kabelschuh.

Bei jeder Bauform löst man die Verbindung und entfernt Schmutz und Korrosion. Säureschnee wird mit klarem Wasser abgewaschen, darf aber nicht in den Motorraum gelangen, weil er sehr korrosiv ist.

Bei der Reinigung des Pluspols sollte man gleichzeitig immer den Minuspol abnehmen, damit es nicht zu einem Kurzschluß kommt.

Bevor man die Batterie wieder anschließt, prüft man die Verschraubung am Magnetschalter des Anlassers. Meist genügt es, wenn man das aufgesteckte dünnere Kabel abzieht, reinigt und wieder anbringt. Es handelt sich dabei um die Klemme 50, die vom Zündanlaßschalter kommt.

Plusleitungen von der Batterie können bei Massekontakt einen Fahrzeugbrand auslösen. Entsprechend sorgfältig sind die Prüfarbeiten auszuführen.

Werkzeug und Ausrüstung

Schraubenzieher, Schraubenschlüssel, Feile, Stahlbürste, Schleifpapier, Polfett

Die Batterieanschlüsse abnehmen

Meist lassen sich Batterieanschlüsse leicht abnehmen. Wenn sich eine Klammer verzogen hat, darf man den Anschluß auf keinen Fall mit einem Hammer lösen, weil der Pol lose werden kann. Am besten drückt man die Klammer mit einem kräftigen Schraubenzieher auseinander.

Beim Abnehmen von Batterieanschlüssen darf der Motor auf keinen Fall laufen, weil sonst die Dioden der Drehstromlichtmaschine durchbrennen.

Die Klemmschraube des Anschlusses wird gelöst.

Der Kappenanschluß wird von oben mit einer Schraube gesichert.

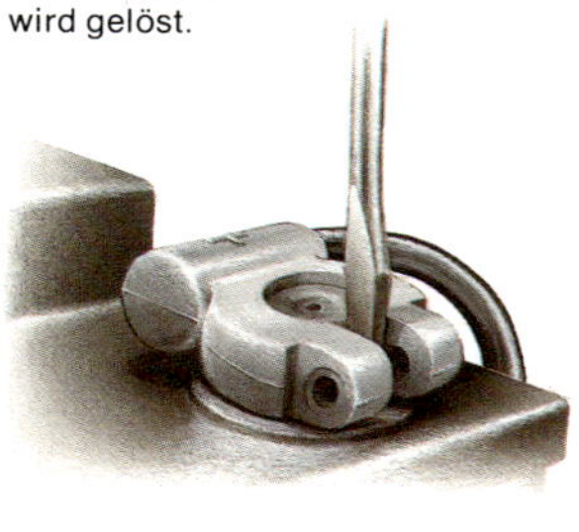

Die Klammer drückt man mit dem Schraubenzieher auseinander.

Das Abnehmen dieses Batterieanschlusses ist besonders einfach.

Die Anschlüsse reinigen

Am besten reinigt man Batterieanschlüsse mit heißem Seifenwasser; auf keinen Fall darf aber dieses Reinigungswasser in die Batteriezellen gelangen; deshalb vorsichtig arbeiten.

Als nächstes reinigt man mit einer Stahlbürste die Pole und reibt sie dann mit einem Tuch ab.

Die Batteriepole zieht man zusätzlich mit Schleifpapier ab. Batterieklemmen säubert man mit einer Halbrundfeile und erhält so wieder eine gute Verbindung.

Den zu reinigenden Pol hält man am besten mit einer Zange fest, damit man sich bei den Arbeiten nicht verletzt.

Der Batteriepol wird mit Schleifpapier abgezogen.

Den Pol reinigt man mit einer Stahlbürste.

Verbogene Klemmanschlüsse korrigiert man mit der Flachzange.

Für Topfklammern eine Halbrundfeile nehmen.

Die Batterie anschließen

Die Batteriepole werden mit einem speziellen Polfett leicht gefettet. Normales Radlagerfett sollte man nicht verwenden, da es damit zu neuer Korrosion kommen kann.

Das Batteriepolfett empfiehlt sich auch für andere elektrische Anschlüsse, z. B. für die Masseverbindung zwischen Batterie und Karosserie sowie für die Verbindung zwischen Motormasse und Karosserie.

Bei Klemmverschlüssen neigt man dazu, die Schrauben zu fest anzuziehen, so daß sich die Klemme total verzieht und nicht mehr sauber anliegt.

Greift die Befestigungsschraube nicht mehr, legt man ein Stück Lötdraht (ohne Flußmittel) in die Bohrung.

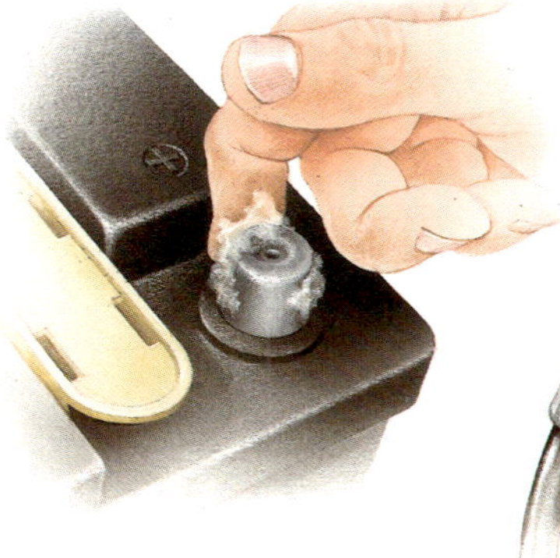

Batteriepolfett verhindert die erneute Korrosion.

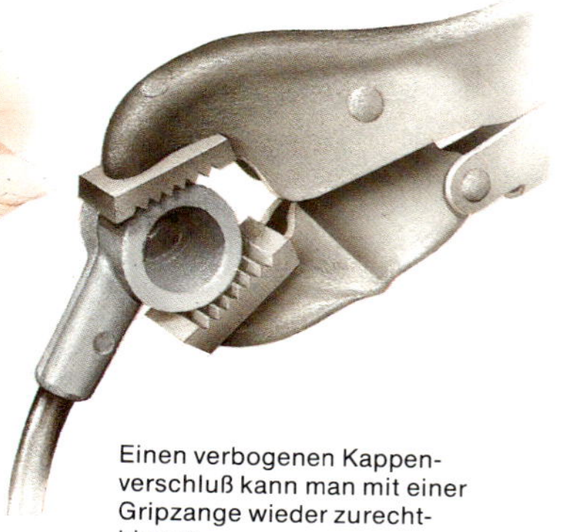

Einen verbogenen Kappenverschluß kann man mit einer Gripzange wieder zurechtbiegen.

Die Batterie prüfen und auffüllen

Drei Batteriearten sind üblich: erstens die Standardbatterie, bei der man von Zeit zu Zeit Wasser nachfüllen muß, zweitens die nach DIN wartungsfreie Batterie, bei der alle zwei Jahre eine Prüfung fällig wird. Relativ neu sind absolut wartungsfreie Batterien, bei denen das Auffüllen mit destilliertem Wasser überflüssig ist.

Bei allen Batterien sollte der Flüssigkeitsstand knapp über den Batterieplatten liegen. Meist gibt es Minimal- und Maximalmarkierungen.

Destilliertes Wasser zum Nachfüllen ist im Fachhandel erhältlich. Normales Leitungswasser enthält Spuren von Mineralien, die die Lebensdauer der Batterie herabsetzen.

Bei Arbeiten an Batterien Vorsicht im Umgang mit Feuer: Es kann sich im Bereich der Batterie, besonders nach dem Laden, explosives Knallgas gebildet haben.

Batterien niemals überfüllen, damit beim Laden keine Säure durch die Zellenöffnungen austritt.

Vergißt man das Nachfüllen, fällt die Batterie sehr schnell aus und muß ersetzt werden.

Wie oft man Wasser nachfüllen muß, hängt von der Temperatur unter der Motorhaube und von der Ladeleistung des Generators ab.

Je höher die Temperatur liegt und je mehr Entlade- und Ladevorgänge notwendig sind, desto öfter ist nachzufüllen, besonders in heißen Ländern.

Die Batteriefüllung aus einem Schwefelsäure-Wasser-Gemisch ist besonders aggressiv. Gerät ein Tropfen auf Lack, Kleidung oder Haut, kommt es sofort zu Schäden. Deshalb verunreinigte Stellen sofort mit reichlich Wasser nachspülen. Gerät Batteriesäure gar in das Auge, sofort reichlich mit Wasser ausspülen und unverzüglich einen Arzt aufsuchen!

Wenn man unter normalen Fahrbedingungen einmal wöchentlich nachfüllen muß, kann der Lichtmaschinenregler beschädigt sein (siehe Seite 221–222).

Werkzeug und Ausrüstung

Batterie, Säurespindel, destilliertes Wasser

Den Bereich der Einfüllöffnungen sauberhalten, damit kein Schmutz in die Batteriezellen gerät.

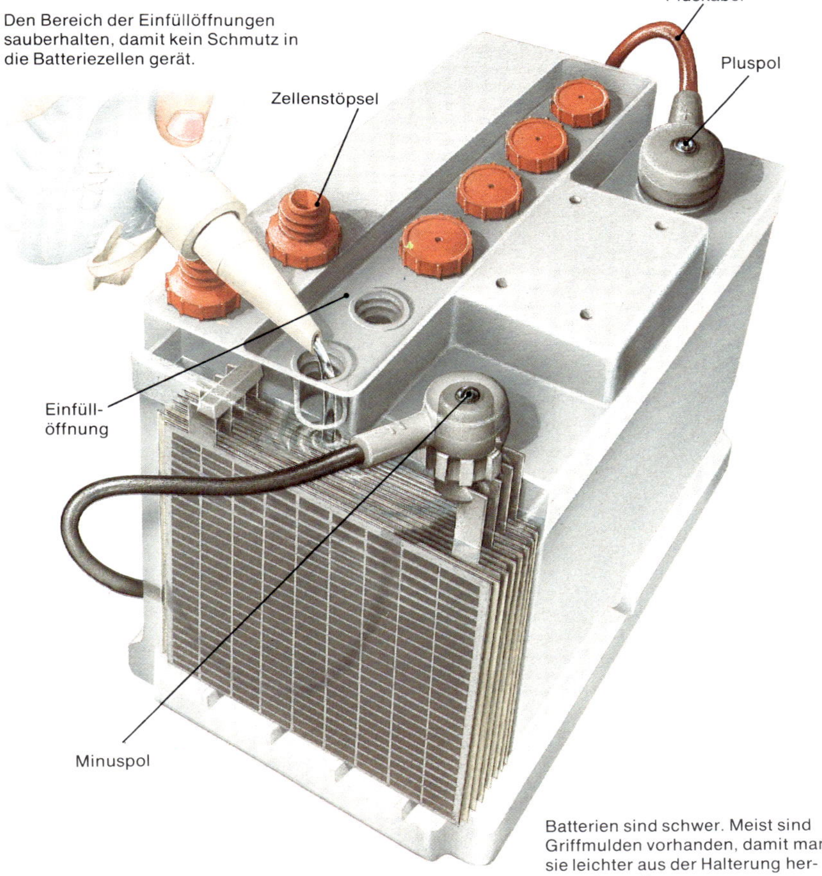

Batterien sind schwer. Meist sind Griffmulden vorhanden, damit man sie leichter aus der Halterung herausnehmen kann.

Destilliertes Wasser auffüllen

Bevor man die Zellenstöpsel abnimmt, sollte man den Batteriedeckel reinigen; sonst kann Schmutz in die Zellen geraten und die Lebensdauer der Batterie verkürzen. Es wird ausschließlich destilliertes Wasser bis zur Maximalmarkierung aufgefüllt. Sind keine Markierungen vorhanden, sollte die Flüssigkeit etwa 5 mm über den Batterieplatten stehen.

Destilliertes Wasser sollte man im Fachhandel, an Tankstellen und in Werkstätten nur in verschlossenen Behältern kaufen. Dieses Wasser ist nicht identisch mit dem destillierten Wasser aus der Drogerie.

Zellenstöpsel haben kleine Belüftungsbohrungen, durch die Gas entweichen kann. Diese Öffnungen sollten immer sauber sein.

Nach dem Auffüllen wischt man alle Wasserreste ab.

Automatische Nachfüllung

Ist eine Batterie an einem sehr schlecht erreichbaren Platz eingebaut, kann eine automatische Nachfülleinrichtung sinnvoll sein. Dabei werden die normalen Zellenstöpsel durch größere Kappen ersetzt, die man mit destilliertem Wasser auffüllt.

Noch besser sind nachrüstbare Batterieverschlüsse, die das abdampfende Wasser auffangen und zurückführen. Dadurch werden Standardbatterien fast wartungsfrei.

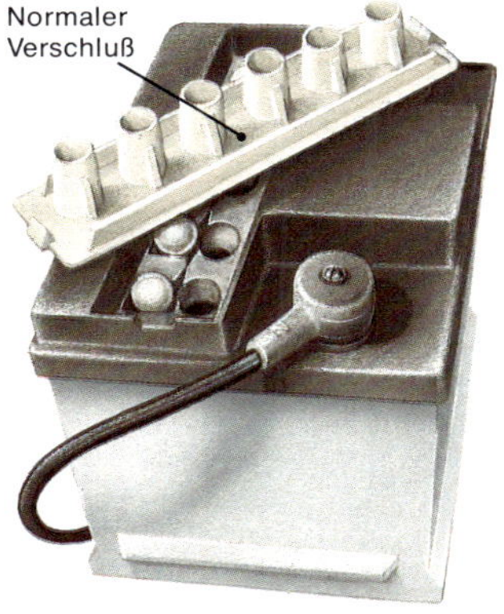

Batterieverschlüsse können durch ein automatisches Nachfüllsystem ersetzt werden, falls die Batterie nicht wartungsfrei ist.

Batterieprüfung mit der Säurespindel

Den Ladezustand einer Batterie kann man leicht mit einer Säurespindel messen. Je nach Ladezustand besitzt die Säure ein unterschiedliches spezifisches Gewicht.

Eine entsprechende Skala zum Ablesen findet man auf der Säurespindel. Dabei bedeutet ein spezifisches Gewicht von 1,12 eine entladene, von 1,20 eine halbentladene und von 1,28 eine gutgeladene Batterie.

Zum Messen nimmt man die Zellenstöpsel ab, taucht die Säurespindel ein und saugt etwas Säure mit dem Gummiball an. Die Säurespindel schwimmt nun auf und zeigt das spezifische Gewicht an. Zur Erleichterung sind häufig Farbmarkierungen angebracht. Rot bedeutet, daß die Batterie nachgeladen werden muß, während Grün eine ausreichende Ladung bestätigt.

Vorsicht beim Umgang mit der Säurespindel! Häufig tropft beim Ablesen Säure auf die Kleidung. Sofort reichlich mit Wasser nachspülen, damit der Schaden begrenzt bleibt.

Abschließend füllt man die entnommene Säure wieder in die Zelle zurück.

Auf diese Weise werden alle Zellen durchgemessen. Die Säuredichte der einzelnen Zellen sollte nicht mehr als 0,02 voneinander abweichen.

Diese Messung nimmt man am besten nach einer längeren Fahrt vor; das Fahrzeug sollte mindestens 30 Minuten gelaufen sein.

Man taucht die Säurespindel in die Säure und drückt den Gummiball kräftig. So wird eine geringe Säuremenge angesaugt und das spezifische Gewicht gemessen. Anschließend die Säure wieder zurückfüllen.

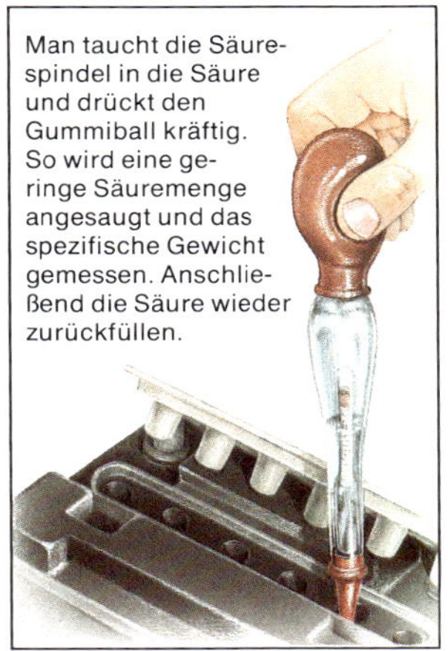

Man darf nicht gleich nach dem Auffüllen von destilliertem Wasser messen, sonst wird das Meßergebnis mit Sicherheit verfälscht.

Die Batterie laden

Bei normalem Fahrbetrieb wird die Batterie ausreichend nachgeladen.

Im Kurzstreckenbetrieb trifft dies jedoch häufig nicht zu, wenn besonders viele Verbraucher, z. B. Scheinwerfer, Heizscheibe und Wischer, gleichzeitig eingeschaltet sind.

In einem solchen Fall muß die Batterie zusätzlich Strom liefern und wird deshalb langsam leer. Schließlich bricht sie dann an einem kalten Wintermorgen zusammen.

Eine leere Batterie läßt man an einer Tankstelle oder in einer Werkstatt nachladen. Für Do-it-yourselfer gibt es preiswerte Ladegeräte, die keine technischen Schwierigkeiten bereiten.

Die heute meist eingesetzten Batterien mit Kapazitäten zwischen 36 und 63 Ah erfordern Ladegeräte mit einem Ladestrom zwischen 3 und 6 A. Am häufigsten werden 4-A-Geräte verkauft. Dies genügt, um eine Batterie über Nacht aufzuladen.

Werkstätten setzen häufig auch Schnelladegeräte ein. Hier kann man schon nach einer Stunde die Weiterfahrt antreten. Schnelladegeräte sollten aber elektronisch geregelt sein; denn ältere Ladegeräte arbeiten nicht gerade batterieschonend.

Eine normale Autobatterie hält abhängig von den Einsatzbedingungen etwa vier bis fünf Winter. Dann kann sie ihre Kapazität meist nicht mehr lange halten und muß sehr häufig nachgeladen werden. Eine solche Batterie sollte man umgehend ersetzen.

Wird hingegen eine neue Batterie häufig leer, bleibt vermutlich ein Verbraucher nach Abziehen des Zündschlüssels eingeschaltet. Man sollte dies auch nachprüfen, wenn sich beim Abnehmen der Batteriepole einige Funken zeigen.

Die ständig an das Bordnetz angeschlossene Zeituhr muß bei dieser Prüfung abgeklemmt werden.

Verschiedene Ladegeräte

Ein Ladegerät formt den 220-V-Haushaltsstrom in 12-V-Strom um und richtet ihn gleich. Es empfiehlt sich, ein Gerät mit einer effektiven Ladestromleistung bis etwa 6 A zu kaufen. Größere Geräte sind für einen Pkw kaum notwendig.

Heimwerkergeräte arbeiten nach der sogenannten W-Kennlinie: Sie beginnen mit einem hohen Ladestrom und regeln sich dann selbsttätig durch Veränderung des Umformungsverhältnisses herunter. Sie schalten sich aber nicht selbsttätig aus, sondern laden weiter, bis die Batterie gast. Dieser Effekt kann bei einer absolut wartungsfreien Batterie den Akku zerstören, der trocken wird, weil kein destilliertes Wasser nachgefüllt werden kann. Man sollte eine wartungsfreie Batterie mit Standardladegerät niemals ohne Aufsicht lassen. Besser ist ein elektronisches Ladegerät, das nach der IWU-Kennlinie arbeitet und sich ausschaltet, wenn die Batterie voll ist.

Einige Ladegeräte besitzen auch eine niedrigere Ladestufe von etwa 0,8 bis 1 A für Motorradbatterien. Andere haben eine Schnelladestufe, die für den Heimwerker eher unwichtig ist. Das Gerät sollte stets das VDE- und das GS-Prüfzeichen besitzen.

Die trocken vorgeladene Batterie

Neue Batterien werden meist trocken vorgeladen und unbefüllt geliefert. Dazu erhält man die nötige Menge Schwefelsäure. Nach dem Einfüllen ist die Batterie aktiviert und kann benutzt werden. Bei überlagerten Batterien kann man mit einem Ladegerät nachladen.

Werkzeug und Ausrüstung

Batterieladegeräte, Gabelschlüssel, destilliertes Wasser, Säurespindel

Sicherheitsvorschriften

Der Batterieladeraum muß immer gut durchlüftet sein; denn beim Laden können sich giftige und explosive Gase bilden. Offenes Feuer ist verboten.

Das Ladegerät wird erst an das 220-V-Netz angeschlossen, wenn die Ladekabel an die Batteriepole angelegt sind. Umgekehrt wird der Netzstecker gezogen, bevor man die Ladekabel abnimmt, um Funkenbildung zu vermeiden.

Das Ladegerät anschließen

Zuerst wird der Säurestand der Batterie geprüft und gegebenenfalls durch destilliertes Wasser ergänzt. Die Batteriestöpsel legt man auf den Batteriekasten.

Die beiden Batterieanschlüsse werden abgenommen und sicher zur Seite gelegt, wenn man die Batterie nicht ausbaut. Dann verbindet man den Pluspol des Ladegerätes mit dem Pluspol der Batterie sowie die beiden Minuspole und steckt den Netzstecker ein. Ein umschaltbares Ladegerät wird auf Bordnetzspannung eingestellt.

Bei leeren Batterien zeigt das Amperemeter sofort die höchste Ladeleistung des Gerätes an. Bei tiefentleerten Batterien kann die Sicherung das Gerät ausschalten. Nach etwa 1 Minute ist die Sicherung abgekühlt, und das Gerät wird wieder eingeschaltet. Der Ladevorgang kann beginnen.

Die Batterie hat ihre volle Ladung, wenn sie etwa eine halbe Stunde gegast hat, wobei sich Bläschen in den Zellen bilden. Vorsicht: Dabei kein Umgang mit offenem Feuer!

Wenn bei der Prüfung mit der Säurespindel die Säuredichte 1,28 beträgt, ist die Batterie ausreichend geladen.

Einige Batterien haben einen Zentraldeckel, der alle Zellen abdeckt.

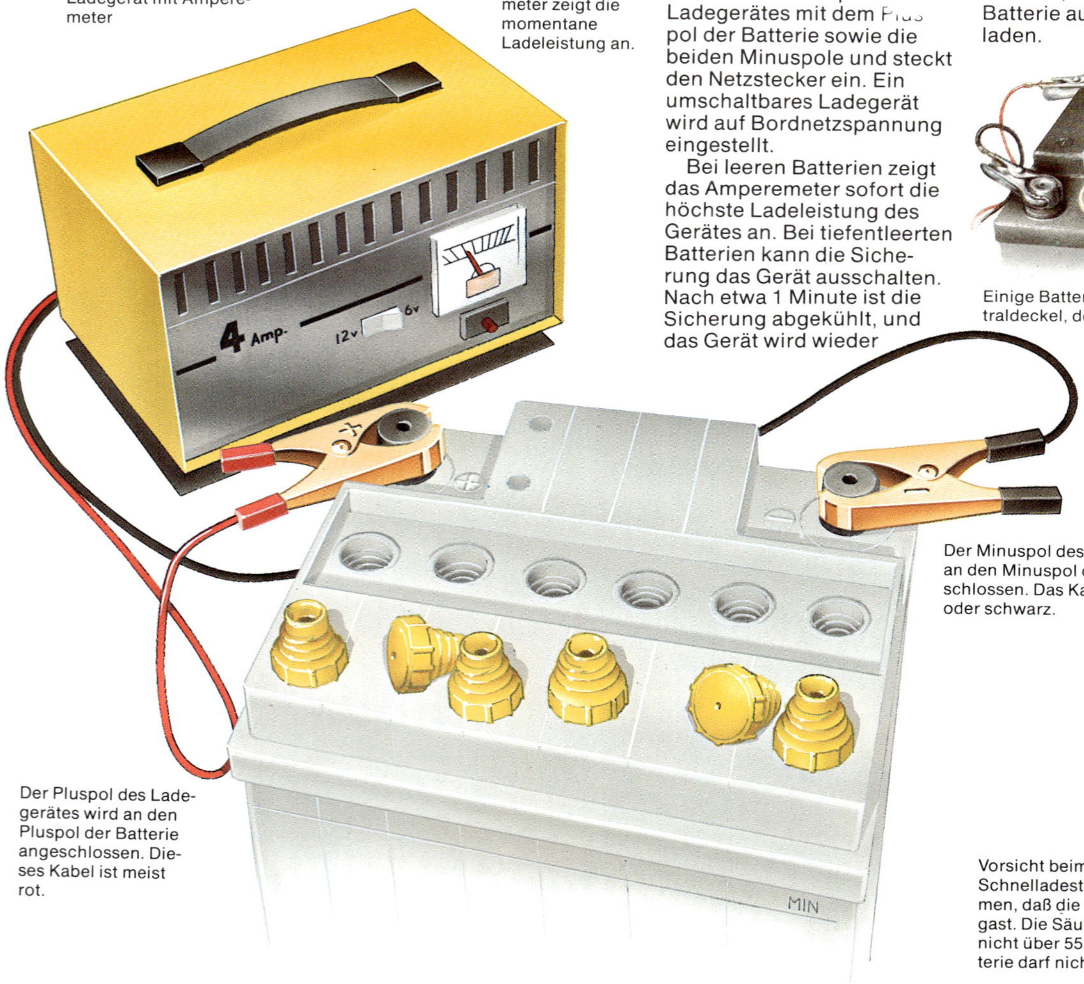

Typisches Heimwerker-Ladegerät mit Amperemeter

Das Amperemeter zeigt die momentane Ladeleistung an.

Die Krokodilklemmen des Ladegerätes sollen den Batteriepol sicher umfassen.

Der Minuspol des Ladegerätes wird an den Minuspol der Batterie angeschlossen. Das Kabel ist meist braun oder schwarz.

Der Pluspol des Ladegerätes wird an den Pluspol der Batterie angeschlossen. Dieses Kabel ist meist rot.

Vorsicht beim Einschalten der Schnelladestufe! Es kann vorkommen, daß die Batterie sehr schnell gast. Die Säuretemperatur darf nicht über 55 °C ansteigen. Die Batterie darf nicht kochen.

Generatorleistung und Batteriezustand prüfen

Ist das Fahrzeug mit einem Amperemeter ausgerüstet, informiert dieses über die Batterieaufladung und die Leistungsentnahme aus der Batterie.

Ein Voltmeter informiert hingegen nur über die momentane Netzspannung, sagt aber nichts über die Ladeleistung aus. Auch bei voller Bordnetzspannung kann durchaus Strom aus der Batterie entnommen werden.

Die meisten Fahrzeuge besitzen nur eine einfache Zündkontrolleinrichtung mit einer roten Warnlampe, die nach dem Motorstart erlischt, was anzeigt, daß der Generator Strom produziert, aber nichts über die Batterieladung aussagt. Meist bemerkt der Fahrer eine geringe Ladeleistung erst, wenn das Licht schwächer wird.

Bevor man die Ladeleistung der Lichtmaschine prüft, kontrolliert man, ob die Batterieanschlüsse lose oder verschmutzt sind. Die Batteriepole sollte man mit reichlich Wasser reinigen und mit Batteriepolfett neu ansetzen.

Springt der Motor schlecht an, kann auch ein Schaden an Anlasser, Magnetschalter oder Verkabelung vorliegen.

Vorsicht bei laufendem Motor, daß Kleidungsstücke, Haare oder Werkzeuge nicht in den Keilriementrieb geraten!

Werkzeug und Ausrüstung

Säurespindel, Voltmeter, Elektriker-Schraubenzieher

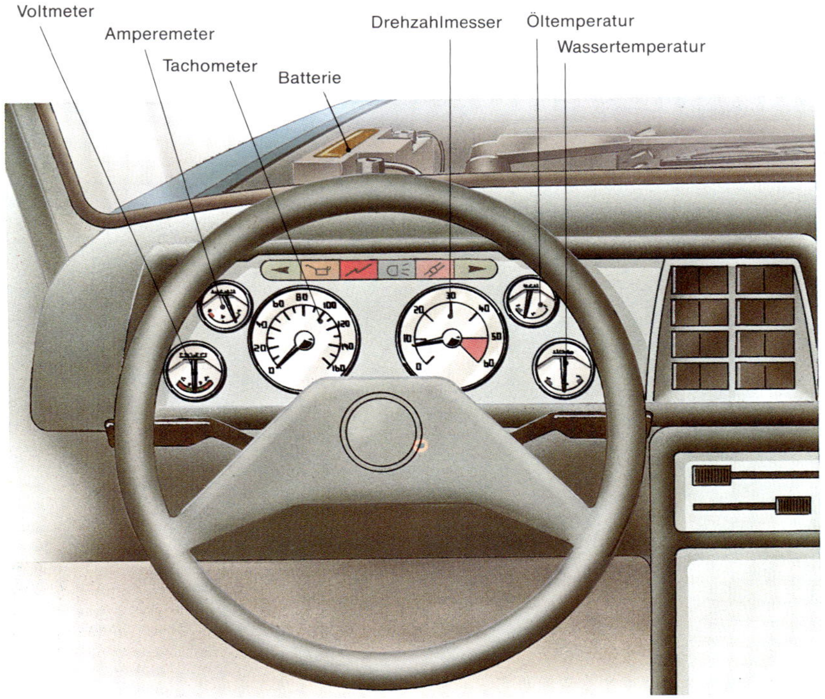

Mit der Säurespindel prüfen

Den Batteriezustand prüft man mit der Säurespindel (siehe Seite 48). Diese zeigt das spezifische Gewicht an und läßt so Rückschlüsse auf den Ladezustand zu.

Der Ladezustand sagt aber nichts über die Belastbarkeit der Batterie aus. Batterietests unter Belastung sind in einer Fachwerkstatt durchzuführen, die das entsprechende Testgerät besitzt.

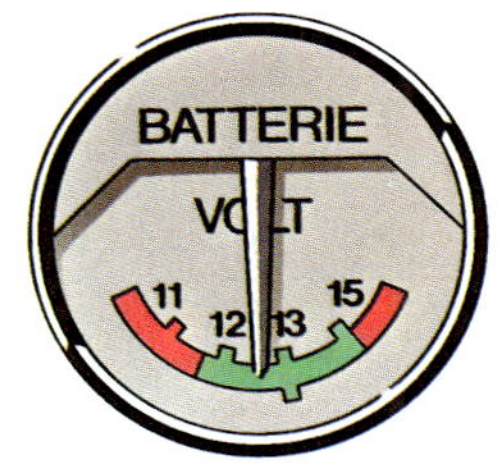

Voltmeter informieren über die momentane Bordnetzspannung.

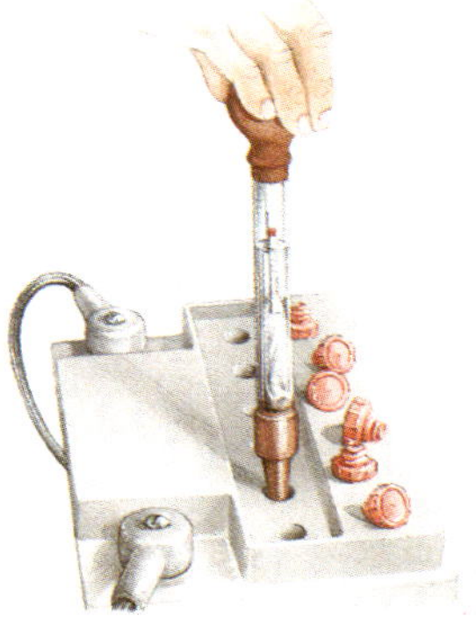
Nach dem Prüfen des Ladezustandes wird die Säure in die richtige Zelle zurückgefüllt.

Mit dem Voltmeter prüfen

Manche Fahrzeuge sind mit einem Voltmeter ausgerüstet, das auch als Batteriezustandsanzeige bezeichnet wird. Zum einfachen Ablesen dient eine Rot-Grün-Skala. Wenn man die Zündung einschaltet, sollte die Batteriespannung bei etwa 12 V bzw. am Anfang des grünen Bereichs liegen. Geringere Werte signalisieren, daß die Batterie nicht voll geladen ist.

Schaltet man Verbraucher ein, darf die Spannung nicht wesentlich abfallen, sonst muß die Batterie neu geladen werden, oder sie ist zu alt, um die Ladung halten zu können.

Unmittelbar nach dem Anspringen des Motors sollte die Anzeige auf etwa 14 V springen. Bei eingeschalteten Verbrauchern bewegt sich der Zeiger in der Mitte des grünen Feldes.

Anzeigen unter 12 V weisen auf schlechte Keilriemenspannung oder einen schadhaften Generator hin (siehe Seite 75).

Das Amperemeter

Das Amperemeter zeigt die Differenz zwischen dem von der Batterie aufgenommenen und dem abgegebenen Strom an. Man ersieht daraus daß entweder der Generator das Bordnetz ausreichend versorgt oder daß zu viele Verbraucher eingeschaltet sind und Strom von der Batterie in das Bordnetz fließt.

In der Praxis sollte der Fahrer immer nach Fehlern suchen, wenn der Zeiger deutlich bzw. zu häufig im Minusbereich steht. Gegebenenfalls muß man starke Verbraucher, etwa die Heckscheibenheizung, abschalten.

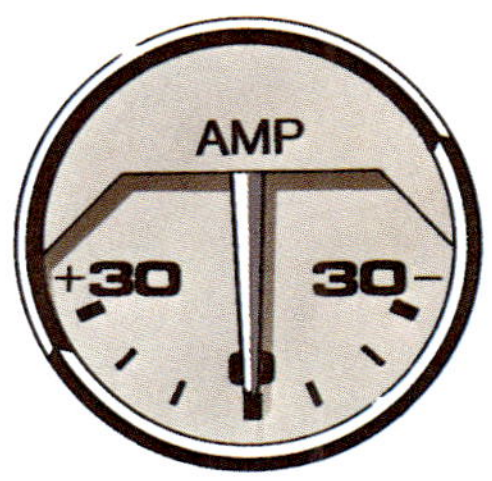

Amperemeter zeigen an, ob entladen oder geladen wird.

So wird geprüft

Man sollte die Batterie bei hoher Belastung prüfen, und zwar mit einem Voltmeter.

Zunächst wird die Zündspule und bei elektronischen Zündsystemen das Schaltgerät spannungslos gemacht, damit der Motor nicht anspringt. An die Batterie wird das Voltmeter angeschlossen, und als Skalenwert sind etwa 12–13 V abzulesen.

Startet ein Helfer den Motor mehrere Male hintereinander, darf die Batteriespannung nicht unter 9,5 V absinken. Diesen Versuch nur 1- bis 2mal ausführen, damit der Motor nicht absäuft. Gegebenenfalls Zündkerzen ausbauen und trockenlegen.

Zündsystem spannungslos machen, damit der Motor nicht anspringt.

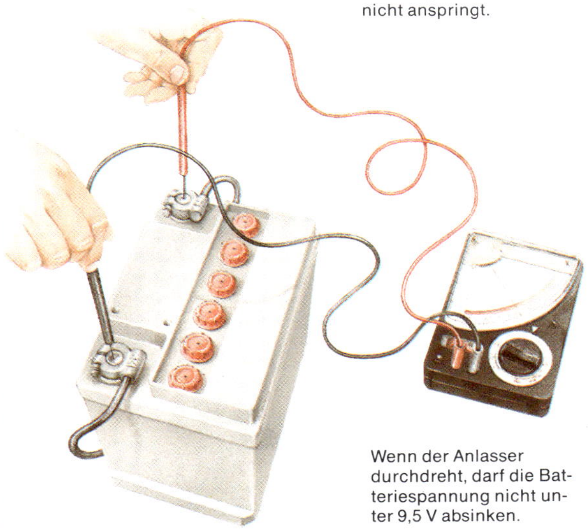
Wenn der Anlasser durchdreht, darf die Batteriespannung nicht unter 9,5 V absinken.

Die Anschlüsse einer Drehstromlichtmaschine prüfen

Die Drehstromlichtmaschine hat heute die Gleichstromlichtmaschine verdrängt. Das Prüfen einer Drehstromlichtmaschine ist nicht einfach. Man sollte es daher einer Werkstatt überlassen; denn dazu sind neben Amperemeter und Voltmeter ein Batterietrennschalter und ein Belastungswiderstand notwendig. Auf keinen Fall darf man bei laufendem Motor den Anschlußstecker abziehen; denn dies führt sofort zum Ausfall der Dioden.

Werkzeug und Ausrüstung

Volt- oder Ohmmeter, Testlampe, Schraubenzieher, Meterstab

Die Anschlußleitungen prüfen

Nach einer einfachen Sichtkontrolle startet man den Motor und schließt ein Voltmeter an den Plus- und den Minuspol der Batterie an. Ein Helfer betätigt während des Prüfens das Gaspedal.

Im erhöhten Leerlauf muß der Zeiger des Voltmeters stärker ausschlagen. Ersatzweise kann man eine Prüflampe anklemmen, die bei hoher Drehzahl heller leuchten muß. Sonst wird die Batterie nicht geladen.

In diesem Fall prüft man nach dem Abstellen des Motors die Keilriemenspannung. Anschließend untersucht man, ob die Verkabelung der Lichtmaschine gebrochen oder oxidiert ist.

Findet man dort keinen Fehler, klemmt man den Minuspol der Batterie ab und prüft die Verkabelung der Lichtmaschine mit einem Voltmeter.

In der Regel findet man ein dickes Kabel von der Lichtmaschine zum Magnetschalter des Anlassers und eine oder mehrere dünne Leitungen zusammen in einem Mehrfachstecker. Andernfalls braucht man die Ladeleitung nicht abzuziehen, sondern kann sie bei angeschlossener Batterie mit einer Prüflampe untersuchen, wobei sie Spannung führen muß. Jedoch werden die dünneren Leitungen einzeln oder aus dem Mehrfachstecker abgezogen.

Besitzt die Lichtmaschine einen weggebauten Regler, werden die separaten Anschlüsse nicht abgezogen.

Nun schließt man den Minuspol der Batterie wieder an, schaltet die Zündung ein und drückt jede Leitung mit dem Voltmeter gegen Fahrzeugmasse.

Anschlüsse, die mit „EN" oder „D" markiert sind, brauchen nicht untersucht zu werden, denn es handelt sich um Masseanschlüsse.

Alle anderen Leitungen müssen Spannung führen.

Die Keilriemenspannung prüfen

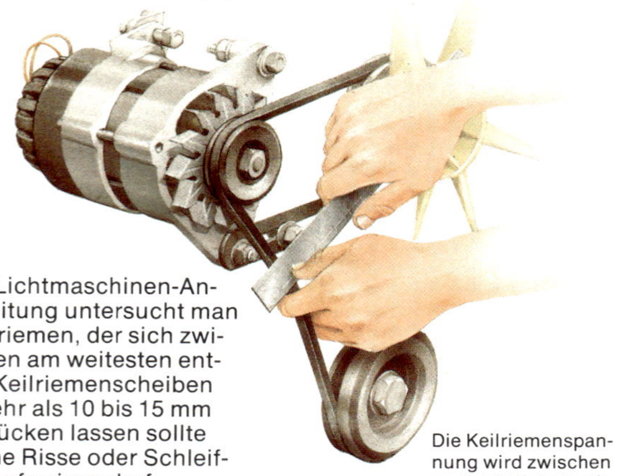

Vor der Lichtmaschinen-Anschlußleitung untersucht man den Keilriemen, der sich zwischen den am weitesten entfernten Keilriemenscheiben nicht mehr als 10 bis 15 mm durchdrücken lassen sollte und keine Risse oder Schleifspuren aufweisen darf.

Die Keilriemenspannung wird zwischen zwei möglichst weit entfernten Riemenscheiben gemessen.

Den Lucas-Lichtmaschinen-Anschluß prüfen

Der Mehrfachstecker wird abgezogen und die Zündung eingeschaltet. Schließt man ein Voltmeter gegen Masse an, muß jeder Anschluß Spannung führen. Andernfalls kann die Batterie nicht aufgeladen werden. Meist ist ein Kabel unterbrochen.

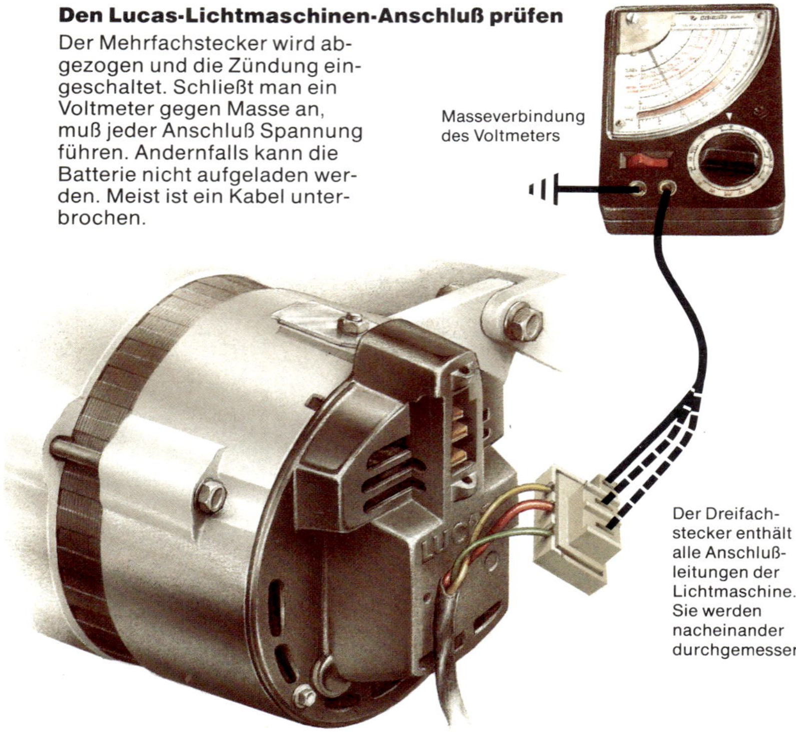

Der Dreifachstecker enthält alle Anschlußleitungen der Lichtmaschine. Sie werden nacheinander durchgemessen.

Mehrfachstecker

Lucas, Motorola, Femsa und Bosch haben einen Dreifachstecker mit allen Anschlußkabeln, Hitachi einen Zweifachstecker mit zusätzlicher Einzelleitung.

Dreifachstecker

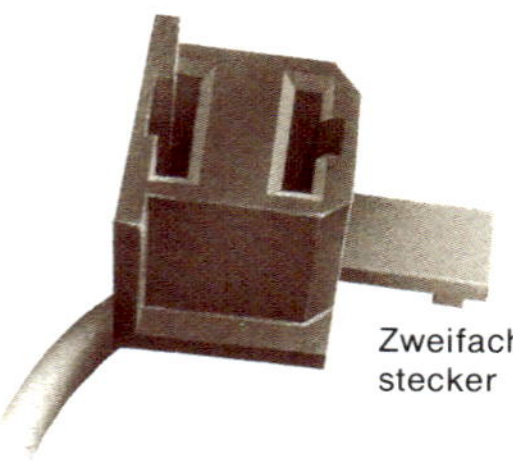

Zweifachstecker

Anschlüsse unter Schutzkappen

Einige Lichtmaschinenanschlüsse befinden sich unter Kunststoff-Schutzkappen, die nicht immer dicht sind. Bei einer Störung drückt man die Schutzkappen mit einem Schraubenzieher ab und reinigt die Anschlüsse.

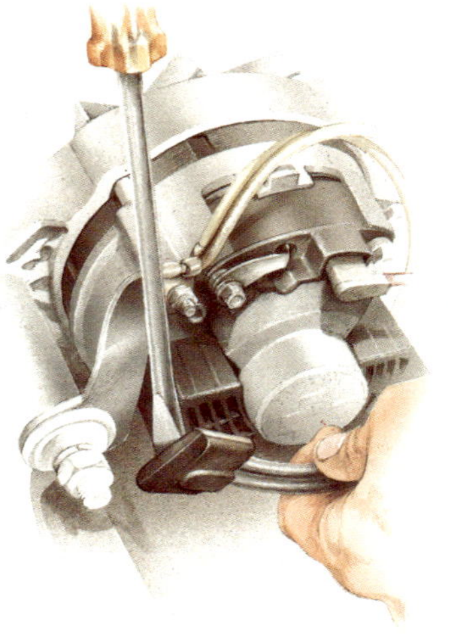

Die Abdeckung des Anschlusses wird mit dem Schraubenzieher abgedrückt.

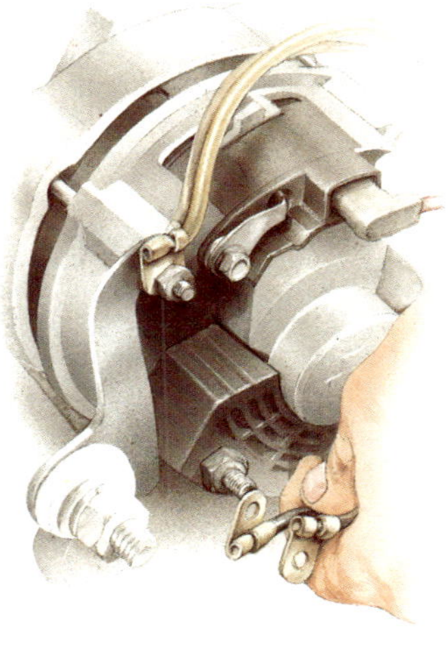

Anschluß einer Lichtmaschine mit Kabelöse und Mutter

Andere Lichtmaschinen

Lichtmaschinen sind typische Zulieferteile für die verschiedenen Fahrzeughersteller. Trotzdem gibt es keine einheitlichen Anschlußkabel, denn jeder Konstrukteur läßt den Mehrfachstecker nach eigenen Vorstellungen ausführen.

Ducellier-Lichtmaschinen und Fabrikate japanischer Hersteller können mit verschiedenen Mehrfachsteckern ausgerüstet sein, die stets durch eine Schraubverbindung gesichert sind.

Die AC-Delco-Lichtmaschine, die in englische und Opel-Fahrzeuge eingebaut ist, verfügt über einen größeren und einen kleineren Anschluß. Beide sind mit Muttern gesichert.

Mitsubishi baut Lichtmaschinen auch für andere japanische Autos. Hier erfolgt der Anschluß über einen Flachstecker. Das Ladekabel wird mit einer Mutter befestigt.

Unabhängig von seiner Bauart muß der Stecker sorgfältig gesichert werden. Hierfür gibt es Sicherungsbügel.

Die Schleifkohlen einer Drehstromlichtmaschine erneuern 1

Die Schleifkohlen einer Drehstromlichtmaschine halten länger als die einer Gleichstromlichtmaschine. Der elektrische Abbrand, ein Grund für den hohen Verschleiß, ist bei der Drehstromlichtmaschine wesentlich geringer; denn hier fließen nur Ströme zwischen 2 und 3 A. Die Bürsten sind in Kontakt mit einem umlaufenden Schleifring, der eine glattere und weichere Oberfläche als der Kollektor einer Gleichstromlichtmaschine hat. Außerdem fehlen die Einkerbungen des Kollektors, die ebenfalls ein Grund für frühzeitigen Verschleiß sind.

Die Schleifkohlen der Drehstromlichtmaschine haben manchmal Verschleißmarkierungen. Andernfalls sollte man sie ersetzen, wenn sie zur Hälfte oder mehr abgenutzt sind. Genauere Angaben sind auf den Seiten 224 und 225 zu finden.

Bevor man Ersatzteile kauft, ermittelt man den Lichtmaschinenhersteller, dessen Name zusammen mit technischen Daten im Gehäuse eingeprägt ist.

Je nach dem Verschleiß der Schleifkohlen ist es möglich, daß die Ladekontrollampe nicht mehr verlöscht, wenn die Schleifkohlen abgenutzt sind. Gelegentlich glimmt die Lampe auch nur.

Grundsätzlich sollte man bei Arbeiten an der Elektroanlage die Batterie abklemmen, es sei denn, man führt Voltmessungen durch.

Zur Arbeitserleichterung baut man die Lichtmaschine am besten aus. Falls jedoch der Schleifkohlenhalter auf der Rückseite der Lichtmaschine gut zugänglich ist, kann man sich den Aufwand sparen. Der Arbeitsaufwand beim Ersetzen der Schleifkohlen ist je nach Lichtmaschinenhersteller sehr unterschiedlich. Auf den Seiten 224 und 225 sind die verschiedenen Techniken beschrieben.

Vor dem Einsetzen neuer Schleifkohlen prüft man den Zustand der Schleifringe. Leichte Schäden kann man mit Schleifpapier beheben. Schleifringe sollte man stets mit einem weichen Tuch und Waschbenzin gut reinigen. Sind Schleifkohlenhalter vorhanden, werden auch sie gereinigt, damit die Kohlen frei in der Halterung gleiten können.

Grundsätzlich sollte man nur vom Hersteller freigegebene Originalersatzteile verwenden.

Werkzeug und Ausrüstung

Steckschlüssel, Schraubenzieher, Meterstab, weicher Pinsel, Waschbenzin, feine Feile, Lötkolben, Ersatzkohlebürsten, Ersatzregler

Die Schleifkohlen einer Lucas-Lichtmaschine erneuern

Zunächst schraubt man, am besten mit einem Steckschlüssel, an der Rückseite der Lichtmaschine den Deckel ab, der mit zwei versenkten Schrauben befestigt ist.

Dann notiert man sich die einzelnen Kabelanschlüsse, damit man sie wieder korrekt einsetzen kann, schraubt die Befestigung des Mehrfachanschlusses heraus und legt die Anschlüsse zur Seite. Der Anschluß des Reglers wird nur gelöst und zur Seite geklappt.

Man könnte zwar die Schleifkohlen ohne Ausbau der Kohlenhalter erneuern, aber zum Reinigen muß man auch diese abschrauben. Von den zwei Befestigungsschrauben sichert eine auch den Masseanschluß, den man beim Zusammenbau nicht vergessen darf.

Sind die Arbeiten abgeschlossen, führt man einen Prüflauf bei unterschiedlichen Drehzahlen durch und mißt die Lichtmaschinenleistung mit dem Voltmeter.

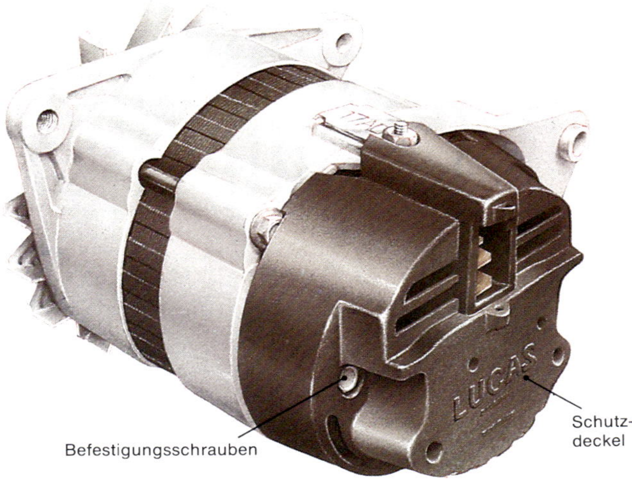

Die Schleifkohlen ersetzen

Mit einem Steckschlüssel dreht man die versenkten Schrauben heraus.

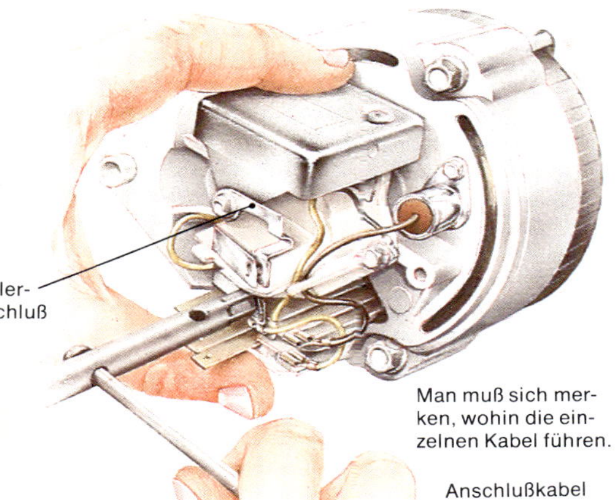

Man muß sich merken, wohin die einzelnen Kabel führen.

Diese Schraube wird gelöst, um den Regler freizulegen.

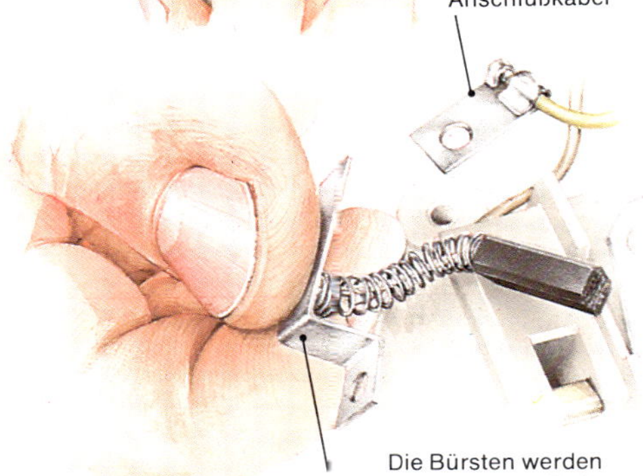

Die Bürsten werden mit Halter und Feder herausgezogen.

Schleifringe reinigen

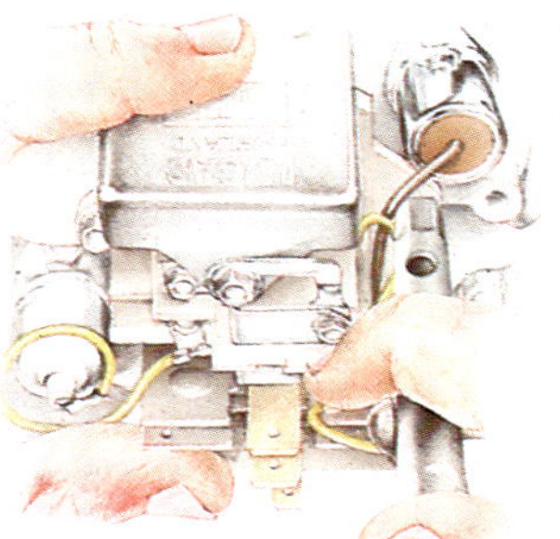
Den Schleifkohlenhalter abschrauben, um die Schleifringe freizulegen.

Mit einem Tuch und Waschbenzin reinigt man die Schleifringe.

Die Schleifkohlen einer Drehstromlichtmaschine erneuern 2

Drehstromlichtmaschine Typ Lucas AC

Um die Schleifkohlen aus dem Halter herauszudrücken, benötigt man einen schmalen Schraubenzieher. Damit drückt man die Kabelanschlüsse aus ihrer Sicherung und schiebt sie heraus.

Der Schleifkohlenhalter und die Schleifringe werden gründlich gereinigt.

Die neuen Schleifkohlen setzt man von der Rückseite aus in den Halter ein und zieht die Anschlüsse mit einer Flachzange durch. Dabei rastet die Haltefeder ein.

Anschließend kann man den kompletten Schleifkohlenhalter wieder montieren.

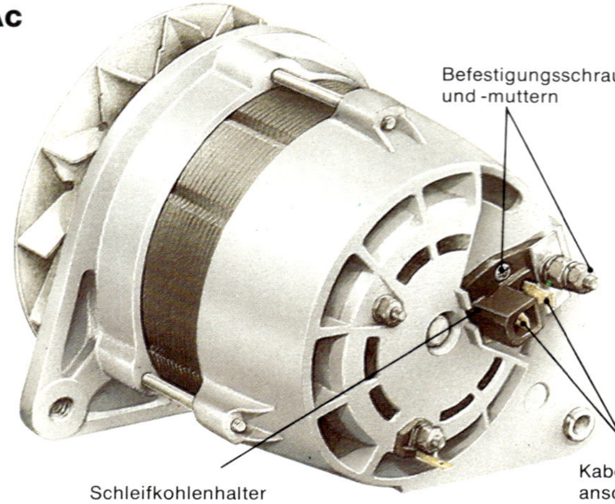

Befestigungsschrauben und -muttern

Schleifkohlenhalter

Kabel-anschlüsse

Drehstromlichtmaschine Typ Motorola

Man dreht die Schrauben des Deckels auf der Rückseite der Lichtmaschine heraus und legt den Deckel vorsichtig zur Seite, ohne die Kabel auf der Innenseite abzuziehen.

Nachdem man die Kabelanschlüsse notiert hat, entfernt man die zwei Schrauben des Schleifkohlenhalters und hebt ihn ab. Die Schleifkohlen sind mit Schrauben fixiert, die vorsichtig herausgedreht werden müssen, da sie leicht beschädigt werden können. Beim Zusammenbau die Sicherungsscheiben nicht vergessen.

Die Verschleißgrenze der Schleifkohlen liegt bei 8 mm.

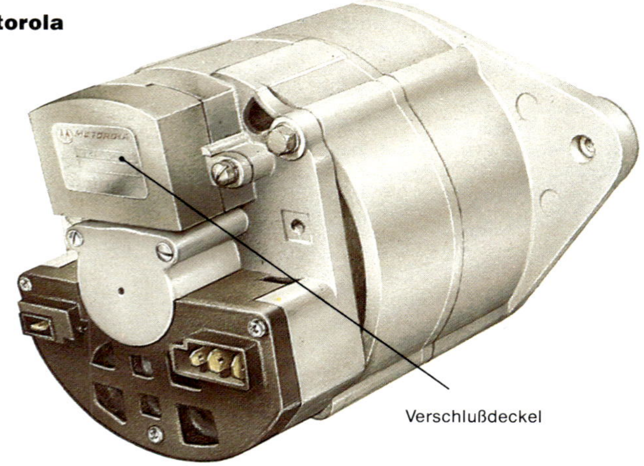

Verschlußdeckel

Die Schleifkohlen wechseln

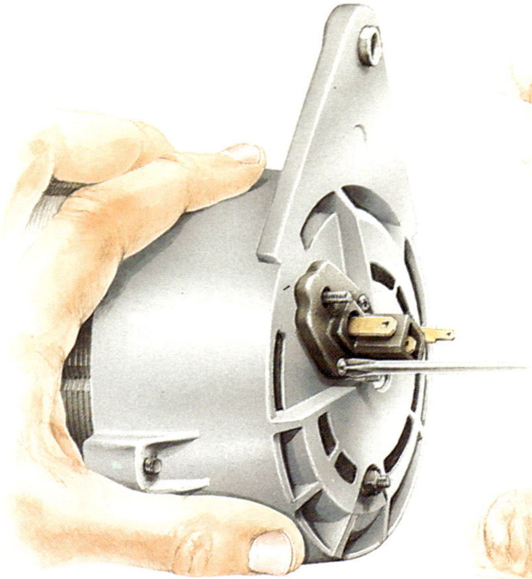

Halteschrauben und -muttern herausdrehen und den Kohlenhalter abnehmen.

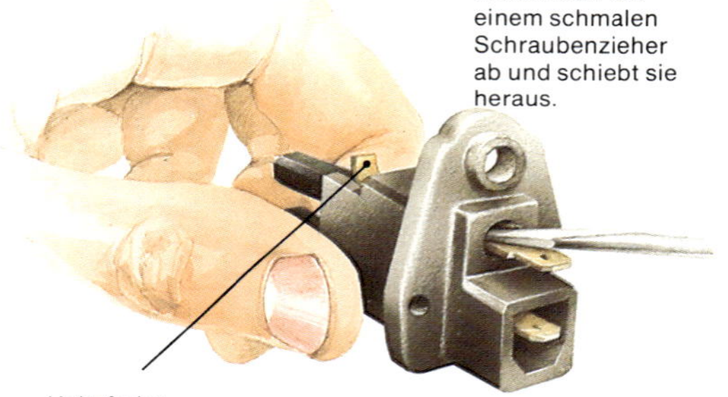

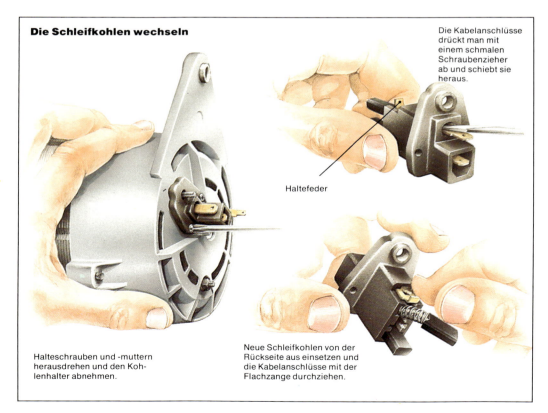

Die Kabelanschlüsse drückt man mit einem schmalen Schraubenzieher ab und schiebt sie heraus.

Haltefeder

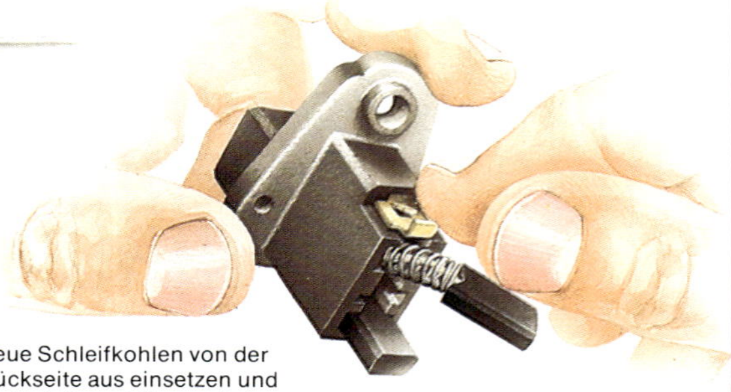

Neue Schleifkohlen von der Rückseite aus einsetzen und die Kabelanschlüsse mit der Flachzange durchziehen.

Die Schleifkohlen ausbauen

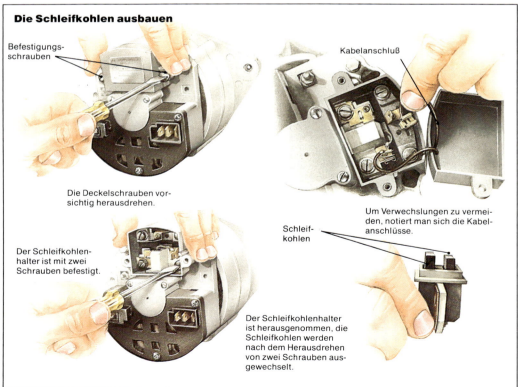

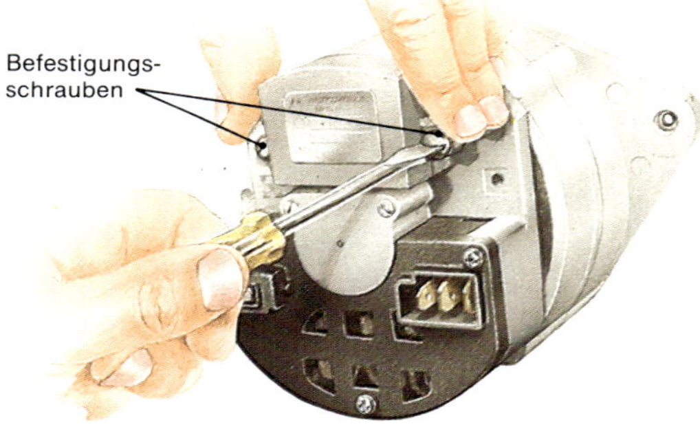

Befestigungs-schrauben

Die Deckelschrauben vorsichtig herausdrehen.

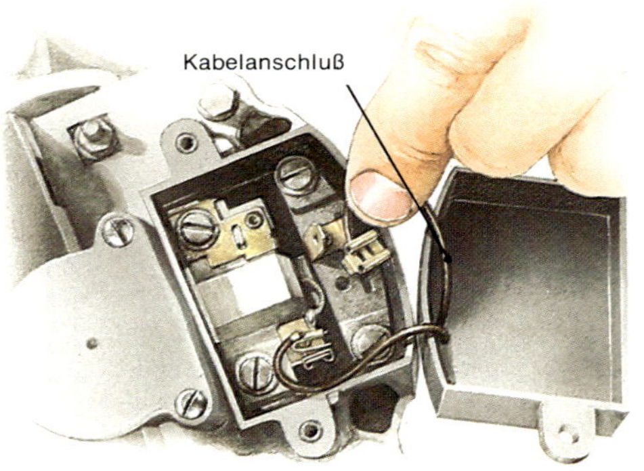

Kabelanschluß

Um Verwechslungen zu vermeiden, notiert man sich die Kabelanschlüsse.

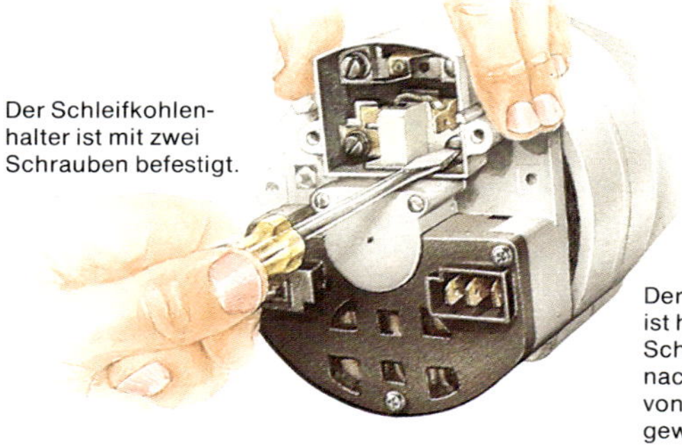

Der Schleifkohlenhalter ist mit zwei Schrauben befestigt.

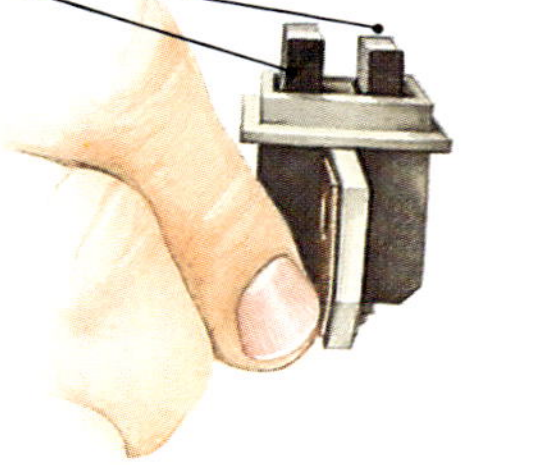

Schleif-kohlen

Der Schleifkohlenhalter ist herausgenommen, die Schleifkohlen werden nach dem Herausdrehen von zwei Schrauben ausgewechselt.

Die Schleifkohlen einer Drehstromlichtmaschine erneuern 3

Ducellier

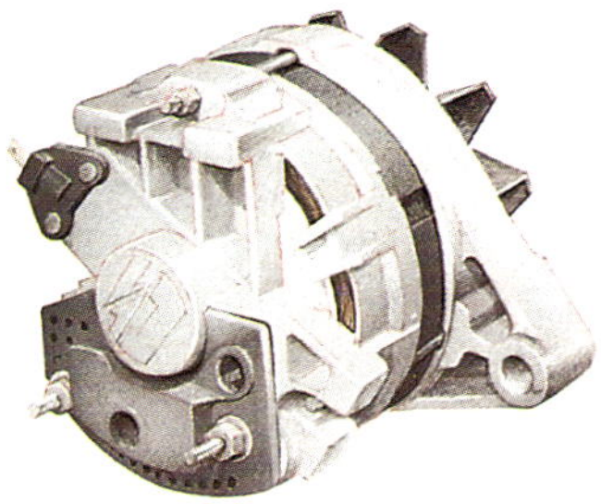

Es gibt keinen Schleifkohlenhalter. Die Schleifkohlen sind einzeln mit Schrauben oder Muttern befestigt. Nach dem Reinigen der Führung und der Schleifringe setzt man die neuen Bürsten ein.
Verschleißgrenze: 8 mm

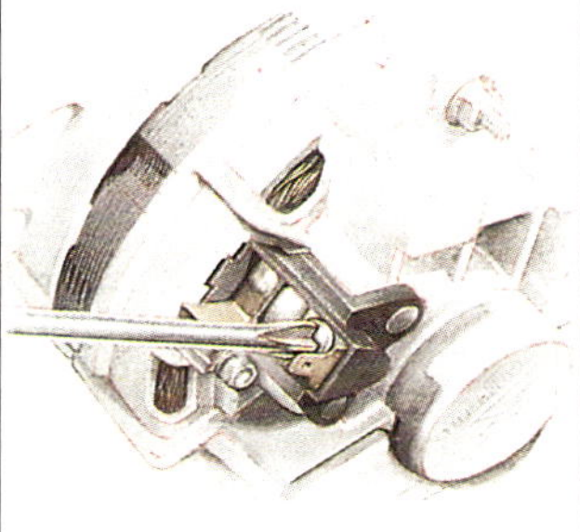

Jede Schleifkohle ist einzeln angeschraubt.

Eine federbelastete Schleifkohle unter der Haltefeder

Paris Rhone

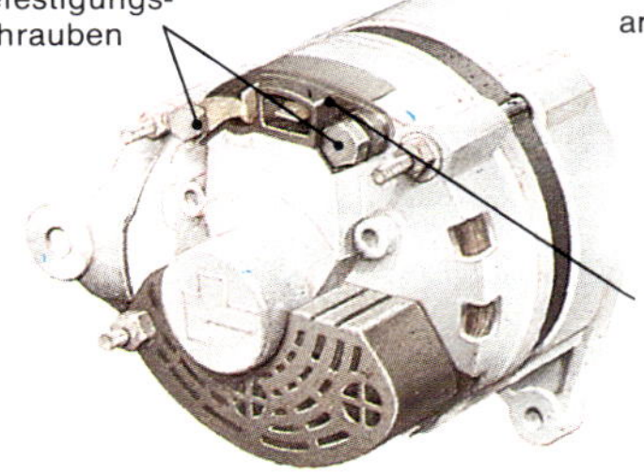

Der Schleifkohlenhalter, der sich auf der Rückseite der Lichtmaschine befindet, ist dort mit zwei Befestigungsschrauben montiert.

Nach dem Herausnehmen der alten Bürsten reinigt man die Führung und setzt neue Schleifkohlen ein.
Verschleißgrenze: 8 mm

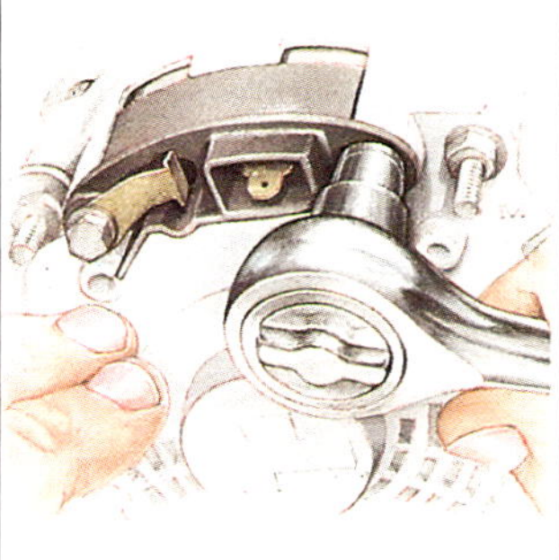

Man dreht den Schleifkohlenhalter heraus.

Man reinigt das Gehäuse und setzt neue Kohlen ein.

Femsa

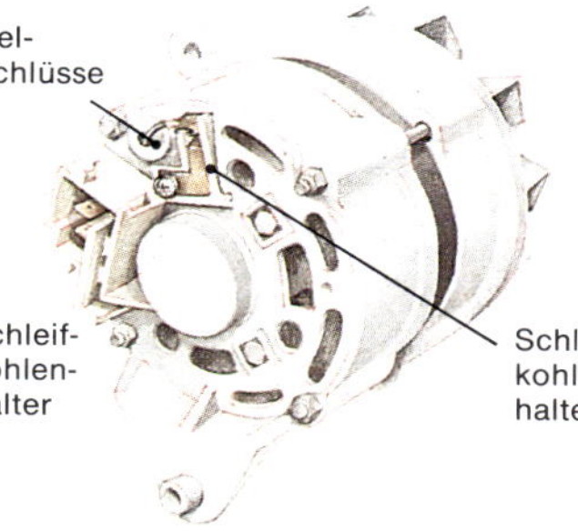

Der Schleifkohlenhalter bildet eine separate Einheit auf der Rückseite der Lichtmaschine und ist mit einer Schraube befestigt.

Man nimmt den Kabelanschluß ab und dreht die Schraube heraus.

Man kann die Schleifkohlen jetzt leicht aus dem Halter herausnehmen.
Verschleißgrenze: 7 mm

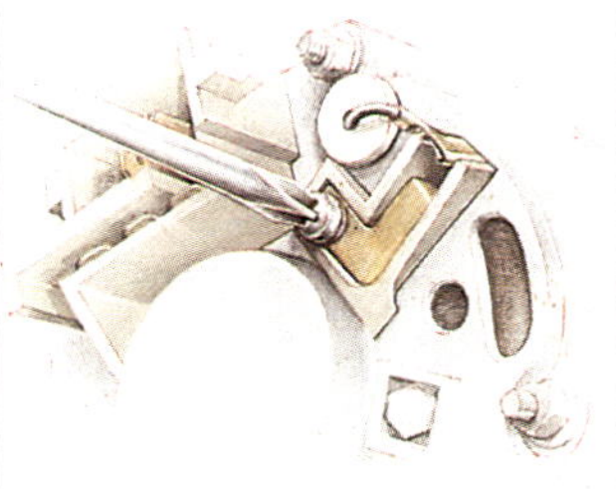

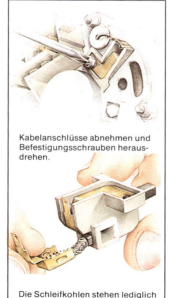

Kabelanschlüsse abnehmen und Befestigungsschrauben herausdrehen.

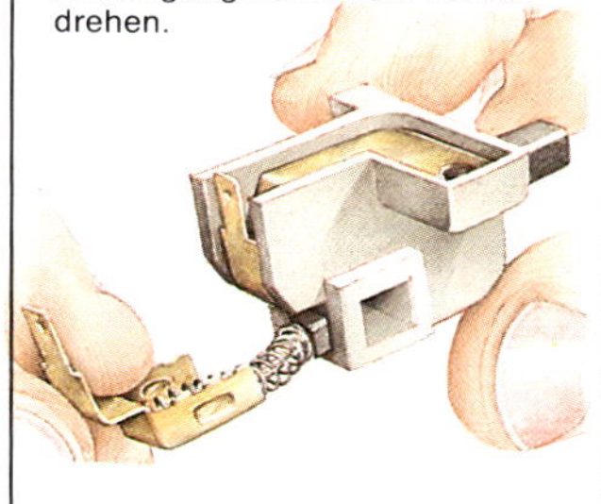

Die Schleifkohlen stehen lediglich unter Federspannung.

Bosch

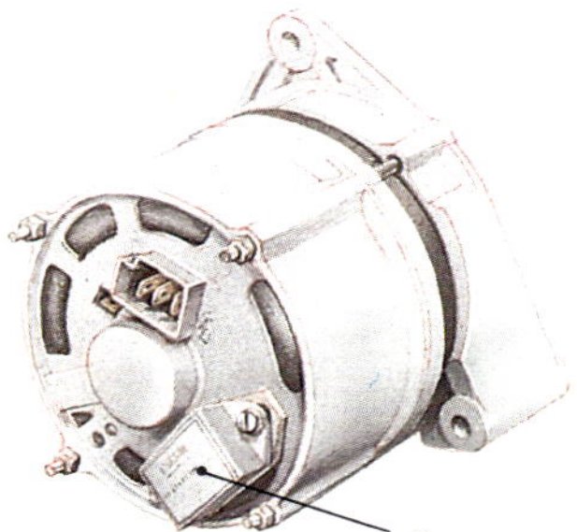

Bei dieser Lichtmaschine sind der Schleifkohlenhalter und der Spannungsregler in einem Gehäuse untergebracht und mit zwei Schrauben an der Rückseite der Lichtmaschine befestigt.

Nach dem Herausdrehen der Schrauben kann man die komplette Einheit abnehmen.

Um die Schleifkohlen auszuwechseln, benötigt man einen Lötkolben. Man kann auch einen kompletten Spannungsregler mit neuen Schleifkohlen kaufen.
Verschleißgrenze: 5 mm

Die Schleifkohlen sind Teil des Spannungsreglers.

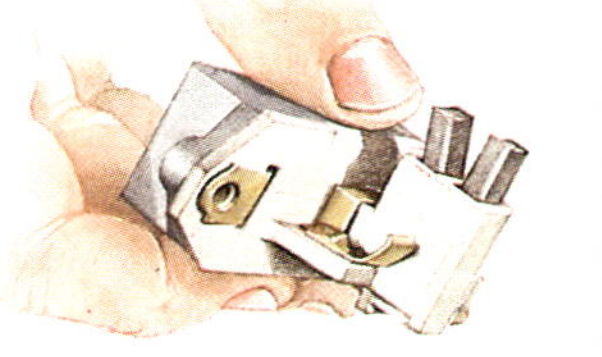

Zum Auswechseln benötigt man einen Lötkolben.

Hitachi

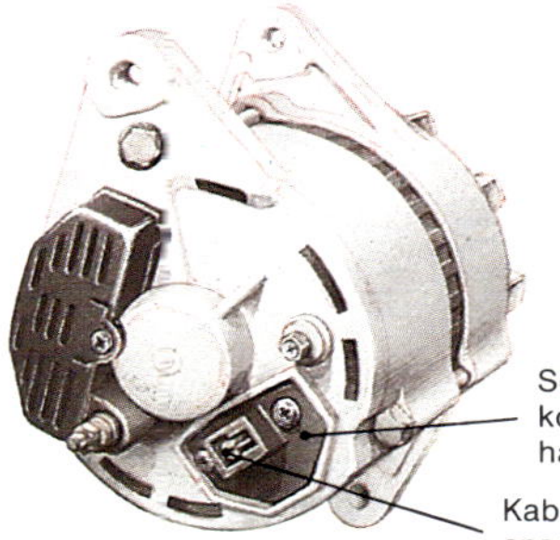

Der Schleifkohlenhalter auf der Rückseite der Lichtmaschine ist mit zwei Schrauben befestigt.

Den Kabelanschluß mit der Bezeichnung „N" braucht man nicht abzunehmen.
Verschleißgrenze: an einer Markierung zu erkennen

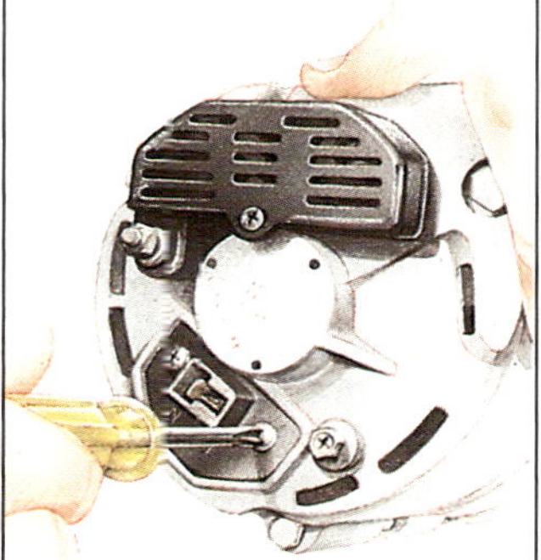

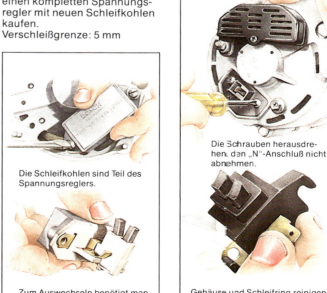

Die Schrauben herausdrehen, den „N"-Anschluß nicht abnehmen.

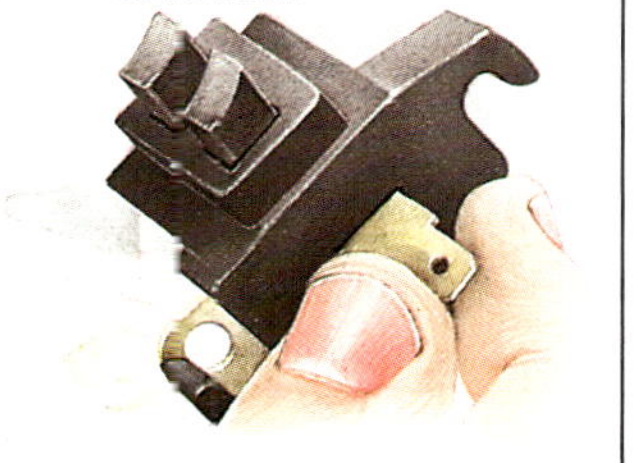

Gehäuse und Schleifring reinigen, Kohlen samt Halter einsetzen.

AC Delco

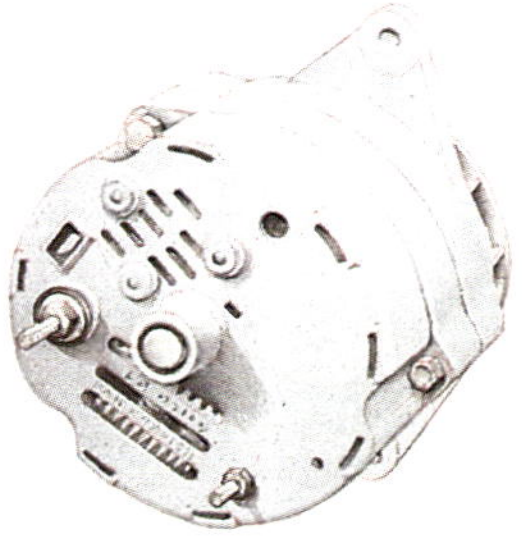

Diese Lichtmaschine muß komplett zerlegt werden, um die Schleifkohlen zu erneuern. Diese Arbeit erfordert große Sachkenntnis, so daß man die Lichtmaschine zur Überholung einem Fachbetrieb überläßt. Viele Betriebe bieten auch Austauschlichtmaschinen an.

Denso, Delco Remy, Mitsubishi

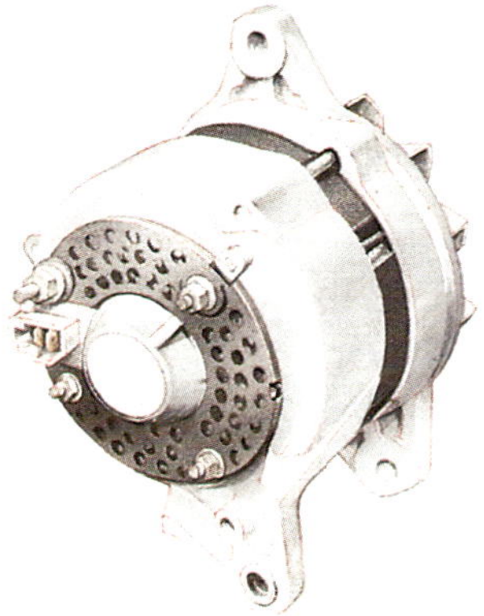

Alle diese Lichtmaschinen haben einen ähnlichen Aufbau und müssen zum Erneuern der Schleifkohlen komplett zerlegt werden. Diese Arbeit kann nur ein Fachmann ausführen. Daher empfiehlt es sich, eine Austauschlichtmaschine zu kaufen.

Die Schleifkohlen einer Gleichstromlichtmaschine erneuern

Erneuern der Schleifkohlen

Die Schleifkohlen sind im hinteren Deckel der Lichtmaschine befestigt. Sie stellen die elektrische Verbindung zum Kollektor her und werden durch Federn angedrückt.

Zu jeder Schleifkohle gehören eine Kupferlitze, ein Kabelschuh und eine Befestigungsschraube.

Wenn man die Lichtmaschine herausgenommen hat, dreht man die beiden Befestigungsschrauben des Lagerdeckels heraus und nimmt den Deckel vorsichtig ab.

Die Federn der Schleifkohlen legt man vorsichtig zur Seite und zieht die Schleifkohlen aus den Führungen heraus.

Schleifkohlen muß man immer dann erneuern, wenn sie kürzer als 5 mm geworden sind. Man bemerkt den Verschleiß der Schleifkohlen meist daran, daß die Ladekontrollleuchte glimmt, wenn alle Verbraucher eingeschaltet sind.

Stellt man fest, daß die Schleifkohlen noch nicht verbraucht sind, reinigt man sie ebenso wie den Schleifkohlenhalter und setzt sie wieder ein.

Bei manchen Lichtmaschinen kann man die Schleifkohlen auch ohne Ausbau der Maschine erneuern. Dazu wird nur ein Schutzdeckel abgenommen; darunter erkennt man die Schleifkohlen mit Haltefedern und die Verschraubung. Eine Reinigung des Kollektors ist in einem solchen Fall allerdings nicht möglich.

Man löst die Kabelanschlüsse.

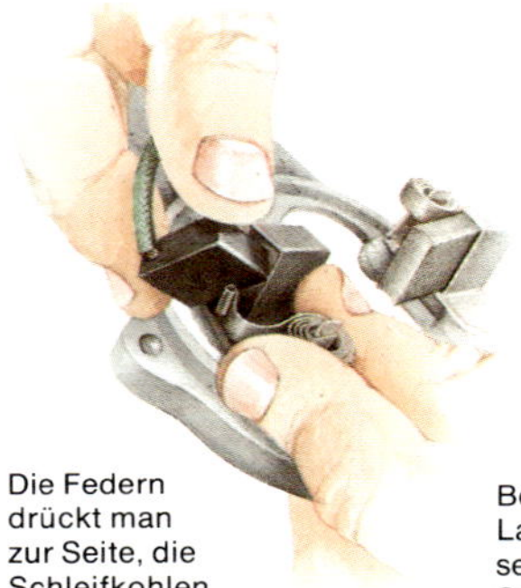

Die Federn drückt man zur Seite, die Schleifkohlen zieht man heraus.

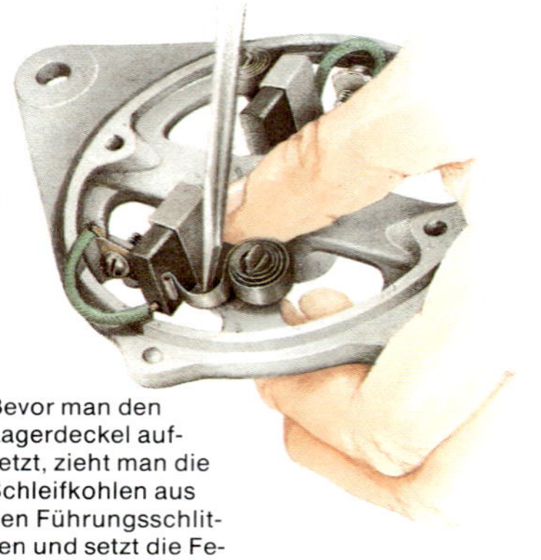

Bevor man den Lagerdeckel aufsetzt, zieht man die Schleifkohlen aus den Führungsschlitzen und setzt die Federn seitlich an, damit die Kohlen nicht durchrutschen.

Einsetzen der Schleifkohlen

Bevor man die neuen Schleifkohlen einsetzt, reinigt man den Halter und prüft, ob die Kohlen frei in den Führungen laufen.

Die neuen Schleifkohlen sind so präpariert, daß sie einwandfrei auf der Kollektoroberfläche laufen.

Nach dem Einführen der Schleifkohlen in den Halter befestigt man die Kabelanschlüsse. Dabei darf man die Sicherungsscheiben der Befestigungsschrauben nicht vergessen.

Die Kohlen müssen mit der Unterkante des Schleifkohlenhalters abschließen. Dabei drücken die Federn nicht von oben, sondern seitlich auf die Schleifkohlen und verhindern ein Durchrutschen, so daß man den Lagerdeckel aufsetzen kann, ohne daß die Kohlen am Kollektor anstoßen.

Man legt den Lagerdeckel auf die Lichtmaschine und befestigt die beiden großen Durchgangsschrauben.

Dann hebt man die Federn der Schleifkohlen an und fixiert sie so, daß sie von oben auf die Schleifkohlen drücken.

Beide Schleifkohlen müssen nun Kontakt mit dem Regler haben. Sie dürfen sich weder verkanten noch klemmen.

Funktioniert nach Einsetzen der neuen Schleifkohlen die Lichtmaschine nicht zuverlässig, ist vermutlich der Kollektor verschmutzt. Deshalb sollte man vor Einsetzen neuer Schleifkohlen immer den Kollektorzustand prüfen. Ist der Verschleiß zu weit fortgeschritten, sollte eine Austauschlichtmaschine montiert werden.

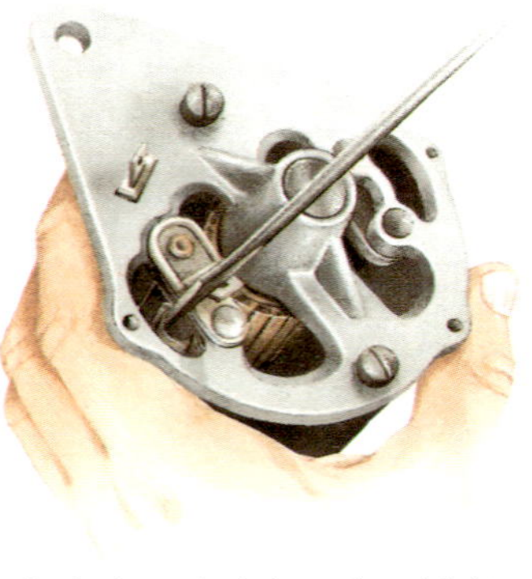

Ist der Lagerdeckel montiert, drückt man die Schleifkohlen auf den Kollektor und richtet die Federn so aus, daß sie von oben auf die Kohlen drücken.

Prüfen des Kollektors

Zum Prüfen des Kollektors zieht man das vordere Lagerschild zusammen mit dem Lichtmaschinenanker aus dem Gehäuse heraus. Der Kollektor am Ende des Ankers liegt nun frei.

Der Kollektor läßt sich jetzt gut mit Waschbenzin oder Verdünner reinigen. Er sollte keine Schleifspuren aufweisen oder stark eingelaufen sein.

Wenn man eine verglaste Oberfläche bemerkt oder wenn die Isolierung des Kollektors zerstört ist, hat es keinen Sinn, lediglich neue Schleifkohlen einzusetzen, denn die Lichtmaschine würde auch dann nicht einwandfrei arbeiten.

Der Anker wie die Lichtmaschine werden statt dessen in der Fachwerkstatt vollständig überholt. Außerdem müssen sie zusätzlichen Prüfungen unterzogen werden. Dazu besitzen Spezialwerkstätten besondere Prüfstände.

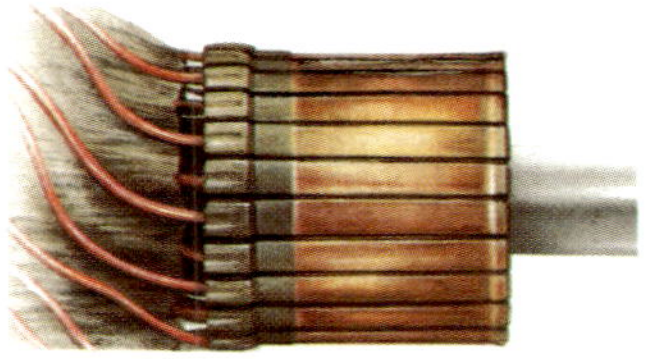

Weist der Kollektor eine verglaste Oberfläche oder einen lackierten Überzug auf, was durch Schleifkohlenabrieb, Staub und Wasser verursacht wird, muß er gereinigt werden.

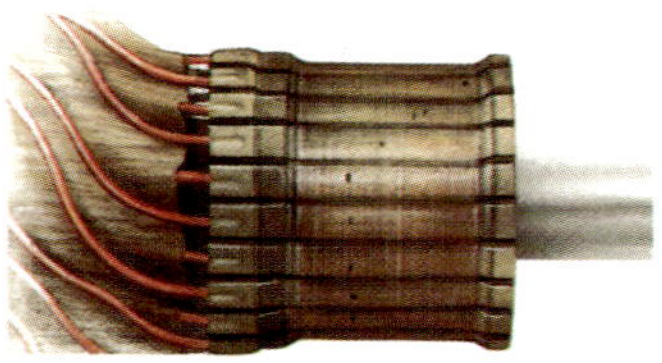

Dieser Kollektor ist stark eingelaufen und sollte ausgetauscht werden. Man erneuert ihn zusammen mit dem Anker oder kauft eine komplette Austauschlichtmaschine.

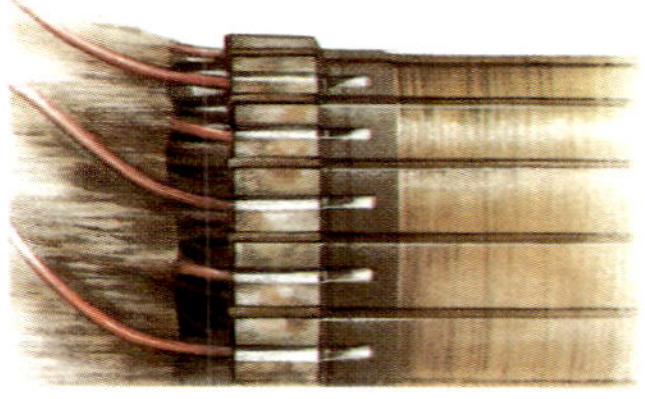

Dieser Kollektor hatte sich überhitzt, und die Anschlüsse sind geschmolzen, so daß eine Reparatur nicht mehr in Frage kommt.

Die Isolierschicht des Kollektors ist gebrochen; dieser mechanische Schaden kann nicht repariert werden, so daß der Anker komplett zu ersetzen ist.

Reinigen des Kollektors

Das vordere Lagerschild klemmt man im Schraubstock so ein, daß sich der Anker mit dem Kollektor leicht drehen läßt. Von einem Bogen möglichst feinen Schleifpapiers trennt man einen Streifen in der Breite des Kollektors ab und reinigt damit den Kollektor, bis er wieder seine helle Farbe erhält.

Da die Isolierung etwa 1 mm tiefer als die Kupferfläche liegen muß, sticht man den Kollektor mit einem feinen Eisensägeblatt aus.

Ist der Schmutz härter und widersteht dem Sägeblatt, ist es auch möglich, diesen mit einem kleinen Schraubenzieher aus den Spalten herauszudrücken.

Dann zieht man den Kollektor noch einmal leicht mit dem Schleifpapier ab.

Den Kollektor zieht man mit feinem Schleifpapier ab.

Anschließend reinigt man die Isolierung des Kollektors.

Grobe Verunreinigungen schiebt man mit einem Schraubenzieher heraus.

Den Spannungsregler ersetzen

Lädt eine Lichtmaschine auch nach der Prüfung der Kabelanschlüsse und der Schleifkohlen nicht, ist vermutlich der Spannungsregler schadhaft.

Man sollte in diesem Fall überlegen, ob es nicht sinnvoll ist, das Fahrzeug einer Fachwerkstatt zu überlassen.

Bei einigen Lichtmaschinen läßt sich der Spannungsregler allerdings relativ leicht auswechseln. Zuvor werden nochmals die Anschlüsse von Batterie und Lichtmaschine untersucht, da der Masseanschluß häufig übersehen wird. Auch hier verhindert ein schlechter Kontakt das Aufladen der Batterie und die einwandfreie Spannungsversorgung.

Ein anderer Grund, den Spannungsregler zu ersetzen, liegt vor, wenn Bordnetzspannungen über 15 V auftreten, denn dadurch kann die Batterie zum Kochen kommen. Zum Prüfen schließt man ein Voltmeter an die Batterie an und läßt den Motor laufen.

Vorsicht bei diesen Arbeiten, damit kein Kurzschluß entsteht, denn vor allem elektronische Bauteile sind häufig nicht kurzschlußsicher.

Werkzeug und Ausrüstung

Spannungsregler, Schrauben, Klebeband, Schleifkohlen und Schleifpapier

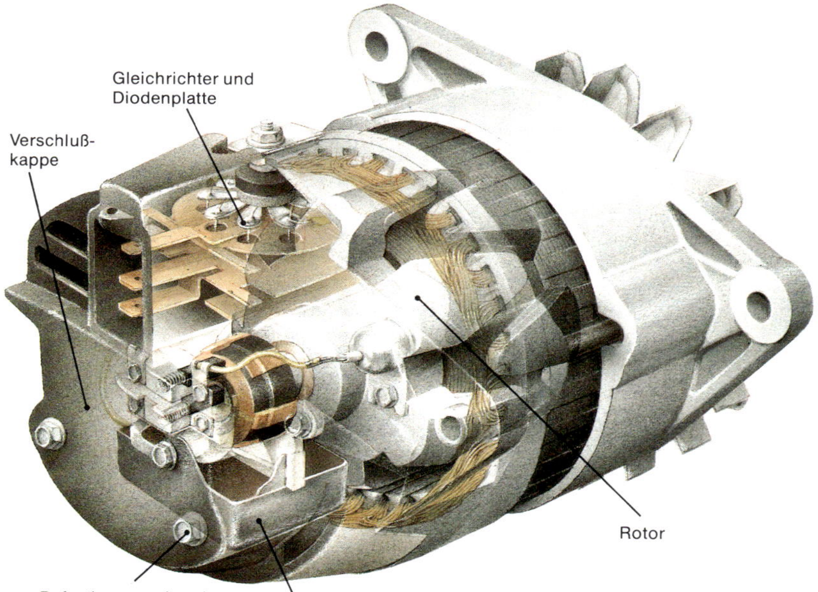

Bei Drehstromlichtmaschinen mit innenliegendem Spannungsregler kann man diesen nach Abnehmen der Verschlußkappe komplett auswechseln.

Einen innenliegenden Spannungsregler ausbauen

Nach dem Abklemmen der Batterie baut man am besten die Lichtmaschine aus, nimmt den Verschlußdeckel auf der Rückseite ab und notiert sich die Reihenfolge der Kabelanschlüsse.

Der Spannungsregler wird in einem kleinen Gehäuse von zwei Schrauben und Schlitzführungen gehalten. Man merkt sich die korrekte Befestigung.

Einige Regler haben am Gehäuse einen zusätzlichen Anschluß, über den die Lichtmaschine von der Batterie bei Ausschalten der Zündung getrennt wird. Auch diese Schraube wird herausgedreht. Wichtig ist die Befestigung des Kunststoff-Abstandhalters.

Der neue Regler muß dem alten genau entsprechen. Sind zusätzliche Kabelanschlüsse vorhanden, hat man das falsche Bauteil gekauft.

Der Einbau erfolgt in umgekehrter Reihenfolge.

Man notiert die Reihenfolge der Kabelanschlüsse. Alle Teile werden wieder verwendet.

Einen außenliegenden Spannungsregler ausbauen

Bei Bosch-Lichtmaschinen sitzt der Spannungsregler auf der Rückseite der Lichtmaschine in einem Gehäuse. Man kann ihn oft ohne Demontage der Lichtmaschine ausbauen. Die Schleifkohlen sind Teil des Spannungsreglers und werden ersetzt. Der neue Regler wird leicht gekippt eingeführt.

Bei einigen Fahrzeugtypen sollte man den Kabelanschluß der Lichtmaschine abnehmen.

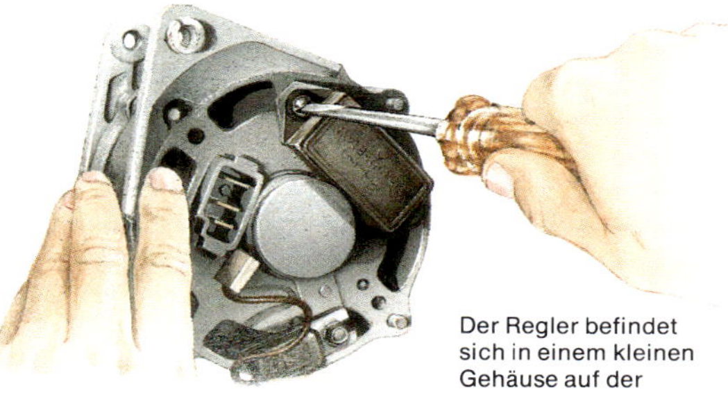

Der Regler befindet sich in einem kleinen Gehäuse auf der Rückseite.

Spezielle Reglerkonstruktion

Bei modernen Fahrzeugen ist der Spannungsregler immer an der Lichtmaschine montiert. Doch gibt es ältere Fahrzeuge, bei denen der Regler seitlich am Radkasten im Motorraum sitzt, vor allem bei Gleichstromlichtmaschinen. Dabei unterbricht der Regler den Stromfluß zur Batterie auf mechanischem Wege.

Die Drehstromlichtmaschine besitzt zwar einen elektronischen Regler, aber manchmal trennt eine zusätzliche Relaisschaltung die Lichtmaschine von der Batterie, wenn man die Zündung ausschaltet. Einige Fahrzeuge verfügen auch über ein zusätzliches Warnlicht.

Bei Bosch-Gleichstromlichtmaschinen sitzt der Regler meist oben auf der Lichtmaschine. Man kann ihn häufig ohne Ausbau der Lichtmaschine ersetzen, da die Verschraubungen leicht zugänglich sind.

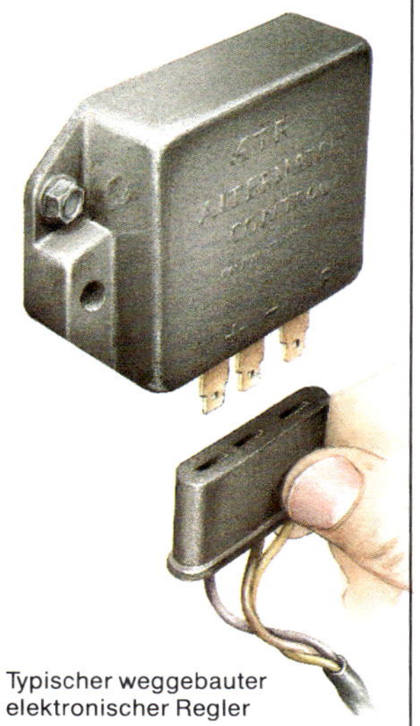

Typischer weggebauter elektronischer Regler

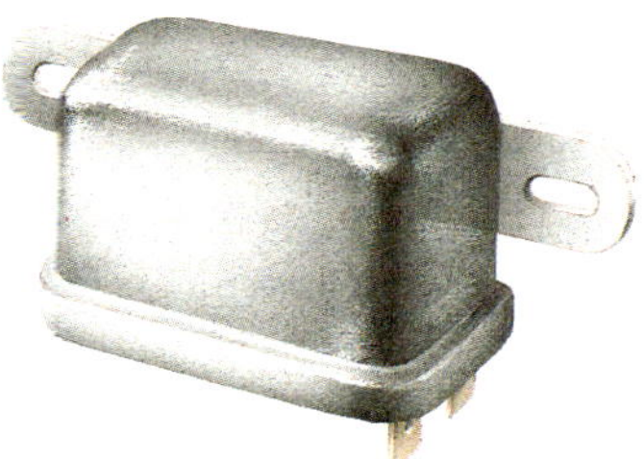

Trennrelais zwischen Batterie und Lichtmaschine

Relais für Warnlicht

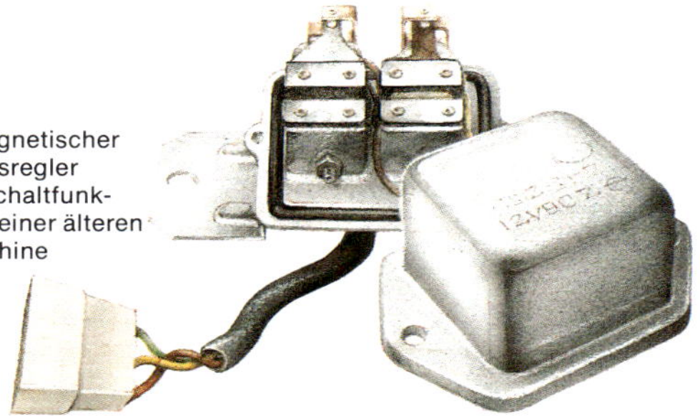

Elektromagnetischer Spannungsregler mit zwei Schaltfunktionen bei einer älteren Lichtmaschine

Den Anlasserstromkreis prüfen 1

Dreht der Anlasser bei Betätigung des Zündschlüssels den Motor nicht durch, obwohl die Batterie des Fahrzeuges ausreichend geladen ist, liegt mit großer Wahrscheinlichkeit ein Fehler im Anlasserstromkreis oder am Anlasser vor.

Beim Anlasser handelt es sich um einen kräftigen Elektromotor, bei dem der Zustand der Verkabelung leicht geprüft werden kann. Zur Prüfung benutzt man eine Prüflampe oder ein Voltmeter.

Der Magnetschalter des Anlassers ist mit dem Pluspol der Batterie über ein dickes Kabel verbunden. Durch den Magnetschalter ist eine Art Fernbedienung des Anlassers möglich.

Über den zweiten Kontakt des Magnetschalters wird dann der Anlassermotor selbst mit Strom versorgt.

Moderne Motoren sind in der Regel mit Schubtriebanlassern ausgerüstet, bei denen der Magnetschalter direkt auf dem Anlassergehäuse angeordnet ist.

Bei manchen Fahrzeugen ist der Magnetschalter auch im Bereich der Spritzwand angebracht.

Werkzeug und Ausrüstung

Prüflampe oder Voltmeter, Schraubenschlüssel, isolierte Schraubenzieher

Schubschraubtrieb-Anlasser

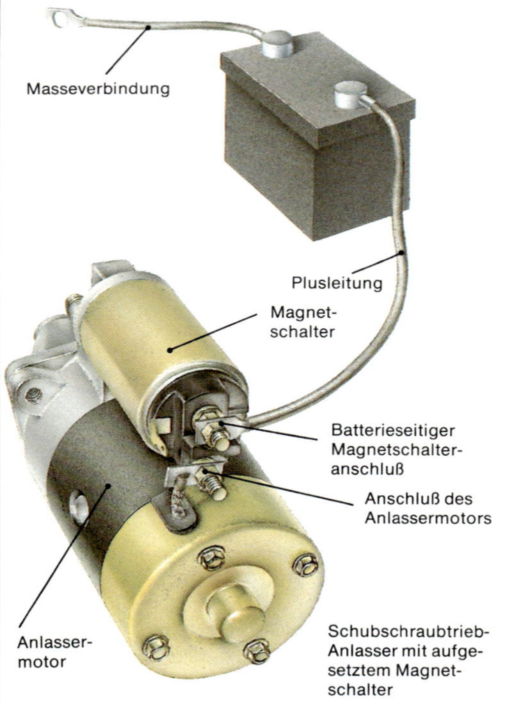

Schraubtriebanlasser

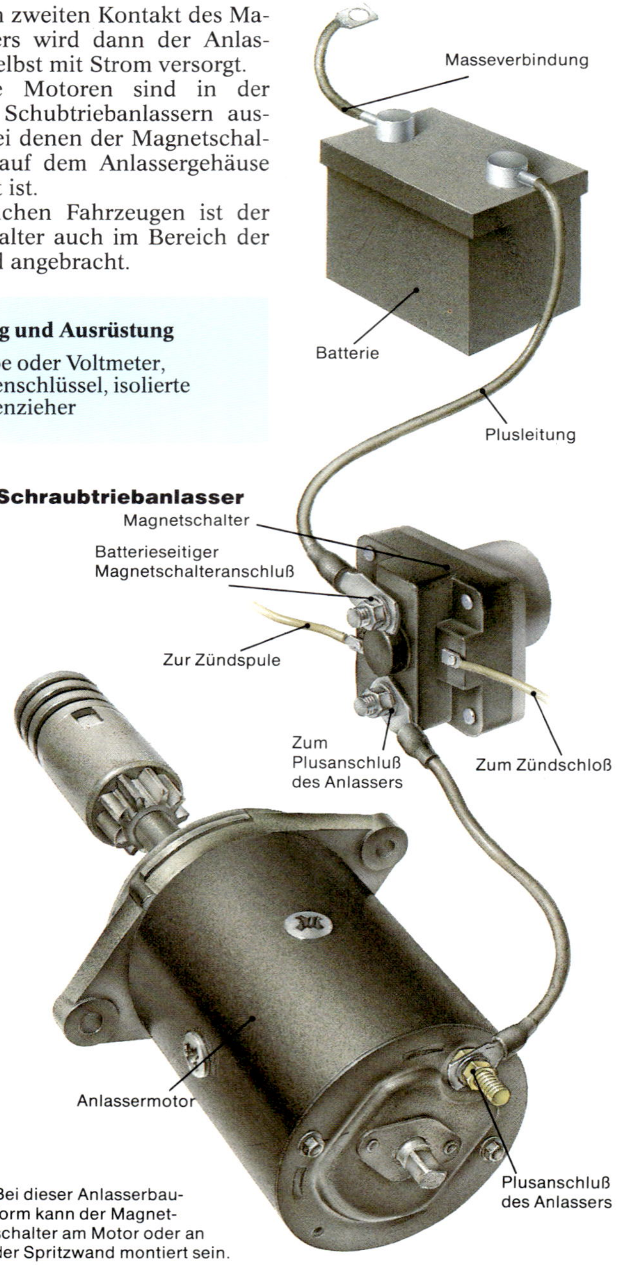

Bei dieser Anlasserbauform kann der Magnetschalter am Motor oder an der Spritzwand montiert sein.

Das Anlasserritzel prüfen

Durch Verschleiß der Verzahnungen bleibt das Ritzel manchmal hängen. Zur Prüfung schaltet man Licht ein und versucht zu starten. Dabei fehlt das typische Anlaufgeräusch des Ritzels.

Wird das Licht schwächer, ist das Ritzel verklemmt.

Bei mechanischem Getriebe bewegt man bei ausgeschalteter Zündung das Fahrzeug im zweiten Gang von Hand hin und her. Dadurch wird das Ritzel meist wieder frei. Bei Automatikgetrieben baut man am besten den Anlasser aus und überholt ihn. Manchmal hilft es, den Anlasser zu lösen und wieder festzuziehen.

Die Eingangsleitung

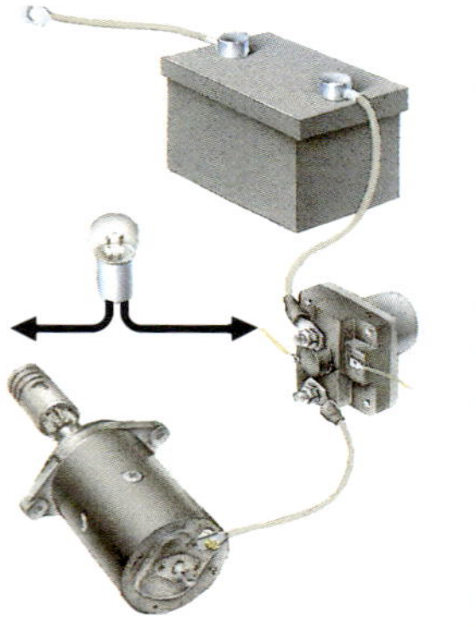

Ist die Plusleitung zwischen Batterie und Magnetschalter in Ordnung, brennt die Lampe.

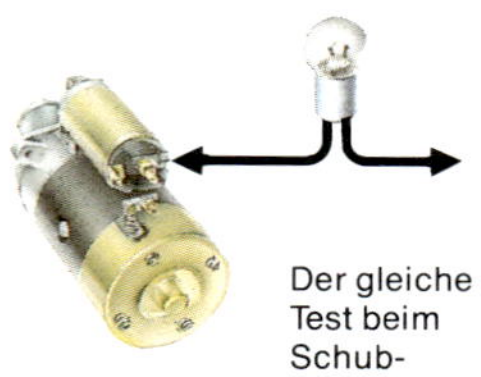

Der gleiche Test beim Schubschraubtrieb-Anlasser

Prüfung bei elektrischen Störungen

Ob am Magnetschalter Spannung anliegt, prüft man, indem man eine Prüflampe oder ein Voltmeter zwischen die Fahrzeugmasse und den Magnetschalteranschluß legt.

Wenn keine Anzeige erfolgt, ist der Magnetschalter oder der Anlasser schadhaft.

Brennt die Lampe bei Masseverbindung mit der Karosserie, aber nicht beim Berühren des Motors, ist das Massekabel zwischen Motor und Karosserie gerissen.

Brennt die Lampe nicht, ist das dicke Kabel zwischen Batterie und Magnetschalter beschädigt.

Die Ausgangsleitung

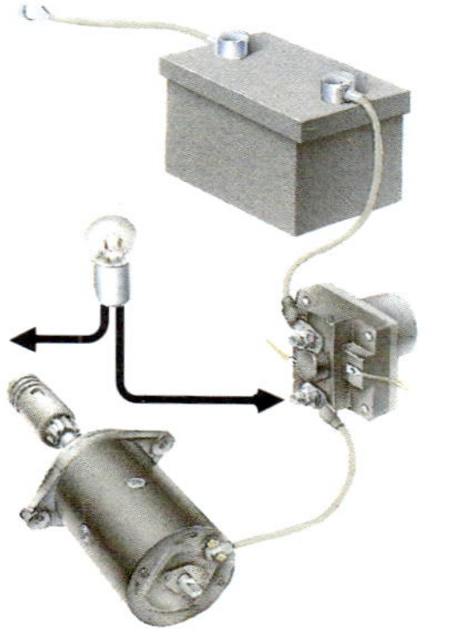

Der zweite Anschluß wird geprüft. Brennt die Lampe beim Startversuch nicht, ist der Magnetschalter defekt.

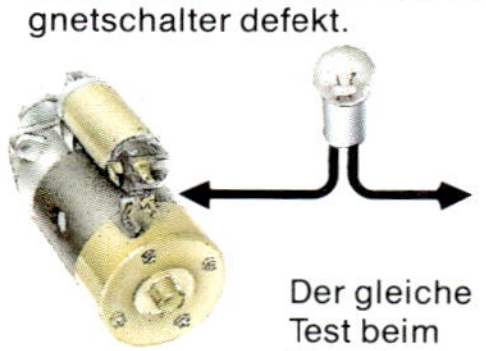

Der gleiche Test beim Schubschraubtrieb-Anlasser

Den Magnetschalter prüfen

Ein Helfer bedient den Anlasser. Dabei Vorsicht vor drehenden Motorteilen!

Man hört deutlich das Klikken, wenn der Magnetschalter einrastet. Sonst ist das Kabel zwischen Magnetschalter und Zündanlaßschalter oder der Magnetschalter selbst beschädigt.

Die Verkabelung zwischen Magnetschalter und Anlassermotor ist in Ordnung, wenn eine Prüflampe zwischen dem Ausgangskabel des Magnetschalters und Masse beim Startversuch brennt.

Sonst überbrückt man die beiden dicken Kabel am Magnetschalter mit einem kräftigen, isolierten Schraubenzieher bei angezogener Handbremse. Der Getriebeschalthebel steht dabei in Leerlaufstellung.

Dreht sich der Anlasser nicht, obwohl an beiden Kontakten Strom anliegt, ist er beschädigt.

Läuft der Anlasser an, muß der Magnetschalter ausgewechselt werden.

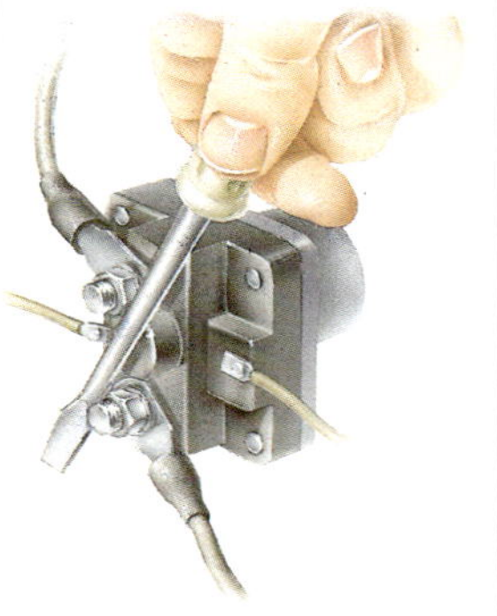

Mit einem Schraubenzieher wird der Magnetschalter überbrückt. Vorsicht: Häufig entstehen kräftige Funken.

Den Anlasserstromkreis prüfen 2

Prüfen des Stromkreises mit dem Voltmeter

Bei allen Prüfungen des Anlasserstromkreises wird das Fernlicht eingeschaltet, um die Batterie zusätzlich zu belasten. Vorher sollte man die Batterieanschlüsse prüfen.

Damit der Motor nicht anspringt, wird das dicke mittlere Kabel von der Verteilerkappe abgezogen und auf Masse gelegt.

Batterieprüfung

Die rote Prüfleitung des Voltmeters wird an den Pluspol der Batterie, die schwarze an den Minuspol gelegt. Ohne Anlasserbetätigung liegen hier etwa 12 V an.

Schaltet man nun den Anlasser mehrfach hintereinander ein, darf die Spannung nicht unter etwa 9,5 V abfallen, sonst muß die Batterie geladen werden.

Fällt die Spannung trotz geladener Batterie, ist dies ein Hinweis darauf, daß in den Plusleitungen ein zu hoher Widerstand liegt.

Anlasserprüfung

Hiermit soll gemessen werden, welche Spannung am Anlasser ankommt.

Beim Schubschraubtrieb-Anlasser legt man die rote Prüfleitung des Voltmeters an den batterieseitigen Anschluß des Magnetschalters. Die schwarze Prüfleitung wird an Fahrzeugmasse gelegt.

Beim Schraubtriebanlasser hingegen legt man die rote Prüfleitung direkt an den Anlasseranschluß. Gegenüber der vorhergehenden Messung sollte der Spannungsabfall nicht größer als 0,5 V sein.

Ist der Abfall geringer, ist der Anlasser oder der Magnetschalter, nicht aber die Verkabelung defekt.

Ist der Spannungsabfall höher, liegen zu hohe Leitungswiderstände vor.

Die schwarze Prüfleitung des Voltmeters wird nun an den Pluspol der Batterie gehalten, die rote Prüfleitung bleibt wie vorher angeschlossen. Der 12-V-Anzeigewert sollte um nicht mehr als 0,5 V abfallen, wenn der Anlasser betätigt wird.

Magnetschalterprüfung

Das Voltmeter wird mit der schwarzen Prüfleitung an die Batterieseite und mit der roten Prüfleitung an die Anlasserseite des Magnetschalters angeschlossen.

Ist die Spannungsdifferenz bei eingeschalteter Zündung nicht größer als 0,5 V, liegt ein Defekt am Magnetschalter, am Zündschloß oder an den Anschlüssen vor.

Man prüft alle Anschlüsse des Zündanlaßschlosses und mißt sie mit dem Voltmeter durch.

Spannungsabfälle um mehr als 0,5 V sind ein Zeichen für schlechte Anschlüsse, beispielsweise am Pluspol der Batterie, am Magnetschalter oder zwischen Magnetschalter und Anlasser.

Die Masseverbindung prüfen

Um zu prüfen, ob es einen hohen Spannungsverlust in der Masseverbindung des Stromkreises gibt, schließt man die rote Prüfleitung des Voltmeters an den Minuspol der Batterie und die schwarze an das Anlassergehäuse an.

Betätigt man den Anlasser, darf der Spannungsabfall 0,5 V nicht überschreiten. Höhere Verluste sind ein Zeichen für schlechte Masseverbindung zwischen Batterie und Karosserie.

Hat man mit Hilfe dieser Prüfmethode keine Fehler gefunden, liegt ein Schaden am Anlasser selbst vor.

Prüfungen am Schraubtriebanlasser

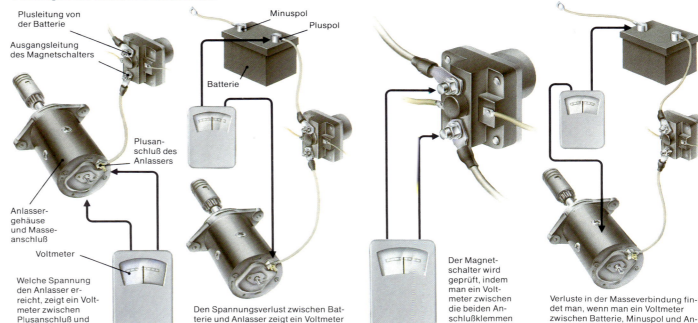

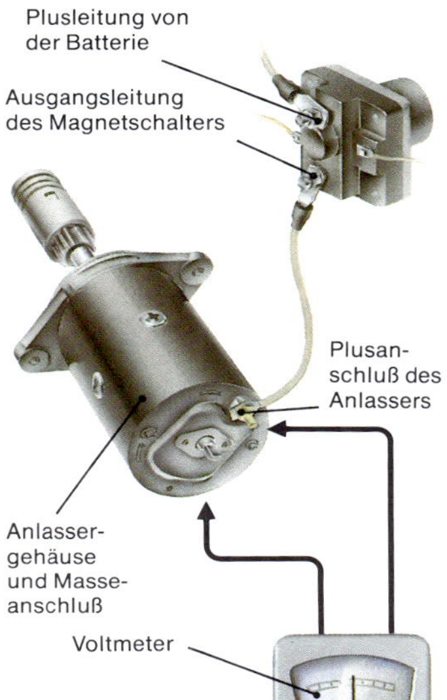

Welche Spannung den Anlasser erreicht, zeigt ein Voltmeter zwischen Plusanschluß und Anlassergehäuse an.

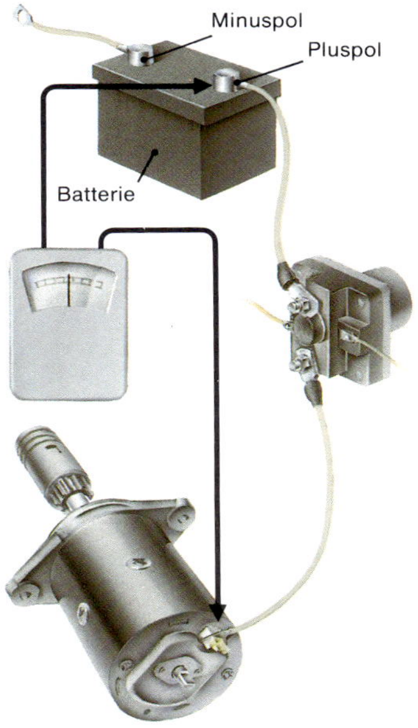

Den Spannungsverlust zwischen Batterie und Anlasser zeigt ein Voltmeter zwischen beiden Anschlüssen an.

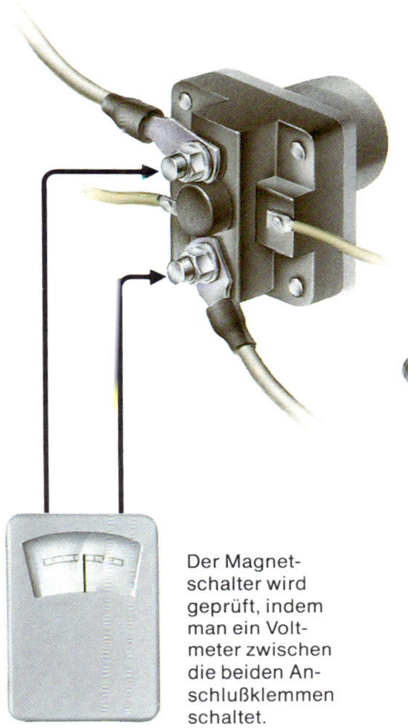

Der Magnetschalter wird geprüft, indem man ein Voltmeter zwischen die beiden Anschlußklemmen schaltet.

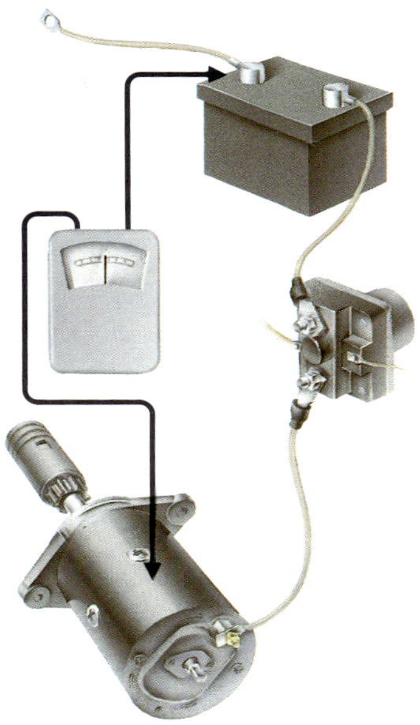

Verluste in der Masseverbindung findet man, wenn man ein Voltmeter zwischen Batterie, Minuspol und Anlassergehäuse schaltet.

Prüfungen am Schubschraubtrieb-Anlasser

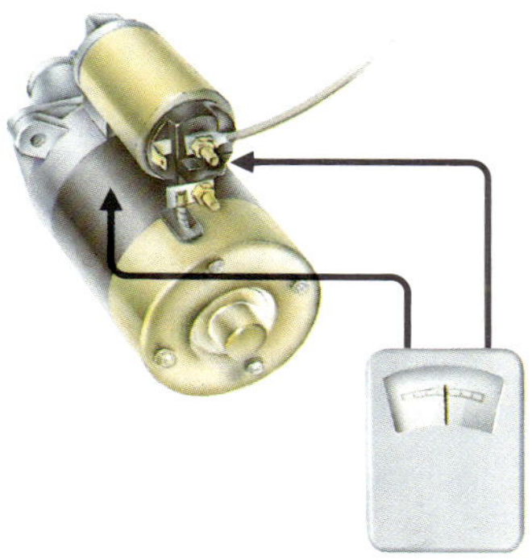

Welche Spannung den Anlasser erreicht, zeigt ein Voltmeter zwischen Gehäusemasse und batterieseitigem Anschluß des Magnetschalters an.

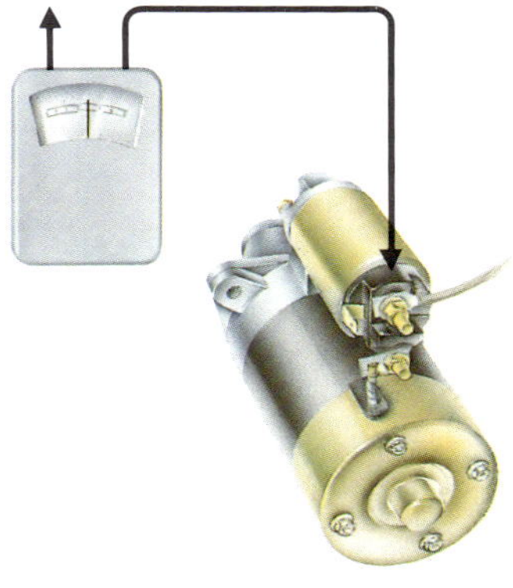

Zu hohe Verluste in der Plusleitung zeigt ein Voltmeter zwischen Anlasser und Pluspol der Batterie an.

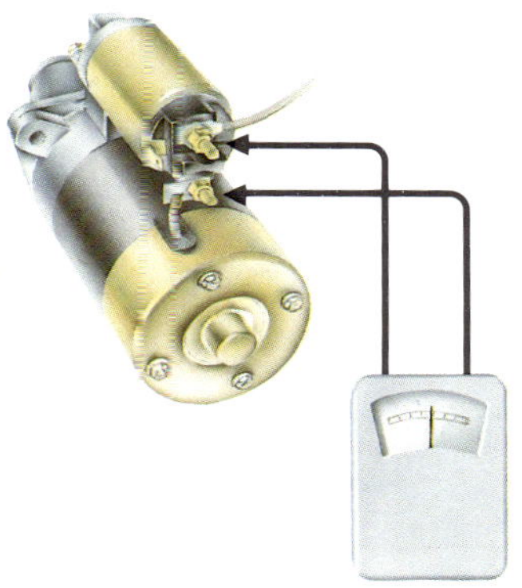

Der Magnetschalter wird geprüft, indem man ein Voltmeter zwischen die beiden Anschlüsse schaltet.

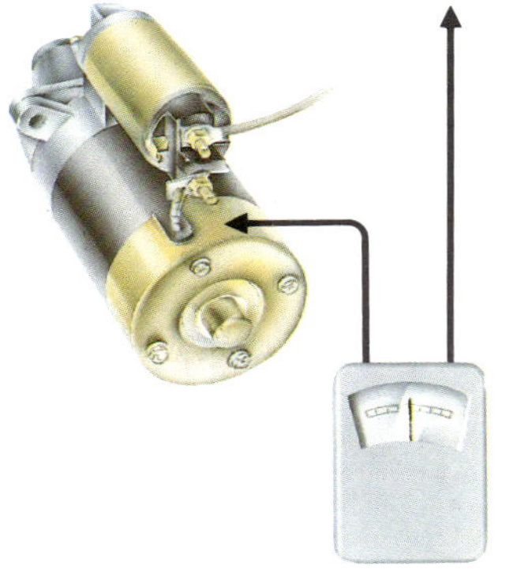

Einen Widerstand in der Masseverbindung findet man, wenn man ein Voltmeter zwischen Minuspol der Batterie und das Anlassergehäuse schaltet.

Den Anlasser prüfen und ausbauen

Hat man bei der Prüfung des Anlasserstromkreises keinen Fehler festgestellt, kommt man nicht umhin, den Anlasser mit dem Magnetschalter auszubauen.

Dabei sind manchmal umfangreiche Vorarbeiten notwendig, denn Anlasser sind oft recht versteckt eingebaut. Gelegentlich sind Teile der Vorderachse oder des Auspuffsystems zu demontieren.

Anlasser kann man überholen, wenn die Feldwicklungen und der Anker noch gut erhalten und nicht verbrannt sind. Auch der Kollektor darf keine allzu großen Verschleißschäden aufweisen.

In der Praxis wird man, häufig auch aus Zeitgründen, auf einen Austauschanlasser zurückgreifen, der nicht teurer sein muß als eine vollständige Überholung. Dies hat den Vorteil, daß es noch eine Garantie für das Austauschteil gibt.

Steht kein Austauschanlasser zur Verfügung, wird man zumindest den Versuch unternehmen, das Teil zu überholen.

Vor dem Ausbau den Minuspol der Batterie abklemmen, damit es keinen Kurzschluß gibt. Vorsicht vor eventuell noch heißen Auspuffteilen.

Werkzeug und Ausrüstung

Schraubenzieher, Gabelschlüssel, Steckschlüssel, Wagenheber, Unterstellböcke, Sicherungskeile, Arbeitshandlampe, Prüflampe

Den Anlasser ausbauen

Bevor man mit den Arbeiten beginnt, überprüft man, wie der Anlasser am besten ausgebaut werden kann.

Oft ist er nur von unten zu erreichen, so daß das Fahrzeug auf eine Hebebühne oder Arbeitsgrube gestellt werden muß.

Auch das Aufbocken auf zwei Unterstellböcke erleichtert den Ausbau.

Wichtig ist, daß bei Arbeiten am Anlasser der Minuspol der Batterie getrennt wird.

Als nächstes werden die zwei gesteckten dünneren Leitungen abgezogen. Eine stellt die Verbindung zum Zündschloß her, die andere führt zur Zündspule.

Dann trennt man die dicke Anschlußleitung zum Pluspol der Batterie. Dabei sollte man die Sicherungsmutter hinter der Anschlußklemme mit einem zweiten Gabelschlüssel festhalten, damit sich der Anschluß nicht verdreht.

Der Anlasser selbst ist meist nur mit zwei Schrauben am Kupplungsgehäuse befestigt. Leistungsstarke Anlasser, z. B. an Dieselfahrzeugen, werden zusätzlich durch einen Haltewinkel gestützt, der abgeschraubt werden muß.

Bei Arbeiten am Anlassersystem grundsätzlich den Minuspol der Batterie abklemmen und sicher zur Seite legen. Es besteht Kurzschlußgefahr.

Will man den Anlasser auf der Werkbank prüfen, benötigt man nicht nur eine ausreichend gefüllte Batterie, sondern auch einen Schraubstock, damit man den Anlasser einklemmen kann. Dabei Vorsicht vor dem einspurenden Ritzel!

Diese Prüfung ist bei Anlassersystemen, bei denen die Ankerwelle im Kupplungsgehäuse gelagert ist, nicht möglich, da das Lager beim Ausbau im Fahrzeug zurückbleibt. Läuft der Anlasser an, besteht Gefahr, daß die Feldwicklung und der Anker beschädigt werden.

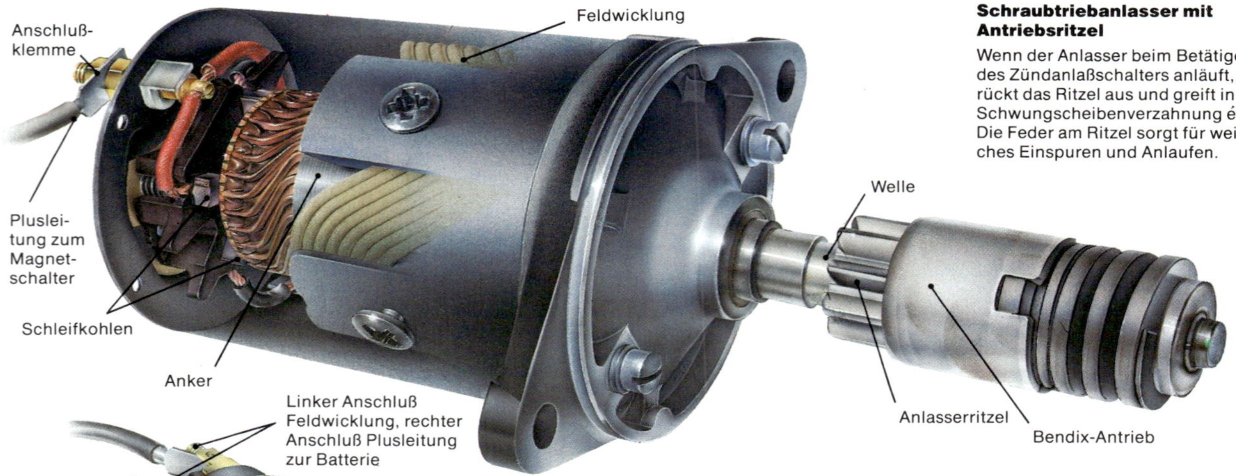

Schraubtriebanlasser mit Antriebsritzel

Wenn der Anlasser beim Betätigen des Zündanlaßschalters anläuft, rückt das Ritzel aus und greift in die Schwungscheibenverzahnung ein. Die Feder am Ritzel sorgt für weiches Einspuren und Anlaufen.

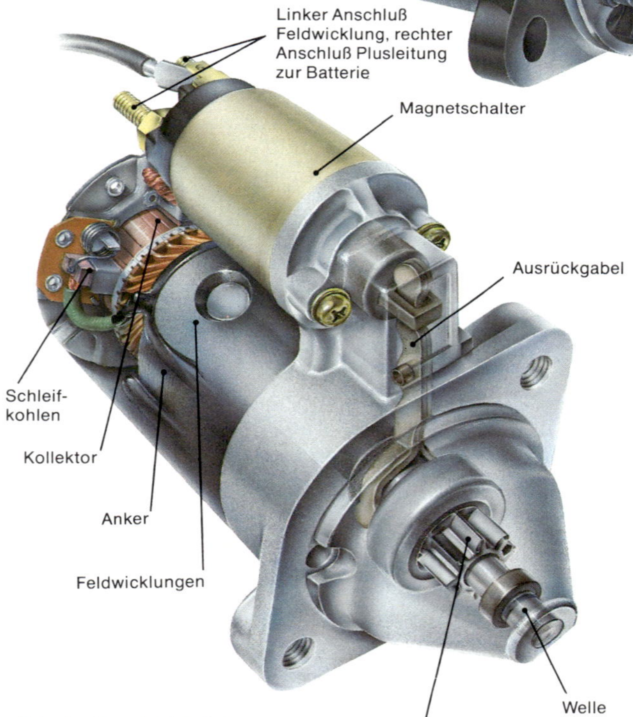

Schubschraubtrieb-Anlasser mit aufgebautem Magnetschalter

Wenn man den Zündanlaßschalter betätigt, zieht der Magnetschalter die Ausrückgabel an, und das Ritzel des Anlassers greift in die Verzahnung der Schwungscheibe ein. Der Anlasser dreht den Motor durch.

Auf Kurzschlüsse prüfen

Man benötigt eine Prüflampe mit zwei Krokodilklemmen.

Die Abschlußplatte des Anlassers wird abgenommen.

Da die Feldwicklungen gegen das Motorgehäuse isoliert sind, kommt es beim Verbrennen der Isolierung zum Kurzschluß. Dieser kann in der Fachelektrowerkstatt beseitigt werden, falls der Schaden nicht allzu groß ist.

Hat dagegen der Anker einen Kurzschluß – der Test wird unten beschrieben –, muß man meist einen neuen Anker oder einen Austauschanlasser montieren.

Die Feldwicklungen testet man mit einer Prüflampe zwischen Kabelanschluß der Feldwicklung und Pluspol der Batterie. Der Minuspol wird mit dem Gehäuse verbunden. Brennt die Lampe, besteht ein Kurzschluß.

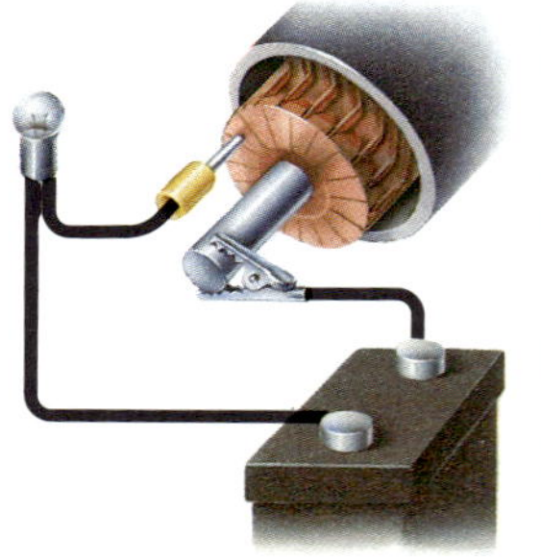

Die Prüflampe wird angeschlossen, wie im Bild gezeigt, und der Batterieminuspol mit der Anlasserachse verbunden. Dann tastet man jedes Kollektorsegment ab. Brennt die Lampe, ist ein Kurzschluß vorhanden.

Den Anlasser zerlegen

Nachdem der Anlasser ausgebaut ist, wird er in einen Schraubstock gespannt und zerlegt.

In der Regel sind Polgehäuse, Kollektorlager und vorderes Lagerschild durch zwei lange, durchgehende Schrauben miteinander verbunden. In der Mitte des Kollektorlagers befindet sich unter einem kleinen Schutzdeckel eine Klipssicherung der Ankerwelle.

Diese Sicherung wird abgedrückt, und der Anlasser kann nach Abschrauben des Magnetschalters zerlegt werden. Dazu wird das Kupferband, das den Magnetschalter mit der Feldwicklung verbindet, abgeschraubt. Andere Teile wäscht man vor dem Prüfen in Waschbenzin oder Kaltreiniger aus.

Achtung: Bei diesen Arbeiten nicht rauchen und kein offenes Feuer verwenden!

Beim Herausziehen der langen Verbindungsschrauben vorsichtig arbeiten, damit die Feldwicklungen nicht beschädigt werden.

Werkzeug und Ausrüstung

Gabelschlüssel, Schraubenzieher, Reinigungsbenzin oder Kaltreiniger, Hammer, Durchschlag

Den Magnetschalter beim Schubschraubtrieb-Anlasser abnehmen

Man trennt das Kabel zwischen Anlasser und Magnetschalter und dreht die beiden Schrauben des Magnetschalters heraus, der mit dem Einrückhebel des Anlassers verbunden ist und ausgehängt wird.

Bevor man ihn wieder einsetzt, fettet man ihn.

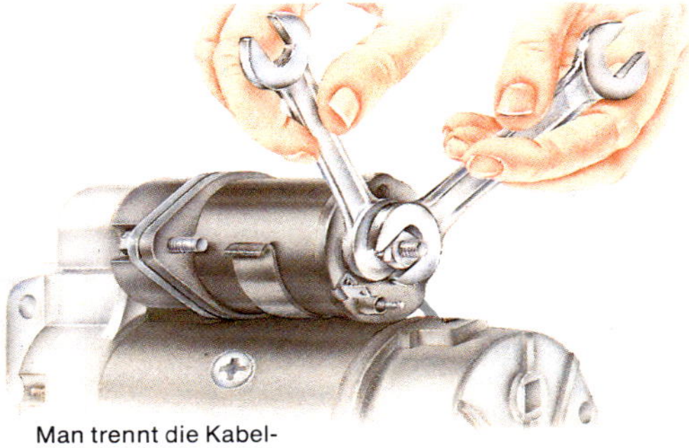

Man trennt die Kabelverbindung zwischen Magnetschalter und Motor.

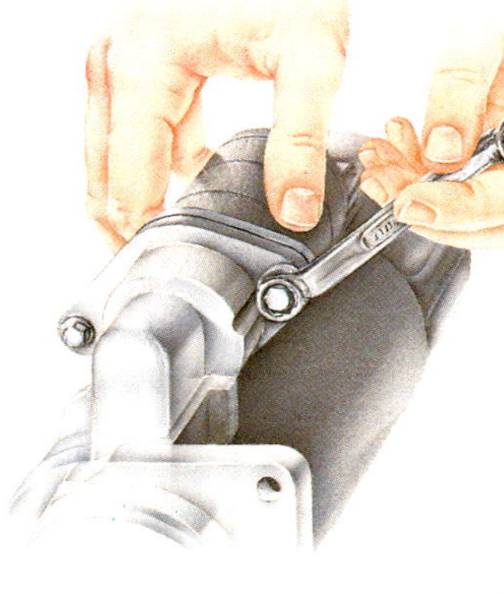

Die beiden Befestigungsschrauben des Magnetschalters dreht man heraus.

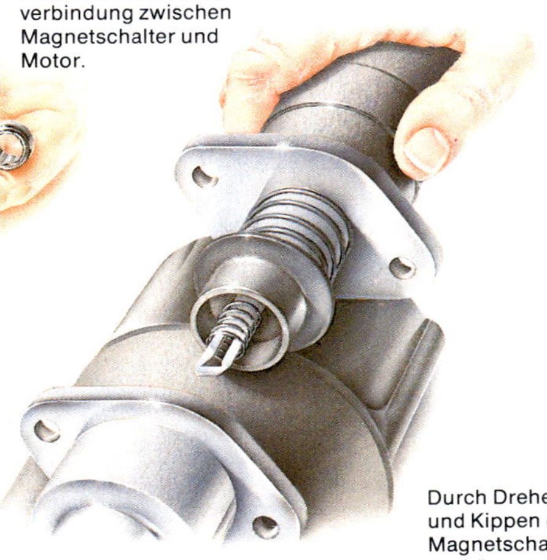

Durch Drehen und Kippen den Magnetschalter aushängen.

Den Schubschraubtrieb-Anlasser zerlegen

Wenn der Magnetschalter ausgebaut ist, legt man die Ausrückgabel frei.

Dazu dreht man eine Mutter am Drehpunkt des Einrückhebels herunter und treibt den Bolzen mit einem Durchschlag vorsichtig aus. Bolzen mit Gewinde schraubt man heraus.

Es gibt auch exzentrische Ausführungen. Hier muß man vor dem Herausnehmen des Bolzens die Exzentereinstellung auf dem Anlassergehäuse markieren.

Um das Kollektorlager und das vordere Lagerschild abzuziehen, dreht man die zwei Durchgangsschrauben am Kollektorlager heraus.

Bei manchen Anlassern sind Kollektorlager und Ankerwelle durch einen U-Klips verbunden, den man abziehen kann, wenn man einen Schutzdeckel abschraubt. Darunter befinden sich oft Paßscheiben, die alle wieder einzusetzen sind.

Nach dem Abdrücken von Kollektorlager und vorderem Lagerschild vom Polgehäuse läßt sich der Anker herausziehen.

Ältere Anlasser lassen sich manchmal schwer zerlegen. Hier sollte man alle Schrauben reichlich mit Rostlöser versehen. Sind nach einer Wartezeit die Gewinde nicht wieder gangbar, sollte man eine angerostete Schraube mit einem zentrischen Hammerschlag auf die Schraube lösen.

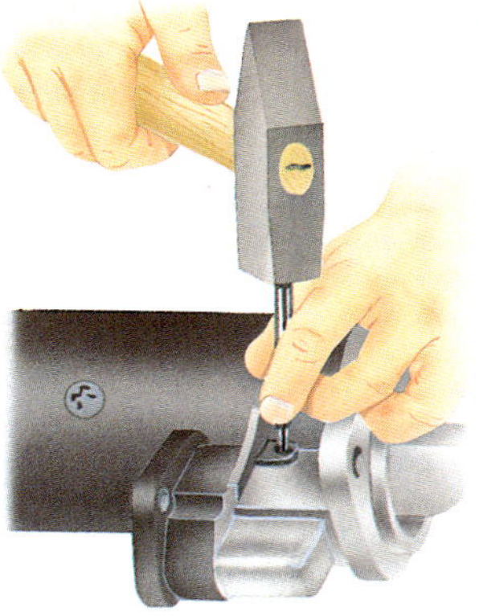

Die Schraube des Ausrückhebels treibt man mit einem Durchschlag heraus.

Lagerung des Ausrückhebels

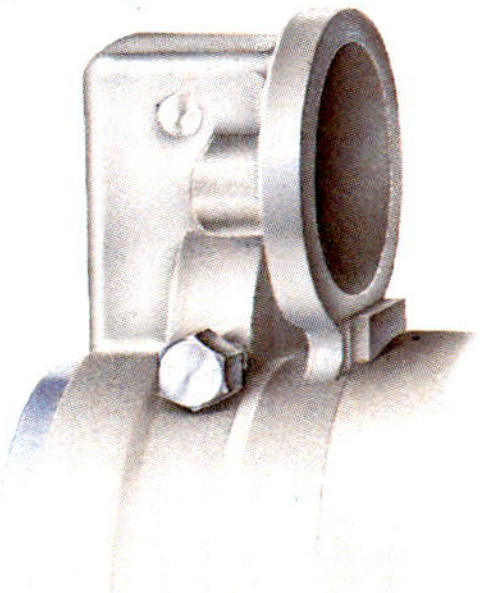

Hier hat der Lagerbolzen einen Sechskant zum Ansetzen eines Gabelschlüssels.

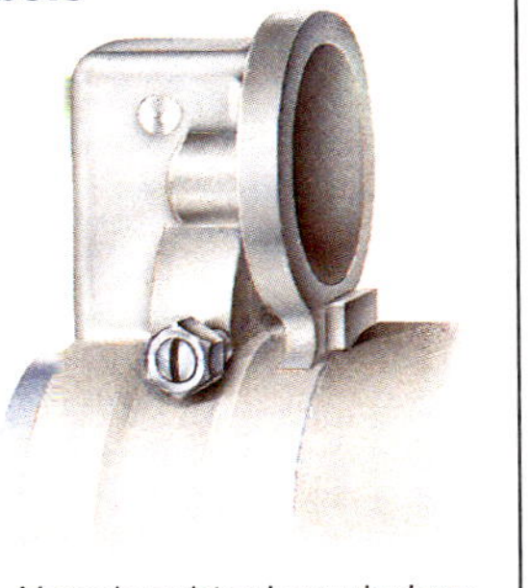

Verschraubter Lagerbolzen mit Kontermutter, manchmal exzentrisch gelagert. Die Stellung des Schlitzes markieren.

Die zwei durchgehenden Halteschrauben zum Anlasser dreht man heraus.

Klipssicherung

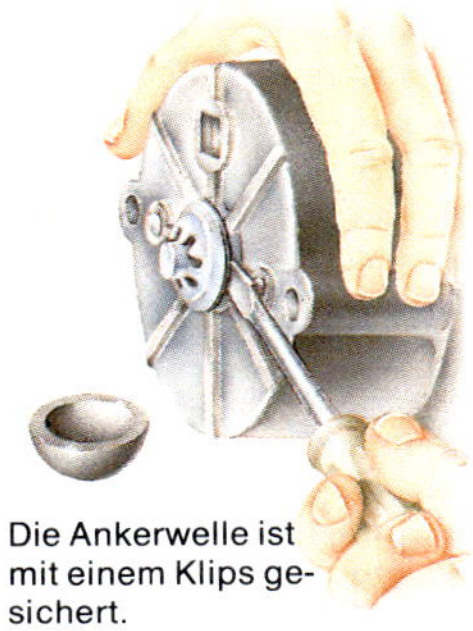

Die Ankerwelle ist mit einem Klips gesichert.

Der Ausrückhebel wird frei und kann abgezogen werden.

Einen Schraubtriebanlasser zerlegen

Man dreht alle Schrauben, die den Anlasser zusammenhalten, heraus und zieht das Kollektorlager ab.

Nun kann man die Kohlenbürsten herausnehmen, die oft unterschiedlich lange Anschlußkabel haben.

Das Lagerschild des Anlassers kann man nur mit einem Spezialwerkzeug zum Zerlegen des Antriebsritzels von der Welle abziehen.

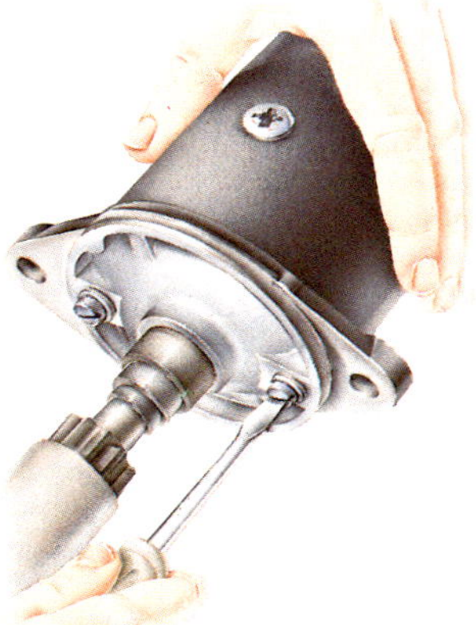

Zwei Schrauben halten das vordere Lagerschild am Polgehäuse.

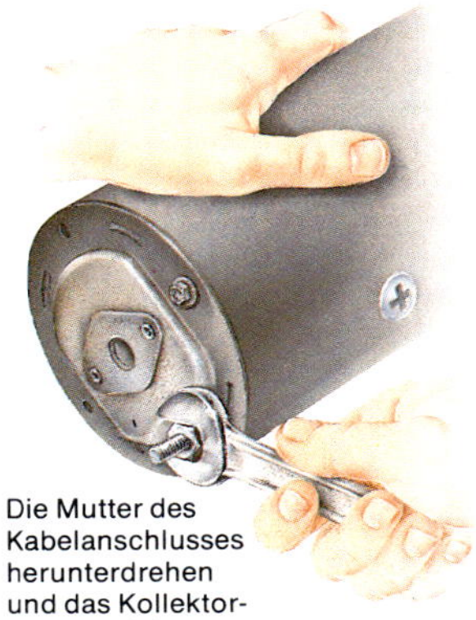

Die Mutter des Kabelanschlusses herunterdrehen und das Kollektorlager abziehen.

Die Ankerwellenlager erneuern

Anlasser besitzen in der Regel Lagerbüchsen aus Graphit-Bronze-Guß, hochbelastete Ausführungen auch Kugellager.

Die Lagerung der Ankerwelle sollte man stets auf Verschleiß prüfen. Dazu steckt man das Kollektorlager und das vordere Lagerschild auf die Ankerwelle und prüft das Spiel.

Kippen die Lagerstellen auf der Welle, muß man neue Büchsen einsetzen oder die Lagerschilder erneuern. Manchmal sind Nieten abzubohren, um Befestigungsringe für die Lagerbüchsen abzunehmen.

Lichtmaschinenlager

Lichtmaschinen und Anlasser haben trotz ihrer unterschiedlichen Aufgaben einen ähnlichen Aufbau.

Beim Überholen einer Lichtmaschine muß man nicht die Gleit-, sondern die Kugellager erneuern. Genau wie der Anlasser wird die Lichtmaschine ausgebaut, und man nimmt die beiden Lagerschilder ab, indem man die Halteschrauben herausdreht.

Das vordere Lager zu ersetzen ist etwas aufwendiger, weil man hier die Riemenscheibe mit einem Abzieher abnehmen muß.

In der Praxis wird man auch aus Zeitgründen häufiger auf eine Austauschlichtmaschine zurückgreifen. Bei hörbar schadhaftem vorderem Lager sind oft Lichtmaschinenanker und Feldwicklungen beschädigt, so daß die neue Lagerung allein die einwandfreie Funktion der Lichtmaschine nicht gewährleisten kann.

Werkzeug und Ausrüstung

Schraubstock, Hammer, Meißel, Durchschlag, Zangen, Schraubenzieher, Bohrer, Bohrmaschine, Lagerbüchsen, Nieten

Die Lagerbüchsen ausbauen

Die Lagerbüchsen müssen in der Regel nach innen ausgetrieben werden, da sie oft einen Anschlagbund besitzen.

Zum Austreiben legt man das Lagerschild auf den geöffneten Schraubstock.

Läßt sich die Lagerbüchse nicht mit einem gut passenden Steckschlüssel austreiben, kommt man nicht umhin, sie mit einem kleinen Meißel auftrennen. Dabei ist aber darauf zu achten, daß das Gehäuse nicht beschädigt wird.

In Autoelektrik-Fachwerkstätten, wo das Überholen von Anlassern zur täglichen Arbeit gehört, werden hierfür spezielle Abzieher mit Spreizklauen eingesetzt.

Die Büchse wird mit einem Durchschlag herausgetrieben.

Büchse auftrennen

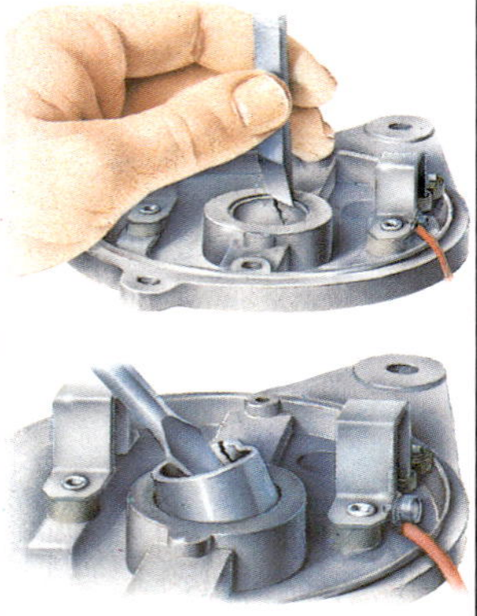

Die Büchse mit scharfem Meißel auftrennen und herausheben.

Neue Lagerbüchsen einsetzen

Bevor man die neuen Lagerbüchsen einsetzt, prüft man, ob sie auf die Ankerwelle passen. Beim Aufstecken darf kein Spiel vorhanden sein.

Natürlich muß die Ankerwelle noch einwandfrei sein. Am einfachsten preßt man eine Lagerbüchse mit einem gut passenden Steckschlüssel ein.

Man klemmt Büchse, Lagerschild und Steckschlüssel vorsichtig zwischen die Schraubstockbacken. Beim Zusammendrehen des Schraubstockes wird die Büchse eingepreßt. Eine andere Möglichkeit ist das Eintreiben mit dem Hammer. Hier muß man aber einen gut sitzenden Eintreibdorn benutzen.

Dann wird das Lager eingeölt und auf der Welle geprüft.

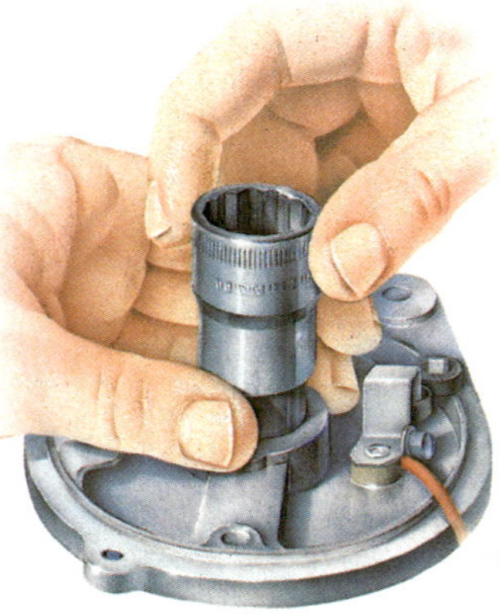

Der Steckschlüsseleinsatz sollte denselben Durchmesser haben wie die Büchse.

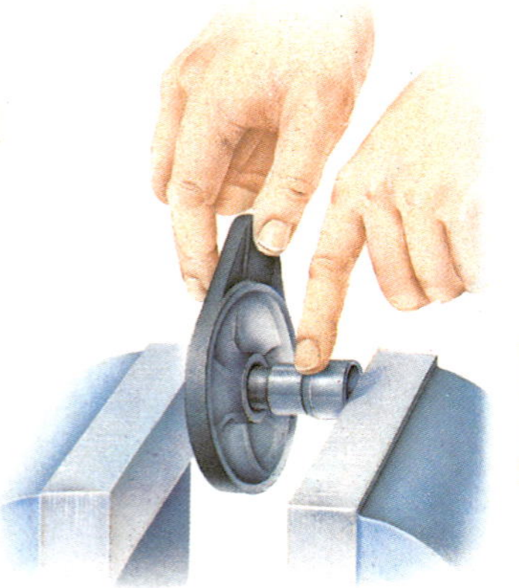

Büchse und Steckschlüsseleinsatz in den Schraubstock einpressen.

Mit dem Hammer eintreiben

Hat man einen gut sitzenden Durchschlag, kann man die Büchse mit dem Hammer eintreiben. Dabei die Büchse nicht verkanten.

Kugellager auswechseln

Die Lagerschilder werden ausgebaut. Bei Lichtmaschinen ist noch die Riemenscheibe abzuziehen, um den Anker aus dem Schild herauszunehmen.

Klemmt die Welle im inneren Lagerring, hält man das Lagerschild mit einer Hand und schlägt mit einem Kunststoffhammer auf die Welle. Dabei darf das Gewinde nicht beschädigt werden und der Anker nicht auf die Werkbank fallen.

In der Werkstatt werden Lager mit einer Presse oder in einem geeigneten Schraubstock abgedrückt.

Die Lager kann man auf verschiedene Weise aus den Schildern herausnehmen. Nach dem Abnehmen eventuell vorhandener Sicherungsringe bringt man einen Spezialabzieher mit einer Spreizklaue an, die den inneren Lagerring greift, und das Kugellager kann komplett abgezogen werden.

Well- oder Paßscheiben sind alle wieder einzusetzen. Nieten an den Lagersicherungsringen werden angebohrt.

Vor dem Einsetzen des neuen Lagers Bohrspäne mit Preßluft entfernen.

Kugellager sind besonders empfindlich gegen Verschmutzung. Deshalb sollte man bei ihrer Montage die Abdichtung nicht beschädigen. Passiert beim Auftreiben eines Lagers trotzdem ein Fehler, darf man es nicht weiterverwenden.

Den Sicherungsring mit einem Schraubenzieher herausdrücken.

Mit einem Steckschlüsseleinsatz läßt sich das Lager gut heraustreiben.

Die Nieten abbohren

Genietete Lagersicherungsringe werden abgebohrt; dabei das Gehäuse nicht beschädigen.

Die Kugellager ersetzen

Wenn man die Lagerdeckel gereinigt hat, legt man die Paß- und Wellscheiben zurück und treibt das Kugellager mit einem Dorn oder Steckschlüsseleinsatz ein; den Dorn auf den äußeren Lagerring setzen. Nach Anbringen der Sicherungsklipse bzw. der aufgenieteten Sicherungsscheiben sind die Lagerschilder wieder einzusetzen. Bei der Arbeit auf Sauberkeit achten.

Die Schleifkohlen eines Anlassers prüfen und ersetzen 1

Anlasser haben wie Lichtmaschinen Schleifkohlen, die nach einer gewissen Betriebszeit verschlissen sein können. Je nach Anlassertyp gibt es quadratische oder keilförmige Ausführungen.

Man kauft ausschließlich die vom Anlasserhersteller freigegebenen Ersatzteile; denn der Kollektor und die Härte der Schleifkohle müssen aufeinander abgestimmt sein.

Ein Anlasser hat je nach Ausführung bis zu vier aus Graphit und Kupfer gefertigte Schleifkohlen.

Zum Ausbau der Schleifkohlen muß man den Anlasser nicht immer vollständig zerlegen. Oft ist das Kollektorlager mit einem Blechband abgedeckt, das man abschrauben kann. Darunter erkennt man die ebenfalls verschraubten Schleifkohlen, die sich leicht herausziehen lassen.

Bei neueren Anlasserausführungen hingegen muß das Kollektorlager abgezogen werden. Diese Methode hat den Vorteil, daß man gleichzeitig auch den Zustand des Kollektors überprüfen kann. Bei dieser Gelegenheit sollte man auch den Kollektor reinigen.

Dazu zieht man ihn mit feinstem Schleifpapier ab und stößt die Zwischenräume zwischen den Kollektorsegmenten mit dem Eisensägeblatt einer kleinen Säge aus.

Allgemein sollte man Schleifkohlen, die nur noch eine Länge von etwa 8 mm aufweisen, ersetzen.

Auch wenn dieses Maß noch nicht erreicht ist, empfiehlt sich der Austausch, denn für die Vorarbeiten zum Ausbau und Zerlegen des Anlassers muß man viel Zeit aufwenden.

Werkzeug und Ausrüstung

Schraubenzieher, Schleifpapier, Feile, Gabelschlüssel, Eisensägeblatt, Lötkolben, Ersatzteile

Anlasser mit offenem Kollektorlager

Bei einigen meist älteren Anlasserbauarten ist das Kollektorlager mit Durchbrüchen versehen, die mit einem Stahlband abgedeckt sind, das man nach Lösen einer Schraube abzieht.

Ist dieses Stahlband vorhanden, braucht man den Anlasser zur Prüfung der Schleifkohlen nicht zu zerlegen, es sei denn, daß der Anlasser versteckt angebracht ist.

Bei dieser Anlasserbauform sind die Schleifkohlen mit Hilfe einer verschraubten Kupferlitze verdeckt angeordnet. Wenn man die Schrauben herausgedreht hat, läßt sich die Schleifkohle aus der Führung ziehen.

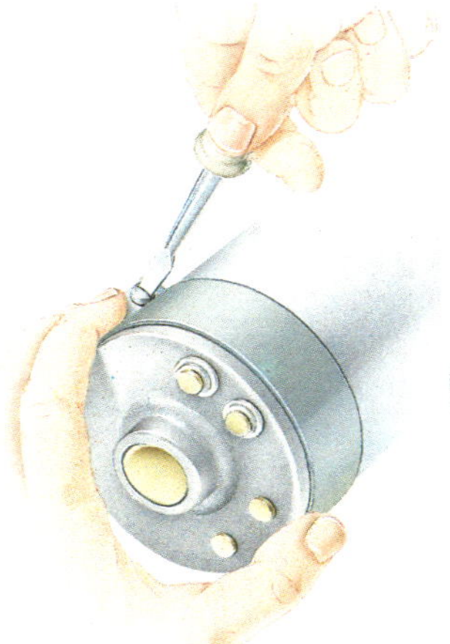

Das Abdeckband wird gelöst.

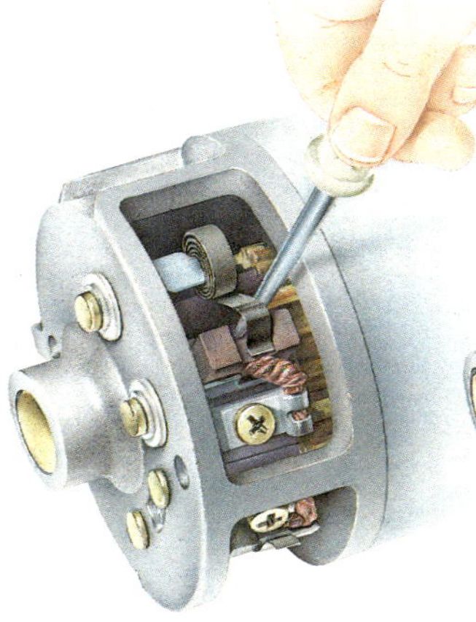

Die Spiralfeder legt man zur Seite.

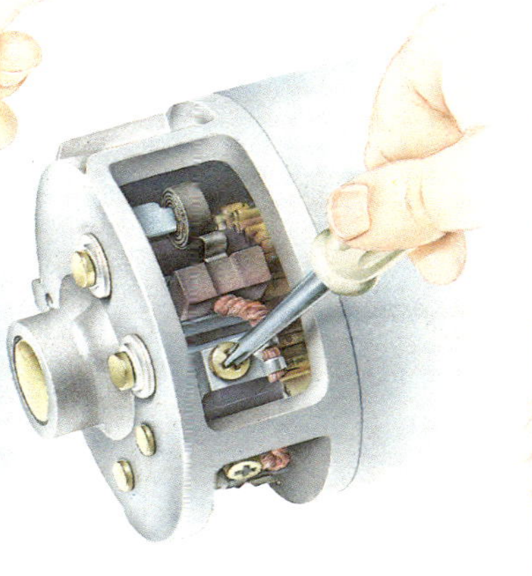

Nach Herausdrehen der Schrauben liegen die Schleifkohlen frei.

Anlasser mit geschlossenem Kollektorlager

Neuere Anlasser sind vollständig verkapselt, so daß man an die Schleifkohlen nicht herankommt, ohne den Anlasser zu zerlegen.

Damit man das Kollektorlager abziehen kann, dreht man die beiden durchgehenden Schrauben, die den Anlasser zusammenhalten, heraus.

Weiter wird ein kleiner Schutzdeckel geöffnet, unter dem die Ankerwelle mit einer geschlitzten Scheibe und Paßscheiben geführt wird, die man abnimmt.

Nach Abziehen des Lagerdeckels liegt die Anschlußlitze für den Magnetschalter mit einer Gummikappe frei.

Beim Anlasser rechts sind die Anschlußlitzen der Schleifkohlen nicht geschraubt, sondern eingelötet. Sie lassen sich aber zum Nachmessen aus der Führung ziehen. Auch der Kollektor wird geprüft.

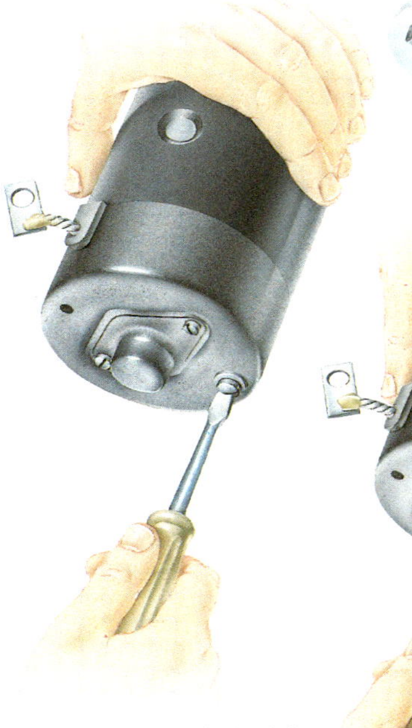

Zwei Schrauben, die den Anlasser zusammenhalten, werden herausgedreht.

Unter dieser Schutzkappe führt eine geschlitzte Scheibe die Ankerwelle.

Das Kollektorlager läßt sich abziehen.

Die Schleifkohlen prüfen

Mit einem Lineal oder einer Schieblehre mißt man die Länge der Schleifkohlen.

Sind sie kürzer als 8 mm, sollte man sie ersetzen.

Man mißt die Länge der Schleifkohlen von der Lötstelle des Anschlußkabels an bis zur Lauffläche.

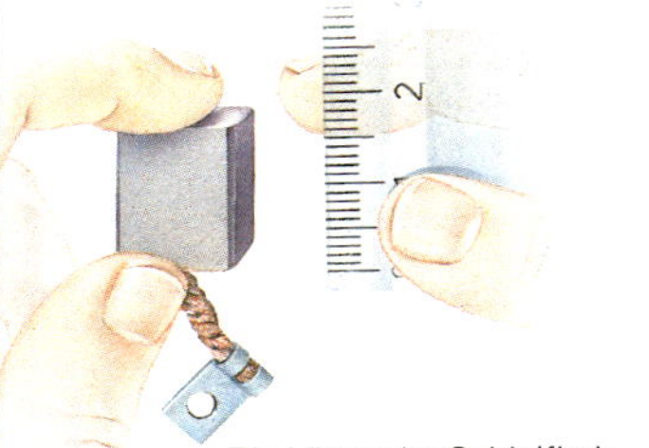

Die Länge der Schleifkohlen wird von der Lötstelle des Anschlußkabels an gemessen.

Die Schleifkohlen einsetzen

Zuerst reinigt man die Führungen. Verschraubte oder angelötete Schleifkohlen legt man in die Führungsschlitze und setzt die Federn seitlich an, damit sie beim Einsetzen nicht am Kollektor anstoßen können.

Erst wenn das Gehäuse fest geschlossen ist, wird die Feder abgehoben und in ihre richtige Lage gebracht.

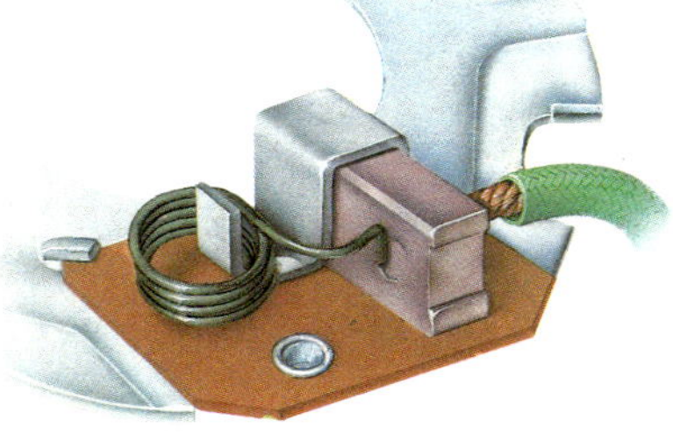

Montageposition der Anpreßfeder

Die Schleifkohlen eines Anlassers prüfen und ersetzen 2

Bei einer anderen Anlasserausführung werden keilförmige Schleifkohlen eingesetzt, die nicht radial, sondern axial angepreßt werden. Je nach Ausführung gibt es zwei Methoden zum Auswechseln der Schleifkohlen.

Bei einem Anlassertyp wird die Ankerwellensicherung, die sich unter einer Gummikappe befindet, mit einem Schraubenzieher abgedrückt, was nicht immer einfach ist. Wichtig ist, daß man diesen Klips nur einmal verwendet.

Wenn man die Gehäuseschrauben herausgedreht hat, kann man das Kollektorlager abziehen, und die Schleifkohlen liegen frei. Ein Satz Schleifkohlen ist dabei verschraubt und ein Satz mit einer Spezialtechnik verlötet.

Da diese Spezialtechnik in der Praxis oft dem Do-it-yourselfer nicht zur Verfügung steht, schneidet man die Schleifkohlen im Bereich der Litze ab und lötet die Ersatzkohlen an dieser Stelle an.

Bei der zweiten Anlasserausführung hat die Ankerwelle keine besondere Führung. Man muß nur die beiden Halteschrauben des Gehäuses herausdrehen, und das Kollektorlager ist frei.

Ein Kollektorlager mit Sicherung ausbauen

Man zieht die Gummikappe am Kollektorlager ab und entfernt den darunterliegenden Sicherungsklips mit einem Schraubenzieher, ohne die Ankerwelle zu beschädigen. Da hierbei die Zähne des Klipses brechen, wird er nur einmal benutzt.

Nun dreht man die beiden Schrauben aus dem Anlassergehäuse, und das Kollektorlager läßt sich abziehen.

Nach Reinigen des Kollektors und Einsetzen der Kohlen setzt man den Anlasser wieder zusammen.

Man nimmt die Gummikappe ab und drückt den Sicherungsklips weg.

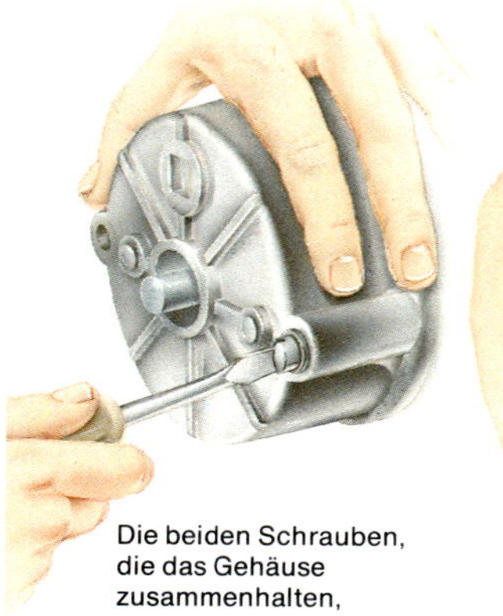

Die beiden Schrauben, die das Gehäuse zusammenhalten, dreht man heraus.

Ein Schleifkohlenpaar wird verschraubt und ein Paar verlötet.

Ein Kollektorlager ohne Klipssicherung ausbauen

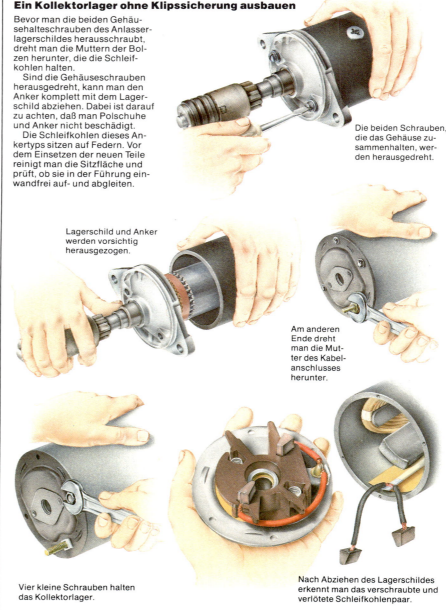

Bevor man die beiden Gehäusehalteschrauben des Anlasserlagerschildes herausschraubt, dreht man die Muttern der Bolzen herunter, die die Schleifkohlen halten.

Sind die Gehäuseschrauben herausgedreht, kann man den Anker komplett mit dem Lagerschild abziehen. Dabei ist darauf zu achten, daß man Polschuhe und Anker nicht beschädigt.

Die Schleifkohlen dieses Ankertyps sitzen auf Federn. Vor dem Einsetzen der neuen Teile reinigt man die Sitzfläche und prüft, ob sie in der Führung einwandfrei auf- und abgleiten.

Die beiden Schrauben, die das Gehäuse zusammenhalten, werden herausgedreht.

Lagerschild und Anker werden vorsichtig herausgezogen.

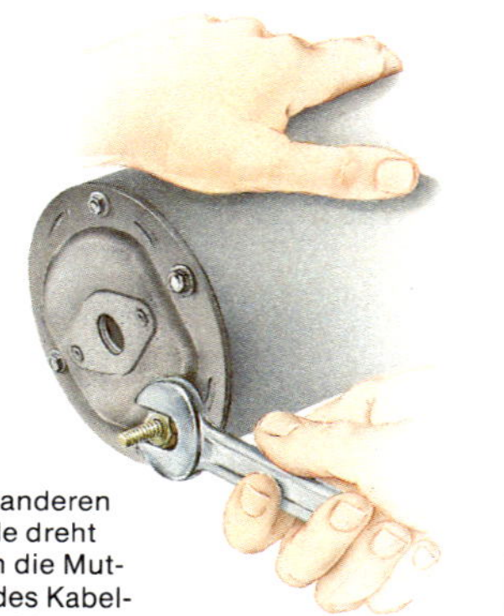

Am anderen Ende dreht man die Mutter des Kabelanschlusses herunter.

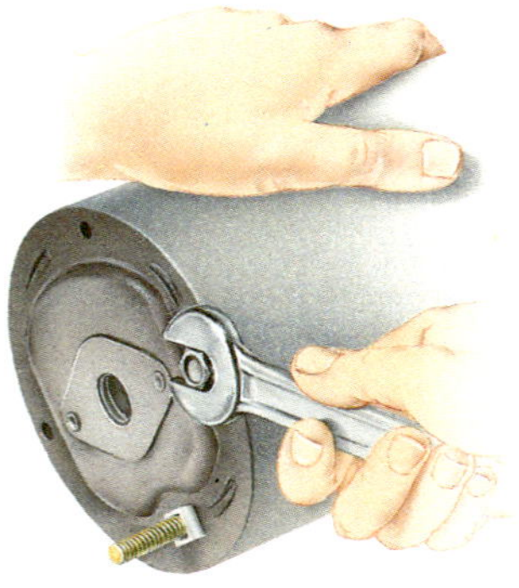

Vier kleine Schrauben halten das Kollektorlager.

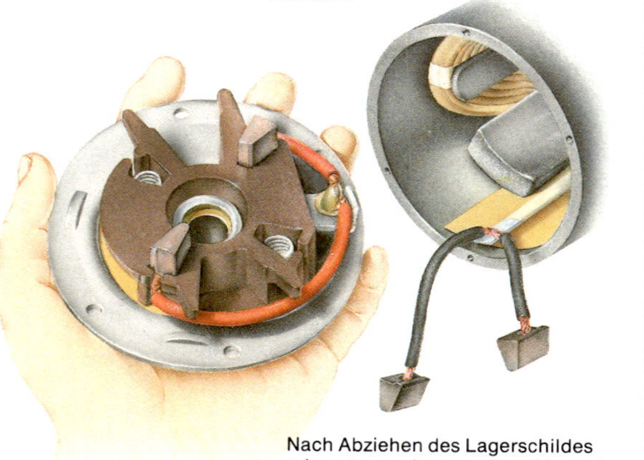

Nach Abziehen des Lagerschildes erkennt man das verschraubte und verlötete Schleifkohlenpaar.

Die Schleifkohlen erneuern

Ein Satz Schleifkohlen ist leicht auszuwechseln, da er mit dem Kabelanschluß des Anlassers verschraubt ist.

Der zweite Satz ist verlötet. Um die Lötung zu erleichtern, schneidet man die neue und die alte Kupferlitze 10 mm oberhalb der Schleifkohle ab und verlötet sie.

Beim Einsetzen der Schleifkohlen muß man sorgfältig auf die Kabelführung achten.

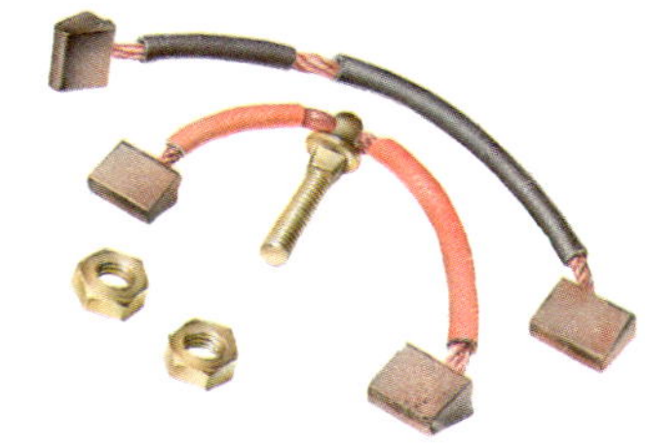

Verschraubte und verlötete Schleifkohlenausführungen

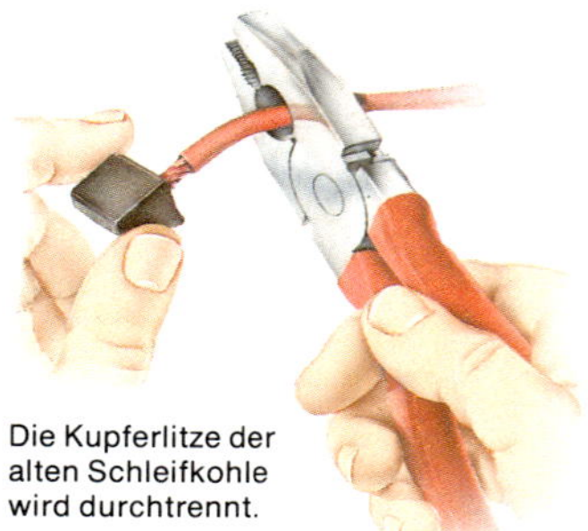

Die Kupferlitze der alten Schleifkohle wird durchtrennt.

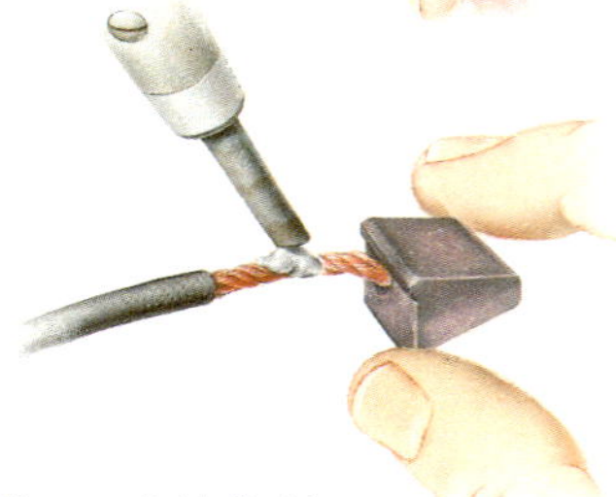

Die neue Schleifkohle wird angelötet.

Das Signalhorn prüfen und einstellen

Die meisten Fahrzeuge sind mit sogenannten Aufschlaghörnern ausgerüstet. Der Ton wird erzeugt, indem eine Membrane durch einen Elektromagneten und einen Unterbrecher in Schwingung versetzt wird.

Das Frequenzband eines Horns muß aufgrund der gesetzlichen Bestimmungen zwischen 1,8 und 3,55 kHz liegen.

Als besonders melodisch gelten sogenannte Fanfaren mit elektropneumatischer Funktion. Ihre Tonhöhe ist abhängig von der Länge der Luftsäule, die sich schneckenförmig in einem besonderen Gehäuse um das Horn herumlegt. Zwei verschieden hohe Töne, die auf diese Weise erzeugt werden, müssen laut StVZO gleichzeitig ertönen. Fanfaren, die Melodien spielen, sind unzulässig.

Alle Hörner unterliegen einer Bauartgenehmigung, die man an dem aufgeprägten Prüfzeichen „E“ erkennt.

Auch für Alarmanlagen dürfen nur Hörner mit diesem Prüfzeichen verwendet werden.

Werkzeug und Ausrüstung

Schraubenzieher, Schraubenschlüssel, Prüfleitung, Prüflampe, Rostlöser

Eine Elektrofanfare einstellen

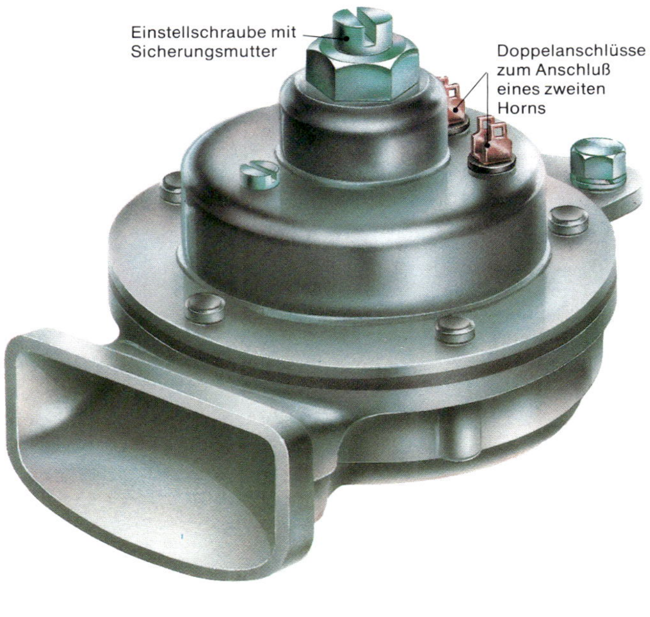

Der Ton hängt von der Form des Trompetenrohrs und der Länge der Luftsäule ab. Bei Störungen dreht man die Kontermutter der Justierschraube auf dem Fanfarendeckel etwas zurück. Während ein Helfer die Fanfare betätigt, verdreht man die Einstellschraube und zieht die Kontermutter wieder an.

Die Schrauben gegenüber den Anschlußsteckern sollte man nicht verdrehen, da sie die Unterbrecherkontakte im Gehäuse halten.

Die Kabelverbindung prüfen

Bei Ausfall des Horns prüft man zunächst die Sicherung (siehe Seite 213) und ersetzt sie, falls notwendig. Beim erneuten Betätigen des Horns darf die Ersatzsicherung nicht durchbrennen. Falls sie durchbrennt, liegt ein Kurzschluß im Stromnetz vor, der beseitigt werden muß.

Zunächst prüft man die Masseverbindung am Horn selbst. Man zieht den auf Masse gelegten Stecker ab und reinigt ihn mit einer Stahlbürste. Das gleiche geschieht mit dem Karosserieanschluß.

Manche Hörner führen bei eingeschalteter Zündung Strom, während der Knopf im Lenkrad die Masseverbindung herstellt. Bei dieser Schaltung genügt es, die Masseverbindung mit einem Kabel provisorisch herzustellen. Bei eingeschalteter Zündung muß das Horn ertönen. Ist dies nicht der Fall, obwohl Strom anliegt, ist das Horn beschädigt und muß ausgewechselt werden.

Ertönt das Horn, ist die Masseverbindung zur Lenksäule und von hier zum Hupenknopf zu prüfen.

Bei der weiteren Kontrolle klipst man das Aufprallpolster des Lenkrades mit dem Hupenknopf heraus und legt das Massekabel frei. Legt man dieses bei eingeschalteter Zündung auf Masse, muß die Hupe ertönen.

Ist man sich nicht sicher bezüglich der Schaltung, zieht man beide Kabelstecker an der Hupe ab und setzt eine Prüflampe zwischen die Anschlußleitungen. Bei eingeschalteter Zündung und gedrücktem Hupenknopf muß das Licht aufleuchten.

Ist man sich noch immer unsicher, kann man die Hupe ausbauen und je eine Plus- und Masseverbindung direkt mit der Batterie herstellen.

Das Signalhorn reparieren

Ist das Horn funktionsunfähig, kann man versuchen, es zu zerlegen.

Moderne Hörner sind meistens zugefalzt oder zugenietet, so daß eine Reparatur nicht in Frage kommt. Sind aber Schrauben vorhanden, läßt sich das Horn sehr leicht zerlegen, reinigen und anschließend wieder zusammensetzen.

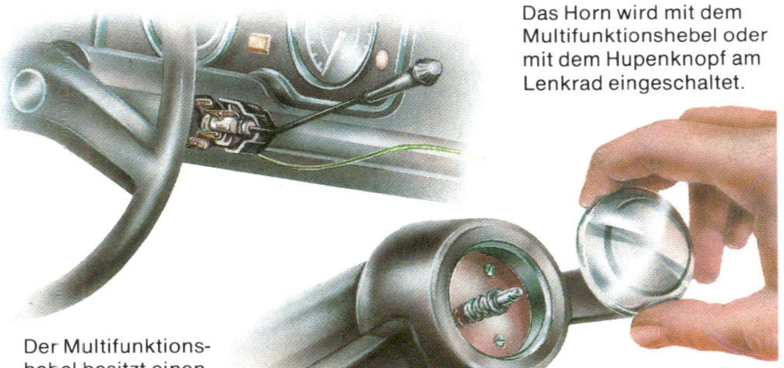

Das Horn wird mit dem Multifunktionshebel oder mit dem Hupenknopf am Lenkrad eingeschaltet.

Der Multifunktionshebel besitzt einen Mehrfachstecker, der gereinigt und geprüft wird.

Eine Kontaktfeder unter dem Hupenknopf stellt die Masseverbindung zur Hupe her.

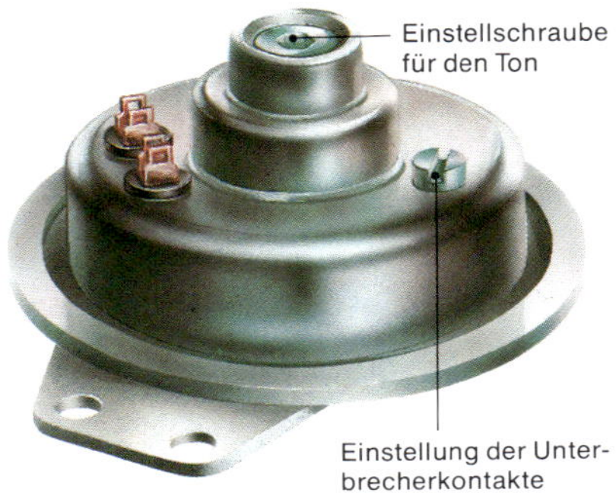

Ein Aufschlaghorn einstellen und auswechseln

Hat sich der Ton eines Horns verändert, liegt dies meist an eingedrungenem Spritzwasser. Das Horn wird ausgebaut, zerlegt und gereinigt. Anschließend werden die Kontakt- und Toneinstellschrauben in der Mitte der Membrane so eingestellt, daß ein sauberer, gleichmäßiger Ton entsteht.

Man sollte die Prüfung stets an einem einsamen Ort durchführen, damit niemand belästigt wird.

Das Horn sitzt wegen einer guten Klangabstrahlung meist relativ offen. Die Befestigungsschrauben sind deshalb oft stark verrostet. Sie sind mit einer Stahlbürste zu reinigen sowie mit Rostlöser zu behandeln.

Vor dem Ausbau zieht man den Minuspol der Fahrzeugbatterie ab. Nachdem man die Kabelanschlüsse getrennt hat, läßt sich das Horn mit einem Schraubenschlüssel abschrauben.

Beim Einbau sollte man besonders die Kabelstecker auf Korrosion prüfen und gegebenenfalls ersetzen.

Will man eine Doppeltonhorn-Anlage installieren, erfolgt der Anschluß entsprechend dem nebenstehenden Schaltbild.

Meist ist für das zweite Horn schon im Herstellerwerk eine serienmäßige Halterung auf der gegenüberliegenden Fahrzeugseite montiert, was den Einbau sehr erleichtert.

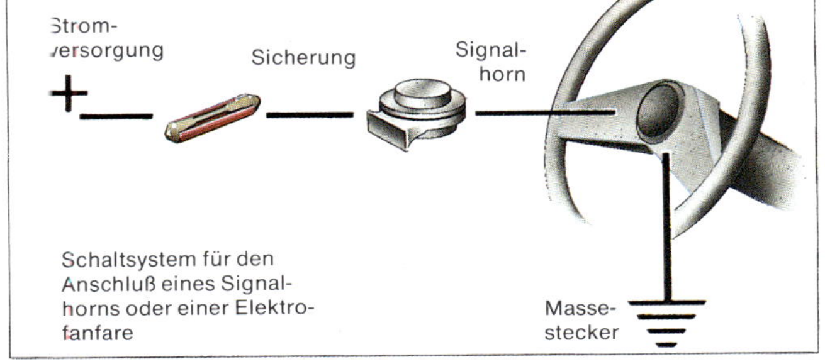

Schaltsystem für den Anschluß eines Signalhorns oder einer Elektrofanfare

Scheibenwischer und Wisch-Wasch-Anlage prüfen

Die richtige Funktion der Wisch-Wasch-Anlage ist besonders bei schlechtem Wetter wichtig. Der Waschbehälter muß aufgefüllt werden. Die Wischerblätter und -arme sollten in gutem Zustand sein. Verschlissene Blätter schmieren und behindern die Sicht. Man sollte sie mindestens alle zwölf Monate auswechseln.

Dem Waschwasser wird im Winter ein Frostschutzmittel beigegeben, aber kein Kühlerfrostschutz, denn dann kann es zu Lackschäden kommen. Auch im Sommer ist ein Zusatz empfehlenswert, der die Schlierenbildung verhindert.

Werkzeug und Ausrüstung

Dünner Draht, Spannungsprüfer, Schraubenzieher, Bürste, Schraubenschlüssel, Spiritus, Wasserzusatz, Seitenschneider, Öl und Ölkanne

So arbeitet die Wisch-Wasch-Anlage

Die Spülflüssigkeit wird von einer Pumpe angesaugt und durch die Düsen auf die Scheibe gespritzt.

Eine Elektropumpe schaltet man meist mit einem Hebel am Lenkrad ein.

In der Wisch-Wasch-Stufe wird gesprüht und je nach Intervall 5- bis 6mal gewischt.

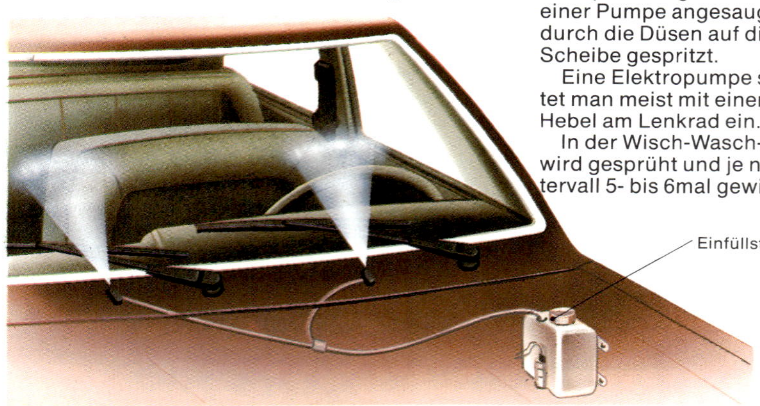

Moderne Fahrzeuge mit steilem Heck haben häufig an der Heckscheibe eine Wisch-Wasch-Anlage. Der Wasserbehälter unter einer Seitenverkleidung ist unabhängig vom System der Frontscheibe.

Pumpe und Düsen prüfen

Eine mechanische Pumpe wird durch Druck auf einen Knopf am Armaturenbrett bedient. Dabei wird Druck auf eine Membrane in einem Pumpengehäuse ausgeübt, von dem aus je ein Schlauch zu den Düsen und zum Vorratsbehälter führt. Die Pumpe kann man nach dem Ausbau leicht prüfen. Man hält beide Anschlüsse zu und drückt den Pumpenstößel, der nicht zurücklaufen darf. Tut er es doch, ist die Pumpe beschädigt und zu ersetzen.

Elektrische Pumpen sollte man nicht laufen lassen, wenn der Wasserbehälter leer ist, da sie dann beschädigt werden können.

Wird bei laufender Elektropumpe kein Wasser gefördert, sind die Schlauchanschlüsse zu prüfen. Der Saugschlauch darf nicht beschädigt sein.

Läuft der Motor nicht an, untersucht man die Elektroanschlüsse. Sind diese in Ordnung, ist zu prüfen, ob am Pumpenanschluß Strom und Masse vorhanden sind. Ein Helfer schaltet dabei die Zündung und die Pumpe ein. Nun muß die angelegte Prüflampe leuchten.

Leuchtet die Lampe nicht, verfolgt man das Kabel und prüft die Steckverbindung des Schalters.

Ist die Spritzleistung der Düsen zu gering, baut man das Rückschlagventil aus und reinigt es mit einer Bürste und Spiritus.

Beim Prüfen der Wasserschläuche achte man darauf, daß sich keine Knicke gebildet haben.

Manchmal wird der Zuleitungsschlauch zu den Düsen von der Haube eingeklemmt, so daß man die Leitung neu verlegen muß.

Sind Schläuche von den

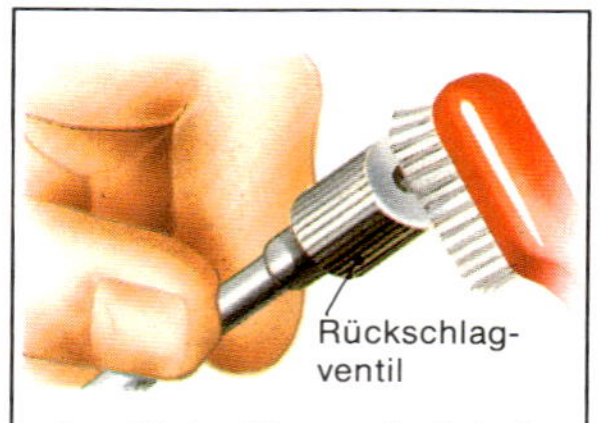

Das Rückschlagventil wird mit Bürste und Spiritus gereinigt.

Anschlüssen abgerutscht, kürzt man sie um etwa 6 mm und erhält so wieder einen sicheren Anschluß.

Spritzdüsen haben einen Kugelsitz und lassen sich mit einer Nadel in ihrem Plastikgehäuse drehen. Es gibt aber auch verschraubte Metalldüsen und Düsen aus flach gequetschtem Rohr.

Das Wasser sollte genau im mittleren Wischbereich der Blätter auf die Scheibe treffen. Ist dies nicht der Fall, verändert man bei der Kugeldüse mit einer Nadel die Position. Bei der geschraubten Düse lockert man die Schraube und stellt den Strahl mit einem kleinen Schraubenzieher ein.

Um Düsen zu reinigen, zieht man den Anschluß-

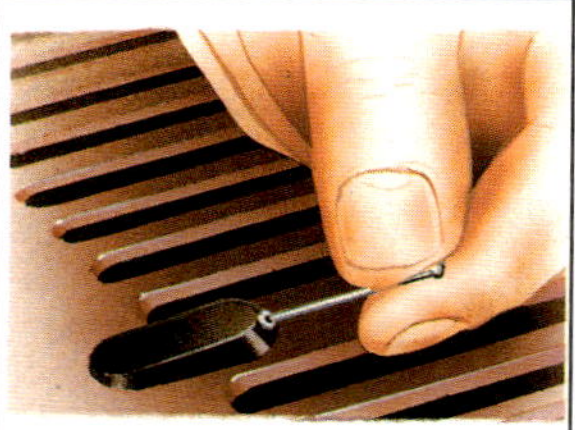

Kugeldüsen werden mit einer Nadel eingestellt.

schlauch ab und entfernt den Schmutz mit einem dünnen Draht oder mit Preßluft.

Prüfen der Scheibenwischer

Den Zustand der Wischer sollte man bei jeder Wagenwäsche prüfen. Da die Gummis beim Wischen ständig hin- und hergebogen werden, können sie einreißen. Die ersten Anzeichen findet man an den beiden Enden der Lippe. Man setzt entweder neue Blätter oder neue Gummis ein.

Die Gummiwischkanten unterscheiden sich je nach Fahrzeughersteller. Man nimmt deshalb am besten ein altes Blatt zum Einkauf mit und zeigt es dem Lageristen.

Läuft das Wischerblatt ohne Anpreßdruck über die Windschutzscheibe, ist meist der Wischerarm beschädigt und muß ausgewechselt werden. Gelegentlich sollte man

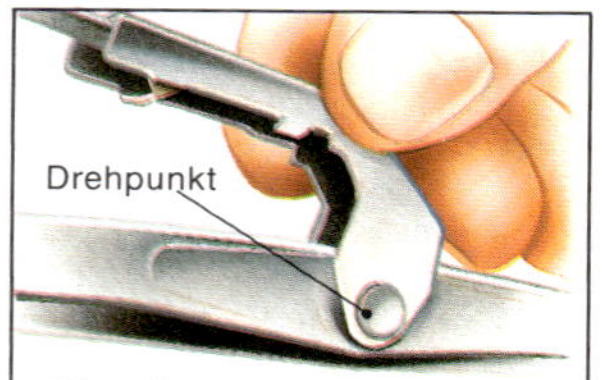

Diese Stelle sollte man auf Beschädigung prüfen.

auch die Dreh- und Lagerpunkte der Wischerarme leicht einölen.

Das Spiel am Befestigungspunkt des Wischerblattes prüft man durch Ziehen in radialer Richtung am Blatt.

Rattert das Wischerblatt über die Windschutzscheibe, sind der Wischerarm selbst, die Drehpunkte und die Befestigung auf der Welle zu prüfen.

Ist dies alles in Ordnung, schaltet man den Wischer

Man prüft die Wischerarmbefestigung an der Antriebswelle.

bei trockener Scheibe ein und prüft den Bewegungsablauf des Blattes, das gut auf der Scheibe aufliegen muß. Bei Richtungswechsel muß es kippen, damit es nicht rattert. Anderenfalls nimmt man zwei Kombizangen und verdreht den Wischerarm um einige Millimeter.

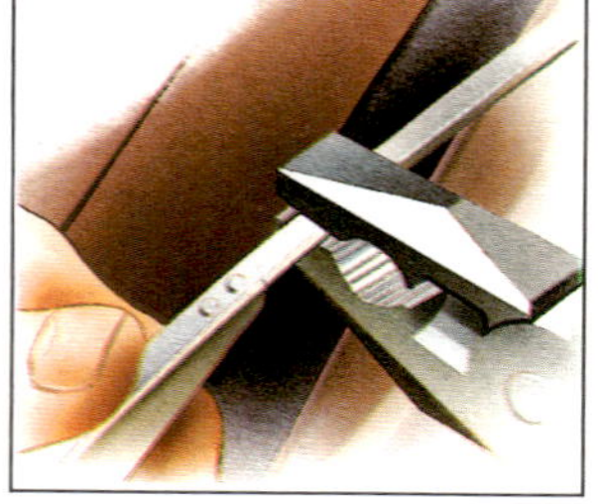

Bei ratterndem Wischer verdreht man den Wischerarm.

Scheibenwischerblätter auswechseln und einstellen

Wischerblätter sind mit Haken oder Klipsen an den Wischerarmen befestigt. Manchmal lassen sich auch die Gummilippen selbst auswechseln.

Wischerarme sind an der Antriebswelle mit Klipsen, Nutverbindungen oder Schrauben befestigt. Meist sind die Welle und der Fuß des Arms fein verzahnt.

Beim Auswechseln muß der neue Wischerarm in derselben Stellung befestigt werden wie der alte; andernfalls schlägt das Wischerblatt gegen die Scheibeneinfassung, kann sich dabei verbiegen und beim Wischerbetrieb Geräusche verursachen.

Werkzeug und Ausrüstung

Schraubenschlüssel, Zange, Schraubenzieher, Ersatzblätter

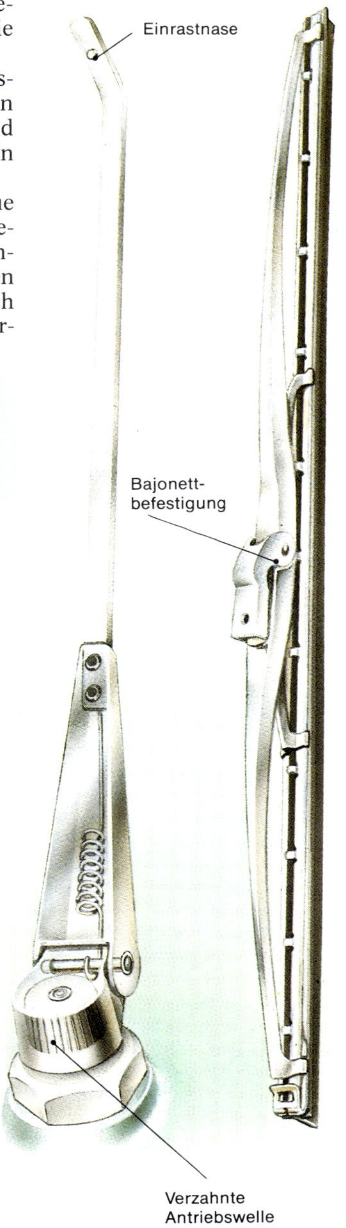

Wischereinstellung

Vor den Arbeiten sollte man sich überzeugen, daß die Wischer in ihrer Endstellung liegen. Die Lage des Wischerblattes markiert man mit Klebestreifen.

Wenn der neue Arm und das Blatt eingesetzt sind, sollten diese in der gleichen Stellung auf der Scheibe anliegen.

Gegebenenfalls löst man die Verschraubung des Arms und versetzt den Arm um einige Zähne.

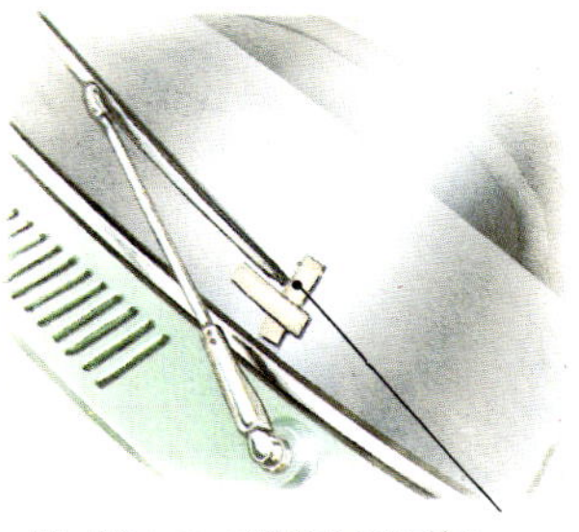

Markierung mit Klebestreifen

Wischerblätter auswechseln

Bajonettbefestigung Am Ende des Wischerarms sitzt eine Nase oder ein kleiner Stift, der im Bajonett des Wischerblattes einrastet. Bei Druck gegen eine kleine Blattfeder läßt sich das Blatt ohne Schwierigkeiten aushängen. Das neue Blatt wird über den Wischerarm geschoben und rastet ein.

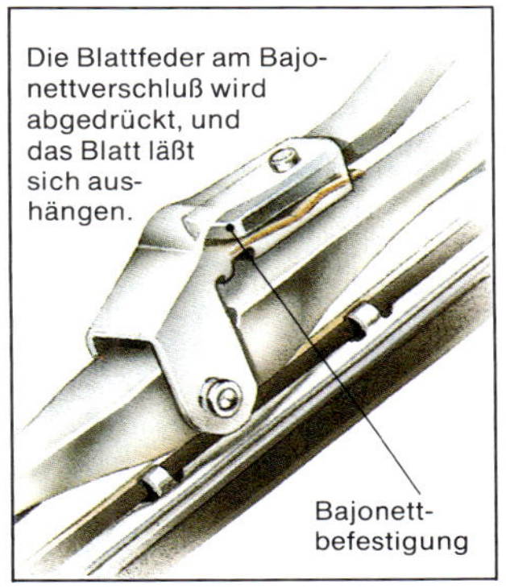

Die Blattfeder am Bajonettverschluß wird abgedrückt, und das Blatt läßt sich aushängen.

Hakenbefestigung Das Wischerarmende ist U-förmig und wird in ein Gegenstück des Wischerblattes eingehängt. Die Sicherung erfolgt durch eine Verriegelungsnase.

Man drückt das U-förmige Teil des Wischerblattes zusammen und zieht es vom Haken ab. Beim Einbau steckt man den U-Haken des Wischerarmes in eine Öffnung des Blattes; das U-Stück des Blattes rastet hörbar ein.

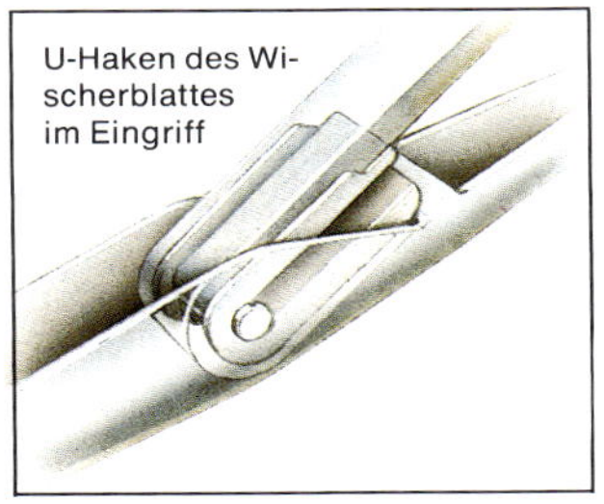

U-Haken des Wischerblattes im Eingriff

Seitenbefestigung Seitlich befestigte Blätter besitzen einen herausstehenden Bolzen, der in eine Querbohrung des Wischerarmes gesteckt wird. Wird ein Sicherungsklips vom Bolzen abgedrückt, läßt sich das Blatt abziehen. Beim Aufstecken muß man das neue Blatt stets oben befestigen.

An einigen Wischerarmen mit Hakenbefestigung lassen sich auch Blätter mit Seitenbefestigung verwenden. Zum Ausbau drückt man ein Paßstück aus den Haken. Wenn man nun die zwei Hälften auseinanderspreizt, liegt das Blatt frei. Das neue Blatt wird eingelegt und die gesamte Einheit in die Haken gedrückt.

Parallelogrammwischer Die Blätter sind an zwei Drehpunkten mit selbstsichernden Muttern befestigt, die häufig durch Plastikkappen abgedeckt sind und abgeschraubt werden müssen.

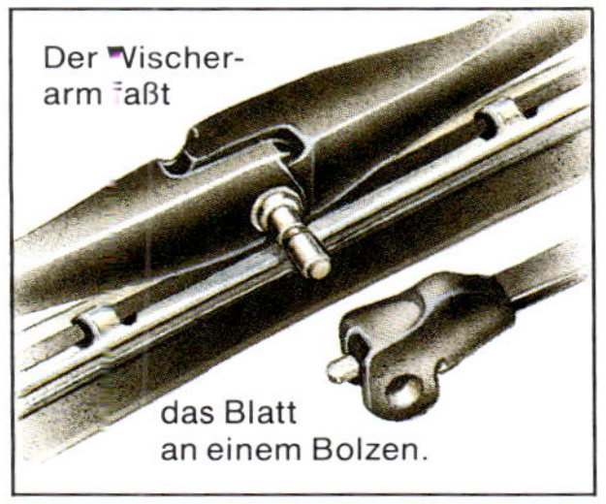

Der Wischerarm faßt das Blatt an einem Bolzen.

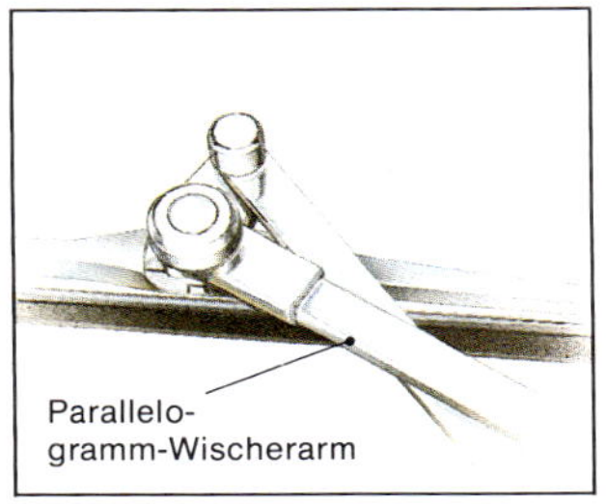

Wischerarme einstellen

Klipsbefestigung Den Klips unten am Wischerarm als Verbindung zur Antriebswelle drückt man mit einem Schraubenzieher zwischen Antriebswelle und Klips ab.

Vor dem Aufsetzen wird der neue Arm mit dem Wischerblatt verbunden. Man sucht die richtige Position und drückt den Klips fest auf die Welle.

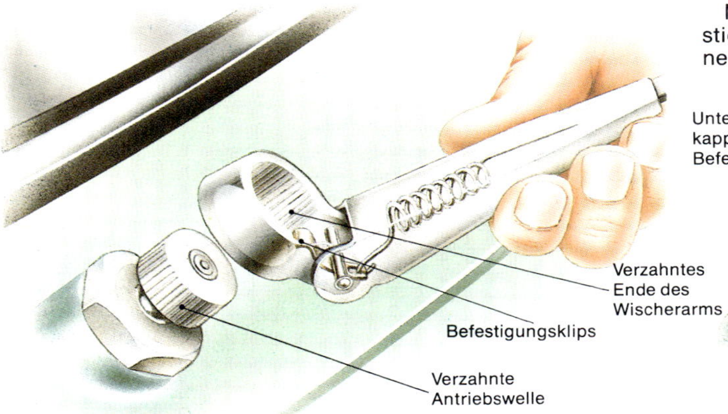

Nut- oder Schraubenbefestigung Statt mit einem Klips ist der Wischerarm mit einer Nut oder Schraube befestigt. Man drückt die Schutzkappe mit dem Schraubenzieher ab und dreht die Schraube heraus.

Manchmal erfolgt die Befestigung mit Muttern unter einer Plastikkappe.

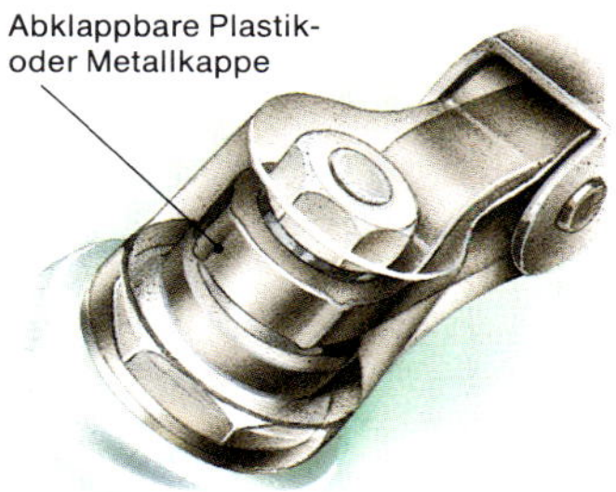

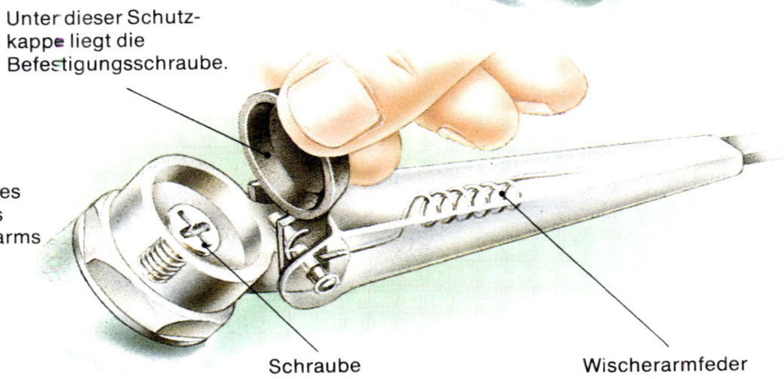

Den Scheibenwischermechanismus pflegen

Scheibenwischer sind kaum wartungs- und pflegebedürftig. Es lohnt sich aber, von Zeit zu Zeit mehrere Tropfen Öl auf die Wellen der Wischerböcke zu geben, damit sie nicht festlaufen.

Mehr Probleme bereiten gelegentlich die Verbindungen zwischen Motor und Wischerböcken. Hier gibt es zwei Systeme, die sich grundsätzlich voneinander unterscheiden:

Beim Zahnstangenantrieb bewegt sich in einer Führung eine Zahnstange hin und her, in die Zahnsegmente der Antriebsspindeln eingreifen und die Drehbewegung des Motors übertragen.

Beim Gestängeantrieb sitzt auf dem Motor ein kleines Getriebe mit einem umlaufenden Hebel, an den ein Übertragungsgestänge anschließt. Von hier aus werden die Hin- und Herbewegungen mit Gestängesystemen übertragen.

Werkzeug und Ausrüstung

Schraubenzieher, Schraubenschlüssel, Prüflampe, Öl, Heißlagerfett, Feile, Waschbenzin, Schleifpapier, Lötkolben

Wischer mit Verbindungsgestänge

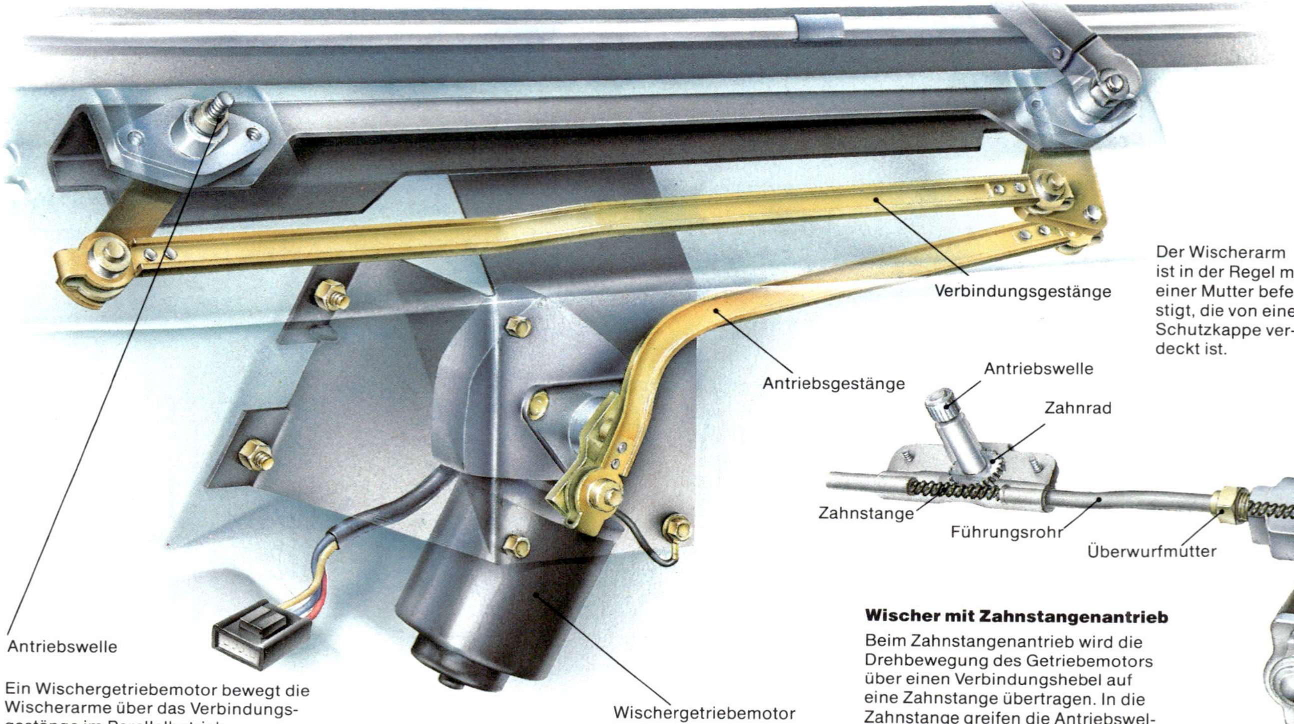

Ein Wischergetriebemotor bewegt die Wischerarme über das Verbindungsgestänge im Parallelbetrieb.

Der Wischerarm ist in der Regel mit einer Mutter befestigt, die von einer Schutzkappe verdeckt ist.

Wischerarmbefestigung

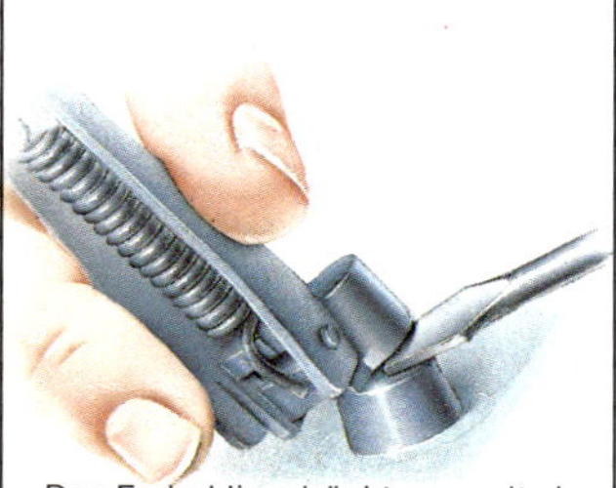

Den Federklips drückt man mit einem Schraubenzieher ab.

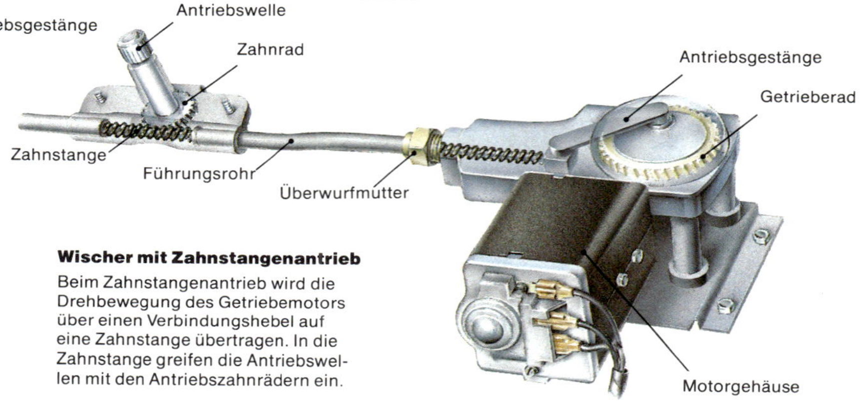

Wischer mit Zahnstangenantrieb

Beim Zahnstangenantrieb wird die Drehbewegung des Getriebemotors über einen Verbindungshebel auf eine Zahnstange übertragen. In die Zahnstange greifen die Antriebswellen mit den Antriebszahnrädern ein.

Reparaturen am Wischergestänge

Ein häufiger Fehler an Scheibenwischern ist die Schwergängigkeit der Antriebsspindeln in den Wischerböcken. Man bemerkt dies meist daran, daß der Motor allmählich immer langsamer läuft. In diesem Fall werden die Wischerarme abgenommen, um die Spindeln freizulegen. Man versucht, die Spindeln mit Rostlöser freizubekommen, so daß der Motor wieder normal läuft.

Ein anderer Fehler an den Scheibenwischern sind verschlissene Zahnräder und Zahnstangen. Die gesamte Wischanlage wischt nur noch einen kleinen Teil der Scheibe. Man dreht die Überwurfmutter vom Getriebegehäuse ab und legt die Antriebszahnstange frei. Dann öffnet man den Deckel des Getriebes und prüft die Zahnräder und das Verbindungsgestänge auf Verschleiß.

Sind keine Mängel sichtbar, werden alle Getriebeteile reichlich mit Heißlagerfett versorgt und wieder geschlossen.

Bei Gestängeantrieb werden gelegentlich die Verbindungsgelenke trocken und verursachen Geräusche. Oft genügt es, wenn man etwas Öl an die Verbindungsstelle bringt. Der Wischer läuft dann wieder ohne Störung.

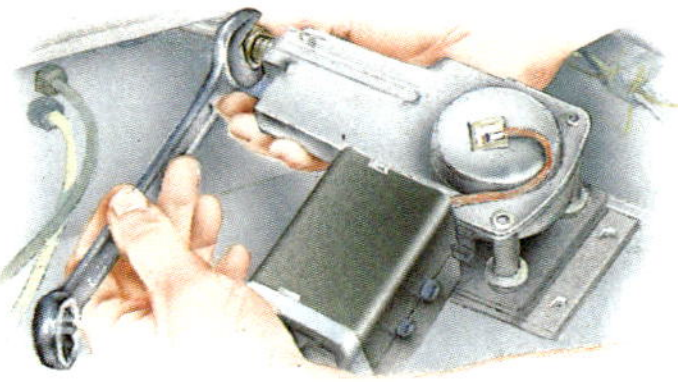

Die Antriebszahnstange ist mit einer Überwurfmutter am Getriebe befestigt.

Zum Ausbau klipst man die Zahnstange vom Verbindungsgestänge ab und hebt sie aus dem Führungsschlitz.

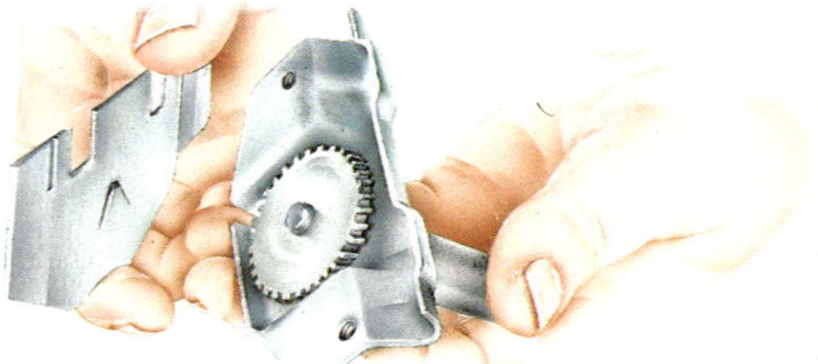

Alle Getriebe werden vor dem Zusammenbau reichlich mit Heißlagerfett versorgt.

Störungen an der Elektrik

Wenn der Wischermotor stehenbleibt oder die Sicherung des betreffenden Stromkreises durchbrennt, überprüft man zunächst die Anschlußkabel auf Kurzschlüsse.

Findet man keinen Fehler, dann untersucht man die Versorgungsleitung mit einer Prüflampe. Wenn diese nicht aufleuchtet, verfolgt man die Versorgungsleitung weiter bis zum Schalter.

Ist immer noch kein Strom meßbar, verfolgt man die Leitung bis zur Sicherung oder zum Zündschloß, um so den Fehler aufzuspüren.

Den Wischermotor reparieren

Den Wischermotor ausbauen

Vor Beginn der Arbeit klemmt man den Minuspol der Batterie ab. Dann entfernt man eventuell vorhandene Verkleidungen und zieht den Elektroanschluß des Motors ab.

Beim Zahnstangenantrieb dreht man die Überwurfmutter des Verbindungsgestänges herunter.

Beim Gestängeantrieb sitzen Motor und Gestänge meist auf einem Träger, den man komplett herausnimmt.

Manchmal kann man auch die Motorantriebsspindel freilegen und den Motor separat abbauen.

Zum Ausbau des Motors mit Antriebsgestänge nimmt man die Wischerarme ab und dreht die Muttern der Wischerböcke herunter. Hierbei sollte man die Lage der Dichtringe und Unterlegscheiben beachten und die Position der Gestänge in der Endposition der Wischerarme markieren.

Beim Gestängeantrieb kann oft das Gestänge mit dem Motor herausgenommen werden. Man nimmt die Wischerarme ab und legt die Wischerböcke frei. Nachdem man die Elektroverbindung abgezogen und die Motorbefestigung gelöst hat, liegt der Wischerantrieb frei.

Bevor man das System zerlegt, markiert man die Lage der Gestänge in ihrer unteren Endposition, um sich den Zusammenbau zu erleichtern.

Prüf- und Reparaturarbeiten am Wischermotor

Alle Wischermotoren haben einen ähnlichen Aufbau. Zunächst entfernt man eventuell noch montiertes Gestänge und dreht die langen Halteschrauben am Motorgehäuse heraus, die den Deckel halten. Dieser läßt sich mit dem Schraubenzieher abdrücken. Nun liegen die Kohlebürsten mit dem Kollektor frei.

Schleifkohlen, die kürzer als 3 mm sind, sind zu ersetzen. Neue Schleifkohlen müssen frei in den Führungen laufen. Ist der Kollektor verbrannt, reinigt man ihn mit feinem Schleifpapier. Dabei legt man auch die Schlitze zwischen den einzelnen Kollektorfeldern frei. Erkennt man verbrannte Feldwicklungen, ist ein Austauschmotor fällig.

Bei anderen Bauformen liegen die Schleifkohlen nicht hinter dem unteren Lagerdeckel. Vielmehr muß man zum Ausbau die gesamte Motorschutzkappe abziehen. Dabei nimmt man auch den Anker mit dem Kollektor heraus. Unmittelbar unter dem Getriebe liegen die Schleifkohlen. Solche Motoren sind etwas aufwendiger gebaut, wodurch zwei Wischgeschwindigkeiten ermöglicht werden.

Sind die Schleifkohlen kürzer als 3 mm, müssen sie ersetzt werden. Der Kollektor wird mit einer feinen Eisensäge ausgestoßen, kontrolliert und mit Schleifpapier gereinigt.

Bei diesen Überholungsarbeiten schraubt man auch immer den Schutzdeckel des Wischergetriebes ab, prüft die Zahnräder auf Verschleiß und füllt das Gehäuse mit Heißlagerfett auf.

Damit beim Zusammenbau des Motors die Schleifkohlen nicht am Kollektor anstehen, werden sie mit einem feinen Draht (siehe Abbildung) hochgebunden. Dann führt man den Anker mit der Antriebsspindel vorsichtig in das Getriebe ein.

Zwischen Getriebedeckel und Motorgehäuse bleibt nur noch ein kleiner Spalt, durch den man den Bindedraht mit einer kleinen Drahtzange herausnimmt. Die Schleifkohlen liegen nun frei.

Alle diese Arbeiten sind relativ aufwendig; daher sollte man sie in einer Fachwerkstatt durchführen lassen.

Dies trifft besonders dann zu, wenn die Sicherung des Scheibenwischers öfter ohne erkennbaren Grund durchbrennt. Auf keinen Fall ist es erlaubt, eine größere Sicherung einzusetzen oder gar die Sicherung zu überbrücken, da sonst der teure Wischermotor innerhalb kürzester Zeit zerstört wird.

Gleichstrommotor

Nach Herausdrehen der Befestigungsschrauben wird der Motordeckel abgenommen. Auf einer isolierten Platte sitzen federbelastete Schleifkohlenhalter.

Motor mit zwei Geschwindigkeiten

Bei rundem Gehäuse sollte man die Lage des Gehäuses gegenüber dem Getriebe markieren. Das Gehäuse wird von zwei langen Halteschrauben zusammengehalten.

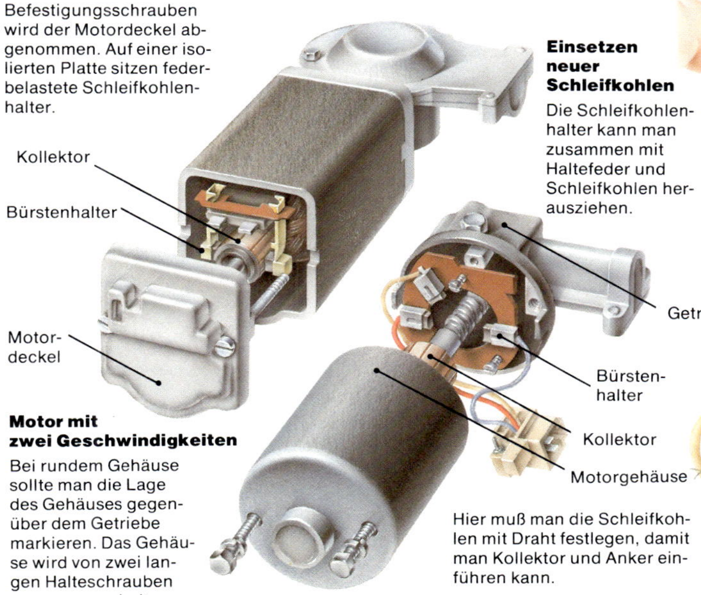

Einsetzen neuer Schleifkohlen

Die Schleifkohlenhalter kann man zusammen mit Haltefeder und Schleifkohlen herausziehen.

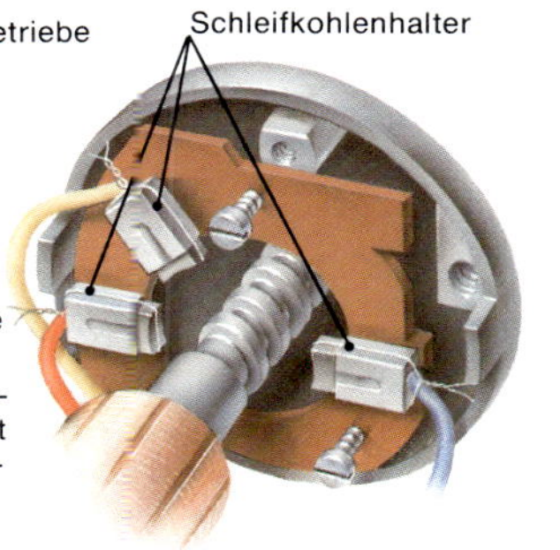

Hier muß man die Schleifkohlen mit Draht festlegen, damit man Kollektor und Anker einführen kann.

Den Motor einbauen

Wenn der Motor wieder komplettiert ist, werden die Gestänge befestigt. Man richtet sie so aus, daß die vorher angebrachten Markierungen zusammenpassen.

Nun führt man die komplette Baueinheit wieder ein und befestigt die Wischerböcke mit Dichtungen, Scheiben und Muttern. Nachdem man den Elektroanschluß hergestellt hat, komplettiert man die Anlage und prüft ihre Funktion.

Die Endstellung einstellen

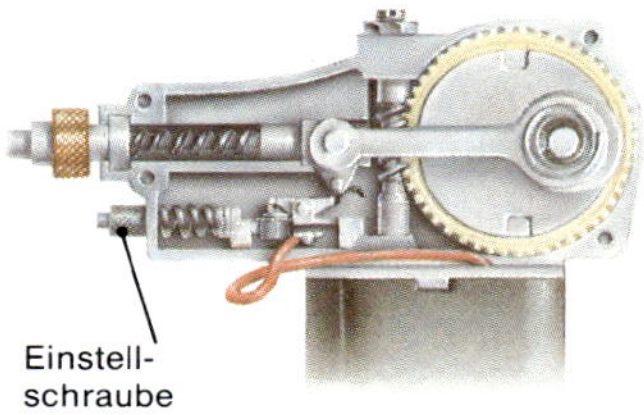

Bei einigen Motoren kann man die Endstellung mit einer Schraube verändern.

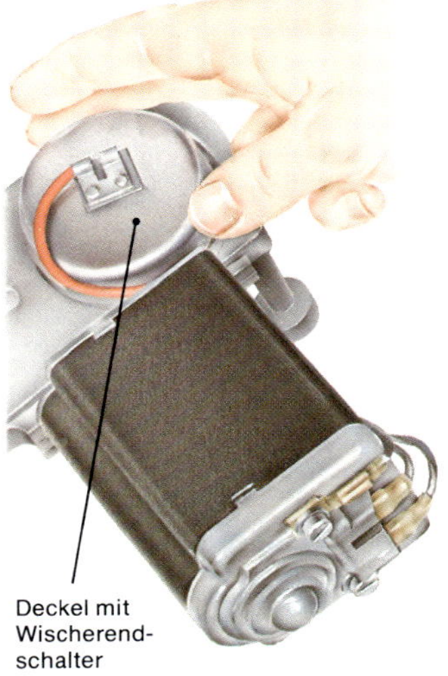

Bei diesem Motor wird die Endstellung durch Verdrehen des Verschlußdeckels korrigiert, der den Endschalter trägt.

Den Motor für die Scheibenwaschanlage erneuern

Fahrzeuge mit elektrischem Scheibenwascher besitzen einen Kombinationsschalter in der Nähe des Lenkrades, der auch den Wischermotor betätigt. Läuft der Motor der Waschanlage nicht an, sollte man zuerst die Funktion des Schalters prüfen (siehe Seite 209–210).

Liegt Strom an Schalter und Motor an, kann die Masseverbindung des Motors korrodiert sein. Auch der Sitz des Motors ist zu untersuchen.

Läuft der Motor noch nicht, obwohl man alle Fehlerstellen geprüft hat (siehe Seite 211–212), muß er ausgewechselt werden.

Man besorgt sich entweder einen Originalmotor oder greift auf einen Universalmotor zurück, der oft billiger ist.

Wenn der Motor direkt am Behälter sitzt, ist man auf das Original angewiesen, weil man die Originalanschlüsse nehmen muß.

Erhält man einen anderen Motor preiswert, muß man ihn an die Anlage anpassen. Der alte Motor bleibt dann in seiner Halterung.

Da neue Motoren verhältnismäßig teuer sind, empfiehlt sich auch ein Besuch beim Schrotthändler. Für einen günstigen Preis kann man meist die komplette Einheit, Waschanlagebehälter und Motor, erwerben. Dabei muß es sich nicht unbedingt um den gleichen Fahrzeugtyp handeln, wichtig ist nur, daß Platz für den neuen Behälter vorhanden ist und daß die Spannung (meist 12 V) übereinstimmt.

Den gebrauchten Motor vor dem Kauf oder vor dem Einsetzen unbedingt auf Funktionsfähigkeit prüfen.

Werkzeug und Ausrüstung

Prüflampe oder Tester, Blechschrauben, Bohrmaschine, Bohrer, Schraubenzieher, Ersatzmotor

Einen Motor mit gleichem Schlauchanschluß einbauen

Zunächst wird die Batterie abgeklemmt und die Kabelverbindung zum Motor stillgelegt. Der Motor bleibt in seiner Position. Lediglich der Schlauchanschluß wird abgezogen.

Der neue Motor wird mit Blechschrauben auf dem Radhaus in der Nähe des Waschbehälters befestigt. Beim Bohren muß man darauf achten, daß man keine Teile unter dem Blech beschädigt. Den Platz für den Motor wählt man so, daß die Länge der Schlauchzuleitungen ausreicht.

Die Saug- und die Druckleitung des neuen Motors sind in der Regel mit Pfeilen gekennzeichnet. Entsprechend schließt man die beiden Leitungen an. Die Kabelstecker des alten elektrischen Anschlusses passen meist nicht zu dem neuen Motor und werden abgeschnitten. Mit der Universalquetschzange isoliert man die Kabelenden ab und setzt neue Stecker auf. Plus- und Minusleitungen des Motors sind meist besonders gekennzeichnet.

Wenn man die Fahrzeugbatterie angeschlossen hat, prüft man die Anlage auf Funktion und zusätzlich den Zustand der Wischerblätter und -arme (siehe Seite 260). Auch die Düsen der Waschanlage sind neu einzustellen.

Falls der neue Motor den Radioempfang stört, kann man in die Versorgungsleitung zusätzlich einen Kondensator einsetzen.

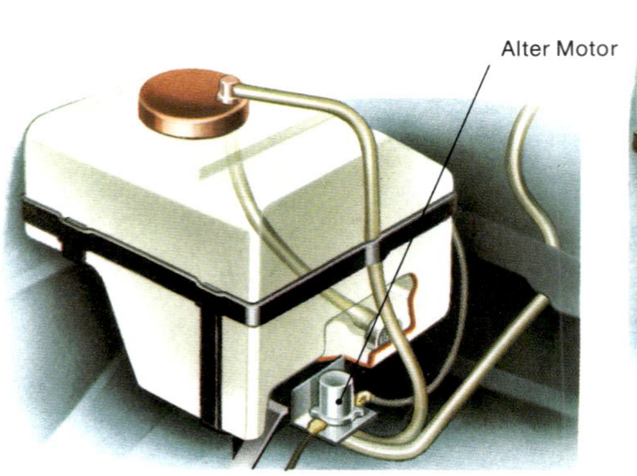

Der alte Motor bleibt auf seiner Konsole. Die Saug- und Druckleitung sowie das Rückschlagventil werden jedoch übernommen.

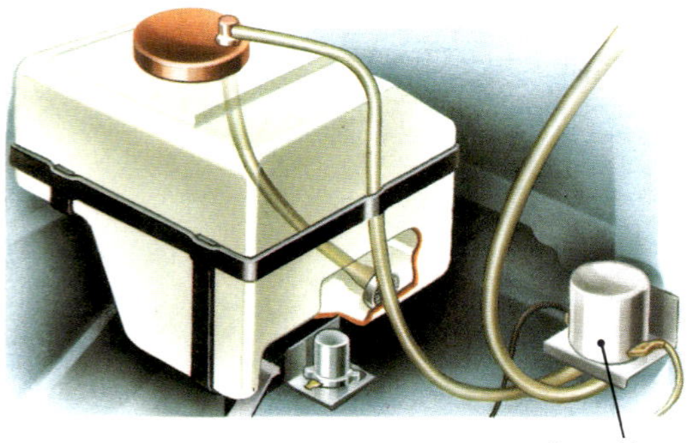

Der neue Motor wird neben dem Waschanlagenbehälter montiert. Die Entfernung ist so zu wählen, daß weder Schlauchleitungen noch elektrische Anschlüsse verlängert werden müssen.

Waschanlage mit integriertem Motor

Bei einer solchen Anlage ist eine neue Bohrung für die Ansaugleitung samt Rückschlagventil notwendig. Man bohrt den Behälter mit einem normalen Bohrer an und glättet die Kanten mit einer Feile. Die Saugleitung wird durch eine Gummitülle geschützt. Zuletzt müssen die Bohrspäne entfernt werden, damit sie nicht das Rückschlagventil und die Schlauchleitung verstopfen.

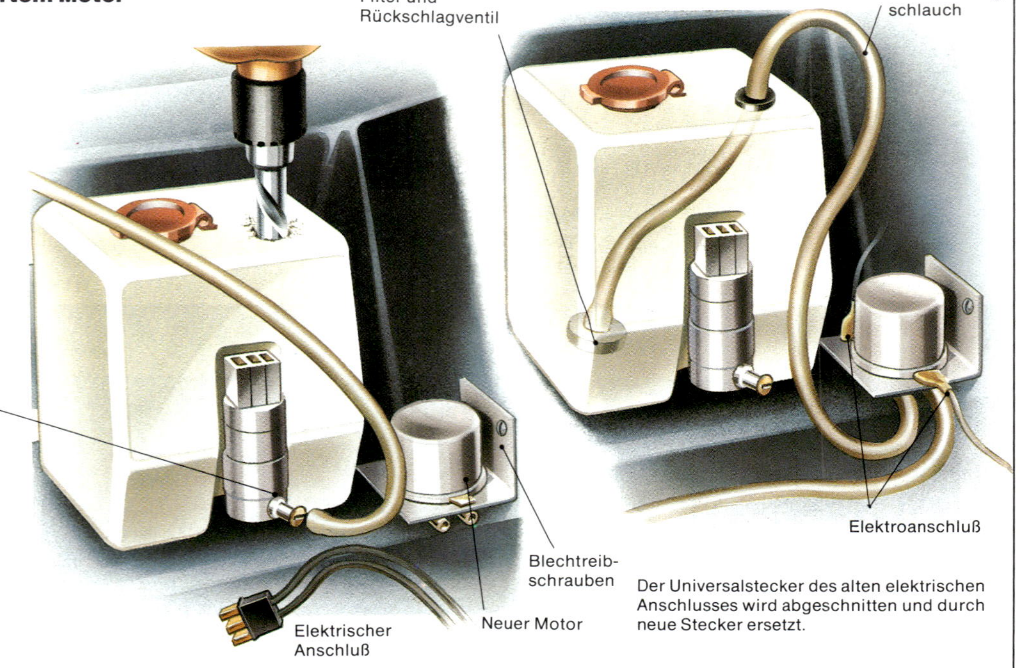

Das Loch wird so groß wie die Gummitülle gebohrt. Besitzt man keinen passenden Bohrer, bohrt man vor und erweitert das Loch mit einer Halbrundfeile. Anschließend nimmt man den Behälter aus seiner Halterung und wäscht ihn gründlich aus, um die Bohrspäne zu entfernen.

Der Universalstecker des alten elektrischen Anschlusses wird abgeschnitten und durch neue Stecker ersetzt.

Motor mit getrennter Pumpe

Der Motor sitzt im Deckel und treibt eine innenliegende Impellerpumpe an. Er läßt sich relativ preiswert ersetzen, weil die Pumpe übernommen wird. Deshalb empfiehlt sich der Kauf von Originalteilen.

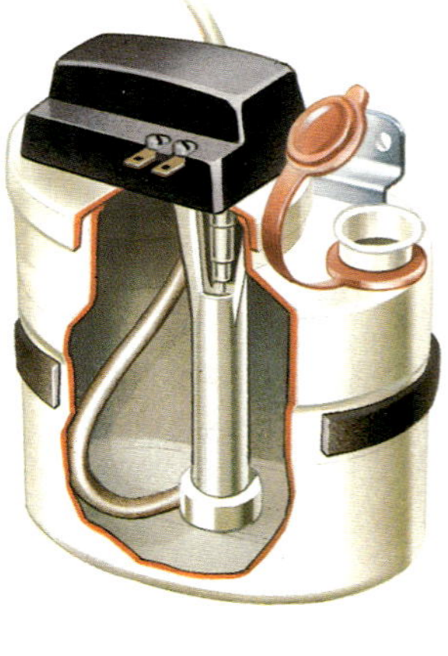

Motor und Impellerpumpe sind über ein Gestänge verbunden und können separat erneuert werden.

Scheinwerfer und Leuchten prüfen 1

Häufige Routineprüfungen der Scheinwerfer und Leuchten des Autos sind für die Verkehrssicherheit immer sinnvoll. Vor einer Nachtfahrt schaltet man die Beleuchtung ein und kontrolliert die Hauptscheinwerfer mit Fahr- und Fernlicht sowie die Schlußlichter mit der Nummernschildbeleuchtung, zusätzlich die Fahrtrichtungsblinker, das Stopplicht, die Rückfahrlampen, die Nebelscheinwerfer, das Zusatzfernlicht, die Warnblinkanlage und die Fahrzeuginnenbeleuchtung. Dabei wischt man die Glasscheiben mit einem sauberen Tuch ab und untersucht sie auf Schäden.

Gebrochene Gläser sollte man bald auswechseln, weil hier Feuchtigkeit eindringt und die Reflektoren beschädigt.

Werkzeug und Ausrüstung

Schraubenzieher, Voltmeter oder Prüflampe, Stahlbürste, Schleifpapier

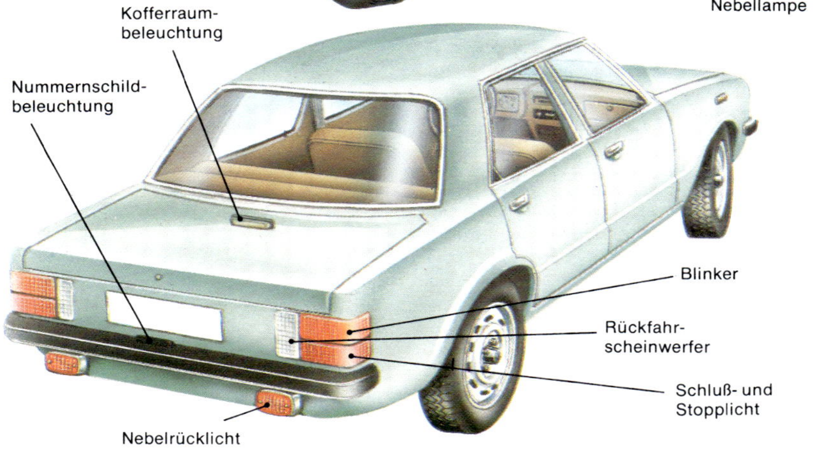

Die Hauptscheinwerfer prüfen

Bei den meisten Fahrzeugen erreicht man die Lampen der Hauptscheinwerfer, indem man nur eine Schutzkappe im Motorraum abnimmt. Manchmal muß man allerdings einen Teil des Kühlergrills oder einen Zierring abnehmen. Das Ausbauen der Lampen ist auf Seite 244 beschrieben.

Wenn man die Lampe gegen das Licht hält, erkennt man den durchgebrannten Leuchtfaden.

Wenn sich bei einer normalen Bilux-Lampe am Glaskolben ein schwarzer Belag gebildet hat, sollte man sie auswechseln, da sie nur noch geringe Leuchtleistung besitzt.

Bei Halogenlampen bildet sich hingegen ein silbriger Niederschlag am Glaskolben als Kennzeichen für den bevorstehenden Lampenausfall.

Grundsätzlich sollte man die Glaskörper nicht mit den Fingern anfassen, weil die Fingerabdrücke festbrennen und die Lichtausbeute verringern. Verschmutzte Lampen reinigt man mit Verdünner oder Spiritus.

Eine andere Störquelle sind korrodierte Steckanschlüsse der Lampen. Zur Reparatur zieht man bei ausgeschalteten Scheinwerfern die Stekker ab und reinigt die Steckerfahnen mit Schleifpapier oder einer kleinen Stahlbürste.

Auch korrodierte Masseanschlüsse verursachen häufig eine zu geringe Lichtleistung. Der Masseanschluß liegt meist in der Nähe der Hauptscheinwerfer direkt auf der Karosserie.

Fällt die Lichtleistung beider Scheinwerfer gleichmäßig ab, sind auch die gemeinsamen Kabel bis zum Licht- und Abblendschalter zu untersuchen, ebenso die Sicherungen.

Fallen hingegen beide Lampen häufiger aus, schaltet der Spannungsregler nicht mehr rechtzeitig ab, so daß zu hohe Bordnetzspannungen die Lampen zerstören.

Scheinwerfer mit Bilux-Lampen kann man häufig auf H4-Scheinwerfer umrüsten. Dazu müssen allerdings die kompletten Scheinwerfer ausgewechselt werden.

Unzulässig ist es, Standardscheinwerfer mit Adapterringen auf die Halogentechnik umzurüsten, da die Betriebserlaubnis für das Fahrzeug erlischt.

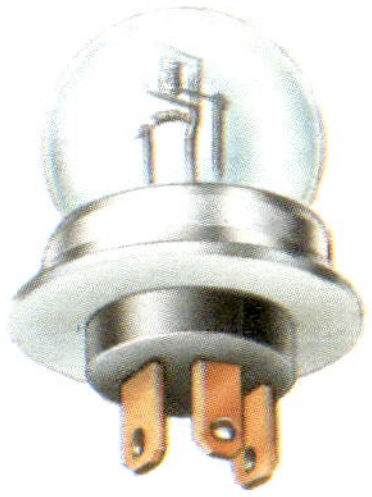

Bilux-Lampe mit 45-W-Stromaufnahme

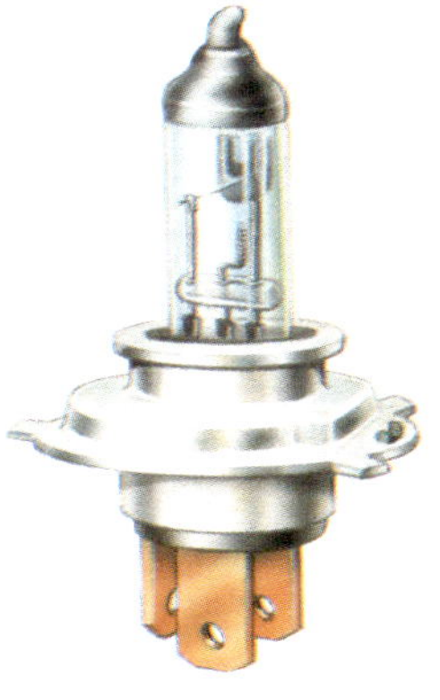

H4-Hauptscheinwerferlampe mit doppelter Lichtleistung

Sealed-Beam-Scheinwerfer prüfen

Sealed-Beam-Scheinwerfer, bei denen die Glühfäden zusammen mit Reflektor und Glas vergossen sind, müssen als Einheit ausgewechselt werden und sind in Deutschland als Hauptscheinwerfer nicht üblich.

Man findet solche Scheinwerfer gelegentlich als Nebelscheinwerfer oder Zusatzfernleuchten. Zur Prüfung baut man den kompletten Sealed-Beam-Einsatz aus und verbindet die beiden Batteriepole mit den beiden Anschlüssen des Scheinwerfereinsatzes (siehe Abbildung). Wenn die Lampe intakt ist, muß sie aufleuchten.

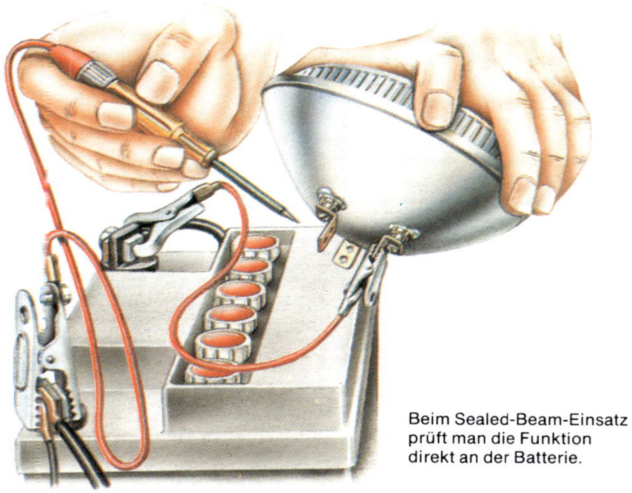

Beim Sealed-Beam-Einsatz prüft man die Funktion direkt an der Batterie.

Die Hauptscheinwerfer-Anschlüsse prüfen

Bilux- oder H4-Lampen besitzen an der Rückseite den typischen Dreifachstecker, der meist hinter einer Gummikappe im Motorraum sitzt. Man untersucht zunächst bei eingeschalteten Hauptscheinwerfern den Masseanschluß. Ersatzweise legt man ein Zusatzkabel direkt auf Fahrzeugmasse und verbindet es mit Stecker 31, der oft ein braunes Kabel besitzt.

Ist die Masseverbindung in Ordnung, untersucht man mit einer Prüflampe die Stromversorgung des Abblend- und Fernlichtes. Häufig ist das Fernlicht mit 56 A und das Abblendlicht mit 56 B bezeichnet.

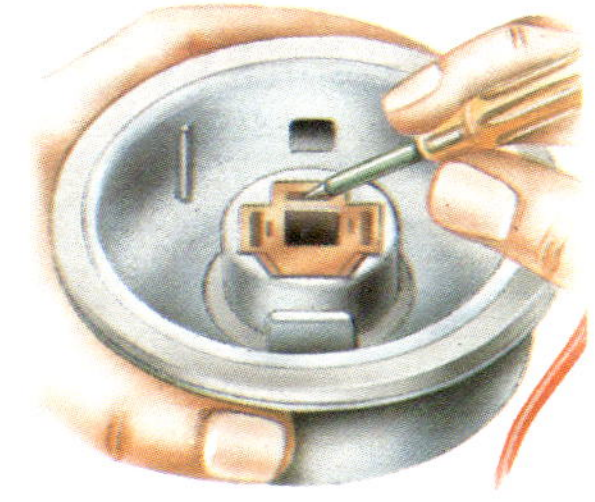

Typischer Dreifachstecker-Anschluß der Hauptscheinwerferlampen

Scheinwerfer und Leuchten prüfen 2

Prüfen von Blinkern, Stopp- und Rücklichtern

Fällt eine dieser Leuchten aus, prüft man zunächst die Sicherung und anschließend das zur Lampe führende Kabel. Am besten legt man eine Prüflampe oder ein Voltmeter an den federbelasteten Mittelkontakt. Wenn Spannung anliegt, ist entweder die Masseverbindung schlecht oder die Lampe durchgebrannt. Durchgebrannte Glühfäden erkennt man meist an geschwärzten oder silbernen Glaskolben.

Für Fahrzeuge gibt es eine ganze Reihe von Lampenausführungen. Üblich sind Lampen mit Bajonettfassung in Ein- oder Zweifadenausführung mit unterschiedlicher Leistung. Montiert werden auch Soffittenlampen und Lampen ohne Fassung. Diese haben nur einen Glaskörper, und die beiden Kontaktdrähte sind am unteren Ende des Körpers umgebogen. Weniger gebräuchlich sind Lampen mit Schraubsockel.

Wechselt man eine Lampe aus, muß man immer eine Originallampe mit der richtigen Wattzahl einsetzen.

Bei Zweifaden-Bajonettsockellampen ist das korrekte Einsetzen besonders wichtig. Die beiden Bajonettstifte sitzen an verschiedenen Stellen, so daß die Lampe stets nur in einer Position eingesetzt werden kann.

Am einfachsten prüft man eine Glühlampe direkt an der Batterie.

Verschiedene Lampenausführungen

Schraubsockel

Bajonettsockel

Einfadenlampe mit Bajonettsockel

Zweifadenlampe mit Bajonettsockel

Soffittenlampe

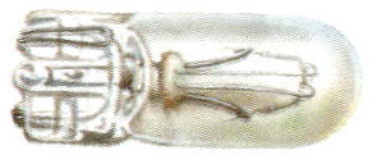

Glassockellampe

Eine Glühlampe testen

Man dreht die Glühlampe heraus und reinigt den Mittelkontakt sowie den Metallsockel. Den Mittelkontakt legt man auf den Pluspol der Batterie und stellt eine Masseverbindung vom Metallsockel zum Minuspol der Batterie her. In diesem Fall muß die Glühlampe aufleuchten.

Falls die Lampe nicht aufleuchtet, ist sie schadhaft.

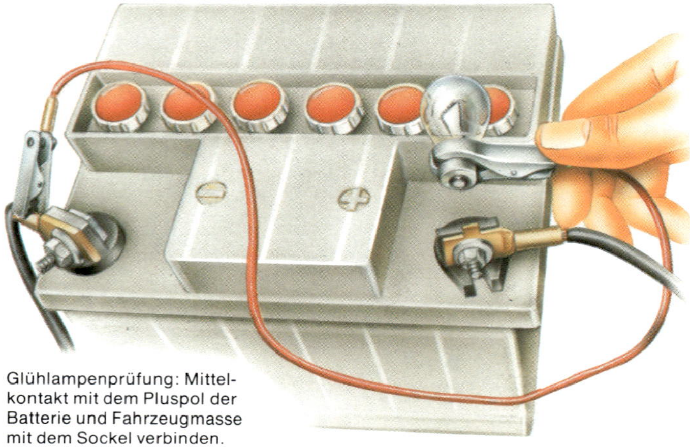

Glühlampenprüfung: Mittelkontakt mit dem Pluspol der Batterie und Fahrzeugmasse mit dem Sockel verbinden.

Einen Lampenhalter prüfen

Bei manchen Fahrzeugleuchten sitzt die Lampe in einem Halter, den man zur Prüfung nach hinten aus dem Reflektor herauszieht.

Nach dem Herausziehen schaltet man den Strom ein. Wenn man mit einer Krokodilklemme und einem Kabel eine Masseverbindung hergestellt hat, muß die Lampe aufleuchten.

Andernfalls untersucht man den Plusanschluß mit einer Prüflampe. Wenn er Strom führt, ist der Lampensockel im Lampenhalter korrodiert und muß vollständig ersetzt werden.

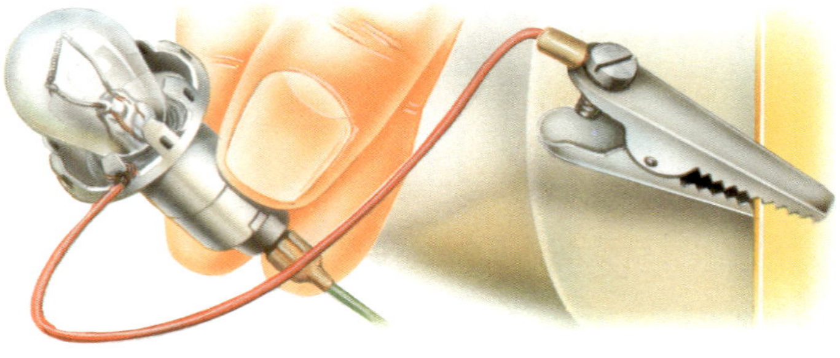

Diese Lampe wird mit dem Lampenhalter aus der Leuchte herausgezogen und mit einer Masseverbindung getestet.

Eine Leuchteneinheit prüfen

Die meisten Fahrzeuge besitzen Leuchteneinheiten, in denen mehrere Glühlampen zusammengefaßt sind.

Arbeitet eine dieser Lampen nicht mehr, nimmt man sie heraus. Die Prüfung erfolgt direkt an der Batterie.

Brennt die Lampe, untersucht man als nächstes die Stromversorgung. Man legt zur Prüfung den Masseanschluß der Prüflampe auf die Karosserie und die Prüfklinge auf die Kontaktfeder.

Hierbei kann man auch eine eventuelle Korrosionsschicht beseitigen, die den Stromübergang verhindert.

Schadhafte Leiterbahnen können nicht mehr repariert werden; in diesem Fall ist der komplette Lampensockel zu ersetzen.

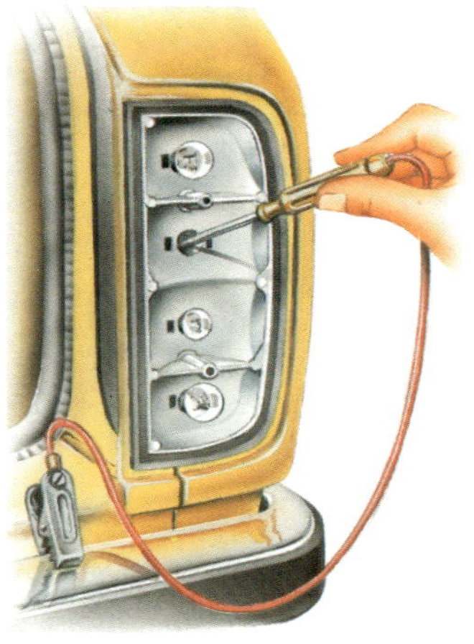

Der stromführende Federkontakt wird mit einer Prüfklinge getestet.

Ersatzglühlampen

Eine Glühlampenbox mit Reservelampen sollte in keinem Fahrzeug fehlen.

Ein gutes Sortiment enthält von allen am Fahrzeug vorgesehenen Lampentypen je eine Ersatzlampe, außerdem Sicherungen, von denen es mehrere Ausführungen gibt (siehe Seite 237).

Beim Kauf sollte man sich vom Fachmann bezüglich der für das eigene Fahrzeug notwendigen Lampen und Sicherungen beraten lassen.

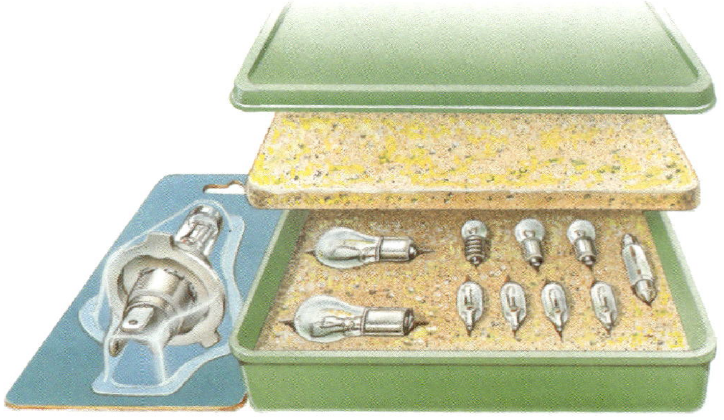

Glühlampen und Sicherungen müssen zum Fahrzeug passen.

Die Hauptscheinwerfer einstellen

Das Einstellen der Scheinwerfer ist eine Aufgabe für die Spezialisten in Werkstätten oder Tankstellen. Noch rationeller ist es, wenn man die nächste ADAC-Geschäftsstelle anruft und sich einen Termin für das nächstgelegene technische Prüfzentrum geben läßt.

Für den Do-it-yourselfer gibt es hier trotzdem einige Empfehlungen für Ausnahmesituationen. Er benötigt zum Einstellen eine senkrechte Wand und eine ebene Standfläche für das Fahrzeug.

Werkzeug und Ausrüstung

Schraubenzieher, Kreide, Meterstab oder Bandmaß

Die Einstellwand markieren

Man stellt das Fahrzeug im 90°-Winkel unmittelbar vor eine senkrechte Wand und markiert die Verlängerung der Fahrzeugmittelachse mit einer vertikalen Linie.

Zwei weitere vertikale Linien geben den Abstand der Scheinwerfermitte von der Fahrzeuglängsachse an.

Nun ermittelt man den Abstand der Scheinwerfermitte vom Boden und zeichnet in dieser Höhe eine horizontale Linie an die Wand sowie 10 cm tiefer eine dazu parallele Linie.

Dann fährt man das Fahrzeug so weit zurück, bis die Scheinwerfer 10 m von der Wand entfernt sind.

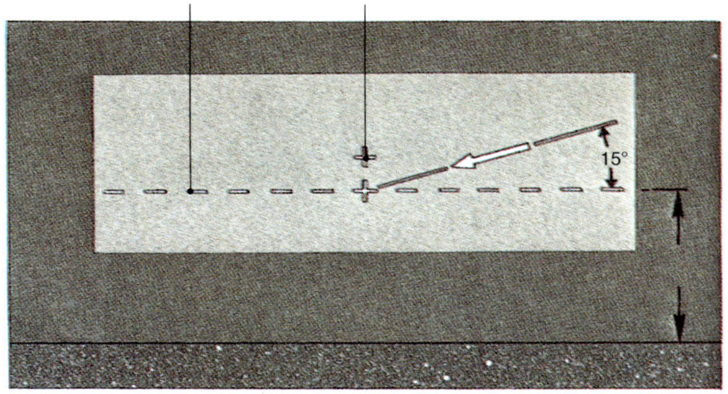

Mit Kreide markiert man die Verlängerung der Fahrzeuglängsachse auf einer senkrechten Wand oder einem Garagentor. Parallel zur Mittellinie wird rechts und links die Mitte des Scheinwerfers markiert.

Das asymmetrische Abblendlicht

Um die Fahrbahnränder ohne Blendung des Gegenverkehrs besser ausleuchten zu können, haben heute alle Fahrzeuge ein asymmetrisches Abblendlicht. Es gibt somit keine durchgehende horizontale Hell-Dunkel-Grenze mehr wie früher.

Durch einen besonderen Sektor im Scheinwerferglas wird die Hell-Dunkel-Grenze in jedem Scheinwerfer – von der Mitte aus beginnend – nach oben angehoben.

Um zu prüfen, ob die Einstellung den einschlägigen Vorschriften entspricht, schaltet man das Abblendlicht (Fahrlicht) ein und achtet bei der Betrachtung der Lichtfläche auf der Wand darauf, ob die horizontale Hell-Dunkel-Linie im Schnittpunkt der unteren horizontalen und der äußeren vertikalen Linie deutlich um etwa 15° nach oben ansteigt (siehe Bild unten).

Die Grundeinstellung von Scheinwerfern erfolgt aber immer bei eingeschaltetem Fernlicht.

In jedem Fall muß man die korrekte Einstellung immer in einer Werkstatt oder Tankstelle bzw. beim ADAC-Prüfdienst durchführen lassen.

Die Höhe der Scheinwerfer markiert man mit einer horizontalen Linie. Die Einstellinie zeichnet man parallel dazu 10 cm tiefer.

Bei neueren Fahrzeugen ist häufig das Abblendlicht so geschaltet, daß es zusammen mit dem Fernlicht brennt, was der verbesserten Vorfeldausleuchtung bei Fahrten mit Fernlicht dient. Außerdem sind Schaltungen zulässig, bei denen Nebelscheinwerfer nicht mehr automatisch verlöschen, wenn das Fernlicht eingeschaltet wird; jedoch ist das Fahren mit gleichzeitig eingeschaltetem Fern- und Nebellicht unzulässig.

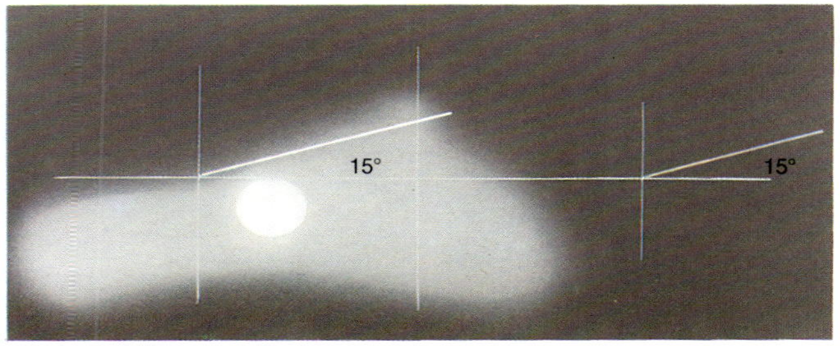

Typisches Lichtbild eines Scheinwerfers mit asymmetrischem Abblendlicht. Die Einstellung ist hier etwas zu hoch gewählt und seitlich versetzt.

Die Scheinwerfer einstellen

Die Einstellschrauben für die Höhen- und Seitenverstellung am Scheinwerferrahmen sind entweder von außen oder innen zugänglich. Manchmal muß man ein Teil des Kühlergrills oder einen Scheinwerferzierring abnehmen. Bei neueren Fahrzeugen gibt es Kunststoffrändel an der Scheinwerferrückseite, die sich ohne Werkzeug von Hand bedienen lassen.

Zur Einstellung schaltet man das Fernlicht ein. Die Lichtkegel müssen genau auf die beiden Schnittpunkte der oberen horizontalen und beiden äußeren vertikalen Linien auftreffen. Höhenabweichungen werden mit der oberen und unteren Höhenverstellung, seitliche Abweichungen mit der rechten oder linken Seitenverstellung korrigiert.

Die korrekte Einstellung erfolgt später in einer Werkstatt.

Scheinwerfer-Prüfgeräte sind fahrbare Abbildungskammern und bestehen im wesentlichen aus einer einfachen Linse und einem Bildschirm, der die Einstellungsmarkierung trägt und durch ein Sichtfenster betrachtet wird.

Für das Ausrichten des Prüfgeräts gibt es eine besondere Visiereinrichtung in Form eines Spiegels.

Mit der Seiteneinstellung wird der Lichtpunkt so verändert, daß er genau auf der vertikalen Linie sitzt.

Nun wird die Höheneinstellung so verdreht, bis die horizontale Linie den Lichtpunkt ebenfalls genau teilt.

Bei Abblendlicht muß die Hell-Dunkel-Grenze genau an der unteren horizontalen Linie enden.

Glühlampen einsetzen

Das Einsetzen von Glühlampen ist eine einfache Arbeit, die eigentlich jeder Autofahrer beherrschen sollte, denn das erhöhte Unfallrisiko bei Fahrten mit nicht korrekt funktionierender Lichtanlage darf man niemals unterschätzen. Außerdem werden solche Mängel von der Polizei oft mit Bußgeld belegt.

Werkzeug und Ausrüstung
Schraubenzieher, Ersatzglühlampe

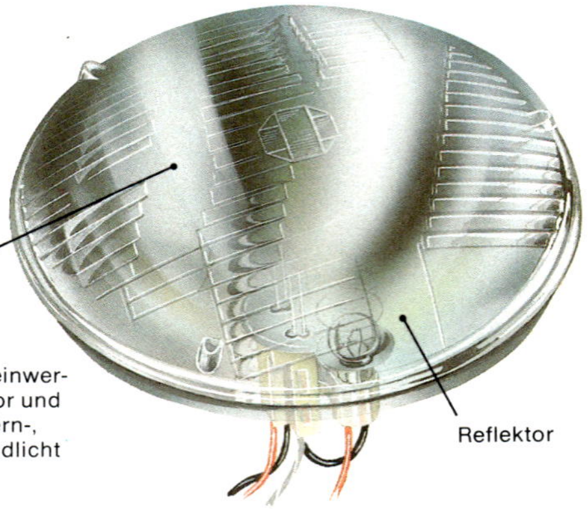

Runder Hauptscheinwerfer mit Glasreflektor und Glühlampen für Fern-, Abblend- und Standlicht

Die Scheinwerfer freilegen

Der Aufwand, um an Scheinwerfer und Glühlampen heranzukommen, ist je nach Konstruktion sehr unterschiedlich.

Bei älteren Fahrzeugen wird meist ein verchromter Scheinwerferzierring von unten mit einer Blechschraube gehalten, die man – nicht mit der Scheinwerfer-Einstellschraube verwechseln! – herausdreht. Den Zierring drückt man dann vorsichtig ab.

Bei neueren Fahrzeugen muß manchmal der Kühlergrill entfernt werden. Dazu öffnet man die Motorhaube und nimmt die Halteklipse oder Blechschrauben am oberen Luftleitblech ab. Dann kann der Kühlergrill herausgezogen werden, sofern er nur in das untere Luftleitblech gesteckt ist. Manchmal gibt es zusätzliche Sicherungsschrauben.

Besonders einfach ist der Lampenwechsel, wenn auf der Rückseite des Scheinwerfers der Glühlampenhaltering hinter einem leicht abnehmbaren Deckel liegt.

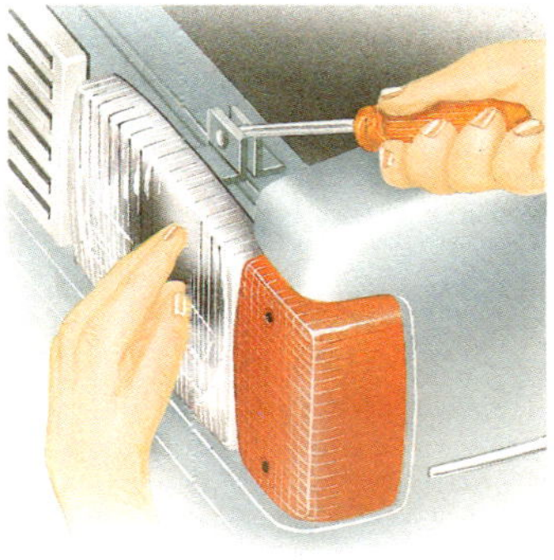

Halteklipse des Kühlergrills oder der Scheinwerferfassung werden mit einem Schraubenzieher abgedrückt.

Der Scheinwerfer liegt frei, die Lampe kann herausgenommen werden.

Glühlampen im Hauptscheinwerfer einsetzen

Man dreht die Befestigungsschrauben am Rahmen heraus und klappt den Scheinwerfer nach vorn. Mit der linken Hand hält man die Einheit und zieht den Dreifachstecker durch Rechts-Links-Bewegungen vorsichtig ab.

Bei integriertem Standlicht wird auch die Standlichtfassung herausgeklipst.

Als Sicherheit dient meist eine Bajonettfassung mit Haltefeder. Auf diese drückt man und dreht sie gegen den Uhrzeigersinn.

Beim Einsetzen rastet eine Nase am unteren Lampenrand in eine Aussparung des Scheinwerfers. Der mittlere Stift des Dreifachsteckers steht stets horizontal.

Verkehrt montierte Glühlampen von Hauptscheinwerfern leuchten die Fahrbahn ungenügend aus und blenden den Gegenverkehr. Wird man von Entgegenkommenden häufig angeblinkt, sitzt die Glühlampe vermutlich falsch.

Bei älteren Fahrzeugen bereitet das Herausdrehen der Befestigungsschrauben manchmal Probleme. Deshalb sollte man einen genau passenden Schraubenzieher einsetzen, um genügend Kraft auf die Schraube wirken zu lassen. Mißlingt der erste Versuch, muß man die Schrauben ausbohren und den Scheinwerfer mit Blechschrauben neu befestigen bzw. die Gewinde nachschneiden.

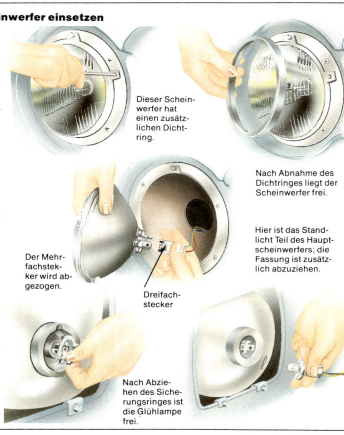

Dieser Scheinwerfer hat einen zusätzlichen Dichtring.

Nach Abnahme des Dichtringes liegt der Scheinwerfer frei.

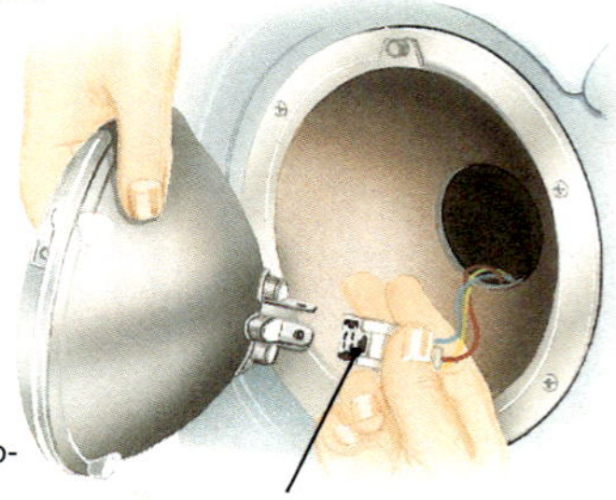

Der Mehrfachstekker wird abgezogen.

Hier ist das Standlicht Teil des Hauptscheinwerfers; die Fassung ist zusätzlich abzuziehen.

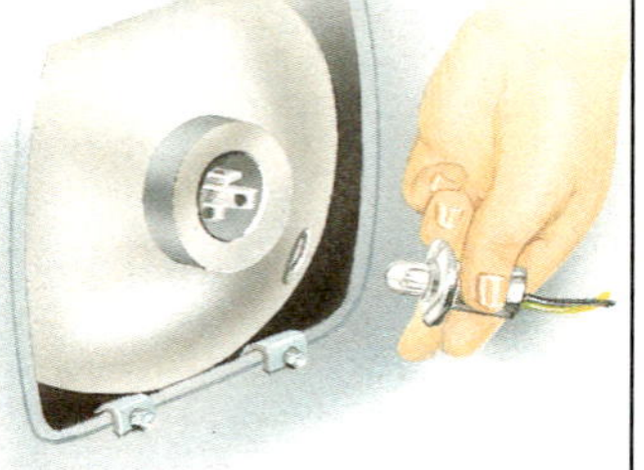

Nach Abziehen des Sicherungsringes ist die Glühlampe frei.

Die Leuchten am Fahrzeugheck freilegen

Die Rückleuchteneinheiten haben heute fast einheitlich mit Kreuzschlitzschrauben befestigte Kunststoff-Lichtscheiben. Man drückt die Lichtscheibe vorsichtig mit einem Schraubenzieher ab. Wenn die Dichtung verklebt ist, sollte man den Schraubenzieher mehrfach ansetzen, damit die Lichtscheibe nicht zerbricht.

Schadhafte Lichtscheiben sind immer zu ersetzen, damit keine Feuchtigkeit eindringen kann.

Manchmal kann man die Lichtscheiben herausnehmen, wenn man Muttern oder Kunststoffrändel vom Innenraum aus herausdreht.

Das Aus- und Einbauen der Glühlampen selbst ist einfach. Bajonettlampen dreht man gegen den Uhrzeigersinn mit leichtem Druck aus den Glaskolben.

Soffittenlampen werden stets von zwei Federklemmen gehalten.

Vor dem Einsetzen der Lampen prüft man immer die Kontaktklemmen und die Masseverbindung.

Korrodierte Kontakte mit Schleifpapier säubern und mit Kontaktspray behandeln.

Hier halten die Blechtreibschrauben die Lichtscheibe.

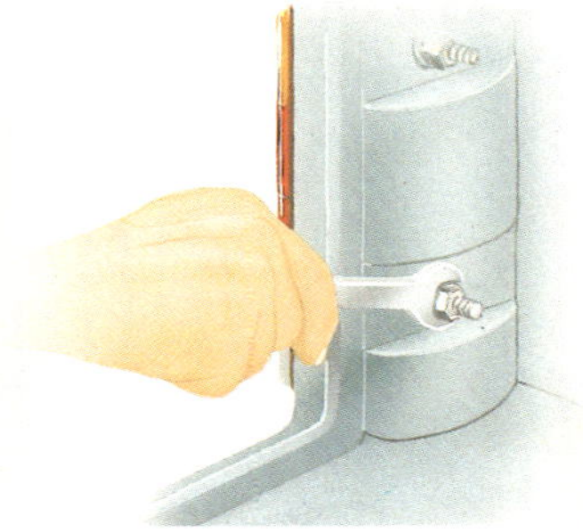

Auf der Rückseite ist die Lichtscheibe befestigt.

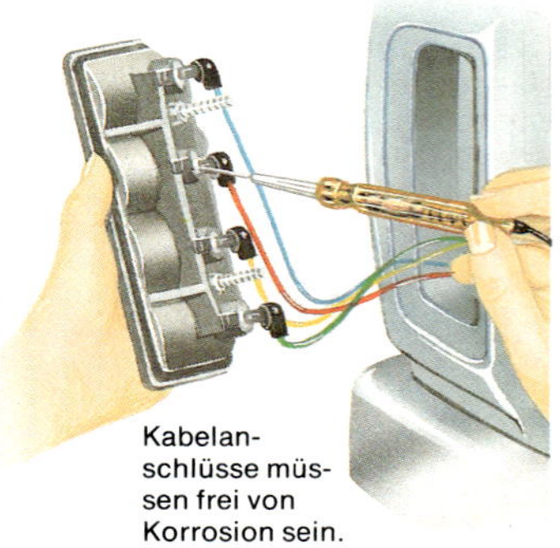

Kabelanschlüsse müssen frei von Korrosion sein.

Einen Blinkgeber prüfen und auswechseln

Ältere Fahrzeuge besitzen Blinkgeber, die durch einen Hitzedraht gesteuert werden. Leuchtet der Blinker auf, erwärmt sich gleichzeitig ein dünner Draht im Relais und öffnet den Kontakt. Nach dem Erkalten wiederholt sich der Vorgang.

Da solche Relais nicht sehr betriebssicher sind, setzt man heute teiltransistorisierte Blinkgeber ein. Die Blinkimpulse werden elektronisch dargestellt. Das Leistungsteil ist allerdings mechanisch, ebenso wie der Tongeber für die akustische Erkennung des Signals.

Werkzeug und Ausrüstung

Prüflampe, Schraubenzieher

Relaismontage

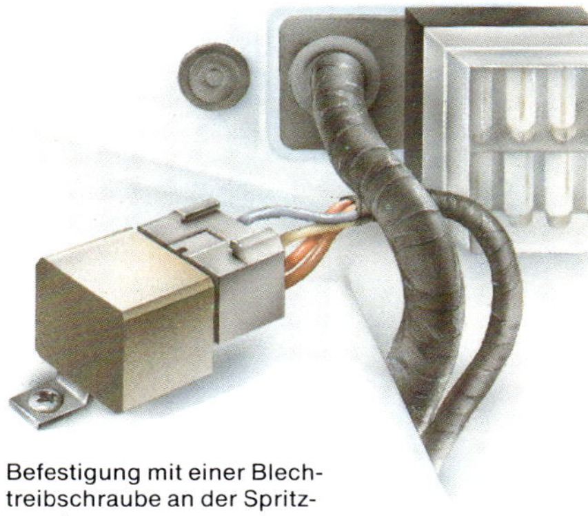

Befestigung mit einer Blechtreibschraube an der Spritzwand

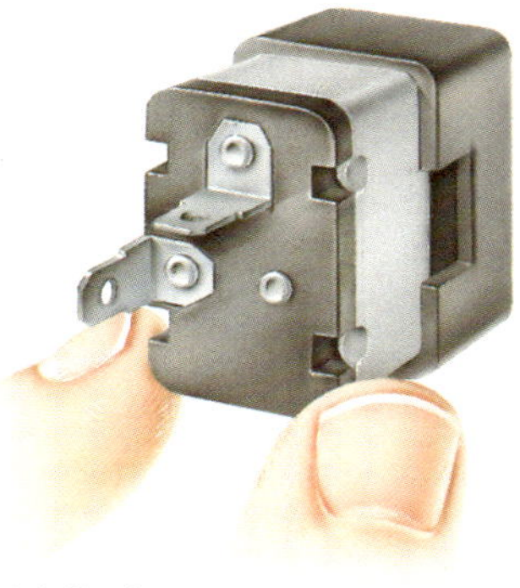

Blinkerrelais für eine Zentralelektrik

Das Blinkerrelais auswechseln

Bei älteren Fahrzeugen ist das Blinkerrelais mit einer Blechschraube auf die Spritzwand montiert. Man zieht die Kabel einzeln ab und kennzeichnet sie.

Ist das Relais Teil der Zentralelektrik, ist es nur aufgesteckt. Vorsicht beim Einführen des Relais, daß die Stecker nicht aus der Zentralelektrik herausgeschoben werden.

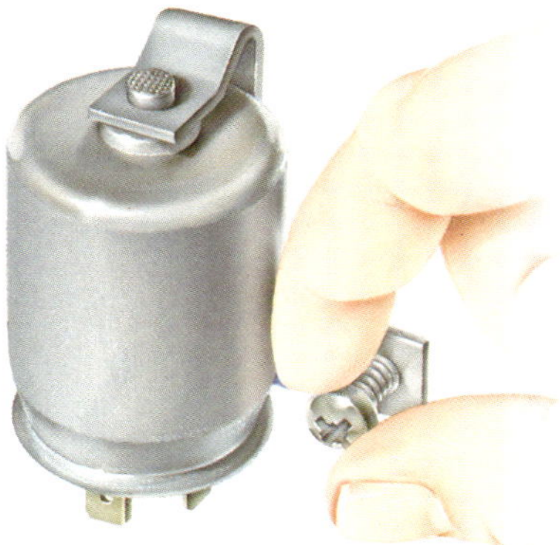

Damit die Kabel nicht verwechselt werden, markiert man sie mit Klebebändern.

Fehlersuche

Bei nicht funktionierenden Blinkern prüft man zunächst die Sicherung (siehe Seite 213–214). Ein Hinweis auf eine durchgebrannte Sicherung ist auch der Ausfall eines anderen Verbrauchers im gleichen Sicherungskreis.

Welche Sicherung zu welchem Sicherungskreis gehört, steht in der Bedienungsanleitung des Fahrzeuges.

Brennt die Sicherung nach dem Einsetzen erneut durch, liegt ein Kurzschluß vor. Bei einwandfreier Sicherung schaltet man die Warnblinkanlage ein. Funktioniert nun das Relais, ist der Blinkerschalter defekt.

Der Blinkerschalter

Da dieser Schalter in der Regel in der Lenksäulenverkleidung sitzt, kann man die Anschlüsse nur sehr schwer prüfen.

Deshalb prüft man nur den aus der Verkleidung herausragenden Kabelbaum, der zum Blinkerrelais oder zur Zentralelektrik führt. Wenn bei eingeschalteter Zündung die Steuerleitungen keinen Strom führen, obwohl an der Versorgungsleitung für den Schalter Strom anliegt, ist dieser auszuwechseln.

Weitere Prüfungen überläßt man der Fachwerkstatt.

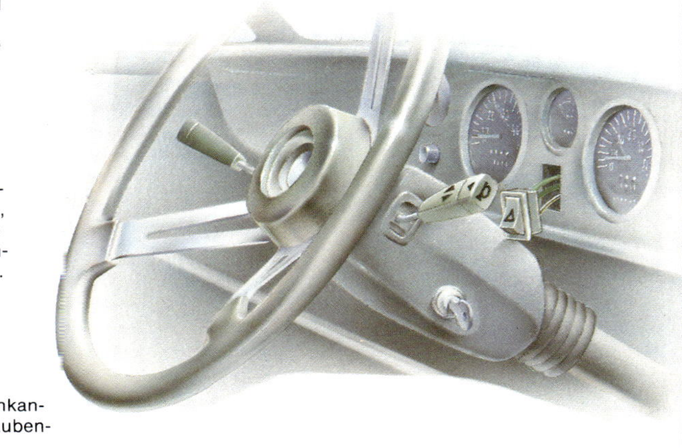

Zur Prüfung wird der Schalter der Warnblinkanlage mit einem Schraubenzieher ausgeklipst.

Das Blinkerrelais prüfen

Konventionelle Blinkerrelais, die nicht in der Zentralelektrik integriert sind, kann man mit der Testlampe prüfen. Bei eingeschalteter Zündung zieht man die Kontakte mit der Markierung „l" für links und „r" für rechts einzeln ab. Wenn die Lampe aufleuchtet, ist der Blinkerschalter oder die Verkabelung defekt. Andernfalls muß das Relais ausgewechselt werden.

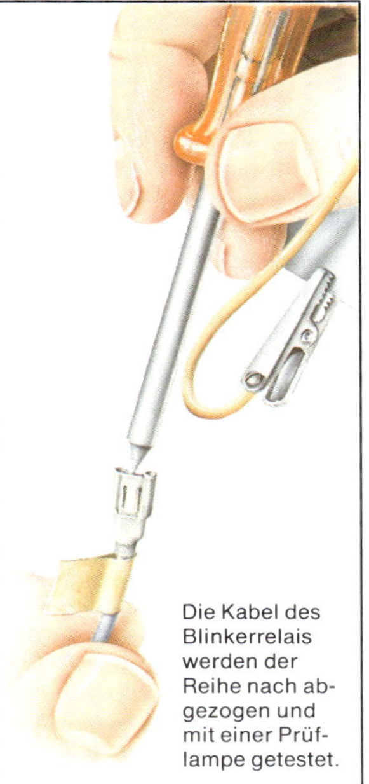

Die Kabel des Blinkerrelais werden der Reihe nach abgezogen und mit einer Prüflampe getestet.

Die Blinkfrequenz prüfen

Die Blinkfrequenz muß nach der StVZO zwischen 60 und 120 Takten pro Minute bzw. zwischen ein und zwei Takten pro Sekunde liegen.

Läuft das Relais ungewöhnlich langsam, ist vermutlich die Bordnetzspannung stark abgesunken. Hier sollte man die Batterie und den Lichtmaschinenregler prüfen.

Hingegen deutet ein sehr schnell tickendes Relais auf eine durchgebrannte Glühlampe hin. Allgemein halten elektronische Relais die Taktzeit sehr gut ein, Hitzedrahtrelais weniger gut.

Die Warnblinkanlage

Alle Fahrzeuge müssen mit einer Warnblinkanlage ausgerüstet sein, die mit dem Relais des Fahrtrichtungsblinkers arbeitet. Man prüft sie auf die gleiche Weise.

Anhängerblinkerrelais

Anhängerkupplungen sind mit einer elektrischen Steckdose zur Versorgung der Lichtanlage des Anhängers ausgestattet.

Da das normale Blinkerrelais mit einer Schaltleistung von zweimal 21 W eine dritte Blinkleuchte mit 18–21 W nicht mitversorgen kann, wird das normale Relais ausgewechselt.

Zusätzlich wird eine zweite Kontrolleuchte in grüner Farbe über den vierten Kontakt des verstärkten Relais gesteuert.

Bei Störungen empfiehlt sich zunächst die Prüfung der Lampen am Anhänger, die durch die harte Federung meist sehr früh ausfallen.

Die Steckdose bzw. die Kupplung des Anhängers ist empfindlich gegen Wasser und Korrosion. Häufig genügt es, wenn man Dose und Stecker öffnet, reinigt und reichlich mit Rostschutzspray behandelt.

Das Auswechseln des Relais ist nur selten notwendig.

Der vierte Anschluß ist für die zweite Kontrolleuchte bestimmt.

Radiostörungen beseitigen 1

Obwohl alle modernen Autoradios über eine eingebaute Störunterdrükkung verfügen, gibt es immer noch eine ganze Reihe von Störquellen. Die meisten Störimpulse werden dabei ebenso wie die Sendersignale von der Antenne aufgenommen, so daß man bei der Störungssuche immer mit der Antenne beginnen sollte.

Zuerst prüft man, ob die Antenne gut mit der Fahrzeugmasse verbunden ist. Dazu besitzen die meisten Antennen einen speziell ausgebildeten Fuß, dessen Kontaktspitzen den Unterbodenschutz durchdringen, um eine Masseverbindung herzustellen.

Die nächste Störquelle ist die Zündanlage. Um Störungen von dieser Seite auszuschalten, montiert man die Antenne immer möglichst weit entfernt von der Zündanlage. Zündungsstörungen äußern sich in einem heftigen Prasseln, das drehzahlabhängig ist.

Wenn die Lichtmaschine Störungen des Radioempfangs verursacht, hört man aus dem Lautsprecher drehzahlabhängiges Pfeifen.

Andere elektrische Baukomponenten, beispielsweise Scheibenwischer oder Heizungslüfter, kann man sehr leicht als Verursacher von Störungen identifizieren, indem man den entsprechenden Schalter bedient und beobachtet, ob eine Störung dann verschwindet bzw. wieder auftritt.

Manchmal sind Lautsprecherkabel fehlerhaft neben Stromversorgungsleitungen verlegt, so daß hier Störfelder für den Radiobetrieb entstanden sind. Daher sollte man derartige Kabel neu verlegen.

Die Metallflächen der Karosserie dienen als Abschirmung, so daß bei Prüfarbeiten die Motorhaube geschlossen sein sollte. Bei Fahrzeugen mit einer Kunststoffkarosserie gibt es diesen Effekt nicht, so daß es sinnvoll sein kann, die Haubenunterseite mit einer Aluminiumfolie zu bekleben und diese Folie an Masse anzuschließen.

Werkzeug und Ausrüstung

Schraubenzieher, Seitenschneider, Schleifpapier, Schraubenschlüssel, Zange, Widerstände und anderes Entstörmaterial

Eine Antenne einbauen

Die Wahl des Einbauortes ist besonders wichtig. Man sucht für die Antenne auf jeden Fall eine Position, die möglichst weit von der Zündanlage entfernt ist.

Das Antennenkabel wird so verlegt, daß keine Beeinflussung durch andere elektrische Baukomponenten möglich ist.

Die Bohrungen für den Antennenfuß sollten einen Durchmesser von etwa 19 bis 22 mm haben. Dabei sollte man die Hinweise auf die richtige Arbeitstechnik (siehe Seite 50 und 207) beachten.

Nachdem man das Loch gebohrt hat, muß man den Unterbodenschutz auf der Unterseite des Kotflügels sorgfältig mit einem Schaber und Schleifpapier entfernen, damit der Antennenfuß Kontakt mit der Fahrzeugmasse erhält.

Das Unterteil des Antennenfußes ist außerdem zu diesem Zweck mit entsprechenden Kontaktspitzen versehen.

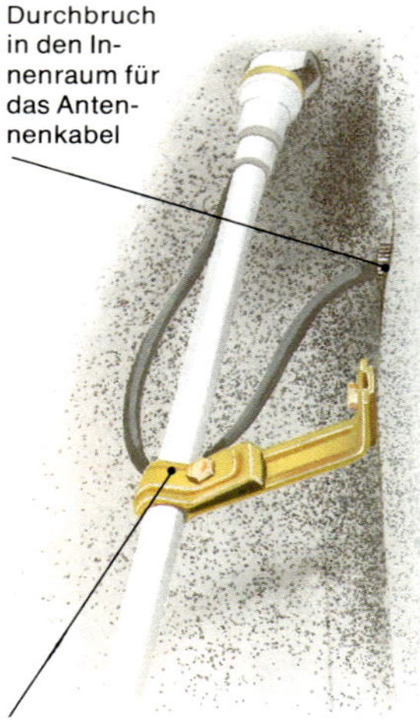

Abstützung des Antennenrohres

Die Massekontakte der Antenne werden mit Schleifpapier gereinigt.

Die Lichtmaschine entstören

Lichtmaschinen sind werkseitig nicht entstört. Man besorgt sich dafür einen auf die Lichtmaschine abgestimmten Kondensator mit einer Kapazität von etwa 3 μF (Mikrofarad).

Bei den meisten Lichtmaschinen sind am hinteren Lagerdeckel Befestigungsschrauben und Zusatzsteckanschlüsse vorgesehen. Entstört wird immer die Versorgungsleitung B plus. Bei der Montage des Kondensators ist auf gute Masseverbindung zu achten.

Bei Lichtmaschinen mit Mehrfachstecker wird der Kondensator häufig auf diese Leitung aufgesetzt.

Bei dieser Lichtmaschine sitzt der Kondensatoranschluß unter einem Schutzdeckel. Kondensatoren werden nicht auf die Feldanschlüsse, sondern immer auf die Klemme B plus gelegt.

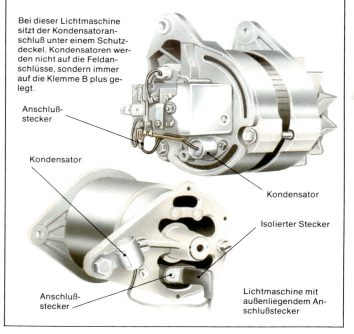

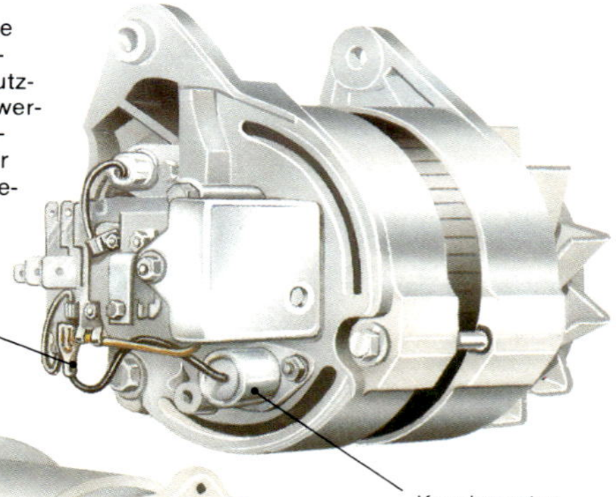

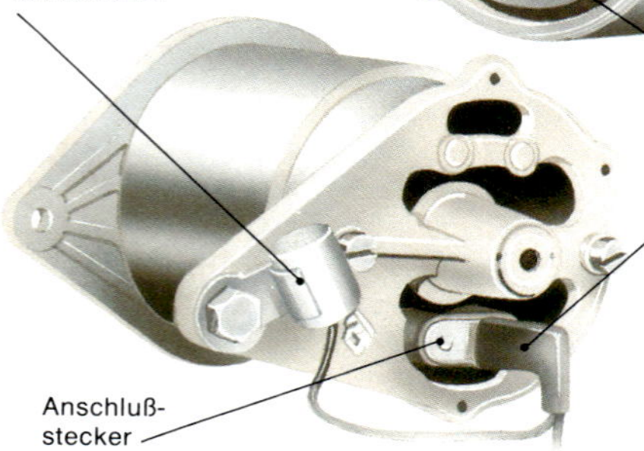

Lichtmaschine mit außenliegendem Anschlußstecker

Die Zündspule entstören

Die Zündspule läßt sich leicht durch den Anschluß eines Kondensators mit etwa 1 μF an Kabel 15 entstören. Die meisten Zündspulen besitzen einen entsprechenden Doppelstecker. Als Masseverbindung dient meist die Verschraubung der Zündspule an der Karosserie.

Zur Entstörung des UKW-Empfangs sind parallel geschaltete Kondensatoren mit einem Anschlußstecker empfehlenswert. Für den Mittelwellenempfang werden meist Durchgangskondensatoren bis 3 μF mit zwei Kabelanschlüssen eingesetzt.

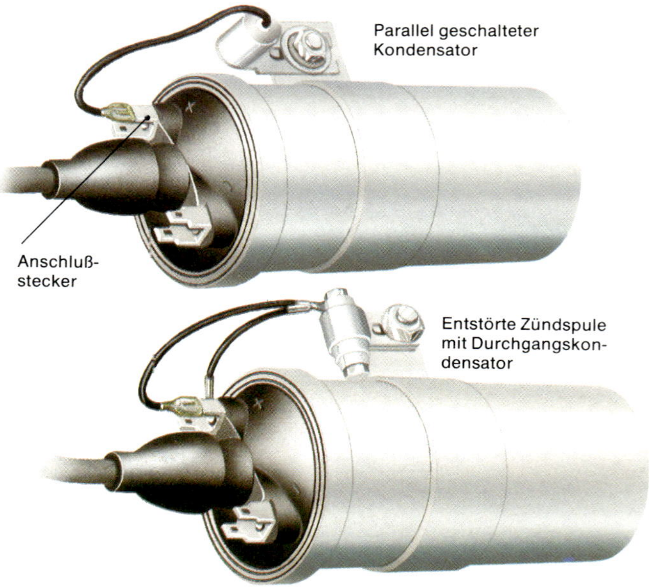

Verschiedene Entstörmöglichkeiten für Zündspulen

Radiostörungen beseitigen 2

Hochspannungsleitungen entstören

Es ist äußerst schwierig, Hochspannungsleitungen und ihre Störungsintensität zu messen. Deshalb ist man auf Herstellerangaben angewiesen und entstört die Anlage, wie vom Hersteller empfohlen wird.

Als erste Entstörmaßnahme sollte man alle Zündkerzen des Fahrzeuges mit Entstörsteckern versehen, soweit nicht vorhanden.

Ist die Zündung mit modernen Kohlefaserkabeln ausgerüstet, ist der Gesamtwiderstand des Systems zu beachten. Man darf nicht ohne weiteres Widerstandsstecker mit Kohlefaserkabeln kombinieren.

In der Regel haben die Zündleitungen zu den einzelnen Zündkerzen einen Widerstand von etwa 5–10 kΩ je Leitung. Je nach Fahrzeug gibt es verschiedene Widerstandsstecker, die man am besten vom Fachhandel bezieht.

Die Entstörmaßnahmen sollten auf keinen Fall dazu führen, daß Widerstände über 25 kΩ entstehen, die im Fahrzeugbau unüblich sind.

Zu hohe Entstörwiderstände in Zündleitungen bewirken zu schwache Zündfunken. Deshalb bei schlechtem Anspringen auch die Widerstände der Zündleitungen durchmessen.

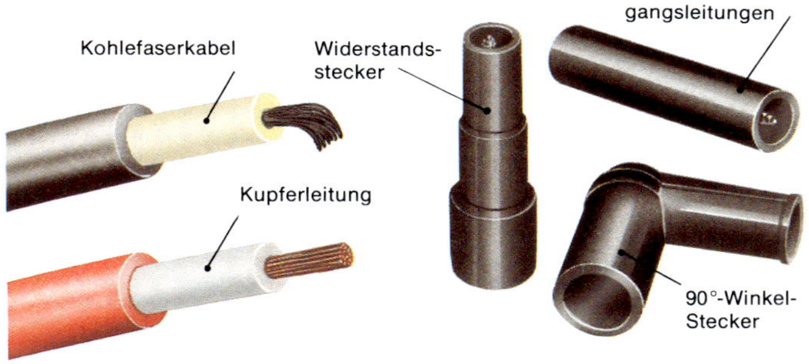

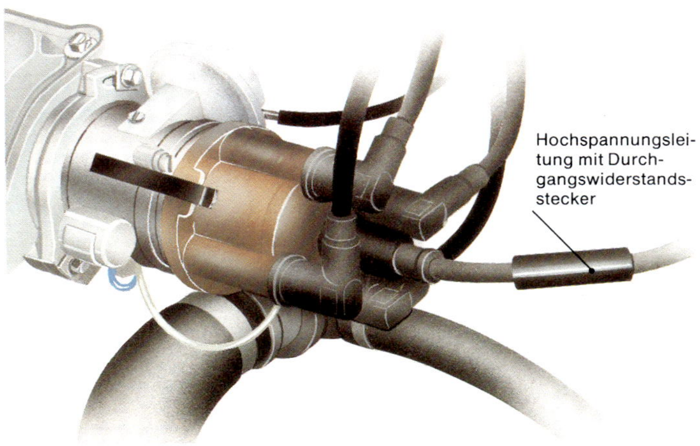

Elektromotoren entstören

Jeder Elektromotor erzeugt im Betrieb sein eigenes magnetisches Feld, das über die übliche Masseverbindung abgeleitet wird. Solche Masseverbindungen altern, wobei sich in der Regel durch Korrosion Roststellen bilden. Die hierdurch verursachten Störungen können bis zur Antenne durchschlagen.

Man beseitigt solche Störungen ganz einfach, indem man die Masseverbindung reinigt, oder man legt gleich eine eigene Masseleitung von dem betreffenden Elektromotor auf Fahrzeugmasse.

Sind die Störungen durch solche Maßnahmen nicht zu beseitigen, kommt man nicht umhin, Entstörkondensatoren in die Zu- und Ableitungen des Motors einzusetzen.

Dies gilt besonders dann, wenn die Grundentstörung des Autoradios ungenügend ausgeführt worden ist. Es kann auch notwendig sein, wenn es sich um ein älteres Modell handelt.

Manche Kleinmotoren, z. B. von Wasserpumpen, lassen sich nur mit einem sehr hohen Aufwand entstören. Da diese Motoren nur kurze Zeit laufen, sollte man diese Störungen akzeptieren.

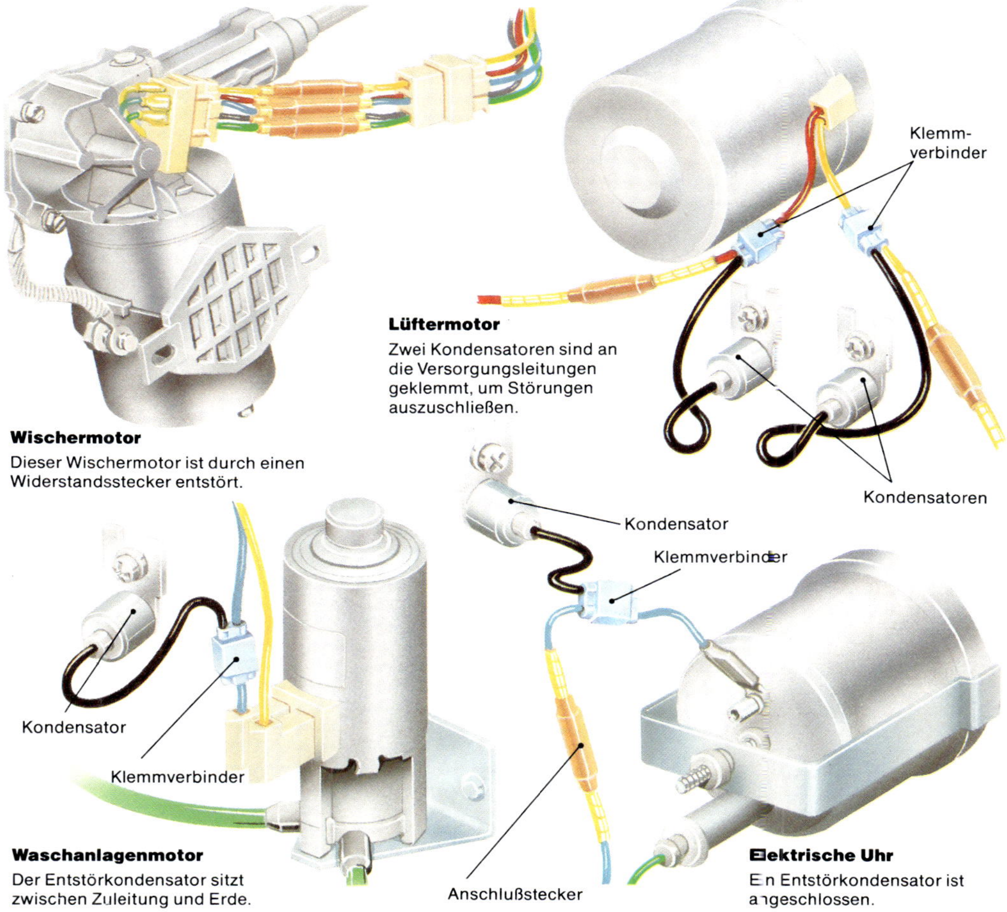

Wischermotor
Dieser Wischermotor ist durch einen Widerstandsstecker entstört.

Lüftermotor
Zwei Kondensatoren sind an die Versorgungsleitungen geklemmt, um Störungen auszuschließen.

Waschanlagenmotor
Der Entstörkondensator sitzt zwischen Zuleitung und Erde.

Elektrische Uhr
Ein Entstörkondensator ist angeschlossen.

Die Suche nach Radiostörungsquellen

Empfindliche Autoantennen können nahezu jedes Signal, das im Fahrzeug entsteht, in eine Störung umsetzen. So können z. B. Metallhauben und -kofferdeckel als Störfaktoren wirken, und man sollte sie deshalb zur Vorbeugung jeweils durch Masseleitungen mit der Fahrzeugmasse verbinden.

Es gibt verschiedene Möglichkeiten, derartige versteckte Unruhestifter zu finden. Beim UKW-Empfang läßt sich die übliche Antenne mit Hilfe einer Zusatzleitung so verlängern, daß man die Fahrzeugkontur abtasten kann. Der Störer wird im Lautsprecher um so lauter zu hören sein, je näher man seiner Position kommt.

Diese Testmethode wird noch genauer, wenn man eine Metallplatte mit einer Masseverbindung versieht und versucht, sie mit einer isolierten Zange zwischen die vermutliche Störquelle und die Radioantenne zu schieben.

Vorher sollte man immer die Funktion der normalen Autoantenne und besonders die Masseverbindung zwischen Antenne und Fahrzeugmasse prüfen.

Radiospezialfirmen sind für eine komplizierte Fehlersuche besser als normale Autoreparaturbetriebe ausgestattet.

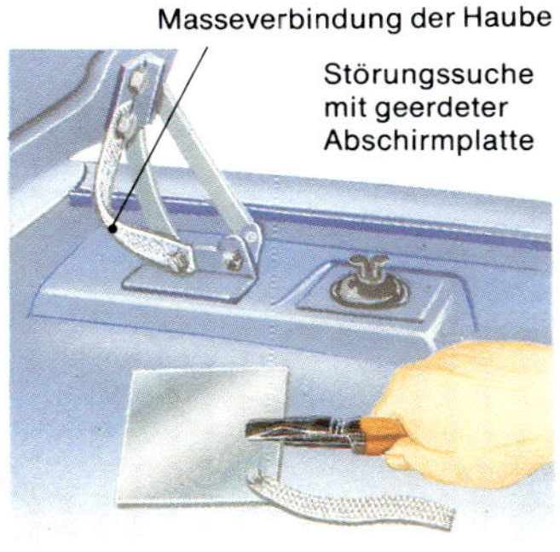

Den Wagen reinigen und auf Rost kontrollieren

Bei der Wagenwäsche sollte man nicht mit Wasser sparen, sonst erhält der Lack leicht Kratzspuren.

Die heiße Sonne ist zu meiden, denn sonst bilden sich Schlieren.

Für die Wagenreinigung auf der Straße gilt das Gemeinderecht. Bei normaler Reinigung gerät kein Öl in das Abwasser; dies hat ein ADAC-Test bewiesen.

Werkzeug und Ausrüstung

Wasserschlauch, Eimer, Bürste, Schwamm, Teerentferner, Schraubenzieher, Tücher, Autoshampoo, Chromreiniger, Scheibenreiniger, Fensterleder, Wachs, Tupflack

Die Autowäsche

Man beginnt mit dem Dach. Das Shampoowasser verteilt man mit kreisenden Bewegungen und spült so den Schmutz ab. Es folgen die Motorhaube, der Kofferraumdeckel bzw. die Hecktüre, die Seiten, der Kühlergrill und das Fahrzeugheck mit Stoßstangen und Rädern.

Dem letzten Waschwasser kann man Waschwachs zugeben. Der Lack erhält dann eine Schutzschicht. Solches Wasser sollte aber nicht auf Scheiben und Wischer gelangen.

Schwer erreichbare Stellen hinter Stoßstangen, Nummernschildern oder dem Grill reinigt man mit einer Bürste, ebenso Tür- und Haubenfalze sowie zerklüftete Räder.

Nun ist der Schmutz aufgeweicht, und man kann die Shampoolösung mit reichlich Wasser abspülen. Dabei spritzt man die Radhäuser gleich mit aus. Sind noch Schmutzflekken vorhanden, reibt man mit dem Schwamm nach. Eventuell hilft dabei konzentriertes Shampoo auf dem Schwamm.

Der Wagen wird mit einem Fensterleder trockengewischt, das man vorher in Wasser einweichen und gut ausspülen sollte.

Für die Scheiben benutzen Kenner ein eigenes Fensterleder, damit es nicht zu Silikonverschmutzungen kommt. Notfalls reibt man die Scheiben mit einem Haushalts-Scheibenreiniger und warmem Wasser ab. Dabei die Scheibeninnenflächen und die Spiegel nicht vergessen.

Das Leder wird immer wieder ausgewrungen und gelegentlich ausgewaschen, um Lackkratzer zu vermeiden.

Die Lackreinigung

Fahrzeuglacke altern unter UV-Strahlung. Auch Luftverunreinigungen schaden dem Lack, so daß er allmählich seinen Glanz verliert. Man kann solchen Lack mit einem Reiniger sehr leicht auffrischen.

Ist der Lack noch relativ neu und nur leicht verwittert, benutzt man eine nicht aggressive Politur für neue Lacke. Beim Abreiben mit Watte bleiben nur leichte Farbspuren zurück.

Für ältere Lacke gibt es schärfere Poliermittel, die man aber vorsichtig handhaben sollte. Damit lassen sich auch Kratzer entfernen.

Vorsicht bei Metallic- oder Klarschichtlacken! Hier können scharfe Polituren Beschädigungen verursachen.

Achtung: Die Hinweise auf der Verpackung beachten!

Einer Lackpolitur sollte immer eine Wagenwäsche vorausgehen. Ist der Wagen trokken, wird die Politur mit Watte kräftig eingerieben. Einen weißen Niederschlag reibt man mit frischer Watte ab, und der Lack glänzt wieder.

Wie man Chromteile behandelt

Auf Chromteile wird eine Spezialpolitur mit einem weichen Tuch aufgerieben. Nach der Behandlung mit dem Reinigungsmittel sollte das Chrom mit einer Wachsschicht geschützt werden. Das gleiche gilt für Aluminiumteile ohne Eloxalschicht. Eloxiertes Aluminium braucht man nur mit einem feuchten Tuch abzureiben.

Wasserablaufbohrungen prüfen

Bei Regen oder der Wagenwäsche dringt Wasser in den Heizungsluftschacht, die Fensterschächte und das Schiebedach ein. Für den Wasserablauf sorgen hier Drainagebohrungen bzw. Schlitze, im Heizungsluftschacht meist Gummischläuche. Hier kann sich Schmutz ansammeln.

Ablaufbohrungen unter dem Schiebedach sind bei geöffnetem Dach zu prüfen. Auch im Türbereich gibt es Wasserablaufbohrungen.

Mit einem Schraubenzieher prüft man die Wasserablaufschlitze im unteren Türbereich.

Autolackierungen wachsen und versiegeln

Die hochwertigen Lackierungen moderner Fahrzeuge sollte man zwar häufiger waschen, aber nicht allzuoft wachsen. Es genügt Waschwasser, dem man gelegentlich Waschwachs beigibt. In Industriegebieten kann es allerdings sinnvoll sein, das Fahrzeug alle drei Monate zusätzlich einzuwachsen.

Der Wachsbehandlung geht eine gründliche Wagenwäsche voraus. Ist der Lack matt, muß man ihn zunächst aufpolieren und dann mit reichlich Wachs versiegeln. Nach der Wachsbehandlung sind die Lacke matt, und es bildet sich ein weißer Niederschlag, der mit frischer Polierwatte abgerieben wird. Eine solche Wachsbehandlung ist besonders im Herbst sinnvoll.

In letzter Zeit werden Lackversiegelungsmittel auf Kunststoffbasis angeboten, die den Lack ein ganzes Autoleben lang schützen sollen. In einem umfangreichen ADAC-Test wurde nachgewiesen, daß diese Mittel nicht besser sind als übliche Autowachse, dafür aber relativ teuer.

Wenn Wachs auf die Scheibe gerät, sollte man es erst mit einem Tuch abreiben und anschließend die Scheibe kräftig mit Spiritus reinigen, damit es beim nächsten Regen nicht zu Sichtbehinderungen kommt.

Steinschlagschäden beseitigen

Beim Fahren verursachen aufgewirbelte Steine oft kleinste Lackschäden, aus denen sich Rostschäden entwickeln können. Beim Waschen sollte man besonders auf solche Steinschlagschäden achten und sie sofort mit einem Lackstift behandeln.

Falls notwendig, muß man solche Stellen auch entrosten, grundieren und lackieren (siehe Seite 255 und 256).

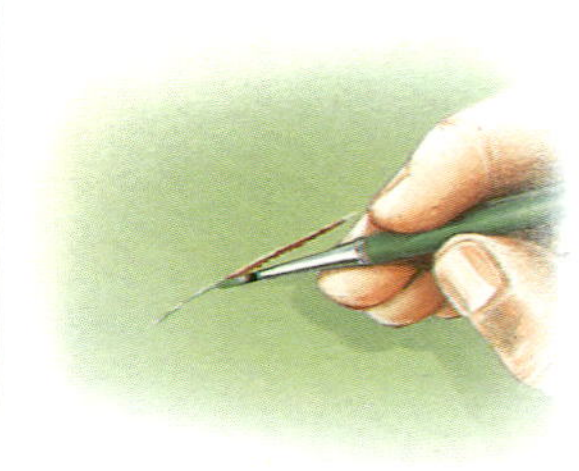

Zur Behandlung kleiner Steinschlagschäden gibt es Lackstifte mit einem kleinen Pinsel.

Rostgefährdete Stellen

Beim Waschen des Autos sollte man auf Roststellen achten und diese so bald wie möglich beseitigen (siehe Seite 255).

Besonders gefährdet sind in dieser Hinsicht Fahrzeugfront, alle Kanten und die Karosseriebereiche in der Nähe der Räder.

Kleine Blasen auf dem Lack sind Kennzeichen für Rostunterwanderungen, die im Lauf der Zeit zu Durchrostungen führen.

Daher sollte man auf derartige Stellen besonders achten und nicht zu lange mit der Ausbesserung warten.

Den Innenraum reinigen

Autos nehmen während der Betriebszeit auch im Innenraum eine ganze Menge Schmutz auf. Dies gilt besonders für die Bodenteppiche. Regelmäßige Reinigung verhindert frühzeitigen Verschleiß. Zugleich vermeidet man, daß das Innere unansehnlich wird.

Polster lassen sich um so schwerer reinigen, je länger man mit der Grundreinigung wartet. Am besten führt man einmal im Jahr eine Art Frühjahrsputz durch. Dabei sollte man stets die Bodenteppiche herausnehmen und den Wagenboden auf Roststellen untersuchen.

Bodenteppiche, Sitze und Dachverkleidung reinigen

Lose Bodenteppiche werden herausgenommen und sorgfältig ausgeklopft. Sind sie verschraubt, verwendet man einen Staubsauger. Die Vordersitze schiebt man nach vorn, um an den Raum unter den Sitzen heranzukommen.

Eine andere Möglichkeit ist die Entfernung der Verkleidungsleisten. Nach dem Herausnehmen der Teppiche prüft man auch den Zustand der Bodenbleche.

Beim Wiedereinsetzen der Teppiche muß man aufpassen, denn lose Teppiche können beim Bedienen der Pedale hinderlich sein. Für die Sitzpolster ist ein Staubsauger mit schlanker Düse besonders geeignet.

Stark verschmutzte Polster reinigt man nach dem Absaugen mit Teppichshampoo, das man mit einem Schwamm einreibt. Dabei ist nur die Wirkung des trockenen Schaumes entscheidend.

Besonders hartnäckigen Schmutz behandelt man mit konzentriertem Shampoo. Es gibt auch Spezialreiniger.

Kunstlederpolster reibt man mit einem feuchten Tuch ab. Dem Reinigungswasser gibt man etwas Kunststoffreiniger bei, am besten einen Vinylreiniger.

Bei der inneren Dachverkleidung lassen sich Kunststoffverkleidungen mit Wasser und Seife sehr leicht reinigen.

Für Textilhimmel nimmt man am besten Teppichshampoo; dabei niemals fest aufdrücken, um den meist nur lose verspannten Himmel nicht zu beschädigen.

Weniger empfindlich sind Hartschaumverkleidungen.

Scheiben, Armaturenbrett und Verkleidungen

Scheiben lassen sich mit einem Haushalts-Scheibenreiniger pflegen.

Falls sich Klebereste von Aufklebern nicht einfach entfernen lassen, muß man Lackverdünner vorsichtig mit einem Lappen auftragen, ohne daß Verdünner auf Lack oder Kunstleder gelangt.

Graue Beläge auf der Innenseite der Scheiben entfernt man ebenfalls am einfachsten mit einem Haushaltsreiniger für Glasscheiben.

Bei heizbaren Rückfenstern muß man besonders vorsichtig vorgehen, denn wird einer der Heizfäden zerstört, ist meist die gesamte Scheibenheizung nicht mehr funktionsfähig.

Das Armaturenbrett reinigt man zunächst mit einem feuchten Tuch. Falls nötig, setzt man einen Kunststoffreiniger ein.

Die meisten Seitenverkleidungen bestehen aus Kunststoff. Man reinigt sie normalerweise mit einem feuchten Tuch, bei starkem Schmutz mit Vinylreiniger.

Seitenverkleidungen aus Textilbelägen frischt man mit Teppichshampoo auf.

Innenreinigung

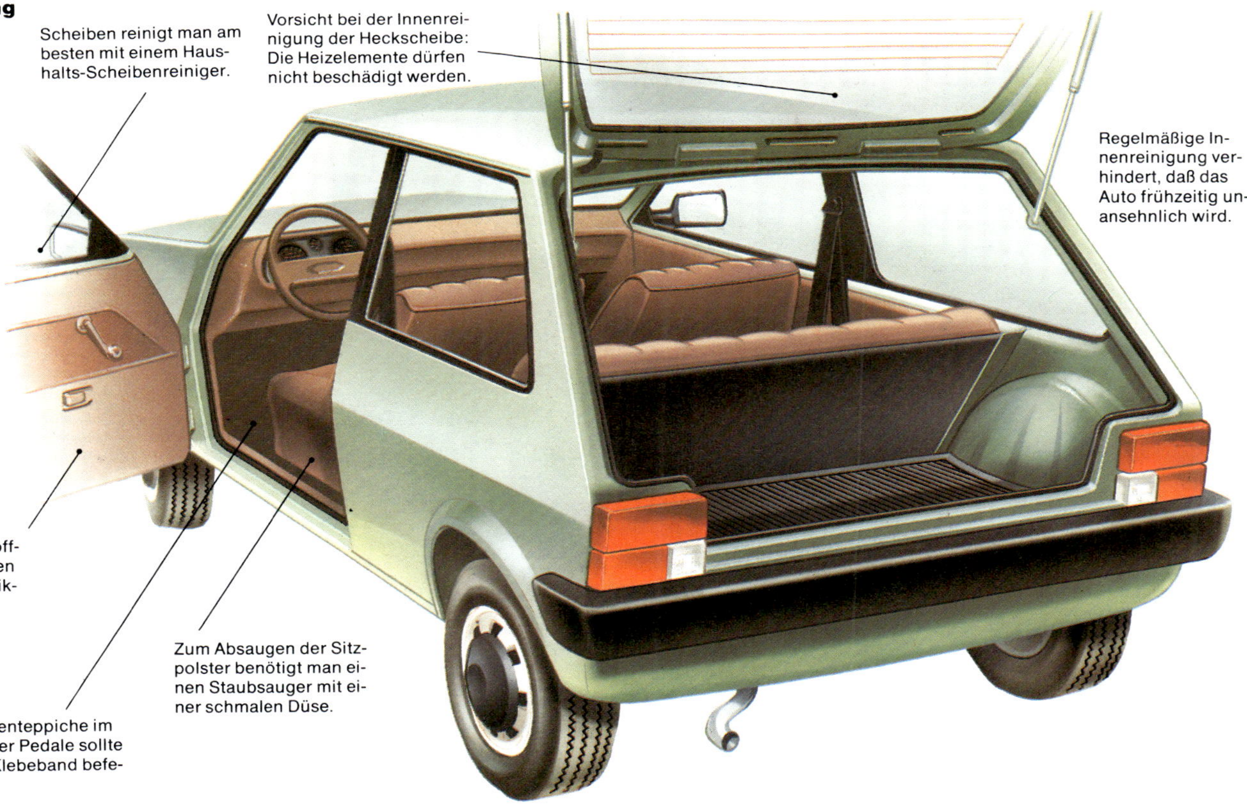

Scheiben reinigt man am besten mit einem Haushalts-Scheibenreiniger.
Vorsicht bei der Innenreinigung der Heckscheibe: Die Heizelemente dürfen nicht beschädigt werden.
Regelmäßige Innenreinigung verhindert, daß das Auto frühzeitig unansehnlich wird.
Für Kunststoffverkleidungen gibt es Plastikreiniger.
Zum Absaugen der Sitzpolster benötigt man einen Staubsauger mit einer schmalen Düse.
Lose Bodenteppiche im Bereich der Pedale sollte man mit Klebeband befestigen.

Silikon- und Cockpitspray

Relativ neu im Kraftfahrzeughandel sind Silikon- oder Kunststoffsprays, die aus einer Silikon-Wasser-Emulsion bestehen.

Vor dem Einsprühen wird die Kunststoffverkleidung von Schmutz gereinigt. Dann sprüht man die Fläche mit dem Cockpitspray ein und wartet einige Minuten, bis die Emulsion eingezogen ist. Zum Schluß reibt man die Flächen mit einem trockenen Tuch ab.

Die gleiche Behandlung empfiehlt sich auch für Kunststoff-Seitenverkleidungen und für Kunststoffsitze. Hier muß man natürlich nach der Behandlung sorgfältig mit einem trockenen Tuch nachreiben, damit die Kleidung nicht verschmutzt wird, wenn man sich darauf setzt.

Viele Karosserie-Außenteile aus Kunststoff, beispielsweise Radkastenverkleidungen und Kunststoff-Stoßstangenbeläge, lassen sich ebenfalls auf diese Art auffrischen. Dabei sind Silikon- wie Cockpitsprays gleichermaßen verwendbar.

Wichtig ist aber, daß man die Kunststoffteile zuvor gründlich gereinigt hat, denn sonst bilden sich unschöne graue Beläge.

Sicherheitsgurte

Verschmutzte Sicherheitsgurte kann man mit Schaumreiniger behandeln.

Bei dieser Gelegenheit sollte man nicht vergessen, den Zustand des Gurtgewebes zu prüfen, denn Sicherheitsgurte halten bei täglichem Gebrauch nicht ewig.

Kritische Stellen sind die Durchführungen an den Befestigungsteilen. Haben sich hier, besonders an den Kanten des Gurtes, aufgerauhte Stellen gebildet, sollte man den Gurt möglichst bald auswechseln.

Ein unbeschädigter Sicherheitsgurt verläuft immer eben, nicht wellig. Gewellte Gurte entstehen oft bei einem Unfall. Der Gurt hat dann bereits seine Rettungsfunktion erfüllt und muß ausgewechselt werden.

Der obere Verankerungspunkt sollte sich stets leicht drehen lassen.

Den Unterbodenschutz prüfen und erneuern 1

Die Unterbodengruppe eines Fahrzeuges ist wegen ihrer zerklüfteten Struktur besonders rostgefährdet. Von den Rädern hochgewirbelter Schmutz kann sich in Kanten und Spalten festsetzen und Feuchtigkeitsnester bilden.

In dieser Hinsicht besonders gefährdet sind der Bereich Hauptscheinwerfer und die Kotflügelecken unterhalb der Windschutzscheiben.

Um diesem Problem zu begegnen, besitzen alle modernen Fahrzeuge einen Unterbodenschutz, dessen Zustand von Zeit zu Zeit geprüft werden muß, denn er kann austrocknen und so seine Haftfähigkeit verlieren. Den Unterbodenschutz kann man auch nachträglich ohne große Schwierigkeiten aufbringen.

Werkzeug und Ausrüstung

Wasserschlauch, Plastikfolie, Pinsel, Klebeband, Stahlbürste, Decklack, Unterbodenschutz, Grundierfarbe

Den Unterbodenschutz prüfen
Wenn man das Fahrzeug auf vier Stützböcke setzt und die Räder abnimmt, erkennt man Schadstellen leichter.

Radhäuser
Hier kann sich Schmutz, der vom Rad hochgeschleudert wird, in den Ecken ansammeln.

Öllecks
Ölspuren sammeln sich am Wagenboden und können die Beschichtung angreifen.

Hohlprofile
Alle Verstärkungsprofile haben Ablaufbohrungen, die frei bleiben müssen.

Unterbodenschutz
Er muß auf Beschädigungen, Risse und Ablösungen geprüft werden.

Die Hohlraumversiegelung

Bei der Leichtbauweise sorgen häufig Hohlprofile für die notwendige Festigkeit.

Im Handel gibt es zur Hohlraumbehandlung Sprühdosen mit langen, dünnen Röhrchen. In der Fachwerkstatt wird die Versiegelung mit hohem Druck in die Hohlräume geblasen, so daß eine gute Verteilung stattfindet. Beim Aufbringen von Unterbodenschutz oder Hohlraumversiegelung dürfen Bohrungen für den Wasserablauf nicht verstopft werden.

Bohrungen im Bereich der Türschweller müssen freigelegt werden.

Ölspuren am Unterbodenschutz

Sind Teile des Antriebs undicht, gerät Öl auf den Unterbodenschutz. Man sollte die Leckstellen bald abdichten. Nach einer Unterbodenwäsche mit Dampfstrahler und kurzer Probefahrt läßt sich der Schaden lokalisieren.

Unterbodenwäsche

Die Unterbodenwäsche seines Fahrzeugs überläßt man am besten einer Tankstelle, wo das Fahrzeug auf der Hebebühne mit einem Dampfstrahler behandelt wird.

Will man die Arbeit selbst ausführen, stellt man das Fahrzeug auf vier Unterstellböcke und nimmt die Räder ab. Scheibenbremsen sollte man mit Plastikfolie umwickeln.

Mit einem Schlauch spritzt man nach dem mittleren Unterboden die Radhäuser so lange aus, bis nur noch klares Wasser abfließt.

Nach dem Abtropfen prüft man den Erfolg der Arbeit mit einer Taschenlampe.

Manchmal sind Schmutznester so ausgetrocknet, daß sie mit dem Gartenschlauch nicht mehr aufgeweicht und ausgespritzt werden können. In diesem Fall sollte man mit einem Schraubenzieher nachhelfen und anschließend mit dem Wasserschlauch nachreinigen.

Bei Kotflügeleinsätzen aus Kunststoff kann man sich das Reinigen der Radhäuser ersparen. Der Einsatz muß aber gut abgedichtet sein, da sonst Feuchtigkeit in den Hohlraum hinter dem Einsatz dringen kann.

Beschädigte Kotflügeleinsätze sollte man ersetzen, damit kein Schmutz eindringen kann.

Man spritzt das Radhaus kräftig aus, bis klares Wasser abfließt.

Den Unterbodenschutz ausbessern

Als Unterbodenschutz dienen Mittel auf Bitumen-, PVC- oder Wachsbasis.

Bitumenhaltige Mittel sind besonders abriebfest und somit gut für Radhäuser und Kotflügel. Allerdings kann die Beschichtung aushärten, so daß sich zwischen Blech und Schutzschicht Hohlräume bilden.

In letzter Zeit sind viele Hersteller dazu übergegangen, Unterbodenschutz auf PVC-Basis einzusetzen. Dieser verbindet sich gut mit dem Blech, neigt nicht zu Ablösungen und ist äußerst abriebfest, allerdings relativ teuer.

Auf jeden Fall ist eine vollständige Prüfung mindestens einmal im Jahr (vor dem Winter) angezeigt.

Mit einer Stahlbürste entfernt man losen Unterbodenschutz.

Ist außerdem die Farbe abgeblättert, wird der Anstrich ergänzt.

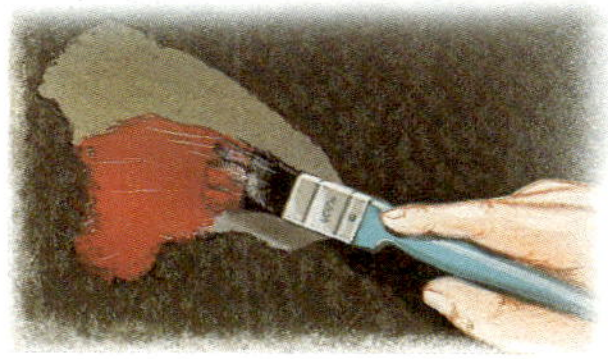

Roststellen behandelt man zusätzlich mit einer Rostschutzgrundierung.

Anschließend trägt man Unterbodenschutz mit einem Pinsel dick auf.

Den Unterbodenschutz prüfen und erneuern 2

Alle modernen Autos sind mit einem Unterbodenschutz versehen, den man von Zeit zu Zeit prüfen sollte. Dabei muß man nicht unbedingt selbst tätig werden, denn einige Hersteller bieten Langzeitgarantien bis zu zehn Jahren für den Unterbodenbereich an. In diesem Fall muß der Händler die Prüfung vornehmen, damit die Garantie nicht erlischt.

Bei älteren Fahrzeugen ist das Auftragen von Unterbodenschutz kein Problem; hier darf man selbst Hand anlegen. Allerdings ist es nur dann sinnvoll, wenn noch kein Rost vorhanden ist. Leichtere Rostschäden kann man mit der Stahlbürste beseitigen und durch Auftragen einer zinkstaubhaltigen Farbe neutralisieren.

Zunächst setzt man das Fahrzeug auf vier Stützböcke und spritzt den Unterboden gründlich mit einem Wasserschlauch ab. Hartnäckigen Schmutz beseitigt man mit einem Kaltreiniger oder mit einer kräftigen Bürste. Nach dem Abtrocknen reibt man, soweit möglich und notwendig, mit einem Tuch nach, um einen eventuell vorhandenen Schmutzfilm oder Ölspuren zu beseitigen. Dabei kontrolliert man gleich, ob Roststellen mit einem Rostprimer oder Zinkstaubfarbe behandelt werden müssen.

Dann beginnt man mit dem Auftragen des Unterbodenschutzes. Dazu verwendet man einen langen, abgewinkelten, flachen Pinsel. Besser ist es natürlich, den Unterbodenschutz mit einer Spezialpistole und Preßluft aufzutragen, weil dabei alle schwer erreichbaren Stellen gut abgedeckt werden und die Arbeiten sehr schnell vorangehen. Man muß dann aber unbedingt die Bremsschläuche, den Auspuff, die Achsmanschetten und die Gelenkwellen mit Klebeband abdecken.

Werkzeug und Ausrüstung

Stützböcke, Klebeband, Zeitungen, Tücher, Kaltreiniger, Pinsel, Rostprimer oder Zinkstaubfarbe, Stahlbürste, Wasserschlauch, Schutzkleidung, Unterbodenschutz

Wo man den Unterbodenschutz aufträgt

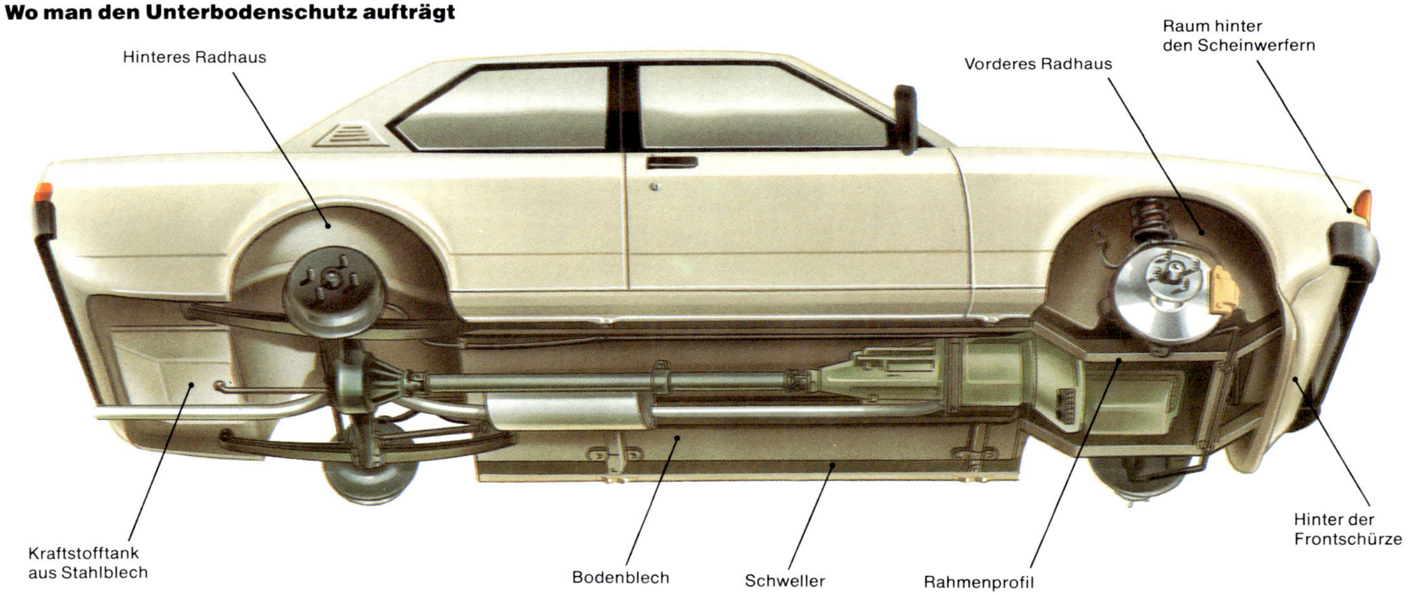

Den Unterbodenschutz ausbessern

Will man bislang ungeschützte Flächen mit Unterbodenschutz versehen, ist die Auswahl eines geeigneten Materials unproblematisch.

Bei Ausbesserungsarbeiten sollte man die Originalqualität verwenden, denn manche Sorten dürfen nicht vermischt werden. Dies sollte man unbedingt bei einer Garantie für die Karosserie beachten.

Zur Prüfung des Unterbodenschutzes klopft man die behandelten Stellen ab. Abgeplatzten Unterbodenschutz oder herunterhängendes Material entfernt man mit einer Spachtel. Nach der Reinigung mit einer kräftigen Stahlbürste wird neuer Unterbodenschutz mit dem Pinsel aufgetragen. Material aus Spraydosen läßt sich besonders leicht auftragen.

Den Unterbodenschutz auftragen

Unterbodenschutz für Do-it-yourselfer gibt es in zwei Handelsformen: erstens als zähflüssige Masse, die mit einem steifen, etwa 50 cm langen, abgewinkelten Flachpinsel aufgetragen werden kann. Man beginnt bei einem Fahrzeugende und streicht alle zu schützenden Flächen sorgfältig ein. Dabei sind ein Rollbrett und eine Handlampe hilfreich. Arbeitet man über dem Kopf, sollte man den Kopf bedecken und eine Schutzbrille aufsetzen.

Die zweite Handelsform ist die Spraydose. Das Auftragen ist einfacher, dafür ist das Material relativ teuer.

Gerät Unterbodenschutz auf lackierte Flächen, kann man Flecken mit Teerentferner oder Spiritus abreiben, solange das Material noch feucht ist.

Vorbereitungsarbeiten

Da bewegliche Teile und die Auspuffanlage eines Autos nicht mit Unterbodenschutz besprüht werden dürfen, deckt

Die Auspuffanlage wird abgeklebt, damit kein Unterbodenschutzmaterial darauf gelangt.

man sie mit Zeitungspapier oder Plastikfolie ab. Die Antriebswellen sind sorgfältig abzukleben, damit es keine Unwucht gibt. Dasselbe gilt für die Vorderachs- und Lenkkonstruktion.

Bremsschläuche werden ebenfalls nicht mit Unterbodenschutz eingesprüht oder bestrichen, da sie sonst aufquellen können. Bremsleitungen werden auf Korrosion geprüft und mit einer Schutzfarbe gestrichen, falls sie nicht aus Kunststoff bestehen.

An die Gestänge und Seile der Handbremse darf kein Unterbodenschutz gelangen, da sonst ihre Freigängigkeit behindert wird.

Bremsscheiben sollte man stets abdecken, da schon Spuren von Unterbodenschutz die Bremsleistung vermindern.

Die Bohrungen zur Aufnahme des Wagenhebers sollte man mit einer dünnflüssigen Hohlraumversiegelung aussprühen, da der dicke Unterbodenschutz das Einführen des Wagenhebers verhindert. Ablaufbohrungen müssen ebenfalls frei bleiben.

Besonders wichtig ist, daß die Kanten der Kotflügel und Radhäuser so mit Klebeband abgedeckt werden, daß der Falz

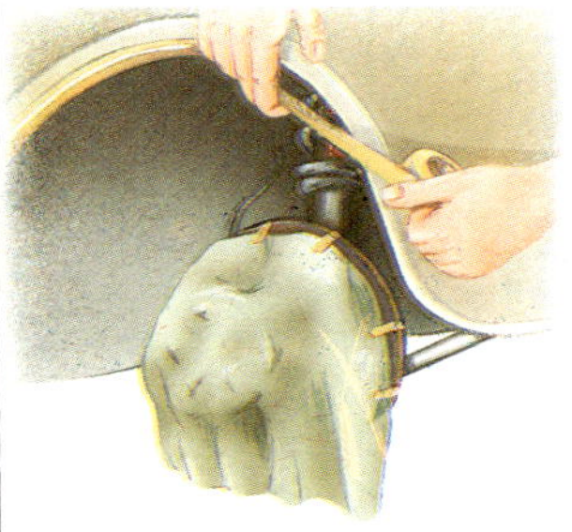

Die Kotflügelkanten so abkleben, daß der Unterbodenschutz die Bördelkante noch abdeckt.

noch mit Unterbodenschutz versehen werden kann. Türschweller behandelt man mit Unterbodenschutz und lackiert anschließend die Fläche.

Nahtversiegelung und Glasfaserspachtel

Gelegentlich bemerkt man Bördelkanten, die stark verrostet sind. Es ist sinnlos, solche Kanten und Nähte zu grundieren und zu lackieren, denn nach wenigen Tagen bricht der Rost wieder durch.

Vielmehr ist im Interesse eines wirksamen Rostschutzes die Bördelnaht zu öffnen, zu entrosten und sorgfältig mit einer zinkstaubhaltigen Farbe zu behandeln. Nach dem Trocknen wird die Naht mit einer Spezialpaste versiegelt, womit sie für eine lange Zeit gegen Rostbefall geschützt ist.

Löcher in nichttragenden Karosserieteilen kann man mit glasfaserhaltiger Spachtelmasse beseitigen. Vorher ist zu prüfen, ob sich diese Arbeit noch lohnt.

Werkzeug und Ausrüstung

Bohrmaschine mit Stahlbürste, Schleifpapier, Blechschrauben, Gripzange, Hammer, Spachtel, Spachtelmasse, Klebeband, Pinsel, Rostschutzgrundierung

Die Bördelnaht vorbereiten

Bördelnähte an Tür-, Kofferraum- und Haubenkanten sind meist nur an einigen Stellen mit Schweißpunkten geheftet, so daß man sie mit einem Schraubenzieher vorsichtig öffnen kann.

Eventuell vorhandene Dichtungsgummis werden vorher abgenommen.

Für die Entrostungsarbeiten benötigt man eine Bohrmaschine mit Stahlbürste, mit der man die Innenteile der Nähte sorgfältig von Rost befreit. Auch kleine Sandstrahlgebläse sind hierfür gut geeignet. Dazu ist allerdings ein Kompressor mit hoher Luftlieferleistung notwendig.

Ist die Durchrostung so weit fortgeschritten, daß sich Blechteile lösen, muß das gesamte Bauteil ausgewechselt oder geschweißt werden, da bei einem Unfall die verschweißten Bleche große Kräfte aufnehmen müssen.

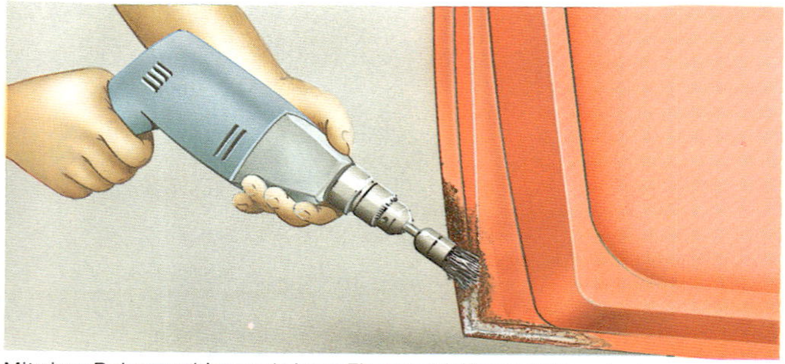

Mit einer Bohrmaschine und einem Fingerschleifer wird die aufgebogene Bördelnaht innen und außen entrostet.

Nahtversiegelung

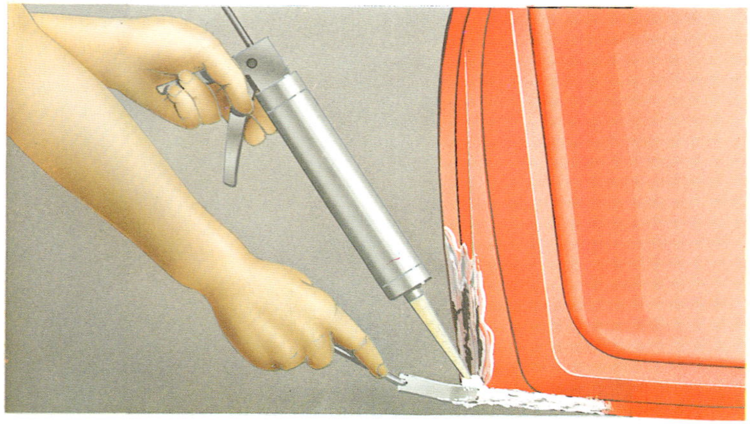

Die Versiegelungspaste wird mit einer Kartuschenpistole in die Naht gedrückt und verstrichen. Nach dem Zubördeln wird eine „Raupe" aufgetragen. So ist sichergestellt, daß der Rost nicht so schnell wiederkommt.

Die gereinigte Naht streicht man mit einer zinkstaubhaltigen Grundierung aus. Nach dem Trocknen wird die Naht mit Versiegelungsmaterial aufgefüllt, das man im Zubehörhandel in Kartuschen erhält. Zum Auftragen benötigt man eine spezielle Kartuschenpistole.

Dabei müssen die Wasserablauflöcher unbedingt frei bleiben, damit keine neuen Rostnester entstehen.

Soweit Bleche aufgebogen wurden, sind sie wieder zuzubördeln. Abschließend legt man eine schöne „Raupe" aus Versiegelungsmaterial auf die Naht. Diese kann grundiert und lackiert werden.

Arbeiten mit glasfaserhaltiger Spachtelmasse

Man befestigt die Plastikfolie auf einer Seite der Schadstelle und fertigt einen Abdruck des Durchbruches an.

Die Spachtelmasse wird mit Härter angerührt und auf die markierte Stelle der Plastikfolie gestrichen. Die Kanten der Schadstelle füllt man vorsorglich ebenfalls mit Spachtelmasse aus.

Kleine Rostlöcher in nichttragenden Karosserieteilen, z. B. im Bereich des Antennenloches, kann man mit glasfaserhaltiger Spachtelmasse ausbessern. Durch die Faseranteile besitzt der Spachtel eine große Festigkeit und bricht nicht wie einfacher Polyesterspachtel.

Vor dem Auftragen der Masse wird die Schadstelle sorgfältig von Rost und losem Lack gereinigt. Das Fortschreiten des Rostes wird mit einer zinkstaubhaltigen Grundierung gestoppt. Nach dem Trocknen mischt man Härter unter die Spachtelmasse und streicht diese auf die Schadstelle.

Man kann auch die gesamte Masse auf eine Plastikfolie aufbringen und – wie in den Bildern gezeigt – entsprechend der Karosseriekontur aufdrücken. Nach dem Trocknen zieht man die Folie ab und erspart sich so größere Nachschleifarbeiten. Das Nach- und Feinspachteln ist auf Seite 253 beschrieben.

Diese Reparaturtechnik ist auf keinen Fall für tragende Karosserieteile zugelassen. Da glasfaserhaltige Spachtelmasse außerdem relativ teuer ist, sollte man Ausbesserungsarbeiten von einem Kraftfahrzeug-Spenglerbetrieb ausführen lassen, besonders dann, wenn im Anschluß an die Reparatur die Hauptuntersuchung nach § 29 StVZO (TÜV-Prüfung) fällig ist.

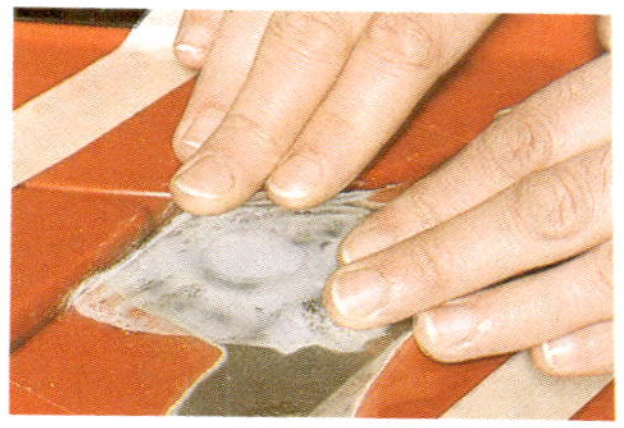

Die Plastikfolie wird über die Schadstelle geklappt und gut aufgepreßt, so daß sich die Spachtelmasse der Karosserieform anpaßt.

Während des Trockenvorganges wird die Folie rings um die Schadstelle herum mit Klebebändern in ihrer Position festgehalten.

Nach dem Aushärten kann man die Folie wieder abziehen. Danach können die Schleif- und Feinspachtelarbeiten durchgeführt werden.

Beulen beseitigen

Die einfachste Möglichkeit, kleine Beulen zu beseitigen, ist das Spachteln. Dazu gibt es im Fachhandel zwei Sorten von Spachtelmasse: Erstens ist der Polyesterspachtel zu nennen, der stets mit Härter verarbeitet wird, und zweitens der Feinspachtel, dem man meist keinen Härter zugeben muß.

Mit dem Polyesterspachtel kann man auch dickere Schichten auftragen, ohne daß es Risse gibt. Feinspachtel ist für derartige grobe Arbeiten nicht geeignet. Er läßt sich aber besonders gut auftragen und gleichmäßig ausziehen.

Werkzeug und Ausrüstung

Kunststoff- oder Gummihammer, Holzklotz, Stahlhammer, Bohrmaschine, Schleifscheiben, Schleifklotz oder Schwingschleifer, Fein- und Polyesterspachtel, Naßschleifpapier, Japanspachtel

Ausbeulen

Vor dem Spachteln sollte man versuchen, die Beule mit einer kräftigen, vorn abgerundeten Holzlatte möglichst großflächig herauszudrücken.

Ist die Rückseite der Beule zugänglich, klopft man sie mit einem Gummi- oder Kunststoffhammer heraus. Als Gegenlager dient dabei ein Stück Holz.

Obwohl ein Stahlhammer das Blech streckt, kann man mit ihm eine Beule stabilisieren: Man bearbeitet das Blech rund um die Beule punktförmig mit der spitzen Seite des Hammers.

Ein flacher Holzklotz, der Kontur des Bleches angepaßt, dient als Gegenlager. Mit einem Hammer wird die Beule vorsichtig herausgearbeitet.

Auch tiefe Beulen lassen sich mit der Blechschraube herausziehen. Zusätzlich benötigt man dazu ein Auflager aus Holz und einen Lattenhammer.

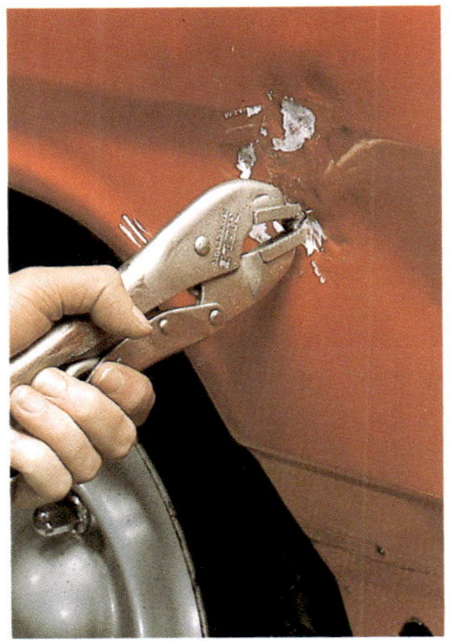

Kommt man an eine großflächige Beule von hinten nicht heran, setzt man eine Blechschraube in die Mitte der Beule ein, die man dann mit der Gripzange problemlos herauszieht. Eventuell empfiehlt es sich, mit dem Hammer den Beulenrand zu strecken.

Spachtelarbeiten

Mit einer groben Schleifscheibe in der Bohrmaschine entfernt man erst einmal den losen Lack. Zugleich wird die gesamte Fläche aufgerauht, damit die Spachtelmasse besser haftet. Blanke Stellen werden mit Grundierfarbe gestrichen.

Nach dem Trocknen der Grundierung vermischt man die notwendige Spachtelmenge mit etwas Härter. Je mehr Härter man beifügt, um so schneller trocknet der Spachtel.

Wenn die Spachtelmasse vollständig gehärtet ist, tritt ein Schleifklotz mit grobem Naßschleifpapier der Körnung 240 in Aktion bzw. ein Schwingschleifer oder eine grobe Karosseriefeile. Das Material wird so weit abgeschliffen, wie es die Karosseriekontur erfordert. Dabei entstehen oft Löcher.

Nach dem Trocknen der Reparaturstelle mischt man erneut Spachtelmasse mit Härter und trägt eine weitere Schicht auf, wobei nun alle Löcher ausgefüllt werden.

Um den Schleifklotz oder Schwingschleifer legt man feineres Papier, etwa mit der Körnung 400.

Wenn die Blechkontur noch nicht ausreichend aufgefüllt ist, muß immer wieder nachgespachtelt werden, bis selbst kleinste Löcher weder sichtbar noch mit den Fingern fühlbar sind; denn Füller und Lack können kein Loch ausgleichen.

Für den letzten Spachtelgang kann man Feinspachtel ohne Härter benutzen. Damit erhält man ein gutes Arbeitsergebnis, benötigt dann allerdings für das Trocknen etwas mehr Zeit. In diesem Fall sollte man den letzten Schliff stets mit Papier der Körnung 400 oder feiner ausführen.

Mit einer groben Schleifscheibe wird loser Lack entfernt und die Fläche aufgerauht.

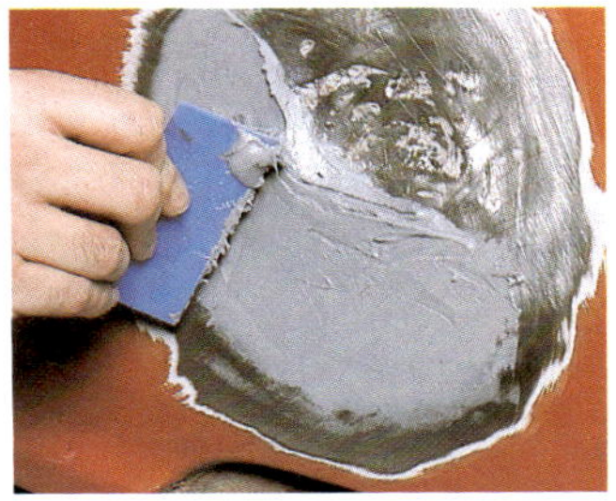

Die erste Spachtellage mit großem Werkzeug schnell und großzügig auftragen, bevor der Härter wirkt.

Mit einer groben Karosseriefeile oder grobem Schleifpapier und Schwingschleifer wird die überstehende Spachtelmasse abgeschliffen.

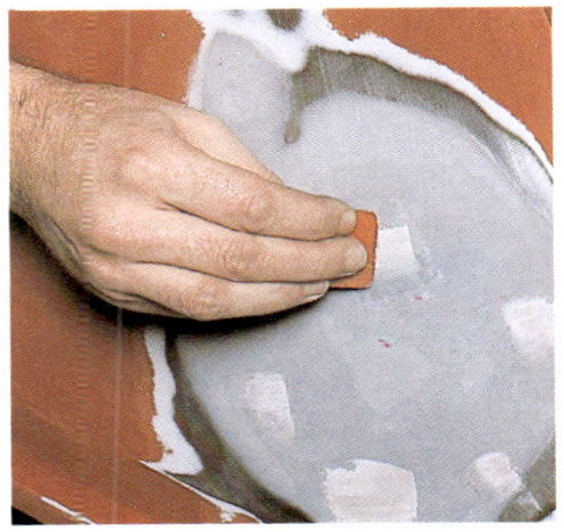

Löcher mit neuem Spachtel sorgfältig ausfüllen und nachschleifen.

Beim Feinschleifen die Fläche mit den Fingerspitzen prüfen.

Roststellen beseitigen

Karosserie-Tiefziehblech ist äußerst rostanfällig, wenn es feucht wird. Es ist sinnlos, einmal entstandene Roststellen lediglich zu grundieren und mit Decklack zu überstreichen, denn der Rost wird hierdurch nicht gestoppt, sondern unterwandert die Lackierung, bis irgendwann ein Loch entsteht.

Zur gründlichen und nachhaltigen Rostbeseitigung gibt es mehrere mechanische Hilfsmittel. Bei kleineren Roststellen benutzt man einen Glasfaserradierer aus dem Schreibwarengeschäft, mit dem man sehr präzise arbeiten kann.

Noch besser sind elektrische Kleinstbohrmaschinen, die man an den Zigarettenanzünder des Autos anschließt.

Es gibt verschiedene Fingerfräser und kleine Schleifscheiben, mit denen man Rost gründlich und mühelos entfernen kann.

Sind die Rostflächen größer, nimmt man Schleifpapier, für groben Rost die Körnung 240, für den Nachschliff die Körnung 400.

Ist der Rost noch weiter fortgeschritten, spannt man einen Gummischleifteller mit den entsprechenden Schleifscheiben in die Bohrmaschine.

Das so behandelte Blech wird mit einer zinkstaubhaltigen Grundierung oder einem Rostprimer bestrichen. Nach dem Trocknen kann man die Stelle mit einem Füller glätten und schleifen.

Werkzeug und Ausrüstung

Bohrmaschine mit Schleifteller, Schleifscheiben, kleiner Pinsel, zinkstaubhaltige Grundierung, Naßschleifpapier, Feinspachtel, Verdünner

Rostbehandlung mit der Schleifscheibe

Mit Gummiteller und Schleifscheibe beseitigt man Roststellen besonders schnell und nachhaltig. Gesundes Blech nicht durchschleifen!

Rostumwandler

Es gibt eine ganze Reihe von Rostumwandlern oder rostabtragenden Mitteln. Meist handelt es sich um säure- oder tanninhaltige Substanzen.

Wenn man die Säure aufgetragen hat, bildet sich ein schwarzer Niederschlag, der als Grundierung benutzt werden kann. Bei tanninhaltigen Mitteln erfolgt nach dem Austrocknen meist ein Farbumschlag, den man mit Wasser wieder abwaschen kann.

Derartige Mittel sind jedoch nicht unproblematisch. Zunächst ist schwer zu kontrollieren, ob das Mittel in der Tiefe gewirkt hat. Weiterhin müssen die rostabtragenden Substanzen völlig abgewaschen und neutralisiert werden. Häufig schreitet nach dem Grundieren und Lackieren das Unterrosten weiter fort, so daß man, wenn man sichergehen will, die mechanische Rostbeseitigung vorziehen sollte.

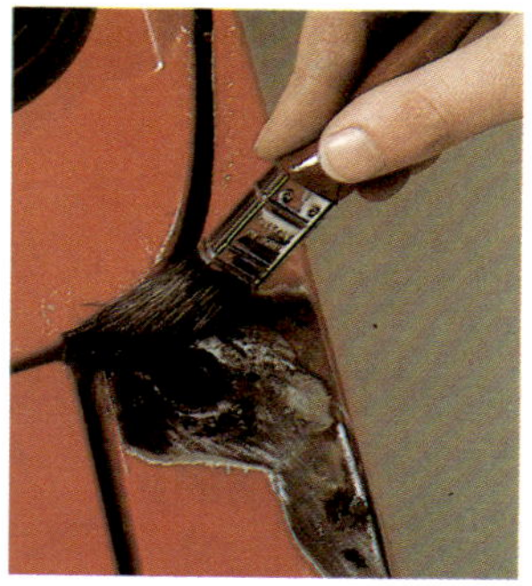

Rostumwandler sind stets sorgfältig abzuwaschen, um das Wirkmittel zu neutralisieren.

Kleinere Roststellen beseitigen

Kleine Roststellen schleift man trocken mit feinem Naßschleifpapier so lange ab, bis der schadhafte Lack entfernt ist.

Kleine Roststellen findet man häufig – wie im Bild – an der Hecktür in der Nähe des Schließzylinders. Man kann sie gut mit zinkstaubhaltigen Grundierungen behandeln.

Zunächst reinigt man die Schadstelle mit Verdünner. Losen Lack beseitigt man mit dem Schraubenzieher. Anschließend setzt man feines, aber nicht angefeuchtetes Naßschleifpapier ein.

Man schleift so lange, bis man einen glatten Übergang zum gesunden Lack erhält, und trägt mit einem kleinen Pinsel die Grundierung so auf, daß die Schadstelle ringsherum überlappt wird.

Ist das Blech angegriffen, muß man die Schadstelle mit einem Feinspachtel ohne Härter spachteln, bis alle Unebenheiten ausgeglichen sind.

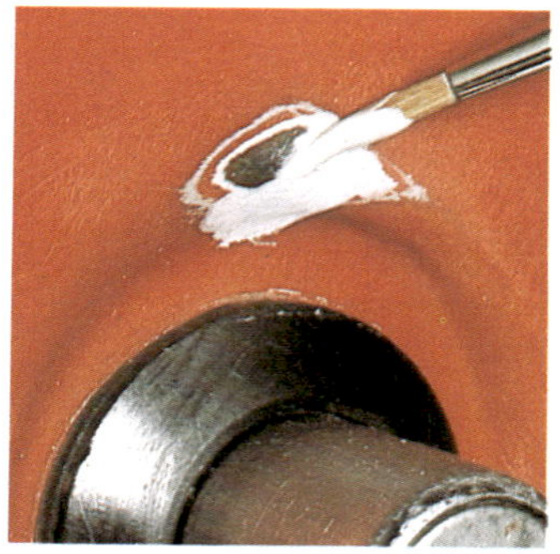

Mit einem kleinen Pinsel trägt man die Grundierung auf.

Der getrocknete Spachtel wird mit 400er Naßschleifpapier geschliffen, bis er vollkommen glatt ist. Erscheinen dabei blanke Metallstellen, müssen sie erneut mit Grundierung abgedeckt werden.

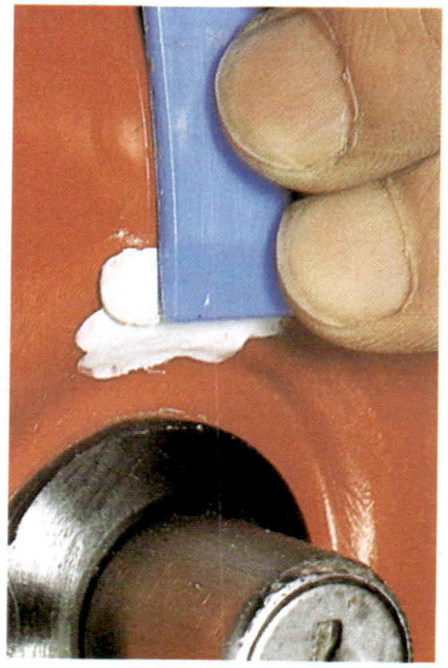

Nach dem Trocknen der Grundierung spachtelt man, soweit notwendig, die Schadstelle mit Feinspachtel ab.

Die ausgehärtete Spachtelmasse wird mit 400er Naßschleifpapier naßgeschliffen.

Lackierarbeiten 1

Kleine Lackschäden beseitigt man am besten mit einem Lackstift. Bei größeren Flächen setzt man Sprühdosen ein, zu denen oft ein kleiner Tupflackpinsel mitgeliefert wird.

Besonders schwierig ist das Ausbessern von Metalliclackierungen. Der Lackspray muß besonders intensiv gemischt werden, bevor man ihn aufträgt. Die meisten Metalliclacke werden heute mit einem Klarlack abgedeckt, den man zusätzlich kaufen muß.

Für alle Spachtel- und Lackierarbeiten benötigt man viel Übung und handwerkliches Geschick, will man befriedigende Ergebnisse erzielen. Die Reparatur größerer Lackschäden sollte man daher immer einem Fachmann überlassen.

Der Do-it-yourselfer ist auf Originallack angewiesen. In den meisten Fahrzeugen ist die entsprechende Codenummer unter der Motorhaube oder im Kofferraum angebracht. Ist sie jedoch nicht mehr aufzufinden, behilft man sich mit einer Farbcodierungskarte, die man beim Farbenhändler ausleihen kann.

Werkzeug und Ausrüstung

Verdünner, Pinsel, Schleifpapier, Klebeband, Farbe, Grundierung

Umgang mit Spraydosen

Manche Reparaturlacke vertragen sich nicht mit dem Originallack. Deshalb sollte man immer an einer unbedenklichen Stelle, z. B. unter der Motorhaube, ausprobieren, ob es zu Lackablösungen kommt. Ist dies der Fall, muß ein Fachmann die Arbeit übernehmen.

Spraydosen muß man vor dem Einsatz immer gründlich schütteln. Der Lack wird aus einer Entfernung von etwa 25 bis 30 cm aufgesprüht, und zwar zunächst so dünn, daß die gespachtelte Stelle noch durchscheint. Gibt es ein gesprenkeltes Lackbild, war man zu weit entfernt, oder der Lack ist zu kalt. Gibt es Laufnasen oder Tropfen, war der Abstand zum Blech zu gering, oder man hat die Schicht zu dick aufgetragen.

Den ersten Lackauftrag sollte man leicht antrocknen lassen. Nach einigen Minuten wiederholt man den Vorgang. Auch hier den Lack auf keinen Fall zu dick aufsprühen.

Bei groben Fehlern kann man den Lack sofort mit Lappen und Verdünner wieder abwaschen. Nach dem Ablüften kann man erneut einen Versuch wagen. Vorher die Spraydose gut schütteln, damit sich die Farbe vermischt.

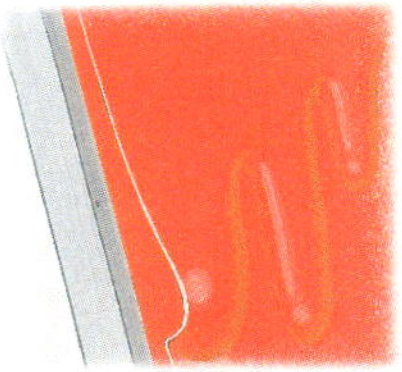

Laufnasen und Tropfen
Sie bilden sich, wenn man zu schnell gearbeitet, zu viel Lack aufgetragen oder zu wenig Distanz eingehalten hat.

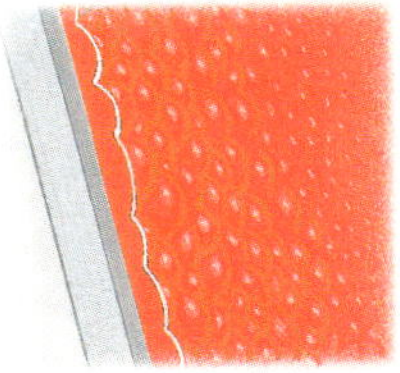

Orangenhaut
Wenn die Reparaturstelle wie die Haut einer Orange aussieht, hat man schlecht durchmischten Lack zu schnell aufgetragen.

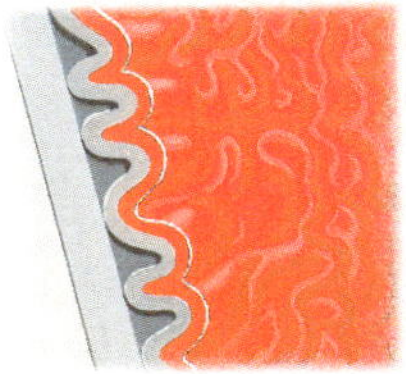

Lackablösung
Anstatt eine glatte Oberfläche zu bilden, steht der Lack auf und reißt. Der Grund sind fettige Stellen oder unverträgliche Restlacke auf dem Blech.

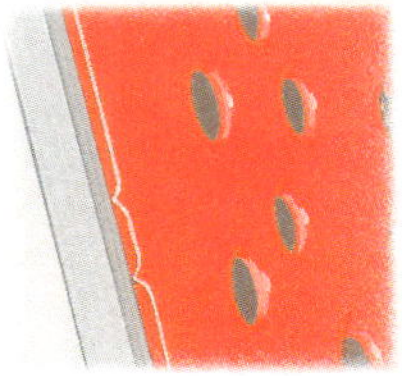

Fischaugen
Der Lack fließt nicht gleichmäßig, sondern bildet kreisrunde, flache Löcher, Fischaugen genannt. Schuld sind Politurreste oder auch nur Fingerabdrücke.

Vorbereitungsarbeiten

Nachdem die Schadstelle sorgfältig gespachtelt und geschliffen ist, entfernt man Fett oder Wachs. Könner führen dann noch einmal einen Feinschliff mit viel Wasser und 600er Naßschleifpapier durch. Anschließend wird die Schadstelle getrocknet.

Abklebearbeiten

Nach Möglichkeit sollte man Bauteile wie Zierleisten, Stoßstangen und Abdeckgläser ausbauen, um sich die Abklebearbeiten zu ersparen. Zierleisten lassen sich mit einem Schraubenzieher abdrücken, wenn sie nur von Klipsen gehalten werden.

Sind Zierleisten aufwendiger verschraubt oder angeklebt, deckt man sie mit Kreppklebeband ab.

Problematisch sind häufig einwandfreie Lackübergänge. Am besten lackiert man stets bis zur nächsten Karosserienaht, bis zum Rahmen einer Leuchte oder bis unter die Stoßstange.

Da Lackspray selbst durch feinste Öffnungen dringt, müssen auch benachbarte Karosserieteile und Scheiben mit Zeitungspapier abgedeckt werden.

Bevor die Schadstelle abgeklebt wird, macht man sie mit einem Verdünner fettfrei. Für den letzten Feinschliff braucht man viel Wasser und Naßschleifpapier der Körnung 400–600.

Lichtscheiben, die sich nicht leicht ausbauen lassen, werden mit Kreppklebeband abgedeckt.

Lüftungsgitter oder Firmenembleme lassen sich häufig schlecht ausbauen und werden deshalb abgeklebt.

Bei den Abklebearbeiten sollte man weder mit Klebeband noch mit Papier sparen. Großflächige Abdeckungen verhindern, daß der feine Lacknebel einen häßlichen Niederschlag bildet.

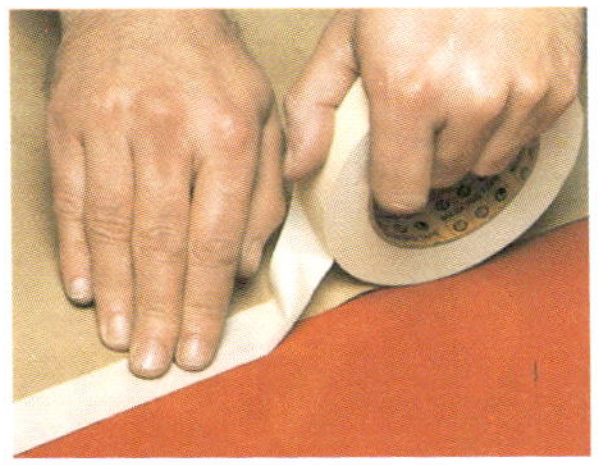

Das Klebeband wird so eingesetzt, daß es das Abdeckpapier und die Karosserie zu gleichen Teilen abdeckt.

An Lackübergängen das Klebeband gut andrücken. Große Flächen deckt man mit Papier ab, das man mit Klebeband befestigt.

Lackierarbeiten 2

Füller und Decklack auftragen

Selbst mit sehr feinem Schleifpapier lassen sich Kratzer nicht vermeiden. Da die üblichen Decklacke solche Kratzer nur unbefriedigend abdecken, trägt man nach dem Grundieren und Spachteln zunächst einen Füller auf, den es auch in Spraydosen gibt.

Füller muß man stets besonders gut mischen. Man trägt ihn dick in mehreren Lagen auf. Zwischen den einzelnen Füllerschichten kann man einige Minuten Pause einlegen. Wichtig ist, daß die Lackübergänge gut ausgefüllt werden.

Nach dem Trocknen wird der Füller mit einem 400er Naßschleifpapier und reichlich Wasser angeschliffen. Füller auf alten, noch guten Lackstellen schleift man vollständig ab. Wo man auf blankes Metall gerät, muß man erneut grundieren und Füller auftragen.

Bevor man den Decklack aufträgt, muß man die Reparaturstelle gründlich trocknen und staubfrei machen. Die Spraydose wird einige Minuten geschüttelt. Lack und Blech sollten beim Auftragen nicht kalt sein. Die Qualität des Sprühstrahles kann man prüfen, indem man ein Stück Papier ansprüht.

Nun drückt man vorsichtig den Ventilknopf und sprüht eine erste, noch sehr dünne Lacklage auf. Dabei arbeitet man zügig, ohne abzusetzen, und läßt die Schicht dann einige Minuten antrocknen. Auf die gleiche Weise bringt man die zweite Lage auf. Die dritte Lage deckt die Lackübergänge ab. Falls der Lack zu laufen beginnt, muß man sofort unterbrechen, die ganze Stelle mit Verdünner abwaschen und mit der Arbeit noch einmal von vorn beginnen.

Besser wartet man einige Tage und schleift die Schadstelle mit einem 400er Naßschleifpapier ab.

Nicht geglückte Lackübergänge schleift man vorsichtig mit Polierpaste an.

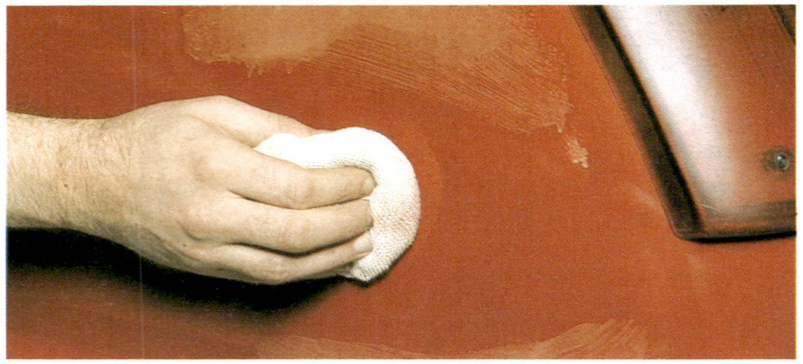

Wenn der Lack nach einigen Wochen ausgetrocknet ist, versucht man, mit Schleifpaste den alten Lack von Sprühstaub zu reinigen und die Übergänge zu polieren. Dabei darf man aber nicht zu heftig reiben.

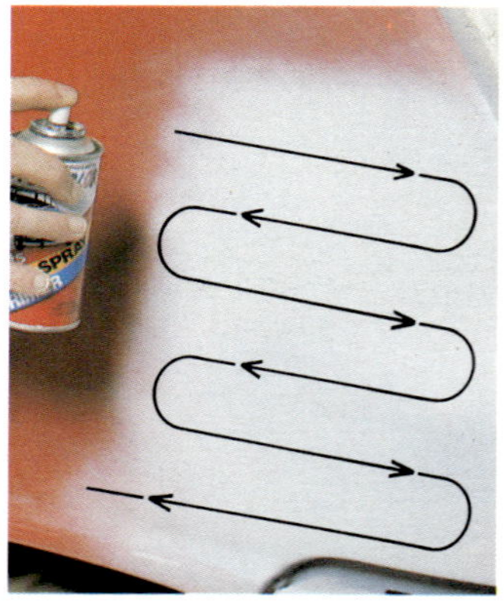

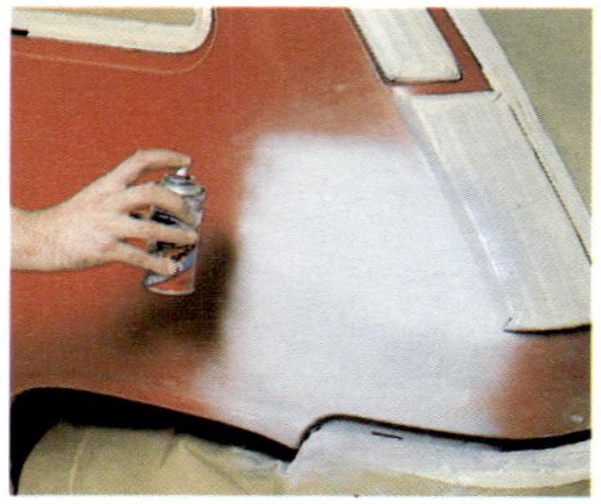

Spraydosen mit Füllgrund muß man gut schütteln, damit sich das Material durchmischt. Die gespachtelte Fläche wird dick besprüht. Nach dem Trocknen wiederholt man den Vorgang, unter Umständen auch mehrfach. Zu lackierten Flächen versucht man, gute Übergänge zu schaffen.

An feuchten, kalten oder windigen Tagen sollte man keinen Decklack aufbringen. Beim Sprühen hält man den Spraystrahl stets horizontal. Man trägt jeweils zügig, ohne abzusetzen, im sogenannten Kreuzgang drei dünne Lackschichten auf. Beim ersten Lackauftrag nur eine sehr dünne Schicht aufbringen, so daß die Grundierung noch sichtbar bleibt. Nun einige Minuten warten, dann die zweite und dritte Schicht aufbringen.

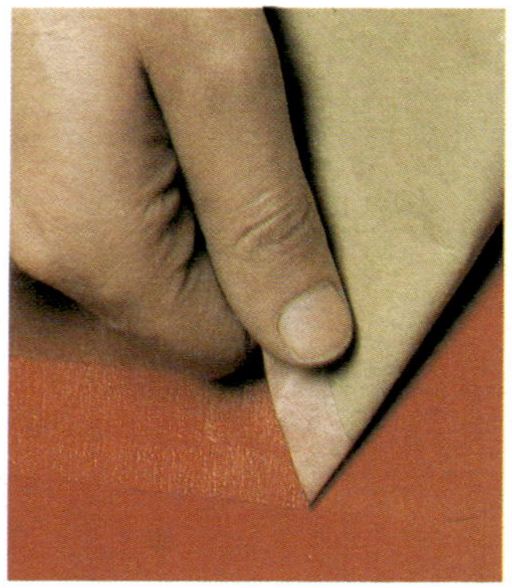

Nach dem Trocknen des Lackes wird das Klebeband stets im spitzen Winkel abgezogen.

Haben sich Laufnasen gebildet, läßt man die Farbe durchtrocknen und schleift die Nasen mit feinem Naßschleifpapier ab. Die Farbe muß trocken sein; nicht zu früh anschleifen. Zum Abschluß wird poliert.

Kleine Lackschäden ausbessern

Bevor man kleine Schadstellen ausbessert, entfernt man losen Lack mit einer Messerspitze. Dabei die Messerklinge flach halten.

Die Spraydose gut durchmischen. Zum Auftragen sind nur sehr feine Pinsel, wie man sie für Aquarellarbeiten braucht, geeignet.

Den Lack trägt man mit einem einzigen kräftigen Strich auf und läßt ihn dabei deutlich überlappen. Nach dem Trocknen kann man noch eine dünne Schicht aufbringen.

Streicht man mit dem Pinsel zu oft hin und her, wird die Lackoberfläche rauh und brüchig.

Nach mehreren Tagen bearbeitet man die Schadstelle mit einer Politur, bis die Übergänge nicht mehr sichtbar sind.

Gut geeignet für das Nacharbeiten ist auch Lackschleifpaste, die man vorsichtig mit kreisenden Bewegungen aufträgt.

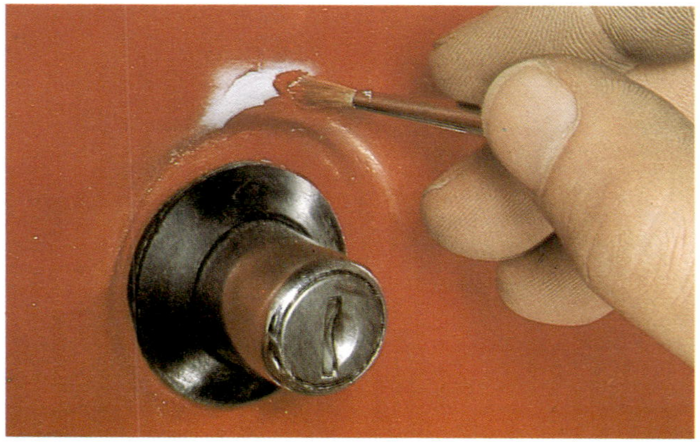

Kleine Schadstellen werden mit einem feinen Haarpinsel ausgebessert. Man kann auch Spray in den Deckel der Spraydose sprühen und mit dem Pinsel abtupfen. Manchmal liegt ein kleiner Pinsel im Deckel.

Bohr- und Schneidearbeiten an der Karosserie

Will man Zubehör montieren, muß man oft ein Loch in die Karosserie bohren. Obwohl dies nicht schwierig ist, können Pannen sehr teuer werden. Ein abgerutschter Bohrer beschädigt den Lack nicht selten so, daß ein ganzer Kotflügel neu lackiert werden muß.

Man beginnt mit dem Vorbohren, wobei man einen kleinen Bohrer von etwa 4 mm einsetzt. Dann wird das Loch entsprechend den Erfordernissen erweitert. Für Bohrlöcher über 13 mm benutzt man in Werkstätten spezielle Fräser oder Schneidwerkzeuge. Der Heimwerker benutzt besser eine Rundfeile, denn die Spezialschneidwerkzeuge sind teuer.

Niemals sollte man ein Loch bohren, bevor man sich nicht überzeugt hat, was hinter dem Karosserieblech liegt.

Werkzeug und Ausrüstung

Körner, Hammer, Bohrersatz, Knabber oder Stichsäge, Rundfeile, Abdeckband, Bleistift, Gewebeklebeband

Eine Bohrung mit der Feile erweitern

Die meisten Antennen benötigen Bohrungen von etwa 19 mm. Die üblichen Bohrsätze enden aber bei 10 mm. Ist das Bohrloch vorgebohrt und mit dem 10-mm-Bohrer aufgeweitet, nimmt man eine 6-mm-Rundfeile mit mittlerem Hieb und umwickelt ihr Ende mit mehreren Lagen Abdeckband. Mit diesem Trick verhindert man, daß die Feile beim Feilen aus dem Bohrloch rutscht. Das Klebeband dient als Anschlag. Nun führt man die Feile ein und weitet das Loch bis zur gewünschten Größe aus.

Vorsicht bei neuen Feilen! Diese tragen das dünne Karosserieblech manchmal erstaunlich schnell ab, so daß das Loch zu groß wird.

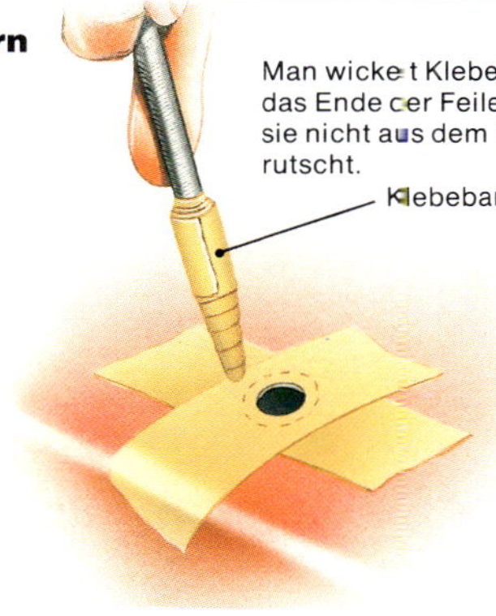

Man wickelt Klebeband um das Ende der Feile, damit sie nicht aus dem Bohrloch rutscht.

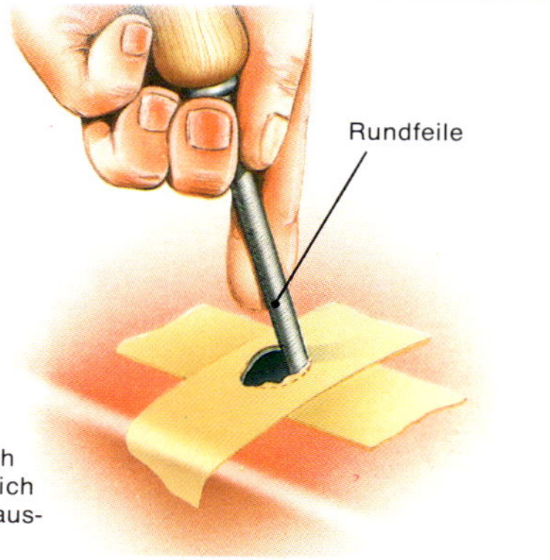

Das Bohrloch wird allmählich rundherum ausgeweitet.

Ein Loch bohren

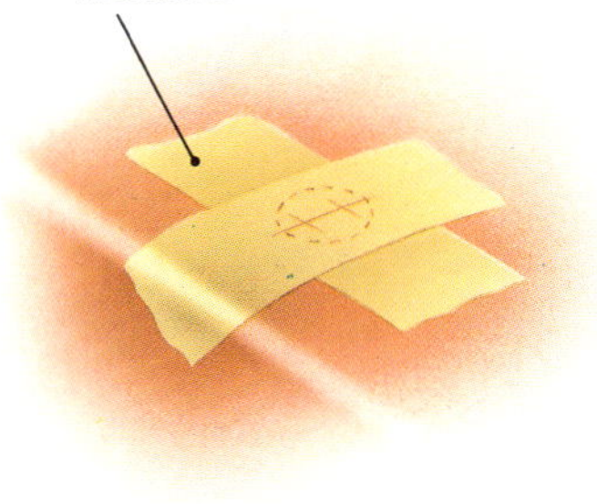

Man schützt den Karosserielack durch aufgeklebtes Gewebeklebeband und reißt die erforderliche Bohrung an.

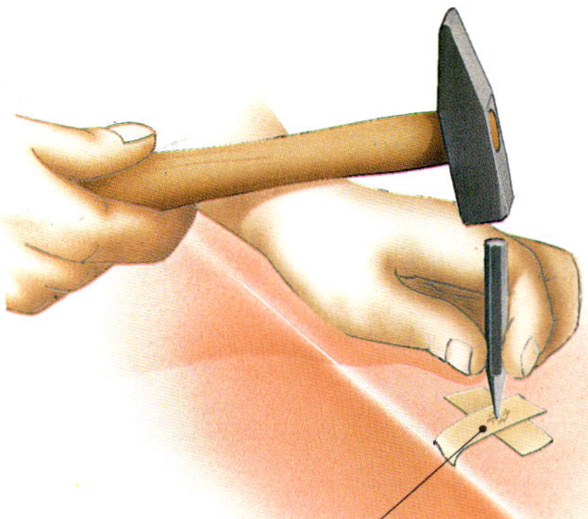

Damit der Bohrer nicht wegläuft, wird die Bohrstelle mit einem Körner leicht angekörnt.

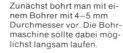

Zunächst bohrt man mit einem Bohrer mit 4–5 mm Durchmesser vor. Die Bohrmaschine sollte dabei möglichst langsam laufen.

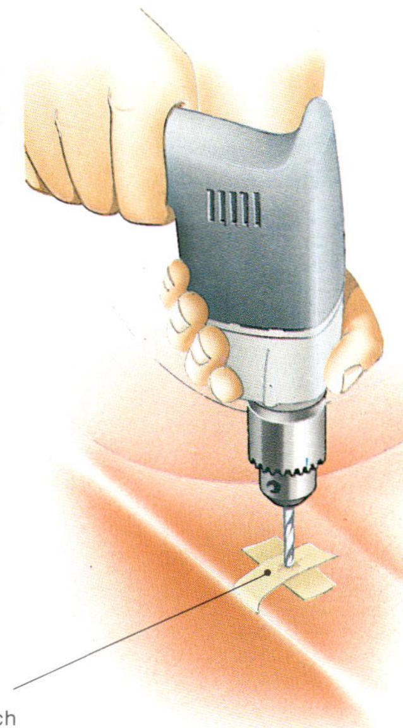

Lackierte Karosserieflächen sind sehr glatt, so daß der Bohrer leicht abrutscht. Um dies zu verhindern, klebt man auf die Bohrstelle Gewebeklebeband und drückt es gut an. Mit einem Bleistift wird die Bohrstelle markiert.

Zum Ankörnen verwendet man einen Körner und einen leichten Hammer. Falls die Bohrmaschine ein Mehrganggetriebe besitzt oder elektronisch geregelt ist, schaltet man die langsamste Bohrstufe ein. Zuerst wird mit einem 4-mm-Bohrer vorgebohrt.

Übliche Bohrsätze enden meist bei 10 mm. Ist eine größere Bohrung notwendig, muß man das Loch mit der Feile oder mit dem Schälbohrer erweitern.

Arbeiten mit dem Elektroknabber

Muß man größere Durchbrüche schaffen, z. B. für den Einbau eines Glashebedaches, benutzt man in Werkstätten sogenannte Elektroknabber.

Nachdem man die Größe des Karosserieausschnittes angezeichnet hat, bohrt man an jeder Ecke ein 6 mm großes Loch und führt das Messer des Knabbers in die Öffnung ein. Der Knabber schert das Blech ab; er nimmt einen etwa 2 mm breiten Span heraus. Durch das Abscheren wird das Blech nicht verbogen, und auch Lackschäden halten sich in Grenzen. Da die Messer sehr hart sind und in Kurven leicht brechen, sollte man immer Ersatzmesser parat haben.

Arbeiten mit der Stichsäge

Der Do-it-yourselfer wird sich kaum einen Knabber anschaffen und arbeitet deshalb besser mit der Stichsäge. Dazu gibt es im Fachhandel Spezial-Eisensägeblätter.

Zum Ansetzen der Säge bohrt man ein 8 mm großes Loch. Das Sägeblatt wird in das Loch gesteckt und die Säge eingeschaltet. Bei dieser Arbeit muß man unbedingt eine Schutzbrille tragen. Das Sägeblatt ist zu kühlen. Um zu verhindern, daß das Blech schwingt, muß ein Helfer das Blech im Bereich der Schnittstelle abstützen. Auch bei dieser Arbeit können Sägeblätter brechen; deshalb sind Ersatzblätter notwendig.

Stichsägen besitzen stets einen Auflagetisch, der beim Sägevorgang über das lackierte Karosserieblech gleitet. Es ist deshalb – anders als beim Arbeiten mit dem Knabber – notwendig, den Lack mit Klebeband zu schützen. Bei Sägearbeiten im Bereich des Daches muß man zuvor den Dachhimmel lösen, damit das Sägeblatt die Dachverkleidung nicht zerstört.

Arbeiten mit dem Schälbohrer

Mit einer elektrischen Bohrmaschine und einem konischen Schälbohrer kann man kleine Löcher schnell erweitern. Zunächst klebt man die Bohrstelle mit Gewebeband ab, damit es nicht zu Lackschäden kommt. Darauf reißt man den Lochdurchmesser an.

Wenn man das Zentrierloch gebohrt hat, führt man den konischen Schälbohrer in das Loch ein und reibt es bis zum gewünschten Durchmesser auf. Dabei muß man die Bohrmaschine die ganze Zeit langsam laufen lassen,

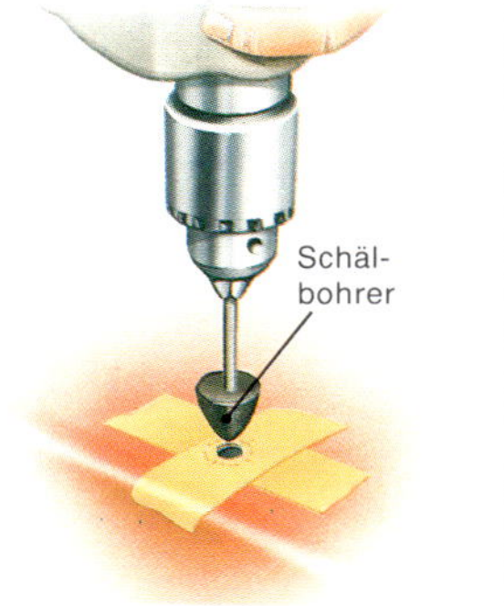

Das Zentrierloch aufweiten.

damit der Schälbohrer nicht verbrennt.

Bewährt haben sich dabei Bohrmaschinen mit elektronischer Anlaufregelung.

Schälbohrer gibt es im Fachhandel bis etwa 30 mm Durchmesser.

Pedale, Schlösser und Scharniere pflegen

Bei der üblichen Fahrzeugwartung ölt der Mechaniker alle Tür- und Haubenscharniere. Die Schließkeile an den Türschlössern werden nur leicht eingefettet, damit die Kleidung nicht verschmutzt. Der Gaspedalzug wird auf Verschleiß überprüft. Man sollte Türscharniere öfter prüfen, denn sie werden schwer belastet.

Werkzeug und Ausrüstung

Dick- und dünnflüssiges Öl, Zange, Schraubstock, Schraubenzieher, Handlampe, Cockpit- oder Silikonspray, Graphitpuder, Radlagerfett

Arbeiten an den Pedalen

Die meisten Brems- und Kupplungspedale sind gemeinsam unter dem Armaturenbrett aufgehängt. Zum Arbeiten benötigt man eine Handlampe.

Pedale mit Nylonbüchsen brauchen nicht geölt zu werden. Bei Metallbüchsen gibt man einige Tropfen Motoröl auf das Lager.

Damit keine Öltropfen die Fußmatten verunreinigen, legt man ein Stück Zeitung in den Fußraum. Mit einem Tuch entfernt man überflüssiges Öl und reinigt besonders die Pedalgummis, damit man später beim Fahren nicht abrutscht.

Selten befindet sich das Gaspedallager am Boden. Erkennt man ein Metallrohr, welches das Gasseil führt, gibt man einige Tropfen Öl oder Fett in die Seilführung. Manche Gaspedale haben die Form einer auf den Boden geschraubten Klappe. Hier wird das Metallscharnier geölt.

Türscharniere und Türhaltebänder

Die Lagerstellen von Türscharnieren schmiert man mit Motoröl und wischt überflüssiges Öl mit einem Tuch ab.

Manche Türscharniere besitzen einen hohlen Zentralbolzen, der mit Plastikkappen abgedeckt ist. Die obere Kappe drückt man mit einem kleinen Schraubenzieher ab und füllt mit Öl auf. Wichtig ist, daß man nach Abschluß der Arbeiten die Abschlußkappe wieder aufsetzt.

Ist der Scharnierbolzen nicht hohl, wird das Türschloß mit einem ölhaltigen Spray eingesprüht, besonders wenn das Scharnier bereits schwergängig ist. Wenn es wieder frei ist, ölt man es zusätzlich mit dünnflüssigem Motoröl.

Türhaltebänder sollen das allzu weite Öffnen der Türe verhindern, denn dies könnte zu Beschädigungen der Türscharniere führen. Türhaltebänder sollen zusätzlich die Türe während des Aus- und Einsteigens offenhalten. Einige Tropfen Öl verhindern, daß ein Türhalteband rauh läuft und Geräusche erzeugt.

Beim Öffnen der Motorhaube und des Kofferraumdeckels bzw. der Hecktüre achte man auf Leichtgängigkeit.

Bevor man die Scharniere der Hecktüre oder des Kofferraumdeckels ölt, legt man Zeitungspapier auf den Boden. Anschließend prüft man die Einstellung der jeweiligen Schließplatten und stellt sie eventuell nach.

Hecktüren werden häufig von einem Schließzapfen und einer Verschlußplatte gehalten. Die beweglichen Schließelemente werden mit einigen Tropfen Öl gangbar gemacht. Der Bolzen ist mit etwas Fett zu schmieren.

Fronthauben werden ebenfalls mit Schließbolzen und Schließplatte gehalten. Auch hier setzt man dickes Radlagerfett an allen Stellen ein, an denen sich Metallflächen gegenseitig berühren.

Pedalgummis auswechseln

Verbrauchte Pedalgummis werden mit einem Schraubenzieher abgedrückt. Danach reinigt man das Pedal mit einem feuchten Tuch. Das neue Pedalgummi wird etwas angefeuchtet, damit es sich leichter aufziehen läßt, am besten mit einem Schraubenzieher. Manche Gummis werden von einem Metallklips gehalten, der ebenfalls erneuert wird.

Für Pedalgummis benutzt man einen Schraubenzieher.

Den Gaszug gangbar machen

Hat das Fahrzeug einen Gaszug, wird dieser manchmal schwergängig. Vermutlich sind einige Fasern des Seiles gebrochen und bleiben an der Schutzhülle hängen.

Das Gasseil wird am Vergaser gelöst und von der Pedalbefestigung abgezogen. Bevor das neue Seil eingebaut wird, tropft man etwas Motoröl in die Hülle. Dies erübrigt sich, wenn das innere Seil kunststoffummantelt ist.

Nach dem Einsetzen des Seiles prüft man die Leerlauf- und Vollgaseinstellung. Während ein Helfer das Gaspedal voll durchtritt, prüft man bei stehendem Motor die Stellung der Drosselklappe.

Schließplatten einfetten

Die Lagerstellen von Schließplatten werden nicht geölt, sondern mit Radlagerfett leicht eingestrichen.

Kunststoff-Lagerstellen werden weder gefettet noch geölt, sondern mit einem Silikonspray eingesprüht.

Schließzylinder werden nicht eingefettet, denn Fett würde Staub binden. Entweder benetzt man den Schlüssel mit etwas Graphitpuder und führt ihn in den Schließzylinder ein, oder man sprüht etwas rückfettenden Rostlöser hinein.

Schließplatten aus Metall streicht man leicht mit Radlagerfett ein.

Graphitpuder oder Rostlöser machen leichtgängig.

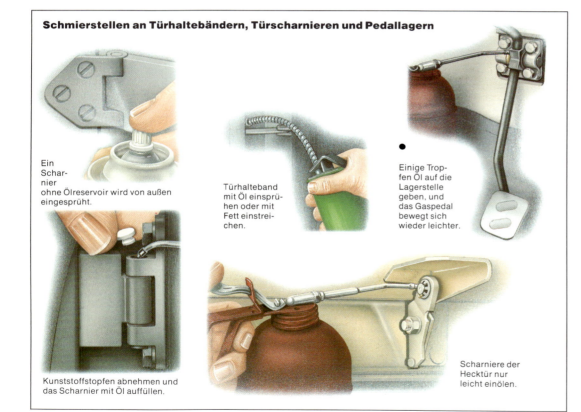

Schmierstellen an Türhaltebändern, Türscharnieren und Pedallagern

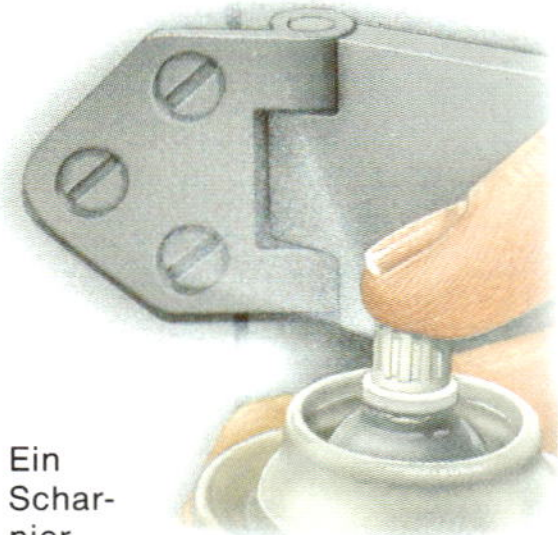
Ein Scharnier ohne Ölreservoir wird von außen eingesprüht.

Türhalteband mit Öl einsprühen oder mit Fett einstreichen.

Einige Tropfen Öl auf die Lagerstelle geben, und das Gaspedal bewegt sich wieder leichter.

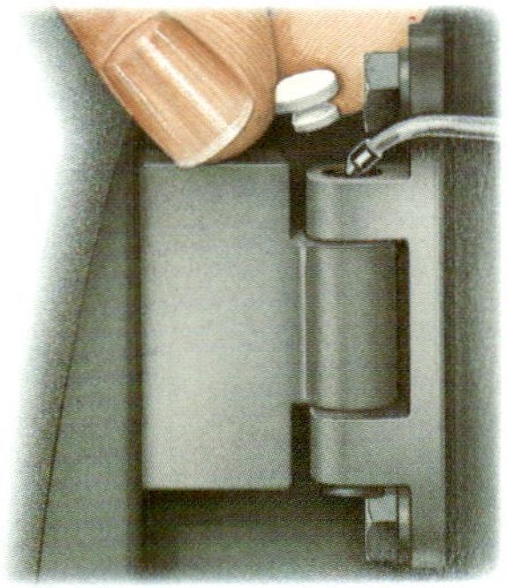
Kunststoffstopfen abnehmen und das Scharnier mit Öl auffüllen.

Scharniere der Hecktüre nur leicht einölen.

Türscharniere prüfen und auswechseln

Verschweißte Türscharniere kann man weder einstellen noch auswechseln, sondern bei Verschleiß nur den unteren und den oberen Scharnierbolzen erneuern.

Verschraubte Scharniere kann man nicht nur neu einstellen, sondern auch auswechseln. Diese Arbeiten sind sehr viel einfacher als das Auswechseln der Scharnierbolzen.

Werkzeug und Ausrüstung

Hammer, Durchschlag, Abzieh- und Einpreßvorrichtung, Schraubenzieher, Gabelschlüssel, Gripzange, Stützbock, Putzlappen, Öl, Fett, Türscharniere oder -bolzen

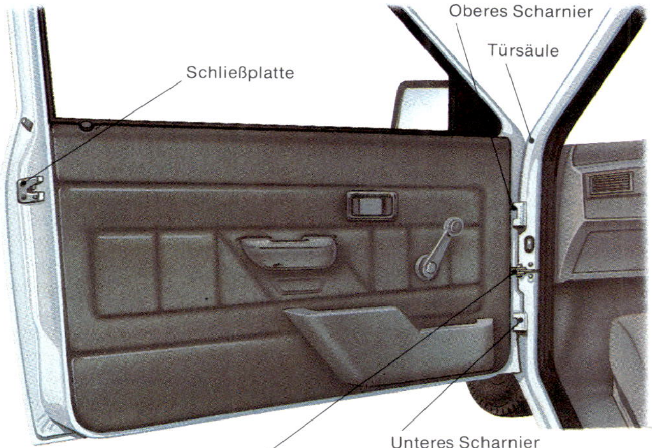

Die Scharniere der Fahrertür verschleißen in der Regel schneller.

Die Scharnierbolzen erneuern

Bevor man die Ersatzteile besorgt, probiert man, ob man die Bolzen mit Durchschlag und Hammer austreiben kann. Wenn man die am Scharnierbolzen eventuell vorhandenen Plastikkappen abgenommen hat, muß man bei den folgenden Treibarbeiten sehr vorsichtig vorgehen, denn es kann dabei sehr leicht zu einer Beschädigung der Karosserie kommen.

Wenn man versteckt angebrachte Scharniere auch nicht mit dem Dorn und dem Hammer erreicht, kommt man nicht umhin, einen Spezialabzieher einzusetzen, über den nur Fachwerkstätten verfügen. Überhaupt sollte man prüfen, ob es nicht besser ist, bei verschweißten Scharnieren das Auswechseln von trockenen, festgefressenen Bolzen vom Fachmann ausführen zu lassen.

Lassen sich die Bolzen leicht bewegen, löst man als erstes das Türhalteband, das in der Regel mit einem einfachen Hohlniet befestigt ist, der mit einem Schraubenzieher abgedrückt und mit einer Zange herausgezogen werden kann. Nun hält ein Helfer die Tür mit beiden Händen fest. Damit die Tür nach dem Herausschlagen der Bolzen nicht herunterfällt, nimmt man am besten ein Unterstellbock mit einem Putzlappen das Türgewicht auf.

Massive Scharnierbolzen kann man oft mit dem Schraubenzieher anheben und mit einer Zange herausziehen.

Verschraubte Türscharniere erneuern

Man schließt das Kurbelfenster und schraubt Kurbel und Türgriffe ab. Danach kann die Türverkleidung abgedrückt werden.

Den Niet des Türhaltebandes drückt man mit einem Schraubenzieher oder mit Hammer und Durchschlag heraus. Manchmal ist auch ein Sicherungsklips abzunehmen.

Nun erkennt man an zwei Durchbrüchen im Türrahmen die Verschraubung des Scharnierteils. Zum Abnehmen der Tür braucht man einen Helfer. Damit die Tür nach dem Entfernen der Schrauben nicht auf den Boden fällt, stellt man einen Stützbock unter den Türrahmen, dessen Auflagefläche gepolstert wird.

Als erstes dreht man alle Schrauben des unteren Türscharniers heraus, dann die des oberen Scharniers. Dabei muß der Helfer fest zupacken, damit die Tür nicht gegen die vordere Kotflügelkante fällt. Nun läßt sich die Tür vom Scharnier abheben. Die restlichen Schrauben werden herausgedreht.

Die neuen Scharniere fettet und ölt man und bringt sie zunächst an der Türsäule an. Die Farbmarkierungen am alten Scharnier helfen, die richtige Position zu finden.

Ist die Tür montiert, prüft man zuerst die Scharnier- und Schloßeinstellung, bevor die Verkleidung und die Bedienelemente befestigt werden.

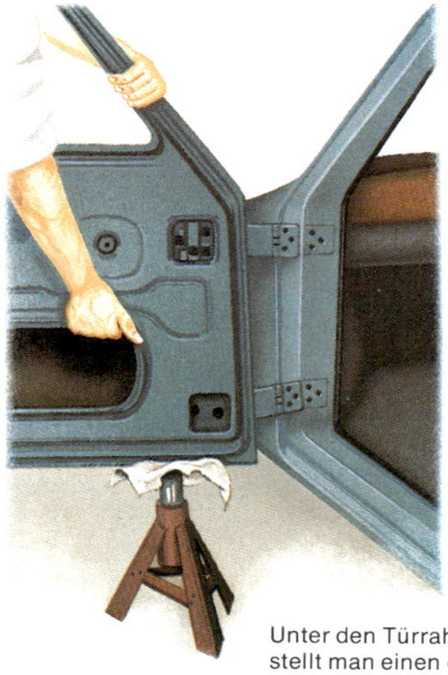

Unter den Türrahmen stellt man einen gepolsterten Stützbock.

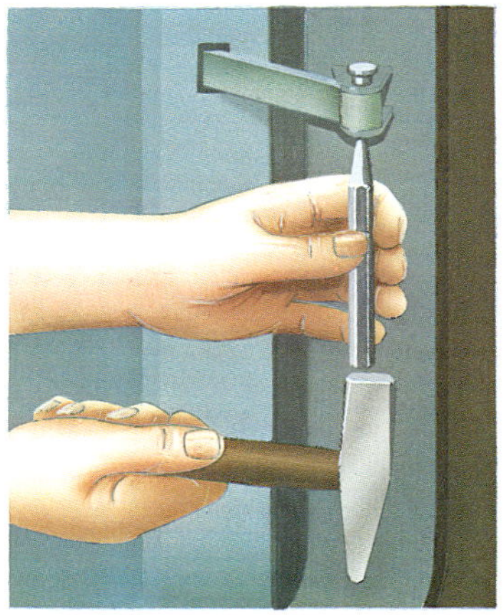

Das Türhalteband ist oft mit einem Hohlniet befestigt, den man mit Hammer und Durchschlag herausdrückt.

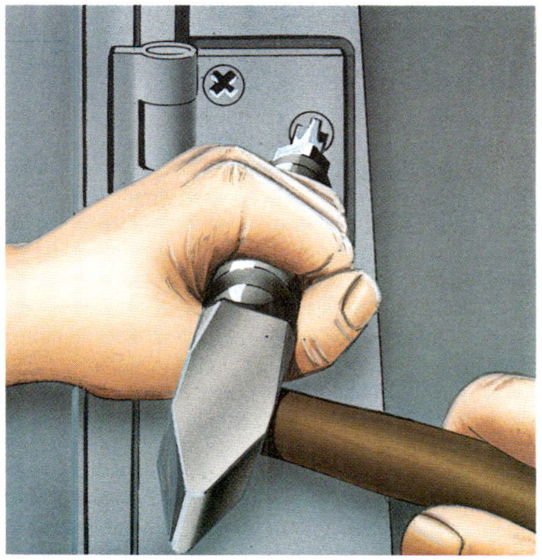

Bei festsitzenden Kreuzschlitzschrauben kann man auch einen Schlagschlüssel einsetzen.

Sind die Türscharniere mit Sechskantschrauben befestigt, benötigt man Steckschlüsselverlängerung und Ratsche.

Federbelastete Türscharniere

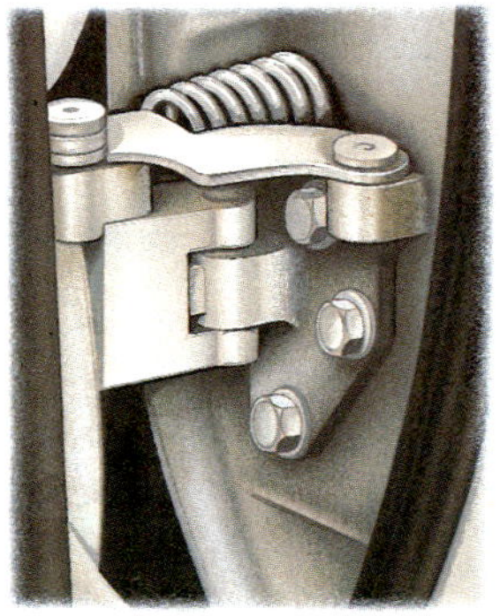

Bei Scharnieren mit Türfeststeller unter Federspannung muß sich die Feder langsam entspannen.

Türen und Hauben einstellen

Wenn eine Autotür klappert oder nicht mehr richtig schließt, muß die Einstellung korrigiert werden. Gleichzeitig prüft man die Türscharniere.

Manche Scharniere sind mit der Karosserie verschweißt, so daß eine Einstellung nicht möglich ist. Hier prüft man lediglich den Zustand der Türbolzen.

Sind die Scharniere verschraubt, kann man die Schrauben lösen und die Einstellung verändern.

Werkzeug und Ausrüstung

Gabelschlüssel, Schraubenzieher, Gripzange, Bleistift, Fett

Türscharniere

Manche Türscharniere haben einen hohlen Bolzen, der mit Öl aufgefüllt wird und meist von einem Plastikstöpsel verdeckt ist.

Dieses Scharnier ist mit einem Türhalteband kombiniert.

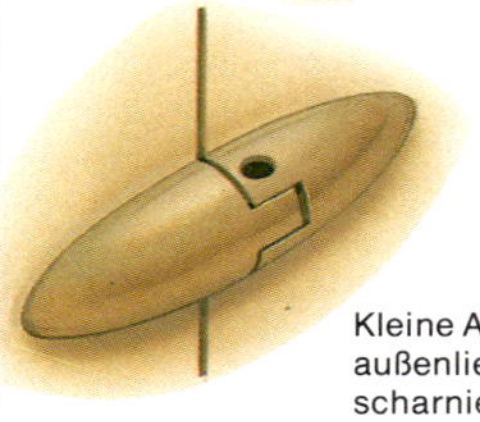

Kleine Autos haben oft außenliegende Türscharniere, die nicht eingestellt werden können.

Einstellarbeiten an Türen

Bevor man die Einstellung der Schließplatte verändert, zeichnet man die Ausgangsstellung mit einem Bleistift an. Dann drückt man den Türentriegelungsknopf außen am Handgriff und prüft, ob das Schloß einwandfrei in die Verschlußplatte einläuft, ohne anzustoßen.

Meist genügt es, wenn man die Verschlußplatte einige Millimeter nach innen setzt. Die Tür sitzt nun wieder besser auf Spannung. Bei dieser Gelegenheit bringt man etwas Fett auf.

Bei anderen Schloßsystemen ist nur ein Fangbolzen vorhanden, der in einem Langloch versetzt werden kann. Der Bolzen sollte so eingestellt werden, daß er in die Klaue des Türschlosses einrastet, ohne anzustoßen. Falls das Schloß neu eingestellt werden muß, empfiehlt es sich ebenfalls, vor dem Lösen die Grundeinstellung mit einem Bleistift anzuzeichnen.

Einstellarbeiten an den Türscharnieren selbst sind selten notwendig. Es kann vorkommen, daß sich die Türdichtung gesetzt hat. Hier genügt es, die Scharniere etwas nachzusetzen. Für die Arbeiten benötigt man bei Sechskantschrauben Steckschlüssel und Verlängerung. Häufig werden auch Kreuzschlitzschrauben, die sich nur mit einem großen Schraubenzieher lösen lassen, verwendet.

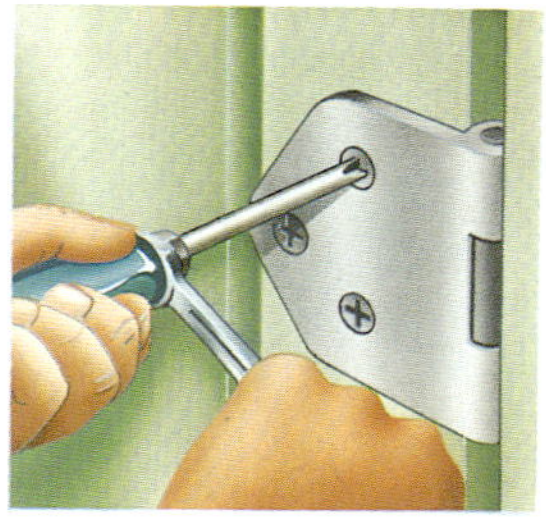

Türscharnier

Die meisten Türscharniere sind mit Kreuzschlitzschrauben befestigt, die man mit Schraubenzieher und Gripzange löst.

Schließplatte

Die Schließplatte wird so eingestellt, daß der Schloßzapfen einrastet, ohne anzustoßen.

Schloß mit Fangbolzen

Der Fangbolzen soll, ohne anzustoßen, von der Klaue erfaßt werden.

Ist dies nicht der Fall, wird der Fangbolzen versetzt.

Den Haubenverschluß einstellen

Motorhauben haben zwei Verschlußrasten. In Raste 1 erfaßt ein Haken ein Gegenstück. Die Haube liegt nur lose auf, so daß lediglich das Auffliegen verhindert wird, falls Raste 2 nicht greift. In Raste 2 wird die Haube sicher unter Spannung gehalten.

Man hebt die Haube nach dem Entriegeln leicht an und prüft, ob der Schließzapfen genau in die Mitte der Schließplatte zeigt. Anderenfalls muß man die Einstellung der Haube an den Scharnieren korrigieren.

Flattert die Haube, löst man die Kontermutter des Schließzapfens und dreht diesen einige Umdrehungen im Uhrzeigersinn. Nach dem Kontern muß die Haube sicher in Raste 2 sitzen.

Die Einstellarbeiten sind wegen der Gefahr, daß die Motorhaube auffliegt, stets mit größter Sorgfalt durchzuführen. In jedem Fall muß man noch prüfen, ob der Fanghaken sicher in das Gegenlager einrastet. Gegebenenfalls ist die Schließplatte entsprechend zu verschieben.

Kontermutter und Schließzapfen im Uhrzeigersinn drehen.

Ein Heckdeckelschloß einstellen

Viele Kofferraumdeckel und Hecktüren werden von einer Schließplatte und einem kräftigen Drahthaken gehalten.

Zur Einstellung löst man die Schrauben von Schließplatte oder Fanghaken und variiert die Stellung des Hakens.

Der Abstand des Drahtbügels wird etwas verkürzt.

Haubenscharniere einstellen

Bevor man die Einstellung verändert, ist zu prüfen, ob der Fehler nicht am Verschlußzapfen der Haube oder an der Schließplatte liegt.

Müssen die Haubenscharniere neu eingestellt werden, löst man die Befestigungsschrauben um einige Umdrehungen, so daß sich die Haube leicht verschieben läßt. Dann drückt man die Haube in das Schloß und die Scharniere von außen in ihre neue Position. Nun vorsichtig öffnen und die Schrauben wieder anziehen.

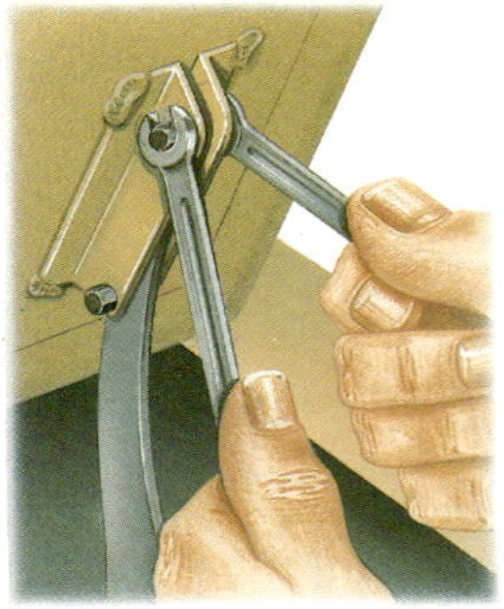

Die Haube muß sich in den Längsschlitzen verschieben lassen.

Eine Türverkleidung ausbauen

Bevor man die Türverkleidung ausbauen kann, müssen die Fensterkurbel, der Türgriff, der Verriegelungsknopf und die Armlehne abgenommen werden. Zur Befestigung dieser Teile dienen Schrauben, Klipse, Kunststoffnägel und Klammern.

Werkzeug und Ausrüstung

Schraubenzieher, Splinttreiber, Sägeblatt, doppelseitiges Klebeband

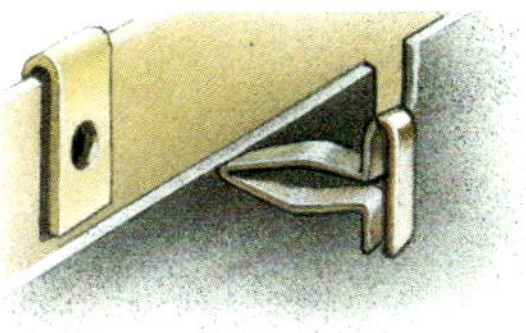

Metallklipse wurden früher häufig eingesetzt.

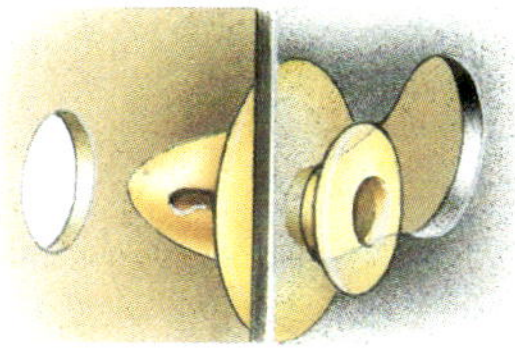

Plastiknagel einer Türverkleidung

Der Verriegelungsknopf ist mit einem Gewinde auf dem Gestänge befestigt.

Der Türverriegelungsknopf wird von einem Kunststoffrahmen in der Verkleidung gehalten.

Die Armlehne ist mit kräftigen Blechschrauben, die in versenkten Löchern sitzen, befestigt.

Den Kerbstift der Fensterkurbel drückt man mit einem dünnen Draht oder einem Splinttreiber heraus.

Typische Türverkleidung eines Pkw. Beim Abnehmen muß man stets sorgfältig arbeiten, damit die Verkleidung nicht zerbricht.

Die Fensterkurbel ausbauen

Die einfachste Methode zur Befestigung der Fensterkurbel ist eine Schraube mit Kunststoffabdeckung.

Ist diese Schraube nicht vorhanden, drückt man die Verkleidung im Bereich der Kurbel fest gegen die Tür und erkennt in dem Spalt die Antriebsspindel mit einem Kerbstift, den man mit einem Durchschlag herausstößt.

Die dritte Methode sind Federklammern, die man mit einem Schraubenzieher herausschiebt.

Schraubenbefestigung

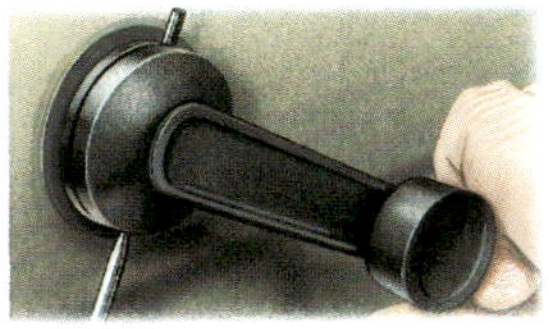

Der Kerbstift wird mit einem Draht herausgeschoben.

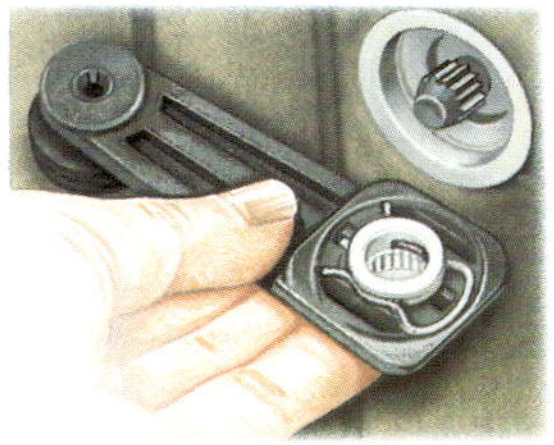

Befestigung mit Metallklammer

Den Türentriegelungsgriff und den Verriegelungsknopf ausbauen

Der Türentriegelungsgriff ist meist mit versenkten Blechschrauben befestigt und läßt sich, wenn man die Schrauben herausgedreht hat, herausschwenken.

Anderenfalls bleibt er an der Tür. Mit dem Schraubenzieher drückt man die Kunststoffplatte vorsichtig von hinten ab. Falls sich diese Platte verdrehen läßt, kann man die Rastnasen besser mit dem Schraubenzieher herauskippen.

Der Verriegelungsknopf selbst ist meistens nur aufgeschraubt.

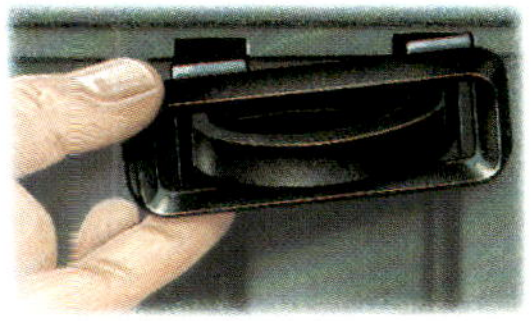

So schiebt man den Griff heraus.

Die Armlehne und die Türtasche ausbauen

Armlehnen und Türtaschen sind in der Regel mit kräftigen Blechschrauben unterhalb der Armlehne befestigt, oder die Armlehne löst sich samt der Türverkleidung.

Türtaschen sind innen meist zusätzlich durch kleine Blechschrauben gesichert.

Die Türverkleidung abnehmen

Fast alle Türverkleidungen sind heute mit Plastikknöpfen im Türrahmen befestigt. Man umwickelt einen Schraubenzieher mit einem Tuch, schiebt ihn zwischen Türrahmen und Verkleidung und drückt die

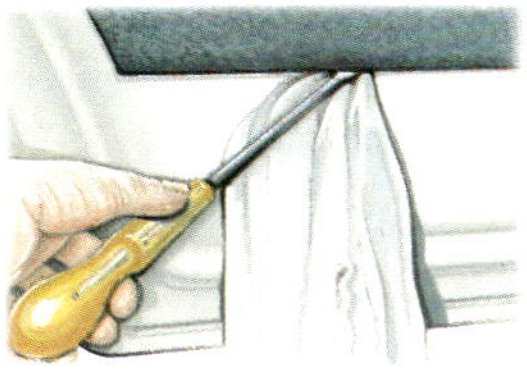

Der Schraubenzieher wird zum Abdrücken mehrfach angesetzt.

Verkleidung vorsichtig ab, bis die Knöpfe herausspringen.

Manche Türverkleidungen sind oben mit einem Rahmen gesichert, der abgeschraubt wird, oder die Verkleidung ist aus dem Rahmen herauszuschieben.

Hinter der Verkleidung dient eine Kunststoffolie als Feuchtigkeitsschutz. Diese wird vorsichtig abgezogen, da sie dank einem Spezialkleber wieder verwendbar ist. Sie sollte stets wieder angebracht werden, um das Durchfeuchten der Türverkleidung zu verhindern.

Die Türverkleidung einbauen

Bevor man die Türverkleidung wieder einsetzt, muß die Schutzfolie einwandfrei sitzen. Man setzt die Verkleidung im unteren Bereich mit einigen Knöpfen an und schlägt jeden einzelnen Knopf mit der flachen Hand oder einem Gummihammer fest.

Plastikstifte der Verkleidung

Einen Fensterheber einstellen und ausbauen

Für Fensterheber gibt es drei Betätigungssysteme. Die erste Variante ist der Parallelogrammheber, die zweite die Seilzugkonstruktion und die dritte der Zahnstangenantrieb.

Jeder Fahrzeughersteller verfolgt hier seine eigene Philosophie. Bei einem beschädigten bzw. erneuerungsbedürftigen Fensterheber kommt man also nicht umhin, das Originalteil zu kaufen.

Werkzeug und Ausrüstung

Schraubenzieher, Schraubenschlüssel, Durchschlag, kleiner Hammer, Flachzange, Schmieröl und -fett, Klebeband

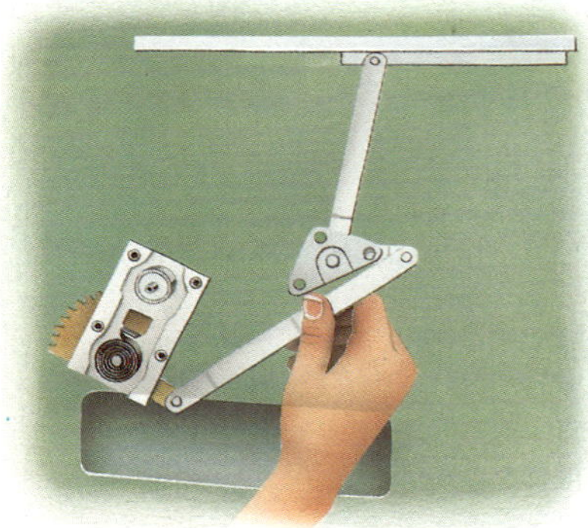

Die Führungsrolle des Fensterhebers läßt sich am Ende der Führungsschiene aushängen.

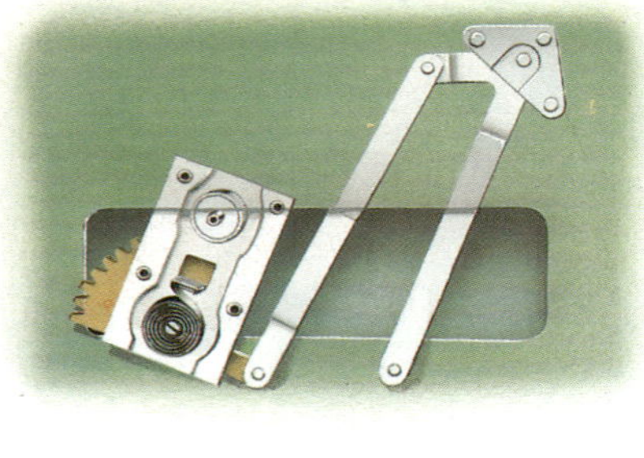

Durch ein Handloch in der Tür wird der Hebemechanismus aus der Tür gezogen.

Einen Parallelogrammheber ausbauen

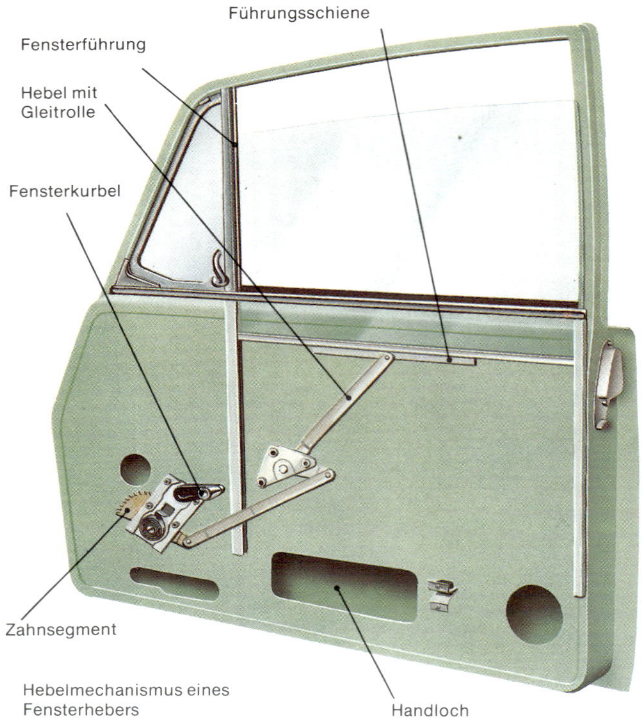

Hebelmechanismus eines Fensterhebers

Vor dem Ausbau muß man die geschlossene Fensterscheibe sichern, indem man ein besonders kräftiges Klebeband um den oberen Fensterrahmen legt.

Um die Türverkleidung ausbauen zu können, muß man vorher die Fensterkurbel, den Türgriff, den Verriegelungsknopf und die Armlehne abnehmen.

Man nimmt die Türverkleidung ab (siehe Seite 261), entfernt vorsichtig die Feuchtigkeitsschutzfolie und legt sie zur Seite. Dann dreht man die Schrauben des Kurbelgetriebes heraus und drückt es nach innen in die Tür.

Auf die gleiche Weise wird die Zwischenlagerung des Gestängemechanismus gelöst. Durch ein Handloch faßt man in das Türinnere und schiebt den Hebel mit der Gleitrolle an das Ende der Führungsschiene, wo Schlitze sitzen, so daß sich die Gleitrolle aushängen läßt. Der gesamte Kurbelmechanismus wird nun durch das Handloch herausgezogen.

Bevor man den neuen Fensterheber einsetzt, fettet man die Zahnsegmente und Führungsrollen sorgfältig ein. Der Einbau erfolgt in umgekehrter Reihenfolge.

Bevor man die Türverkleidung wieder auflegt, zieht man den Klebestreifen von der Fensterscheibe ab und prüft die Funktion des Fensterhebers.

Einen Fensterseilzug einstellen und ersetzen

Die Seilzüge, die bei einem der drei Systeme zum Öffnen und Schließen der Fenster eingesetzt werden, dehnen sich im Lauf des Betriebs etwas aus, so daß sie manchmal neu eingestellt werden müssen.

Für das Nachspannen von Seilzügen sind Umlenkrollen vorgesehen, die sich in Langlöchern verschieben lassen.

Zunächst nimmt man die Türverkleidung ab und entfernt die Schutzfolie vorsichtig (siehe Seite 261). Durch Handlöcher im Türrahmen kann man den Zustand des Seilzuges prüfen.

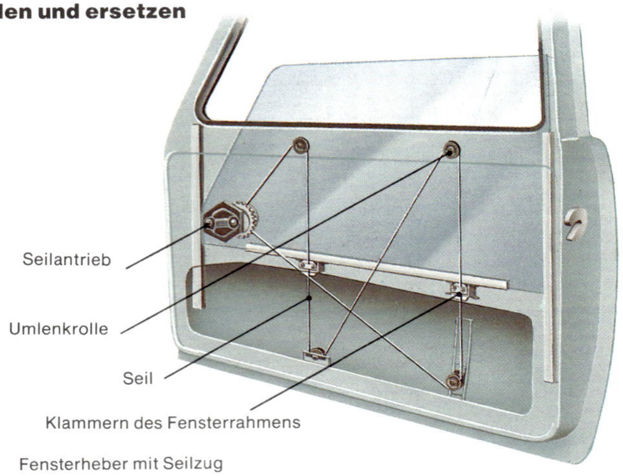

Fensterheber mit Seilzug

Zum Einstellen sind Umlenkrollen in Langlöchern verschiebbar angeordnet. Man löst eine Schraube etwa um eine halbe Umdrehung, setzt die Rolle unter Spannung und zieht die Schraube wieder an. Man darf das Seil aber nicht zu straff spannen, sonst ist der Hebemechanismus zu schwergängig.

Haben sich Seilfasern gelöst, muß der gesamte Mechanismus erneuert werden. Das Originalteil besorgt man sich beim Fachhändler.

Vor dem Ausbau der Kabelrolle wird zunächst die Scheibe mit Klebeband in der obersten Position am Türrahmen angeklebt. Die beiden Klemmbefestigungen am unteren Scheibenrahmen werden gelöst. Die verschiebbare Umlenkrolle schraubt man heraus, so daß die Seilspannung nachläßt und das Seil sich auch von den anderen Seilrollen abziehen läßt. Zuletzt schraubt man die Seilrollen ab und nimmt sie aus der Tür.

Das neue Seil ist teilweise auf der Seilscheibe fest aufgewickelt und wird meist durch eine Sicherung festgehalten. Der übrige freie Teil des Seiles wird nach dem Verschrauben des Antriebes um die einzelnen Umlenkrollen herumgeführt. Es läuft dabei über Kreuz. Die senkrechten Seilstränge müssen an den beiden Klemmen des Fensterrahmens einwandfrei ohne Knoten- und Schleifenbildung vorbeilaufen.

Die Seilspannung wird mit der verstellbaren Umlenkrolle eingestellt, die einige Tropfen Öl erhält.

Nun hängt man die beiden Klammern des unteren Fensterrahmens wieder ein und zieht die Schrauben fest.

Bevor man die Türverkleidung und die Kunststoffolie wieder auflegt, prüft man den Hebemechanismus. Vor allem muß sich das Seil einwandfrei auf der Seilrolle auf- und abwickeln.

Einen Fensterheber mit Zahnstangenantrieb ausbauen

Die Türverkleidung wird ausgebaut und die Schutzfolie abgezogen (siehe Seite 261).

Am oberen Türrahmen sichert man die Fensterscheibe mit Klebeband gegen Herunterfallen. Alle Schrauben des Zahnstangen- und Kurbelmechanismus werden herausgedreht.

Anschließend wird der gesamte Antrieb durch ein Handloch aus der Tür gezogen. Bevor man das neue Teil einsetzt, wird die Zahnstange sorgfältig eingefettet. Beim Einbau ist die umgekehrte Reihenfolge einzuhalten.

Ist der Antrieb schwergängig, löst man den Zahnstangenmechanismus in seinen Langlöchern und verschiebt ihn so, daß die Zahnstange leichter läuft.

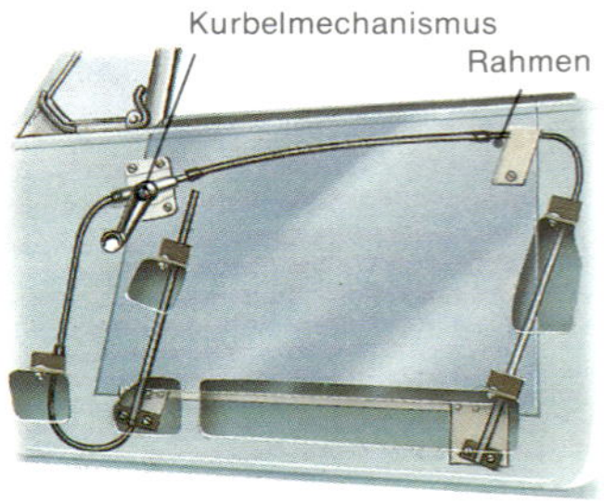

Fensterheber mit Zahnstangenantrieb

Gebrauchtwagenkauf und Hauptuntersuchung

Der Gebrauchtwagenkauf 1

Die Preise für Neuwagen sind in den letzten Jahren durch Einführung neuer Technologien, aber auch durch gestiegene Kundenansprüche überproportional angestiegen. Viele Kaufinteressenten sind deshalb gezwungen, auf den Gebrauchtwagenmarkt auszuweichen. Allerdings sind guterhaltene Kleinwagen mit geregeltem Katalysator äußerst rar; hingegen findet man bei den teuren Gebrauchtwagen mit hoher Leistung ein Überangebot. Wer sich für einen größeren Gebraucht-Pkw entscheidet, bekommt ihn zwar relativ preisgünstig, hat aber den Nachteil hoher Versicherungs- und Steuerkosten zu tragen.

Schwierig ist es außerdem, den korrekten Preis für einen Gebrauchtwagen zu finden. Dieser hängt vom Baujahr, von der Laufleistung sowie auch vom Pflege- und Erhaltungszustand ab.

Wo kaufen?

Vertrags- und freie Händler bieten auch gebrauchte Fahrzeuge an. Diese sind bei Vertragshändlern relativ teuer, aber in gutem technischem Zustand und oft mit einer Garantie ausgestattet. Bei freien Händlern sollte man genau prüfen, welches Fahrzeug man in welchem Zustand erwirbt. Dies gilt auch für den vom Händler vorgelegten Kaufvertrag und eventuelle Versicherungen sowie damit verbundene Verpflichtungen.

Leasing- und Leihfirmen geben oft Fahrzeuge mit hoher Laufleistung nach kurzer Laufzeit ab. Die Karosserie ist meist gut erhalten. Deshalb prüft man Motor, Getriebe, Kupplung und Fahrgestell wegen der hohen Laufleistung etwas genauer.

Kauf von Privatanbietern

In den Mittwochs- und Samstagsausgaben der Tageszeitungen findet man ein reiches Angebot an Gebrauchtwagen, aus dem man eine grobe Auswahl treffen und am Telefon klären kann, ob man handelseinig werden könnte. Auch in Autokinos kann man Kontakt mit Privatanbietern aufnehmen. Im Angebot sind hier eher preiswerte und ältere Fahrzeuge.

Der Jahreswagen

Automobilhersteller gewähren ihren Angestellten einen bestimmten Preisnachlaß. Nach einem Jahr kann der Besitzer sein Auto ohne wesentlichen Verlust relativ preiswert abgeben, so daß man hier günstig ein neuwertiges Auto erwerben kann. Kontaktmöglichkeiten hat man an den Werkstoren der großen Hersteller, aber auch durch die Tageszeitung.

Der Preis des Gebrauchtwagens

Für gebrauchte Fahrzeuge gibt es keine festen Kostensätze. Im Buch- und Versandhandel erhältliche Preislisten liefern marktgerechte Anhaltswerte. Der An- oder Verkaufspreis eines Gebrauchtwagens hängt aber immer vom Verhandlungsgeschick und vom Zustand des Fahrzeuges ab.

Eine gute Kontrolle ermöglichen die Wochenendangebote der Tageszeitungen. Hier erfährt man, welches Fahrzeug mit welcher Laufleistung gerade zu welchen Preisen gehandelt wird. Auch der ADAC berät seine Mitglieder über die jeweilige Preissituation am Gebrauchtwagenmarkt.

ADAC-Gebrauchtwagen-Untersuchung

Diese ADAC-Prüfung ist eine preisgünstige Möglichkeit, Gebrauchtwagen auf Herz und Nieren prüfen zu lassen. Man erhält ein detailliertes Protokoll und kann sich über notwendige Reparaturen informieren. Genaueres erfährt man in der nächsten ADAC-Geschäftsstelle.

VW (D) 0600 Volkswagen AG 3180 Wolfsburg 1 PKW/D 3/93

Typ Aufbau	Anmerkungen		Motordaten Typschlüssel-Nr.	Neupreis m. USt. Neupreis o. USt.		1992	1991	1990	1989	1988	1987	1986	1985
Golf Katalysator 19 E													
					Blau: Im jeweiligen Jahr letzter vom Herst./Import. unverb. empf. Neupreis								
Golf Lim/4	15	■	1760ccm/62kW/84PS S 698	**(20575)** (18048)	* 2	—	—	—	**10450** 12400 20575	**9350** 11100 20575	**8050** 9550 19765	—	—
Golf CL Lim/4	15	■	1781ccm/62kW/84PS S 698	**(21175)** (18575)	* 2	—	—	**11750** 13950 21176	**10850** 12850 21176	**10100** 11950 21725	**8750** 10400 20880	—	—
Golf GL Lim/4	15	■	1781ccm/62kW/84PS S 698	**(23025)** (20197)	* 2	—	—	**12800** 15150 23025	**11800** 14000 23025	**11200** 13300 23785	**9650** 11400 22875	—	—
Golf GT Lim/4		■	1781ccm/62kW/84PS S 698	**(24495)** (21487)	* 2	—	**14650** 17250 24495	**13800** 16350 24495	**12750** 15100 24495	**11200** 13300 23800	**9750** 11550 22905	—	—
Golf (C) Lim/2	15	●	1760ccm/66kW/90PS N 612	**(20720)** (18175)	* 2	—	—	—	**10200** 12100 20720	**9450** 11200 20720	**8050** 9550 19945	**6650** 8000 19020	**5450** 6700 18685
Golf CL Lim/2	15	●	1781ccm/66kW/90PS N 612	**(22680)** (19895)	* 2	—	**13350** 15750 22680	**12000** 14200 21440	**10850** 12850 21331	**10200** 12100 21870	**8750** 10400 21060	**7350** 8750 20165	**6250** 7600 19815

Der Gebrauchtwagenkauf 2

Den Gebrauchtwagen prüfen

Hat man ein geeignetes Angebot gefunden, prüft man das Fahrzeug und die Fahrzeugpapiere. Dabei sollte man sich viel Zeit lassen und sich auch nicht von anderen Kaufinteressenten drängen lassen.

Im Fahrzeugbrief kontrolliert man die Zahl der Vorbesitzer. Bei einem fast neuen Auto sinkt der Wert um so schneller, je häufiger es den Besitzer wechselte. Kontrollieren sollte man auch die Angaben über das Baujahr sowie den Tag der Erstzulassung. Das exakte Baujahr erkennen Eingeweihte an den Kennbuchstaben in der Fahrgestellnummer, aber auch an zahlreichen Kunststoffbauteilen des Autos, die mit Fertigungsmarken versehen sind. So bedeutet z. B. die Markierung 4883 auf einem Kunststoffteil, daß dieses Fahrzeug in der 48. Woche 1983 oder wenige Wochen danach montiert wurde (siehe auch Seite 269).

Wirbt ein Anbieter mit dem „Modelljahr", besitzt das Auto zwar schon den neuen Ausrüstungsstand, der vom Hersteller nach den Werksferien eingeführt wurde. Das Baujahr ist aber das vorhergehende Jahr.

Anhand der Fahrzeugpapiere prüft man die Fahrgestellnummer am Typenschild und die eingeprägte oder eingebrannte Nummer am Rahmen im Motorraum oder im Türeinstieg.

Checkliste

Damit man bei der technischen Prüfung des Fahrzeuges nichts übersieht, sollte man sich nach den einzelnen Prüfpunkten der Checkliste auf Seite 268 vorgehen. Beim anschließenden Verkaufsgespräch kann man über die Mängel sprechen.

Karosserie

Man betrachtet das Auto aus einigen Metern Entfernung und prüft den Gesamteindruck. Steht das Auto gerade auf den Rädern? Glänzen die Karosseriekonturen, und weisen sie keine matten Flächen auf? Man nutzt die Spiegelung bei Tageslicht aus, um großflächige Beulen oder Lackausbesserungen zu erkennen.

Dann öffnet man alle Türen und Hauben und prüft den Zustand der Blechfalze, besonders an den Türen. Moderne Fahrzeuge besitzen versiegelte Blechkanten, die weniger Probleme mit Rost bringen.

Man kontrolliert die Ränder und Einfassungen auf Farbunterschiede, aber auch auf Lacknebel, die auf unfachmännisch ausgeführte Reparaturen oder sogar auf einen Unfall hinweisen können.

Man schließt Türen und Kofferraumdeckel und prüft dabei ihre Funktion. Unregelmäßigkeiten können von einer schlechten Einstellung, aber auch von einem Unfall herrühren.

Nun wird der Zustand der Tür- und Scheibendichtungen kontrolliert. Diese dürfen weder porös noch rissig sein. Man nimmt die Fußmatten heraus und prüft, ob sich unter ihnen Feuchtigkeit angesammelt hat.

Die gleiche Prüfung wird im Kofferraum durchgeführt.

Bereifung

Die Reifen werden auf gleichmäßige Abnutzung kontrolliert. Schief abgelaufene Profile weisen auf einen Fehler in der Achseinstellung hin. Alle Reifen sollten mindestens 2 mm Profil, Breitreifen rund 3 mm und Winterreifen sogar 4 mm haben. Ist die Bereifung bei einem Restprofil von 1,6 mm angelangt, ist ein neuer Satz Reifen fällig. Man inspiziert auch den Zustand des Reserverades.

Achsaufhängung und Lenkung

Man faßt alle Räder oben an der Lauffläche fest an und zieht sie kräftig heraus. Hier darf kein Lagerspiel und auch kein Spiel in der Achsaufhängung spürbar werden. Die Lenkung muß sich ruck- und spielfrei von Anschlag bis Anschlag durchdrehen lassen.

Man drückt den Wagen an allen vier Ecken kräftig nach unten und versucht ihn aufzuschaukeln. Die Schaukelbewegungen müssen von den Stoßdämpfern ohne Nachwippen sofort gestoppt werden. Ist dies nicht der Fall, ist der betreffende Stoßdämpfer defekt. Beim Durchschaukeln dürfen keine Klappergeräusche auftreten.

Motorraum

Zuerst prüft man, ob es am Motorblock Ölspuren gibt und ob das Kraftstoffsystem dicht ist. Ist der Kühler unbeschädigt und das Kühlsystem dicht? Ölspuren im Kühlwasser lassen auf eine defekte Zylinderkopfdichtung schließen. Sind die Wasserschläuche brüchig?

Ist die Batterie sauber? Das Baujahr zeigt ein Aufkleber auf dem Batteriedeckel. Zusätzlich prüft man den Ladezustand (siehe Seite 219).

Prüfungen unterhalb des Fahrzeuges

Der Unterboden eines Fahrzeuges ist besonders gegen Durchrostungen anfällig. Da zu Prüfungen meist keine Grube oder ein Wagenheber vorhanden ist, benötigt man zur Kontrolle einen Spiegel und eine Taschenlampe.

Man kann sich auch der Mühe unterziehen und sich unter das Auto legen. Achtung: Das Fahrzeug gegen Wegrollen sichern!

Den Unterboden klopft man mit einem Schraubenzieher ab. Bei dieser etwas mühevollen Prüfung sollte man auch die Fahrwerksteile ableuchten und kontrollieren, ob es hier eventuell verbogene Spurstangen oder Spuren einer Bodenberührung gibt.

Achtung: Das Fahrzeug ist stets gegen Wegrollen zu sichern!

Man kontrolliert nun den Zustand der Bremsleitungen und -schläuche, zusätzlich auch die Dichtigkeit der Stoßdämpfer, der Motorölwanne, des Achsantriebes.

Beleuchtung und Hupe

Bevor man sich auf die Probefahrt begibt, prüft man alle Scheinwerfer und hier besonders den Zustand der Reflektoren. Alle Leuchten müssen funktionieren.

Entsprechend sind auch die Beleuchtung der Armaturentafel und die Hupe einer Funktionsprüfung zu unterziehen.

Vor der Probefahrt

Bei noch offener Motorhaube läßt man den Fahrzeugbesitzer den Motor starten. Während des Startvorganges achtet man auf unübliche Geräusche im Motorbereich.

Ist der Motor einwandfrei angesprungen, muß er problemlos Gas annehmen.

Da der Motor und das Öl noch kalt sind, dürfen wegen des relativ dicken Öls keinerlei metallische Geräusche hörbar sein. Üblich ist allerdings bei normalem Ventilspiel ein hell klapperndes Geräusch, das nicht vermeidbar ist.

Nun schließt man die Haube und nimmt hinter dem Lenkrad Platz, betätigt die Kupplung, zieht die Handbremse an und versucht, im ersten Gang anzufahren. Die Kupplung muß kräftig zupacken, und die Handbremse muß das Fahrzeug festhalten. Rutscht die Kupplung durch, wird bald eine teure Reparatur fällig.

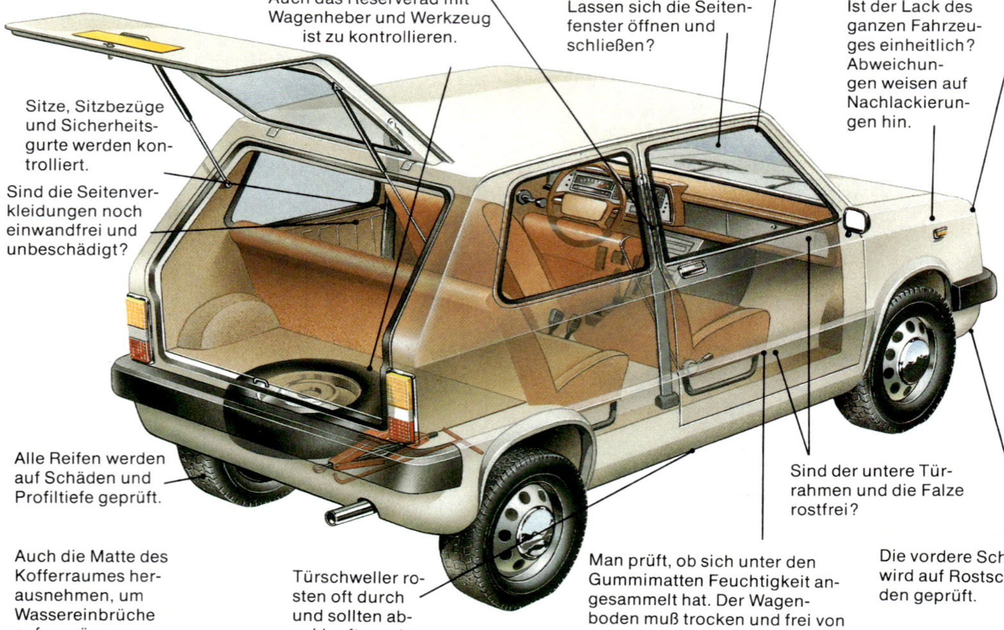

Schlecht schließende Türen können von einem Unfall stammen.
Bei Lackresten an den Fensterdichtungen wurde mit der Spraydose gearbeitet.
Im Umkreis des Scheinwerfers darf es keine Rost- oder Lackausblühungen geben.
Auch das Reserverad mit Wagenheber und Werkzeug ist zu kontrollieren.
Lassen sich die Seitenfenster öffnen und schließen?
Ist der Lack des ganzen Fahrzeuges einheitlich? Abweichungen weisen auf Nachlackierungen hin.
Sitze, Sitzbezüge und Sicherheitsgurte werden kontrolliert.
Sind die Seitenverkleidungen noch einwandfrei und unbeschädigt?
Alle Reifen werden auf Schäden und Profiltiefe geprüft.
Sind der untere Türrahmen und die Falze rostfrei?
Auch die Matte des Kofferraumes herausnehmen, um Wassereinbrüche aufzuspüren.
Türschweller rosten oft durch und sollten abgeklopft werden.
Man prüft, ob sich unter den Gummimatten Feuchtigkeit angesammelt hat. Der Wagenboden muß trocken und frei von Durchrostungen sein.
Die vordere Schürze wird auf Rostschäden geprüft.

Der Gebrauchtwagenkauf 3

Kontrollen unter der Motorhaube

Sind die Batterieanschlüsse überall sauber? Wie alt ist die Batterie?

Ölspuren im Kühlwasser deuten auf eine schadhafte Zylinderkopfdichtung hin.

Ein neues Ölfilter ist ein Indiz für regelmäßig durchgeführten Kundendienst.

Ist das Luftfilter verschmutzt, fiel die letzte Inspektion vielleicht aus.

Gebrauchtwagenkauf mit der Checkliste

Zum Fahrzeugkauf sollte man außer einem Kaufvertrag, einer Versicherungs-Doppelkarte und Geld auch etwas Werkzeug mitnehmen, um das Fahrzeug zu prüfen. Man kann zusätzlich darum bitten, die Zündkerzen für einen Kompressionstest auszubauen. So läßt sich der Zustand des Motors schnell und einfach prüfen.

Das Vorgehen nach einer Checkliste (siehe Seite 268) empfiehlt sich auch deshalb, weil man oft Fehler an einem gebrauchten Fahrzeug erst dann bemerkt, wenn man mit ihm zu Hause angekommen ist.

Damit man den einen oder anderen wichtigen Prüfpunkt nicht vergißt, sollte man diese Checkliste Punkt für Punkt durchgehen und abhaken.

Außerdem sollte man den Text und die illustrierten Prüfungshinweise auf diesen Seiten beachten.

Mängel sollte man mit dem Besitzer besprechen. Wenn man die Ursache kennt, ist es wesentlich leichter herauszufinden, ob es ratsam ist, auf den Kauf zu verzichten.

Die Probefahrt

Man beschleunigt auf etwa 50 km/h und betätigt, wenn kein Auto folgt, vorsichtig die Bremsen. Das Pedal muß mit einem harten Widerstand reagieren und darf sich nicht schwammig anfühlen. Die Bremsen dürfen weder rubbeln noch schleifen.

Wenn man mehrfach pumpen muß, um Druck im Bremssystem zu erzeugen, ist Luft in der Anlage und eine Reparatur notwendig.

Kurz bevor das Fahrzeug ausrollt, zieht man die Handbremse kräftig an, um zu testen, ob sie das Fahrzeug sicher zum Stehen bringt.

Außerhalb der Stadt beschleunigt man auf etwa 80 km/h. Bei Geradeausfahrt darf das Lenkrad nicht vibrieren. Schlecht ausgewuchtete Räder verursachen Flattern.

Das Lenkrad muß in Geradeausstellung stehen und das Fahrzeug wirklich geradeaus laufen. Sind Geräusche oder Schläge im Fahrwerksbereich hörbar?

Man beschleunigt und schaltet dabei die Gänge hinauf und herunter, allerdings ohne auszukuppeln. Es dürfen keinerlei Schalt- oder Kratzgeräusche hörbar sein.

Dann kontrolliert man die Leistung im Bereich der Höchstgeschwindigkeit.

Bei langsamerer Fahrt kontrolliert man die Funktion der Heizung und des Frischluftgebläses sowie aller Instrumente.

Man fährt nun zurück, bringt das Fahrzeug zum Stillstand und hört noch einmal bei geöffneter Haube den Motor ab. Das Motoröl ist jetzt heiß und dünnflüssig, so daß man unübliche metallische Geräusche leichter orten kann.

Zum Schluß geht man noch einmal rund um das Fahrzeug und prüft, ob Sonderzubehör montiert ist, z. B. Spoiler, breite Reifen und Räder. Man kontrolliert, ob es für diese Bauteile eine Allgemeine Betriebserlaubnis (ABE) gibt, die zu den Kfz-Papieren gehört.

Die Bremsen prüfen

Nach den geltenden gesetzlichen Bestimmungen muß ein Pkw bei Betätigung der Fußbremse eine mittlere Mindestverzögerung von 2,5 m/sec^2, bei Betätigen der Handbremse eine mittlere Mindestverzögerung von 1,5 m/sec^2 erreichen. Diese Werte lassen sich nur auf einem Bremsprüfstand ermitteln. Eine solche Prüfung wird in jeder Werkstatt nach einer Bremsreparatur vom Abnahmemeister durchgeführt.

Eine einfache Bremsenprüfung kann man auch auf der Straße ausführen. Dabei erhält man natürlich keine Meßwerte, sondern nur einen oberflächlichen Eindruck über die Funktion des Systems.

Die Straßenprüfung sollte man aber nicht im belebten Verkehr, sondern auf einer abseits gelegenen Straße durchführen, wo es nicht zur Gefährdung oder Belästigung anderer Verkehrsteilnehmer kommt.

Geeignet sind große, freie Parkplätze, weil man hier ein ausbrechendes Fahrzeug noch sicher auffangen kann.

In keinem Fall sind Bremsprüfungen im hohen Geschwindigkeitsbereich zulässig.

Die Fußbremse prüfen

Man beschleunigt das Fahrzeug auf eine mäßige Geschwindigkeit zwischen 40 und 50 km/h, hält das Lenkrad sorgfältig fest, kuppelt aus und bremst so, daß alle vier Räder kurzzeitig blockieren. Die Bremse ist sofort wieder loszulassen, damit es nicht zu Reifenschäden kommt.

Nach einigen Metern hält man an und wertet die Bremsspuren auf der Straße aus: Von allen vier Rädern sollten gleichmäßige Bremsspuren auf der Straße deutlich zu sehen sein. Andernfalls muß das Fahrzeug instand gesetzt werden.

Bei der Bremsung darf das Fahrzeug weder hinten noch vorne ausbrechen.

Die Handbremse prüfen

Für die mechanische Handbremse, die nur auf eine Achse wirkt, gelten geringere Bremswerte. Deshalb wird diese Bremse nur bei etwa 20 km/h getestet.

Wenn der Tacho etwa diesen Wert anzeigt, zieht man die Handbremse schlagartig kräftig an und löst sie sofort wieder. Beide Räder der gebremsten Achse müssen gleichzeitig blockieren. Rechts und links hinter den gebremsten Rädern erkennt man kurze, kräftige Bremsspuren.

Bricht das Fahrzeug aus, zieht die Bremse einseitig und muß instand gesetzt werden. Bei ausbrechendem Fahrzeug ist die Bremse sofort wieder zu lösen und das Fahrzeug durch Lenkungskorrekturen abzufangen.

Den Bremsweg ermitteln

Um den Bremsweg annähernd ermitteln zu können, benutzt man eine Faustformel: Man teilt die jeweils gefahrene Geschwindigkeit in Kilometer pro Stunde durch 10 und multipliziert diesen Wert mit sich selbst. So beträgt bei einer Geschwindigkeit von 50 km/h der Bremsweg auf guter, griffiger Straße etwa 25 m.

Die so ermittelten Bremswege sollte man auf jeden Fall mit der Fußbremse erreichen, denn sie entsprechen nur den Mindestbedingungen.

Der Kaufvertrag

Ist man handelseinig geworden, benutzt man das Formular eines Kaufvertrags, der für beide Parteien neutral ist. Ein Muster ist auf Seite 293 wiedergegeben. Wichtig ist dabei die Bestätigung der tatsächlich zurückgelegten Kilometer.

Aus dem Alter des Fahrzeuges kann man ungefähr auf die Laufleistung schließen; durchschnittlich werden Fahrzeuge im Jahr etwa 12000 km gefahren. Für eine wesentlich niedrigere Laufleistung müßte es eine Begründung geben.

Prüfung unter dem Wagenboden

Bei Fahrzeugen mit Frontantrieb prüft man den Zustand der Gleichlaufgelenke, bei Fahrzeugen mit Heckantrieb den Zustand der Kardanwellengelenke.

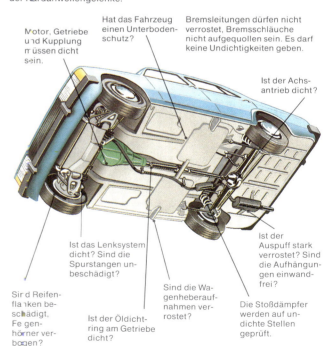

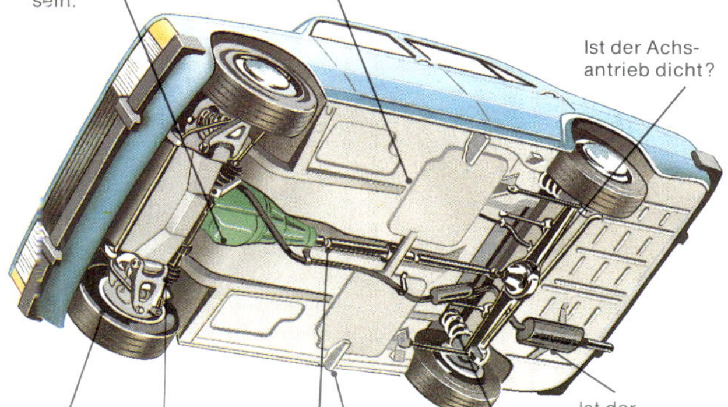

Motor, Getriebe und Kupplung müssen dicht sein.
Hat das Fahrzeug einen Unterbodenschutz?
Bremsleitungen dürfen nicht verrostet, Bremsschläuche nicht aufgequollen sein. Es darf keine Undichtigkeiten geben.
Ist der Achsantrieb dicht?
Ist der Auspuff stark verrostet? Sind die Aufhängungen einwandfrei?
Die Stoßdämpfer werden auf undichte Stellen geprüft.
Sind die Wagenheberaufnahmen verrostet?
Ist der Öldichtring am Getriebe dicht?
Ist das Lenksystem dicht? Sind die Spurstangen unbeschädigt?
Sind Reifenflanken beschädigt, Felgenhörner verbogen?

Der Gebrauchtwagenkauf 4

Werkzeug und Ausrüstung

Handlampe, kleiner Magnet zum Suchen von gespachtelten Roststellen, Profiltiefenmesser, Kompressionsprüfer, Schraubenzieher, eine Decke zum Drauflegen, Bleistift

Allgemeiner Eindruck

Man prüft das Fahrzeug von außen bei geschlossenen Türen und Klappen und achtet auf Abstände zwischen den Bauteilen.

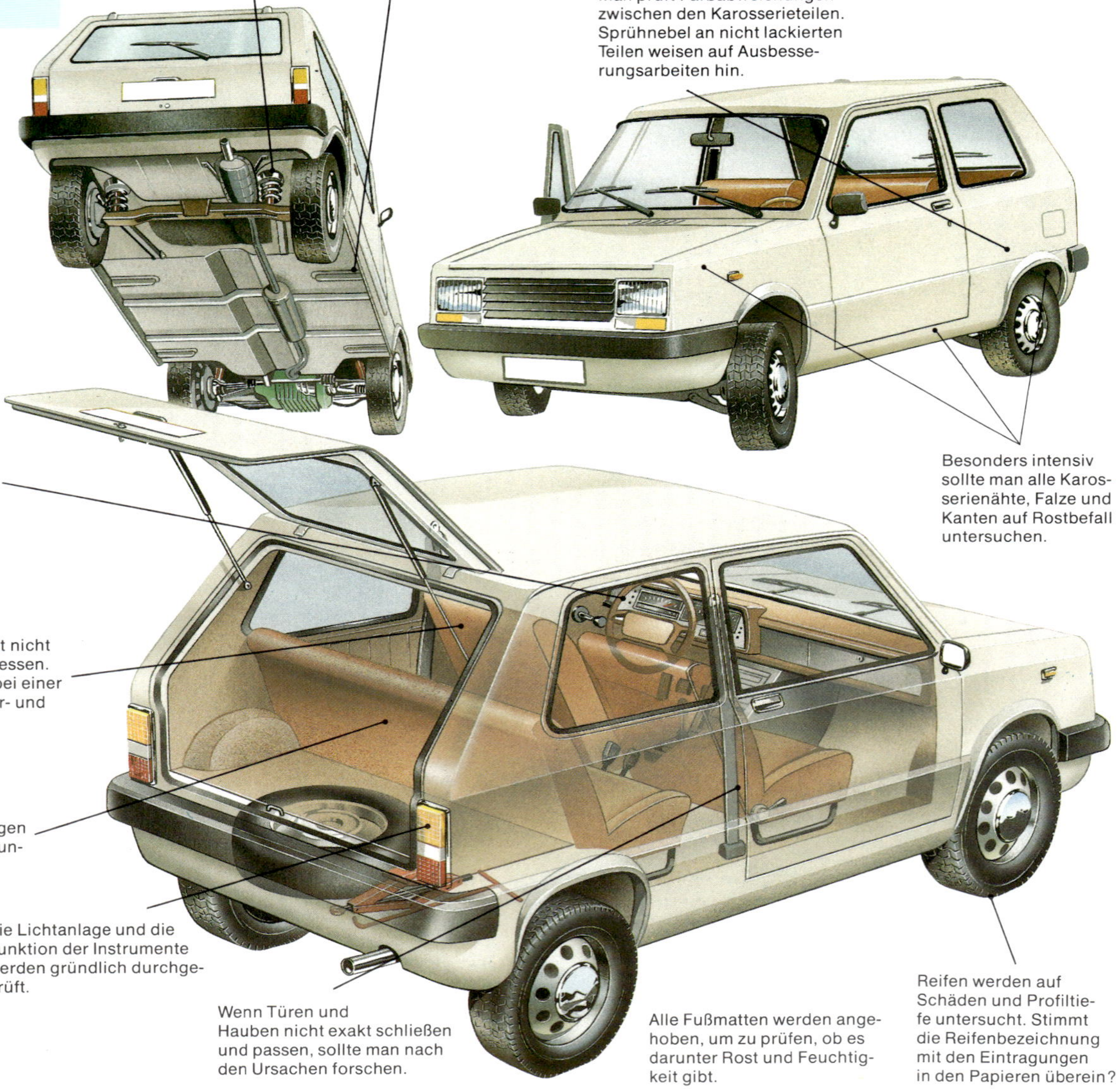

Jeder Stoßdämpfer wird durch starkes Schaukeln an der betreffenden Ecke geprüft. Das Fahrzeug darf nicht nachschwingen.
Rahmenverstärkungen, Fahrzeugboden und Wagenheberaufnahme sollte man gründlich auf Roststellen prüfen.
Man prüft Farbabweichungen zwischen den Karosserieteilen. Sprühnebel an nicht lackierten Teilen weisen auf Ausbesserungsarbeiten hin.
Zeigt der Tachometer die tatsächliche Laufleistung an, oder wurde er ausgewechselt?
Besonders intensiv sollte man alle Karosserienähte, Falze und Kanten auf Rostbefall untersuchen.
Der Fahrersitz ist nicht selten durchgesessen. Man vergleicht bei einer Sitzprobe Fahrer- und Beifahrersitz.
Sind Innenverkleidungen und der Dachhimmel unbeschädigt?
Die Lichtanlage und die Funktion der Instrumente werden gründlich durchgeprüft.
Wenn Türen und Hauben nicht exakt schließen und passen, sollte man nach den Ursachen forschen.
Alle Fußmatten werden angehoben, um zu prüfen, ob es darunter Rost und Feuchtigkeit gibt.
Reifen werden auf Schäden und Profiltiefe untersucht. Stimmt die Reifenbezeichnung mit den Eintragungen in den Papieren überein?

Bei der Federung ist nur eine Sichtprüfung möglich. Außerdem beobachtet man aus einiger Entfernung, ob das Fahrzeug gerade auf den Rädern steht.

	+	−
Sicht- und Funktionsprüfung		
1. Gibt es schwere Roststellen?		
2. Lassen sich Türen, Hauben und Deckel einwandfrei schließen? Fluchten die Kanten?		
3. Ist das Fahrzeug dicht? Ist es unter den Fußmatten feucht?		
4. Haben die Reifen noch eine Profiltiefe von etwa 4 mm?		
5. Haben Vorder- und Hinterräder Spiel?		
6. Wippt der Wagen beim Stoßdämpfertest nach?		
7. Gibt es Öl- oder Kühlwasserlecks am Motor?		
8. Ist das Kraftstoffsystem dicht?		
9. Sind Kühlwassersystem und Heizung dicht?		
10. Ist die Batterie älter als vier Jahre?		
11. Ist der Unterboden rostfrei?		
12. Hat das Fahrzeug eine Hohlraumversiegelung?		
13. Ist der Unterbodenschutz einwandfrei?		
14. Sind Fahrwerkteile verbogen?		
15. Sind Bremsleitungen verrostet oder verbogen?		
16. Hat der Auspuff Löcher? Gibt es unübliche Geräusche?		
Probefahrt		
1. Springt der Motor in kaltem Zustand willig an?		
2. Läuft der Motor im Leerlauf rund, gibt es metallische Geräusche im Leerlauf?		
3. Nimmt der Motor beim Beschleunigen willig Gas an?		
4. Rutscht die Kupplung durch?		
5. Kratzt es beim Durchschalten der einzelnen Gänge?		
6. Sprechen die Bremsen einwandfrei an?		
7. Kann man das Fahrzeug mit der Handbremse aus niedriger Geschwindigkeit anhalten?		
8. Neigen Bremsen zum Blockieren der Räder?		
9. Läuft das Fahrzeug bei höherer Geschwindigkeit geradeaus?		
10. Gibt es bei Kurvenfahrt unübliche Geräusche?		
11. Wird die Höchstgeschwindigkeit schnell erreicht?		
12. Setzt die Heizleistung sofort ein? Entstehen dabei unübliche Gerüche (bei luftgekühlten Motoren)?		
13. Funktionieren alle Instrumente sowie Radio samt Cassettenteil?		
Abschlußprüfung		
1. Gibt es bei geöffneter Motorhaube und betriebswarmem Motor unübliche Geräusche im Motorbereich?		
2. Sind Bremsen oder Radlager unüblich erhitzt?		
Verkaufsgespräch		
1. Ist das Auto unfallfrei?		
2. Sind Fahrzeugpapiere (Kfz-Schein, Kfz-Brief, ASU/AU-Prüfbescheinigung) und Nummernschilder bzw. Stillegungsschein vorhanden?		
3. Stimmen Fahrgestellnummer und Motordaten mit den Eintragungen in den Papieren überein?		
4. Wurde die letzte Hauptuntersuchung nach § 29 StVZO (und die ASU/AU) in den letzten 12 Monaten durchgeführt?		
5. Sind alle Änderungen am Fahrzeug in den Papieren eingetragen?		
6. Wurden alle Inspektionen durchgeführt?		
7. Waren in letzter Zeit größere Reparaturen notwendig?		
8. Sind eine Betriebsanleitung und sonstige Begleitpapiere, wie eine ABE für angebaute Spoiler oder Sonderräder, vorhanden?		

Der Gebrauchtwagenkauf 5

Wichtige Hinweise für den Verkäufer

Der Käufer muß voll geschäftsfähig, also bereits 18 Jahre alt sein und den erforderlichen Führerschein haben, wenn er eine Probefahrt machen will.

Fragen nach etwaigen Mängeln oder Unfallschäden des Kfz sind korrekt zu beantworten. Nach der Rechtsprechung ist der Verkäufer hierzu verpflichtet. Größere Mängel oder Schäden müssen auch ungefragt angegeben werden.

Man sollte möglichst Barzahlung des vollen Kaufpreises bei Fahrzeugübergabe vereinbaren, weil Stundungen und die Entgegennahme von Schecks oder Wechseln zu Problemen führen können.

Zu beachten ist bei Vereinbarung von Ratenzahlungen, daß der Käufer nach dem Abzahlungsgesetz den Vertrag innerhalb einer Woche durch schriftliche Erklärung widerrufen kann. Die Widerrufsfrist beginnt dabei erst, nachdem dem Käufer eine schriftliche Belehrung über das Widerrufsrecht ausgehändigt wurde und der Käufer dies durch Unterschrift bestätigt hat. Deshalb sollte man das Fahrzeug dem Käufer möglichst erst nach Ablauf der Widerrufsfrist übergeben.

Dem Käufer sollte der Fahrzeugbrief erst ausgehändigt werden, wenn der Kaufpreis voll bezahlt ist.

Verkaufsmeldungen sind sobald wie möglich an die Kfz-Zulassungsstelle und die Versicherungsgesellschaft abzusenden. Die Kfz-Steuerpflicht geht erst mit dem Eingang der Veräußerungsanzeige bei der Zulassungsstelle auf den Erwerber über.

Schon mit dem Eigentum am Kfz geht die Versicherung auf den Käufer über. Deshalb beeinträchtigt ein nach der Eigentumsübertragung vom Käufer verursachter Unfallschaden nicht den Schadenfreiheitsrabatt des Verkäufers, auch wenn das Kfz noch nicht umgeschrieben ist.

Wichtige Hinweise für den Käufer

Die Eintragungen in den Fahrzeugpapieren, insbesondere im Fahrzeugbrief, sind genau zu überprüfen.

Eine mitverkaufte Zusatzausstattung und Zubehör sollten im Vertrag vollständig aufgeführt werden.

Man sollte prüfen, ob die Versicherungsgesellschaft, bei der das Fahrzeug versichert ist, günstige Prämien bietet.

Der Wagen ist umgehend bei der für den Käufer zuständigen Zulassungsstelle umzumelden. Dazu werden benötigt: Fahrzeugbrief; Fahrzeugschein (bei stillgelegtem Fahrzeug statt dessen Stillegungsbescheinigung); Versicherungsbestätigung (Doppelkarte); Personalausweis oder Reisepaß mit Meldebestätigung. Wer nicht selber zur Zulassungsstelle fährt, muß dem Beauftragten eine Vollmacht mitgeben.

Kaufvertrag über ein gebrauchtes Kraftfahrzeug

Verkäufer

Name

Anschrift

geb. am Telefon

Käufer

Name

Anschrift

geb. am Telefon

Kraftfahrzeug

Hersteller Typ amtl. Kennzeichen Fahrzeug-Ident-Nr.

Fahrzeugbrief-Nr. Nächste TÜV Hauptuntersuchung Nächste Abgasuntersuchung Erstzulassung am

Gesamtpreis DM in Worten

Das Kraftfahrzeug wird – soweit nicht nachstehend ausdrücklich Eigenschaften zugesichert (Ziff. 1) oder Verpflichtungen übernommen werden (Ziff. 2.3, 4.1. und 4.2.) – unter Ausschluß jeder Gewährleistung verkauft.

Erklärungen des Verkäufers:

1. Der Verkäufer sichert zu:

1.1. daß das Kfz folgende Zusatzausstattung bzw. folgendes Zubehör aufweist

1.2. daß das Kfz mit Zusatzausstattung und Zubehör unbeschränktes Eigentum des Verkäufers ist.

1.3. daß das Kfz in der Zeit, in der es sein Eigentum war, und, soweit ihm bekannt, auch früher

☐ keinen Unfallschaden ☐ keine sonstige erhebliche Beschädigung erlitt.

☐ lediglich folgende Schäden (Zahl, Art und Umfang) erlitt:

1.4. daß das Kfz, soweit ihm bekannt,

☐ nicht gewerblich genutzt wurde

☐ gewerblich genutzt wurde (z. B. als Taxi, Mietwagen, Fahrschulwagen)

1.5. daß das Kfz, soweit ihm bekannt, eine Gesamtfahrleistung von km aufweist.

1.6. daß das Kfz – mit dem Originalmotor ☐

– mit einem anderen Motor (z. B. Austauschmotor, gebr. Ersatzmotor) ☐

ausgerüstet ist.

1.7. daß das Kfz, soweit ihm bekannt, ☐ (Anzahl) Vorbesitzer (Fahrzeughalter) hatte.

2.1. ☐ Der Verkäufer übergibt dem Käufer einen ADAC-Untersuchungsbericht über den Zustand des Kfz. Dem Verkäufer sind folgende, im Untersuchungsbericht nicht aufgeführte Mängel bekannt:

2.2. ☐ Das Kfz wird ohne ADAC-Untersuchungsbericht verkauft. Dem Verkäufer sind folgende Mängel des Kfz bekannt:

2.3. **Der Verkäufer verpflichtet sich,** die Kosten einer Beseitigung folgender Mängel zu übernehmen:

Erklärungen des Käufers:

3.1. Der Käufer meldet das Kfz unverzüglich, spätestens innerhalb einer Woche, um.

3.2. Der Käufer anerkennt, daß das Kfz bis zur vollständigen Bezahlung des Kaufpreises Eigentum des Verkäufers bleibt.

Sondervereinbarungen

4.1. Hat das Kfz bei Übergabe einen nicht erkannten, erheblichen Mangel, der über normale Verschleiß- und Alterserscheinungen hinausgeht,
und hat der Käufer diesen innerhalb von 14 Tagen seit Übergabe schriftlich angezeigt,
so verpflichtet sich der Verkäufer, die Hälfte der Kosten einer Reparatur in einer Fachwerkstatt zu erstatten oder das Fahrzeug innerhalb einer Woche nach Feststellung der dabei voraussichtlich anfallenden Kosten zurückzunehmen.

☐ nein ☐ ja

4.2. Weitere Sondervereinbarungen

Ort/Datum

Unterschrift des Verkäufers

Unterschrift des Käufers

Der Käufer bestätigt den Empfang

☐ **des Fahrzeugbriefs, Fahrzeugscheins und der Bescheinigung über die letzte Abgasuntersuchung**

☐ **bei stillgelegtem Kfz des Fahrzeugbriefs, der Stillegungsbescheinigung und der Bescheinigung über die letzte Abgasuntersuchung**

☐ **des Kfz mit ☐ (Anzahl) Schlüsseln**

Ort/Datum/Uhrzeit

Unterschrift des Käufers

Der Verkäufer bestätigt den Empfang

☐ **des Kaufpreises** ☐ **einer Anzahlung in Höhe von** **DM**

Ort/Datum

Unterschrift des Verkäufers

Dieser Kaufvertrag entspricht den Vorschlägen der juristischen Zentrale des ADAC und enthält weder Vor- noch Nachteile für den Käufer oder Verkäufer. Das Vertragsformular ist in allen Punkten vollständig auszufüllen und von Verkäufer und Käufer zu unterschreiben. Wenn zu einem Punkt keine Angaben gemacht werden können, ist der Vermerk „unbekannt" anzubringen.

Wann wurde ein Auto gebaut?

Der Wert eines Autos wird in besonderem Maße von seinem Baudatum bestimmt. Dieses liegt verschlüsselt in der Fahrgestellnummer vor. Aus naheliegenden Gründen wird dieser Schlüssel nicht besonders gern veröffentlicht, denn viele Hersteller sind häufig gezwungen, in den Wintermonaten Fahrzeuge für die Halde zu produzieren. Kommen dann noch wirtschaftliche Probleme allgemeiner Art hinzu, können Monate vergehen, bis ein Auto zugelassen wird.

Das Zulassungsdatum sagt also kaum etwas über das Baudatum aus. Bei Gebrauchtwagen ist eine weitere Information wichtig, nämlich die Frage, ob der Pkw vor oder nach dem Modellwechsel montiert wurde. Nach jedem Modellwechsel führen die Autobauer deutliche Serienverbesserungen ein, die den Preis des Fahrzeugs mitbestimmen.

In diesem Dilemma helfen ein paar Tricks, die mit geringem Aufwand und ohne Werkzeug auszuführen sind. Schließlich werden Autos am Band aus vorfabrizierten Einzelteilen zusammengesetzt, und viele dieser Zulieferprodukte besitzen Produktionsmarken, die genau erkennen lassen, wann ein Reifen, eine Lichtscheibe oder ein Kunststoffteil aus der Fertigungsmaschine genommen wurden.

1. Beispiel: Man nimmt den Aschenbecher oder ein ähnlich leicht entfernbares Kunststoffteil heraus und erkennt auf der Rückseite eine Art Kompaßrose. In der Mitte ist die Zahl 88 zu erkennen, und ein Pfeil zeigt auf die Ziffer 9. Also wurde das Bauteil im 9. Monat 1988 gefertigt und wenig später am Fließband montiert.

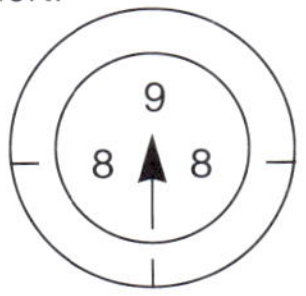

2. Beispiel: Auf einem Luftfiltergehäuse im Motorraum ist eine Art Gitterraster eingeprägt. Waagerecht sind von 1–12 die Monate aufgeführt, eine senkrechte Leiste gibt die Jahreszahlen wieder. Im Raster ist ein erhabener Punkt zu erkennen: Dieses Kunststoffteil wurde ebenfalls im 9. Monat 1988 gegossen.

	1	2	3	4	5	6	7	8	9	10	11	12
87												
88									●			
89												
90												

3. Beispiel: Im Motorraum erkennt man auf einem Aluminiumdruckgußteil einen offenen Kreis aus Pünktchen, der die Ziffer 7 einschließt. Dieses Teil wurde im 9. Monat 1987 produziert.

4. Beispiel: Auf der Flanke eines Autoreifens finden wir die Bezeichnung DOT 398. Das amerikanische Transportministerium verlangt diesen Fabrikationshinweis, der bestätigt, daß dieser Reifen in der 39. Woche 1988 hergestellt wurde.

Hier muß man aber vorsichtig schätzen, denn dieser Reifen könnte bei einem Uraltfahrzeug auch aus dem Jahre 1978 stammen.

DOT 398

Auto und Umweltschutz

In Deutschland bewältigen die Menschen in 80 % aller Fälle ihr tägliches Mobilitätsproblem mit dem Pkw. Dies zeigt auf der einen Seite, wie wichtig dieser Verkehrsträger ist, auf der anderen Seite gerät der Individualverkehr durch den Erfolg des Pkw mehr und mehr in die Kritik. Dabei sind Fragen der Schadstoffentstehung nur ein Teil des Problems.

Heute steht im Vordergrund der Diskussion die Klimafrage, weil bei der Verbrennung von Diesel oder Benzin Kohlendioxid entsteht. Kohlendioxid wiederum ist an einer möglichen Klimaveränderung neben anderen Komponenten ebenfalls beteiligt. Hinzu kommt, daß der Pkw in Ballungszentren heute seine Aufgabe wegen Überlastung der Straßen nicht selten nur noch unzureichend erfüllen kann.

Für den Individualverkehr und damit auch für den Pkw gibt es somit in den nächsten Jahren vollkommen neue Problemstellungen.

Der schadstoffarme Ottomotor

Um die Umweltbelastung durch Pkw drastisch zu reduzieren, hat die EG 1985 die Einführung strenger Abgasgrenzwerte beschlossen, die vielfach nur noch mit Dreiwegekatalysator und geregelter Gemischaufbereitung erreichbar sind.

Heute sind über 80 % des Pkw-Bestandes in irgendeiner Form schadstoffreduziert. Dieser Fortschritt in der Umwelttechnik reicht aber nicht aus, um die Luftqualität auch in Zukunft zu sichern, weil die Fahrleistungen zunehmen und auch die Zulassungszahlen weiter ansteigen. Deshalb gibt es Überlegungen, die Abgasgrenzwerte in den nächsten Jahren noch einmal drastisch zu verschärfen. Dabei soll besonders die Kaltstartemission der Fahrzeuge durch sehr frühzeitig wirksame Katalysatoren deutlich reduziert werden. Fahrzeuge dieser Technik bezeichnet man als „Low Emissions Vehicles".

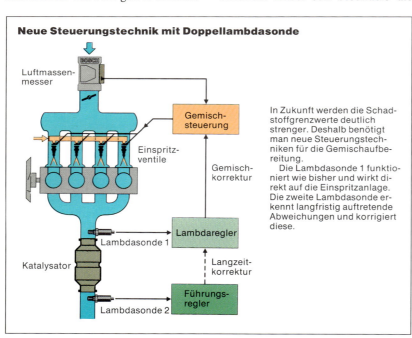

Neue Steuerungstechnik mit Doppellambdasonde

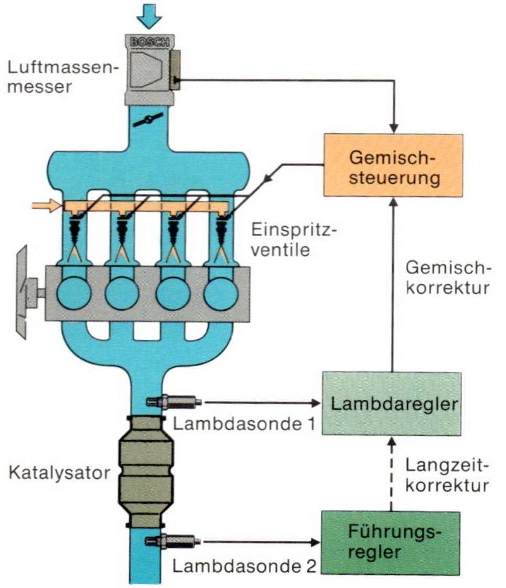

In Zukunft werden die Schadstoffgrenzwerte deutlich strenger. Deshalb benötigt man neue Steuerungstechniken für die Gemischaufbereitung.

Die Lambdasonde 1 funktioniert wie bisher und wirkt direkt auf die Einspritzanlage. Die zweite Lambdasonde erkennt langfristig auftretende Abweichungen und korrigiert diese.

Der schadstoffarme Dieselmotor

Der Dieselmotor arbeitet auf Grund seines Verbrennungsprinzips auch bei niedrigen Drehzahlen mit sehr hohen Verbrennungsdrücken und ist deshalb äußerst wirtschaftlich. Verbunden damit ist ein geringer Kraftstoffverbrauch sowie eine geringe Kohlendioxidemission. Deshalb hat der Dieselmotor in schadstoffarmer Ausführung gute Zukunftschancen.

Allerdings muß seine Rußemission weiter abgesenkt werden. Der heute erreichte technische Standard von 0,08 g/km, der oft nur mit dem Oxidationskatalysator ermöglicht wird, ist nur eine Art Zwischenschritt. Noch günstiger wäre die Einführung der Rußfiltertechnik. Diese Filter gibt es bereits bei Nutzfahrzeugen in der Serienfertigung.

Vorteilhaft bei der Dieselkatalysatortechnik ist auch die Tatsache, daß die typischen Dieselgerüche abgebaut werden.

Energiesparende Antriebe

Neben noch strengeren Abgasgrenzwerten muß in naher Zukunft der Treibstoffverbrauch der Fahrzeuge gesenkt werden. Dies ist besonders wichtig, weil die Erdölvorräte der Welt nicht unendlich sind und fossile Treibstoffe bei der Verbrennung Kohlendioxid erzeugen.

Ähnlich wie in den USA könnte man nach den Abgasgrenzwerten nun auch die Treibstoffgrenzwerte verbindlich vorschreiben. So arbeitet man an Motoren, die nicht mehr Treibstoff als 5 l je 100 Fahrkilometer benötigen.

In der Erprobung befinden sich bereits kompakte Kleinfahrzeuge mit Motoren, die nur noch etwa 2 l Treibstoff je 100 km verbrauchen.

Fahrzeugleichtbau

Durch Verbesserung der Motortechnik ist eine Senkung des Treibstoffverbrauchs möglich. Allerdings müssen auch die Karosseriekonstrukteure dazu ihren Beitrag leisten. Ein Fahrzeug, das heute in der Kompaktklasse um 1000 kg wiegt, ist gewichtsbedingt nie besonders sparsam.

Sinnvoll wäre hier die Einführung der Leichtbautechnik unter weitgehender Verwendung von Leichtmetallen oder Kunststoffen. Aluminium hat dabei den Vorteil, daß es zwar einmal mit hohem Energieaufwand hergestellt werden muß, jedoch durch Recycling immer wieder verwendbar ist. Es gilt deshalb als zukunftsweisendes Konstruktionsmaterial für Pkw-Karosserien.

Autorecycling

Für die Fahrzeugherstellung werden heute vielfach neue Rohstoffe eingesetzt. Eine Ausnahme bilden metallhaltige Werkstoffe, die auch jetzt schon wiederverwendet werden.

In Zukunft müssen aber alle Rohstoffquellen geschont werden, denn die Rohstoffe dieser Erde sind endlich, und außerdem könnte bei der Wiederverwendung von Materialien Energie gespart werden.

Eine Möglichkeit, in diesem Punkt einen Beitrag zum Umweltschutz zu leisten, ist das Autorecycling. Nach Ende der Betriebszeit eines Fahrzeuges wird es in seine Einzelteile zerlegt. Man trennt sortenrein Stahl, Leichtmetalle, Kunststoff, Gummi und Glas. Die gebrauchten Rohstoffe werden dann dem Fertigungskreislauf zugeführt und wiederverwendet.

Bei Metallen und Glas bereitet dies keine Probleme. Bei Kunststoffen und Gummi müssen allerdings neue Technologien gefunden werden, denn bisher landeten diese Rohstoffe auf der Deponie, weil sie als nicht wiederverwertbar galten.

Der Gesetzgeber denkt sogar daran, die Autohersteller gesetzlich zu zwingen, Autos kostenfrei zurückzunehmen. Allerdings ist klar, daß die Recyclinggebühr vom Autohalter letztlich selbst zu tragen ist, denn beim Kauf eines Neuwagens wird ein Teil des Kaufpreises für das Recyclingverfahren abgezweigt.

Umweltverträgliche Fahrzeugkomponenten

Um den Umweltschutz auch bei der Autoproduktion zu verbessern, wurden in der Vergangenheit neue Produktionstechniken und Materialien eingesetzt.

So werden heute Pkw-Lacke meist in wasserlöslicher Qualität verarbeitet, und man braucht beim Lackieren keine kritischen Lösungsmittel mehr. Schwermetalle, wie Cadmium, fehlen in der Produktion genauso wie asbesthaltige Kupplungs- und Bremsbeläge. Auch Klimaanlagen sind heute weitgehend FCKW-frei, und selbstverständlich sind die Betriebsflüssigkeiten eines Autos, wie Öl, Kühlwasser und Bremsflüssigkeit, wiederverwertbar.

Umweltverträgliche Verhaltensweisen

Über die Zukunft des Individualverkehrs entscheidet nicht nur die umweltverträgliche Technik. Ausschlaggebend für die gesellschaftliche Akzeptanz des Pkw ist die Frage, in welcher Weise mit dem Pkw umgegangen wird. Der unökonomische Kurzstreckenbetrieb verbietet sich moralisch genauso wie das permanente Ausfahren der Höchstgeschwindigkeit.

Die Technologien der Zukunft 1

Wer ein fabrikneues Auto erwirbt, muß eine ganze Menge Geld ausgeben, und es ist selbstverständlich, daß viele Autofahrer in diesem Fall auch die neueste Technik erwerben wollen.

Diese Seiten sollen auf neue Trends hinweisen, gleichzeitig aber auch aufzeigen, welche Detaillösungen heute Stand der Technik sind.

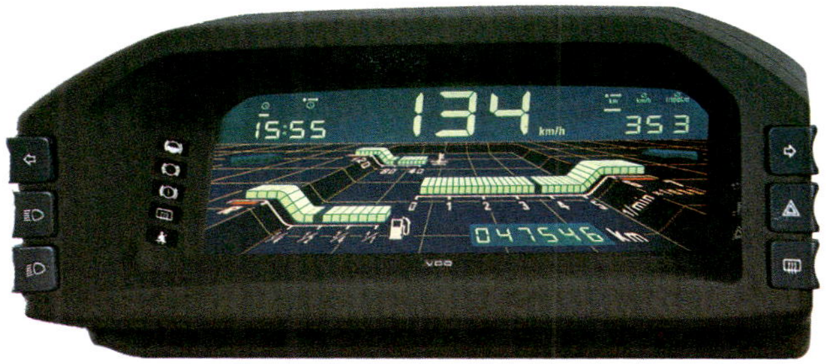

Entwurf eines modernen Armaturenbrettes mit zentralem Flüssigkristall-Display, das beweglich gelagert ist und genau auf die Blickrichtung des Fahrers ausgerichtet werden kann.

Motor

Die meisten Fahrzeuge werden auch in Zukunft mit einem klassischen Hubkolbenmotor ausgerüstet sein. Sensationelle Neuerungen sind nicht zu erwarten; weder der Kunststoff- noch der Keramikmotor haben sich bewährt. Bestenfalls benutzt man diese Baustoffe, um einzelne Motorkomponenten in ihrer Qualität zu verbessern.

Ein Auto mit Ottomotor sollte über eine möglichst hohe Verdichtung verfügen und auf bleifreies Superbenzin mit 95 Oktan abgestimmt sein. Diese Motoren lassen sich besonders wirtschaftlich betreiben und sind sehr gut mit einem geregelten Katalysator kombinierbar.

Wer sich für einen Mehrventiler entscheidet, sollte wissen, daß die Vorteile dieser Technik meist nur im hohen Drehzahlbereich zur Verfügung stehen. Für den Treibstoffverbrauch hingegen wäre ein drehmomentstarker Motor vorteilhafter.

Falls der neue Pkw einen Dieselmotor besitzen soll, ist die Ausrüstung mit ungeregeltem Katalysator Stand der Technik. Damit erreicht man eine Verbesserung des Abgasverhaltens und einen Partikelwert von 0,08 g/km.

Sparsam sind Dieselmotoren immer dann, wenn man sie zurückhaltend betreibt. Große Hubräume und die Kombination mit einem Abgasturbolader sind ein Kennzeichen hoher Leistung, jedoch geht dabei der Vorteil einer sparsamen Betriebsweise nicht selten verloren.

Vollkommen neu ist die Idee, Zweitaktmotoren dem Stand der neuesten Abgastechnik anzupassen. Freilich sind diese Motoren noch nicht verfügbar. Die Vorteile liegen auf der Hand: Zweitaktmotoren sind besonders leicht, weil sie keine aufwendige Ventilsteuerung besitzen, und sind somit billiger herzustellen. Allerdings braucht man ein sehr aufwendiges Motormanagement, und auch auf den Katalysator kann man nicht verzichten.

Die besonders fortschrittliche Abgasgesetzgebung der USA verlangt in den nächsten Jahren auch die Zulassung sogenannter 0-(Zero-)Emissions-Fahrzeuge. Bis auf weiteres kann diese hohe technische Anforderung nur von einem Elektromotor erfüllt werden, der im Fahrbetrieb selbst emissionsfrei ist.

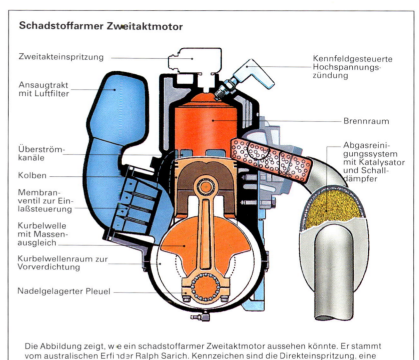

Ladeluftkühler

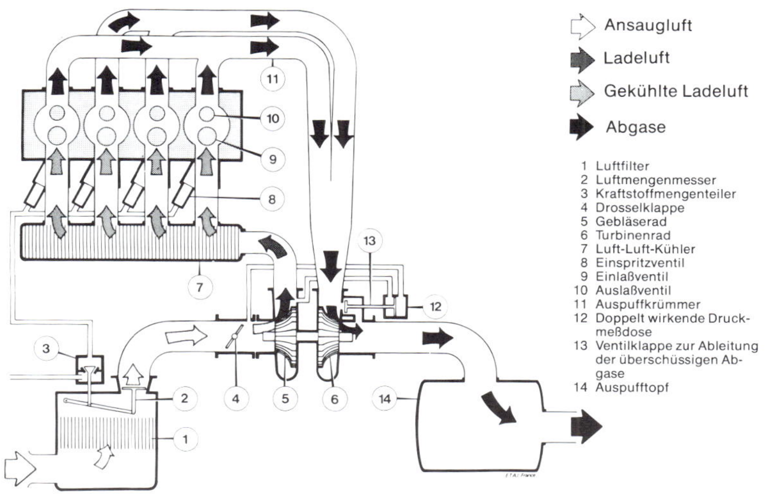

Mit einem Ladeluftkühler läßt sich die Leistung eines turboaufgeladenen Motors weiter verbessern.

Schadstoffarmer Zweitaktmotor

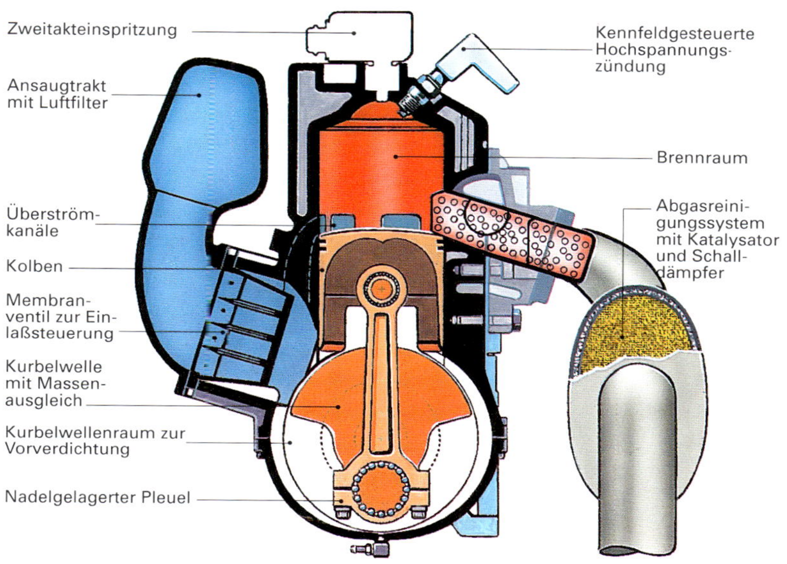

Die Abbildung zeigt, wie ein schadstoffarmer Zweitaktmotor aussehen könnte. Er stammt vom australischen Erfinder Ralph Sarich. Kennzeichen sind die Direkteinspritzung, eine ausgeprägte Drallzone im Brennraum und die sehr aufwendige Steuerung der Frischluft mittels Membranen sowie eine Auslaßventil- oder Schiebersteuerung.

Natürlich muß dafür elektrische Energie in den Kraftwerken abgezweigt werden, und man sollte darauf achten, daß diese Kraftwerke selbst emissionsarm funktionieren. Ideal wäre eine Energiegewinnung per Windkraft oder Solartechnik. Erst damit wäre das Elektroauto wirklich emissionsfrei.

Ungeachtet seiner Energiegewinnung hat das Elektroauto aber Vorteile im dichten innerstädtischen Verkehr: Es trägt zur Luftverbesserung bei und funktioniert außerdem nahezu geräuschfrei.

Das große Problem des Elektroantriebs ist aber immer noch die teure Batterietechnik, die nur sehr geringe Reichweiten ermöglicht. Deshalb versucht man, die Vorteile des Verbrennungs- und des Elektromotors miteinander zu kombinieren.

Auf Kurzstrecken übernimmt ein Elektromotor kurzfristig den Antrieb, während bei Fernfahrten ein herkömmlicher Motor zugeschaltet wird. Diese Hybridtechnik ist bereits serienreif, und eine Markteinführung scheitert eigentlich nur noch an den hohen Preisen.

Motormanagement

Ein Ottomotor funktioniert nur so gut wie sein modernes Motormanagement. Darunter versteht man alle Aggregate, die den motorischen Betrieb steuern und beeinflussen.

Die Technologien der Zukunft 2

Elektrik und Elektronik

Verglichen mit der Leistungsfähigkeit eines modernen Computers, sind unsere Fahrzeuge nicht besonders intelligent. Es gibt immer noch störanfällige Kabelbäume, und die Einführung eines Datenbussystems, bei dem es nur noch wenige Transportleitungen gibt, während die Signale an Ort und Stelle verarbeitet werden, steht noch aus.

Das gleiche gilt auch für die sogenannte On-board-Diagnose, mit der eine schnelle Fehlersuche möglich wäre. Besonders abgasrelevante Bauteile müßten in Zukunft mit dieser Technik ausgerüstet sein.

Fahrwerk, Federung und Lenkung

In der Regel werden normale Autos mit herkömmlichen Federungssystemen ausgerüstet. Sie bestehen entweder aus Schrauben- oder Blattfedern. Allerdings versucht man zunehmend, Fahrkomfort und Fahrverhalten mit Hilfe computerkontrollierter Dämpfersysteme den Kundenwünschen anzupassen. Einige Modelle gibt es schon mit kombinierter Vorder- und Hinterachslenkung.

Am Ende dieser Entwicklung könnten Fahrzeuge stehen, die auf Wunsch sogar selbsttätig einparken. Heute beschränkt sich der technische Fortschritt auf die Einführung der Servolenkung auch bei mittleren und kleineren Modellen.

Karosserie

Auch in Zukunft wird es für bestimmte Kundenwünsche große und repräsentative Limousinen geben. Zunehmend gibt es aber einen vollkommen neuen Markt für Stadt- und Kompaktautos. Mit ihrer tropfenförmigen Karosserie sind sie zwar noch etwas gewöhnungsbedürftig, dafür aber ungeheuer praktisch.

Nach dem Konzept der Schweizer Swatchuhr denkt man sogar an Autos, die nach dem gleichen Prinzip konstruiert sind: Spitzentechnik zu akzeptablen Preisen bei akzeptabler Umweltbelastung, immer leicht abgewandelt verpackt. Moderne computerberechnete Karosserien sorgen dafür, daß die passive Sicherheit auch dieser Fahrzeuge gewährleistet ist.

Automatischer Allradantrieb

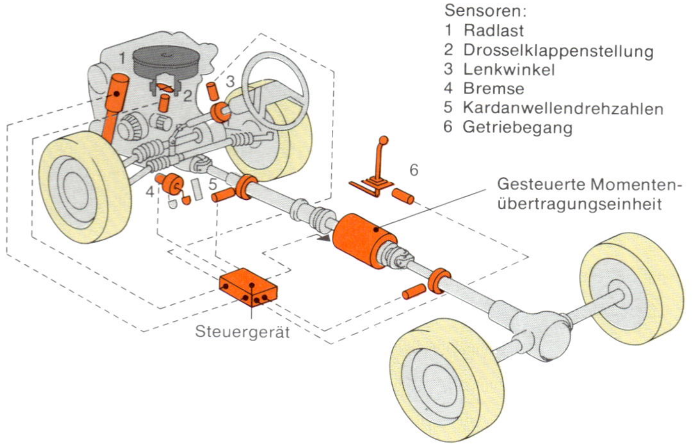

Der Streit zwischen den Herstellern von zuschaltbaren und permanenten Allradantrieben wird durch die Einführung des automatischen Allradantriebes beendet.

Kupplung und Getriebe

Bei den bekannten mechanischen Getrieben sind keine sensationellen Neuerungen zu erwarten. Lediglich die hydraulischen Automatikgetriebe werden in Zukunft in ihrem Wirkungsgrad weiter verbessert. Kennzeichen dieser Technik sind Durchschaltkupplungen zur Vermeidung des Wandlerschlupfes sowie Automatikkonzepte mit bis zu sechs Gängen. Je nach Wunsch kann ein Fahrer in die automatischen Schaltvorgänge mittels Elektronik eingreifen und eine entweder sportliche oder wirtschaftliche Schalttechnik anwählen.

Antrieb

Die meisten Fahrzeuge werden auch in Zukunft entweder mit Front- oder Heckantrieb gebaut. Ob man ergänzend dazu wirklich einen Allradantrieb braucht, sollte nicht die Mode, sondern die Einsatzart des Fahrzeugs entscheiden. Dabei sind manuell zu- und abschaltbare Allradsysteme für das schwere Gelände gedacht. Permanente oder automatisch arbeitende Allradtechniken im Pkw-Bau dienen zwar unter extremen Bedingungen der Fahrsicherheit, verursachen aber durch das zusätzliche Gewicht einen erhöhten Kraftstoffverbrauch.

Bremssystem

Neuentwicklungen auf dem Gebiet der Trommel- und Scheibenbremsen sind nicht in Sicht. Ein Autofahrer ist aber gut beraten, seinen neuen Wagen – wenn auch gegen Aufpreis – mit einem Blockierverhinderungssystem zu bestücken. Die meist als ABS-Technik bezeichnete Ausrüstung gilt als der wesentliche Beitrag zur Verkehrssicherheit in den letzten Jahren.

Umweltverträgliche Fahrzeuge werden sich durchsetzen, wenn sie so modern gestylt sind wie der BMW-E1. Ob mit Elektroantrieb cder einem Verbrennungsmotor ausgerüstet, können solche Studien, einmal in die Praxis umgesetzt, einen wesentlichen Beitrag auch zur Energieeinsparung leisten.

Sicherheit

Die crashsichere Fahrgastzelle gehört mittlerweise zum technischen Standard. Zu dieser Technik zählt ein modernes Sicherheitsgurtsystem mit Gurtstraffer. Eine unerläßliche Ergänzung dazu sind heute Airbags, die den Lenkradaufprall verhindern. Diese gibt es bei einer ganzen Anzahl von Modellen auch für Beifahrer. Der Airbag bläst sich bei einem Frontalunfall blitzartig auf.

In den vergangenen Jahren hat man auch das Problem des Seitenunfalles genauer untersucht. Ein modernes Auto hat heute entsprechende Türversteifungen, oder aber die Krafteinleitung erfolgt durch sinnvolle Verstrebungen in die Fahrzeuglängsholme. In Vorbereitung sind Airbagsysteme, die Personen nicht nur beim Frontalaufprall, sondern auch beim Seitenaufprall besser schützen können.

Informationstechnik

Das Autoradio mit der Möglichkeit, Verkehrsfunksender zu empfangen, gilt als Stand der Technik. Damit wird der Autofahrer aber nur unzureichend informiert.

Um die Stauprobleme besser in den Griff zu bekommen, benötigt man heute Bordcomputer, die den Autofahrer durch Anzeigendisplay auch auf Umwegen zum gewünschten Ort führen.

Zu dieser Technik gehört dann ein elektronisches Verkehrsüberwachungskonzept, das in Abhängigkeit von der Verkehrsdichte die zulässige Fahrgeschwindigkeit festlegt.

In dieses Informationssystem kann man dann auch von zu Hause aus mittels Bildschirmtext oder PC eingreifen. Hier erfährt man den aktuellen Stand der Verkehrssituation. Freie Parkplätze in der Innenstadt werden ebenso wie die Abfahrtszeiten öffentlicher Verkehrssysteme angegeben.

Solche Informationstechniken erfordern natürlich hohe Investitionen, und es gibt erste Pläne, an Autobahnen elektronische Mautstellen einzurichten.

Das Arbeitsprinzip des Zweitakters

Ein Zweitaktmotor benötigt für ein vollständiges Arbeitsspiel, bestehend aus Ansaugen, Verdichten, Zünden und Ausstoßen, immer nur eine Kurbelwellenumdrehung. Dies ermöglicht einen gleichmäßigeren Rundlauf als beim Viertakter, denn dieser braucht zwei Kurbelwellenumdrehungen, bevor er Arbeit abgibt.

Betrachtet man die Funktionsweise eines Zweitakters, dann fällt zunächst auf, daß ober- und unterhalb des Kolbens Vorgänge ablaufen. So wird während des ersten Taktes unterhalb des Kolbens angesaugt und gleichzeitig oberhalb des Kolbens verdichtet. Innerhalb des zweiten Taktes läuft unterhalb des Kolbens der Vorverdichtungshub ab; gleichzeitig wird oberhalb des Kolbens bereits gearbeitet.

Nach dem Prinzip des offenen Gaswechsels strömt das zündfähige Gemisch vom Kurbelwellenraum des Motors in den Arbeitszylinder. Dabei wird gleichzeitig der Brennraum gespült. Entscheidend für die Funktion ist somit die Ladepumpe. Diese besteht meist aus dem sorgfältig abgedichteten Kurbelwellenraum.

Die Mechanik

Der Zylinderkopf kann beim Zweitaktmotor sehr einfach gehalten werden. Er besteht aus einer von Kühlwasserkanälen durchströmten Haube, die gleichzeitig auch die Zündkerzen aufnimmt. Dies bedeutet Kosten- und Gewichtsersparnis.

Etwas aufwendiger fällt jedoch das Kurbelgehäuse aus. Es muß nämlich, da hier die Vorverdichtungsvorgänge ablaufen, gasdicht sein.

Bei der Auslegung von Kolben, Pleuel- und Kurbelwellenlager muß man daran denken, daß es beim Zweitakter keine Ölbefüllung gibt. Der Zweitaktmotor arbeitet nämlich mit Frischöl, das über das angesaugte Gemisch an alle zu schmierenden Komponenten herangebracht wird.

Die Schmierung

Beim klassischen Zweitakter erfolgt die Schmierung durch einfache Beigaben des Zweitakteröles in den Fahrzeugtank. Das Mischungsverhältnis beträgt je nach Fahrbetrieb bis 1:100. Unter bestimmten Betriebsbedingungen kann bei solchen Gemischen unverbranntes Öl in den Auspuff geraten. Deshalb besitzen moderne Zweitaktmotoren eine Frischölautomatik. Hier wird ein besonderes Zweitaktschmieröl in einem separaten Tank mitgeführt und in den Ansaugbereich eingedüst. Der Motor holt sich nach Drehzahl das notwendige Öl selbst.

Vor- und Nachteile des Zweitaktantriebs

Als in den 70er Jahren in den USA die Abgasgrenzwerte für Pkw so streng wurden, daß sie nur noch mit der Katalysatortechnik einzuhalten waren, war der Zweitakter nicht mehr attraktiv.

Heute erinnert man sich wieder an die Vorteile des Motorenprinzips: Der Zweitakter verfügt nämlich auch bei sehr kleinem Hubraum über eine enorme Leistung, und dies bei einem günstigen Gewicht.

Allerdings gibt es auch Nachteile. Gerade wegen des guten Leistungsverhaltens baute man in der Vergangenheit die Motoren häufiger als Zwei- oder Dreizylinder, die in manchen Drehzahlen nicht besonders laufruhig waren. Bemängelt wurden die fehlende Motorbremse in der Schubphase, das etwas gewöhnungsbedürftige Auspuffgeräusch und auch die unbeliebte „blaue Fahne". Auch der Kraftstoffverbrauch war bei vielen Zweitaktern in der Vergangenheit nie besonders günstig.

Der Zweitakter der nächsten Generation wird auf jeden Fall aufwendiger und ausgereifter sein.

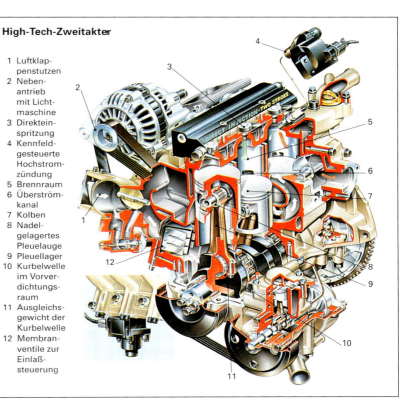

High-Tech-Zweitakter

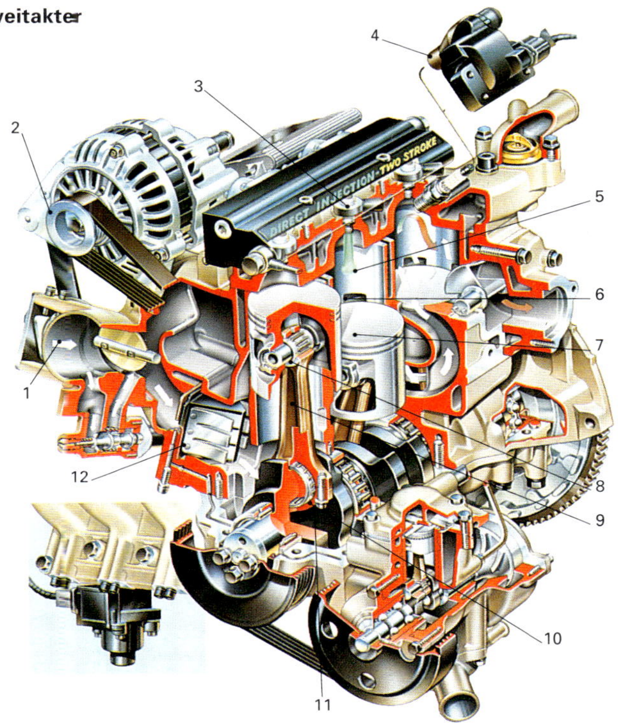

1 Luftklappenstutzen
2 Nebenantrieb mit Lichtmaschine
3 Direkteinspritzung
4 Kennfeldgesteuerte Hochstromzündung
5 Brennraum
6 Überströmkanal
7 Kolben
8 Nadelgelagertes Pleuelauge
9 Pleuellager
10 Kurbelwelle im Vorverdichtungsraum
11 Ausgleichsgewicht der Kurbelwelle
12 Membranventile zur Einlaßsteuerung

Klassischer Zweitakter mit offenem Gaswechsel

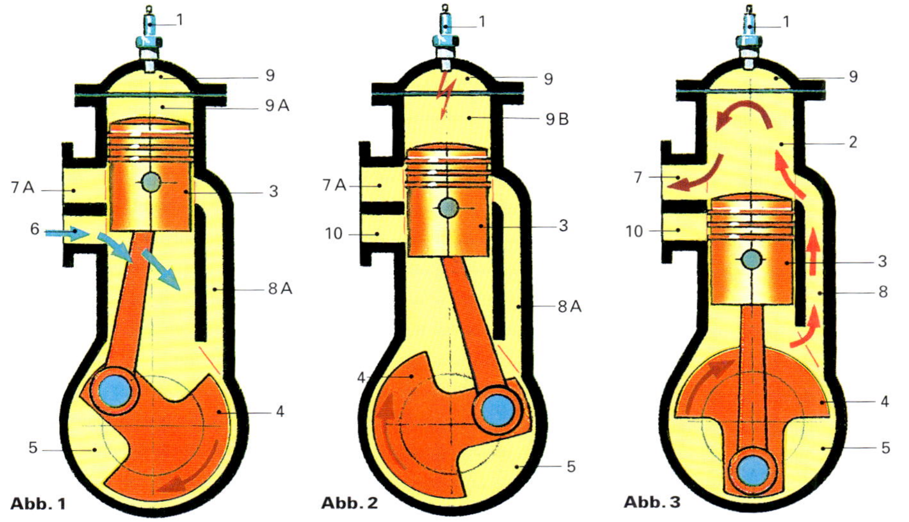

1 Zündkerze
2 Weg der Spülgase
3 Kolben
4 Kurbelwelle mit Ausgleichsgewicht
5 Vorverdichtungsraum
6 Ansaugstutzen mit zündfähigem Gemisch
7 Auspuffstutzen/Weg der verbrannten Gase
7 A Auspuffstutzen verschlossen
8 Überströmkanal mit frischem Gemisch (vorverdichtet)
8 A Überströmkanal verschlossen
9 Brennraum
9 A hochverdichtetes Gemisch
9 B entzündetes Gemisch dehnt sich aus
10 Einlaßstutzen verschlossen

In Abb. 1 wird Gemisch in den Vorverdichtungsraum gesaugt. Über dem Kolben läuft gerade der Verdichtungshub ab. In Abb. 2 sind die Kanäle durch den Kolben abgeschlossen. Es wird gezündet und dabei Arbeit geleistet. Dabei erfolgt unterhalb des Kolbens die Vorverdichtung. In Abb. 3 gleitet der Kolben kräftig nach unten. Das vorverdichtete Gemisch unterhalb des Kolbens tritt über den Überströmkanal in den Arbeitsraum ein. Dabei wird dieser durch die Frischgase gespült, und die verbrannten Abgase entweichen in die Auspuffanlage.

Die Fahrzeug-Hauptuntersuchung 1

Der § 29 der Straßenverkehrs-Zulassungsordnung (StVZO) schreibt vor, daß Personenkraftwagen nach ihrer ersten Inbetriebnahme nach drei Jahren und dann alle zwei Jahre einem anerkannten Sachverständigen zur Prüfung vorzuführen sind.

Im allgemeinen Sprachgebrauch hat sich der Begriff „TÜV-Prüfung“ durchgesetzt, obwohl auch die Ingenieure des DEKRA (Deutscher Kraftfahrzeug-Überwachungs-Verein e. V.) für solche Untersuchungen zugelassen sind.

Zum Teil arbeiten die Prüfinstanzen auch mit den örtlichen Handwerksbetrieben zusammen, so daß die nach der StVZO vorgeschriebenen Kontrollen bei der üblichen Jahresinspektion durchgeführt werden können.

Es lohnt sich immer, einen Teil der Kontrollen selbst durchzuführen, und zwar reine Sichtprüfungen. Für andere Tests, z. B. Bremsuntersuchungen, sind aufwendige Rollprüfstände notwendig.

Den Pkw sollte man vor der Untersuchung einer gründlichen Motor- und Unterwäsche unterziehen. Manches Fahrzeug wurde schon zurückgewiesen, nur weil Bauteile so verschmutzt waren, daß eine Prüfung gar nicht möglich war. Man muß es dann ein zweites Mal vorführen.

Den Vorführungstermin erfährt man durch die farbige Prüfplakette, die nach erfolgter Prüfung auf dem hinteren Nummernschild aufgeklebt wird. Sie zeigt in der Mitte die Jahreszahl und oben die Ziffer des jeweiligen Prüfmonats. Ein Überziehen des Prüftermins führt in der Regel dazu, daß von der Ordnungsbehörde ein Bußgeld verhängt wird.

Die Prüforganisationen benutzen Untersuchungsberichte, die das Fahrzeug in verschiedene Baugruppen einteilen. Gefundene Mängel werden angekreuzt und elektronisch ausgewertet.

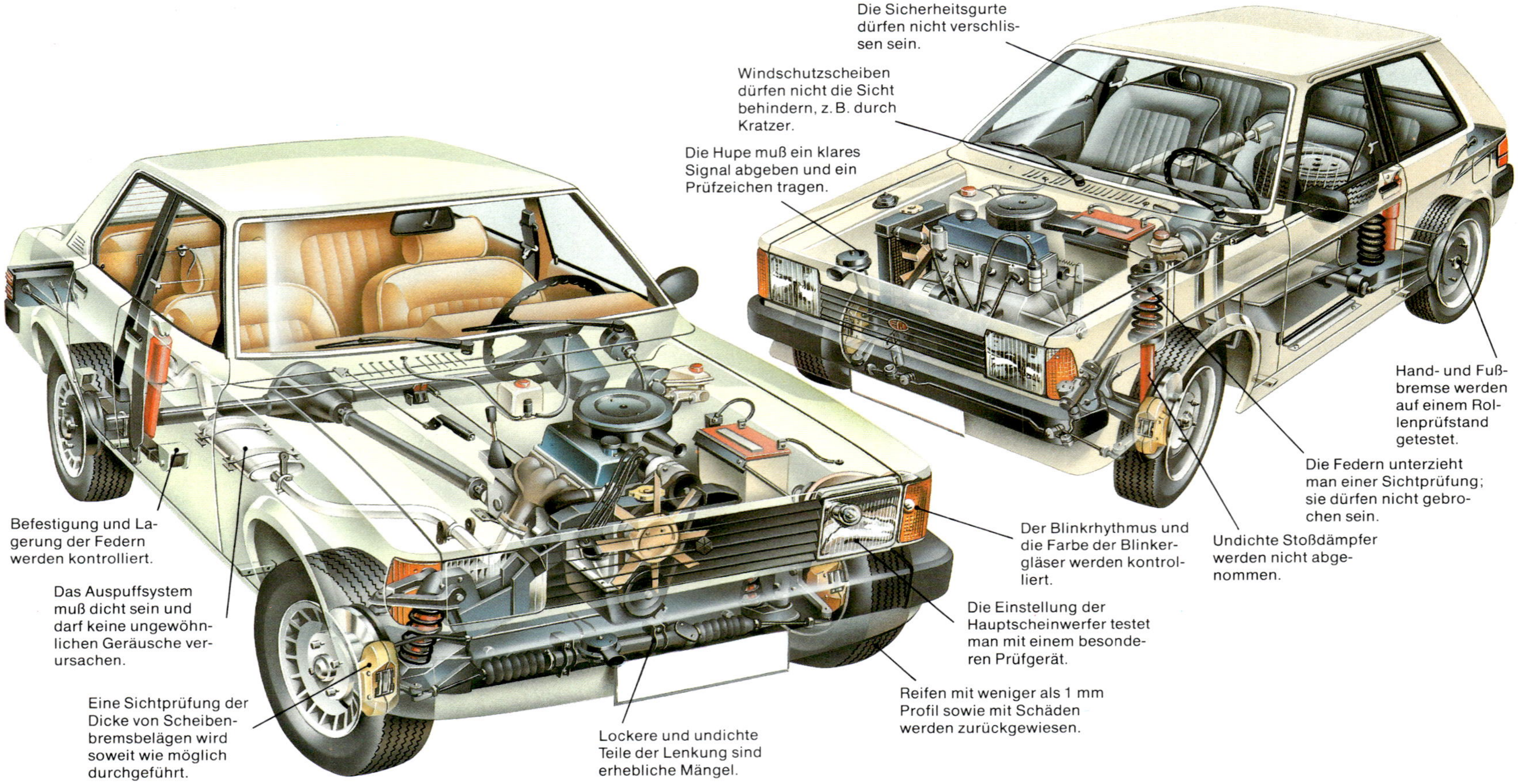

Die Sicherheitsgurte dürfen nicht verschlissen sein.
Windschutzscheiben dürfen nicht die Sicht behindern, z. B. durch Kratzer.
Die Hupe muß ein klares Signal abgeben und ein Prüfzeichen tragen.
Hand- und Fußbremse werden auf einem Rollenprüfstand getestet.
Die Federn unterzieht man einer Sichtprüfung; sie dürfen nicht gebrochen sein.
Undichte Stoßdämpfer werden nicht abgenommen.
Der Blinkrhythmus und die Farbe der Blinkergläser werden kontrolliert.
Die Einstellung der Hauptscheinwerfer testet man mit einem besonderen Prüfgerät.
Reifen mit weniger als 1 mm Profil sowie mit Schäden werden zurückgewiesen.
Lockere und undichte Teile der Lenkung sind erhebliche Mängel.
Eine Sichtprüfung der Dicke von Scheibenbremsbelägen wird soweit wie möglich durchgeführt.
Das Auspuffsystem muß dicht sein und darf keine ungewöhnlichen Geräusche verursachen.
Befestigung und Lagerung der Federn werden kontrolliert.

Ausrüstung Hier werden Fabrikschild, Fahrgestellnummer, Kennzeichen, Rückspiegel, Blinkerfunktion, die Farben der Lichtscheiben sowie Warnblinkanlage, Scheibenwischer, Hupe und Warndreieck, Erste-Hilfe-Material, Sicherheitsgurte und Funkentstörung genauso geprüft wie Diebstahlsicherung und Funktionieren der Geschwindigkeitsanzeige.

Beleuchtung Die gesetzlich vorgeschriebenen Beleuchtungseinrichtungen müssen funktionieren, Zusatzleuchten der StVZO entsprechen und ebenfalls funktionieren.

Lenkung Alle Bauteile werden einer gründlichen Sichtprüfung unterzogen. Zusätzlich bockt man das Fahrzeug auf und prüft mit einem Montiereisen, ob Bauteile Spiel haben oder undicht sind.

Bremsen Aus gutem Grund nimmt die Prüfung der Bremsen breiten Raum bei der Kontrolle des Fahrzeugs ein. Kontrolliert werden Fuß- und Handbremse auf Funktionstüchtigkeit, Dichtigkeit und technischen Zustand (z. B. Korrosion der Leitungen).

Bereifung Man kontrolliert hier die Profiltiefe und mögliche Schäden an den Reifen, aber auch nicht zugelassene Bereifungsgrößen oder -bauarten.

Karosserie Der Prüfer interessiert sich besonders für Korrosion. Sind Federn gebrochen, funktioniert der Stoßdämpfer? Außen dürfen sich keine gefährlichen Anbauteile befinden. Motor- und Antriebseinheit müssen öldicht sein.

Feuersicherheit Man prüft die Verlegung der Kraftstoffleitung und des Auspuffs sowie die Befestigung elektrischer Kabel und der Batterie.

Auspuffanlage Kontrolliert werden der Korrosionszustand, das Abgasverhalten mit einem CO-Meßgerät und die Rauchentwicklung per Sichtprüfung.

Die Fahrzeug-Hauptuntersuchung 2

Ist die Windschutzscheibe im Bereich des Fahrersichtfeldes verkratzt, wird das Fahrzeug zurückgewiesen.

Man kontrolliert den Zustand und die Befestigung der Sicherheitsgurte sowie die Sitzarretierung.

Der Blinkrhythmus muß bei 90 ± 30 Impulsen je Minute liegen.

Gesprungene Leuchten, Gläser oder Lichtscheiben müssen ausgewechselt werden.

Die Hupe prüfen

Bei eingeschalteter Zündung muß die Hupe einen klaren Ton abgeben. Bei Zweitonhörnern oder Fanfaren müssen sich beide gleichzeitig einschalten. Melodiefolgen sind nicht erlaubt.

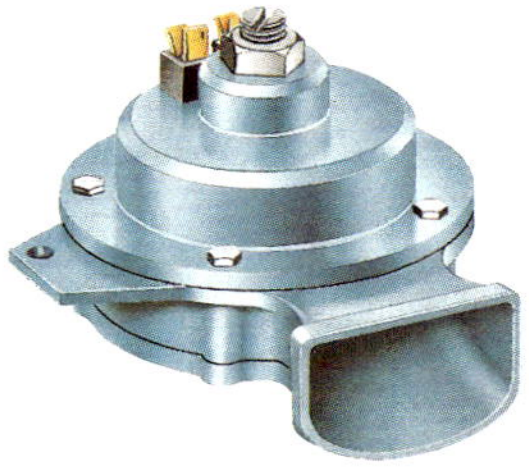

Das Horn sollte einen sauberen Ton abgeben.

Windschutzscheibe und Wischer prüfen

Die Scheibe darf besonders im Sichtbereich des Fahrers nicht verkratzt sein, sonst wird das Fahrzeug nicht abgenommen.

Der Wischer muß in allen Gangstufen seine Aufgabe erfüllen. Die Funktion des Waschers interessiert den Prüfer weniger; trotzdem sollte man ihn bei dieser Gelegenheit kontrollieren und gegebenenfalls reparieren bzw. einstellen.

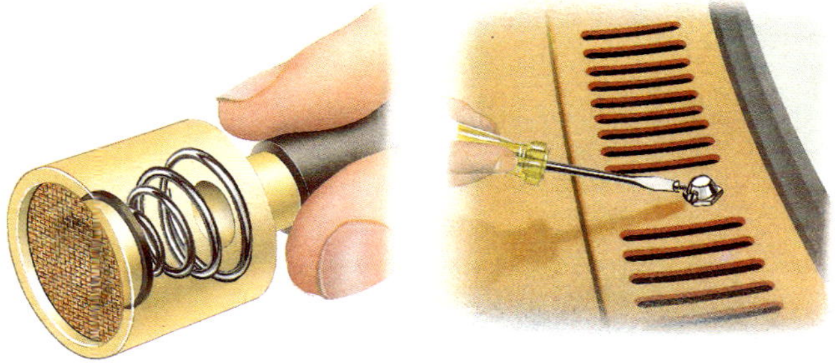

Die Waschanlage interessiert den Prüfer weniger. Trotzdem sollte man sie bei dieser Gelegenheit prüfen, reinigen und einstellen.

Die Lichtanlage prüfen

Zuerst schaltet man das Standlicht an und prüft seine Funktion an der Fahrzeugvorder- und -rückseite.

Zusätzlich wird die Nummernschildbeleuchtung kontrolliert. Falls sie verschmutzt ist, wird sie gereinigt.

Sind Gläser oder Lichtscheiben gebrochen, müssen sie ausgewechselt werden, ebenso blinde Reflektoren der Hauptscheinwerfer, denn sie vermindern die Lichtleistung erheblich. Aus diesem Grund sollte man solche Bauteile im eigenen Interesse auch dann auswechseln, wenn keine Hauptuntersuchung ins Haus steht.

Nun schaltet man das Fern- und das Abblendlicht durch. Dazu muß man oft die Zündung einschalten.

Die Prüfung der Hauptscheinwerfereinstellung überläßt man am besten den Fachleuten in einer Tankstelle oder einer Werkstatt, die über geeignete Prüfgeräte verfügen.

Auch der ADAC prüft in seinen mobilen und stationären Prüfzentren die Scheinwerfer.

Bei eingeschalteter Zündung läßt man einen Helfer auf die Fußbremse treten oder spannt ein Montiereisen zwischen Sitz und Bremse. Am Fahrzeugheck kontrolliert man nun die Stopplichter, die wesentlich heller brennen müssen als das Standlicht.

Bei eingeschalteten Blinkern sind das Kontrollicht und die akustische Anzeige zu prüfen. Die Blinkfrequenz muß bei 90 ± 30 Impulsen je Minute liegen.

Das Nachzählen der Blinkimpulse kann man sich aber heutzutage sparen, weil moderne Blinkgeber diese Frequenz korrekt einhalten.

Geprüft wird auch die blaue oder gelbe Fernlichtkontrolle im Fahrzeuginneren.

Zusatzbeleuchtungseinrichtungen

Zusätzlich können Nebellampen, Zusatzfernscheinwerfer, Rückfahrscheinwerfer sowie Suchlampen oder eine Steckdose für den Anhänger angebaut sein. Alle müssen einwandfrei funktionieren.

Vordere Zusatzscheinwerfer dürfen nicht höher als die Hauptscheinwerfer montiert sein. Zulässig sind lediglich sechs Lampeneinheiten, z. B. zwei Hauptscheinwerfer, zwei Zusatzleuchten für Fernlicht und zwei Nebellampen.

Am Heck sind Nebelschlußleuchten und hochgesetzte Zusatzbremsleuchten erlaubt.

Bei mangelnder Lichtleistung einzelner Scheinwerfer lohnt es sich, die Batteriepole zu reinigen.

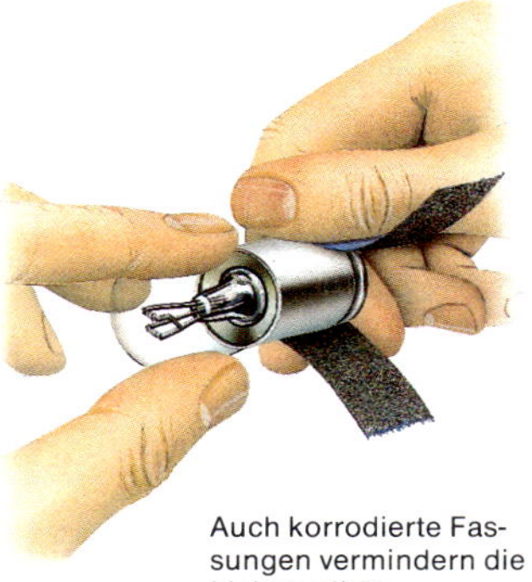

Auch korrodierte Fassungen vermindern die Lichtqualität.

Sicherheitsgurte und Sitze prüfen

Der Prüfer wird Sitze und Sicherheitsgurte nur dann einer Kontrolle unterziehen, wenn hier besonders auffällige Veränderungen vorliegen.

Im Interesse der Sicherheit prüft man aber auch die Gurte im Rahmen der Vorbereitungen für die Hauptuntersuchung. Die Verschraubungen werden gegebenenfalls nachgezogen. Die Aufhängungspunkte an der mittleren Fahrzeugsäule sind meist drehbar gelagert und dürfen nicht verklemmt sein.

Bei automatischen Rollgurten muß die Rolle beim plötzlichen Anziehen des Gurtes schlagartig den Gurtablauf sperren. Das Schloß soll die Schloßzunge sicher festhalten und hörbar einrasten.

Beim Sitz interessiert sich der Prüfer besonders für einwandfreie Arretierung und Verstellung in jeder Position.

Der obere Befestigungspunkt des Gurtes wird angezogen.

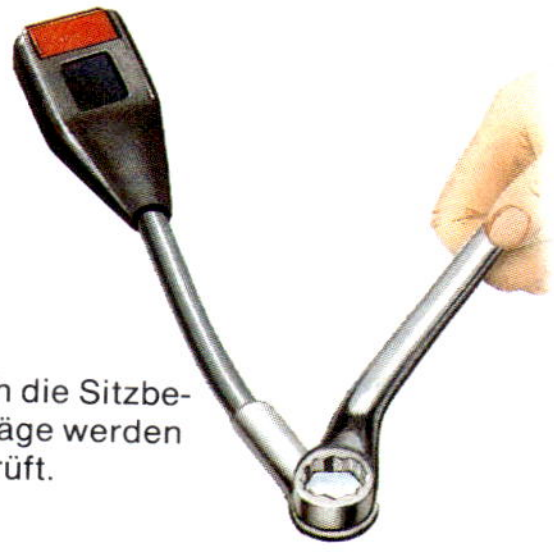

Auch die Sitzbeschläge werden geprüft.

Die Fahrzeug-Hauptuntersuchung 3

Die Fußbremse prüfen

Eine provisorische Prüfung wird auf Seite 267 beschrieben. Diese Tests ersetzen natürlich keinen Prüfstand, liefern aber gute Anhaltswerte. Dabei darf das Fahrzeug nicht ausbrechen, sondern muß sich ohne Korrektur am Lenkrad zügig anhalten lassen. Das Bremspedal darf beim Treten nicht weich oder schwammig wirken.

Bei Fahrzeugen mit Servobremse tritt man bei abgestelltem Motor mehrfach das Bremspedal, damit der Unterdruck der Servoeinheit abgebaut wird. Dann tritt man das Bremspedal und startet den Motor. Wenn der im Ansaugtrakt entstehende Unterdruck dafür sorgt, daß das Bremspedal leicht nachgibt, funktioniert der Bremskraftverstärker einwandfrei.

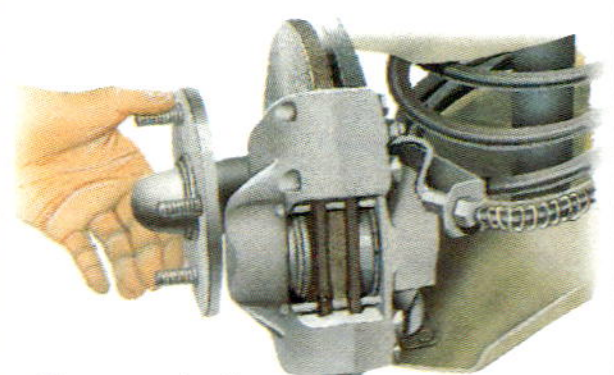

Bremsscheiben dürfen keine tiefen Riefen aufweisen.

Bremse am Seil oder Gestänge nachgestellt. Unter dem Wagenboden ist der Zustand des Seiles zu prüfen.

Der Bremskraftverstärker wird getestet.

Bremsleitungen und -schläuche prüfen und reinigen

Bremsleitungen dürfen nicht korrodiert oder durch Bodenunebenheiten verbogen und angequetscht sein.

Leichten Flugrost kann man mit einer Stahlbürste und Schleifpapier abreiben. Bei tieferen Rostnarben müssen jedoch die Leitungen ausgewechselt werden.

Es lohnt sich nicht, Rostnarben mit dicker Farbe zu überstreichen, denn der Prüfer kennt diesen Trick. Außerdem gefährdet man seine eigene Sicherheit und die anderer Verkehrsteilnehmer.

Trotzdem sollte man die Bremsleitung nach dem Reinigen mit Rostschutzgrundierung und nach der Vorführung mit Decklack versehen.

Auch die Schraubverbindungen sollte man bei dieser Gelegenheit mit einer Stahlbürste reinigen.

Bei modernen Fahrzeugen sind die Bremsleitungen oft aus Plastik, so daß man sich mit der Prüfung der exakten Leitungsverlegung begnügen kann.

Radbremsen an beweglichen Achsteilen sind mit den Bremsleitungen durch Bremsschläuche verbunden, die nicht aufgequollen sein und keine feinen Haarrisse haben dürfen.

Bei ungenauer Verlegung können die Bremsschläuche Scheuerstellen aufweisen und sind auszuwechseln.

Sind Bremsleitungen korrodiert?

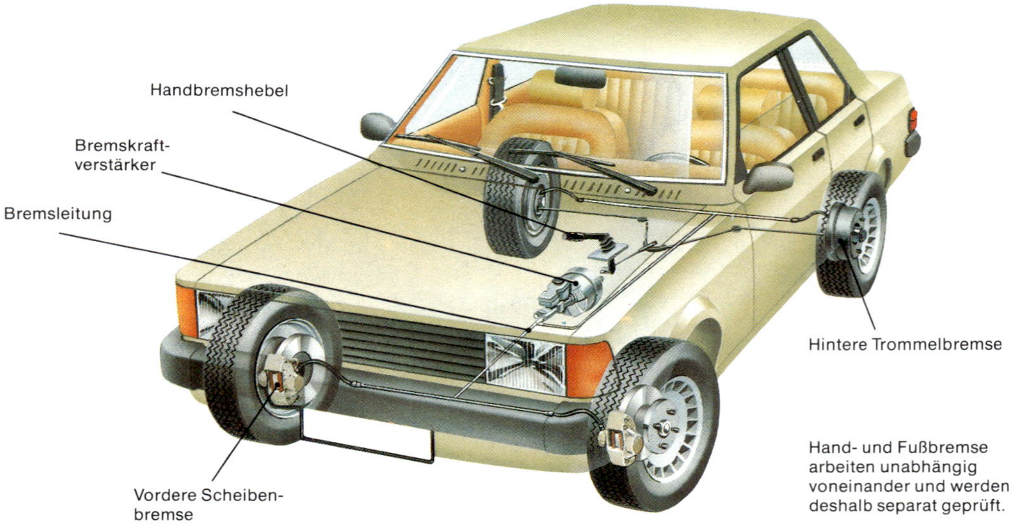

Hand- und Fußbremse arbeiten unabhängig voneinander und werden deshalb separat geprüft.

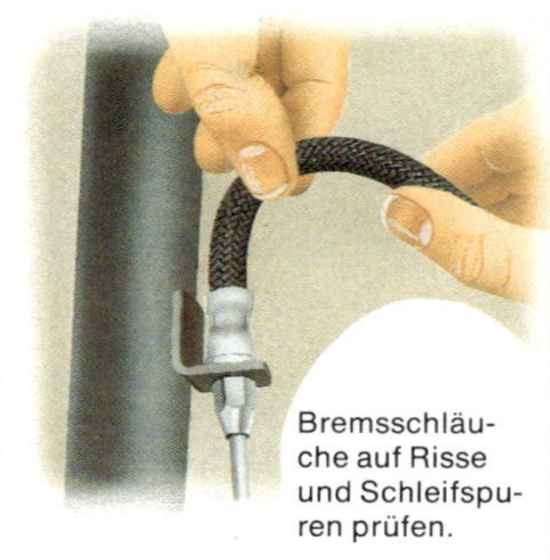

Bremsschläuche auf Risse und Schleifspuren prüfen.

Die ADAC-Bremsenprüfung

Im Kapitel „Bremsen" (siehe Seite 183–200) werden je nach Bremsentyp provisorische Bremsenprüfungen beschrieben, die allerdings keine genauen Anhaltswerte darüber geben, ob die Bremsen die Hauptuntersuchung ohne Beanstandung passieren würden.

Auch die auf Seite 267 beschriebene einfache Bremsenprüfung auf der Straße kann natürlich keinen Aufschluß über den genauen Verzögerungswert der Bremsen geben; man erhält nur Anhaltspunkte über die Funktion des Systems.

Um sicherzugehen, sollte man eine Werkstatt mit der Prüfung beauftragen, die natürlich Kosten verursacht.

ADAC-Mitglieder können eine kostenlose Prüfung der Hand- und Fußbremse durchführen lassen. Da die einzelnen ADAC-Prüfzentren unterschiedliche Leistungen anbieten, informiert man sich darüber am besten bei der zuständigen Geschäftsstelle. Hier erhält man ein ausführliches Merkblatt, aus dem man ersieht, wann und wo der ADAC außer den Bremsen auch Scheinwerfer, Stoßdämpfer und anderes prüft.

Bei der Bremsenprüfung wird zusätzlich der Zustand der Bremsflüssigkeit kontrolliert. Die Prüfung erfolgt in stationären oder mobilen Prüfzentren.

Die Handbremse prüfen

Die Wirkung der Handbremse prüft man am besten auf dieselbe Weise, wie sie auf Seite 267 für den Gebrauchtwagenkauf empfohlen wird.

Nach dem Bremstest kontrolliert man den Leerweg des Handbremshebels. Bei den meisten Fahrzeugen sollen sich die gebremsten Räder gerade noch drehen lassen, wenn sich der Hebel in der dritten oder vierten Raste befindet.

Gegebenenfalls wird die

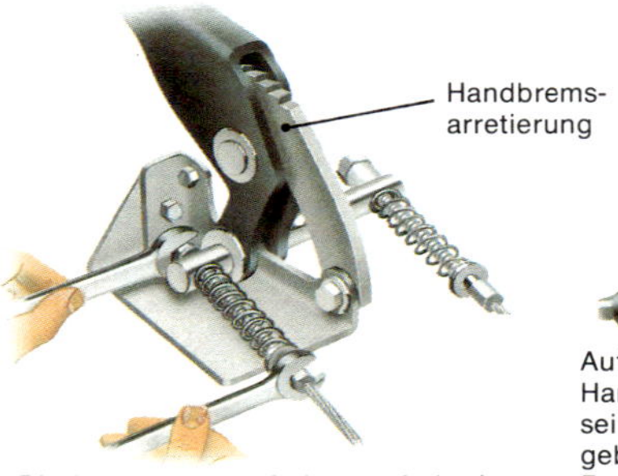

Die Arretierung muß einwandfrei sein.

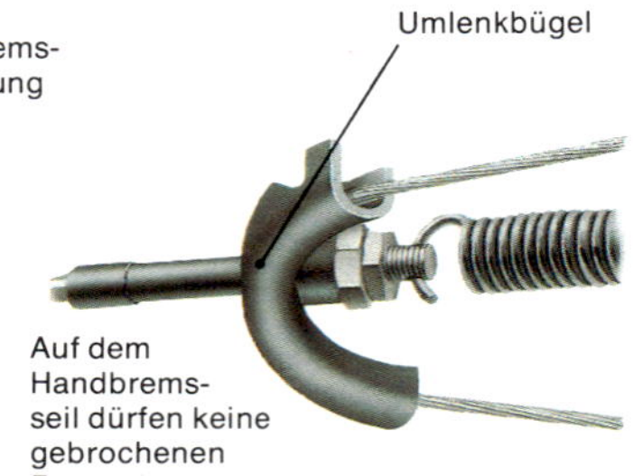

Auf dem Handbremsseil dürfen keine gebrochenen Fasern hervorstehen.

Prüfen von Handbremsgestänge und -seilen

Damit die Handbremse nicht einseitig zieht, muß man die Umlenkpunkte des Handbremsgestänges oder Seilsystems gangbar machen und gut einfetten.

Bewegliche Umlenkrollen oder Bolzen werden mit Rostlöser gangbar gemacht und anschließend mit Fett versorgt.

Während ein Helfer im Fahrzeug die Handbremse anzieht, beobachtet man außen den Seilverlauf.

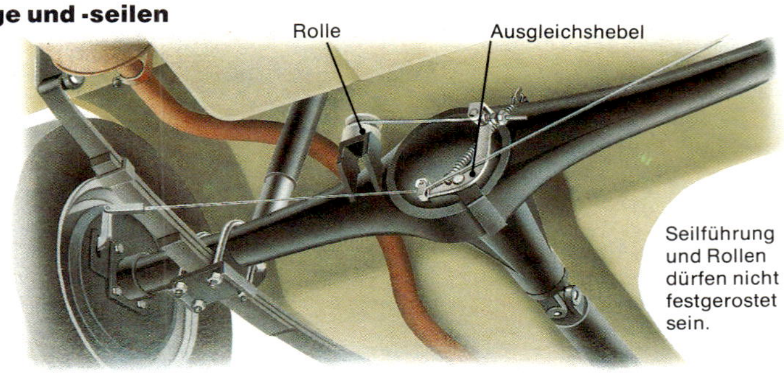

Seilführung und Rollen dürfen nicht festgerostet sein.

Die Fahrzeug-Hauptuntersuchung 4

Das Lenksystem prüfen

Das gesamte Lenksystem vom Lenkrad bis zu den Rädern wird kontrolliert, besonders das Lenkungsspiel, das möglichst gering sein muß. Ist das Spiel zu groß, weist der Prüfer das Fahrzeug zurück.

Zur Kontrolle des Spiels bockt man das Fahrzeug am besten auf und läßt das Lenkrad in der Mittellage von einem Helfer einige Millimeter hin- und herbewegen, wobei die Räder unverzüglich auf die Lenkbewegung ansprechen müssen.

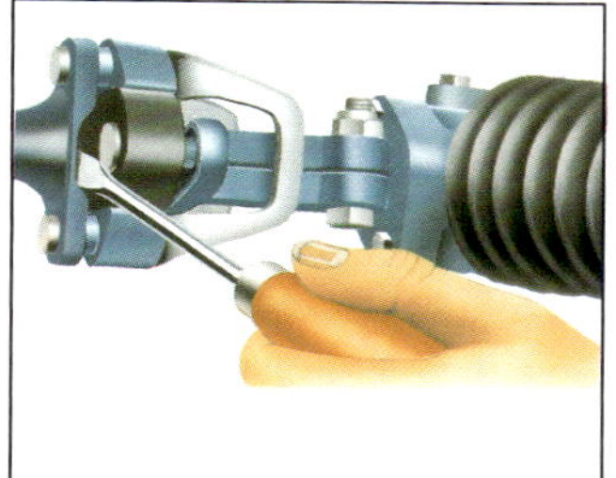

Das Verbindungsgelenk mit einem Schraubenzieher unter Spannung setzen.

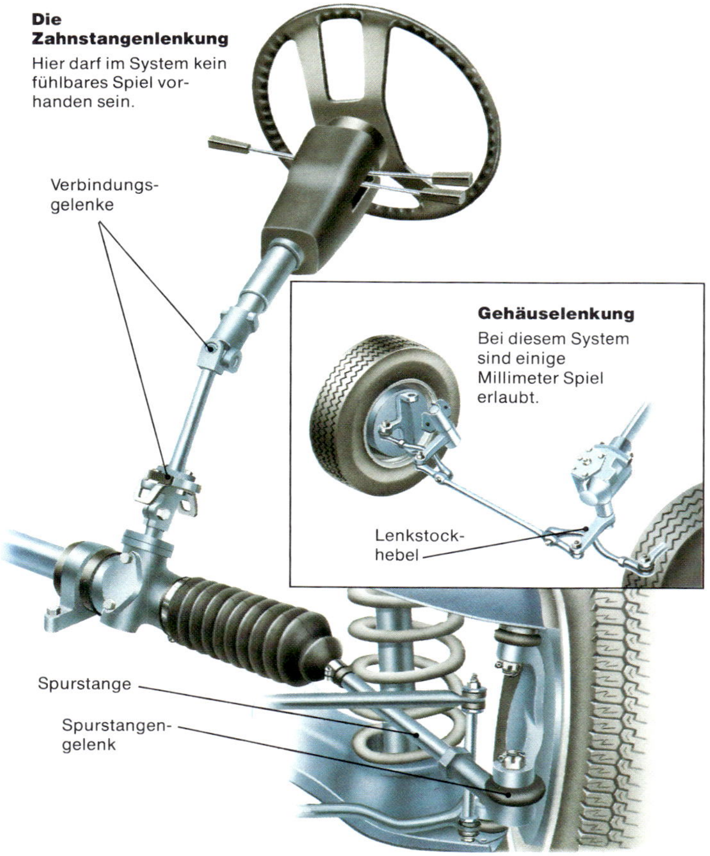
Die Zahnstangenlenkung
Hier darf im System kein fühlbares Spiel vorhanden sein.
Verbindungsgelenke
Spurstange
Spurstangengelenk
Gehäuselenkung
Bei diesem System sind einige Millimeter Spiel erlaubt.
Lenkstockhebel

Das Lenkrad darf auch kein Höhenspiel aufweisen. Dazu zieht man das Lenkrad vom Fahrersitz aus an und drückt es zurück. Einige Millimeter Spiel sind üblich.

Größeres Spiel weist auf lose oder verschlissene Verbindungsgelenke hin, die sich unter dem Armaturenbrett oder unmittelbar im Bereich der Spritzwand unter der Motorhaube befinden.

Zur weiteren Prüfung benötigt man einen Helfer, der das Lenkrad hin- und herbewegt, während man das Spiel in den Gelenken, etwa durch Auflegen einer Hand, prüft.

Gelenke aus Gummi-Metall-Verbindungen kann man mit einem Schraubenzieher unter Spannung setzen, wodurch man eventuell vorhandene Risse bemerkt. Bei Lenkungen mit einer starren Lenksäule prüft man den Sitz der Verbindungsschrauben.

Prüfungen unter dem Fahrzeug

Das Fahrzeug wird mit dem Wagenheber und Unterstellböcken sicher aufgebockt. Die Sicherheitsvorschriften sind genau zu beachten, denn man muß unter dem Auto arbeiten.

Während ein Helfer das Lenkrad kräftig hin- und herbewegt, beobachtet man das Spiel in den Verbindungsgelenken. Besondere Aufmerksamkeit verlangt die Befestigung des Lenkgehäuses oder der Zahnstangenlenkung.

Auf Zuruf bestätigt man dem Helfer, wann sich Lenkstockhebel oder Zahnstange bewegt, während dieser die Bewegung des Lenkrades am äußeren Kranz prüft.

Zahnstangenlenkungen dürfen kein Spiel, andere Systeme höchstens einige Millimeter Spiel haben.

Die Achstragegelenke prüfen

Die Achstragegelenke erlauben nicht nur das Einfedern der Vorderachse, sondern auch die Drehbewegung zur Lenkung des Fahrzeuges. Autos mit Doppelquerlenkerachsen haben ein Tragegelenk am unteren und oberen Querlenker.

Bei MacPherson-Federbeinen findet man ein solches Gelenk nur am unteren Lenker, während das Federbein oben nur einen Drehpunkt hat. Beide Systeme erfordern deshalb einen unterschiedlichen Prüfaufwand.

Ein MacPherson-Federbein prüfen

Das Fahrzeug wird so aufgebockt, daß das Rad frei herunterhängt. Ein Helfer bewegt das Rad kräftig hin und her und beobachtet das Spiel im Gelenk.

Bei einer zweiten Prüfung setzt man ein Montiereisen so an der Felge an, daß man das Tragegelenk auf- und abbewegen kann. Unnormales Spiel bemerkt man sehr deutlich; das Gelenk muß ausgewechselt werden.

Nun ergreift der Helfer das Rad oben und unten und drückt es kräftig hin und her. Mit einer Taschenlampe beobachtet man das Spiel der Stoßdämpferstange in ihrer Führung. Bei unnormalem Spiel ist meist auch der Stoßdämpfer selbst undicht, und man bemerkt Spuren von Stoßdämpferöl am Rohr des Federbeins.

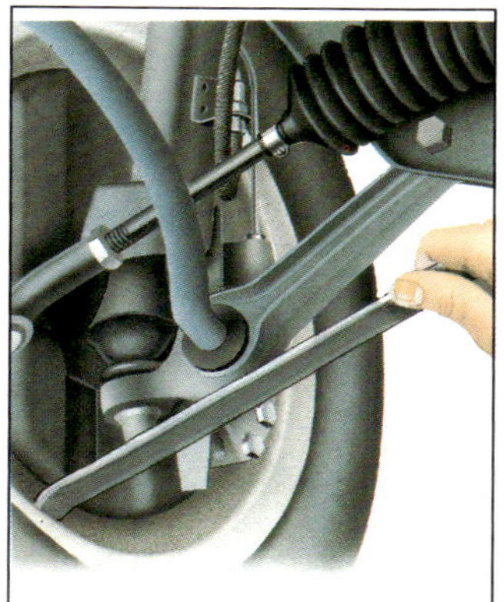

Das untere Tragegelenk prüfen.

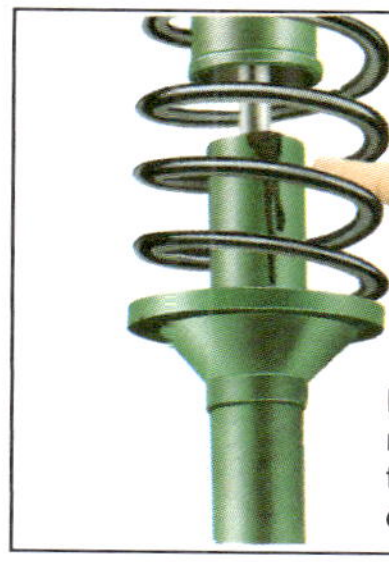

Federbein mit undichtem Stoßdämpfer

In diesem Fall weist der Prüfer das Fahrzeug zurück, und man muß die Stoßdämpferpatronen des Federbeines auswechseln (siehe Seite 158–159).

Zur Prüfung der oberen Aufhängung des Federbeines öffnet man die Motorhaube und erkennt dort den Befestigungspunkt an dem domartigen Radhaus. Eventuell vorhandene Abdeckplatten nimmt man ab und federt das Auto kräftig aus und ein.

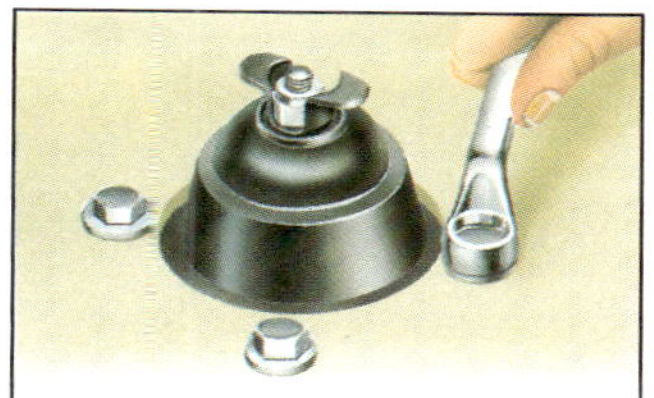

Schrauben der oberen Federbeinbefestigung nachziehen.

Die Lagerung darf weder gerissen noch gebrochen sein. Ungewöhnliche Poltergeräusche sind ein Anlaß, das Federbein auszubauen und zu prüfen.

Prüfung der Doppelquerlenkerachsen

Das Fahrzeug wird auch für diese Prüfung so aufgebockt, daß die vorderen Räder frei herabhängen.

Während ein Helfer das Vorderrad mit einem Hebel, z. B. mit einem großen Montiereisen, kräftig auf- und abbewegt, prüft man die Bewegung im oberen und unteren Tragegelenk, wozu man eine Taschenlampe benötigt.

Jedes erkennbare Spiel ist ein Grund, die Tragegelenke auszuwechseln, da die Verkehrssicherheit des Fahrzeugs nicht mehr gewährleistet ist.

Das Rad mit großem Montiereisen kräftig nach oben drücken.

Andere Achskonstruktionen prüfen

Neben den hier beschriebenen Ausführungen gibt es andere Achskonstruktionen, z. B. Achsschenkellenkungen oder Systeme mit vorderem querliegendem Federblatt.

Zur Prüfung setzt man auch hier die Verbindungsgelenke mit einem Montiereisen direkt unter Spannung und setzt den Hebel am unteren Rad an. Das Fahrzeug muß dabei so aufgebockt sein, daß ein Laufrad frei herunterhängt und die von der Federung ausgehende Spannung das Prüfergebnis nicht verfälscht.

Die Fahrzeug-Hauptuntersuchung 5

Spurstangenköpfe prüfen

Es gibt zwei Methoden: Bei der ersten bewegt ein Helfer das Lenkrad kräftig hin und her, während man unter dem Fahrzeug das Spiel im Kopf beobachtet.

Bei der zweiten Methode drückt man den Spurstangenkopf von Hand oder mit einem Montiereisen nach oben. Dabei darf keinerlei Spiel spürbar sein.

Fahrzeuge mit verschlissenen Spurstangenköpfen werden zurückgewiesen.

Spurstangenköpfe lassen sich nicht reparieren, sondern sind grundsätzlich auszuwechseln.

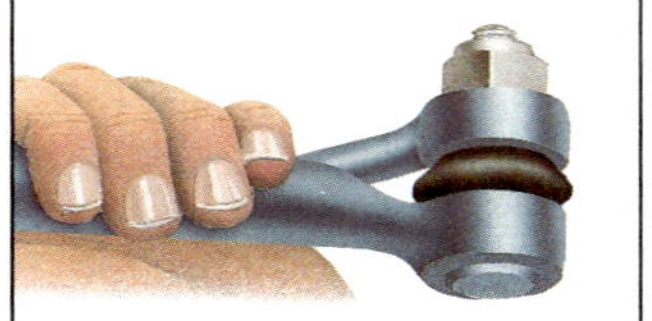

Spurstangenkopf nach oben drücken. Er darf kein Spiel haben.

Leckstellen

Pkw-Lenkgehäuse sind mit Öl oder Fett gefüllt und durch Faltenbälge abgedichtet.

Werden die Faltenbälge schadhaft, tritt Fett oder Öl aus, und Wasser, Schmutz und Salz können in das System gelangen und sich hier festsetzen. Dies bewirkt innerhalb kürzester Zeit, daß die Lenkung fest wird.

Durch das Festwerden der Lenkung ist die Verkehrssicherheit des Fahrzeuges beeinträchtigt. Deshalb werden bei der Hauptuntersuchung die Dichtheit des Lenkgetriebes und der Zustand der Staubmanschette geprüft.

Falls man bei der Inspektion beschädigte Staubmanschetten oder Gummibälge bemerkt, sollte man dafür sorgen, daß diese ausgewechselt und die Öl- und Fettpackungen entsprechend erneuert oder ergänzt werden.

Die Prüfung und alle damit verbundenen Arbeiten werden ausführlich auf Seite 179–180 beschrieben.

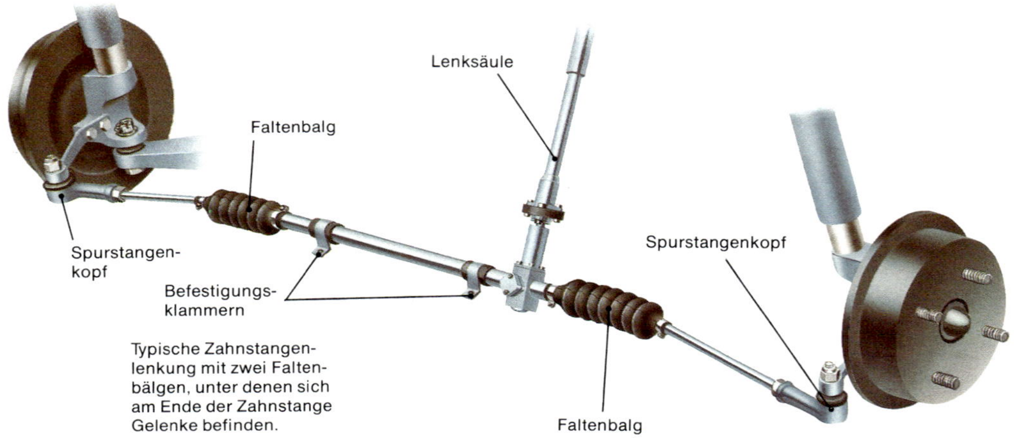

Typische Zahnstangenlenkung mit zwei Faltenbälgen, unter denen sich am Ende der Zahnstange Gelenke befinden.

Die Lenkeinschläge prüfen

Lenkungsteile und Räder dürfen während der Fahrt nicht an anderen Bauteilen schleifen. Der Lenkeinschlag wird durch Anschlagschrauben begrenzt.

Bemerkt der Prüfer Schleifspuren an Rädern, Bremsschläuchen oder Bauteilen der Lenkung, wird das Fahrzeug beanstandet.

Zur Kontrolle leuchtet man alle Bauteile ab. Man kann die Lenkung auch von Anschlag bis Anschlag durchdrehen und bei gleichzeitigem Durchfedern des Aufbaus den Abstand zu Reifen, Bremsschläuchen und Faltenbälgen von Lenkung und Gleichlaufgelenken beobachten.

Die Antriebsgelenke prüfen

Die Gelenkwelle gehört mehr in den Bereich der Betriebs- als der Verkehrssicherheit. Trotzdem wird sie kontrolliert, denn ein stark verschlissenes Gleichlauf- oder Kardangelenk könnte auseinanderfallen.

Unter ungünstigen Bedingungen kann es dann zum Blockieren des Fahrzeuges und zur Gefährdung der Verkehrssicherheit kommen.

Zur Prüfung der Gleichlaufgelenke legt man den ersten Gang ein und schiebt das gegen Wegrollen gesicherte Fahrzeug von Hand hin und her.

Das Spiel in den Gelenken läßt sich von Hand prüfen, indem man die Bewegung der beiden Gelenkgabeln gegeneinander ertastet.

Bei Gummikupplungen an den Gelenkwellen sollte man die Befestigung und den Zustand der Gummi-Metall-Elemente prüfen.

Bauteile mit Brüchen und Rissen sind im Interesse der Sicherheit auszuwechseln.

Manche Gleichlaufgelenke verursachen bei starkem Einschlag Geräusche. Dies ist ein Hinweis, daß demnächst eine Reparatur fällig ist. Man sollte mit der Reparatur allerdings nicht bis zum Ausfall der Gelenkwelle warten.

Ein solcher Schaden entsteht meist dann, wenn man die Abdichtmanschetten des Gleichlaufgelenkes nicht rechtzeitig ersetzt, so daß Wasser eindringen und die Fettpackung zerstören kann.

Die Radlager prüfen

Bei Fahrzeugen mit zu großem Radlagerspiel kann man ein sehr unsicheres Fahrverhalten beobachten. Aus diesem Grund wird bei der Hauptuntersuchung auf diesen Punkt besonderer Wert gelegt.

Zur Kontrolle wird das Fahrzeug so aufgebockt, daß die Räder frei herunterhängen. Man ergreift das Rad an der Ober- und Unterseite und bewegt es hin und her.

Das Radlagerspiel selbst läßt sich sehr gut auch an der Bremsträgerplatte hinter dem Rad erkennen.

Das Spiel kann bei vielen Fahrzeugen eingestellt werden.

Man darf es aber nicht mit dem Spiel verwechseln, das von verschlissenen Achstragegelenken herrührt.

Das Rad wechselweise oben und unten heraus- und hineindrücken.

Die Lenkungsbefestigung prüfen

Bei der Prüfung steht das Fahrzeug auf den Rädern. Die Lenkung wird von einem Helfer von Anschlag bis Anschlag durchgedreht, wobei man die Bewegung in der Befestigung des Lenkgetriebes beobachtet, das oft an einer Rahmentraverse festgeschraubt ist, die sich im Lauf der Betriebszeit etwas setzen kann.

Entdeckt man lose Schraubverbindungen, müssen diese nachgezogen werden.

Unter den Befestigungsklammern sitzen oft Beilagen aus Gummi oder Kunststoff, die durch Alterung, Aufquellen oder Öl spröde und brüchig werden und zu erneuern sind.

Oft genügt es, alle Schrauben der Lenkungsbefestigung nachzuziehen.

Befestigungsklammer der Lenkung mit Gummizwischenlage

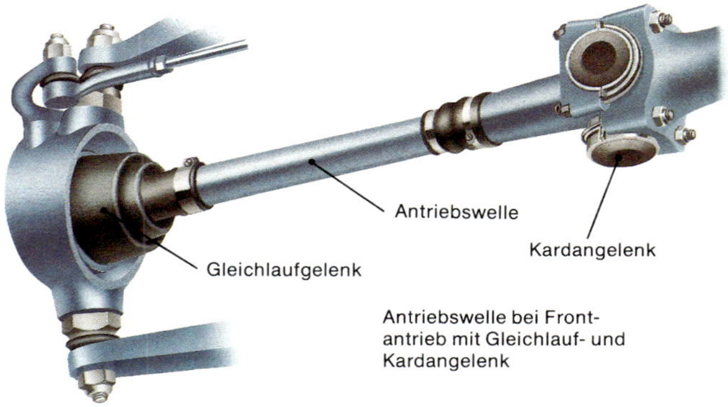

Antriebswelle bei Frontantrieb mit Gleichlauf- und Kardangelenk

Die Fahrzeug-Hauptuntersuchung 6

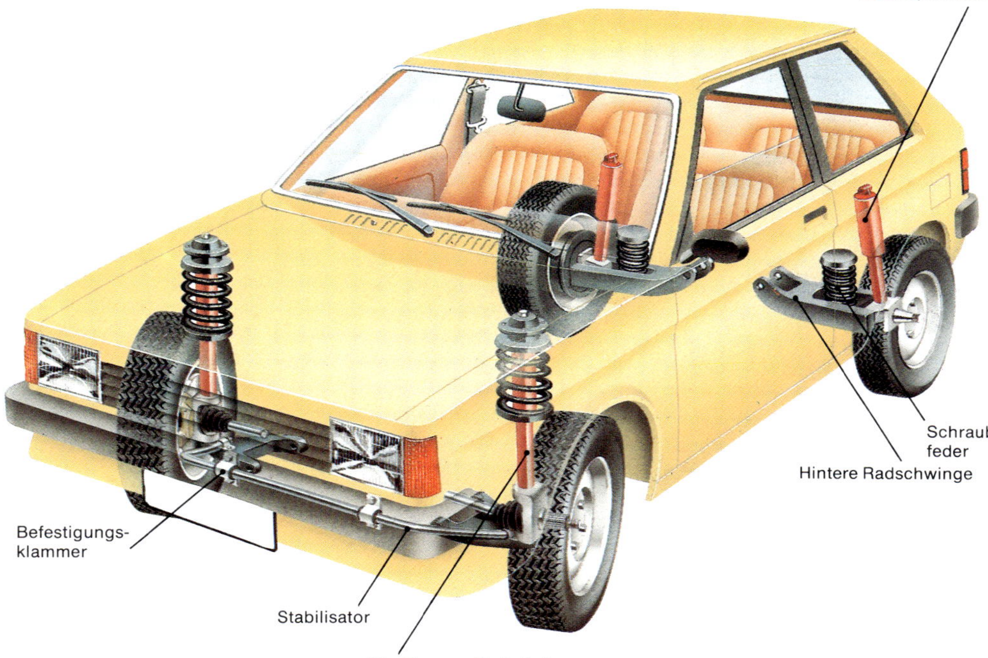

Doppelquerlenker-achse

Bei diesem Achstyp ist der Stoßdämpfer in der Mitte der Schraubenfeder angeordnet.

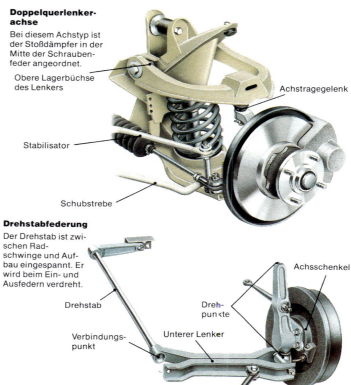

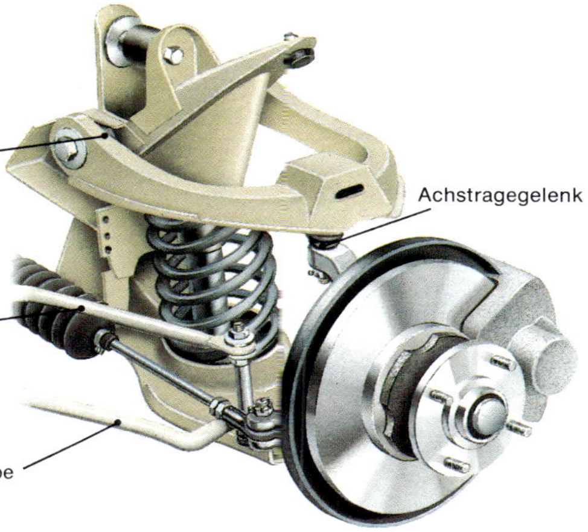

Drehstabfederung

Der Drehstab ist zwischen Radschwinge und Aufbau eingespannt. Er wird beim Ein- und Ausfedern verdreht.

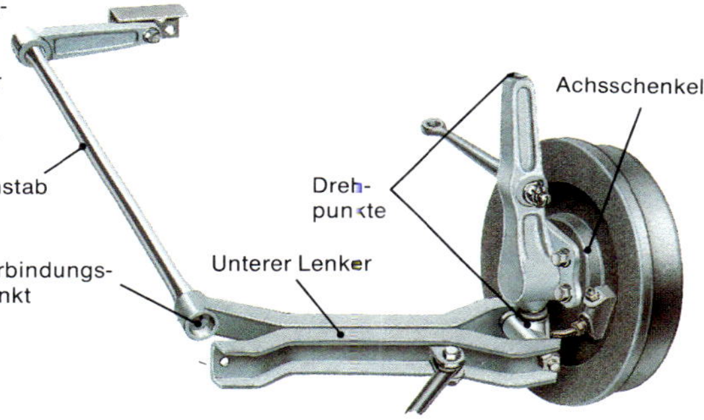

Die Federn prüfen

Schraubenfedern bereiten selten Ärger. Es kann aber in Einzelfällen vorkommen, daß die Federn brechen. Deshalb unterzieht man sie einer Sichtprüfung, indem man die Windungen mit der Taschenlampe ableuchtet.

Bei Blattfedern ist die Prüfung etwas aufwendiger, denn hier muß man zunächst die Federn mit einer Stahlbürste reinigen und jede einzelne Federlage abtasten, ob sie nicht gebrochen ist. Alle Schrauben der Federgehänge werden nachgezogen.

Die Gummibüchsen der Federgehänge prüft man zusätzlich mit einem kräftigen Montiereisen. In der Aufhängung darf kein Spiel vorhanden sein, weil dies ein unsicheres Fahrverhalten bewirkt.

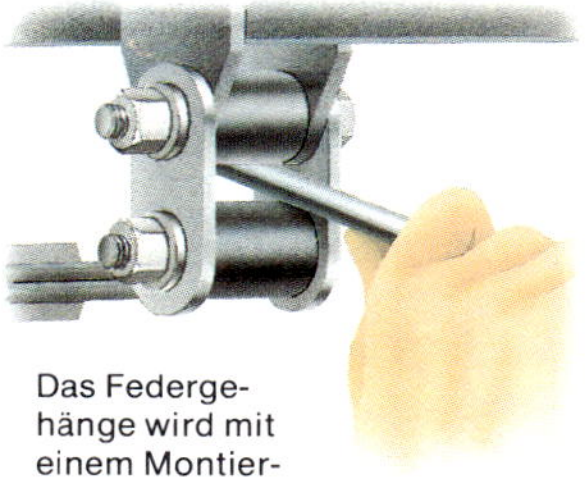

Das Federgehänge wird mit einem Montiereisen unter Spannung gesetzt.

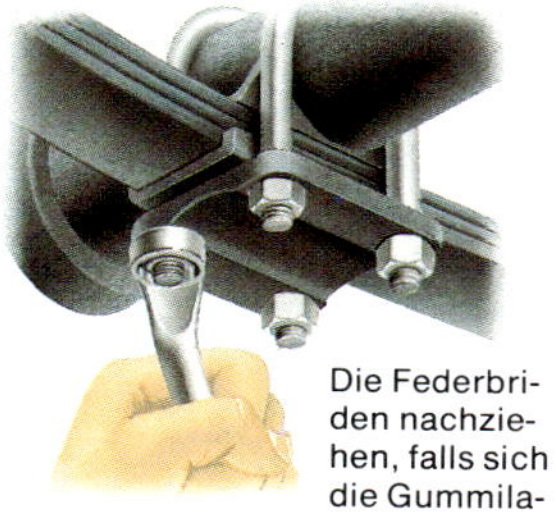

Die Federbriden nachziehen, falls sich die Gummilagen gesetzt haben.

Die Federung prüfen

Bei der Hauptuntersuchung werden alle Dreh- und Befestigungspunkte der Federung untersucht. Man führt dabei sowohl eine Prüfung bei ent- als auch bei belasteter Federung durch, weil sich im entlasteten Zustand das Spiel in den Drehpunkten besonders gut prüfen läßt.

Die Aufhängungspunkte werden mit einem Montiereisen oder auch mit einem großen Schraubenzieher hin- und herbewegt. Dabei beobachtet man die Bewegungen in den Lagerungen der einzelnen Lenkeraufhängungen.

Auch die Gummibüchsen der Stabilisatoren werden auf diese Weise geprüft.

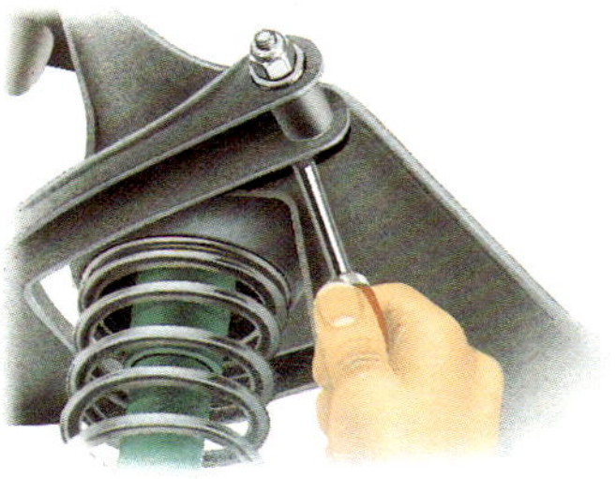

Die Drehpunkte der Querlenker mit einem großen Schraubenzieher prüfen.

Verschlissene Bauteile sollte man vor der Hauptuntersuchung auswechseln.

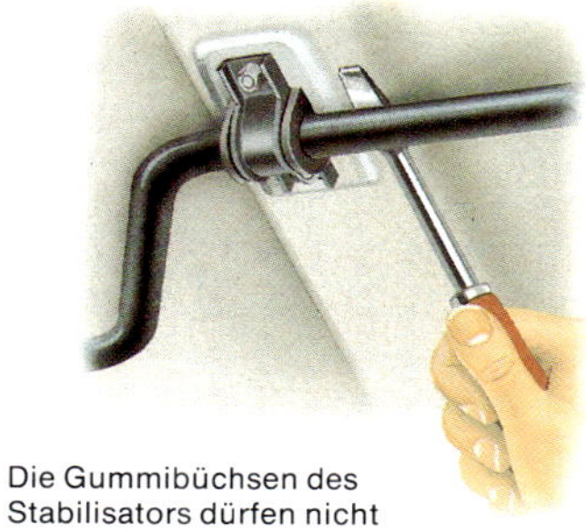

Die Gummibüchsen des Stabilisators dürfen nicht ausgeschlagen sein.

Prüfen der Stoßdämpfer

Wenn Stoßdämpfer schadhaft sind, erkennt man dies am einfachsten an Ölspuren.

Bei einer weiteren Methode, um Stoßdämpfer provisorisch zu testen, läßt man das Fahrzeug kräftig aus- und einfedern. Die Federbewegung muß anschließend sehr schnell abklingen.

Am besten ist es aber, wenn man die Stoßdämpfer beim ADAC-Stoßdämpfertest prüfen läßt (siehe Seite 40). Hier werden genaue Daten ermittelt, die man bei einer nur ungenauen Prüfung von Hand niemals erhalten kann.

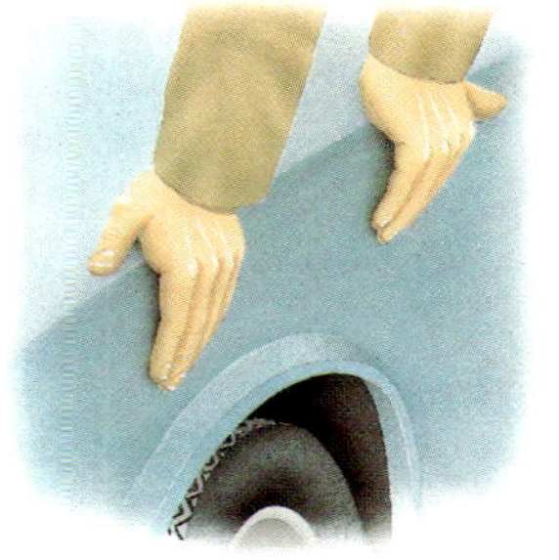

Mit dieser Methode kann man nur völlig ausgefallene Stoßdämpfer testen.

Die Fahrzeug-Hauptuntersuchung 7

Reifen und Räder prüfen

Einen Profiltiefenmesser einsetzen.

Reifengröße, Geschwindigkeitskennzahl und Reifenbauart

Das Rad darf am Felgenhorn nicht deformiert sein und keine Risse aufweisen.

Reifenflanken und -schultern auf Schnitte und Ausbeulungen prüfen.

Die Auswuchtgewichte müssen festsitzen.

Die gesetzlich vorgeschriebene Mindestprofiltiefe beträgt 1,6 mm. Dieses Maß darf in keinem Bereich der Lauffläche unterschritten werden, sonst wird das Fahrzeug nicht abgenommen.

Weiterhin müssen Reifengröße sowie die Last- und Geschwindigkeitsklasse mit den Angaben in den Fahrzeugpapieren übereinstimmen. Reifen mit unterschiedlichen Profilen dürfen montiert sein. Unzulässig aber ist Mischbereifung mit Diagonal- und Gürtelreifen.

Abschließend prüft man, ob die Reifenflanken beschädigt sind oder Brüche haben.

Man darf Räder bzw. Felgen nur mit den zugelassenen Maßen einsetzen. Die Hauptuntersuchung ist besonders gründlich, wenn außergewöhnlich breite Reifen und Räder montiert sind. Daher sollte man die zu den Rädern gehörende Allgemeine Betriebserlaubnis (ABE) zur Hauptuntersuchung mitnehmen.

Die Räder dürfen nicht beschädigt sein und müssen mit zugelassenen Teilen verschraubt sein.

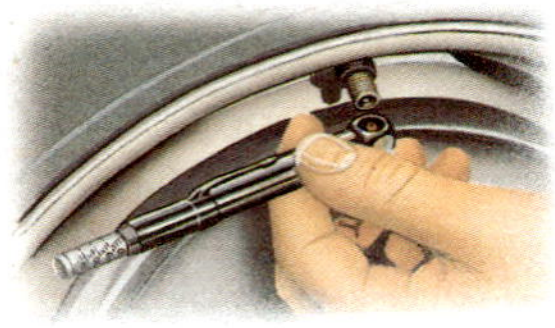

Den Reifenluftdruck prüfen.

Prüfen sollte man auch den sicheren Sitz von Rad- und Zierkappen. Das Fehlen von Radkappen wird vom Prüfer oft beanstandet, wenn er feststellen kann, daß Radbefestigungsteile oder -klammern scharfe Kanten haben.

Auch unterschiedliche Reifenprofile beeinflussen das Fahrverhalten, werden aber nicht beanstandet.

Radial- und Diagonalreifen dürfen nicht gleichzeitig an einem Fahrzeug montiert sein.

Den Antriebsstrang prüfen

Ähnlich wie beim Frontantrieb wird beim Heckantrieb der Zustand des Antriebsstrangs zugleich mit der Kardanwelle geprüft. Zurückgewiesen werden Autos mit stark ausgeschlagenen Gelenken an der Kardanwelle.

Zur Prüfung legt man den ersten Gang ein, bewegt das Fahrzeug von Hand leicht hin und her und beobachtet dabei das Spiel in den Gelenken. Man kann eventuell auch einen großen Schraubenzieher einsetzen.

Selbst wenn ausgeschlagene Kardanwellengelenke nicht direkt mit der Verkehrssicherheit zu tun haben, sollte man sie auswechseln, da sonst Unwuchten Getriebe- und Achsgehäuse zerstören können. Man sollte auch auf undichte Stellen achten.

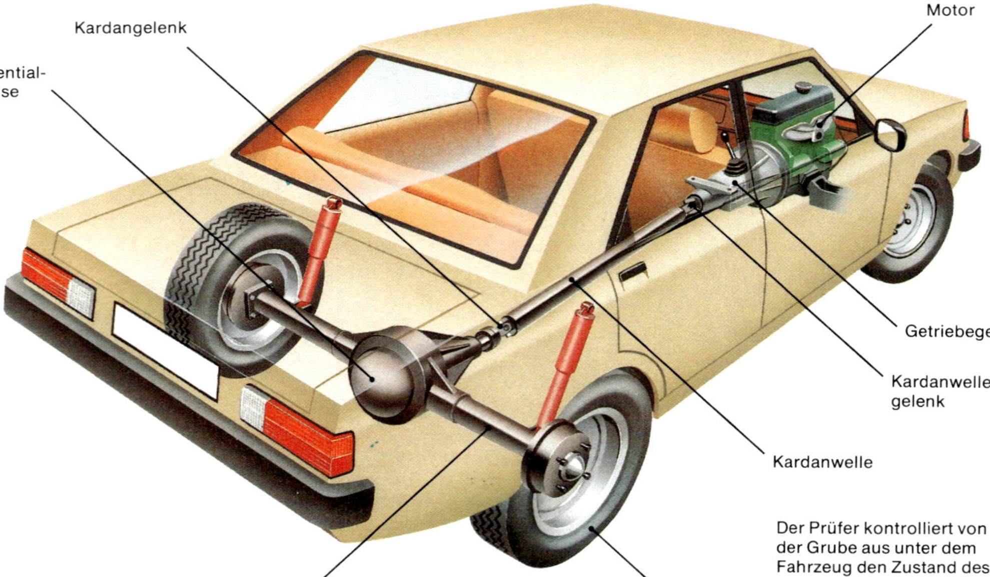

Der Prüfer kontrolliert von der Grube aus unter dem Fahrzeug den Zustand des gesamten Antriebsstrangs.

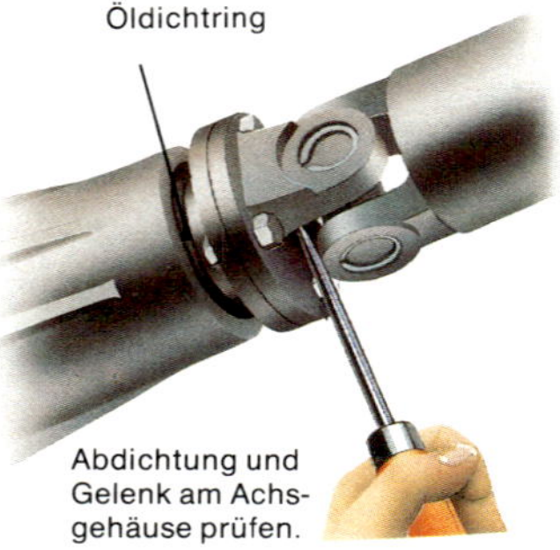

Abdichtung und Gelenk am Achsgehäuse prüfen.

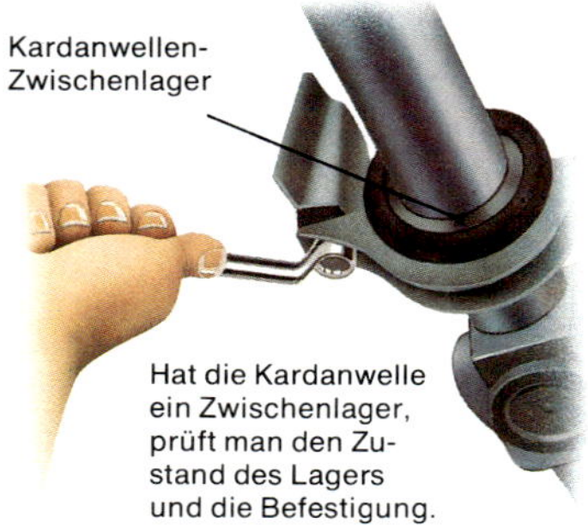

Hat die Kardanwelle ein Zwischenlager, prüft man den Zustand des Lagers und die Befestigung.

Ein Polygon-Gummigelenk prüfen

Manche Antriebswellen haben Gummigelenke, die durch Alterung Risse erhalten können. Ölkontakt sorgt oft für das Aufquellen des Gummis. Derartige Teile sollte man wegen der Betriebssicherheit unverzüglich auswechseln, denn sie reißen häufig bei einer plötzlichen Belastung ab.

Die Befestigung und den Zustand des Gummigelenks kontrollieren.

Die Fahrzeug-Hauptuntersuchung 8

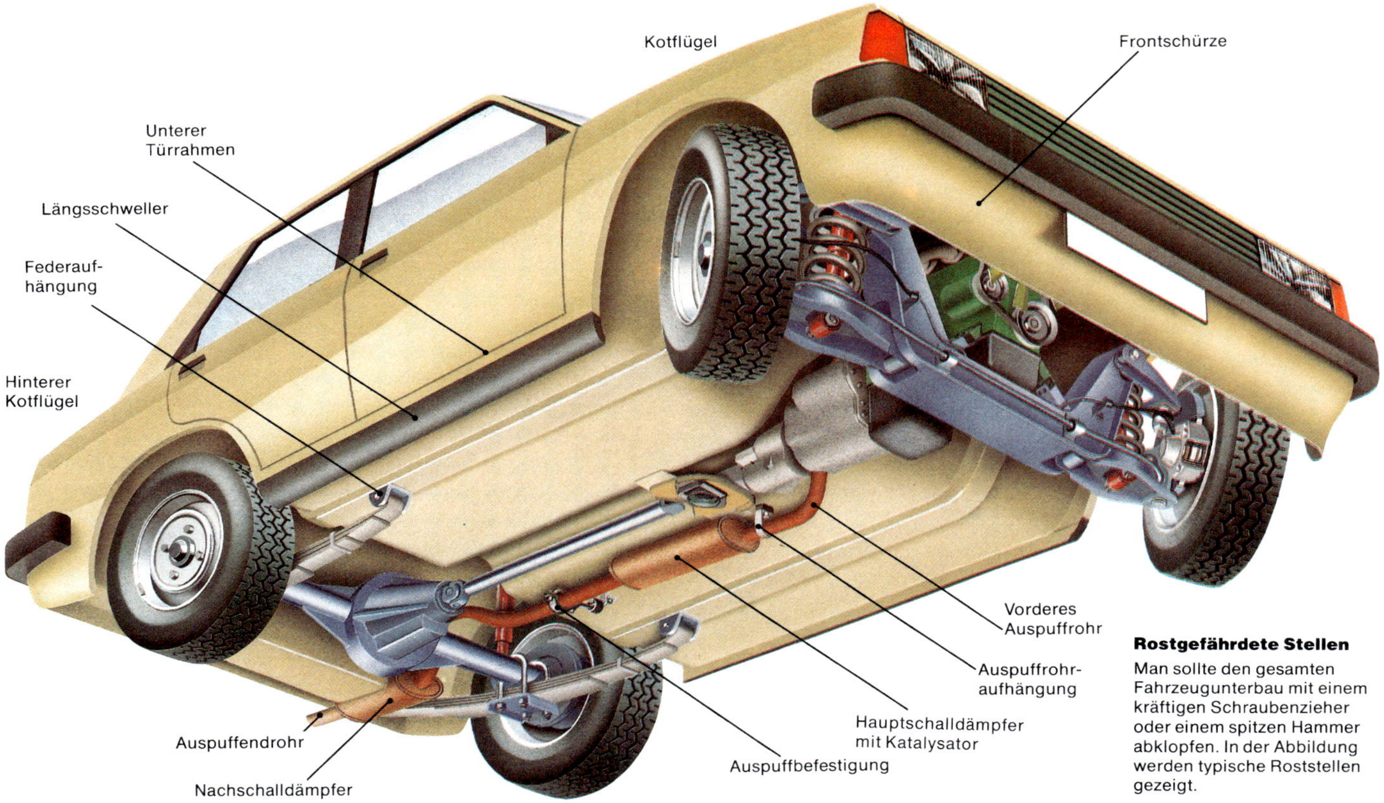

Rostgefährdete Stellen
Man sollte den gesamten Fahrzeugunterbau mit einem kräftigen Schraubenzieher oder einem spitzen Hammer abklopfen. In der Abbildung werden typische Roststellen gezeigt.

Auspuff und Katalysator prüfen

Die gesamte Auspuffanlage muß nicht nur dicht sein, sondern sich auch in gutem Erhaltungszustand befinden.

Gerissene Aufhängungen, die keine unmittelbare Verkehrsgefährdung darstellen, sind geringe Mängel, die der Prüfer zwar beanstandet, aber er händigt die Prüfplakette aus.

Auspuff- und Katalysatortöpfe tragen Prüfziffern mit dem Hinweis auf die Allgemeine Betriebserlaubnis (ABE). Diese Nummer wird bei der Hauptuntersuchung geprüft, wenn die Auspuffanlage noch neu ist, aber ungewöhnlich hohe Geräusche verursacht.

Ist das Fahrzeug mit einer Sonderauspuffanlage ausgerüstet, die nicht im Werk montiert wird, sollte man die zum Auspuff gehörenden Papiere (ABE) im Fahrzeug mitführen.

Besitzt das Auto einen Katalysator, wird dieser auf ähnliche Weise geprüft. Bei Fälligkeit wird abschließend ein Abgastest durchgeführt.

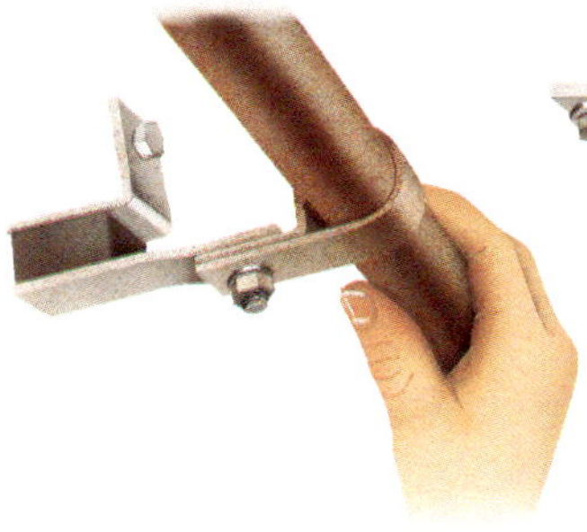
Man prüft die Gummi-Metall-Elemente der Auspuffaufhängung.

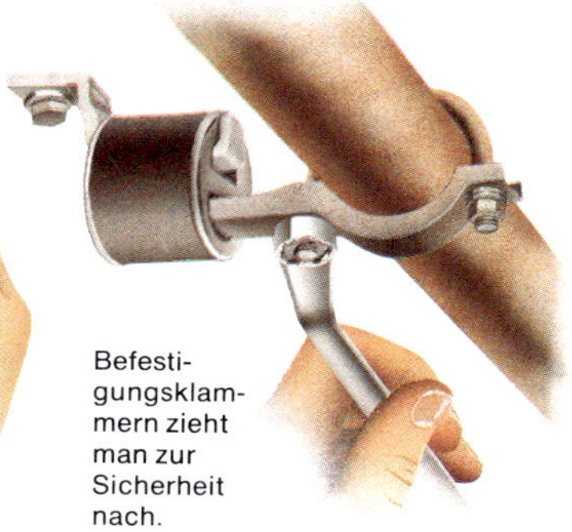
Befestigungsklammern zieht man zur Sicherheit nach.

Karosserie und Rahmen auf Rostschäden prüfen

Sind wichtige und tragende Bauteile durchgerostet, besteht keine Chance auf Abnahme.

Man sollte deshalb den Aufbau unter dem Fahrzeug mit einem spitzen Hammer oder Schraubenzieher gründlich abklopfen. Gesundes Blech klingt hell, dünne und durchgerostete Stellen verhältnismäßig dumpf.

Wo die selbsttragende Karosserie mit Rahmenprofilen verstärkt ist, um Befestigungselemente für Achsen, Getriebe-

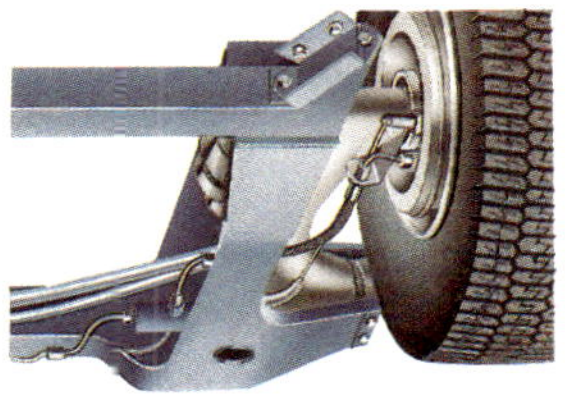
Hilfsrahmen auf Durchrostung prüfen.

kupplung und Motor aufzunehmen, ist die Prüfung besonders intens v. Auch Hilfsrahmen und Hohlprofile von Achsen werden kräftig abgeklopft.

Nicht selten entsteht eine Diskussion, ob Beschädigungen erst durch den Prüfvorgang entstanden sind. Man darf aber bei der Prüfung nicht zimperlich vorgehen, denn gesundes Blech hält kräftige Schläge aus, ohne beschädigt zu werden.

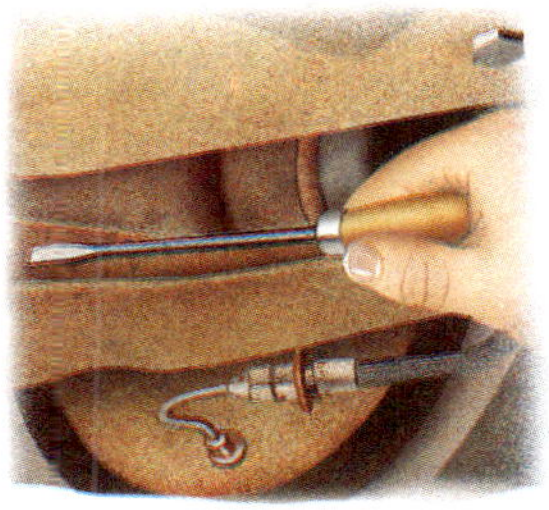
So werden Achsprofile kontrolliert.

Angerostete Stellen sollte man vor der Hauptuntersuchung entrosten und mit Zinkstaubfarbe überstreichen, aber keinen Unterbodenschutz auftragen, der den Prüfer vermuten läßt, daß hier eine durchgerostete Stelle überdeckt wurde. Besser trägt man den Unterbodenschutz nach der Untersuchung dick auf.

Bremsleitungen werden abgebürstet und gestrichen.

Schweißarbeiten

Durchrostungen, die bei der Hauptuntersuchung reklamiert worden sind, darf man nicht durch Nieten, Spachteln oder Kleben reparieren.

Verlangt werden Schweißarbeiten nach Herstellervorschrift, meist in Schutzgas-Schweißtechnik.

Angerostete Bleche werden gesäubert und grundiert.

Die Abgassonderuntersuchung – ASU/AU

Seit 1. 4. 1985 sind Kraftfahrzeuge mit Benzinmotor, die mindestens vier Räder und ein zulässiges Gesamtgewicht von mindestens 400 kg haben sowie durch ihre Bauart schneller als 50 km/h fahren können, einer regelmäßigen Abgassonderuntersuchung zu unterziehen.

Von der ASU/AU befreit sind Fahrzeuge, die vor dem 1. Juli 1969 zugelassen wurden, sowie Autos mit Zweitaktmotor. Eine neue Regelung gibt es für schadstoffarme Pkw sowie für alle Fahrzeuge mit Dieselmotor (siehe rechts).

Die Prüfung erfolgt im gleichen Monat wie die Fahrzeug-Hauptuntersuchung. Nach erfolgreicher Prüfung wird auf das vordere Nummernschild eine farbige sechseckige Plakette geklebt. Die Farbe der Prüfplakette ändert sich jährlich.

ASU-Prüfplakette

Die Prüfungen führen neben TÜV und DEKRA alle größeren Fachwerkstätten durch, die sich für die Zulassung zur Durchführung der ASU/AU beworben haben und neben dem Fachpersonal die notwendigen Prüfeinrichtungen besitzen.

Der Prüfungsumfang

Die Abgassonderuntersuchung wird durchgeführt, um zu prüfen, ob der Motor zur Minimierung der Schadstoffemission richtig eingestellt ist.

Die Prüfung ist nach Anleitung des Fahrzeugherstellers und mit den von ihm empfohlenen Geräten durchzuführen. Der bisher vom Gesetzgeber vorgesehene maximale CO-Wert von 3,5 Volumenprozent gilt nur noch bedingt, denn es sind jeweils die Werte nach Herstellerempfehlung einzustellen.

Für die Kontrolle wird das Fahrzeug auf Betriebstemperatur gebracht. Die Öltemperatur muß über 60 °C liegen. Damit ist gewährleistet, daß im Öl eventuell vorhandene Kraftstoffspuren sicher verdampft sind, um das Einstellergebnis nicht zu verfälschen.

Mit dem Stroboskop und dem Schließwinkelmeßgerät werden der Zündzeitpunkt, der Schließwinkel und der Unterbrecherabstand geprüft. Ebenso werden die Leerlaufdrehzahl und der CO-Wert im Abgas getestet. Dabei sind am Motor eventuell angebrachte Hilfsaggregate, z. B. die Servolenkung, zu betätigen oder auch das Licht einzuschalten, um zu prüfen, ob der Motor bei Belastung im Leerlauf durchläuft.

Nach der Prüfung wird eine Prüfbescheinigung mit den gemessenen Werten ausgehändigt, die zu den Wagenpapieren gehört. Falls die Kenndaten eingehalten worden sind, wird die Prüfplakette auf das vordere Nummernschild geklebt.

Eine weitere Bauteileprüfung erfolgt in der Regel nicht, jedoch werden gelegentlich von den Prüfern Fahrzeuge zurückgewiesen, die zu starker Rauchbildung neigen oder Mängel an der Auspuffanlage haben. Dies erfolgt mit der Begründung, daß sich unter Umständen Motorkenndaten verändert haben, die mit dem Prüfverfahren nicht erfaßbar sind.

Eine durchgerostete Auspuffanlage kann ebenso das Prüfergebnis verfälschen und muß deshalb vor der Abgassonderuntersuchung instand gesetzt werden.

Abgasuntersuchung AU für schadstoffarme Pkw

Nach dem 1. 12. 1993 müssen schadstoffarme Pkw mit geregeltem Katalysator der Abgasuntersuchung (AU) unterzogen werden. Sie ist fällig, wenn die am amtlichen vorderen Kennzeichen vorhandene Plakette ungültig geworden ist.

Bei Modellen mit geregeltem Katalysator wird das Abgasverhalten bei zwei Drehzahlen geprüft und durch eine aufgeschaltete Störgröße zusätzlich auch das Regelverhalten der Lambdasonde getestet. Unter Störgröße versteht man z. B. das Abklemmen eines Luftschlauches. Dies führt zum Luftmangel im Brennraum, und das Lambdaregelsystem muß zeigen, ob es noch funktioniert.

Alle Modelle mit geregeltem Katalysator müssen zuerst nach drei Jahren und dann alle zwei Jahre zum Abgastest gemäß AU. Für alle anderen Modelle gilt die einjährige Prüfpflicht.

Die Besitzer von Katalysatormodellen sehen der neuen AU mit einigen Bedenken entgegen, weil vielfach immer noch angenommen wird, daß Katalysatorsysteme besonders anfällig seien. Vorversuche haben aber gezeigt, daß Katalysatoren durchaus so lange halten wie der Pkw selbst; Voraussetzungen sind eine vernünftige Fahrweise und die Einhaltung der Betankungsvorschriften. Allerdings kann es nach höheren Laufzeiten vorkommen, daß eine Lambdasonde ersetzt werden muß, die aber im Rahmen der üblichen Fahrzeugunterhaltskosten keine außergewöhnliche Belastung darstellt. Wichtig ist auch, daß der Fahrzeugbesitzer die üblichen Inspektionsintervalle einhält, denn ein Katalysatorsystem funktioniert nur dann, wenn die Gemischaufbereitung und die Zündung richtig gewartet und eingestellt sind.

Wegen des höheren Meß- und Geräteaufwands kann die neue Abgasuntersuchung AU geringfügig teurer werden als die alte Abgassonderuntersuchung ASU.

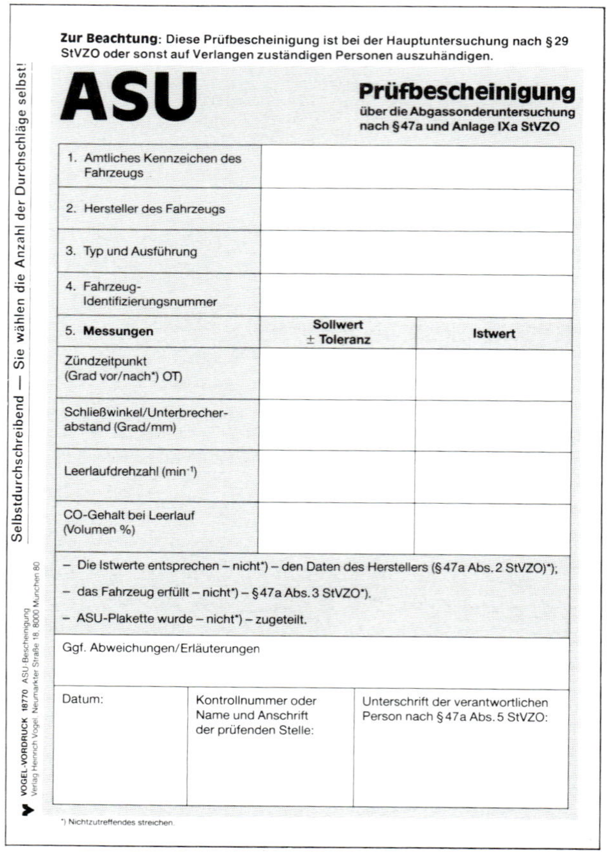

Zur Beachtung: Diese Prüfbescheinigung ist bei der Hauptuntersuchung nach § 29 StVZO oder sonst auf Verlangen zuständigen Personen auszuhändigen.

Selbstdurchschreibend — Sie wählen die Anzahl der Durchschläge selbst!

ASU **Prüfbescheinigung** über die Abgassonderuntersuchung nach § 47a und Anlage IXa StVZO

1. Amtliches Kennzeichen des Fahrzeugs		
2. Hersteller des Fahrzeugs		
3. Typ und Ausführung		
4. Fahrzeug-Identifizierungsnummer		
5. **Messungen**	**Sollwert ± Toleranz**	**Istwert**
Zündzeitpunkt (Grad vor/nach*) OT)		
Schließwinkel/Unterbrecherabstand (Grad/mm)		
Leerlaufdrehzahl (min^{-1})		
CO-Gehalt bei Leerlauf (Volumen %)		

– Die Istwerte entsprechen – nicht*) – den Daten des Herstellers (§ 47a Abs. 2 StVZO)*);
– das Fahrzeug erfüllt – nicht*) – § 47a Abs. 3 StVZO*).
– ASU-Plakette wurde – nicht*) – zugeteilt.

Ggf. Abweichungen/Erläuterungen

Datum:	Kontrollnummer oder Name und Anschrift der prüfenden Stelle:	Unterschrift der verantwortlichen Person nach § 47a Abs. 5 StVZO:

*) Nichtzutreffendes streichen.

VOGEL-VORDRUCK 18770 ASU-Bescheinigung
Verlag Heinrich Vogel, Neumarkter Straße 18, 8000 München 80

AU für Dieselfahrzeuge

Auch Fahrzeuge mit Dieselmotor müssen ab 1. 12. 1993 zur Abgasuntersuchung. Diese wird dann immer zusammen mit der Hauptuntersuchung durchgeführt. Gerade nach hoher Laufleistung kommt es vor, daß Dieselmodelle zu erhöhter Rußbildung neigen. Mit einem neuentwickelten Meßgerät wird geprüft, ob das Rußverhalten noch den Vorschriften entspricht.

Ist dies nicht der Fall, muß die Einspritzanlage geprüft, eventuell auch die eine oder andere Einspritzdüse ausgewechselt werden.

Das Prüfverfahren bei freier Beschleunigung stellt keine außergewöhnliche Fahrzeugbelastung dar. Bei warmem Motor wird das Aggregat im Stand kurzzeitig auf Vollgas gebracht. Ein Lichttrübungsmeßgerät erfaßt dann automatisch eine Rußzahl und vergleicht diese mit dem Grenzwert.

Tips für den Fahrzeughalter

Um unnötige Ausgaben für die ASU/AU zu vermeiden, sollte man folgende Tips berücksichtigen:

Man sollte die ASU/AU immer zusammen mit der Jahresinspektion durchführen lassen und vorher nach den Kosten fragen. Meist fallen keine zusätzlichen Kosten oder nur eine geringe Plakettengebühr an.

Werden wegen der ASU/AU zusätzliche Werkstattreparaturen notwendig, sollte man sich genau erklären lassen, warum ein Teil ausgewechselt wird. Größere Reparaturen fallen in diesem Zusammenhang nämlich nur dann an, wenn das Fahrzeug schon eine höhere Laufleistung hinter sich hat.

Wird die ASU/AU extra ausgeführt, sollte man die oft erstaunlich günstigen Sonderangebote von Werkstätten und Tankstellen prüfen. Allerdings sollte man bei der Auftragserteilung vorsichtig sein und sich auf keine zusätzlichen Arbeiten einlassen.

Soweit Sachverständige die ASU/AU durchführen, kann man zwar nicht verlangen, daß sie eine völlig verstellte Zündung, einen Vergaser oder eine Einspritzanlage justieren. Verlangen kann man aber durchaus eine Korrektur der Leerlaufeinstellung, die sich mit einem Schraubenzieher leicht und schnell durchführen läßt.

Ausstattung und Zubehör von A bis Z

Technische Bestimmungen für Autozubehör

Die Straßenverkehrsordnung (StVO) regelt den Ablauf des Verkehrs auf öffentlichen Straßen und Plätzen. Die Bestimmungen sind dem Autofahrer weitgehend bekannt, weil er sie täglich in der Fahrpraxis anwenden muß.

Weitgehend unbekannt sind hingegen oft die technischen Regeln der Straßenverkehrs-Zulassungsordnung (StVZO). Es ist zwar selbstverständlich, daß ein fabrikneuer Pkw auch eine Allgemeine Betriebserlaubnis (ABE) besitzt. Wird jedoch dieses Fahrzeug nachträglich technisch wesentlich verändert, muß es einem amtlich anerkannten Sachverständigen vorgeführt werden, der dann eine Einzelbetriebserlaubnis erteilen kann. Nicht jedes Zubehör wird aber zulassungsrechtlich gleich behandelt:

Gruppe A Unbedenkliches Zubehör, welches das Kraftfahrzeug nur unwesentlich verändert, z. B. eine einfache Radioantenne. Die Fahrzeug-ABE erlischt nicht.

Gruppe B Aufwendiges Zubehör ohne Prüfzeichen, das eine wesentliche Änderung am Fahrzeug darstellt, z. B. Kotflügelverbreiterungen. Hier erlischt automatisch die Betriebserlaubnis für das Fahrzeug. Ein Sachverständiger prüft den Anbau und erteilt nach Änderung der Fahrzeugpapiere die Betriebserlaubnis.

Gruppe C Zubehör mit Allgemeiner Betriebserlaubnis (ABE), z. B. Leichtmetallräder oder Spoiler. Das Zubehör muß allerdings entsprechend der Einbauanleitung fachgerecht montiert werden.

Gruppe D Aufwendiges Zubehör mit Allgemeiner Betriebserlaubnis (ABE), das aufwendig zu montieren ist, z. B. eine Anhängerkupplung, die selbst eine Teile-ABE besitzt. Der Anbau muß aber von einem Sachverständigen geprüft und die Änderung in die Papiere eingetragen werden.

Gruppe E Zubehör mit Allgemeiner Betriebserlaubnis (ABE), das eine wesentliche Änderung am Fahrzeug darstellt und in einer Fachwerkstatt eingebaut wird, z. B. Abgasrückführungssysteme. Hier genügt nach dem Einbau die Vorlage der Einbaubestätigung bei der Zulassungsbehörde, welche die Papiere entsprechend ändert.

Ausstattung und Zubehör

<table>
<tr><th>Produkt</th><th>Produktbeschreibung</th><th>Technische Vorschriften/Empfehlungen</th><th></th></tr>
<tr><td>Abgasrückführung (AGR)</td><td>AGR-Systeme führen einen geringen Anteil des Auspuffgases über eine Steuerungseinrichtung in den Brennraum zurück und senken so die Brennraumtemperaturen.
Diese Einrichtung entspricht den anerkannten Regeln der Technik und wird heute vorwiegend eingesetzt, um die Stickoxidemission eines Motors zu senken.</td><td>Der Einbau einer AGR gilt als wesentlicher Eingriff und führt automatisch zum Erlöschen der Betriebserlaubnis für das Fahrzeug. Deshalb sollte man nur solche Bausätze einsetzen, die nach §22a StVZO bauartgenehmigt und mit einer ABE für einen bestimmten Fahrzeugtyp geliefert werden.
Derart ausgerüstete Systeme werden heute als kompletter Bausatz angeboten, so daß der Einbau als unproblematisch anzusehen ist.
Erfolgt die Montage in einer Werkstatt, die auch die ASU (Abgas-Sonderuntersuchung) durchführen darf, muß das Fahrzeug nicht mehr einem amtlich anerkannten Sachverständigen vorgeführt werden. Hier genügt es, der Zulassungsstelle die Einbaubestätigung vorzulegen, um das Fahrzeug als bedingt schadstoffarm anerkennen zu lassen.</td><td>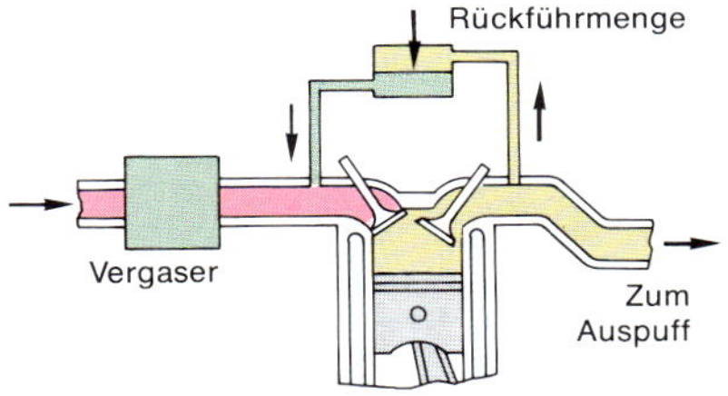

Die Abgasrückführung senkt die Stickoxidemission eines Motors um bis zu 30%.</td></tr>
<tr><td>Abschlepphaken</td><td>Abschlepphaken oder -ösen werden vom Fahrzeughersteller an mehrspurigen Kraftfahrzeugen mit mehr als einer Achse vorn und hinten so befestigt, daß im Falle einer Panne ein Abschleppseil oder eine Abschleppstange schnell befestigt werden kann, um das den Verkehr behindernde Fahrzeug rasch beseitigen zu können.</td><td>Eine solche Einrichtung wird nach §43 der StVZO gefordert. Sie darf durch Zubehör, Nummernschilder oder nachträglich angebrachte Spoiler nicht verdeckt sein.
Ist ein Abdecken durch Einsatz eines Spoilers unumgänglich, muß eine andere, ausreichend bemessene und leicht zugängliche Einrichtung zum Befestigen einer Abschleppstange oder eines -seils montiert werden.</td><td></td></tr>
<tr><td>Abschleppseil
Abschleppband
Abschleppstange</td><td>Abschleppseile, -bänder oder -stangen dienen zum Verbinden von Fahrzeugen nach Pannen. Man sollte die serienmäßig am Fahrzeug angebrachten Abschleppösen benutzen.
Abschleppseile oder -bänder bestehen aus reiß- und verrottungsfesten Kunstfasern sowie zwei korrosionsgeschützten Beschlagteilen.
Sie sind preiswert und lassen sich leicht unterbringen.
Abschleppstangen haben den Vorteil, daß sie das Auffahren des abgeschleppten Pkw verhindern; sie sind jedoch relativ schwer und teuer.</td><td>Abschleppseile oder -bänder sollten der DIN 76 033 entsprechen. Das Seil DIN gelb ist für Fahrzeuge bis 1500 kg, das Seil DIN blau für Fahrzeuge bis 2500 kg Leergewicht geeignet. Seile mit höheren Bruchlasten sollten nicht benutzt werden, da eine zu hohe Belastbarkeit Schäden am Fahrzeug auslösen kann.
Das genormte Seil erfüllt eine Sollbruchfunktion. Im Notfall kann das Seil durch einen Tritt auf das Bremspedal zerrissen werden, und die beiden Fahrzeuge sind getrennt.</td><td>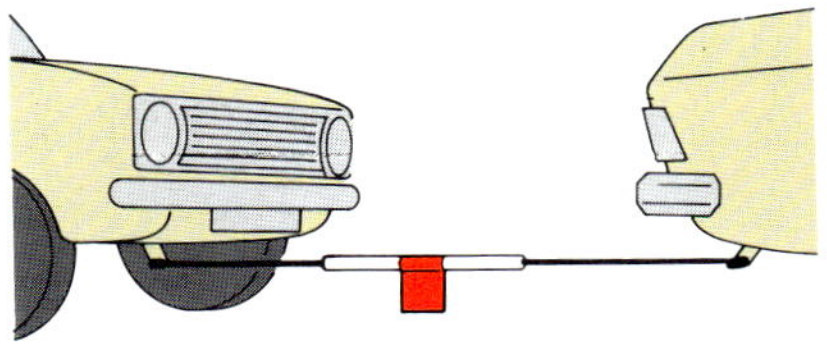
Beim Kauf eines Abschleppseiles oder -bandes ist das zulässige Gesamtgewicht des Fahrzeuges zu berücksichtigen.</td></tr>
<tr><td>Alarmanlage</td><td>Fahrzeuge müssen nach §38a StVZO gegen unbefugtes Benutzen ausreichend gesichert sein. Üblicherweise werden heute Pkw serienmäßig mit Lenkrad-Anlaßschlössern ausgerüstet, da das Abschließen der Türen vom Gesetzgeber als nicht ausreichend eingestuft wird.
Als zusätzliche Schutzmaßnahme bieten Hersteller akustische Warnanlagen an, die entweder spannungsabfallgesteuert oder türkontaktgesteuert sind bzw. mit Hilfe von Ultraschall oder von Bewegungssensoren funktionieren. Wird eine Tür geöffnet oder eine Scheibe eingeschlagen, wird der Alarm ausgelöst.</td><td>Akustische Alarmanlagen sind zugelassen, wenn der Alarm auf 30 Sekunden begrenzt ist. Die optische Warnung durch die Warnblinkanlage ist auf fünf Minuten begrenzt. Eine erneute Alarmauslösung darf erst dann erfolgen, wenn erneut am Fahrzeug manipuliert wird.
Als Alarmhorn darf ein serienmäßiges oder ein Horn benutzt werden, das ein EG-Prüfzeichen besitzt.
Türkontaktgesteuerte Anlagen haben den Nachteil, daß sie keinen Alarm auslösen, wenn nur die Scheibe eingeschlagen wird.
Spannungsabfallgesteuerte Systeme versagen hier ebenfalls, denn sie schalten sich nur dann ein, wenn ein elektrischer Verbraucher, etwa beim Öffnen der Tür, Strom verbraucht.
Besser sind ultraschallgesicherte Systeme, die den gesamten Fahrzeuginnenraum überwachen.</td><td></td></tr>
</table>

Ausstattung und Zubehör

Produkt	**Produktbeschreibung**	**Technische Vorschriften/Empfehlungen**	
Anfahrhilfe	Anfahrhilfen bestehen meist aus mehreren Federstahlbügeln und werden durch eine Spannkonstruktion, die ein sehr schnelles und müheloses Anlegen ermöglicht, am Rad festgehalten.	Die bekannten Ausführungsarten von Anfahrhilfen können zwar die Fraktion eines Rades verbessern und erlauben das Anfahren bei Eis und Schnee; bei höheren Geschwindigkeiten sind die Spanneinrichtungen aber nicht mehr in der Lage, die Greifelemente am Rad festzuhalten, und die Anfahrhilfe fällt ab. Anfahrhilfen sind nicht als Schneeketten zugelassen, da die Schneeketten die Lauffläche eines Reifens so umspannen müssen, daß bei jeder Stellung des Rades ein Teil der Kette die ebene Fahrbahn berührt. Weiter wird gefordert, daß die fahrbahnberührenden Teile der Kette kurze Glieder haben müssen, deren Teilung etwa das Drei- bis Vierfache der Drahtstärke betragen muß. Wird das Auflegen von Schneeketten durch Verkehrszeichen gefordert und wird dennoch mit einer Anfahrhilfe weitergefahren, kann dies mit Bußgeld belegt werden.	
Anhängerkupplung	Anhängerkupplungen sind eine betriebssichere Verbindung von Zugfahrzeugen und Anhängern. Während an Lkw meist Maulkupplungen zum Einsatz kommen, werden an Pkw ausschließlich Kugelkopfsysteme (50-mm-Kugel) verwendet.	Nach dem Anbau einer Anhängerkupplung erlischt automatisch die Betriebserlaubnis für das Fahrzeug, selbst wenn die Kupplung eine Bauartgenehmigung nach §22a StVZO besitzt. Das Fahrzeug muß man daher einem amtlich anerkannten Sachverständigen vorführen, der den Anbau prüft und die Änderung in die Fahrzeugpapiere einträgt. Die Vorschrift besagt, daß außer der Kupplung auch eine Steckdose zu montieren ist, mit der man die Lichtanlage des Anhängers schnell und betriebssicher mit der des Zugfahrzeuges verbinden kann. Im Zugfahrzeug ist zusätzlich eine grüne Blinklichtkontrolle zu montieren. Die Betriebserlaubnis für die Anhängerkupplung sowie die Einbaubeschreibung sind sorgfältig aufzubewahren. Es empfiehlt sich, das Typenschild an der Anhängerkupplung sorgfältig gegen Korrosion zu schützen, damit eine nachträgliche Prüfung möglich ist.	
Antenne Stabantenne Elektronikantenne Motor- oder Automatikantenne	Die Antenne sollte einen etwa 0,9–1,1 m langen Stab besitzen, um einen guten Empfang im Kraftfahrzeug zu ermöglichen. Die einfache Stabantenne hat die Vorteile eines sehr günstigen Preises und einer einfachen Montage, aber den Nachteil, daß sie oft mutwillig beschädigt wird. Elektronikantennen verfügen über einen Zusatzverstärker und können Empfangsschwankungen in ungünstigen Gebieten ausgleichen. Sie sind jedoch teurer als Stabantennen und benötigen zusätzlich einen 12-V-Anschluß.	Für Antennen gibt es keine besonderen Bauvorschriften nach der StVZO. Jedoch sind beim Anbau die Richtlinien über die Beschaffenheit und Anbringung äußerer Fahrzeugteile (EG-Richtlinie) zu beachten. So dürfen z. B. keine Flügelschrauben verwendet werden. Überlange Peitschenantennen sind zusätzlich so zu sichern, daß eine Gefährdung anderer Verkehrsteilnehmer ausgeschlossen werden kann. Der Einbauort ist so zu wählen, daß die Karosserie den Antennenempfang verstärkt. Günstiger Einbauort: parallel zu der vorderen Dachsäule; hier sind oft bereits serienmäßig Befestigungsöffnungen angebracht.	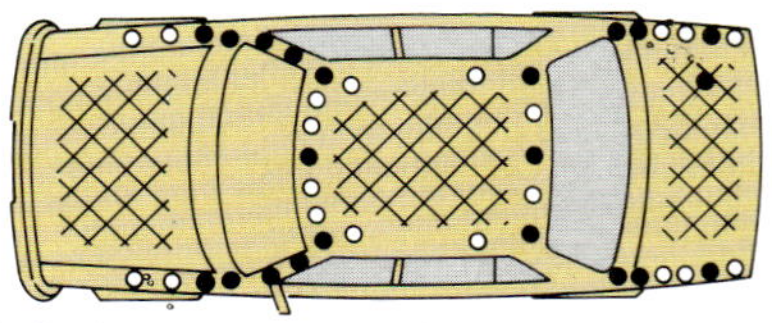 Die Punkte auf der Karosserie bezeichnen günstige Einbauorte.
Antistaticband	Antistaticbänder, an der Fahrzeugkarosserie befestigt, bestehen aus Gummi mit eingegossenen Metallelementen und sollen die statische Aufladung einer Karosserie ableiten.	Gesetze stehen der Verwendung von Antistaticbändern zwar nicht entgegen, die Aufladung können diese Bänder jedoch nicht ableiten.	

Ausstattung und Zubehör

Produkt	Produktbeschreibung	Technische Vorschriften/Empfehlungen
Antistaticband *(Fortsetzung)*		Bei Kleidung mit einem hohen Kunstfaseranteil kommt es zur Aufladung, die beim Anfassen des Türgriffs einen unangenehmen elektrischen Schlag auslöst. Diesem Phänomen kann man begegnen, wenn man den Türgriff so lange in der Hand behält, bis man mit beiden Beinen auf dem Boden steht. Plastiktürgriffe, die nicht leitfähig sind, beklebt man innen mit einem Aluminiumblech, das direkt mit der leitfähigen Karosserie verbunden ist.
Auspuffblende	Auspuffblenden dienen der Verzierung des Auspuffendrohres. Manche Blenden sollen das Auspuffgeräusch, aber auch die Leistung des Motors beeinflussen. Üblich sind auch Auspuffblenden mit mehreren Endrohren.	§ 47 StVZO behandelt die Abgase eines Verbrennungsmotors und ihre Ableitung. Die Mündung des Auspuffendrohrs darf nur nach oben oder nach hinten links bis zu einem Winkel von 45° zur Fahrbahnlenkachse gerichtet sein. Auf keinen Fall darf sich nach der Montage das Auspuffgeräusch des Fahrzeuges verändern, da sonst die Betriebserlaubnis erlischt. Die Auspuffblende darf nicht über die Fahrzeuglänge hinausragen. Aufpuffblenden können die Motorleistung allgemein nicht beeinflussen.
Ballonwagenheber	Ballonwagenheber bestehen aus einem reißfesten, beschichteten Gewebe und werden gefaltet unter das Auto gelegt. Mit einem Anschlußschlauch werden die im Leerlauf entstehenden Abgase in den Ballon geleitet, der beim Aufblähen das Fahrzeug anhebt.	Für Ballonwagenheber gibt es keine Bauvorschriften. Ihr Einsatz ist immer dann empfehlenswert, wenn ein Pkw oder Wohnwagen auf unsicherem Untergrund angehoben werden muß, da die üblichen Wagenheber hier einsinken. Doch kann es vorkommen, daß der Ballon beim Aufblasen seitlich herausrutscht und wegrollt. Das Ballonmaterial sollte man sorgfältig durch Zwischenlagen gegen scharfkantige Karosseriebleche schützen. Die Aufbewahrung des Ballonwagenhebers im Auto nach dem Einsatz ist oft mit erheblicher Geruchsbelästigung verbunden, da sich im Wagenheber noch Restgase befinden. Allgemein empfiehlt sich die Verwendung von Ballonwagenhebern im Camping- und Expeditionsbereich, wenn man viel abseits befestigter Straßen fahren muß. Mechanische und hydraulische Unterstellwagenheber müssen der DIN 76024 entsprechen.
Batterie für das Bordnetz	Starterbatterien liefern den ersten Strom an Bord eines Fahrzeuges und versorgen den elektrischen Anlasser. Batterien werden für eine bestimmte Bordnetzspannung gebaut, in der Regel 12 V beim Pkw. Die 12-V-Batterie besitzt sechs Zellen. Die Leistungsfähigkeit einer Batterie hängt von ihrem Amperestundenwert ab. In kleineren Fahrzeugen findet man Batterien mit 36 Amperestunden (Ah); dies bedeutet, daß eine Stunde lang 36 A entnommen werden können. Größere Fahrzeuge mit entsprechend höherem Strombedarf beim Starten werden mit Batterien ausgerüstet, die etwas mehr als die doppelte Amperestundenkapazität besitzen.	Starterbatterien werden entsprechend der DIN 43539 gefertigt, und zwar in der Standardqualität. Hier muß man von Zeit zu Zeit nicht nur den Ladezustand prüfen, sondern auch destilliertes Wasser nachfüllen. Wartungsarme Batterien mit einem geringen Antimongehalt in den Platten besitzen einen sehr geringen Wasserbedarf und müssen nur etwa alle zwei Jahre nachgefüllt werden. Relativ neu am Markt sind wartungsfreie Batterien. Hier hat die Batterie einen entsprechenden Wasservorrat, der für die Lebensdauer der Batterie ausreicht.

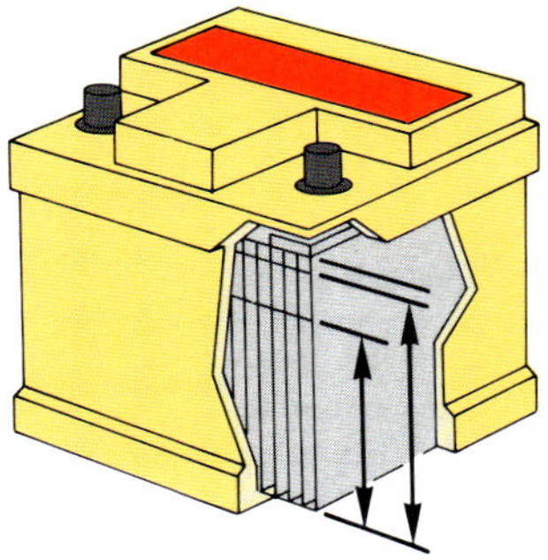

Das Bild zeigt den unterschiedlichen Wasserverlust bei Standard- und wartungsfreien Batterien.

Ausstattung und Zubehör

Produkt	Produktbeschreibung	Technische Vorschriften/Empfehlungen
Batterie-Brandschutzschalter	Mit Hilfe eines Fliehkraftschalters, der in die Batterieplusleitung oder direkt auf den Batteriepluspol gesetzt wird, soll die Stromversorgung bei einem Aufprall schlagartig abgeschaltet werden. Durch diese Technik will man das Entstehen von Kabelbränden nach Unfällen verhindern.	Das Einsetzen von Fliehkraftschaltern ist zulässig, wenn die Betriebssicherheit des Fahrzeuges gewährleistet bleibt. Es ist jedoch zu berücksichtigen, daß die Mehrzahl aller Fahrzeugbrände von abgerutschten oder durchgetrennten Kraftstoffleitungen ausgeht, die nach einem Unfall in Kontakt mit Motorteilen aus Metall kommen. In diesem Fall kann der fliehkraftgesteuerte Brandschutzschalter den Brand nicht verhindern. Einstellbare Fliehkraftschalter soll man stets so justieren, daß eine unbeabsichtigte Auslösung, etwa beim Überfahren eines Bordsteines, nicht möglich ist. Durch Abschalten des Batteriestromes bei weiterlaufendem Motor besteht die Gefahr, daß die Dioden der Lichtmaschine durchbrennen.
Blendschutzfolie	Blendschutzfolien werden von manchen Autofahrern am oberen Rand der Windschutzscheibe aufgeklebt. Sie sollen die Blendung bei tiefstehender Sonne verhindern. Oft dient die Blendschutzfolie auch als Werbeträger.	Wenn man eine getönte Folie an der Windschutzscheibe anbringt, erlischt die Betriebserlaubnis des Fahrzeuges, da hier ein bauartgenehmigtes Fahrzeugteil entsprechend § 40 StVZO verändert wird.
Bordcomputer	Bordcomputer erfassen die Wegstrecke, die Zeit und den Kraftstoffverbrauch eines Fahrzeuges und werten diese Daten mit Hilfe eines Kleinrechners aus. Je nach System kann man abrufen: den momentanen Verbrauch; den Verbrauch, hochgerechnet auf 100 km; die Fahrzeit; die zurückgelegte Wegstrecke; die Uhrzeit; die Durchschnittsgeschwindigkeit. Bordcomputer werden oft auch als Kraftstoffspargeräte bezeichnet.	Bordcomputer werden sowohl in der Erstausrüstung, meist bei Luxusfahrzeugen, als auch zum Nachrüsten geliefert. Beim Einsetzen des Wegstreckenzählers in die Tachowelle und des Durchflußmengenzählers in die Kraftstoffleitung ist darauf zu achten, daß die Betriebssicherheit des Fahrzeuges gewährleistet bleibt. Die Kraftstoffleitung ist so zu verlegen, daß bei abtropfendem Kraftstoff Fahrzeugbrände vermieden werden. Obwohl das Ermitteln des Kraftstoffverbrauches immer wieder als Sparmaßnahme empfohlen wird, dienen aufwendige Bordrechner diesem Zweck nur bedingt, denn nach kürzerer Anwendungszeit werden die vom Bordrechner ermittelten Daten meist nicht mehr abgerufen. Die den Kraftstoffverbrauch beeinflussende Fahrweise hängt außerdem von der Verkehrsbelastung einer Straße ab. Bei hohem Verkehrsaufkommen kann man den Bordcomputer nicht ständig beobachten, weil man von der Fahrbahn zu sehr abgelenkt wird.
Bremsbeläge	Bremsbeläge werden auf eine Metallrückenplatte oder auf eine Bremsbacke geklebt, genietet oder gesintert. Der konstruktiv festgelegte Reibwert zwischen Bremstrommel oder Bremsscheibe bewirkt mindestens die gesetzlich verlangte Bremsverzögerung.	Das Leistungsvermögen von Bremsbelägen wird im Rahmen der für das Fahrzeug erteilten ABE geprüft. Werden Bremsbeläge ausgewechselt, müssen sie immer der Erstausrüsterqualität entsprechen. Deshalb darf man grundsätzlich nur vom Fahrzeug- oder Bremsanlagenhersteller für ein bestimmtes Modell freigegebene Bremsbeläge einsetzen. Aus Gründen des Umweltschutzes ist zu empfehlen, asbestfreie Beläge zu montieren. Auch hier wird gemäß § 41 StVZO Erstausrüsterqualität gefordert. Deshalb darf man keine Bremsbeläge unbekannter Herkunft einsetzen.

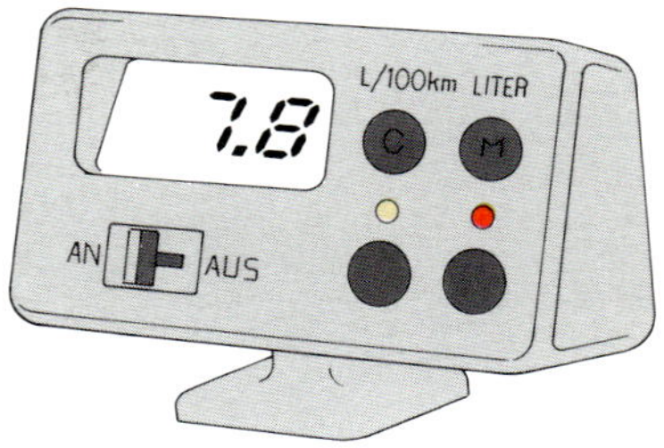

Den Bordcomputer montiert man am besten im Blickfeld des Fahrers auf dem Armaturenbrett.

Ausstattung und Zubehör

Produkt	**Produktbeschreibung**	**Technische Vorschriften/Empfehlungen**	
Bremsleuchten in hochgesetzter Bauform	Zusatzbremsleuchten in hochgesetzter Bauform sollen es den Fahrern der nachfolgenden Fahrzeuge erleichtern, Bremsmanöver frühzeitig zu erkennen. Besonders bei Kolonnenfahrten ist das serienmäßig tiefliegende Bremslicht oft nicht oder erst so spät zu erkennen, daß es zu Auffahrunfällen kommen kann.	Nach §53 StVZO darf man zweispurige Fahrzeuge und deren Anhänger mit zwei Zusatzbremsleuchten ausrüsten. Zugelassen sind nur für diesen Einsatz freigegebene Spezialleuchten.	
Caravandachspoiler	Caravangespanne haben, bedingt durch den hohen Aufbau des Wohnwagens, einen sehr schlechten Luftwiderstandswert, denn die in der Regel senkrechte vordere Wand des Caravans ist dem Fahrtwind direkt ausgesetzt. Man setzt deshalb auf das Zugfahrzeug eine Windleiteinrichtung (einen Dachspoiler) so auf, daß der Fahrtwind über das Dach des nachfolgenden Wohnwagens gelenkt wird.	Caravandachspoiler sollten der DIN 75302 entsprechen. Bei der Gestaltung von Spoilern sind die EG-Richtlinien für Fahrzeugaußenkanten zu beachten. Problemlos sind Dachspoiler mit TÜV-Gutachten und Beurteilung durch den ADAC. Grundsätzlich sollte man Dachspoiler möglichst weit hinten auf dem Dach des Zugfahrzeuges montieren. Die Vorderkante des Spoilers muß dicht mit dem Fahrzeugdach abschließen, damit kein Luftspalt entsteht.	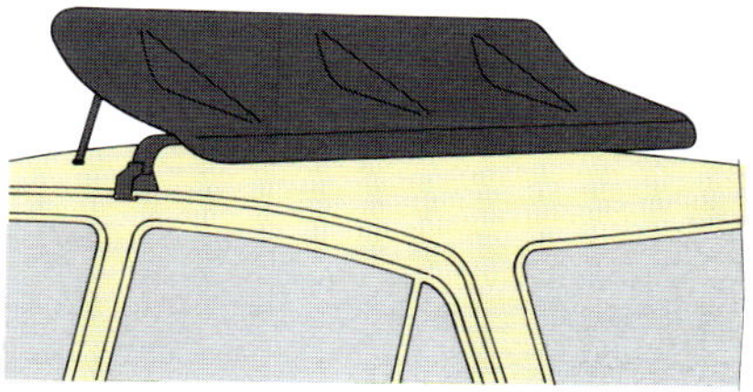 Caravandachspoiler senken den Kraftstoffverbrauch um bis zu 14%.
Caravanrückspiegel	Caravanrückspiegel setzt man entweder auf die serienmäßig vorhandenen Spiegel oder befestigt sie an den Kotflügeln bzw. auf dem Dach des Zugfahrzeuges. Durch eine Gestängekonstruktion werden die beiden Caravanrückspiegel so angeordnet, daß der Verkehrsraum hinter dem Gespann überwacht werden kann, obwohl die Sicht durch die serienmäßigen Pkw-Außenspiegel verdeckt ist.	§56 StVZO schreibt keine bestimmte Rückspiegelgröße vor. Gefordert wird die Überwachung eines bestimmten Verkehrsraumes hinter dem Fahrzeug. Da die Sicht durch den Innenspiegel beim Caravangespann in der Regel verdeckt ist, wird somit der Einsatz zweier Caravanrückspiegel rechts und links am Fahrzeug notwendig. Caravanspiegel müssen das EG-Prüfzeichen (E) besitzen. Die Gestänge müssen so ausgeführt sein, daß keine scharfen Kanten, etwa durch Flügelmuttern oder Schrauben, vorhanden sind. Gute Spiegel besitzen Dreibein-Abstützkonstruktionen und erlauben so eine stabile, vibrationsfreie Anbringung.	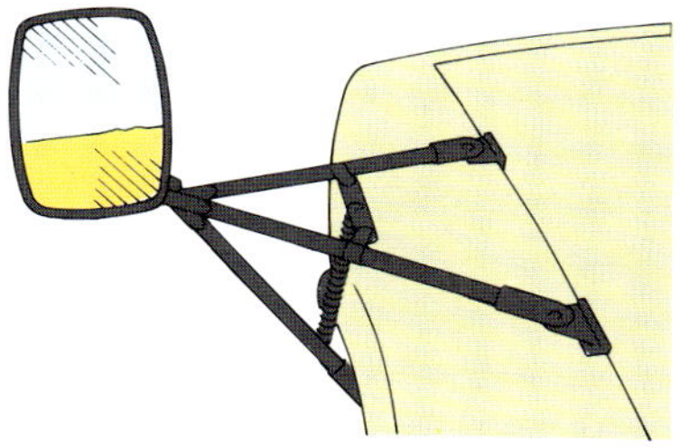 Nach Abhängen des Caravans sind auch die Rückspiegel zu entfernen.
Cockpitspray	Cockpitspray dient der Auffrischung von Kunststoffen im Fahrzeuginneren, aber auch an Fahrzeugaußenteilen, die nach einer gewissen Betriebszeit grau werden. Mit Cockpitspray kann man den alten Glanz leicht zurückgewinnen.	Vor dem Einsatz des Sprays sollte man die Kunststoffteile sorgfältig reinigen. Das Spray trägt man deckend auf und verreibt es mit einem Tuch. Entgegen einer häufig geäußerten Meinung verdunstet Cockpitspray bei nachträglicher Erwärmung der Armaturentafel nicht und bildet an den Scheiben auch nicht den häufig zu beobachtenden grauen Belag.	
CO-Meßgerät	CO-(Kohlenmonoxid-)Meßgeräte dienen der exakten Einstellung der Motorkennwerte. Bei betriebswarmem Motor wird in das Auspuffendrohr eine Entnahmesonde eingeführt und der CO-Wert gemessen. Der exakte Wert wird vom Fahrzeughersteller und dem TÜV bei der Typprüfung festgelegt. Moderne Motoren haben bei Leerlauf einen CO-Gehalt von etwa 1,2 bis 2,5 Volumenprozent.	Gemäß §47 StVZO dürfen zur exakten CO-Messung von Abgasen aus Ottomotoren nur CO-Tester mit Gutachten des Rheinisch-Westfälischen TÜV eingesetzt werden. Nahezu einheitlich besitzen diese Systeme ein Meßgerät auf Basis der nichtdispersiven Infrarotabsorption. Hobby-CO-Meßgeräte arbeiten nach dem Wärmetönverfahren und sind daher ziemlich ungenau.	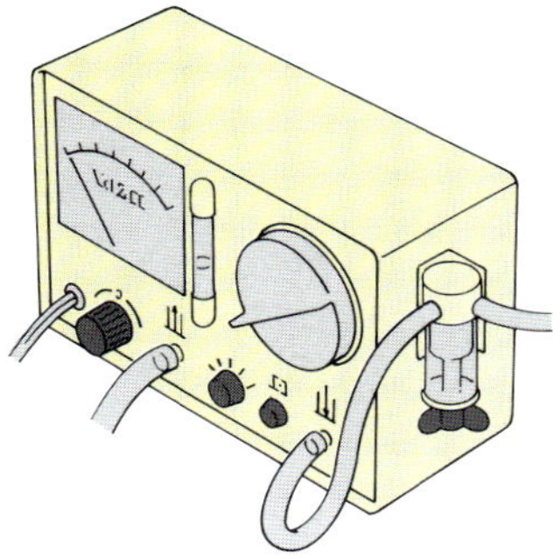 CO-Meßgeräte müssen eine Bauartgenehmigung besitzen.

Ausstattung und Zubehör

Produkt	Produktbeschreibung	Technische Vorschriften/Empfehlungen
Dachgepäckträger	Dachgepäckträger dienen dem sicheren Transport von Lasten, die man nicht im Fahrzeuginneren oder im Kofferraum transportieren kann. Dies gilt besonders für sperrige Güter, z. B. für Ski und Surfbretter.	Dachgepäckträger müssen der DIN 75302 entsprechen. Bei DIN-geprüften Trägersystemen ist gewährleistet, daß die Bestimmungen der StVZO eingehalten werden. Bei der Zuladung sind die vom Fahrzeughersteller freigegebene Dachbelastung sowie das zulässige Gesamtgewicht zu beachten. Besonders schwierig ist es, Gepäckträger an Fahrzeugen ohne feste Regenrinne zu montieren. Hier dürfen nur solche Systeme eingesetzt werden, die für das jeweilige Fahrzeug freigegeben sind.
Dieselkraftstoff-Vorheizung	Dieselkraftstoff (Winterdiesel) ist bis etwa −15 °C betriebssicher. Bei noch tieferen Temperaturen kann es vorkommen, daß vor allem im Filtersystem Paraffin ausgefällt wird, das den Motor zum Stillstand bringt. Kombiniert man das serienmäßige Filter mit einer elektrischen oder Warmwasserheizung, unterbleibt das Versulzen des Dieselkraftstoffs.	§ 46 StVZO fordert eine betriebssichere Verlegung von Kraftstoffleitungen. Baut man ein Vorheizsystem mit großer Heizleistung ein, erlischt die Betriebserlaubnis für das Fahrzeug. Es ist daher ratsam, vor dem Kauf die Unbedenklichkeitsbescheinigung des Herstellers oder ein TÜV-Gutachten anzufordern. Sinnvoll ist der Erwerb einer Dieselvorheizung, deren Wirkung von einer neutralen Institution getestet wurde bzw. die eine ABE besitzt.
Dimmschaltung für die Hauptbeleuchtung	Beim Umschalten von Fern- auf Abblendlicht entsteht besonders bei absolut dunkler Fahrbahn das gefürchtete schwarze Loch. Eine Dimmschaltung ermöglicht fließende Übergänge, denn das Fernlicht wird über einen Zeitraum von etwa 3 Sekunden langsam abgeschaltet.	Dimmschaltgeräte bedürfen der Typprüfung. Bei der Freigabe wird besonders untersucht, ob entgegenkommende Fahrzeuge durch die Dimmschaltung geblendet oder belästigt werden können. Die Verzögerungsschaltung von 3 Sekunden bringt zwar eine tendenzielle Verbesserung der Situation, die Vorteile sind aber bei praxisgerechter Bewertung nicht besonders deutlich.
Doppelscheibenwischer	Doppelscheibenwischer setzt man anstelle des üblichen Einfachwischblattes ein. Sie sollen die Sichtverhältnisse unter schwierigen Bedingungen verbessern.	Nach § 40 StVZO müssen Windschutzscheiben mit selbsttätig wirkenden Scheibenwischern versehen sein. Ihr Wirkungsbereich ist so zu bemessen, daß ein ausreichendes Blickfeld für den Fahrzeugführer gewährleistet ist, was in der Regel einfache Wischsysteme bewirken. Setzt man anstelle des einfachen Wischblattes ein Doppelwischblatt ein, halbieren sich die Auflagekräfte, so daß die Wischerleistung unbefriedigend ist. Bei guten Doppelwischblattsystemen wird deshalb ein verbesserter Wischerarm mit kräftiger Zugfeder mitgeliefert.
Doppelscheinwerfer-Grill	Zusatzscheinwerfer in Form von Zusatzfernlicht oder Zusatznebellampen sollen die Sichtverhältnisse bei bestimmten Fahrbedingungen verbessern.	Nach § 50 StVZO müssen Fahrzeuge mit zwei nach vorn wirkenden Scheinwerfern ausgerüstet sein. Der § 52 StVZO erlaubt die zusätzliche Anbringung von zwei gesonderten Fernlichtscheinwerfern und zwei zusätzlichen Nebelscheinwerfern. Besitzt das Fahrzeug bereits serienmäßig vier nach vorn gerichtete Scheinwerfer, darf man zusätzlich nur noch zwei montieren, also insgesamt stets nur sechs Scheinwerfer.

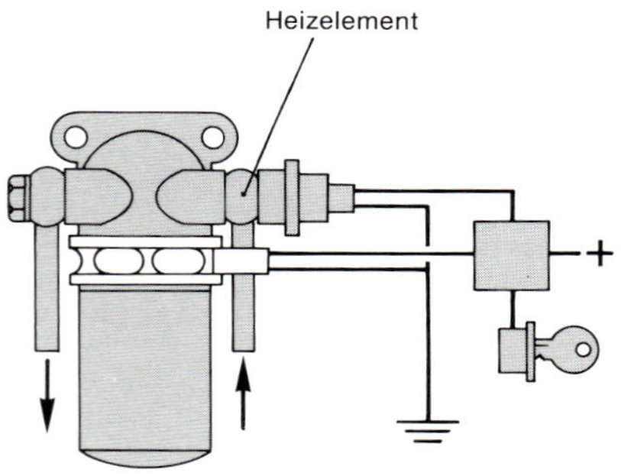

Ein Dieselmotor mit Vorheizsystem ist auch bei strengem Frost fahrbereit.

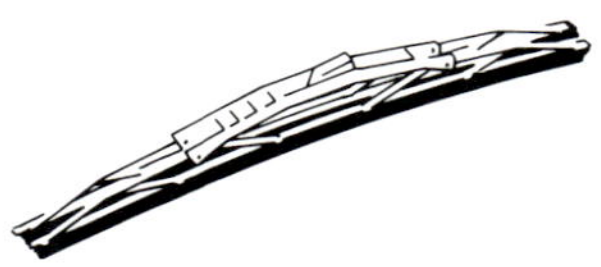
Zum Doppelwischblatt gehört ein verbesserter Wischerarm mit verstärkter Feder.

Durch Anbau eines Doppelscheinwerfer-Grills kann man den Zusatzscheinwerfer sehr einfach einbauen.

Ausstattung und Zubehör

Produkt	Produktbeschreibung	Technische Vorschriften/Empfehlungen
Eiswarngerät	Mit Hilfe eines Halbleiterelementes wird die Außentemperatur unter der Stoßstange erfaßt. Diese Information wird zu einem Anzeigeinstrument weitergeleitet. Einfache Eiswarngeräte zeigen bei Minustemperaturen die Gefahr durch ein rotes Licht an. Außenthermometer besitzen hingegen eine vollständige Anzeigeskala für den Plus- und Minusbereich.	Eiswarngeräte können ihre Funktion nur bedingt erfüllen. So werden tiefe Temperaturen auch dann angezeigt, wenn die Straße trocken und griffig ist. Andererseits wird plötzlich auftretendes Eis zu spät angezeigt. Besser sind Außenthermometer, bei denen man die Temperaturtendenz verfolgen kann. Bei stark fallenden Temperaturen in den Abendstunden kann dies ein Indiz für mögliche Glatteisbildung sein.
Entstörausrüstung	Die zum Betrieb eines Ottomotors notwendige Zündanlage erzeugt Störungen des Rundfunkempfangs, die durch Widerstände, Drosseln, Kondensatoren, Sieb- und Dämpfglieder sowie geschirmte Bauteile vermieden werden.	§ 55 a StVZO fordert für Fahrzeuge mit Ottomotoren eine ausreichende Funkentstörung. Die werkseitig gelieferte Entstörausrüstung eines im Verkehr befindlichen Fahrzeuges darf nur durch Teile verändert werden, die mit dem Funkschutzzeichen gekennzeichnet sind. Schadhafte Teile ersetzt man am besten durch Originalteile, damit nicht eine ungeeignete Entstörung die Funktion der Zündung behindert. Wird im Auto ein Radio eingebaut, sind in der Regel zusätzliche Entstörmaßnahmen notwendig. Je nach Fahrzeugtyp sind entsprechend abgestimmte Entstörsätze verfügbar.
Fahrwerk-Umrüstsatz	Fahrwerk-Umrüstsätze bestehen aus verstärkten Stoßdämpfern in Verbindung mit Federn, die entweder eine härtere Federwirkung oder andere Maße besitzen, so daß das Fahrzeug nach der Umrüstung tiefer liegt.	§ 19 StVZO bestätigt, daß jede Änderung von Teilen, deren Beschaffenheit vorgeschrieben ist und deren Betrieb eine Gefährdung verursachen kann, automatisch zum Erlöschen der Betriebserlaubnis für das Fahrzeug führt. Daher ist es unerheblich, ob die Änderung tatsächlich die Beschaffenheit unzulässig beeinträchtigt oder eine konkrete Gefährdung anderer verursacht. Aus diesem Grund muß man ein Fahrzeug nach einer Fahrwerkumrüstung einem amtlich anerkannten Sachverständigen vorführen. Fahrwerk-Umrüstsätze mit beigefügtem Mustergutachten werden in der Regel vom Sachverständigen problemlos anerkannt und in die Fahrzeugpapiere eingetragen.
Fanfare	Durch eine geeignete Einrichtung sollen bestimmte Verkehrsteilnehmer auf das Herannahen eines Kraftfahrzeuges nachdrücklich aufmerksam gemacht werden, ohne sie zu erschrecken und ohne andere Verkehrsteilnehmer mehr als unvermeidlich zu belästigen.	Elektro- oder Preßluftfanfaren dürfen wie normale Aufschlaghörner an Fahrzeugen eingesetzt werden, wenn sie gemäß § 55 StVZO und entsprechend den EG-Richtlinien 70/388 geprüft und freigegeben sind. Gefordert wird eine gleichbleibende Grundfrequenz, die frei von Nebengeräuschen sein muß. Einrichtungen, die das Abspielen einer Melodienfolge erlauben, dürfen zwar verkauft, nicht aber montiert und benutzt werden.
Feuerlöscher	Feuerlöscher in Kraftfahrzeugen dienen der schnellen Bekämpfung eines Brandes unmittelbar nach seiner Entstehung. In Pkw werden meist Feuerlöscher mit 1 oder 2 kg Füllung eingesetzt.	Feuerlöscher müssen in Pkw nicht mitgeführt werden. Trotzdem ist die Anschaffung empfehlenswert. Fahrzeugbrände kann man trotz der geringen Löschmittelmenge unter Kontrolle bringen, wenn man sofort löscht. Weit verbreitet sind Pulverlöscher.

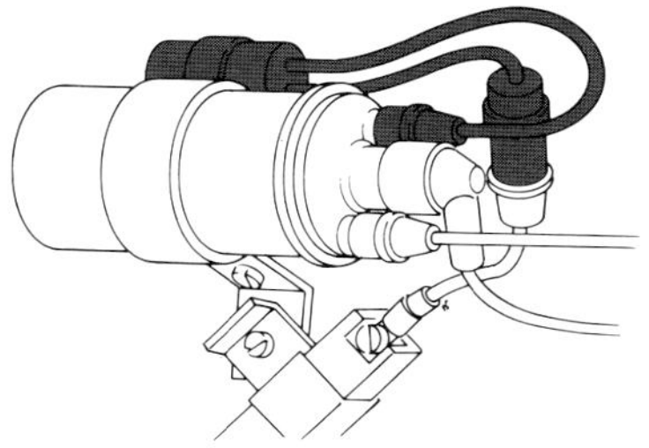

Beim Austausch funkentstörter Bauteile sollte man immer Originalteile einsetzen.

Ausstattung und Zubehör

Produkt	Produktbeschreibung	Technische Vorschriften/Empfehlungen	
Feuerlöscher *(Fortsetzung)*		Der preiswerte Pulverlöscher hat den Nachteil, daß bei seinem Einsatz das Objekt durch das Pulver stark verunreinigt wird. Halongas löscht hingegen rückstandsfrei. Das Gerät ist aber doppelt so teuer. Halongas-Feuerlöscher werden aus Umweltgründen aus dem Handel genommen, da Halongas im Verdacht steht, die Ozonschicht der Erde zu zerstören. Der Feuerlöscher sollte stets im Griffbereich des Fahrers, am besten vor dem Fahrersitz, montiert werden. Ist dies aus Platzgründen nicht möglich, empfiehlt sich eine Montage auf dem Mitteltunnel, wo man ihn ebenfalls schnell erreichen kann.	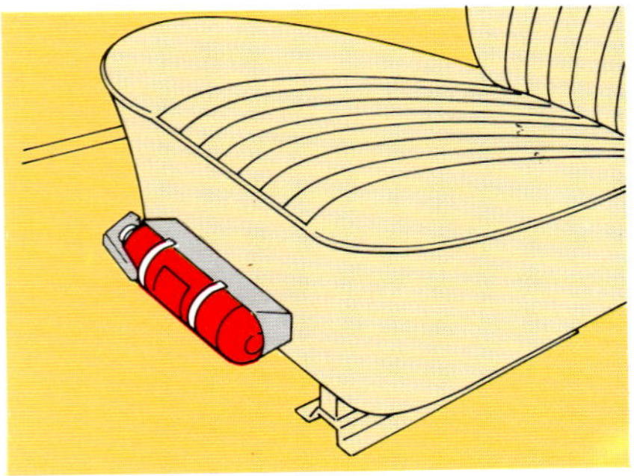 Den Feuerlöscher montiert man am besten vor dem Fahrersitz.
Gepäcknetz	Gepäcknetze dienen der sicheren Befestigung von Dachlasten auf Gepäckträgern. Das Netz überspannt das zu sichernde Gut und verhindert das Aufflattern einer Verpackungsplane oder Gepäckschutzhülle.	Dachlasten müssen mit geeigneten Mitteln so gesichert werden, daß eine Gefährdung anderer Verkehrsteilnehmer ausgeschlossen ist. Gepäcknetze sollten eine Dachlast bei einer Vollbremsung aus voller Fahrt sicher festhalten. Bei der Sicherung von Dachlasten ist stets daran zu denken, daß Windböen die Belastungen für Gepäcknetze und Gummispanner stark erhöhen. Aus diesem Grund sollte man jede Dachlast zusätzlich mit Gewebespanngurten sichern. Lange Dachlasten kann man außerdem an der vorderen Stoßstange festbinden.	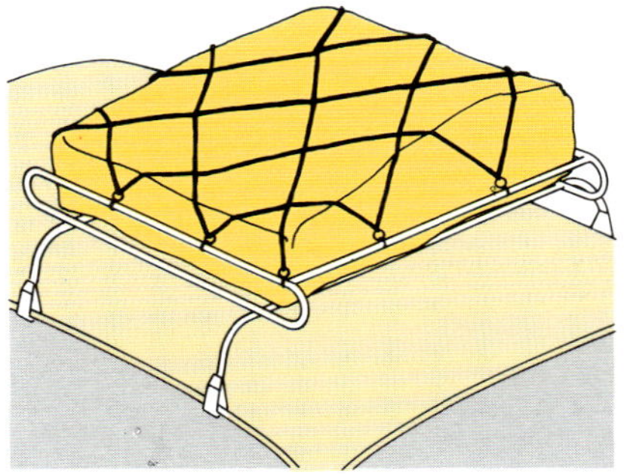 Leichte Dachlasten kann man gut mit einem Gepäcknetz sichern.
Gewebegurt	Schwere Dachlasten, z. B. Surfbretter, können mit Hilfe von Gepäcknetzen oder Gepäckspinnen nicht sicher befestigt werden. Diese Aufgabe erfüllen Gewebegurte mit Klemmschnellverschlüssen wesentlich besser. Übliche Gewebegurte sind mindestens 25 mm breit und zwischen 2,5 und 5 m lang.	Gewebegurte sollten eine Nennreißfestigkeit von 450 kp haben. Für die Befestigung von Booten auf Bootstrailern sind Gurte mit noch höherer Reißfestigkeit üblich.	
Glashebedach	Mit Hilfe eines Glashebedaches kann die Belüftung des Fahrzeuginnenraumes verbessert werden.	Glashebedächer werden in der Regel nachträglich in ein Fahrzeug eingebaut. Bei der Fahrt mit aufgestelltem Dach wird der Luftdurchsatz erhöht und die Innenraumtemperatur abgesenkt. Gewöhnungsbedürftig sind allerdings die Lichteinwirkung von oben und die Heizwirkung an sonnigen Tagen. Deshalb sollten Glashebedächer mit einer Zusatzeinrichtung verse-	

Ausstattung und Zubehör

Produkt	Produktbeschreibung	Technische Vorschriften/Empfehlungen
Glashebedach *(Fortsetzung)*		hen sein, die zwar die Durchlüftung ermöglicht, aber den direkten Sonneneinfall verhindert. Besitzt das Glashebedach keine ABE, muß das Fahrzeug einem amtlich anerkannten Sachverständigen vorgeführt werden, der die Änderung in den Kraftfahrzeugbrief einträgt. In der Zulassungsstelle muß dann noch der Kraftfahrzeugschein geändert werden. Bei Glashebedächern mit ABE entfällt die Abnahme durch den Sachverständigen. Hier genügen die Einbaubestätigung der Fachwerkstatt und die Vorlage der ABE bei der Zulassungsstelle für die Eintragung.
Glühlampenbox	Ersatzglühlampen sollten an Bord eines Fahrzeuges nicht fehlen. Die Glühlampenbox dient der bruchsicheren Aufbewahrung eines entsprechenden Sortiments.	Das Mitführen einer Ersatzlampenbox ist in der Bundesrepublik Deutschland nicht vorgeschrieben, jedoch in manchen Urlaubsländern. Die Mindestbestückung enthält eine Hauptscheinwerfer-Lampe 55/60 W, eine Blink-/Bremslichtlampe 21 W, eine Brems-/Schlußlichtlampe Zweifaden 21/5 W, eine Kugellampe 5 W, eine Standlichtlampe 4 W sowie diverse Sicherungen. Je nach Erfordernis sollte die Hauptscheinwerfer-Lampe eine Bilux- oder H4-Halogenlampe sein. Der Sicherungsbedarf ist entsprechend der Fahrzeugbestückung zu wählen.
Halogen-Scheinwerferlampen	Halogenscheinwerfer in H4-Ausführung sind mit Glühlampen ausgerüstet, die eine Leistung von 55/60 W besitzen. In Verbindung mit einem für diesen Lampentyp freigegebenen Scheinwerfer ermöglichen Halogenlampen eine bessere Straßenausleuchtung als mit normalem asymmetrischem Licht.	§50 StVZO behandelt die zulässigen Scheinwerfer für Fern- und Abblendlicht. Danach dürfen herkömmliche Scheinwerfer gegen asymmetrisches Licht durch H4-Scheinwerfer in typgeprüfter Ausführung ausgewechselt werden. Freigegebene Scheinwerfer tragen auf der Lichtscheibe neben dem Prüfzeichen ein großes E. Unzulässig ist in herkömmlichen Scheinwerfern die Verwendung von H4-Halogenlampen, die man mit einem Adapter montieren kann. In H4-Scheinwerfern darf man außerdem Halogenlampen mit übergroßer Leistung nicht einsetzen; sie führen automatisch zum Erlöschen der ABE. Die im Zubehörhandel erhältlichen 100-W-Halogenlampen können den Scheinwerferreflektor beschädigen sowie das Bordnetz überlasten. Bei Fahrzeugen mit Vierfach-Scheinwerfersystemen und 5¾-Zoll-Reflektoren kann man die Abblendscheinwerfer durch ein neuartiges Bi-Focus-System ersetzen. Das Abblendlicht tritt bei dieser Reflektorbauweise nicht nur im oberen Teil des Scheinwerfers, sondern auch im unteren Teil aus und ermöglicht so eine bis zu 25% höhere Lichtausbeute als beim Standardreflektor. Neu am Markt sind sogenannte DE-Scheinwerfersysteme, bei denen die Reflektorfunktion weiter verbessert wurde. Auch hier gibt es spezielle Einbausätze für einzelne Modelle, bei denen der gesamte Kühlergrill inklusive Scheinwerfer ausgewechselt werden kann.

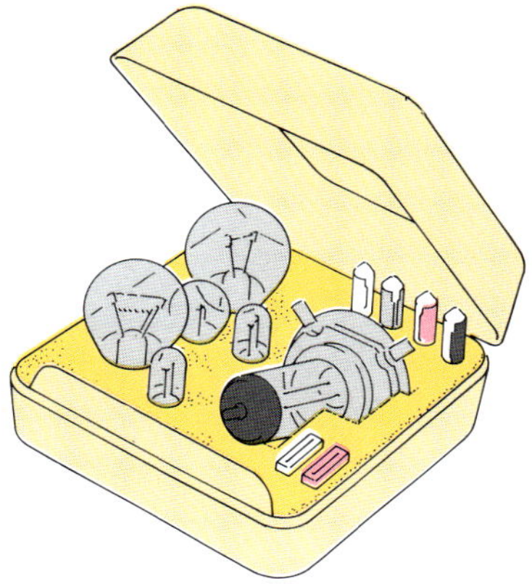

Das Mitführen einer Glühlampenbox mit Ersatzlampen und Sicherungen empfiehlt sich besonders bei Auslandsreisen.

Ausstattung und Zubehör

Produkt	Produktbeschreibung	Technische Vorschriften/Empfehlungen	
Heißwassergerät für die Waschanlage	Heißwassergeräte arbeiten nach dem Prinzip eines Wärmetauschers im Kühlwasserkreis. Das von der Scheibenwaschanlage kommende Wasser durchströmt den Wärmetauscher und wird dabei bis auf 60 °C erwärmt.	Technische Vorschriften, die dem Einsatz eines Heißwassergerätes für die Scheibenwaschanlage entgegenstehen, sind nicht bekannt. Man sollte metallische Wärmetauscher bevorzugen, da sie eine bessere Wärmeübertragung als Geräte aus Kunststoff ermöglichen. Das erwärmte Wasser besitzt eine wesentlich bessere Reinigungswirkung bei verschmutzter oder verölter Scheibe. Im Winterbetrieb kann man allerdings nicht auf die Verwendung von Frostschutzmitteln verzichten, da das im Wasserbehälter befindliche Wasser schnell abkühlt und einfriert. Wenn ein Wärmetauscher in den Kühlmittelkreislauf eingebaut wurde, ist anschließend das Kühlsystem wieder aufzufüllen und zu entlüften. Daß das Kühlsystem richtig entlüftet worden ist, erkennt man daran, daß der elektrische Kühlerlüfter einmal angelaufen ist.	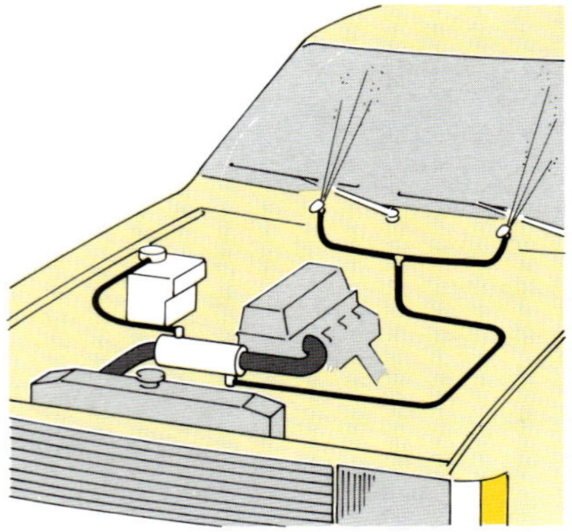 Der Wärmetauscher wird in den oberen Kühlwasserschlauch eingesetzt.
Heizofen	Heizöfen für Kraftfahrzeuge bestehen aus einem standfesten Blechgehäuse, in dem flammenlos Wärme erzeugt wird. Als Brennstoff dient gereinigtes Katalytbenzin.	Katalytöfen können ohne Bedenken über Nacht in einem Pkw belassen werden, ohne daß Brandgefahr besteht. Allerdings ist die Wärmeentwicklung solcher Geräte sehr gering. Die bei der Verbrennung entstehende Feuchtigkeit kann sich im Fahrzeuginneren an den kalten Scheiben niederschlagen und hier zu einem Eisbelag führen, den man am nächsten Morgen mit erheblichem Aufwand beseitigen muß. Nachteilig ist auch, daß die Verbrennung nicht völlig geruchsfrei abläuft; deshalb ist das Fahrzeug vor der Abfahrt gründlich zu lüften. Damit geht die im Pkw angesammelte Wärme wieder verloren.	
Hosenträgergurt	Sogenannte Hosenträgergurte werden oft von sportlichen Fahrern eingesetzt, um eine noch bessere Fixierung der Person bei Abbrems- und Beschleunigungsmanövern, aber auch bei Verkehrsunfällen zu gewährleisten. Der Hosenträgergurt besteht aus je einem rechten und linken Schultergurt sowie dem kombinierten Becken- und Schrittgurt.	§ 35 a StVZO fordert für Personenkraftwagen sowie Lastkraftwagen mit einem zulässigen Gesamtgewicht von nicht mehr als 2,8 t Einrichtungen zum Anbringen von mindestens je einem Schultergurt für die unmittelbar hinter der Windschutzscheibe befindlichen Sitze. Den sogenannten Dreipunktgurt darf man durch einen Hosenträgergurt, der die gleiche Sicherungsfunktion erfüllt, ersetzen. Dabei sind die Original-Gurtanlenkpunkte für die Montage zugelassen. Es ist allerdings zu berücksichtigen, daß bei Verwendung eines Hosenträgergurts während des Aufpralls starke Verzögerungen auf den Körper und hier besonders auf den Kopf wirken.	
Innenspiegel	Innenspiegel dienen der Überwachung des Verkehrsraumes hinter dem Fahrzeug.	§ 56 StVZO in Verbindung mit EG-Richtlinie 71/127 fordert je einen Innen- und einen Außenspiegel. Zwei Außenspiegel sind dann an Kraftfahrzeugen Vorschrift, wenn die Beobachtung der rückwärtigen Fahrbahn	

Ausstattung und Zubehör

Produkt	Produktbeschreibung	Technische Vorschriften/Empfehlungen
Innenspiegel *(Fortsetzung)*		durch Innenspiegel nicht oder nur bei unbeladenem Fahrzeug möglich ist. Um die Überwachung des Totwinkelraumes zu ermöglichen, werden Innenrückspiegel oft durch einen sogenannten Panoramaspiegel ersetzt. Dabei ist zu berücksichtigen, daß die gewölbten Spiegel stark verzerren, so daß Entfernungen schwerer zu schätzen sind (siehe auch Rückspiegel).
Jalousie	Um den direkten Sonneneinfall, besonders bei schrägen Heckscheiben, zu vermeiden, kann man Fahrzeuge mit Sonnenschutz-Jalousien ausrüsten. Diese lassen sich durch Fernbedienung auch dann schließen, wenn der Fahrer nachts durch nachfolgende Fahrzeuge geblendet wird. Die Anbringung von Jalousien führt in der Regel zur Sichtbeeinträchtigung , so daß ein zweiter Außenspiegel notwendig wird. Das gleiche gilt für Heckscheibenfolien, die zwar die Sicht von innen nach außen, nicht aber in umgekehrter Richtung verhindern.	Es sind die Bestimmungen nach §35b und §56 StVZO zu beachten, in denen uneingeschränkte Sichtmöglichkeiten für den Fahrzeugführer vorgeschrieben sind. Deshalb sollte man am besten von vornherein einen zweiten Außenspiegel montieren, auch wenn die Sicht nach eigener Einschätzung nicht behindert ist.
Kindersitz	Kinder bis zwölf Jahre können mit den serienmäßigen Sicherheitsgurten bei Unfällen nur ungenügend vor Schäden bewahrt werden, weil ihr Körper keine großen Kräfte aufnehmen kann. Kindersicherheitssitze besitzen große Aufprallflächen, so daß der Körper ohne die einschneidende Wirkung der üblichen Sicherheitsgurte weich aufgefangen wird und die entstandene Energie allmählich absorbiert werden kann.	§ 35a StVZO fordert für Pkw mit einem zulässigen Gesamtgewicht bis 2,8 t nicht nur sichere Sitze mit Lehne, sondern auch Sicherheitsgurte an allen Sitzplätzen. Da diese Systeme für Kinder nicht geeignet sind, dürfen diese nur auf den Fahrzeugrücksitzen transportiert werden. Seit dem 1. 4. 1993 gelten für die Mitnahme von Kindern im Pkw Regelungen, die geeignete, mit entsprechenden Prüfnormen versehene Rückhaltesysteme für Kinder vorschreiben.
Kotflügelschutz	Die Bördelkanten des Kotflügels gehören zu den gefährdeten Lackteilen an einem Kraftfahrzeug. Im Werk aufgebrachter Lack und Unterbodenschutz werden durch aufgewirbeltes Wasser und Schmutz nach kurzer Zeit abgewaschen, so daß Roststellen entstehen.	Kotflügel-Zierleisten aus Kunststoff schützen die Radeinfassungen. Die Anbringung führt nicht zum Erlöschen der Betriebserlaubnis, da der Umbau als unwesentlich anzusehen ist. Bei der Montage mit Blechschrauben kommt es zu Lackbeschädigungen. Daher sollte man jede Blechschraube ausreichend mit Unterbodenschutz versiegeln.
Kotflügelverbreiterung	Kotflügel, Schmutzfänger und ähnliche Radabdeckungen sollen den von der Straße aufgewirbelten Schmutz so ableiten, daß nachfolgende Verkehrsteilnehmer nicht mehr als unvermeidlich belästigt oder gar gefährdet werden. Kotflügelverbreiterungen erweitern den Wirkungsbereich der serienmäßigen Radabdeckungen.	§36a StVZO fordert eine hinreichend wirkende Abdeckung der Räder von Kraftfahrzeugen. Diese Bedingungen erfüllen Serienfahrzeuge bei Verwendung von normal breiten Reifen in jedem Fall. Bei überbreiten Reifen müssen gegebenenfalls Kotflügelverbreiterungen angeschraubt werden. Die entsprechenden Kunststoffteile sind auf den jeweiligen Pkw-Typ abgestimmt. Gute Kotflügelverbreiterungen schützen die serienmäßigen Kotflügel auch vor Steinschlag und Korrosion. Wird die eingetragene Fahrzeugbreite überschritten, muß das Fahrzeug einem amtlich anerkannten Sachverständigen vorgeführt werden.

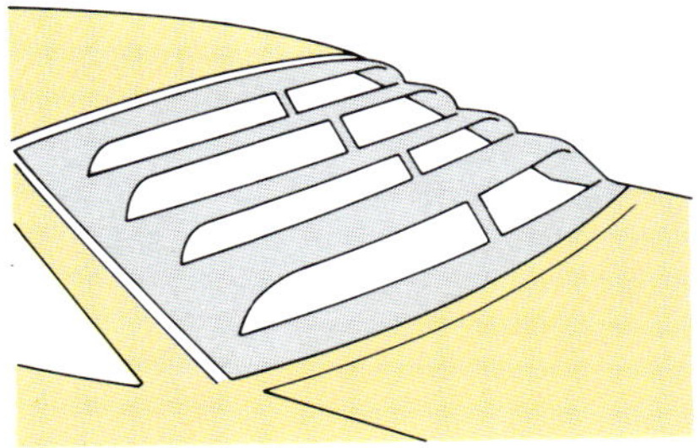

Jalousien können die Aufheizung eines Fahrzeuginnenraums nicht verhindern.

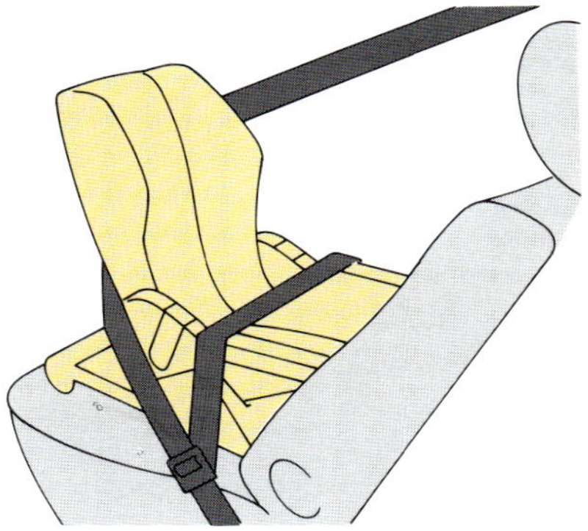

Kindersitze sind nach Körpergewicht und -größe sorgfältig auszuwählen.

Kotflügelverbreiterungen muß man montieren, wenn die Reifen von der Karosserie nicht ausreichend abgedeckt werden.

Ausstattung und Zubehör

Produkt	Produktbeschreibung	Technische Vorschriften/Empfehlungen
Kraftstoffdruck-Regler	Kraftstoffdruck-Regler sollen das Überlaufen des Gemischbildungssystems (Vergaser) verhindern, wenn die Kraftstoffpumpe in Schubphasen oder nach Abstellen des Motors weiterläuft.	Kraftstoffdruck-Reglersysteme sind bei modernen Gemischaufbereitungstechniken serienmäßig vorhanden, so daß nachrüstbare Druckregler keine weitere Verbesserung ermöglichen. Ein Kraftstoff-Minderverbrauch tritt in der Regel nicht ein.
Kraftstoffilter	Kraftstoffilter sollen Verunreinigungen aus Betriebsstoffen von Gemischaufbereitungssystemen abhalten und so Betriebsstörungen verhindern.	Es gelten die Bestimmungen des § 46 StVZO, der eine betriebssichere Verlegung von Kraftstoffleitungen und -filtern fordert. Eventuell abtropfender oder verdunstender Kraftstoff darf sich weder ansammeln noch an heißen Teilen oder elektrischen Geräten entzünden können. Soweit Kraftstoffilter nicht serienmäßig vorgesehen sind, sind sie meist als Wegwerffilter konzipiert und unmittelbar vor dem Gemischbildner in die Kraftstoffleitung eingesetzt. Schlauchleitungen sind besonders auf der Druckseite sorgfältig mit Schlauchschellen zu sichern.
Kühlerabdeckung	Kühlerabdeckungen werden am Kühlergrill des Fahrzeuges befestigt und sollen den kalten Fahrtwind vom Motorraum abhalten, damit der Motor schneller betriebswarm wird.	Es gibt keine technischen Vorschriften der StVZO, die den Einsatz von Kühlerabdeckungen untersagen. Abdeckungen dieser Art haben nur bedingt ihre Berechtigung. Sie sind an allen Fahrzeugen, deren Kühlerlüfter in Abhängigkeit von der Motortemperatur automatisch gesteuert werden, überflüssig. Bei starr mitlaufenden Lüftern (meist bei älteren Modellen) kann man einen Teil des Kühlers abdecken. Damit erreicht man, daß sich dieser Teil des Kühlerkreislaufs schneller erwärmt. Besonders erfolgreich ist diese Maßnahme aber nicht, da auch solche Fahrzeuge einen thermostatgesteuerten Kühlwasserkreislauf besitzen.
Langzeit-Ölfilter	Verbrennungsmotoren sind fast ausnahmslos serienmäßig mit Ölfiltern ausgerüstet, die Verunreinigungen aus dem Motoröl auffangen sollen. Das Filter wird nach bestimmten Laufzeiten gewechselt. Neuartige Filter mit Langzeitwirkung machen angeblich einen Ölwechsel überflüssig bzw. sollen sehr lange Ölwechselintervalle ermöglichen.	Die Wirkung von Ölfiltern in Verbindung mit einem bestimmten Verbrennungsmotor wird vom Fahrzeughersteller im Rahmen der Serienerprobung getestet. Werden nachträglich Änderungen vorgenommen, erlöschen automatisch jeder Garantieanspruch und auch das moralische Recht auf Kulanzregelung. Werden Langzeit-Ölfilter eingesetzt, ist zu beachten, daß hier oft recht teure Filtereinsätze regelmäßig ausgewechselt werden müssen. Zugleich erhöht sich die Ölfüllmenge des Motors oft erheblich. Unter Berücksichtigung der Kosten für Langzeitfilter im Verhältnis zu den Aufwendungen für den normalen Ölwechsel ist die Wirtschaftlichkeit oft nicht gewährleistet. Das Ansammeln von säureähnlichen Substanzen im Öl sowie den zunehmenden Verschleiß der Öladditive können Langzeit-Ölfilter nicht unterbinden. Langzeit-Ölfiltereinsätze müssen genauso wie abgelassenes Motoröl als Sondermüll behandelt und daher entsprechend deponiert werden.

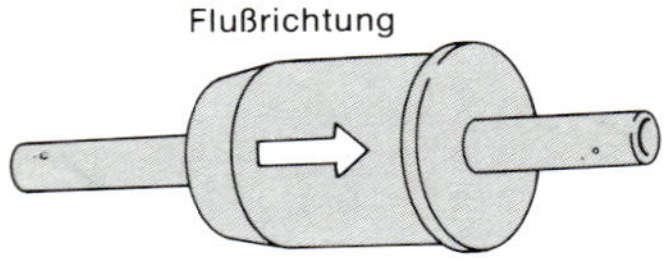

Kraftstoffilter werden am besten bei jeder Inspektion ausgewechselt.

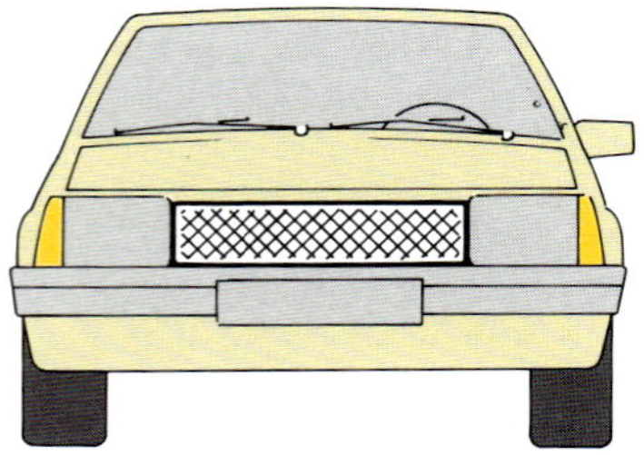

Bei modernen Fahrzeugen sind Kühlerabdeckungen überflüssig.

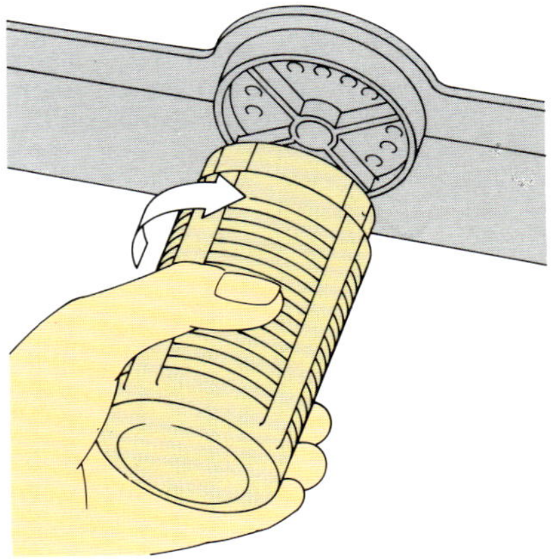

Zusatzölfilter haben nur an Lkw- oder Aggregatmotoren eine Berechtigung.

Ausstattung und Zubehör

Produkt	Produktbeschreibung	Technische Vorschriften/Empfehlungen	
Leichtmetallräder	Räder (Felgen) aus Leichtmetall lassen sich bei der Herstellung sehr gut bearbeiten. Sie sind daher ein beliebtes Stylingmittel.	Die Betriebserlaubnis für das Fahrzeug erlischt nicht, wenn für das im Austausch montierte Rad eine Betriebserlaubnis nach § 22 StVZO erteilt wurde. Die entsprechenden Papiere müssen stets im Fahrzeug mitgeführt werden. Bei breiten Rädern und Reifen ist außerdem zu prüfen, ob Kotflügelverbreiterungen angesetzt werden müssen und ob die Befestigungsteile der Achse die Kräfte noch ausreichend aufnehmen. Alle Fahrzeughersteller geben in Empfehlungslisten an, welche Räder und Reifen für bestimmte Modelle zulässig sind. Bei Verwendung von Leichtmetallrädern sind in der Regel Spezialbefestigungsteile (Muttern oder Bolzen) notwendig.	
Nebelscheinwerfer	Nebelscheinwerfer oder Breitstrahler können, wenn sie möglichst tief am Fahrzeug montiert sind, den Nebel unterwandern und somit die Sicht bei entsprechenden Bedingungen verbessern.	Gemäß § 52 StVZO dürfen Fahrzeuge mit zwei zusätzlichen Nebelscheinwerfern ausgerüstet sein. Ist der äußere Rand der Lichtaustrittsfläche mehr als 400 mm von der breitesten Stelle des Fahrzeugumrisses entfernt, sind sie so zu schalten, daß sie nur zusammen mit dem Abblendlicht brennen können. Nebelscheinwerfer müssen einstellbar und an geeigneten Teilen des Fahrzeuges so befestigt sein, daß sie sich nicht von allein verstellen können.	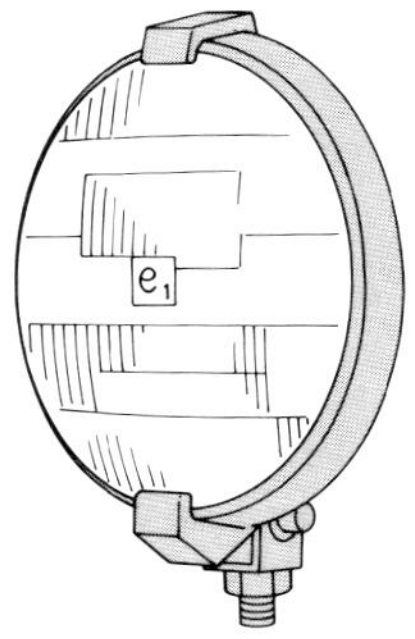 Nebelscheinwerfer müssen ein Typprüfzeichen besitzen.
Nebelschlußleuchte	Nebelschlußleuchten dienen der zusätzlichen Sicherung von Kraftfahrzeugen und ihren Anhängern bei starkem Nebel, da nachfolgende Fahrzeuge deutlicher gewarnt werden.	Gemäß § 53 StVZO dürfen Fahrzeuge und ihre Anhänger mit ein oder zwei Nebelschlußleuchten für rotes Licht ausgerüstet sein. Die Lichtaustrittsfläche darf maximal 1000 mm über der Fahrbahn liegen. Die Nebelschlußleuchte muß einen Mindestabstand von 1000 mm von der jeweiligen Bremsleuchte einhalten. Zugelassen sind nur bauartgeprüfte Ausführungen. Die Einschaltung der Nebelschlußleuchte muß im Blickfeld des Fahrzeugführers mit einer gelben Leuchte (bis 1981 grüne Leuchte) angezeigt werden.	
Ölzusatzmittel	Ölzusatzmittel sollen die Qualität des für einen bestimmten Motor vorgeschriebenen Motoröls weiter verbessern. Versprochen werden geringerer Verschleiß, geringerer Kraftstoffverbrauch, höhere Motorleistung, besseres Abgasverhalten sowie oft auch eine geringere Geräuschbildung.	Motorenhersteller schreiben für den Ölwechsel bei eigenen Produkten bestimmte Ölqualitäten vor. Die Verwendung von Ölzusatzmitteln wird weder für notwendig erachtet noch empfohlen. Bei einigen Herstellern erlischt sogar der Garantieanspruch, wenn nicht freigegebene Zusätze verwendet werden. Da Ölzusätze außerdem sehr teuer sind, ist ihre Wirtschaftlichkeit bei normalem Fahrzeugeinsatz nicht nachzuweisen.	
Parkleuchte	Parkleuchten dienen der Sicherung eines abgestellten Fahrzeuges, wenn der Parkplatz eines Autos nicht durch andere Lichtquellen ausreichend beleuchtet ist.	Bei modernen Fahrzeugen wird die Schaltung des Fahrtrichtungsanzeigers oft so ausgelegt, daß bei abgezogenem Zündschlüssel die Fahrtrichtungsblinker vorn und hinten jeweils auf einer Seite als Parkleuchte geschaltet werden können.	

Ausstattung und Zubehör

Produkt	Produktbeschreibung	Technische Vorschriften/Empfehlungen
Quetschverbinder	Quetschverbinder, manchmal auch als „Stromklau" bezeichnet, ermöglichen das Anschließen von elektrischen Verbrauchern ohne ein Aufschneiden der serienmäßig vorhandenen Stromleitung.	Bei der technischen Prüfung von Fahrzeugteilen wird auch die Sicherheit der elektrischen Anschlüsse untersucht. Die Verwendung von Quetschverbindern gilt allgemein als anerkannte Regel der Technik, da die Betriebssicherheit gewährleistet ist. Quetschverbindungen können z. B. beim nachträglichen Einbau von Anhängerkupplungen bzw. der damit verbundenen Verkabelung eingesetzt werden.
Radarwarngerät	Radarwarngeräte sollen die von einem Verkehrsradar ausgehende Strahlung orten und durch ein Licht- oder Tonsignal den Fahrer auf die Geschwindigkeits-Meßeinrichtung aufmerksam machen.	Obwohl der Verkauf von Radarwarngeräten in Deutschland zulässig ist, hat sich die Bundespost bis heute geweigert, eine Betriebserlaubnis zu erteilen. Radargeräte fallen somit in den Bereich der postalischen Bestimmungen für Sende- und Empfangsanlagen. Radarwarngeräte der neuesten Generation sind allgemein funktionsfähig und seit vielen Jahren im Ausland im Einsatz. Sie versagen allerdings bei Geschwindigkeitsmeßeinrichtungen, die nach dem Lichtschrankenprinzip funktionieren.
Radbefestigungsteile	Radmuttern oder -bolzen dienen der sicheren Befestigung von Laufrädern an der Achsnabe bzw. Bremstrommel oder -scheibe. Die Schraubverbindung läßt sich allerdings schnell mit dem üblichen Werkzeug (Radkreuz) lösen. Bei Verwendung teurer Leichtmetallräder in Verbindung mit Breitreifen werden die serienmäßigen Radbefestigungsteile deshalb oft durch sogenannte Felgenschlösser ersetzt.	Felgenschlösser müssen die gleiche Festigkeit wie die Originalradmuttern oder Radbolzen besitzen. Es empfiehlt sich deshalb, nur solche Befestigungsteile zu verwenden, die von einem neutralen Institut auf Festigkeit und Funktion geprüft und freigegeben wurden. Unproblematisch sind vom Fahrzeughersteller empfohlene Befestigungssysteme.
Radkappen	Radkappen sind ein Stylingmittel, um ein Laufrad zu verkleiden. Zusätzlich schützen sie die Radbefestigungsteile vor Verschmutzung. Großflächige Radkappen verbessern auch den Luftwiderstands-Beiwert des Fahrzeuges.	Beim Auswechseln der serienmäßig vorhandenen Radkappen sind die Richtlinien über die Beschaffenheit und Anbringung der äußeren Fahrzeugteile gemäß §32 StVZO zu beachten. Radkappen mit Zierknebeln und Flügelmuttern sind auch dann unzulässig, wenn sie nicht über den Kotflügel hinausragen. Großflächige Radkappen können unter Umständen die Kühlluftzufuhr zu den Bremsen behindern.
Reifenumrüstung	Die serienmäßigen Reifen eines Fahrzeuges werden oft durch sogenannte Breitreifen ersetzt, die eine größere Reifenaufstandsfläche und den damit verbundenen besseren Kontakt zur Fahrbahn bewirken. Auch die bessere optische Wirkung des Breitreifens wird vom Fahrzeugbesitzer oft angestrebt.	Gemäß §36 StVZO sind Fahrzeuge mit Luftreifen auszurüsten, die den Betriebsbedingungen des Fahrzeuges entsprechen. Die vom Fahrzeughersteller freigegebenen Reifengrößen sind im Kraftfahrzeugschein und -brief aufgeführt. Sollen andere Reifengrößen oder Räder montiert werden, erlischt automatisch die Betriebserlaubnis für das Fahrzeug, und eine Einzelabnahme nach §19 StVZO wird erforderlich. Um sich Ärger und unnütze Geldausgaben zu ersparen,

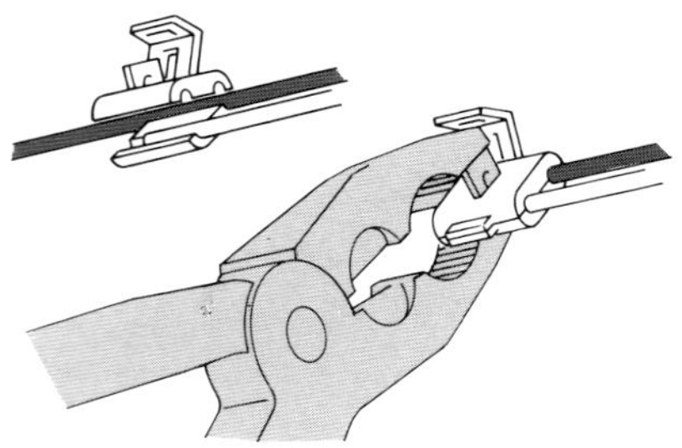

Quetschverbinder sind eine schnelle und preiswerte Lösung zum Anzapfen von Stromleitungen.

Bei der Auswahl von Felgenschlössern zieht man am besten einen Fachmann zu Rate.

Ausstattung und Zubehör

Produkt	**Produktbeschreibung**	**Technische Vorschriften/Empfehlungen**
Reifenumrüstung *(Fortsetzung)*		empfiehlt es sich, vor der Umrüstung den TÜV oder den ADAC zu fragen. Zugelassene Umrüstungsvarianten sind in einem „Räderkatalog“ aufgeführt, der vom TÜV herausgegeben wird.
Reserve-Kraftstoffbehälter	Reserve-Kraftstoffbehälter dienen der sicheren Aufbewahrung von Kraftstoff, der im Koffer- oder Laderaum mitgeführt wird. Besonders Autofahrer von Pkw mit ungenauer Tankinhaltsanzeige führen sehr häufig mindestens 5 l Kraftstoff in einem Reservebehälter mit.	Gemäß EG-Richtlinie müssen nicht nur die Kraftstoffbehälter des Fahrzeuges, sondern auch Reserve-Kraftstoffbehälter korrosionsfest sein und bei ihrer Prüfung auf Dichtheit dem doppelten relativen Betriebsdruck, mindestens jedoch einem Druck von 1,3 bar standhalten. Reserve-Kraftstoffbehälter aus Kunststoff müssen ein Prüfzeichen tragen und der DIN 19604 (EN 227) entsprechen. Kanister aus Stahlblech sollen innen besonders gut gegen Korrosion geschützt sein. Kanister ohne Innenbeschichtung laufen stets Gefahr, durch im Kraftstoff enthaltenes Wasser durchzurosten. Das Mitführen von Kraftstoff in nicht dafür vorgesehenen Behältnissen ist nicht erlaubt. Alle Reserve-Kraftstoffbehälter sollen nicht in der Knautschzone des Fahrzeuges transportiert werden.
Rückfahrleuchten	Rückfahrleuchten sollen die Sichtverhältnisse beim Rückwärtsfahren im Dunkeln verbessern.	Gemäß § 52a StVZO müssen Fahrzeuge mit ein oder zwei Rückfahrscheinwerfern für weißes Licht ausgerüstet sein. Sie müssen geneigt angebaut werden, so daß die Fahrbahn höchstens auf 10 m hinter dem Fahrzeug beleuchtet ist. Sie dürfen weder bei Vorwärtsfahrt noch bei Abziehen des Zündanlaßschlüssels leuchten. Die Verwendung von Halogenlampen (Nebellampen, Fernscheinwerfer) als Rückfahrleuchten ist unzulässig.
Rücklichterlack	Relativ neu auf dem Markt sind Speziallacke, mit denen man die serienmäßig vorhandenen Lichtscheiben am Fahrzeugheck aus Stylinggründen schwarz überlackieren kann.	Nach § 53 StVZO werden Schluß- und Bremsleuchten sowie Rückstrahler mit ausreichender Lichtwirkung gefordert. Ihre Wirkung wird im Rahmen der Allgemeinen Betriebserlaubnis-Prüfung genau untersucht und die Glühlampengröße festgelegt. Wird nun die serienmäßige Lichtscheibe schwarz überlakkiert, erlischt automatisch die Betriebserlaubnis für das Fahrzeug, da sich die Leuchtwerte ändern. Diese Maßnahme darf nicht mit serienmäßigen schwarzen Rücklichtscheiben verwechselt werden. Hier werden entsprechend größere Glühlampen benutzt, und die Lichtwirkung wird im Rahmen der Betriebserlaubnis-Prüfung für das Fahrzeug gemessen.
Rückspiegel	Rückspiegel ermöglichen es dem Fahrer, einen bestimmten Verkehrsraum hinter seinem Fahrzeug zu überwachen. Die serienmäßig angebrachten Innen- und Außenspiegel erfüllen diese Aufgabe oft nur unzulänglich, da im toten Winkel seit-	Rückspiegel müssen der EG-Richtlinie entsprechen und sind am Prüfzeichen „E“ erkennbar. Änderungen an diesen Spiegeln, etwa durch Aufkleben eines Spiegelglases mit Totwinkelfunktion, sind unzulässig,

Kraftstoffbehälter, die mit Aluminiumstreckwolle aufgefüllt wurden, sind explosionssicher.

Ausstattung und Zubehör

Produkt	Produktbeschreibung	Technische Vorschriften/Empfehlungen
Rückspiegel *(Fortsetzung)*	lich neben dem Fahrzeug ein nicht vom Spiegel erfaßter Bereich übrigbleibt. Deshalb werden die serienmäßigen Außenspiegel oft gegen „Totwinkelspiegel“ ausgewechselt, die die Totwinkelbildung mit Hilfe gekrümmter Spiegelflächen vermeiden.	werden aber in der Regel im Rahmen der Prüfung gemäß §29 StVZO (TÜV) toleriert, wenn die Überwachung der vorgesehenen Verkehrsräume hinter dem Fahrzeug nicht behindert ist.
Schneeketten	Schneeketten verbessern das Fahrverhalten bei verschneiten bzw. nicht geräumten Verkehrswegen.	Gemäß §37 StVZO müssen Schneeketten das sichere Fahren auf schneebedeckter oder vereister Fahrbahn ermöglichen. Sie müssen so montiert werden, daß sie die Fahrbahn nicht beschädigen. Der Reifenumfang muß vollständig umspannt sein, so daß bei jeder Stellung des Rades ein Teil der Kette die ebene Fahrbahn berührt. Durch die Entwicklung der Schnellmontagesysteme, bei denen hinter dem Reifen kein Verschluß mehr zu schließen oder zu öffnen ist, kann man die Schneeketten in kürzester Zeit auflegen. Die Schnellmontagekette hat daher die Anfahrhilfen vom Markt verdrängt. Schneeketten darf man nur bis zu einer Geschwindigkeit von 50 km/h einsetzen.
Schutzgitter	Um bei Kombifahrzeugen das Ladegut zu sichern, das über die Rückenlehne des hinteren Sitzes hinausragt, kann man Schutzgitter einsetzen.	Schutzgitter, die mit Hilfe großflächiger Saugfüße zwischen Dach- und Wagenboden eingeklemmt werden, führen nicht zum Erlöschen der ABE und sind auch nicht eintragungspflichtig. Wird das Gitter allerdings fest mit der Karosserie verschraubt, ist das Fahrzeug einem amtlich anerkannten Sachverständigen vorzuführen, der den Einbau prüft und das Schutzgitter in die Autopapiere einträgt.
Seitenschürzen	Zusammen mit Front- und Heckspoiler dienen Seitenschürzen zur optischen Aufwertung von Fahrzeugen. Sie werden unmittelbar im Bereich des Türschwellers und an den Radausschnitten mit Blechtreibschrauben befestigt.	Durch die Anbringung von Seitenschürzen, auch in Verbindung mit Front- und Heckspoiler, werden in der Regel die Karosseriemaße verändert. §32 StVZO fordert deshalb die Eintragung in die Fahrzeugpapiere. Gemäß §19 StVZO führen Verbreiterungen an Kotflügeln oder Radkästen zum Erlöschen der Betriebserlaubnis, so daß für Front- und Heckspoiler sowie für Seitenschürzen grundsätzlich eine ABE erforderlich ist.
Sitzheizung	Beheizte Sitze verbessern den Fahrkomfort besonders bei kaltem Wetter. Ferner können sie die Beschwerden bei Bandscheibenleiden vermindern.	Eine Autositzheizung kann als einfacher Sitzüberzug mit Gummibändern angebracht werden. Der elektrische Anschluß erfolgt dann am Zigarettenanzünder. Der heizbare Sitzbezug beeinträchtigt aber oft Kontur und Farbwirkung der Sitze. Besser sind integrierte Heizvliese. Sie sind für zahlreiche Fahrzeuge als Originalteile erhältlich und werden zwischen Sitzbezug und Polstermaterial eingeschoben. Der elektrische Anschluß erfolgt direkt über einen Extraschalter am Armaturenbrett. Die Heizwirkung setzt bei guten Systemen nach einer Minute ein.

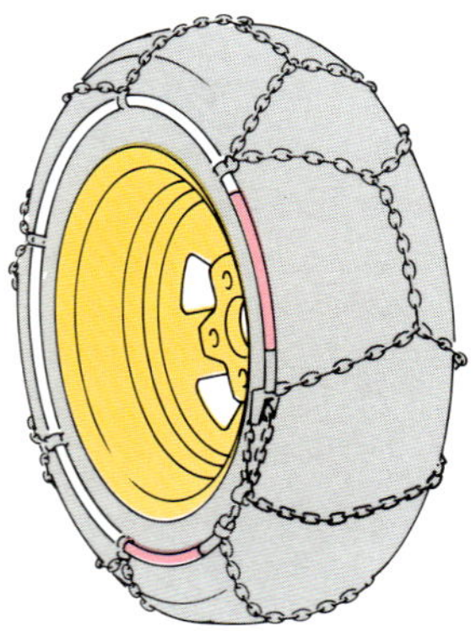

Moderne Schneekette mit Schnellmontagesystem

Ausstattung und Zubehör

Produkt	Produktbeschreibung	Technische Vorschriften/Empfehlungen
Skiträger	Skiträger dienen dem sicheren Transport von Abfahrts- oder Langlaufskiern.	Skiträger müssen der DIN 75302 entsprechen. Damit ist gewährleistet, daß die Sportgeräte sicher transportiert werden. Durch aufwendige Zugversuche wird getestet, ob ein bestimmter Träger an der am Fahrzeug vorhandenen Regenrinne sicher befestigt werden kann. Eine besondere Bedeutung kommt der DIN-Prüfung bei Fahrzeugen ohne Regenrinne zu, da hier die Anbringung von Dachträgern schwierig ist.
Sondersitz	Da serienmäßige Sitze oft nur eine geringe Seitenführung ermöglichen, kann man sie durch Sport- oder Sondersitze ersetzen, die dank einer besonderen Formgebung diese Eigenschaft besitzen.	§35a StVZO regelt die Beschaffenheit von Sitzen und Sicherheitsgurten. Ein Auswechseln durch andere Sitze ist zulässig, wenn die Anforderungen des Seriensitzes erfüllt werden. Im Vordergrund stehen nicht immer sportliche Motive, sondern auch das Verlangen des Käufers nach einer verbesserten Sitzposition in Verbindung mit erhöhtem Fahrkomfort und nach ermüdungsfreiem Fahren. Neuere Sportsitze verfügen oft über elektronische Verstellsysteme sowie über integrierte Sitzheizungen.
Sportauspuffanlage	Sportauspuffanlagen geben dem Fahrzeug durch einen besonderen Klang eine individuelle Note. Oft ist auch das Auspuffendrohr auffällig gestaltet. Versprochen werden zusätzlich meist ein Leistungsgewinn in Verbindung mit einer höheren Endgeschwindigkeit sowie eine Verbesserung des Kraftstoffverbrauchs.	Auspuffanlagen werden im Rahmen der TÜV-Prüfung des Fahrzeugtyps besonders auf ihre Geräuschentwicklung geprüft und mit einem Prüfzeichen versehen. Bei Ersatz der Auspuffanlage darf man nur eine für diesen Fahrzeugtyp freigegebene mit dem entsprechenden Prüfzeichen einbauen. Dies gilt auch für Sportauspuffanlagen. Durch besondere Gestaltung des Auspuffgegendrucks kann man das Durchzugsverhalten des Motors im Verhältnis zur Serienanlage leicht verbessern. Der Leistungsgewinn hält sich allerdings im Rahmen der zulässigen Meßgerätetoleranz. Die Höchstgeschwindigkeit wird in der Regel nicht verbessert, das gleiche gilt für den Kraftstoffverbrauch.
Sportlenkrad	Sportlenkräder sind ein beliebtes Stylingmittel, um ein Fahrzeug individuell auszustatten. Da heute serienmäßig umschäumte Lenkräder die gleiche Griffigkeit besitzen, haben die aufwendigen Sportlenkräder mit Lederummantelung an Bedeutung verloren.	§38 StVZO schreibt vor, daß die Lenkvorrichtung ein sicheres und leichtes Lenken gewährleisten muß. Deshalb darf man ein Lenkrad nur gegen ein anderes auswechseln, das eine ABE gemäß §22 StVZO besitzt. Die ABE gilt jeweils für einen bestimmten Fahrzeugtyp.
Standheizung	Standheizungssysteme erlauben das Heizen des Fahrzeuginnenraumes auch dann, wenn der Motor nicht läuft. In einer Brennkammer wird Benzin oder Diesel verbrannt und die gewonnene Wärme an einen Wärmetauscher abgegeben,	§35c StVZO fordert für Fahrzeuge mit einer Höchstgeschwindigkeit über 25 km/h ausreichende Heizung und Belüftung. Darüber hinaus ist gemäß §22a StVZO eine behördliche Zulassung für Heizungssysteme, die als Wärme-

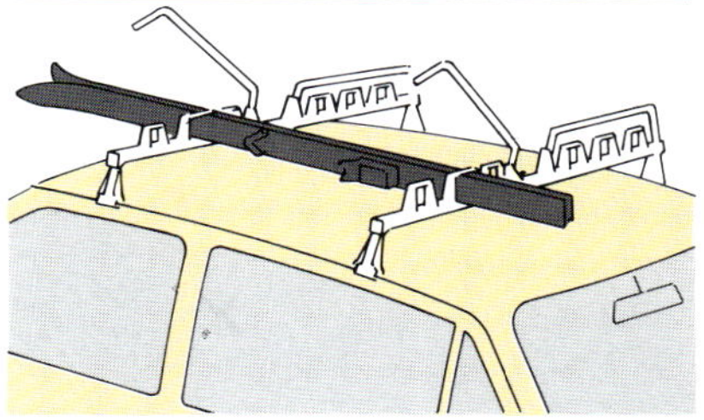

Gute Skiträger erkennt man am DIN-Prüfzeichen.

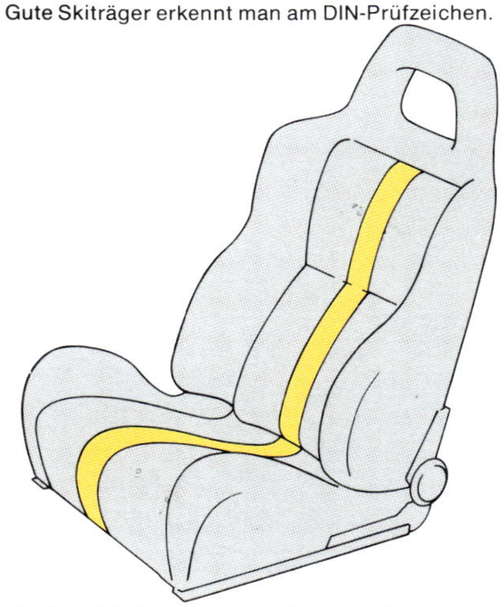

Komfortable Sondersitze verbessern nicht nur den Fahrkomfort, sondern mindern auch manchmal die Beschwerden bei Rückenleiden.

Manche Sportauspuffanlagen beeinflussen das Motorgeräusch bzw. die Leistung.

Ausstattung und Zubehör

Produkt	Produktbeschreibung	Technische Vorschriften/Empfehlungen
Standheizung *(Fortsetzung)*	der den Innenraum aufheizt. Durch eine Zeitschaltuhr oder Funkschaltung kann der Bedienkomfort der Systeme erhöht werden.	quellen nicht das Kühlwasser des Motors einsetzen, erforderlich. Das Heizgerät muß mit einem Typschild versehen sein, auf dem Typ, Betriebsnummer, Brennstoffart, elektrische Leistungsaufnahme und zulässiger Betriebsdruck (bei Wärmetauschern) angegeben sind. Wird eine Heizung nachträglich eingebaut, ist das Fahrzeug einem amtlich anerkannten Sachverständigen vorzuführen.
Starterklappe (Choke)	Die Starterklappen- oder Chokeeinrichtung reichert das Gemisch beim Ottomotor in der Startphase an und erlaubt so den sicheren Start und einen guten Lauf bei kaltem Motor. Sie ist aber auch für den Mehrverbrauch in der Kaltphase verantwortlich. Es gibt handbetätigte oder automatische Starterklappen- oder Chokeeinrichtungen.	Der Vergaser mit allen Nebeneinrichtungen unterliegt der Bauartgenehmigung entsprechend §47 StVZO und dem darin geregelten Abgasverhalten. Im Zubehörhandel werden Umrüstsätze angeboten, mit denen automatische Starterklappen- oder Chokeeinrichtungen durch manuell betätigte Systeme ersetzt werden können. Man will durch diese Umrüstung den Mehrverbrauch bei häufigen Kurzstreckenfahrten verhindern. Die Umrüstung ist unzulässig, da diese Systeme keine ABE besitzen. Dies gilt auch, wenn einem Umrüstsatz ein Gutachten von Sachverständigen beiliegt. Der TÜV erkennt in der Regel solche Gutachten nicht an.
Starthilfekabel	Mit den Starthilfekabeln verbindet man jeweils Plus- und Minuspol einer vollgeladenen Hilfsbatterie mit den entsprechenden Polen der leeren Batterie des liegengebliebenen Fahrzeuges. So ist eine schnelle Starthilfe ohne Ausbau der leeren Batterie möglich.	Starthilfekabel müssen der DIN 72553 entsprechen. Gefordert wird neben der Isolierung des Kabels, das auch bei Minusgraden flexibel bleiben muß, eine vollisolierte Zange, die jeden Kurzschluß in geschlossenem Zustand unmöglich macht. Das DIN-Starthilfekabel ist 3 m lang und hat für Ottomotoren bis 2,5 l Hubraum einen Kupferquerschnitt von 16 mm^2. Für Fahrzeuge mit Ottomotoren bis 5,5 l Hubraum sowie für Diesel-Pkw bis 3 l Hubraum fordert die Norm einen Kupferquerschnitt von 25 mm^2. Geprüfte Kabel tragen das DIN-Zeichen.
Stopp-Start-Anlage	Stopp-Start-Anlagen ermöglichen das schnelle, komfortable Abstellen eines Verbrennungsmotors durch Bedienen eines Abstellknopfes. Nach Beendigung der Fahrpause startet man das Fahrzeug automatisch durch Bedienen der üblichen Pedale.	Das Abstellen von Ottomotoren in Verkehrspausen, die länger als 20 Sekunden dauern, dient sowohl dem Umweltschutz als auch der Kraftstoffeinsparung. Dieselmotoren weisen auch im Leerlauf sehr günstige Verbrauchs- und Abgaswerte auf. Doch wegen der Geräuschbelästigung empfiehlt es sich, diese Technik auch bei Dieselfahrzeugen konsequent einzusetzen. Obwohl man den Motor auch mit dem normalen Anlaßschlüssel abstellen kann, erscheint der Einsatz eines Stopp-Start-Systems sinnvoll, da der Fahrer durch den halbautomatischen Ablauf entlastet wird. Die Technik von Stopp-Start-Anlagen wurde von Autofahrern in der Vergangenheit nur unwillig angenommen, so daß die Geräte heute wieder vom Markt verschwunden sind.

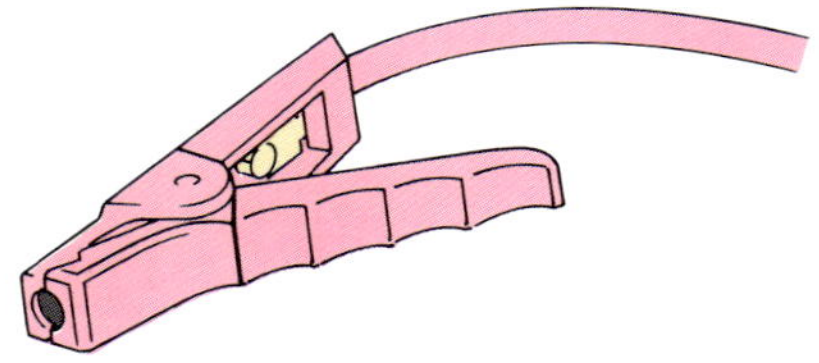

Die vollisolierte Zange eines Starthilfekabels

Ausstattung und Zubehör

Produkt	Produktbeschreibung	Technische Vorschriften/Empfehlungen
Stoßdämpfer	Stoßdämpfer bringen die in Schwingung geratenen beweglichen Teile einer Achse durch hydraulische Dämpfung wieder zur Ruhe und sorgen für guten Fahrbahnkontakt.	Ersetzt man Originalstoßdämpfer nicht durch Originalteile, erlischt die Betriebserlaubnis nicht, wenn die neuen Stoßdämpfer die gleichen sicheren Fahreigenschaften des Fahrzeuges gewährleisten. Teure Spezialstoßdämpfer, beispielsweise Gasdruck-Stoßdämpfer, sorgen kaum für eine bessere Straßenlage eines Fahrzeuges. Sie besitzen allerdings meist eine längere Lebensdauer als einfache Ausführungen.
Stoßstange	Stoßstangen sind Prallflächen zur hinteren und vorderen Begrenzung des Fahrzeuges. Sie können Stöße aus geringer Geschwindigkeit ohne Beschädigung des Fahrzeuges auffangen.	Nach Abbau der Stoßstange erlischt in der Regel die Betriebserlaubnis, wenn in der Stoßstange lichttechnische Einrichtungen integriert sind und scharfkantige Teile, z. B. die Stoßstangenhalterung und vorstehende Auspuffrohre, zu einer zusätzlichen Gefährdung anderer Verkehrsteilnehmer führen. Entfernt man beispielsweise aus Stylinggründen die Stoßstangen, sind die lichttechnischen Einrichtungen durch andere zu ergänzen und scharfkantige Teile abzuändern.
Suchscheinwerfer	Suchscheinwerfer dienen der Ausleuchtung von Objekten außerhalb der Fahrbahn – etwa beim Suchen einer bestimmten Hausnummer –, nicht aber der zusätzlichen Ausleuchtung der Fahrbahn.	Fahrzeuge dürfen gemäß § 52 StVZO mit einem Suchscheinwerfer für eine Leistung von maximal 35 W mit weißem Licht ausgerüstet sein. Der Suchscheinwerfer darf nur gleichzeitig mit den Schlußlichtern und der Beleuchtung des hinteren Kennzeichens einschaltbar sein. Unzulässig ist die Verwendung von Halogenscheinwerfern, die oft eine Leistung von 55 W aufweisen und am Zigarettenanzünder angeschlossen werden.
Turbolader	Turbolader dienen der Leistungserhöhung eines Verbrennungsmotors, ohne seine Grundform zu ändern. Die im Abgasstrom laufende Turbine treibt ein auf der gleichen Welle sitzendes Laufrad, das dem Motor Luft zuführt. Damit steigen der Füllungsgrad des Motors sowie seine Leistung. Bei Ottomotoren dient der Abgasturbolader vorwiegend der Leistungserhöhung, beim Dieselmotor zum Teil auch der Kraftstoffeinsparung, da der spezifische Kraftstoffverbrauch bei Vollast kleiner ist.	Wird für ein Fahrzeug gemäß § 19 StVZO eine Betriebserlaubnis erteilt, darf nachträglich die Motorleistung nicht geändert werden. Bei einem nachträglichen Anbau eines Turboladers erfolgt eine Leistungssteigerung, so daß nach dem Umbau die Betriebserlaubnis erneut beantragt werden muß. Zusätzlich muß nach § 47 StVZO das Abgasverhalten des Motors untersucht werden.
Überrollbügel	Der im Innenraum eines Fahrzeuges angebrachte Überrollbügel soll die Steifigkeit des Daches bei Unfällen mit Überschlag verbessern und die Fahrgastzelle zusätzlich sichern.	Durch den Einbau eines Überrollbügels können verschiedene Vorschriften der StVZO betroffen sein. Es ist denkbar, daß der Überrollbügel in ungeeigneter Ausführung sogar eine zusätzliche Gefährdung der Insassen bedeutet. Im Einzelfall entscheidet der amtlich bestellte Sachverständige über die Abnahme. Üblicherweise wird mit den Überrollbügeln geeignetes Polstermaterial geliefert. Bei sachgerechter Anbringung wird die zusätzliche Gefährdung der Insassen vermieden.

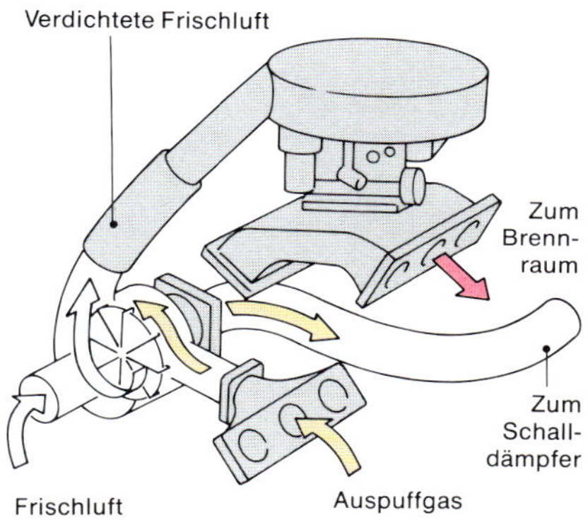

Abgasturbolader erhöhen die Leistung eines Motors, ohne daß seine Grundform verändert wird.

Ausstattung und Zubehör

Produkt	Produktbeschreibung	Technische Vorschriften/Empfehlungen
Ultraschall-Parkhilfe	Das Einparken ist mit großen, unübersichtlichen Fahrzeugen oft schwierig. Mit Hilfe eines Ultraschall-Sensorgerätes läßt sich der Verkehrsraum hinter dem Fahrzeug überwachen. Gegenstände wie Lichtmaste, Randsteine oder geparkte Fahrzeuge werden von diesem Ultraschall-Parksystem erfaßt; der Abstand zum Objekt wird optisch oder akustisch angegeben.	Ultraschall-Parkhilfen sind besonders für Kleinbusse und große Pkw empfehlenswert. Sie machen den Anbau von ein oder zwei Sensoren an der hinteren Stoßstange notwendig. Der Anbau ist so unbedeutend, daß keine Neuabnahme des Fahrzeuges notwendig wird. In der Bundesrepublik Deutschland sind nur Ultraschall-Rückfahrsysteme mit dem FTZ-Prüfzeichen der Bundespost zugelassen. 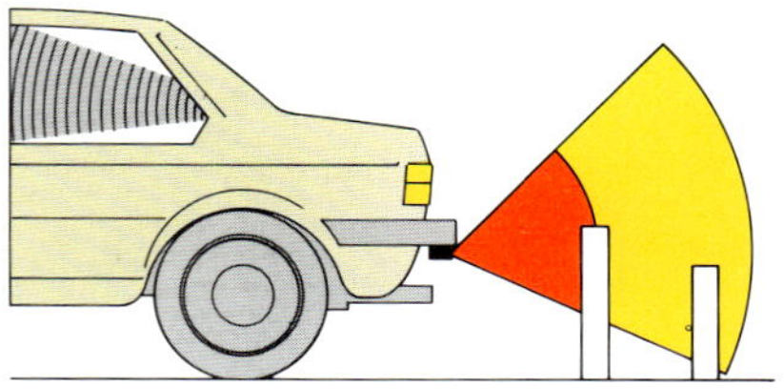 Eine Ultraschall-Parkhilfe bedeutet eine wesentliche Hilfe beim Rückwärtsfahren.
Verbandkasten **Verbandkissen**	Verbandmaterial in Kraftfahrzeugen dient der Ersten Hilfe von verletzten Personen noch vor Eintreffen eines Notarztes oder Hilfsdienstes.	§35h StVZO fordert für Kraftfahrzeuge, die schneller als 6 km/h fahren können, eine Erste-Hilfe-Ausrüstung gemäß DIN 13164. Das Material ist in einem Behälter verpackt zu halten, der so beschaffen sein muß, daß der Inhalt vor Feuchtigkeit, Staub sowie vor Kraft- oder Schmierstoffen geschützt wird. Entsprechend zugelassene Verbandkästen oder -kissen erkennt man an der Bezeichnung „DIN Verbandkasten B" (leicht) nach Norm 13164 gemäß StVZO. Es empfiehlt sich, außen am Fahrzeug auf einem Aufkleber anzugeben, wo der Verbandkasten aufbewahrt wird. Zweckmäßig ist die Aufbewahrung unter einem Sitz oder fest verstaut mit einer Spezialhalterung im vorderen Fußraum. Um den Verbandkasten vor Sonneneinstrahlung zu schützen, sollte man ihn nicht ohne Abdeckung auf der Hutablage aufbewahren. Hier kann er außerdem bei einem Unfall Verletzungen auslösen. Den Inhalt des Verbandkastens sollte man von Zeit zu Zeit auf Zustand und Vollständigkeit kontrollieren. Zum Inhalt gehören: 1 Heftpflaster DIN 13019 – A5 × 2,5, Spule mit Außenschutz 1 Wundschnellverband DIN 13019 – E50 × 6, staubgeschützt verpackt 3 Wundschnellverbände DIN 13019 – E10 × 6, staubgeschützt verpackt 1 Verbandpäckchen DIN 13151 – G 3 Verbandpäckchen DIN 13151 – M 1 Verbandtuch DIN 13152 – A 3 Verbandtücher DIN 13152 – BR 6 Mullbinden DIN 61631 – MB – 8 ZW/BW, einzeln staubgeschützt verpackt 3 Mullbinden DIN 61631 – MB – 6 ZW/BW, einzeln staubgeschützt verpackt 6 Kompressen 100 mm × 100 mm, maximal paarweise verpackt, steril, Papier nach DIN 58953 Teil 2 und 6 2 Dreiecktücher DIN 13168 – D, einzeln staubgeschützt verpackt 1 Schere DIN 58279 – A145 1 Behältnis mit 12 Sicherheitsnadeln nach DIN 7404 mit einer Nenngröße 48 mm, aus Stahl, vernickelt 4 Einmalhandschuhe aus PVC, nahtlos, Sorte groß, staubgeschützt verpackt 1 Erste-Hilfe-Broschüre (muß mindestens den Broschüren „Anleitung zur Ersten Hilfe bei Unfällen" oder „Sofortmaßnahmen am Unfallort" entsprechen) 1 Inhaltsverzeichnis mit Feld zum Eintragen des polizeilichen Kennzeichens und des Fahrzeughalters 1 Ölkreide, weiß Für Urlaubsfahrten sollte man die übliche, nach den Normen ausgestattete Bordapotheke nach den Erfordernissen der besuchten Länder mit den entsprechenden Medikamenten bzw. Nothilfematerial ergänzen.

Ausstattung und Zubehör

Produkt	Produktbeschreibung	Technische Vorschriften/Empfehlungen
Warndreieck	Warndreiecke dienen der Absicherung von liegengebliebenen Fahrzeugen oder von Unfallstellen.	§53a StVZO fordert für Pkw unter 2,5 t zulässigem Gesamtgewicht das Mitführen eines Warndreiecks in bauartgenehmigter Ausführung. Die Bauartgenehmigung erkennt man an einer Wellenlinie und der zugeordneten Prüfnummer, die mit einem „K" beginnt. Da in der Vergangenheit einzelne typgeprüfte Warndreiecke ihre Retroreflexwirkung verloren haben, wurden nachfolgende Prüfnummern zurückgezogen: K 13705, 13749, 13771, 13776, 13758, 13760, 13740, 13702.
Warnleuchte	Warnleuchten dienen der Absicherung von liegengebliebenen Fahrzeugen oder von Unfallstellen.	§53a StVZO fordert für Kraftfahrzeuge mit einem zulässigen Gesamtgewicht über 2,5 t neben dem Warndreieck zusätzlich das Mitführen einer Warnleuchte in typgeprüfter Ausführung. Die Warnleuchte muß gemäß Bauvorschrift ausreichend gegen Korrosion geschützt und standfest sein. Gute Warnleuchten besitzen neben der Blinkfunktion eine Schaltung für weißes Dauerlicht, so daß man sie bei technischen Pannen als Taschenlampe einsetzen kann. Die typgeprüfte Ausführung einer Warnleuchte erkennt man, ähnlich wie beim Warndreieck, an einer Wellenlinie und dem Buchstaben „K" sowie einer Prüfnummer. Beim Auswechseln von Batterien und Glühlampen muß man die in der Bedienungsanleitung angegebenen Batterie- oder Glühlampentypen verwenden, da sonst die Betriebserlaubnis für die Warnleuchte erlischt.
Windabweiser	Windabweiser aus Kunstglas sollen Zugluft bei geöffneter Seitenscheibe vermeiden bzw. eine zugfreie Belüftung ermöglichen.	§40 StVZO fordert grundsätzlich Scheiben aus Sicherheitsglas, die lichtdurchlässig und verzerrungsfrei sind. Dies gilt für sämtliche Scheiben, also auch für die Seitenscheiben. Windabweiser, die die Sicht einengen, dürfen nicht montiert werden. Windabweiser mit Prüfzeichen, Wellenlinie und K-Prüfnummer sind auf Splittersicherheit des Materials untersucht und werden nicht beanstandet.
Windsplit	Windsplitsets bestehen aus zwei Gummiprofilen, die auf die vorderen Kotflügel unmittelbar entlang den Motorhaubenkanten aufgeschraubt oder aufgeklebt werden. Windsplits sollen die Längsstabilität des Fahrzeuges bei schneller Fahrt verbessern.	Windsplits werden in der Regel aus Weichgummi gefertigt, so daß keine ABE gefordert wird. Bei Montage von Windsplits aus hartem Kunststoff ist eine ABE vorgeschrieben. Für den normalen Fahrbetrieb ist diese Technik entbehrlich, denn es ist nachgewiesen, daß das Fahrverhalten eines Fahrzeuges durch diese Windleiteinrichtung erst ab etwa Tempo 200 km/h spürbar beeinflußt wird. Ein weiterer Nachteil dieser Technik ist durch die Tatsache begründet, daß die Kotflügel zur Befestigung durchbohrt werden müssen. Die Bohrungen sind dann Auslöser für Roststellen durch Salz und Wasser, das von den Rädern hochgeschleudert wird.

Das Warndreieck sollte man in deutlichem Abstand vom Fahrzeug aufstellen.

Windabweiser stören oft die Optik eines Pkw, erlauben aber ein Fahren ohne Zugerscheinungen.

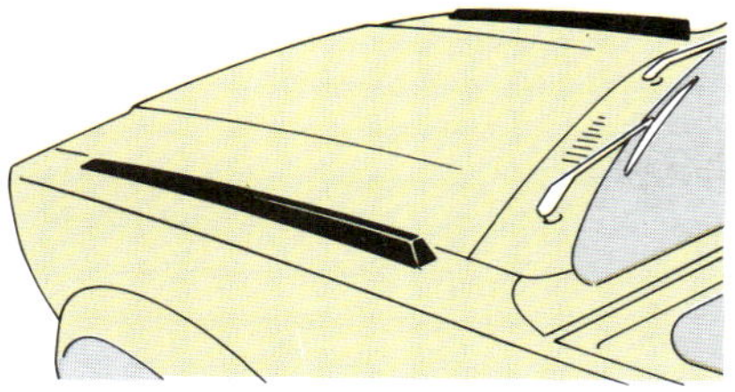

Solche Produkte verbessern die Aerodynamik in der Praxis kaum.

Ausstattung und Zubehör

Produkt	Produktbeschreibung	Technische Vorschriften/Empfehlungen
Windschutzscheibe	Die Windschutzscheibe hält Witterungseinflüsse von Fahrer und Passagieren fern.	§35b StVZO in Verbindung mit §40 StVZO fordert für den Fahrzeugführer ein ausreichendes Sichtfeld unter allen Betriebs- und Witterungsverhältnissen. Weiterhin fordert §22a StVZO eine Bauartgenehmigung für Scheiben aus Sicherheitsglas. Scheiben dürfen im Falle eines Schadens nur gegen solche mit Bauartgenehmigung ausgewechselt werden. Wegen der Bauartgenehmigung sind Änderungen unzulässig, etwa Aufsprühen oder Aufkleben farbiger Sonnenschutzfolien am oberen Scheibenrand. Ein solcher Eingriff bringt automatisch die Betriebserlaubnis zum Erlöschen. Theoretisch gilt das auch für kleine Aufkleber, z. B. Werbeaufschriften, sofern sie die Sicht behindern.
Winterreifen	Winter- oder Haftreifen erlauben sicheres Fahren bei nasser, vereister oder verschneiter Straße, bedingt durch eine besondere Profilierung in Verbindung mit einer auf diesen Betrieb abgestimmten Gummimischung.	Für Winter- oder Haftreifen gelten grundsätzlich die gleichen Bestimmungen wie für normale Reifen mit Sommerprofil. Man sollte stets die in den Kraftfahrzeugpapieren angegebene schmalste Dimension bevorzugen. Zu breite Reifen verringern die Reifenaufstandskräfte. Abweichend von Sommerreifen dürfen Winter- oder Haftreifen auch mit einer geringeren Geschwindigkeitsklasse als aus den Kraftfahrzeugpapieren ersichtlich montiert werden. In diesem Fall ist die höchstzulässige Geschwindigkeit für diese Reifen durch einen Aufkleber im Blickfeld des Fahrzeugführers deutlich sichtbar zu machen. Das Einhalten dieser Geschwindigkeitsbegrenzung empfiehlt sich im Interesse der Verkehrssicherheit sowie wegen des Reifenverschleißes bei schneller Fahrt auf trockener Straße.
Zündverstärker	Zündverstärker werden anstelle der serienmäßigen Zündkerzenstecker montiert oder in die Hochspannungsleitungen der Zündung eingesetzt und beeinflussen angeblich das Abgasverhalten und den Kraftstoffverbrauch eines Motors positiv.	§47 StVZO fordert von Kraftfahrzeugen ein Abgasverhalten, das dem jeweiligen Stand der Technik und den einschlägigen Vorschriften entspricht. Die Prüfung der Abgaswerte gehört zur Typprüfung des Fahrzeuges. Jede Änderung an der Zündanlage, die das Abgas- und Verbrauchsverhalten eines Motors beeinflußt, ist unzulässig und führt somit zum Erlöschen der Betriebserlaubnis.
Zusatzscheinwerfer	Zusatzscheinwerfer können das Führen eines Fahrzeuges unter erschwerten Bedingungen erleichtern und die Verkehrssicherheit fördern. Zu den häufig eingesetzten Zusatzscheinwerfern gehören Nebelscheinwerfer, Fernscheinwerfer und Nebelrücklichter.	§49a StVZO regelt die allgemeinen Grundsätze für lichttechnische Einrichtungen an Kraftfahrzeugen. Man darf nur die vorgeschriebenen und als zulässig erklärten Einrichtungen anbringen. Es ist beispielsweise unzulässig, einen Halogen-Nebelscheinwerfer als Rückfahrlicht einzusetzen. Zusätzliche lichttechnische Einrichtungen müssen nicht nur vorschriftsmäßig montiert, sondern auch ständig betriebsbereit sein. Bei der Montage von Zusatzscheinwerfern muß man darauf achten, daß die Kühlluftzuführung nicht behindert wird.

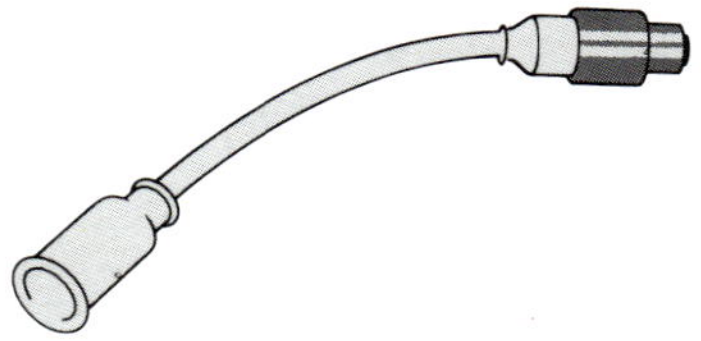
Zündverstärker sind an modernen Zündanlagen überflüssig.

Zusatzscheinwerfer dürfen nicht höher als die Hauptscheinwerfer montiert werden.

Fehlersuchsystem

Von den im Fehlersuchsystem angegebenen Abhilfemaßnahmen können nur einige wenige bei einer Panne von geschickten Autofahrern selbst durchgeführt werden.

In den meisten Fällen lassen sich die Schäden nur in einer Fachwerkstatt beheben.

Im Zweifelsfall gibt der entsprechende Abschnitt im Reparaturteil genaue Auskunft.

Generell gilt: Wenn man den Fehler bemerkt hat, sollte man noch im Ausrollen die Warnblinkanlage einschalten und das Fahrzeug so abstellen, daß der fließende Verkehr nicht behindert wird. Auf Autobahnen gibt es dazu in der Regel die relativ sichere Standspur. Man öffnet die Motorhaube und den Kofferraumdeckel, damit das Fahrzeug für die vorbeifahrenden Autos sehr früh und markant wahrnehmbar ist. Dann klappt man das Warndreieck aus und trägt es vor sich her. Es sollte mindestens 100 m hinter dem Fahrzeug aufgestellt werden.

Die Pannenhilfevermittlung ist auf Autobahnen, Bundes- und Landstraßen bzw. in den Städten unterschiedlich geregelt.

Pannenhilfevermittlung auf Autobahnen

In diesem Fall begibt man sich zu einer der vielen Notrufsäulen auf der rechten Fahrbahnseite. Man folgt dabei den Hinweispfeilen auf den Begrenzungspfählen. Nach Öffnen der Klappe an der Notrufsäule ist man automatisch mit der nächsten Autobahnmeisterei verbunden und verlangt hier den Pannendienst des ADAC. Nach einer angemessenen Wartezeit erscheint dann die ADAC-Straßenwacht oder der Straßendienst im Auftrag des ADAC. Man sollte besonders auf die Beschriftung der Fahrzeuge achten; denn häufig kommt es vor, daß sich hier falsche Pannenhelfer in ähnlicher Aufmachung einschleichen wollen.

Pannenhilfe auf Bundesstraßen

Auf vielbefahrenen Bundesstraßen sind heute schon Notrufanlagen eingerichtet. Es handelt sich dabei nicht um Rufsäulen, sondern um Telefone in einem kleinen Kästchen. Der entsprechende Pfeil auf dem Begrenzungspfahl zeigt, wo das nächste Notruftelefon steht.

Pannenvermittlung in Städten und auf Landstraßen

In diesem Fall muß man zunächst das nächstgelegene Telefon aufsuchen. Man sollte hier aber nicht unbedingt irgendeine Werkstätte anrufen, sondern Verbindung mit der zuständigen ADAC-Notrufzentrale aufnehmen, da nur sie weiß, wo ein Straßenwachtfahrer oder ein Straßendienstunternehmen im Auftrag des ADAC einsatzbereit ist.

Die Rufnummer lautet in Deutschland einheitlich (0180) 2222222.

Trifft der Helfer ein, wird er zunächst eine Behebung der Panne mit Bordmitteln versuchen. Wenn das nicht möglich ist, befördert der ADAC-Straßendienst das Fahrzeug nach den Bedingungen des Leistungsscheckheftes zu einem Reparaturunternehmen eigener Wahl.

Notausrüstung für den Pannenfall

Der geübte Do-it-yourselfer sollte in seinem Fahrzeug mindestens eine kleine Notausrüstung mitführen. Dazu gehören neben Warndreieck und Verbandkasten passende Ersatzkeilriemen, 5 l Reservekraftstoff, das Reserverad mit einem funktionsfähigen Wagenheber, eine kleine Werkzeugausrüstung sowie ein Abschleppseil. Diese Ausrüstung sollte je nach Jahreszeit durch einen Regenschutz, warme Kleidung und Handschuhe ergänzt werden.

Im Winter gehören zur Ausrüstung zusätzlich ein Eisschaber, ein Satz Schneeketten und ein Spaten, wenn man über Land fährt.

Ist man häufig nachts unterwegs, gehört in das Auto unbedingt eine Taschenlampe oder eine Warnblinkleuchte. Besonders empfehlenswert ist eine Taschenlampe, die ständig mit dem Bordnetz verbunden ist und deshalb dauernd geladen wird. Sie befindet sich im Griffbereich des Armaturenbretts in einem kleinen Köcher und ist sofort griffbereit, wenn das Bordnetz ausfällt. Solche Taschenlampen erhält man bei jeder ADAC-Geschäftsstelle. Das gleiche gilt für Bordwerkzeug, für die Sicherheitsausrüstung und für Zubehör.

Fehlersuchsystem

Fehler	Ursache	Abhilfe
Startprobleme Der Anlasser dreht den Motor nicht durch; man hört nur ein Klickgeräusch. Die Ladekontrolle glimmt nur noch, wenn man den Anlasser betätigt.	Die Batterie ist leer oder defekt. Die Batterieanschlüsse sind korrodiert.	Die Batterie laden oder ersetzen. Die Batterieanschlüsse reinigen.
Der Motor dreht den Anlasser nicht durch; man hört nur ein Klickgeräusch. Beim Betätigen des Anlassers leuchtet die Ladekontrolle hell weiter.	Der Anlasser oder der Magnetschalter ist defekt. Die Anschlüsse des Anlassers oder des Magnetschalters sind korrodiert.	Den Anlasser oder den Magnetschalter erneuern. Die Anschlüsse des Anlassers und den Magnetschalter reinigen.
Der Anlasser läuft mit einem hellen Geräusch an, aber der Motor startet nicht.	Das Anlasserritzel ist gebrochen. Die Verzahnung des Schwungrades ist verschlissen.	Das Anlasserritzel prüfen und erneuern. Die Verzahnung des Schwungrades oder das Schwungrad erneuern.
Der Anlasser spurt ein und dreht die Maschine so langsam durch, daß der Motor nicht anspringt.	Die Batteriespannung ist zu niedrig. Die Batterieanschlüsse sind korrodiert. Der Anlasser ist beschädigt.	Die Batterie laden oder ersetzen. Alle Anschlüsse zwischen Batterie und Anlasser sowie zwischen Batterie und Masse reinigen. Den Anlasser prüfen, überholen oder ersetzen.
Der Motor wird vom Anlasser schnell durchgedreht, springt aber nicht an.	Der Zündfunke ist zu schwach.	Die Kontakte prüfen, einstellen, eventuell ersetzen. Bei verbrannten Kontakten den Kondensator zusätzlich prüfen. Alle Zündleitungen und die Verteilerkappe reinigen und mit einem Spray behandeln.
	An den Zündkerzen wird kein Funke gebildet.	Den Verteilerfinger und die Kappe mit Schleifkohlen prüfen. Die Hoch- und Niederspannungsleitung zwischen Zündspule und Verteiler auf Schäden untersuchen.
	Zündkerzenstecker wurden verwechselt.	Die Zündkerzenkabel entsprechend der Zündfolge neu einsetzen.
	Das Zündschloß ist defekt. Die Anschlüsse der Zündspule sind schadhaft. Die Zündspule ist beschädigt.	Neues Zündschloß montieren. Alle Anschlüsse der Zündspule und des Vorwiderstandes prüfen. Die Zündspule testen und eventuell ersetzen.
Der Anlasser dreht den Motor normal durch; der Motor springt aber nicht an.	Es ist ein ausreichender Funke an der Kerze vorhanden, aber die Starterklappe rastet nicht ein. Die Kraftstoffpumpe fördert kein Benzin zum Vergaser.	Den Starterklappenzug oder die automatische Betätigung der Starterklappe prüfen, einstellen oder reparieren. Die Kraftstoffleitung vom Vergaser abziehen und prüfen, ob die Pumpe fördert. Ist dies nicht der Fall, die Pumpe ausbauen, überholen oder ersetzen. Zusätzlich die Tankbelüftung prüfen.
	Die Benzinpumpe arbeitet; trotzdem ist kein Benzin in der Schwimmerkammer.	Das Schwimmernadelventil hängt und muß ersetzt werden.

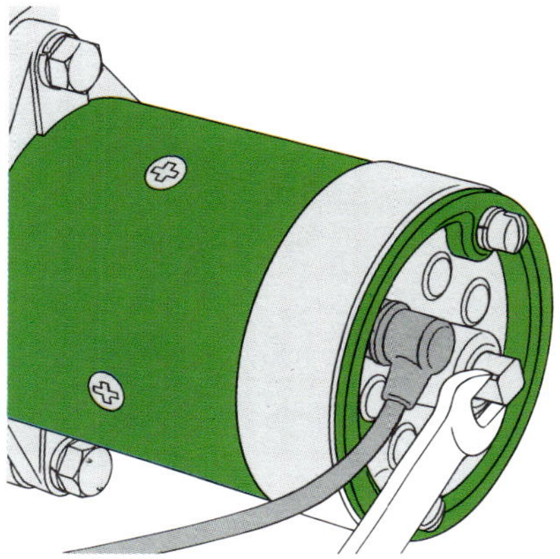

Spurt der Anlasser nicht mehr aus, das Fahrzeug mit eingelegtem Gang hin- und herbewegen oder den Vierkant am Anlasserdeckel, falls vorhanden, im Uhrzeigersinn drehen.

Bei Zündungsstörungen Verteilerkappe abnehmen. Kappe, Kabel und Verteilerfinger gründlich reinigen und Unterbrecherabstand prüfen.

Fehlersuchsystem

Fehler	Ursache	Abhilfe
Startprobleme *(Fortsetzung)*	Falls Vergaser und Benzinpumpe in Ordnung sind, sind die Zündkerzen naß.	Die Zündkerzen ausbauen und trocknen. Alte Zündkerzen ersetzen. Den Motor ohne eingesetzte Zündkerzen mit dem Anlasser durchdrehen. Neue Zündkerzen montieren und beim Startversuch Vollgas geben; das Pedal nicht mehr loslassen.
Beim Startversuch Patschen im Vergaser.	Der Zündzeitpunkt ist fehlerhaft eingestellt.	Den Zündzeitpunkt richtig einstellen.
	Kerzenstecker wurden verwechselt.	Die Kerzenstecker entsprechend der Zündfolge korrekt einsetzen.
Der Motor springt an, läuft aber nicht durch.	Die Starterklappe ist zuwenig oder zuviel eingerastet; dadurch befindet sich zuviel Benzin in den Brennräumen.	Die Starterklappenbetätigung prüfen und einstellen. Die Zündkerzen ausbauen, trocknen oder ersetzen. Den Motor mit dem Anlasser ohne eingesetzte Zündkerzen durchdrehen. Beim Startversuch Vollgas geben und das Pedal nicht mehr loslassen.
	Das Luftfilter ist zugesetzt.	Das Luftfilter reinigen oder ersetzen.
	Das Zündschloß oder die Verkabelung zur Zündspule ist defekt (Wackelkontakt).	Das Zündschloß erneuern, fehlerhafte Anschlüsse ersetzen, den Vorwiderstand prüfen.
	Kraftstoffmangel in der Schwimmerkammer.	Die Kraftstoffleitung vom Vergaser abziehen und die Pumpenleistung prüfen. Falls notwendig, die Pumpe überholen oder ersetzen.
	Die Leerlaufdüse ist verschmutzt.	Die Leerlaufdüse ausbauen und reinigen.
Beim Motorstart entsteht ein schrilles Geräusch.	Der Keilriemen ist lose oder verschlissen.	Den Keilriemen ersetzen oder spannen.
	Das Anlasserritzel spurt nicht ein.	Das Anlasserritzel und/oder die Schwungscheibenverzahnung ersetzen.
Kühlerprobleme Der Motor wird zu heiß.	Der Kühlmittelstand ist zu niedrig.	Das Kühlsystem auffüllen.
	Ein Leck befindet sich im Kühler, in den Schläuchen oder im Motorblock.	Das Leck suchen und abdichten, eventuell die Kühlwasserschläuche ersetzen oder die Schlauchbinder nachziehen.
	Der Kühlerverschluß ist schadhaft.	Den Kühlerverschluß und dessen Dichtung prüfen und, falls notwendig, ersetzen.
	Der Kühlerdurchfluß ist blockiert.	Den Kühler mit einem Schlauch durchspülen und den Durchsatz prüfen.
	Das Kühlsystem ist teilweise verstopft.	Das gesamte Kühlsystem spülen.
	Die Verbindung zum Überlaufgefäß ist schadhaft.	Den Schlauch zwischen Kühlsystem und Überlaufgefäß ersetzen.
	Die Wasserpumpe oder die Dichtung ist beschädigt.	Eine neue Wasserpumpe oder Dichtung einsetzen.
	Frostschutzstopfen sind durchgerostet.	Neue Frostschutzstopfen montieren.
	Der Thermostat ist in geschlossener Stellung blockiert.	Den Thermostat erneuern.

Die Belegung eines Luftfilters läßt sich nur sehr schwer prüfen. Deshalb im Zweifelsfall das Luftfilter erneuern oder von innen nach außen mit Preßluft ausblasen.

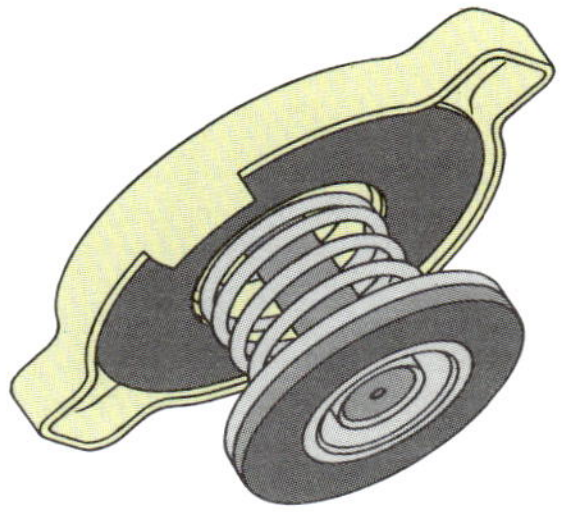

Man prüft die Über- und Unterdruckventile sowie die Dichtung des Kühlerverschlusses und ersetzt den Verschluß, falls notwendig.

Fehlersuchsystem

Fehler	Ursache	Abhilfe
Kühlerprobleme *(Fortsetzung)*	Der Keilriemen ist nicht korrekt gespannt oder gerissen.	Die Keilriemenspannung einstellen oder den Keilriemen erneuern.
	Der Motor des Elektrolüfters läuft nicht.	Den Schalter des Elektrolüftermotors und die Motorverkabelung prüfen. Den Motor prüfen und ersetzen.
	Die Zylinderkopfdichtung ist durchgebrannt.	Den Zylinderkopf ausbauen und die Dichtung ersetzen. Den Zylinderkopf plan schleifen.
	Der Zündzeitpunkt ist falsch eingestellt.	Den Zündzeitpunkt einstellen.
	Die Unterdruckverstellung des Verteilers arbeitet nicht korrekt.	Die Unterdruckverstellung des Verteilers prüfen. Den Verteiler auf einer Verteilerbank testen, überholen oder erneuern.
	Im Motorblock oder im Zylinderkopf befinden sich Risse.	Den Motor zerlegen und zusammen mit dem Zylinderkopf auf Risse prüfen; gegebenenfalls erneuern.
An einem sehr kalten Tag ist der Motor überhitzt, obwohl der Kühler im unteren Bereich kalt bleibt.	Der untere Teil des Kühlers ist eingefroren, der obere Teil kocht.	Den Motor abschalten. Das Fahrzeug in einen warmen Raum bringen und auftauen, eventuell einen Dampfstrahler einsetzen. Anschließend das Kühlsystem leeren und spülen. Frostschutzmittel in der erforderlichen Menge einfüllen.
Der Motor erreicht seine normale Betriebstemperatur nicht.	Der Thermostat ist in offener Stellung hängengeblieben.	Den Thermostat erneuern.
	Die Temperaturanzeige ist unkorrekt.	Die Verkabelung des Temperaturkontrollsystems und den Temperaturfühler prüfen und eventuell ersetzen.
Motorlaufprobleme Der kalte Motor bleibt im Leerlauf stehen.	Die Leerlaufdrehzahl ist zu niedrig.	Die Leerlaufdrehzahl mit Hilfe der Umluftgemischschraube einstellen.
	Das Leerlaufgemisch ist zu mager oder zu fett.	Das Leerlaufgemisch mit der CO-Wert-Schraube und einem CO-Tester neu abstimmen.
	Das Starterklappensystem öffnet oder schließt nicht korrekt.	Die Hand- oder Automatik-Choke-Funktion prüfen und einstellen.
Der betriebswarme Motor bleibt im Leerlauf stehen.	Die Umluftgemischmenge oder der CO-Wert ist falsch eingestellt.	Die Leerlaufgemischmenge und den CO-Wert mit einem CO-Tester einstellen.
	Das Luftfilter ist verschmutzt.	Das Luftfilter reinigen oder ersetzen.
	Die Starterklappe öffnet nicht vollständig.	Die Funktion der automatischen oder manuellen Starterklappe prüfen.
	Die Vergaserdüsen sind verschmutzt.	Den Vergaser zerlegen und reinigen.
	Der Vergaser ist überflutet.	Den Vergaser zerlegen und das Schwimmernadelventil prüfen und ersetzen (Bild Seite 312).
	Undichtigkeiten im Ansaugkrümmerbereich.	Den Ansaugkrümmer zerlegen und auf Risse prüfen; alle Dichtungen ersetzen.
		Zusätzlich zu diesen Arbeiten sollte man immer auch die Einstellung des Zündzeitpunkts mit dem Stroboskop und dem Schließwinkeltester prüfen.

Um den Keilriemen zu spannen, die Schraube am Langloch lösen und die Lichtmaschine vom Motor wegdrücken. Die Schraube wieder anziehen.

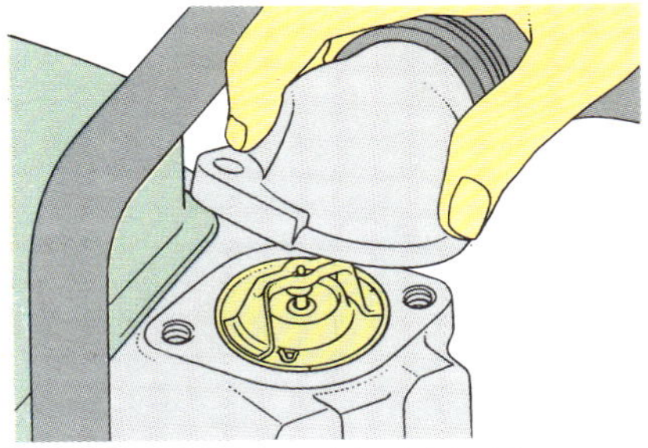

Zur Prüfung des Thermostats wird das Thermostatgehäuse geöffnet und der Thermostat mit der Dichtung herausgenommen. Die Prüfung erfolgt in einem heißen Wasserbad.

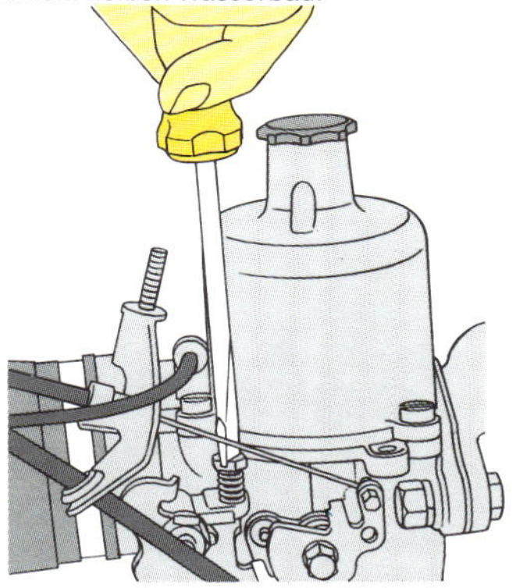

Bei diesem älteren Vergaser erhöht man die Drehzahl mit der Drosselklappen-Anschlagschraube.

Fehlersuchsystem

Fehler	Ursache	Abhilfe
Motorlaufprobleme *(Fortsetzung)* Der betriebswarme Motor läuft im Leerlauf unruhig.	Das Luftfilter ist verschmutzt.	Das Luftfilter reinigen oder ersetzen.
	Die Unterbrecherkontakte sind falsch eingestellt.	Die Unterbrecherkontakte und die Zündung einstellen.
	Die Zündkerzen sind verbraucht; der Elektrodenabstand ist zu groß.	Die Zündkerzen ausbauen, prüfen, einstellen oder ersetzen.
	Der Zündzeitpunkt ist falsch eingestellt.	Den Zündzeitpunkt richtig einstellen.
	Die Umluftgemischmenge und der CO-Wert sind falsch eingestellt.	Die Leerlaufgemischmenge und den CO-Wert mit einem CO-Tester einstellen.
	Der Vergaser ist überflutet.	Den Vergaser zerlegen, die Schwimmernadel und den Schwimmer prüfen, gegebenenfalls ersetzen.
Der Motor läuft im Leerlauf unregelmäßig.	Der Ansaugkrümmer ist undicht.	Die Schrauben oder Muttern des Ansaugkrümmers nachziehen, gegebenenfalls die Dichtung ersetzen. Den Bremskraftverstärker und die Schlauchanschlüsse prüfen.
	Die Ventileinstellung stimmt nicht.	Alle Ventile prüfen und einstellen.
	Ein Ventil ist durchgebrannt.	Die Kompression abdrücken, gegebenenfalls den Zylinderkopf ausbauen und die Ventile einschleifen oder erneuern.
Die Motorleistung ist mangelhaft.	Der Zündzeitpunkt ist falsch eingestellt.	Den Zündzeitpunkt einstellen und die Unterdruck- bzw. Fliehkraftverstellung prüfen.
	Die Vergasereinstellung ist fehlerhaft, oder Düsen sind verstopft.	Den Vergaser korrekt einstellen; die Düsen reinigen; gegebenenfalls den Vergaser zerlegen und überholen.
	Die Ventilspieleinstellung ist fehlerhaft.	Die Ventile einstellen.
	Der Ansaugkrümmer ist undicht.	Alle Schrauben und Muttern des Ansaugkrümmers nachziehen, gegebenenfalls die Krümmerdichtung erneuern. Den Bremskraftverstärker bzw. dessen Schläuche und Anschlüsse prüfen.
	Die Kraftstoffversorgung ist ungenügend.	Den Kraftstoff-Förderdruck prüfen, dazu die Schlauchleitung abziehen und das Manometer anschließen; gegebenenfalls die Pumpe überholen oder erneuern.
	Die Zylinder sind verschlissen.	Die Kompression prüfen (Bild Seite 313), den Motor zerlegen und neu schleifen, neue Kolben einpassen oder einen Austauschmotor einbauen.
Der Motor setzt unter Last aus, wenn eine Steigung überwunden werden muß.	Der Zündzeitpunkt ist falsch eingestellt.	Den Zündzeitpunkt prüfen und einstellen.
	Die Zündkerzen sind verschlissen.	Die Zündkerzen prüfen oder ersetzen.
	Die Unterdruck- bzw. Fliehkraftverstellung arbeitet nicht korrekt.	Die Unterdruck- bzw. Fliehkraftverstellung des Verteilers prüfen; wenn nötig, den Verteiler überholen oder erneuern.
	Vergaserdüsen sind verstopft.	Den Vergaser zerlegen und reinigen.
		Wenn man diese Prüfarbeiten durchgeführt hat, empfiehlt sich auch immer eine Kontrolle des Kompressionsdrucks, was keine große Mühe verursacht, da die Zündkerzen ohnehin ausgebaut werden müssen.

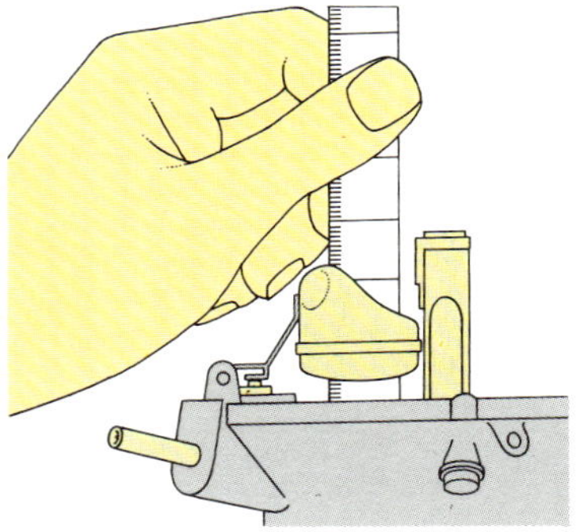

Ist der Vergaser überflutet, das Schwimmernadelventil prüfen; den Schwimmerstand neu einstellen (siehe Seite 311).

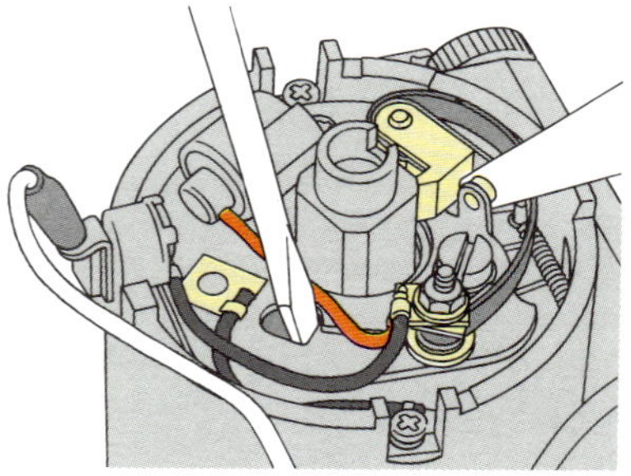

Die neuen Unterbrecherkontakte mit einer Fühlerlehre statisch einstellen und dynamisch mit dem Stroboskop testen.

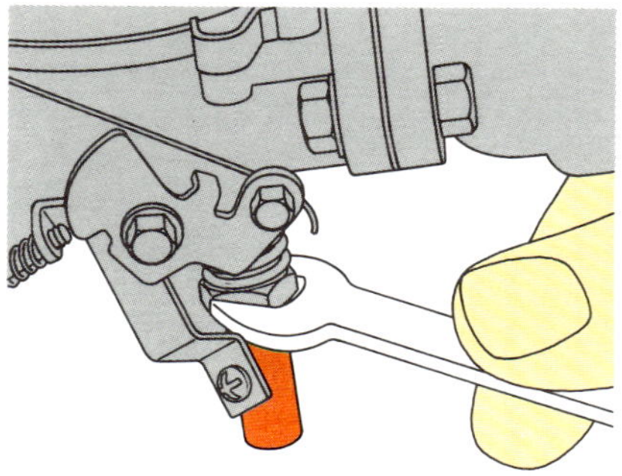

Bei diesem Vergaser kann man die Vergaserhauptdüse variieren. Ein Herunterdrehen der Düse reichert das Gemisch an. Dreht man die Düse in den Vergaser hinein, wird das Gemisch abgemagert.

Fehlersuchsystem

Fehler	Ursache	Abhilfe
Motorlaufprobleme *(Fortsetzung)* Das Fahrzeug beschleunigt schlecht, und die Höchstgeschwindigkeit wird nicht erreicht.	Die Drosselklappe öffnet nicht vollständig.	Die Drosselklappeneinstellung prüfen und gegebenenfalls einstellen.
	Die Beschleunigerpumpe ist schadhaft.	Den Vergaser zerlegen; die Beschleunigerpumpe überholen.
	Die Vergaserdüsen sind verstopft.	Den Vergaser zerlegen und reinigen.
	Der Vergaser ist falsch eingestellt.	Die Vergasereinstellung prüfen und korrigieren.
	Der Zündzeitpunkt ist falsch eingestellt.	Den Zündzeitpunkt prüfen und einstellen.
	Die Ventileinstellung ist nicht korrekt.	Das Ventilspiel prüfen und einstellen.
	Die Bremsen werden nicht frei.	Die Bremsen auf Freigängigkeit prüfen, gegebenenfalls einstellen oder Bremsen überholen.
	Das Luftfilter ist verschmutzt.	Das Luftfilter reinigen oder ersetzen.
Der Motor nimmt beim Beschleunigen kein Gas an.	Der Vergaser ist falsch eingestellt.	Die Vergasereinstellung prüfen und korrigieren.
	Die Beschleunigerpumpe arbeitet nicht.	Den Vergaser zerlegen, die Beschleunigerpumpe bzw. Membrane ersetzen.
	Die Vergaserdüsen sind verschmutzt.	Den Vergaser zerlegen und reinigen.
	Bei Vergaser mit variablem Querschnitt klemmt der Kolben.	Den Kolben des Vergasers auf Freigängigkeit prüfen. Öl in den Dämpfer einfüllen.
Der Motor klingelt beim Beschleunigen.	Der Zündzeitpunkt ist falsch eingestellt.	Die Zündungseinstellung prüfen und korrigieren.
	Die Unterdruck- bzw. Fliehkraftverstellung arbeitet fehlerhaft.	Die Verteilerfunktion prüfen; den Verteiler überholen oder erneuern.
	Zündkerzen mit falschem Wärmewert sind montiert.	Zündkerzen mit richtigem Wärmewert einsetzen.
	Der Kraftstoff hat eine zu geringe Oktanzahl.	Superbenzin tanken oder die Marke wechseln.
	Die Brennräume des Motors sind verkokt.	Den Zylinderkopf demontieren und die Brennräume reinigen.
Der Motor patscht; die Verpuffung schlägt in den Vergaser zurück.	Die Kraftstoffversorgung ist ungenügend. Vermutlich ist Wasser im Kraftstoff oder der Vergaser verunreinigt.	Das Kraftstoffsystem entleeren und reinigen. Das Kraftstofffilter ersetzen. Den Tank und die Tankleitung auf Schäden prüfen. Den Vergaser zerlegen und überholen.
	Die Zündzeitpunkteinstellung ist fehlerhaft.	Den Zündzeitpunkt prüfen und einstellen.
Der Kraftstoffverbrauch ist zu hoch.	Der Vergaser ist verschlissen oder fehlerhaft eingestellt.	Den Vergaser zerlegen, prüfen und reinigen; verschlissene Teile erneuern.
	Das Luftfilter ist verschmutzt.	Das Luftfilter prüfen und gegebenenfalls erneuern.
	Der Zündzeitpunkt ist fehlerhaft eingestellt.	Den Zündzeitpunkt prüfen und einstellen.
	Die Starterklappe öffnet nicht vollständig.	Die automatische oder manuelle Betätigung der Starterklappe kontrollieren.
	Die Bremsen werden nicht frei.	Die Räder auf freien Lauf kontrollieren, wenn nötig, die Bremsen neu einstellen.

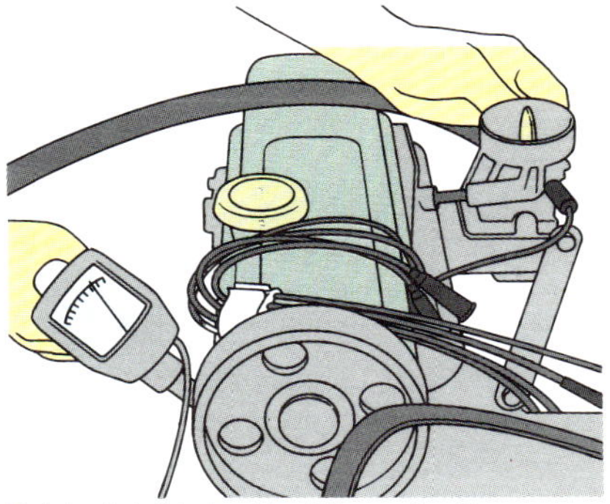

Bei der Anlaßdrehzahl prüft man den Kompressionsdruck des betriebswarmen Motors (siehe Seite 312).

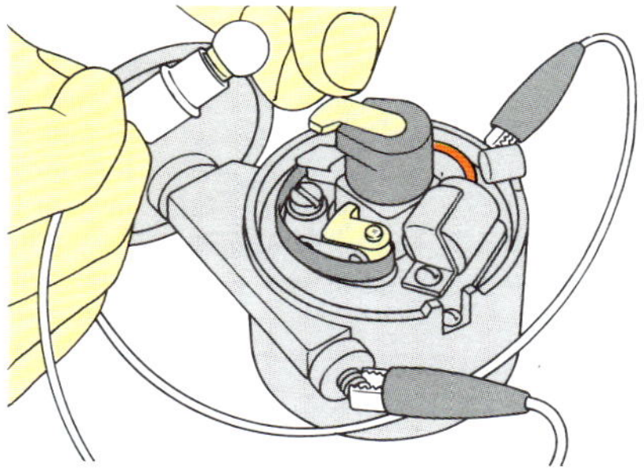

Herkömmliche Zündanlagen kann man provisorisch mit einer Prüflampe testen. Bei leistungsgesteigerten Anlagen besteht jedoch Lebensgefahr.

Beim Stromberg-Vergaser wird die Kolbenkammer mit einem dünnflüssigen Motoröl aufgefüllt.

Fehlersuchsystem

Fehler	Ursache	Abhilfe
Motorlaufprobleme *(Fortsetzung)* Der Kraftstoffverbrauch ist zu hoch.	Im Kraftstoffsystem befindet sich ein Leck.	Das Kraftstoffsystem und den Tank auf Leckstellen und Durchrostungen prüfen. Die Schlauchschellen nachziehen; wenn nötig, die Schlauchschellen und Schläuche ersetzen.
Der Motor läuft nach dem Abstellen der Zündung weiter.	Der Motor ist überhitzt.	Siehe Kühlsystem Seite 84–86.
	Das Leerlaufgemisch ist falsch eingestellt.	Den Vergaser einstellen, gegebenenfalls zerlegen und reinigen.
	Der Zündzeitpunkt ist falsch eingestellt.	Den Zündzeitpunkt prüfen und einstellen.
	Die Leerlaufdrehzahl ist zu hoch.	Die Leerlaufdrehzahl durch Verändern der Gemischmenge korrigieren.
	Der Ansaugkrümmer ist undicht.	Die Schrauben und Muttern des Krümmers anziehen; gegebenenfalls die Dichtung erneuern. Die Servounterstützung der Bremse auf undichte Stellen prüfen.
	Zündkerzen mit falschem Wärmewert sind montiert.	Zündkerzen mit korrektem Wärmewert einsetzen.
	Starke Ölkohleablagerung im Brennraum.	Den Zylinderkopf abbauen und die Brennräume reinigen.
Bei heißem Motor tropft Wasser aus der Trennstelle zwischen Motorblock und Zylinderkopf, nicht jedoch bei kaltem Motor.	Die Zylinderkopfdichtung ist durchgebrannt oder der Zylinderkopf gerissen.	Die Zylinderkopfdichtung erneuern. Den Zylinderkopf auf Risse prüfen und gegebenenfalls ersetzen.
Aus dem Auspuff tritt blauer Rauch aus.	Kolben oder Zylinder sind verschlissen.	Die Kompression prüfen, gegebenenfalls den Motor zerlegen. Die Zylinder schleifen, die Kolben erneuern oder Paßformringe aufziehen oder einen Austauschmotor einbauen.
	Die Ventilschäfte und Ventilabdichtungen sind verschlissen.	Die Ventilführungen und Schaftabdichtungen ersetzen.
Aus dem Auspuff tritt schwarzer Rauch aus.	Der Vergaser ist fehlerhaft eingestellt.	Die Vergasereinstellung prüfen und korrigieren.
	Das Luftfilter ist verschmutzt.	Das Luftfilter reinigen oder erneuern.
	Die Starterklappe öffnet nicht.	Die manuelle oder automatische Chokebetätigung überprüfen und einstellen.
Unübliche Motorgeräusche Helles Ticken im Bereich des Zylinderkopfes.	Das Spiel einzelner Ventile ist zu groß.	Das Ventilspiel einstellen.
	Einzelne Kipphebel sind eingelaufen.	Die Kipphebel ausbauen, schleifen oder erneuern.
Helles Prasseln, das beim Beschleunigen stark zunimmt.	Das Spiel aller Ventile ist zu groß.	Das Ventilspiel einstellen.
Metallisches Rasseln im vorderen Teil des Motors.	Die Steuerkette ist verschlissen.	Die Kette ersetzen.
	Der Kettenspanner ist schadhaft.	Den Spanner prüfen und gegebenenfalls ersetzen.

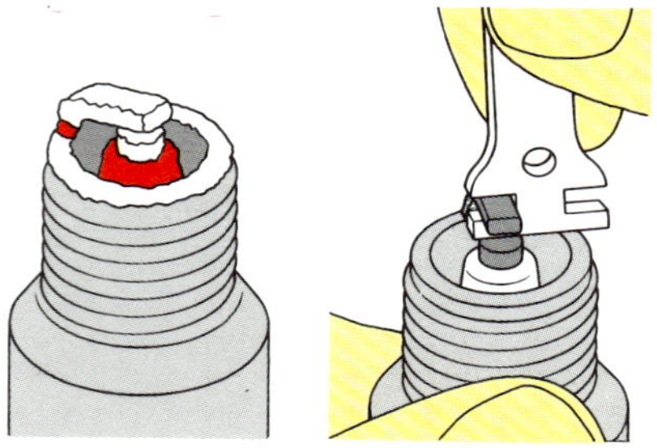

Normal beanspruchte Zündkerzen haben einen rehbraunen Kerzenfuß und keinerlei Ablagerungen, überhitzte Kerzen einen hellweißen Belag. Ist der Elektrodenabstand zu groß, kann man die Masseelektrode nachbiegen.

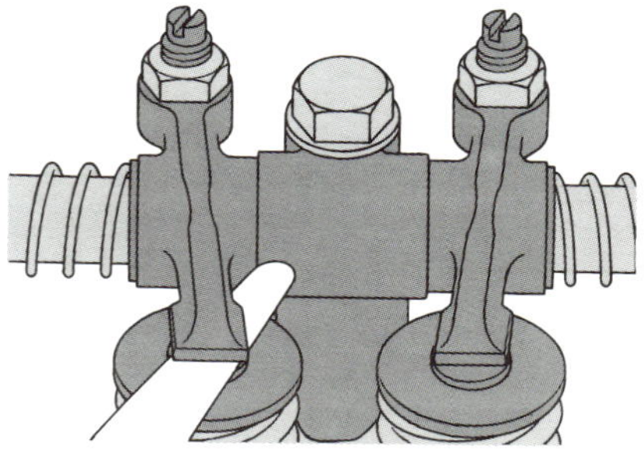

Mit einer Fühlerlehre wird das Ventilspiel geprüft.

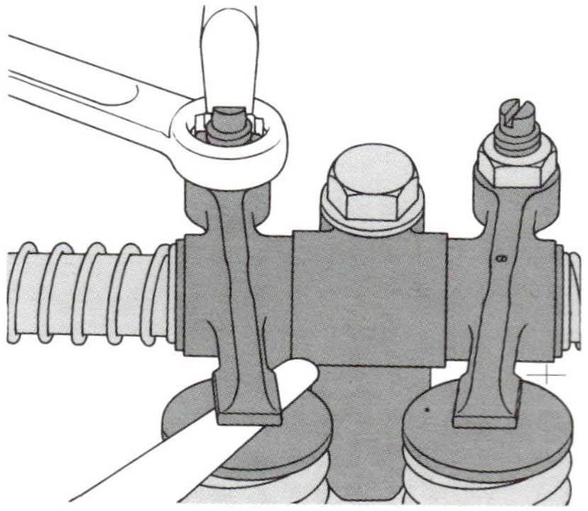

Ist das Ventilspiel zu groß, wird die Kontermutter gelöst und die Einstellschraube so weit gedreht, bis sich die Fühlerlehre schwersaugend hin- und herbewegen läßt.

Fehlersuchsystem

Fehler	Ursache	Abhilfe
Unübliche Motorgeräusche *(Fortsetzung)* Rhythmisches Klopfen, das sich unter Motorlast verändert.	Die Lager der Kurbelwelle sind verschlissen.	Den Motor zerlegen, prüfen und gegebenenfalls einen Austauschmotor einbauen.
Helles rhythmisches Klopfen, das unter Last und Drehzahl variiert.	Ein Kolbenbolzen ist verschlissen oder ein Kolbenring gebrochen.	Den Motor zerlegen, den Kolben herausziehen und prüfen. Wenn nötig, den Kolben erneuern oder einen Austauschmotor einsetzen.
Klapperndes Geräusch, besonders bei heißem Motor im mittleren Drehzahlbereich.	Ein Kolbenklemmer liegt vor, oder ein Zylinder ist verschlissen, meist verbunden mit niedriger Kompression und hohem Ölverbrauch.	Den Kompressionsdruck prüfen, den Motor zerlegen, Kolben und Bohrungen prüfen. Wenn nötig, den Kolben ersetzen oder einen Austauschmotor einbauen.
Dumpfes lastabhängiges Geräusch im unteren Motorbereich.	Die Lager der Kurbelwelle sind verschlissen.	Den Motor zerlegen, die Kurbelwelle und die Hauptlager prüfen. Wenn nötig, neue Lager oder einen Austauschmotor einbauen.
Klopfen vom Motorende bei Leerlauf oder Drehzahländerung.	Die Schwungscheibe ist lose. Bei automatischem Getriebe ist der Wandler beschädigt.	Die Kupplung ausbauen und die Schwungscheibe festziehen. Das Getriebe ausbauen und den Wandler erneuern.
Schrilles Schleifgeräusch beim Beschleunigen.	Der Lichtmaschinen-Keilriemen ist verschlissen, oder seine Spannung ist falsch eingestellt.	Die Keilriemenspannung prüfen. Wenn nötig, den Keilriemen ersetzen.
Pfeifendes Schleifgeräusch im Bereich des Riementriebes.	Die Wasserpumpe ist schadhaft.	Die Wasserpumpe erneuern.
Klappergeräusch bei Leerlauf im Bereich des Riementriebes.	Die Riemenscheibe ist lose. Der Keil der Riemenscheibe ist abgeschert.	Die Riemenscheibe festziehen. Die Riemenscheibe abziehen und den Keil erneuern.
Pfeifendes Geräusch im Bereich des Zahnriementriebes.	Der Zahnriemen der Nockenwelle ist falsch gespannt oder verschlissen und aufgefasert.	Die Zahnriemenspannung neu einstellen bzw. den Zahnriemen erneuern.
Lenkprobleme Die Lenkung läßt sich nur schwer drehen.	Der Reifendruck ist zu niedrig. Die Achstragegelenke sind trocken und verschlissen.	Den Reifendruck kontrollieren und ergänzen. Die Tragegelenke erneuern.
Das Lenkrad läßt sich nur schwer drehen.	Es liegt ein Spur-, Sturz- oder Nachlauffehler vor. Die Spurstangenköpfe sind ausgeschlagen oder trocken. Bei Fahrzeugen mit Lenkhilfe ist die Hydraulikpumpe schadhaft bzw. ohne Funktion. Die Lenkung ist zu hart eingestellt.	Die Vorderachse vermessen. Die Spurstangenköpfe prüfen, gegebenenfalls erneuern. Die Lenkhilfeflüssigkeit auffüllen, die Pumpe prüfen bzw. erneuern, gegebenenfalls den Keilriemen spannen. Die Lenkung korrekt einstellen.

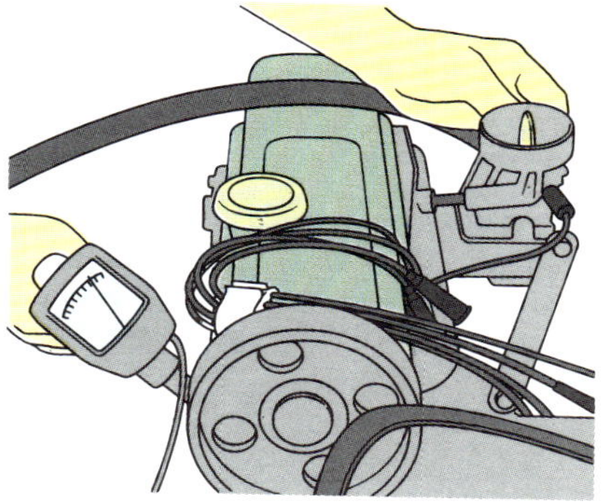

Nach Ausbau der Kerzen wird der Kompressionsdruck geprüft. Der Motor muß betriebswarm sein. Beim Prüfen Vollgas geben.

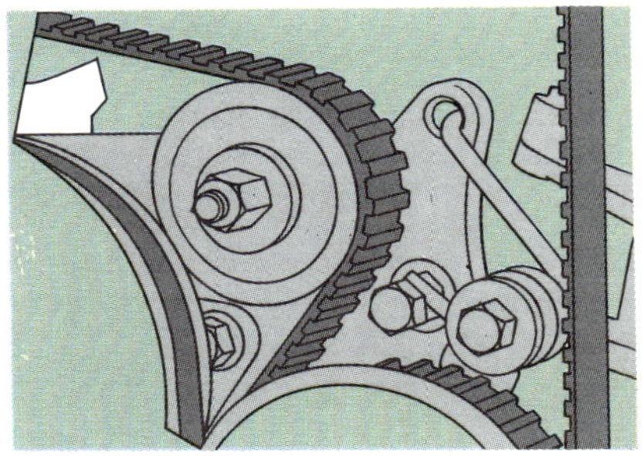

Man testet die Zahnriemenspannung, indem man den Zahnriemen um 90° verdreht. Die Einstellung erfolgt mit einem seitlich angebrachten Spanner.

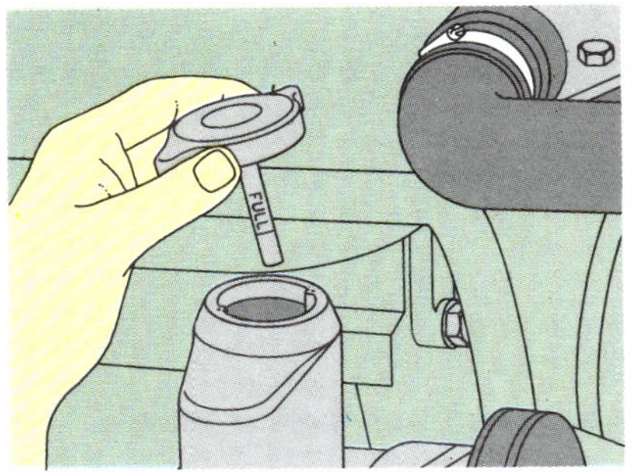

Bevor man den Hydraulikbehälter der Lenkhilfe öffnet, wischt man den Deckel und das Gehäuse gründlich ab.

Fehlersuchsystem

Fehler	Ursache	Abhilfe
Lenkprobleme *(Fortsetzung)* Die Räder flattern oder vibrieren.	Der Luftdruck ist fehlerhaft.	Den Luftdruck prüfen und gegebenenfalls korrigieren.
	Bei einem Reifen ist die Karkasse gebrochen.	Schadhafte Reifen auswechseln.
	Eine Unwucht der Räder liegt vor.	Die Räder auswuchten.
	Ein Spur-, Sturz- oder Nachlauffehler liegt vor.	Das Fahrzeug vermessen.
	Das Radlagerspiel ist falsch eingestellt.	Das Radlagerspiel einstellen.
	Ein Radlager ist schadhaft.	Das Radlager erneuern.
	Die Federaufhängung bzw. das Lenksystem ist ausgeschlagen.	Die Federung und das Lenksystem auf Spiel prüfen; schadhafte Teile erneuern.
	Ein Stoßdämpfer ist schadhaft.	Schadhafte Stoßdämpfer ersetzen.
	Die Lenkung ist falsch eingestellt.	Die Lenkung korrekt einstellen.
Das Fahrzeug zieht beim Fahren auf eine Seite.	Die Reifen haben ungleichmäßigen Luftdruck.	Den Luftdruck prüfen und gegebenenfalls korrigieren.
	Die Reifen sind ungleichmäßig verschlissen.	Die Federung und die Lenkung prüfen. Die Reifen kontrollieren und ummontieren.
	Die Bremse wird auf einer Seite nicht frei oder ist ungleich eingestellt.	Die Bremse prüfen, gegebenenfalls einstellen oder überholen.
	Die Radlager sind beschädigt.	Die Radlager ersetzen.
	Die Stoßdämpfer sind unterschiedlich verschlissen.	Die Stoßdämpfer prüfen, gegebenenfalls erneuern.
	Bauteile der Federung oder Lenkung sind verbogen.	Die Bauteile der Federung/Lenkung prüfen und schadhafte Teile erneuern.
	Die Federung hat sich gesetzt, oder eine Feder ist gebrochen.	Die Federelemente prüfen und gegebenenfalls erneuern.
	Die Lenkung ist verschlissen oder falsch eingestellt.	Die Lenkungseinstellung prüfen und gegebenenfalls das Lenkgehäuse ersetzen.
	Ein Federgehänge ist ausgeschlagen oder verbogen.	Das Federgehänge überholen.
	Bei Fahrzeugen mit MacPherson-Federbeinen ist ein Federbein verbogen oder eine Schubstange ausgeschlagen oder verbogen.	Das Federbein bzw. die Schubstrebe ausbauen und prüfen; schadhafte Teile erneuern.
	Der Hilfsrahmen ist verbogen bzw. falsch montiert.	Die Befestigung des Hilfsrahmens prüfen, gegebenenfalls ausrichten oder ersetzen.
Der Geradeauslauf ist schlecht, obwohl das Lenkrad in Geradeausstellung steht.	Der Reifendruck ist auf einer Seite zu niedrig.	Den Reifenluftdruck prüfen und korrigieren.
	Das Fahrzeug ist hinten einseitig überladen.	Die Ladung gleichmäßig verteilen oder das Fahrzeug teilweise entladen.
	Kugelköpfe der Lenkung sind lose oder verschlissen.	Die Bauteile des Lenksystems prüfen, gegebenenfalls verschlissene Teile erneuern.
	Teile der Lenkung sind lose.	Die Bauteile der Lenkung nachziehen und neu sichern.
	Die Lenkung ist falsch eingestellt.	Die Lenkung einstellen.

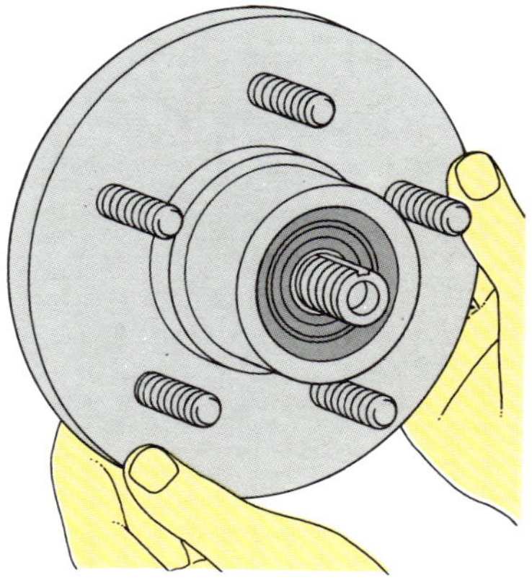
Bei unüblichen Geräuschen aus dem Radlagerbereich zerlegt man die Radnabe und prüft die Lager.

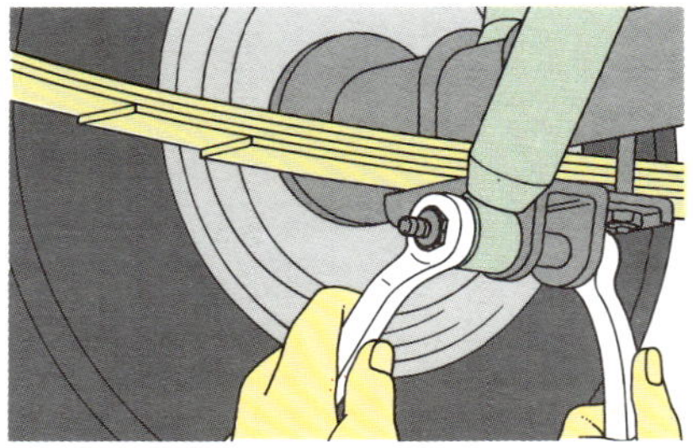
Verschlissene Stoßdämpfer können nicht überholt, sondern müssen komplett erneuert werden.

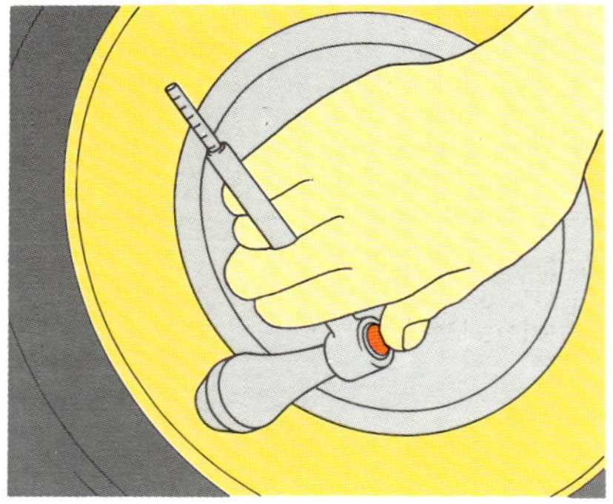
Den Luftdruck aller Räder sollte man einmal wöchentlich prüfen.

Fehlersuchsystem

Fehler	Ursache	Abhilfe
Lenkprobleme *(Fortsetzung)* Der Geradeauslauf ist schlecht, obwohl das Lenkrad in Geradeausstellung steht.	Achstragegelenke sind verschlissen.	Die Achstragegelenke prüfen und gegebenenfalls erneuern.
	Federelemente haben sich gesetzt oder sind gebrochen.	Die Federelemente prüfen und schadhafte Teile erneuern.
	Radlager sind falsch eingestellt.	Die Radlager einstellen und gegebenenfalls erneuern.
Das Lenkungsspiel ist zu groß.	Kugelgelenke sind verschlissen oder lose.	Alle Bauteile der Lenkung überprüfen, lose Teile festziehen, verschlissene Gelenke erneuern.
	Radlager sind falsch eingestellt oder verschlissen.	Das Radlagerspiel einstellen, schadhafte Radlager erneuern.
Klopfende Geräusche von den Laufrädern dringen bis zum Lenkrad vor.	Eine Karkasse ist gebrochen oder eine Lauffläche abgelöst.	Den schadhaften Reifen erneuern.
	Die Räder haben eine Unwucht.	Die Räder auswuchten.
	Die Vorderachse ist falsch eingestellt.	Die Vorder- und Hinterachse vermessen, gegebenenfalls neu einstellen.
	Der Luftdruck ist fehlerhaft.	Den Luftdruck prüfen und korrigieren.
	Gelenke des Lenksystems sind verschlissen.	Schadhafte Teile der Lenkung erneuern.
Der Reifenverschleiß ist nicht normal.	Der Luftdruck ist fehlerhaft.	Den Luftdruck korrigieren.
	Die Vorderachse ist falsch eingestellt.	Die Achse vermessen und einstellen.
	Radlager sind verschlissen.	Die Radlager einstellen und gegebenenfalls erneuern.
	Schlechte Fahrtechnik.	Scharfe Anfahr- und Bremsmanöver vermeiden, Kurven mit gemäßigter Geschwindigkeit fahren.
Unübliche Geräusche beim Reifenablauf.	Der Luftdruck ist zu niedrig.	Den Luftdruck korrigieren.
	Fremdkörper befinden sich im Reifen.	Fremdkörper entfernen, den Reifen auf Profilschäden prüfen.
Ein oder mehrere Räder springen und halten schlecht Fahrbahnkontakt.	Der Luftdruck ist zu hoch.	Den Luftdruck korrigieren.
	Die Räder sind nicht ausgewuchtet.	Die Räder auswuchten.
	Ein Schaden an der Reifenkarkasse oder am Profil.	Schadhafte Reifen ersetzen.
	Stoßdämpfer sind defekt.	Die Stoßdämpfer prüfen und gegebenenfalls erneuern.
Antriebsprobleme Der Wagen vibriert beim Fahren in jedem Betriebszustand.	Ein Rad ist lose oder verformt.	Die Räder festziehen, prüfen und gegebenenfalls ersetzen.
	Die Räder sind nicht ausgewuchtet.	Die Räder auswuchten.
	Die Räder sind falsch montiert oder beschädigt.	Die Räder korrekt montieren oder, falls notwendig, ersetzen.
	Ein Antriebsgelenk ist verschlissen.	Das Antriebsgelenk erneuern.
	Die Kardanwelle hat eine Unwucht.	Die Kardanwelle erneuern.
	Bei Frontantrieb: Eine Antriebswelle ist schadhaft.	Die Gleichlaufgelenke erneuern.

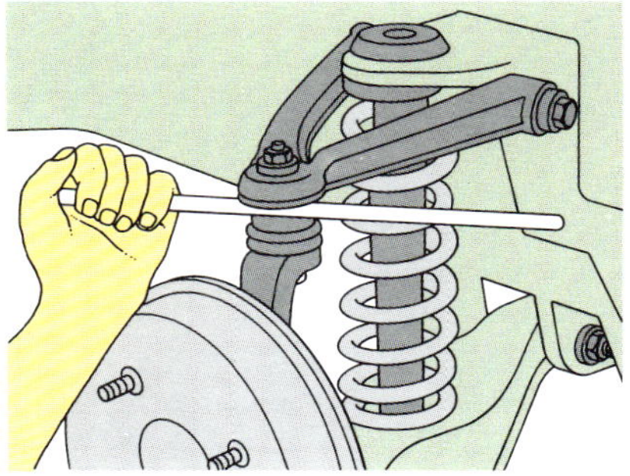

Mit einem kräftigen Montiereisen prüft man das Spiel in den Achstragegelenken.

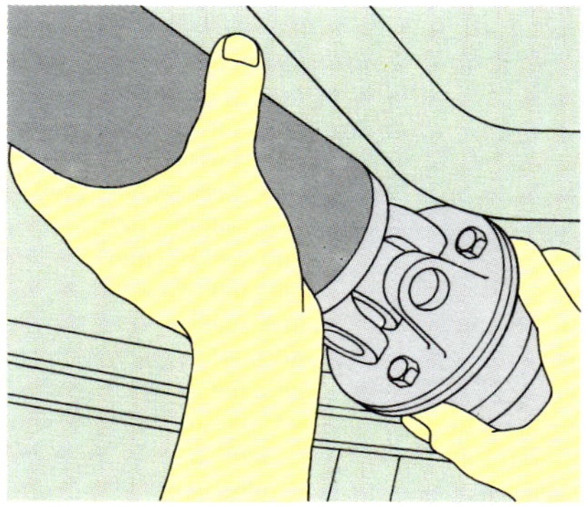

Man prüft ein Antriebsgelenk, indem man den ersten Gang einlegt und das Fahrzeug von Hand hin- und herschiebt. Dabei das Spiel im Gelenk kontrollieren.

Fehlersuchsystem

Fehler	Ursache	Abhilfe
Antriebsprobleme *(Fortsetzung)*	Ein Blatt des Kühlerlüfters ist gebrochen.	Den Kühlerlüfter erneuern.
	Ein Radlager der Vorderachse ist schadhaft.	Das Radlager prüfen und gegebenenfalls ersetzen.
Der Motor läuft, das Fahrzeug fährt aber nicht an, obwohl sich die Kardanwelle dreht.	Eine Seitenwelle der Hinterachse oder ihre Verzahnung ist gebrochen.	Den Antrieb prüfen und schadhafte Teile auswechseln.
	Das Differential ist beschädigt.	Den Achsantrieb prüfen und überholen.
	Bei Frontantriebsfahrzeugen: Gleichlaufgelenke sind gebrochen.	Die Gleichlaufgelenke erneuern.
Die Gänge sind nur mit hohem Kraftaufwand einzulegen.	Der Leerlauf ist zu schnell.	Den Leerlauf korrekt einstellen bzw. das Starterklappensystem überprüfen.
	Die Kupplung löst nicht vollständig aus.	Das Kupplungssystem nachstellen oder entlüften, gegebenenfalls überholen.
	Das Kupplungsspiel ist zu groß.	Das Kupplungsspiel einstellen.
	Die Kupplungsdruckplatte ist beschädigt.	Die Kupplung ausbauen, prüfen und beschädigte Teile ersetzen.
	Die Kupplungsmitnehmerscheibe ist beschädigt.	Die Kupplung ausbauen, prüfen und beschädigte Teile ersetzen.
	Das Kupplungsdrucklager oder der Ausrückhebel bzw. das Seil ist beschädigt.	Die Kupplungsbetätigung ausbauen und beschädigte Teile erneuern.
	Die Kupplung bleibt nicht stehen, weil die Kupplungsmitnehmerscheibe an der Schwungscheibe festklebt.	Die Kupplung überholen, das Getriebe und den Motor auf Öllecks prüfen.
Die Kupplung rutscht beim Beschleunigen durch. Manchmal bemerkt man Brandgeruch.	Die Kupplung ist falsch eingestellt.	Die Kupplung korrekt einstellen.
	Öl oder Fett auf der Kupplungsmitnehmerscheibe.	Die Kupplung ausbauen, den Motor und das Getriebe abdichten, verölte Teile ersetzen.
	Die Federn der Kupplungsdruckplatte sind erlahmt.	Die Kupplung überholen.
Die Kupplung rupft, wenn man das Pedal losläßt (Geräuschbildung).	Die Kupplungsdruckplatte ist beschädigt, Federn sind erlahmt, oder der Belag ist verschlissen.	Die Kupplung überholen.
	Lose Teile im Kupplungsdruckdeckel, ein verbogener Entlastungshebel und gebrochene Federn.	Die Kupplung überholen.
Metallische Kupplungsgeräusche sind bei getretenem Pedal zu hören. Achtung: Dieses Geräuschbild ist bei manchen Frontantriebsfahrzeugen im Leerlauf vollkommen normal (Arbeitsgeräusch der Zahnräder).	Das Kupplungsdrucklager ist schadhaft.	Das Drucklager erneuern.
	Das Lager der Hauptantriebswelle in der Schwungscheibe ist beschädigt.	Die Kupplung zerlegen und das Lager in der Schwungscheibe ersetzen.

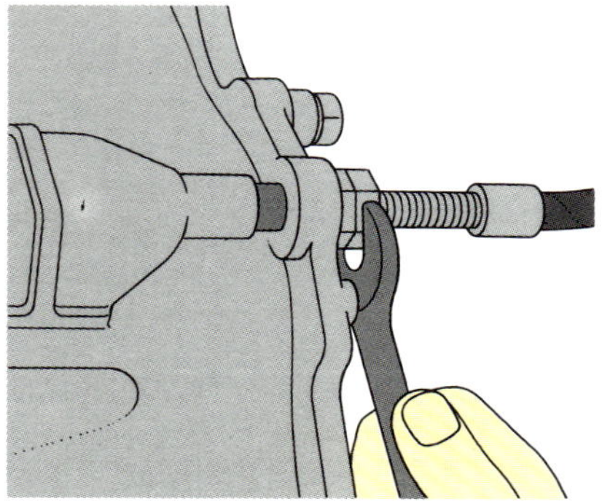
Ist das Kupplungsspiel zu groß, löst die Kupplung nicht richtig aus, und die Gänge lassen sich nur schwer einlegen.

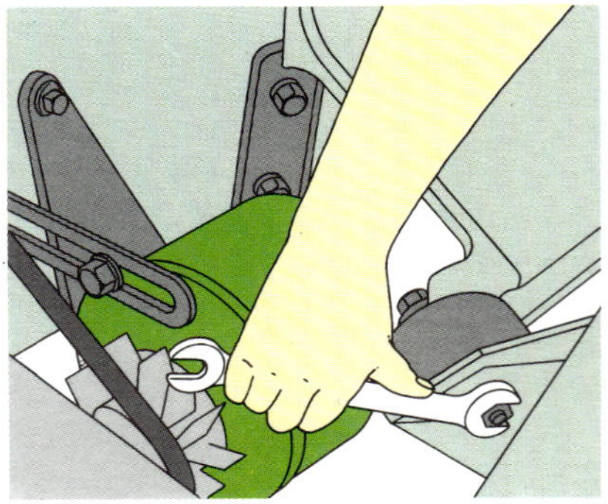
Die Befestigung der Motoraufhängung anziehen (siehe Seite 319). Die Gummielemente auf aufgeweichte Stellen kontrollieren.

Fehlersuchsystem

Fehler	Ursache	Abhilfe
Antriebsprobleme *(Fortsetzung)* Unübliche Kupplungsgeräusche sind bei entlastetem Pedal zu hören.	Die Kupplung ist falsch eingestellt.	Die Kupplung korrekt einstellen.
Ein scharfes metallisches Geräusch ist beim Anfahren zu hören, wenn die Kupplung bereits entlastet ist.	Spiel im Achsantrieb.	Die Kardanwelle, den Achsantrieb und die Seitenwellen auf zu großes Zahnflankenspiel im Differential überprüfen. Liegt die Abweichung noch im Toleranzbereich, muß das Fahrzeug nicht überholt werden.
Das Kupplungspedal kommt nicht vollständig zurück.	Fehler im Kupplungsgestänge und -seilzug.	Den Kupplungsseilzug oder das -gestänge fetten oder ölen, die Kupplung exakt einstellen.
Der Schalthebel vibriert oder rattert.	Der Schalthebel oder das Schaltgestänge ist lose; Gummidämpfelemente sind verschlissen.	Den Schalthebel ausbauen, zerlegen, fetten und neue Gummidämpfelemente einsetzen.
	Falsches, zu dünnflüssiges Fett an Übertragungsgelenken.	Spezialfett, das hochtemperaturbeständig ist, verwenden.
	Das Verbindungsgestänge zum Getriebe ist verschlissen.	Beschädigte Teile auswechseln.
Beim Anfahren springt der Gang heraus.	Im Getriebe sind Zahnflanken verschlissen.	Das Getriebe zerlegen und überholen oder ein Austauschgetriebe montieren.
	Die Getriebe- oder Motoraufhängung ist beschädigt.	Alle Motor- und Getriebeaufhängungen prüfen (Bild Seite 318) und gegebenenfalls erneuern.
Gangwechsel ist nicht möglich.	Der Schalthebel ist ausgehängt, Zahnräder sind blockiert, oder Schaltstangen sind verklemmt.	Das Schaltgestänge instand setzen, gegebenenfalls das Getriebe ausbauen und überholen.
Das Getriebe ist laut und hört sich rauh an.	Der Getriebeölstand ist zu niedrig.	Den Getriebeölstand prüfen und auffüllen.
	Das Schaltgestänge ist falsch eingestellt.	Das Schaltgestänge korrekt einstellen.
	Kugellager im Getriebe sind verschlissen.	Das Getriebe zerlegen und schadhafte Teile erneuern.
	Die Getriebeaufhängung ist beschädigt, Metall liegt auf Metall auf.	Die Getriebeaufhängung prüfen und schadhafte Teile ersetzen. Gegebenenfalls das Getriebe und den Antriebsstrang ausrichten.
Bremsprobleme Der Pedalwiderstand fühlt sich weich an.	Luft im Hydrauliksystem.	Die Bremsanlage überprüfen und entlüften.
	Die Bremsbacken sind falsch eingesetzt oder noch nicht eingelaufen.	Alle Bremsen zerlegen und korrekt montieren. Die Bremse komplettieren und testen.
	Die Bremsbeläge sind mit Öl oder Bremsflüssigkeit verunreinigt.	Verunreinigte Beläge erneuern, die Bremsen reinigen.
	Die Befestigung des Hauptbremszylinders ist lose.	Den Hauptbremszylinder befestigen.
		Bei Entlüftungsarbeiten am Bremssystem ist grundsätzlich darauf zu achten, daß neue Bremsflüssigkeit verwendet wird.

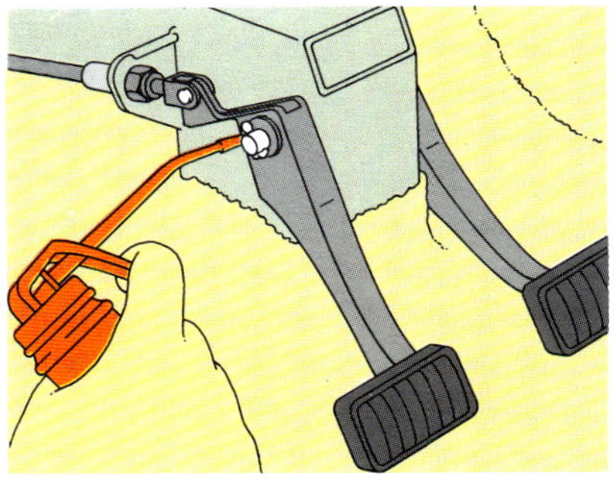
Bei schwergängiger Kupplung das Gestänge oder Seil fetten oder ölen.

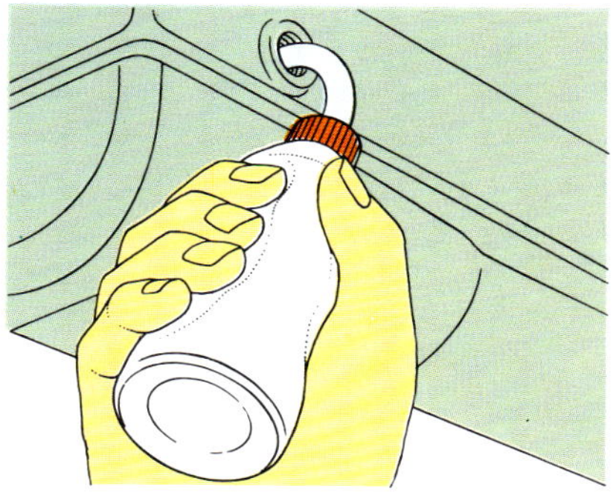
Im Notfall kann man das Getriebeöl auch mit einer weichen Plastikflasche ergänzen.

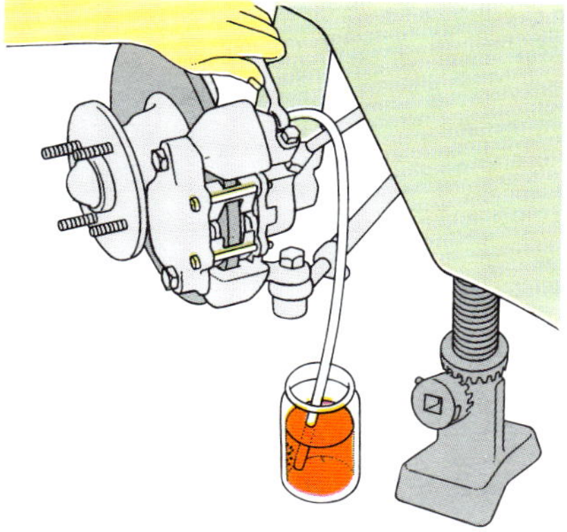
Fühlt sich der Pedalwiderstand schwammig an und ist das System dicht, muß es entlüftet werden.

Fehlersuchsystem

Fehler	Ursache	Abhilfe
Bremsprobleme *(Fortsetzung)* Das Fahrzeug vibriert; das Pedal wirkt beim Bremsvorgang unruhig.	Bremstrommeln oder -scheiben sind verzogen.	Die Bremstrommeln oder -scheiben prüfen und gegebenenfalls ersetzen.
	Bauteile der Bremse sind lose oder beschädigt.	Die Bremse zerlegen, prüfen und korrekt einsetzen.
	Bremsbeläge sind nicht korrekt auf den Bremstrommeldurchmesser geschliffen.	Die Bremsbeläge ausbauen und auf den Trommeldurchmesser einschleifen.
Das Fahrzeug zieht beim Bremsen zur Seite.	Es besteht erheblicher Luftdruckunterschied in den Reifen.	Den Reifenluftdruck korrigieren.
	Der Hauptbremszylinder arbeitet fehlerhaft.	Den Hauptbremszylinder prüfen und gegebenenfalls einstellen oder ersetzen.
	Öl- und Bremsflüssigkeit auf den Belägen.	Die Bremse zerlegen und verunreinigte Teile erneuern.
	Ein Radbremszylinder ist auf einer Seite fest.	Radbremszylinder erneuern.
Der Pedalweg ist zu groß.	Bremsen sind falsch eingestellt oder Beläge verschlissen.	Die Bremse korrekt nachstellen; die Belagstärke prüfen und gegebenenfalls die Beläge erneuern.
	Das Bremsgestängespiel ist zu groß.	Das Spiel am Bremsgestänge korrigieren.
Das Bremspedal vibriert, wenn man es tritt.	Bremsscheiben oder -trommeln sind verzogen.	Die Bremsscheiben oder -trommeln prüfen und gegebenenfalls ersetzen.
Die Bremse arbeitet nur, wenn man mehrfach mit dem Pedal pumpt.	Luft im Hydrauliksystem.	Das Bremssystem entlüften.
	Der Hauptbremszylinder ist schadhaft.	Den Hauptbremszylinder erneuern.
	Ein Leck im Hydrauliksystem.	Das Bremssystem auf Lecks prüfen, schadhafte Teile erneuern, die Bremse entlüften.
Die Pedalkräfte sind zu groß, um eine normale Bremswirkung zu erreichen.	Die Bremsbeläge sind verschlissen, verglast oder zu hart.	Die Bremsbeläge prüfen und erneuern. Nur vom Hersteller freigegebene Bremsbeläge einsetzen.
	Undichtigkeiten und Druckverlust an den Radbremszylindern.	Die Radbremszylinder prüfen, überholen oder erneuern.
	Das Bremskraftservogerät ist ausgefallen.	Die Unterdruckschläuche des Servogerätes prüfen; das Servogerät testen; gegebenenfalls das Luftfilter erneuern.
Bremsflüssigkeitsverlust im Vorratsbehälter.	Ein Leck im System.	Die Bremsanlage zerlegen, auf Undichtigkeit prüfen und schadhafte Teile erneuern.
	Der Vorratsbehälter ist undicht.	Den Vorratsbehälter ersetzen und Bremsflüssigkeit auffüllen.
	Die Bremsbeläge sind verschlissen.	Die Bremsbeläge prüfen und gegebenenfalls erneuern.
Die Räder werden nach dem Bremsen nicht vollständig frei.	Trommelbremsen sind zu hart nachgestellt.	Die Bremse korrekt einstellen.
	Die Rückzugsfedern sind zu schwach oder gebrochen.	Neue Rückzugsfedern einsetzen.

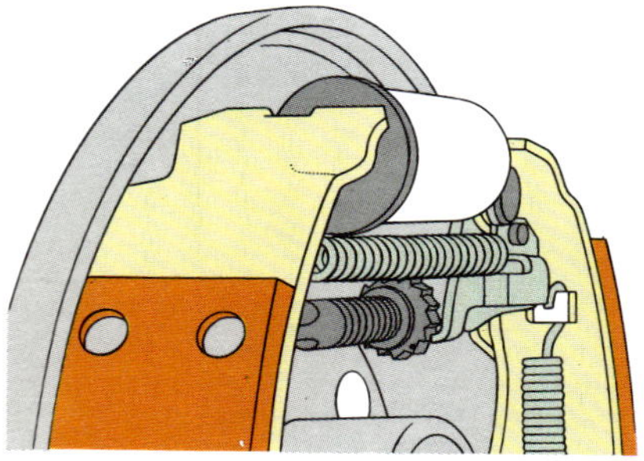

Wichtig bei selbstnachstellenden Bremsen: Die Räder müssen auf jeden Fall frei laufen.

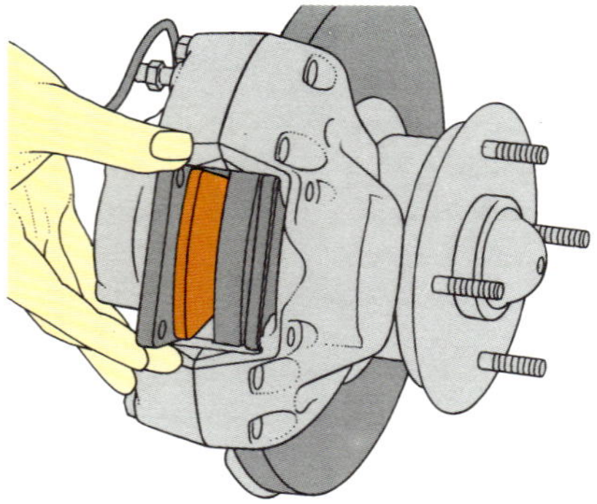

Beim Erneuern von Bremsbelägen nur solche mit Freigabe des Herstellers einsetzen, die man auch an dem Begriff ABE (Allgemeine Betriebserlaubnis) und einer dazugehörigen Nummer erkennt.

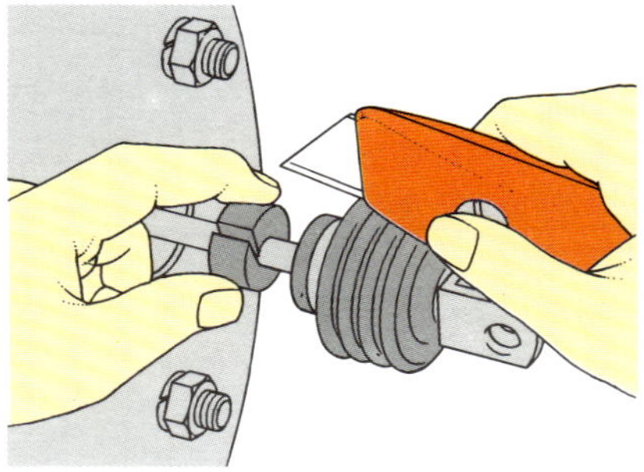

Das Luftfilter des Servogerätes kann man erneuern, ohne das Gestänge auszubauen. Es wird im Winkel von 45° angeschnitten, über das Gestänge gezogen und dann fest zusammengedrückt.

Fehlersuchsystem

Fehler	Ursache	Abhilfe
Bremsprobleme *(Fortsetzung)* Die Räder werden nach dem Bremsvorgang nicht vollständig frei.	Das Luftfilter des Servogerätes blockiert.	Die Belüftung des Servogerätes sicherstellen, das Luftfilter erneuern (Bild Seite 320).
	Radbremszylinder sind fest.	Radbremszylinder ersetzen.
	Das Handbremsseil ist fest.	Das Handbremsseil ausbauen, zerlegen und gegebenenfalls ersetzen.
	Das Gestängespiel am Bremspedal ist falsch eingestellt.	Das Gestängespiel korrekt einstellen.
	Manschetten im Hauptbremszylinder sind gequollen.	Den Hauptbremszylinder ersetzen.
Eine Radbremse blockiert.	Beläge, Scheibe oder Trommel sind verunreinigt oder verrostet.	Die Bremse zerlegen, prüfen, reinigen und neu einstellen.
	Bei Fahrzeugen mit Trommelbremsen wird das Rad nach dem Bremsvorgang nicht frei, die auflaufende Backe verschleißt zu schnell.	Neue Rückzugsfedern einsetzen, die Bremse zerlegen, reinigen und gangbar machen, gegebenenfalls Beläge erneuern.
Eine Bremse wird zu heiß.	Die Bremse ist zu streng nachgestellt.	Das Bremssystem einstellen, eine selbstnachstellende Bremsmechanik prüfen.
	Bei Trommelbremsen ist das System nach einer Talfahrt durch zu langes Bremsen überlastet.	Das Fahrzeug anhalten, das Bremssystem abkühlen lassen und dann einen Bremstest durchführen.
Die Bremswirkung läßt frühzeitig nach (betrifft in der Regel Fahrzeuge mit Trommelbremsen).	Falsche Bremsbeläge.	Die Bremsbeläge entsprechend der Herstellerfreigabe einsetzen.
	Die Bremsflüssigkeit ist zu alt.	Die Bremsflüssigkeit wechseln.
	Das Fahrzeug ist überladen.	Das Fahrzeug korrekt beladen.
	Die Bremse ist nach einer Talfahrt überlastet.	Die Bremse abkühlen lassen; Weiterfahrt nur nach Bremsentest.
Scheibenbremsen quietschen oder rattern.	Befestigungsbolzen der Beläge sind verschlissen.	Verschlissene Teile ersetzen.
	Die Geräuschdämmbleche sind nicht eingesetzt.	Die Geräuschdämmbleche mit Antiquietschpaste montieren.
Das Bremssystem fällt plötzlich aus.	Bremsleitungen, -schläuche oder -manschetten sind gerissen oder gebrochen.	Das Bremssystem komplett überholen.
Probleme mit der Federung Das Fahrzeug hängt auf einer Seite oder vorn stark durch.	Federn sind ermüdet oder gebrochen.	Alle Federn prüfen, gegebenenfalls beschädigte Teile auswechseln.
	Der Reifenluftdruck ist ungleichmäßig.	Den Luftdruck korrigieren.
	Bei hydropneumatischer Federung ist der Druck im System abgefallen.	Das Hydrauliksystem mit Servoeinheit auffüllen
	Verschlissene Teile im Achssystem.	Das Achssystem prüfen und beschädigte Teile auswechseln.

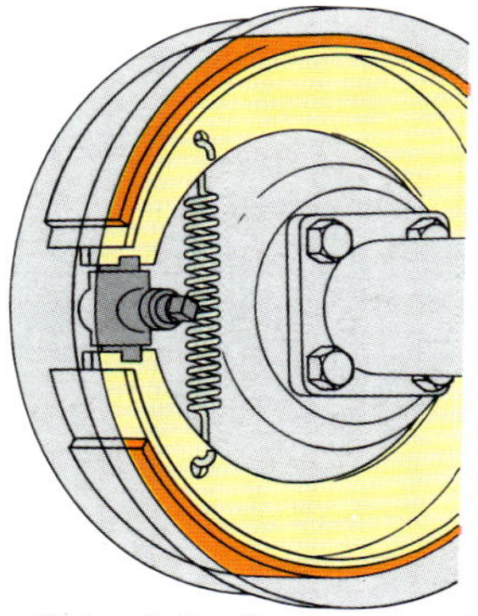

Wird das Rad nach dem Bremsvorgang nicht mehr frei, muß man die Bremse reinigen und mit neuen Rückzugsfedern ausrüsten.

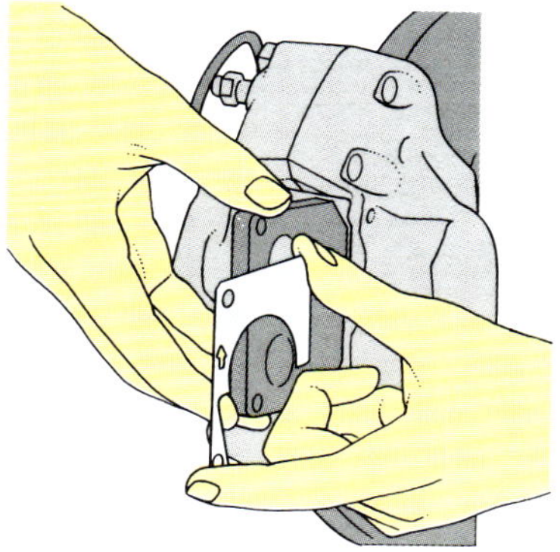

Bei Scheibenbremsen setzt man die Antiquietschbleche mit einer Spezialpaste ein.

Klopfende Geräusche bei der Kurvenfahrt stammen oft von ausgeschlagenen Stabilisatorgummis (siehe Seite 322).

Fehlersuchsystem

Fehler	Ursache	Abhilfe
Probleme mit der Federung *(Fortsetzung)* Das Fahrzeug hängt auf einer Seite oder vorn stark durch.	Bei Fahrzeugen mit Gummikonusfederungen sind Federelemente verschlissen.	Federelemente auswechseln.
	Der Hilfsrahmen ist verbogen oder verrostet.	Den Hilfsrahmen erneuern.
Das Fahrzeug rollt oder schwankt beim Fahren auch in Kurven.	Der Luftdruck ist zu niedrig.	Den Luftdruck korrigieren.
	Stoßdämpfer sind verschlissen oder lose.	Die Stoßdämpfer prüfen und gegebenenfalls ersetzen.
	Federn sind ermüdet oder gebrochen.	Die Federn prüfen und gegebenenfalls ersetzen.
	Stabilisatoren sind lose, ausgeschlagen oder gebrochen.	Die Stabilisatoren und ihre Aufhängung prüfen; wenn nötig erneuern (Bild Seite 321).
Klopfende oder metallische Geräusche sind aus dem Bereich der Federung zu hören.	Das Federgehänge, die Befestigungen der Stoßdämpfer, Querlenker, Stabilisatoren oder Schubarme sind ausgeschlagen.	Das Federungssystem prüfen und beschädigte Teile ersetzen.
	Büchsen in den Federaugen sind ausgeschlagen.	Die Feder ausbauen und die Augen neu ausbüchsen.
	Federbriden sind lose.	Die Federbriden nachziehen.
	Die obere Befestigung von MacPherson-Federbeinen ist lose.	Die obere Befestigung des Federbeins kontrollieren, Muttern oder Schrauben nachziehen.
	Federn sind gebrochen.	Die Federelemente prüfen und gegebenenfalls erneuern.
Bei Fahrzeugen mit Heckantrieb: Die Federung schlägt beim Beschleunigen durch.	Hintere Federelemente sind ermüdet, die Achse schlägt am Wagenboden oder an den Anschlägen auf.	Die Federelemente und Stoßdämpfer überprüfen und gegebenenfalls ersetzen.
Der Wagen fährt sich unkomfortabel und hart.	Der Luftdruck ist zu hoch.	Den Luftdruck korrigieren.
	Das Fahrzeug ist überladen oder ungleichmäßig beladen.	Die Ladung verringern oder richtig verteilen.
	Stoßdämpfer sind lose oder beschädigt.	Die Stoßdämpfer befestigen oder erneuern.
	Federn sind ermüdet oder gebrochen.	Die Federelemente prüfen und gegebenenfalls erneuern.
	Teile des Federungssystems sind verschlissen.	Das Federungssystem prüfen und schadhafte Teile ersetzen.
Elektrikprobleme Die komplette Lichtanlage ist ausgefallen.	Das Batteriehauptkabel ist gebrochen, oder die Verbindung ist schlecht.	Die Kabel erneuern bzw. die Batterieanschlüsse reinigen.
	Die Batterie ist leer.	Die Batterie prüfen, gegebenenfalls laden oder erneuern.
Ein Stromkreis ist ausgefallen.	Die Sicherung ist durchgebrannt.	Die Sicherung ersetzen.
	Der Schalter ist defekt.	Den Schalter ersetzen.
Teile der Lichtanlage sind ausgefallen.	Eine Sicherung ist durchgebrannt.	Eine neue Sicherung einsetzen, den Stromkreis prüfen.

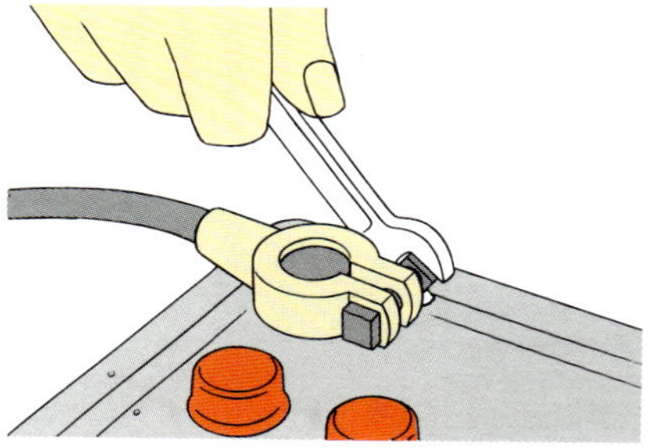

Zum Reinigen werden die Batterieanschlüsse ausgebaut, gründlich mit Wasser abgewaschen und mit einem säurearmen Fett wieder eingesetzt.

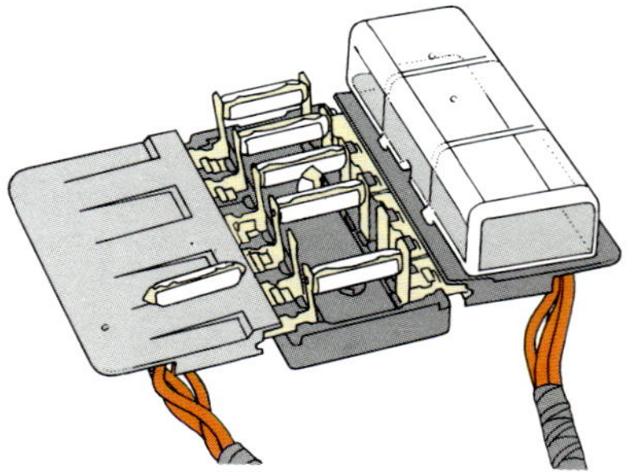

Bei ausgeschalteten Verbrauchern wird eine neue Sicherung eingesetzt; vorher aber den Stromkreis überprüfen, damit kein neuer Kurzschluß auftritt.

Fehlersuchsystem

Fehler	Ursache	Abhilfe
Elektrikprobleme *(Fortsetzung)* Teile der Lichtanlage sind ausgefallen.	Kabel sind abgefallen, schlechter Kontakt oder gebrochene Verbindung.	Kabel mit neuen Steckern befestigen oder neues Kabel einziehen, Stromkreis prüfen.
	Der Schalter ist ausgefallen.	Den Schalter ersetzen.
	Schlechte Masseverbindung der Verbraucher.	Die Anschlüsse reinigen und neu befestigen.
Eine einzelne Leuchte ist ausgefallen.	Die Glühlampe ist durchgebrannt.	Eine neue Glühlampe einsetzen.
	Die Sicherung ist durchgebrannt.	Eine neue Sicherung einsetzen.
	Schlechter Kontakt an der Glühlampe.	Den Pluskontakt reinigen.
	Schlechter Massekontakt an der Glühlampe oder am Lampenhalter.	Die Masseverbindung reinigen.
Eine einzelne Glühlampe leuchtet zu schwach.	Schlechte Masseverbindung.	Die Masseverbindung reinigen.
	Der Reflektor ist verrostet.	Eine neue Lampeneinheit bzw. einen neuen Reflektor einsetzen.
	Geschwärzter Lampenkolben oder falsche Wattzahl.	Neue Glühlampen mit richtiger Wattzahl einsetzen.
	Schlechte Kabelverbindung.	Die Masseverbindung prüfen, reinigen und gegebenenfalls erneuern.
Die Lichtanlage gibt nur ein schwaches Licht im Leerlauf oder bei niedriger Drehzahl ab.	Die Batterie ist nicht richtig geladen.	Die Batterie prüfen und aufladen.
	Der Keilriemen der Lichtmaschine ist lose.	Den Keilriemen richtig spannen.
Alle Lampen leuchten schwach, obwohl der Motor mit hoher Drehzahl läuft.	Der Keilriemen der Lichtmaschine ist lose.	Den Keilriemen prüfen und spannen.
	Die Generatorleistung ist zu gering.	Die Lichtmaschine und den Lichtmaschinenregler prüfen, gegebenenfalls den Regler erneuern oder eine Austauschlichtmaschine montieren.
Der Fahrtrichtungsblinker ist ausgefallen.	Die Sicherung ist durchgebrannt.	Eine neue Sicherung einsetzen und den Stromkreis überprüfen.
	Der Schalter ist schadhaft.	Den Schalter prüfen und gegebenenfalls erneuern.
	Der Blinkgeber ist beschädigt.	Den Blinkgeber ersetzen.
	Die Kabelverbindung ist korrodiert.	Den Stromkreis prüfen, die Korrosion beseitigen und gegebenenfalls die Kabel erneuern.
Der Blinkgeber läuft ungleichmäßig, das Blinksignal bleibt manchmal stehen.	Eine Glühlampe mit falscher Wattzahl ist montiert, oder Anschlüsse sind korrodiert; eventuell ist der Blinkgeber schadhaft.	Alle Glühlampen auf die richtige Wattzahl überprüfen, die Anschlüsse reinigen; wenn nötig, den Blinkgeber erneuern.
Der Wischer ist ausgefallen.	Die Sicherung ist durchgebrannt.	Eine neue Sicherung einsetzen, den Stromkreis überprüfen.
	Anschlüsse sind lose, korrodiert oder gebrochen.	Alle Anschlüsse reinigen, gegebenenfalls die Kabel erneuern.

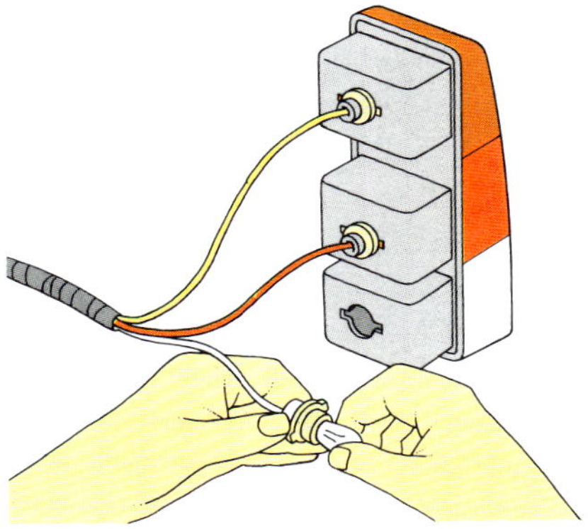

Beim Einsetzen einer neuen Glühlampe darf man den Glaskolben nicht mit den Fingern berühren. Man benutzt deshalb ein sauberes Tuch oder das Verpackungspapier.

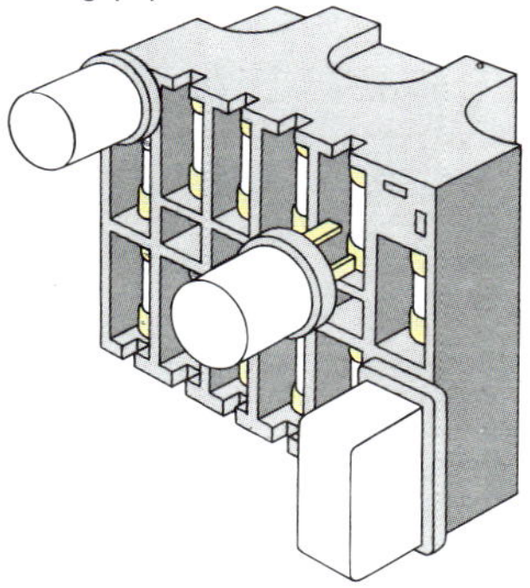

Bei neueren Fahrzeugen sitzt der Blinkgeber direkt auf der Kontaktplatte der Zentralelektronik. Das Einsetzen ist sehr einfach.

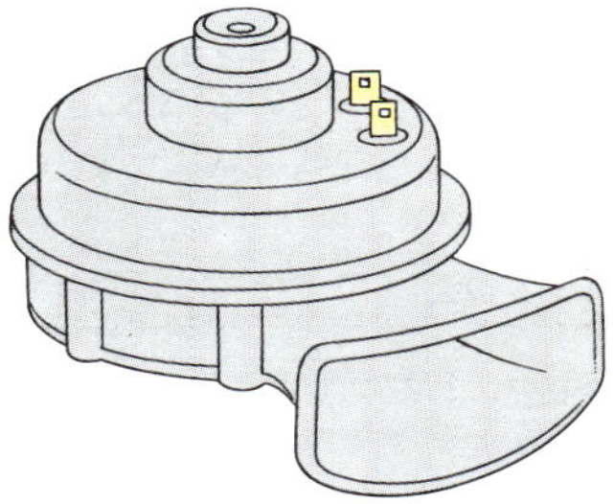

Die Hupe ist oft im Spritzwasserbereich montiert. Deshalb können die Stecker verrostet oder abgefallen sein (siehe Seite 324).

Fehlersuchsystem

Fehler	Ursache	Abhilfe
Elektrikprobleme *(Fortsetzung)* Der Wischer ist ausgefallen.	Der Schalter oder die Sicherung ist ausgefallen.	Den Schalter bzw. die Sicherung erneuern.
	Der Wischermotor ist durchgebrannt.	Den Motor ersetzen.
Der Wischerarm bleibt manchmal stehen.	Der Wischerarm ist lose, oder das Gestänge ist ausgeschlagen.	Den Wischerarm befestigen; wenn nötig, das Wischergestänge ausbauen, prüfen und gegebenenfalls ersetzen.
Die Hupe ist ausgefallen.	Die Sicherung ist durchgebrannt.	Die Sicherung für die Hupe (Bild Seite 323) erneuern, den Stromkreis überprüfen.
	Anschlüsse sind verrostet, abgefallen oder abgerissen.	Die Anschlüsse reinigen und gegebenenfalls ersetzen.
	Die Befestigung der Hupe ist verrostet; schlechter Massekontakt.	Eine neue Befestigung herstellen.
	Der Schleifring am Lenkrad ist korrodiert.	Den Schleifring reinigen.
	Der Hupenknopf ist korrodiert.	Den Hupenknopf ersetzen.
	Die Hupe ist defekt.	Die Hupe erneuern.
Ein thermostatgesteuerter Kühlerlüfter schaltet nicht ein.	Der Thermoschalter ist defekt.	Einen neuen Thermoschalter einsetzen.
	Das Relais ist defekt.	Das Relais erneuern.
	Die Verkabelung ist schadhaft, Kabel sind abgefallen oder verrostet.	Den Stromkreis überprüfen, Kabel oder Stecker erneuern.
Batterieprobleme Die Batterie wird nach kurzer Zeit leer.	Zu niedriger Elektrolytstand.	Destilliertes Wasser nachfüllen.
	Die Batterieanschlüsse sind lose oder korrodiert.	Die Anschlüsse reinigen, gegebenenfalls erneuern.
	Kurzschluß in einem der Fahrzeugstromkreise.	Alle Stromkreise des Fahrzeuges überprüfen.
	Die Batterie ist leer, weil häufig Kurzstreckenfahrten anfallen.	Die Batterie mit einem Ladegerät aufladen.
	Die Batterie ist älter als vier Jahre.	Die Batterie erneuern.
	Die Generatorleistung ist zu gering.	Die Ladeleistung des Generators prüfen; gegebenenfalls einen stärkeren Generator einsetzen.
Die Batterie gast und wird häufig leer.	Kurzschluß in der Batterie.	Die Batterie erneuern.
	Kurzschluß in einem der Stromkreise des Fahrzeuges.	Alle Stromkreise des Fahrzeuges überprüfen.
	Die Batterie ist überladen.	Den Reglereinsatz des Generators prüfen.
Probleme mit der Lichtmaschine Die Ladekontrolle leuchtet oder flackert auch bei hoher Drehzahl, das Amperemeter zeigt eine zu geringe Aufladung an.	Der Keilriemen ist gerissen oder nicht richtig gespannt.	Die Keilriemenspannung prüfen und korrigieren; gegebenenfalls den Keilriemen erneuern.
	Die Anschlüsse sind korrodiert oder abgefallen.	Die Anschlüsse reinigen und gegebenenfalls ersetzen.

Die Batterie wird grundsätzlich nur mit destilliertem Wasser aufgefüllt. Bei absolut wartungsfreien Batterien entfällt diese Arbeit.

Die Klemmbefestigung des Langloches lösen und die Lichtmaschine so spannen, daß sich der Keilriemen 10 bis 15 mm in seinem längsten Teil durchdrücken läßt.

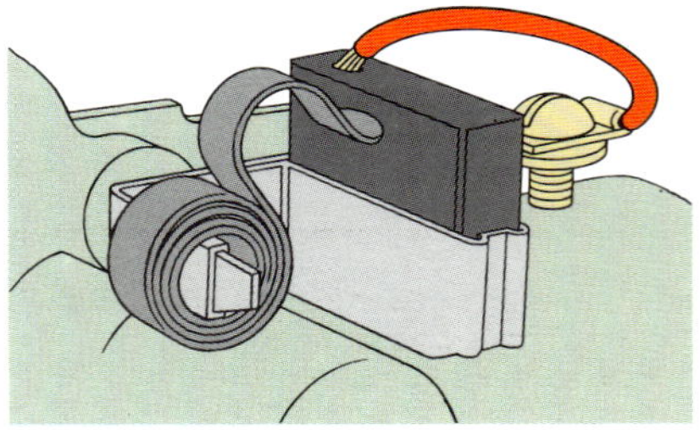

Beim Einsetzen neuer Schleifkohlen drückt die Feder zur Erleichterung des Zusammensetzens zunächst seitlich auf die Kohle (siehe Seite 325).

Fehlersuchsystem

Fehler	Ursache	Abhilfe
Probleme mit der Lichtmaschine *(Fortsetzung)* Die Ladekontrolle leuchtet oder flackert auch bei hoher Drehzahl, das Amperemeter zeigt eine zu geringe Aufladung an.	**Bei Fahrzeugen mit Gleichstrom-Lichtmaschine:** Die Schleifkohlen sind abgenutzt oder hängengeblieben.	Die Lichtmaschine zerlegen und neue Schleifkohlen einsetzen.
	Der Regler ist verbrannt.	Die Lichtmaschine prüfen und den Regler erneuern.
	Kurzschluß in der Lichtmaschine.	Eine Austauschlichtmaschine einbauen.
	Der Regler ist falsch eingestellt.	Den Regler einstellen oder erneuern.
	Die Kontakte des Reglers sind verschmutzt.	Die Reglerkontakte reinigen; wenn nötig, den Regler erneuern.
	Die Anschlüsse im Regler sind lose.	Den Regler prüfen, die Anschlüsse befestigen; gegebenenfalls den Regler erneuern.
	Der Deckel des Reglers ist gebrochen oder verloren.	Den Regler reinigen, den Deckel ersetzen oder den Regler erneuern.
	Kurzschluß durch angeschlossenen Kondensator bei Radioentstörung.	Den Kondensator erneuern.
	Bei Fahrzeugen mit Drehstrom-Lichtmaschine: Die Schleifkohlen oder -ringe sind verschlissen.	Die Schleifkohlen erneuern, die Schleifringe prüfen, gegebenenfalls reinigen oder eine Austauschlichtmaschine montieren.
	Der interne Regler ist ausgefallen.	Den Regler erneuern.
	Kurzschluß in der Lichtmaschine.	Eine Austauschlichtmaschine einbauen.
	Die Verkabelung zwischen externem Regler und Lichtmaschine ist schadhaft; eventuell ist der Regler ausgefallen.	Einen neuen Regler montieren und die Verkabelung instand setzen.
Die Ladekontrolleuchte verlischt, aber das Amperemeter zeigt eine zu geringe Aufladung an.	Der Elektrolytstand in der Batterie ist zu gering.	Die Batterie mit destilliertem Wasser auffüllen.
	Bei Fahrzeugen mit Gleichstrom-Lichtmaschine: Der Kollektor ist verschmutzt, verschlissen oder verbrannt.	Die Lichtmaschine zerlegen, den Kollektor überarbeiten, die Schleifkohlen erneuern; gegebenenfalls eine Austauschlichtmaschine montieren.
	Der Regler ist verunreinigt, weil der Deckel lose ist oder verlorenging.	Den Regler reinigen, den Deckel befestigen oder den Regler erneuern.
	Anschlüsse zwischen Regler und Lichtmaschine oder im Regler sind lose.	Die Anschlüsse prüfen, reinigen und sichern.
Die Ladekontrolleuchte geht an und leuchtet bei zunehmender Drehzahl sehr hell, das Amperemeter zeigt eine niedrige Ladeleistung an.	**Bei Fahrzeugen mit Gleichstrom-Lichtmaschine:** Die Reglerkontakte sind verschmutzt oder verbrannt.	Die Reglerkontakte reinigen; wenn nötig, den Regler einstellen oder ersetzen.
	Schlechte Masseverbindung des Reglers.	Die Masseverbindung des Reglers reinigen und gegebenenfalls erneuern.
	Kurzschluß im Regler.	Den Regler erneuern.

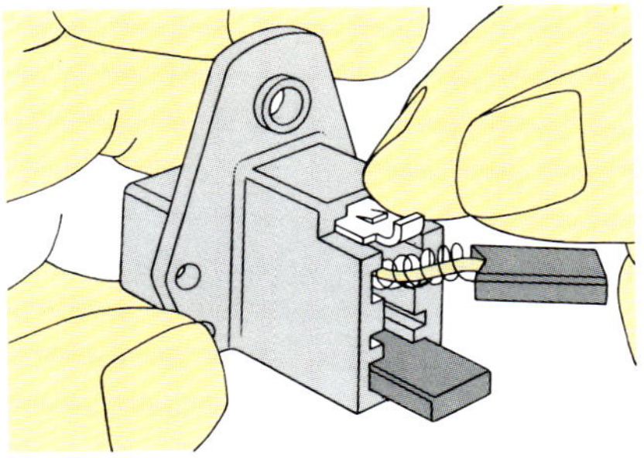

Bei Drehstrom-Lichtmaschinen nimmt man den Kohlehalter heraus und lötet neue Schleifkohlen ein. Bei dieser Ausführung sind die Schleifkohlen gesteckt (siehe Seite 324).

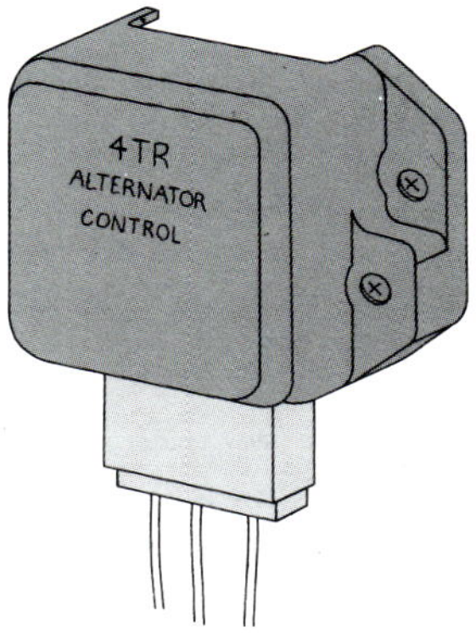

Sitzt der Regler nicht direkt auf oder in der Lichtmaschine, muß man stets auf gute Masseverbindung achten.

Fehlersuchsystem

Fehler	Ursache	Abhilfe
Probleme mit der Lichtmaschine *(Fortsetzung)* Das Amperemeter zeigt eine zu hohe Aufladung an.	**Bei Fahrzeugen mit Gleichstrom-Lichtmaschine:** Kurzschluß zwischen den Klemmen.	Eine neue Lichtmaschine einbauen.
	Verunreinigungen unter dem Regler.	Den Regler abbauen, die Befestigung und den Raum darunter reinigen; den Regler wieder einsetzen.
	Der Regler ist falsch eingestellt; Kontakte hängen; Kurzschluß zwischen den Klemmen D und F.	Den Regler einstellen bzw. erneuern.
	Bei Fahrzeugen mit Drehstrom-Lichtmaschine: Der Regler ist ausgefallen.	Den Regler erneuern.
	Kurzschluß in der Lichtmaschine.	Die Lichtmaschine überholen oder im Austausch ersetzen.
	Schlechte Masseverbindung des externen Reglers.	Die Masseverbindung des Reglers prüfen und gegebenenfalls erneuern.
	Der externe Regler ist falsch eingestellt oder ausgefallen.	Den Regler erneuern.
Die Ladekontrolleuchte flackert, das Amperemeter zeigt wechselnde und sehr unterschiedliche Werte an.	**Bei Fahrzeugen mit Gleichstrom-Lichtmaschine:** Der Kollektor der Lichtmaschine ist beschädigt.	Die Lichtmaschine überholen oder im Austausch erneuern.
Die Ladekontrolleuchte brennt hell während des Fahrens, die Lichtmaschine wird heißer als üblich und läuft rauh.	Der Generator ist beschädigt.	Alle Anschlüsse von der Lichtmaschine abziehen und mit Klebeband sicher festlegen, überflüssige Verbraucher ausschalten. Die Weiterfahrt ist am Tage bedingt möglich, falls die Batterie gut aufgeladen ist.
Probleme mit den Instrumenten Die Tachonadel bleibt in Position 0 stehen.	Überwurfmuttern am Tachometer oder am Antrieb sind lose.	Alle Überwurfmuttern befestigen.
	Die Tachowelle ist im Inneren gebrochen, oder der Vierkantantrieb ist rund.	Die Tachowelle erneuern.
	Das Tachoantriebsrad im Getriebe oder die Verbindung am Rad ist beschädigt.	Das Tachowellenantriebsrad im Getriebe ersetzen; die Befestigung am Antriebsrad prüfen und instand setzen.
	Der Tachometer ist beschädigt.	Den Tachometer erneuern.
Die Tachonadel pendelt.	Der Tachometer ist mit Öl verunreinigt.	Den Tachometer erneuern; die Abdichtung der Welle am Getriebe überprüfen.
Scheuernde Geräusche aus dem Bereich der Tachowelle.	Die Tachowelle ist falsch verlegt.	Die Tachowelle neu in großen Radien verlegen, scharfe Bogen vermeiden.
	Die Tachowelle ist trocken.	Die Tachowelle ausbauen, die Seele mit einem dünnflüssigen Öl oder Graphitfett versorgen.
Tickendes Geräusch aus dem Tachometergehäuse.	Die Tachometerseele ist beschädigt oder trocken.	Die Tachometerseele ausbauen, prüfen und mit Öl oder Graphitfett einsetzen.

Fehlersuchsystem

Fehler	Ursache	Abhilfe
Probleme mit den Instrumenten *(Fortsetzung)* Kratzende Geräusche aus dem Bereich des Tachometers oder der Welle.	Die Tachowelle ist beschädigt oder trocken.	Die Tachowelle ausbauen; die Seele reinigen, prüfen und gegebenenfalls erneuern; mit Öl oder dünnflüssigem Fett wieder einsetzen.
	Der Tachometer ist beschädigt.	Den Tachometer instand setzen oder erneuern.
Eine der Anzeigen (Kraftstoff, Wassertemperatur oder Öldruck) liefert falsche Werte.	Kabelanschlüsse sind abgefallen oder defekt.	Den Kabelanschluß prüfen und instand setzen.
	Der Geber des Instruments ist beschädigt.	Den Geber erneuern.
	Das Instrument ist ausgefallen.	Das Instrument instand setzen oder erneuern.
Die Kraftstoffvorrat-, Wassertemperatur- und Öldruckanzeige liefern falsche Werte.	Der Spannungsregler bzw. -konstanthalter ist defekt.	Den Spannungsregler bzw. -konstanthalter prüfen, gegebenenfalls eine neue Glühlampe einsetzen; defekte elektronische Regler sind zu erneuern.
Probleme mit der Heizung Die Heizung bleibt kalt, obwohl sie eingeschaltet ist.	Kein heißes oder warmes Wasser im Wärmetauscher.	Den Bowdenzug der Kalt-Warm-Ventil-Heizung überprüfen; die Motorkühlung und das Heizungssystem durchspülen und die Durchflußmenge prüfen.
	Der Kühlflüssigkeitsstand ist zu niedrig.	Die Kühlflüssigkeit auffüllen.
	Der Thermostat ist in offener Position hängengeblieben.	Den Thermostat erneuern.
Die Heizung wird nur mäßig warm, obwohl sie voll eingeschaltet ist.	Der Wärmetauscher der Heizung ist verkalkt, deshalb zu geringer Durchfluß.	Den Wärmetauscher entkalken oder erneuern.
Die Heizung bläst plötzlich kalt.	Der Keilriemen ist gerissen oder lose.	Den Keilriemen korrekt spannen oder erneuern
Das Heizgebläse bleibt stehen.	Die Sicherung ist durchgebrannt.	Die Sicherung erneuern; den Stromkreis überprüfen.
	Kurzschluß in der Verkabelung.	Die Kabelanschlüsse reinigen bzw. den Kurzschluß beseitigen.
	Der Schalter des Lüfters ist ausgefallen.	Den Lüfterschalter erneuern.
	Der Lüftermotor ist durchgebrannt.	Den Lüftermotor erneuern.
Probleme mit Öldruck und Ölverbrauch Zu hoher Ölverbrauch.	**Falls aus dem Auspuff blauer Rauch austritt:** Zylinderbahnen, Kolbenringe und Ventilabdichtungen sind verschlissen.	Einen Austauschmotor einbauen oder Paßformkolbenringe einsetzen.
	Keine zusätzliche Rauchbildung am Auspuff: Ölleck im System, z. B. in der Ventildeckeldichtung.	Motorwäsche; Lecks feststellen und die Dichtungen erneuern.
	Die Kurbelgehäusebelüftung ist beschädigt oder verunreinigt.	Die Kurbelgehäusebelüftung reinigen und instand setzen.

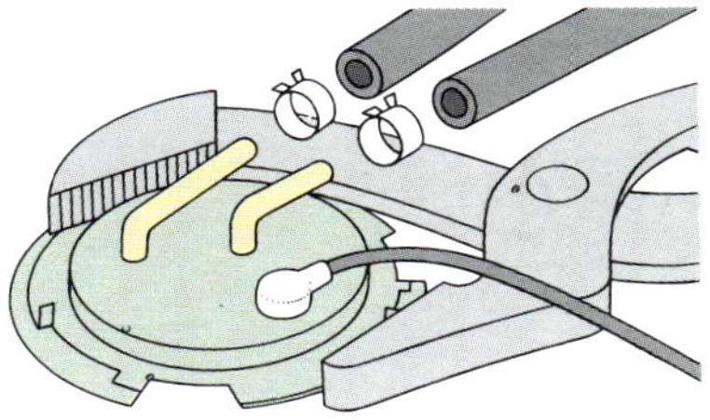

Um an den Tankgeber heranzukommen, öffnet man den Bajonettverschluß des Gebers mit einer Zange oder mit einem Spezialwerkzeug. Vorsicht: Nicht rauchen, kein offenes Feuer; die Entstehung von Funken vermeiden!

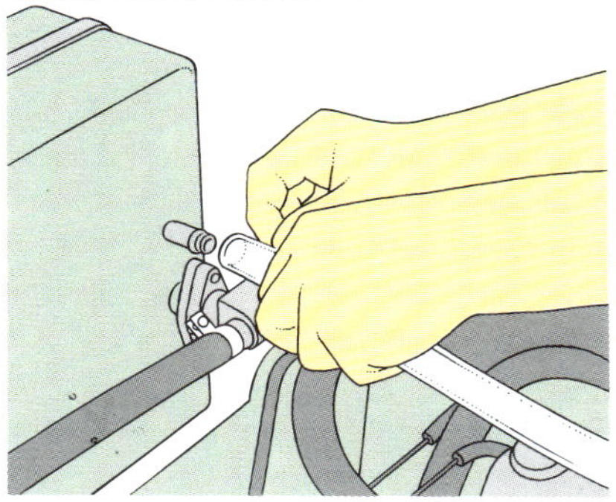

Um den Durchfluß im Heizungssystem zu prüfen, kann man versuchsweise einen Klarsichtschlauch in das normale Leitungssystem einsetzen. Steigert man die Drehzahl, kann man die Durchströmung des Systems sehr gut erkennen.

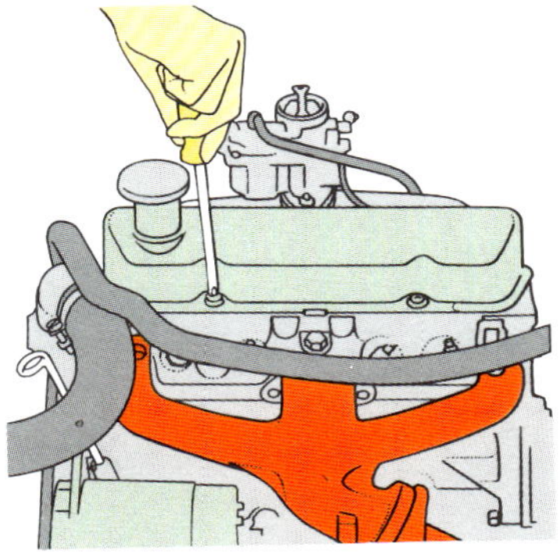

Die Ventildeckeldichtung ist häufig ein Grund für Öllecks. Beim Ersetzen die Dichtung des Öleinfüllstutzens gleich mit erneuern.

Fehlersuchsystem

Fehler	Ursache	Abhilfe
Probleme mit Öldruck und Ölverbrauch *(Fortsetzung)* Zu hoher Ölverbrauch	Zu hoher Druck im Kurbelgehäuse durch verschlissene Kolbenringe.	Die Kolben ausbauen; die Bohrungen prüfen; wenn nötig, Paßformkolbenringe einsetzen oder einen Austauschmotor einbauen.
Die Öldruck-Warnleuchte brennt im Leerlauf.	Der Ölstand ist zu niedrig.	Öl auffüllen.
	Der Öldruckgeber ist beschädigt.	Den Öldruckgeber erneuern.
	Die Ölpumpe arbeitet nicht korrekt; das Rückschlagventil ist beschädigt.	Die Ölpumpe und das Rückschlagventil erneuern.
Die Öldruck-Warnleuchte brennt bei scharfer Kurvenfahrt.	Der Ölstand im System ist zu niedrig.	Öl auffüllen.
Die Öldruck-Warnleuchte brennt plötzlich bei schneller Fahrt, oder die Öldruckanzeige fällt schnell ab.	Kein Öldruck mehr im Motor, da die Pumpe ausgefallen ist, oder völliger Ölmangel.	Den Motor sofort abstellen, das Fahrzeug ausrollen lassen, den Motor überprüfen, die Ölpumpe erneuern oder Öl auffüllen.

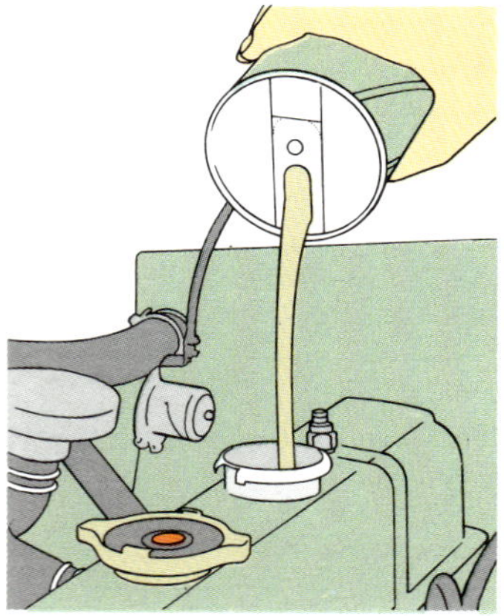

Beim Ölauffüllen am besten einen Trichter benutzen. Den Deckel vor dem Abnehmen reinigen, damit kein Schmutz in das System gerät.

Sachregister – Bauteile, Werkzeuge und Arbeiten von A bis Z

L

M

N

O

Mitarbeiterverzeichnis:

Texte: Dieter K. Franke

Redaktion: ADAC Verlag GmbH, München
Verlag Das Beste GmbH, Stuttgart

Umschlaggestaltung und Titelei: Graupner & Partner

Das Werk basiert auf dem in Großbritannien erschienenen AA Car Maintenance Course, © Drive Publications Limited, London

Redaktion der englischen Ausgabe: Marcus Jacobson, Jack Hay

Textbeiträge: Dermot Bambridge · Terry Bentley · Ted Connolly · Ken Corkett · Harry Heywood · Chris Horton · Rodney Jacques · Joss Josselyn · Denis Rea · John Rock · Tony Stuart-Jones · David Tremayne · Chris Webb

Design: Jim Bamber · Andrzei Bielecki · Zennon J. Holasz · Stephen McCurdy, The Paul Press · Esther A. Meli · Wolfgang Metzger · Stuart Perry · Trevor Vertigan

Illustrationen: Julian Baker, Maltings Partnership · Richard Bonson · Rhoda und Robert Burns, Drawing Attention · Kai Choi · John Crump · Brian Delf · Roger Farrington, Inkwell Studios · Terry Grose · Allan Guy, Ian Fleming & Associates Limited · Douglas Harker, Artists Partners · Haywood und Martin Studio · Trevor Hill, Venner Artists · Peter Horn, Tudor Art Studios · Industrial Art Studio, St Ives · Pavel Kostal · Kuo Kang Chen · Norman Lacey · Ivan Lapper · Janos Marffy · Barry Salter & Associates · Victor Shaw, Venner Artists · Graham Smith · Les Smith · Allan Thurston · Craig Warwick, Linden Artists · David Weeks · Edward Williams Arts

Fotos: Jon Bouchier · Mike Matthewman · Steve Saunders · David Sheppard

Zusätzliche Grafiken und Fotos der deutschen Ausgabe: BBC Comprex · BMW · BOSCH · Atelier K. Bürgle · eurotaxSCHWACKE · Studio Farr · Ford · Ingo Lazi Studios Stuttgart · Meergans Technische Grafik München · Renault · Toyota · VDO

Wir danken den Automobilherstellern und Zubehörfirmen für ihre Unterstützung

Satz: Setzerei Lihs, Ludwigsburg

Druck: Mohndruck Graphische Betriebe GmbH, Gütersloh

Bindearbeiten: Sigloch Buchbinderei GmbH & Co KG, Künzelsau